Analyse und Konstitutionsermittelung organischer Verbindungen.

Von

Dr. Hans Meyer,

o. ö. Professor der Chemie
an der Deutschen Technischen Hochschule zu Prag.

Zweite, vermehrte und umgearbeitete Auflage.

Mit 235 in den Text gedruckten Figuren.

Springer-Verlag Berlin Heidelberg GmbH 1909

ISBN 978-3-662-35868-9   ISBN 978-3-662-36698-1 (eBook)
DOI 10.1007/978-3-662-36698-1
Softcover reprint of the hardcover 2nd edition 1909

Vorwort zur ersten Auflage.

Die freundliche Aufnahme, welche meine „Anleitung zur quantitativen Bestimmung organischer Atomgruppen" gefunden hat[1]), gab mir den Mut, das vorliegende Buch zu schreiben.

Dasselbe ist inhaltlich in zwei Teile gegliedert, deren erster die Vorbereitung der Substanz zur Analyse, die Reinigungsmethoden, Kriterien der chemischen Reinheit und Identitätsproben, die Bestimmung der physikalischen Konstanten, ferner die Ermittelung der empirischen Formel durch Elementaranalyse und endlich die Molekulargewichtsbestimmung behandelt.

Der zweite Teil des Werkes beschäftigt sich mit der eigentlichen Konstitutionsbestimmung, es sind daher hier die qualitativen Reaktionen und quantitativen Bestimmungsmethoden der in organischen Substanzen vorkommenden Atomgruppen — also auch die aus kohlenstofffreien Elementen zusammengesetzten Radikale wie die Nitro- oder Amingruppe — angeführt.

Anschließend wird das Verhalten und die Bestimmung der doppelten und dreifachen Bindungen abgehandelt und schließlich das Wesentlichste über Substitutionsregelmäßigkeiten und die gegenseitige Beeinflussung der verschiedenen Substituenten innerhalb der Moleküle in bezug auf deren Reaktionsfähigkeit und chemisches Verhalten überhaupt besprochen.

Die Zeiten, als sich die im allgemeinen so überaus konservativen „organischen" Analytiker mit der bloßen Elementaranalyse neu hergestellter Derivate begnügen durften, sind unleugbar vorüber.

Mehr und mehr bricht sich die Erkenntnis Bahn, daß ein zuverlässiges Arbeiten auf diesem Gebiete nur unter steter Mitbenützung der Atomgruppenbestimmungen möglich ist.

---

[1]) Inzwischen ist von der deutschen Ausgabe dieses Büchleins die zweite, von der englischen Übersetzung die dritte und außerdem eine italienische Auflage erschienen; eine russische Ausgabe ist in Vorbereitung.

Diese Methoden gewähren uns ja nicht bloß einen Einblick in die nähere Zusammensetzung der zu untersuchenden Substanz, sie zeigen uns nicht nur an, ob eine von uns beabsichtigte Reaktion in gewünschter Weise vor sich gegangen ist — ob z. B. die Einwirkung von Acetylchlorid wirklich zur Bildung des erwarteten Essigsäureesters geführt hat — sondern sie machen uns auch von der Notwendigkeit einer absoluten Reinigung der Substanzen unabhängig, welche ja zum Gelingen der Elementaranalyse unerläßlich, bei vielen Substanzen labiler Natur aber gar nicht oder nur mit großen Zeit und Materialverlusten zu erreichen ist.

Freilich ist selbst diese verfeinerte Art des Analysierens nicht immer imstande, die gewünschten Resultate zu gewähren, wie das folgende Beispiel zeigt.

Die von Edinger gefundenen Molekulargewichte für das Digitogenin (528 bzw. 503) im Zusammenhange mit fünf gut untereinander übereinstimmenden Elementaranalysen von Kiliani und Windaus[1]) — welche im Durchschnitte $C = 71.22\,^0/_0$ und $H = 10.06\,^0/_0$ ergaben —, berechtigen in gleicher Weise zur Aufstellung der drei Formeln:

$$C_{30}H_{48}O_6 \qquad M. G. = 504.5 \qquad C = 71.36 \qquad H = 9.61$$
$$C_{30}H_{50}O_6 \qquad \text{,,} \qquad 506.5 \qquad \text{,,} \quad 71.08 \qquad \text{,,} \quad 9.97$$
$$C_{31}H_{52}O_6 \qquad \text{,,} \qquad 520.5 \qquad \text{,,} \quad 71.47 \qquad \text{,,} \quad 10.09.$$

Wie die Berechnung der Prozentzahlen ergibt, läßt sich aber auch dann zwischen diesen drei Formeln keine Entscheidung treffen, wenn man:

<blockquote>
eine OH-Gruppe durch 1 Cl,
zwei OH-Gruppen ,, 2 Cl,
zwei Wasserstoffe ,, 2 $C_6H_5SO_2$,
einen Sauerstoff ,, 1 NOH,
zwei Wasserstoffe ,, 2 C_2H_3O
</blockquote>

ersetzt.

Hydroxylamin und Benzolsulfochlorid treten übrigens überhaupt nicht in Reaktion mit Digitogenin.

Unter diesen Verhältnissen muß die Formel dieser Substanz als vorläufig noch unbestimmbar angesehen werden.

„Welcher Zwerg" — schreiben Kiliani und Windaus — „ist aber das Digitogeninmolekül gegenüber einem Eiweißmolekül, und doch glaubt man auch bei letzterem schon zur Aufstellung von Formeln schreiten zu dürfen! Voraussichtlich wird noch ein gutes Stück Arbeit zu leisten sein, bis auf solchen schwierigen Gebieten von wirklicher Sicherheit der Schlußfolgerungen betreffs der Formeln gesprochen werden kann, und höchstwahrscheinlich müssen nach dieser Richtung noch ganz neue Methoden gefunden werden, um das gewünschte Ziel zu erreichen."

----

[1]) B. **32**, 2201 (1899).

Was indessen bis jetzt an derartigen analytischen Behelfen und verallgemeinbaren Einzelbeobachtungen, oft zerstreut oder an schwer auffindbarer Stelle versteckt, in der bereits vorhandenen Literatur gesammelt werden konnte, ist in dem vorliegenden Werke vereinigt und in tunlichst konziser Form wiedergegeben.

Möglichst vollständige Literaturangaben, welche sich nicht bloß auf die eigentlichen Fachzeitschriften, sondern auch auf Patentbeschreibungen, Dissertationen, Schulprogramme und andere Gelegenheitspublikationen, soweit sie irgend zugänglich waren, beziehen, ermöglichen überall ein Zurückgehen auf die Originalarbeiten, doch wird man auch stets direkt nach den mitgeteilten Vorschriften arbeiten können.

Daß ich vor allem auf die Bedürfnisse des im Laboratorium tätigen Chemikers Rücksicht genommen habe und daher theoretischen Spekulationen nur wenig Raum gewährte, auch die physikalisch-chemischen Grundlagen der behandelten Themen nur mittelst Literaturhinweisen gestreift habe, ist durchaus nicht als eine Geringschätzung der Theorie aufzufassen. Es sind aber die einschlägigen Fragen, soweit sie gelöst erscheinen, in mustergültigen Kompendien des öfteren klargelegt worden, während andererseits weite Gebiete der organischen Analyse noch der dynamischen Behandlung harren.

Vorläufig wird man sich hier mit empirisch ermittelten Rezepten behelfen und mit Regeln, statt mit Gesetzen, vorlieb nehmen müssen.

Wenn andererseits die eine oder andere Methode vielleicht ganz übersehen, oder ein Reaktiönchen nicht nach seinem vollen Werte gewürdigt worden ist, oder wenn sich Ungenauigkeiten eingeschlichen haben, so darf dafür wohl ein Wort Goethes als Rechtfertigung angeführt werden:

„Jeder, der ein Lehrbuch schreibt, das sich auf eine Erfahrungswissenschaft bezieht, ist im Falle, ebenso oft Irrtümer als Wahrheiten aufzuzeichnen, denn er kann viele Versuche nicht selbst machen, er muß sich auf anderer Treu und Glauben verlassen, und oft das Wahrscheinliche statt des Wahren aufnehmen.“

Herrn Dr. Otto Hönigschmid, der mich beim Lesen der Korrekturen aufs allerbeste unterstützte, sage ich hierfür herzlichst Dank.

Prag, im April 1903.

Hans Meyer.

Vorwort zur zweiten Auflage.

Die vorliegende zweite Auflage ist von Grund auf umgearbeitet, dem jetzigen Stande der Wissenschaft entsprechend vermehrt und auch sonst, wie ich hoffe, verbessert worden.

Neu hinzugekommen ist vor allem der „Ermittelung der Stammsubstanz" überschriebene zweite Teil des Buches, welcher im wesentlichen die Oxydations- und Reduktionsmethoden, einschließlich natürlich der Alkalischmelze, enthält.

Im dritten Teile sind neben zahlreichen neuen Verfahren und Reaktionen die schwefelhaltigen Atomgruppen in einem eigenen Kapitel behandelt worden.

Manche Methode, deren Besprechung in der ersten Auflage breiteren Raum eingenommen hatte, konnte jetzt mit kurzen Worten abgetan oder ganz ausgeschieden werden, vieles, seither als irrig erkannte, mußte entfallen; einiges aber, was früher als weniger wichtig erschienen war, hat neuerdings erhöhte Bedeutung gewonnen und mußte dementsprechend eingehender berücksichtigt werden: So ist denn, trotz aller Bemühungen, den Umfang des Buches nicht allzusehr wachsen zu lassen, die Seitenzahl von 700 auf 1003 gestiegen. —

Der zweckentsprechenden Anordnung des Sachregisters wurde, was vielleicht noch hervorgehoben werden darf, erhöhte Aufmerksamkeit gewidmet.

Für freundliche Winke und Vorschläge bin ich vielen Fachgenossen verpflichtet; auch eine Anzahl von Privatmitteilungen konnte in das Buch aufgenommen werden.

Besonderen Dank schulde ich hierfür den Herren Dennstedt (Hamburg), Goldschmiedt (Prag), Hantzsch (Leipzig), Herzig (Wien), Kaufler (Zürich), Skraup (Wien) und Wegscheider (Wien).

Beim Lesen der Korrekturen hat mich Herr Dr. Richard Turnau aufs beste unterstützt.

Prag, im Dezember 1908.

Hans Meyer.

Inhaltsverzeichnis.

Erster Teil.

Reinigungsmethoden für organische Substanzen und Kriterien der chemischen Reinheit. — Elementaranalyse. — Ermittelung der Molekulargröße.

Erstes Kapitel.

Vorbereitung der Substanz zur Analyse. Reinigungsmethoden für organische Substanzen.

Zweites Kapitel.

Kriterien der chemischen Reinheit und Identitätsproben. Bestimmung der physikalischen Konstanten.

Drittes Kapitel.

Elementaranalyse.

Viertes Kapitel.
Ermittelung der Molekulargröße.

Zweiter Teil.

Ermittelung der Stammsubstanz.

Erstes Kapitel.

Abbau durch Oxydation.

Dritter Teil.

Qualitative und quantitative Bestimmung der organischen Atomgruppen.

Erstes Kapitel.
Nachweis und Bestimmung der Hydroxylgruppe.

Zweites Kapitel.

Nachweis und Bestimmung der Carboxylgruppe.

Viertes Kapitel.
Methoxylgruppe und Äthoxylgruppe. — Höhere Alkoxyle. — Methylenoxydgruppe. — Brückensauerstoff.

Sechstes Kapitel.

Diazogruppe. — Azogruppe. — Hydrazingruppe. — Hydrazogruppe.

Siebentes Kapitel.

Nitroso- und Isonitrosogruppe. — Nitrogruppe. — Jodo- und Jodosogruppe. — Peroxyde und Persäuren.

Abkürzungen.

Am. = American Chemical Journal.
Am. soc. = Journal of the American Chemical Society.
Ann. = Liebigs Annalen der Chemie.
Ann. chim. phys. = Annales de chimie et de physique.
Arch. = Archiv der Pharmazie.
Atti Lincei = Atti della Reale Accademia dei Lincei, Rendiconti.
B. = Berichte der Deutschen Chemischen Gesellschaft.
Bioch. = Biochemische Zeitschrift.
Bull. = Bulletin de la Société Chimique de Paris.
C. = Chemisches Zentralblatt.
C. r. = Comptes rendus de l'Académie des sciences, Paris.
Ch. News = Chemical News.
Ch. Rev. = Chemische Revue.
Ch. Ztg. = Chemiker-Zeitung, Cöthen.
Chem. Ind. = Journal of the Society of Chemical Industry.
D. P. A. = Deutsche Patent-Anmeldung.
D. R. P. = Deutsches Reichs-Patent.
Dingl. = Dinglers polytechnisches Journal.
Diss. = Dissertation.
Friedl. = Fortschritte der Teerfabrikation, von Friedländer.
Gazz. = Gazzetta chimica italiana.
Hab. = Habilitationsschrift.
J. pr. = Journal für praktische Chemie.
Jb. = Jahresbericht über die Fortschritte der Chemie.
Landw. V.-St. = Landwirtschaftliche Versuchsstationen.
M. = Monatshefte für Chemie.
M. u. J. = Lehrbuch der organischen Chemie von V. Meyer und
    P. Jacobson.
Mon. sc. = Moniteur scientifique.
Öst. Ch. Ztg. = Chemiker-Zeitung, Österreichische.
Pflüg. = Pflügers Archiv für die gesamte Physiologie.
Ph. C.-H. = Pharmazeutische Zentralhalle.
Phil. Mag. = Philosophical Magazine.
Pogg. = Poggendorffs Annalen der Physik und Chemie.
Proc. = Proceedings of the Chemical Society.
Prog. = Programmarbeit.
R. = Referat.
Rec. = Recueil des travaux chimiques des Pays-Bas.

Russ. = Journal der russischen Physikal.-Chemischen Gesellschaft.
Soc. = Journal of the Chemical Society of London.
Spl. = Supplementband zu Liebigs Annalen.
Wied. = Wiedemanns Annalen der Physik.
Z. = Zeitschrift für Chemie.
Z. an. = Zeitschrift für anorganische Chemie.
Z. anal. = Zeitschrift für analytische Chemie.
Z. ang. = Zeitschrift für angewandte Chemie.
Z. Biol. = Zeitschrift für Biologie.
Z. El. = Zeitschrift für Elektrochemie.
Z. Farb. = Zeitschrift für Farbenindustrie.
Z. öff. = Zeitschrift für öffentliche Chemie.
Z. Koll. = Zeitschrift für Chemie und Industrie der Kolloide.
Z. phys. = Zeitschrift für physikalische Chemie.
Z. physiol. = Zeitschrift für physiologische Chemie.
Z. Zuck. = Zeitschrift für Zuckerindustrie in Böhmen.

Erster Teil.

—

Reinigungsmethoden für organische Substanzen und Kriterien der chemischen Reinheit. — Elementaranalyse. — Ermittelung der Molekulargröße.

———

Erstes Kapitel.

Vorbereitung der Substanz zur Analyse.
Reinigungsmethoden für organische Substanzen.

„Die erste Aufgabe, welche man bei der Ausführung der organischen Analyse zu lösen hat" — sagt Liebig — „ist, daß man sich die zu analysierende Substanz in dem höchsten Grade der Reinheit zu verschaffen sucht: kein Mittel darf vernachlässigt werden, um sich über die Abwesenheit fremder Stoffe zu vergewissern."

Als solche Reinigungsmethoden kommen für feste Körper vor allem das Umkrystallisieren und Sublimieren, für Flüssigkeiten die fraktionierte Destillation in Betracht. Ferner sind als wichtige Reinigungsoperationen das Entfärben und das Entfernen von Harzen, das Destillieren im (Wasser-) Dampfstrome und andererseits wieder das Trocknen der Analysen-Substanz zu besprechen.

Erster Abschnitt.

Entfärben, und Entfernen von Harzen.

1. Farbige und gefärbte Substanzen.

Die überwiegende Mehrzahl der organischen Substanzen ist in reinem Zustande farblos, doch gibt es viele Körper, die infolge leichter Veränderlichkeit nicht dauernd so erhalten werden können.

Dieser Umstand mag im allgemeinen für die analytische Charakterisierung des betreffenden Produktes belanglos sein: seit man aber erkannt hat, daß zwischen Konstitution und Farbe innige Beziehungen bestehen, ist es von Wichtigkeit geworden, zu erfahren, ob im übrigen reine Substanzen farbig, oder aber nur durch hartnäckig anhaftende Verunreinigungen gefärbt seien.[1]

Diese Prüfung auf Farblosigkeit ist in manchen Fällen außerordentlich schwer, ja manchmal sogar unmöglich, weil entweder die Entfernung der letzten Spuren des färbenden Körpers an sich undurchführbar ist, oder der farblose und der farbige Körper ein Isomerenpaar bilden, das sich im rasch wiederentstehenden Gleichgewichte befindet.

Wo in solchen Fällen trotzdem die Entscheidung betreffs der eventuellen Farblosigkeit von Wichtigkeit ist, müssen physikalische Methoden angewendet werden, oder man begnügt sich mit dem Nachweise, daß ein der betreffenden Substanz ganz analog gebauter Körper sich entfärben läßt.

So sind von Hantzsch[2] Acetylderivate beschrieben worden, deren Entfärbung auf keine Weise gelang, während die zugehörigen Benzoyl- und Propionylderivate farblos zu erhalten waren.

Negative Versuche sind daher nur dann als ausschlaggebend zu betrachten, wenn wirklich alle verfügbaren Reinigungsmethoden gewissenhaft gebraucht worden sind.

Ein Beispiel für eine solchermaßen durchgeführte Untersuchung bietet G. Goldschmiedts Abhandlung über die Konstitution des Pyrens.[3]

2. Anwendung der Tierkohle.

Die Entfernung von färbenden Verunreinigungen und Harzen wird in der Regel durch Kochen oder Digerieren der klaren, nicht zu verdünnten Lösung der zu reinigenden Substanz mit Tierkohle erstrebt.

Da die Wirkung der Kohle — wie die der anderen Entfärbungsmittel, von denen später die Rede ist — in erster Linie auf Adsorption beruht,[4] kann man auch die für die Adsorption geltenden Gesetze bei der Wahl der Versuchsbedingungen für die Entfärbung verwerten.[5]

---

[1] Hantzsch betont B. **39**, 3087 (1906) die Wichtigkeit der strengen Scheidung dieser beiden Bezeichnungen: „Farbig" sind Körper mit Eigenfarbe, z. B. Azokörper, Chinone oder Farbstoffe, die also niemals als „gefärbte" Stoffe bezeichnet werden dürfen. „Gefärbt" sind nur farblose Stoffe durch farbige Fremdkörper. So sind z. B. die roten aci-Nitrophenolester farbig. Die echten farblosen Nitrophenole werden durch kleine Mengen der aci-Formen, wenn letztere als Verunreinigungen aufzufassen sind, „gefärbt". Wenn aber die aci-Formen als integrierende Bestandteile zum Gleichgewicht der „Mero-aci-Nitrophenole" gehören, sind die freien Nitrophenole schwach „farbig".

[2] B. **39**, 3075 (1906).

[3] Festschrift f. Ad. Lieben 371 (1906). — Ann. **351**, 218 (1907).

[4] Siehe übrigens Davis, Soc. **91**, 1666 (1907).

[5] Freundlich, Über die Adsorption in Lösungen. Habil.-Schrift. Leipzig 1906. — Z. phys. **57**, 385 (1907). — Z. ang. **20**, 749 (1907). — Z. Koll. **1**, 321 (1907). — Freundlich und Losev, Z. phys. **59**, 284 (1907). — Türk, Üb. d. adsorb. Fig. versch. Kohlensorten. Diss. Straßburg (1906). — Rosenthaler, Arch. **244**, 517, 535 (1906). — Vhdl. Ges. Naturf. u. Ärzte. Stuttgart 210 (1907). — Arch. **245**, 686 (1907). — Baerwald, Ann. Phys. (4) **23**, 84 (1907). — Losev, Diss. Leipzig 1907.

Leider ist man indessen noch weit davon entfernt, für alle Fälle gültige Regeln geben zu können, ist doch selbst die Frage, von welchen näheren Umständen (Oberflächenbeschaffenheit, Stickstoff- und Schwefelgehalt) [1]) die Güte des benutzten Entfärbungsmittels abhängt, nicht mit Sicherheit zu beantworten. Nach Glaßner und Suida [2]) spielt der in Form von Cyanverbindungen in den Kohlen befindliche Stickstoff hierbei eine wesentliche Rolle.

Jedenfalls lassen sich die folgenden Grundsätze aufstellen:

Die zu verwendende Kohle muß sorgfältig gereinigt sein.

Die zu entfärbende Lösung muß klar sein, resp. darf keine un-gelösten Anteile des zu reinigenden Körpers enthalten, andererseits soll aber die Lösung nicht zu verdünnt sein.

Man nehme, um den Substanzverlust tunlichst einzuschränken, möglichst wenig Entfärbungsmittel.

Die Temperatur hat auf das Adsorptionsvermögen geringen Ein-fluß, man wird daher, falls die zu entfärbende Substanz leicht genug löslich ist, die Operation ohne Erwärmen durchzuführen trachten, was den Vorteil hat, daß man die eventuellen Nebenwirkungen der Kohle, wie Oxydationswirkungen oder andere chemische Reaktionen möglichst einschränkt.

Nach Dupont und Freundler [3]) soll ganz allgemein das Ent-färben in der Kälte wirksamer sein, und weniger Kohle beanspruchen. Da aber sehr häufig die Löslichkeitsverhältnisse ein Arbeiten in der Wärme bedingen, beachte man, daß vor dem jedesmaligen Eintragen neuer Mengen von Entfärbungsmittel die Lösung, falls sie zum Kochen erhitzt war, oder falls die Möglichkeit eines Siedeverzuges besteht, etwas abgekühlt werde, damit kein Überschäumen eintritt.

Durch geeignete Vorkehrungen (Schütteln) ist für eine innige Durchmischung Sorge zu tragen, dagegen hat langdauerndes Dige-rieren keinen Zweck, da das Adsorptionsgleichgewicht sich innerhalb weniger Minuten einstellt. [4])

Die durch Adsorption entstehenden Verluste sind am größten bei wässerigen Lösungen, es empfiehlt sich daher, wenn möglich, zur Entfärbung ein anderes Lösungsmittel zu nehmen, falls man darauf Gewicht legt, die Substanz möglichst vollständig wiederzugewinnen.

Sind in einer Flüssigkeit verschiedene Substanzen, und in ver-schiedenen Konzentrationen enthalten, so wird die in geringerer Menge vorhandene und diejenige mit höherem Molekulargewichte gewöhnlich stärker adsorbiert.

Da die zu entfernenden Verunreinigungen meist hochmolekulare Substanzen sind, deren Menge gegenüber jener der eigentlichen Sub-stanz sehr zurücktritt, ist man häufig imstande, die Reinigung ohne besondere Schwierigkeiten durchzuführen; doch ist nicht zu vergessen,

---

[1]) Siehe Knecht, Journ. Soc. Dyers and Colour. **23**, 221 (1907).
[2]) Ann. **357**, 95 (1907).
[3]) Manuel opératoire de chimie organique, Paris p. 11 (1898).
[4]) Siehe übrigens Kunckell u. Richartz, B. **40**, 3395 (1907).

daß, wie schon weiter oben angedeutet, die Kohle anderweitige unliebsame Störungen hervorrufen kann.

Leicht oxydable Substanzen entfärbt man daher, falls es überhaupt unvermeidlich ist, Kohle anzuwenden, nachdem man durch die Lösung ein paar Blasen Schwefeldioxyd oder Schwefelwasserstoffgas geleitet hat, und vermeidet tunlichst jede Erwärmung.

Freie Basen werden natürlich leichter oxydiert als Salze; Alkaloide entfärbt man daher am besten in Form ihrer Verbindungen.

Leicht hydrolysierbare Salze werden durch die Einwirkung der Kohle partiell gespalten, worauf eventuell durch Zusatz des einen Ions im Überschusse Rücksicht genommen werden kann. Auch in diesem Falle ist es natürlich besonders vorteilhaft, wenn man die Anwendung eines dissoziierenden Mediums vermeidet.

Schwer lösliche Substanzen führt man am besten in leichter lösliche Derivate über und entfärbt diese, oder man vermischt sie mit Kohle und extrahiert im Soxhletschen Apparate.[1]

Will man die in der Kohle zurückgebliebene Substanz wiedergewinnen, was natürlich oftmals nur sehr unvollständig gelingt, so muß man ein schwach adsorbierendes Extraktionsmittel wählen, am besten Chloroform oder Aceton.

Je nach der Größe der inneren Reibung des Lösungsmittels wird die in der Flüssigkeit befindliche Suspension feinster Kohleteilchen sich verschieden rasch klären: ätherische oder benzolische Lösungen setzen also die Kohle weit rascher ab, als wässerige oder alkoholische.

Dabei spielt auch das Hydroxylion des gelösten Stoffes noch eine besondere Rolle, indem dasselbe die Kohle hartnäckig kolloidal erhält, ein Umstand, der das sog. „Durchgehen" der Kohle durch das Filter verursacht.

Für die Analyse bestimmte Präparate müssen daher nach dem Entfärben nochmals, am besten aus einem hydroxylfreien Lösungsmittel, umkrystallisiert werden.[2]

Reinigung der Kohle.

Die Art der Reinigung richtet sich immer nach der Art des Lösungsmittels sowie der zu lösenden Substanz.

Die durch Auskochen mit Salzsäure und Wasser vorgereinigte, namentlich auch von löslichen Eisenverbindungen[3] befreite, zerriebene Kohle muß getrocknet und mit dem zu verwendenden Lösungsmittel ausgekocht werden.

Hat man die massenhaft okkludierten Gase der Kohle zu fürchten, so glüht man sie vor der Verwendung im bedeckten Platintiegel.

---

[1] Türk, Dissert. Straßburg 59 (1906). — Rosenthaler und Türk, Arch. **244**, 531 (1906).

[2] Man lese hierzu Liebigs Anekdote über das Gmelinsche Allantoin B. **23**, R. 818 (1890).

[3] Skraup, M. **1**, 185 (1880).

3. Andere Entfärbungsmittel.

Statt der Tierkohle werden gelegentlich verschiedene Sorten von Infusorienerde[1]), Talk[2]) sowie Bergkork, der mit Zuckerlösung imprägniert und geglüht wird, oder feinfaseriger Chrysotil angewendet, ohne indessen im allgemeinen besondere Vorteile zu bieten.

Ein altbewährtes Apothekermittel[3]) ist auch die weiße Pfeifenerde (Striegauer Erde), ein feiner, weißer Ton, als bolus alba offizinell. Der Ton muß vor dem Gebrauche wiederholt mit verdünnter Salzsäure ausgekocht und gut ausgewaschen werden.

Über Eiweißfällung mit Kaolin siehe Rona und Michaelis, Bioch. Ztschr. 5, 365 (1907).

Über Fuller-Erde (fuller's earth) siehe die ausführliche Arbeit von Parsons.[4])

Über die außerordentlich starken Adsorptionswirkungen von „gewachsener" Tonerde (Fibroidtonerde) siehe H. Wislicenus.[5])

4. Entfärben und Klären durch Fällungsmittel.

Während die Wirkung der Kohle und der anderen bisher besprochenen Entfärbungsmittel auf Adsorption beruht, sind im Folgenden Verfahren beschrieben, welche auf der Bildung eines Niederschlages innerhalb der Flüssigkeit beruhen.

Farbstoffe und Harze werden in sehr vielen Fällen von Bleisalzen[6]) niedergeschlagen, manchmal erst nach Zusatz von etwas Ammoniak. Man verwendet neutrales sowie einfach und zweifach basisches[7]) Acetat. Die Wirkung der einzelnen Reagenzien ist manchmal verschiedenartig.

Man kann in wässeriger oder alkoholischer Lösung arbeiten; nach der Fällung zersetzt man Niederschlag und Filtrat getrennt durch Schwefelwasserstoff, verdünnte Schwefelsäure, Phosphorsäure oder deren Salze. Das ausfallende Bleisulfid vervollständigt die Reinigung durch mechanisches Niederreißen der Suspensionen.[8])

---

[1]) Stranecky, Neue Ztschr. Rübenz.-Ind. 7, 83, 98 (1881). — Kral, Ch. Ztg. 17, 1487, 1551 (1893). — Jolles, Z. anal. 29, 406 (1894). — Mossler, M. 29, 72 (1908).

[2]) Waliaschko, Arch. 242, 226 (1904). — Willstätter und Benz haben zur Entfernung von Pflanzenschleim Talk mit großem Vorteile verwendet. Ann. 358, 276 (1908).

[3]) Heintze, Arch. 208, 326 (1881). — Z. anal. 17, 167 (1878).

[4]) „Fuller's earth was first used to remove grease from woolen cloth in the process of shrinkage or fulling (Walken) by means of moisture and heat and it is to this use that it owes its name." C. L. Parsons, Am. Soc. 29, 598 (1907). — Siehe auch Müller, Ch. Ztg. 32, Rep. 260 (1908). — Z. Koll. 2, Suppl. 2, 11 (1908).

[5]) Ch. Ztg. 31, 961 (1907). — Wislicenus und Muth, Collegium 157 (1907).

[6]) Hlasiwetz und Pfaundler, Ann. 127, 353, 355 (1863). — Hlasiwetz und Barth, Ann. 134, 277 (1865).

[7]) E. Fischer, B. 27, 3195 (1894).

[8]) E. Fischer, B. 24, 4216 (1891). — Pyman, Soc. 91, 1229 (1907). — Rosenthaler, Arch. 245, 259 (1907).

Will man keine Essigsäure ins Filtrat bekommen, so benutzt man fein aufgeschlämmtes Bleicarbonat.[1]) In analoger Weise verwandeln Rupe und Splittgerber die rohe α-Aminocampholsäure in das Kupfersalz, in dessen Lösung Schwefelwasserstoff geleitet wird. Das ausfallende Schwefelkupfer reißt die verunreinigenden Harze mit.[2]) In ähnlicher Weise wirkt Zinnchlorür: D. R. P. 65131 (1892). — D. R. P. 67696 (1892).

Auch durch andere geeignete Kombinationen kann man eine Fällung innerhalb der Flüssigkeit erzielen; man hat nur dafür Sorge zu tragen, daß keine unausgefällten Salze in der Lösung zurückbleiben.

Beispielsweise verwendet Schenk[3]) äquivalente Mengen von Aluminiumsulfat und Barythydrat zur Reinigung von Gerbstofflösungen.

Zum gleichen Zwecke werden Eisenoxyd- und Kupferoxydhydrat[4]) benutzt. Sörensen und Jessen-Hansen entfärben salzsaure Lösungen durch Zusatz von Silbernitrat.[5]) Carrez klärt Milch und Harn mit Ferrocyankalium und Zinkacetat.[6])

Allgemein läßt sich sagen, daß das Fällungsvermögen von der Wertigkeit des Kations abhängt, derart, daß die einwertigen Kationen so gut wie wirkungslos sind, während dreiwertige Kationen eine eminente Ausflockungsfähigkeit besitzen. (Schulzesche Regel.[7])

Waliaschko[8]) benutzt die Eigenschaft des Eiweißes, in der Hitze zu gerinnen, um fein suspendiertes Harz zu entfernen.

Zu diesem Zwecke wurde die auf einen Liter verdünnte Eiweißlösung aus einem Hühnerei der verdünnten, zu reinigenden Flüssigkeit beigemischt, hierauf im Wasserbade bis zur Klärung erwärmt und filtriert.

Schwer ausflockbare Kolloide kann man auch dadurch mechanisch niederreißen, daß man ihre Lösung mit der Lösung eines andern Kolloids versetzt, das sich leicht fällen läßt.

So gehen z. B. Michaelis und Rona[9]) zur Enteiweißung von Blutserum folgendermaßen vor:

Ein Volumen unverdünntes Blutserum wird mit dem dreifachen Volumen absoluten Alkohols versetzt, dazu nach einigen Stunden 1 Volumen 50proz. Lösung von Mastix in absolutem Alkohol gegeben,

---

[1]) Ausführliches über die „Bleimethode" siehe Rosenthaler, Grundzüge der chemischen Pflanzenuntersuchung; Berlin, Springer; 21ff. (1904).
[2]) B. **40**, 4314 (1907).
[3]) D. R. P. 71309 (1891).
[4]) E. Pribram, Arch. f. Exper. Pathol. u. Pharm. **51**, 379 (1904).
[5]) Bioch. **7**, 407 (1908).
[6]) Ann. Chim. anal. appl. **13**, 17, 97 (1908).
[7]) J. pr. (2) **25**, 431 (1882). — Bechhold, Z. phys. **48**, 385 (1904).
[8]) Magisterdissertation, Charkow 1903. — Arch. **242**, 225 (1904). — Ebenso verfährt Wunderlich, Arch. **246**, 225 (1908).
[9]) Bioch. **2**, 219 (1906). — **3**, 109 (1907). — **5**, 365 (1907). — Michaelis, Pinkussohn und Rona, Bioch. **6**, 1 (1907).

dann mit Wasser verdünnt, bis der Alkoholgehalt der Gesamtflüssigkeit höchstens noch 30 Proz. beträgt.[1]) Dann wird schwach mit Essigsäure angesäuert oder in 1 l Flüssigkeit mit etwa 10—15 ccm 10proz. Lösung von Magnesiumsulfat versetzt. Die eiweißfreie Flüssigkeit kann sofort filtriert werden, es ist jedoch vorteilhaft, einige Zeit mit dem Filtrieren zu warten. Bei eiweißarmen Flüssigkeiten, etwa bis $^1/_2$ Proz. Eiweiß, ist die Vorbehandlung mit Alkohol natürlich unnötig. In diesem Falle fügt man einfach zu der mit Essigsäure angesäuerten Flüssigkeit so viel 20proz. alkoholische Mastixlösung, daß der Alkoholgehalt der ganzen Flüssigkeitsmenge 30 Proz. nicht übersteigt, und koaguliert durch geringe Mengen Kupferacetat.

5. Oxydations- und Reduktionsmittel. — Kondensationsmittel.

Durch Zusatz geringer Mengen von Oxydations- oder Reduktionsmitteln können manchmal Verunreinigungen entfernt werden, deren man sonst auf keinerlei Weise Herr wird.

Als Oxydationsmittel wird zumeist **Kaliumpermanganat**[2]), das schon **Gößmann** zum Entfärben von Harnsäure, Hippursäure und Cyanursäure empfohlen hat,[3]) seltener **Chromsäure**[4]), **Natriumhypochlorit**[5]) oder **salpetrige Säure**[6]) verwendet.

Von Reduktionsmitteln kommt in erster Linie **schweflige Säure**[7]), dann noch **Zinnchlorür**[8]) in Betracht.

Kohlenwasserstoffe werden von sauerstoffhaltigen Begleitern und ebenso von Jod und Jodwasserstoff[9]) durch Kochen mit metallischem **Natrium** befreit.[10])

Endlich kann man in manchen Fällen durch Zusatz von etwas **Aluminiumchlorid, Chlorschwefel, konzentrierter Schwefelsäure, Chlorzink** oder anderen **Kondensationsmitteln** leichter angreifbare Verunreinigungen zur Abscheidung bringen. (Siehe S. 18.)

---

[1]) Man kann auch die Alkoholfällung umgehen. Siehe Bioch. **5**, 365 (1907).
[2]) Knorr, B. **17**, 549 (1894). — v. Schmidt, M. **25**, 288 (1904). — Prinz, J. pr. (2) **24**, 355 (1881). — Bechhold, B. **23**, 2144 (1890).
[3]) Ann. **99**, 373 (1856).
[4]) Königs u. Geigy, B. **17**, 593 (1894). — Luck, Z. anal. **16**, 61 (1877) Reinigung des Anthrachinons.
[5]) Wöhler, Ann. **50**, 1 (1844). — Fr. Pat. 371900 (1907).
[6]) Prinz, J. pr. (2) **24**, 355 (1881).
[7]) Merz und Mühlhauser, B. **3**, 713 (1870). — Orndorff und Bliss, Ann. **18**, 457 (1896). — Knorr und Fertig, B. **30**, 939 (1897).
[8]) Klages, B. **39**, 2357 (1906). — Thiele, Ch. Ztg. **25**, 563 1901. — D. R. P. 65131 (1892). — D. R. P. 67696 (1893).
[9]) Lucas, B. **21**, 2510 (1888). — Liebermann und Spiegel, B. **22**, 135 (1889). — Spiegel, B. **41**, 884 (1908).
[10]) Bamberger, Ann. **235**, 369 (1886). — Levy, B. **40**, 3659 (1907). — Dabei können unter Umständen Umlagerungen (Verwandlung einer Allyl- in eine Propenylgruppe) eintreten: Semmler, B. **41**, 1771, 1773 (1908).

Zweiter Abschnitt.

Umkrystallisieren.

I. Auswahl des Lösungsmittels.

Durch einen Vorversuch überzeugt man sich, ob eines der gebräuchlichen Lösungsmittel zum Umkrystallisieren besonders geeignet
ist; eventuell kann auch ein Gemisch gute Resultate geben.

Besprechung der einzelnen Lösungsmittel.

Wasser.

Manche Substanzen, welche aus Wasser gut krystallisieren, vertragen das Kochen mit demselben nicht. Hierher gehören viele Ester,
die dabei Verseifung erleiden, ferner die Trihalogenverbindungen der
Brenztraubensäure, das Aloin, die Diazobenzolsulfosäuren, Benzoyla-
minooxybuttersäure[1]) usf.

Körper, die durch den Luftsauerstoff verändert werden,
krystallisiert man im Kohlendioxyd- oder Wasserstoffstrome um, oder
setzt der Lösung etwas Schwefelwasserstoff oder schweflige Säure[2]) zu.

Viele Körper sind in reinem Wasser sehr schwer löslich, oder
werden durch dasselbe verändert. In solchen Fällen hilft oft ein
Zusatz von geringen Mengen Mineralsäure oder Alkali. Beispielsweise
werden manche Derivate des Pyridins am besten aus schwach salz-
säure- oder salpetersäurehaltigem Wasser (oder Alkohol) umkrystallisiert.[3]) Viele Sulfosäuren[4]) erhält man am besten aus verdünnter Schwefelsäure. Die normalen Gold- und Platindoppelsalze
verlieren oftmals beim Umkrystallisieren Salzsäure oder werden ganz
zersetzt, wenn man nicht salzsäurehaltiges Wasser benützt.[5]) —
Oxalsäurehaltiges Wasser verwenden Nölting und Wortmann.[6])
Aus Alaunwasser krystallisieren Schunck und Römer das Purpurin.[7])

Während bei vielen Substanzen der Säurezusatz die Löslichkeit
erhöht, kann man andrerseits in Wasser allzuleicht lösliche Salze
aus konzentrierteren Säuren, in denen dieselben oftmals schwerer
löslich sind, sehr wohl erhalten.

Dies ist bei vielen Aminosäuren der Fall, ebenso bei den Chlorhydraten von Pyridinmonocarbonsäuren.

---

[1]) E. Fischer und Blumenthal, B. **40**, 113 (1907).
[2]) Z. B. Schüler, Arch. **245**, 266 (1907).
[3]) Weidel und Herzig, M. **1**, 5 (1880). — Bischoff, Ann. **251**, 377 (1889).
[4]) Lönnies, B. **13**, 704 (1880).
[5]) E. Fischer, B. **35**, 1593 (1902). — Siehe auch S. 275.
[6]) B. **39**, 638 (1906).
[7]) B. **10**, 551 (1877). — Über Verwendung von Boraxlösungen siehe Palm,
Z. anal. **22**, 324 (1883).

Auch Zusatz von Alkali kann von Vorteil sein. So werden viele Aminosäuren am besten aus Ammoniakwasser[1]), manche Ester aus sehr verdünnter Sodalösung umkrystallisiert.

Nach Duyk lösen sich die Terpenalkohole, nicht aber deren Ester, in 45—50proz. Natriumsalicylatlösung. Die Alkohole können durch Wasser wieder aus dieser Lösung herausgefällt werden.[2])

Auch viele Harze und Gummiharze sind in konzentrierter Natriumsalicylatlösung löslich.[3])

Krystallwasser. Sehr zahlreiche Substanzen krystallisieren mit Krystallwasser. Gewöhnlich läßt sich dasselbe durch Trocknen bei genügend hoher Temperatur ohne Zersetzung der Substanz austreiben; eventuell ist dabei Evakuieren von Vorteil. Manche Körper, namentlich Salze von Erdalkalien, verlieren ihr Krystallwasser erst bei sehr hoher Temperatur (200—300°). Andere, wie fast alle Betaine, sind in krystallwasserfreiem Zustande außerordentlich hygroskopisch.

Zum vollkommenen Entwässern von Salzen ist oft, auch wenn zum Trocknen sehr hohe Temperaturen angewendet werden, mehrfaches, feinstes Zerreiben der Substanz notwendig.[4]) Über die Bestimmung des Krystallwassers in Substanzen, die kein Erhitzen vertragen, siehe S. 79 und 81.

Im allgemeinen beträgt der Krystallwassergehalt 1, 2, 3 oder auch mehr ganze Moleküle, doch kommt gelegentlich auch ein Gehalt von $1/_2$, $1^1/_2$ (acridonsulfosaures Barium[5]), $1/_6$ (bei manchen Kohlenhydraten), $1/_4$ (Phenylparakonsäure[6]), $2/_3$ (Phenyldihydro-ß-naphtotriazin[7]) u. dgl. vor.

Manchmal wechselt der Krystallwassergehalt bei verschiedenen Darstellungsweisen ohne angebbaren Grund. Bei vielen Körpern kann man verschiedene Hydrate erhalten, wenn man die Temperatur des Auskrystallisierens oder das Lösungsmittel variiert.

Anorganische Lösungsmittel.

Phosphortrichlorid und Phosphoroxychlorid sind nach Oppenheim[8]) gute Krystallisationsmittel für aromatische Nitrokohlenwasserstoffe; Thionylchlorid ist sehr geeignet zum Umkrystallisieren der Anhydride von Orthodicarbonsäuren (Hans Meyer).

---

[1]) Weidel, M. 8, 132 (1887). — Tiemann, B. 13, 384 (1880). — Posen, Ann. 195, 144 (1879). — Marckwald, B. 27, 1319 (1894). — Hans Meyer, M. 21, 977 (1900). — Spiegel, B. 37, 1763 (1904). — Siehe auch S. 42.
[2]) Ber. v. Roure-Bertrand Fils (1) 4, 14 (1902). — Ähnlich wirkt konzentrierte Resorcinlösung: Schimmel & Co.; siehe Ber. v. Roure-Bertrand Fils (2) 7, 79 (1908). — Siehe unter Umscheiden S. 35.
[3]) Conrady, Pharm. Ztg. 1892, 180.
[4]) Kiliani und Loeffler, B. 37, 3614 (1904).
[5]) Schöpf, B. 25, 1981 (1892).
[6]) Fittig, Ann. 330, 302 (1903).
[7]) Goldschmidt und Poltzer, B. 24, 1003 (1891).
[8]) B. 2, 54 (1869).

Mineralsäuren. Starke Säuren (Salzsäure, Salpetersäure, Schwefelsäure) besitzen oft die Eigenschaft, die ein Rohprodukt begleitenden Harze ungelöst zu lassen.[1])

Dimethylureidamidoazin kann überhaupt nur aus konzentrierter Schwefelsäure oder Salzsäure umkrystallisiert werden.[2])

αα- und ββ-Dimethyladipinsäure[3]) lassen sich nur dadurch voneinander trennen, daß erstere aus konz. Salzsäure krystallisiert werden kann, während letztere darin gelöst bleibt.

Caryophyllinsäure[4]) ist nur aus konz. Salpetersäure krystallisiert zu erhalten, und ähnlich verhält sich das d-Tetranitronaphthalin.[5])

Scholl und Mansfeld[6]) krystallisierten das Tetranitrotetraoxyanthrachinonazin aus Salpetersäure 1,4, und auch für die Trinitrochinolone[7]) ist Salpetersäure das beste Krystallisationsmittel, ebenso für Hexanitroazobenzol.[8])

. Konzentrierte Schwefelsäure[9]) verwendet man gewöhnlich so, daß man die Substanz durch vorsichtiges Erwärmen löst und nach dem Erkalten auf Eiswasser gießt.

Kaufler[10]) stellte die schwefelsaure Lösung von Indanthren über Wasser unter eine Glasglocke.

Zum Umkrystallisieren von Diazobenzolsulfosäure wird am besten Flußsäure[11]) benutzt.

Über flüssiges Schwefeldioxyd als Lösungsmittel siehe D. R. P. 68474 (1893), über flüssiges Ammoniak D. R. P. 113291 (1901). — Umkrystallisieren aus Hydrazinhydrat: Curtius, Darapsky und Bockmühl, B. 41, 350 (1908).

Alkohole.

Manche empfindliche Substanzen lassen sich aus siedendem Methylalkohol, aber nicht mehr aus Äthylalkohol umkrystallisieren.

Bebirin kann nur aus Methylalkohol krystallisiert werden (siehe Seite 23). Hydroergotinsulfat wird durch heißen Alkohol zersetzt, läßt sich aber aus schwach erwärmtem krystallisieren.[12])

Zum Umkrystallisieren sehr empfindlicher Ester setzt Herzig[13])

---

[1]) Baeyer, Ann. 127, 26 (1863). — Lönnies, B. 13, 704 (1880).
[2]) Piloty, Ann. 333, 44 (1904).
[3]) Crossley und Renouf, Soc. 89, 1553 (1906).
[4]) Mylius, B. 6, 1053 (1873).
[5]) Will, B. 28, 369 (1895).— Diphenylhydantoin: Biltz, B. 41, 1385 (1908).
[6]) B. 40, 329 (1907).
[7]) Decker, J. pr. (2) 64, 99 (1901).
[8]) Leemann und Grandmougin, B. 41, 1297 (1908).
[9]) Baeyer, Ann. 127, 26 (1863). — Herzig und Wenzel, M. 22, 230 (1901). — Niementowski, J. pr. (2) 40, 22 (1889). — Bromberger, Diss. Berlin, 34 (1903). — Houseman, Dissert. Würzburg 15 (1906).
[10]) B. 36, 931 (1904).
[11]) Lenz, B. 12, 580 (1879).
[12]) Kraft, Arch. 245, 645 (1907).
[13]) M. 22, 608 (1901).

dem Alkohol eine geringe Menge Ätzkali zu. Baeyer verwendet für denselben Zweck Natriumalkoholat.[1])

Manchmal muß der verwendete Alkohol eine ganz bestimmte Konzentration besitzen; so krystallisiert das Digitonin[2]) nur aus 85 proz. Äthylalkohol, und ähnlich verhält sich die Maltose[3]). Choleinsaures Barium[4]) ist weder in absolutem Alkohol noch in Wasser löslich, wohl aber — infolge einer Hydratbildung — in verdünntem Alkohol.

Goldschmiedt[5]) machte beim Tetrahydropapaverin die überraschende Beobachtung, daß die Base aus verdünntem Holzgeist mit Krystallalkohol, aus absolutem Methylalkohol dagegen ohne den letzteren erhalten wird.

Für das Umkrystallisieren von Ketonreagentien muß der Methylalkohol acetonfrei sein.

Aminosäuren krystallisiert man aus ammoniakhaltigem Alkohol (Hofmeister[6]). Doppelsalze organischer Basen (Platin-, Goldsalze) lassen sich gewöhnlich gut aus salzsäurehaltigem Alkohol umkrystallisieren, ebenso Sulfate aus schwefelsäurehaltigem Alkohol[7]).

Auch sonst empfiehlt sich der Zusatz kleiner Mengen Schwefelsäure in vielen Fällen: so steigt der Schmelzpunkt des auf andere Weise nicht weiter zu reinigenden Pseudobaptisins[8]) durch Kochen der Substanz mit etwas Schwefelsäure enthaltendem Alkohol von 298 auf 303—304°.

V. Meyer hat schwer veresterbare Säuren von leicht veresterbaren Begleitern in gleicher Weise getrennt.

Amylalkohol[9]) ist ein sehr brauchbares Krystallisationsmittel, namentlich auch für manche Chlorhydrate[10]), nur muß er vor dem Gebrauche sorgfältig gereinigt werden.

Ferner werden Isobutylalkohol[11]) und Allylalkohol[12]) benutzt. Ersterer ist das beste Krystallisationsmittel für hochmolekulare Kohlenwasserstoffe.[13])

Krystallalkohol. Sowohl Methyl- und Äthyl- als auch Allyl-[12]) und Amylalkohol[10, 14]) können Molekularverbindungen eingehen. Ge-

[1]) B. **37**, 2874 (1904).
[2]) Kiliani, B. **24**, 339 (1891). — Arch. **231**, 461 (1893).
[3]) Herzfeld, B. **12**, 2120 (1879).
[4]) Mylius, B. **20**, 1970 Anm. (1887).
[5]) M. **19**, 327 (1898).
[6]) Ann. **189**, 16 (1877).
[7]) Biedermann, Arch. **221**, 181 (1883).
[8]) Gorter, Arch. **244**, 403 (1906).
[9]) Niementowski, J. pr. (2) **40**, 22 (1889). — Escales, B. **37**, 3600 (1904). — Willstätter und Kalb, B. **37**, 3765 (1904). — Kaufler und Imhoff, B. **37**, 4708 (1904).
[10]) Küster, B. **27**, 573 (1904).
[11]) Latschinow, B. **20**, 3275 (1887).
[12]) Mylius, B. **19**, 373 (1886).
[13]) Krafft, B. **40**, 4782 (1907).
[14]) Nenzki, A. Pth. **20**, 328 (1884).

legentlich ist dieser Alkohol sehr fest gebunden, und kann selbst über 120° beständig sein.[1])

Im allgemeinen wird aber der Krystallalkohol durch Trocknen bei 100° quantitativ ausgetrieben.

Über die Bestimmung des Krystallalkohols siehe unter „Methoxylbestimmung" S. 734.

Krystallalkohol neben Krystallwasser enthält das Conchairamin[2]).

Glycerin[3]) wird sowohl für sich als auch in Mischungen mit Wasser und Alkohol benutzt.

Äthyläther.

Der käufliche Äther enthält Verunreinigungen, welche öfters zu Schmierenbildung Veranlassung geben. Namentlich ist es häufig nötig, alkoholfreien und trockenen Äther zu verwenden.

Von Alkohol befreit man den Äther durch wiederholtes Schütteln mit wenig Wasser. Man trocknet dann durch Chlorcalcium, geschmolzenes Natriumsulfat oder Phosphorpentoxyd und schließlich mit Natriumdraht, oder nach Lassar-Cohn[4]) mit der flüssigen Legierung von zwei Teilen Kalium und einem Teil Natrium. Der Äther muß aber in jedem Falle noch von dem Trocknungsmittel abdestilliert werden.

Guignes[5]) empfiehlt den Äther über Kolophonium (50 g auf einen Liter) zu destillieren, um ihn von Alkohol zu befreien.

Beim Eindampfen von ätherischen Lösungen sind öfters Explosionen beobachtet worden.[6]) Verwendet man frisch durch Schütteln mit Lauge gereinigten und destillierten Äther, so ist wohl jede Gefahr ausgeschlossen.

Brühl empfiehlt[7]), da die explosible Substanz wahrscheinlich Wasserstoff- oder Äthylsuperoxyd ist, den Äther vor der Destillation mit Permanganat durchzuschütteln, welches Superoxyde rasch zerstört.

Ebensogut wirkt Natriumsulfitlösung oder Trocknen mit Natrium allein.

Über die oxydierenden Wirkungen unreinen Äthers siehe Ditz, Ch. Ztg. 25, 705 (1901), B. 38, 1409 (1905), — Decker, B. 36, 1212 (1903), — Rossolimo, B. 38, 774 (1905), — E. Fischer, B. 40, 387 (1907).

Entpolymerisierende Wirkung des Äthers: Diels und Stephan, B. 40, 4339 (1907). — Siehe S. 29.

---

[1]) Freund, B. 40, 201 (1907).
[2]) Hesse, Ann. 225, 247 (1884).
[3]) Erdmann, Ann. 275, 258 (1893). — D. R. P. 46252 (1889) — D. R. P. 141976 (1903). — Nietzki und Becker, B. 40, 3398 (1907).
[4]) Ann. 284, 229 (1895).
[5]) Journ. pharm. Chim. (6) 24, 204 (1906).
[6]) Schär, Arch. 225, 623 (1887). — Legler, B. 18, 3343 (1885). — Cleve, Proc. 92, 15 (1891).
[7]) B. 28, 2858 Anm. (1895). — Wolffenstein, B. 28, 2265 (1895).

Krystalläther: O. Fischer und Ziegler, B. **13**, 673 (1880). — O. Fischer und Hepp, Ann. **286**, 235 (1895). — Lagodzinski, Ann. **242**, 110 (1887). — Baeyer, B. **37**, 2874 (1904). — Liebermann und Danaila, B. **40**, 3592 (1907).

Willstätter und Pfannenstiehl[1]) erhitzen zur Bestimmung des Krystalläthers das Rhodophyllin auf 105 - 140° und fangen das Übergehende in einer mit Kohlensäure-Äthergemisch gekühlten Vorlage auf. Die Dämpfe des Krystalläthers werden auf ihrem Wege über metallisches Natrium geleitet. — Bequemer wäre wohl eine Äthoxylbestimmung (s. Seite 735).

Aceton und seine Homologen.

Aceton ist namentlich wegen seiner Leichtflüchtigkeit und leichten Mischbarkeit mit Wasser sehr verwendbar, reagiert aber bekanntlich mit vielen Stoffen. Für das Umkrystallisieren leicht veresterbarer Säuren muß es alkoholfrei sein.[2])

Krystallaceton: Mylius, B. **19**, 373 (1886). — Gaze, Beilst. III, 800. J. B. 1897, I, 100. — Zwei Moleküle: Abenius J. pr. (2) **47**, 188 (1893).

Methyläthylketon haben Diels und Abderhalden[3]) verwendet, und ebenso wird dasselbe sowie Äthylbutylketon und Valeron von Beringer[4]) als gutes Lösungsmittel empfohlen.

Fettkohlenwasserstoffe und Derivate.

Ligroin (Petroläther). Da das Ligroin kein einheitlicher Körper ist, kann man bei unvorsichtigem Arbeiten leicht dadurch irregeleitet werden, daß beim heißen Lösen einer Substanz der leichter flüchtige Anteil des Ligroins sich verflüchtigt; in dem zurückbleibenden höher siedenden Kohlenwasserstoffgemische ist dann gewöhnlich die Substanz leichter löslich und krystallisiert nicht mehr aus. Es empfiehlt sich daher, die zwischen 60 und 80° siedende Partie, den sog. Petroläther, herauszufraktionieren und zu verwenden.[5])

Gelegentlich werden auch höher siedende Fraktionen verwendet, so von Gerber die Fraktion 100—140°[6]), von Willstätter und Benz[7]) die Fraktion 120—160°. In Petroläther lösen sich nicht sehr

---

[1]) Ann. **358**, 231 (1908).
[2]) Hesse, J. pr. (2) **76**, 2 (1907).
[3]) B. **36**, 3179 (1903). — Acetophenon: Bucher, Am. Soc. **30**, 1244 (1908).
[4]) D. R. P. 104 106 (1899).
[5]) Dimethylhomophthalimid z. B. kann nur aus bei 60—80° siedendem Ligroin umkrystallisiert werden, da es in niedriger siedendem unlöslich ist. Tiemann und Krüger, B. **26**, 2687 (1893).
[6]) Diss. Basel (1889), S. 46, 47, 61, 73. — Täuber und Löwenherz, welche sich, B. **25**, 2597 (1892) ohne nähere Angaben auf die Gerbersche Arbeit beziehen, sprechen von „hochsiedendem Petroleum", was zu Täuschungen Veranlassung geben kann.
[7]) Ann. **358**, 279 (1908).

viele Substanzen, werden aber daraus besonders rein erhalten.[1])
Dafür ist das Ligroin in Mischung mit anderen Lösungsmitteln (Benzol, Äther, Chloroform) vielfach in Gebrauch. (Siehe unter Ausfällen.) Zur Reinigung[2]) des Petroläthers, die manchmal unerläßlich ist, schüttelt man mit konzentrierter Schwefelsäure und destilliert.
Paraffin hat Jacobsen zum Lösen von Indigo verwendet[3]), zum gleichen Zwecke verwendet Wartha Petroleum.[4])

Chloroform tritt oftmals als Krystallverbindung auf[5]), und ist dann manchmal so fest gebunden, daß es nicht leicht ist, dasselbe durch einfaches Erhitzen auszutreiben; so muß man die Chloroformverbindung des Leukonditoluylenchinoxalins auf 140° erhitzen, um sie zu zersetzen. (Nietzki und Benkiser a. a. O.)

Schmiedeberg[6]) mußte, um im Chloroformcolchicin das Chloroform zu bestimmen, das letztere durch Wasserdampf abtreiben; das Destillat wurde über glühenden Kalk geleitet, und in diesem das aufgenommene Chlor bestimmt. Das Leprarinchloroform[7]) dagegen wird schon durch Erwärmen mit Wasser in seine Komponenten zerlegt.

Basische Substanzen zerlegen beim Kochen mit Chloroform das Lösungsmittel[8]) und gehen dabei in Formiate und Chlorhydrate über; selbst Hydrazide und Hydrazone können auf diese Weise unter Umständen Zerlegung erleiden. (Hans Meyer).

Tetrachlorkohlenstoff ist das beste Lösungsmittel für Paraffine.[9]) Es ist auch für die Isolierung von Chinolinsäureanhydrid[10]) benutzt worden. Auch Krystalltetrachlorkohlenstoff ist schon beobachtet worden.[11]) Acetylentetrachlorid[12]) wird in Patenten[13]) empfohlen und auch von Friedländer angewendet[14]), Tetrachlor-

---

[1]) Weselsky und Benedikt, M. 3, 388 (1882). — Liebermann, B. 23, 142 (1890). — Tiemann und Krüger, B. 26, 2687 (1893).
[2]) Nölting und Schwarz, B. 24, 1606 (1891).
[3]) Jb., 1872, 682. — B. 25, R. 488 (1892).
[4]) B. 4, 334 (1871).
[5]) Zeisel, M 7, 571 (1886). — Nietzki und Benkiser, B. 19, 776 (1886). — Wedekind, B. 36, 3795 (1903). — Schmidt, Arch. 225, 147 (1887). — Arch. 228, 625 (1890). — Nietzki und Kehrmann, B. 20, 325 (1887). — Anschütz, Ann. 273, 77 (1893). — D.R.P. 69708 (1893). — D.R.P. 70158 (1893). — D.R.P. 70614 (1893). — Stobbe, B. 37, 2657 (1904). — Liebermann und Danaila, B. 40, 3592 (1907).
[6]) Inaug.-Diss. Dorpat (1866), S. 19.
[7]) Kassner, Arch. 239, 44 (1901).
[8]) Gordin und Merrell, Arch. 239, 636 (1901).
[9]) Graefe, Ch. Rev. 13, 30 (1906).
[10]) Philips, Ann. 288, 255 (1895). — Siehe außerdem Tritsch, Dissert. Zürich (1907), S. 27.
[11]) Anschütz, Ann. 359, 201 (1908).
[12]) Über dieses Lösungsmittel, sowie Dichloräthylen, Trichloräthylen, Perchloräthylen und Pentachloräthan siehe Konsortium f. elektrochemische Industrie, Nürnberg, Ch. Ztg. 31, 1095 (1907), ferner Chem. Fabr. Griesheim Elektron, Ch. Ztg. 32, 256 (1908). — Konsort. el. Ind., Ch. Ztg. 32, 529 (1908).
[13]) Fr. P. 368738 (1906). — D. R. P. 175379 (1907).
[14]) M. 28, 991 (1907)

äthan für Kohlensäureester von Phenolen[1]) und für Tetranitrohydro-
diphenazin[2]), ebenso werden Äthylenbromid[3]), Äthylnitrit[4]),
Jodmethyl[5]), Jodäthyl und Dimethylsulfat[6]) gelegentlich mit
Erfolg verwendet.

Schwefelkohlenstoff[7]) muß vor dem Gebrauche gereinigt
werden, was entweder durch Mischen mit dem gleichen Volumen
Olivenöl und Abdestillieren bei niedriger Temperatur, oder durch
Schütteln mit metallischem Quecksilber[8]) leicht bewirkt werden kann.

Aliphatische Säuren und ihre Derivate.

Ameisensäure hat Aschan[9]) namentlich in der hydroaromatischen Reihe, auch in Mischung mit Essigsäure, mit Erfolg angewendet, ebenso fand es Baeyer[10]) bewährt. Ameisensäuremethyl-
ester ist wegen seines niederen Siedepunktes für die Isolierung flüchtiger Substanzen sehr geeignet.[11])

Eisessig entfernt man im Vakuum über Ätzkalk oder Natronkalk, Essigsäureanhydrid[12]), das namentlich auch zum Umkrystallisieren von Dicarbonsäurehydriden dient, über Stangenkali.

Acetylchlorid haben Stobbe[13]) und E. Fischer[14]) zum Reinigen
von Säureanhydriden und Chloriden angewendet. Es ist zu beachten,
daß diese Lösungsmittel acylierend wirken können.

Krystallessigsäure: Latschinoff, B. **20**, 1046 (1878). —
Niementowski, J. pr. (2) **40**, 22 (1889). — Liebermann u. Voß-
winckel, B. **37**, 3346 (1904). — Zwei Moleküle: Willstätter und
Parnas, B. **40**, 3974 (1907).

Essigsäureäthylester ist ein vielfach erfolgreich angewandtes

---

[1]) Suhl, Dissert. Marburg 1906, S. 46, 48. — Tribromoxyphthalanhydrid:
Zincke und Buff, Ann. **361**, 241 (1908).

[2]) Leemann und Grandmougin, B. **41**, 1303 (1908).

[3]) Dziewónski. B. **36**, 3773 (1903). — Beckmann, Ch. Ztg. **30**, 484
(1906). — Anschütz, Ann. **359**, 199 (1908). — Leemann und Grandmougin,
Bd. **41**, 1301, 1303 (1908). — Krystalläthylenbromid: Spallino, Ch. Ztg. **31**,
950 (1907).

[4]) Baeyer, B. **29**, 23 (1896).

[5]) Baeyer, B. **38**, 586 (1905).

[6]) Gomberg, B. **40**, 1855 (1907). — Valenta, Ch. Ztg. **30**, 266 (1906). —
Graefe, Chem. Rev. **1907**, 112.

[7]) Über dessen Anwendung siehe Juppen und Kostanecki, B. **37**, 4161
(1904).

[8]) Sidot, C. r. **69**, 1303 (1870). — Arctowski, Z. anorg. **6**, 257 (1900).

[9]) Ann. **271**, 266 (1892).

[10]) B. **38**, 589, 1161 (1905). — Bischoff, B. **40**, 3140 (1907).

[11]) Hans Meyer, B. **37**, 3592 (1904).

[12]) Goldschmiedt und Strache, M. **10**, 157 (1889). — Hans Meyer,
M. **25**, 489 (1904). — Baeyer u. Villiger, B. **37**, 2860 (1904). — Niemen-
towski, B. **38**, 2046 (1905). — Horrmann, Dissert. Kiel (1907), S. 35. —
Biltz, B. **40**, 2635 (1907).

[13]) B. **37**, 2659 (1904).

[14]) Unters. üb. Aminosäuren 430 (1906).

Krystallisationsmittel. Er wird sowohl für sich[1]), als auch namentlich in Mischungen, so mit $^1/_3$ Proz. Wasser[2]), benutzt.

Amylacetat benutzen Willstätter und Hocheder[3]), Methylacetat Winterstein und Hiestand[4]).

Krystallessigester, der erst bei 150° entweicht: Liebermann und Lindenbaum B. **37**, 1175 (1904).

Von den höher molekularen Säuren werden Stearinsäure[5]) und Ölsäure[6]) angewendet. Oxalsäureester erwähnt Bischoff.[7])

Acetessigester wird öfters angewendet[8]), kann aber infolge Bildung von Dehydracetsäure (Schmp. 108°) zu Täuschungen Anlaß geben.[9])

In Formamid und Acetamid sind Albumosen und Peptone leicht löslich.[10])

Lösungsmittel der aromatischen Reihe.

Benzol und seine Homologen. Von ihren störenden Verunreinigungen reinigt man die aromatischen Kohlenwasserstoffe am besten nach Haller und Michel[11]) durch Erhitzen mit einem Prozent Aluminiumchlorid, Waschen mit Soda und Destillieren.

Zum gleichen Zwecke empfehlen Lippmann und Pollak Chlorschwefel.[12])

Schwefelkohlenstoff wird durch Durchleiten von feuchtem Ammoniak entfernt. Man trocknet dann die Kohlenwasserstoffe, indem man sie am Rückflußkühler mit metallischem Natrium kocht.[13]) — Reinigung von Toluol: Staedel, Ann. **283**, 165 (1894).

Manche Substanzen, die in siedendem Benzol fast unlöslich sind lösen sich leicht in den ein höheres Erhitzen gestattenden Homologen.[14])

Krystallbenzol kann sehr fest gebunden sein; so läßt sich dasselbe aus dem Thioparatolylharnstoff selbst durch vierstündiges Erhitzen auf 100—109° nur zum Teile austreiben.[15])

---

[1]) Z. B. M. **25**, 285 (1904). — Siehe auch. S. 509, 511, 543 und 794.

[2]) Pyman, Soc. **91**, 1229 (1907).

[3]) Ann. **354**, 253, (1907).

[4]) Z. physiol. **54**, 292 (1908).

[5]) Jacobsen, Jb. **1872**, 682.

[6]) D. R. P. 38417 (1886). — E. P. 10695 (1886).

[7]) B. **40**, 2805, 3164 (1907).

[8]) O. Fischer, B. **36**, 3624, 3625 (1903). — Hesse, J. pr. (2) **73**, 152 (1906). — Nachmann, Diss. Berlin (1907), S. 23. — O. Fischer und Schindler, B. **41**, 391 (1908).

[9]) Hesse, J. pr. (2) **77**, 390 (1908).

[10]) Ostromysslensky, J. pr. (2) **76**, 267 (1907).

[11]) Bull. (3) **15**, 390 (1896).

[12]) M. **23**, 669 (1902).

[13]) Schwalbe, Ztschr. f. Farb. u. Text. **3**, 462 (1904). — Siehe auch Liebermann u. Seyewetz, B. **24**, 788 (1891).

[14]) Xylol: z. B. Baeyer u. Villiger, B. **37**, 2873 (1904). — (Pseudo-) Cumol: Tschirner, Diss. Zürich (1900), S. 194. — B. **33**, 959 (1900). — Dziewónski, B **36**, 3769 (1903). — Scholl, B. **40**, 394 (1907).

[15]) Truhlar, B. **20**, 669 (1887). — Siehe auch Tschitschibabin, B. **41**, 2424 (1908).

Ein halbes Molekül Krystallbenzol beobachtete Bosset[1]), ein viertel Molekül Liebermann und Lindenbaum.[2])

Naphthalin[3]) ist für schwer lösliche Farbstoffe[4]), wie für den Indigo[5]), das Nitroalizarinblau[6]) das $\alpha\beta$-Naphthazin und Triphendioxazin[7]) anwendbar. Die erkaltete Masse wird mit Alkohol oder Äther ausgekocht, um das Naphthalin zu entfernen.[8]) Ähnliche Verwendung finden Anilin[9]), Chlorbenzol [für α-Naphthylamin[10]), Tetranitrodichlorazobenzol, Tetranitro- und Tetrachlor-Hydrodiphenazin[11]), Anthrachinon und Anthrachrysonderivate[12])], Dimethylanilin[13])[14]), Nitrobenzol[15])[16]), Phenol[9])[17]), Anisol[18]) und Hexachlorbenzol[19]).

Krystallphenol: Arch. **224**, 625 (1886) — B. **20**, 3278 (1887). Ann. **272**, 280 (1892).

Krystallanilin: D.R.P. 135561 (1902).

Äthylbenzoat[20]) wird nicht selten verwendet, und auch für die Benützung des Benzylbenzoates[21]) findet sich eine Literaturangabe. — Krystallaetylbenzoat: Spallino, Ch. Ztg. **31**, 950 (1907).

---

[1]) B. **37**, 3196 (1904).
[2]) B. **35**, 2917 (1902).
[3]) Siehe auch D.R.P. 123695 (1901).
[4]) Fischer und Römer, B. **40**, 3409 (1907).
[5]) Witt, B. **19**, 2791 (1886). — Clauser, Öst. Ch. Ztg. **2**, 521 (1899). — Schneider, Z. anal. **34**, 349 (1895).
[6]) D. R. P. 59190 (1891).
[7]) Seidel, B. **23**, 184 (1890).
[8]) Siehe S. 437.
[9]) Gerber, Diss. Basel 50 (1889). — Kley, Rec. **19**, 12 (1899). — Aguiar u. Baeyer, Ann. **157**, 367 (1871). — Nietzki u. Becker, B. **40**, 3398 (1907).
[10]) D.R.P. 188184 (1907).
[11]) Leemann und Grandmougin, B. **41**, 1293, 1303, 1304 (1908).
[12]) D.P.A.C. 14844 (1906).
[13]) Ann. **272**, 165 (1893). — Kaufler und Borel, B. **40**, 3255 (1907). — Kaufler und Karrer, B. **40**, 3264 (1907).
[14]) Möhlau und Fritzsche, B. **26**, 1035 (1893). — D. R. P. 73354 (1894).
[15]) Graebe und Philips, B. **24**, 2298 (1891). — Gabriel, B. **19**, 837 (1886). — Dziewónski, B. **36**, 3770, 3773 (1903). — Kaufler und Borel, B. **40**, 3254 (1907). — Bamberger, B. **28**, 848 (1895).
[16]) Fischer und Römer, B. **40**, 3409 (1907).
[17]) Witt, B. **19**, 2791 (1886). — Mehn, Jb. **1872**, 682. — Baeyer, B. **12**, 1315 (1879). — Stülcken, Diss. Kiel 38 (1906).
[18]) Noelting, B. **37**, 2597 (1904). — Hougoundry, Jb. **1897** I 91. — Gnehm und Kaufler, B. **37**, 3032 (1904). — Kaufler und Karrer, B. **40**, 3263 (1907). — Friedländer, M. **28**, 991 (1907). — O. Fischer und Schindler, B. **41**, 390 (1908).
[19]) Scholl und Berblinger, B. **36**, 3434 (1903).
[20]) Will, B. **28**, 369 (1895). — Kehrmann und Bürgin, B. **29**, 1248 (1896). — Kaufler und Borel, B. **40**, 3256 (1907). — Fischer und Hepp, B. **29**, 367 (1896). — Gabriel, B. **31**, 1278 (1898). — Scholl, B. **40**, 394 (1907). — Leemann und Grandmougin, B. **41**, 1309 (1908). — Siehe hierzu auch S. 22.
[21]) Pharm. Ztg. **49**, 1083 (1904).

Kaufler[1]) hat auch Diphenylamin, Anthracen und β-Naphthol als Krystallisationsmittel benutzt.

Pyridin und seine Derivate.

Pyridin ist das beste Krystallisationsmittel für β-Cyanpyridin[2]) und auch für die gechlorten Derivate des Benzidins und Tolidins sehr am Platze[3]), ebenso für die Reinigung von Osazonen.[4]) Auch sonst wird es vielfach für sonst schwer lösliche Substanzen mit Erfolg gebraucht.[5])[6])[7])[8]) Da das käufliche Produkt infolge eines Gehaltes an Pyrrolbasen und schwefelhaltigen Verbindungen zu Schmierenbildung Veranlassung geben kann, verwende man Pyridin aus dem Zinksalze (Erkner) oder Pyridin „Kahlbaum“.

Krystallpyridin haben Nölting und Wortmann angetroffen[9]), ebenso Spallino.[10])

Die Homologen des Pyridins, die Pikoline und Lutidine, sind als Reinigungsmittel hoch molekularer aromatischer Kohlenwasserstoffe von Bedeutung.

Chinolin wird häufig,[11]) vereinzelt auch Chinaldin[12]) in Verwendung genommen.

Andere, seltener benutzte Krystallisationsmittel.

Unter diesen seien noch Azobenzol[13]), Amylal[14]), Epichlorhydrin[15])[16]), Benzaldehyd[17]), Chloral[18]), Chloralhydrat[19]),

---

[1]) B. **36**, 931 (1903).
[2]) Fischer, B. **15**, 63 (1882).
[3]) Böttiger, Diss. Jena 1891.
[4]) Neuberg, B. **32**, 3384 (1899). — B. **35**, 2631 (1902). — Tutin, Proc. **23**, 250 (1907). — W. Mayer, Diss. Göttingen (1907), S. 26. — Siehe auch S. 623.
[5]) Hill und Sinkar, Soc. **91**, 1501 (1907).
[6]) Bülow, B. **40**, 3797 (1907).
[7]) Fischer und Römer, B. **40**, 3409 (1907). — Fischer und Schindler, B. **41**, 391 (1908).
[8]) Baeyer und Villiger, B. **37**, 2872 (1904). — Basset, B. **37**, 3196 (1904). — Peters, B. **40**, 237 (1907).
[9]) B. **39**, 645 (1906).
[10]) Ch. Ztg. **31**, 950 (1907).
[11]) Hüfner, Z. physiol. **7**, 57 (1883). — D. R. P. 129845 (1902). — Scholl und Berblinger, B. **36**, 3429, 3441 (1903). — Dziewónski, B. **36**, 3772 (1903). — Fischer und Römer, B. **40**, 3409 (1907). — D. P. A. 37 540 (1904). — Kaufler und Borel, B. **40**, 3256 (1907).
[12]) D. R. P. 83 046 (1895).
[13]) Seidel, B. **23**, 184 (1890).
[14]) Von Merklin und Lösekann in Seelze bei Hannover in den Handel gebracht und zu Krystallisationszwecken empfohlen. — Knoevenagel und Weißgerber, B. **26**, 439 (1893).
[15]) Pawlewski, B. **27**, 1566 (1894). — Ch. Ztg. **21**, 97 (1897). — Thiele u. Dimroth, B. **28**, 1412 (1895).
[16]) Tschirch, Die Harze, p. 41 (1906).
[17]) Böck, M. **26**, 590 (1905).
[18]) Baeyer, B. **38**, 1156 (1905).
[19]) Jacobsen, Jb. **1872**, 682.

Methylal[1]), Phthalsäureanhydrid[2]), Thiophen[3]), Dichlor-
hydrin[4]), Amylbromid[5]), Phenylhydrazin[6]), Benzoylchlorid[7]) und Terpentin[5]) genannt.

Mischungen von Lösungsmitteln.

Sehr häufig löst man die umzukrystallisierende Substanz in einem
Lösungsmittel, das sie leicht aufnimmt, und setzt dann vorsichtig
eine zweite Flüssigkeit hinzu, welche krystallinische Fällung verursacht (Aussüßen, Ausspritzen).

Oder man verwendet von Anfang an Gemische von zwei, selbst
drei Lösungsmitteln.

Im allgemeinen liegt dann die Löslichkeit der Substanz in dem
Gemische zwischen derjenigen in den beiden einzelnen Lösungsmitteln,
doch sind auch Ausnahmen bekannt.

Der Fall des choleinsauren Bariums ist schon erwähnt.[8]) Analog
soll nach Oudemans[9]) Cinchonin in Chloroform-Alkohol leichter
löslich sein, als in jedem einzelnen der beiden Lösungsmittel.

Von den meist gebrauchten Gemischen seien

> Wasser-Alkohol,
> Alkohol-(Wasser)-Äther[10]),
> Benzol-Ligroin,[11])
> Benzol-Chloroform,
> Aceton-Wasser,
> Aceton-Alkohol,
> Aceton-Chloroform[12])

angeführt. Gelegentlich geben aber noch andere Mischungen, wie
Pyridin-Benzol[13]), Anilin-Nitrobenzol[14]), Chloroform-Essigester[15]),
Xylol-Petroläther[16]), Schwefelkohlenstoff-Ligroïn[10]), Glycerin-Methyl-
alkohol[17]), oder Phenol-Xylol die besten Resultate.

---

[1]) O. Fischer, B. 36, 3623 (1903). — Willstätter und Benz. Ann. 358,
278, 280 (1908), ebenda: Dimethylacetal.
[2]) Jacobsen, Jb. 1872, 682.
[3]) Liebermann, B. 26, 853 (1893).
[4]) Tschirsch, Die Harze, p. 41 (1906).
[5]) Jones Proc. Cambr. Phil. Soc. 14, 27 (1907).
[6]) Hill und Sinkar, Soc. 91, 1501 (1907).
[7]) Kauffmann und Franck, B. 40, 4011 (1907).
[8]) S. 13.
[9]) Ann. 166, 74 (1873).
[10]) Baeyer, Z. physiol. 3, 303 (1879). — Partheil, B. 24, 636 (1891). —
Liebermann und Cybulski, B. 28, 581 (1895).
[11]) Bülow und Sprösser, B. 41, 491 (1908).
[12]) Z. B. M. 26, 565 (1905).
[13]) O. Fischer und Schindler, B. 41, 491 (1908).
[14]) Stülcken, Diss. Kiel, 37 (1906).
[15]) Soc. 89, 846 (1906).
[16]) J. pr. (2) 344 (1889).
[17]) Erdmann, Ann. 275, 258 (1893).

Wertvolle Dienste leisten auch Mischungen von Chloralhydrat und Wasser.[1])

Bemerkenswert ist das Verhalten des **Tetrasalicylids**[2])

$$\left(C_6H_4\!\!<\!\!{\overset{\displaystyle CO}{\underset{\displaystyle O}{|}}}\right)_{\!4}$$

zu einigen Lösungsmitteln, wie Chloroform, Äthylenbromid, Pyridin, Benzoesäureäthylester. Die Substanz löst sich zwar in jedem Verhältnis in diesen Lösungsmitteln auf, besonders beim Erwärmen. Aber beim Erkalten der Lösungen krystallisiert die Substanz mit dem Lösungsmittel als Doppelverbindung aus, aus der sich das Lösungsmittel beim Erwärmen in völlig reinem Zustande wieder abscheidet. Dieses Verhalten kann zur Reinigung obiger Lösungsmittel verwendet werden. Analog verhält sich das β-**Kresotid**.[3])

II. Umkrystallisieren.

Zur Reinigung in einer passenden Flüssigkeit gelöste Substanzen erhält man durch eine der folgenden Methoden zurück.

1. Auskrystallisieren.

Die feingepulverte Substanz wird, nachdem ein Vorversuch den ungefähren Löslichkeitsgrad in dem betreffenden Reagens kennen ge-

Fig. 1.

lehrt hat, in einen leeren Kolben gebracht. In einem zweiten Kolben wird das Lösungsmittel zum Sieden erhitzt, und hierauf sukzessive der zu lösenden Substanz so viel davon zugesetzt, daß sie sich in der Siedhitze (bis eventuell auf einen kleinen Rest von Verunreinigungen) eben löst. Man filtriert[4]) nun rasch durch ein mit dem siedenden Lösungsmittel gut durchfeuchtetes Faltenfilter unter Benutzung eines Trichters mit sehr kurzem Halse. (Fig. 1.)

Sollte sich die Substanz schon während des Filtrierens in größerer Menge ausscheiden, so löst man nochmals in etwas mehr Flüssigkeit auf, um die unbequemen Heißwassertrichter zu umgehen.

Man kann auch, falls geringe Flüssigkeitsmengen in Frage

---

[1]) **Mauch**, Diss. Straßburg 1898. — Arch. **240**, 113, 166 (1902).

[2]) **Anschütz** und **Schröter**, B. **25**, 3512 (1892). — Ann. **273**, 97 (1893). — D. R. P. 69 708 (1893). — **Spallino**, Ch. Ztg. **31**, 950 (1907). — D. R. P. 70 614 (1893).

[3]) D. R. P. 70 158 (1893).

[4]) Weiteres über Filtrieren siehe S. 30 ff.

kommen, den Glastrichter knapp vor dem Einlegen des Filters durch eine Flamme ziehen. Wenn das Lösungsmittel keine Gefahr der Entzündung bietet, stellt man auch, um allzurasches Auskrystallisieren zu verhindern, den die Lösung enthaltenden Trichter, auf ein Becbergläschen aufgesetzt, in einen entsprechend erhitzten Trockenkasten.

Das Filtrat läßt man erkalten, ohne im allgemeinen auf die Darstellung großer gut ausgebildeter Krystalle hinzuarbeiten, da ja die für die Analyse bestimmte Substanz keine Lauge einschließen darf, was bei größeren Krystallen leichter eintritt.

Das Umkrystallisieren ist so lange fortzusetzen, bis die beim Erkalten ausgefallenen Krystalle denselben Schmelzpunkt zeigen, wie die durch Eindampfen der Mutterlauge erhältlichen.

Aber selbst dann braucht die Substanz noch nicht rein zu sein, und man kann noch öfters durch Wechsel des Lösungsmittels eine weitere Reinigung und damit verbundene Erhöhung des Schmelzpunktes erreichen.[1])

Das Umkrystallisieren muß manchmal sehr lange fortgesetzt werden; so brachte Mach[2]), um reine Abietinsäure zu erhalten, das Rohprodukt dreißigmal wieder in Lösung.

Da es oft vorkommt, daß eine Substanz übersättigte Lösungen bildet, so muß man sich stets einige Kryställchen des Rohproduktes zum „Impfen" aufbewahren.

Manche Substanzen zeigen die Eigentümlichkeit, beim Auskrystallisieren über den Rand der Schale zu „kriechen"; man verwendet in solchen Fällen nur zum Teil gefüllte, schmale Bechergläser.

Wasser, Methyl-, Äthyl-, Allyl-, Amylalkohol, Benzol, Chloroform, Tetrachlorkohlenstoff, Äther, Anilin, Pyridin, Eisessig, ja sogar Phenol können Krystallverbindungen bilden, worauf gebührend Rücksicht zu nehmen ist. Das Colchicin beispielsweise ist in krystallisierter Form überhaupt nur als Chloroformverbindung erhältlich.[3])

Auch anderweitige Veränderungen kann die Substanz durch Umkrystallisieren erleiden, so wird das Bebirin[4]), das aus allen anderen Lösungsmitteln amorph ausfällt, durch Methylalkohol in ein krystallisiertes Isomeres verwandelt.

Ebenso wird die Digitogensäure[5]) durch Umkrystallisieren aus Eisessig isomerisiert.

Während das Trimethoxyvinylphenanthren unverändert aus Alkohol umkrystallisiert werden kann, wird es durch Eisessig in Methebenol verwandelt.[6])

Pikrotoxin wird selbst durch Umkrystallisieren aus Ligroin ver-

---

[1]) Weiteres siehe S. 13.

[2]) M. 14, 190 (1903).

[3]) Zeisel, M. 7, 571 (1886).

[4]) Scholtz, B. 29, 2054 (1896). — Arch. 237, 530 (1899). — J. Herzig u. Hans Meyer, M. 18, 385 (1897).

[5]) Kiliani, B. 37, 1216 (1904).

[6]) Pschorr und Massaciu, B. 37, 2789 (1904).

ändert und manche andere Substanz verträgt nur das Lösen in
niedrigsiedenden Solventien (Aloin, Tribrombrenztraubensäure[1]).) Leicht
oxydable Substanzen löst man im Wasserstoff- oder Kohlendioxydstrome,[2] oder fügt dem Lösungsmittel, falls dies sonst angängig ist,
etwas schweflige Säure bei.

Daß durch Umkrystallisieren von Säuren aus Alkohol Esterifikation, durch Essigsäure bei Hydroxyl-Verbindungen Acetylierung
eintreten kann[3], ist nicht außer acht zu lassen; namentlich ist eine
partielle Veresterung von Säuren und anderen hydroxylhaltigen Körpern
beim einfachen Umkrystallisieren aus Alkohol öfters beobachtet worden.
Es ist dies eine allgemeine Eigenschaft der Chlorhydrate jener aromatischen Aminosäuren[4]), welche das Carboxyl in einer aliphatischen
Seitenkette enthalten, und wurde ferner u. a. bei der Cholalsäure[5])
und Dehydrocholsäure[6]) von Lassar-Cohn, bei der Weinsäure von
Guerin[7]), bei der Brenztraubensäure von Simon[8]), bei der Oxalsäure von Erlenmeyer[9]) und bei den Carbinolen der Triaryl-
methane von Herzig und Wengraf[10]), O. Fischer und Weiß[11])
sowie von Baeyer und Villiger[12]), Rosenstiehl[13]) und Mamon-
toff[14]) konstatiert.

Ebenso verhalten sich die Dicinnamenylchlorcarbinole[15]) und
die Akridiniumbasen, welche durch Kochen mit Alkoholen in Car-
binoläther übergehen (Decker[16]).

Schwer lösliche Substanzen werden unter Druck in der Einschmelzröhre umkrystallisiert. So krystallisierte Baeyer das Phenolphthalein
aus auf 150—200° erhitztem Wasser oder verdünnter Salzsäure.[17])
Knecht und Hibbert erwärmten das undeutlich krystallisierte Benzo-
purpurin 4 B in einer Druckflasche mit Alkohol, wodurch nach kurzer
Zeit schöne Makrokrystalle entstanden.[18])

Schüttelt man fein gepulvertes Rhodophyllin mit trocknem Äther,
so wird, indem ein ganz kleiner Teil vorübergehend in Lösung geht,

[1]) Siehe S. 10.
[2]) Z. B. Staudinger, B. 41, 1499 (1908).
[3]) Siehe S. 13, 15, 478, 585.
[4]) Salkowski, B. 28, 1922 (1895).
[5]) Z. physiol. 16, 497 (1892).
[6]) B. 14, 72 (1881). — B. 25, 805 (1892).
[7]) Ann. 22, 252 (1837).
[8]) Thèse, Paris 1895.
[9]) Jb. 1879, 572.
[10]) M. 22, 610 (1901).
[11]) Ann. 206, 132 (1880). — B. 33, 3356 (1900). — Z. f. Farben- und Textil-
Chemie 1, 1 (1902).
[12]) B. 37, 2861 ff. (1904).
[13]) C. r. 120, 192, 264, 331 (1895).
[14]) Russ. 29, 220 (1897).
[15]) Straus und Caspari, B. 40, 2691 (1907).
[16]) B. 38, 3072 (1905).
[17]) Ann. 202, 71 (1880).
[18]) B. 36, 1553 Anm. (1903).

das Pulver in etwa einer halben Stunde in prächtig glitzernde Krystalle verwandelt.[1])

Einen Apparat zum Ausfrieren unter Abschluß von Feuchtigkeit und Luft hat Brühl angegeben: B. **22**, 236 (1889). — Zu beziehen von Dr. H. Geissler Nachfolger Franz Müller, Bonn.

2. Krystallisation durch Verdunsten.

Hat man zu viel Lösungsmittel genommen oder ist die Substanz überhaupt zu leicht löslich, um beim bloßen Stehen wieder Krystalle auszuscheiden, oder ist sie in der Hitze nahezu ebenso löslich wie in der Kälte, so muß entweder durch Abdestillieren oder durch Verdampfen die erforderliche Konzentration hergestellt werden.

Zum Verdunsten des Lösungsmittels wird die in einer flachen Krystallisierschale befindliche Flüssigkeit in einen Vakuumexsiccator (am besten nach Hempel) gebracht und ein geeignetes[2]) Absorptionsmittel zugesetzt. Um die Lösung längere Zeit warm zu erhalten, kann man in den Exsiccator eine Thermophorplatte legen.

Eine besondere Art des Krystallisierenlassens durch Verdunsten besteht darin, aus der Lösung der Substanz in dem Gemische zweier Lösungsmittel durch geeignete Absorptionsmittel dasjenige zu entfernen, in dem die Substanz leichter oder ausschließlich löslich ist.

Da bei dieser Art des Vorgehens die günstigsten Bedingungen für das vorübergehende Eintreten von Übersättigung gegeben sind, werden auch zumeist besonders gut entwickelte Krystalle erhalten; es wird so auch öfters Krystallbildung erreicht, die auf andere Weise nicht erzielbar ist.

So sind viele Säureamide in konzentriertem wässerigen Ammoniak löslich und fallen nach und nach in prächtigen Krystallen aus, wenn man das Ammoniak durch Stehenlassen der Lösung in einer offenen Schale, oder rascher durch einen Luftstrom, entfernt. (Hans Meyer.)

In gleicher Weise gewinnt man Silbersalze. So löst Krafft[3]) die Säure in kaltem Alkohol, fügt alkoholisches Silbernitrat zu und leitet Ammoniakgas bis zur Wiederauflösung des zunächst ausfallenden Silbersalzes ein. Letzteres krystallisiert dann beim Eindunsten der ammoniakalischen Lösung unter Lichtabschluß über Schwefelsäure, eventuell unter Druckverminderung, rein aus. Diels und Abderhalten[4]) lösen ein gelatinös ausgefallenes Silbersalz in Ammoniak, und erhitzen bis das Salz, nunmehr in flimmernden Nadeln, auskrystallisiert.

Crossley und Renouf konnten die $\alpha\alpha$- und $\beta\beta$-Dimethyladipinsäure nur so voneinander trennen, daß sie das Gemisch der beiden

---

[1]) Willstätter und Pfannenstiel, Ann. **358**, 226 (1908). — Über einen ähnlichen Fall siehe Maaß, B. **41**, 1637 (1908).
[2]) Siehe S. 80.
[3]) B. **40**, 4786 (1907).
[4]) B. **36**, 3191 (1903).

Säuren in Wasser lösten, Salzsäuregas bis zur Sättigung einleiteten und nunmehr durch Entweichenlassen der Chlorwasserstoffsäure die aa-Säure zum Auskrystallisieren brachten.[1])

Ähnlich werden nach Rümpler[2]) Peptone und andere schwer in krystallisierte Form überführbare Körper in wässerigem Alkohol gelöst und die Lösung über Ätzkalk ins Vakuum gebracht. Der Alkohol verdunstet dann rascher als das Wasser, und die in letzterem unlösliche Substanz fällt in Krystallen aus.

Man kann auch das leichter lösende Solvens durch Ausschütteln sukzessive entfernen, wie dies Türkheimer[3]) gemacht hat: Eine alkoholisch-benzolische Lösung der rohen Diphenylenglykolsäure wurde noch warm mit warmem Wasser geschüttelt, bis das Wasser den Alkohol extrahiert hatte und die nunmehr unlöslich gewordene Säure ausfiel, während ihre Verunreinigungen im Benzol gelöst blieben.

Willstätter und Benz[4]) lösten das krystallisierte Chlorophyll in Alkohol, vermischten mit Äther und wuschen den Alkohol wieder mit Wasser heraus. Aus der übersättigten ätherischen Lösung schied sich dann das Chlorophyll rasch ab.

Die geschilderten Manipulationen leiten zur dritten Art der Krystallgewinnung über.

3. Ausfällen von Krystallen.

Um das Auskrystallisieren gelöster Substanzen einzuleiten oder zu vervollständigen, setzt man der (gewöhnlich heißen) Lösung eine mit dem Lösungsmittel mischbare Flüssigkeit (ebenfalls heiß) hinzu, in der das Gelöste nicht oder nur schwer löslich ist. Man versetzt bis zum Eintreten einer Trübung und läßt erkalten.

Auf diese Art fällt man z. B. Eisessiglösungen oder alkoholische Lösungen mit Wasser, Benzollösungen mit Ligroin usw.

Als Regel gelte, die Flüssigkeiten nicht bis auf jene Temperatur zu erhitzen, bei welcher die trockene Substanz schmelzen würde, damit man ein öliges Ausfallen der Letzteren tunlichst vermeidet.

Durch Ausfällen kann man auch Substanzen reinigen, die ein Umkrystallisieren aus erwärmten Lösungsmitteln wegen zu großer Zersetzlichkeit nicht vertragen. So wird das leicht veränderliche Nitrosodihydrocarbazol in kaltem Alkohol gelöst und durch Wasserzusatz in Krystallen ausgefällt.[5])

Ebenso wie mittels reiner Lösungsmittel kann man durch Zusatz von Salzlösungen die Löslichkeit der abzuscheidenden Substanz

---

[1]) Proc. **22**, 252 (1906). — Soc. **89**, 1552 (1906).
[2]) B. **33**, 3474 (1900).
[3]) Diss. Königsberg 1904. — Siehe auch Willstätter und Benz, Ann. **358**, 277 (1908).
[4]) Ann. **358**, 280 (1908).
[5]) Schmidt und Schall, B. **40**, 3229 (1907).

verringern (Aussalzen). Man verwendet zum Aussalzen wässeriger Lösungen namentlich kalt gesättigte Kochsalz- oder Ammoniumsulfatlösungen. Besser dürften noch Soda- und Glaubersalzlösungen wirken.[1]

Da auch Kalium- und Natriumhydroxyd stark aussalzen, werden Kalium- und Natriumsalze oftmals durch konzentrierte Lauge gefällt; natürlich spielt hierbei auch die Löslichkeitsverminderung durch das gleichartige Ion eine Rolle.

4. Überführen in Derivate.

Die vierte Methode zur Abscheidung und Reinigung von Krystallen besteht darin, daß man die Substanz in eine lösliche Verbindung überführt, Säuren oder Basen in Salze, Phenole in Phenolate usw., und nach eventuellem Filtrieren und Umkrystallisieren oder Ausäthern die Verbindung in geeigneter Weise wieder zersetzt.[2]

Dieses intermediäre Umkrystallisieren muß manchmal öfters wiederholt werden. So führten Knorr und Hörlein[3] das rohe Isokodein in das saure Oxalat über, krystallisierten letzteres zwölfmal um, schieden die Base ab und erhielten sie nunmehr nach einmaligem Lösen in Essigester vollkommen rein.

Hat man z. B. ein Phenol zu reinigen, so löst man in Kalilauge und fällt wieder durch Einleiten von Kohlendioxyd. Eventuell gleichzeitig vorhandene Säuren bleiben in Lösung.[4] Analog werden Aminosäuren durch schweflige Säure gefällt usw.

Es muß auch daran erinnert werden, daß sich manche Säuren und Phenole aus ihren Salzen nicht direkt aschefrei abscheiden lassen. (Siehe S. 571.)

Selbst Ammonsalze können große Beständigkeit zeigen. So haben Errera und Guthzeit gefunden[5], daß sich das Ammonsalz (und ebenso das Silbersalz) des 2,6-Dioxydinicotinsäureesters aus 50proz. Essigsäure umkrystallisieren läßt. — Auch viele organische Sulfosäuren geben schwer durch Mineralsäuren zersetzliche Alkalisalze.[6]

Andrerseits nehmen manche Substanzen, wie die Chlorophyllderivate, sehr leicht Mineralbestandteile auf, und es gelingt dann nicht, sie durch Umkrystallisieren oder Überführen in Salze völlig aschefrei zu erhalten.[7]

Hat man empfindliche Basen abzuscheiden, so fällt man durch

---

[1] Über die Theorie des Aussalzens siehe Rothmund, Löslichkeit und Löslichkeitsbeeinflussung, Leipzig, Joh. Amb. Barth 148 ff. (1907).

[2] Beispiele hierfür: Jacobsen, B. 18, 357 (1885). — Knoevenagel und Mottek, B. 37, 4475 (1904). — Bülow und Sprösser, B. 41, 490 (1908).

[3] B. 40, 4888 (1907).

[4] Dieser Satz gilt nicht in aller Strenge: durch Massenwirkung können schwer lösliche Säuren (ev. als saure Salze) partiell mit herausgefällt werden. Siehe S. 485.

[5] B. 32, 779 (1899).

[6] Sisley, Bull. (3) 25, 863 (1901). — Siehe auch S. 767.

[7] Willstätter und Pfannenstiel, Ann. 358, 208 (1908).

Diäthylamin[1]), Bicarbonatlösung[2]) oder mittels schwefligsauren Alkalis.

Als schwach saures Fällungsmittel haben Baeyer und Villiger[3]) auch wässerige Benzoesäure verwendet. Über die Abscheidung von Pyridin-(Chinolin-)carbonsäuren siehe S. 386.

Aromatische Aminosäuren können durch salzsaures Hydroxylamin oder siedende Kaliumalaunlösung in Freiheit gesetzt werden.[4])

Reinigen durch Benzoylieren: Jacobson und Hönigsberger, B. **36**, 4103 (1903). — Durch Überführen in den sauren Methylester: Windaus, B. **41**, 614 (1908). — Durch Acetylieren: Gorter, Ann. **359**, 219 (1908).

5. Krystallisation aus dem Schmelzflusse und durch Sublimation.

Manche Substanzen sind nur so gut zum Krystallisieren zu bringen, daß man sie schmilzt (ev. destilliert) und erstarren läßt. Hierher gehört der m-Oxybenzoesäuremethylester, vor allem aber das Glycylvalinanhydrid, das überhaupt nur so krystallisiert erhalten werden kann, während es sich aus Lösungen stets in amorphem, gequollenem Zustande ausscheidet.[5]) Ähnlich verhält sich das Camphenhydrat, das nur durch Sublimation in Krystallform übergeht.[6])

Leicht schmelzende Substanzen pflegt man durch Einbringen in eine Kältemischung (Eis-Kochsalz, festes Kohlendioxyd-Aceton) zur Krystallisation anzuregen. Es empfiehlt sich dabei sehr, die Substanz vorher mit Kieselgur anzuteigen.[7])

6. Impfen.

Wenn ein krystallisationsfähiger Körper hartnäckig überschmolzen bleibt oder durch Verunreinigungen am krystallinischen Erstarren gehindert wird, kann man durch Berührung mit einem Krystallsplitterchen (ev. des Rohproduktes) die Krystallisation einleiten. Man kann diesen Vorgang auch zu Identifizierungen benutzen, da im allgemeinen nur ein Krystall der gleichen Art imstande ist, die Übersättigung aufzuheben.[8])

So hat Ladenburg[9]) die Spaltung des synthetischen, racemischen Coniins mittels des d-Bitartrats ausgeführt. Zu der sirupösen, nicht zum Krystallisieren zu bringenden Lösung wurde ein Splitter natür-

---

[1]) Bräuer, B. **31**, 2193 (1898). — Wohl und Schweitzer, B. **40**, 100 (1907). — Wohl, B. **40**, 4680, 4689 (1907).

[2]) Dabei kann sich eventuell das Carbonat der Base bilden. O. Fischer und Hepp, B. **22**, 357 (1889).

[3]) B. **37**, 2873 (1904).

[4]) Kliegl, B. **38**, 296 (1905).

[5]) E. Fischer, B. **40**, 3558 (1907).

[6]) Aschan, B. **41**, 1092 (1908).

[7]) Hess, Mitt. d. Artill.- und Geniewesens 1876. — Will, B. **41**, 1112, 1118 (1908). — Siehe Hans Meyer, M. **22**, 415 (1901).

[8]) Krystallographische Identifikation durch Fortwachsen: Lehmann, Krystallanalyse, S. 9. — Winzheimer, B. **41**, 2381 (1908).

[9]) B. **19**, 2582 (1886).

lichen, rechtsdrehenden Coniinbitartrats hinzugefügt. Es begann eine reichliche Ausscheidung von Krystallen, aus welchen mittels Alkali eine rechtsdrehende, mit natürlichem Coniin identische Base erhalten wurde.

Indessen sind auch einige Fälle bekannt geworden, wo schon durch Impfen mit chemisch nahestehenden Substanzen die Krystallisation in Gang gebracht werden konnte.

So hat Städel[1]) das Äthylacetanilid durch ein Stäubchen Methylacetanilid, das m-Kresol[2]) durch eine Spur Phenol zum Krystallisieren gebracht.

Propylidenessigsäuredibromid[3]) erstarrt durch Impfen mit Äthylidenpropionsäuredibromid, Methenyldiparatolyltriaminotoluol durch Infizieren mit fester Äthenylverbindung[4]).

Noch bemerkenswerter ist ein von Anschütz beobachteter[5]), von Hans Meyer[6]) bestätigter Fall. Danach bleibt das Citraconsäureanhydrid selbst bei — 18° flüssig, erstarrt aber sofort vollständig bei der Berührung mit einer Spur Itaconsäureanhydrid.

In gleicher Weise hat Skraup[7]) das γ-Chlorchinolin durch α-Chlorchinolin zum Krystallisieren gebracht.

Dagegen kommen aber doch auch wieder Fälle vor, wo „reine" Substanzen durch Impfen nicht zum Erstarren gebracht werden können, die Impfkrystalle vielmehr selbst in Lösung gehen.[8]) Offenbar gehen derartige Substanzen leicht in unkrystallisierbare Isomere über; denn daß sich ein Impfkrystall in der unterkühlten Schmelze der reinen Substanz löst, ist nach der Theorie unmöglich. Es genügen aber oft auch minimale, sonst kaum nachweisbare Mengen von Verunreinigungen, um die Krystallisationsgeschwindigkeit außerordentlich herabzusetzen (Zuckersirupe).

III. Prüfung von Krystallen auf Reinheit.

Um die Reinheit (Einheitlichkeit) einer krystallisierbaren Substanz zu konstatieren, krystallisiert man dieselbe in Fraktionen, und untersucht, ob die erste und letzte Fraktion denselben Schmelzpunkt zeigen.

Nicht immer ist man übrigens imstande durch Umkrystallisieren ein Gemisch zweier Substanzen zu trennen.[9])

Die interessantesten hierher gehörigen Beobachtungen hat

---

[1]) B. **18**, 3444 Anm. (1885).
[2]) B. **18**, 3443 (1885).
[3]) Ott, B. **24**, 2603 (1891). — Dieser Fall ist übrigens nicht ganz durchsichtig.
[4]) Green, B. **26**, 2778 (1893).
[5]) B. **14**, 2788 (1881).
[6]) M. **22**, 415 (1901).
[7]) M. **10**, 730 (1889).
[8]) Rainer, M. **25**, 1041 (1904). — Siehe auch Diels und Stephan, B. **40**, 4339 (1907). — Ostromisslenzky, B. **41**, 3036 (1908).
[9]) Kolbe und Lautermann, Ann. **119**, 139 (1861). — Hlasiwetz und Barth, Ann. **134**, 276 (1865). — Cohn, Z. physiol. **17**, 306 (1892).

V. Meyer[1]) bei der sog. a-Thiophencarbonsäure gemacht, welche
ein untrennbares Gemisch von α- und β-Thiophencarbonsäure von
konstantem Schmelzpunkte, bestimmter Löslichkeit usw. bildet.[2])
Ähnlich verhalten sich die Tribromverbindungen des α- und
β-Thiotolens [1]) [3]) und anscheinend auch α- und β-Thiophensulfo-
säure.[3])

Läßt die Methode der Schmelzpunktsbestimmung im Stich, so
verwandelt man die Substanz, falls sie eine Säure ist, in verschiedene
Fraktionen von Silber-, Magnesium- oder Bleisalzen, deren Metall-
gehalt bestimmt wird. Basen gelangen als Platin- oder Gold-Doppel-
salze, Kohlenwasserstoffe als Pikrate zur Untersuchung usw.

Falls es angängig ist, werden auch Gruppenreaktionen (Methoxylbestimmung usw.) ausgeführt.

IV. Filtrieren.

Eine außerordentlich praktische Vorrichtung zum raschen filtrieren
von Niederschlägen für die Analyse — so speziell auch zum Sammeln
von Halogensilber — hat Stritar[4]) an-
gegeben (Fig. 2). In das Becherglas a,
welches die zu filtrierende, womöglich
warme, Flüßigkeit enthält, wird ein
heberartig gekrümmtes Rohr b von
ca. 5 mm lichter Weite, das seinerseits
durch Kautschukstopfen mit dem gewogenen Filtrierröhrchen c und dem
Absaugkolben d luftdicht verbunden
ist, eingeführt. Man saugt erst die
überstehende Flüßigkeit, dann den
Niederschlag und das Waschwasser ab,
entfernt schließlich b, und wäscht c
nochmals aus.

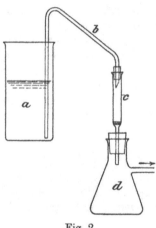

Fig. 2.

Das möglichst (ev. unter Zuhilfenahme von Alkohol, dann Aceton oder
Äther) trocken gesaugte Rohr wird
entweder im Trockenkasten, oder,
unter beständigem Durchsaugen von Luft und unausgesetztem Drehen
über der Flamme eines Bunsenbrenners, zur Gewichtskonstanz gebracht.

Einen Apparat zum Filtrieren in einem beliebigen Gasstrome und daher auch bei Abschluß von Feuchtigkeit der

[1]) Ann. **236**, 200 (1886). — Gattermann, Kaiser und V. Meyer, B. **18**,
3005 (1885). — Andere Fälle: Perrier und Caille, Bull (4) **3**, 654 (1908).
[2]) Siehe auch Voerman, Rec. **26**, 293 (1907).
[3]) V. Meyer und Kreis, B. **17**, 787 (1884).
[4]) Z. anal. **42**, 582 (1903). — Siehe auch Schaumann, Z. anal. **47**, 235
(1908).

Luft und Sauerstoff hat Steinkopf[1]) angegeben. Der Apparat
(Fig. 3) gestattet, in ununterbrochener Reihenfolge im Wasserstoffstrom zu reduzieren, abzufiltrieren, umzukrystallisieren, aus-
zuwaschen und zu trocknen. In den Kolben A kommt die Substanz, worauf der ganze Apparat von den beiden an den Enden
des Systems angeschlossenen Wasserstoffentwicklern mit Ausnahme
des durch den Hahn h ausgeschalteten Kolbens J evakuiert,
dann von beiden Seiten mit Wasserstoff gefüllt und der Vorgang

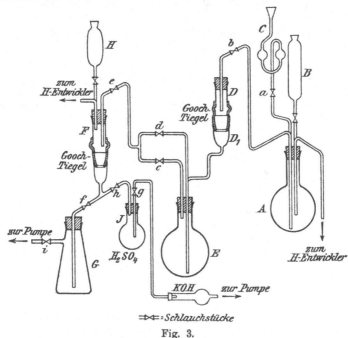

Fig. 3.

wiederholt wird. Ist alle Luft durch Wasserstoff ersetzt, so wird b
abgeschlossen und vom rechten Entwickler aus nach Öffnen von
a ein konstanter Gasstrom eingeleitet, wobei die Kugeln von C zum
Abschluß gegen äußere Luft mit Wasser gefüllt sind. Aus B wird
dann die Reaktionsflüssigkeit od. dgl. tropfenweise eingelassen. Ist
die Reaktion in A beendet, so wird die Lösung vom Rückstand durch
einen Goochtiegel, der mittels eines Schlauchstückes mit D und D_1
verbunden ist und in dem sich eine angefeuchtete, dünne Asbestschicht und darauf eine durchlöcherte Porzellanplatte befindet, in

---

[1]) B. **40**, 400 (1907). — Siehe auch Beckmann und Paul, Ann. **266**, 4
(1891). — Dinglinger, D.R.P. 162821 (1905). — Apparat zum Filtrieren ätzalkalischer Flüssigkeiten: Rinne, Ch. Ztg. **31**, 411 (1907). — Einen weiteren
Apparat zum Filtrieren im geschlossenen, mit einem indifferenten Gase gefüllten
Raume beschreibt Radulescu, Bulet. Soc. de Științe din Bucuresti **16**, 191 (1908).

den Kolben E filtriert. Zu diesem Zwecke wurde nach Verschluß
von A die Saugpumpe bei i in Tätigkeit gesetzt und nun b geöffnet,
während Quetschhahn d zur Verhinderung sofortigen Weiterdrückens
der Flüssigkeit aus dem Kolben E geschlossen wird. Nach Schließen
von e läßt man die Flüssigkeit in E erkalten, wobei das Salz auskrystallisiert. Um dieses von der Mutterlauge zu trennen, drückt
man den Kohleninhalt von E nach Verschluß von c durch den mit
einem gewöhnlichen Filter belegten Goochtiegel F, indem man d
öffnet, bei i die Pumpe in Tätigkeit setzt und bei e öffnet. Nach
Verschluß von e kann dann der Niederschlag von H aus mit irgend
einer Waschflüssigkeit ausgewaschen werden, auch, wenn nötig, getrocknet werden, indem man f verschließt und den mit konz. Schwefelsäure beschickten Kolben J nach Öffnung von g evakuiert. Nach
Schließen dieses Hahnes wird dann durch h die Verbindung zwischen
dem Niederschlag und dem Trockenapparat J hergestellt, aus dem
linken Entwickler das Ganze mit Wasserstoff gefüllt, wieder evakuiert

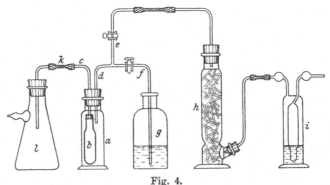

Fig. 4.

und so im wasserstoffverdünnten, mit konz. Schwefelsäure beschickten
Raume der Niederschlag zum Trocknen sich selbst überlassen.

Der Apparat läßt sich auch für Gase mit höherem spezifischen
Gewicht als Luft, z. B. Kohlendioxyd, verwenden; man muß nur
C, sowie das in G und J reichende Rohr weiter herausziehen, damit
die Luft nach oben verdrängt werden kann. —

Zur Isolierung von Substanzen, die Kautschuk angreifen, zum
Auswaschen mit Acetylchlorid usw. bei Feuchtigkeitsabschluß verfährt
E. Fischer folgendermaßen.[1]) (Fig. 4.)

a ist der Stöpselzylinder, in welchem die Reaktion vorgenommen
wird,. und b der Tonzylinder, in den mittels eines Gummistopfens
das Rohr c, das fast bis zum Boden reicht, eingesetzt ist. Die
Flasche a ist mit einem doppelt durchbohrten Gummistopfen verschlossen, durch den einerseits das Rohr c und andererseits das
Rohr d durchgehen. d verzweigt sich in e und f, die beide mit

---

¹) B. 38, 616 (1905). — Unters. über Aminosäuren usw. S. 433 (1906).

Glashähnen versehen sind; f dient dazu, die Waschflüssigkeit aus der Flasche g zu entnehmen, e führt zu dem mit Phosphorsäureanhydrid gefüllten Turme h und der mit Schwefelsäure gefüllten Flasche i, die dazu dienen, einen trocknen Luftstrom in a hineinzuleiten. Das Rohr c steht durch den Gummischlauch k mit der Saugflasche l in Verbindung. Wird bei l evakuiert, so geht die in der Flasche a enthaltene Flüssigkeit durch die Tonzelle und das Rohr c dorthin. Gleichzeitig läßt man durch e einen langsamen, getrockneten Luftstrom in das Gefäß eintreten. Der größte Teil des Niederschlags setzt sich fest an die Tonzelle an. Um zu waschen, schließt man den Hahn bei e und öffnet bei f, worauf die Waschflüssigkeit aus der Flasche g nach a übertritt. g enthält frisches Acetylchlorid, sie wird später durch eine andere mit Petroläther, der über Phosphorsäureanhydrid getrocknet ist, ersetzt. Damit das Übersteigen der Waschflüssigkeit erleichtert wird, ist es ratsam, die Flasche a, in der bei der hohen Tension der verwendeten Flüssigkeit nur sehr geringer Minderdruck herrscht, durch Einstellen in eine Kältemischung oder durch Aufspritzen von Äther momentan abzukühlen. Noch bequemer wird die Operation, wenn in die Flasche a ein drittes, in der Zeichnung fehlendes, Rohr mit Hahn einmündet, das direkt mit der Saugpumpe verbunden werden kann. Einmaliges Waschen mit so viel Acetylchlorid, daß die Flasche a bis zur Höhe des Niederschlags damit gefüllt ist, und zweimaliges Waschen mit der gleichen Menge Petroläther genügten, um ein analysenreines Präparat zu gewinnen. Zum Schlusse wird unter gleichzeitigem Zutritte des getrockneten Luftstromes scharf abgesogen, dann der Niederschlag möglichst rasch in einen mit Phosphorpentoxyd beschickten Vakuumexsiccator übergeführt und hier zur Entfernung der letzten Reste des Petroläthers etwa eine Stunde getrocknet.

Das Verfahren ist wohl für manche ähnliche Fälle verwendbar. Selbstverständlich läßt sich hier auch die von Beckmann und Paul[1]) angegebene Waschvorrichtung anbringen, wenn man es mit Flüssigkeiten zu tun hat, die nicht wie Acetylchlorid Kautschukschläuche angreifen, oder wenn man mit Substanzen arbeitet, die die Luft nicht vertragen und deshalb in einem indifferenten Gasstrome filtriert werden müssen.

V. Absaugen und Trocknen der Krystalle.[2])

Die beim Reinigen der Substanzen erhaltenen Krystalle werden von der Mutterlauge durch Absaugen und Waschen befreit. Ist die Substanz sehr löslich, oder die Mutterlauge sehr zähflüssig, so preßt man die Krystalle zwischen nicht faserndem (gehärtetem) Filterpapier ab, oder streicht sie auf hart gebrannte unglasierte Tonplatten.

[1]) Ann. **266**, 4 (1891).
[2]) Siehe auch S. 74ff.

Skraup[1]) empfiehlt im letzteren Falle die auf der Tonplatte befindliche Substanz in einen Exsiccator zu bringen, welcher mit dem der Mutterlauge entsprechenden Lösungsmittel beschickt ist. In einigen Stunden oder Tagen ist die Mutterlauge eingesaugt und die reinen Krystalle sind zurückgeblieben.

Bei sorgfältiger Arbeit gestattet dieser Kunstgriff selbst das Absaugen hygroskopischer Substanzen.

Fig. 5.

Richards empfiehlt[2]) die Abtrennung der Mutterlauge von den Krystallen durch Zentrifugieren zu bewirken. Man kann dabei auch ohne Maschine auskommen, wenn man folgendermaßen vorgeht. Ein kurzes, dickwandiges Reagensglas wird am Boden mit einem feinen Ausflußrohre versehen. Dieses Rohr ist durch einen doppelt durchbohrten Stopfen mit einem kleineren Reagensglase verbunden, das zur Aufnahme der Mutterlauge dient. Die Krystalle ruhen auf einem kleinen Platinkonus, einer Siebplatte, oder einer Kugel. Jedes Glas wird oben mit einer starken Drahtschlinge versehen und das Kleinere noch an das Größere mit Draht befestigt. Am Drahtgriff des oberen Glases wird eine starke Schnur befestigt, und das Ganze so schnell als möglich in einem Kreise von ca. 2 m Durchmesser in der Luft rotieren gelassen.

Einen anderen geeigneten Apparat beschreibt Baxter, Am. Soc. **30**, 287 (1908).

VI. Identifizieren durch Schmelzpunktsbestimmung.

Fritz Blau hat zuerst nachdrücklich darauf aufmerksam gemacht[3]), daß man in der Schmelzpunktsbestimmung einer Mischung der fraglichen Substanz und der Type ein einfaches Hilfsmittel zur Identifizierung zweier Substanzen besitzt, das immer dann entscheiden wird, wenn die beiden Substanzen keine isomorphen Mischungen geben. Das Herabgehen des Schmelzpunktes beträgt bei Nichtidentität oft über 30°,[4]) manchmal allerdings[5]) auch nur sehr wenig (1°).

Sehr wertvolle Dienste hat diese Methode u. a. zur Unterscheidung der Dipenten- und Terpinenderivate geleistet.[6])

[1]) M. **9**, 794 (1888).
[2]) Am. Soc. **27**, 104 (1905). — B. **40**, 2771 (1907). — Am. Soc. **30**, 285 (1908).
[3]) M. **18**, 137 (1897). — Die Tatsache selbst und ihre Verwendbarkeit war schon früher bekannt, siehe Kipping und Pope, Soc. **63**, 558 (1893) — **67**, 371 (1895). — Pope und Clarke, Soc. **85**, 1336 Anm. (1904). — Wegscheider, M. **16**, 111, 124 (1895). — M. **28**, 823 (1907). — Anschütz, Ann. **353**, 152 (1907).
[4]) Liebermann, B. **10**, 1038 (1877).
[5]) Auwers, Traun und Welde, B. **32**, 3320 (1899). — Wallach, Ann. **336**, 16 (1904). — Diels und Stephan, B. **40**, 4339 (1907).
[6]) Wallach, Ann. **350**, 146 (1906).

Zeigt die Substanz beim Schmelzpunkt charakteristische Erscheinungen: Farbenänderungen, Sintern usw., so untersucht man
auch die beiden Proben am selben Thermometer in gleichen Capillaren nebeneinander. (Siehe auch S. 87 ff.)

VII. Umscheiden.

Willstätter und Hocheder verstehen[1]) unter „Umscheiden"
das Auflösen und Wiederabscheiden eines Stoffes aus der Lösung
in nicht krystallisiertem Zustande.

Man geht hiezu wie beim Umkrystallisieren vor, ermangelt
aber meist der Kontrolle der zunehmenden Reinheit durch die
Schmelzpunktsbestimmung.

Es ist daher beim fraktionierten Umscheiden ein steter ana-
lytischer Vergleich der Fraktionen geboten.

Diese Reinigungsoperation ist auch oftmals bei flüssigen Stoffen
anwendbar.

So reinigten Willstätter und Hocheder[2]) das Phytol durch
Lösen in Holzgeist und Filtrieren von der kleinen Menge aus-
geschiedener Öltröpfchen. Nach dem Abdampfen des Methylalkohols
im Vakuum wurde diese Reinigung mit geringeren Mengen des
Lösungsmittels noch viermal wiederholt.

Dritter Abschnitt.

Sublimieren.

Die einfachste Methode des Sublimierens, zwischen zwei durch
ein Filtrierpapier getrennten Uhrgläsern, die vorsichtig im Luftbade
erhitzt werden, stammt von Kolbe.[3])

Statt des oberen Uhrglases nimmt man zweckmäßiger einen
Trichter, oder man verwendet einen Erlenmeyer-Kolben, ein Becherglas, in dem ein Dreifuß aus Glas steht, welcher die trennende
Papierscheibe trägt[4]) und durch das man einen Kohlendioxydstrom
schickt, eine Retorte[5]), oder einfacher eine Verbrennungsröhre usw.

Apparate mit Wasserkühlung haben Landolt[6]), Brühl[7]), Hert-
korn[8]) u. a. angegeben, sie alle erfüllen nur in seltenen Fällen in
befriedigender Weise ihren Zweck.

---

[1]) Ann. **854**, 221 (1907). — Siehe auch S. 11.
[2]) Ann. **854**, 245, 246 (1907).
[3]) Handw.-Buch Suppl. 425. — Gorup-Besanez, Ann. **95**, 266 (1855). —
Schützenberger, Traité de chimie générale I, 44 (1880).
[4]) Baeyer, Ann. **202**, 164 (1880).
[5]) Liebig, Ann. **101**, 49 (1857).
[6]) B. **18**, 57 (1885).
[7]) B. **22**, 248 (1889).
[8]) Ch. Ztg. **16**, 795 (1892).

Weit besser sind Apparate, welche ein Arbeiten im Vakuum gestatten. Von Wichtigkeit ist dabei die Einhaltung einer möglichst
niedrigen Temperatur. Volhard[1]) erhitzt die Substanz zwischen
Asbestpfropfen in einer Verbrennungsröhre, die von einer Seite mit
der Pumpe in Verbindung steht, während von der anderen Seite getrocknete Luft eintritt, deren Menge durch einen Quetschhahn reguliert wird. Die Röhre befindet sich zum Teile in einem Lufttrockenkasten.

Der anbei reproduzierte praktische Apparat von Arctowski[2]),
dessen Zusammenstellung sich aus den Figuren ergibt, gestattet so-

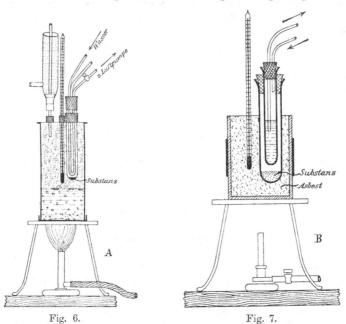

Fig. 6.   Fig. 7.

wohl mit Flüssigkeitsbädern (Fig. 6), als auch für höhere Temperaturen
im Luftbade zu arbeiten (Fig. 7). Er ist ebenso wie der Volhardsche
nur für die Verarbeitung geringer Substanzmengen gut geeignet.

Ein anderer Apparat ist von Riiber[3]) angegeben worden. Der
eigentliche, ganz aus Glas gefertigte Sublimationsapparat (Fig. 8) besteht aus einem vertikalen Glaszylinder A, welcher mit der Pumpe in
Verbindung gebracht wird und unten mittels eines angeschliffenen
Töpfchens C verschlossen werden kann. Behufs Sublimation füllt
man die Substanz in C, legt auf ein paar vorstehende Glaszäpfchen

---

[1]) Volhard, Ann. **261**, 380 (1891). — Siehe auch Sckworzon, Z. ang.
20, 109 (1907).

[2]) Z. anorg. **12**, 225 (1896).

[3]) B. **33**, 1655 (1900).

ein paar Scheiben Filtrierpapier, oder ein Uhrglas, verschließt den Zylinder und erhitzt entweder in zwei eisernen Schalen (Fig. 8) oder im Lothar Meyerschen Luftbade (Fig. 9), nachdem man mit der Pumpe verbunden hat.

Steigert man allmählich die Hitze, so entwickeln sich bei einer bestimmten Temperatur Dämpfe, die sich in A verdichten. Nunmehr vermeidet man eine weitere Temperatursteigerung.

Ein Kunstgriff, der darin besteht, daß der Schliff des Töpfchens an den Zylinder nicht ganz dicht gemacht ist, befördert die Sublimation, indem durch den Schliff eine kleine Menge heißer, stark verdünnter Luft dauernd über die Substanz gesaugt wird, sich mit

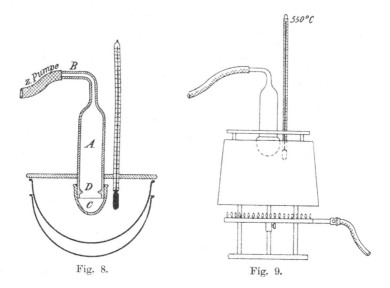

Fig. 8. Fig. 9.

den Dämpfen derselben sättigt und die Substanz wieder in den kälteren Teilen des Apparates abgibt, wodurch die Sublimation auch ermöglicht wird, wenn die Spannung der Dämpfe des benutzten Stoffes weit unter dem angewandten Drucke liegt.

Der Riibersche Apparat hat sich in vielen Fällen gut bewährt. So gelingt[1]) nicht nur mit Leichtigkeit die Sublimation solcher Substanzen, die, wie Indigo[2]), Monobrom- und Dibromchinizarin bei dem gewöhnlichen Sublimationsverfahren sich nur schwer und unter großen Substanzverlusten sublimieren lassen, sondern auch die Trennung zweier Substanzen von verschiedener Flüchtigkeit, indem man die Temperatur so wählt, daß schon die eine, dagegen noch nicht die andere sublimiert, was sich in dem Glasapparate sehr gut sehen läßt. Ferner läßt sich die Sublimationstemperatur gut ermitteln.

[1]) Liebermann und Riiber, B. 33, 1658 (1900).
[2]) Sommaruga, Ann. 195, 305 (1879).

Bei geeigneter Anordnung kann man nicht allein die Farbe der Dämpfe, sondern auch spektroskopisch deren Absorption untersuchen.

Man kann auch durch Wägen des ganzen Apparates und des unteren Töpfchens vor und nach der Sublimation die weggeführten flüchtigen Produkte, den unsublimierten Rückstand und die sublimierte Menge bestimmen.

Der Apparat hat sich auch zum Trocknen und zum Bestimmen von Krystallisations-Wasser, -Alkohol, -Benzol, Schwefelkohlenstoff und Brom gut bewährt. Sollte die oxydierende Wirkung des Luftstromes die Anwendung eines indifferenten Gases wünschenswert machen, so läßt sich das durch eine kleine Änderung leicht erreichen.

Der am meisten benützte Sublimationsapparat hat einen inneren Durchmesser von 25 mm, wiegt ca. 80 g und genügt für 1—4 g Substanz; mit einem größeren Apparat von ca. 60 mm Weite wurden 13 g Indigo in drei Stunden sublimiert.

Um zu verhindern, daß das Töpfchen C nach dem Erhitzen an A haften bleibt, wird der Glasschliff mit ein wenig Graphitpulver eingerieben.[1])

Vielleicht noch zweckmäßiger ist ein von R. Kempf angegebener Apparat, der in Fig. 10 abgebildet ist.

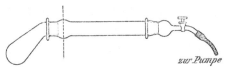

zur Pumpe

Fig. 10.

Der ganz aus Glas gefertigte Apparat besteht aus drei Teilen, die durch zwei gut schließende Glasschliffe miteinander verbunden sind, nämlich einem birnförmigen, schräg nach unten gerichteten Gefäße zur Beschickung mit dem Sublimationsgut, einem weiten horizontalen Rohre zur Aufnahme des Sublimats und einer abschließenden Haube mit Hahnrohr.

Zum Gebrauche wird der Apparat bis zur punktierten Linie (vgl. die Figur) in die seitliche Öffnung eines Luftbades gesetzt und das letztere nach dem Evakuieren des Apparates erhitzt. Der birnförmige Teil des Apparates kann auch zugleich als Reaktionsraum bei chemischen Prozessen dienen, bei denen aus schwer flüchtigen Ausgangsstoffen ein leicht sublimierendes Reaktionsprodukt entsteht, z. B. bei der Darstellung mancher Säureanhydride durch Erhitzen der zugehörigen Säuren mit Phosphorpentoxyd[2].)

[1]) Der Apparat ist von den Firmen Max Stuhl, Berlin, Philippstr. 22 und E. Gerhardt, Bonn, das Lothar Meyersche Luftbad von C. Bühler, Tübingen, zu beziehen.

[2]) B. **39**, 3722 (1906). — Ch. Ztg. **30**, 1250 (1906). — Kristeller, Diss. Berlin, 32 (1906). — Decker und Felser, B. **41**, 3005 Anm. (1908).

Sublimieren im Einschmelzrohre: Tollens, B. **15**, 1830 (1882).

Sublimieren im Vakuum des Kathodenlichtes: Krafft und Dyes, B. **28**, 2583 (1895), B. **29**, 1316, 2240 (1896).

Vierter Abschnitt.

Ausschütteln und Extrahieren.

1. Ausschütteln.

Der Teilungskoeffizient ist von dem relativen Volum der Flüssigkeiten unabhängig, dagegen von Temperatur und Konzentration abhängig.

In Bezug auf die Variierung der Temperatur ist nun aus mancherlei Gründen, unter denen Feuergefährlichkeit der meisten leicht verdampfenden Extraktionsmittel, Dampfspannung und niederer Siedepunkt erwähnt seien, im allgemeinen kein großer Spielraum gewährt; man schüttelt daher, im Scheidetrichter, oder in Flaschen auf der Schüttelmaschine, gewöhnlich bei Zimmertemperatur aus.

An Stelle des Ausschüttelns warmer Lösungen kann man in geeigneten Apparaten eine Extraktion ausführen, wie weiter unten besprochen wird.

Schüttelvorrichtungen für Thermostaten sind übrigens S. 124 ff. beschrieben. Über ein Schüttelgefäß mit Innenkühlung (Erwärmung) und Gasableitung siehe auch Kempf, Ch. Ztg. **30**, 475 (1906).

Wenn man also im allgemeinen den Temperaturfaktor nicht berücksichtigen kann, so wird man dagegen dem Berthelotschen Gesetz dadurch Rechnung tragen, daß man nicht einmal mit viel Lösungsmittel, sondern öfters mit kleineren Mengen desselben ausschüttelt.

Man trachtet auch den Teilungskoeffizienten dadurch zu verändern, daß man in dem zu extrahierenden Medium (wohl fast immer Wasser) geeignete Stoffe auflöst, welche „aussalzend" wirken. (Siehe S. 26.)

Im Laboratorium dienen als geeignete Aussalzungsmittel namentlich Kochsalz und Ammoniumsulfat. In der Technik werden außerdem noch verschiedene andere Mittel, wie Chlorcalcium oder Magnesiumsulfat[1]) empfohlen.

Bilden die beiden Flüssigkeiten nach dem Schütteln eine Emulsion, so hilft oftmals Zusatz von Wasser oder dem Extraktionsmittel zur Vergrößerung der Unterschiede im spez. Gewicht, und erleichtert die Schichtenbildung. Manchmal empfiehlt sich auch der Zusatz kleiner Mengen eines dritten Stoffes, welcher die Oberflächenspannung ändert, so von Alkohol oder Glycerin zu Äther, oder von

---

[1]) Z. B. D. R. P. 28 064 (1884).

Äther[1]) zu Kohlenwasserstoffen, oder von Kochsalz, Chlorcalcium oder Ammoniumsulfat zur wässerigen Schicht. [2])

Fein verteilte Niederschläge oder hautartige Abscheidungen, die oftmals störend wirken, entfernt man, indem man die Emulsion durch ein Tuch filtriert[3]).

Hat man eine geeignete Zentrifuge zur Verfügung, so wird man sich ihrer auch in verzweifelten Fällen mit Erfolg bedienen können.

Manche Lösungen können nicht direkt extrahiert werden, z. B. Milch oder Harn, weil das Extraktionsmittel zur Fällung kolloidal gelöster Stoffe und damit zu kaum überwindbaren Emulsionen Veranlassung gibt. Solche Flüssigkeiten müssen entweder zuerst mit koagulierenden Stoffen behandelt und filtriert oder eingedampft und wieder (eventuell nach vorhergehender Behandlung mit Alkohol) gelöst werden.[4])

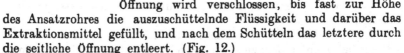

Fig. 11.

Große Flüssigkeitsmengen schüttelt man nach Holde[5]) in einer Flasche mit doppelt gebohrtem Stopfen. Das mit der Mündung abschneidende Ablaßrohr b ist mit einem Quetschhahn a oder einem Glashahn verschließbar, das zweite Rohr c, welches zur Luftzuführung dient, ist an seiner Spitze eng ausgezogen. (Fig. 11.)

Es wird natürlich während des Schüttelns ebenfalls verschlossen gehalten.

Die Anwendungsweise des Apparates ist ohne weiteres aus der Zeichnung verständlich.

Hat man kleine Flüssigkeitsmengen zu extrahieren, so benützt man zweckmäßig nach Doht[6]) eine Eprouvette, die ungefähr in halber Höhe einen seitlichen Ansatz besitzt. Letztere Öffnung wird verschlossen, bis fast zur Höhe des Ansatzrohres die auszuschüttelnde Flüssigkeit und darüber das Extraktionsmittel gefüllt, und nach dem Schütteln das letztere durch die seitliche Öffnung entleert. (Fig. 12.)

Was nun die in Betracht kommenden Lösungsmittel anbelangt, so werden meist Äther, Benzol, Chloroform, etwas seltener Essigester[7]) und Tetrachlorkohlenstoff oder Schwefelkohlenstoff verwendet.

[1]) Krämer und Spilker, B. **24**, 2788 (1891).

[2]) Schröder, Z. phys. **3**, 325 (1889). — B. **28**, 740 (1895). — Schulze und Likiernik, Z. phys. **15**, 147 (1895). — Neurath, M. **27**, 1152 (1906).

[3]) Eine sehr interessante Diskussion und mancherlei Angaben von Spencer Pickering über Emulsionen finden sich Proc. **23**, 256 (1907). — Pickering, Soc. **91**, 2001 (1907).

[4]) Ausführlicheres hierüber z. B. Lassar-Cohn, Praxis der Harnanalyse. **3**. Aufl. L. Voß, Hamburg 1905.

[5]) Z. anal. **34**, 54 (1895).

[6]) Ch. Ztg. **29**, 309 (1905).

[7]) Z. B. Schultze, Ann. **359**, 143 (1908).

Von den Alkoholen kommt fast nur der Amylalkohol[1]), resp.
das unter diesem Namen figurierende Gemenge in Betracht.

Für spezielle Fälle werden aber noch ganz andere Lösungsmittel
herangezogen, wie z. B. Phenol.[2]) Auch Methylformiat[3]) hat
schon gute Dienste geleistet, ebenso Pyridin.[4])

Die zu verwendenden Extraktionsmittel müssen sorgfältig von
Verunreinigungen befreit sein, welche auf leicht veränderliche Substanzen wirken oder das extrahierte Produkt verschmieren
könnten. Namentlich gilt das Gesagte vom Äther und
vom Amylalkohol, von denen der erstere oftmals oxydierende Bestandteile, der letztere Basen enthält.

Um die ausgeschüttelte Substanz aus der Lösung
zu isolieren, dampft man letztere, eventuell nach vorher-
gehendem Trocknen, ab, oder schüttelt sie selbst wieder aus.

So kann man Basen, die man einer wässerigen Lösung entzogen hat, mit Säuren, saure Lösungen mit verdünnten Laugen behandeln usw.

Fig. 12.

Wie wertvolle Dienste dabei ein fraktioniertes
Ausschütteln z. B. mit Säuren von verschiedener Stärke, zur
Trennung von Gemischen leisten kann, haben die klassischen Studien
von Willstätter[5]) in der Chlorophyllreihe gezeigt.

Auch bei der Aufarbeitung der natürlich vorkommenden Harze
wird vielfach von der Methode des fraktionierten Ausschüttelns Gebrauch gemacht.[6])

Manche Phenole lassen sich aus alkalischer Lösung mit Äther
ausschütteln und gehen dabei zum Teil als Phenolate in Lösung.[7])

In ähnlicher Weise lassen sich Pyridinbasen aus saurer Lösung
extrahieren.

Aber auch die Salze wirklicher Carbonsäuren werden unter Umständen auf diese Art zum großen Teile zerlegt.

So berichten Barth und Schmidt[8]), daß sich einer Lösung
von protokatechusaurem Barium durch Äther freie Protokatechu-
säure entziehen lasse. Diese Tatsache wurde als möglicherweise
durch Bildung basischer Salze verursacht, erklärt.

Später fanden Barth und Schreder[9]), daß das in Wasser gelöste Natriumsalz der Meta- und der Para-Diphenylcarbonsäure

---

[1]) Über Äthylalkohol als Extraktionsmittel: Lassar-Cohn Z. physiol. **19**,
564 (1901). — B. **27**, 1340 (1904). — Kiliani, B. **41**, 2650 (1908).

[2]) Bernthsen, Ann. **251**, 5 (1889). — Hirsch, B. **23**, 3705 (1890). —
D. R. P. 58001 (1891).

[3]) Hans Meyer, B **37**, 3591 (1904).

[4]) Cremer, Zeitschr. Biol. **35**, 124 (1898).

[5]) Ann. **350**, 1 (1906).

[6]) Tschirch, Die Harze (1906).

[7]) Jahns, B. **15**, 816 (1882). — Klages, B. **32**, 1517 (1899). — Stoermer
und Kippe, B. **36**, 2994 (1903). — B. **39**, 3167 (1906).

[8]) Sitzber. d. Wiener Ak. d. Wiss. **1879**, 640.

[9]) M. **3**, 813 (1882).

beim oftmaligen Ausschütteln mit Äther 25 °/$_0$ der Säure abgab. Die Autoren vermuten, daß das Salz sich in der wässerigen Lösung zum Teile dissoziiert habe, daß der Äther dann die geringe Menge freier Säure aufnehme, weil sie darin leichter löslich ist als in Wasser, daß dann wieder geringe Dissoziation eintrete usw., bis endlich die Menge des gebildeten Ätznatrons die Dissociation nahezu zum Stillstande bringt, resp. die frei werdende Säure sofort wieder bindet, so daß der Äther nichts mehr aufnehmen kann. Wenn wir an Stelle des Wortes „Dissoziation" „Hydrolyse" setzen, so erhalten wir wohl ein richtiges Bild von dem Vorgange, denn die Diphenylcarbonsäuren sind sehr schwach und krystallisieren z. B. unverändert aus Ammoniaklösung aus.

Über analoge Vorgänge beim Entfärben mit Tierkohle siehe S. 6.

2. Extraktionsapparate.

Bequemer als das Ausschütteln, und oftmals dadurch besonders vorteilhaft, weil man bei höheren Temperaturen arbeiten kann, sind die in großer Zahl beschriebenen Extraktionsapparate. Man kann dabei verschiedene Typen unterscheiden, je nachdem der Apparat bestimmt ist, feste oder flüssige Stoffe zu extrahieren.

Zur Extraktion fester Körper

wird meist der mannigfach modifizierte Apparat von Soxhlet[1]) verwendet, der den Vorteil hat, die zu extrahierende Substanz ziemlich lange mit größeren Mengen des Lösungsmittels in Berührung zu lassen, aber eigentlich nur kalte Extraktion ermöglicht.

Etwas besser ist in letzterer Beziehung der von Haak[2]) angegebene Apparat, und noch viel einfacher und zweckmäßiger, folgendes von Warren[3]) angegebene Verfahren. (Fig. 13.)

In einen Kolben mit recht breitem Halse wird in der durch die Figur skizzierten Weise ein unten hakenförmig gekrümmter und beiderseits offener Zylinder gehängt, oder einfach gestellt, der in seinem Innern eine oben mit etwas Watte verschlossene Soxhlethülse mit der zu extrahierenden Substanz trägt. Man füllt Lösungsmittel durch den angesetzten Kühler in den Kolben und kocht auf dem Wasserbade. Das im Kühler kondensierte Lösungsmittel tropft in den Zylinder, der bis zur Höhe der außerhalb befindlichen Flüssigkeit gefüllt bleibt, und die Extraktion findet beim Siedepunkte des Lösungsmittels statt.

Bei der Fettextraktion mit Tetrachlorkohlenstoff bildet der Feuchtigkeitsgehalt der Materialien eine nicht zu vernachlässigende

---

[1]) Eine einfache Vorrichtung zur Extraktion mit Lösungsmitteln von inkonstantem Siedepunkte beschreibt Wörner, Ch. Ztg. 32, 608 (1908).

[2]) Wien, IX, Mariannengasse.

[3]) Ch. News 93, 228 (1906). — Einen ganz ähnlichen Apparat beschreiben Jackson und Zanetti, Am. 38, 461 (19u7), — Siehe auch Landsiedl, Ch. Ztg. 26, 274 (1902).

Fehlerquelle, da gleichzeitig mit dem kondensierten Chlorkohlenstoff auch Wassertropfen auf das Extraktionsgut fallen, dasselbe benetzen und dadurch eine vollständige Extraktion erschweren. Die Ein-

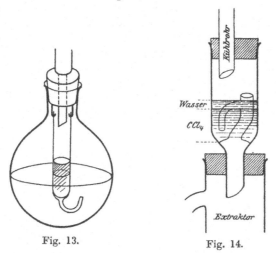

Fig. 13.   Fig. 14.

schaltung des aus der Figur 14 ohne weiteres verständlichen Wasser-fängers zwischen Kühler und Extraktor vermag diesen Fehler zu beseitigen.[1]) Dieser Kunstgriff wird sich auch sonst oftmals be-währen.

Extrahiert man mit Flüssigkeiten, die Korke angreifen, so über-zieht man letztere nach Schulz[2]) mit dünner Bleifolie oder Stanniol.

Extraktion von Flüssigkeiten.

Man hat hier Apparate für die Extraktion mittels Flüssigkeiten, die spez. leichter sind als Wasser (Äther, Benzol, Essigester) und solche, die spez. schwerer sind (Chloroform, Tetrachlorkohlenstoff usw.) zu unterscheiden.

Von den zahlreichen hierfür vorgeschlagenen, seien nur zwei bewährte Formen beschrieben.

A. Extraktionsapparat für spezifisch leichte Flüssigkeiten von Zelmanowitz.[3])

Dieser sehr empfehlenswerte Apparat, bei dem als Heizquelle am besten ein elektrisches Bad dient, wird folgendermaßen betrieben: Zuerst gießt man in das Gefäß G durch die kleine Öffnung L die zu extrahierende Flüssigkeit F und schichtet über sie Äther (S) bis

[1]) Vollrath, Ch. Ztg. **31**, 398 (1907).
[2]) Z. physiol. **25**, 20 (1898). — Siehe Staněk, Ch. Ztg. **30**, 347 (1906). — Kolbe, Ch. Ztg. **32**, 421 (1908).
[3]) Bioch. **1**, 252 (1906).

nicht ganz zur Höhe von F; dann wird L durch einen Kork geschlossen. Nun wird das Kölbchen D, das mit der großen Flasche
F durch t in Verbindung steht, erhitzt, die dadurch erzeugten Äther-
dämpfe steigen in das Ätherdampfleitungsrohr Ae hinauf in den
Kühler K, werden hier kondensiert und fallen in flüssiger Form in
den Verteiler V. Von hier aus wird der Äther durch 4 Röhren, die
am unteren Ende zu einer kleinen mit mehreren Löchern versehenen
Kugel auslaufen, in die wässerige Flüssigkeit F geleitet, nimmt hier
die zu extrahierende Substanz auf und mischt sich mit der über der
Flüssigkeit stehenden Ätherschicht S, welche durch den fortwährend
nachströmenden Äther vermehrt wird und den seitlichen Tubus T

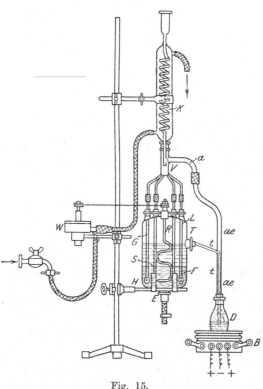

als Überlauf benutzend
durch t ins Kölbchen D
fließen muß. Auf diese
Weise arbeitet die Vor-
richtung völlig selbsttätig.

Nach dem Ablassen
der ausgeätherten Flüssigkeit schließe man bei E,
entferne den in der kleinen
Öffnung L am oberen Teil
des tubulierten Gefäßes
befindlichen Kork und
gieße durch diese Öffnung
mittels eines kleinen Trichters Wasser hinein. Das-
selbe fließt aus dem seitlichen Rohr wieder ab.
Auf diese Weise wird die
Flasche für eine neue
Extraktion gebrauchsfähig
gemacht. Man kann auch
einen an die Wasserleitung
angeschlossenen kleinen
Schlauch in die Öffnung
einführen und so die
Flasche reinigen. Der
andere Vorteil, der durch
den am Boden des Ge-
fäßes angebrachten Tubus

Fig. 15.

geboten wird, ist folgender: Es ist eine nur zu bekannte Tatsache, daß stark eingeengte Flüssigkeiten, z. B. besonders Harn
usw., sehr zur Bildung von Emulsionen neigen. In diesem Falle
ist es zweckmäßig, in folgender Weise zu verfahren. Man lasse die
zu extrahierende wässerige Flüssigkeit F bis zu der unteren Emulsionsschicht durch den Tubus ablaufen. Dann stelle man den im
Gefäß G angebrachten Schlangen- oder Wittschen Rührer R so ein,

daß eine Windung resp. die Löcher desselben knapp die obere Fläche der Emulsionsschicht berühren und lasse ihn nun ziemlich stark arbeiten. Nach kurzer Zeit schon wird man beobachten können, daß die Emulsion mehr und mehr verschwindet. Nun gieße man durch L mit dem kleinen Trichter die kurz vorher abgelassene Flüssigkeit wieder in die Flasche zurück und fahre mit der Extraktion fort. Sollte nach einmaligem Ablassen der wässerigen Flüssigkeit und Auffüllen derselben nach kurzer Zeit die Emulsion sich wieder zeigen, so verfahre man in derselben Weise noch einmal, achte aber bei Einstellen des Rührers darauf, daß dieser zuerst nicht die unteren Schichten der Flüssigkeit, sondern mehr die oberen berührt. Auf keinen Fall ist es notwendig, neuen Äther zu verwenden.

Der schon erwähnte Rührer R, der von der Wasserturbine W angetrieben wird, dient noch einem weiteren Zwecke, einer Beschleunigung der Extraktion. Mittels dieser Rührvorrichtung wird nämlich die wässerige Flüssigkeit in ständiger Bewegung gehalten, wodurch der durch die 4 Röhren gedrückte Äther immer wieder mit neuen Flüssigkeitsteilchen in Berührung gebracht wird.

B. Extraktionsapparat für spezifisch schwere Flüssigkeiten von Stephani und Böcker.[1]

Durch den Einfülltrichter H (Fig. 16) wird bei geschlossenem Hahn g bis zum Niveau a das Extraktionsmittel eingefüllt und darüber bis b die zu extrahierende Lösung geschichtet. Das Siedegefäß D wird mit dem Extraktionsmittel ungefähr bis zur Höhe s gefüllt. Wird nun zum Sieden erhitzt, so gehen die Dämpfe durch F—F₂ in den Kühler S, wo sie kondensiert werden, und gelangen durch den Verteiler V in die zu extrahierende Lösung.

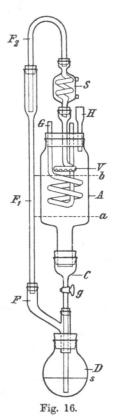

Durch Regulierung des Hahnes g wird eine kontinuierliche Extraktion erzielt. In den engen Hals von A stopft man etwas Glaswolle, die eventuell entstehende Emulsionen sofort beseitigt.

Die Kühlschlange G kann mit kaltem oder warmem Wasser beschickt werden.

Wird der Apparat zur Extraktion fester Substanzen benützt, so wird die Kühlschlange G entfernt und der betreffende Körper bis b geschichtet und darauf, um eine gleichmäßige Verteilung des Lösungsmittels zu erzielen, einige Lagen Filtrierpapier ausgebreitet. Hierbei ist das Einsetzen der Glaswolle in den engen Hals von

Fig. 16.

[1] B. **35**, 2698 (1902). — Zu beziehen von C. Desaga, Heidelberg.

A unerläßlich, um das Mitreißen fester Partikelchen zu verhüten. Es steht nun frei, die Extraktion so vorzunehmen, daß die Substanz vollständig im Extraktionsmittel schwimmt oder daß dieses dieselbe nur durchrieselt.

Im ersten Falle ist der Hahn so zu stellen, daß, nachdem die Substanz vollständig benetzt ist, sich wieder die Mengen der zu- und ablaufenden Flüssigkeit gleich bleiben, oder man läßt im zweiten Falle den Hahn g ganz geöffnet.[1]

Tritt der Fall ein, daß schwer siedende und sich leicht verdichtende Mittel zur Extraktion angewendet werden sollen, so kann über F_1 ein Kühlermantel geschoben werden, durch den dann zwecks Erwärmung Wasserdämpfe geleitet werden.

Die einzelnen Dichtungen sind durch guten Kork hergestellt, damit sie einesteils, wenn sie unbrauchbar geworden sind, leicht ersetzt werden können, andererseits aber auch bequem die Erneuerung schadhaft gewordener Glasteile gestatten. Die Verwendung von Schliffverschlüssen statt der Korke ist selbstverständlich auch möglich.

Ein weiterer Vorteil des Apparates ist der, daß er jederzeit erlaubt, das Extraktionsmittel vollständig abzulassen und neues zuzufügen, ohne die zu extrahierende Substanz daraus zu entfernen.

Fünfter Abschnitt.

Fraktionierte Destillation.[2]

1. Allgemeines.

Die Konstanz des Siedepunktes ist das häufigst verwendete Kriterium für die Reinheit von Flüssigkeiten.

Es kann zwar auch vorkommen, daß Gemische zweier Flüssigkeiten konstant sieden — dies ist der Fall, wenn zufällig die Tensionen der beiden Substanzen in einem der Konzentration der Lösung (als solche kann man ja die Mischung auffassen) gerade entsprechenden Verhältnisse stehen; allein durch geeignete Behandlung

---

[1] Sollen Extraktionsmittel angewendet werden, die Kork angreifen, so kann dadurch eine Abänderung getroffen werden, daß statt des Hahnrohres c einfach ein Durchlaßhahn (eventuell mit oben angeblasener Kugel) in den engen Hals von A eingesetzt wird, und zwar so, daß das in das Gefäß hineinragende Ende mit seiner Mündung ca. 1 cm über dem Kork steht. Kleine Mengen Quecksilber oder sonst einer passenden Substanz schützen dann diesen vor der Berührung mit dem Extraktionsmittel.

[2] Literatur: Mejer Wildermann, B. 23, 1254, 1468 (1890). — Kahlbaum, Siedetemperatur und Druck, Leipzig (1885). — Nernst und Hesse, Siede- und Schmelzpunkte, Braunschweig (1893). — Anschütz und Reitter, Die Destillation unter vermindertem Druck im Laboratorium. 2. Aufl. Bonn (1895). — Sydney Young, Fractional Distillation, London 1903.

vor der Destillation[1]) wird sich der eine Bestandteil (in der Regel wohl Wasser, höchstens noch Alkohol) entfernen lassen, so daß Irrtümer, wie derjenige von Church und Owen[2]), welche im Teeröle eine bei 92—93° konstant siedende Substanz, das Cespitin gefunden zu haben glaubten, nicht mehr vorzukommen brauchen.

Nach den Untersuchungen von H. Goldschmidt und Constam[3]) ist bekanntlich das Cespitin ein „Hydrat" des Pyridins von der Formel $C_5H_5N + 3H_2O$, das durch Trocknen mit Ätzkali vollkommen zerlegt werden kann.

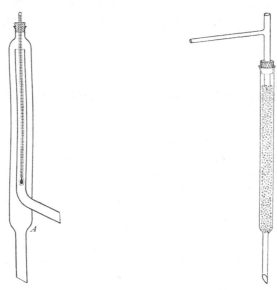

Fig. 17.
Kahlbaumsches Siederohr.

Fig. 18.
Fraktionieraufsatz von Hempel.

Ein anderes konstant siedendes Flüssigkeitspaar — Tetrachlorkohlenstoff und Methylalkohol — hat S. Young aufgefunden.[4])

Unter den zahlreichen Fraktionieraufsätzen, welche zur Ermöglichung einer feineren Trennung im Gebrauche sind, ist das von Kahlbaum[5]) angegebene „Normalsiederohr" für Substanzen, die unter 150° sieden, entschieden das zweckmäßigste. Seine Konstruktion ist aus der Fig. 17 ersichtlich.

---

[1]) So kann man Alkohol aus Äther entfernen, indem man je einen Liter des letzteren mit 50 g Kolophonium destilliert. Guignes, Journ. Pharm. Chim. **24**, 204 (1906).

[2]) Phil. Mag. (4) **20**, 110 (1868). — Fritzsche, Jb. (**1868**) 402.

[3]) B. **16**, 2977 (1883).

[4]) Soc. **88**, 77 (1904).

[5]) B. **29**, 71 (1896).

Vielfach ist auch der Hempelsche[1]) Aufsatz in Gebrauch
(Fig. 18), der aus einer mit Glasperlen gefüllten Röhre besteht. Vielleicht wäre es zweckmäßig, die beiden Apparate zu kombinieren
und in die Kahlbaumsche Röhre Glasperlen einzufüllen.[2])

Andere mehr oder weniger komplizierte Siedeaufsätze stammen
von Wurtz, Ann. 93, 108 (1855); Linnemann, Ann. 160, 195 (1871);
Glinsky, Ann. 175, 381 (1875); Le Bel und Henninger, Wurtz,
Dict. d. Ch. Suppl. 5, 664; Winssinger, B. 16, 2642 (1883); Claudon,
Bull. (2) 42, 613 (1884); Hantzsch, Ann. 249, 57 (1888); Hempel,
Ch. Ztg. 12, 371 (1888); De Koninck, Z. ang. 6, 229 (1893); Ecken-
berg, Ch.-Ztg. 18, 958 (1894); Ganz, Ch. Revue Nr. 31, 3 (1901);
Hirschel, Öst. Ch. Ztg. Nr. 21, 517 (1902); Angelucci L'industria
chimica 6, 291 (1904); Houben, Ch. Ztg. 28, 525 (1904); Vigreux,
Ch. Ztg. 28, 686 (1904); Schlemmer, Ch. Ztg. 31, 692 (1907).

2. Fraktionierte Destillation unter vermindertem Drucke.[3])

Höher siedende Substanzen, oder solche, die bei Atmosphärendruck nicht unzersetzt sieden, werden unter Benutzung eines partiellen Vakuums, wie dasselbe durch die gewöhnlichen Wasserstrahlpumpen erzielt wird (bis zu 10 mm), destilliert.

Um dabei ein Stoßen (Siedeverzug) zu vermeiden, muß man
unbedingt Siedeerleichterungen anwenden. So verwendet Markownikow (Russ. 19, 520 (1887) einseitig zugeschmolzene Capillarröhrchen; Anderlini (Gazz. 24, 1, 1894) stellt ein Bündel solcher
Röhrchen im Fraktionierkolben aufrecht, bedeckt es mit einem
Pfropfen Glaswolle und führt durch den Stopfen des Destillierkolbens
einen starken Platindraht ein, der seinerseits wieder die Glaswolle
festhält. Derartige Einrichtungen sollen ein Überschleudern der
Flüssigkeit gut verhindern.

Am einfachsten wird jedoch ein regelmäßiges Sieden der unter
vermindertem Drucke zu destillierenden Flüssigkeit dadurch erreicht,
daß man die Destillation in einem schwachen, aber stetigen Gasstrome
vornimmt. In den meisten Fällen bedient man sich eines Luftstromes, der für wasserempfindliche Substanzen getrocknet wird.
Gegenüber der Bequemlichkeit und Sicherheit, welche ein Gasstrom
bietet, kommen andere Mittel nicht in Betracht. (Anschütz.)

Der Erfinder dieser Methode ist Dittmar[4]); die Verwendung
des in die Flüssigkeit eintauchenden Capillarröhrchens ist zuerst in
einer Arbeit von Kekulé und Franchimont[5]) beschrieben, doch
scheint dieser Kunstgriff auch gleichzeitig von Wurtz aufgefunden

---

[1]) Z. anal. 20, 502 (1881).
[2]) Cf. Hirschel, a. a. O.
[3]) Anschütz und Reitter, Die Destillation unter vermindertem Druck
im Laboratorium. 2. Aufl. Bonn (1895).
[4]) Sitz.-Ber. der niederrhein. Gesellsch. f. Natur- und Heilkunde (1869)
125. — Thörner, B. 9, 1868 (1876).
[5]) B. 5, 908 (1872), vgl. auch Pellogio, Z. anal. 6, 396 (1867).

worden zu sein.[1]) Für das Laboratorium allgemein anwendbar haben sich namentlich die Versuchsanordnungen von **Anschütz**, **Claisen** und **Kahlbaum** erwiesen.

Was zunächst den zu verwendenden **Druck** anbelangt, so trachtet man im allgemeinen bei dem erreichbaren Druckminimum (bei Wasserstrahlpumpen 10—15 mm) zu destillieren.[2]) Bei Substanzen indes, welche bei niedrigen Temperaturen so große Tension besitzen, daß eine vollständige Kondensation der Dämpfe nur schwer erreichbar ist (Paraldehyd) muß man den von der Pumpe gelieferten Zug dadurch verringern, daß man außer durch die Capillare noch durch eine andere Öffnung des Apparates Luft saugt.

Druckregulatoren haben namentlich **Krafft**[3]), **Michaël**[4]), **Claisen**[5]), **Evans und Anschütz**[6]), **Lothar Meyer**[7]), **Godefroy**[8]), **Moschner**[9]), **W. H. Perkin**[10]), **Bunte**[11]), **Staedel und Hahn**[12]), **Schumann**[13]), **Rutten**[14]), **Holtermann**[15]) und **Moye**[16]) angegeben.

Am einfachsten verfährt man entweder nach **Anschütz**, indem man zwischen Pumpe und Manometer ein T-Rohr einschaltet, über dessen eine in eine feine Öffnung endigende Röhre ein starkwandiger Gummischlauch gezogen wird, der sich mit zwei Schraubenquetschhähnen schliessen läßt, oder man benützt den von **Krafft**

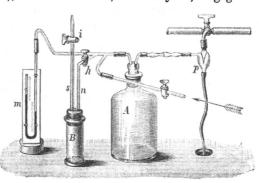

Fig. 19.

angegebenen kompendiösen Apparat (Fig. 19), welcher eine bis auf 0·1—0·5 mm genaue Regulierung des Druckes gestattet.

[1]) **Henninger** und **Le Bel**, Artikel Destillation in **Wurtz** Dict. d. Ch. Suppl. **5**, 667 (1882).

[2]) Dadurch wird der Siedepunkt um ca. 90—140° herabgesetzt.

[3]) B. **15**, 1693 (1882). — B. **27**, 820 (1894).

[4]) J. pr. (2) **47**, 199 (1893).

[5]) **Anschütz**, Dest. 2. Aufl. S. 20 (1895).

[6]) Ann. **253**, 98 (1889).

[7]) B. **5**, 804 (1872).

[8]) Ch. Ztg. **8**, 492 (1884).

[9]) Ch. Ztg. **12**, 1243 (1888).

[10]) Soc. **53**, 689 (1888).

[11]) Ann. **168**, 139 (1873).

[12]) Ann. **195**, 218 (1882).

[13]) Wied. **12**, 44 (1881).

[14]) Chemisch Weekblad **1**, 635 (1904).

[15]) Ch. Ztg. **32**, 8 (1908).

[16]) Ch. Ztg. **32**, 103 (1908).

Zwischen Destillationsapparat und Wasserluftpumpe p ist eine starkwandige, nicht zu kleine Flasche A als Vakuumreservoir eingeschaltet, welche durch das mit dem Glashahn h versehene Rohr n mit dem kleinen Zylinder B in Verbindung steht.

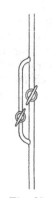

Durch eine zweite Bohrung des in B eingesetzten Kautschukpfropfens geht das durch den Hahn i verschließbare Glasrohr s hindurch, welches in einer feinen Spitze endet. Ferner steht A in der durch die Figur angedeuteten Weise mit dem Manometer in Verbindung. Zur genauen Druckeinstellung wird das System um einige Zentimeter mehr als nötig evakuiert. Hierauf öffnet man den Hahn h vollständig und den Hahn i so weit, daß ein langsamer Gasstrom eindringt, wodurch das Quecksilber stetig fällt und unter den gewollten Stand zu sinken droht. Ehe dies jedoch geschieht, schließt man den Hahn i so viel als nötig ist, um das Sinken der Quecksilbersäule immer langsamer werden zu lassen und schließlich genau beim gewünschten Punkte zu sistieren.

Fig. 20.

Einen Präzisionshahn für derartige Zwecke, bestehend aus einem Haupthahn mit parallel geschaltetem Hahn von geringerem Durchlasse, erzeugt die Werkstätte für Forschungsgeräte G. m. b. H., Freiburg i. Br.[1]) (Fig. 20.)

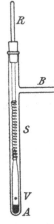

Bei der Anwendung läßt man den Hahn mit geringerem Durchlasse zunächst geschlossen und stellt den Haupthahn annähernd auf eine etwas geringere als die geforderte Menge ein. Dann gibt man mit Hilfe des kleinen Hahnes soviel Durchlaßquerschnitt zusätzlich frei, daß die gewünschte Einstellung erreicht wird. Der kleine Hahn besitzt eine Einkerbung an beiden Enden der Kükenbohrung zur weiteren Erhöhung der Präzision. Die Einstellungsgenauigkeit dieses „Differentialhahnes" ist bis zum maximalen Durchlaßquerschnitt des Haupthahnes bei jeder beliebigen wirksamen Öffnung die gleiche und eine weit höhere als bei gewöhnlichen Hähnen.

Fig. 21.

Der von Kahlbaum[2]) verwendete Regulator besteht einfach aus einer halb mit Wasser gefüllten Waschflasche. Das in das Wasser eintauchende Rohr ist unten spitz ausgezogen, so daß die Anzahl der eintretenden Luftblasen leicht deutlich gemacht wird. Die Regelung geschieht zwischen Waschflasche und Pumpe mittels eines Glashahnes.

---

[1]) Ch. Ztg. **32**, 100 (1908).
[2]) Siedetemperatur und Druck S. 55.

Einen selbsttätigen Vakuum-Regulator hat Andrews[1]) angegeben (Fig. 21). Derselbe besteht aus einer mit dem seitlichen
Ansatzstück B versehenen Glasröhre und hat an seinem unteren
Ende A eine kleine, durch einen abgerundeten Kautschukstopfen
verschließbare Öffnung. Dieser Stopfen ist an dem kurzen Glasrohr
V befestigt, das seitwärts mit einer Öffnung versehen und oben offen
ist, und bildet so ein Ventil, das mittels einer Feder S, die durch
den verstellbaren Stab R gehalten wird, nach unten gedrückt wird.
Der seitliche Ansatz B führt zur Luftpumpe. Tritt diese nun in
Tätigkeit, so nimmt der Druck des Ventils ab, bis der Punkt erreicht ist, wo infolge des Außendrucks das Ventil gehoben und in-

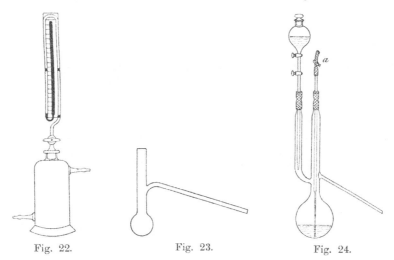

Fig. 22.   Fig. 23.   Fig. 24.

folge des Eintritts von Luft der ursprüngliche Druck im Innern
wieder hergestellt und das Ventil geschlossen wird. Durch Verstellen
von R kann der Feder jede gewünschte Spannung gegeben werden,
so daß zur Öffnung des Ventils eben eine größere Luftleere erforderlich wird.

Als Manometer dient mit Vorteil die Claisensche Anordnung
(Fig. 22). Bei derselben[2]) ist das (abgekürzte) Manometer durch
Schliff mit einer zweihalsigen Flasche verbunden, welche die sonst
zwischen Manometer und Pumpe eingeschaltete Sicherheitsflasche ersetzt; der Pumpenschlauch wird natürlich an das niedriger gelegene
Seitenrohr angesetzt, so daß bei zurücksteigendem Wasser letzteres
von selbst wieder zurückgesaugt wird. Die dickwandigen Seiten-
röhren gestatten ein bequemes An- und Ablegen der Schläuche.

---

[1]) Ch. News **96**, 76 (1907). — Der Apparat ist durch J. J. Griffin and Sons,
London, zu beziehen.
[2]) Anschütz, Destill. S. 23.

4*

Ferner kann die Flasche leicht gereinigt werden, und das Manometer selbst wird durch übergerissene flüchtige Produkte nicht ver-
schmiert.

Über andere zweckmäßige Manometer siehe: Kolbe, Ch. Ztg. 13,
389 (1889); Krafft und Nördlinger, B. 22, 820 (1889). — Siehe
auch S. 60 und 62.

Fraktionierkolben. Dieselben dürfen nicht zu dünnwandig
sein und müssen aus gut gekühltem Glase bestehen; eine praktische
Form (nach Emery) zeigt die Fig. 23. Hat man größere Flüssigkeitsmengen zu destillieren, so verwendet man nach Bredt einen

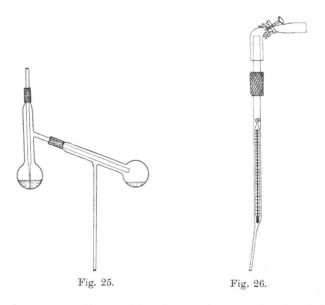

Fig. 25.   Fig. 26.

mit zwei Regulierhähnen versehenen Scheidetrichter und einen Kolben
mit zwei Hälsen (Fig. 24). Man braucht dann zum Nachfüllen die
Destillation nicht zu unterbrechen.

Anschütz hat Destillationskölbchen angegeben, welche eine eingeschmolzene Capillare besitzen, praktischer ist es indessen, die
letztere durch den Hals des Kölbchens zu führen, eventuell auch
nach Anschütz (Fig. 25) die Capillare mittels eines übergeschobenen
Gummischlauches in den verjüngten Kolbenhals einzuführen, was den
Vorteil hat, daß sich die Capillare dadurch leichter verschieben läßt,
und für den Fall des Abbrechens bequem wieder an die tiefste Stelle
des Kölbchens dirigiert werden kann.

Man regelt die Schnelligkeit des Gasdurchtrittes vermittels aufgesetzten Schlauchstückes und Quetschhahns (a, Fig. 24) und verwendet nötigenfalls zur Abhaltung von Feuchtigkeit, Kohlensäure usw.
ein entsprechend gefülltes Absorptionsrohr.

Auch kann man, wie dies **Kahlbaum** (Fig. 27), **Michaël**[1]),
Lederer[2]) und **Claisen**[3]) empfehlen, die Capillare durch eine zweite
Öffnung des Kolbens eintreten lassen; in die andere Öffnung wird
das Thermometer gesteckt, falls man es nicht vorzieht, nach **An-
schütz** das letztere in das Innere der zur Capillare ausgezogenen
Glasröhre zu bringen (Fig. 26).

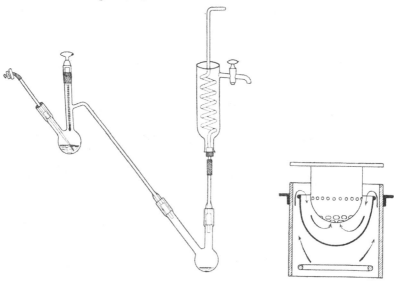

Fig. 27. Destillationsapparat nach **Kahlbaum**.   Fig. 28.

**Destillationen im luftverdünnten Raume müssen un-
bedingt unter Benutzung von Bädern ausgeführt werden.**

Für Temperaturen bis ca. 80° werden Wasserbäder, bis 200°
Öl- oder Paraffinbäder, für noch höhere Temperaturen Graphit-, Metall-
oder Luftbäder benutzt.

Ein zweckmäßiges, von **Bredt** angegebenes Luftbad beschreibt
Anschütz.[4]) Dasselbe ist bei über 150° liegenden Destillations-
temperaturen sehr verwertbar.

Die Form dieses Luftbades zeigt Fig. 28. In dem äußeren
beiderseits offenen Zylinder ist ein etwas engerer, unten halbkugelig
geschlossener Zylinder durch einige Nieten festgehalten. In diesen
wird das innerste unten durchlochte Gefäß, welches als eigentliches
Bad dient, eingesetzt. Der seitliche Rand dieses innersten Zylinders
dient gleichzeitig als Deckel des äußeren Mantels. Bei dieser Anordnung wird die Destillation gewissermaßen in einem dreifachen

---

[1]) J. pr. (2) **47**, 197 (1893).
[2]) Ch. Ztg. **19**, 751 (1895).
[3]) Ann. **277**, 178 (1893).
[4]) Destillation, 2. Aufl., S. 24 (1895).

Luftbade vorgenommen und so eine gleichmäßige Erwärmung des
Siedegefäßes bewirkt. Das Bad ist aus Kupferblech, der mittlere
Einsatz, welcher mit der Flamme in Berührung kommt, aus Eisenblech gefertigt, der äußere Zylinder zur Vermeidung der Abkühlung
mit einem Asbestmantel bekleidet.

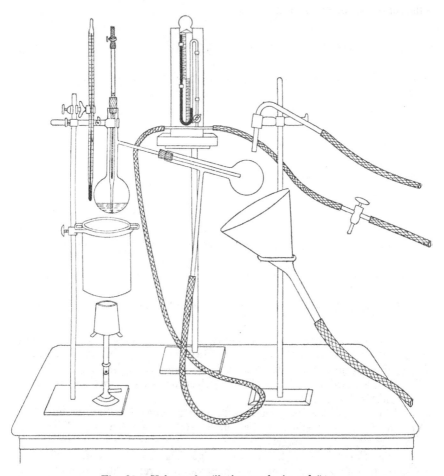

Fig. 29. Vakuumdestillation nach Anschütz.

Während der Destillation werden alle Bäder durch eine in geeigneter Weise ausgeschnittene Glas- oder Asbestplatte bedeckt gehalten.

Über Brühls Luftbad, eine halbkugelförmige Metallschale, über
welche ein Trichter aus Asbestpappe gestülpt wird, s. B. **21**, 3342 (1888).

Die Temperatur des Bades ist stets zu notieren und möglichst
nieder (10—30° über der Innentemperatur) zu halten. Wenn man

Metallbäder benutzt, hat man das Destillierkölbchen vorher außen stark anzurußen.

Kühler zu verwenden ist nur bei (im Vakuum) unter 130⁰ siedenden Flüssigkeiten angebracht, im allgemeinen genügt indessen auch hier die Anwendung eines Ansatzrohres und Kühlung der Vorlage (Fig. 27, 29). Hat man es mit leicht erstarrenden Substanzen zu tun, so wählt man den Ansatz recht weit und benutzt für jede Fraktion neue Rohre, die daher am besten nach Emery[1]) angeschliffen werden. Solche Fraktionierkolben sind nicht nur bei hoch schmelzenden Substanzen, sondern auch bei Flüssigkeiten zu empfehlen, wenn es sich um das Aufsammeln kleiner Mengen handelt. (Fig. 30.)

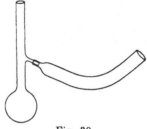

Fig. 30.
Kolben mit Ansatz n. Emery.

Über das Destillieren zähflüssiger Substanzen siehe auch Rupe und Friesel, B. **38**, 111 Anm. (1905).

Ist die zu destillierende Substanz leicht zersetzlich, so verwendet man einen Anschützschen Kolben[2]), der in Figur 31 wiedergegebenen Form.

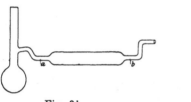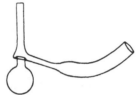

Fig. 31.   Fig. 32.

Nach der Destillation wird die Vorlage bei a und b abgeschmolzen.

Für sehr hoch siedende Substanzen empfiehlt Anschütz noch eine andere Form des Kolbens (Fig. 32).

Der Kolbenhals ist hier nach unten erweitert und in der Weise über die Destillierblase gestülpt, daß im Innern des Gefäßes eine Rinne entsteht. Die bereits im Kolbenhals wieder verdichteten Dämpfe laufen in dieser nach der Vorlage ab, ohne in den Destillierkolben zurückzufließen.

Die Vorlagen.

Es ist eine große Anzahl von Vorlagen angegeben worden, welche es gestatten sollen, mehrere Fraktionen des Destillates aufzufangen, ohne eine zeitweise Unterbrechung der Destillation oder eine Druckschwankung zu bedingen.

---

[1]) B. **24**, 596 (1891).
[2]) Destillation usw. S. 43.

Für die Verarbeitung größerer Substanzmengen ist der Apparat von Brühl[1]) recht geeignet, dessen Konstruktion aus der Fig. 33 ersichtlich ist.

Das Prinzip dieses Apparates, durch Drehen mehrere Vorlagen der Reihe nach unter das Abfluß-rohr zu bringen, stammt von Konowalow[2]). Ähn-liche Apparate haben Gorboff und Keßler[3]), Pauly[4]), H. Wislicenus[5]), Schulz[6]), Biltz[7]), Billeter[8]), Raikow[9]), Gautier[10]), Kahlbaum[11]), Anderlini[12]), Bertrand[13]), Alber[14]), Ubbe-lohde[15]), Delépine[16]) und andere[17]) angegeben.

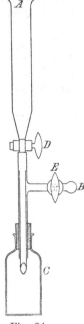

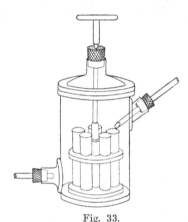

Fig. 33.   Fig. 34.

Skraup[18]) hat eine außerordentlich zweckmäßige Modifikation des S. 62 erwähnten Thorneschen Vakuumvorstoßes angegeben.

[1]) B. **21**, 3339 (1888).
[2]) Anschütz, Destillation, 538. — Konowalow, B. **18**, 1535 (1884). — Bevan, Z. anal. **19**, 188 (1880).
[3]) B. **18**, 1363 (1885).
[4]) Ch. Ztg. **27**, 729 (1903).
[5]) B. **23**, 3293 (1890).
[6]) B. **23**, 3568 (1890).
[7]) Ch. Ztg. **19**, 304 (1895).
[8]) Bull. soc. sc. nat. Neufchâtel **16**, 13. Feb. (1888).
[9]) Ch. Ztg. **12**, 694 (1888).
[10]) Bull. (3) **1**, 675 (1889).
[11]) B. **28**, 393 (1895).
[12]) Bull. (3) **12**, 1057 (1894).
[13]) Bull. (3) **29**, 778 (1903).
[14]) Ch. Ztg. **28**, 819 (1904).
[15]) Z. ang. **19**, 757 (1906).
[16]) Bull. (4) **3**, 411 (1908).
[17]) Siehe Seite 57, 58, 61.
[18]) M. **23**, 1162 (1902). — Ähnliche Apparate: L. Meyer, B. **20**, 1833 (1887). — Lederer, Ch. Ztg. **19**, 751 (1895). — Fogetti, Ch. Ztg. **24**, 374 (1900). — Kolbe, Ch. Ztg. **32**, 487 (1908).

Die Anordnung des Apparates ist aus Fig. 34 ersichtlich.

Das Ende A kommt mit dem Destillationskolben in Verbindung, B mit der Wasserstrahlpumpe. An C werden mittels Gummistöpsel die Vorlagen angesetzt. Soll die Vorlage gewechselt werden, so wird der Hahn D, welcher nur eine, aber sehr weite Bohrung hat, um 90° gedreht, sodann durch Drehen des Dreiweghahnes E um 90° Luft in die Vorlage gelassen, die Vorlage abgenommen und durch eine neue ersetzt. Letzteres wird sehr erleichtert, wenn man den am Ende des Vorstoßes hängenden Tropfen an die innere Glaswand der neuen Vorlage fließen läßt und dann erst auf den Kautschukstöpsel aufdreht. Sodann wird E in die alte Lage gebracht und,

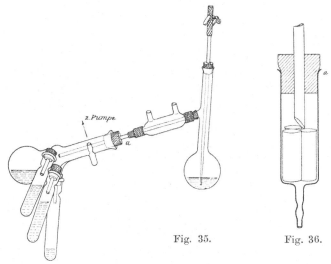

Fig. 35.   Fig. 36.

wenn das Manometer wieder den früheren Stand eingenommen hat, der Hahn D geöffnet. Das Destillat, welches sich inzwischen in dem Raume A D angesammelt hat, fließt dann leicht in die vorgelegte Flasche über.

Einfacher und daher im allgemeinen zweckmäßiger sind die Vorlagen von Bredt[1]) (Fig. 35) und Burstyn[2]) (Fig. 36); letzterer Apparat dient namentlich zur Destillation kleiner Substanzmengen.

Bei diesen Apparaten wird der Wechsel der Vorlage durch Drehen des Stopfens a (bzw. des denselben durchsetzenden Rohres) bewirkt. Man macht den Stopfen innen durch Einstreuen von etwas Federweiß oder Schmieren mit Glycerin oder Phosphorsäure glatt.

Destilliert man höher schmelzende Stoffe unter vermindertem Druck in Emerys Säbelkolben, so hat man verschiedene Schwierigkeiten, die recht lästig werden können, zu überwinden. So ist z. B.

---

[1]) Anschütz, Destillation S. 39.
[2]) Ost. Ch. Ztg. (1901) S. 563.

das Wechseln der Vorlage nur durch Unterbrechung des Vakuums
möglich, oft kommt es auch vor, daß die Anschliffstelle zerspringt.

Diesen Übelständen geht man aus dem Wege, wenn man im
Brühlschen Apparate destilliert, nur muß man dafür Sorge tragen,
daß das Absteigrohr des Fraktionierkolbens mit einer Heizvorrichtung umgeben wird. Haehn[1]) führt in den seitlichen Tubus des
Rezipienten einen Kühler ein und verbindet denselben mittels dickwandigen Gummischlauches mit dem kurzen, ca. 1 cm langen Absteigrohr eines Fraktionierkolbens (Fig. 37). Durch angeheiztes Paraffinöl kann der Kühler, der hier als „Wärmer" dient, auf den
Schmelzpunkt der zu destillierenden Substanz erhitzt werden.

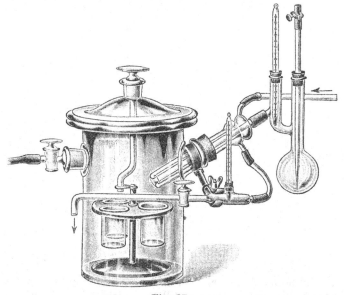

Fig. 37.

Man wählt zweckmäßig ein weites Absteigrohr am Fraktionierkolben, damit man den Kühler zum Teil in das Rohr hineinstecken
kann, wodurch die nicht erwärmte Stelle zwischen Kolben und Kühler
recht klein wird.

Das Paraffinöl wird in einem Metallgefäß erwärmt und durch
den Kühler gehebert. Nachdem es den Apparat verlassen hat, fließt
es durch ein mit einem Thermometer versehenes T-Rohr.

Bei der Destillation öffnet man zunächst den Glashahn am
T-Rohr und läßt kaltes Paraffinöl durchlaufen. Dann erhitzt man
das Reservoir, und wenn das Thermometer im Paraffin den Schmelzpunkt der Substanz anzeigt, kann die eigentliche Destillation beginnen.

---

[1]) Z. ang. **19**, 1669 (1906). — Zu beziehen von F. Hugershoff, Leipzig.

Ist die Temperatur der Heizflüssigkeit nicht genügend hoch, so entstehen am Ende des Kühlers stalagtitenähnliche Gebilde.

Bei längerem Gebrauche wird der Gummistopfen im Tubus weich, weshalb der Kühler etwas in den Rezipienten hineingesogen wird. Um dies zu verhindern, bringt man zweckmäßig zwischen Gummistopfen und Glaswulst einen durchbohrten Korkstopfen. Die einzelnen Glasteile des Paraffinhebers werden durch kurze Druckschläuche verbunden.

Man kann mit der Temperatur der Heizflüssigkeit weit über 100° hinausgehen. Zimtsäure, z. B., die bei 133° schmilzt, wurde ohne Schwierigkeit destilliert.

Anfangs überhitze man die Substanz ein wenig, damit sich die ersten Dämpfe nicht an der Verbindungsstelle zwischen Kolben und Kühler verdichten. Die Siedetemperatur liest man an einem langen Thermometer ab, da sich ein kurzes im Dampfe beschlägt.

Stoffe, die leicht sublimieren, setzen sich in der Vorlage in schönen Krystallen ab, weshalb die Sublimation solcher höher schmelzender Substanzen auch sehr gut in diesem Apparate vorgenommen werden kann.

Einen ähnlichen Apparat nach C. Desaga beschreibt Krafft, B. **40**, 4780 (1907).

3. Destillation im Vakuum des Kathodenlichts.

Nach Krafft und Weilandt[1]) kann man die Siedetemperaturen schwer flüchtiger Körper unter Anwendung eines weit unter 1 mm liegenden Vakuums[2]) noch um ein bedeutendes (80—100°) weiter herabsetzen, als dies unter Benutzung des Wasserstrahlpumpenvakuums (10—15 mm) möglich ist.

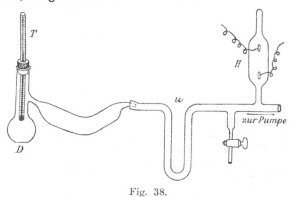

Fig. 38.

Das Arbeiten im „Vakuum des Kathodenlichts" gestaltet sich folgendermaßen. (Fig. 38.)

---

[1]) B. **29**, 1316 (1896). — B. **87**, 562 (1904).
[2]) Etwa ein Millionstel Atmosphärendruck.

Als Druckmesser bzw. als Indikator für die Erreichung eines genügenden Vakuums dient eine Hittorfsche Röhre, die bereits bei Anwendung eines Bunsenelementes und eines ganz kleinen Ruhmkorffschen Funkeninduktors Licht gibt. Sobald sich das apfelgrüne Kathodenlicht an den Glaswänden zeigt, ist die genügende Verdünnung eingetreten. Eine solche Röhre kann man sich aus zylindrischen 6 cm langen und 2 cm weiten Glasröhren, in die man in Scheibchen endigende Platinelektroden in einer Distanz von 3 cm einschmilzt, herstellen.

Der Destillierkolben D faßt 15 ccm. Das Thermometer T wird so eingesetzt, daß es sich 2—3 cm über der siedenden Flüssigkeit befindet, wobei über der Quecksilberkugel bis zum Abflußrohr eine Dampfsäule von 25—30 mm ist und die Dämpfe noch weitere 35 bis 40 mm hoch steigen. Nimmt man den Kolbenhals entsprechend länger, so wird der Kautschukstopfen sehr geschont.

Der Destillationskolben steht durch Schliff oder Kautschukschlauch mit dem U-Rohre U, welches einesteils mit der Baboschen Pumpe, andrerseits mit der Hittorfschen Röhre kommuniziert und endlich mit einem gut eingeschliffenen Glashahne in Verbindung.

Die Vorlage wird mit nassem Filtrierpapier und Eisstücken bedeckt.

Für die Bestimmung werden jedesmal 3—4 g Substanz verwendet und der Versuch abgebrochen, sobald sich noch etwa 1 g Substanz im Kolben befindet.

Bei Eiskühlung der Vorlage kommen für Substanzen, die im Vakuum bei 100° und darüber sieden, keine den Gang des Versuches störenden Dampfmengen in die direkt vermittels eines Glasrohres angeschlossene und kontinuierlich arbeitende Quecksilberpumpe. Wo Luft und Gase fehlen, ist offenbar die Bildung von schwer kondensierbaren Bläschen und Nebeln nicht möglich. Zudem wendet man den Kunstgriff an, von Anfang an eine kleine Substanzmenge in die Vorlage zu bringen und womöglich in dünner Schicht an deren Wandung erstarren zu lassen. Eine solche Schicht übt augenscheinlich auf geringe Dampfspuren, namentlich zu Anfang des Versuches, eine größere Anziehung aus, als die nackten Glaswände. Zum Anheizen dient zweckmäßig ein Bad aus Woodscher Legierung.

Zum Dichten und Schmieren von Glashähnen wird eine Mischung aus zwei Teilen geschmolzenem weißen Wachs und einem Teil Adeps lanae für Temperaturen über 15° empfohlen; für niedrigere Temperaturen wird entsprechend weniger Wachs genommen.

Für Destillationen unter stark vermindertem Drucke hat auch Kahlbaum[1]) Apparate angegeben.

4. Vakuumdestillation nach E. Fischer und Harries.[2])

Die Vakuumdestillation nach Krafft und Weilandt (S. 59) ist recht brauchbar, wenn es sich um die Destillation von reinen Sub-

---

[1]) B. **28**, 392 (1895). — Z. anorg. **29**, 182 (1902).
[2]) B. **35**, 2158 (1902). — S. a. D'Arsonval u. Bordas, C. r. **143**, 567 (1906).

stanzen handelt, deren Tension bei der Temperatur der gewöhnlichen Kühlvorrichtungen genügend klein ist. Das Verfahren läßt aber im Stich, wenn Gase oder leicht flüchtige Flüssigkeiten zugegen sind oder während der Operation entstehen[1]), es wird auch schon unbequem, wenn etwas größere Mengen unzersetzt siedender Substanzen fraktioniert werden sollen, weil die hierbei gebräuchlichen Vorlagen nicht absolut luftdicht schließbar sind oder weil ihre Auswechslung das Eindringen von Luft mit sich bringt. In derartigen Fällen wirkt die Quecksilberluftpumpe viel zu langsam.

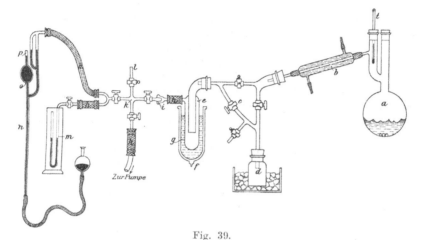

Fig. 39.

Diese Schwierigkeiten werden nach Fischer und Harries beseitigt:

1. Durch die Anwendung einer sehr stark wirkenden mechanischen Luftpumpe, die einen Apparat von mehreren Litern Inhalt im Laufe von 10 Minuten bis auf etwa 0,15 mm Druck entleert;

2. durch Kühlung einer Vorlage vermittels flüssiger Luft, wodurch alle Dämpfe und auch die meisten Gase (wie Ammoniak, Kohlendioxyd, Äthylen) kondensiert werden.

Als Luftpumpe dient die englische „Geryk"-Vakuumpumpe (Patent Fleuß, Typ C). Sie ist zweistieflig und die Kolben gehen in Öl, welches eine sehr geringe Tension hat. Zum Antriebe braucht sie einen Motor (am bequemsten Elektromotor) von ca. $1/_2$ PS.

Die Verbindung mit den Apparaten geschieht durch ein Bleirohr, das in eine Schlauchspitze mündet.

Das Siedegefäß a (Fig. 39) steht bei Substanzen, die gegen Überhitzung empfindlich sind, in einem Ölbade, dessen Temperatur

---

[1]) Riiber entfernt entstehendes Kohlendioxyd durch Absorption in einem mit Natronkalk und Calciumchlorid beschickten durch eine Kältemischung stark abgekühlten U-förmigen Rohre B. **35**, 2414 (1902).

gemessen wird. Die Dämpfe entweichen durch das mit Glasperlen gefüllte, mit Thermometer versehene seitliche Ansatzrohr. Das Rohr wird zum Schutze gegen Abkühlung mit Watte oder Asbestwolle umgeben.

Bei der außerordentlichen Verdünnung der Dämpfe sind die Angaben des Thermometers nicht so zuverlässig, wie bei gewöhnlicher Destillation; die Einstellung ist natürlich bei tunlichst flotter Destillation am schärfsten. Die Badtemperatur soll 15—40° über der Destillationstemperatur liegen.

Der Kühler b wird bei hochsiedenden Substanzen mit gewöhnlichem Wasser und bei niedrig siedenden mit einer stark gekühlten Chlorcalciumlösung gefüllt. Der mit 4 Glashähnen versehene, von Thorne[1]) angegebene Vorstoß c gestattet jederzeit die Auswechslung der Vorlage d ohne Aufhebung des Vakuums. Die Vorlage e, deren Zuführung wegen der Gefahr der Verstopfung sehr weit ist, dient zur Kondensation aller leichtflüchtigen Dämpfe und Gase und steht in einem Dewarschen Gefäße f, das mit flüssiger Luft g gefüllt ist.

Bei starker Gasentwicklung empfiehlt es sich, noch eine zweite derartige Vorlage einzuschalten.

Der Glasapparat k hat vier Hähne und bildet die Verbindung der Destillationsgefäße mit der Pumpe und mit den Druckmeßapparaten m und n. Durch den vierten Hahn l kann man Luft in das System einlassen; m ist ein gewöhnliches Quecksilbermanometer.

Für die Messung von Drucken unter 1 mm dient ein Volumometer nach Mac Leod und Kahlbaum.[2]) Die Kugel o faßt ungefähr 55 ccm und das Rohr p hat 8 mm im Lichten.

Die Verbindungen h bestehen aus starken Gummischläuchen (4 mm Öffnung, 10 mm Wandstärke), welche an die Glasröhren mit starkem Kupferdraht angepreßt sind.

Bei i befindet sich wegen der bequemen Loslösung ein Glasschliff. Alle anderen Verschlüsse sind mit Gummipfropfen hergestellt. Um eine möglichst vollkommene Dichtung zu erzielen, werden dieselben nach der Zusammenstellung des Apparates an der Berührungsstelle von Stopfen und Glas mit einer konzentrierten Gummilösung, wie man sie zur Dichtung der Fahrradreifen benutzt, befeuchtet, oder man benutzt die Krafftsche Mischung.[3])

Das so erzielbare Vakuum entspricht 0,15 bis 0,2 mm Quecksilber.

Um den Siedeverzug aufzuheben, empfiehlt es sich, in das Siedegefäß 2—3 linsengroße Stückchen von Ziegelstein oder gebranntem Ton einbringen. Übrigens ist die Gefahr des Stoßens bei dem gleichmäßigen Drucke, der im Apparate herrscht, gering.

---

[1]) B. **16**, 1327 (1883).
[2]) Ein anderes Manometer empfiehlt Ubbelohde, Z. ang. **19**, 756 (1906).
— **20**, 321 (1907).
[3]) Siehe auch S. 60.

Bei festen Substanzen ist die Anwendung eines Wasserkühlers unnötig, man verwendet dann die in Fig. 30—32 (Seite 55) reproduzierten Vorlagen.

Das Verfahren bewährte sich speziell zur Fraktionierung von Estern der Aminosäuren behufs Trennung der komplizierten Gemische, welche bei der Hydrolyse der Proteinstoffe entstehen. Hier trat der Vorteil der starken Siedepunktserniedrigung besonders zutage, weil die höher siedenden Ester bei längerer Dauer der Destillation unter einem Drucke von 8—10 mm schon merkliche Zersetzung erleiden. — Die Operation läßt sich bequem mit Mengen von $^1/_2$ Liter Flüssigkeit ausführen. An Stelle von flüssiger Luft kann im Notfalle auch ein Gemisch von festem Kohlendioxyd und Äther als Kühlungsmittel Verwendung finden.[1]

Erdmann[2]) erzeugt ein bis unter 0,1 mm liegendes Vakuum, indem er das System mit reinem Kohlendioxyd füllt, und dieses dann durch flüssige Luft kondensiert.

Dieses Verfahren hat später auch Krafft[3]) akzeptiert.

Bloch und Höhn beschreiben eine praktische Anordnung, welche es gestattet, während der Destillation Rückstände aus dem Kolben herauszusaugen und große Substanzmengen in kontinuierlichem Betriebe zu verarbeiten. B. **41**, 1978 (1908).

5. Vakuumdestillation nach Bedford.[4]

Der Apparat entspricht im großen Ganzen dem von E. Erdmann beschriebenen, nur sind an demselben zwei wesentliche Verbesserungen angebracht (Fig. 40). Zwischen Wasserstrahlpumpe und Mac Leodschem Manometer wird ein Quecksilberventil c, wie es Krafft[5]) anwendet, eingeschaltet. Sodann dient das mit Kokosnußkohle[6]) gefüllte Rohr B dazu, die letzten Spuren von Gasen durch Adsorption[7]) zu entfernen. Gummiverbindungen werden vollständig vermieden und überall Glas direkt mit Glas verbunden. Es sind also am Apparate, wie aus der Skizze näher zu ersehen ist, folgende durch Glasröhren vereinigte Teile zu unterscheiden:

---

[1]) Die Pumpe Typ C kostet ohne Motor ungefähr 900 Mk. Sie kann nebst Elektromotor von der Firma Siemens & Halske, Glühlampenwerk, Charlottenburg, bezogen werden. Die Glasteile des Apparates nebst den Gummiverbindungen und Verschlüssen liefert der Glasbläser R. Burger, Berlin N., Chausseestraße 2e.

[2]) B. **36**, 3456 (1903). — Z. ang. **17**, 620 (1904). — B. **39**, 192 (1906). — Tafel B. **39**, 3626 (1906).

[3]) B. **37**, 562 (1904). — Wittenstein, Diss. Heidelberg 1903.

[4]) Diss. Halle 1906.

[5]) B. **37**, 95 (1904).

[6]) Siehe Anm. 2, S. 65.

[7]) Dewar, Ann. chim. phys. (8) **3**, 5 (1904), — C. r. **139**, 261 (1904). — Blythwood u. Allen, Phil. Mag. **10**, 497 (1905). — Dewar, Ch. News **97**, 4, 16 (1908). — Dieses Adsorptionsrohr hat Bedford schon vor der Veröffentlichung von Wohl und Losanitsch, B. **38**, 4149 (1905), regelmäßig zur Destillation im hohen Vakuum angewendet, vgl. E. Erdmann, B. **39**, 192 (1906).

1. Destillierkolben K, der mit einem seitlichen Einfüllrohr S, eventuell auch mit angeschmolzenem Fraktionieraufsatz F (nach Lebel und Henninger) versehen ist. Das kurze Thermometer T wird an einem Platindraht aufgehängt und dieser oben eingeschmolzen.

2. Vorlage V, bei deren Herausnahme die Verbindungsröhren an den punktierten Stellen p_1 und p_2 durchschnitten werden. Das Capillarrohr k dient zur Entleerung der Vorlage, das Ansatzrohr d zum Hineinblasen beim Zusammenschmelzen.

3. Gefäß A von etwa 150 ccm Inhalt, durch flüssige Luft kühlbar. Es steht durch Hahn h_1 mit einem Kohlendioxydentwickler in Verbindung.

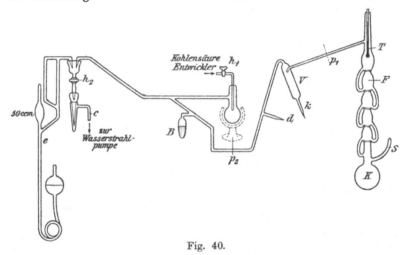

Fig. 40.

4. Gefäß B, ein 8 cm langer, 2,5 cm weiter Zylinder, der mit Holzkohle in kleinen Stücken gefüllt ist und ebenso wie A durch flüssige Luft gekühlt werden kann. Die Holzkohle wird durch starkes Ausglühen von Kokosnußschale in einem bedeckten Porzellantiegel gewonnen.[1]

5. Ein Manometer nach Mac Leod, welches mit Quecksilberventil c versehen ist; letzteres steht in Verbindung mit einer Wasserstrahlpumpe und ist durch Hahn h_2 abzuschließen.

Die Destillation wird folgendermaßen ausgeführt: Die zu destillierende Substanz wird nebst ein paar Stückchen Bimsstein durch das Seitenrohr S in den Kolben K hineingebracht. S wird dann zugeschmolzen, die Vorlage V bei offenem Röhrchen d zuerst an Stelle p_2, dann an p_1 eingefügt, zuletzt auch d mit der Stichflamme einer kleinen Gebläselampe verschlossen.

Nun wird Hahn h_1 geschlossen, h_2 geöffnet und der ganze Apparat mittels der Wasserstrahlpumpe evakuiert. Nachdem h_2 dann ge-

---

[1] Siehe Anm. 2, S. 65.

schlossen ist, wird h_1 vorsichtig geöffnet und dem in einem Kipp-schen Apparat entwickelten, durch konz. Schwefelsäure getrockneten Kohlendioxyd Eintritt gestattet. Dieselbe Operation des Auspumpens und Füllens mit Kohlendioxyd wird ein- bis zweimal wiederholt; schließlich wird mit der Wasserstrahlpumpe so weit als möglich eva-kuiert und bei geschlossenen Hähnen Gefäß A allmählich mit flüssiger Luft gekühlt. Der Druck beträgt jetzt ca. $^1/_2$ mm.

Nunmehr wird die Kohle in B ebenfalls mit flüssiger Luft ab-gekühlt. Die letzten Reste der Gase werden durch die Kohle absor-biert und der Druck beträgt nach 2 bis 3 Minuten weniger als $^1/_{1000}$ mm.

Nach beendeter Destillation werden die Gefäße mit flüssiger Luft entfernt und durch h_1 wird Kohlendioxyd eingelassen. Dann wird das an der Vorlage V befindliche Capillarrohr geöffnet und das Destillat mittels Kohlendioxyds herausgedrückt.

6. Verfahren von Wohl und Losanitsch.

Auch Wohl und Losanitsch[1]) verwerten die adsorbierende Kraft mit flüssiger Luft gekühlter Blutkohle.

Am einfachsten läßt sich die Benutzung des Verfahrens gestalten, wenn man auf genaue Messung des Vakuums nach Mac Leod verzichtet. Es bedarf dann nur der Einschaltung eines T-Stückes in die zu evakuierende Apparatur. An dieses T-Stück wird mittels Gummischlauchs eine Vorlage und daran wiederum mit Gummischlauch das Adsorptionsgefäß mit 20—30 g Blutkohle angeschlossen, beide sind mit flüssiger Luft zu kühlen. Das letztere Gefäß kann dabei in einfachster Form aus einem größeren Reagenzglas mit seitlichem Ansatze bestehen, am besten oben verengt, das nach Einführung der Kohle verschmolzen oder durch einen weichen Gummistopfen ge-schlossen wird.

Wenn mit der Erzeugung des Vakuums die genaue Messung desselben verbunden werden soll, benützt man folgenden Apparat. (Fig. 41.)

Der Adsorber A, der mit 24—30 g Blutkohle beschickt wird, ist mit dem Mac Leodschen Vakuummesser M, von dessen zweckmäßigster Form noch weiter unten die Rede sein wird, und der Wasserstrahl-pumpe, sowie mit der Kondensationsvorlage V durch Schliffe ver-bunden; an die mit flüssiger Luft zu kühlende Vorlage V sind die Gefäße angeschlossen, welche evakuiert werden sollen. Durch die Hähne w und e kann in die Apparatur Luft hineingelassen werden. Zur Herstellung des Vakuums wird der Apparat mit dem ange-schlossenen Gefäße vorsichtig[2]) durch die Wasserstrahlpumpe auf

---

[1]) B. **38**, 4149 (1905). — Einen ganz ähnlichen Apparat beschreibt Mol, Rec. **26**, 404 (1907). — Thèse, Leide, Adriani 1907.

[2]) Sonst wird die Tierkohle zu stark aufgewirbelt. — Nach Baerwald ist übrigens ein Zerkleinern der Kohle (er empfiehlt namentlich Kokos- und Lindenkohle) unnötig. Ann. Phys. (4) **23**, 84 (1907).

ca. 20 mm vorgepumpt, der Hahn w geschlossen und durch allmähliches Heben des Dewar-Zylinders D_1 der Adsorber in die flüssige Luft hineingetaucht. Die Adsorption geht rasch vor sich.

Am besten ist es, erst den Adsorber vorzupumpen, den Hahn a zu schließen und, während die angeschlossenen Gefäße vorgepumpt werden, den Adsorber in die flüssige Luft hineinzutauchen. Man kann dieselbe Kohle dreimal wieder benützen, ohne sie aus dem Kühlgefäße heraus nehmen zu müssen. Natürlich muß, bevor der Adsorber eingeschaltet wird, mit der Wasserstrahlpumpe vorgepumpt werden.

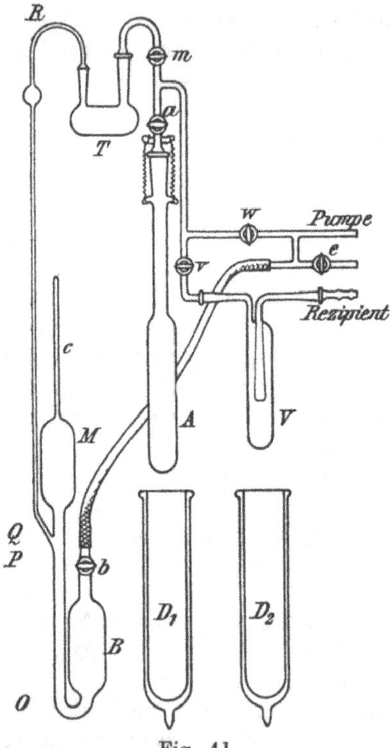

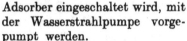

Ist die Grenze der Aufnahmefähigkeit erreicht, so genügt es, die Kohle sich auf Zimmertemperatur erwärmen zu lassen, wobei die gesamte adsorbierte Luftmenge abgegeben wird, um ohne weiteres die volle Brauchbarkeit für die Wiederbenutzung herzustellen.

Um diese Methode der Luftverdünnung noch leichter zugänglich zu machen, wurden Versuche angestellt, als Kühlmittel einen Brei von Äther und festem Kohlendioxyd (— 80°) zu benutzen, aber ohne recht befriedigenden Erfolg. Aceton gibt mit festem Kohlendioxyd — 86°, Aldehyd — 87°, aber das genügt auch nicht.

Der Apparat erhält endlich, auf einem Brette montiert, eine bequeme und tragbare Form dadurch, daß der Mac Leodsche Vakuummesser abgekürzt wird, ähnlich wie dies Stock[1]) für die Quecksilberpumpe vorgeschlagen

Fig. 41.
OP = 14—17 cm, PQ = 4—5 cm,
QR = 60 cm.

hat. Zu diesem Zwecke werden der Vakuummesser M und die Birne B aus einem Stück angefertigt. Die Birne B trägt den Hahn b und ist mit der Wasserstrahlpumpe durch Gummischlauch verbunden; sie wird bis zum Hahn mit Quecksilber gefüllt. Bei der Druckmessung sind die Hähne b und e geöffnet, das Quecksilber wird also durch den äußeren Druck in die Höhe getrieben und preßt die im Apparate befindliche verdünnte Luft bis in die Capillare c. Das Zusammenpressen der

---

[1]) B. **38**, 2182 (1905).

Luft gerade bis zu einer ganz bestimmten Marke der Capillare, das beim unverkürzten Mac Leodschen Vakuummesser durch passendes Heben des Quecksilbergefäßes bewirkt wird, läßt sich hier nach Anbringen der von Wohl[1]) eingeführten Feilstriche am Hahne b leicht und bequem ermöglichen. Das Quecksilber wird in die Birne B zurückgeführt, indem man e schließt, die Wasserstrahlpumpe in Tätigkeit setzt und den Hahn b schließt, sobald das Quecksilber bis unter die Abzweigung des Mac Leodschen Gefäßes gesunken ist. Diese Art von abgekürztem Mac Leodschen Vakuummesser[2]) hat den Vorzug, daß das Quecksilber, das mit Gummi gar nicht in Berührung kommt, immer rein bleibt und aus demselben Grunde auch die Dichtung des Vakuummessers selbst absolut sicher ist. Natürlich sind die Messungen mit jedem Vakuummesser nach dem Mac Leodschen Prinzip illusorisch, wenn die Luft in dem Apparate nicht ganz trocken ist. Deshalb muß das Trockenrohr T immer genug Phosphorpentoxyd enthalten, niemals soll in den·Vakuummesser unnötig Luft hineingelassen werden, und der Hahn m ist außer im Augenblicke der Druckmessung geschlossen zu halten. Es ist auch ratsam, zwischen dem ganzen Apparate und der Wasserstrahlpumpe ein Chlorcalciumrohr einzuschalten.

7. Apparat zur trocknen Destillation im Vakuum von Pauly und Neukam.[3])

Ein Kupferzylinder von 9 cm Höhe, 4 cm lichter Weite, 2 mm Wandstärke (siehe Fig. 42) mit hart eingelötetem Boden trägt am oberen, äußeren Rande eine 1,5 cm breite Verstärkung, so daß die obere Randfläche gut 5 mm breit wird. Letztere ist genau rechtwinklig zur Zylinderrichtung abgedreht und fein poliert. Mit Hilfe eines Gewindes, das die Verstärkung trägt, läßt sich ein außen kantiger Deckel aus Rotguß fest aufschrauben. Die innere Fläche desselben ist ebenfalls genau rechtwinklig zur Gewinderichtung abgedreht und poliert, so daß sich die Randfläche beim Zudrehen präzis anlegt, was für den luftdichten Schluß des Apparates wichtig ist. Der Deckel trägt einen zylindrischen Ansatz mit Stopfbüchse, wie sie zum Einsetzen von Wasserstandsgläsern üblich ist, mittels deren man in die 11—12 mm weite Bohrung ein knappschließendes, kräftiges Glasrohr mit angeschmolzener Vorlage luftdicht einsetzen kann. Besondere Aufmerksamkeit muß man den Dichtungen zuwenden, für die sich Asbest empfiehlt. In der leicht dicht zu bekommenden Stopfbüchse verwendet man dicke Asbestschnur; Zylinder und Deckel werden durch einen ca. 1 cm breiten, flachen und exakt

---

[1]) B. **35**, 3495 (1902).
[2]) Vgl. Reiff, Ch. Ztschr. **4**, 426 (1905). — Phys. Ztschr. **8**, 124 (1907). — Z. ang. **20**, 1894 (1907), **21**, 977 (1908). — Ubbelohde, Z. ang. **21**, 1454 (1908).
[3]) B. **40**, 3495 (1907). — Der Apparat wird von der Kupferwerkstatt J. Ostler, Würzburg, gefertigt.

angepaßten, aus einer Platte geschnittenen Asbestring gedichtet, der folgendermaßen präpariert wird. Man schleift ihn mit feinstem Schmirgelpapier beiderseits und an den Rändern gut ab, bis er keine Unebenheiten mehr zeigt, feuchtet ihn stark mit Wasser an, legt ihn in den Deckel und dreht wiederholt den Zylinder fest mit der Hand ein, indem man den Asbestring mehrmals auf die andere Seite legt, bis er auf beiden Seiten feine, polierte Eindrücke zeigt,

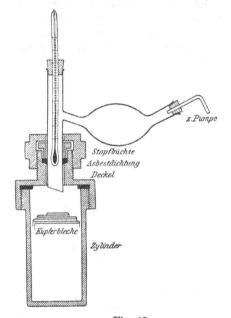

dann läßt man ihn, ohne zu erwärmen, trocknen.

Vor dem Gebrauche wird der Ring (ebenso wie auch die Stopfbüchsenschnur) mit hocherhitztem, zähflüssigem, auch bei hoher Hitze kaum flüchtigem, sondern nur verkohlendem Öle, wie es neuerdings für maschinelle Zwecke in den Handel kommt (kein Steinöl), gründlich, aber möglichst sparsam eingerieben. Man erzielt mit Hilfe der Wasserstrahlpumpe in diesem Apparate ohne Schwierigkeiten ein auch bei höherer Temperatur konstant bleibendes Vakuum von 20—25 mm. Den inneren Raum des Zylinders füllt man mit 6 cm breiten, hin und her gebogenen, aufrecht stehenden dünnen Kupferplatten (Kupferblech

Fig. 42.

elektrolytisch 0,1 mm von Kahlbaum) dicht an, so daß schmale Luftschichten von 1—2 mm Dicke entstehen. Zwischen diese wird die mit der $1^1/_2$—2fachen Menge Kupferpulver innig gemischte Substanz fest eingefüllt. Die Erhitzung geschieht mit Öl- bzw. Metallbädern. Der Apparat nutzt sich kaum ab, selbst bei höheren Temperaturen bleiben die Schliffe glatt und dicht und die inneren Wandflächen oxydieren sich fast gar nicht. Man kann 20—30 g Substanz in einer Portion verarbeiten.

Sechster Abschnitt.

Destillation mit Wasserdampf.

Viele an und für sich schwer flüchtige Substanzen lassen sich leicht im Wasserdampfstrome übertreiben und dadurch von Verunreinigungen trennen.

Man destilliert entweder die mit Wasser versetzte Substanzlösung einfach aus einer Retorte — für empfindliche Körper im Kohlendioxyd- oder Schwefelwasserstoffstrome[1]) — oder man setzt, zur Erhöhung des Siedepunktes, indifferente Salze zu.[2])

Hat man Säuren zu destillieren, so empfiehlt sich der Zusatz von nicht flüchtigen Mineralsäuren[3]) (Schwefelsäure, besser Phosphorsäure); dadurch wird nicht nur eine Siedepunktserhöhung erzielt, sondern auch die Dissoziation der organischen Säure zurückgedrängt und dadurch ihre Flüchtigkeit erhöht.

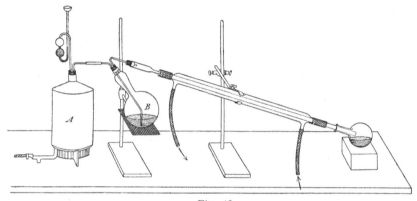

Fig. 43.

Analog ist bei Basen zu verfahren.

Indessen ist nicht zu vergessen, daß Säuren, welche leicht ihr Carboxyl abspalten, dabei zersetzt werden; so werden Mono- und Dibromparaoxybenzoesäure beim Destillieren mit wässeriger Schwefelsäure oder Phosphorsäure glatt in die entsprechenden gebromten Phenole verwandelt.[4]) Ähnlich verhalten sich manche Sulfosäuren.[5])

Das verbrauchte Wasser kann man durch einen auf die Retorte aufgesetzten Scheidetrichter ersetzen; will man die dadurch bedingte Abkühlung und das gewöhnlich eintretende heftige Stoßen der siedenden Flüssigkeit vermeiden, so entwickelt man den erforderlichen Dampf in einem zweiten Gefäße A und leitet ihn, wie die Figur 43 zeigt, durch ein gebogenes Glasrohr in den die Substanzlösung enthaltenden schiefgestellten Rundkolben B. Sollte sich letzterer zu sehr mit kondensiertem Wasser füllen, so wird auch unter B eine Flamme gebracht.

[1]) Bechhold, B. **22**, 2378 (1889).
[2]) Vgl. Wagner, Technologie, 10. Aufl., 676. — Matthews, Soc. **71**, 323 (1897).
[3]) Z. B. Königs, B. **26**, 2338 (1893). — Auwers, B. **28**, 265 (1895).
[4]) Hans Meyer, M. **22**, 439 (1901).
[5]) Siehe S. 441.

Sehr bequem ist für diesen Zweck die Benützung eines größeren metallenen Dampfentwicklers, wie solche von Hofmann und Landolt angegeben worden sind (Fig. 44, 45).

Über

fraktionierte Destillation mit Wasserdampf

machen Hardy und Richens folgende Bemerkungen[1]): 1. In manchen Fällen kann die Destillation mit Wasserdampf eine vollständigere Trennung der Bestandteile einer Mischung von flüchtigen Substanzen

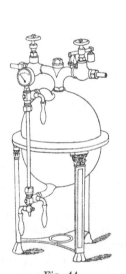

Fig. 44.
Dampfentwickler von Hofmann.

Fig. 45.
Dampfentwickler nach Landolt.

herbeiführen als die gewöhnliche Destillation mit trockener Wärme. Wenn die zu trennenden Substanzen weit unter 100° sieden, so ist die Methode der Dampfdestillation kaum von Wert. 2. Der Einfluß von Fraktionierungsaufsätzen ist wesentlich geringer als bei dem gewöhnlichen Verfahren. 3. Die Destillationsgeschwindigkeit beeinflußt das Resultat nur wenig; in manchen Fällen jedoch ist es von Vorteil, den Dampf möglichst schnell durch das Gemisch gehen zu lassen.

---

[1]) Analyst, **32**, 197 (1907). — Siehe auch Lazarus, B. **18**, 577 (1885). — Tiemann und Krüger, B. **26**, 2677 (1893).

4. Besonders gute Resultate können oft, wenn nicht immer, durch Dampfdestillation unter vermindertem Drucke erhalten werden.

Nach Richmond[1]) geht unabhängig vom Siedepunkte die in Wasser schwerer lösliche Substanz aus ziemlich verdünnter wässeriger Lösung schneller über.

Duclaux[2]) und Buchner und Meisenheimer[3]) konnten Buttersäure und Essigsäure durch fraktionierte Destillation mit Wasserdampf trennen.

Um ein Überschäumen bei stark Blasen bildenden Substanzen zu verhindern, leitet man nach Fanto[4]) während der Destillation über die Oberfläche der kochenden Flüssigkeit einen Gasstrom.

Dampfdestillation unter vermindertem Drucke.

Die Ausführung derartiger Destillationen hat sich in manchen Fällen, wo es sich um die Reindarstellung empfindlicher Körper handelte, sehr bewährt.

So gelang es Fränkel[5]) auf diese Weise, den rohen Diazoessigester in bequemster Weise zu reinigen. Man brauchte nicht die Operation in kleinen Mengen durchzuführen und hatte nicht Zersetzung zu fürchten, wie sie bei der üblichen Wasserdampfdestillation kaum zu vermeiden ist und

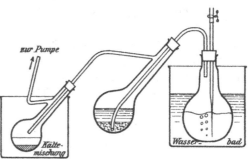

Fig. 46.

sich durch Aufschäumen bemerkbar macht. Bei einem Drucke von 20—30 mm ging das Ester-Wassergemisch bei 30—35°, also bei einer Temperatur, wo im alkalischen Medium eine Zersetzung kaum eintritt, über. Bei Verarbeitung von ca. 50 g Diazoessigester dauert die Destillation 45—60 Minuten. Sie ist beendet, wenn im Destillierkölbchen die gelbe Farbe verschwunden und nur eine schwach hellbraune geblieben ist. Bei den verhältnismäßig niedrigen Temperaturen und bei der besonders im Anfange lebhaften Destillation ist gute Kühlung der Vorlage notwendig, da sonst leicht übergehender Ester in die Pumpe gerissen wird. Eine gute Kochsalz-Eis-Kältemischung in einem großen Becherglase, das die Vorlage ganz umschließt, erwies sich als zureichend.

---

[1]) Analyst, **32**, 197 (1907), **33**, 209 (1908).
[2]) Traité de Microbiologie, **8**, 384 (1900).
[3]) B. **41**, 1416 (1908).
[4]) Z. ang. **20**, 1232 (1907).
[5]) Diss. Heidelberg 1906, S. 11.

Die Versuchs-Anordnung gibt Fig. 46 wieder.

Auch Steinkopf empfiehlt die Wasserdampfdestillation im luftverdünnten Raume.[1]) Er konnte Toluol, Anilin und selbst Nitrobenzol leicht bei sehr niedriger Temperatur übertreiben, und zwar ging Toluol bei 27 mm Druck und einer Dampftemperatur von 27,5°C., Anilin bei 20 mm Druck und 23° C., Nitrobenzol bei 19 mm Druck und 22,5° C. über. Druck und Temperatur bleiben dabei sehr konstant. Die Trennung eines Gemisches von Toluol und Nitrobenzol durch fraktionierte Destillation, wie sie unter gewöhnlichem Drucke Lazarus ausgeführt hat, gelang im luftverdünnten Raume nicht. Daß sich auch durch Wasser leicht zersetzliche Substanzen unter diesen Umständen mit Wasserdämpfen destillieren lassen, wurde am Benzoylchlorid nachgewiesen, das bei 16—17 mm Druck und 21° C., allerdings nur in einer Ausbeute von 40 Proz., überging. Wahrscheinlich wird es auch möglich sein, die Vakuumwasserdampfdestillation mit mäßig überhitztem Dampfe vorzunehmen und so Körper bei verhältnismäßig tiefer Temperatur zu destillieren, die sonst nur mit stark überhitztem Dampfe flüchtig sind.

Destillation mit gespanntem Wasserdampf.

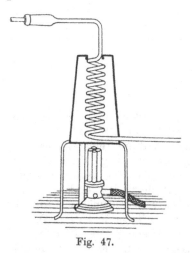

Ebenso, wie man durch Zusatz indifferenter Salze den Siedepunkt des Wassers erhöhen kann, bewirkt man auch oftmals durch Erhöhung des Druckes im Dampfkessel oder durch Leiten des Wasserdampfes durch überhitzte Röhren eine Beschleunigung der Destillation; manche Substanzen können überhaupt nur gut vermittels überhitzten Wasserdampfes übergetrieben werden, während wieder andere[2]) dadurch geschädigt werden können.

Da es nicht ratsam ist, den Druck im Dampfentwickler auf mehr als zwei Atmosphären zu steigern (entsprechend einer Dampftemperatur von 120°), so zieht man es in der Regel vor, den unter Atmosphärendruck entwickelten Dampf durch ein entsprechend erhitztes Metallrohr zu schicken.

Fig. 47.

Einen geeigneten Apparat für diesen Zweck[3]) nach Lassar-Cohn stellt Fig. 47 dar. Derselbe besteht aus einem 5 mm weiten Spiral-

---

[1]) Ch. Ztg. **32**, 517 (1908). — Monhaupt, Ch. Ztg. **32**, 573 (1908).
[2]) Z. B. die Skatolcarbonsäure: Salkowski, Z. physiol. **9**, 493 (1885). — o-Nitrobenzonitril, Pinnow und Müller, B. **28**, 151 (1895).
[3]) Zu beziehen von W. J. Rohrbecks Nachfolger, Wien I, Kärntnerstraße.

rohre aus Kupfer von 10 Gängen, von 1,5 mm Wandstärke, im ganzen 2,5 m lang, in einem eisernen Mantel auf drei Füßen eingeschlossen. Das Rohr endigt in einem 20 mm weiten Ansatze für einen Verbindungsstopfen, den man am besten durch Umwickeln des entsprechenden Glasrohres mit angefeuchtetem Asbestpapier herstellt.[1])

Will man mit Dampf von einer bestimmten Temperatur arbeiten, so setzt man die Spirale in ein Ölbad und kontrolliert mit dem Thermometer.

Ein noch weit zweckmäßigerer Apparat (Patent Heizmann) wird von F. Hugershoff, Leipzig in den Handel gebracht. (Fig. 48.)

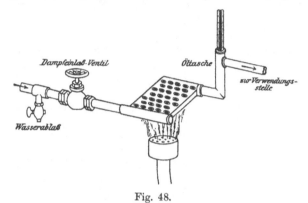

Fig. 48.

Der Überhitzer wird derart in die Dampfheizung zwischen A und B (Fig. 43) eingesetzt, daß die Austrittseite mit der Thermometer-Öltasche nach der Verwendungsstelle des überhitzten Dampfes gerichtet ist und an einem Stativ befestigt. Dabei ist darauf zu achten, daß die Leitung zwischen Überhitzer und Verwendungsstelle möglichst kurz ist, damit der Dampf nicht zu sehr abgekühlt wird. Man lötet am besten ein gebogenes Zinnrohr an, das in den Kolben B gesteckt wird.

Nachdem ein Stückchen Paraffin oder etwas Öl in die Öltasche gebracht wurde, wird ein Thermometer eingesetzt.

Unter dem Apparate wird in angemessener Entfernung ein Bunsenbrenner aufgestellt, der, nachdem man das Dampfeinlaßventil vor dem Überhitzer geöffnet hat, angezündet wird.

Nun wird das Dampfeinlaßventil so eingestellt, daß das Thermometer die gewünschte Temperatur des Dampfes anzeigt. Es ist zweckmäßig, dieses Ventil anfangs nur ganz wenig zu öffnen, bis die gewünschte Temperatur erreicht ist und dann, so lange die Temperatur zu weit steigt, vorsichtig um ganz wenig mehr zu öffnen.

Beim Abstellen wird zunächst der Gashahn geschlossen, dann erst das Dampfventil.

---

[1]) Pinnow und Müller, B. 28, 150 (1895).

Es empfiehlt sich, die Dampftemperatur nicht über 300° steigen zu lassen.

Ist der zu überhitzende Dampf feucht, so ist es angezeigt, vor dem Überhitzer ein Ventilchen an der untersten Stelle der Leitung oder an einem T-Stück (siehe Fig. 48) anzubringen, das zum Ablassen des Wassers ständig geöffnet bleibt.

Als Destillationskolben verwendet man alsdann zweckmäßig den Fraktionierkolben von Emery (Fig. 23) oder denjenigen von Ziegler[1]) (Fig. 49).

Über eine Methode zur selbsttätigen Regulierung der Destillation mit Wasserdämpfen: Matthews Proc. **13**, 18 (1897). — Soc. **71**, 318 (1897).

Nicht nur mit Wasserdampf, sondern auch mit den Dämpfen anderer Flüssigkeiten, von selbst niedrigerem Siedepunkte, sind manche

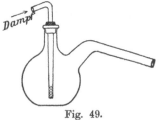

Fig. 49.

Substanzen erheblich flüchtig, was oftmals die Reindarstellung derselben erleichtert.

So reinigten V. Meyer und Askenasy das Nitropropylen durch Destillation im Ätherdampfstrome[2]), Bunzel[3]) das α-Pipecolin durch Übertreiben mit Alkoholdänpfen.

Auf diesen Umstand ist auch bei der Isolierung von Substanzen durch Abdampfen des Lösungsmittels Rücksicht zu nehmen. So hat man große Verluste an Cinchomeronsäureanhydrid[4]), wenn man das überschüssige Essigsäureanhydrid, in dessen Schoße es gewonnen wird, abzudestillieren versucht, da alsdann auch ein großer Teil des Cinchomeronsäureanhydrids mit übergeht. Man muß daher im Vakuum über Stangenkali eindunsten.

Auch Acetonylaceton ist nach Knorr[5]) mit Ätherdämpfen flüchtig.

Siebenter Abschnitt.

Trocknen fester Körper und Krystallwasserbestimmung.

1. Trocknen bei höherer Temperatur.

Substanzen, die erwärmt werden dürfen, ohne Zersetzung zu erleiden; trocknet man in Apparaten, welche entweder mit einer entsprechend hoch siedenden Flüssigkeit beschickt werden oder einfache Lufttrockenkästen sind.

[1]) Ch. Ztg. **21**, 96 (1897).
[2]) B. **25**, 1702 (1892).
[3]) B. **22**, 1053 (1889).
[4]) Strache, M. **11**, 134 (1890).
[5]) B. **22**, 169 Anm. (1889). — Ebenso Nitroglycerin, siehe S. 202.

Die gewöhnlichen Heißwasser-Trockenschränke und -kästen der Laboratorien leiden an dem Übelstande, daß die ganze aus dem zu trocknenden Präparate verdunstete Feuchtigkeit in dem Kasten verbleibt und dementsprechend den Trockenprozeß selbst unnötig verzögert. Man sucht dies zu vermeiden, indem man kontinuierlich durch den Kasten einen Luftstrom hindurchsaugt, der die Feuchtigkeit fortführt und statt dessen trockene Luft in den Kasten einströmen läßt. Dieses Saugen wird fast immer durch Aspiratoren oder durch die Wasserluftpumpe bewirkt. Erstere sind aber recht unbequeme Apparate; durch die letztere ist man an die Existenz einer Wasserleitung, in jedem Falle an einen bestimmten Platz gebunden. Es liegt nun nahe, das Saugen statt durch das strömende Wasser durch den beim Trocknen entwickelten Dampf bewirken zu lassen. Auf diesem Prinzipe beruht der im folgenden beschriebene Trockenschrank von Gallenkamp[1]). (Fig. 50.)

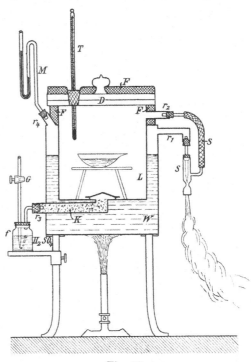

Fig. 50.

W ist ein Wasserbad, in welches der eigentliche Trockenbehälter L eingelötet ist, der seinerseits durch den aufgeschliffenen Deckel D verschlossen wird. Aus dem Wasserbade führen die beiden Rohre r_1 und r_4, von denen letzteres ein kleines Manometer M, ersteres eine kleine Wasser- oder Dampfstrahlpumpe S trägt, deren Luftrohr durch den Schlauch S mit dem Rohr r_2 verbunden ist, welches in den Trockenbehälter L führt. In den Boden dieses letzteren mündet das Rohr r_3, welches wiederum mit einer kleinen, vom Stativ getragenen Waschflasche f in Verbindung steht, deren in die Schwefelsäure tauchendes Rohr unten in eine feine Spitze ausgezogen ist und oben einen Glashahn G hat. Sobald nun das Wasser in W siedet und der

---

[1]) Ch. Ztg. **26**, 249 (1902). — Von der Firma B ö h m & W i e d e m a n n, München, zu beziehen.

Dampf unter Druck (30—40 mm Quecksilber, am Manometer M zu kontrollieren) durch die Pumpe S strömt, wird die Luft durch G, f, r_3 getrocknet nach L und von da mit Feuchtigkeit beladen durch r_2, s und S nach außen gesogen. Die Stärke des Luftstromes reguliert man am Hahn G; damit die eintretende Luft nicht kalt in L hinein-strömt, ist das Rohr r_3 dicht mit Kupferspänen K gefüllt, welche ihre gesamte, vom heißen Wasser erhaltene Wärme an die durch-

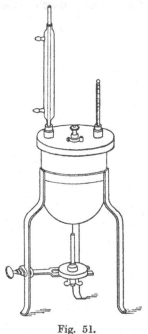

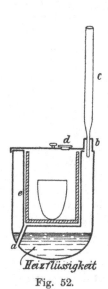

Fig. 51.

Trockenschrank nach V. Meyer.

Fig. 52.

Durchschnitt des V. Meyer-schen Trockenschrankes.

strömende Luft abgeben. Damit ferner die über das siedende Wasser und den Dampf hinausragenden Teile des Innengefäßes und der Deckel nicht eine Abkühlung der Luft in L bewirken, sind dieselben mit Filz oder dichtem Flanell F bedeckt. Auf diese Weise wird erreicht, daß selbst bei raschem Durchsaugen die Temperatur im Innern kaum um $1/_2$ Grad gegen stagnierende Luft sinkt. Wie bei allen Wasser-bädern empfiehlt es sich auch hier, statt reinen Wassers eine Koch-salzlösung zu nehmen, damit die Temperatur im Innern von L sicher 100° erreicht. Auch für konstantes Niveau läßt sich der Ap-parat einrichten; nur muß man natürlich die Zuflußstelle, dem Wasserdrucke von 30—40 mm Quecksilber entsprechend, ca. 40 cm hoch anlegen. Selbstverständlich ist der Apparat auch für höhere Temperaturen zu gebrauchen, sofern man höher siedende Flüssig-keiten nimmt, wobei man natürlich zweckmäßig an die Saugpumpe

S eine Vorrichtung zum Kondensieren des entweichenden Dampfes anschließen wird.

Von den gewöhnlich angewandten Flüssigkeitstrocken- schränken sind diejenigen von Viktor Meyer[1]) (Fig. 51, 52) am meisten zu empfehlen.

Je nach der erforderlichen Temperatur wird eine der nachstehen- den Heizflüssigkeiten verwendet.

Für eine Trockentemperatur von zirka:

30° Methylformiat,
55° Aceton,
60° Chloroform,
75° Äthylalkohol,
97° Wasser,
107° Toluol,
130° Chlorbenzol
135° Xylol,
150° Anisol, Amylacetat, Brombenzol,
160° Teer-Cumol,
175° Anilin,
185° Dimethylanilin,
200° Naphthalin, Aethylbenzoat,
235° Chinolin,
255° Amylbenzoat,
270° Bromnaphthalin
290° Benzophenon,
300° Diphenylamin.
390° Reten,
480° Chrysen.

Trocknen im Leuchtgas- strome.[2])

Hierfür eignet sich der in Fig. 53 abgebildete Apparat. Das Gas durchströmt das innere Rohr A des doppelwandigen Gefäßes B und streicht dabei über die in A zum Trocknen aufgestellte Substanz. In dem Brenner wird das Gas verbrannt und bringt Wasser oder eine andere Heizflüssigkeit in C zum Sieden. Der Dampf durch- strömt den äußeren Mantel B des

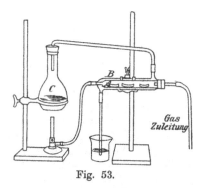

Fig. 53.

doppelwandigen Gefäßes und heizt dabei das innere Rohr A. Das Kondensat sammelt sich im Becherglase an. Wirken Bestandteile des

[1]) B. **18**, 2999 (1885). — **19**, 419 (1886).
[2]) Davis, Z. ang. **20**, 1363 (1907).

Gases auf die zu trocknende Substanz ein, wie vielleicht Schwefelwasserstoff, Kohlendioxyd oder Schwefelkohlenstoff, so muß man
in die Gaszuleitung ein Reinigungsgefäß mit der entsprechend zu
wählenden absorbierenden Substanz einschalten. Ist der zu trocknende Körper sehr feucht, so kann es vorkommen, daß sich in der
Brennerdüse Kondenswasser ansetzt und die Flamme verlöscht. In
diesem allerdings seltenen Falle fügt man zwischen Trockenkammer
und Brenner eine leere Waschflasche oder ein anderes Zwischengefäß,
in dem sich das Kondenswasser ansammeln kann.

2. Trocknen im Vakuum.

Viele Substanzen geben ihre Feuchtigkeit bzw. ihren Gehalt an
Krystallwasser, Alkohol usw. erst bei Temperaturen ab, bei welchen
unter Atmosphärendruck die Substanz nicht mehr unzersetzt bleibt.

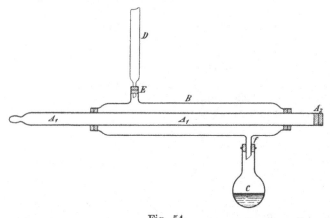

Fig. 54.

Für die Trocknung derartiger Körper sind heizbare Exsiccatoren[1])
angegeben worden. Zweckmäßiger, namentlich für die geringen Substanzmengen, die zur organischen Analyse notwendig sind, ist der
von Storch[2]) modifizierte Habermann-Zulkowskysche Apparat,
dessen Konstruktion aus der Zeichnung (Fig. 54) ersichtlich ist.

B ist ein Glasrohr von ca. 5 cm Weite, beiderseits verengt und
entweder durch Korkstopfen oder durch Anschmelzen an das Rohr
A fixiert. Die beiden Ansätze E und F bilden miteinander einen
Winkel von etwa 160°. — Der in den Kolben c reichende Ansatz
ist schief abgeschliffen. Der andere trägt ein entsprechend langes
Kühlrohr. Das Rohr B wird ca. 30 cm, A 45 cm lang gewählt,
dm = 2 cm. C wird mit der passend gewählten Heizflüssigkeit beschickt, einige Porzellanschrote oder dgl. gegen den Siedeverzug hin-

[1]) Anschütz, Ann. **228**, 305 (1885). — Brühl, B. **24**, 2458 (1891).
[2]) Bericht der österr. Gesellsch. zur Förd. der Chem. Ind. **15**, 13 (1893).

zugefügt und mit einer kleinen Flamme erhitzt. Man gibt dem Apparate eine schwache Neigung gegen den Kolben.

Die zu erhitzende Substanz wird im Schiffchen in das Innere von A eingeführt. Handelt es sich um Wasserbestimmungen, so bringt man in den Teil A₁ eine, aus einem Stück einer breiten Eprouvette geschnittene Röhre, die entsprechend mit einem Drahtstück als Handhabe zum Einführen und Herausziehen armiert und mit Chlorcalcium zwischen Wattepfropfen versehen ist. Dann verschließt man A₂ mit einem einfach durchbohrten Gummistopfen, der ein aus einem engen Glasrohre hergestelltes Quecksilbermanometer trägt. Man saugt die Luft aus dem Apparate, schließt den Saugschlauch durch einen Schraubenquetschhahn und ersieht an dem Manometer inwieweit der Apparat Vakuum hält.

Sollen Substanzen von anderen flüchtigen Körpern als Wasser befreit werden, so ist natürlich die Chlorcalciumschicht bei A unnötig, Man bringt dann in den Gummistopfen bei A₂ ein Chlorcalciumrohr, das mit einem Capillarenstück verschlossen ist, und

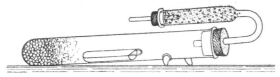

Fig. 55.

saugt bei einem Vakuum von einigen Zentimetern Quecksilber einen kontinuierlichen Luftstrom hindurch. Stört Kohlendioxyd, so wird selbstredend ein Chlorcalcium-Natronkalkrohr an Stelle des Chlorcalciumrohres benutzt. Wirkt der Sauerstoff der Luft ein, so kann durch ein Capillarrohr aus einem vollgeöffneten Kippschen Apparat trockenes Wasserstoff- oder Kohlendioxydgas zugeleitet werden. Die Trocknung geht rasch vonstatten.

Bei Substanzen, die beim Trocknen Kohlendioxyd abgeben, kann man hinter das Röhrchen einen Kaliapparat bringen, im Wasserstoffstrome erhitzen und so auch die Kohlensäure bestimmen. — Verliert die Substanz Ammoniak, so fängt man dieses samt dem Wasser in Schwefelsäure auf.

Zum Aufbewahren[1]) der getrockneten Substanz benutzt man mit Vorteil einen sog. „Krokodilexsiccator" nach Ludwig (Fig. 55), der mit den entsprechenden Trockenmitteln versehen ist.

Im Vakuum des Kathodenlichtes[2]) können wasserhaltige Salze leicht bei gewöhnlicher Temperatur entwässert werden. Hierbei ist ein deutlicher, wenn auch nicht scharf begrenzter Unterschied im Verhalten von Krystall- und Konstitutionswasser zu beobachten; letzteres entweicht nur sehr langsam. Da Schwefelsäure im hohen

---

[1]) Siehe auch S. 164.
[2]) Krafft, B. **40**, 4770 (1907).

Vakuum rasch verdampft, ist sie als Trockenmittel wenig geeignet, sondern zweckmäßig durch lockeres Bariumoxyd zu ersetzen.

3. Trocknen bei gewöhnlicher Temperatur.

Substanzen, welche ein Erhitzen selbst im Vakuum nicht vertragen, trocknet man im Exsiccator oder der Storchschen Röhre unter Anwendung von Absorptionsmitteln für die zu entfernende Flüssigkeit, wobei man ebenfalls von einer Luftverdünnung Gebrauch macht und für eine möglichst große Oberfläche der zu trocknenden Substanz sorgt.

Als passende Trocknungsmittel dienen zum Entfernen von

Wasser:	Chlorcalcium, Ätzkali, Natronkalk, Bariumoxyd[1]),
	Konzentrierte Schwefelsäure,
	Phosphorpentoxyd, Chlorzink[2]),
Alkohol:	Schwefelsäure,
	Paraffin[3]).

Äther:	⎫	Olivenöl
Chloroform:	⎬	Paraffin[3]),
Benzol:	⎪	Kautschukabfälle.
Ligroin:	⎭	
Essigsäure:		Ätzkalk,
		Ätzkali, Natronkalk u. Schwefelsäure[4]).

Essigsäureanhydrid: Ätzkali, Natronkalk u. Schwefelsäure[4]).

Verliert die Substanz im Vakuum Kohlendioxyd, so wird in einer Kohlendioxydatmosphäre getrocknet, verliert dieselbe Ammoniak, so verwendet man als Trocknungsmittel eine Mischung von Ätzkali mit schwach angefeuchtetem Salmiak.

Dextro-weinsaures d-Coniin kann nach Ladenburg[5]) bei gewöhnlicher Temperatur über Chlorcalcium getrocknet werden, verträgt aber Trocknen über Schwefelsäure nicht. Auch p-Nitrodiphenyltriketonhydrat verliert schon über Schwefelsäure einen Teil seines Konstitutionswassers, und kann nur im Luftexsiccator getrocknet werden.[6])

Um ätherische Lösungen oder dgl. rasch abzudunsten, lassen Steinkopf und Bohrmann[7]) die Schale mit der Lösung auf einem Bade von konzentrierter Schwefelsäure schwimmen, mit der ein evakuierter Exsiccator über die Hälfte angefüllt ist (Schwimmexsiccator).

---

[1]) Krafft, B. 40, 4772 (1907). — E. Fischer, B. 41, 1022 (1908).
[2]) Spiegel, Dissert. Berlin 1906, S. 24.
[3]) Eine zum Brei erstarrte Lösung von Paraffin in Paraffinöl (Liebermann u. Finkenbeiner, B. 28, 2236, Anm. (1895) — oder mit Paraffin getränktes Filtrierpapier sind besonders zu empfehlen. Benzol wird am langsamsten absorbiert.
[4]) Hiemesch, Dissert. Halle-Wittenberg 1907, S. 27.
[5]) B. 27, 3065 (1894).
[6]) Wieland und Bloch, B. 37, 1533 (1904). — Siehe auch Edinger, B. 41, 940 (1908).
[7]) B. 41, 1047 (1908).

Bei schon durch Spuren von Feuchtigkeit dissoziierbaren Bromhydraten darf kein Stangenkali, sondern nur Phosphorpentoxyd als
Trocknungsmittel verwendet werden.[1])

Näheres über die Wirkungsweise der einzelnen Trockenmittel siehe
Müller-Erzbach, B. 14, 1096 (1881), Arch. 222, 107 (1884).
Morley, Z. phys. 20, 91 (1896).
Liebermann, B. 12, 1294 (1879).

4. Weitere Angaben.

Manche Körper vertragen selbst das Trocknen im Vakuum
nicht. Säuren bzw. Basen kann man alsdann titrieren und findet
so aus dem vergrößerten Molekulargewichte den Wassergehalt.[2])

In den aus den Halogenalkylaten der Oxychinoline erhältlichen
Ammoniumhydroxyden läßt sich keine direkte Krystallwasserbestimmung
ausführen, da sie sich beim Erwärmen zersetzen. Claus und Howitz[3]), sowie Bärlocher[4]) und Reif[5]) machen hier deshalb eine
indirekte Bestimmung, indem sie das aus den Basen durch Eindampfen erhältliche Chloralkylat wägen.

Der p-Chinolinaldehyd sublimiert bereits bei jener Temperatur,
bei der er sein Krystallwasser abgibt. Hier kann das Krystallwasser
nur durch Elementaranalyse bestimmt werden[6]), wie dies auch sonst[7])
öfters der Fall ist.

Über die Bestimmung von Krystallalkohol siehe unter Methoxylbestimmung. (S. 726.)

Krystallwasser läßt sich auch oftmals so vertreiben, daß man
die Substanz mit einem indifferenten Lösungsmittel (Chloroform,
Benzol, Xylol) kocht, und nach dem Erkalten das ausgeschiedene
Wasser mechanisch abtrennt. Auf diese Art läßt sich z. B. die
Benzoylbenzoesäure entwässern.[8])

Über die Erzeugung eines guten Vakuums im Exsiccator mittels
Schwefelsäure und Äther siehe Benedict und Manning[9]) und Gore.[10])

Über den Einfluß des Lichts auf die Krystallwasserabgabe:
Mc Kee und Berkheiser, Am. 40, 303 (1908).

---

[1]) Scholl und Berblinger, B. 87, 4182 Anm. (1904).
[2]) Jacobsen, B. 15, 1854 (1882). — Schroeter und Schmitz, B. 35
2086 (1902).
[3]) J. pr. (2) 43, 523 (1891)
[4]) Dissert. Freiburg 1893, S. 14.
[5]) Dissert. Freiburg 1906, S. 32.
[6]) Philipp, Dissert. Freiburg, 13 (1906).
[7]) Z. B. Marckwald, B. 33, 3004 Anm. (1900). — Bucherer und
Schenkel, B. 41, 1351 (1908).
[8]) Anwendung von Chloroform: Graebe u. Ullmann, Ann. 291, 9 (1896),
von Xylol: v. Pechmann, B. 13, 1612 (1880). — Siehe auch S. 85.
[9]) Am. 27, 340 (1902).
[10]) Am. Soc. 28, 834 (1906).

Achter Abschnitt.

Trocknen von Flüssigkeiten.

Flüssigkeiten von hohem Siedepunkte lassen sich von Wasser, Alkohol, Äther usw. größtenteils durch fraktionierte Destillation trennen. Ist die Substanz wenig empfindlich, so trocknet man in der Art, daß man durch die am Rückflußkühler siedende Flüssigkeit einen indifferenten Gasstrom leitet[1]), wobei man eventuell noch das Vakuum zu Hilfe nimmt.

Ist man im Besitze von genügenden Mengen der Substanz, so schüttelt man sie auch oftmals mit einem wasserentziehenden Trocknungsmittel, von dem man dann abdestilliert. Als solche wasserentziehende Mittel sind namentlich Chlorcalcium, Ätzkali (Natron), Kaliumcarbonat, Kupfersulfat, Kalium- (Natrium-) sulfat, metallisches Natrium, Ätzkalk, Natronkalk, Ätzbaryt nnd Bariumoxyd[2]) in Anwendung.

Was speziell das Trocknen von Alkohol mit Ätzkalk anbelangt, so hat Kailan[3]) gezeigt, daß das günstigste Verhältnis pro Liter Alkohol von 92—94° ca. 0,55 kg Kalk ist: damit erhält man nach ca. 3 $1/_2$ Stunden 99,5 prozentigem, nach 6 Stunden mindestens 99,9 prozentigen Alkohol. Größere Kalkmengen wirken noch rascher, bedingen aber auch größere Alkoholverluste. Man kocht am Rückflußkühler in einem von Wenzel angegebenen Apparate.[4])

Natürlich hat man darauf Rücksicht zu nehmen, ob nicht etwa das Trocknungsmittel mit der Substanz selbst reagiert. In dieser Hinsicht ist namentlich das Chlorcalcium mit großer Vorsicht anzuwenden, da es sich mit vielen Verbindungen[5]), namentlich mit Alkoholen, Fettsäuren und Estern, sowie Phenolen[6]) vereinigt, und auf andere Substanzen[7]) zersetzend einwirkt. Die Trockenmittel müssen kurze Zeit vor dem Gebrauche selbst entwässert bzw. geschmolzen werden.

Die letzten Spuren Feuchtigkeit aus einer Flüssigkeit zu entfernen ist oft außerordentlich schwer; man benützt dazu je nach dem Charakter der Verbindung Bariumoxyd, Phosphorpentoxyd, Kaliumbisulfat, Thionylchlorid, Schwefelsäure, me-

---

[1]) Brühl, B. **24**, 3391 (1891).
[2]) E. Fischer, B. **41**, 1022 (1908).
[3]) M. **28**, 927 (1907).
[4]) Zu beziehen von Stefan Baumann, Wien.
[5]) Liebig, Ann. **5**, 32 (1833). — Kane, Ann. **19**, 164 (1836). — Strecker, Ann. **91**, 355 (1854). — Schreiner, Ann. **97**, 12 (1856). — Hlasiwetz und Habermann, Ann. **155**, 127 (1870). — Lieben, M. **1**, 919 (1880). — R. Meyer, B. **14**, 2395 (1881). — Allain, Jb. (**1885**), 1189. — Göttig, B. **23**, 181 (1890). — Skraup u. Piccoli, M. **23**, 284 (1902). — Menschutkin, Russ. **38**, 1010 (1906).
[6]) Byck, D. R. P. 100418 (1898).
[7]) Thümmel, Arch. **228**, 285 (1890). — Roithner, M. **15**, 666 (1894).

tallisches Natrium[1]) oder Calcium[2]). Wegen ev. Nitridgehaltes des letzteren muß so getrockneter Alkohol, um entstandenes Ammoniak zu binden, über Alaun destilliert werden.[3]) Auch muß man frisch gedrehte Späne verwenden.[4])

Calciumcarbid wäre ein sehr gutes Trockenmittel und ist namentlich zum Trocknen von Alkoholen empfohlen worden; aber es bringt schwer zu entfernende Verunreinigungen in die Substanzen hinein.

Dagegen erzielt man ausgezeichnete Resultate[5]) mit Aluminiumamalgam, das nach Neesen folgendermaßen dargestellt wird.

Entölte Aluminiumspäne oder Aluminiumgries werden mit Natronlauge bis zu starker Wasserstoffentwicklung angeätzt und einmal mit Wasser oberflächlich abgespült. Man läßt nun eine ca. $1/2$ prozentige Sublimatlösung zwei Minuten lang einwirken, wiederholt diese gesamten Operationen, um den auftretenden schwarzen Schlamm zu entfernen, spült gut und schnell nach einander mit Wasser, Alkohol und Äther ab und bewahrt die Masse unter leichtsiedendem Petroläther auf.

Gleich gute Resultate liefert 2—10 prozentiges Magnesiumamalgam.[6]) Zur Darstellung des Magnesiumamalgams verreibt man Magnesiumpulver mit dem gleichen Gewichte Quecksilber unter 98%igem Alkohol, der etwas Salzsäure enthält, gießt den Alkohol ab und wäscht mit absolutem Alkohol.

Noch schwerer als Wasser ist der letzte Rest von Äther oder Alkohol selbst aus hoch siedenden Substanzen auszutreiben.

Wie sehr dies von Bedeutung sein kann, zeigt die Geschichte des Sparteins.

F. B. Ahrens[7]) hatte aus diesem Alkaloid durch Behandeln mit Jodwasserstoffsäure bei hoher Temperatur Jodmethyl erhalten und dementsprechend das Vorhandensein der Gruppe $N \cdot CH_3$ in diesem Pflanzenstoffe angenommen. Später zeigten J. Herzig und Hans Meyer[8]), daß das Jodmethyl seine Entstehung einem geringen Alkoholgehalte des Präparates verdanke.

Schon früher hatte Bamberger gefunden[9]), daß das gewöhnlich bei 288° siedende Spartein, längere Zeit im Wasserstoffstrome mit Natrium bei 100° getrocknet, erst bei 311° kocht.

---

[1]) Siehe S. 9.
[2]) Winkler, B. **38**, 3612 (1905), B. **39**, 2769 (1906). — Klason u. Norlin, Arkiv för Kemi 2, Nr. 24 (1906). — Perkin und Pratt, Proc. **23**, 304 (1907). — Andrews, Am. Soc. **30**, 356 (1908).
[3]) D. R. P. 175780 (1906). — D. R. P. 176017 (1906).
[4]) Sudborough und Gittins, Soc. **93**, 211 (1908).
[5]) Wislicenus u. Kaufmann, B. **28**, 1324 (1895). — Beckmann, Z. anorg. **51** 237 (1906). — Siehe dagegen Wegscheider, M. **20**, 693 (1899).
[6]) Evans und Fetsch, Am. Soc. **26**, 1158 (1904). — Konek, B. **39**, 2264 (1906). — Andrews, Am. Soc. **30**, 356 (1908).
[7]) B. **21**, 828 (1888).
[8]) M. **16**, 602 (1895).
[9]) Ann. **235**, 369 (1886).

Oftmals empfiehlt es sich[1]), Flüssigkeiten nicht als solche, sondern in einem passenden Lösungsmittel verteilt, zu trocknen. Natürlich muß dazu eine Flüssigkeit von weit niedrigerem Siedepunkte gewählt werden, die leicht durch Fraktionieren wieder zu entfernen ist und auch keinerlei schwer entfernbare Verunreinigungen enthält.[2])

Zum Trocknen empfindlicher Nitrokörper dient nach Lassar-Cohn[3]) das Calciumnitrat.

Nachweis von Feuchtigkeitsspuren in organischen Substanzen.

Hierzu kann nach W. Biltz[4]) in besonders guter Weise das Kaliumbleijodid dienen. Dieses nahezu farblose Salz wird nämlich schon durch minimale Spuren von Wasser unter Abscheidung von Bleijodid gelb.

Darstellung des Reagens. Eine filtrierte warme Lösung von 4 g Bleinitrat in 15 ccm Wasser wird nach der Vorschrift von Herty[5]) mit einer warmen Lösung von 15 g Kaliumjodid in 15 ccm Wasser vermischt. Zunächst fällt Bleijodid aus; beim Erkalten verschwindet der gelbe Niederschlag mehr und mehr und die ganze Masse gesteht zu einem Brei fast weißer, innig verfilzter Nädelchen der Doppelverbindung. Das scharf abgesaugte Präparat wird in 15—20 ccm Aceton zu einer gelben Flüssigkeit gelöst, und die Lösung filtriert. Das Reagens kann entweder als solches verwendet werden, oder man fällt den Körper in Substanz mit dem doppelten Volumen Äther. Der amorphe fast weiße Niederschlag wird mit Äther gewaschen und im Vakuumexsiccator getrocknet.

Um zu prüfen, ob organische Flüssigkeiten Wasser enthalten, tränkt man getrocknetes Filterpapier in einem getrockneten, verschlossenen und mit Tropftrichter versehenen Erlenmeyer-Kolben durch Eintropfen einer ungefähr 20 prozentigen Reagenslösung, befreit in einem durch konzentrierte Schwefelsäure gewaschenen Luftstrome von Aceton, und füllt dann die zu untersuchende Lösung aus einem zweiten im Stopfen des Kolbens befindlichen Tropftrichter ein. Bequemer, wenn auch vielleicht nicht ganz so exakt, ist die Verwendung von festem Salz. Das schwach gelbe Pulver wird z. B. beim Schütteln mit sog. absolutem Alkohol, der mit entwässertem Kupfersulfat nicht mehr reagiert, sofort tiefgelb. Läßt man aber den Alkohol einige Zeit mit dem Reagens in Berührung, und filtriert dann unter Feuchtigkeitsabschluß in ein anderes Gefäß, das bereits mit dem Reagens beschickt ist, so bleibt die Reaktion aus, oder wird wesentlich schwächer.

---

[1]) Liebermann, B. 22, 676 (1889).
[2]) Entfernen von Alkohol durch Destillieren der Substanz mit Chinolin: B. 35, 1338 (1902). — Durch Kolophonium: Siehe S. 47.
[3]) Arbeitsmethoden, 4. Aufl., 263. — Siehe Biltz, B. 35, 1529 (1902).
[4]) B. 40, 2182 (1907).
[5]) Am. 14, 107 (1892).

Möglicherweise wird demnach das Kaliumbleijodid gelegentlich zur Darstellung völlig wasserfreier Flüssigkeiten Verwendung finden können.

Über den Nachweis von geringen Wassermengen mittels der Bestimmung der kritischen Lösungstemperatur siehe Seite 133.

Nachweis von Feuchtigkeit und Wasserbestimmung durch Zusatz von Calciumcarbid und Messung des entwickelten Acetylens: Dupré, Analyst **31**, 213 (1906). — Durch Erhitzen mit Petroleum, Toluol oder Xylol und Messen des mit übergehenden Wassers: Marcusson, Mitth. Mat. Prüf. **22**, 48 (1904). — **23**, 58 (1905). — Hoffmann, Woch. f. Brauerei, 1904, Nr. 12. — Graefe, Braunkohle **3**, 681 (1906). — Aschman und Arend, Ch. Ztg. **30**, 953 (1906). — Thörner, Z. ang. **21**, 148 (1908). — Schwalbe, Z. ang. **21**, 400 (1908).

Zweites Kapitel.

Kriterien der chemischen Reinheit und Identitätsproben. Bestimmung der physikalischen Konstanten.

Als „chemisch rein" bezeichnen wir eine Substanz, wenn sie keinerlei durch die Methoden der Analyse nachweisbare Verunreinigungen enthält. Je nach der Richtung, in der sich die beabsichtigte Untersuchung erstreckt, ist ein verschieden hoher Grad der Reinheit vonnöten: So werden gewisse Verunreinigungen, z. B. ein wenig Feuchtigkeit, das Resultat einer Methoxylbestimmung kaum alterieren, während die Elementaranalyse dadurch vereitelt wird. Auf jeden Fall wird man trachten, die zu untersuchende Substanz tunlichst zu reinigen; als Kontrolle für das Vorliegen eines einheitlichen Körpers dienen dabei die physikalischen Konstanten. Erfahrungsgemäß zeigt fast jeder Körper, falls er nicht besonders zersetzlich ist, in krystallinischer Form einen bestimmten Schmelzpunkt, als Flüssigkeit konstanten Siedepunkt. Weitere wertvolle Daten können die Bestimmung der Löslichkeit resp. der kritischen Lösungstemperatur und des spezifischen Gewichtes geben.

Auf die anderen, im allgemeinen seltener in Frage kommenden, oder im chemischen Laboratorium schwieriger ausführbaren Untersuchungen physikalischer Eigenschaften braucht hier um so weniger eingegangen zu werden, als zur Ermittelung derselben vorzügliche Spezialwerke zur Verfügung stehen.

Erster Abschnitt.

Schmelzpunktsbestimmung.

(Schmelzpunkt, Fusionspunkt = Smp. Sm. F. — Franz.: point de fusion = F.
— Engl. melting point = M. P. — Italien.: punto di fusione = f., fusibile a, si
fonde a = f. a.)

Allgemeine Bemerkungen.[1])

Die Bestimmung des Schmelzpunktes ist das meist verwertete
physikalische Kriterium für die Erkennung und Prüfung auf Reinheit
der organischen Substanzen. Sie ist mit minimalen Substanzmengen,
auf einfachste Weise und rasch ausführbar.

Die Art, wie im Laboratorium fast ausschließlich Schmelzpunktsbestimmungen ausgeführt werden, ist gewiß nicht die genaueste[2]),
aber für die Zwecke des Chemikers vollkommen ausreichend. Das
meist angewandte Verfahren (näheres S. 91 ff.) besteht in der Beobachtung des Inhaltes eines die Substanz enthaltenden Capillarröhrchens, das an einer Thermometerkugel befestigt im Luft- oder Flüssigkeitsbade erhitzt wird.

Als Schmelzpunkt ist jener Moment (bzw. jene Temperatur)
anzusehen, wo die Substanz nach[3]) der Meniscusbildung vollkommen
klar und durchsichtig erscheint. Bei vollkommen reiner Substanz
pflegt das „Schmelzintervall" innerhalb eines oder höchstens zweier
Grade zu liegen, falls die Substanz „unzersetzt" schmilzt.

Fließende Krystalle. Gewisse Substanzen,[4]) die im übrigen
einen scharfen Schmelzpunkt besitzen, verflüssigen sich zu einer
trüben, doppelbrechenden Schmelze, die erst bei weiterer Temperatursteigerung klar und isotrop wird. Zusatz eines Fremdkörpers drückt
den Umwandlungspunkt herunter (Schenck).

Man nennt den Schmelzpunkt konstant, wenn sich derselbe
durch weitere Reinigung der Substanz (Umkrystallisieren, Lösen und
Wiederausfällen, Regeneration aus Derivaten usw.) nicht mehr verändern läßt. Man prüft auf Konstanz des Schmelzpunktes,
indem man eine Probe der auskrystallisierten Substanz und eine
Probe, welche durch weiteres Einengen der Mutterlauge erhalten
wurde, vergleicht: beide Proben müssen sich bei der gleichen Temperatur verflüssigen.

Manchmal ist es von Vorteil, beim Reinigen durch wiederholtes
Umkrystallisieren das Lösungsmittels zu wechseln.

---

[1]) Siehe auch Wegscheider, Ch. Ztg. **29**, 1224 (1905).
[2]) Landolt, Z. phys. **4**, 357 (1889).
[3]) Einige Substanzen werden bereits vor dem Schmelzen vollkommen
transparent, ohne zu erweichen: V. Meyer und Locher, Ann. **180**, 151 (1875).
— Kachler, Ann. **191**, 146 (1878). — Van Erp, Rec. **14**, 37 (1896).
[4]) Man kennt bereits über 100 derartige Substanzen. — Siehe weiteres S. 101.

Daß beim Umkrystallisieren aus Alkoholen partielle Veresterung eintreten kann, ist schon erwähnt worden.[1])

Die Malachitgrünbase und einige andere Aminocarbinole werden z. B. schon durch Stehenlassen mit Alkoholen in der Kälte ätherifiziert. Daher kommt es, daß sich beim Umkrystallisieren dieser Basen aus Alkohol der Schmelzpunkt fortwährend ändert, meistens niedriger wird. So wird der Schmelzpunkt des Tetramethyldiaminobenzhydrols in der Literatur zu 96° angegeben, während die Base, aus alkoholfreien Mitteln (z. B. Ligroin) umkrystallisiert, bei 101 bis 103° schmilzt. (O. Fischer.)

Auch wenn die Möglichkeit der Bildung von physikalisch Isomeren gegeben ist, haben gewisse Substanzen, je nach der Darstellungsart und dem Lösungsmittel, aus dem die Krystalle erhalten wurden, oft innerhalb 10 und mehr Graden differierende Schmelzpunkte. Derartige Körper sind der β-Aminocrotonsäureester[2]), der β-Phenylaminogluta-consäureester[3]) und dessen Anilid[4]).

Das farblose Monoenol des Acetondioxalsäureesters[5]) schmilzt frisch bereitet bei 104°. Beim Umkrystallisieren oder einfachen Stehenlassen des festen Körpers sinkt der Schmelzpunkt durch Dienolbildung um 3—4°.

So schmilzt auch die β-Acetochlorgalaktose, wenn man das Rohprodukt aus Petroleumäther umkrystallisiert, bei 75—76°, nach dem Umkrystallisieren aus Äther bei 82—83°; löst man den Körper aber wieder in Petroläther und impft mit einer Spur des niedrig schmelzenden Präparates, so sinkt der Schmelzpunkt bis 77—78° und bei nochmaliger Wiederholung dieser Operation bis 76—77°[6]).

Erhitzt man den sauren γ-Methylester der Cinchomeronsäure sehr langsam auf 154° und hält einige Zeit auf dieser Temperatur, so schmilzt derselbe und lagert sich in Apophyllensäure um; erhitzt man rascher, so tritt erst bei 172° Schmelzung ein (Kirpal)[7]).

Geringe, hartnäckig anhaftende Verunreinigungen, welche chemisch gar nicht nachweisbar sind, können oftmals den Schmelzpunkt wesentlich alterieren[8]). So schmilzt beispielsweise durch Oxydation von Teer- oder Tierölpicolin erhaltene Nicotinsäure immer um etwa 10 bis 15° niedriger als die synthetisch aus dem Cyanid oder die aus Nicotin erhaltene Substanz und man ist selbst durch oftmals wieder-

---

[1]) S. 24.

[2]) Behrend, B. **32**, 544 (1899). — Knoevenagel, B. **32**, 853 (1899).

[3]) Besthorn u. Garber, B. **33**, 3439 (1900).

[4]) a. a. O. 3444.

[5]) Willstätter und Pummerer, B. **37**, 3705, 3707 (1904).

[6]) Skraup und Kremann, M. **22**, 375 (1901). — E. Fischer und Armstrong, B. **35**, 837 (1902). — Ähnliche Fälle werden auch von Pollak, M. **14**, 407 (1893) berichtet. — Siehe auch Pauly u. Neukam, B. **40**, 3494, Anm. (1907) — Ellinger und Flamand, Z. physiol. **55**, 21 (1908).

[7]) M. **23**, 239 (1902).

[8]) Fittig, Ann. **120**, 222 (1861). — Beilstein u. Reichenbach, Ann. **132**, 818 (1864).

holtes Umkrystallisieren nicht imstande, den „richtigen" Schmelzpunkt zu erreichen. Dies gelingt aber, wenn man die Säure über den Methylester und das Kupfersalz sorgfältig reinigt.

Ob die betreffende Verunreinigung den Schmelzpunkt herabdrückt oder erhöht, hängt von ihrem Charakter ab. Im allgemeinen pflegt sie den Schmelzpunkt herabzudrücken.

Wenn aber die Verunreinigung mit der Substanz isomorph ist und höheren Schmelzpunkt besitzt als diese, so kann auch die Mischung höher schmelzen als die reine Substanz.

Ein besonders charakteristisches und lehrreiches Beispiel hiefür bieten nach Bruni[1]) Beobachtungen, die A. Piccinini[2]) gemacht hat. Durch Abbau der Granatwurzelalkaloide erhielt er eine ungesättigte Säure von der Zusammensetzung $C_8H_{10}O_4$ (Smp. 228°), also mit zwei doppelten Bindungen. Die endgültige Feststellung der Konstitution obengenannter Alkaloide hing jetzt von der Frage ab, ob jene Säure eine normale oder eine verzweigte Kette besaß. Im ersteren Falle mußte die Säure durch Reduktion normale Korksäure (Smp. 140°) liefern. Das erhaltene Produkt schmolz aber bei 160°, und so wäre wohl fast jeder Chemiker der Meinung gewesen, daß nicht Korksäure vorliege. Der Schmelzpunkt fiel jedoch durch fünf Krystallisationen bis auf 125° und stieg dann durch drei weitere wieder auf 140°, so daß sich also der vorliegende Stoff wirklich als Korksäure erwies.

Oftmals schmelzen auch Säureamide[3]), welche durch das zugehörige Ammoniumsalz, oder Ester, welche durch freie Säure[4]) oder deren Salze[5]), (bei Polycarbonsäuren) durch die entsprechenden sauren Ester verunreinigt sind, höher als die reinen Substanzen. Ebenso sinkt der Schmelzpunkt der Phthalonsäure mit zunehmender Reinigung von der leicht aus ihr entstehenden Phthalsäure; der Schmelzpunkt des o-Oxybiphenyls geht bei der fortgesetzten Reinigung desselben von seinen Isomeren von 80° auf 67° und 56° herunter[6]), und das Camphen zeigt im reinsten Zustande den Schmelzpunkt 49°, während minder reine Fraktionen bei 55—56° und bei 71—72° verflüssigt werden.[7])

So fand auch Perger[8]) den Schmelzpunkt des nicht ganz reinen Acetyl-1-Amino-2-Oxyanthrachinons infolge Gehaltes an Triacetat um 10—20° zu hoch liegend.

---

[1]) „Über feste Lösungen". Samml. chem. und chem. techn. Vorträge von F. B. Ahrens, Bd. **6,** 468 (1901). — Siehe auch Gazz. **24** (II), 80 (1904).
[2]) Gazz. **29** (II), 111 (1899) und mündliche Mitteilung an Bruni.
[3]) Blau, M. **26,** 96 (1905).
[4]) Knoevenagel und Mottek, B. **37,** 4472 (1904). — Hans Meyer, M. **28,** 36 (1907).
[5]) Willstätter und Pummerer, B. **37,** 3744 (1904).
[6]) Hönigschmid, M. **22,** 567 (1901).
[7]) Wallach, B. **25,** 919 (1892). — Siehe ferner Epstein, Ann. **231,** 32 (1885). — Jacobson, Franz und Hönigsberger, B. **36,** 4073, Anm. (1903).
[8]) J. pr. (2) **18,** 143 (1878).

Der Schmelzpunkt der Jodsalicylsäure wird durch einen Gehalt an Dijodsalicylsäure erhöht.[1])

Substanzen, welche sich beim Schmelzen verändern (durch Anhydridbildung[2]), Kohlendioxydabspaltung usw.) zeigen auch oftmals einen charakteristischen „Zersetzungspunkt". Meist ist aber in solchen Fällen der Beginn des Sichtbarwerdens der Reaktion von der Schnelligkeit des Erhitzens sowie von der Temperatur abhängig, bei welcher die zu untersuchende Substanz in das Luft- oder Flüssigkeitsbad eingebracht wurde. So ist der Schmelzpunkt der Hydrazone und Osazone,[3]) ebenso der Chloroplatinate[4]) in hohem Grade von der Schnelligkeit der Temperatursteigerung abhängig, man erhält nur beim raschen Erhitzen vergleichbare Resultate.

Es ist in solchen Fällen unerläßlich, der Schmelzpunktsangabe die „Badtemperatur" und die Angabe, um wieviel Grade pro Minute die Temperatur erhöht wurde, beizufügen.

Die Verläßlichkeit der Schmelzpunktsbestimmung läßt auch bei vielen Anilsäuren, welche dabei unter Wasserabspaltung in die Anile übergehen,[5]) bei Orthodicarbonsäuren, welche Anhydride liefern,[6]) bei Diamiden, aus denen Imide entstehen usw., im Stiche.

Man untersucht in solchen Fällen zweckmäßig das beim Schmelzen entstehende Anhydroprodukt, nach eventueller nochmaliger Reinigung.

Krystallwasser (-Alkohol usw.) haltige Substanzen sind vor der Schmelzpunktsbestimmung zu trocknen. Manche Substanzen zeigen übrigens im getrockneten und im Krystallwasser (usw.) haltigen Zustande verschiedene, charakteristische Schmelzpunkte, oder sind überhaupt nur mit Krystallwasser usw. in nicht amorphem oder überhaupt festem Zustande zu erhalten, wie z. B. das Colchicin, welches nur als Chloroformverbindung krystallisiert,[7]) der Chelidamsäurediäthylester, der wasserfrei flüßig ist.[8]) Viele Betaine sind in krystallwasserwasserfreiem Zustande enorm hygroskopisch.

Über die Schmelzpunktsbestimmung solcher hygroskopischer Substanzen siehe S. 104.

In vielen Fällen kann man auf das Vorliegen eines Substanzgemisches schließen, wenn der Schmelzpunkt „unscharf" ist, d. h.

---

[1]) Demole, B. **7,** 1439 (1874).
[2]) Z. B. Baeyer und Villiger, B. **37,** 2862 (1904). — Windaus und Stein, B. **37,** 3705, Anm. (1904). — Nölting und Philips, B. **41,** 584 (1908). — Bertheim, B. **41,** 1855 (1908).
[3]) E. Fischer, B. **20,** 826 (1887), B. **23,** 1583 (1890). — Beythien u. Tollens, Ann. **255,** 217 (1890). — Franke u. Kohn, M. **20,** 888 Anm. (1899). — E. Fischer, B. **41,** 74 (1908).
[4]) Epstein, B. **20,** 163, Anm. (1887). — Pechmann und Mills, B. **37,** 3835 (1904).
[5]) Kerp, B. **30,** 614 (1897).
[6]) Weidel und Herzig, B. **6,** 1876 (1885). — Graebe, Ann. **238,** 321 (1887). — B. **29,** 2802 (1896). — Bredt, Ann. **292,** 118 (1896). — Siehe auch Anm. 7 der vorigen Seite.
[7]) Zeisel, M. **7,** 568 (1886).
[8]) Hans Meyer, M. **24,** 204 (1903).

sich über ein großes Schmelzintervall erstreckt, doch wird man auch bei reinen Körpern oftmals ein dem klaren Schmelzen vorhergehendes Sintern oder starkes Schrumpfen und Anlegen der Substanz an eine Seite der Röhrenwand, Farbenänderung oder Dunkelfärbung beobachten, Begleiterscheinungen, welche für die betreffende Substanz charakteristisch sein können.

Ausführung der Schmelzpunktsbestimmung im Capillarröhrchen.

Erfordernisse: 1. Die Capillarröhrchen müssen rein und trocken sein und sollen aus resistentem Glase hergestellt werden. Ihr inneres Lumen beträgt $^3/_4$—1 mm, die Wand des Röhrchens sei nicht zu dick. Man erhält passende Röhrchen, wenn man ein ca. 5 mm weites Glasrohr unter fortwährendem Drehen über dem entleuchteten Bunsenbrenner bis zum Weichwerden erhitzt und unter fortgesetztem Drehen außerhalb der Flamme auszieht. Auf dieselbe Weise werden dann aus einem massiven Glasstabe Fäden gezogen, die so dick sind, daß sie eben in die Capillarröhrchen passen.

Zum Gebrauche werden die Röhrchen in einer Länge von etwa 3 cm mittels einer scharfen Feile abgetrennt, wobei darauf zu achten ist, daß eine gerade Schnittfläche entsteht, weil sonst das Einfüllen der Substanz sehr erschwert wird. Das eine, eventuell das engere Ende des Röhrchens wird zugeschmolzen, wobei dasselbe sich nicht biegen darf, dann sucht man einen passenden Glasfaden aus, der sich anschließend bis auf den Boden der Capillare einschieben läßt.

Man erhitzt in einem Paraffinöl- oder besser Schwefelsäurebade, gelegentlich auch in Diphenylamin.

Als zweckmäßige Badflüssigkeiten für Schmelzpunktsbestimmungen empfiehlt ferner Heyward Scudder[1] eine Mischung von 7 Gewichtsteilen Schwefelsäure (sp. Gew. 1.84) und 3 Teilen Kaliumsulfat, welche bei Zimmertemperatur flüßig bleibt und oberhalb 325° siedet, sowie eine Mischung von 6 Teilen Säure mit 4 Teilen Sulfat (Smp. 60—100°, Siedep. über 365°). Für noch höhere Temperaturen kann geschmolzenes Chlorzink benutzt werden, oder Silber- resp. Kalium-Natriumnitrat.

Die trockene, in einer Achatschale fein geriebene Substanz wird nun dadurch eingefüllt, daß man durch Eintauchen des offenen Capillarenendes in die aufgehäufte Substanz ein wenig derselben aufnimmt und dann mittels des Glasfadens auf den Grund des Röhrchens schiebt, dort feststampft und diese Operation wiederholt, bis sich eine 2 mm hohe Schicht im Röhrchen befindet.

Mittels eines Tropfens Gummilösung oder ein wenig Speichel klebt man nun das Röhrchen dergestalt an das Ende eines kontrollierten Thermometers, daß sich die Substanz in der Höhe der möglichst kurzen Quecksilberkugel befindet. Das Röhrchen muß rechts oder links der Skaleneinteilung angebracht werden.

[1] Am. Soc. **25**, 161 (1903).

Hinter den Schmelzpunktsapparat stellt man einen Schmetter-
lingsbrenner und beobachtet als Schmelzpunkt den Moment, in dem
der Capillareninhalt durchsichtig wird, resp. sich Meniscusbildung zeigt.

Vor jeder Schmelzpunktsbestimmung von Substanzen
mit noch unbekannten Eigenschaften untersuche man das
Verhalten einer kleinen Probe beim Erhitzen auf dem
Platinspatel. Dadurch wird man nicht nur einen ungefähren Anhaltspunkt für die zu erwartende Höhe der Schmelztemperatur erhalten, man wird vor allem auch erkennen, ob die Substanz etwa
explosive Eigenschaften besitzt. Denn schon die geringen Mengen
Substanz, welche in das Capillarröhrchen gefüllt werden, können zu
einer Zertrümmerung des ganzen Apparates führen.[1]) Bei der Untersuchung explosiver Substanzen hat man nach S. 103 zu verfahren.

Die meistverwendeten Apparate zur Schmelzpunktsbestimmung
sind diejenigen von Anschütz und Schultz und von Roth; der
erst seit kurzem beschriebene Apparat von J. Thiele sei besonders
empfohlen.

Schmelzpunktsapparat von R. Anschütz und G. Schultz.[2])

Der Apparat (Fig. 56) besteht aus einem Kolben von ca. 250 ccm
Inhalt, in dessen Hals ein 10 cm langes Reagensrohr von ca. 15 mm
lichter Weite derart eingeschmolzen ist, daß dessen unteres Ende etwa
5 mm vom Boden des Kolbens entfernt bleibt.

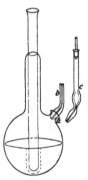

Der Kolben ist mit der Tubulatur a versehen,
in welche die Röhre b oder c eingeschliffen ist.
Durch die Tubulatur füllt man den Kolben zur
Hälfte mit konzentrierter Schwefelsäure. Das Röhrchen c kann mit Chlorcalcium gefüllt werden.

Thermometer und angefügtes Schmelzpunkt-
röhrchen werden vermittels eines eingekerbten Korkes
derart in dem Reagensrohre befestigt, daß die Thermometerkugel sowie die in gleicher Höhe befindliche
Substanz, ohne an irgend eine Seite der Gefäßwand
anzuliegen, sich einige Millimeter über dem Boden
der Eprouvette, andererseits aber vollständig unterhalb des Schwefelsäureniveaus befinden.

Fig. 56.

Der Apparat wird, etwa auf einem Asbestdraht-
netze, langsam erhitzt, nachdem man sich vorher jedesmal
genau davon überzeugt hat, daß das Röhrchen b nicht
verstopft, und daß somit jede Explosionsgefahr ausgeschlossen ist.

Die Schwefelsäure bedarf erst nach vielen Monaten einer Erneuerung. Man kann in diesem Luftbade Schmelzpunkte bis zu
290° C, im Notfalle bis ca. 300° C beobachten, für höhere Temperaturen verwendet man eine der S. 91 angeführten Badflüssigkeiten.

---

[1]) Curtius, J. pr. (2) **76**, 386 (1907).
[2]) B. **10**, 1800 (1877).

Apparat von C. F. Roth[1]),

eine Abart des vorigen, liefert direkt (nahezu) korrigierte Schmelzpunkte.

In einem Rundkolben a (Fig. 57) von 65 mm Durchmesser und
mit 20 cm langem, 28 mm weitem Halse b ist ein 15 mm weites
Glasrohr c bis 17 mm vom Boden des Rundkolbens eingelassen.
Dieses Rohr ist unten geschlossen, oben mit
dem Kolbenhalse b verschmolzen. Bei d ist ein
11 mm weiter Tubus eingelassen, welcher seitlich
eine runde Öffnung besitzt. In diesen Tubus paßt
ein eingeschliffener, hohler Glasstöpsel e, an welchem sich gleichfalls eine seitliche Öffnung befindet.

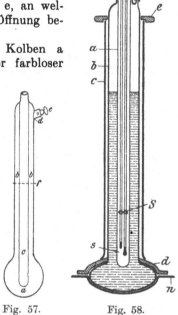

Vor dem Gebrauche wird der Kolben a
durch den Tubus mit konzentrierter farbloser
Schwefelsäure etwa bis zur Marke f
gefüllt, dann wird der Stopfen e so
eingefügt, daß die beiden seitlichen
Öffnungen von e und d korrespon-
dieren.

Wird nun erhitzt, so steigt die
Badflüssigkeit in b in die Höhe, und
so befindet sich ein in c eingeführtes
Thermometer bis ca. 280° in einem
von heißer Schwefelsäure um-
schlossenen Luftbade.

Die verhältnismäßig große
Säuremenge im Apparate bietet den
Vorteil, eine Überhitzung vollständig
zu verhindern, hingegen lassen sich
in diesem Apparate kaum höhere
Temperaturen als 250° C erzielen.[2])

Fig. 57.   Fig. 58.

Landsiedl[3]) hat den Apparat
noch durch Zufügen eines Glasschutzmantels modifiziert (Fig. 58). Es
wird hierdurch das leichtere Erzielen höherer Temperaturen ermöglicht.

Apparat von Landsiedl.

Die zur Aufnahme des Thermometers T und des Capillarröhrchens
dienende etwa 25 cm lange und 15 mm weite unten geschlossene
Glasröhre a ist mittels Schliffs in den bis zu $^2/_3$ seiner Höhe mit
konzentrierter Schwefelsäure gefüllten Kolben eingesetzt, dessen Körper
zur Erzielung einer möglichst großen Heizfläche eine linsenförmige Ge-

---

[1]) B. **19**, 1970 (1886). — Siehe auch Houben, Ch. Ztg. **24**, 538 (1900).
[2]) Ann. **276**, 342 (1893) bespricht Hesse die Vorzüge dieses Apparates.
[3]) Ost. Ch. Ztg. 8, 276 (1905). — Ch. Ztg. **29**, 765 (1905).

stalt hat. Die Verbindung des Kolbeninneren mit der äußeren Luft wird entweder durch einen kleinen mit einer Kappe oder mit angeschliffener Chlorcalciumröhre versehenen Tubus oder durch eine am Schliffe der Röhre a angebrachte und mit einem kleinen Loche im Halse des Kolbens b korrespondierende Einkerbung vermittelt. Diese letztere Einrichtung gestattet, während der Apparat nicht benutzt wird, die Schwefelsäure vollständig von der äußeren Luft abzuschließen, erfordert aber selbstverständlich eine gewisse Aufmerksamkeit, da das Öffnen und Offenhalten des Verschlusses beim Anwärmen des Apparates nicht übersehen werden darf.   Der Körper des Kolbens ist etwa bis zur Hälfte in ein engmaschiges, starkes Drahtnetz n sorgfältig eingebettet und in seiner oberen Hälfte zur möglichsten Vermeidung von Wärmeverlust mit einer Hülle d aus Asbestpappe bedeckt, auf welcher der dem gleichen Zwecke dienende, oben durch einen Deckel e verschlossene Gaszylinder c ruht.

Zum Festhalten der oben trichterförmig erweiterten Capillarröhrchen dient die ungefähr 4 mm weite Glasröhre r.   Ihr unteres Ende ist etwas abgeschrägt und bis auf eine Öffnung von etwa 2 mm zugeschmolzen, so daß das Schmelzpunktsbestimmungsröhrchen, welches man von oben her in sie gleiten läßt, nicht durchfällt, sondern mit seinem erweiterten Ende darinnen hängen bleibt, wobei es infolge der Stellung der Öffnung eine schräge, dem Thermometergefäße zustrebende Lage einnimmt.   Die richtige Einstellung des Schmelzpunktsbestimmungsröhrchens ist leicht durch Verschieben bzw. Drehen der Röhre r zu bewirken.   Thermometer und Einführungsröhre r werden in ihrem unteren Teile durch einen dünnen Ring aus Spiraldraht s, der einfach darüber geschoben wird, zusammengehalten, so daß stets eine korrekte Einstellung des Schmelzpunktsröhrchens gesichert ist.   Will man die Bestimmung im Röhrchen ausführen, so stellt man sich dieses etwas länger her und schmilzt es im oberen Drittel zu. Die Entfernung der Röhrchen aus dem Apparate erfolgt höchst einfach und rasch in nie versagender Weise mittels eines entsprechend langen Zündholzspanes, welchen man, nachdem man sein unteres, zugespitztes Ende zweckmäßig etwas befeuchtet hat, durch die Röhre r unter leichtem Drucke und drehend in die Capillare einführt, so daß diese daran haften bleibt und mit herausgezogen werden kann.

Will man die gewöhnlichen aus Eprouvettenglas hergestellten zylindrischen Capillarröhrchen verwenden, so wird die Röhre r mit einem etwa 4 mm von ihrem unteren, etwas ausgezogenen Ende abstehenden Näpfchen versehen, welches das eingeführte Capillarröhrchen auffängt. Da leicht mehrere Einführungsröhren angebracht werden können, so ist auch die Möglichkeit zu Parallelversuchen gegeben. Die Einführungsröhren verhindern auch nicht die Befestigung von Schmelzpunktsbestimmungsröhrchen in der sonst üblichen Weise am Thermometer.

Zur Ausführung einer Bestimmung heizt man den Apparat an,

und läßt zu gelegener Zeit das mit der Substanz beschickte Röhrchen in den Apparat gleiten, stellt durch Verschieben von r richtig ein, und beobachtet mit Hilfe der Lupe, und zwar in der Regel am besten bei seitlicher Beleuchtung, das beginnende Schmelzen. Die Einführung des Röhrchens kann bei einer dem Schmelzpunkte der Substanz sehr nahe liegenden Temperatur erfolgen, da es nur wenige Sekunden dauert, bis das Röhrchen die Temperatur der Umgebung angenommen hat. (So begann z. B. bei 234⁰ schmelzendes Phthalimid in dem auf 235⁰ erwärmten Apparate in 8—10 Sek. zu schmelzen.) Ist eine Bestimmung gemacht, so kann das Schmelzröhrchen in der angegebenen Weise sofort entfernt und — bei derselben Substanz, nachdem man den Apparat etwas unter die Schmelztemperatur hat abkühlen lassen, bei Untersuchung einer höher schmelzenden Substanz sofort oder später — durch ein anderes ersetzt werden, so daß sich rasch und ohne störende Zustandsänderung des Apparates eine Anzahl von Bestimmungen ausführen läßt.

Apparat von Johannes Thiele.

Außerordentlich praktisch und bequem ist ein von J. Thiele[1]) angegebener Apparat.

Derselbe besteht aus einem Rohre von ca. 2 cm Weite und 12 cm Länge, an das ein Bogen von 1 cm Weite so angesetzt ist, daß er das untere Ende des Rohres mit der Mitte verbindet.

Zum Gebrauche füllt man so viel Schwefelsäure (oder für sehr hochschmelzende Substanzen eine der S. 91 angegebenen Heizflüssigkeiten) ein, daß sie die obere Mündung des Bogens gerade sperrt, wenn das Thermometergefäß sich etwa in der Mitte zwischen den Schenkeln des Bogens befindet. Erhitzt man jetzt die Krümmung des Bogens, so beginnt die Schwefelsäure in dem Apparate zu zirkulieren, wie das Wasser in einer Warmwasserheizung; in dem Rohre bewegt sie sich dabei von oben nach unten. Infolgedessen schmelzen die im oberen Teile der

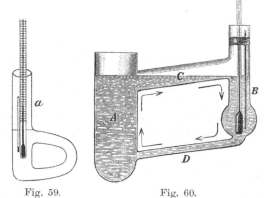

Fig. 59.   Fig. 60.

[1]) B. **40**, 996 (1907). — Zu beziehen von Karl Kramer, Freiburg i. Br. — Die Firma Heraeus, Hanau, liefert jetzt auch diesen Apparat aus Quarzglas.

mittels eines Schwefelsäuretröpfchens an das Thermometer geklebten Capillare haftenden Substanzstäubchen früher als die Hauptmasse und geben so in erwünschtester Weise zu erkennen, wann man in die Nähe des Schmelzpunktes gelangt ist.

Der Apparat arbeitet viel gleichmäßiger als alle anderen ohne mechanischen Rührer, er heizt sich sehr schnell an, geht fast gar nicht nach, und kühlt sehr schnell wieder ab.

Diels[1]) empfiehlt, das Rohr A noch um ca. 10 cm zu ver- längern.

Es sei übrigens bemerkt, daß, wie aus umstehender Abbildung des Olbergschen Apparates (Fig. 60) hervorgeht, das Prinzip dieses Verfahrens schon lange bekannt war.[2])

Schmelzpunktsbestimmung farbiger oder gefärbter Substanzen.

Farbige Substanzen oder solche, welche beim Erhitzen dunkel werden, zeigen oftmals das gewöhnliche Kriterium des Schmelzens, das Durchsichtigwerden, nur unvollkommen. Da in solchen Fällen auch die Meniscusbildung nicht leicht zu beobachten ist, so empfiehlt J. Piccard[3]) folgendermaßen zu verfahren (Fig. 61).

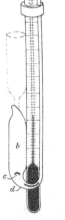

Eine gewöhnliche Glasröhre wird 2—3 cm vor ihrem Ende trichterförmig verengt, weiter unten capillar ausge- zogen und an dieser Stelle U-förmig gebogen. Man bringt etwas von der Substanz durch den weiten Schenkel hinein, erhitzt sie zum Schmelzen, so daß sich unten an der Biegung, da wo die Röhre anfängt, capillar zu wer- den, ein kleiner Pfropfen (d) bildet; dann bringt man noch ein Tröpfchen Quecksilber auf die Substanz (c), schmilzt den weiten Schenkel an der vorher verengten Stelle zu und läßt den dünnen langen Schenkel offen. Über der Substanz befindet sich nun ein großer Luft- behälter (b). Man befestigt mit einem Kautschukring die Capillarröhre am Thermometer, so daß die Substanz in die Mitte der Thermometerkugel, der Luftbehälter unter

Fig. 61.   das Niveau des Paraffinbades zu stehen kommt, und er- hitzt das Bad im Becherglase unter Umrühren. In dem Augenblicke, wenn die Substanz schmilzt, wird sie durch die zu- sammengedrückte Luft des Behälters mit Kraft in die Capillarröhre hinaufgeschnellt.

Kratschmer[4]) empfiehlt ein ähnliches Verfahren für Fette, ebenso Zalosziecki[5]).

---

[1]) Privatmitteilung.
[2]) Repert. anal. Ch. 1886, 95.
[3]) B. 8, 688 (1875).
[4]) Z. anal. 21, 399 (1882).
[5]) Ch. Ztg. 14, 780 (1890).

Schmelzpunktsbestimmung von hochschmelzenden und sogenannten unschmelzbaren Verbindungen.[1])

Substanzen, welche vor dem Schmelzen sublimieren oder sich unter Abspaltung von Wasser, Salzsäure usw. zersetzen, müssen in beiderseits zugeschmolzenen Capillarröhrchen erhitzt werden.

Über geeignete Badflüssigkeiten siehe S. 91.

Zur Schmelzpunktsbestimmung wird die Substanz erst in die Heizflüssigkeit bzw. das Luftbad gebracht, wenn eine dem Schmelzpunkte naheliegende Temperatur — wie durch einen Vorversuch zu ermitteln — erreicht ist.

Als Apparat dient eine weite Eprouvette von schwer schmelzbarem Glase, in welcher sich der übliche Glasrührer befindet (Fig. 62). Zum Vermeiden einer Überhitzung ist es nötig, eine dicke, mit kreisrundem Ausschnitte versehene Asbestplatte von unten über das Erhitzungsrohr bis wenig über das Niveau der Thermometerkugel zu schieben.

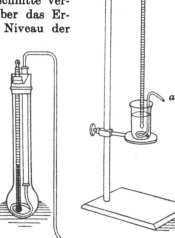

Hat man die Schmelztemperatur nahezu erreicht — man mißt die Badtemperatur mit einem zweiten Thermometer — dann führt man die mittels einer Platindrahtschlinge an das Thermometer befestigte[2]) in der beiderseits zugeschmolzenen Capillare befindliche Substanz ein, oder man befestigt die Capillare an einem separaten Schieber, der durch dieselbe Korkbohrung geht wie das Thermometer und dicht an letzterem anliegt.

Fig. 62.   Fig. 63.

Zieht man es vor, in einem Luftbade[3]) zu arbeiten, das mittels einer Metall-Legierung (Wood oder Rose) erwärmt wird, so bringt man ein wenig Asbest auf den Boden der Eprouvette, die nur wenig in das Metallbad eintauchen darf, und wirft bei der geeigneten Temperatur — die durch das in der Eprouvette freihängende Thermometer angezeigt wird — das Substanzröhrchen ein.

---

[1]) G r a e b e , Ann. **263**, 19 (1891). — A. M i c h a ë l , B. **28**, 1629 (1895). — B. **39**, 1913 (1906).

[2]) Um den Platindraht fest haften zu machen, setzt man 2—3 cm über der Thermometerkugel ein Glaspünktchen an, welches dann das Herabrutschen des Drahtes verhindert.

[3]) Ein Doppelluftbad mit äußerem Quarzkolben, der direkt erhitzt werden kann, haben K u t s c h e r und O t o r i empfohlen, s. S. 104.

Die Füllung hat derart zu geschehen, daß die Substanz nicht bis ganz an das untere Ende der Capillare heruntergestampft wird, vielmehr sich unter derselben noch ein mehrere Millimeter hoher luftgefüllter Raum befindet. Die Capillare wird an beiden Enden zugeschmolzen. Substanzen, die leicht dissoziieren, z. B. Chlorhydrate, die leicht ihre Salzsäure abgeben, schmilzt man in ein mit dem entsprechenden Gase gefüllten U-Röhrchen von 2—3 mm dm ein.[1])

Hochschmelzende Substanzen untersucht man auch oft einfach in einem Becherglaschen, das mit Paraffin, Diphenylamin oder Silbernitrat beschickt wird und benutzt zur Temperaturregelung einen Rührer (Fig. 63).

Schmelzpunktsbestimmung von Substanzen, die bei hoher Temperatur luftempfindlich sind,

nimmt Tafel[2]) im Vakuum vor. Ein dünnwandiges, 10 cm langes Glasrohr von ca. 5 mm äußerer Weite wird in der Mitte zur Capillare gewöhnlicher Weite ausgezogen und abgeschmolzen, wodurch man zwei Bestimmungsröhrchen erhält. Nach dem Einfüllen der Substanz wird das offene weite Röhrenende mit der Pumpe verbunden und nach einer Minute die Capillare möglichst nahe dem weiten Ende abgeschmolzen.

Schon früher hat Goldschmiedt[3]) Schmelzpunktsbestimmungen vorgenommen, bei denen während der ganzen Dauer des Versuches die Capillare mit der Wasserluftpumpe verbunden blieb.

Schmelzpunktsbestimmung sehr niedrig schmelzender Substanzen.[4])

Man setzt in die eine Durchbohrung des Stopfens eines starkwandigen, 3—6 cm weiten, 15—30 cm hohen Zylinders, dessen Boden in einer kugelförmigen Erweiterung besteht, ein Weingeistthermometer mit am Gefäß befestigtem, beiderseits zugeschmolzenem Capillarröhrchen, welches die flüssige Substanz enthält, und in eine zweite Durchbohrung ein weites, gebogenes Glasrohr. Dieses kommuniziert zunächst mit einem Druckregulator und letztere mit einer Pumpe.

Beim Gebrauche gibt man in den Zylinder einige Kubikzentimeter flüssigen Schwefeldioxyds, in welches dann die Thermometerkugel eintaucht, und evakuiert nun mit der gut schöpfenden Luftpumpe, deren Wirkung man durch langsames Schließen der Regulierhähne allmählich steigert, um das immer weniger verdampfende Schwefeldioxyd ohne anfängliches Überschleudern stark abkühlen zu lassen. Das Thermometer sinkt selbst bei warmem Zimmer rasch

---

[1]) Riban, Bull. (2) 24, 14 (1875). — Schützenberger, Traité de chimie générale I, 86 (1880).
[2]) Ann. 301, 305, Anm. (1898). — Tafel und Dodt, B. 40, 3753 (1907).
[3]) M. 9, 769, (1888).
[4]) Krafft, B. 15, 1694 (1882).

auf — 40 bis — 50° und darunter. Um die Substanz, die mittlerweile erstarrt sein wird, beobachten zu können, befestigt man den Zylinder mit Hilfe eines großen durchbohrten Stopfens in einem entsprechend weiten Stehzylinder, so daß er in diesem freischwebt, und gibt in den abgeschlossenen Zwischenraum einige Tropfen Alkohol.

Durch allmähliches Öffnen der Regulierhähne läßt man den Druck im Apparate und somit auch den Siedepunkt und die Temperatur des Schwefeldioxyds nach und nach steigen, kann auch durch passende Hahnstellung die Temperatur minutenlang in der gleichen Tiefe halten, und die erste Schmelzpunktsbestimmung durch wiederholtes Fallen- und Steigenlassen der Temperatur kontrollieren. Die Ablesung wird fast noch sicherer, wenn man das Thermometer nicht unmittelbar in das Schwefeldioxyd eintauchen läßt, sondern zunächst in eine teilweise mit Alkohol gefüllte Glasröhre einsetzt.

Noch weit größere Temperatur-Intervalle hat man natürlich zur Verfügung, wenn man das Schwefeldioxyd durch filtrierte flüssige Luft ersetzt.

Schmelzpunktsbestimmung niedrig schmelzender Körper mittels Luftthermometer: E. Haase, B. 26, 1052 (1893).

Anwendung eines Konstantan-Kupferpaares und Galvanometers, Guttmann, Proc. 21, 206 (1905).

Zur Schmelzpunktsbestimmung klebriger Substanzen,

die sich schwer in ein Capillarröhrchen bringen lassen, kann man nach Kuhara und Chikashigé[1]) die Substanz zwischen den beiden Hälften eines Deckgläschens zerdrücken, die man in ein umgebogenes und, wie die Fig. 64 zeigt, ausgeschnittenes Platinblech klemmt, das an das Thermometer gehängt wird. Im Momente des Schmelzens wird das Deckgläschen durchsichtig. Als Luftbad dient ein Becherglächen, das vermittels eines Korkes und Thermometers in ein größeres, mit Schwefelsäure gefülltes Becherglas gehängt wird.

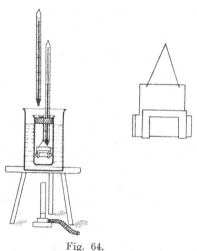

Fig. 64.

---

[1]) Am. 23, 230 (1900). — Vgl. auch Schweizer Wochenschr. f. Pharm. 1900, 107.

Schmelzpunktsbestimmung von Substanzen mit salbenartiger Konsistenz.

Außer der oben beschriebenen Methode von Kuhara und Chikashigé dienen zur Schmelzpunktsbestimmung von Fetten und ähnlichen niedrig schmelzenden Substanzen namentlich noch folgende Verfahren.

Verfahren von Le Sueur und Crossley[1]) (Fig. 65).

Die Methode gründet sich darauf, daß Flüssigkeiten das Phänomen der Capillarität zeigen, während dies feste Körper nicht tun. In ein

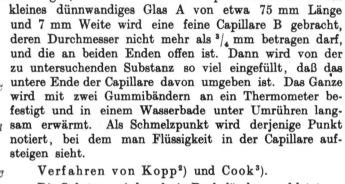

kleines dünnwandiges Glas A von etwa 75 mm Länge und 7 mm Weite wird eine feine Capillare B gebracht, deren Durchmesser nicht mehr als $^3/_4$ mm betragen darf, und die an beiden Enden offen ist. Dann wird von der zu untersuchenden Substanz so viel eingefüllt, daß das untere Ende der Capillare davon umgeben ist. Das Ganze wird mit zwei Gummibändern an ein Thermometer befestigt und in einem Wasserbade unter Umrühren langsam erwärmt. Als Schmelzpunkt wird derjenige Punkt notiert, bei dem man Flüssigkeit in der Capillare aufsteigen sieht.

Verfahren von Kopp[2]) und Cook[3]).

Die Substanz wird auf ein Deckgläschen und letzteres auf Quecksilber gebracht, das in einem Kölbchen erwärmt wird (Cook). Man rührt mit einem Thermometer um, an welchem auch der Schmelzpunkt abgelesen wird, oder man bringt einfach die zu untersuchende Probe auf in offener Schale befindliches Quecksilber und bedeckt mit einem aus dünnem Glase geblasenen Trichterchen, um den Luftwechsel und die Abkühlung von außen her zu verhüten.

Fig. 65.

Verfahren von Vandenvyver: Ann. chim. anal. appl. **13**, 397 (1899). Verfahren von Cross und Bevan: Soc. **41**, 111 (1882). — Verfahren von Ebert: Ch. Ztg. **15**, 76 (1891). — Verfahren von Pohl: Wien. Akad. Sitzb. **6**, 587 (1851). Andere, namentlich für technische Zwecke dienende Methoden siehe Benedikt, Anal. der Fette und Wachsarten, 3. Aufl., S. 96 ff.

Ledden Hülsebosch[5]) bringt die Substanz in ein auf Wasser schwimmendes uhrglasförmiges Aluminiumschälchen und beobachtet mit der Lupe.

[1]) Soc. chem. Ind. **17**, 988 (1898).
[2]) B. **5**, 645 (1872).
[3]) Proc. **18**, 74 (1896).
[4]) Ztschr. Kryst. **1**, 97 (1887). — Ein heizbares Mikroskop hat Siedentopf, Z. Elektr. **17**, 593 (1906) angegeben.
[5]) Ph. C.-H. **37**, 231 (1892).

Schmelzpunktsbestimmung unter dem Mikroskope.

Sehr geringe Substanzmengen werden nach Lehmann[1]) und Loviton[2]) unter dem mit heizbarem Objekttisch versehenen Mikroskope untersucht.

Nach V. Goldschmidt[3]) liefert die Untersuchung von aus unterkühltem Schmelzflusse erstarrenden Substanzen mittels des Mikroskopes wertvolle Ergebnisse. Die Erscheinungen „sind so mannigfaltig und so charakteristisch verschieden, daß es sich empfehlen dürfte, diesen einfachen Versuch, der sich in kürzester Zeit und mit einem Minimum von Substanz ausführen läßt, als qualitative Reaktion zur Unterscheidung organischer Verbindungen zu benutzen. Wird es auch nicht gelingen, alle unzersetzt schmelzbaren Verbindungen unter sich zu unterscheiden, so wird man sie doch in Gruppen trennen können, in denen eventuell eine Schmelzpunktsbestimmung oder eine Verbrennung zur genauen Bestimmung ausreicht."

Seither hat sich namentlich Vorländer[4]) mit der Untersuchung organischer Verbindungen nach dieser Richtung, speziell in Rücksicht auf das Auftreten anisotroper flüssiger Phasen (fließender Krystalle) beschäftigt.

Die Resultate dieser Forschungen lassen sich in folgende Sätze zusammenfassen:

1. Substanzen, die beim Schmelzen oder beim Erstarren den krystallinisch-flüssigen Zustand annehmen — es sind ihrer über hundert bekannt — finden sich besonders bei vielen Arten von Benzolderivaten, und zwar bei:

Stickstofffreien Verbindungen	Stickstoffhaltigen Verbindungen	Kombiniert mit
Carbonsäuren: — COOH	Azoverbindungen: — N = N —	— O.CH$_3$ — O.C$_2$H$_5$
α-ungesättigte Säuren und Säureester: — C = C·COOH (R)	Azoxyverbindungen: — N — N — $\diagdown$O$\diagup$	— O.C$_3$H$_7$ — O.CO.CH$_3$
Methylketone: — C : O·CH$_3$	Arylidenamine und Azine: — C = N —	— O.CO.C$_6$H$_5$ — O.COO.C$_2$H$_5$
α-ungesättigte Ketone: — C = C·C : OR		
ungesättigte Phenoläther: — C = C —	Arylidenoxamine: — C — N — $\diagdown$O$\diagup$	— NH$_2$ — N(CH$_3$)$_2$
Cholesterin- (Phytosterin-[5]) Derivate: — C = C —	Nitrile: — C ⫤ N	— NO$_2$ — C$_6$H$_5$

---

[1]) Siehe S. 100, Anm. [4]).

[2]) Bull. (2) **44**, 613 (1885).

[3]) Verh. d. nat. med. Ver. Heidelberg N. F. **5**, 2. Heft (1893). — Ztschr. Kryst. **28**, 169 (1897).

[4]) B. **39**, 803 (1906); **40**, 1415, 1970, 4527 (1907). — Vorländer und Gahren, B. **40**, 1966 (1907). — Z. phys. **57**, 357 (1907).

[5]) Jäger, Koninkl. Akad. Amsterdam **1907**, 481, 483.

2. Der krystallinisch-flüssige Zustand ist abhängig von der chemischen Konstitution; folgende Faktoren wurden als maßgebend nachgewiesen:

    a) Alphylierung und Acylierung der Hydroxyle;

    b) Gegenwart ungesättigter Gruppen, C:O, C:C, C:N, N:N usw.;

    c) Parastellung der in der oben gegebenen Tabelle angeführten Gruppen.

3. Der Dimorphie und Polymorphie bei krystallinisch-festen Substanzen ist das Vorkommen der krystallinisch-flüssigen Phasen insofern an die Seite zu stellen, als die Bildung der labilen krystallinischen Modifikation im flüssigen wie im festen Zustande von der Unterkühlung der Substanzen abhängt.

4. Es gibt auch Substanzen, die zwei verschiedene krystallinisch-flüssige Phasen nebeneinander oder mehrere krystallinisch-feste Phasen bilden.

5. Bei der Bildung mehrerer krystallinisch-fester Modifikationen ist im Gegensatz zu den krystallinisch-flüssigen keine bestimmte Beziehung zur chemischen Konstitution zu erkennen.

Weiteres über krystallinisch-flüssige Substanzen und eine vollständige Literaturübersicht siehe Vorländer, Samml. chem. und chem.-techn. Vorträge von F. B. Ahrens, 12, Heft 9/10 (1908).

Schmelzpunktsbestimmung mittels des elektrischen Stromes.

Löwe hat zuerst vorgeschlagen[1]), zur Schmelzpunktsbestimmung die Tatsache zu verwerten, daß der elektrische Strom eines schwach wirkenden Elementes bei geschlossener Kette einen in den Kreis eingeschalteten kleinen elektromagnetischen Wecker in Tätigkeit versetzt. Wird dagegen bei geschlossener Kette ein Platindraht mit einer den elektrischen Strom nicht leitenden Substanz überzogen eingeschaltet, so ist der Strom unterbrochen und erst beim Schmelzpunkte beginnt der Wecker zu läuten.

Der Apparat zu diesem Verfahren wurde von Wolf[2]) verbessert; auch zur Schmelzpunktsbestimmung von Metallen ist diese Methode verwertbar (Himly[3]), Liebermann[4]). Krüss brachte noch weitere kleine Abänderungen an dem Apparat an,[5]) und Maler[6]) skizziert die Vorrichtung, welche im Laboratorium der Handelsbörse in Paris gebraucht wird. Endlich ist die wiederholt beschriebene Methode von Christomanos[7]), Vandenvyver[8]),

---

1) Dingl. **201**, 250 (1872).

2) Arch. **206**, 534 (1876).

3) Pogg. **160**, 102 (1878).

4) B. **15**, 435 (1882).

5) Ztschr. f. Instrum. **8**, 326 (1884).

6) Analyst **15**, 85 (1889).

7) B. **23**, 1093 (1890). — Z. anal. **31**, 551 (1892), woselbst ein Literaturverzeichnis.

8) Rev. de chim. anal. **1897**, S. 104, vgl. Poulence, Les nouveautés chimiques **1898**, S. 67.

Chercheffsky[1]), Dowzard[2]), Mafezzoli[3]), Thierry[4]) und Limbourg[5]) nochmals erfunden worden.

In eine auf einem Sandbade zu erhitzende, mit Quecksilber gefüllte, etwa 100 ccm enthaltende zweihalsige Flasche A ist einerseits das Thermometer C und ein zur Batterie E und Klingel D führender Platindraht f, andererseits ein unten capillar ausgezogenes Glasrohr d gesteckt. Die Spitze desselben wird mit der geschmolzenen zu untersuchenden Substanz angefüllt. Nach dem Erstarren der letzteren gießt man etwas Quecksilber auf die Substanz und steckt einen mit der Klingel verbundenen Platindraht d hinein. Beim Schmelzen der Substanz tritt Kontakt ein, und die Klingel ertönt (Christomanos).

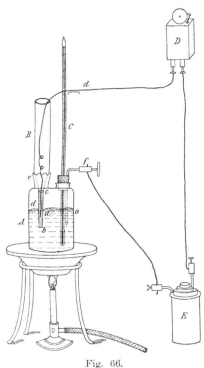

Fig. 66.

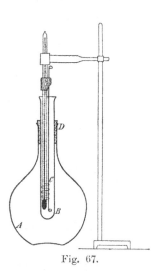

Fig. 67.

Bestimmung des Schmelzpunktes in der Wärme zersetzlicher oder explosiver Substanzen.

Wenn sich eine Substanz schon bei relativ niedriger Temperatur stürmisch zersetzt, ist der Schmelzpunkt so zu bestimmen, daß man verschiedene Proben in vorgewärmte Bäder von allmählich steigender Temperatur eintaucht.[6])

[1]) Ch. Ztg. **23**, 597 (1899).
[2]) Ch. N. **79**, 150 (1900).
[3]) Progresso **28**, 100 (1901).
[4]) Arch. sc. phys. nat. Genève **20**, 59 (1905).
[5]) Ch. Ztg. **32**, 151 (1908).
[6]) Dimroth, B. **40**, 2381 (1907).

W. R. Hodgkinson[1]) verfährt folgendermaßen:
Der zu prüfende Stoff wird in ein kleines Platinblechnäpfchen B,
welches 2 mm weit und tief ist, gebracht und letzteres an einem
Platindrahte befestigt, so daß es freischwebend in der Mitte der
Eprouvette neben dem Thermometer hängt (Fig. 67).

Die Eprouvette wird durch locker gestopfte Asbestfäden D im
Halse des Kolbens A festgehalten.

Der Kolben steht auf einer doppelten Lage von Drahtnetz und
wird durch eine kleine Flamme vorsichtig erhitzt. Den Stand des
Thermometers im Momente, wo Verpuffung oder Entflammung eintritt, liest man am besten aus einiger Entfernung mittels eines
Fernrohres ab.

Kutscher und Otori[2]) benutzen einen Quarzkolben, der direkt
erhitzt werden kann.

Man kann auch oftmals den „Explosionspunkt" nach der Methode von Kopp und Cook[3]) bestimmen.

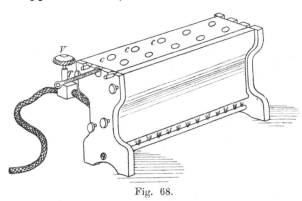

Fig. 68.

Schmelzpunktsbestimmung hygroskopischer Körper.

Hübner[4]) gelang die Schmelzpunktsbestimmung bei der außerordentlich hygroskopischen Benzolsulfosäure nur so, daß er dieselbe
im offenen Capillarröhrchen im Paraffinbade längere Zeit auf 100°
erhitzte und dann das Röhrchen schnell zuschmolz.

Schmelzpunktsbestimmung mittels des „Bloc Maquenne".

Dieses in Frankreich viel geübte Verfahren[5]) ist von Maquenne
angegeben worden.[6])

---

[1]) Ch. N. **71**, 76 (1894).
[2]) Z. physiol. **42**, 193 (1904).
[3]) S. 100.
[4]) Ann. **223**, 240 (1884).
[5]) Freundler u. Dupont, Manuel S. 32. — Tetny, Bull. (3) **27**, 184
(1902). — Tanret, C. r. **147**, 75 (1908).
[6]) Bull. (2) **48**, 771 (1887). — Bull. (3) **31**, 471 (1904).

An Stelle des Flüssigkeitsbades wird ein Parallelepiped aus Messing (Fig. 68) benützt, das durch eine Reihe kleiner Flämmchen erhitzt wird. Das Thermometer T ruht horizontal in einem Kanal, der 3 mm unter der Oberfläche des Messingblocks denselben der Länge nach durchsetzt. In der Oberfläche des Blocks befindet sich eine Anzahl kleiner Aushöhlungen c, in die man die Versuchssubstanz bringt. Man macht zuerst eine ungefähre Schmelzpunktsbestimmung und bringt hierauf das Thermometer so an, daß die Stelle der Skala, welche dem zu erwartenden Schmelzpunkte entspricht, eben aus dem Block herausragt. Die Substanz gibt man dann in das der Thermometerkugel zunächst liegende Grübchen. Man erhitzt rasch bis ungefähr 10° unter den ungefähren Schmelzpunkt und steigert dann die Temperatur nur mehr sehr langsam. Hat man zersetzliche Körper, so gibt man sie erst jetzt auf das Metall. Man erfährt so direkt korrigierte Schmelzpunkte, kann auch leicht zersetzliche und explosive Substanzen untersuchen, weniger gut stark sublimierende.[1])

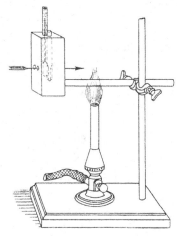

Apparat von Hermann Thiele.[2])

In ähnlicher Weise wie Maquenne vermeidet Thiele die Unbequemlichkeiten eines Flüssigkeits-

Fig. 69. Schmelzpunktsbestimmung nach Hermann Thiele.

bades. Sein Apparat gestattet indes nur die Bestimmung unkorrigierter Schmelzpunkte. Die Konstruktion desselben ist aus Figur 69 ohne weitere Beschreibung verständlich.

Ermittelung des korrigierten Schmelzpunktes.

Die nach den verschiedenen Methoden gefundenen Schmelzpunkte können nur als annähernd richtig angesehen werden, wenn nicht die Korrektur für den herausragenden Quecksilberfaden vorgenommen wird. Arbeitet man mit dem Apparate von Roth und sorgt eventuell durch Benutzung der Anschützschen abgekürzten Thermometer dafür, daß das Quecksilber ganz unterhalb des Niveaus der Badflüssigkeit bleibt, so ist eine solche Korrektur unnötig, und man hat sich nur, durch öfters wiederholte Kontrolle, von der Verläßlichkeit des benutzten Thermometers zu überzeugen.

---

[1]) Tollens und Müller, B. **37**, 313 (1904) und Hesse, B. **37**, 4694 (1904) haben mit dem Apparat keine befriedigenden Erfahrungen gemacht.
[2]) Nachtragskatalog IV von Hugershoff, S. 29 (1902). — Z. ang. **15**, 780 (1902).

Zur Korrektur für den herausragenden Faden können die
S. 114—116 abgedruckten Rimbachschen Tabellen dienen.

Fast noch zweckmäßiger ist es, da ja das Kaliber usw. der
Capillare bei der Schmelzpunktsbestimmung eine Rolle spielt, im
gleichen Apparate mit einer gleichen Capillare den Schmelzpunkt
einer leicht rein zu erhaltenden Substanz zu ermitteln, deren Verflüssigung bei annähernd gleicher Temperatur erfolgt wie diejenige
der zu untersuchenden Probe. Eine einfache Rechnung läßt dann
aus der Differenz des für die „Type" gefundenen und des wirk-
lichen Schmelzpunkts ermitteln, um wieviel Grade der Schmelzpunkt
des Versuchsobjektes zu korrigieren ist.

Im folgenden ist eine Anzahl korrigierter Schmelzpunkte von
hinreichend leicht zugänglichen Substanzen zusammengestellt.[1])

Schmelzpunkt:	Substanz:
13,0° C	Paraxylol,
23,0° ,,	Diphenylmethan,
39,0° ,,	Benzoesäureanhydrid,
49,4° ,,	Thymol,
60,8° ,,	Palmitinsäure,
80,0° ,,	Naphthalin,
90,0° ,,	m-Dinitrobenzol,
103,0° ,,	Phenanthren,
114,2° ,,	Acetanilid,
121,2° ,,	Benzoesäure,
132,6° ,,	Carbamid,
147,7° ,,	o-Nitrobenzoesäure,
159,0° ,,	Salicylsäure,
170,5° ,,	Benzoylphenylhydrazin,
182,7° ,,	Bernsteinsäure,
190,3° ,,	Hippursäure,
201,7° ,,	Borneol,
216,5° ,,	Anthracen,
229,0° ,,	Hexachlorbenzol,
240,0° ,,	Carbanilid,
252,5° ,,	Oxanilid,
271,0° ,,	Diphenyl-α-γ-diazipiperazin,
284,6° ,,	Anthrachinon,
317,0° ,,	Isonicotinsäure.
402,0° ,,	Dekacyclen.

Schmelzpunktsregelmäßigkeiten.[2])

Die Beziehungen zwischen Schmelzbarkeit und Konstitution
organischer Verbindungen sind nur zum geringen Teile bekannt,

---

[1]) Cf. Reissert, B. 23, 2242 (1890).
[2]) Petersen, B. 7, 59 (1874). — Nernst im Neueren Handw. d. Ch.
von Fehling, 6, 258. — Marckwald in Graham-Otto I, 3, S. 505. —

doch lassen sich gewisse Regeln aufstellen, die allerdings nicht ohne Ausnahmen gelten.

1. Von zwei isomeren Verbindungen schmilzt diejenige höher, deren Molekül die symmetrischere Struktur besitzt.

In der aromatischen Reihe besitzen daher im allgemeinen die 1.4 und die 1.3.5 substituierten Körper den höchsten Schmelzpunkt.

In der Pyridinreihe steigt der Schmelzpunkt von den Derivaten der α-Reihe über die β-Reihe zur γ-Reihe (mit Ausnahme der Ester).

Äthylenverbindungen schmelzen höher als die isomeren Äthylidenverbindungen.

2. Die Schmelzbarkeit ist um so geringer, je verzweigter die Kohlenstoffkette ist.

Maleinoide Körper schmelzen niedriger als die fumaroiden. (Diese Regel gilt nicht für die Stickstoffverbindungen.)

3. In homologen Reihen[1]) steigen die Schmelzpunkte mit wachsendem Molekulargewichte. Vergleicht man die geraden Glieder einer Reihe unter sich und die ungeraden für sich, so zeigt sich in jeder der beiden Reihen ein ununterbrochenes Steigen der Schmelzpunkte, und zwar so, daß der Grad dieser Steigerung zwischen je zwei aufeinanderfolgenden Gliedern derselben Reihe fortgesetzt abnimmt.

Die Glieder mit ungerader Zahl von Kohlenstoffatomen haben (bei den gesättigten aliphatischen Mono- und Dicarbonsäuren und den Amiden von 6—14 Kohlenstoffatomen) einen niedrigeren Schmelzpunkt als die um ein C reicheren Glieder der gleich gebauten Reihe.

4. Gesättigte Verbindungen schmelzen gewöhnlich niedriger als die entsprechenden ungesättigten Methylenverbindungen.

5. Der Schmelzpunkt sinkt bei Ersatz eines Wasserstoffatoms der Hydroxyl- oder Aminogruppe durch Methyl.

Methylester schmelzen gewöhnlich von den Alkylestern am höchsten.[2])

6. Bei Substitution durch Halogene steigt der Schmelzpunkt mit dem Atomgewichte des eintretenden Halogens, falls nicht das Halogenatom an ein C-Atom tritt, das schon durch Halogen substituiert ist.

Nitroverbindungen pflegen höher zu schmelzen als die entsprechenden Bromverbindungen.

7. Ersatz eines Wasserstoffatoms durch Hydroxyl, Carboxyl, die Amino- oder Nitrogruppe erhöht den Schmelzpunkt.

Markownikoff, Ann. 182, 340 (1876). — Baeyer, B. 10, 1286 (1877). — Linz, B. 12, 582 (1879). — Schultz, Ann. 207, 362 (1881). — Franchimont, Rec. 16, 126 (1897). — Kaufler, Ch. Ztg. 25, 133 (1901). — Henri, Bull. Ac. roy. Belg. 1904, 1142. — Blau, M. 26, 89 (1905). — Tsakalotos, C. r. 143, 1235 (1906). — Hinrichs, C. r. 144, 431 (1907).
[1]) Siehe hierzu Biach, Z. phys. 50, 43 (1904).
[2]) Der Anisoylterephthalsäuredimethylester [Giese, Diss. Straßburg 28, (1903)] und der o-Cyanbenzoesäuremethylester [Hoogewerff und Van Dorp, Rec. 11, 96 (1892)] schmelzen niedriger als die resp. Äthylester.

8. Säureamide pflegen höher, Ester und Chloride sowie Anhydride[1]) niedriger zu schmelzen als die entsprechenden Carbonsäuren.

Die Säurechloride und Amide der Pyridinmonocarbonsäuren machen von dieser Regel eine Ausnahme.

9. Der Schmelzpunkt steigt, wenn zwei an ein C-Atom gebundene H-Atome durch Sauerstoff oder drei derselben durch Stickstoff ersetzt werden.

10. Bei den Nitroderivaten und den daraus darstellbaren Azoxy-, Azo-, Hydrazo- und Aminoverbindungen der aromatischen Reihe steigt der Schmelzpunkt mit der Sauerstoffentziehung bis zu den Azoverbindungen und fällt dann wieder bis zu den Aminoderivaten.

Zweiter Abschnitt.

Bestimmung des Siedepunktes.

(Siedepunkt = Sdp., S. P. oder Kochpunkt Kp. — Franz.: point d'ébullition = P. E. oder Eb. — Engl.: boiling point = B. P. — Italien.: punto di ebullizione = p. e.)

Allgemeine Bemerkungen.

Zur Siedepunktsbestimmung wendet man gewöhnlich, wenn man über einen genügenden Vorrat an Substanz verfügt, die Methode der Destillation an und bezeichnet als Siedepunkt die Temperatur, bei welcher das Thermometer während nahezu der ganzen Operation konstant bleibt.

Es ist hierbei zu beachten, daß zwar die Thermometerkugel fast augenblicklich die Temperatur des Dampfes annimmt, daß es aber geraume Zeit braucht, bis der Quecksilberfaden, der durch eine dicke Glasschicht bedeckt ist, sich ins Wärmegleichgewicht stellt. Außerdem rinnt die zuerst an den oberen Teilen des Siedekölbchens kondensierte Flüssigkeit am Thermometer herunter und kühlt die Kugel ab. Dadurch werden die ersten Tropfen des Destillates, selbst konstant siedender Flüssigkeiten, (scheinbar) bei einer unter dem eigentlichen Siedepunkte liegenden Temperatur übergehen.

Andererseits wird eine, wenn auch oft geringfügige, Veränderung der Substanz während des andauernden Siedens (durch Zersetzung, Polymerisation usw.) unvermeidlich sein, ebenso wie sich eine Überhitzung des Dampfes am Schlusse der Operation kaum ausschließen läßt. Dadurch wird die Destillationstemperatur schließlich über den eigentlichen Siedepunkt steigen.

---

[1]) Anhydride, welche höher schmelzen als die zugehörigen Säurehydrate: A u w e r s, B. **28**, 1130 (1895). — F i c h t e r u. M e r c k e n s, B. **34**, 4176 (1901). Der Nitroopiansäure-ψ-Ester schmilzt höher als die zugehörige Säure: F i n k, Diss. Berlin **1895**, 39. — R u š n o v, M. **24**, 797 (1903). — K u ś y, M. **24**, 800 (1903). — W e g s c h e i d e r, M. **29**, 713 (1908).

Man tut daher im allgemeinen zweckmäßiger, wenn man die Flüssigkeit in einem mit angeschmolzenem Rückflußkühler versehenen L. Meyerschen Kölbchen[1]) (Fig. 70) bis zum Konstantwerden der Temperatur im ruhigen Sieden erhält. Das Thermometer muß selbstverständlich ganz im Dampfe sein. Das Kühlerende kann zum Schutze gegen Feuchtigkeit mit einem Absorptionsröhrchen versehen werden.

Zur Vermeidung von Überhitzung dient eine mit entsprechender kreisförmiger Durchlochung versehene Asbestplatte, auf welcher das Kölbchen aufsitzt, oder elektrische Anheizung innerhalb des Kolbens.[2])

Zur Verhinderung des stoßweisen Siedens, „Siedeverzuges", bringt man in das Kölbchen einige Platinschnitzel, Porzellanschrottkügelchen oder dergleichen.

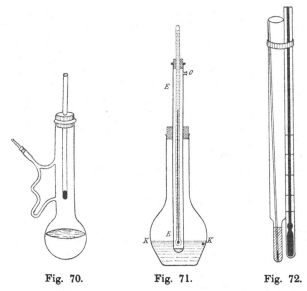

Fig. 70.   Fig. 71.   Fig. 72.

Zur

Siedepunktsbestimmung kleiner Substanzmengen

empfiehlt Pawlewsky[3]) ähnlich wie bei der Schmelzpunktsbestimmung vorzugehen.

Ein Kölbchen K (Fig. 71) von 100 ccm Kapazität ist, je nach der Höhe des zu erwartenden Siedepunktes, mit Glycerin, Schwefelsäure oder einer anderen geeigneten Badflüssigkeit (S. 91) beschickt. In seinem Halse befindet sich ein Stopfen mit engem Seitenkanal und einer Öffnung in der Mitte, durch welche ein dünnwandiges

[1]) Neubeck, Z. phys. 1, 652 (1887).
[2]) Richards und Mathews, Am. Soc. 30, 1282 (1908).
[3]) B. 14, 88 (1881).

Probierglas E (15—20 cm lang, 5—7 mm breit) geht. Das untere, geschlossene Ende dieses Probierglases taucht in die Badflüssigkeit. Über dem Halse des Kölbchens ist in der Eprouvette eine kleine Öffnung O von 2 mm Durchmesser. Man bringt in die Eprouvette einige Tropfen (0,5—1,5 ccm) der zu untersuchenden Flüssigkeit und befestigt darüber ein Thermometer l. Das Quecksilber steigt beim Erwärmen des Apparates rasch und bleibt bei einem bestimmten Punkte einige Zeit beständig — dieser Punkt ist der gesuchte Siedepunkt.

Noch geringere Substanzmengen beansprucht die ebenfalls recht brauchbare Methode von Siwoloboff[1]).

Man führt einen Tropfen der reinen Substanz in die Glasröhre (Fig. 72) ein, und bringt in dieselbe ein Capillarröhrchen, das knapp vor dem unteren Ende zugeschmolzen ist. Man befestigt die Glasröhre an einem Thermometer und verfährt dann so wie bei der Schmelzpunktsbestimmung, d. h. man taucht das Thermometer mit der Röhre in ein Bad und erwärmt unter stetem Rühren. Ehe der Siedepunkt der zu untersuchenden Flüssigkeit erreicht wird, entwickeln sich aus dem Capillarröhrchen einzelne Luftbläschen, die sich dann sehr rasch vermehren und zuletzt einen ganzen Faden kleiner Dampfperlen bilden. Dies ist der Moment, in dem das Thermometer abgelesen wird. Man wiederholt den Versuch mehrmals, jedesmal mit einer frischen Capillare und nimmt das Mittel der Ablesungen. Ist die Flüssigkeit zersetzlich, so muß auch zu jeder Bestimmung eine neue Probe verwendet werden.

Etwas anders gehen Perkin und O'Dowd[2]) vor. Sie schmelzen die Capillare an ihrem oberen Ende zu, und betrachten als Siedepunkt jene Temperatur, bei welcher der Strom der Gasblasen ohne weitere Wärmezufuhr stockt, und die Flüssigkeit in das Röhrchen zurückzusteigen droht.

Um nach dieser Methode unter vermindertem Drucke zu arbeiten, verbindet man nach Biltz[3]) das Substanzröhrchen mit einer Saugpumpe und einem Manometer.

.   Bei leicht zersetzlichen Substanzen arbeitet man mit einem bis in die Nähe des Siedepunktes vorgewärmten Bade und nimmt eventuell die Bestimmung im mit Wasserstoff oder Kohlendioxyd gefüllten Röhrchen vor.

Bestimmung des normalen (korrigierten) Siedepunktes.

Da der Siedepunkt von dem Drucke, unter dem die verdampfende Flüssigkeit steht, in hohem Maße abhängig ist, hat man mit der Bestimmung stets eine Ablesung des Barometerstandes zu verbinden, falls man es nicht vorzieht, den Druck im Siedeapparat auf 760 mm zu reduzieren.

---

[1]) B. **19,** 795 (1886).
[2]) Ch. News **97,** 274 (1908).
[3]) B. **30,** 1208 (1897).

Bestimmung des Siedepunktes unter Reduktion des Barometerstandes auf 760 mm.

Zu diesem Behufe sind verschiedene Apparate angegeben worden: L. Meyers Druckregulator[1]) gestattet den Siedepunkt für jeden Druck unter einer Atmosphäre zu bestimmen; Staedel und Hahn[2]) haben einen Apparat konstruiert, mit dem man Destillationen bei Über- und Unterdruck vornehmen kann. Schumann[3]) hat noch Verbesserungen an dem Verfahren angegeben. Ein weiteres Verfahren rührt von Krafft[4]).

Am bequemsten arbeitet man nach der Methode von Bunte[5]) folgendermaßen.

Der Apparat besteht (Fig. 73, 74) aus drei Hauptteilen: 1. einem

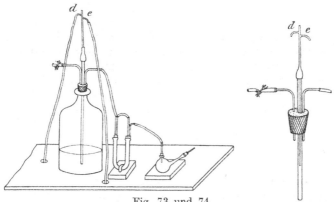

Fig. 73 und 74.

in gewöhnlicher Weise eingerichteten Destillationsapparat (Fraktionierkölbchen usw.) für Siedepunktsbestimmungen mit tubulierter Vorlage, 2. einer 5—6 Liter fassenden Flasche von 20 cm Horizontaldurchmesser und 3. aus einem kreuzförmigen Wasserzuflußrohre, das mit einem Reservoir oder der Wasserleitung in Verbindung steht.

Die Mündung der Druckflasche ist durch einen Kautschukstopfen mit drei Durchbohrungen verschlossen; in die eine Durchbohrung führt ein Knierohr, das unter dem Stopfen mündet und dessen anderer Schenkel in einen starken Kautschukschlauch gesteckt ist; in die andere Öffnung des letzteren ist ein Chlorcalciumrohr eingesetzt, das durch passende Kautschuk- und Glasröhren mit der tubulierten Vorlage des Destillationsapparates in luftdichter Verbindung steht.

[1]) Ann. **165,** 303 (1873).
[2]) Ann. **195,** 218 (1879). — B. **13,** 839 (1880).
[3]) Wied. **12,** 44 (1881).
[4]) B. **22,** 820 (1889).
[5]) Ann. **168,** 140 (1873).

In die zweite, die mittlere, Durchbohrung des Stopfens der
Druckflasche, ist ein weites gerades Rohr so eingesetzt, daß es bis
auf den Boden der Flasche reicht und über den Stopfen etwa 10 cm
hervorragt. Über die obere Mündung desselben wird ein ungefähr
6 cm langer Kautschukschlauch zur Hälfte eingeschoben. In diesem
kann nun ein etwa 60 cm langes engeres Rohr, das etwa 6 cm von
seinem oberen Ende entfernt zwei seitlich angeschmolzene kurze
Rohrstücke trägt, wie in einer Stopfbüchse luftdicht auf- und ab-
bewegt werden.

In die dritte Durchbohrung des Stopfens der Druckflasche führt
ein kurzes, unter dem Stopfen mündendes Glasrohr, an das ein mit
Schraubenquetschhahn versehener 30 cm langer Kautschukschlauch
angesetzt ist.

Ist die Flüssigkeit in das Destillationsgefäß gebracht und das
Thermometer luftdicht aufgesetzt, so bringt man das in der Stopfbüchse verschiebbare kreuzförmige Rohr in eine solche Höhe, daß
die seitlichen Ansätze soviele Millimeter von dem Wasserspiegel der
Druckflasche entfernt sind, als die Höhe einer Wassersäule betragen
muß, welche den herrschenden Atmosphärendruck auf 760 mm ergänzt; d. h., daß die Höhe der Wassersäule h = 13,596 (760—B) ist,
wo B den abgelesenen Barometerstand bezeichnet.

Man bläst nun durch den Kautschukschlauch so viel Luft ein,
daß das Wasser der Druckflasche an den seitlichen Ansätzen des
kreuzförmigen Rohres ausfließt, preßt in demselben Momente den
Kautschukschlauch mit den Fingern zusammen und schließt durch
den Quetschhahn die eingepreßte Luft ab.

Zugleich läßt man Wasser aus einer Leitung von e nach d fließen.

Wird nun die Destillation begonnen, so dehnt sich die Luft im
Apparate aus und es fließt etwas Wasser aus dem Rohre d aus,
der Druck wird jedoch durch die geringe Änderung des Niveaus in
der Flasche nicht wesentlich alteriert. Fließt nun stets Wasser von
e nach d, so ist eine Verminderung des Druckes nicht möglich, da
die Wassersäule stets konstant erhalten wird.

Wenn der Barometerstand nur wenig vom normalen (760 mm)
verschieden ist, so kann man nach Kopp[1]) für je 2,7 mm unter
760° dem (korrigierten) Siedepunkte 0,1° hinzuaddieren. Nach
Landolt[2]) erniedrigt sich der Siedepunkt für je 1 mm unter 760°
um 0,043° (= 0,116° für 2,7 mm[3]).

Nach Kahlbaum[4]) berechnet sich die Verschiebung des Koch-
punktes zwischen

$$720—730 \text{ mm zu} + 0.038° \text{ für jeden mm,}$$
$$730—740 \text{ mm zu} + 0.037° \text{ für jeden mm,}$$

[1]) Ann. **94,** 263 (1855).
[2]) Suppl. **6,** 175 (1868).
[3]) Eine weitere Formel: Nernst, Artikel „Sieden" in Fehlings Handwörterb. 644.
[4]) B. **19,** 3101 (1886).

740—750 mm zu $+ 0.037^0$ für jeden mm,
750—760 mm zu $+ 0.037^0$ für jeden mm,
760—770 mm zu $- 0.036^0$ für jeden mm,
770—780 mm zu $- 0.036^0$ für jeden mm.

Korrektur für den herausragenden Faden.

Falls man nicht unter Verwendung entsprechend abgekürzter Thermometer zu arbeiten imstande ist, so daß der gesamte Quecksilberfaden sich im Dampfe befindet, muß man je nach der Länge des herausragenden Teiles desselben und nach der herrschenden Lufttemperatur den Siedepunkt korrigieren, was genauer als mittelst Formeln (Kopp[1]), Holtzmann[2]), Thorpe[3]), Mousson[4]), Wüllner[5]) nach den auf empirischem Wege ausgemittelten Korrektionstafeln von Rimbach geschieht.

Weitere Angaben zur Siedepunktskorrektur vermittelst des „Fadenthermometers" sind von Guillaume, Bull. (3) 5, 547 (1893) und von Mahlke, Ztschr. f. Instrumentenkunde 1893, 58 gemacht worden.

In vielen Fällen hilft man sich einfach nach Baeyers Vorschlag[6]) so, daß man in demselben Apparate unter Benutzung desselben Thermometers bei gleichem Barometerstande eine Flüssigkeit von ähnlichem, aber genau bekanntem Siedepunkte destilliert und die dementsprechende Korrektur errechnet.

Nach Ramsay und Young[7]) ist das Verhältnis der absoluten Siedetemperaturen zweier chemisch nahe verwandter Stoffe, welche zum gleichen Drucke gehören, nahezu konstant. Crafts[8]) empfiehlt daher, nach Berücksichtigung der Fadenkorrektur den absoluten Siedepunkt (durch Addition von 273^0) zu berechnen und unter den nachstehenden Stoffen den ähnlichsten zu wählen. Der beistehende Faktor wird mit der absoluten Siedetemperatur multipliziert, wodurch man die Korrektur erhält, die pro mm Abweichung vom Normaldruck anzubringen ist.

Wasser	0,000 100
Äthylalkohol	096
Propylalkohol	096
Amylalkohol	101
Methyloxalat	111

---

[1]) Ann. **94**, 263 (1855).
[2]) Fehling, Handw. Artikel „Schmelzpunkt".
[3]) Soc. **37**, 160 (1880).
[4]) Mousson, Ann. **133**, 311 (1855).
[5]) Experim. Physik III, 379.
[6]) B. **26**, 233 (1893).
[7]) Phil. Mag (5) **20**, 515 (1885), **21**, 33, 135 (1886), **22**, 32 (1886). — Z. phys. **1**, 249 (1887).
[8]) B. **20**, 709 (1887).

Methylsalicylat	0,000 125
Phthalsäureanhydrid	119
Phenol	119
Anilin	113
Aceton	117
Benzophenon	111
Sulfobenzid	104
Anthrachinon	115
Schwefelkohlenstoff	129
Äthylenbromid	118
Benzol	122
Chlorbenzol	122
m-Xylol	124
Brombenzol	123
Naphthalin	121
Diphenylmethan	125
Bromnaphthalin	119
Anthracen	110
Triphenylmethan	110
Quecksilber	122

In den nachfolgend reproduzierten Tabellen von Rimbach[1]) bedeutet:

        t die abgelesene Temperatur,

        t^0 die Temperatur der umgebenden Luft,

        n die Anzahl der herausragenden Fadengrade.

Tabelle I.

Korrektionen für den herausragenden Faden bei sogen. Normalthermometern aus Jenaer Glas (Stab- und Einschluß). $0-100^0$ in $^1/_{10}{}^0$ geteilt. Gradlänge ca. 4 mm.

$t-t^0$	30	35	40	45	50	55	60	65	70	75	80	85	$t-t^0$
n = 10	0.04	0.04	0.05	0.05	0.05	0.06	0.06	0.07	0.08	0.09	0.10	0.10	n = 10
20	0.12	0.12	0.13	0.14	0.15	0.16	0.17	0.18	0.19	0.20	0.22	0.23	20
30	0.21	0.22	0.23	0.24	0.25	0.25	0.27	0.39	0.31	0.33	0.35	0.37	30
40	0.28	0.29	0.31	0.33	0.35	0.37	0.39	0.41	0.43	0.45	0.48	0.51	40
50	0.36	0.38	0.40	0.42	0.44	0.46	0.48	0.50	0.53	0.57	0.61	0.65	50
60	0.45	0.48	0.51	0.53	0.55	0.57	0.60	0.63	0.66	0.69	0.73	0.78	60
70						0.66	0.69	0.71	0.75	0.81	0.87	0.92	70
80							0.76	0.81	0.87	0.93	1.00	1.06	80
90								0.92	0.99	1.06	1.13	1.20	90
100									1.10	1.18	1.26	1.34	100

---

[1]) B. **22**, 3072 (1889).

Tabelle II.

Korrektionen für den herausragenden Faden bei Einschlußthermometern aus Jenaer Glas (0—360°), 1—1.6 mm Gradlänge.

t—t°	70	75	80	85	90	95	100	105	110	115	120	125	130	135	140	145	150	155	160	165	170	175	180	185	190	195	200	205	210	215	220	=t—t°
10	0.01	0.01	0.01	0.02	0.03	0.03	0.04	0.05	0.06	0.06	0.07	0.08	0.09	0.09	0.10	0.11	0.11	0.12	0.13	0.14	0.15	0.16	0.17	0.18	0.18	0.19	0.19	0.20	0.21	0.21	0.21	10
20	0.08	0.10	0.12	0.12	0.14	0.16	0.19	0.21	0.23	0.24	0.25	0.26	0.27	0.27	0.28	0.28	0.29	0.30	0.32	0.35	0.36	0.38	0.40	0.42	0.45	0.47	0.49	0.50	0.52	0.53	0.57	20
30	0.25	0.27	0.28	0.30	0.32	0.32	0.36	0.37	0.39	0.41	0.44	0.44	0.45	0.46	0.48	0.49	0.50	0.52	0.54	0.57	0.60	0.63	0.66	0.70	0.73	0.76	0.78	0.80	0.82	0.84	0.87	30
40	0.30	0.32	0.35	0.38	0.41	0.44	0.48	0.51	0.54	0.57	0.60	0.62	0.63	0.65	0.67	0.69	0.71	0.74	0.77	0.80	0.84	0.87	0.92	0.96	1.00	1.04	1.08	1.11	1.14	1.17	1.20	40
50	0.41	0.43	0.46	0.49	0.52	0.55	0.59	0.64	0.70	0.75	0.79	0.82	0.84	0.86	0.89	0.91	0.93	0.96	0.98	1.01	1.05	1.10	1.16	1.22	1.28	1.33	1.38	1.42	1.45	1.49	1.53	50
60	0.52	0.56	0.60	0.64	0.68	0.73	0.79	0.84	0.89	0.94	0.99	1.03	1.07	1.09	1.11	1.13	1.15	1.18	1.23	1.28	1.33	1.40	1.46	1.52	1.58	1.64	1.70	1.74	1.78	1.82	1.87	60
70	0.63	0.68	0.74	0.79	0.85	0.92	0.98	1.05	1.11	1.15	1.20	1.25	1.28	1.30	1.32	1.35	1.38	1.41	1.45	1.50	1.56	1.63	1.70	1.77	1.84	1.92	1.99	2.06	2.11	2.17	2.21	70
80	0.75	0.81	0.87	0.93	1.01	1.08	1.15	1.22	1.28	1.33	1.38	1.43	1.47	1.50	1.53	1.57	1.61	1.65	1.70	1.76	1.83	1.91	1.98	2.06	2.14	2.22	2.29	2.36	2.42	2.48	2.54	80
90	0.87	0.93	0.97	1.06	1.13	1.20	1.28	1.36	1.45	1.53	1.62	1.70	1.75	1.79	1.82	1.84	1.86	1.89	1.94	2.00	2.08	2.16	2.25	2.34	2.43	2.52	2.60	2.68	2.75	2.82	2.89	90
100	0.98	1.05	1.12	1.20	1.29	1.38	1.47	1.56	1.65	1.73	1.82	1.90	1.96	2.00	2.03	2.05	2.08	2.13	2.20	2.28	2.37	2.46	2.55	2.64	2.73	2.83	2.92	3.00	3.09	3.17	3.24	100
110							1.70	1.80	1.90	1.97	2.05	2.14	2.19	2.24	2.29	2.32	2.34	2.38	2.43	2.50	2.58	2.67	2.77	2.87	3.00	3.13	3.25	3.36	3.44	3.52	3.60	110
120							1.88	2.00	2.10	2.19	2.28	2.36	2.42	2.46	2.49	2.52	2.55	2.60	2.68	2.78	2.89	3.01	3.13	3.25	3.37	3.49	3.59	3.69	3.78	3.87	3.96	120
130								2.20	2.30	2.40	2.52	2.61	2.67	2.72	2.75	2.78	2.81	2.86	2.95	3.05	3.17	3.30	3.44	3.58	3.70	3.81	3.92	4.02	4.12	4.23	4.33	130
140								2.54	2.65	2.75	2.85	2.90	2.94	2.97	3.00	3.02	3.05	3.12	3.22	3.35	3.49	3.62	3.75	3.88	4.03	4.12	4.24	4.36	4.48	4.58	4.69	140
150															3.17	3.24	3.32	3.43	3.55	3.67	3.80	3.94	4.07	4.20	4.33	4.46	4.58	4.71	4.83	4.95	5.06	150
160																	3.56	3.68	3.80	3.93	4.06	4.20	4.35	4.50	4.64	4.78	4.92	5.06	5.20	5.33	5.45	160
170																	3.83	3.96	4.08	4.21	4.36	4.51	4.66	4.81	4.96	5.11	5.26	5.40	5.54	5.68	5.82	170
180																	4.10	4.23	4.37	4.51	4.67	4.83	4.99	5.15	5.31	5.47	5.63	5.78	5.92	6.07	6.22	180
190																						5.19	5.35	5.51	5.67	5.83	5.99	6.15	6.31	6.46	6.61	190
200																							5.68	5.85	6.01	6.18	6.34	6.50	6.66	6.82	6.98	200
210																								6.22	6.35	6.54	6.70	6.87	7.04	7.21	7.37	210
220																									6.65	6.85	7.05	7.24	7.54	7.62	7.82	220

Tabelle III.

Korrektionen für den herausragenden Faden bei Stabthermometern aus Jenaer Glas (0—360°), 1—1,6 mm Gradlänge.

t—t°	70	75	80	85	90	95	100	105	110	115	120	125	130	135	140	145	150	155	160	165	170	175	180	185	190	195	200	205	210	215	220
10	0.02	0.03	0.03	0.04	0.05	0.06	0.07	0.08	0.09	0.10	0.11	0.11	0.13	0.15	0.17	0.18	0.20	0.21	0.21	0.22	0.23	0.25	0.27	0.28	0.30	0.32	0.33	0.35	0.36	0.37	0.38
20	0.13	0.14	0.15	0.16	0.18	0.20	0.22	0.24	0.26	0.28	0.29	0.30	0.32	0.35	0.38	0.40	0.43	0.45	0.46	0.48	0.49	0.51	0.53	0.55	0.57	0.59	0.61	0.62	0.64	0.65	0.67
30	0.24	0.26	0.28	0.30	0.33	0.36	0.39	0.42	0.44	0.46	0.48	0.50	0.53	0.56	0.59	0.62	0.65	0.68	0.70	0.72	0.74	0.76	0.78	0.81	0.83	0.85	0.88	0.90	0.93	0.95	0.97
40	0.35	0.38	0.41	0.44	0.48	0.52	0.56	0.59	0.62	0.65	0.68	0.71	0.74	0.78	0.82	0.85	0.88	0.91	0.94	0.97	0.99	1.02	1.04	1.07	1.10	1.13	1.16	1.19	1.22	1.25	1.28
50	0.47	0.50	0.53	0.57	0.62	0.67	0.72	0.77	0.81	0.85	0.88	0.92	0.95	0.99	1.03	1.07	1.10	1.14	1.17	1.21	1.24	1.28	1.31	1.34	1.37	1.41	1.44	1.48	1.52	1.55	1.59
60	0.57	0.62	0.66	0.71	0.77	0.83	0.89	0.95	1.00	1.04	1.09	1.13	1.17	1.21	1.25	1.29	1.34	1.38	1.42	1.46	1.50	1.54	1.58	1.62	1.66	1.70	1.74	1.78	1.82	1.86	1.90
70	0.69	0.74	0.79	0.85	0.92	0.99	1.06	1.12	1.19	1.25	1.30	1.35	1.39	1.43	1.47	1.52	1.57	1.62	1.67	1.72	1.76	1.81	1.86	1.90	1.94	1.99	2.04	2.08	2.13	2.18	2.23
80	0.80	0.85	0.91	0.97	1.05	1.13	1.21	1.29	1.37	1.45	1.52	1.57	1.62	1.66	1.71	1.76	1.82	1.88	1.94	2.00	2.05	2.10	2.15	2.19	2.24	2.28	2.33	2.38	2.44	2.50	2.55
90	0.91	0.97	1.04	1.10	1.19	1.29	1.38	1.47	1.56	1.65	1.73	1.80	1.86	1.91	1.96	2.01	2.07	2.13	2.20	2.26	2.31	2.37	2.42	2.48	2.53	2.59	2.64	2.70	2.76	2.82	2.89
100	1.02	1.10	1.18	1.26	1.35	1.45	1.56	1.67	1.79	1.89	1.97	2.04	2.09	2.13	2.18	2.23	2.29	2.37	2.45	2.52	2.58	2.64	2.70	2.76	2.82	2.88	2.94	3.01	3.08	3.15	3.23
110							1.78	1.90	2.02	2.11	2.19	2.27	2.33	2.38	2.43	2.48	2.55	2.62	2.70	2.78	2.85	2.92	2.98	3.05	3.12	3.19	3.26	3.33	3.41	3.49	3.57
120							1.98	2.12	2.23	2.33	2.43	2.52	2.59	2.62	2.69	2.74	2.79	2.86	2.95	3.03	3.11	3.18	3.26	3.34	3.42	3.50	3.58	3.66	3.75	3.83	3.92
130								2.33	2.45	2.57	2.68	2.77	2.84	2.89	2.94	2.99	3.04	3.11	3.20	3.30	3.38	3.47	3.56	3.64	3.72	3.80	3.89	3.99	4.09	4.19	4.28
140									2.68	2.80	2.92	3.03	3.11	3.17	3.22	3.27	3.31	3.38	3.47	3.57	3.66	3.76	3.86	3.95	4.04	4.13	4.22	4.32	4.43	4.54	4.64
150																3.40	3.51	3.63	3.74	3.86	3.96	4.05	4.15	4.25	4.35	4.45	4.56	4.67	4.79	4.90	5.01
160																3.62	3.74	3.87	4.00	4.12	4.23	4.34	4.46	4.57	4.68	4.79	4.90	5.02	5.14	5.26	5.39
170																	4.01	4.14	4.27	4.40	4.52	4.64	4.77	4.88	5.00	5.12	5.24	5.37	5.51	5.64	5.77
180																	4.26	4.40	4.54	4.68	4.81	4.94	5.06	5.20	5.33	5.46	5.59	5.73	5.87	6.01	6.15
190																						5.24	5.38	5.52	5.65	5.80	5.95	6.10	6.25	6.40	6.54
200																							5.70	5.85	6.00	6.15	6.30	6.47	6.62	6.78	6.94
210																								6.18	6.35	6.51	6.68	6.84	7.01	7.18	7.35
220																									6.69	6.86	7.04	7.22	7.40	7.57	7.75

Bestimmung der Dampftension.

Der Siedepunkt einer Substanz gibt die Temperatur an, bei welcher der Dampfdruck derselben die Größe des herrschenden Atmosphärendruckes erreicht. Man kann daher, indem man die Temperatur mißt, bei welcher die Dampftension der untersuchten Substanz dem Barometerstande entspricht, auch den Siedepunkt bestimmen.

Zu diesem Zwecke sind Methoden von Main[1]), Handl und Pŕibram[2]), Hasselt[3]), Chapman Jones[4]) und Schleiermacher[5]) angegeben worden.

Letztere, als die bequemste, die namentlich auch zur Siedepunktsbestimmung sehr geringer (auch fester) Substanzmengen Verwendung finden kann, ist im Nachstehenden beschrieben. Sie gestattet auch, die verwendete Substanz wiederzugewinnen.

Die Substanz befindet sich im geschlossenen Schenkel eines U-Rohres, der außerdem vollständig mit Quecksilber erfüllt ist. Der offene Schenkel bleibt bis auf seinen untersten, ebenfalls mit Quecksilber gefüllten Teil leer und nimmt das Thermometer auf (Fig. 75). Um das Rohr herzustellen und luftfrei mit der Substanz und Quecksilber zu füllen, zieht man ein ca. 50 cm langes Stück eines gewöhnlichen, 6—8 mm weiten Biegerohres, das rein und trocken sein muß, an einem Ende zu einer etwa 1—2 mm weiten Capillare aus (selbstverständlich so, daß kein Wasserdampf aus der Flamme in das Rohr hineingelangt). Die Capillare wird da, wo sie an das weitere Rohr ansetzt, zu einer haarfeinen, etwa 5 cm langen Capillare nochmals

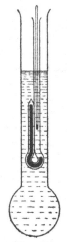

Fig. 75.

ausgezogen und das weitere Ende bis auf ein kurzes Stück abgeschnitten. Das Rohr wird nun zum U gebogen, so daß der offene Schenkel etwa doppelt so lang ist als der geschlossene, letzterer also ca. 15 cm lang wird. Hierzu läßt man das Rohr vor der Flamme an der bezeichneten Stelle auf ungefähr halbe Weite einsinken und biegt um. Die Schenkel sollen alsdann parallel stehen und sich fast berühren. Nun wird das Rohr gefüllt, indem man die Substanz in den offenen Schenkel bringt und durch die Biegung in den geschlossenen Schenkel überführt. Hierauf läßt man in den offenen Schenkel (am bequemsten aus einer Hahnbürette) Quecksilber einfließen, bis dasselbe auf beiden Seiten etwa 2 cm unter dem geschlossenen Ende steht. Ist die Substanz flüssig, so hat sie sich

[1]) Ch. News **35**, 59 (1876).
[2]) Carls Repert. f. Experim. Physik **14**, 103 (1877).
[3]) Maandblad voor Natuurwetenschappen **6**, 77, 113 (1878).
[4]) Soc. **33**, 175 (1878). — Ch. News **37**, 63 (1878).
[5]) B. **24**, 944 (1891).

von selbst über dem Quecksilber gesammelt, sonst bringt man sie
leicht durch vorsichtiges Erhitzen und Schmelzen nach oben. Etwa
im offenen Rohre zurückgebliebene Teile der Substanz schaden
keineswegs. Nunmehr bringt man die Substanz im geschlossenen
Schenkel zum schwachen Sieden und erreicht dadurch, daß Luft,
die in ihr oder an der Rohrwand absorbiert ist, durch die feine
Capillare entweicht. Dann läßt man vorsichtig so viel Quecksilber
zufließen, daß das obere Ende des geschlossenen Schenkels bis in
die weitere Capillare hinein mit der flüssig erhaltenen Substanz erfüllt
ist, und schmilzt die feine Capillare mit einer kleinen Stichflamme in
der Mitte ab. Bei richtiger Ausführung bleibt in der capillaren
Spitze nur eine minimale Gasblase zurück, die auf die Genauigkeit
der Bestimmung ohne Einfluß ist und durch Verhinderung eines
Siedeverzuges im Gegenteil vorteilhaft wirkt. Endlich entleert man
den offenen Schenkel bis zur Biegung von Quecksilber, indem man
das U-Rohr, den geschlossenen Schenkel nach abwärts, bis zur Horizontalen neigt.

Nachdem so das Rohr zum Versuche fertiggestellt ist, bringt
man es in das Heizrohr eines V. Meyerschen Dampfdichteapparates,
das mit einer passend gewählten Heizflüssigkeit beschickt ist. Das
U-Rohr wird möglichst vertikal und freischwebend so aufgehängt,
daß es sich mit seinem unteren Ende ca. 10 cm vom Boden des Gefäßes und mit seiner capillaren Spitze ca. 5 cm unterhalb des Flüssig-
keitsspiegels befindet. Das offene Ende ragt aus der Heizflüssigkeit
heraus. Die ganze Anordnung zeigt die Figur 75.

Man erwärmt und sobald sich eine Dampfblase gebildet hat,
reguliert man die Heizung so, daß das Quecksilber im geschlossenen
Schenkel möglichst langsam sinkt; in dem Augenblicke, wo die
Quecksilberkuppen in beiden Schenkeln die gleiche Höhe haben, gibt
das Thermometer die Siedetemperatur für den herrschenden Barometerstand an. Den „normalen" Siedepunkt findet man, indem
man das Quecksilber im offenen Schenkel um ebenso viele
Millimeter über das Niveau treibt, als der Barometerstand unter
760 liegt. Es genügt hierbei eine Schätzung nach dem Augen-
maße. Auf den Flüssigkeitstropfen braucht man nicht Rücksicht zu
nehmen.

Genauer erhält man die Siedetemperatur, wenn man durch abwechselndes geringes Steigern oder Erniedrigen der Temperatur die
Quecksilberkuppen bald in der einen und bald in der anderen Richtung bewegt und jedesmal das Thermometer abliest, sobald die
richtige Einstellung erreicht ist. Man nimmt dann den Mittelwert
der Bestimmungen.

Bedingung für die Anwendbarkeit der Methode ist, daß die
Substanz vollkommen rein und unveränderlich ist, nicht über 300°
siedet und von Quecksilber nicht angegriffen wird. Man reicht in
jedem Falle mit 0,1 g aus.

Siedepunktsregelmäßigkeiten.[1]

1. Regelmäßigkeiten bei homologen Reihen.[2]

Mit steigendem Molekulargewichte nehmen die Siedepunkte homologer Verbindungen zu, und zwar innerhalb der einzelnen Gruppen ziemlich regelmäßig um bestimmte Beträge.

So zeigen die homologen Alkohole, Säuren, Ester, Aldehyde und Ketone eine ungefähre Differenz[3] von 19—25° für jedes CH_2.

Bei den Homologen des Benzols ist diese Siedepunktsdifferenz fast konstant 20—22°.

Bei den aromatischen Aminbasen beträgt dieselbe nur 10—11°.

Das Pyridin und seine Homologen zeigen eine Differenz von 19—23°.

Die Differenzen der Siedepunkte der normalen Paraffine und aliphatischen Alkylhalogene nehmen von ca. 35° Differenz zwischen den beiden ersten Gliedern für je CH_2 um zwei Grade ab.

Für die aus normalen Alkoholen gebildeten Äther und Ester gilt die Regel, daß die Differenzen der Siedepunktsunterschiede um so kleiner werden, je größer das eintretende Radikal ist.

2. Regelmäßigkeiten bei Isomeren.

Hier gilt der Satz, daß, je verzweigter die Kohlenstoffkette ist, desto niedriger der Siedepunkt. Unter den aliphatischen Alkoholen sieden am höchsten die primären, dann die sekundären, endlich die tertiären Alkohole.

Bei stellungsisomeren Alkoholen, Ketonen und einfach substituierten Halogenverbindungen sinkt der Siedepunkt in dem Maße, als der Substituent gegen die Mitte des Moleküls rückt.

Enthalten die Verbindungen mehrere Halogenatome, so liegt der Siedepunkt um so niedriger, je näher die Halogenatome aneinander gelagert sind.

In der Benzolreihe sieden im allgemeinen am höchsten die Ortho-, dann die Meta- und endlich die Paraverbindungen. Zwischen Meta- und Paraverbindungen ist die Differenz oftmals gering.

3. Regelmäßigkeiten bei Substitutionsprodukten.

a) Halogene. Das erste eintretende Halogenatom verursacht die größte Siedepunktserhöhung, das dritte Halogenatom bewirkt eine noch geringere Abnahme der Flüchtigkeit als das zweite.

Wird ein Wasserstoffatom des Methylrestes eines gechlorten oder gebromten Äthans (Äthylens) durch ein Bromatom ersetzt, so steigt

---

[1] Hesse in Fehlings Handwbch. 6, 655 ff. — Marckwald, Über die Beziehungen zwischen dem Siedepunkte und der Zusammensetzung chemischer Verbindungen. Berlin 1888. — Siehe auch S. 121.
[2] Siehe hierzu auch Biach, Z. phys. 50, 43 (1904).
[3] Bei sekundären Alkoholen ist die Differenz öfters geringer: 13—15°. Muset, Bull. Ac. roy. Belg. 1906, 775.

der Siedepunkt je nach der Stellung des eintretenden Brom-Atoms um 38 oder 2×38^0.

Die Flüchtigkeit der Cyanverbindungen wird dagegen durch den Eintritt negativer Radikale erhöht.

Chlorverbindungen sieden niedriger als Bromverbindungen, diese niedriger als Jodverbindungen. Die Differenz bei der Vertretung eines Chlor- durch ein Bromatom beträgt 22—25^0, die Vertretung von Brom durch Jod bewirkt eine Siedepunktssteigerung von ca. 30^0.

b) Hydroxylgruppe. Die Siedepunktserhöhung beim Übergang eines Kohlenwasserstoffs in einen Alkohol sowie eines einwertigen in einen mehrwertigen Alkohol, endlich eines Aldehyds in die zugehörige Säure beträgt rund 100^0 (Marckwald).

c) Substitution durch Sauerstoff (Henry).

Beim Übergange von Kohlenwasserstoffen in Monoketone findet eine starke, beim weiteren Übergange der letzteren in Diketone eine viel geringere Erhöhung des Siedepunktes statt, namentlich bei Orthodiketonen. Beim Übergange eines Alkohols in die entsprechende Säure, eines Äthers in den Ester und weiter das Säureanhydrid findet jedesmal eine Steigerung des Siedepunktes um ca. 45^0 statt.

Bei der Verwandlung eines Halogenalkyls in das Säurehalogenid bewirkt der Ersatz von H_2 durch O eine Siedepunktserhöhung von ca. 30^0. Bei den Nitrilen dagegen (siehe oben) bewirkt auch hier der Eintritt des negativen Substituenten ein Sinken des Siedepunktes.

Allgemein ist nach Henry bei gleichen Atomgewichten die Verminderung der Flüchtigkeit, welche durch Eintritt eines negativen Elementes statt eines Wasserstoffatoms im Methan bewirkt wird, um so größer, je negativer das Element ist.

4. Gesättigte und ungesättigte Verbindungen.

Die Derivate der Paraffine und der Olefine zeigen im allgemeinen entsprechende Siedepunkte, während die analogen Verbindungen der Acetylenreihe höher sieden.

5. Verbindungen, welche aus zwei Komponenten unter Wasseraustritt entstehen.

Nach Beketow und Berthelot ergibt sich, wenn zwei Verbindungen sich unter Wasserabspaltung vereinigen, der Siedepunkt der entstehenden Substanz, wenn man von der Summe der Siedepunkte der Komponenten 100—120^0 abzieht.

Dementsprechend sieden nach Marckwald die Äthylester aller Säuren um 32—42^0 niedriger als die entsprechenden Säuren.

Denkt man sich nach Flawitzky die verschiedenen Alkohole aus Carbinol durch Paarung mit anderen Alkoholen unter Wasseraustritt entstanden, so ist die Differenz der Summe der Siedetemperaturen des Methylalkohols und desjenigen Alkohols, dessen Radikal das Wasserstoffatom der Methylgruppe substituiert, und des durch Kombination entstandenen Alkohols für primäre Alkohole mit normaler Kette nahezu konstant 40,6°, für solche mit Isoradikalen 33°, für sekundäre Alkohole 50°, für tertiäre 51,8°.

6. Entsprechende Verbindungen verschiedener Körperklassen.

In der Fettreihe üben die Gruppen $COCH_3$, $COOCH_3$ und $COCl$ gewöhnlich gleichen Einfluß auf den Siedepunkt aus. Auch durch Austausch von Chlor gegen Methoxyl tritt oftmals keine Änderung des Siedepunktes ein.

In anderen Substanzen ist wieder Chlor mit der Äthoxylgruppe gleichwertig.

Eine entsprechende Siedepunktsgleichheit findet auch bei den Phenolen und den entsprechenden Aminen statt.

Literatur über Siedepunktsregelmäßigkeiten.

Kopp, Ann. **41**, 86, 169 (1842). — **50**, 142 (1844). — Pogg. **81**, 374 (1850). — Ann. **96**, 1 (1855).
Beketow, Über einige neue Fälle der chemischen Paarung und allgemeine Bemerkungen über diese Erscheinung. Petersburg 1853.
Berthelot, Ann. Chim. Phys. (8), **48**, 422 (1856).
Schröder, Pogg. **79**, 34 (1858).
Wanklyn, Ann. **137**, 38 (1866).
Dittmar, Sup. **6**, 313 (1868).
Henrichs, Jb. **1868**, 10.
Schorlemmer, Ann. **161**, 281 (1872).
Zincke u. Franchimont, Ann. **162**, 39 (1872).
Graebe, B. **7**, 1629 (1874).
Städel, B. **11**, 746 (1878).
Hahn, Inaug.-Diss. Tübingen (1879).
Denzel, Ann. **195**, 215 (1879).
Sabajaneff, Ann. **216**, 243 (1882).
Schröder, B. **16**, 1312 (1883).
Bauer, Ann. **229**, 198 (1885).
Naumann, Thermochemie, 169—172.
Großhans, Rec. **4**, 153, 248, 258 (1885). — **5**, 118 (1886).
Gartenmeister, Ann. **233**, 249 (1886).
Flawitzky, B. **20**, 1948 (1887).
Dobriner, Ann. **243**, 1 (1888).
Pinette, Ann. **243**, 42 (1888).
Lossen, Ann. **243**, 64 (1888).
Ostwald, Lehrb. der allg. Chemie 337.
Ramage, Proc. Cambr. Phil. Soc. **12**, V, 445 (1904).
S. Young, Phil. Mag. **9**, 1 (1905).
Henry, C. r. **103**, 603 (1886). — **106**, 1089, 1165 (1888). — Bull. Ac. roy. Belg. **1907**, 842.
Muset, Bull. Ac. roy. Belg. **1907**, 775.
Hinrichs, C. r. **144**, 431 (1907).

Prüfung des Thermometers.[1])

Da die käuflichen Thermometer wohl niemals genau sind, müssen sie vor erstmaligem Gebrauche und auch späterhin von Zeit zu Zeit

---

[1]) Wiehe, Z. anal. **30**, 1 (1891). — Marchis, Z. phys. **29**, 1 (1899). — Crafts, Am. **5**, 307 (1884). — B. **20**, 709 (1887). — Jaquerod u. Wassmer, B. **37**, 2533 (1904).

kontrolliert werden. Im allgemeinen genügt es dabei, den Nullpunkt
(Schmelzpunkt des Eises), ferner den dem Siedepunkte des Wassers
(100° bei 760 mm), des Naphthalins (217,7 bei 760 mm), des Diphenyls
(254,9 bei 760 mm) und des Benzophenons (305,4 bei 760 mm) entsprechenden Wert für das· Thermometer (Faden natürlich ganz im
Dampf) zu bestimmen und die entsprechenden Korrekturen für die
zwischenliegenden Grade zu interpolieren.

Folgende Tabelle gibt die dem wechselnden Drucke entsprechenden Siedepunkte dieser leicht in vollkommen reinem Zustande erhältlichen Verbindungen.

b	Wasser	Naphthalin	Diphenyl	Benzophenon
720 mm	98.5° C	215.4	252.5	302.9
725	98.7	215.7	252.8	302.2
730	98.9	216.0	253.1	305.5
735	99.1	216.2	253.4	303.8
740	99.3	216.5	253.7	304.2
745	99.4	216.8	254.0	304.5
750	99.6	217.1	254.3	304.8
755	99.8	217.4	254.6	305.1
760	100.0	217.7	254.9	305.4
765	100.2	218.0	255.2	305.8
770	100.4	218.3	255.5	306.1

Man nimmt die Prüfung am besten in einer V. Meyerschen
Dampfdichtebestimmungsröhre vor, die oben mit Rückflußkühler versehen wird, in den das Thermometer mittels eines Platindrahtes
freischwebend einige Zentimeter über dem Spiegel der siedenden
Flüssigkeit aufgehängt wird.

Hat man ein Normalthermometer zur Verfügung, so befestigt
man das zu prüfende Thermometer derart an dasselbe, daß die
Quecksilberkugeln sich in gleicher Höhe befinden und erhitzt die
beiden Thermometer langsam in einem Flüssigkeitsbade und notiert
die Differenzen.

Für das Bestimmen von Schmelz- und Siedepunkt verwende man Thermometer mit möglichst kurzem Queck-
silberreservoir.

Dritter Abschnitt.

Löslichkeitsbestimmung.[1]

I. Bestimmung der Löslichkeit fester Substanzen in Flüssigkeiten.

Unter Löslichkeit oder „Löslichkeitszahl" eines festen Körpers gegenüber einer bestimmten Flüssigkeit sei das Maximum der Gewichtsmenge an demselben verstanden, welches, ohne daß Übersättigung besteht, unter bestimmten Verhältnissen, durch die Gewichtseinheit der Flüssigkeit in Lösung erhalten bleiben kann.

Die Löslichkeit ist in erster Linie von der Temperatur abhängig; jeder Temperatur entspricht eine bestimmte Löslichkeitszahl.

Im allgemeinen ändert sich die Löslichkeit nicht proportional der Temperatursteigerung; meist wächst sie mit einer Erhöhung der letzteren, doch ist auch der umgekehrte Fall (namentlich bei organischen Calcium- und Zinksalzen) nicht allzu selten.

Die Verfahren zur quantitativen Löslichkeitsbestimmung bei der herrschenden Zimmertemperatur einerseits und bei höheren oder tieferen bestimmten Temperaturen andererseits sind etwas verschieden.

A. Löslichkeitsbestimmung bei Zimmertemperatur.

Diese Operation wird gewöhnlich nach der Methode von V. Meyer[2] folgendermaßen vorgenommen.

Die zu untersuchende Substanz, bzw. die miteinander zu vergleichenden Substanzen werden in einem (bzw. zwei gleich großen), 50—60 cm fassenden Reagensglase in dem heißen Lösungsmittel gelöst, hierauf die Reagensröhren in ein geräumiges Becherglas mit kaltem Wasser gestellt und nun mit scharfkantigen Glasstäben so lange kräftig umgerührt, bis der Röhreninhalt die Temperatur des umgebenden Wassers angenommen hat. Nach zweistündigem ruhigem Stehen notiert man die Temperatur, rührt nochmals sehr heftig um, filtriert dann sofort die für die Bestimmung erforderliche Menge durch trockene Faltenfilter in mit den Deckeln gewogene Tiegel und wägt die Flüssigkeit und dann den Abdampfrückstand, resp. bestimmt auf beliebige Art — z. B. durch Titration — die Menge der in der gewogenen Lösung enthaltenen Substanz.

Natürlich muß man so viel Substanz zur Bestimmung verwenden, daß beim Erkalten noch ein Teil wieder ausfällt, eventuell wird eine Übersättigung durch Impfen mit einem Krystallstäubchen verhindert. Setzt sich die ungelöst gebliebene Substanz gut ab, so

---

[1] Siehe hierüber auch V. Rothmund, Löslichkeit und Löslichkeitsbeeinflussung, Leipzig 1907, S. 21 ff.
[2] B. **8**, 999 (1875).

kann auch einfach ein bestimmter Teil der Lösung herauspipettiert werden, wozu am besten die Landolt- (a)[1]) oder Ostwaldsche (b)[2]) Pipette (Fig. 76) dient.

Oft sind geringe Übersättigungen[3]) nur sehr schwer zu beheben; man muß daher für genaue Bestimmungen einen anderen, etwas umständlicheren Weg einschlagen. Man beschickt in solchen Fällen[4]) gläserne Flaschen mit dem Lösungsmittel und überschüssiger fein gepulverter Substanz und läßt sie im Thermostaten mehrere Stunden bis zwei oder drei Tage lang rotieren. Der hierzu von Noyes benutzte Apparat (Fig. 77) ist folgendermaßen konstruiert.

An den Mittelpunkt eines horizontalen Messingschaftes, der innerhalb des Thermostaten angebracht ist, werden zwei ringförmige Metallbänder gelötet, deren Durchmesser so beschaffen ist, daß die

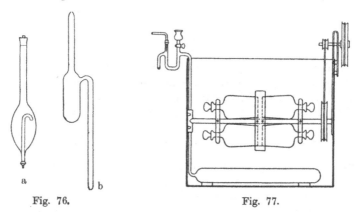

Fig. 76.   Fig. 77.

Böden der zu schüttelnden Flaschen gerade in sie hineinpassen. Um die Flaschen in ihrer horizontalen Lage festzuhalten, wird der Hals einer jeden derselben zwischen zwei elastische Metallstücke eingeklemmt. Ein Gummiriemen, der über ein Rad nahe dem Ende des Schaftes und über ein zweites kleineres Rad auf einer horizontalen Achse an der Spitze des Thermostaten geht, dient dazu, die Kraft von einem kleinen Motor zu übertragen. Der Schaft macht ungefähr 20 Umdrehungen in der Minute. Eine ähnliche, von Ostwald angegebene Konstruktion[5]) zeigt nebenstehende Figur (78).

Ein rechteckiger Kasten von Zinkblech mit Kupferbrennscheiben, resp. ganz aus Kupfer, und mit vier Füßen, ist von einem Wärme-

---

[1]) Z. phys. **5**, 101 (1890).

[2]) Ostwald-Luther, Hand- und Hilfsbuch, 2. Aufl., S. 132 und 283.

[3]) Namentlich bei in Wasser gelösten Säuren; Paul, Z. phys. **14**, 112 (1894).

[4]) Noyes, Z. phys. **9**, 606 (1892). — Paul, Z. phys. **14**, 110 (1894).

[5]) Zu beziehen von Max Kaehler u. Martini, Berlin W., Wilhelmstraße 50 und von Fritz Köhler, Leipzig.

schutzmantel aus Filz umgeben und mit drei Glasplatten, welche in Schienen liegen und leicht abzunehmen sind, bedeckt.

An den Kasten gelötete Schienen tragen verstellbare Lager für eine rotierende Achse, diese nimmt die zu schüttelnden Gefäße, Erlenmeyer-Kölbchen, Probierröhren usw. und die Rührflügel auf.

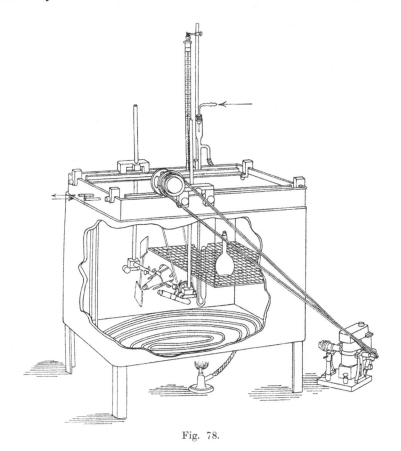

Fig. 78.

Auch ein Einsatz aus Drahtgeflecht zum Aufstellen der Gefäße dienend, befindet sich im Bade, bei Nichtgebrauch kann dieser entfernt werden. Die Schnurübertragung ist von der Achse nach außen geleitet, wo sie an einen Motor angelegt wird.

Die Konstruktion eines dritten, von Schröder[1]) angegebenen Apparates ist aus Fig. 79 ohne nähere Beschreibung verständlich.

Die Schnelligkeit der Lösung ist bei gleicher Temperatur außer von dem Charakter der betreffenden Substanz namentlich von der

[1]) Z. phys. **11**, 454 (1893).

Form ihrer Verteilung abhängig; man verwendet daher durch Pulverisieren oder Ausfällen möglichst feinkörnig erhaltene Proben.[1])

Einen einfachen und praktischen Apparat zur Beschleunigung der Lösung hat A. J. Hopkins angegeben[2]) (Fig. 80). Ein Glaszylinder mit doppelt durchbohrtem Stopfen trägt ein 6 mm weites Glasrohr, das oben einen Schlauch mit Quetschhahn trägt und unten in ein Y-Rohr ausläuft. Der dritte Arm des letzteren ist an seinem Ende, wie die Figur zeigt, zurückgebogen. Durch die zweite Bohrung des Stopfens führt ein kurzes mit der Luftpumpe kommunizierendes Rohr. Saugt man an, so reißt der Luftstrom gesättigte Lösung nach

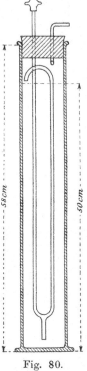

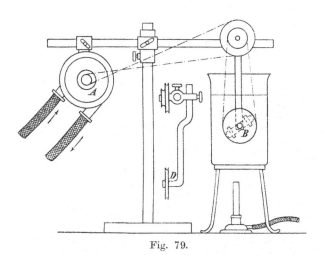

Fig. 79.   Fig. 80.

oben, und neues Lösungsmittel kommt mit der am Boden des Gefäßes liegenden Substanz in Berührung.

Einen Rührer hat Meyerhoffer[3]) beschrieben.

B. Löslichkeitsbestimmungen bei höherer Temperatur.

a) Die Löslichkeit der zu untersuchenden Substanz nimmt mit steigender Temperatur zu.

Für diesen, den weitaus häufigeren Fall sind zahlreiche Bestimmungsmethoden vorgeschlagen worden.[4])

---

[1]) Ostwald, Z. phys. **34,** 405 (1900). — Hulett, Z. phys. **37,** 385 (1901).
[2]) Am. **22,** 407 (1899). — Vgl. Richards, Am. **20,** 189 (1898).
[3]) Z. ang. Ch. **11,** 1049 (1898).
[4]) Natürlich sind hierfür auch die meisten unter A) angeführten Versuchsanordnungen brauchbar.

Methode von Pawlewski.[1]

In das Probierröhrchen A (Fig. 81), in welchem sich der zu untersuchende Körper und das Lösungsmittel befinden, reicht durch einen Kautschukstopfen das Röhrchen C, dessen Mündung mit drei- oder vierfach zusammengelegter Gaze oder dünner Leinwand, die man mit einem Bindfaden befestigt, umwickelt ist. Das Probierröhrchen A steht vermittels des Röhrchens C mit dem Wägegläschen B, das zur Aufnahme der bei einer gewissen Temperatur gesättigten Lösung bestimmt und beim Beginn des Versuches leer ist, in Verbindung.

Das Probierröhrchen A sowie das Gläschen B sind verbunden mit den Röhren ER und DR_1, deren Enden mit Kautschukschläuchen versehen sind. Vermittels dieser Schläuche kann durch den Apparat in einer oder der anderen Richtung Luft durchgesaugt werden. An den Röhren ER und DR_1 sind bei Anwendung flüchtiger Lösungsmittel kleine Kolben K und K_1 angesetzt. Durch Aussaugen der Luft bei R wird ein Mischen der Lösung und ihre Sättigung bewirkt. Durch Einblasen von Luft durch R wird die gesättigte Lösung, die durch die Gaze oder Leinwand filtriert wird, in das Gläschen G hinuntergedrückt. Nach der Ausführung eines Versuches wird das Becherglas B beiseite gestellt, abgekühlt, äußerlich getrocknet und gewogen; nach dem Abwägen wird die Lösung abgedampft.

Ein ähnliches Verfahren rührt von Göckel.[2] Dasselbe dient speziell zur Löslichkeitsbestimmung fester Körper in

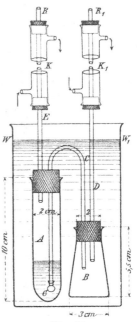

Fig. 81.

leicht flüchtigen Lösungsmitteln bei dem Siedepunkte der letzteren.

Zum Auflösen der Substanz dient ein etwa 125 ccm fassendes kurzhalsiges Kölbchen, welches mit einem doppelt durchbohrten Korke verschlossen ist. Eine Bohrung trägt das Rohr eines Rückflußkühlers, die zweite eine zur Ableitung der gesättigten Lösung bestimmte Röhre, welche mit ihrem unteren, etwas erweiterten und mit Watte gefüllten Ende in die Flüssigkeit des beschickten Kölbchens eintaucht und als Filter dient.

Dieses Ableitungsrohr ist mit einem Heizmantel umgeben, durch

[1] B. **32**, 1040 (1899). — Dolinski, Chemik Polski **5**, 237 (1905).
[2] Forschungsberichte über Lebensmittel usw. **4**, 178 (1897). — Z. anal.
38, 446 (1899).

welchen man einen Strom heißen Wassers (1—2° über dem Siedepunkte des Lösungsmittels) hindurchleitet.

Ein zweites Kölbchen, welches zur Aufnahme und Wägung der
gesättigten klaren Lösung dient, ist gleichfalls mit einem doppelt
durchbohrten Korke verschlossen. Jede dieser Bohrungen trägt einen
kleinen Vorstoß. Diese werden mitgewogen und dabei mit undurch-
bohrten Stopfen verschlossen. Während der Apparat in Tätigkeit
ist, setzt man in den einen mit seinem Ende schräg aufwärts gerichteten Vorstoß das untere Ende des Röhrchens ein, welches die
gesättigte Lösung aus dem ersten Kölbchen in das zweite überführen
soll. Das obere Ende des zweiten vertikalen Vorstoßes ist mit einem
Rückflußkühler verbunden.

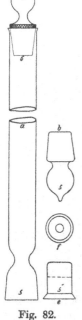

Fig. 82.

Bei der Ausführung der Bestimmung wird in das
Lösekölbchen die Substanz in gepulvertem Zustande
sowie eine zur Auflösung derselben nicht hinreichende
Menge des Lösungsmittel gebracht, das Kölbchen mit
Hilfe eines Wasserbades erhitzt und, um eine gewisse
Bewegung der Flüssigkeit herbeizuführen, durch das
obere Ende des auf das zweite Kölbchen aufgesetzten
Kühlers ein Luftstrom eingeleitet, der aus dem zweiten
Kölbchen durch das Abflußröhrchen und das Watte-
filter hindurch in die siedende Flüssigkeit eintritt.

Nachdem man sicher sein kann, daß die Flüssigkeit gesättigt ist, unterbricht man die Verbindung des
Gebläses mit dem oberen Ende des auf das Wäge-
kölbchen aufgesetzten Kühlers und verbindet das Gebläse nun mit dem auf dem Lösekölbchen befindlichen
Kühler. Dadurch treibt man durch das Filter und
das von außen erwärmte Abflußröhrchen einen entsprechenden Teil der Lösung in das zweite Kölbchen.
Man wägt letzteres und bestimmt in der Lösung die
Menge der aufgenommenen Substanz.

Das

Lysimeter von Charles Rice[1])

leistet ebenfalls, wenn das zu verwendende Lösungsmittel nicht kostbar und die Substanz nicht allzuleicht
löslich ist, gute Dienste. Es gestattet in einfacher
Weise die Bestimmung bei beliebigen Temperaturen vorzunehmen,
ohne durch Verflüchtigung des Lösungsmittels (die bei den weiter
oben angeführten Methoden nicht ganz vermieden werden kann) Verluste zu veranlassen.

Der Apparat (Fig. 82) besteht aus einem 15 cm langen, 1 cm
weiten Glasrohre, oben durch den Glasstopfen c, unten entweder
durch einen bei f durchlochten Einsatz e oder auch durch einen
Stopfen b verschließbar. E wird mit Baumwolle gefüllt in das Rohr

---

[1]) Am. Soc. **16**, 715 (1894).

eingesetzt und mittels Platindrahtes festgebunden. Man hängt den Apparat in ein auf die gewünschte Temperatur erhitztes, das Lösungsmittel und überschüssige Substanz enthaltendes weites Reagensglas so weit ein, daß nebst dem Stopfen C nur ein kleiner Teil des Rohres über den Flüssigkeitsspiegel herausragt. Wenn Temperaturausgleich stattgefunden hat, zieht man den Stopfen C heraus, und läßt dadurch die filtrierte Lösung in a eintreten. Man läßt nun die Lösung nochmals durch Heben des Rohres zurückfließen und wiederholt das Füllen. Dadurch wird eine gleichmäßige Konzentration der Flüssigkeit erzielt. Schließlich wird die teilweise gefüllte Röhre A mit C verschlossen, herausgehoben, umgekehrt, der Einsatz e entfernt und durch b ersetzt, das Rohr äußerlich gereinigt und nach dem Erkalten gewogen. Die Gewichtszunahme entspricht der Summe von Lösungsmittel und gelöster Substanz. Man spült den Rohrinhalt in ein gewogenes Becherglas, verdampft das Lösungsmittel und wägt wieder oder tiriert, falls dies möglich ist.

Einen ähnlichen Apparat hat übrigens schon Rüdorff[1]) beschrieben.

_____

Alle angeführten Methoden versagen, falls es gilt, die Löslichkeit flüchtiger, nicht titrierbarer Substanzen zu bestimmen. Für solche Fälle könnte man sich so helfen, daß man ein graduiertes Lysimeter verwendet, die Menge der eingefüllten Lösung mißt und — das spezifische Gewicht des Lösungsmittels als bekannt vorausgesetzt — dadurch dessen Gewicht erfährt. Die Volumänderung durch die gelöste Substanz kann bei nicht allzu löslichen Körpern vernachlässigt werden.

Gehaltsbestimmung mittels des versenkten Schwimmers: Ostwald-Luther, Hand- und Hilfsbuch 2. Aufl., 146, 284.

Löslichkeitsbestimmungen von sehr löslichen Substanzen.

Kenrick[2]) verfährt zur Löslichkeitsbestimmung von sehr löslichen Substanzen, die außerdem nur in kleinen Quantitäten zur Verfügung stehen, folgendermaßen.

Der Apparat (Fig. 83) besteht aus einem Glasgefäße a von 1.4 cm Weite und 8 cm Länge. Dasselbe wird in einem federnden Drahtgerüst festgehalten, welches um die Achse b drehbar ist und durch die Kurbel c des Gattermannschen Rührers in oszillierende

_____

[1]) Z. ang. **3**, 633, (1890). — Weitere Methoden zu Löslichkeitsbestimmungen: V. Meyer, B. **8**, 998 (1875). — Michaëlis, ausführl. Lehrbuch der anorg. Ch. **1**, 186. — Köhler, Z. anal. **18**, 239 (1879). — Alexejew Wied. **28**, 305 (1886). — Meyerhoffer, Z. phys. **5**, 99 (1890). — Reicher und van Deventer, Z. phys. **5**, 560 (1890). — Bodländer, Z. phys. **7**, 315, 358 (1891). — Trevor, Z. phys. **7**, 469 (1891). — Heinr. Goldschmidt, Z. phys. **17**, 153 (1895). — Küster, Z. phys. **17**, 362 (1895). — Hartley und Campbell, Soc. **93**, 742 (1908).
[2]) B. **30**, 1752 (1897).

Bewegung gesetzt wird. Mit dem verengten Teile d, welcher Baumwolle enthält, ist das zweite zur Aufnahme des Filtrates bestimmte Gefäß f durch das Capillarrohr e verbunden. Die Verschlußröhre g ist unten mit einem Stück Gummischlauch versehen und trägt in der Mitte ein einfaches Ventil, welches aus einem über eine kleine Öffnung geschobenen Kautschukschlauch besteht. Nachdem man die Verschlußröhre fest eingedrückt hat, werden die geeigneten Mengen Substanz und Lösungsmittel in das Gefäß gebracht, der Gummistopfen heruntergeschoben und mit Draht festgebunden. Das obere Ende der Verschlußröhre wird mit einem Stück Schlauch und Glasstab geschlossen und der Apparat in das Bad gestellt. Nach 4 bis 5stündigem Schütteln entfernt man die Verbindungsstange i und gibt dem Apparate die durch punktierte Linien gezeichnete Stellung. Der

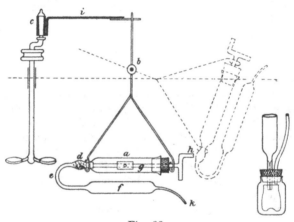

Fig. 83.

Verschluß wird dann gelockert und die Spitze k abgebrochen, wobei der Überdruck in a meistens genügt, um das ganze Filtrat in f hineinzutreiben, nötigenfalls bläst man Luft bei h hinein durch Quetschen eines damit verbundenen kurzen Kautschukschlauches. Das Ventil verhindert das Zurücktreten der Flüssigkeit. Nach Entfernung des Apparates aus dem Bade bricht man das Capillarrohr bei e ab und läßt das Filtrat in ein gewogenes Wägeröhrchen fließen.

Um der Umständlichkeit des wiederholten Anschmelzens der Capillarröhre vorzubeugen, kann man sich der in Figur 83, rechts, gezeichneten Anordnung bedienen, wobei das Filtrat direkt in ein gewogenes, von einer etwas größeren Flasche umgebenes Wägeröhrchen fließt. Der Hauptvorteil des Apparates ist, daß man mit vollständig verschlossenem Gefäße arbeitet, wodurch Verdampfung und damit verbundene Konzentrations- und Temperaturänderungen vermieden werden.

Beurteilung der Löslichkeit schwer löslicher Körper aus der elektrischen Leitfähigkeit der Lösungen: Kohlrausch und Holborn, Das Leitvermögen der Elektrolyte, Leipzig 1898. — Kohlrausch und Rose, Wied. 50, 127 (1893). — Z. phys. 12, 234 (1893). — 44, 197 (1903). — Böttger, Z. phys. 46, 521 (1903).

β) Die Löslichkeit der zu untersuchenden Substanz nimmt mit steigender Temperatur ab.

In solchen Fällen wird man analog verfahren, wie Jacobsen[1]) bei der Untersuchung des xylidinsauren Zinks.

Für die höheren (über 30⁰ liegenden) Temperaturen geschah die Bestimmung in sehr bequemer Weise, indem eine mehr und mehr verdünnte Lösung von bekanntem Gehalte im Wasserbade oder für 100⁰ übersteigende Temperaturen in Glasröhren eingeschmolzen, im Luftbade langsam bis zur beginnenden Trübung erhitzt wurde.

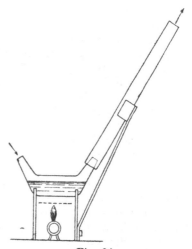

Fig. 84.

Bekanntlich liefert die umgekehrte Methode der Abkühlung bei Salzen mit normaler Löslichkeit nur sehr ungenaue Resultate, selbst wenn diese Löslichkeit sehr schnell mit der Temperatur zunimmt. Die durch Ausscheidung des ersten Partikelchens frei werdende Wärme verzögert die Ausscheidung der Nachbarn. Die umgekehrten Verhältnisse lassen es verständlich erscheinen, daß bei der für das xylidinsaure Zink angewandten Methode die Trübung ganz momentan eintritt, so daß man schon bei der ersten Beobachtung kaum um einen Grad im Zweifel bleibt. Nur für niedere Temperaturen muß die Bestimmung durch Eintrocknen der Lösungen ausgeführt werden, weil unter 20⁰ die Ausscheidung des Salzes sich nicht durch eine allgemeine Trübung zu erkennen gibt, sondern das ausgeschiedene Salz in Form sehr zarter Blättchen auftritt.

Um die gesättigten Lösungen eindampfen zu können, ohne Verluste durch Verspritzen usw. befürchten zu müssen, bedient man sich nach Trevor[2]) der sogenannten Liebigschen Enten aus resistentem Glase, an welche, wie die Figur 84 zeigt, eine Glasröhre als Schornstein angefügt wird. Die Gewichtszunahme der Ente wird bestimmt.

---

1) B. 10, 859 (1877).
2) Z. phys. 7, 469 (1891).

C. Fraktionierte Löslichkeitsbestimmungen

können zur Untersuchung auf Einheitlichkeit der Substanz verwertet werden, z. B. bei der Prüfung eines Barium- oder Kaliumsalzes auf einen etwaigen Gehalt an Isomeren. Siehe Schönholzer, Diss., Zürich, 1907, S. 14, 16.

D. Beziehungen zwischen Lösungsmittel und zu lösendem Stoffe.

Ostromysslensky stellt[1]) folgende drei Sätze auf:
Jede Verbindung löst sich in ihren Homologen auf.
Alle stellungsisomeren Verbindungen sind ineinander löslich.

Alle polysubstituierten Verbindungen eines beliebigen Stoffes lösen sich ineinander auf, falls die wasserstoffsubstituierende Gruppe eine und dieselbe ist.

Schwerlösliche bzw. unlösliche aromatische Hydroxylverbindungen lösen sich, wenn man sie mit Wasser und leicht wasserlöslichen Hydroxylverbindungen zusammenbringt.

10 Teile Phenol mit 3 Teilen Resorcin gemischt sind in jedem Verhältnisse in Wasser löslich, ebenso werden die verschiedenen Kresole durch die 2—3 fache Resorcinmenge mit Wasser mischbar usw.[2])

Von zwei isomeren Körpern besitzt derjenige mit dem niedrigeren Schmelzpunkte die größere Löslichkeit; das Verhältnis der Löslichkeiten zweier isomerer Körper ist konstant und von der Natur des Lösungsmittels unabhängig.

Bei isomeren Säuren ist nicht nur die Reihe der Löslichkeiten der freien Säuren übereinstimmend mit der ihrer Schmelzpunkte, sondern auch die Salze derselben zeigen ein analoges Verhalten.

Von isomeren Verbindungen ist ferner diejenige meist löslicher (wenigstens in Wasser), welche eine weniger symmetrische Anordnung besitzt, in der aromatischen und in der Pyridinreihe sind dementsprechend die p-Verbindungen am schwersten löslich.

Die Wasserlöslichkeit nimmt im allgemeinen mit steigendem Kohlenstoffgehalte ab, mit der Zunahme der Sauerstoffatome dagegen zu.

Stark hydroxylhaltige Körper (mehrwertige Alkohole) sind in Äther schwer löslich. Unter den Salzen mit Schwermetallen sind die Bleisalze der Ölsäurereihe durch ihre Ätherlöslichkeit charakterisiert. Auch Kupfersalze sind oftmals in organischen Lösungsmitteln löslich. Gewisse Ammoniumsalze werden leicht von Chloroform aufgenommen. In Alkohol sind im allgemeinen nur die Salze der Alkalien löslich.

Literatur über Löslichkeitsregelmäßigkeiten.

Carnelly, Phil. Mag (5), 13, 180 (1882). — Carnelly u. Thomson, Soc. 53, 782 (1888).
Ostwald, Allgem. Chemie 1, 1067.

---

[1]) J. pr. (2) 76, 264 (1907).
[2]) D. P. A. F. 21578 (1906).

Henry, C. r. **99**, 1157 (1890). — **100**, 60, 943 (1890).
Schroeder, Z. phys. **11**, 449 (1893).
Lobry de Bruyn, Rec. **13**, 116 (1894).
Walker u. Wood, Soc. **73**, 618 (1898).
Vaubel, J. pr. (2) **51**, 444 (1895). — **57**, 72 (1898). — **59**, 30 (1899).
Lamouroux u. Massol, C. r. **128**, 998 (1899).
van de Stadt, Z. phys. **31**, 250 (1899).
Holleman, Rec. **17**, 249 (1898). — **22**, 273 (1903).
Rothmund, Löslichkeit und Löslichkeitsbeeinflussung S. 112 ff. (1907).

II. Bestimmung der kritischen Lösungstemperatur.[1]) (K.L.T.)

Franz.: T.C.D. = Température critique de dissolution. — Engl.: C.S.P. = critical
solution point, C.T.S. = critical temperature of solution.

Bringt man zwei nicht vollkommen mischbare Flüssigkeiten
A und B zusammen, so bilden sie zwei Phasen, deren eine aus der
gesättigten Lösung von A in B, die andere aus der gesättigten Lösung
von B in A besteht.

Bei Erhöhung der Temperatur ändert sich die Konzentration
der Lösungen gewöhnlich in dem Sinne, daß die beiden konjugierten
Löslichkeiten größer werden, bis schließlich bei einem bestimmten
Punkte die Zusammensetzung der beiden Phasen identisch wird,
d. h. vollkommene Mischbarkeit eintritt (kritische Lösungstemperatur).

Der bevorstehende Übergang der beiden Phasen in eine macht
sich durch das Auftreten der kritischen Trübung[2]) bemerkbar:
einer schönen Opalescenz, die im auffallenden Lichte blau, im durchgehenden braunrot erscheint.

Die kritische Lösungstemperatur ist für reine Substanzen eine
Konstante, deren Bestimmung in vielen Fällen für den Organiker von
Wert sein kann.

So hat sie z. B. für die Analyse der Alkohole, von Nitroglycerin,[3])
der Fette,[4]) Petroleumarten[5]) und des Harns[6]) Anwendung gefunden.

Die K.L.T. ist nämlich schon durch sehr kleine Zusätze eines
dritten Körpers, der nur in einer der beiden Flüssigkeiten löslich sein
soll, alterierbar.

Durch die Bestimmung der K.L.T. kann man daher sowohl die
Reinheit, bzw. Gleichartigkeit verschiedener Fraktionen eines Destillates ermitteln,[7]) als auch vor allem Feuchtigkeitsspuren, z. B. in

---

[1]) Rothmund, Löslichkeit und Löslichkeitsbeeinflussung, Leipzig, Ambr.
Barth, 1907, S. 31, 66 ff., 76 ff., 158, 162.

[2]) Nähere Angaben und Literatur: Rothmund, Löslichkeit und Löslichkeitsbeeinflussung, 1907, S. 76.

[3]) Crismer, Ac. roy. Belg. **30**, 97 (1895). — Bull. Soc. Chim. Belg. **18**, 1
(1904). — **20**, 294 (1906).

[4]) Crismer, Bull. de l'assoc. Belge des chim. **9**, 145 (1895); **10**, 312 (1896);
11, 359 (1897). — Benedikt-Ulzer, Fette und Wachsarten, 5. Aufl., 1908,
S. 104.

[5]) Crismer, Bull. Ac. roy. Belg. **30**, 97 (1895).

[6]) Gelston Atkins, British Medical Journal **1908**, 59.

[7]) Holleman, Bull. Soc. Chim. Belg. **1905**. — Timmermans, Z. El.
12, 644 (1906). — Z. phys, **58**, 129 (1907). — Andrews, Am. Soc. **30**, 354 (1908).

Alkoholen nachweisen und — da nach Crismer die Veränderung der K.L.T. dem Wassergehalte nahezu proportional ist — der Menge nach abschätzen.

Beispielsweise stieg die K.L.T. eines absoluten Alkohols, der 25 Minuten an der Luft gestanden war, um 4^0, nach $1^1/_2$ Stunden um. 12.4^0.

Besonders einfach gestaltet sich das Verfahren, wenn man in offenen Gefäßen arbeiten kann. Verwendet man z. B. ca. 99proz. Alkohol, so liegt die K.L.T. für Butter bei etwa 54^0, im Maximum 62^0, während Margarine 78^0 zeigt. Für 91proz. Alkohol dagegen liegt die K.L.T. der Butter bei ca. 100^0, erfordert also die Anwendung von Einschmelzröhren.

Als geeignete Flüssigkeitspaare dienen etwa:

    Öle, Wachse, Fette, Nitroglycerin — Alkohol;
    Aceton, Alkohole — Petroleum;
    Fette — Eisessig;
    Pyridinbasen, Phenole, Fettsäuren — Wasser;
    Harn — Phenol.

Eine Tabelle über alle bis dahin benutzten Flüssigkeitspaare gibt Timmermans.[1])

Wo man, wie z. B. beim Petroleum,[2]) keine einheitliche Flüssigkeit zur Verfügung hat, muß man für jede Versuchsreihe dasselbe Spezimen verwenden, und durch einen Vorversuch, etwa mit ganz reinem (trockenem) Alkohol, die K.L.T. des Reagens ermitteln.

Beispiel 1. Bestimmung der K.L.T. von Äthylalkohol — Petroleum.

Erfordernisse: Eine in $^1/_2$ ccm geteilte Eprouvette von 10 ccm Inhalt. Käuflicher absoluter Alkohol[3]) — amerikanisches Petroleum in größerem Vorrat.

Ein in $^1/_{10}$ Grade geteiltes Thermometer, das mittels Kautschukstopfens in die Eprouvette paßt. Es muß bei den Versuchen mit der ganzen Kugel in die Flüssigkeit tauchen.

Man füllt in die Eprouvette 2 ccm Alkohol, hierauf 2 ccm Petroleum und erhitzt über einem Bunsenbrenner unter Umschütteln, bis die Flüssigkeit homogen wird, entfernt die Flamme und notiert die Temperatur, bei der Trübung eintritt.

Der Versuch kann beliebig oft wiederholt werden.

Nach dem Erkalten auf Zimmertemperatur fügt man 1 ccm Petroleum zu, bestimmt wieder die Temperatur, bei der Trübung eintritt, usf.

---

[1]) Timmermans, Bull. Soc. Chim. Belg. **20**, 305, 386 (1906).

[2]) Man reinigt Petroleum nach Andrews, indem man eine Zeitlang Wasserdampf durchschickt, und trocknet es nachher sorgfältig. Am. Soc. **30**, 354 (1908).

[3]) Derselbe enthält 0.2—1.0 % Wasser.

Dann setzt man sukzessive Alkoholmengen zu und bestimmt wieder die Sättigungstemperaturen.

Man erhält etwa folgende Serie:

2 Vol. Alkohol $+$ 2 Vol. Petroleum $(= 2 : 2)$ **31.7⁰**
$+ 1$ „ „ $(= 2 : 3)$ 30.8⁰
$+ 1$ „ „ $(= 2 : 4)$ 30.1⁰
$+ 2$ „ Alkohol $(= 4 : 4)$ **31.7⁰**
$+ 1$ „ „ $(= 5 : 4)$ 31.4⁰

Aus diesen Zahlen folgt, daß das kritische Gebiet erreicht wird, wenn man gleiche Volumina der Flüssigkeiten verwendet.

2. Kontrolle der Entwässerung von Alkohol.

Die Bestimmung mit dem Typ habe ergeben (in einem 100 cm-Rohre):

		Sättigungstemperatur
	18	11.8⁰
	20	13.3⁰
	24.2	14.6⁰
	25.4	14.7⁰
30 ccm Alkohol $+$	27 ccm Petroleum	14.8⁰
	28.2	14.8⁰
	29.8	14.8⁰
	31.8	14.75⁰
	32.8	14.7⁰
	34	14.2⁰

K.L.T. (klammert 14.8⁰, 14.8⁰, 14.8⁰, 14.75⁰)

Die K.L.T. ist also konstant für 27—31.8 ccm Petroleum auf 30 ccm Alkohol, oder für 4.5—5.4 ccm Petroleum auf 5 ccm Alkohol.

Setzt man zu einer Probe dieses Alkohols der K.L.T. 14.8⁰ ein Zehntel Prozent Wasser, so wird die Konstante auf 16.6⁰ erhöht; ein Teilstrich des in Zehntelgrade geteilten Thermometers entspricht daher 0.005 $^0/_0$; die Methode ist also auf $\pm \, ^1/_{100\,000}$ des Wassergehaltes genau, entsprechend einer Präzision von der Größenordnung einer Dichtebestimmung auf 5 Dezimalen, braucht aber unvergleichlich weniger Zeit, Material und Mühe.

3. Bestimmung der K.L.T. von Phenol — Wasser.

In eine reine Eprouvette wird ca. 1 ccm Phenol gegeben, dann aus einer Pipette etwas Wasser zugefügt und erwärmt, bis die Flüssigkeit homogen erscheint. Tritt beim Wiederabkühlen keine Opalescenz auf, so fügt man wieder etwas Wasser zu und wiederholt den Versuch, bis sich beim Abkühlen eine Opalescenz zeigt.

Man notiert die Temperatur, bei welcher eine dicke Trübung, die der Schichtenbildung vorangeht, auftritt.

Nun wird wieder etwas Wasser zugegeben, bis die Opalescenz ihr Maximum an Deutlichkeit erreicht; die Temperatur, bei der jetzt beim stärkeren Abkühlen Undurchsichtigkeit (Nebelbildung) auftritt, entspricht der K.L.T. Durch wiederholtes Bestimmen dieses Punktes durch Anwärmen und wieder Abkühlen erhält man einen genauen Mittelwert.

4. Bestimmung der K.L.T. dieser Phenolprobe mit Harn.

Man geht in ganz gleicher Weise vor und beobachtet das Auftreten der kritischen Trübung, indem man die Eprouvette gegen einen schwarzen Hintergrund hält.

Die Differenz der beiden K.L.T. beträgt bei Harn aus einer gesunden Niere 11—16° und soll nicht unter 8° liegen.

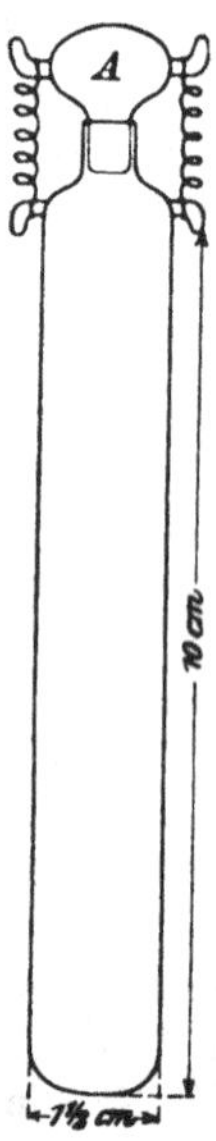

Eine Versuchsreihe erfordert nicht mehr als 5 ccm Harn.

Ist man gezwungen, in geschlossenen Gefäßen zu arbeiten, so kann man auch meist die Einschmelzröhren vermeiden. Timmermans[1]) benutzt in solchen Fällen den in Fig. 85 skizzierten Apparat.

Der Glasstopfen A wird durch zwei Federn festgehalten, welche den Verschluß bewerkstelligen. Wenn der Dampfdruck im Innern größer als der Atmosphärendruck wird, wirkt der Stopfen wie ein Sicherheitsventil; er hebt sich einen Augenblick, um die Dämpfe austreten zu lassen, aber gleich darauf nimmt der Druck ab, und die Feder schließt den Apparat automatisch ab.

Dieser Apparat wird mit einem Kautschukring an ein Thermometer befestigt und das Ganze in ein Bad von Wasser oder Glycerin gebracht, so daß das untere Ende der Röhre, welche die zu untersuchenden Stoffe enthält, neben die Thermometerkugel in gleicher Höhe mit derselben gestellt wird, und daß die Röhre ungefähr 5 cm in das Bad eintaucht.

Fig. 85.

Vierter Abschnitt.

Bestimmung des spezifischen Gewichtes.

Für die Zwecke der organischen Analyse kommt fast nur die Bestimmung des spezifischen Gewichtes von Flüssigkeiten in Betracht.[2])

---

[1]) Z. phys. **58,** 180 (1907).
[2]) Bestimmung des spez. Gew. von festen organischen Körpern nach der Schwebemethode von Retgers, Z. phys. **3,** 289, 497 (1889), siehe Bechhold, B. **22,** 2378 (1889). — Lobry de Bruyn, Rec. **9,** 187 (1890).

Anwendung des Pyknometers.

Für genaue Bestimmungen dient am besten das von Ostwald[1]) modifizierte Sprengelsche[2]) Pyknometer (Fig. 86).

Das konstante Volum desselben reicht von der Spitze b bis zur Marke a. Man füllt in der durch die Figur 87 veranschaulichten Weise. Steht die Flüssigkeit über a hinaus, so berührt man b mit einem Röllchen Filtrierpapier, bis der Meniscus a erreicht hat. Fehlt ein wenig Flüssigkeit, so bringt man mittels eines Glasstabes einen Tropfen derselben an das bei a befindliche Ende, der Überschuß wird wieder mittels Filtrierpapier weggenommen. Für Bestimmungen, die auf $\pm$ 0,0001 genau sein sollen, genügt ein Pyknometer von 5 ccm Inhalt.

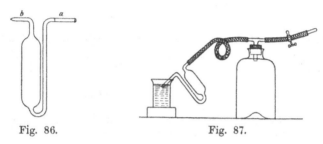

Fig. 86.   Fig. 87.

Um besonders auch Dichtebe-stimmungen stark ausdehnbarer, flüch-tiger und hygroskopischer Flüssig-keiten vornehmen zu können, hat Minozzi[3]) die aus der Figur 88 er-sichtlichen Abänderungen an diesem Apparate angebracht.

Beim Einfüllen werden an die beiden Enden m und b des Pykno-meters a die Ansatzstücke f und d gesteckt, die bei f mit einer Pumpe, bei d mittels eines doppelt durch-bohrten Pfropfens, in dessen einer Öffnung ein Trockenrohr steckt, mit dem die Flüssigkeit enthaltenden Ge-fäße verbunden sind.

Nach dem Einfüllen bis zu einer Marke bei m schließt man das Pykno-meter mittels c und e. Nun wird

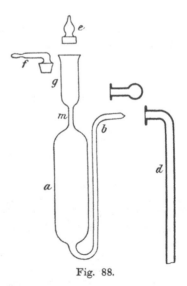

Fig. 88.

[1]) J. pr. (2), **16**, 396 (1877).—**18**, 328 (1878). — Hand- und Hilfsbuch 2. Aufl., 142. — Vgl. Brühl, Ann. **203**, 4 (1880).
[2]) Pogg. **150**, 459 (1875).
[3]) Atti R. Acad. dei Lincei (5), **8**, 450 (1899).

das Pyknometer in ein auf 20^0 gebrachtes Bad gestellt, worauf die ausgedehnte Flüssigkeit eventuell nach g steigt, wo sie genügend Platz findet.

Ist das Gewicht des leeren Pyknometers P, des mit Wasser gefüllten p_1 und des mit der Substanz gefüllten p_2, so ist das spezifische Gewicht der Flüssigkeit bei der Temperatur t

$$= \frac{p_2 - P}{p_1 - P}.$$

Reduktion der Dichtebestimmung auf 4^0 C und den leeren Raum.

Es gilt hierfür die Gleichung:

$$d\frac{20}{4} = \frac{m}{w}(Q - \lambda) + \lambda,$$

wo m das Gewicht der Substanz und w dasjenige des Wassers in der Luft bei 20^0, Q die Dichtigkeit desselben bei 20^0 (0.99827) und λ die mittlere Dichtigkeit der Luft (0.0012) bedeuten, also

$$d\frac{20}{4} = \frac{m \cdot 0.99707}{w} + 0.0012.$$

Ist das Wassergewicht w eines Pyknometers bei 20^0 einmal bestimmt, so berechnet man den Wert

$$\frac{0.99707}{w} = C.$$

Es ergibt sich dann das auf Wasser von 4^0 und auf den leeren Raum bezogene spezifische Gewicht:

$$d\frac{20}{4} = mC + 0.0012.$$

Dichtebestimmungen bei beliebiger Temperatur (man wählt gewöhnlich $t = 20^0$ C) vorzunehmen, gestattet der Apparat von Brühl[1]) (Fig. 89). In den oberen Teil des zylindrischen Glasgefäßes a ist das in $1/_5$-Grade geteilte Thermometer B, zu beiden Seiten desselben die Röhrchen e und d angeschmolzen. Das Rohr e, welches etwa in der Mitte eine Marke trägt, besitzt eine Bohrung von ca. $1/_2$ mm Durchmesser, während das Rohr d eine haarfeine Capillare bildet. Beide Röhren sind mit konischen Ansätzen versehen, auf welche die Glashütchen f und g luftdicht passen. Auf den Konus des Rohres e ist auch der Ansatz des Saugrohres C luftdicht zugeschliffen.

Die Füllung des Pyknometers geschieht, indem man C und e verbindet und mit Hilfe eines auf d aufgesetzten Kautschukschlauches die Flüssigkeit durch C aufsaugt. Das Rohr C und der Schlauch werden hierauf abgenommen und das Gefäß a einige Sekunden mit

---

[1]) Ann. **203**, 3 (1880). — Vgl. Mendelejeff, Pogg. **138**, 127 (1871).

der Hand fest umschlossen, bis das Thermometer sich mehrere Grade über 20° erhebt. Dann wird das Pyknometer bis zur Marke in ein mit Wasser gefülltes Gefäß getaucht, dessen Temperatur nahezu 20° ist. Binnen zwei bis drei Minuten ist das Thermometer B bis auf 20° gesunken.

Man berührt kurz vorher die Capillare d mit einem Streifen Filtrierpapier, und zwar so lange, bis die Flüssigkeit im Rohr e auf die Marke eingestellt ist. Die Einstellung ist ebenso genau als rasch ausführbar. Sobald die Flüssigkeit den gewünschten Stand erreicht hat, wird der Apparat aus dem Wasserbade herausgenommen, die Röhren mit den zugehörigen Hütchen verschlossen und gewogen.

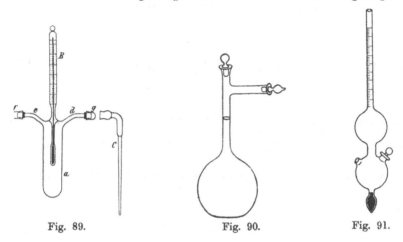

Fig. 89.   Fig. 90.   Fig. 91.

Die Beobachtungen werden mit jeder Substanz mindestens zwei- oder dreimal ausgeführt. Das Pyknometer wird also nach der Wägung wieder mit der Hand auf 22° angewärmt und in das Wasserbad gehängt. Ein Tropfen der Substanz, mit Hilfe eines Glasstabes an die Capillare d gehalten, wird von dieser angesaugt, so daß sich die Flüssigkeit wieder über das Niveau der Marke erhebt und von neuem eingestellt werden kann. Die Entleerung des Pyknometers geschieht endlich, indem man mit Hilfe eines auf d geschobenen Schlauches, an welchem ein Gummiball befestigt ist, die Flüssigkeit durch das Rohr e hinausdrängt.

Zur Dichtebestimmung sehr zähflüssiger Substanzen dient ein anderer Apparat von Brühl, dessen Konstruktion aus der Figur 90 ersichtlich ist.

Dichtebestimmung bei der Siedetemperatur der Flüssigkeit: Neubeck, Z. phys. 1, 657 (1887).

Zur Dichtebestimmung geringer Substanzmengen hat Eichhorn[1]) ein Aräopyknometer konstruiert (Fig. 91). Zwischen der Quecksilber-

---

1) Pharm. Ztg. **1890**, 252. — Z. anal. **30**, 216 (1891). — D.R.P. 49683 (1891).

kugel und der leeren Schwimmkugel ist eine etwa 10 ccm fassende
Hohlkugel angeblasen, welche zur Aufnahme der zu wägenden Flüssigkeit dient. Beim Gebrauche füllt man diese Glaskugel mit der betreffenden Substanz, setzt den Glasstopfen so auf, daß kein Luftbläschen innerhalb der Kugel bleibt, spült die Kugel mit Wasser
gut ab und setzt das Ganze in ein passendes, mit Wasser von 15° C
bzw. 17,5° C gefülltes Gefäß. Die Skala, welche an dem Instrumente
angebracht ist, zeigt dann direkt das spezifische Gewicht der Flüssigkeit beim Ablesen des Standes am Wasserspiegel. Der Apparat kann
ebensogut für Flüssigkeiten, die leichter, als für solche, die schwerer
als Wasser sind, konstruiert werden.

Einen ähnlichen Apparat hat Rebenstorff[1]) angegeben.

Dichtebestimmung mit der Pipette.[2])

Hat man nur ganz geringe Flüssigkeitsmengen zur Verfügung,
so kann man nach Ostwald immer noch auf 0.001 genaue und
rasch ausführbare Bestimmung in folgender Weise ausführen. In eine
Pipette von 1 ccm Inhalt, welche mit fast capillaren Röhren versehen ist (Fig. 92), saugt man die Substanz bis zur Marke ein und
bringt sie mittels eines aus Draht gebogenen Trägers auf die Wage.
Der Capillardruck verhindert ein Ausfließen vollständig, wenn die
Spitze abgetrocknet ist. Hat man sich ein für allemal eine Tara hergestellt, welche gleich dem Gewichte der leeren Pipette nebst ihrem
Träger ist, so ergibt die erforderliche Zulage unmittelbar das gesuchte
spezifische Gewicht.

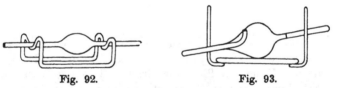

Fig. 92.   Fig. 93.

Schweitzer und Lungwitz[3]) haben ein noch verläßlicheres
Instrument angegeben, dessen Konstruktion aus Fig. 93 ersichtlich ist.

Anwendung der hydrostatischen Wage.

Zur Bestimmung des spezifischen Gewichtes von Flüssigkeiten,
die in genügender Menge zur Verfügung stehen, kann auch die
Mohr[4])-Westphalsche[5]) Wage benutzt werden, mittels deren man
die spezifischen Gewichte direkt mit einer für drei Dezimalen reichen-
den Genauigkeit ablesen kann (Fig. 94).

[1]) Ch. Ztg. **28**, 889 (1904).
[2]) Ostwald-Luther, Hand- und Hilfsbuch, 2. Aufl., 142, 144.
[3]) Am. soc. **15**, 190 (1893).
[4]) Pharmazeutische Technik 1853.
[5]) Arch. **10**, 322 (1867). — Z. anal. **9**, 23 (1870).

Die Wage besteht aus einem Stative, dem in das Lager desselben einzulegenden Balken, einem Senkkörper von Glas mit Thermometer und den Gewichten. Der Stativfuß f endigt nach oben in ein
mit einer Preßschraube P versehenes Leitungsrohr L, worin sich das
Oberteil auf und ab schieben sowie feststellen läßt. Das Oberteil
trägt an einer Seite das Achsenlager H, auf der anderen eine
Spitze J, die für die Einstellung des Nullpunktes dient.

Der Balken ist von Achse zu Achse in 10 Teile geteilt und ge-
kerbt und läuft nach der entgegengesetzten Seite in ein Balancier-
gewicht mit Zunge aus.

Der Senkkörper ist ein kleines Thermometer von 4 cm Länge
und 5 mm Durchmesser und einer Skala von 5—25° C. Am oberen
Ende des Körpers ist eine Platinöse eingeschmolzen. Der Aufhängungs-
draht wird in die Öse eingefügt und andererseits mit dem stärkeren
Aufhängeglied m verbunden.

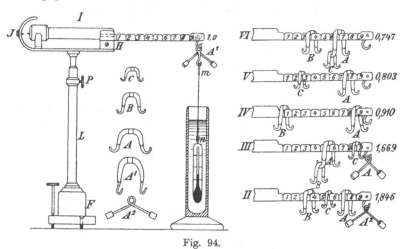

Fig. 94.

Die Gewichte sind so hergestellt, daß die drei größten (A, A_1
und A_2) dem Gewichte des vom Körper verdrängten destillierten
Wassers bei 15° C als Normaltemperatur gleich sind. Die Schwere
des Reiters B ist $1/_{10}$, die von C $1/_{100}$ von A.

Zum Gebrauche stellt man die Wage auf einen möglichst horizontalen Tisch und bringt die Zange zum Einspielen auf den Nullpunkt.

In Wasser von 15° wird dann durch Aufhängen von A_2 entsprechend Figur I Gleichgewicht hergestellt.

Hat man eine Flüssigkeit, die schwerer ist, so benutzt man
noch, wie die Beispiele II, III und IV zeigen, die Reiter A, B
und C. Ist die Flüssigkeit leichter als Wasser, so wird A_2 ab-
gehängt (V, VI).

Die dritte Dezimalstelle läßt sich mit Genauigkeit bestimmen, die vierte, wenn die Flüssigkeit wenig adhäriert, noch schätzen.

Die Drähte, an denen der Körper hängt, sind verhältnismäßig fein, trotzdem tut man gut, die bei der Justierung der Gewichte angewandte Einsenkungstiefe bei den folgenden Bestimmungen beizubehalten. Es wird diese so fixiert, daß nicht allein die Drahtdrehung, sondern noch ein dieser Drehung gleich langes Stück einfachen Drahtes sich in der Flüssigkeit befindet.

Fig. 95.

Oftmals wird es unangenehm empfunden, daß der feine Aufhängedraht schwierig gerade zu bringen ist, da er ob seiner geringen Dicke bei dem leisesten Fingerdruck bogenförmige Krümmungen annimmt. Man richtet denselben bequem schnurgerade, ohne daß der Schwimmkörper Gefahr läuft, verletzt zu werden, indem man ihn durch die Flamme einer gewöhnlichen Spirituslampe zieht, so daß er eben zu glühen beginnt, und dabei ein wenig spannt.[1]

Eine abgeänderte Konstruktion (nach Reimann[2]) gestattet, mit den üblichen Gewichtsatzstücken auszukommen. Die Konstruktion des Apparates ist aus Figur 95 ersichtlich.

Der Senkkörper wird so justiert, daß er gerade 1, 5 oder 10 g Wasser verdrängt.

Bei der Wägung in Luft wird der Auftrieb durch die Luft nicht berücksichtigt. Zur Korrektur dieses Fehlers kann man entweder einen Reiter benutzen, dessen Gewicht gleich dem des durch den Senkkörper verdrängten Luftvolumens ist, oder man rechnet[3] das wahre spez. Gewicht π aus dem gefundenen Werte k nach der Korrektion (für 15^{0})

$$\pi = k - 0.001\,225\ (k - 1).$$

[1] Gawalovski, Z. anal. **30**, 210 (1891).
[2] D. R. P. 791 (1877). — Arch. (N. F.) **7**, 338 (1878).
[3] L. de Koninck, Bull. de l'assoc. Belge des chim. **18**, 86 (1904).

Drittes Kapitel.

Elementaranalyse.

Unter „Elementaranalyse" der organischen Substanzen wird die quantitative Bestimmung der in kohlenstoffhaltigen Körpern vorhandenen Elemente auf dem Wege der Oxydation mit überschüssigem Sauerstoff verstanden. Elementaranalyse im engeren Sinne ist die Bestimmung von Kohlenstoff als Kohlendioxyd, im allgemeinen kombiniert mit der Wägung des zu Wasser verbrannten Wasserstoffs.

Eine qualitative Untersuchung auf Kohlenstoff bzw. Wasserstoff anzustellen, ist kaum nötig und auch auf anderem Wege als dem der Verbrennung nicht immer leicht und mit Sicherheit auszuführen. Dagegen erscheint es unerläßlich, bei Substanzen, deren nähere Zusammensetzung nicht bekannt ist, auf das Vorhandensein von Elementen zu prüfen, die entweder nur indirekt bestimmt werden — wie in der Regel der Stickstoff — oder die sonst leicht übersehen bzw. verwechselt werden können, wie der Schwefel, welcher ein zwei Sauerstoffatomen entsprechendes Atomgewicht besitzt.

Zu welchen Irrtümern das Außerachtlassen der qualitativen Analyse führen kann, sei an einigen Beispielen erläutert.

Das von Gmelin 1824 entdeckte Taurin hatte Demarcay 1838 analysiert[1] und demselben die Formel $C_4H_7O_{10}N$ zugeteilt. Pelouze und Dumas[2] haben diese Analyse wiederholt und bestätigt.

Erst Redtenbacher[3] entdeckte 1846 den Schwefelgehalt dieser, nunmehr $C_4H_7O_6NS_2$ formulierten Substanz. „Es ist" — sagt Redtenbacher — „ganz klar, wie es leicht möglich war, daß die früheren Untersucher des Taurins den Schwefel übersehen konnten, da er einerseits so innig gebunden, andererseits aber ein doppelt so großes Atom wie Sauerstoff hat, so daß der vernachlässigte Schwefelgehalt mit vier Äquivalenten Sauerstoff gerade aufging."

---

[1] Ann. **27**, 287 (1838).
[2] Ann. **27**, 292 (1838).
[3] Ann. **57**, 171 (1846).

Liebig bestimmte[1]) die Formel der von ihm aus dem Muskel-
fleische verschiedener Tiere isolierten Inosinsäure aus der Analyse
des Kalium- und Bariumsalzes zu $C_{10}H_{14}O_{11}N_4$. — Gregory[2]) und
Creite[3]) hatten seither die Substanz in Händen; Limpricht[4]) untersuchte das Bariumsalz von neuem und formulierte es als $C_{13}H_{17}O_{14}N_5Ba_2$.

Endlich, nachdem die Substanz ein halbes Jahrhundert bekannt
war, fand Haiser[5]), daß dieselbe Phosphorsäure enthält und
der Formel $C_{10}H_{13}O_8N_4P$ entspricht. Der Unterschied in der
Formel, welche Liebig für die Zusammensetzung des bei 100° getrockneten inosinsauren Bariums aufgestellt hat, und Haisers Formel besteht darin, daß letztere an Stelle von zwei Sauerstoffatomen
ein Atom Phosphor enthält. Dadurch ist eine Differenz im Molekulargewicht um zwei Einheiten bedingt, und deshalb können nur
geringfügige Unterschiede in Bezug auf die Werte der einzelnen Bestandteile eintreten.

Daß Liebig den Phosphorgehalt der Inosinsäure übersehen hat,
ist um so auffallender, als er auf Seite 321 seiner Abhandlung
bemerkt: „Bei seiner Lösung in heißem Wasser bietet er (der inosin-
saure Baryt) eine ähnliche Erscheinung dar wie der phosphorwein-
saure Baryt; wenn eine bei etwa 70° gesättigte wässerige Lösung
zum Sieden erhitzt wird, so schlägt sich ein Teil des Salzes in Gestalt einer harzähnlichen Masse nieder" usw.; es erscheint aber erklärlich, da Liebig die inosinsauren Salze mit Bleichromat gemischt
der Verbrennung unterworfen und daher die Verbrennungsrückstände
nicht untersucht hat.

Daß es auch vorkommen kann, daß ein Bestandteil
quantitativ bestimmt wird, der gar nicht vorhanden ist,
zeigt die Untersuchung von Benedikt[6]) über Hämatein und Brasi-
lein, in denen er sowohl nach der Dumasschen als auch nach der
Varrentrapp-Willschen Methode 1,36 bis 1,6$^0/_0$ Stickstoff fand,
während diese Körper[7]) durchaus keinen Stickstoff enthalten.

Benedikt, welcher diese Verbindungen für außerordentlich
schwer verbrennlich hielt, „mußte die mit Kupferoxyd innig gemischte Substanz durch 4 bis 5 Stunden zur hellen Rotglut erhitzen,
bevor die Gasentwicklung völlig aufhörte."

Der Fehler liegt also hier in einer unrichtigen Ausführung der Methode.

Es sei auch daran erinnert, daß man bei der Charakterisierung
von Substanzen durch Farb-[8]) oder Geruchreaktionen sehr vorsichtig sein muß.

---

[1]) Ann. **62**, 317 (1847).
[2]) Ann. **64**, 107 (1847).
[3]) Zeitschr. f. rationelle Medizin **36**, 195.
[4]) Ann. **133**, 301 (1865).
[5]) M. **16**, 194 (1895).
[6]) Ann. **178**, 98 (1875).
[7]) Halberstadt u. Reis, B. **14**, 611 (1881). — Buchka u. Erck,
B. **18**, 1142 (1885).
[8]) Siehe auch Grafe, M. **25**, 1017 (1904).

So wurde z. B. der eigentümliche „Mäusegeruch", welcher vielen
Säureamiden anzuhaften pflegt, für ein charakteristisches Merkmal
derselben gehalten,[1]) bis es sich zeigte,[2]) daß derselbe durch Umkrystallisieren der Amide aus Äther oder Benzol vollkommen zum
Verschwinden gebracht wird.

Wie das Ausbleiben der „Indopheninreaktion" zur Entdeckung
des Thiophens geführt hat, erzählt Thorpe sehr anschaulich in seiner
Gedächtnisrede für Viktor Meyer[3]): „Im Verlaufe seiner Vorlesungen
über Benzolderivate war es, daß Meyer zu der vielleicht schönsten
aller seiner Entdeckungen gelangte — zu der des Thiophens ... Er
wollte seinen Hörern die Indopheninreaktion Baeyers vorführen,
die zu dieser Zeit zum Benzolnachweise diente; aber zu seinem Er-
staunen zeigte sich keine Spur der charakteristischen Blaufärbung,
obwohl er nach seiner Gewohnheit das Experiment kurz vor der
Vorlesung ausprobiert hatte. Es stellte sich heraus, daß sein Assi-
stent Sandmeyer — selbst eine der „Entdeckungen" Meyers —
ihm eine Probe Benzol gereicht hatte, das im Kolleg aus Calcium-
benzoat durch Erhitzen dargestellt worden war, während er darauf
aufmerksam machte, daß die Vorprobe mit gewöhnlichem Labora-
toriumsreagens — dem Benzol purissim. crystallisatum des Handels,
natürlich Teerbenzol — angestellt wurde. Vielbeschäftigt, wie V. Meyer
damals war, hätte er wohl diesen Zwischenfall unberücksichtigt lassen
können oder wäre der Ursache desselben nicht augenblicklich nach-
gegangen. Aber das war nicht seine Art.

Fortuna teilt ihre Lose unparteiisch aus, und jeder kann einen
Treffer machen; aber es ist nicht jedermanns Sache, zu merken,
wann das Glück ihm hold ist, noch zu wissen, wann man die Gelegenheit beim Schopfe fassen muß.

Madame de Staël sagt einmal, man könnte ein recht inter-
essantes Buch darüber schreiben, was für gewaltige Folgen oft aus
kleinen Divergenzen sich ergeben; und solch eine kleine Divergenz
war es, die V. Meyers Aufmerksamkeit fesselte. Sofort begann er,
den Ursachen der Erscheinung nachzugehen. Alle Sorten Benzol, die
in Zürich aufzutreiben waren, wurden untersucht, und bald stand es
fest, daß nur Teerbenzol die Indopheninreaktion zeigt. Meyers
erste Idee war, daß letztere durch ein Isomeres verursacht werde, ein
zweites im Steinkohlenteer vorhandenes Benzol. In weniger als
einem Monat hatte er sich aber davon überzeugt, daß es einen
schwefelhaltigen Begleiter des Benzols gebe und daß Baeyers Indo-
phenin wahrscheinlich eine Schwefelverbindung sei. — Meyer fand,
daß Teerbenzol nach wiederholtem Schütteln mit Vitriolöl nicht mehr

---

[1]) Siehe z. B. Roscoe-Schorlemmers Lehrbuch 3, 461 (1884). —
Beilstein, 2. Aufl., 983 (1886).
[2]) Mason, Ch. News 57, 241 (1888). — Bonz, Z. phys. 2, 967 (1888). —
Hofmann, Ann. 250, 315 (1889). — L. Meyer, B. 22, 26 (1889). — Hent-
schel, B. 23, 2395 (1890).
[3]) Soc. 77, 189 (1900).

mit Isatin reagiert . . . . . . Durch Destillation des beim Ausschütteln von 10 Litern Benzol mit Vitriolöl erhaltenen Produktes erhielt er einige Kubikzentimeter eines farblosen, dünnflüssigen, schwefelhaltigen Öles, das gegen 83° siedete und eine intensive Indopheninreaktion gab."

Dieses Produkt, das V. Meyer zuerst Thianthren, dann Thiophan und Thiol nennen wollte, wurde schließlich Thiophen genannt, wodurch es als schwefelhaltiges Analogon des Benzols chararakterisiert wurde.

Im folgenden gelangen zuerst die Methoden zur quantitativen Bestimmung von Kohlenstoff und Wasserstoff, dann die Stickstoffbestimmung zur Besprechung. Hieran schließt sich die Bestimmung der Halogene und des Schwefels, und endlich wird das Verhalten aller übrigen Elemente besprochen, welche in organischen Substanzen gefunden werden können.

Erster Abschnitt.

Elementaranalyse.
(Quantitative Bestimmung von Kohlenstoff und Wasserstoff.)

1. Geschichtliches.[1])

Die Geschichte der organischen Elementaranalyse beginnt mit Lavoisiers grundlegenden Arbeiten, die diesen genialen Forscher zum Nachweise der Irrigkeit der phlogistischen Hypothese führten.

Bereits im Jahre 1784 spricht Lavoisier[2]) die noch heute geltenden Grundsätze aller Methoden, welche die quantitative Bestimmung des Wasserstoff- und Kohlenstoffgehaltes der organischen Substanzen bezwecken, mit bewundernswerter Schärfe und Klarheit aus, daß nämlich bei der Verbrennung der organischen Substanzen mit einem Überschusse von Sauerstoff nur Kohlendioxyd und Wasser gebildet werden:

«Mais si l'esprit de vin et les huiles sont composés principalement d'air inflammable et de substance charbonneuse; si d'un autre coté il est démontré que dans une combustion quelconque, l'air vital ou plutôt sa base que j'ai nommé principe oxigine se combine avec la substance qui brûle; enfin si principe oxigine combiné avec l'air inflammable, forme de l'eau, si, combiné avec la substance char-

---

[1]) Kopfer, Das Platin als Sauerstoffüberträger bei der Elementaranalyse, Inaug.-Diss. Tübingen 1877. — Dennstedt, Die Entwickelung der organischen Elementaranalyse, Stuttgart 1899.

[2]) Mem. de l'Acad. royal. des sciences 1784, 593. — Siehe auch ferner Mem. de l'Acad. 1784, 448. — Traité de chimie 2. ed., 2, 171. — Oeuvres de Lavoisier 8, 773 (1865). — Kopp, Geschichte der Chemie 4, 249.

bonneuse, il forme de l'air fixe ou acide charbonneux, il est évident que, dans la combustion de l'ésprit de vin et des huiles il doit se former de l'eau et de l'acide charbonneux et que le poids total des matières doit se trouver augmenté de toute la quantité d'air vital qui s'est combinée avec la substance qui a été brûlée. Cette Theorie de la combustion est démontrée en partant des bases que j'ai cherché à établir dans mes précédens Memoires; mais il me restoit à déterminer avec précision les quantités, d'eau et d'acide charbonneux formées pendant la combustion des differentes substances, afin d'en conclure la quantité d'air inflammable et de principe charbonneux qu'elles contiennent: c'est l'objet que je me suis proposé à l'égard de quelques unes, dans les experiences dont je vais rendre compte.»

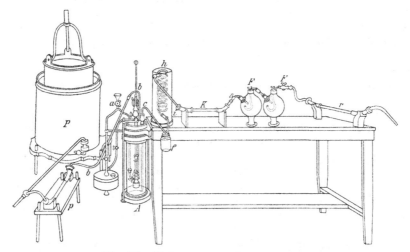

Fig. 96. Verbrennung nach Lavoisier.

Leicht verbrennliche Stoffe, wie Weingeist, Öl und Wachs unterwarf Lavoisier der Analyse, wobei er annahm, daß diese Substanzen ausschließlich aus Wasserstoff und Kohlenstoff zusammengesetzt seien.

Sein Apparat, den die Figur 96 wiedergibt, sollte nicht allein die quantitative Ermittelung des durch die Verbrennung gebildeten Wassers, sondern auch die der Kohlensäure durch direkte Wägung gestatten; die „Einrichtung zwingt trotz ihrer Schwerfälligkeit zur Bewunderung, zeigt sie doch in Wesen und Anordnung schon den Keim der noch heute üblichen Methoden" (Dennstedt).

Die Verbrennung geschah in einem becherartigen Glasgefäße A, dessen Deckel in einer Rinne vermittels Quecksilber hermetisch aufgesetzt werden konnte. Der Deckel hatte drei Durchbohrungen. Durch die eine ging das heberförmige Rohr a, welches die Lampe während der Verbrennung mit Öl zu versehen hatte, durch die zweite das Rohr b, das der Lampe den aus dem Gasometer P kommenden und durch die Vorrichtung p getrockneten Sauerstoff zuführte. In die dritte Durchbohrung war ein Ableitungsrohr c eingepaßt, dazu bestimmt, die erzeugten Verbrennungsprodukte nach den gewogenen Absorptionsapparaten zu führen. In der Flasche f wurde zunächst das entstandene Wasser aufgefangen und die letzten Spuren desselben teils in dem Schlangenrohr h kondensiert, teils in dem mit einem hygroskopischen Salz (sel hygroscopique) gefüllten Rohre k absorbiert. Dann strichen die Gase durch ein System von kugelförmigen Flaschen F. Die Figur zeigt deren nur zwei, in Wirklichkeit waren es indessen acht bis neun. Die letzte derselben enthielt Ätzkalklösung, die vorhergehenden Kalilauge. Wurde während der Anstellung des Versuchs die Flüssigkeit in der letzten Kugelflasche nicht getrübt, so war man zu der Annahme berechtigt, daß das erzeugte Kohlendioxyd vollständig absorbiert worden war. Um die Gase von mitgerissener Feuchtigkeit zu befreien, wurden sie schließlich durch die mit „hygroskopischem Salz" gefüllte Röhre r geleitet. Die Gewichtszunahmen der Absorptionsapparate nach der Verbrennung ergaben die Gewichtsmengen des entstandenen Wassers bzw. der Kohlensäure.

Auch die Benutzung von Sauerstoff abgebenden Metalloxyden, wie Quecksilberoxyd und Braunstein, ferner von chlorsaurem Kalium wird schon von Lavoisier angegeben.

Die so erhaltenen Resultate sind zwar praktisch — aus mehreren Gründen — vollständig wertlos, zumal auch die Versuche selbst erst viele Jahre nach Lavoisiers Tod bekannt wurden und für die Entwicklung der Elementaranalyse ganz ohne Bedeutung geblieben sind. „Trotzdem sehen wir mit staunender Bewunderung auf diesen großen Geist, der, auch hier weit seiner Zeit vorauseilend, nicht nur das Baumaterial für die Entwicklung der organischen Analyse herbeischafft, sondern auch ihr Wesen, nämlich die Bestimmung des Wasserstoffs als Wasser, die des Kohlenstoffs als Kohlensäure, in voller Schärfe erfaßt und die späteren Methoden, die nicht zum mindesten das Gedeihen der organischen Chemie bedingten, man möchte fast sagen vorausahnte" (Dennstedt).

Die nächste Etappe in der Entwicklung der Elementaranalyse bilden die Analysen von Gay-Lussac und Thénard[1]) (Fig. 97).

Getrennt abgewogene Quantitäten der zu verbrennenden Substanz und von feingepulvertem chlorsaurem Kalium, dessen Gehalt an wirkendem Sauerstoff vorher genau bestimmt worden war, wurden innig miteinander gemengt, die Mischung mit Wasser befeuchtet und nun in kleine Kugeln geknetet, die bei 100° C getrocknet wurden. Organische Säuren wurden vorher mit Ätzkalk oder Ätzbaryt gemengt und das nach der Verbrennung zurückgebliebene kohlen-

---

[1]) Ann. de chim. 74, 47 (1810). — Recherches chimico-physiques 2, 265 (1811). — Gilberts Ann. 87 401 (1811).

saure Salz in Rechnung gezogen. Die Menge des angewandten chlor-
sauren Kaliums betrug immer ein halbmal mehr als theoretisch zur
vollständigen Oxydation der organischen Substanz nötig gewesen
wäre. Bei der Verbrennung der stickstoffhaltigen animalischen Stoffe
wurde indessen nur die der Theorie nach nötige Menge des Oxydationsmittels angewandt, um einer etwaigen Oxydation des Stickstoffs vorzubeugen. Die Verbrennung geschah in einer 0,2 Meter
langen, 8 mm weiten aufrechtstehenden Glasröhre. Dieselbe war
mit einem seitlichen Ableitungsrohre versehen, welches die entweichenden Gase über Quecksilber aufzusammeln gestattete. Am oberen
Ende der Verbrennungsröhre war ein Hahn angebracht, der nicht
durchbohrt war, sondern nur eine Vertiefung hatte. Vor Anstellung
der eigentlichen Verbrennung wurde das untere Ende der Röhre zur

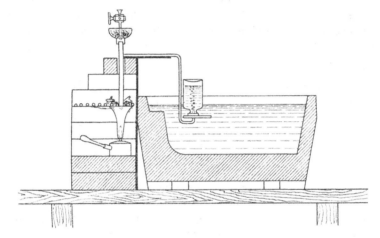

Fig. 97. Verbrennung nach Gay-Lussac und Thénard.

heftigen Rotglut erhitzt und nun mit Hilfe des Hahns einige der
erwähnten Kugeln in die Röhre gebracht, um sämtliche atmosphärische
Luft aus dem Apparate zu verdrängen. Dann erst wurde eine gewogene Anzahl Kugeln, welche im ganzen höchstens 0,6 g organische
Substanz enthielten, eine nach der anderen in die Röhre gebracht
und die entwickelten Gase in passenden Gefäßen aufgesammelt. Die
Analyse der Gase bestand darin, daß dieselben mit $^1/_4$ ihres Volums
Wasserstoffgas verpufft und die Menge der erzeugten Kohlensäure
durch Absorption mit Ätzkali bestimmt wurde. Da so die Menge
der verbrannten Substanz, die Menge des zur Oxydation verbrauchten
Sauerstoffs und die Menge der entstandenen Kohlensäure bekannt
war, so hatte man alle Daten, um die Menge des während der Verbrennung gebildeten Wassers zu berechnen. Gay-Lussac und
Thénard leiteten hieraus die quantitative Zusammensetzung der
verbrannten Substanz ab und erhielten bei der Analyse von 14 stick-

stofffreien und 4 stickstoffhaltigen Substanzen zum Teile sehr genaue Resultate.

Berzelius[1]) vermied die Unzukömmlichkeiten des aufrechtstehenden Rohres. Sein Verfahren, das so weit vollkommen war, daß es ihn zur Erkenntnis der für die organischen Substanzen geltenden stöchiometrischen Gesetze führte,[2]) war folgendes:

5 bis 8 Gran (Troy-Gewicht)[3]) der reinen trockenen Substanz wurden mit 30 bis 40 Gran feingepulvertem chlorsaurem Kalium in einem trockenen Porzellanmörser gemischt und die erhaltene Mischung mit ihrem zehnfachen Gewicht an reinem Kochsalz vermengt. In eine genügend lange, $^1/_2$ bis $^5/_8$ Zoll weite Verbrennungsröhre, welche an einem Ende zugeschmolzen war, wurde nun zunächst eine Mischung von Kochsalz mit etwa 3 Gran chlorsaurem Kalium gebracht, dann die Mischung mit der organischen Substanz nachgefüllt, wobei der an dem Mörser festhaftende Rest durch Zusammenreiben mit grobkörnigem Kochsalz nachgespült und endlich wieder mit einem Gemenge von Kochsalz und Chlorat überschichtet wurde. Die Ver-

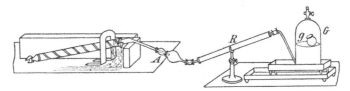

Fig. 98.   Verbrennung nach Berzelius.

brennungsröhre wurde nun an der offenen Seite zu einer langen Spitze ausgezogen und mit Hilfe von Backsteinen in eine schwach gegen den Horizont geneigte Lage gebracht (s. Fig. 98). Von außen war die Verbrennungsröhre mit Zinnblech umwickelt, welches sich durch einen mehrfach darum gewundenen Eisendraht fest an die Wand der Glasröhre anschloß. Sobald die Absorptionsapparate angepaßt waren, wurde zunächst bei B erhitzt und hiermit allmählich durch Weiterrücken des Schirms bis an das Ende der Röhre fortgeschritten. Zur Aufnahme des während der Verbrennung gebildeten Wassers diente eine dünne gläserne Vorlage A, an welche sich ein mit Chlorcalcium gefülltes Glasrohr R von 20 Zoll Länge anschloß. Das entwickelte Kohlendioxyd wurde über Quecksilber in der Glocke G, deren Kapazität etwa 33 Kubikzoll betrug, aufgesammelt und dort durch Ätzkalistückchen, welche sich in einem kleinen Glasgefäße g befanden, absorbiert. Am Schlusse der Verbrennung wurde der hinterste Teil der Verbrennungsröhre stark erhitzt, wobei sich das daselbst befindliche Chlorat zersetzte und das entwickelte Sauerstoff-

---

[1]) Thomsens Annals of philosophy 4, 401 (1814).
[2]) Annals of philos. 5, 93, 174, 260, 273 (1815).
[3]) 0·3 bis 0·5 g.

gas alles etwa noch in der Verbrennungsröhre oder den anderen Teilen des Apparates enthaltene Kohlendioxyd nach der Glocke G trieb.

Zu diesen Verbrennungen verwandte Berzelius ausschließlich Bleisalze organischer Substanzen. Da aber hierbei das zurückbleibende Bleioxyd einen Teil des überschüssig vorhandenen Kochsalzes zersetzte, unter Bildung von Chlorblei und Ätznatron, welch' letzteres Kohlensäure zurückhalten mußte, so wurde die Kohlensäuremenge, welche der Menge des in der verbrannten Substanz ententhaltenen Bleioxyds entsprach, zu der durch Wägung ermittelten addiert.

Keines der bisher beschriebenen Verfahren gestattete indessen eine genügend genaue Bestimmung des Kohlenstoff- und Wasserstoffgehaltes der stickstoffhaltigen Kohlenstoffverbindungen. Die letzteren ließen bei der Verbrennung stets einen beträchtlichen Teil ihres Stickstoffs als salpetrige Säure austreten, und ihre Analyse ergab infolgedessen meistens Resultate, welche sich von den richtigen weit entfernten.

Gay-Lussac[1]) gebührt das Verdienst, durch Einführung des Kupferoxyds den ersten Grund zu einer genauen Methode der Analyse der stickstoffhaltigen Substanzen gelegt zu haben; indem er die mit ihrem zwanzigfachen Gewicht an Kupferoxyd gemengte Substanz in ein aufrecht stehendes einseitig zugeschmolzenes Glasrohr brachte, in welches noch Kupferdrehspäne gefüllt wurden, war er imstande, die Analyse der Blausäure, des Cyans, der Harnsäure und anderer Stoffe mit Erfolg auszuführen.

So war denn eigentlich so ziemlich alles vorhanden, was die Ausführbarkeit von organischen Elementaranalysen bedingt. „Was aber fehlte" — sagt Dennstedt — „das war ein Verfahren, das mit einfachen Hilfsmitteln ohne übermäßigen Zeitaufwand gestattete, in nicht zu geringen Substanzmengen mit voller Sicherheit, wenigstens in der Hand der Geübten. die drei wichtigsten Elemente der organischen Verbindungen, Kohlenstoff, Wasserstoff und Stickstoff — die direkten Methoden zur Bestimmung des Sauerstoffs sind von den Chemikern stets als Stiefkinder betrachtet worden und dürften es auch für die Zukunft bleiben —, schnell und zuverlässig zu bestimmen; es fehlte der Mann, der die gesammelten Erfahrungen unter Erkennung und Vermeidung der noch vorhandenen Mängel und Schwierigkeiten zusammenfaßte und zu einer Waffe schweißte, die der mächtig aufstrebenden organischen Chemie den Weg bahnen konnte zu ihrem noch heute bestaunten Siegeszuge. Dieser Mann war Liebig!

Wenn man seine Abhandlung „Über einen neuen Apparat zur Analyse organischer Körper und über die Zusammensetzung einiger organischen Substanzen" im ersten Hefte des Jahrgangs 1831 von

---

[1]) Ann. de chimie **95**, 184 (1815). — **96**, 53 (1815). — Vgl. Döbereiner, Schweigers Journal **17**, 369 (1816).

Poggendorffs Annalen durchliest und die dazugehörige und hier
wiederholte Abbildung Fig. 99 betrachtet, so gewinnt man anfangs
zumal bei der schlichten Art der Darstellung gewiß nicht den Eindruck, als habe man es mit einer Arbeit von epochemachender Bedeutung zu tun. Diesen Eindruck haben auch Liebigs Zeitgenossen
nicht gehabt, denn spärlich nur fließen die Worte der Anerkennung,
und reichlich sind die Vorschläge nicht immer verständnisvoller Ab-

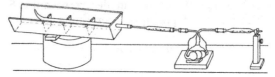

Fig. 99.   Verbrennung nach Liebig.

änderungen. Liebig selbst war jedoch der Bedeutung seiner Methode vollständig sicher, und gewiß hat er bei seiner lebhaften
Natur, wie auch aus seinem Briefwechsel jener Zeit hervorgeht, es
oft schmerzlich empfunden, daß andere sein Verdienst nicht aner-
kannten oder gar ihm Abgelauschtes zu eigenem Ruhme zu verwerten suchten.

Sehen wir zu, mit welchen Hilfsmitteln Liebig die geschilderte
und nicht hoch genug zu rühmende Verbesserung der alten, wenn
nicht gar die Schaffung einer neuen brauchbaren Methode der Elementaranalyse bewirkte, so müssen wir sagen, daß sie ganz außerordentlich einfacher Natur sind, ja so einfach, daß wir uns ordentlich
Mühe geben müssen einzusehen, daß mit so einfachen, man möchte
sagen selbstverständlichen Vorrichtungen so Großes geleistet werden
konnte. Seine Neuerungen beziehen sich, wenn man von der An-

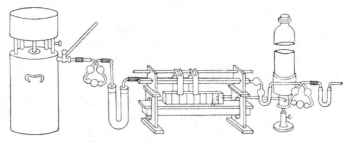

Fig. 100.   Verbrennung nach Hess.

wendung der Luftpumpe zum Austrocknen des gefüllten und mit
heißem Sande umgebenen Verbrennungsrohres, wobei auch bei Verbrennung von Flüssigkeiten diese durch die in der kleinen Glaskugel
enthaltene Luftblase herausgedrückt werden und dadurch stoßweises
Verbrennen verhütet wird, absieht, nur auf drei Punkte, sie sind:
der Kohlenofen, die bajonettförmige Spitze des Verbrennungsrohres und der Kaliapparat."

Was seit Liebig an Verbesserungen der Methode geleistet wurde — Einführung von Spiritus- und Gasöfen an Stelle der immerhin nicht sehr bequemen und unsauberen Kohlenfeuerung, Anwendung des beiderseits offenen Rohres usf., tangiert nicht das Wesen des Verfahrens, nach welchem nunmehr seit über siebzig Jahren in der ganzen Welt fast ausschließlich gearbeitet wird.

Nur noch eines Apparates sei kurz gedacht, des von Hess[1]) in Vorschlag gebrachten, später von Erdmann und Marchand[2]) modifizierten, mit Weingeistofen gespeisten Verbrennungssystems, das zum ersten Male vollkommen die Anordnung aller Bestandteile zeigt, wie sie seither in Anwendung stehen (Fig. 100).

2. Bestimmung von Kohlenstoff und Wasserstoff in Substanzen, welche außer diesen beiden Elementen nur noch eventuell Sauerstoff enthalten. (Methode von Liebig.)

A. Nicht besonders flüchtige Substanzen.

Dieselben werden in einem beiderseits offenen Rohre aus schwer schmelzbarem Glase, oder, noch besser, aber natürlich weit kostspieliger, aus Quarzglas,[3]) das um 12—15 cm länger ist als der benutzte Ofen, verbrannt. Die Beschickung des Rohres, welches eine lichte Weite von 10—14 mm haben soll — bei einer Wandstärke von zirka 2 mm — ist aus nachfolgender Skizze zu ersehen:

Fig. 101.

Das benutzte Kupferoxyd wird am besten durch Oxydation von Kupferdraht oder Kupferdrehspänen gewonnen, auch gekörntes Oxyd ist wohl verwendbar. Es wird beiderseits von kurzen, gut anschließenden Röllchen aus Kupferdrahtnetz zusammengehalten, die beim nachfolgenden Ausglühen des Rohres im Sauerstoffstrom oxydiert und dadurch an ihrer Stelle fixiert werden.

Die Substanz (0·15—0·3) wird in einem Platin-, Kupfer- oder Porzellanschiffchen von 3—5 cm Länge abgewogen.

Hinter dieses schiebt man eine Spirale aus oxydiertem Kupferdraht von 10—15 cm Länge, die um einen am hinteren Ende zu einer Schlinge gedrehten starken Draht gewickelt ist.

[1]) Pogg. **46**, 179 (1839).
[2]) J. pr. **(1)**, **27**, 129 (1842).
[3]) Von Heraeus für ca. 130 Mk. zu beziehen. — Dennstedt, B. **41**, 604 (1908). — Willstätter und Pfannenstiel, Ann. **358**, 232 (1908).

Das Rohr wird durch gut schließende, einfach durchbohrte **Kautschukstopfen**, welche nahezu zylindrische Form haben sollen, einerseits mit den Gasometern bzw. Trockenapparaten, andererseits mit
den Absorptionsröhrchen verbunden.

Einen **Quecksilberverschluß** an Stelle des Kautschukstopfens
verwendet **Marek**[1]) (Fig. 102).

Das zu einer Spitze ausgezogene Verbrennungsrohr wird hierzu so
mit Asbestwolle oder dgl. umwickelt, daß es in der mit dem Quecksilber-

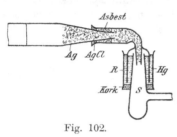

Fig. 102.

verschlußteil versehenen, mit Tressensilber fast gefüllten Knieröhre festsitzt. Nun wird die äußere Fläche
der Asbestdichtung mit geschmolzenem
Silberchlorid gleichmäßig überzogen
und dann die Spitze des Verbrennungsrohres mit Tressensilber vollgestopft
bis über die Stelle, wo die Verjün-
gung beginnt. Das Tressensilber soll
die Wärme während der Analyse gut
weiterleiten. Soll die Verbindung
zwischen dem Verbrennungsrohre und dem Wasserabsorptionsapparate
hergestellt werden, so befestigt man auf das konische Röhrchen S
mittels Korkes — der, wie leicht ersichtlich, die Genauigkeit der
Resultate nicht beeinflussen kann — das Glasrohr R, führt dann
die Spitze des Knierohres so weit als möglich in S ein und gießt in
den Mantel R die nötige Menge trockenen, reinen Quecksilbers.

Man braucht je einen großen **Luft-** und **Sauerstoffgasometer**[2]) und trocknet die Gase vor ihrem Eintritt in das Rohr zunächst in mit Schwefelsäure beschickten Waschflaschen, läßt sie
dann durch Absorptionstürme oder Röhren, welche Natronkalk,
Chlorcalcium und Ätzkali enthalten, passieren und schließlich in
einen **Habermann** schen Hahn treten, welcher gestattet, nach
Wunsch Luft oder Sauerstoff in genau reguliertem Strome austreten
zu lassen. Zwischen den **Habermann** schen Hahn und das Verbrennungsrohr schaltet man noch einen kleinen mit wenigen Tropfen
Schwefelsäure beschickten Blasenzähler ein.

Das Plus (bis zu 0·3 °/₀) an Wasserstoff, das man gewöhnlich
findet, soll nach **Muller**[3]) aus dem Verbindungsschlauche von Trocknungsapparat und Verbrennungsröhre stammen. Lieben hat sich
schon vor dreißig Jahren[4]) in gleichem Sinne geäußert: „Wendet

¹) J. pr. (2) **76**, 180 (1907).

²) Darstellung von Sauerstoff für die Elementaranalyse aus Wasserstoffsuperoxydlösung und Kaliumpermanganat: Seyewetz und Poizat, C. r. **144**,
86 (1907). — Sauerstoff aus Bomben muß nach Linde dargestellt sein; Elek-
trolyt-Sauerstoff enthält Wasserstoff (Kaufler, Privatmitteilung). Brauchbar
ist das Produkt der Fabrik in Höllriegelreuth, Bayern.

³) Bull. (3) **33**, 953 (1905).

⁴) Ann. **187**, 143 (1877).

man ... zur Verbindung des Verbrennungsrohres mit dem für Sauerstoff oder Luft bestimmten Reinigungs- und Trocknungsapparat lange Kautschukröhren an, so ist die Wirkung in vielen Fällen (es hängt dies von der sehr ungleichen Beschaffenheit des Kautschuks ab) ungefähr dieselbe, wie wenn man das vorher sorgfältig getrocknete Gas durch Wasser leiten würde." Man benutzt aus diesem Grunde für den obigen Zweck und in allen ähnlichen Fällen entweder Glas oder dünne biegsame Bleiröhren.

Absorptionsapparate für Kohlendioxyd und Wasser.

Ein U-förmiges Rohr, das mit erbsengroßen Körnern von schaumigem Chlorcalcium (pro analysi, Merck) gefüllt ist, dient zur Absorption des Wassers. Da das Chlorcalcium freien Ätzkalk oder basische Magnesiumsalze zu enthalten pflegt, welche Kohlendioxyd zurückhalten würden, wird durch das Röhrchen vor dem erst-

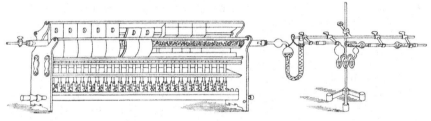

Fig. 103.

maligen Gebrauche einige Stunden hindurch Kohlendioxyd und dann wieder Luft geleitet. Vorher trocknet man das Chlorcalcium, indem man es in einem weiten, etwas schrägabwärts geneigt in eine Klammer eingespannten Reagensrohre so lange vorsichtig über freier Flamme erhitzt, bis sich an dem kälteren Teile des Rohres kein Wasser mehr niederschlägt.[1]) Das Chlorcalciumrohr wird mittels des an der Kugelseite befindlichen Ansatzröhrchens mit der Verbrennungsröhre derart verbunden, daß das Ende des Glasröhrchens nur ganz wenig aus dem Kautschukstopfen herausragt.

Durch ein kurzes Stück starkwandigen Kautschukschlauchs wird das Chlorcalcium-Rohr andererseits Glas an Glas mit dem zur Kohlensäureabsorption bestimmten Kaliapparate verbunden, der seinerseits noch ein weiteres in seiner ersten Hälfte mit Natronkalk, in der zweiten mit Chlorcalcium beschicktes U-Rohr angefügt enthält. An Stelle des Kaliapparates[2]) verwendet man mit Vorteil auch ein

---

[1]) Dennstedt, B. **41**, 602 (1908).
[2]) Pouget und Chouchak schlagen neuerdings wieder die Verwendung titrierter Barytlauge und volumetrische Bestimmung des Kohlendioxyds vor: Bull. (4) **8**, 75 (1908).

Natronkalkrohr.[1]) In jedem Falle wird mit dem letzten Natronkalk-Chlorcalciumrohr noch ein weiteres, ungewogenes Röhrchen mit Calciumchlorid oder, falls man keinen Kaliapparat benutzt, ein Blasenzähler angefügt (Fig. 103).

Der meist benutzte Geißlersche Kaliapparat wird mit Kalilauge vom spez. Gewicht 1·27 durch Einsaugen so weit gefüllt, daß die drei unteren Gefäße zu $^3/_4$ gefüllt sind. Nach je drei Verbrennungen muß die Lauge erneut werden. Benutzt man ein Natronkalkrohr, so ist dasselbe nach jedesmaligem Gebrauche frisch zu füllen.

Wenn die Absorptionsapparate nicht im Gebrauch oder auf der Wage sind, werden sie durch mit Glasstabstückchen versehene Schlauchenden verschlossen gehalten.

Vorbereitung und Durchführung der Analyse.[2])

Vor dem erstmaligen Gebrauche ist das Verbrennungsrohr samt der Kupferspirale im Sauerstoffstrome auszuglühen. Man legt das Rohr zu diesem Behufe in den ca. 80 cm langen Verbrennungsofen derart ein, daß es an der dem Trockensysteme zugewandten Seite 10 cm, an der anderen Seite 5 cm aus dem Ofen herausragt, und leitet nun so lange Sauerstoff hindurch, bis sich derselbe am freien Ende eines mittels Kautschukstopfens an das Rohr angesteckten Chlorcalciumröhrchens durch Entflammen eines glimmenden Holzspanes nachweisen läßt. Nun läßt man die erste Hälfte des Rohres erkalten, während man Luft einleitet, fügt die Absorptionsapparate an, nimmt die oxydierte Kupferspirale heraus und schiebt das die Substanz enthaltende Schiffchen bis auf einige Zentimeter vor das glühende Kupferoxyd, schiebt die Kupferoxydspirale bis auf 2 cm an das Schiffchen nach, verbindet wieder mit den Gasometern und leitet nun einen langsamen Sauerstoffstrom durch das Rohr, indem man das Tempo so reguliert, daß während der ganzen Dauer der Verbrennung 2—3 Blasen pro Sekunde durch den Kaliapparat (bzw. den Blasenzähler) streichen.

Nun erhitzt man die Kupferoxydspirale zum Glühen und schreitet mit dem Erhitzen des Rohres langsam gegen die Substanz zu fort, bis dieselbe ganz allmählich verbrannt ist. Schließlich wird das ganze Rohr noch so lange rotglühend erhalten, bis an der Austrittsstelle Sauerstoff nachweisbar ist. Nun werden die Flammen (zur Schonung des Rohres) allmählich abgelöscht, eventuell noch im Rohre sichtbares Wasser durch Anhalten einer heißen Kachel ausgetrieben und zur Verdrängung des Sauerstoffs aus den Absorptionsapparaten

---

[1]) Der Natronkalk darf nicht zu trocken sein, weil er sonst kein Kohlendioxyd aufnimmt. Er muß beim vorsichtigen Erhitzen in einer Eprouvette reichlich Wasser abgeben; ist das nicht der Fall, so muß er entsprechend (z. B. durch Überleiten feuchter Luft) präpariert werden. Dennstedt, B. **41**, 603 (1908).

[2]) Ausführliche Beschreibung der Ausführung von Elementaranalysen: F. G. Benedict, Elementary Organic Analysis, Easton Pa. 1900.

Luft in lebhaftem Tempo durchgeleitet. Die Absorptionsapparate werden, wenn keine Spanreaktion mehr erfolgt, abgenommen und verschlossen eine halbe Stunde im Wägezimmer (zum Temperaturausgleiche) belassen, worauf die Wägung erfolgt. Man verschließt nun das Verbrennungsrohr am vorderen Ende durch einen Kautschukstopfen, am anderen Ende durch ein Natronkalkchlorcalciumrohr. Vor Beginn der nächsten Verbrennung braucht man nur Schiffchen und Kupferoxydspirale zu entfernen und die Kupferoxydschicht im Luftstrome zur Rotglut zu erhitzen.

Was die Wahl des Verbrennungsofens anbelangt, so sind die meist benutzten Typen (Glaser[1]), Erlenmeyer[2]), Volhard[3]), Fuchs[4]), Kekulé und Anschütz[5]) ziemlich gleichwertig, doch ist der Gaskonsum beim Volhardschen Ofen (welcher außerdem der billigste ist) am geringsten und auch die Belästigung des Experimentators durch Hitze und unvollkommen verbrannte Gase hier auf das Minimum beschränkt. — Zum Schutze des Rohres empfiehlt sich — noch mehr als eine Tonrinne — ein untergelegter Streifen von Asbestpapier, oder noch besser Asbestdrahtnetz.

Die Flammengröße ist so zu regulieren, daß das Rohr zur Rotglut gelangt, aber nur wenig erweicht wird.

B. Leicht flüchtige, insbesondere auch flüssige Substanzen[6])

werden in einem Glaskügelchen mit angeschlossener zugeschmolzener Capillare oder nach Zulkowsky[7]) zur Wägung gebracht, und das angefeilte Capillarende knapp vor dem Einschieben des Schiffchens abgebrochen. Man legt das Kügelchen derart in das Schiffchen, daß das offene Ende der Capillare auf dem Rande des letzteren aufruht und gegen die Seite der Absorptionsgefäße gerichtet ist.

Die Verbrennung wird sehr vorsichtig und zuerst bloß im Luftstrome ausgeführt; erst wenn das ganze Rohr zum Glühen erhitzt ist, leitet man Sauerstoff ein.

Substanzen, welche selbst diese Art des Arbeitens wegen allzu großer Flüchtigkeit nicht vertragen, werden in einen vor das Rohr geschalteten Blasenzähler gebracht, und so ihr Dampf zugleich mit dem Luftstrome durch die Verbrennungsröhre getrieben. Man kann dann nach Dennstedt zur feineren Regulierung der Verdampfung noch eine Teilung des Sauerstoffstromes vornehmen, wobei ein

---

[1]) Suppl. **7**, 213 (1869). — Verbesserte Eisenkerne hierzu: Skraup, M. **23**, 1163 (1902).

[2]) A. **139**, 70 (1866).

[3]) Ann. **284**, 233 (1894).

[4]) B. **25**, 2723 (1892).

[5]) Ann. **228**, 301 (1885).

[6]) Siehe auch S. 192. — Ferner Kassner, Z. anal. **26**, 585 (1887). — Dudley, B. **21**, 3172 (1888). — Reichardt, Arch. **227**, 640 (1889). — Warren, Am. J. Sci. (3) **88**, 387 (1889).

[7]) M. **6**, 450 (1885). — Siehe auch Kopfer, Z. anal. **17**, 15 (1878).

schwächerer, regulierbarer Nebenstrom durch das die Substanz enthaltende U-Rohr geleitet wird. Fig. 104 gibt die Anordnung wieder.

Das U-Rohr mit dem gabelförmigen capillaren Ansatzrohre kann
mit Hilfe eines Metallhakens an die Wage gehängt und so die Substanz abgewogen werden.

Der vom Trockenapparate kommende Sauerstoff teilt sich bei a,
der durch das einfache Rohr gehende Hauptstrom läßt sich am
Schrauben-Quetschhahn b, der durch das U-Rohr gehende Nebenstrom
durch den Quetschhahn c regulieren. Das Gas tritt zunächst durch
einen kleinen, ganz aus Glas gefertigten, mit einigen Tropfen Schwefelsäure gefüllten Blasenzähler und dann durch das U-Rohr über die zu
verdampfende Substanz. Je nach der Flüchtigkeit derselben muß

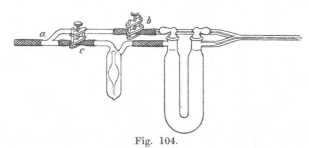

Fig. 104.

dieser Strom geregelt werden. In den meisten Fällen wird man nur
einen sehr geringen Bruchteil des Hauptstroms nötig haben, aus
diesem Grunde hat auch das in die Schwefelsäure eintauchende Rohr
des Blasenzählers eine sehr fein ausgezogene Spitze.

Ist die Substanz vollständig verdampft, so läßt man noch einige
Zeit einen etwas stärkeren Sauerstoffstrom hindurchgehen und erwärmt endlich das U-Rohr einige Male vorsichtig mit der Gasflamme.

Meist genügt es auch, den Teil der Röhre, wo sich die Substanz
befindet, durch Auflegen eines mit Eisstücken gefüllten Kautschuk-
säckchens zu kühlen. Für derartige Bestimmungen ist ein Ofen,
welcher das Freilegen eines Teiles der Röhre gestattet (wie der
Glasersche) von Vorteil.

C. Gasförmige Kohlenstoffverbindungen

werden meist nach den Methoden der Gasanalyse analysiert.[1])

Literatur.

Bunsen, Gasometrische Methoden, 2. Aufl., Braunschweig 1877.
Cl. Winkler, Gasanalyse, Freiberg 1901.
Hempel, Gasanalytische Methoden, Braunschweig 1890. — Z. anorg.
31, 445 (1902).
Siehe auch Diels und Wolf, B. **39,** 695 (1906). — Voldere, Bull. soc.
Chim. Belg. **22,** 37 (1908). — Ferner S. 235 und 272.

[1]) Elementaranalyse des Kohlensuboxyds: Diels und Wolf, B. **39,** 694
(1906). — Verbrennung des Ketens: Staudinger und Klever, B. **41,** 596 (1908).

D. Schwer verbrennliche Substanzen.

Um Substanzen, welche eine schwer verbrennliche Kohle hinterlassen, vollkommen zu oxydieren, mischt man dieselben im Schiffchen
mit pulverförmigem Kupferoxyd oder Bleichromat (hygroskopisch!),
eventuell auch noch Mangansuperoxyd[1]) oder mit dem vierfachen
Volumen Platinschwamm.[2])

Manchmal ist es auch nötig, das Verbrennungsrohr besonders
lang zu wählen,[3]) oder, wie bei der Analyse schwefelhaltiger Substanzen[4]), an Stelle des Kupferoxyds Bleichromat zu verwenden.

Das früher viel geübte Verbrennen im geschlossenen (Ba-
jonett-) Rohre nimmt man zweckmäßiger so vor, daß man die
Füllung des Verbrennungsrohres mit Kupferoxyd oder Bleichromat
wie bei der Stickstoffbestimmung nach Dumas bewirkt (nur daß keine
blanke Kupferspirale zur Verwendung gelangt). Nach Beendigung der
Verbrennung, wenn die Lauge im Kaliapparate zurückzusteigen droht,
öffnet man den Geißlerschen Hahn und leitet Sauerstoff und
schließlich Luft durch das Rohr.[5])

3. Analyse stickstoffhaltiger Substanzen.

Da sich bei der Verbrennung stickstoffhaltiger Substanzen Oxyde
des Stickstoffs bilden, die in die Absorptionsgefäße gelangen würden,
muß man für ihre Bindung sorgen.

Das verwendete Verbrennungsrohr muß um 10 cm länger sein
als das sonst angewandte. Es ragt sonach um 15 cm aus dem Ofen
heraus und ist bis 3 cm vom Ende mit einer zwischen zwei Kupfer-
drahtpfropfen eingeschlossenen 8 cm langen Schicht von gekörntem
Bleisuperoxyd — das durch Digerieren mit Salpetersäure usw.
von Bleioxyd befreit sein muß[6]) — beschickt. Dieser Teil der

---

[1]) Ulffers und Janson, B. **27**, 97 (1894).

[2]) Demel, B. **15**, 604 (1892).

[3]) R. Meyer u. Saul, B. **26**, 1275 (1893). — Abel, B. **37**, 372 (1904). —
Goldschmiedt und Knöpfer, M. **20**, 748 (1899).

[4]) Siehe S. 161.

[5]) Beispiele von Analysen schwerverbrennlicher Substanzen: Hoogewerff
und Van Dorp, Rec. **3**, 358 (1884). — Zincke und Breuer, Ann. **226**, 26
(1884). — Lippmann und Fleißner, M. **7**, 9 (1886). — Claisen, B. **25**,
1768 (1892). — Skraup, M. **14**, 476 (1893). — Wegscheider, M. **14**, 313
(1893). — Smith, Am. **16**, 391 (1894). — Guareschi und Grande, Rendiconti Acad. Torino **33**, 16 (1894). — Hesse, Am. **18**, 727 (1896). — Haber
und Grinberg, Z. anal. **36**, 558 (1897). — Goldschmiedt und Knöpfer,
M. **20**, 748 (1899). — Rosenheim u. Löwenstamm, B. **35**, 1124 (1902). —
Rosenthaler, Arch. **243**, 499 (1905). — Veraguth, Diss. München 1905,
S. 69, 82. — Muller, Bull. (8), **33**, 951 (1905). — Mayerhofer, M. **28**, 593
(1907). — Tafel und Houseman, B. **40**, 3748 (1907). — Cohen, Arch. **245**,
244 (1907). — Nölting und Philipp, B. **41**, 581 (1908). — Emmerling,
B. **41**, 1374 (1908). — Nach Biltz geben namentlich Substanzen, die beim
Verbrennen Kohlenoxyd entwickeln, unbefriedigende Zahlen. B. **41**, 1390 (1908).

[6]) Über Bleisuperoxyd siehe Dennstedt und Haßler, Z. anal. **42**, 417
(1903).

Röhre wird durch einen kurzen Lufttrockenkasten andauernd auf 160—180° erhitzt.

Im übrigen wird die Verbrennung in üblicher Weise durchgeführt, indem man zuerst im Luftstrome erhitzt und erst Sauerstoff einleitet, bis die Substanz verkohlt ist, weil sonst, namentlich bei Nitrokörpern, stürmischer Reaktionsverlauf eintreten kann.[1])

Außer dem von Kopfer[2]) zur Bindung der Stickstoffoxyde zuerst vorgeschlagenen Bleisuperoxyd werden gelegentlich **Mangandioxyd**[3]), **chromsaures Kalium**[4]) oder **metallisches Silber**[5]), häufiger **blanke Kupferspiralen**[6]) benutzt.

In letzterem Falle beschickt man das 1 m lange Rohr bis auf 15 cm in gewöhnlicher Weise mit Kupferoxyd oder Bleichromat und führt schließlich eine bei 200° getrocknete 10 cm lange Kupferdrahtnetzspirale ein, welche mittels Methylalkohol oder Ameisensäure, nicht aber im Wasserstoffstrome reduziert worden ist[7]). — In Ausnahmefällen muß man eine bis 30 cm lange Kupferspirale anwenden[8]) oder Kupfer- und Silberspirale.[9])

Eine andere Methode zur Reduktion der Stickstoffoxyde rührt von F. G. Benedict.[10])

Das Rohr wird in üblicher Weise mit Kupferoxyd gefüllt und in dem dem Henkel abgekehrten Ende des Verbrennungsschiffchens ein 1—2 cm langer Raum nicht mit Substanz bedeckt. Hierher wird eine gewogene Menge (50—100 mg) reinen **Kandiszuckers**, **Benzoesäure** oder **Naphthalin** gebracht und das Schiffchen bis auf 1 cm an das glühende Kupferoxyd herangerückt.

Man beginnt die Verbrennung im Luftstrome. Die zuerst verbrennende Benzoesäure (bzw. Naphthalin oder Zucker) reduziert das zunächst liegende Kupferoxyd, und wenn nunmehr nitrose Dämpfe sich zu entwickeln beginnen, werden sie durch das blanke Kupfer reduziert.

Hat man es mit besonders leicht zersetzlichen Nitrokörpern zu tun, so füllt man das Reduktionsmittel in ein separates Schiffchen, das zuerst in die Verbrennungsröhre eingeschoben wird. Auch kann man alsdann im geschlossenen Rohre oder im Stickstoffstrome verbrennen.

Bei der Berechnung der Analyse muß natürlich ein der benutzten Menge des Zuckers usw. entsprechender Abzug gemacht werden.

---

[1]) Kunz-Krause und Schelle, Arch. **242**, 267 (1904).
[2]) Z. anal. **17**, 28 (1878).
[3]) Perkin, Soc. **37**, 457 (1880). — B. **13**, 581 (1880).
[4]) Perkin, Soc. **37**, 121 (1880).
[5]) Dennstedt, Gazz. **28**, 78 (1898).
[6]) Klingemann, B. **22**, 3064 (1889). — Tower, Am. Soc. **21**, 596 (1899). — Benedict, Am. **23**, 334 (1900).
[7]) Siehe S. 184.
[8]) R. Meyer und Saul, B. **26**, 1275 (1893). — Bülow und Schaub, B. **41**, 2359 (1908).
[9]) Abel, B. **37**, 372 (1904).
[10]) Elementary organic analysis, S. 60. — Am. **23**, 343 (1900).

Es entsprechen:

1 Gramm Zucker $C_{12}H_{22}O_{11}$:

$$0.5791 \text{ g } H_2O \quad \text{log. Faktor} = 0.76272-1$$
$$1.5430 \text{ g } CO_2 \quad ,, \quad ,, \quad = 0.18836$$

1 Gramm Benzoesäure $C_7H_6O_2$:

$$0.4428 \text{ g } H_2O \quad \text{log. Faktor} = 0.64622-1$$
$$2.5235 \text{ g } CO_2 \quad ,, \quad ,, \quad = 0.40201$$

1 Gramm Naphthalin $C_{10}H_8$:

$$0.5627 \text{ g } H_2O \quad \text{log. Faktor} = 0.75025-1$$
$$3.4357 \text{ g } CO_2 \quad ,, \quad ,, \quad = 0.53602.$$

Dunstan und Carr[1]) sowie Haas[2]) empfehlen für schwerverbrennliche stickstoffhaltige Substanzen einen Zusatz von Kupferchlorür.

4. Analyse halogen- oder schwefelhaltiger Substanzen. [3])

Dieselben werden entweder mit Bleichromat[4]) und Bleisuperoxyd[5]) verbrannt, oder man legt eine mehrere Zentimeter lange Schicht von Silberband oder -blech hinter das Kupferoxyd[6]), weit weniger gut eine Kupferspirale.

Das Bleichromat muß schwer schmelzbar sein,[7]) was durch Zusatz von Bleioxyd bei der Fabrikation erreicht wird, und kann auch zweckmäßig nach Völckers Vorschlag[8]) mit Kupferoxyd vermengt werden.

Verbrennt man schwefelhaltige Substanzen mit Kupferoxyd, so muß man den Schiffcheninhalt mit Mennige oder einer Mischung von Bleichromat mit $^1/_{10}$ Teil Kaliumbichromat überschichten.

Gorup-Bésanez[9]) empfiehlt für stark halogenhaltige Körper Vermischen der Substanz mit dem gleichen Gewichte Bleioxyd.

---

[1]) Proc. **12,** 48 (1896).
[2]) Soc. **89,** 571 (1906).
[3]) Schwer verbrennliche halogenhaltige Substanzen: Mauthner u. Suida, M. **2,** 111 (1881). — V. Meyer und Wachter, **25,** 2632 (1892). — Schwer verbrennliche schwefelhaltige Substanzen: V. Meyer u. Stadler, B. **17,** 1577 (1884). — Siehe auch Anschütz, Ann. **359,** 207 Anm. (1908).
[4]) Carius, Ann. **116,** 28 (1860). — Liebig, Anleitg. (1837), S. 32.
[5]) Henry, Journ. pharm. **20,** 59 (1834). — Overbeck, Arch. **1854,** 2. — Kopfer, Z. anal. **17,** 28 (1878).
[6]) Kraut, Z. anal. **2,** 242 (1863). — Stein, Z. anal. **8,** 83 (1869).
[7]) Die verschiedenen Handelssorten verhalten sich in dieser Beziehung sehr verschieden, daher auch die immer wiederholte Behauptung, daß das Bleichromat durch Anschmelzen an das Glas die Röhren unweigerlich zerstöre und zum wiederholten Gebrauche untauglich mache. Ein brauchbares Präparat liefert E. Merck. — Siehe auch de Roode, Am. **12,** 226 (1890). — Remsen, Am. **18,** 803 (1896).
[8]) Chem. Gaz. **1849,** 245.
[9]) Jb. **1862,** 558.

Beilstein und Kuhlberg[1]) benutzten für schwer verbrennliche chlorhaltige Körper Quecksilberoxyd und Kupferoxyd und hielten das Ende der Verbrennungsröhre kalt, um das gebildete Sublimat zurückzuhalten.

Johnson und Hawes[2]) empfahlen an Stelle des Bleichromats geschmolzenes und mit frisch geglühtem Porzellanton gemischtes Kaliumbichromat.

5. Analyse von Kohlenstoffverbindungen, welche anorganische Bestandteile enthalten.

Verbindungen, welche Alkalien oder Erdalkalien enthalten, halten einen Teil der Kohlensäure zurück, welche entweder bestimmt und dem in den Absorptionsapparaten aufgefangenen Kohlendioxyd hinzugerechnet werden muß oder deren Fixation durch das Alkali man in geeigneter Weise verhindert.

Lieben und Zeisel[3]) geben der erstgenannten Art des Arbeitens den Vorzug und verfahren namentlich zur Calciumbestimmung folgendermaßen:

Nachdem das Platinschiffchen mit der Substanz in einem gut schließenden Wägeröhrchen gewogen worden ist, wird es in ein aus einem Stück Platinblech geschweißtes Rohr eingesetzt, das etwas länger ist als das Schiffchen und das in das Verbrennungsrohr eingeschoben wird. Teils um das Platinblechrohr zu verstärken, teils um ein Ankleben desselben an das Glasrohr während der Verbrennung möglichst zu verhüten, sind an der unteren Seite desselben äußerlich drei Streifchen aus dickem Platinblech angeschweißt, die gewissermaßen als Füße dienen. Außerdem ist das Rohr an der einen Mündung mit zwei angeschweißten soliden Handhaben versehen, welche ein bequemes Herausziehen mit Hilfe eines Kupferdrahtes nach beendeter Verbrennung ermöglichen. Man zieht es erst heraus, nachdem es im trockenen Luftstrome völlig erkaltet ist, bringt das Schiffchen in das Wägeröhrchen und erfährt so das Gewicht der bei der Verbrennung hinterbliebenen Asche, ohne eine Verunreinigung mit Kupferoxyd besorgen zu müssen, das sonst so leicht in das Schiffchen fällt und die Aschenbestimmung wertlos macht. Das Schiffchen wird nunmehr noch vor dem Gebläse heftig bis zur Gewichtskonstanz geglüht und wieder gewogen. Der Gewichtsverlust entspricht der Kohlensäure, die noch vom Kalk zurückgehalten worden ist, während die hinterbleibende Asche aus reinem Calciumoxyd besteht.

Meist wird man den zweiten Weg einschlagen und vermischt die Substanz im Schiffchen entweder mit Kaliumbichromat (Wisli-

---

[1]) J. pr. (1) **108**, 268 (1869).
[2]) C. **1874**, 439.
[3]) M. **4**, 27 (1883).

cenus[1]), mit Chromoxyd (Schwarz und Pastrovich[2]), Kupfer-
phosphat (Gaultier de Claubry[3]), Wolframsäure (Cloëz[4]) oder
Kieselsäure (Schaller[5]), weniger gut Antimonoxyd oder Borsäure
(Fremy).

Wenn man alsdann eine gewogene Menge z. B. Kieselsäure,
Wolframsäure oder Chromoxyd nimmt, so kann durch Zurückwägen
des Schiffchens die Menge der in der Substanz vorhanden gewesenen
Base bestimmt werden.

Am meisten hat sich eine Mischung von Bleichromat mit $^1/_{10}$
Kaliumbichromat bewährt.[6])

Zur Analyse des stark asche(baryt-)haltigen und hygroskopischen, bei 110° getrockneten Saponins geht z. B. Rosenthaler[7])
folgendermaßen vor:

Die Wägung wird in einem kleinen durch einen Gummistöpsel
verschließbaren Reagensglase vorgenommen, dessen Boden durch
Ausblasen so dünn gemacht war, daß er leicht durchstoßen werden
konnte. Auf den Boden des Gläschens kommt eine Schicht des
Bleichromat-Kaliumbichromatgemisches, dann wird das verkorkte
Gläschen tariert, das Saponin hineingefüllt und wieder unter Verschluß gewogen. Auf das Saponin kommt nun wieder Chromat und
wird mit demselben durch Schütteln gemischt. Hierauf wird das
Gläschen mit einem ausgeglühten Kupferdraht umwickelt — um ein
Anschmelzen an das Verbrennungsrohr zu verhindern — und nach
dem Entfernen des Stöpsels rasch in das Verbrennungsrohr eingeschoben, das erst halb mit Kupferoxyd gefüllt ist. Nun wird mit
einem Glasstabe der Boden des Gläschens durchstoßen und das Rohr
zu Ende gefüllt.

Die Elementaranalyse der Doppelverbindungen von Antimon-
pentachlorid mit organischen Substanzen bereitete Rosenheim und
Löwenstamm[8]) zum Teil überhaupt unüberwindliche Schwierigkeiten.

Wie bei der Analyse von Substanzen, welche sonstige anorganische Bestandteile enthalten, zu verfahren ist, wird bei der Besprechung der Bestimmung dieser Elemente angeführt.

6. Analyse hygroskopischer Substanzen.

Die Verbrennungen des Rhodophyllins führten Willstätter und
Pfannenstiel[9]) in Röhren von Quarz und Bergkrystall[10])

---

[1]) Ann. 116, 13 (1873).
[2]) B. 13, 1641 (1880). Siehe auch S. 275.
[3]) C. r. 15, 645 (1842).
[4]) Bull (2), 1, 250 (1864).
[5]) Bull. (2). 2, 414 (1864).
[6]) Benedict, Elementary organic analysis, S. 70. — Fres., 6. Aufl., 2, 29.
[7]) Arch. 243, 498 (1905).
[8]) B. 35, 1124 (1902).
[9]) Ann. 358, 232 (1908).
[10]) Siehe S. 153.

aus, und zwar mit Rücksicht auf die Aschenbestimmung im Platinschiffchen.

Alle Wägungen der Substanz mußten, weil sie trocken sehr
hygroskopisch ist, durch Differenzwägung aus verschließbaren Wäge-
gläsern ausgeführt werden, und zwar ohne
Umfüllung in denselben Gefäßen, in denen
die Substanzen auch getrocknet worden waren.
Es ist zweckmäßig, dafür birnenförmige Kölbchen (Inhalt ca. 20 ccm) mit eingeschliffenem
Aufsatz zum Evakuieren und Stopfen anzuwenden (Fig. 105). Die Form der Wägekölb-
chen ist dafür wichtig, daß sich die Substanzen
ohne Verstäubung in das Schiffchen oder in
das Mischrohr ausschütten lassen. Zur Trocknung waren die mit Rhodophyllin beschickten
Kölbchen in Bädern von 105—140° Tag und
Nacht mit der Pumpe in Verbindung. In die

Fig. 105.

evakuierten Gefäße läßt man natürlich dann die Luft langsam durch
Trockenapparate wieder zutreten.

Um bei der Elementaranalyse sehr hygroskopischer Substanzen
die Bestimmung, namentlich des Wasserstoffs, möglichst genau ausführen zu können, wägt Stein[1]) die nur an der Luft oder im Exsiccator getrocknete Substanz im Schiffchen ab und bringt dieses in
die zur Elementaranalyse vollständig vorgerichtete Verbrennungsröhre;
damit der Versuch durch die Wärmeleitungsfähigkeit der Blechrinne
nicht gefährdet werde, ist es zweckmäßig, letztere nur so lang zu
nehmen, als die Kupferoxydschicht reicht, und die Stelle unter dem
Schiffchen frei zu lassen. Nachdem die Dichtheit des Apparats geprüft ist, steckt man in einem Abstande von 10 cm hinter dem
Schiffchen einen oder zwei Brenner an und leitet einen auf diese Weise
erhitzten, vollkommen trockenen Luftstrom langsam über die Substanz.
Gewöhnlich erscheint sehr bald Wasser in der Chlorcalciumröhre und
verschwindet nach einiger Zeit wieder, ohne auch bei etwas stärkerer
Erhitzung des Luftstromes und Abkühlung der Kugel der Chlorcalciumröhre durch Äther wieder zum Vorschein zu kommen. Der
Apparat wird nun wiederum auf seine Dichtheit geprüft und die
einzelnen Teile gewogen. Die Wägung des Kaliapparates mit dazu-
gehöriger Kaliröhre läßt erkennen, ob eine Zersetzung der Substanz
stattgefunden hat, und die Gewichtszunahme der Chlorcalciumröhre
ergibt den Wassergehalt. Zeigte sich in einem Falle gar kein Wasser
in der Chlorcalciumröhre, so ist die Wägung nichtsdestoweniger vorzunehmen, da es bei geringem Wassergehalte der Substanz oder höherer
Temperatur des Luftstromes vorkommen kann, daß kein Wasser in
der Kugel verdichtet wird. Während der Wägungen geht der Luftstrom, ohne erhitzt zu werden, ununterbrochen durch die Röhre,

¹) Z. anal. 5, 33 (1866).

und sobald sie ausgeführt sind, kann die Verbrennung der nun trockenen Substanz beginnen. Anstatt durch Abkühlung der Chlorcalciumröhre zu prüfen, ob die Austrocknung vollendet ist, ist es sicherer, nach der Wiederanfügung aller Apparate eine Zeitlang zu erhitzen und zum zweitenmal, diesmal jedoch nur die Chlorcalciumröhre, zu wägen.

In Fällen, wo eine höhere Temperatur nötig ist, um das chemisch gebundene Wasser auszutreiben, hängt man an vier dünnen Drähten ein Kupferblech zwischen Brenner und Röhre an der Stelle, wo das Schiffchen steht, auf, schiebt ein Thermometer dazwischen und steckt einen Brenner unter dem Bleche an. Die Temperatur in der Röhre ist selbstverständlich etwas niedriger als die Angabe des Thermometers.

7. Analyse explosiver Substanzen.

Oftmals lassen sich explosive, namentlich auch hoch nitrierte Körper anstandslos verbrennen, wenn man für genügende Verteilung der Substanz im Rohre sorgt,[1]) eine lange Kupferspirale vorlegt und sehr langsam erhitzt.[2])

Man verwendet alsdann ein 15 cm langes Schiffchen aus Kupfer, und bringt die mit pulverförmigem Kupferoxyd gemischte Substanz, von der man nicht allzuviel (0,1—0,2 g) verwendet, in demselben unter, wobei man zwischen je zwei Strecken von Substanz + feinem Kupferoxyd einen „Damm" von körnigem Kupferoxyd bringt (Jackson und Lamer[3]).

Pikrinsäure, Pikramid und verwandte Körper lassen sich leicht und ohne Verpuffung verbrennen, wenn man sie mit ihrem drei- bis vierfachen Gewichte an fein gepulvertem Quarz mischt (F. G. Benedict[4]).

Murmann[5]) empfiehlt 7—10 cm lange, 1—1,3 cm breite Verbrennungsschiffchen aus Porzellan mit 10 Abteilungen (Querwänden[6]). Beim Schmelzen muß jeder Teil der Substanz in jener Abteilung verbleiben, in welcher er sich befand und kann sich nicht in den noch nicht geschmolzenen Teil wie in einen Docht hineinziehen. Wird die Temperatur der Zersetzung erreicht, so tritt letztere nur bei einem kleinen Teil ein und ist deshalb unschädlich, selbst bei

---

[1]) Schwarz, B. 13, 559 (1880). — Eder, B. 13, 172 (1880). — Janowsky, M. 6, 462 (1885). — 9, 836, 1888). — Leemann und Grandmougin, B. 41, 1296 Ann. (1908),

[2]) Harries und Weiß, B. 37, 3432 (1904).

[3]) Am. 18, 676 (1896).

[4]) Am. 23, 346 (1900).

[5]) Z. anal. 36, 380 (1897). — Scholl, Ann. 338, 32 (1904). — Die Schiffchen haben nur den Nachteil großer Gebrechlichkeit.

[6]) Zu beziehen von Lenoir u. Forster, Wien IV, Waaggasse 5.

lebhafter Verpuffung. Man kann auch jeden zweiten Abteil des
Schiffchens leer lassen und indifferente Stoffe zumischen.

Noch brisantere Körper, wie Nitroglycerin, werden nach Hempel[1])
im Vakuum verbrannt. Diese Methode gestattet die gleichzeitige
Bestimmung des Stickstoffs.

Derartige Sprengstoffe wird man indessen zweckmäßiger auf
nassem Wege zersetzen.[2]) Es genügt daher hier wohl der Literatur-
hinweis auf das Verfahren; doch sei eines Kunstgriffes gedacht, den
Hempel anwendet, um bei Gegenwart von leicht flüchtigen Substanzen die Evakuation des Rohres ohne Verluste durchführen zu
können, und der auch sonst Vorteile bieten wird[3]) (Fig. 106).

Man bläst aus einer dünnen Glasröhre Kugeln mit zwei capillaren
Ansatzröhren, und saugt mit dem Munde von c aus in b etwas
einer geschmolzenen Metall-Legierung von 10 Teilen Woodschem
Metall (2 Teile Cadmium, 1 Teil Blei und 4 Teile Zinn) mit 2 bis
3 Teilen Quecksilber. Eine derartige Legierung erstarrt in der
Capillare sofort, ohne dieselbe zu zersprengen, zu einem glänzenden,
fest anliegenden Metallfaden. Der Schmelzpunkt dieser Legierung

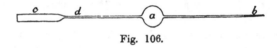

Fig. 106.

ist noch wesentlich niedriger als der des Woodschen Metalls; derselbe liegt zwischen 50—60° C. (Woodsches Metall allein zersprengt
beim Erstarren die Glaswandungen.)

Von der so vorgerichteten Glaskugel schneidet man das Rohrende c bei d ab, kneipt mittels Zange so viel von dem mit Metall
erfüllten Capillarfaden ab, daß der kleine abschließende Metallzylinder
1—2 mm lang ist, und füllt dieselbe von d aus auf die gewöhnliche
Art — durch Erwärmen und Abkühlen — mit der zu untersuchenden Flüssigkeit an. Hierauf schmilzt man den Capillarfaden bei d zu.

Eine derartig doppelt geschwänzte Glaskugel gestattet nun das
Evakuieren der Verbrennungsröhre, ohne daß während dieser Operation von der zu untersuchenden Flüssigkeit etwas verdampfen
kann und ermöglicht ein beliebiges, sicheres Öffnen der Kugel durch
gelindes Erwärmen des die Legierung enthaltenden Endes der
Capillare.

Bei sehr leicht flüchtigen Substanzen macht man diese Capillare
10—12 cm lang, so daß durch dieses Erwärmen die Flüssigkeit in
der Kugel nicht zum Sieden kommt.

---

[1]) Z. anal. **17**, 109 (1878).
[2]) Siehe S. 200.
[3]) Ähnliche Vorrichtungen: Francesconi und Cialdea, Gazz. **34**, I,
440 (1904). — Marek, J. pr. (2) **73**, 366 (1904). — Dimroth und Wislicenus, B. **38**, 1575 (1905). — Dimroth, B. **39**, 3910 (1906).

8. Modifikationen des Liebigschen Verfahrens.

A. Verbrennung nach Fritz Blau.[1])

Als Absorptionsgefäße dienen ein Chlorcalciumrohr, im Minimum 30 g Chlorcalcium enthaltend, und zwei U-Röhren, je zu $^2/_3$ mit Natronkalk (nicht unter 20 g), zu $^1/_3$ mit Chlorcalcium gefüllt. Das zweite Natronkalkrohr nimmt in der Regel um höchstens 1 mg zu, kann also sehr oft benützt werden, im ersten ist der Natronkalk nach jeder Analyse zu erneuern, daher dasselbe zweckmäßig mit gut eingeschliffenen Glasstöpseln versehen ist. An die Absorptionsröhren schließt sich ein Schwefelsäure enthaltender, ca. 1 dm hoher Indikator von möglichst kleinem Volumen, endlich folgt eine unten tubulierte Mariottesche Flasche von 2 Liter Inhalt, die unten mit einem Hahn versehen ist.

Das Verbrennungsrohr enthält eine Schicht von etwa 60 cm Länge, vom vorderen Ende des Ofens bis 25 cm vom hinteren Ende desselben reichend, von festgerollten, gut anliegenden Kupferdrahtnetzrollen. Die Drahtnetze (etwa 6 von je 10 cm Länge) werden, um besonders wirksam gemacht zu werden, vor der ersten Verbrennung zuerst im Sauerstoffstrome oxydiert, dann im Wasserstoff- oder Alkoholdampfstrome reduziert und nun nochmals oxydiert. Das Kupferdrahtnetz enthalte ca. 75 Drähte von 0,3 mm Durchmesser auf den Dezimeter. Dickere Drähte zerfallen viel leichter.

Hat man auf Halogen Rücksicht zu nehmen, so ist die vorderste Kupferdrahtnetzspirale durch eine Silberdrahtnetzrolle zu ersetzen.

Das Rohr ragt 19 cm aus dem Ofen heraus; 6 cm vor dem letzteren beginnend und 3 cm vor dem Kautschuk, der das Chlorcalciumrohr trägt, endend, wird eine 10 cm lange Schicht reinen körnigen Bleisuperoxyds zwischen zwei ganz schmale Kupferdrahtnetzröllchen eingeschlossen. Das Bleisuperoxyd dient zur Absorption von Stickoxyden und schwefliger Säure, kann also unter Umständen entbehrt werden.

Das hintere Ende des Rohres trägt mittels eines einfach gebohrten Kautschuks ein T-Rohr, dessen seitlicher Ansatz o zur Luft- resp. Sauerstoffzuführung dient. Der horizontale Schenkel b ist 10 cm lang und hat ein Lumen von etwa 3 mm. Durch denselben ist ein dicker Eisen- oder Kupferdraht, der gegen die Spitze zu verjüngt und hackig gekrümmt oder, wie Fig. 99 zeigt, ausgeschnitten ist, gesteckt und mittels eines dickwandigen, englumigen 4 cm langen Kautsckukschlauches, der zugleich über das Rohr b und über den Stab c geschoben ist, so mit b verbunden, daß er das Verbrennungsrohr von der äußeren Luft völlig abschließt, zugleich aber mit nur geringer Reibung, die noch durch Einbringen einer Spur Federweiß (Magnesiumsilicat) in den Schlauch verringert werden kann,

---

[1]) M **10**, 357 (1889).

nach Belieben innerhalb b hin und her geschoben werden kann (Fig. 107).

Der Draht habe eine Länge von $^1/_2$ m, sein hackiges Ende ist dazu bestimmt, in die Öse des Verbrennungsschiffchens (am besten Platinschiffchen) eingefügt zu werden. Dadurch wird es ermöglicht, daß das Schiffchen bei völligem Luftabschlusse von außen im Rohre verschoben werden kann.

Zur Ausführung der Analyse wird, während ein Luftstrom durch das Rohr streicht, das Bleisuperoxyd mittels eines kleinen, längs des Rohres verschiebbaren Luftbades, auf 160—180° C erwärmt, der hintere Teil des Ofens dagegen vor der Hitze des vorderen, bis ungefähr 5 cm über das Kupfer hinaus zum lebhaften Glühen gebrachten, durch Herausnehmen der Eisenkerne bis auf einen oder zwei ganz hinten befindliche und (bei flüchtigen Substanzen) durch einen Asbestschirm geschützt.

Glüht der Ofen, so werden die während des Anheizens gewogenen Absorptionsapparate angesetzt, das Schiffchen eingeführt, angehackt, der Indikator mit dem Aspirator verbunden und vorsichtig der Hahn des letzteren geöffnet, indes so weit, daß er in gleicher Zeit mehr

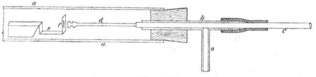

Fig. 107.

Luft wegzusaugen imstande ist, als ihm während der Verbrennung je zugeführt werden kann. Man verbrennt in einem Luftstrome, der stark genug ist, um ein allzu weites Zurücksublimieren der Substanz oder von deren Zersetzungsprodukten zu verhindern.

Das Schiffchen wird gleich so weit vorgeschoben, daß die Verbrennung beginnen kann, und in dem Maße, als der Gang derselben träger wird, vorgerückt, schließlich bis in den glühenden Teil des Rohres. Sollte die Verbrennung zu rasch werden, so zieht man das Schiffchen entsprechend weit zurück. Nach und nach werden die noch fehlenden vorgewärmten Eisenkerne eingeschoben, zum Glühen erhitzt und der Luftstrom durch einen kräftigen Sauerstoffstrom ersetzt.

Ist das Kupfer vollständig oxydiert, was sich durch einen rascheren Gang der Blasen durch den Indikator bemerklich macht, so wird wieder Luft eingeleitet, ohne daß man das Auftreten des Sauerstoffs beim Indikator abwartet. Der Aspirator wird abgenommen und nach kurzer Zeit erst der Sauerstoff, dann die nachströmende Luft, durch die Spanreaktion nachgewiesen.

Das im vordersten Teile des Rohres kondensierte Wasser wird während der zweiten Hälfte der Verbrennung durch Verschieben des Luftbades ins Chlorcalciumrohr getrieben.

Die Verbrennungsdauer, gerechnet von der Einführung des Schiffchens bis zur Abnahme der Absorptionsapparate beträgt $^1/_2$ bis höchstens $^3/_4$ Stunde. Blau hat sogar Benzoesäure nach seinem Verfahren in 10, Rohrzucker in 14 und Naphthalin in 24 Minuten mit vorzüglichem Erfolge verbrannt.

Haber und Grinberg[1]) adoptieren das Prinzip der Verbrennung nach Blau für die Elementaranalyse von Steinkohlen. Zum Verschieben des Schiffchens benutzen sie einen Kupferdraht, an den vorn ein Platindraht mit hackig umgebogener Spitze angelötet ist, welche in den Henkel des benutzten Porzellanschiffchens eingreift.

B. Methode von Lippmann und Fleißner.[2])

Zur Verbrennung bedient man sich, wie Kopfer[3]) angegeben, eines 70 cm langen und 1·5—2 cm weiten Verbrennungsrohres (Fig. 108). Bei a kommt zunächst ein Pfropf aus Tressensilber, hierauf stopft man vorsichtig unter Zuhilfenahme eines Glasstabes eine 20 cm lange Schicht Kupferasbest, bei b kommt wieder ein Pfropf aus Tressensilber ca. 1½—2 cm lang und dicht an diesen ein Pfropf

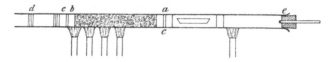

Fig. 108.

aus Asbest. Man erhitzt nun die Stelle a b zu schwacher Rotglut und leitet von c aus einen langsamen, trockenen Luftstrom durch die erhitzte Röhre. Nachdem fast alles Kupfer oxydiert ist, leitet man zur Vollendung der Oxydation Sauerstoff durch, bis man denselben bei d nachweisen kann. Man füllt, wenn das Rohr erkaltet ist, von c bis d eine 5 cm lange Schicht Bleisuperoxyd, das man durch Auskochen von Mennige mit Salpetersäure, Waschen und Trocknen erhalten hat und verschließt bei d mit einem Asbestpfropfen. Die Stelle c d wird dreimal mit Messingdrahtnetz umwickelt, ebenso schützt man die Röhre bei a b bis zur Hälfte mit Messingdrahtnetz. Die Verbrennungsröhre ist nun bis auf ihre vollständige Austrocknung fertig.

Als Verbrennungsofen dient der von Kopfer vorgeschlagene mit einigen kleinen Abänderungen.

Die an dem Ofen angebrachten Verbesserungen sind aus Fig. 109 ersichtlich; so wurde der eine Schirm samt der dazugehörigen Wand weggelassen. Die Wand bei D ist in der Weise durchschnitten, daß man den Brenner c auch aus dem Ofen herausschieben kann, ebenso wurde die rückwärtige Wand ganz weggelassen. Hat man sehr

[1]) Z. anal. **36**, 561 (1897).
[2]) M. **7**, 9 (1886). — Ch. Ztg. **27**, 810 (1903).
[3]) Z. anal. **5**, 169 (1866).

flüchtige Substanzen zu verbrennen, so ist darauf zu achten, daß die Röhre bei C nicht zu heiß werde, was namentlich bei der Einführung der Substanz wichtig ist. Man ersetzt in solchen Fällen den Schirm bei B durch einen solchen von Asbest.

Nachdem der vordere Teil des Rohres zur Rotglut, das Bleisuperoxyd auf 150—200° C erhitzt und Sauerstoff längere Zeit durchgeleitet worden ist, führt man die Substanz im Schiffchen rasch ein und nähert letzterem die Kupferdrahtnetzspirale. Man erhitzt nun diese mit Hilfe des Brenners c (Fig. 109) und schreitet langsam vorwärts; schließlich wird der Teil des Glasrohres, wo die Substanz sich befand, nochmals durchgeglüht. Feste Körper werden im Porzellanschiffchen mit Bleichromat überdeckt oder gemengt. Niedrig siedende Flüssigkeiten werden im offenen Glaskügelchen, schwer

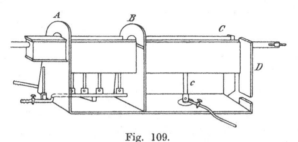

Fig. 109.

flüchtige hingegen im Schiffchen gewogen, vorausgesetzt, daß dieses sich in einem gut verschließbaren Präparatenglase befindet. Bei Cyanverbindungen, wie Schwefelcyankalium, Cyankalium, Ferrocyankalium muß die Substanz mit einem Gemenge von 1 Teil Kaliumbichromat und 10 Teilen Bleichromat im Achatmörser gut gemengt werden.

Die Elementaranalyse selbst der kohlenstoffreichsten Verbindungen ist nach $1^1/_2$ Stunden bequem beendigt, so daß man leicht vier Verbrennungen täglich machen kann, da nach beendigter Analyse das Rohr sofort für die nächste bereit ist.

Den Kupferoxydasbest bereitet man sich durch Reduktion einer schwefelsauren Kupfersulfatlösung mit Zink. Das gut ausgewaschene Kupfer wird im Mörser verrieben und dann mit Asbest geschüttelt und im Sauerstoffstrome ausgeglüht.

C. Methode von M. Dennstedt.

Der zuerst von Kopfer verwirklichte Gedanke, die Verbrennung organischer Stoffe im Sauerstoffstrome mit Platin als Katalysator unter Vermeidung von Kupferoxyd, Bleichromat oder ähnlichen „Sauerstoffreservoiren" mit nur wenigen Flammen in einem einfachen Ofen durchzuführen, ist weder von Kopfer selbst noch von seinen Nachfolgern bis zu den letzten Konsequenzen verfolgt worden.

Indem Kopfer irrigerweise den bei manchen Stoffen eintretenden Mißerfolg auf nicht genügend feine Verteilung und nicht genügend lange Schicht des Platins zurückführte, vertauschte er den anfangs in kurzer Strecke benutzten Platinmohr mit einer langen Schicht Platinasbest.

Die späteren „Verbesserer", wie Lippmann und Fleißner[1]), von Walther[2]) u. a., entfernten sich noch weiter von dem ursprünglichen Gedanken, indem sie das Platin wieder durch Kupferoxyd in unnötig feiner Verteilung z. B. in Gestalt von Kupferoxydasbest ersetzten. Es sei schon hier erwähnt, daß sich auch für die gleich zu beschreibende Dennstedtsche Methode ähnliche „Verbesserer", die das reine Platin wieder durch Kupferoxyd usw. ersetzen wollen, gefunden haben, z. B. Marek[3]).

Erst durch Dennstedt ist unwiderleglich festgestellt worden, daß bei überschüssig vorhandenem Sauerstoff eine ganz geringe Menge Platin oder Palladium, sei es in Form von Blech oder Draht oder in Gestalt des zuerst von Zulkowsky und Lepez[4]) vorgeschlagenen Platinquarzes genügt, um den Wasserstoff und Kohlenstoff organischer Stoffe vollständig zu Wasser und Kohlendioxyd zu verbrennen. Er hat ferner gezeigt, daß es zur Absorption der bei der Verbrennung stickstoffhaltiger Stoffe entstehenden Oxyde des Stickstoffs nicht notwendig ist, das Verbrennungsrohr in seinem ganzen Querschnitt mit Bleisuperoxyd oder Bleisuperoxydasbest auszufüllen, sondern daß dazu wenige Gramme reines Bleisuperoxyd in Porzellanschiffchen verteilt genügen, sofern diese angemessen erhitzt werden, was in einfacherer Weise als in einem eisernen, mit Thermometer versehenen Kasten, wie Kopfer vorschreibt, geschehen kann. Er hat ferner gezeigt, daß das Bleisuperoxyd in derselben geringen Menge nicht nur für die Absorption der Oxyde des Stickstoffs, sondern auch für die vollkommene Absorption der Oxyde des Schwefels und von Chlor und Brom durchaus geeignet ist.

Die Bedingungen, unter denen diese Absorptionen zuverlässig vor sich gehen, sind von ihm in Gemeinschaft mit F. Haßler[5]) festgelegt worden. Für die Absorption des Jods ist von Dennstedt das molekulare Silber, ebenfalls in dünner Schicht im Schiffchen, eingeführt worden. Da sich die vom Bleisuperoxyd in Form von Bleisulfat zurückgehaltenen Oxyde des Schwefels, ebenso die Chlor- und Bromverbindungen des Bleis, wie endlich auch das in Form von Jodsilber zurückgehaltene Jod aus den Absorptionsmitteln leicht und vollkommen extrahieren lassen, so konnte zugleich mit der Verbrennung die gleichzeitige und genaue Bestimmung von Schwefel und Halogen in organischen Stoffen verbunden werden.

Auf Grund dieser Beobachtungen und Erfahrungen ist von Dennstedt in langjähriger Arbeit — die erste Veröffentlichung ge-

---

[1]) Siehe S. 169.
[2]) Ph. C.-H. **45**, 12, 509 (1904).
[3]) J. pr. (2) **78** 359 (1906). — **74**, 237 (1906).
[4]) M. **5**, 538 (1884).
[5]) Z. anal. **42**, 417 (1903).

schah im Jahre 1897 — zuerst allein, später mit wenigen Mitarbeitern, von denen hauptsächlich F. Haßler und Th. Klünder zu nennen sind, die Methode der sog. „vereinfachten Elementaranalyse" oder „Kontaktanalyse" ausgearbeitet worden, die nunmehr einen solchen Grad der Vollkommenheit erreicht hat, daß mit derselben Apparatur alle Substanzen von beliebiger Beschaffenheit, von den leichtest bis zu den schwerstflüchtigen, unter gleichzeitiger Bestimmung von Kohlenstoff, Schwefel, Chlor, Brom und Jod mit absoluter Genauigkeit, die von keiner anderen Methode übertroffen wird, analysiert werden können.

Eine weitere Einrichtung, die auch die gleichzeitige Bestimmung des Stickstoffs gestattet, wird S. 197 ff. beschrieben.

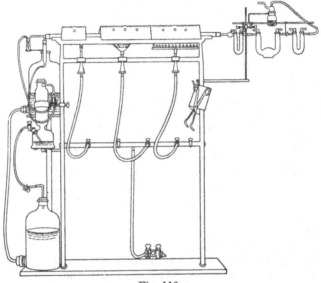

Fig. 110.

Es ist hier nicht der Ort, das ganze Verfahren in voller Ausführlichkeit zu beschreiben, es wird genügen, in kurzen Zügen das Prinzip unter Vorführung einiger Abbildungen zu erläutern, im übrigen auf die Dennstedtsche Anleitung zur vereinfachten Elementaranalyse, 2. Auflage, Hamburg 1906, Otto Meißners Verlag, zu verweisen.[1]

Das 86 cm lange Verbrennungsrohr (am besten aus Quarzglas) liegt in einem einfachen eisernen Gestell, das gestattet, einzelne Stellen oder auch das ganze Rohr mit eisernen, asbestgefütterten Dächern zu bedecken. Als Kontaktsubstanz dient entweder reiner, nach Zulkowsky und Lepez hergestellter Platinquarz oder ein Stück

---

[1] Siehe ferner Dennstedt, B. **41**, 600 (1908). — Ch. Ztg. **32**, 77 (1908).

zusammengerolltes Platinblech — Platinlocke — oder ein aus Platin-
blechstreifen zusammengeschweißter Platinstern[1]). Die etwa in der
Mitte des Rohrs liegende Kontaktsubstanz wird mit einem starken
Bunsen- oder Teclubrenner (Verbrennungsflamme) erhitzt. In den
vorderen Teil des Rohrs werden bei stickstoff-, schwefel- und halogenhaltigen Stoffen die mit Bleisuperoxyd oder molekularem Silber beschickten Porzellanschiffchen geschoben und dieser Teil des Rohrs
durch ein Flammenrohr mit etwa 20—25 Flammen auf angemessene
Temperatur — 300° — erhitzt.

Die allmähliche Vergasung der im hinteren Teile des Rohrs befindlichen Substanz geschieht durch einen Bunsenbrenner (Vergasungs-
flamme).

Die einzige Schwierigkeit der Methode besteht in der richtigen
Abstimmung zwischen Vergasung und Sauerstoffstrom; unter allen
Umständen muß in jeder Phase der Verbrennung der Sauerstoff im
Überschusse vorhanden sein. Das wird dadurch erreicht, daß die
Vergasung nicht unmittelbar im Verbrennungsrohr, sondern in einem

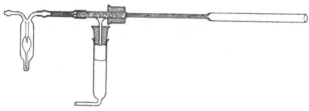

Fig. 111.

Einsatzrohr vorgenommen wird, das mit einer Capillare durch den
hinteren Stopfen ins Freie führt. Mit Hilfe eines T-Stückes wird
der Sauerstoff einmal in dieses Einsatzrohr und zweitens direkt in
das Verbrennungsrohr geleitet, der Sauerstoff ist also in einen Ver-
gasungsstrom und einen Verbrennungsstrom getrennt, und man hat
daher die Geschwindigkeit der Vergasung und somit der Verbrennung
vollständig in der Hand. Die Fig. 111 zeigt eine schematische. Abbildung dieser Einrichtung. Der aus einem Trockenturm kommende
Sauerstoff geht für den inneren Strom durch den Blasenzähler mit
einigen Tropfen Schwefelsäure, für den äußeren Strom noch einmal
durch ein kurzes Chlorcalciumrohr.

Für sehr flüchtige Substanzen wird diese doppelte Sauerstoffzuführung durch ein einfaches, hinten geschlossenes Einsatzrohr
(Fig. 112) ersetzt, für nur unter Zersetzung bei hoher Temperatur
flüchtige Stoffe (Zucker, Eiweiß, Steinkohle) kann vorteilhaft ein
hinten offenes Einsatzrohr mit Einschnürung benutzt werden (Fig. 113).

Die Substanz wird in dreiteiligen, porösen Porzellanschiffchen,
die die regelmäßige Vergasung erleichtern, abgewogen und in das

---

[1]) Von Heraeus, Hanau, zu beziehen.

Einsatzrohr geschoben, der vordere Teil des Einsatzrohrs wird mit einem Glasstabe aus schwerschmelzbarem Glase ausgefüllt und auf diese Weise der Raum, wo sich ein verpuffendes Gemenge von

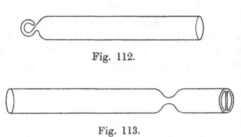

Fig. 112.

Fig. 113.

Sauerstoff und brennbarer Substanz bilden könnte, auf ein Minimum reduziert. Den Verlauf der Vergasung und damit der Verbrennung erkennt man am Aufglühen der Kontaktsubstanz oder auch an einer kleinen Flamme in der Mündung des Einsatzrohrs — dieses nicht immer entstehende, oft schwer erkennbare Flämmchen darf niemals aus dem Einsatzrohr heraustreten — oder endlich an dem sich verdichtenden Wasser am vorderen Teile des Verbrennungsrohrs.

Da das Schiffchen mit irgendwie verstaubenden Substanzen, wie Kupferoxyd usw., nicht in Berührung kommt, so gibt seine Gewichtszunahme die Menge etwa vorhandener Aschebestandteile, Platin, Gold usw. mit absoluter Genauigkeit, so daß auch diese Bestimmungen mit der Verbrennung in einer Operation geschehen können.

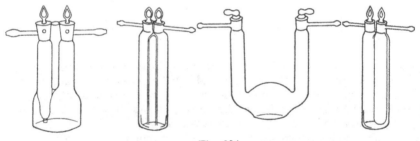

Fig. 114.

Als Absorptionsapparate (Fig. 114) dienen für Wasser das gewöhnliche, aber mit eingeriebenen Stöpseln versehene Chlorcalciumrohr, für die Kohlensäure Natronkalkapparate in „Entenform“ oder „Stempelform“ usw., die eine so große Menge des Absorptionsmittels fassen, daß es für 20--30 Verbrennungen ausreicht. Das erlaubt wieder, die Apparate mit Sauerstoff gefüllt zu wägen und sie dauernd damit gefüllt zu lassen, so daß ihr Endgewicht gleich wieder als Anfangsgewicht für eine neue Verbrennung dienen kann.

An die Absorptionsapparate schließt sich ein Fläschchen mit Palladiumchlorürlösung, deren Trübung andeutet, wenn einmal durch mangelnden Sauerstoff die Verbrennung unvollständig geblieben ist; solche Analysen sind zu verwerfen.

Für die Bestimmung
des Schwefels und der
Halogene wird das vorge-
legte Bleisuperoxyd mit reiner
Soda- oder Natriumhydroxyd-
lösung, für die Bestimmung
des Jods das vorgelegte
molekulare Silber mit verdünnter Cyankaliumlösung
extrahiert und in den Ex-
trakten Schwefelsäure und
Halogen nach den bekannten
Methoden der quantitativen
Analyse bestimmt. Bei Ha-
logen, auch Chlor und Brom,
haltigen aber stickstofffreien
Stoffen kann dieses auch einfach aus der Gewichtszunahme
des vorgelegten molekularen
Silbers berechnet werden. Ist
gleichzeitig Schwefel neben
Chlor und Brom vorhanden,
so wird die alkalische Ex-
traktionsflüssigkeit aus dem
vorgelegten Bleisuperoxyd in
zwei Teile geteilt; in dem
einen wird die Schwefelsäure,
im andern Chlor und Brom
bestimmt.

Ist neben Jod noch
Schwefel vorhanden, so muß
außer molekularem Silber
auch Bleisuperoxyd vorgelegt
werden, es bleibt dann der
zu Schwefeltrioxyd verbrennende Teil als schwefelsaures
Silber im molekularen Silber
und läßt sich daraus durch
Wasser extrahieren.

Nachdem man aus
dieser wässerigen Lösung das
Silber gefällt hat, gibt man
das Filtrat nebst dem Waschwasser zu der Flüssigkeit, die
man durch Extraktion des
Bleisuperoxyds erhalten hat
und fällt mit Chlorbarium.

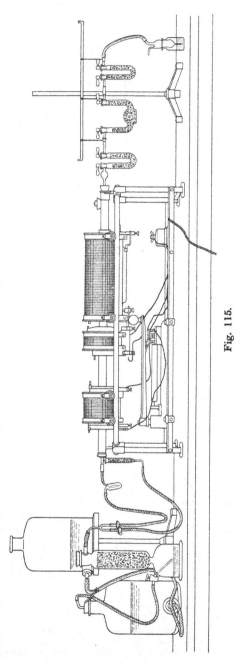

Fig. 115.

Für den Aufbau der Apparate und für die Ausführung der Analyse ist ein besonderer Verbrennungstisch oder gar ein besonderer Verbrennungsraum nicht erforderlich.

Als sehr praktisch hat sich das auf S. 172 abgebildete tragbare Universalstativ (Fig. 110) bewährt, das keiner näheren Erläuterung bedarf. Laboratorien, die nicht über Leuchtgas, aber über elektrischen Strom verfügen, bedienen sich des für die vereinfachte Elementaranalyse umgeänderten Ofens von Heraeus (Fig. 115).

Endlich sei noch erwähnt, daß namentlich für technische Laboratorien, die in großer Zahl Elementaranalysen von Produkten ähnlicher Beschaffenheit (Steinkohlen, Schmieröle, Asphalte usw.) auszuführen haben, ein Doppelofen konstruiert worden ist, der ebenfalls mit nur zwei Brennern und dem Flammenrohr gleichzeitig zwei Analysen durchzuführen gestattet (Fig. 116).

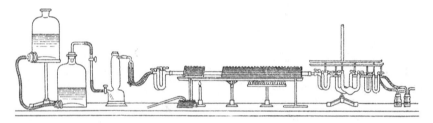

Fig. 116.

Das geschilderte Verfahren hat sich bisher in allen Fällen bewährt; es gibt nach Dennstedt keine organische Substanz, die sich nicht damit mit absoluter Genauigkeit verbrennen ließe. Das Verfahren hat sich auch in solchen Fällen als brauchbar erwiesen, wo die Kupferoxydmethoden versagten.[1]

Da keine der sonst üblichen Methoden zur Schwefelbestimmung in organischen Substanzen das beschriebene Verfahren an Einfachheit, Bequemlichkeit und Genauigkeit übertrifft, so empfiehlt sich ihre Anwendung auch dann, wenn man eine Bestimmung des Wasserstoffs und Kohlenstoffs nicht damit verbinden will; ebenso ist die Methode brauchbar für anorganische Stoffe, z. B. die Bestimmung des Kohlenstoffs im Eisen, des Schwefels in Metallsulfiden, Pyrit, in gebrauchter Gasreinigungsmasse usw.

Verfahren zur automatischen Verbrennung haben Deiglmayr[2] und Pregl[3] angegeben.

[1] z. B. Biehringer und Busch, B. **36**, 135 (1903). — R. Meyer und Spengler, B. **38**, 442 (1905). — Mayerhofer, M. **28**, 593 (1907). — Siehe auch Zaleski, Anz. Ak. Wiss. Krakau **1907**, 646. — Z. **1908**, I. 1060.

[2] Ch. Ztg. **26**, 520 (1902). — B. **35**, 1978 (1902).

[3] B. **38**, 1439 (1905). — Vgl. Abderhalden und Rostocki, Z. physiol. **46**, 135 (1905).

9. Elementaranalyse auf nassem Wege.

Es ist oftmals versucht worden,[1]) die vollständige Oxydation organischer Substanzen auf nassem Wege zu erzielen, indes ist keines der angegebenen Verfahren von allgemeiner Anwendbarkeit, abgesehen davon, daß naturgemäß bei derartigen Bestimmungen auf die Ermittelung des Wasserstoffgehaltes verzichtet werden muß.

Von allen diesen Verfahren könnte höchstens das Brunnersche in der Ausführung nach Messinger für gewisse Fälle (Analyse explosiver[2]), thallium-[3]) oder phosphorhaltiger[4]) Substanzen) Bedeutung haben.

Wenn dasselbe demnach für die Elementaranalyse selbst entbehrlich ist, so wird man sich doch der Oxydation nach Messinger für die Untersuchung schwefel-, arsen-, phosphor- usw. haltiger Substanzen öfters mit Vorteil bedienen.[5])

10. Elementaranalyse auf elektrothermischem Wege.[6])

Die Verbrennung organischer Körper mittels Elektrizität als Wärmequelle und Platin als Sauerstoffüberträger vorzunehmen, ist zuerst von Levoir[7]), dann in ähnlicher Weise von Oser[8]) versucht worden. Letzteres Verfahren bietet gleichzeitig die Möglichkeit, eine calorimetrische Bestimmung der Verbrennungswärme der Substanz auszuführen. — Ein von Heraeus[9]) konstruierter Ofen wird von Holde und v. Konek sehr empfohlen,[10]) auch zum Dennstedtschen Verfahren ist derselbe anwendbar. (Siehe Fig. 115.)

Breteau und Leroux verfahren in Anlehnung an die Dennstedtsche Methode folgendermaßen[11]): Um ein Rohr MN aus Porzellan oder geschmolzenem Quarz (Fig. 117) wird ein Iridium-Platindraht gewickelt, dessen erste Windung bei J an einem stärkeren Platindraht KJ (der bei N in das Porzellanrohr eingeschmolzen ist)

---

[1]) C. Brunner, Pogg. **95**, 379 (1855). — Wanklyn u. Cooper, B. **11**, 1835 (1878). — Cross u. Bevan, Soc. **53**, 889 (1888). — Messinger, B. **21**, 2910 (1888). — B. **23**, 2756 (1890). — Gehrenbeck, B. **22**, 1694 (1889). — Kjeldahl, Z. anal. **31**, 214 (1892). — Küster und Stallberg, Ann. **278**, 215 (1893). — Krüger, B. **27**, 611 (1894). — Phelps, Silliman (4), **4**, 372 (1897). — Fritsch, Ann. **294**, 79 (1897).

[2]) Ann. **273**, 151 (1893). — Biltz u. Stepf, B. **37**, 4029 (1904).

[3]) Meyer und Bentheim, B. **37**, 2059, Anm. (1904).

[4]) Dennstedt, Entwickelung usw. S. 74.

[5]) Siehe S. 242, 250, 286.

[6]) Siehe ferner Morse und Taylor, Am. **33**, 591 (1905). — Taylor, Thesis, John Hopkins Univ. **1905**. — Carrasco, Carrasco und Plancher, Atti Lincei **14**, II, 608, 613 (1905). — Gazz. **36**, II, 492 (1906). Dazu Lenz, Z. anal. **46**, 557 (1907).

[7]) Elektrische Rundschau **47**, 88 (1889).

[8]) M. **11**, 486 (1890).

[9]) Pharm. Ztg. **50**, 218 (1905).

[10]) Holde, B. **39**, 1615 (1905). — Konek, B. **39**, 2263 (1906).

[11]) Ch. Ztg. **31**, 1028 (1907). — Bull. (4), **3**, 15 (1908). — Giral, Ch. Ztg. **32**, 497 (1908).

befestigt ist; die letzte Windung ist bei O mit dem durch den
Kautschukstopfen C gehenden Platindraht OP verbunden. Die Por-
zellanröhre, durch welche kein Gasstrom hindurchgeht, steht mit dem
Nickelrohr DE mittels der angelöteten Halter m und n in Verbin-
dung. Durch den elektrischen Strom DKJOP (80 Watt) wird die
Spirale zur Rotglut erhitzt. Das Metallrohr geht durch den Stopfen
C, der das Verbrennungsrohr AB (Jenaer Glas) verschließt. Die
Substanz wird in das Verbrennungsrohr mittels einer Dennstedt-
schen Röhre mit doppelter Sauerstoffzuführung eingebracht. An die

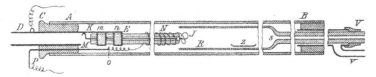

Fig. 117.

Glasröhre RS schließt sich ein capillarartiger Ansatz SU. Dieser
ragt durch den horizontalen Teil eines T-Rohres hindurch, das durch
den die Röhre B verschließenden Stopfen führt. Durch das Capillarrohr strömt Sauerstoff in das Einführungsrohr, während mittels des
Ansatzes V des T-Rohres das Einführungsrohr von Sauerstoff umspült wird. Das Schiffchen Z wird mit etwa 15 cg der Substanz
angefüllt und die Absorptionsapparate an das Rohr DE angeschlossen.
Ist die Platinspirale glühend, so wird die Substanz vorsichtig erhitzt;
ist sie völlig zersetzt, so wird unter Verstärkung des inneren Sauerstoffstromes die Kohle schnell verbrannt. Die Ausführung ist in
15—40 Minuten, je nach der Art der Substanz, beendet.

11. Elementaranalyse unter Druck im Autoklaven.

Die Verbrennung in der calorimetrischen Bombe oder einem
eigenen Autoklaven auszuführen, haben Berthelot[1]), Kroecker[2]),
Eiloart[3]) und Hempel[4]) unternommen. Letzterer hat einen hand-
lichen Apparat konstruiert, welcher die Bestimmung des Kohlenstoffs,
Wasserstoffs, Schwefels und der Halogene gestattet. Immerhin hat
das Verfahren vorläufig bloß theoretisches Interesse.

12. Berechnung der Analysen.
A. Bestimmung des Kohlenstoffs. C = 12,0.

Man findet den Prozentgehalt an Kohlenstoff nach der Gleichung

$$P_c = \frac{3\,(CO_2)}{11.S}$$ oder einfacher mittels der folgenden

---

[1]) Ann. Chim. Phys. (6), **26**, 555 (1897).
[2]) Zeitschr. Ver. Rübenz. **46**, 482 (1896). — B. **30**, 605 (1897).
[3]) Ch. News **58**, 284 (1889).
[4]) B. **30**, 202 (1897). — Tóth, Ch. Ztg. **32**, 608 (1908).

Faktorentabelle.[1])

Gefunden	Gesucht	Faktor	2	3	4	5
$CO_2 = 44$	$C = 12$	0.27273	0.54545	0.81818	1.09091	1.36364

6	7	8	9	log
1.63636	1.90909	2.18182	2.45454	0.43573 — 1

B. Bestimmung des Wasserstoffs. H = 1,01.

Der Prozentgehalt an Wasserstoff berechnet sich nach der Gleichung

$$P_H = \frac{(H_2O)}{9.S} \text{ oder vermittels der}$$

Faktorentabelle.

Gefunden	Gesucht	Faktor	2	3	4	5
$H_2O = 18.02$	$H_2 = 2.02$	0.11210	0.22420	0.33629	0.44839	0.56049

6	7	8	9	log
0.67259	0.78469	0.89678	1.00888	0.04960 — 1

C. Formeln, um die Kohlenstoffprozente älterer Analysen nach dem neueren Atomgewicht des Kohlenstoffs zu korrigieren.[2])

Sind für die Korrektion von älteren Elementaranalysen die Originaldetails der Analyse nicht bekannt, sondern nur die berechneten Kohlenstoffprozente (= Carb.), so ist, falls den Rechnungen die Atomgewichtsbestimmung von Berzelius C = 76,438 zugrunde liegt, die Korrektur nach der Gleichung:

log Carb. korr. = log Carb. — 0.00598

und für Bestimmungen mit der Zahl von Liebig und Redtenbacher C = 75,854 die Korrektur nach der Gleichung:

log Carb. korr. = log Carb. — 0.00357

in Anwendung zu bringen.

---

[1]) L. F. Guttmann hat „Prozent-Tabellen f. d. Elementaranalyse", Braunschweig, Vieweg & Sohn, 1904, herausgegeben. Sie bieten kaum besondere Vorteile.

[2]) Schiff, B. 7, 781 (1874). — 8, 72 (1875). — Gazz. 4, 555 (1874).

Zweiter Abschnitt.

Bestimmung des Stickstoffs.

1. Qualitativer Nachweis des Stickstoffs.

Reaktion von Lassaigne.[1])

Man bringt in eine enge und lange Eprouvette 10—20 mg Substanz und darauf etwa die zehnfache Menge gut abgetrocknetes und durch Eintauchen in Äther von Petroleum befreites Natrium (oder Kalium, das aber im allgemeinen keine Vorteile bietet).[2]) Man erhitzt bis zum Glühen des Röhrchens und sorgt dafür, daß an den Gefäßwänden kondensierte Zersetzungsprodukte wieder herabfließen und mit dem geschmolzenen Natrium in Reaktion treten können.

Man stellt gewöhnlich das Röhrchen noch heiß in ein kleines Bechergläschen und spritzt aus einiger Entfernung vorsichtig (um nicht durch eventuell herausgeschleudertes Natrium verletzt zu werden) Wasser erst auf das geschlossene Röhrenende, dann, nachdem das Eprouvettchen zersprungen ist, auch in das Innere desselben.

Zweckmäßiger wird es sein, das überschüssige Natrium nach Skraup[3]) mittels Alkohol in Lösung zu bringen. Wenn die Hauptmenge des Natriums verschwunden ist, kann man Wasser in kleinen Mengen zufügen, worauf sich der Rest ganz ruhig auflöst.

Die resultierende alkalische Flüssigkeit, die 5—10 ccm betragen soll, wird filtriert, noch etwas Kalilauge zugesetzt und mit nicht mehr als 2 Tropfen kaltgesättigter Eisenvitriollösung und einem Tropfen Eisenchloridlösung einige Augenblicke zum Kochen erhitzt. Man läßt erkalten, säuert hierauf mit nicht zuviel Salzsäure an und erhält nunmehr, falls die Substanz stickstoffhaltig war, eine mehr oder weniger stark blaugrün gefärbte Flüssigkeit, die beim Stehen (ev. erst nach einigen Stunden) einen Niederschlag von Berlinerblau absetzt.

Die Reaktion von Lassaigne ist bei richtiger Ausführung vollständig zuverlässig[4]) und versagt nur bei Substanzen, die schon bei geringer Temperatursteigerung allen Stickstoff verlieren (Diazokörper.[5])

---

[1]) C. r. **16**, 387 (1843). — Ann. **48**, 367 (1843). — Jacobsen, B. **12**, 2318 (1879). — Täuber, B. **32**, 3150 (1899).
[2]) Nach Bach, B. **41**, 227 (1908), läßt sich der Stickstoffgehalt von Oxydationsfermenten (Peroxydase) nur mittels Kalium, nicht mit Natrium, erkennen.
[3]) Privatmitteilung. — Dasselbe Verfahren gibt auch Weston, Detection of Carbon compounds, Longmans, Green and Co., London 1904, S. 2 an.
[4]) Fälle, in denen die Methode anscheinend versagt: Tschirch und Stevens, Arch. **243**, 519 (1905). — Ph. C. H. **1905**, 501. — Tschirch und Cerderberg, Arch. **245**, 101 (1907).
[5]) Graebe, B. **17**, 1178 (1884).

Für den Nachweis des Stickstoffs in derartigen Substanzen dienen die unter „Diazogruppe" — S. 859 ff. — angeführten Methoden.

Bei gewissen Pyrrolderivaten läßt indes die Methode in der beschriebenen Ausführungsform im Stich.[1]) Man verfährt in solchen Fällen nach Kehrer[2]) folgendermaßen.

Eine kleine Menge der Substanz wird in die nicht zu kurze Spitze eines ausgezogenen, nicht zu weiten Glasröhrchens, wie solche zur Reduktion von arseniger Säure durch Kohlensplitterchen dienen,[3]) gebracht; man klopft einen Kanal und erhitzt das Natrium, das sich an der unteren, nicht verjüngten Stelle des Röhrchen befindet, vorsichtig zum Glühen, derart, daß die Substanz selbst möglichst wenig erwärmt wird. Hierauf bringt man diese mittels einer zweiten kleinen Flamme sehr vorsichtig zum Schmelzen und erhitzt in der Weise weiter, daß die entweichenden Dämpfe eben bis zum glühenden Metall, aber kaum über dieses hinaus gelangen. Man läßt die Dämpfe sich wieder verdichten und treibt sie nochmals bis an das glühende Metall vor. Zu rasche Dampfbildung ist zu vermeiden, auch darf nicht zuviel Substanz angewendet werden.

Bei Tschirchs Substanzen (Anm. 4, S. 180) konnte nach dem Erhitzen mit trockenem Ätzkali Pyrrol nachgewiesen werden. — Außerdem kann man hier den Stickstoff dadurch nachweisen, daß man mit Kupferoxyd im Sauerstoffstrome ohne vorgelegte Spirale verbrennt, und die Kalilauge mit Diphenylamin oder Brucin prüft.

Immerhin sei betont, daß wenigstens in einem der zitierten Fälle (Urushinsäure) der angebliche (nach Dumas bestimmte) Stickstoff sich als Kohlenoxyd erwies.[4])

Eine vielleicht recht zweckmäßige Modifikation der Lassaigneschen Probe ist von Castellana[5]) angegeben worden.

Erhitzt man eine stickstoffhaltige Substanz mit Natrium- oder Kaliumcarbonat und Magnesiumpulver, so wird Alkalimetall frei,[6]) das das entsprechende Cyanid bildet. Die Reaktion ist sogar auf Diazokörper anwendbar.

Man erhitzt wenige Milligramme der Substanz in einem Porzellantiegel oder einer Eprouvette, nachdem man sie gut mit dem Gemische von Carbonat und Magnesiumpulver gemengt hat. Bei flüssigen oder flüchtigen Substanzen kann man einige Tropfen der Flüssigkeit auf das bereits in Reaktion befindliche Gemisch tropfen lassen oder das Carbonat damit tränken, dann mit Magnesiumpulver, dem man noch etwas Stanniol zusetzen kann, vereinen oder aber ein inniges Gemisch von Carbonat, Magnesiumpulver und

---

[1]) Feist und Stenger, B. **35**, 1559 (1902). — Kehrer, B. **35**, 2524 (1902). — Tschirch und Schereschewski, Arch. **243**, 363 (1905).

[2]) B. **35**, 2525 (1902).

[3]) Fresenius, Qual. Analyse, 16. Aufl., S. 232.

[4]) Miyama, B. **40**, 4391 (1907). — Siehe auch Bach, B. **41**, 227 (1908).

[5]) Gazz. **34**. II, 357 (1904).

[6]) Cl. Winkler, B. **23**, 44 (1890).

Stanniol mit der Substanz überschichten. — Nach dem Erkaltenlassen verfährt man dann weiter nach Lassaigne.

Spica[1]) kombiniert mit der Prüfung auf Stickstoff die auf
Schwefel und Halogene. Man prüft einen Teil der Flüssigkeit
mittels der Berlinerblau-Reaktion auf Stickstoff, einen Tropfen auf
blankem Silberblech auf Schwefel. Bei Abwesenheit beider Stoffe kann
direkt mittels Silbernitrat auf Halogen geprüft werden. Im anderen
Falle erhitzt man mit etwa dem halben Volum Schwefelsäure ein
bis zwei Minuten lang. Hierbei werden Schwefelwasserstoff und
Blausäure vollständig entfernt, nicht aber die Wasserstoffsäuren der
Halogene, welche auch nach fünf Minuten langem Erhitzen noch
nachweisbar sind.

Alle übrigen zum Stickstoffnachweise vorgeschlagenen Reaktionen
sind nur von beschränkter Anwendbarkeit und in der Ausführung
umständlicher. So das Erhitzen der Substanz mit Alkalien (Auftreten von Ammoniak[2]), welches sich durch Schwarzfärbung einer
Quecksilberoxydullösung, durch Bläuen von Lackmuspapier usw. verrät,[3]) oder das Oxydieren mit Natriumsuperoxyd[4]) oder mit kaltgesättigter Kalilauge und festem Kaliumpermanganat, wobei nach
Donath[5]) stets salpetrige oder Salpetersäure entstehen soll.

2. Quantitative Bestimmung des Stickstoffs.

Zur quantitativen Stickstoffbestimmung werden für wissenschaftliche Zwecke fast nur zwei Methoden benutzt: Das Verfahren von
Dumas und dasjenige von Kjeldahl. Die früher, namentlich für
technische Zwecke, vielfach geübte Methode von Varrentrapp und
Will ist antiquiert, die in ihrem Prinzip einwandfreie von Dennstedt hat sich noch nicht recht einbürgern können.

A. Methode von Dumas.[6])

Das Verfahren beruht auf der von Gay-Lussac, Liebig und
anderen zu Anfang des vorigen Jahrhunderts aufgefundenen Tatsache,
daß bei der Verbrennung stickstoffhaltiger Substanzen mit Kupferoxyd neben Kohlendioxyd und Wasser im wesentlichen elementarer
Stickstoff erhalten wird, neben geringen Mengen von Stickoxyden,
deren Reduktion in geeigneter Weise vorzunehmen ist.

Das Verfahren ist von allgemeinster Anwendbarkeit, soweit

---

[1]) B. **13**, 205 (1880).
[2]) Faraday, Pogg. **3**, 455 (1825). — Siehe auch S. 193.
[3]) Du Menil, Arch. **1824**, 41. — Kronbach, C. **1856**, 912.
[4]) v. Konek, Z. ang. **17**, 771 (1904).
[5]) M. **11**, 15 (1890).
[6]) Ann. Chim. Phys. **2**, 198 (1831). — Melsens, C. r. **20**, 1437 (1846). —
Über die Geschichte dieser Methode siehe die trefflichen Ausführungen von
Dennstedt, Entwicklung der Elementaranalyse, S. 29—42 (1899). — Guillemard und Dombrowski, Bull. des sc. pharmacol. Juli 1902.

nicht Substanzen in Frage kommen,[1]) die schon bei gewöhnlicher
Temperatur Stickstoff verlieren und daher auch nicht die unerläß-
liche Füllung des zur Analyse dienenden Rohres mit Kohlendioxyd
vertragen.

So läßt sich nach Weidel und Herzig[2]) eine direkte Bestimmung des Gesamtstickstoffs im neutralen isocinchomeronsauren
Ammonium nicht ausführen, da das Salz beim Überleiten von
Kohlendioxyd zersetzt und ein Teil des gebildeten kohlensauren Ammoniums verflüchtigt wird; ebensolche Schwierigkeiten verursachen
die Hydrazine.[3])

Erfordernisse: 1. ein Verbrennungsrohr von 90—100 cm
Länge, an einem Ende rund zugeschmolzen, von etwa 10 mm innerer
Weite.

2. Ein Apparat zum Auffangen und Messen des entwickelten Stickstoffs.

Von den zahlreichen, für diesen Zweck vorgeschlagenen Instru-
menten seien die Azotometer von Zulkowsky[4]), Gladding[5]), E. Ludwig[6]), Reinitzer[7]), Schwarz[8]), Städel[9]), R. Schmidt[10]), Dupré[11]),
Groves[12]), Ilinski[13]), Sonnenschein[14]), Jowett und Carr[15]),
Bleier[16]) angeführt. Ihnen allen ist das zuerst angegebene, welches
von Hugo Schiff[17]) stammt, in der von Gattermann[18]) modifizierten Form weitaus überlegen. Die Konstruktion desselben ist
aus den Figuren 118 und 119, S. 186 und 187, ersichtlich.

3. Das Füllmaterial der Röhre.

a) Stickstofffreies Natrium- oder Kaliumbicarbonat. Dasselbe
dient als Kohlensäuregenerator. An seiner Stelle werden auch Magnesit
(in erbsengroßen Stücken), Magancarbonat, Soda und Kalium-

---

[1]) Wie man die Dumassche Methode auch für solche Substanzen verwendbar machen kann, siehe S. 192.
[2]) M. 1, 9 (1880). — Ähnlich verhält sich das Ammoniummetapurpurat.
Borsche und Bäcker, B. 37, 1848 (1904). — Siehe auch Jacobson und
Huber, B. 41, 662 (1908). (Benzoyltolylnitrosamin.)
[3]) E. Fischer, Ann. 190, 124 (1877). — De Vries und Holleman,
Rec. 10, 229 (1891).
[4]) Ann. 182, 296 (1876).
[5]) Ch. News 46, 39 (1882).
[6]) B. 13, 883 (1880).
[7]) Dingl. 236, 302 (1879).
[8]) B. 13, 771 (1880).
[9]) Z. anal. 19, 452 (1880).
[10]) J. pr. (2), 24, 444 (1881).
[11]) Bull. (2), 25, 498 (1876).
[12]) B. 13, 1341 (1880).
[13]) B. 17, 1347 (1884).
[14]) Z. anal. 25, 371 (1886).
[15]) Ch. News 78, 97 (1897).
[16]) B. 30, 3123 (1897).
[17]) Z. anal. 7, 430 (1868). — 20, 257 (1881).
[18]) Z. anal. 24, 57 (1885). — Siehe auch S. 197.

bichromat, seltener Blei- oder Kupfercarbonat benutzt. Flüssiges Kohlendioxyd hat Ludwig[1]) vorgeschlagen.

Weiter wird auch empfohlen, das Kohlendioxyd aus einem Gasentwicklungsapparate (Marmor und heiße Salzsäure, Hufschmidt[2]), ferner geschmolzene Soda und Schwefelsäure, Kreusler[3]), gemahlene Kreide und Schwefelsäure, Hoogewerff und van Dorp[4]), konzentrierte Kaliumkarbonat-Lösung und 50%ige Schwefelsäure, Fritz Blau[5]) usw.) zu entnehmen; nach diesen Methoden muß man natürlich mit einem offenen, durch einen Geißlerschen Hahn abschließbaren Rohre operieren.

b) Grobes (am besten aus Kupferdraht oder -spänen erhaltenes) Kupferoxyd. Feines, pulverförmiges Kupferoxyd. Diese Materialien müssen durch Glühen in einem Kupfer- oder Nickeltiegel von etwaigem Stickoxydgehalte befreit sein. Man bewahrt sie in gut schließenden Gefäßen auf, in welche man das Oxyd noch warm einfüllt. Nach alter Tradition werden hierzu meist birnförmige Glaskolben benutzt, die durch einen mit Stanniol umwickelten Kork verschlossen werden.[6])

c) Eine 10—20 cm lange[7]) Kupferdrahtnetzspirale. Dieselbe wird folgendermaßen zum Gebrauche vorbereitet: in eine starkwandige, genügend weite und etwa 20 cm lange Eprouvette füllt man einige Tropfen Ameisensäure oder Methylalkohol[8]), umwickelt die Röhre mit einem Tuche und senkt die zum Glühen erhitzte Kupferspirale hinein. Man läßt die jetzt blanke Spirale erkalten, und bewahrt sie in dem nunmehr verschlossenen Rohre bis zum Gebrauche auf. Die Spirale im Wasserstoffstrome zu reduzieren empfiehlt sich nicht, da hierbei Wasserstoff okkludiert wird, der selbst beim Glühen der Röhre im Kohlendioxydstrome nicht vollständig entfernt wird und bei der Stickstoffbestimmung durch Zerlegung der Kohlensäure zu Fehlern führt.[9])

---

[1]) Medizin. Jahrb. 1880.

[2]) B. **18**, 1441 (1885). — Borsche und Böcker, B. **37**, 1848 (1904). — Siehe dagegen Bernthsen, Z. anal. **21**, 63 (1882).

[3]) Landw. Vers.-St. **31**, 207 (1884).

[4]) Rec. **1**, 92 (1882).

[5]) M. **13**, 279 (1892). — Young u. Caudwell, Soc. Ind. **26**, 184 (1907). — Siehe S. 188.

[6]) Bader und Stohmann befürworten die Verwendung von Kupferoxydasbest, Ch. Ztg. **27**, 663 (1903).

[7]) In einzelnen Fällen ist auch eine längere Spirale notwendig. Siehe z. B. van der Zande, Rec. **8**, 211 (1889). — Deninger, J. pr. (2), **50**, 90 (1894).

[8]) Melsens, Ann. **60**, 112 (1846). — Perrot, C. r. **48**, 53 (1848). — Limpricht, Ann. **108**, 46 (1859). — Schröter, J. pr. (1) **76**, 480 (1859). — Thudichum u. Hake, Jb. **1876**, 966. — Lietzenmayer u. Staub, B. **11**, 306 (1878). — Hempel, Z. anal. **17**, 414 (1878). — Ritthausen, Z. anal. **18**, 601 (1879). — Pflüger, Z. anal. **18**, 301 (1879). — Leduc, C. r. **113**, 71 (1891). — Neumann, M. **13**, 40 (1892).

[9]) Lautemann, Ann. **109**, 301 (1859). — Groves, B. **13**, 1341 (1880). — Weyl, B. **15**, 1139 (1882). — V. Meyer u. Stadler, B. **17**, 1576 (1884). — Siehe dagegen Heydenreich, Z. anal. **45**, 741 (1906).

4. Ein kleiner Pfropf aus Kupferoxyddrahtnetz, ein Kautschukstopfen mit Glasrohr zur Verbindung der Verbrennungsröhre
mit dem Azotometer, eine glasierte Porzellanreibschale, weißes
Glanzpapier, ein Einfülltrichter.

5. Kalilauge zur Füllung des Azotometers. Dieselbe
wird aus gleichen Gewichtsmengen Ätzkali und Wasser dargestellt
und muß für jede dritte Bestimmung erneuert werden. In den untersten Teil des Azotometers wird etwas Quecksilber gebracht (siehe
die Figuren 119, 128 und 129).

Ausführung der Bestimmung.

In das Rohr bringt man durch den mit gerade abgeschnit-
tenem Halse versehenen Einfülltrichter — der Hals desselben habe
gleiches Lumen wie das Verbrennungsrohr und wird mittels Kautschukschlauchs aufgesetzt — zuerst eine Schicht Natriumbicarbonat
(oder Magnesit usw.) von 15 cm Länge, dann den Kupferdrahtnetz-
pfropfen, hierauf 10 cm grobes Kupferoxyd, 3 cm feines Oxyd,
30 cm feines Kupferoxyd, in welches die Substanz (0,1—0,5 g) gut
eingemischt ist, wieder 5 cm reines feines Oxyd, 25 cm grobes
Kupferoxyd und endlich die blanke Kupferspirale. Der Rest des
Rohres bleibt frei. Man klopft nun oberhalb des Bicarbonates
und des feinen Kupferoxyds einen Kanal und legt die Röhre so
in den Ofen, daß die ganze Bicarbonatschicht sich außerhalb des
Bereiches der Flammen befindet; das andere Ende des Rohres
wird dann noch einige Zentimeter aus dem Ofen herausragen.
Man verbindet mit dem Gattermannschen Azotometer, das mit
Lauge gefüllt ist und dessen Kugel vollständig herabgesenkt wird.
Der Verbrennungsofen steht etwas geneigt, um dem aus dem Bi-
carbonate und der Substanz entwickelten Wasser freien Ablauf zu
gewähren. Das Glasrohr, welches zu dem Azotometer führt, darf
nur ein geringes durch den Kautschukpfropfen hindurch in das
Rohr hineinragen. Man öffnet den Quetschhahn und den Glashahn
des Azotometers und entwickelt durch Bestreichen der Bicarbonatschicht mit einer Bunsenbrennerflamme einen langsamen Kohlendioxydstrom. Ist nahezu alle Luft aus dem Rohre vertrieben (wovon man
sich unter Hochheben der Azotometerbirne an dem nahezu vollständigen Absorbiertwerden der aufsteigenden Gasblasen überzeugt),
so erhitzt man die blanke Kupferspirale und füllt durch entsprechendes Heben das Absorptionsrohr völlig mit Lauge, verschließt den
Glashahn und senkt zur Verminderung des Druckes wieder die Birne
möglichst tief herab. Es wird sich nun beim weiteren Kohlendioxyddurchleiten noch ein wenig Luft unterhalb des Glashahnes ansammeln,
die man durch Heben der Birne wieder aus dem Absorptionsrohre
vertreibt, so lange, bis sich beim 5 Minuten lang dauernden Durchleiten eines lebhaften Kohlendioxydstromes nur mehr eine minimale
Bläschenmenge unabsorbiert ansetzt, die sich auch nicht mehr
wahrnehmbar vermehrt. Nun wird die Birne so hoch gehoben, daß

nach dem Öffnen des Glashahnes der angesammelte Schaum und ein
wenig Kalilauge in die vorgelegte, mit Wasser versehene Schale fließt
und die Capillare ganz mit Flüssigkeit gefüllt ist. Der Glashahn wird
wieder geschlossen, die Birne gesenkt und nun nach und nach das
Verbrennungsrohr zum Glühen gebracht, wobei man zuerst die
Brenner neben dem Bicarbonat und nahe der Kupferspirale entzündet und mit dem Erhitzen von beiden Seiten allmählich an die
Substanz heranrückt. Die Schnelligkeit des Kohlendioxydstromes wird
so reguliert, daß sich stets gleichzeitig 2—3 Gasblasen im Absorptionsrohre befinden. Das Bicarbonat zu erhitzen, wird man jetzt
nur mehr von Zeit zu Zeit oder auch gar nicht nötig haben. Beginnt die Substanz sich zu zersetzen, so entwickeln sich auch als-

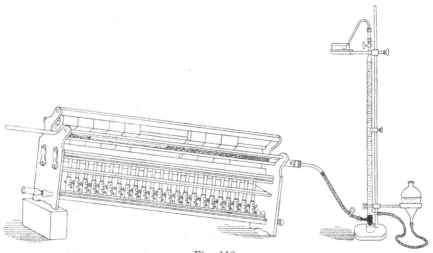

Fig. 118.

bald größere, nicht absorbierbare Gasblasen. Wenn das ganze Rohr
rotglühend ist und das Volum des entwickelten Stickstoffs in der
Absorptionsröhre nicht mehr zunimmt, vertreibt man durch 10 Minuten dauerndes Erhitzen der Bicarbonatschicht in lebhaftem Tempo
den Rest des Stickstoffs aus dem Verbrennungsrohre, markiert den
Stand des Meniscus durch ein aufgeklebtes Stückchen Papier oder
einen Kreidestrich und probiert, ob das Gasvolum bei weiterem
5 Minuten langem Kohlendioxyddurchleiten noch weiter zunimmt.
Ist dies nicht der Fall, so wird der Quetschhahn geschlossen, der
Kautschukpfropfen rasch aus dem Verbrennungsrohre entfernt, und
die Flammen werden verlöscht.

Man läßt nun den Stickstoff, nachdem man die Flüssigkeit durch
wiederholtes Heben und Senken der Birne durchgemischt hat, noch
eine halbe Stunde mit der Kalilauge — bei derart gestellter Birne,
daß in beiden Gefäßen das Flüssigkeitsniveau gleich hoch ist — in

Berührung und überleert dann das Gas in der aus Fig. 119 ersichtlichen Weise in ein mit reinem Wasser gefülltes Meßrohr. Letzteres
wird hierauf derart eingespannt, daß das
Wasser im Innern und außerhalb des
Rohres gleich hoch steht. Wenn sich
nach einer halben Stunde die Temperatur
ausgeglichen hat, korrigiert man noch
eventuell den Stand der Röhre, liest
Temperatur, Barometerstand und Gasvolum ab und berechnet den Prozentgehalt der Substanz an Stickstoff nach
der Gleichung:

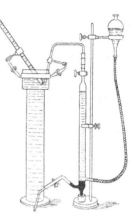

$$n = \frac{v \cdot (b - w) \cdot 0.12511}{s \cdot 760 \, (1 + 0.00367 \cdot t)},$$

wobei v das Gasvolum bei der Temperatur
t und dem Barometerstande b, w die
korrespondierende Tension des Wasserdampfes und s die abgewogene Substanzmenge bedeutet.

Fig. 119.

Sehr vereinfacht wird die Rechnung durch Benutzung der
S. 190—191 gegebenen Tabellen.

Bemerkungen zu der Methode von Dumas.

„Es steht unzweifelhaft fest" — sagt Dennstedt[1] —, „daß
bei sorgfältiger Ausführung unter Berücksichtigung der bekannten
Fehlerquellen[2] der volumetrischen Stickstoffbestimmung keine andere
an Zuverlässigkeit und fast absoluter Genauigkeit an die Seite gestellt werden kann, so daß sie für den wissenschaftlich arbeitenden
Chemiker so heute wie in der nächsten Zukunft noch immer als
Norm anzusehen sein wird."

Die hauptsächlichste Fehlerquelle liegt in der Unmöglichkeit,
alle Luft aus dem feinpulverigen Kupferoxyd austreiben zu können;
es fallen infolgedessen auch die Bestimmungen fast immer um ein
Geringes (0.1—0.2 $\%$ des N-Gehaltes) zu hoch aus.

Schwer verbrennliche und stark schwefelhaltige Substanzen werden mit einer Mischung von Kupferoxyd und Bleichromat oder bloß
mit Bleichromat[3], Quecksilberoxyd oder arseniger Säure[4] verbrannt.
Schwefelreiche Substanzen erfordern ein besonders langes Rohr und
vorsichtiges Arbeiten.[5] Auch sonst ist gelegentlich beides vonnöten.[6]

[1]) Entwickl. d. Elem. Anal. S. 42.
[2]) Kreusler, Landw. Vers.-Stat. 24, 35 (1877).
[3]) Schröter, Diss. Basel, 23, Anm. (1905). — Möhlau und Fritsche,
B. 26, 1042 (1893).
[4]) Strecker, Handw. d. Ch., 2. Aufl. 1, 878.
[5]) V. Meyer u. Stadler, B. 17, 1576 (1884).
[6]) Jacobson und Hönigsberger, B. 36, 4100 (1903).

Hat man viele Bestimmungen nacheinander zu machen, so wird man zweckmäßig nach Zulkowsky[1]) im offenen Rohre verbrennen und das Kohlendioxyd in einem separaten, mit dem Verbrennungs- rohre verbundenen Röhrchen entwickeln. Die mit Kupferoxyd oder Bleichromat gemischte Substanz wird in ein 15 cm langes Schiffchen aus Kupferblech eingebracht und nach Beendigung der Stickstoff- bestimmung das Kupferoxyd durch Glühen im Sauerstoffstrome regeneriert. Man wird alsdann zur Füllung der Röhre zweckmäßig ausschließlich grobkörniges Kupferoxyd verwenden, welches leichter luftfrei erhalten werden kann.

Über die Modifikation des Dumasschen Verfahrens nach Fritz Blau siehe M. 13, 279 (1892). — Nach Johnson und Jen-

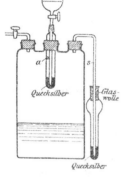

Queksilber

Glas- wolle

Queksilber

Fig. 120.

kins Z. anal. 21, 274 (1882). — Methode von Kreusler, Z. anal. 42, 443 (1885).

Was die Wahl des Kohlendioxyd- generators anbelangt, so hat das Natrium- (Kalium-)Bicarbonat den großen Vorteil, seine halbgebundene Kohlensäure außerordent- lich leicht abzugeben. Daß der Wassergehalt desselben ein Zerspringen der Röhren ver- anlassen könne, ist nicht zu befürchten.

Das Mangancarbonat, welches durch Braunfärbung das Fortschreiten der Zersetzung erkennen läßt und einen sehr regelmäßigen Kohlendioxydstrom entwickelt und der von vielen protegierte Magnesit[2]) erfordern starkes Er- hitzen, sind aber nicht hygroskopisch und stets stickstofffrei, während das gewöhnlich nach dem Solvay-Verfahren erhaltene Natriumbicarbonat in dieser Be- ziehung zu prüfen ist.

Von verschiedenen Seiten[3]) wird der Blausche Vorschlag, im Kohlendioxydstrome zu verbrennen, wieder aufgenommen. Young und Caudwell entwickeln hierzu das Kohlendioxyd in nebenstehend gezeichnetem Apparate, welcher dem Thieleschen Gasentwicklungs- apparate[4]) ähnelt (Fig. 120).

Die nach Blau (S. 184) dargestellte Kaliumcarbonatlösung (1,45 bis 1,5 sp. Gew.) wird in die Kugel des Scheidetrichters gebracht und der Hahn geöffnet; die Flüssigkeit steigt dann im Außenrohr auf und läuft aus der Öffnung a, um in die (1 : 1) verdünnte Schwefel-

---

[1]) B. 13, 1096 (1880). — Vgl. Ludwig, Mediz. Jahrb. 1880 und Groves, Soc. 37, 509 (1880).
[2]) Eisenhaltiger Magnesit kann, durch Kohlenoxydentwicklung, Fehler verursachen: Dupont, Freundler und Marquis, Manuel de trav. prat. de chimie organique. 2. Aufl. Paris 1908. S. 94.
[3]) Bader und Stohmann, Ch. Ztg. 27, 663 (1903). — Young und Caudwell, Ch. Ind. 26, 184 (1907).
[4]) Ann. 253, 242 (1899).

säure (ca. 1 Liter) der Woulffschen Flasche von 2—3 Liter Inhalt hinabzuträufeln. Durch Stellung des Hahnes läßt sich die Menge der herabfließenden Säure regulieren. Bei zu starker Gasentwicklung entweicht die Kohlensäure durch das Sicherheitsrohr s. Sind etwa 100 ccm der Carbonatlösung zugetropft, so ist alle Luft entfernt, und man erhält einen Strom von reinem Kohlendioxyd, und zwar fanden die Verfasser nicht einmal 0,1 ccm Luft in 5 Litern Kohlendioxyd. Es ist bei der Stickstoffbestimmung darauf zu achten, daß das Vakuum nicht so groß gemacht wird, daß Luft durch s eingesaugt wird.

Die Austreibung der Luft und das Füllen mit Kohlendioxyd werden beschleunigt, wenn man das Rohr wiederholt evakuiert; natürlich ist dieses Verfahren nur bei schwer flüchtigen Substanzen anwendbar.[1]

Um bei Verwendung eines kontinuierlich funktionierenden Kohlendioxydgenerators die Gaszufuhr einstellen zu können, geht man nach Leemann[2]) folgendermaßen vor (Fig. 121).

Man schaltet zwischen Verbrennungs- und Bicarbonatrohr einen Dreiweghahn ein, von dem ein Arm einen kleinen Quecksilberabschluß hat. Die Arbeitsweise ist folgende: Bis die Luft verdrängt ist, leitet man Kohlendioxyd in der Richtung $a\ b$, dreht dann den Hahn um 90°, so daß b abgeschlossen ist und das Kohlendioxyd durch das Quecksilber in c entweichen kann. Nun wird die Verbrennung ausgeführt. Sobald keine Blasen mehr ins Azotometer entweichen, dreht man den Hahn

Fig. 121.

wieder um 90° zurück und leitet das Kohlendioxyd zur vollständigen Verdrängung des Stickstoffs wieder in die Richtung $a\ b$. Dieser kleine Apparat gestattet ein sehr zuverlässiges Arbeiten, sowohl für leicht, als auch namentlich für schwer verbrennbare Substanzen.

Zum Mischen der Substanz mit dem Kupferoxyd und beim Einbringen desselben in das Rohr darf weder eine Federfahne noch ein Haarpinsel Verwendung finden, weil diese stickstoffhaltigen Gegenstände durch Ablösung eines Federchens oder Haares zu Fehlbestimmungen Veranlassung geben können. Sehr geeignet sind dagegen für diese Zwecke gläserne Spatelchen und Pinsel aus Glasfäden.

Explosive Substanzen füllt Scholl[3]) in ein Reagensröhrchen von 1 cm Länge und $^1/_2$ cm Weite, das dicht über der Substanz mit einem Paraffinpfropfen vorschlossen wird, und bettet in pulverförmiges Kupferoxyd ein.

Das Verfahren für sehr flüchtige oder luftempfindliche

[1]) Anschütz und Romig, Ann. **288**. 331 Anm. (1886). — Anschütz, Ann. **359**, 211 Anm. (1908).

[2]) Ch. Ztg. **32**, 496 (1908).

[3]) Ann. **338**, 32 (1904).

Gewicht g eines Kubikzentimeters Stickstoff in Milligrammen.[1]

Der Stickstoffgehalt einer Substanz in Prozenten berechnet sich nach der Gleichung:

$$N = \frac{100 \cdot v \cdot g}{S}$$

T	710	712	714	716	718	720	722	724	726	728	730	732	734	736	738	740	742	744	746	748
10°	1.1115	1.1147	1.1179	1.1211	1.1242	1.1274	1.1306	1.1338	1.1369	1.1401	1.1433	1.1465	1.1496	1.1528	1.1560	1.1592	1.1624	1.1655	1.1687	1.1719
11	1.1076	1.1108	1.1139	1.1171	1.1203	1.1235	1.1266	1.1298	1.1330	1.1362	1.1393	1.1424	1.1456	1.1488	1.1519	1.1551	1.1583	1.1615	1.1646	1.1677
12	1.1037	1.1069	1.1100	1.1132	1.1164	1.1195	1.1226	1.1258	1.1290	1.1321	1.1353	1.1384	1.1416	1.1447	1.1479	1.1510	1.1542	1.1573	1.1605	1.1636
13	1.0999	1.1030	1.1061	1.1093	1.1124	1.1156	1.1187	1.1219	1.1250	1.1281	1.1313	1.1344	1.1376	1.1407	1.1438	1.1470	1.1501	1.1533	1.1564	1.1596
14	1.0960	1.0991	1.1023	1.1054	1.1085	1.1117	1.1148	1.1179	1.1211	1.1242	1.1273	1.1305	1.1336	1.1367	1.1399	1.1430	1.1461	1.1492	1.1524	1.1555
15	1.0922	1.0953	1.0984	1.1016	1.1047	1.1078	1.1109	1.1140	1.1172	1.1203	1.1234	1.1265	1.1297	1.1328	1.1359	1.1390	1.1421	1.1453	1.1484	1.1515
16	1.0884	1.0915	1.0946	1.0977	1.1009	1.1040	1.1071	1.1102	1.1133	1.1164	1.1195	1.1226	1.1257	1.1288	1.1319	1.1350	1.1381	1.1412	1.1443	1.1475
17	1.0847	1.0878	1.0909	1.0940	1.0971	1.1002	1.1033	1.1064	1.1094	1.1125	1.1156	1.1187	1.1218	1.1249	1.1280	1.1311	1.1342	1.1373	1.1404	1.1435
18	1.0809	1.0840	1.0871	1.0902	1.0933	1.0964	1.0995	1.1026	1.1056	1.1087	1.1118	1.1149	1.1180	1.1211	1.1242	1.1272	1.1303	1.1334	1.1365	1.1396
19	1.0772	1.0803	1.0834	1.0864	1.0895	1.0926	1.0957	1.0988	1.1018	1.1049	1.1080	1.1111	1.1141	1.1172	1.1203	1.1234	1.1265	1.1295	1.1326	1.1357
20	1.0735	1.0766	1.0797	1.0827	1.0858	1.0889	1.0919	1.0950	1.0981	1.1011	1.1042	1.1073	1.1103	1.1134	1.1165	1.1195	1.1226	1.1257	1.1287	1.1318
21	1.0699	1.0729	0.0760	1.0790	1.0821	1.0852	1.0882	1.0913	1.0943	1.0974	1.1004	1.1035	1.1066	1.1096	1.1127	1.1157	1.1188	1.1218	1.1249	1.1280
22	1.0662	1.0693	1.0723	1.0754	1.0784	1.0815	1.0845	1.0875	1.0906	1.0937	1.0967	1.0998	1.1028	1.1058	1.1089	1.1119	1.1150	1.1180	1.1211	1.1241
23	1.0626	1.0657	1.0687	1.0717	1.0748	1.0778	1.0808	1.0839	1.0869	1.0900	1.0930	1.0960	1.0991	1.1021	1.1051	1.1082	1.1112	1.1142	1.1173	1.1203
24	1.0590	1.0621	1.0651	1.0681	1.0712	1.0742	1.0772	1.0802	1.0833	1.0863	1.0893	1.0923	1.0954	1.0984	1.1004	1.1044	1.1075	1.1105	1.1135	1.1165
25	1.0555	1.0585	1.0615	1.0645	1.0676	1.0706	1.0736	1.0766	1.0796	1.0826	1.0856	1.0887	1.0917	1.0947	1.0977	1.1007	1.1037	1.1068	1.1098	1.1128

T	750	752	754	756	758	760	762	764	766	768	770	772	774	776	778	780	782	784	786	788
10°	1.1751	1.1782	1.1814	1.1846	1.1878	1.1909	1.1941	1.1973	1.2005	1.2036	1.2068	1.2100	1.2132	1.2163	1.2195	1.2227	1.2259	1.2290	1.2322	1.2354
11	1.1709	1.1741	1.1772	1.1804	1.1836	1.1868	1.1899	1.1931	1.1963	1.1995	1.2025	1.2057	1.2089	1.2121	1.2152	1.2184	1.2216	1.2248	1.2279	1.2311
12	1.1668	1.1699	1.1731	1.1763	1.1794	1.1826	1.1857	1.1889	1.1920	1.1952	1.1983	1.2015	1.2046	1.2078	1.2109	1.2141	1.2172	1.2204	1.2236	1.2267
13	1.1627	1.1658	1.1690	1.1721	1.1752	1.1784	1.1816	1.1847	1.1878	1.1910	1.1941	1.1973	1.2004	1.2036	1.2067	1.2098	1.2130	1.2161	1.2193	1.2224
14	1.1586	1.1618	1.1649	1.1680	1.1712	1.1743	1.1774	1.1806	1.1837	1.1868	1.1900	1.1931	1.1962	1.1994	1.2025	1.2056	1.2087	1.2119	1.2150	1.2181
15	1.1546	1.1577	1.1609	1.1640	1.1671	1.1702	1.1733	1.1765	1.1796	1.1827	1.1858	1.1889	1.1921	1.1952	1.1983	1.2014	1.2045	1.2077	1.2108	1.2139
16	1.1506	1.1537	1.1568	1.1599	1.1630	1.1661	1.1692	1.1723	1.1754	1.1785	1.1817	1.1848	1.1879	1.1910	1.1941	1.1972	1.2003	1.2034	1.2065	1.2096
17	1.1466	1.1497	1.1528	1.1559	1.1590	1.1621	1.1652	1.1683	1.1714	1.1745	1.1776	1.1807	1.1838	1.1869	1.1900	1.1931	1.1962	1.1993	1.2024	1.2055
18	1.1427	1.1458	1.1489	1.1520	1.1550	1.1581	1.1612	1.1643	1.1674	1.1705	1.1736	1.1767	1.1798	1.1828	1.1859	1.1890	1.1921	1.1952	1.1983	1.2014
19	1.1388	1.1418	1.1449	1.1480	1.1511	1.1542	1.1572	1.1603	1.1634	1.1665	1.1695	1.1726	1.1757	1.1788	1.1819	1.1849	1.1880	1.1911	1.1942	1.1972
20	1.1349	1.1379	1.1410	1.1441	1.1471	1.1502	1.1533	1.1563	1.1594	1.1625	1.1655	1.1686	1.1717	1.1747	1.1778	1.1809	1.1839	1.1870	1.1901	1.1932
21	1.1310	1.1341	1.1371	1.1402	1.1432	1.1463	1.1494	1.1524	1.1555	1.1585	1.1616	1.1646	1.1677	1.1707	1.1738	1.1769	1.1799	1.1830	1.1860	1.1891
22	1.1272	1.1302	1.1333	1.1363	1.1394	1.1424	1.1459	1.1485	1.1515	1.1546	1.1576	1.1607	1.1637	1.1668	1.1698	1.1729	1.1759	1.1790	1.1820	1.1851
23	1.1234	1.1264	1.1294	1.1325	1.1355	1.1385	1.1416	1.1446	1.1476	1.1507	1.1537	1.1568	1.1598	1.1628	1.1659	1.1689	1.1719	1.1750	1.1780	1.1810
24	1.1196	1.1226	1.1256	1.1286	1.1317	1.1347	1.1377	1.1407	1.1438	1.1468	1.1498	1.1528	1.1559	1.1589	1.1619	1.1650	1.1680	1.1710	1.1740	1.1771
25	1.1158	1.1188	1.1218	1.1248	1.1279	1.1309	1.1339	1.1369	1.1399	1.1429	1.1460	1.1490	1.1520	1.1550	1.1580	1.1610	1.1641	1.1671	1.1701	1.1731

[1]) Berechnet unter Zugrundelegung des von Rayleigh und Ramsay ermittelten Gewichtes von einem Kubikzentimeter feuchten Stickstoffs gleich 0.0012511 g bei 0⁰ und 760 mm Druck.

Substanzen von Lobry de Bruyn[1]) ist aus der Fig. 122 verständlich. Es ist analog für die Elementaranalyse brauchbar.

Stickstoffbestimmung im Diazoaceton: R. Greulich, Diss. 1905 S. 21.

Methylreiche Ketoxime liefern nach der Dumasschen Methode zu hohe Werte;[2]) auch sonst ist in einigen seltenen Fällen dieses Verfahren unzureichend.[3])[4])

Für solche Fälle wird die Methode von Kjeldahl empfohlen.[5])

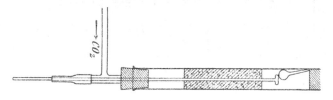

Fig. 122.

B. Gleichzeitige Bestimmung von Stickstoff und Wasserstoff.

Gehrenbeck[5]) hat zu diesem Zwecke die Dumassche Stickstoffbestimmungsmethode folgendermaßen umgestaltet:

Man benutzt ein beiderseits offenes Rohr, wie auch sonst zur Stickstoffbestimmung beschickt. Auf die sorgfältige Trocknung des Kupferoxyds ist besondere Sorgfalt zu verwenden. Hinten ist das Rohr mit einem Stopfen verschlossen, der einen Zweiweghahn trägt. Der eine Schenkel desselben ist mit einem Luft- und Sauerstoffsystem, wie es zur Elementaranalyse dient, der andere mit dem Kohlendioxydentwicklungsapparate von Young und Caudwell verbunden; zwischen dem Gasentwicklungsapparate und dem Verbrennungsrohre werden noch zwei mit konzentrierter Schwefelsäure beschickte Waschflaschen eingeschaltet. Am anderen Ende des Verbrennungsrohres befindet sich zuerst ein gewogenes, dann ein ungewogenes Chlorcalciumröhrchen, und daran angeschlossen der mit Kalilauge gefüllte Schiffsche Stickstoffsammler.

Zur Ausführung der Analyse wird der Apparat mit Kohlendioxyd gefüllt, wozu ca. 1 Stunde notwendig ist. Sodann wird die Stickstoffbestimmung in üblicher Weise ausgeführt, und nach deren Beendigung Stickstoffsammler und Kohlensäureentwickler abgenommen,

---

[1]) Rec. 11, 25 (1892). — Siehe auch Anschütz, Ann. 359, 208 Anm., 211 Anm. (1908) und ferner S. 232 dieses Buches.

[2]) Nef, Ann. 310, 330 (1900). — Scholl, Ann. 338, 17 (1904).

[3]) Guareschi und Grande, C. 1898, II. 61. — Wyndham, Dunstan und Carr, Ch. Ztg. 20, 219 (1896). — Jacobson und Hönigsberger, B. 36, 4100 (1903).

[4]) Flamand und Prager, B. 38, 560 (1905).

[5]) B. 22, 1694 (1889). — Kehrmann und Messinger, B. 24, 2172 (1901). — Young u. Caudwell, Chem. Ind. 26, 184 (1907). — Dunstan und Cleaverley, Soc. 91, 1621 (1907).

und die Verbrennung im Sauerstoffstrome zu Ende geführt. Schließlich läßt man im Luftstrome erkalten. Statt Kupferoxyd wird natürlich im Bedarfsfalle mit gleich gutem Erfolge Bleichromat verwendet.

Die gleichzeitige Bestimmung von Stickstoff und Wasserstoff, die nicht viel mehr Zeit verlangt, als die Stickstoffbestimmung allein, wird in neuerer Zeit von verschiedenen Seiten wärmstens empfohlen.

Die Zahlen für Wasserstoff fallen gewöhnlich etwas zu niedrig aus.

C. Methode von Varrentrapp und Will.[1]

Beim Schmelzen stickstoffhaltiger organischer Substanzen mit Alkali wird Wasserstoff frei, welcher zur Bildung von Ammoniak Veranlassung gibt.[2]

Diese Reaktion läßt sich für eine große Reihe von Substanzen zu einer quantitativen gestalten, wenn man folgendermaßen vorgeht:

In das untere Ende einer 60 cm langen, hinten zugeschmolzenen Röhre werden 0,3 g reinen Zuckers gebracht und durch Schütteln mit zirka der 20fachen Menge Natronkalkpulver gemengt. Darauf wird eine 12 cm lange Schicht gekörnten Natronkalks gegeben; es folgt dann eine 3 cm lange Schicht von gepulvertem Natronkalk, hierauf die Mischung der Substanz (ca. 0,2 g) mit 0,3 g Zucker und gepulvertem Natronkalk. Nunmehr wird die Röhre bis auf

Fig. 123.

5 cm mit Natronkalk in Körnern gefüllt, ein Asbestpfropf eingelegt und mit einem durchbohrten Kork verschlossen, durch dessen Öffnung entweder die Will-Varrentrappsche Birne (Fig. 123) oder besser der bekannte Apparat von Péligot (Fig. 124) oder der S. 196 abgebildete von Bärenfänger mit der Röhre verbunden wird. Der Absorptionsapparat wird mit etwa der doppelten Menge verdünnter

---

[1] Ann. **39**, 257 (1841), vgl. Wöhler, Berzel. Jahresb. 1842, 159. — Berzelius u. Plantamour, C. 1841, 528. — Peligot, C. r. **24**, 552 (1847). — Bouis, Jb. 1860, 628. — Strecker, Ann. **118**, 161 (1861). — Knop, C. 1861, 44. — Berthelot, Bull. **4**, 480 (1862). — Petersen, Z. f. Biol. **7**, 166 (1871). — Salkowsky, B. **6**, 536 (1873). — Kreusler, Z. anal. **12**, 354 (1873). — Seegen u. Nowak, Z. anal. **13**, 460 (1874). — Bobierre, C. r. **80**, 960 (1875). — Thibault, C. 1875, 553. — Makris, Ann. **184**, 371 (1876). — Fairley, C. 1876, 552. — Liebermann, Ann. **181**, 103 (1876). — Rathke, B. **12**, 781 (1879). — Gassend u. Quantin, B. **13**, 2241 (1880). — Keßler, Pharm. Journ. Trans. (3) **3**, 328 (1880). — Guyard, Z. anal. **21**, 584 (1882). — Wagner, B. **16**, 3074 (1883). — Goldberg, B. **16**, 2546 (1883). — Loges, Ch. Ztg. **8**, 1741 (1884). — Ramsay, Ch. News **48**, 301 (1884). — Stutzer u. Reitmayer, Ch. Ztg. **9**, 1612 (1885). — Arnold, Rep. anal. Ch. II. **38**, 1041 (1885). — B. **18**, 806 (1885). — Atwater, Am. **9**, 311 (1887); **10**, 113 (1888). — Houzeau, C. r. **100**, 1445 (1890). — Boye, B. **24**, R. 920 (1891). — Corradi, Giorn. Farm. Chim. **54**, 289 (1905). — Siehe auch S. 418.

[2] Faraday, Pogg. **3**, 455 (1825). — Über die Theorie dieses Vorganges: Quantin, Bull. (2) **50**, 198 (1888).

Salzsäure gefüllt, die zur Absättigung des entweichenden Ammoniaks notwendig wäre. Zunächst wird nun die vordere Schicht des reinen Natronkalks zum Dunkelrotglühen erhitzt, sodann die Schicht Natronkalk zwischen der Substanz und der am Ende befindlichen Zuckernatronkalkmischung, dann die Substanz, und zwar so, daß ein kontinuierlicher langsamer Gasstrom erhalten wird. Sobald die Entwicklung aufhört, wird die Zuckernatronkalkmischung erhitzt, um durch die daraus entwickelten Gase den Rest des Ammoniaks aus der Röhre zu vertreiben. Die angewandte Menge von 0,3 g Zucker genügt, um 15 Minuten lang eine kontinuierliche Gasentwicklung, die man beliebig regulieren kann, zu erhalten.

Die ganze Bestimmung soll nicht länger als eine halbe Stunde dauern. Das entwickelte Ammoniak (außerdem entstehen auch organische Basen, die ebenfalls als NH_3 bestimmt werden) wird ent-

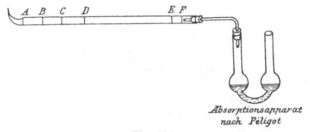

Absorptionsapparat
nach Péligot

Fig. 124.

weder in üblicher Weise titriert oder als Platindoppelsalz gefällt und der Stickstoffgehalt der Substanz nach dem Glühen aus der gefundenen Platinmenge berechnet. Letzteres Verfahren ist umständlicher, aber etwas genauer als das titrimetrische.

Über das ähnliche Verfahren von Grouven: D. R. P. 17002 (1882) B. **15**, 546 (1882). — B. **16**, 1111 (1883). — B. **17**, R. 239 (1884). — Ch. Ztg. **8**, 432 (1884).

Die Methode von Varrentrapp und Will ist für so ziemlich alle Körper anwendbar, welche keinen an Sauerstoff gebundenen (namentlich Nitro-) Stickstoff enthalten. „Wenn trotzdem heute die Methode nur noch ganz beschränkte Anwendung selbst in den wissenschaftlichen Laboratorien findet, so hat das einmal darin seinen Grund, daß die Mängel der Dumasschen Methode, die einstmals Will und Varrentrapp zur Ausarbeitung der ihrigen veranlaßten, jetzt ganz beseitigt sind, und ferner darin, daß man neue Methoden ausbildete, die in noch einfacherer und bequemerer und fast ebenso sicherer Weise die Abspaltung des Stickstoffs in Gestalt von Ammoniak und dessen Aufsammlung und Bestimmung gestatten. Das Bessere ist der Feind des Guten!"[1]

---

[1] Dennstedt, Entwickelung, S. 50.

D. Methode von Kjeldahl.[1])

Das Prinzip dieses Verfahrens ist, die stickstoffhaltige Substanz
mit einer reichlichen Menge konzentrierter Schwefelsäure zu erhitzen
und die so erhaltene Lösung mit Zusätzen zu versehen, welche entweder als Sauerstoffüberträger wirken oder die Siedetemperatur der
Schwefelsäure erhöhen. Der Stickstoff wird unter diesen Umständen
in Form von schwefelsaurem Ammonium abgegeben, das nach beendigter
Oxydation und Übersättigung mit Natron abdestilliert und titriert
wird. Von den zahlreichen für die Ausführung dieser Methode angegebenen Modifikationen[2]) sei diejenige von Dyer[3]) als die prak-
tischste reproduziert.

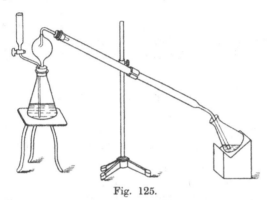

Fig. 125.

Die Substanz (0,5—5 g) wird in einem Rundkolben aus schwer
schmelzbarem Glase mit langem Halse von 200—300 ccm Inhalt mit
20 ccm konzentrierter Schwefelsäure übergossen. Der Kolben wird
durch eine hohle Glaskugel mit zugeschmolzener ausgezogener Spitze
locker verschlossen. Man erhitzt den schief auf ein Drahtnetz gestellten Kolben, in den man noch einen Tropfen Quecksilber gebracht
hat, zuerst, bis die erste lebhafte Reaktion vorüber ist, nur schwach.
Dann wird die Hitze sukzessive bis zum lebhaften Sieden gesteigert

[1]) Z. anal. 22, 366 (1883). — Jb. 1888, 2611.
[2]) Namentlich: Heffler, Hollrung und Morgen, Z. anal. 23, 553
(1884). — Czeczetka, M. 6, 63 (1885). — Wilfarth, Ch. Ztg. 9, 286, 502
(1885). — Arnold, Arch. 224, 75 (1886). — Asbóth, C. 1886. 161. — Jodl-
bauer, C. 1886, 433. — Ulsch, C. 1886, 375; 1887, 289. — Dafert,
Landw. Vers.-St. 34, 311 (1887). — Gunning, Z. anal. 28, 188 (1889). —
Förster u. Scovelt, Z. anal. 28, 625 (1889). — Reitmayer u. Stutzer,
Z. anal. 28, 625 (1889). — Arnold u. Wedemeyer, Z. anal. 31, 525 (1892).
— Keating u. Stock, Z. anal. 32, 238 (1893). — Krüger, B. 27, 609, 1633
(1894). — Denigès, Ph. C.-H. 37, 9 (1896). — Dafert, Z. anal. 35, 216 (1896).
— Kellner, Landw. Vers.-Stat. 57, 297 (1903). — Flamand u. Prager, B. 38,
559 (1905). — Sörrensen u. Andersen, Ztschr. physiol. 44, 429 (1905).
[3]) Dyer, Soc. 67, 811 (1895).

13*

und innerhalb einer Viertelstunde 10 g trockenes Kaliumsulfat[1]) ein-getragen und weiter gekocht, bis zu zwei Stunden lang. Dann pflegt der Kolbeninhalt klar und farblos geworden zu sein. Man spült

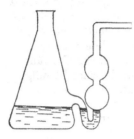

Fig. 126.

hierauf die erkaltete Flüssigkeit mit 100 ccm Wasser in ein geräumiges Kölbchen aus resistentem Glase, das mit einem geeigneten Destillationsaufsatze und einer Glasröhre (ohne Wasserkühlung) verbunden ist. Vor Beginn der Destillation bringt man 3—4 g Zinkstaub (zur Verhinderung des Stoßens und zur Zer-legung der Quecksilberaminverbindungen) und schließlich eine genügende Menge festes Ätz-kali (rasch!) in das Kölbchen oder läßt be-quemer konzentrierte Lauge aus einem Scheide-trichter zufließen (Fig. 125) und fängt das übergehende Ammoniak in titrierter Schwefelsäure auf. Der Inhalt des Destillationskölbchens wird zur Hälfte abdestilliert, als Indikator Methylorange verwendet.

Ein praktisches Vorlegekölbchen (Fig. 126) beschreibt Bären-fänger. Z. ang. **20**, 1982 (1907.) Zu beziehen von Paul Alt-mann, Berlin NW 6, Luisenstraße 47.

Bemerkungen zur Kjeldahlschen Methode.

Dieses in der Ausführung sehr bequeme Verfahren ist leider für eine große Anzahl von stickstoffhaltigen Substanzen, nicht nur für Nitroderivate, sondern auch für Körper mit stickstoffhaltigen Ringen (Pyridinderivate usw.) nicht ohne weiteres verwendbar. Es hat daher auch nicht an Versuchen gefehlt, durch verschiedene Zusätze (Phenol, Salicylsäure, Zucker usw.) und durch Änderungen in der Wahl des sauerstoffübertragenden Mediums (Kaliumpermanganat, Kupfersulfat, Phosphorsäureanhydrid, Dinatriumphosphat, Magnesia, Platinchlorid, Mangandioxyd usw.) seinen Anwendungsbereich zu vergrößern. Für die Zwecke der technischen Chemie ist dies wohl auch ausreichend gelungen, während man im wissenschaftlichen La-boratorium in den meisten Fällen[2]) entweder die Dumassche Me-thode oder eines der Verfahren zur Gruppenbestimmung[3]) anwen-den wird.

„Nur für eine Art von Substanzen wird auch der wissenschaft-lich arbeitende Chemiker sich der Kjeldahlschen Methode mit Vor-teil und Vergnügen bedienen, nämlich da, wo bei relativ niedrigem Stickstoff- und hohem Kohlenstoffgehalt eine große Menge organischer

---

[1]) Während das zugesetzte Quecksilber katalytisch wirkt, verursacht das Kaliumsulfat nur eine Siedepunktserhöhung. Siehe Bredig und Brown, Z. phys. **46**, 502 (1904).

[2]) Siehe Anm. 5, S. 192.

[3]) Siehe den dritten Teil dieses Buches.

Substanz bewältigt werden muß. Gewöhnlich wird dann die Anwendung sowohl der Varrentrapp-Willschen wie der Dumasschen Methode noch dadurch wesentlich erschwert, daß sich diese Substanzen nur schwer zerkleinern und sich, sei es mit dem Natronkalk, sei es mit dem Kupferoxyd, nicht innig genug mischen lassen; die Natronkalkmethode versagt dann vollständig, die Dumassche zwingt, um nicht stickstoffhaltige Kohle zurückzuhalten, zur Anwendung von Sauerstoff. Zu dieser Art von Verbindungen gehören insonderheit die Eiweißstoffe, und da die Untersuchung dieser für die nächste Zukunft das vornehmste Ziel der organischen Chemie sein wird, so kann auch den rein wissenschaftlich arbeitenden Chemikern nicht dringend genug empfohlen werden, sich mit der Kjeldahlschen Methode innigst vertraut zu machen" (Dennstedt[1]).

Selbstverständlich hat man alle benutzten Reagenzien auf einen eventuellen Stickstoffgehalt, am einfachsten durch eine blinde Probe, zu prüfen, eventuell dieselben zu reinigen.

Erheiternd wirkt in dieser Beziehung der Vorschlag von Meldola und Moritz[2]), der Schwefelsäure zur Befreiung von Stickstoff Kaliumnitrit zuzusetzen.

E. Stickstoffbestimmung ev. unter gleichzeitiger Bestimmung von Kohlenstoff, Wasserstoff, Halogen, Schwefel und Asche (Mineralbestandteilen) nach Dennstedt.[3])

Da in ähnlicher Weise wie bei der Bestimmung von Kohlenstoff und Wasserstoff mit Kupferoxyd, auch bei der Stickstoffbestimmung nach Dumas, eine Erhitzung gewöhnlich weit über das Maß des Notwendigen vorgenommen wird, hat M. Dennstedt sein Verbrennungsgestell auch diesem Zwecke mit Erfolg angepaßt. Man kommt dabei mit vier Brennern sehr wohl aus, so daß wesentlich an Gas gespart wird und die Verbrennungsröhren geschont werden. Auch das schon früher (S. 172) beschriebene tragbare Stativ, aus diesem Grunde Universalstativ genannt, ist für die Stickstoffbestimmung eingerichtet (Fig. 127).

Als neu hinzugekommene Verbesserungen sind außerdem hervorzuheben: für die Aufnahme der Substanz ein in besonderer Weise gefaltetes und leicht selbst herzustellendes Schiffchen aus Kupferblech, worin die abgewogene Substanz mit feinem Kupferoxyd gemischt wird. Das Zuleitungsrohr des Azotometers (Fig. 128) ist in besonderer Weise geknickt, so daß durch einen Tropfen Quecksilber ein ziemlich sicherer Schutz gegen das Zurücksteigen der Kalilauge in das Verbrennungsrohr gegeben ist; dasselbe wird erreicht

---

[1]) Entw. d. Elem.-An., S. 58. — Siehe Plimmer, Soc. **93**, 1502 (1908).
[2]) Chem. Ind. **7**, 63 (1888).
[3]) Nach frdl. Privatmitteilung. — Siehe auch B. **41**, 2778 (1908).

(Fig. 129), wenn man das Capillarrohr am unteren Ende in eine Glas-
spitze auslaufen läßt: außerdem wird auf jeden Fall noch zwischen
Verbrennungsrohr und Azotometer ein einfaches Rückschlagventil
besonderer Form. eingeschaltet.

Das ebenfalls 86 cm lange Verbrennungsrohr wird wie folgt
gefüllt:

Die ersten 8 cm bleiben leer, dann kommt eine 10 cm lange
Rolle von Kupferdrahtnetz. Das nun in einer Länge von 28 cm
folgende grobe Kupferoxyd wird beiderseits von je einem 3 cm langen
Pfropf aus oxydiertem Kupferdrahtnetz festgehalten. Läßt man auf

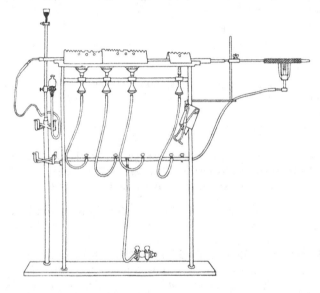

Fig. 127.

der anderen Seite des Rohres ebenfalls 6 cm frei und gibt danach
eine 10 cm lange Rolle von oxydiertem Kupferdrahtnetz, so bleibt
für die Substanz ein Raum von 18 cm. Für die Erhitzung des vorderen Rohrendes (50 cm) genügen drei Teclu- oder gute Bunsenbrenner mit Spalt, da ein solcher Brenner frei brennend eine Flamme
von 8 cm gibt, die sich unter der Rinne auf mindestens 10 cm ausdehnt. Die Vergasung und schließlich die Verbrennung geschieht
mit einem vierten Brenner, dem zum Schlusse die vorderen Brenner
zu Hilfe kommen.

Das zur Verdrängung der Luft und später des Stickstoffs notwendige Kohlendioxyd wird aus groben Stücken Natriumbicarbonat in
einem angehängten Rohre von schwer schmelzbarem Glase mit Hilfe
einer kleinen Flamme entwickelt und die erhitzte Stelle des Rohres

durch ein verschiebbares Stück Drahtnetz geschützt. Die ganze Anordnung ist aus der Fig. 127 ersichtlich.

In sehr seltenen Fällen kann es wichtig sein, die Bestimmung des Stickstoffs mit der des Kohlenstoffs und Wasserstoffs und wenn erforderlich auch mit der des Schwefels und der Halogene zu verbinden.

Das ist sehr wohl möglich, wenn auch das Verfahren dadurch etwas schwerfällig wird und eine größere Geschicklichkeit und dauernde Anwesenheit des Experimentators erfordert.

Man benützt als Sauerstoffquelle Kaliumpermanganat, das in einem ähnlichen Rohre wie das Kohlendioxyd aus dem Bicarbonat bei der Stickstoffbestimmung entwickelt wird, und einen Gummisack als Gasometer. Man wendet die doppelte Sauerstoffzuleitung an und entfernt die Luft durch einen starken Sauerstoffstrom.

Der entwickelte Stickstoff wird mit dem überschüssigen Sauerstoff nicht in einem Azotometer, sondern in einem Erlenmeyerkolben

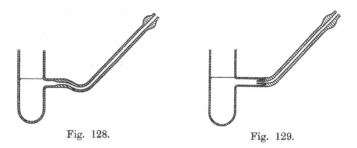

Fig. 128.   Fig. 129.

von etwa 1 Liter Inhalt aufgefangen, der mit doppelt durchbohrtem Gummistopfen versehen ist. Ein bis zum Boden reichendes Knierohr trägt einen Gummischlauch mit Niveaukugel, durch ein T-Rohr ist die Verbindung mit dem Verbrennungsrohre und der Luftpumpe vermittelt, aus der zweiten Öffnung kann man das angesammelte Gas austreten lassen (Fig. 130).

Da 2—3 Liter Sauerstoff zu absorbieren sind, so kann weder Pyrogallussäure noch ammoniakalische oder Pyridin-Kupferchlorürlösung verwendet werden. Man ersetzt daher die alkalische Lösung durch eine Lösung von Kupferchlorür in Salzsäure, in die man Kupferdrahtnetzrollen stellt.

Für die erste Füllung nimmt man am einfachsten Kupfersulfat mit viel Salzsäure und erwärmt unter Kupferzusatz. Die Flüssigkeit bleibt brauchbar, solange noch Kupfer vorhanden ist, wenn man nur ab und zu einen Teil der Flüssigkeit durch Salzsäure ersetzt.

Der von den Bleisuperoxydschiffchen in Form von Bleinitrat zurückgehaltene Stickstoff wird aus dem mit 33proz. Alkohol extrahierten und gewogenen Bleinitrat bestimmt.

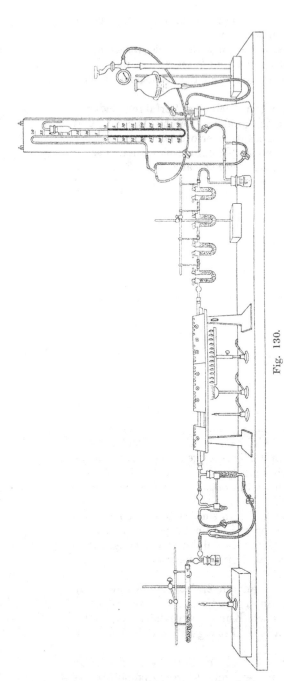

Fig. 130.

Die Bestimmung von Schwefel, Halogen und Asche läßt sich auch in diesem Falle in der schon beschriebenen Weise mit der Kohlenstoff- und Wasserstoffbestimmung verbinden.

F. Analyse von Salpetersäureestern.[1])

Bei der Zerlegung von Salpetersäureestern ist die Salpetersäure als solche nicht zu fassen, da die organische Komponente mehr oder weniger stark reduzierend auf die Säure wirkt; die Reduktion kann bis zu elementarem Stickstoff und selbst bis zu Ammoniak führen.[2])

Kocht man aber z. B. Nitrocellulose mit Natronlauge bei Gegenwart von überschüssigem Wasserstoffperoxyd,[3]) so resultiert ausschließlich Nitrat und Nitrit, zugleich wird die Cellulose durch Hydrolyse vollkommen in lösliche Form übergeführt.

Beim Ansäuern der alkalischen, überschüssiges Wasserstoffperoxyd enthaltenden Lösung wird sodann die salpetrige Säure quantitativ zu Salpetersäure oxydiert,[4]) so

---

[1]) Siehe auch Wohl und Poppenberg, B. **36**, 676 (1903). — Débourdeaux, Bull. (3) **31**, 1, 3 (1904).
[2]) Häussermann, B. **38**, 1624 (1905).
[3]) Busch, Z. ang. **19**, 1329 (1906). — Busch und Schneider, Zeitschr. f. d. ges. Schieß- und Sprengstoffwesen **1**, 232 (1906). — Utz, Z. anal. **47**, 142 (1908).
[4]) Busch, B. **39**, 1401 (1906).

daß man auf diese Weise den Gesamtstickstoff in Form von Salpetersäure erhält, die nunmehr mittels „Nitron"[1]) gefällt und zur Wägung
gebracht werden kann.

Die Ausführung der Analyse gestaltet sich folgendermaßen:

Ca. 0,2 g Nitrocellulose werden in einem nicht zu weiten
Erlenmeyerkolben von 150 ccm Inhalt mit 5 ccm 30proz. Natronlauge
und 10 ccm 3proz. Lösung von Wasserstoffperoxyd (reines Merck-
sches Präparat) zunächst einige Minuten auf dem Wasserbade erwärmt, bis die erste Schaumbildung vorüber ist, und dann auf freier
Flamme gekocht, wobei meist innerhalb weniger Minuten Lösung
erfolgt. Man fügt alsdann noch 40 ccm Wasser und 10 ccm Per-
oxydlösung hinzu und läßt in die auf 50° erwärmte Flüssigkeit mittels einer Pipette 40 ccm
5proz. Schwefelsäure am Boden des Gefäßes
einlaufen. Nachdem die Flüssigkeit nunmehr
bis ca 80° erwärmt wurde, wird sie mit 12 ccm

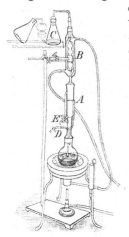

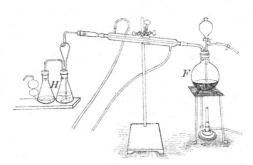

Fig. 131.

Fig. 132.

Nitronacetatlösung versetzt; man läßt erkalten und stellt das Gefäß
darauf $1^{1}/_{2}$—2 Stunden an einen kühlen Ort, am besten in Eiswasser.
Das Nitrat wird abgesaugt, mit dem Filtrate nachgespült und schließlich mit 10 ccm Eiswasser in 3—4 Portionen nachgewaschen. Durch
$^{3}/_{4}$stündiges Trocknen bei 110° erreicht man Gewichtskonstanz.

Einen anderen Weg, den der vollständigen Reduktion des Stickstoffs zu Ammoniak, schlagen Silberrad, Philips und Merriman[2])
ein. Zur Bestimmung von Nitroglycerin, Cordit usw. gehen sie
folgendermaßen vor:

Fig. 131 zeigt den Apparat für die Extrahierung und Verseifung
des Nitroglycerins und Fig. 132 denjenigen, welcher zur Reduktion
des Produkts zu Ammoniak dient. Es ist zu bemerken, daß der
Extraktions- und Verseifungsapparat durchaus mit Glasschliffen und
mit einem gut wirkenden Kühler ausgestattet sein müssen. Diese Vor-

[1]) S. 793.
[2]) Z. ang. 19, 1603 (1906).

sichtsmaßregeln sind notwendig, um Verluste an Nitroglycerin, das mit den Ätherdämpfen ziemlich leicht flüchtig ist, zu vermeiden.

Die direkte Bestimmung des Nitroglycerins im Cordit geschieht in der folgenden Weise:

Eine abgewogene Menge des pulverisierten Cordits, genügend, um etwa 2 g Nitroglycerin zu liefern, wird in einer Extraktionshülse in den Soxhletapparat A, welcher wie aus der Figur ersichtlich ist, aufgestellt wird, eingefüllt; 80 ccm absoluten Äthers werden in den Kolben gegossen und die Extraktion in gewöhnlicher Weise ausgeführt. Nachdem die Extraktion des Cordits vollzogen ist, wird die Extraktionshülse, welche die zurückgebliebene Nitrocellulose enthält, mit etwas frisch destilliertem Äther nachgewaschen und aus dem Extraktionsapparate entfernt. Die Absorptionskolben C, welche 10 ccm $n/_{10}$-Säure enthalten, werden nun angesetzt und ein Überschuß von Natriumalkoholat (etwa 50 ccm einer Lösung, durch Lösen von 5 g Natrium in 100 ccm absolutem Alkohol bereitet) langsam durch das Seitenrohr D hinzugegeben. Die Reaktion geht rasch vor sich und wird durch 6 stündiges Erwärmen auf dem Wasserbade vollendet; ihren Verlauf kann man durch zeitweises Nehmen von kleineren Proben mittels des Hahnes E verfolgen, die mittels Diphenylamin und Schwefelsäure auf Nitroglycerin geprüft werden.

Der Äther wird alsdann in den Teil A des Soxhletapparates destilliert und durch den Hahn E abgelassen. Der Rückstand wird zunächst in Wasser aufgenommen und auf 250 ccm verdünnt, wobei auch die wässerigen und ätherischen Waschflüssigkeiten zur Lösung zugesetzt werden. 50 ccm der Lösung werden in den Kolben F des Reduktionsapparates eingefüllt und hierzu ein Gemisch von 50 g Zinkeisen (2 T. Zink und 1 T. Eisen) und 50 ccm 40 proz. Natronlauge hinzugefügt. Das Ammoniak wird alsdann in einem langsamen Luftstrome abdestilliert und durch die im Absorptionskolben H enthaltene Absorptionssäure (etwa 75 ccm $n/_{10}$-Säure) absorbiert. Der Überschuß der Säure wird dann durch Rücktitration bestimmt.

1 ccm $n/_{10}$-Säure entspricht 0.007 57 g Nitroglycerin.

Dritter Abschnitt.

Bestimmung der Halogene.

(Cl = 35.45, Br = 80.0, J = 126.9).

1. Qualitativer Nachweis von Chlor, Brom und Jod.

A. Methode von Beilstein.[1]

Dieses Verfahren[2] gründet sich auf die bekannte Berzelius-sche Reaktion des Nachweises der Halogene in Mineralsubstanzen vermittels Kupferoxyd und Phosphorsalz. Für organische Substanzen ist aber das Phosphorsalz ein unnötiger und störender Zusatz.

Man bringt in das Öhr eines Platindrahtes etwas pulveriges Kupferoxyd, das nach kurzem Durchglühen festhaftet. Nun taucht man dieses Kupferoxyd in die Substanz oder streut (bei festen Körpern) etwas davon auf das Kupferoxyd und bringt das Öhr in die mäßig starke, entleuchtete Flamme eines Bunsenbrenners, zuerst in die innere, dann in die äußere Zone, nahe am unteren Rande derselben.

Zunächst verbrennt der Kohlenstoff, und es tritt ein Leuchten der Flamme, gleich darauf aber die charakteristische Grün- bzw. Blau-färbung ein. Bei der außerordentlichen Empfindlichkeit der Reaktion genügen die geringsten Mengen von Substanz, um die Halogene mit Sicherheit darin nachweisen zu lassen, und an der kürzeren oder längeren Dauer der Flammenfärbung hat man einen ungefähren Maß-stab für die Menge des vorhandenen Halogens.

Vor jedem Versuche muß man sich von der Reinheit des an-gewendeten Kupferoxyds überzeugen. Ist dasselbe nämlich mehrfach benutzt worden, so bilden sich schwer flüchtige Oxychloride usw., und das Kupferoxyd gibt sodann schon beim bloßen Befeuchten mit Wasser jedesmal eine Flammenfärbung. Man befeuchtet in diesem Falle das Öhr mit Alkohol und glüht es erst in der leuchtenden und dann in der Oxydationsflamme aus.

Die Reaktion ist unbedingt verläßlich und gelingt bei allen Körperklassen organischer Substanzen.

Nach Nölting und Trautmann[3] sind allerdings auch einzelne halogenfreie Körper der Pyridinreihe imstande, mit Kupferoxyd in die Flamme gebracht, dieselbe grün zu färben. Als solche Substanzen werden die Oxychinoline:

---

[1] B. 5, 620 (1872).
[2] Im Jahre 1895 wurde diese Methode, mit einer kleinen Verschlechte-rung und Komplikation in der Ausführung von W. Lenz (Z. anal. 34, 42, 1895) nochmals „entdeckt". — Verfahren für flüchtige Substanzen: H. Erdmann, J. pr. (2) 56, 36 (1897).
[3] B. 23, 3664 (1890).

OH N   N OH CH₃   N OH CH₃   und   CH₃ N OH

angeführt.

Nach H. Milrath[1]) zeigen auch Harnstoff, Sulfoharnstoff und einige in α-Stellung substituierte Pyridinderivate die Beilsteinsche Reaktion, die hier offenbar von der Bildung von Cyankupfer, das die Flamme intensiv grün färbt, herrührt.

B. Andere Methoden zum Nachweise der Halogene.

Wenngleich die so überaus bequeme Beilsteinsche Methode alle anderen Verfahren entbehrlich macht, so seien doch noch einige der zahlreichen Vorschläge zum Nachweise der Halogene angeführt.

Erlenmeyer[2]) läßt die zu untersuchende Substanz in ein Reagensglas fallen, dessen Boden zum schwachen Glühen erhitzt ist. Das ausgeschiedene Jod bzw. die entwickelte Brom- oder Chlorwasserstoffsäure werden in üblicher Weise nachgewiesen.

Schützenberger[3]) berichtet über ein in den französischen Laboratorien übliches Verfahren. Die in Alkohol gelöste Substanz wird von Filtrierpapier aufsaugen gelassen, angezündet und über die Flamme ein innen mit destilliertem Wasser angefeuchtetes großes Becherglas gehalten, das dann mit Silbernitratlösung ausgespült wird.

Messinger[4]) erwärmt, um den Nachweis zu führen, daß eine Substanz halogenhaltig sei, 1—2 mg derselben in einem Reagensglase mit etwas Chromsäure und konzentrierter Schwefelsäure und leitet die Dämpfe in eine verdünnte Jodkaliumlösung.

Thoms[5]) und Raikow[6]) zersetzten die Substanz ebenfalls mit Schwefelsäure, eventuell unter Zusatz von Silbernitrat.

Kastle und Beatty[7]) glühen mit einem Gemische von Silber- und Kupfernitrat.

Pringsheim[8]) oxydiert in einer Eiseneprouvette mit Natriumsuperoxyd.

Verwendung von Persulfaten: Dittrich, B. **36**, 3385 (1903). — Dittrich und Bollenbach, B. **38**, 747 (1905).

---

[1]) Privatmitteilung.
[2]) Zeitschr. f. Chemie und Pharm. **1864**, 638. — Z. anal. **4**, 138 (1865).
[3]) Traité de Chimie **4**, 30 (1885).
[4]) B. **21**, 2918 (1888).
[5]) Ph. C.-H. **14**, 10 (1873).
[6]) Ch. Ztg. **19**, 902 (1895).
[7]) Am. **19**, 412 (1897).
[8]) B. **36**, 4244 (1903). — B. **37**, 2155 (1904). — Am. **31**, 386 (1904). — Konek, Z. ang. **16**, 516 (1903). — **17**, 771 (1904). — Neumann und Meinertz, Z. physiol. **43**, 37 (1904). — Siehe S. 212.

2. Quantitative Bestimmung der Halogene.

A. Allgemein anwendbare Methoden.

1. Kalkmethode.

Die Autorschaft dieser seit den dreißiger Jahren des vorigen Jahrhunderts bekannten[1]) trefflichen Methode dürfte Liebig zuzuschreiben sein.[2]) Sie ist von allgemeinster Anwendbarkeit, namentlich aber für feste und für wenig flüchtige flüssige Substanzen zu empfehlen. Das Hexachlorbenzol ist eine der wenigen Substanzen, zu deren quantitativer Aufschließung die Kalkmethode in ihrer üblichen Ausführung nicht genügt. In diesem Falle muß dem Ätzkalk Kaliumnitrat zugefügt werden. Auch das β-Jodanthrachinon liefert nach Kaufler[3]) unbefriedigende Resultate und muß nach Carius auf 400° erhitzt werden. Ebensowenig lassen sich nach diesem Verfahren Substanzen direkt untersuchen, die — wie Bromalhydrat — schon beim Mischen mit Kalk zersetzt werden.[4]) (Hans Meyer).

Ausführung der Methode.

Erfordernisse: 1. Halogenfreier gebrannter Kalk. Sollte kein reiner (auch schwefelsäurefreier) Kalk zur Verfügung stehen, so bestimmt man entweder in einer Probe desselben den Chlorgehalt, und bringt nachher bei der Analyse eine entsprechende Korrektur an, oder man reinigt denselben, falls der Chlorgehalt irgend beträchtlicher ist, nach Brügelmann[5]).

2. Ein an einem Ende zugeschmolzenes Rohr aus schwer schmelzbarem Glase, von 35 cm Länge und ca. 0,6—0,8 cm innerem Durchmesser.

3. Ein mittels eines Kautschukschlauchstückchens aufsetzbarer Einfülltrichter, der einen gerade abgeschnittenen und mit dem Rohre gleich dimensionierten Hals besitzt.

4. Schwarzes Glanzpapier.

5. Eine Achatreibschale.

Zur Analyse werden je nach dem Halogengehalte 0,1—0,5 g der festen Substanz abgewogen. Das Rohr wird nun vorerst bis zu etwa 30 cm mit frisch ausgeglühtem nicht allzufein pulverisiertem Kalk locker angefüllt und hierauf auf einzelne Stücke Glanzpapier nacheinander 3 cm, dann 20 cm, endlich 4 cm der Kalkschicht wieder herausgeschüttet. Im Rohre bleiben dann noch ca. 3 cm Kalk

---

[1]) Erdmann, J. pr. (1) 19, 326 (1840). Die Methode wurde von Jannasch und Kölitz, Z. anorg. 15, 68 (1897), wieder als neu beschrieben!

[2]) Siehe Mulder u. Hamburger, Rec. 1, 156 (1882).

[3]) B. 37, 61 (1904).

[4]) Derartige Substanzen werden mit ausgeglühter Kieselsäure vermischt zwischen zwei Kalkschichten in das Rohr gebracht.

[5]) Z. anal. 15, 7 (1876). Siehe auch S. 234.

zurück. Man verreibt jetzt die Substanz partienweise innig mit der
Hauptmenge des Kalks, füllt durch den Trichter ein, spült Reibschale, Glanzpapier und Trichter mit 5 cm Kalk aus und füllt schließlich noch die 3 cm reinen Kalk nach. Man klopft den Röhreninhalt
ein wenig zusammen, nimmt den Trichter samt Schlauch ab, legt
das Rohr horizontal und bildet durch vorsichtiges Klopfen einen
Kanal, der über der ganzen Kalkschicht etwa $^1/_4$ des Rohrdurch-
messers hoch sein muß. Nun wird das Rohr in einen Verbrennungsofen gelegt (Kanal nach oben). Man entzündet zuerst den nahe dem
offenen Ende befindlichen Brenner und schreitet mit dem Erhitzen
langsam fort, bis nach einer halben Stunde die ganze Röhre zur
dunklen Rotglut gebracht ist. Man setzt das Erhitzen noch eine
weitere Stunde fort. Sollte sich der Kanal verstopfen, so läßt
man sofort erkalten und erneuert die Durchgängigkeit durch Bohren
mit einem starken Platindrahte, den man alsdann im Rohre stecken
lassen muß.

Nach dem Erkalten schüttet man den Rohrinhalt ganz langsam in ein großes Becherglas, das etwa 400 ccm Wasser enthält
und durch Einstellen in öfters zu erneuerndes kaltes Wasser gekühlt
wird. Nach dem Ablöschen des Kalks setzt man tropfenweise verdünnte chlorfreie Salpetersäure zu, rührt lebhaft um und fährt mit
dem Säurezusatze so lange fort, bis aller Kalk gelöst ist und nur
mehr dunkle Flocken von verkohlter organischer Substanz im Becherglase sichtbar sind. Das Rohr wird ebenfalls mit verdünnter Salpetersäure ausgespült. Man filtriert, wäscht aus und fällt in üblicher
Weise mit Silbernitratlösung, filtriert, wäscht — zuerst mit verdünnter
salpetersaurer Silbernitratlösung[1]) — und bestimmt das Halogensilber
auf gewichtsanalytischem Wege, oder man versetzt mit Sodalösung
bis zur beginnenden Alkalinität und titriert nach Zusatz von neutralem
Kaliumchromat mit $^n/_{10}$ Silbernitratlösung.

Besondere Bemerkungen zur Kalkmethode.

Während aus Chlor- und Brom-haltigen Substanzen alles Halogen
als Chlor- bzw. Bromcalcium gebunden wird, entsteht bei jodhaltigen
Substanzen meist etwas jodsaures Calcium, zu dessen Reduktion sowie
zur Bindung von durch die Salpetersäure freiwerdendem Jod man der
Lösung des Kalks in Salpetersäure vor der Filtration einige Tropfen
Schwefligsäure-Lösung unter Umrühren zufügt, bis die Lösung entfärbt ist.

Bei jodhaltigen Substanzen muß überhaupt das Ansäuern
unter Vermeidung jeder Erwärmung sehr vorsichtig ausgeführt werden, damit nicht durch Freiwerden von elementarem Jod Verluste
eintreten. Classen[2]) schlägt vor, derartige Substanzen im beiderseits offenen Rohre (das nur während des Erhitzens an einem Ende

---

[1]) Wegscheider, M. 18, 345 (1897).
[2]) Z. anal. 4, 202 (1865).

verschlossen wird) zu verbrennen und nach dem Glühen einige Stunden lang feuchtes Kohlendioxyd durchzuleiten. Hierauf erwärmt man mit Wasser, filtriert. säuert vorsichtig an und fällt mit Silbernitrat.

Platin-Doppelsalze — deren Halogengehalt man überhaupt besser nach Wallach[1]) bestimmt — erfordern Rücksichtnahme auf die Möglichkeit der Bildung von Platinchlorwasserstoffsäure beim Ansäuern mit Salpetersäure. Man darf bei der Analyse derselben den abgelöschten Kalk nicht vollständig auflösen, sondern filtriert, solange noch etwas Kalk ungelöst ist, wäscht den aus Platin, Kohle und Kalk bestehenden Rückstand mit heißem Wasser und säuert schließlich das Filtrat nach dem Erkalten an.

Für die Analyse der schwer zersetzlichen Chlorphenylharnstoffe verwendet Doht[2]) ein 60 cm langes Rohr.

Flüchtige Substanzen werden in Glaskügelchen abgewogen, und eine entsprechend lange Kalkschicht vorgelegt, in die man die Substanz durch vorsichtiges Erhitzen hineintreibt.

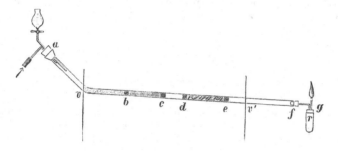

Fig. 133.

Baeyer empfiehlt allgemein[3]) an Stelle des Kalks Soda zu verwenden, indessen erhält man dann (wenigstens bei Brom- und Chlorprodukten) öfters zu niedrige Werte (Hans Meyer).

Flüssigkeiten, welche sehr wenig Halogen enthalten, können nach dem Verfahren von Benedikt und Zikes[4]) zur Bestimmung kleiner Mengen Chlor in Fetten analysiert werden (Fig. 133).

Man biegt das eine Ende eines ca. 100 cm langen Verbrennungsrohres knieförmig aufwärts und führt in das obere Ende vermittels doppelt durchbohrten Kautschukstopfens einen kleinen Tropftrichter und ein Gaszuleitungsrohr ein. Der zu erhitzende, wagrecht liegende Teil des Rohres enthält zunächst eine Schicht Tonscherben, welche dazu dienen, das aus dem Tropftrichter herabfließende Öl

---

[1]) Siehe S. 291.
[2]) M. **27**, 214 Anm. (1906).
[3]) B. **38**, 1163 (1905). — Siehe S. 209.
[4]) Ch. Ztg. **18**, 640 (1894).

gleichmäßig vorzuwärmen, dann, zwischen zwei Asbestpfropfen eingeschlossen, eine Schicht reinen Ätzkalks, welche das in der Substanz vorhandene Chlor aufnimmt, und etwas dahinter noch eine
eben solche Kalkschicht, welche bei richtig geleiteter Operation kein
Chlor mehr aufnehmen soll und zur Kontrolle dient.   Man läßt,
nachdem die Röhre genügend erhitzt ist, unter gleichzeitigem Durchleiten von Luft oder Kohlendioxyd, 100 g Fett allmählich zufließen.
Am Ende der Röhre ist eine Eprouvette angefügt, aus der durch ein
dünnes Rohr das aus dem Verbrennungsrohre kommende Gas wieder
ins Freie tritt.   Hier entzündet man die bei der Verbrennung entwickelten Gase und reguliert den Zufluß des Fettes nach der Größe
der Flamme. Jedenfalls sollen in der Stunde höchstens 7—10 g Fett
zufließen.   Nach beendeter Verbrennung wird in dem Kalk auf übliche Weise das Chlor bestimmt.

Stark stickstoffhaltige Substanzen können zur Bildung von
Cyansilber Veranlassung geben.   Man reduziert in solchen Fällen
den Niederschlag nach Neubauer und Kerner[1]) mit Zink und
verdünnter Schwefelsäure, filtriert, und fällt die klare Lösung nochmals mit Silbernitrat.

2. Ähnliche Methoden. [2])

Nach Rose-Finkener[3]) wendet man mit Vorteil an Stelle des
reinen Kalks den sogenannten Natronkalk an.[4]) Man oxydiert
mit demselben die organische Substanz zu Kohlensäure, so daß sich
bei der nachherigen Auflösung in Salpetersäure keine Kohle ausscheidet und auch die Cyanbildung unterbleibt. Da indessen die
Glasröhren durch den Natronkalk stark angegriffen werden, ist es
notwendig, nach dem Ansäuern von der abgelösten Glassubstanz zu
filtrieren, ehe man mit Silbernitrat fällt.

Zulkowsky und Lepéz empfehlen an Stelle des Kalks aus-
geglühte Magnesia.[5])

Es ist schon erwähnt worden. daß man zur Analyse des Hexa-
chlorbenzols ein Gemisch von Kalk und Salpeter verwenden muß.

Feez, Schraube und Burckhardt[6]) haben die alte von Berzelius stammende Methode zur Verbrennung organischer Substanzen
mittels Soda und Salpeter[7]) zur Halogenbestimmung ausgearbeitet.

---

[1]) Ann. **101**, 344 (1857). — Siehe auch unter „Methode von Vanino"
S. 303.
[2]) Siehe auch noch Moir, Proc. **22**, 261 (1906). — Stepanow, B. **39**,
4056 (1906).
[3]) Analyt. Chemie, 6. Aufl., **2**, 735 (1871).
[4]) Über Darstellung desselben nach Brügelmann siehe S. 233.
[5]) M. **5**, 557 (1884).
[6]) Ann. **180**, 40 (1877).
[7]) Mit Soda und salpetersaurem Ammonium haben übrigens schon viel
früher Neubauer und Kerner Guanidindoppelsalze analysiert: Ann. **101**,
344 (1857).

Die Substanz wird mit etwa dem Vierzigfachen ihres Gewichtes einer vollkommen trockenen Mischung von 1 Teil kohlensaurem Natrium und 2 Teilen Salpeter innig gemischt, im bedeckten Porzellantiegel langsam erhitzt. Die Verbrennung geht allmählich vor sich. Zuletzt erhitzt man zum ruhigen Schmelzen und läßt im bedeckten Tiegel erkalten. Der Schmelzkuchen springt beim Erkalten freiwillig von der Tiegelwand ab; man löst ihn in Wasser auf, wäscht den Tiegel mit heißem Wasser aus, setzt nach der Volhardschen Vorschrift mit der Pipette eine abgemessene Menge Silberlösung zu, mehr als hinreichend, um alles möglicherweise vorhandene Halogen zu binden, macht mit Salpetersäure sauer und läßt auf dem Wasserbade stehen, bis alle salpetrige Säure entwichen ist. Nach dem Erkalten bestimmt man nach Zusatz von Eisensalz durch Zurücktitrieren mit Rhodanlösung den Silberüberschuß.

Leichter flüchtige Substanzen werden im Rohre (wie nach der Kalkmethode) verbrannt. Nach der die Mischung von Substanz, Soda und Salpeter enthaltenden Schicht füllt man noch trockenen Salpeter nach und erhitzt in einem schräg gestellten Ofen, dessen Achse mit der Horizontalen einen Winkel von etwa 30^0 bildet, zuerst die Salpeterschicht zum Schmelzen und darüber hinaus möglichst stark und fährt mit dem Erhitzen von dem offenen nach dem niedriger liegenden geschlossenen Ende hin allmählich vorschreitend fort. Sobald das Schmelzen zu der Mischung der Substanz mit dem Sodasalpetergemisch vorgerückt ist, beginnt die Verbrennung der meist schon angekohlten Substanz. Die Dämpfe verbrennen, durch den erhitzten Salpeter streichend, noch vollends, während das Halogen von den Basen zurückgehalten wird. Die Verbrennung ist beendigt, sobald keine Kohlepartikelchen mehr sichtbar sind und der Inhalt des Rohres vollkommen flüssig geworden ist. Das etwas abgekühlte Rohr bringt man in ein Becherglas mit kaltem Wasser, wobei es in kleine Stücke zerspringt. Nach erfolgter Auflösung der Schmelze setzt man Silberlösung zu, macht mit Salpetersäure sauer, verjagt die salpetrige Säure und titriert zurück.

Methode von Piria[1]) und Schiff[2]).

Diese Variation der Kalkmethode ist für nicht allzu flüchtige Körper sehr empfehlenswert. Man bringt die Substanz in einen Platin- oder Nickeltiegel der nebenstehend gezeichneten Form und Größe und mischt sie — falls Chlor und Brom vorliegt — vermittels eines Platindrahtes innig mit einem Gemenge von 1 Teil wasserfreiem Natriumcarbonat mit 4—5 Teilen Kalk.[3]) Bei jodhaltigen

---

[1]) Nuovo Cimento **5**, 321 (1857). — Lezioni di Chimica organica 153 (1865).
[2]) Ann. **195**, 293 (1879). — Wurde von Sadtler nacherfunden und kompliziert: Am. Soc. **27**, 1188 (1905). — Siehe auch Berry, Ch. News **94**, 188 (1906).
[3]) Z. anal. **45**, 571, (1906) empfiehlt Schiff, den Kalk ganz wegzulassen; siehe S. 207.

Substanzen wird ausschließlich Natriumcarbonat benutzt, weil sich
sonst schwer lösliches Calciumjodat bildet. Der vollkommen gefüllte
Tiegel wird nun mit einem etwas größeren bedeckt und in der durch
die Figur 134 veranschaulichten Weise verkehrt aufgestellt.[1]) Der Zwischenraum zwischen den beiden
Tiegeln wird nun mit der Zersetzungsmasse ausgefüllt,
der Deckel aufgesetzt und zuerst mit einer kleinen
Spitzflamme, dann stärker erhitzt. Die im oberen Teile
der Masse befindliche Substanz beginnt erst dann sich
zu zersetzen, wenn die Salzmasse nahezu glühend ist,
und die sich entwickelnden Dämpfe sind gezwungen,
im kleinen Tiegel abwärts und im ringförmigen Zwischenraume aufwärts das glühende Alkalicarbonat zu durchstreichen. Die Zersetzung
erfolgt sehr regelmäßig und ist in weniger als einer Stunde beendet.

Fig. 134.

Man kann diese Methode auch zur Schwefelbestimmung ver-
wenden, wenn man als oxydierendes Agens eine Mischung von 1 Teil
Kaliumchlorat und 8 Teilen Natriumnitrat verwendet, indes sind dabei
Explosionen vorgekommen.[2])

3. Methode von Kopp[3]) und Klobukowski[4]).

Diese Methode ist auf die Tatsache gegründet, daß halogenhaltige
Substanzen bei der Verbrennung mit Eisenoxyd und metallischem
Eisen in Eisenchlorür, Bromür und Jodür übergehen, welche durch
nachheriges Kochen mit Sodalösung unter Bildung von Eisenoxydhydrat und Chlor- (Brom-, Jod-) Natrium umgesetzt werden. — Sie
wird nur sehr selten[5]) angewendet.

4. Methode von Carius.[6])

Diese wichtige Methode, welche neben der Kalkmethode hauptsächlich in Anwendung kommt, eignet sich namentlich zur Analyse
flüssiger und leicht flüchtiger Substanzen und bildet dadurch eine
wertvolle Ergänzung der letzteren, die vor allem für die Untersuchung
schwerer flüchtiger und fester Körper geeignet ist. Die Methode
hat, hauptsächlich schon durch ihren Autor, verschiedene Modifikationen

---

[1]) Um dies zu ermöglichen, setzt man den kleinen Tiegel auf eine Eprouvette auf und stülpt den größeren darüber. Nunmehr läßt sich das Ganze
leicht umkehren.
[2]) Kolbe, Suppl. Handw., 1 Aufl., 205.
[3]) B. 8, 769 (1875).
[4]) B. 10, 290 (1877).
[5]) Tollens und Wigand, Ann. 265, 330 (1891).
[6]) Ann. 116, 1 (1860). — Ann. 136, 129 (1865). — B. 3, 697 (1870). —
Sieh auch Linnemann, Ann. 160, 205 (1871). — Volhard, Ann. 190, 37
(1878). — Küster, Ann. 285, 340 (1895). — Walker und Henderson, Ch.
News 71, 103 (1895). — Über geeignete Schießöfen hierzu: Küster, a. a. O.
— Gattermann, und Weinlig, B. 27, 1944 (1894). — Volhard, Ann. 248,
235 (1895). — Sudborough, Chem. Ind. 18, 16 (1899).

erfahren. Am zweckmäßigsten verfährt man nach F. W. Küster[1]) folgendermaßen.

Man verwendet zum Erhitzen der Substanz — welche, bei Gegenwart von Silbernitrat, durch hochkonzentrierte Salpetersäure vollständig oxydiert werden soll, wobei ihr Halogen durch das Silber gebunden wird — Einschmelzröhren aus Jenenser Glas[2]) von 50 cm Länge, 13 mm lichter Weite und 2 mm Wandstärke. Die Röhre wird mit überschüssssigem Silbernitrat in ganzen Stücken — wovon etwa $^1/_2$ g in den meisten Fällen genügen wird — und 20—30 Tropfen Salpetersäure vom spezifischen Gewicht 1,5 beschickt. Hierauf wird die Substanz (0,1—0 2 g) in einem einseitig geschlossenen Röhrchen von etwa $^1/_2$ mm Wandstärke, 9 mm lichter Weite und $2^1/_2$ cm Länge eingeführt, das offene Ende des Einschmelzrohres zu einer nicht zu kurzen dickwandigen Capillare ausgezogen und zugeschmolzen. Die Röhre wird nun mit dünnem Asbestpapier umwickelt und in den Schießofen gelegt, so daß ihr capillares Ende ein wenig erhöht liegt. Jetzt wird einige Stunden lang (das Anheizen nicht mitgerechnet mindestens 2 Stunden) auf 320—340° erhitzt, wobei man langsames Anwärmen als zwecklos vermeidet.

Nach dem Erkaltenlassen und vorsichtigen Öffnen des Rohres spült man den Inhalt in eine Porzellanschale, indem man etwaige, hartnäckig in der Röhre festsitzende Teilchen mit etwas Ammoniak herauslöst, stumpft den größten Teil der Salpetersäure mit Natrium-carbonat ab und erhitzt, falls Chlorsilber vorlag, nur bis zur Klärung der Flüssigkeit, beim Brom- und Jodsilber zwei Stunden lang auf dem kochenden Wasserbade, und bestimmt schließlich das Halogen-silber gewichtsanalytisch.

Bemerkungen zu der Cariusschen Methode.

Die Methode von Carius liefert bei sorgfältigem Arbeiten in der Regel sehr genaue Resultate, falls Chlor- oder Bromderivate vorliegen. Immerhin gibt es Substanzen, die, wie das Heptachlor-toluol oder das Perchlorinden, überhaupt keine, oder, wie das Hexachlorbenzol und das β-Brom(Jod-)anthrachinon erst bei 19stündigem Erhitzen auf 400° (was nur sehr wenige Röhren aus-halten) richtige Zahlen geben. Weniger befriedigend sind die Resultate bei Jodderivaten, was nach Linnemann[3]) von einer gewissen Löslichkeit des Jodsilbers in silbernitrathaltiger Salpetersäure rührt. Linnemann empfiehlt daher den Silberüberschuß recht klein, etwa das Anderthalbfache der berechneten Menge, zu wählen.

Auch können sich beim Erhitzen der Substanzen mit der konzentrierten Salpetersäure schwer zersetzliche oder

---

[1]) Ann. **285**, 340 (1895).
[2]) Weniger resistentes Glas gibt zu Verlusten Anlaß: Tollens, Ann. **159**, 95 (1871).
[3]) Ann. **160**, 205 (1871).

explosive Nitroverbindungen bilden. So berichtet Pelzer[1]), daß die Cariussche Methode sich zur Analyse der Mono- und Dijodparaoxybenzoesäuren nicht anwenden ließ. Es entstanden nämlich dabei stets neben Silberjodid noch rote explosive Silbersalze einer nitrierten Säure, die auch beim Erhitzen mit Salpetersäure und Kaliumbichromat auf 185° während vier voller Tage noch nicht zerstört waren.

Nach Schulze[2]) kann die Bildung von Nitrokörpern, welche das Halogensilber verschmieren, manchmal die Anwendbarkeit der Cariusschen Methode vollständig illusorisch machen, wie das z. B. bei den Halogenverbindungen des β-Naphthylchlorids und Bromids der Fall ist. Das 1.2-Xylochinon-4.5-dichlordiimid explodiert bei der Berührung mit Salpetersäure.[3])

In derartigen Fällen kann es sich empfehlen, die Substanz in einem Stöpselgläschen auf die mittels Kohlensäure-Aceton zum Gefrieren gebrachte Salpetersäure zu geben, und erst nach dem Zuschmelzen die Säure langsam auftauen zu lassen.[4])

Die Volhardsche titrimetrische Rhodanmethode läßt sich für die Cariussche Methode nicht wohl anwenden, weil stets eine gewisse Menge Silber vom Glase aufgenommen wird, um so mehr, je höher erhitzt wurde.[5])

Eine Variante der Cariusschen Methode, bei der das Einschmelzrohr vermieden ist, hat Klason[6]) angegeben.

5. Methode von Zulkowsky und Lepéz.[7])

Diese Methode bildet eine Ausarbeitung der Kopferschen Versuche,[8]) den Halogengehalt organischer Substanzen, die im Sauerstoffstrome unter Benutzung von fein verteiltem Platin als Katalysator verbrannt werden, zu bestimmen.

Jod und Brom werden bei diesen Versuchen in elementarer Form, Chlor zum Teile als Salzsäure erhalten.

6. Methode von Pringsheim.[9])

Dieses Verfahren beruht auf der Oxydation der organischen Substanz mit Natriumsuperoxyd.

---

[1]) Ann. **146**, 301 (1868).
[2]) B. **17**, 1675 (1884).
[3]) Noelting und Thesmar, B. **85**, 643 (1902).
[4]) Bloch und Höhn, B. **41**, 1973 (1908).
[5]) Küster a. a. O.
[6]) B. **20**, 3065 (1887). — Ramberg, B. **40**, 2579 (1907). — Methode von Gasparini S. 243.
[7]) M. **5**, 537 (1884). — Zulkowsky, M. **6**, 447 (1885).
[8]) Z. anal. **17**, 23 (1878).
[9]) B. **36**, 4244 (1903). — B. **87**, 324 (1904). — Am. **31**, 386 (1904). — Pringsheim und Gibson, B. **38**, 2459 (1905). — Arnold und Werner, Pharm. Ztg. **51**, 84 (1906) (Jod). — Über ein ähnliches Verfahren (mit Ätzkali und Permanganat) siehe Moir, Proc. **22**, 261 (1906). — Proc. **23**, 233 (1907).

Substanzen mit mehr als 75°/₀ Kohlenstoff plus Wasserstoff bedürfen der 18 fachen, solche mit 50—75°/₀ Kohlenstoff plus Wasserder 16 fachen Menge Natriumsuperoxyd, Substanzen mit 25°/₀ Kohlenstoff plus Wasserstoff mischt man mit dem halben, solche mit noch weniger Kohlenstoff und Wasserstoff mit dem gleichen Gewichte einer Substanz, die viel Kohlenstoff und Wasserstoff enthält, wie Zucker, Naphthalin usw., und verwendet dann wieder die 16—18 fache Menge Natriumsuperoxyd.

Zur Bestimmung verfährt man in der folgenden Weise:

Ca. 0.2 g Substanz werden mit der entsprechenden Menge Natriumsuperoxyd in einem Stahltiegel (Fig. 135) von der gezeichneten Form und der $1^1/_2$-fachen Größe gemengt, der Tiegel hierauf in eine Porzellanschale gestellt, die so viel Wasser enthält, daß er bis zur Marke bedeckt ist. Dann wird die Masse durch Einführung eines glühenden Eisendrahtes durch das im Deckel befindliche Loch entzündet. Darauf wird der Tiegel nebst Deckel in das Wasser gelegt, die Schale schnell mit einem Uhrglase bedeckt und so lange erwärmt, bis das Verbrennungsprodukt bis auf einige Kohlenteilchen in Lösung gegangen ist, was sich dadurch zu erkennen gibt, daß keine Sauerstoffblasen mehr aufsteigen. Dann wird der Tiegel entfernt, gewaschen und die filtrierte Lösung in einen Überschuß von schwefliger Säure[1]) gegossen, welche die alkalische

Fig. 135.

Flüssigkeit neutralisiert, und die in Freiheit gesetzten Halogensäuren und Persäuren, welche durch zu starke Oxydation entstanden sind, ohne Schwierigkeit zu Halogenwasserstoffsäuren reduziert. Darauf wird Salpetersäure zugegeben, und die jetzt etwa 500 ccm betragende Flüssigkeitsmenge mit Silbernitrat gefällt. Die Salpetersäure hält das schwefligsaure Silber in Lösung.

Nach dem Stehen auf dem Wasserbade wird der zusammengeballte Niederschlag abfiltriert, gewaschen und in der gewöhnlichen Weise gewogen.

Kaufler[2]) empfiehlt dieses Verfahren namentlich für die Analyse schwer oxydabler Substanzen (Halogenanthrachinone).

B. Methoden von beschränkterer Anwendbarkeit.

1. Methoden zur Chlorbestimmung.

Methode von Edinger.[3])

Dieses Verfahren ist namentlich zur Bestimmung des Chlors in Platindoppelsalzen, neben der auf S. 291 beschriebenen Wallachschen Methode zu empfehlen.

— Über die Methode von Dennstedt S. 197. — Über die Methode von Brügelmann S. 227.

[1]) oder reines Bisulfit (Privatmitteilung).
[2]) Privatmitteilung.
[3]) B. 28, 427 (1895). — Z. anal. 34, 362 (1895).

Man trägt die gewogene Substanz in eine möglichst konzentrierte
wässerige Lösung von Natriumsuperoxyd ein, dampft auf dem Wasserbade zur Trockne, fügt nochmals etwas konzentrierte Superoxydlösung hinzu, glüht schwach und kocht die ganze Platinschale in
einem Becherglase mit Natriumsuperoxydlösung aus, säuert mit Salpetersäure an und filtriert vom ausgeschiedenen Platin ab. Man tut
gut, die Veraschung des getrockneten Filters in derselben Platinschale vorzunehmen, in der die Zersetzung stattfand, da stets Spuren
von Platin fest an der Schale haften bleiben. In der vom Platin
abfiltrierten Lösung fällt man das Chlor mit Silbernitrat.

Auch Sulfosäuren und überhaupt organische Schwefelverbindungen, welche in alkalischer Lösung nicht flüchtig
sind, können gut nach dieser Methode analysiert werden (s. S. 223).

Methode von Warren.[1])

Die Substanz wird im Sauerstoffstrome verbrannt und das Chlor
durch braunes Kupferoxyd absorbiert.

Das Verfahren hat nur mehr historisches Interesse.

Bestimmung von Chlor in den aliphatischen Seitenketten aromatischer Verbindungen (K. F. Schulze).[2])

Man wägt in einem Kölbchen eine genügende Menge der zu
untersuchenden Substanz ab, fügt einen Überschuß von heiß gesättigter alkoholischer Silbernitratlösung hinzu, verbindet das Kölbchen
mit einem in den Hals des Kölbchens eingeschliffenen Rückflußkühler
und erhitzt während 5 Minuten zum Sieden. Noch zweckmäßiger
dürfte die Anwendung einer kleinen Druckflasche mit gut eingeriebenem Stopfen sein.

Vorher hat man einen Porzellantiegel mit fein durchlochtem
Boden, über den man nach bekanntem Verfahren eine dünne Asbestschicht ausgebreitet hat, geglüht und gewogen. Man befestigt nun
den Tiegel mittels Gummibandes in einem Trichter, befeuchtet den
Asbest mit Alkohol und verbindet mit der Pumpe. Dann spült man
den Kölbcheninhalt in den Tiegel und wäscht das Halogensilber
mehrfach mit Alkohol aus, um die gebildeten wasserunlöslichen Nebenprodukte zu entfernen, darauf mit heißem, schwach salpetersaurem
Wasser und wieder mit Alkohol. Schließlich wird der Tiegel gelinde
geglüht.

Die Ausführung der ganzen Analyse nimmt höchstens eine halbe
Stunde in Anspruch. Diese Form der Halogenbestimmung hat noch
den Vorteil, daß die an den aromatischen Kern gebundenen Halogene
nicht in Aktion treten, was z. B. bei der Wertbestimmung von Ben-
zyl- und Benzalchloriden von Wichtigkeit ist.

---

[1]) Z. anal. 5, 174 (1866).
[2]) B. 17, 1675 (1884).

Analyse von Säurechloriden (Hans Meyer).[1])

Das Säurechlorid wird durch Auflösen in verdünnter Lauge zersetzt, wieder angesäuert, von eventuell ausfallender Substanz abfiltriert, bis zur schwach alkalischen Reaktion mit Sodalösung versetzt, einige Tropfen neutrales Kaliumchromat zugesetzt und die Flüssigkeit auf etwa 500 ccm verdünnt. Dann titriert man mit $n/_{10}$ Silbernitratlösung.

Ähnlich kann man zur Analyse von Chlor-, Brom- und Jodhydraten verfahren, oder man löst in verdünnter Salpetersäure und fällt in der Hitze mit Silbernitrat.[2])

Zur Analyse von Perjodiden u. dgl. kann man nach Skraup und Schubert[3]) folgendermaßen vorgehen. Die fein geriebene Substanz wird in wenig lauem Wasser gelöst oder suspendiert, verdünnte Salpetersäure und überschüssige Silbernitratlösung hinzugefügt und dann unter Umrühren erwärmt, etwa eine Stunde lang. Dann wird der noch auf dem Wasserbade befindlichen Probe schweflige Säure zugefügt, und noch ungefähr eine Stunde lang stehengelassen. Eventuell ausgeschiedenes Silber wird durch Erwärmen mit verdünnter Salpetersäure in Lösung gebracht.

Zur Bestimmung des Perbroms und Bromwasserstoffs im Chelidonsäureesterhydroperbromid $C_{11}H_{12}O_6 \cdot HBr \cdot Br_7$ trägt Feist[4]) die Substanz in überschüssige Jodkaliumlösung ein, titriert mit $n/_{10}$-Thiosulfat und hierauf die farblose, bromwasserstoffsaure Lösung mit $n/_{10}$-Natronlauge und Lackmus.

Jod (Brom-, Chlor-) Methylate werden in Wasser gelöst und mit Silberoxyd geschüttelt. Dann wird das Gemisch von Halogensilber und Silberoxyd mit überschüssiger verdünnter Salpetersäure versetzt, und das zurückbleibende Halogensilber in üblicher Weise bestimmt. Jodmethylate von kernchlorierten Substanzen löst Walther[5]) in Alkohol und fällt das Jod mit alkoholischer Silberlösung aus.

Die Jodmethylate von Pyridincarbonsäuren lassen sich direkt nach Hans Meyer titrieren.

Zur Bestimmung des aliphatisch gebundenen Halogens im Tribromoxyxylylenjodid lösten Auwers und Erggelet[6]) die Substanz in Aceton, versetzten mit überschüssigem feuchtem Silberoxyd und digerierten das Gemisch $1^1/_2$ Stunden lang auf dem Wasserbade.

Nunmehr wurde filtriert und das Filter mit heißem Aceton, siedendem Alkohol, verdünnter Salpetersäure und Wasser ausgewaschen.

Der Rückstand wurde dann in üblicher Weise aufgearbeitet.

[1]) M. 22, 109, 415 (1901).
[2]) Bülow und Deiglmayr, B. 37, 1797 (1904).
[3]) M. 12, 680 (1891).
[4]) B. 40, 3651 (1907).
[5]) Dissert. Rostock 1903, S. 17.
[6]) B. 32, 3598 (1899).

Salzsäurebestimmung[1]) bei der Säuregemisch-Veraschung nach Neumann.[2])

Erforderliche Lösungen: 1. Wässeriges Säuregemisch, bestehend aus gleichen Volumteilen Wasser, konzentrierter Salpetersäure (sp. Gew. 1,4) und konzentrierter Schwefelsäure.

2. 5proz. Kaliumpermanganatlösung.

3. 5proz. Ferroammonsulfatlösung, mit Schwefelsäure bis zur Klärung versetzt.

4. Eisenoxydammoniakalaun, kalt gesättigte Lösung.

5. Silbernitratlösung von bekanntem Gehalte. Bei geringem Chlorgehalte benutzt man zweckmäßig eine solche, bei der 1 ccm 0,002 g NaCl entspricht.

6. Rhodankalium(ammonium)lösung, gegen die Silberlösung genau eingestellt.

Ausführung der Bestimmung: In den Tubus einer Retorte von ca. $^1/_2$ Liter Inhalt ist ein Tropftrichter luftdicht eingeschliffen. Das möglichst lange Rohr der Retorte verjüngt sich so, daß es leicht durch den Hals eines Kolbens von 2 Liter Inhalt hindurchgeht. Dieser als Vorlage dienende Kolben liegt in einer Schale, welche zur Kühlung mit Wasser gefüllt ist.

Feste Substanzen werden feucht oder trocken in die Retorte gebracht. Flüssigkeiten müssen vorher bei schwacher Sodaalkalescenz soweit wie möglich konzentriert werden. Nachdem man in den Vorlagekolben überschüssige, genau abgemessene Mengen Silberlösung gegeben hat, fügt man so viel Wasser hinzu, daß ein Viertel des Kolbens mit Flüssigkeit gefüllt ist. Sodann legt man ihn in die mit Wasser gefüllte Schale und schiebt das Retortenrohr so hinein, daß sein Ende sich etwa 1 cm über der Flüssigkeit befindet, nunmehr setzt man den Tropftrichter in den Tubus luftdicht ein und läßt aus demselben das verdünnte Säuregemisch langsam unter Erwärmen eintropfen. Das übergehende Destillat erzeugt alsbald in der Silberlösung eine weiße Trübung oder einen Niederschlag von Chlorsilber. Nach Verlauf einer halben Stunde prüft man, ob noch Salzsäure übergeht. Dazu läßt man aus derselben Bürette, aus welcher man die Silberlösung für die Vorlage abgemessen hat, 1—2 ccm in ein weites Reagensglas fließen und läßt das zu prüfende Destillat in dieses tropfen.

Wenn kein Chlorsilber mehr ausfällt, ist die Destillation beendet. Die zu den Proben benutzten Silbermengen werden quantitativ zu der Hauptmenge in der Vorlage gegeben, außerdem notiert man die Gesamtsilbermenge nach dem Stande in der Bürette.

Man kocht nunmehr eine halbe Stunde lang, am besten, um Stoßen zu vermeiden, auf dem Baboblech, und ersetzt das verdamp-

[1]) Z. physiol. **37**, 135 (1902). — **43**, 36 (1905).
[2]) Seite 318.

fende Wasser. Der Rest von salpetriger Säure, der noch in der Flüssigkeit enthalten sein kann, wird durch Zufügen von Permanganat bis zur Rotfärbung wegoxydiert und dann der Überschuß des Permanganats durch einige Tropfen Ferroammonsalzlösung entfärbt.

Nach völligem Erkalten wird unter Hinzufügen von 5 ccm Eisenoxydammoniakalaun mit der Rhodankaliumlösung zurücktitriert. Man gibt letztere schnell unter starkem Umschütteln hinzu, bis gerade eine rötlich-bräunliche Färbung eintritt, welche bei ruhigem Stehen 5—10 Minuten erhalten bleibt, dann aber allmählich unter Zersetzung des Chlorsilbers verschwindet.

Berechnung. Durch Subtraktion der verbrauchten Rhodankaliummenge von dem Gesamtsilber erhält man die Silbermenge, welche durch die in der Substanz enthaltene Salzsäure als Chlorsilber gefällt war; man kann daraus nach der Titerstellung die Salzsäuremenge leicht berechnen.

2. Methoden zur Brom- und Jodbestimmung.

Methode von Kekulé.[1]

Die Substanz wird durch mehrstündiges Digerieren mit Wasser und Natriumamalgam zersetzt, die Flüssigkeit mit Salpetersäure neutralisiert und mit Silberlösung gefällt.

Auf diese Art lassen sich namentlich substituierte Säuren der Fettreihe leicht analysieren.

Bei jodhaltigen Substanzen[2] setzt man das Silbernitrat zu der noch alkalischen Flüssigkeit, und dann erst, zur Lösung des mit dem Jodsilber ausgeschiedenen Silberoxyds, Salpetersäure.

Methode von Kraut.[3]

Das Brom oder Jod in extraradikaler Stellung läßt sich nach Kraut[3] und Maly[4] in eleganter Weise und ohne Zerstörung der Grundsubstanz folgendermaßen bestimmen.

Man löst etwa 1 g genau abgewogenes Silbernitrat in Wasser, fällt mit Salzsäure und dekantiert das auspendierte Chlorsilber auf ein gewogenes Filter. Zu dem übrigen Chlorsilber bringt man in einem Becherglase die abgewogene Substanz in Wasser gelöst, erwärmt gelinde und läßt ein paar Stunden stehen, bringt dann das Gemisch von Chlor- und Brom- (Jod-) Silber auf das Filter, wäscht, trocknet und wägt.

Aus der Gewichtszunahme läßt sich dann leicht der Gehalt der Substanz an Brom oder Jod berechnen.

---

[1] Spl. **1**, 340 (1861).
[2] Jb. **1861**, 832.
[3] Z. anal. **4**, 167 (1865).
[4] Z. anal. **5**, 68 (1866).

Methode von Schuyten.[1])

Nach dieser Methode läßt sich in Derivaten der Fettreihe der Jodgehalt quantitativ bestimmen.

Die Substanz wird mit trockenem Bichromat zersetzt und das ausgeschiedene Jod in Jodkalium gelöst und mit Thiosulfat titriert.

Die Methode dürfte keine sonderlichen Vorteile bieten.

Kolorimetrische Bestimmung kleiner Jodmengen: Bourcet, C. r. **128**, 1120 (1898).

C. Berechnung der Analysen.

Faktorentabelle für Chlor.

Gefunden	Gesucht	Faktor	2	3	4	5
AgCl = 143.4	Cl = 35.5	0.24725	0.49449	0.74174	0.98898	1.23623

6	7	8	9	log
1.48347	1.73072	1.97796	2.22521	0.39318 — 1

Faktorentabelle für Brom.

Gefunden	Gesucht	Faktor	2	3	4	5
AgBr = 187.9	Br = 80	0.42557	0.85114	1.27670	1.70247	2.12784

6	7	8	9	log
2.55341	2.97898	3.40454	3.83011	0.62897 — 1

Faktorentabelle für Jod.

Gefunden	Gesucht	Faktor	2	3	4	5
AgJ = 234.8	J = 126.9	0.54029	1.08059	1.62088	2.16117	2.70147

6	7	8	9	log
3.23176	3.78205	4.32234	4.86264	0.73263 — 1

---

[1]) Ch. Ztg. **19**, 1143 (1895). — Z. anal. **36**, 716 (1897).

D. Halogenbestimmung und Berechnung der Analyse, wenn mehrere Halogene gleichzeitig vorhanden sind.

1. Die Substanz enthält Chlor und Brom.

Man fällt beide Halogene zusammen als Silbersalze, sammelt auf einem tarierten Filter, wägt, bringt möglichst vollständig in einen Tiegel oder ein Kugelrohr, schmilzt, wägt und verdrängt in üblicher Weise das Brom durch einen Chlorstrom.[1]

War das ursprüngliche Gewicht des Halogensilbergemisches aus der Substanzmenge $= a$, das des resultierenden Chlorsilbers $= b$ und der Gewichtsverlust $a - b = C$, so ist die Menge des gesuchten Broms

$$\text{Brom} = 1.7965\,C; \text{ in Prozenten: } \frac{179.65\,C}{s}$$

$$(\log 179.65 = 25444).$$

Die Menge des Chlors $= 1.04375\,b - 0.7965\,a$

$$\text{Prozente Chlor demnach: } \frac{100}{s} \cdot (1.04375\,b - 0.7965\,a)$$

$\log 1.04375 = 0.1860$
$\log 0.7965 = 90119.$

2. Die Substanz enthält Chlor und Jod.

(Siehe auch unter 5.)

Die Bestimmung erfolgt in ganz analoger Weise. Berechnung:

$$\text{Prozente Jod . . } 138.78 \frac{a - b}{s}$$

$\log 138.78 = 14234.$

$$\text{Prozente Chlor . . . } \frac{100}{s} (0.6350\,b - 0.3878\,a)$$

$\log 0.6350 = 80277$
$\log 0.3878 = 58861.$

3. Die Substanz enthält Brom und Jod.

Die Halogene werden mit Silbernitrat gefällt und das Halogensilbergemisch gewogen. Man löst hierauf in wenig überschüssiger Natriumthiosulfatlösung, fällt das Silber mit Schwefelammonium und dampft das Filtrat mit Natronlauge ein, glüht schwach und titriert dann das Jod in der in Wasser aufgelösten Schmelze nach Duflos[2] mit viel überschüssiger Eisenchloridlösung und Thiosulfatlösung.

Das Brom wird aus der Differenz bestimmt.

---

[1] Miller-Kiliani, Lehrb., 4. Aufl., 1900, S. 443. — Fres. Quant. Anal. 6. Aufl. 1, 655. — Tröger und Lünning, J. pr. (2), **69**, 356 (1904).
[2] Miller-Kiliani, 4. Aufl., 1900, S. 463.

4. Die Substanz enthält alle drei Halogene.

Chlorbromjodanisol hat Hirtz[1]) untersucht. Da eine Verdrängung des Broms und Jods durch Chlor aus dem Halogensilber doch keine prozentische Berechnung zugelassen hätte, so wurde nur eine Bestimmung des Gesamthalogengehaltes ausgeführt.

Methode von Jannasch und Kölitz.[2]) Das Halogensilber wird samt dem Filter im Silbertiegel mit der 5—6fachen Menge Natron verschmolzen, in Wasser gelöst, vom ausgeschiedenen Silber filtriert, mit Schwefelsäure angesäuert und nun nach Jannasch und Aschaff[3]) oder Friedheim und R. S. Meyer[4]) die Halogene getrennt und bestimmt.

Über weitere Methoden der Trennung der drei Halogene: Baubigny und Chavanne, C. r. **136**, 1197 (1903). — **138**, 83 (1904). — Bull. (3) **31**, 396 (1904).

5. Analyse der Jodidchloride.[5])

Der Chlorgehalt dieser Verbindungen läßt sich in der Weise bestimmen, daß sie in eine wässerige Jodkaliumlösung eingeführt (man braucht nur wenige Zentigramme der Substanz anzuwenden) und so lange mit einem Glasstabe umgerührt werden, bis vollständige Umsetzung eingetreten ist. Das ausgeschiedene, im Überschusse von Jodkalium gelöste Jod wird mit einer sehr verdünnten Lösung von Natriumthiosulfat titriert.

6. Berechnung der Anzahl addierter und substituierter Halogenatome in Substanzen, welche bereits ein anderes Halogen enthalten.[6])

Kennt man das Molekulargewicht einer halogenierten Verbindung und führt in das Molekül derselben, sei es durch Addition oder Substitution, weitere Halogenatome ein, die von dem bereits vorhandenen verschieden sind, so läßt sich die Zahl a der neu aufgenommenen Halogenatome aus der Menge des gefundenen Halogensilbers berechnen.

Addiert eine Substanz, die das Molekulargewicht M hat und β Atome Chlor enthält, a Atome Brom, so ist das Molekulargewicht des Additionsproduktes

$$M + a \cdot 80$$

$M + a \cdot 80$ Gewichtsteile (ein Grammmolekül) des letzteren liefern

$$\beta (35.5 + 108) + a (80 + 108)$$

Gewichtsteile Halogensilber.

---

[1]) Inaug.-Diss. Heidelberg 1896, S. 48. — B. **29**, 1411 (1896).
[2]) Z. anorg. **15**, 68 (1897). — Ch. News **76**, 150 (1897).
[3]) Z. anorg. **1**, 444 (1892).
[4]) Z. anorg. **1**, 407 (1892).
[5]) Willgerodt, J. pr. (2), **33**, 158 (1886).
[6]) Klages und Kraith, B. **32**, 2553 (1899). — Siehe auch Küster, Logar. Rechentafeln, 3. Aufl., S. 38.

Man kann also aus einer derartigen Halogenbestimmung die Anzahl a der eingetretenen Atome Brom berechnen, indem man die Proportion

$$\frac{H}{S} = \frac{\beta(35.5 + 108) + a(80 + 108)}{M + a \cdot 80}$$

(H = gefundene Menge Halogensilber, S = angewandte Substanzmenge) nach a aufgelöst: man erhält so

$$a = \frac{H \cdot M - 143.5 \cdot S \cdot \beta}{188\,S - 80\,H}.$$

Wird das Brom nicht addiert, sondern substituiert, so ändert sich der erhaltene Wert a nur wenig. Die für a erhaltenen Zahlen differieren erst in der zweiten Dezimale.

Analoge Formeln gelten für:

Jodiertes Chlorid: $a = \dfrac{M \cdot H - 143.5\,S \cdot \beta}{235\,S - 127\,H}$

Chloriertes Bromid: $a = \dfrac{M \cdot H - 188\,S \cdot \beta}{143.5\,S - 35.5\,H}$

Jodiertes Bromid: $a = \dfrac{M \cdot H - 188\,S \cdot \beta}{235\,S - 127\,H}$

Chloriertes Jodid: $a = \dfrac{M \cdot H - 235\,S \cdot \beta}{143.5\,S - 35.5\,H}$

Bromiertes Jodid: $a = \dfrac{M \cdot H - 235\,S \cdot \beta}{188\,S - 80\,H}$

Vierter Abschnitt.

Bestimmung des Schwefels S = 32.1.

1. Qualitativer Nachweis des Schwefels.

Außer den auch zur quantitativen Schwefel-Bestimmung dienenden Methoden sind folgende qualitative Proben angegeben worden.

Reaktion von Vohl.[1]

Eine geringe Menge der Substanz wird in einem unten zugeschmolzenen Glasröhrchen (wie bei der Lassaigneschen Stickstoffprobe) mit einem Stückchen vom Petroleum sorgfältig befreiten Natriums erhitzt.

---

[1] Dingl. **168**, 49 (1863). — Bunsen, Ann. **138**, 266 (1866). — Schönn, Z. f. Ch. **1869**, 664. — Weith, B. **9**, 456 Anm. (1876). — Spica, B. **13**, 205 (1880). — Bülow und Sautermeister, B. **39**, 649 (1906).

Das entstandene Schwefelnatrium wird nach dem Lösen in Wasser durch die auf Zusatz von Nitroprussidnatrium entstehende rotviolette Färbung, durch Schwärzung von Silberblech, oder nach Zusatz einer Auflösung von Bleizucker in Natronlauge durch die Bildung von Schwefelblei nachgewiesen. An Stelle der Natriums kann man nach Schönn[1]) auch Magnesiumpulver verwenden.

Reaktion von Marsh.[2])

Dieses Verfahren ist eine Modifikation des vorigen, bei welcher reines körniges Zink oder Zinkstaub zur Verwendung gelangt.

Man erhitzt in einer schräg gehaltenen Eprouvette, langsam und nicht bis zum Glühen. Entweichende brennbare Gase werden entzündet. Dabei mäßigt man die Erhitzung so weit, daß die Flamme nicht aus der Röhre herausschlägt, sondern im Innern auf das an den Wänden haftende Zink wirkt. Nach dem Erkalten wird mit Salzsäure angesäuert und der entwickelte Schwefelwasserstoff mit Bleiacetatpapier nachgewiesen.

Mikrochemische Reaktion von Emich.[3])

Die Substanz wird mit Chlorcalciumlösung befeuchtet und mittels Bromdampf oxydiert, worauf in vielen Fällen die charakteristischen Gipskrystalle sichtbar werden.

Über „bleischwärzenden‟ Schwefel s. Seite 245.

2. Quantitative Bestimmung des Schwefels.[4])

Alle Methoden zur Schwefelbestimmung basieren auf der Oxydation desselben zu Schwefelsäure, die entweder in bekannter Weise gewichtsanalytisch oder nach Brügelmann-Wilderstein resp. Tarugi[5]) titrimetrisch bestimmt wird.

Man kann unterscheiden:

1. Methoden der Schwefelbestimmung durch Schmelzen oder Erhitzen mit oxydierenden Zusätzen.
2. Methoden der Bestimmung durch Verbrennung im Sauerstoffstrome.
3. Methoden der Schwefelbestimmung auf nassem Wege.
4. Bestimmung des „bleischwärzenden‟ Schwefels.

---

[1]) Z. anal. 8, 51, 398 (1869).
[2]) Am. 11, 240 (1889).
[3]) Z. anal. 32, 163 (1893).
[4]) Kritische Studie über verschiedene Methoden der Schwefelbestimmung: Barlow, Am. Soc. 26, 341 (1904).
[5]) Seite 235 ff.

A. Methoden des Schmelzens oder Erhitzens mit oxydierenden Zusätzen.

a) Methode von Asbóth.[1])

Dieses Verfahren besteht in der Anwendung des Hoehnel-Kassnerschen Methode,[2]) d. h. der Benutzung von Natriumsuperoxyd zur Aufschließung schwefelhaltiger Substanzen, auf organische Körper.

In einem Nickeltiegel werden 0.2—0.5 g gepulverte Substanz mit 10 g calcinierter Soda und 5 g Natriumsuperoxyd gemischt und die Mischung mittels einer kleinen Flamme erwärmt, so daß der Tiegel von derselben nicht berührt wird. Wenn die Mischung zusammensintert und zu schmelzen beginnt, verstärkt man die Flamme und erhitzt so lange, bis die Schmelze dünnflüssig geworden ist.

Es ist notwendig, die Menge des Natriumcarbonates und des Natriumsuperoxyds in den vorgeschriebenen Verhältnissen anzuwenden. da unter anderen Bedingungen — z. B. wenn man nach Hempel[3]) 2 Teile Natriumkarbonat und 4 Teile Natriumsuperoxyd verwendet — Verpuffung eintritt. Das Gemisch verpufft auch, wenn man anfangs zu stark erhitzt.

Die erkaltete Schmelze wird mit Wasser aufgenommen. Zu der völlig gelösten Schmelze fügt man einen Überschuß an Bromwasser hinzu, um etwa noch vorhandene Sulfidverbindungen in Sulfate überzuführen, und erwärmt noch eine halbe bis eine Stunde auf dem Wasserbade, wobei die wässerige alkalische Lösung infolge der Oxydation von teilweise gelöstem Nickeloxydul zu Nickeloxyd dunkelbraune Farbe annimmt. Nach beendeter Oxydation nimmt man den Tiegel aus der Porzellanschale und spült ihn gründlich mit heißem Wasser ab.

Von Bedeutung ist, daß das Bromwasser stets zugegeben wird, bevor der Tiegel aus der Lösung herausgenommen wurde, da sonst leicht zu wenig Schwefel gefunden wird. Es liegt dies daran, daß noch vorhandene Alkalisulfide sich mit Nickelhydroxydul zu Alkalihydroxyd und Nickelsulfid umsetzen und letzteres beim Filtrieren als unlöslich auf dem Filter zurückbleibt. Häufig läuft beim Auswaschen etwas feinverteiltes Nickeloxyd durch das Filter und wird dann beim Fällen der Schwefelsäure mit dem Bariumsulfat niedergerissen, wodurch die Werte oft 0.2 % zu hoch ausfallen. Um diesem Übelstande abzuhelfen, empfiehlt es sich, der alkalischen Lösung vor dem

---

[1]) Ch. Ztg. 19, 2040 (1895). — Düring, Z. physiol. 22, 281 (1896). — Schulz, Z. physiol. 25, 29 (1898). — Friedmann, Beitr. ch. Physiol. und Pathol. 3, 1 (1902). — Sadikoff, Z. physiol. 39, 396 (1903). — Petersen, Z. anal. 42, 406 (1903). — Willstätter und Kalb, B. 37, 377 Anm. (1904). — Konek, Z. ang. 17, 771 (1904). — Hinterskirch, Z. anal. 46, 241 (1907).
[2]) Arch. 232, 220 (1894).
[3]) Z. anorg. 8, 193 (1895).

Filtrieren eine Messerspitze voll Magnesiumoxyd zuzugeben, wodurch völlig klare Filtrate erzielt werden.

Das Filtrat wird jetzt mit Salzsäure vorsichtig angesäuert und vollständig, zum Schluße unter Umrühren mit einem Glasstabe, zur Trockne eingedampft, um die eventuell vorhandene Kieselsäure abzuscheiden. Auch ist es von Vorteil, den Salzrückstand noch ein oder zweimal mit konzentrierter Salzsäure zu befeuchten und wieder einzudampfen.

Nach dem Abfiltrieren der Kieselsäure fällt man die Schwefelsäure in der bekannten Weise mit Bariumchlorid aus.

Die Methode eignet sich auch zur Bestimmung des Schwefels in Flüssigkeiten und Extrakten; Flüssigkeiten sind vorerst im Nickeltiegel auf Sirupkonsistenz einzudampfen. Man vermischt zweckmäßig 5 g Natriumcarbonat mit der ursprünglichen Flüssigkeit, ehe man mit dem Eindampfen beginnt. Zu dem sirupförmigen Rückstande setzt man noch 5 g Natriumcarbonat und 5 g Natriumsuperoxyd hinzu und rührt die Masse mittels eines Platindrahtes vorsichtig zusammen. Es tritt eine energische Reaktion ein, doch lassen sich mit einiger Sorgfalt alle Verluste vermeiden. Die Masse wird zunächst über kleiner Flamme, dann bei höherer Temperatur erhitzt, bis die organische Substanz verbrannt ist.

Die Schwefelbestimmung läßt sich in festen Substanzen in 2 bis $2^1/_2$ Stunden und in Flüssigkeiten innerhalb 6—7 Stunden ausführen.

Neumann und Meinertz[1]) schlagen die Benutzung von Kaliumnatriumcarbonat vor.

Sie arbeiten folgendermaßen:

1 g Substanz (z. B. Casein) wird mit 5 g Kaliumnatriumcarbonat und $2^1/_2$ g Natriumperoxyd in einem Nickeltiegel von ca. 100 ccm Inhalt innig vermengt und über einer kleinen Gasflamme ungefähr eine Stunde lang erhitzt, bis die Mischung völlig zusammengesintert ist. Nach kurzer Abkühlung (ca. 5 Minuten) werden wieder $2^1/_2$ g Natriumsuperoxyd zugesetzt, dann wird mit kleiner Flamme noch einmal etwa eine Stunde erwärmt, und zwar bis die Hauptmenge sich verflüssigt hat. Hierauf entfernt man den Gasbrenner, gibt noch 2 g Peroxyd hinzu und glüht ca. $^1/_4$ Stunde, indem man die Flamme allmählich bis zur vollen Stärke vergrößert. Alsdann ist völlige Verflüssigung eingetreten. Der Tiegel bleibt dauernd bedeckt. Man kann die Schmelze während der ganzen Veraschung sich selbst überlassen. Verpuffen und Entzündung der Substanz sind sicher zu vermeiden, wenn man nur darauf achtet, daß man die Gasflamme bis zur letzten Viertelstunde, besonders aber am Anfange, nicht zu groß macht.

Bei leicht verbrennlichen Substanzen muß man besonders zu Anfang weniger Peroxyd, etwa ein Gramm, statt zweieinhalb, nehmen.

---

[1]) Z. physiol. **43**, 37 (1904).

Auf den eventuellen Schwefelgehalt des Leuchtgases[1]) und der Reagenzien ist entsprechend Rücksicht zu nehmen.

Über das ähnliche Verfahren von Edinger: Seite 214.

b) Methode von Liebig und Du Ménil.[2])

In eine geräumige Silberschale bringt man einige Stücke Kalihydrat nebst etwas Salpeter (etwa $1/8$ vom angewandten Kali), schmilzt beide unter Zusatz von ein paar Tropfen Wasser zusammen, bringt nach dem Erkalten die abgewogene Menge der fein gepulverten Substanz hinzu und erhitzt über der Spirituslampe, bis Schmelzung eintritt. Man kann nun durch Umrühren mit dem Platinspatel die Substanz verteilen. Indem man allmählich stärker erhitzt, doch so, daß kein Spritzen stattfindet, gelingt es leicht, die meistens anfangs durch ausgeschiedene Kohle geschwärzte Masse farblos zu erhalten. Sollte dies nicht bald geschehen, so fügt man noch etwas gepulverten Salpeter nach und nach in kleinen Portionen zu.

Die farblos gewordene Flüssigkeit erstarrt beim Erkalten zu einer festen Masse, welche man mit Wasser übergießt und durch Erwärmen völlig löst.

Die Lösung wird in ein Becherglas gegossen, die Silberschale mit Wasser mehrmals ausgespült und die vereinigten Flüssigkeiten mit Salzsäure übersättigt. Man filtriert eine nach dem Verdünnen mit einem Liter Wasser auftretende Trübung[3]) von Chlorsilber ab (welches von dem aufgelösten Silber des Schalenmaterials stammt und in der konzentrierten Lösung als Doppelsalz gelöst bleibt, und mit dem Bariumsulfat ausfallen würde). Nun wird mit Chlorbariumlösung gefällt, filtriert, gewaschen und geglüht, das geglühte Bariumsulfat mit Salzsäure ausgewaschen, nochmals geglüht und gewogen.[4])

Ein eventueller Schwefelgehalt der Reagenzien wird in einer blinden Probe ermittelt, bei welcher man ebensolange erhitzt wie bei der eigentlichen Bestimmung, um auch die geringen aus den Verbrennungsprodukten des Leuchtgases aufgenommenen[5]) Schwefelsäuremengen zu bestimmen; man bringt eine entsprechende Korrektur an.

---

[1]) Siehe Anm. 5. — Nach Neumann und Meinertz bedingt übrigens hier die Verwendung von Leuchtgas keinen Fehler.

[2]) Arch. **52**, 67 (1835). — Rüling und Liebig, Ann. **58**, 302 (1846). — Verdeil, Ann. **58**, 317 (1846). — Walther, Ann. **58**, 316 (1846). — Schlieper u. Liebig, Ann. **58**, 379 (1846). — Liebig, Anleitung, 2. Aufl., 1853, S. 99. — Mayer, Ann. **101**, 129 (1857). — Fahlberg und Ives, B. **11**, 1187 (1878). — Fraps, Am. **24**, 346 (1902). — Schmidt und Junghans, B. **37**, 3565, Anm. (1904).

[3]) Keiser, Am. **5**, 207 (1883).

[4]) Schulze, Landw. Vers.-Stat. **28**, 161 (1881).

[5]) Price, Z. anal. **3**, 483 (1864). — Gunning, Z. anal. **7**, 480 (1868). — Binder, Z. anal. **26**, 607 (1887). — E. v. Meyer, J. pr. (2), **42**, 267, 270 (1890). — Lieben, M. **13**, 286 (1892). — Přivoznik, B. **25**, 2200 (1892). — Mulder, Rec. **14**, 307 (1895). — Beythien, Ztschr. f. Unters. d. Nahr.- u. Genußm. **6**, 497 (1903).

Um in flüchtigen organischen Verbindungen den Schwefelgehalt zu bestimmen, verbrennt man dieselben mit einem Gemische
von kohlensaurem Natrium und Salpeter in einer Glasröhre.

An das Ende der Verbrennungsröhre bringt man ein Gemenge
von trockenem, kohlensaurem Natrium und Salpeter, hierauf in geöffneten Glaskügelchen die abgewogene Menge der zu untersuchenden
Flüssigkeit — feste flüchtige Körper bringt man in Glasschiffchen
ein — und füllt hierauf die Röhre mit einer Mischung von Calciumcarbonat und wenig Salpeter an. Man erhitzt den vorderen Teil
zum Glühen und bewirkt hierauf durch gelindes Erwärmen der Glaskügelchen die allmähliche Verdampfung der Flüssigkeit, wobei der
hintere Teil der Röhre so weit erhitzt wird, daß sich daselbst keine
Flüssigkeit kondensieren kann. Zuletzt wird auch das Ende der Röhre
zum Glühen gebracht, wobei der entweichende Sauerstoff etwa abgeschiedene Kohle vollständig verbrennt.

Nach dem Erkalten der Röhre wird ihr Inhalt in Wasser gelöst,
mit Salzsäure neutralisiert und mit Bariumchloridlösung gefällt usw.

Die Liebig-Du Ménilsche Methode wird vielfach variiert (z. B.
in das geschmolzene Gemisch von Kaliumhydroxyd und Salpeter, die
mit calcinierter Soda verriebene Substanz portionenweise eingetragen);
in der ursprünglichen Form liefert sie die zuverlässigsten Resultate.[1]

c) Ähnliche Methoden von geringerer Bedeutung sind die
folgenden:

Löwig[2]) erhitzt mit Salpeter und kohlensaurem Barium,

Weidenbusch[3]) mit Bariumnitrat und Salpetersäure,

Mulder[4]) mit Bleinitrat (Acetat) und Salpetersäure,

De Koningk und Nihoul[5]) glühen mit Calciumnitrat und
Ätzkalk,

Delacharal und Mermes[6]), sowie Fahlberg und Hes[7])
schmelzen mit Kaliumhydroxyd und behandeln die Schmelze mit
Bromwasser,

Beudant[8]), Daguin und Rivot[9]) erhitzen mit Kalilauge und
Chlor,

Lindemann[10]) mit Chlorkalk,

---

[1]) Hammarsten, Z. physiol. 9, 273 (1885). — Stoddart, Am. Soc. 24,
832 (1902).
[2]) J. pr. (1) 18, 128 (1839).
[3]) Ann. 61, 370 (1847). — Way und Ogstone, Journ. Reg. Agric. Soc.
England 8, 134 (1847).
[4]) J. pr. (1) 106, 444 (1869).
[5]) Mont. scient. (4), 8, 504 (1894).
[6]) Bull. 31, 50 (1879).
[7]) B. 11, 1187 (1878).
[8]) C. r. 1853, 835.
[9]) J. pr. (1) 61, 135 (1900).
[10]) Bull. Ac. roy. Belg. 23, 827 (1892).

Kolbe[1]) oxydiert mit Kaliumchlorat und Soda[2]) (1 : 6)[3]),

Hobson[4]) mit Magnesiumcarbonat und Kaliumchlorat,

Russel[5]) mit Quecksilberoxyd,

Strecker[6]) verwendet Bariumoxyd,

Wackenroder[7]) ein Gemisch von Calciumoxyd und Nitrat,

Shuttleworth[8]) Calciumacetat,

Debus[9]) empfiehlt Kaliumchromat,

Otto[10]) chromsaures Kupfer,

Höland[11]) arbeitet mit Bariumcarbonat und Kaliumchlorat,

Pearson[12]) mit Kaliumchlorat und Salpetersäure,

Stutzer[13]) mit basischem Calciumnitrat.

B. Methoden, bei welchen die Oxydation der schwefelhaltigen Substanz durch gasförmigen Sauerstoff bewirkt wird.

Wichtiger als die wohl kaum mehr benutzten Methoden von Warren[14]), Hempel[15]), Mixter[16]), Sauer[17]), Claësson[18]), Weidel und v. Schmidt[19]), Valentin[20]), Zulkowsky und Lepéz[21]) ist die

1. Methode von Brügelmann.[22])

Diese Methode gestattet in organischen Substanzen Schwefel, Chlor, Brom, Jod, Phosphor und Arsen, eventuell auch neben-einander zu bestimmen. Das Verfahren beruht auf der Verbrennung der Substanz im Sauerstoffstrome und Überleiten der Verbrennungs-produkte über glühenden Kalk beziehungsweise Natronkalk.

Das Verfahren ist etwas verschieden für feste und nicht flüchtige Substanzen einerseits und für leicht flüchtige Flüssigkeiten anderer-

---

[1]) Suppl. z. Handwörterb. d. Chemie, 1. Aufl., S. 205.

[2]) Auch Seite 210. — Löw, Pflüg. **31**, 394 (1883).

[3]) Leeuwen, Rec. **11**, 103 (1892).

[4]) Ann. **76**, 90 (1850).

[5]) Soc. **7**, 212 (1854). — Vgl. Bunsen, J. pr. (1) **64**, 230 (1855).

[6]) Ann. **73**, 339 (1850); **74**, 366 (1850).

[7]) Arch. **53**, 1 (1848).

[8]) Journ. Landw. **47**, 173 (1899).

[9]) Ann. **76**, 88 (1850).

[10]) Ann. **145**, 25 (1868).

[11]) Ch. Ztg. **17**, 99 (1893).

[12]) Z. anal. **9**, 271 (1870).

[13]) Z. ang. **20**, 1637 (1907).

[14]) Z. anal. **5**, 169 (1866).

[15]) Z. ang. **5**, 393 (1892).

[16]) Sill. Am. J. (3), **4**, 90 (1872).

[17]) Z. anal. **12**, 32, 176 (1873).

[18]) Z. anal. **22**, 177 (1883); **26**, 371 (1887). — B. **19**, 1910 (1886): **20**, 3065 (1887).

[19]) B. **10**, 1131 (1877).

[20]) Chem. News No. **429**, 89 (1868).

[21]) M. **6**, 447 (1885).

[22]) Z. anal. **15**, 1 (1876); **16**, 1, 20 (1877). — Über eine ähnliche Methode, bei der Soda und Magnesia verwendet werden: Bay, C. r. **146**, 333 (1908).

seits. Die Halogene bestimmt Brügelmann nach Volhard,
Schwefelsäure titrimetrisch nach einer Modifikation der Wilder-
steinschen Methode,[1]) Arsen- und Phosphorsäure nach einer
eigenen Methode.[2]) Sind mehrere dieser Elemente gleichzeitig vorhanden, so wird nach beendigter Verbrennung der Kalk
(Natronkalk) vorsichtig in Salpetersäure gelöst, die Flüssigkeit auf
ein bestimmtes Volumen gebracht und aliquote Teile für die einzelnen Bestimmungen verwendet.

Ausführung der Methode.

1. Feste Substanzen aller Art, sowie flüssige, nicht flüchtige Verbindungen.

Die hierher gehörenden Körper werden, wenn sie in kleineren
Quantitäten verbrannt werden sollen, in einem Porzellan- oder Platinschiffchen, dagegen, wenn größere Mengen in Untersuchung zu ziehen
sind, in anderer geeigneter Weise, also etwa in einem kleinen Glaskolben mit beim Einfüllen in das Rohr einzuschiebendem Halse (in
der Art des S. 164 dargestellten) oder auch in einer kleinen Schale
abgewogen und dann stets für sich in das Rohr gebracht.   Es ist
nicht nötig, falls die Substanz in Körnern oder überhaupt in größeren
in das Rohr passenden Stücken vorhanden ist, diese erst zu zerkleinern.   Erbsen und Haselnußkerne z. B. werden ohne weiteres als
solche, Haselnußschalen nur nach ganz gröblichem Zerstoßen, so
daß die Stücke in das Rohr passen, verbrannt, und ebenso verfährt
man immer mit Vorteil, wenn es die Natur der Substanz erlaubt,
sie in Stücken oder auch Krystallen anzuwenden.

Die Länge des Verbrennungsrohres, dessen innerer Durchmesser etwa 12 mm betrage, richtet sich einmal nach der Natur,
dann auch nach der Menge der zu untersuchenden Substanz.   Im
allgemeinen ist eine Länge von 50—60 cm passend.   Die anzuwendende
Schicht des gekörnten Ätzkalks dagegen ist ein für allemal
nur 10 cm lang.   Ebenso ist die Substanz von dem Ende des
Rohres, durch welches der Sauerstoff eintritt, stets ungefähr 15 cm
weit entfernt.   Einige Verbindungen entwickeln beim Erhitzen, und
dies gilt insbesondere von den unzersetzbar flüchtigen, eine solche
Menge leicht entzündlicher Dämpfe, daß Explosionen nicht zu vermeiden sein würden, wenn solche Körper ohne weiteres vor die
glühende Kalkschicht gebracht und alsdann im Sauerstoffstrome verbrannt werden sollten.   Diese Explosionen lassen sich aber mit
Sicherheit abwenden, wenn man, was Warren für Kohlenstoff- und
Wasserstoffbestimmungen in organischen Verbindungen in gleicher
Absicht zuerst vorgeschlagen hat, vor die Kalkschicht eine Lage von
dichtem, feinfaserigem Asbest bringt.

Das Beschicken des an seinen beiden Enden durch Erhitzen vor
dem Gebläse von den scharfen Glaskanten befreiten Rohres geschieht

---

[1]) Siehe S. 235.
[2]) Siehe S. 252.

nun in folgender Weise: Das eine Ende desselben wird mit einem
geeignet zusammengebogenen Platinblech geschlossen, welches man
etwa 2 cm weit einschiebt und welches sich ziemlich fest, so daß es
einen gewissen Halt hat, an die Wandungen des Rohres anlegen muß.
Hierauf wird die 10 cm lange Schicht des gekörnten Ätzkalks, damit
dieselbe möglichst dicht zu liegen kommt, unter gelindem Auf-
klopfen des Rohres eingefüllt und die noch leere Partie des Rohres
alsdann sorgfältig von den anhaftenden Kalkteilchen gereinigt. Hat
man mit Körpern zu tun, welche sich, wie die meisten Pflanzenteile,
in größeren Stücken anwenden lassen und daher gestatten, die
Kalkschicht gegen das zusammengebogene Platinblech hin zusammen-
zudrücken, so bringt man dieselben direkt vor die Kalkschicht; ermöglicht dies die Substanz aber nicht, befindet sie sich in einem
Schiffchen, oder kann sie überhaupt, etwaiger leichter Zersetzbarkeit
oder Flüchtigkeit wegen, erst dann in das Rohr eingeführt werden,
wenn die Kalkschicht bereits zum Glühen gebracht ist, so gibt man
der letzteren dadurch den nötigen Halt, daß man zwischen sie und
die Substanz eine etwa 5 cm lange Lage in ihrer Größe dem Rohr-
durchmesser angepaßter Glasstückchen, welche man in bekannter
Weise mit einem Schlüssel von einem Verbrennungsrohre — das Glas
muß schwer schmelzbar sein — abbrechen kann, bringt. Noch besser
ist — bei phosphorfreien Substanzen — etwas zusammengebogenes
Platinblech.

Man führt noch eine 15—20 cm lange Asbestschicht ein, dann
die Substanz. Die letzten 15 cm der Röhre bleiben leer. Die den
Gasometern zugewendete Seite des Rohres steht 3—5 cm aus dem
Ofen heraus. Der andere Teil des Rohres, in welchem die übrigen
14 cm der Asbestschicht und die Substanz sich befinden, ruht frei
in dem Ofen. Auf diese Weise bleiben die Asbestschicht und die
Substanz vor zu starkem Erhitztwerden durch die heißen benachbarten Teile sicher bewahrt. Ist die Substanz bereits in das Rohr
eingeführt, hat man also mit größeren Substanzmengen, wie z. B.
Pflanzenteilen, zu arbeiten, für deren Aufnahme ein Schiffchen nicht
geräumig genug ist, so erhitzt man nunmehr, nachdem mittels
eines durchbohrten gutschließenden Kautschukstopfens, eines in denselben eingepaßten Glasröhrchens und eines Kautschuckschlauches die
Verbindung mit dem Sauerstoffgasometer schon vorher hergestellt
wurde, auch der Sauerstoffstrom in der nachher zu erwähnenden Art
schon reguliert worden ist, eine solche Strecke der Kalkschicht, also
etwa 5 cm derselben zum Glühen, wie es zulässig ist, ohne daß die
Substanz selbst zu früh zersetzt wird. · Erst wenn dies erreicht ist,
erhitzt man langsam auch den übrigen Teil der Kalkschicht, welcher
der Substanz zunächst liegt und diese selbst, wie nachher angegeben
wird. Soll dagegen die Substanz in einem Schiffchen verbrannt werden, so erhitzt man erst die ganze Kalkschicht und die sie von der
Substanz oder der etwa angewandten Asbestschicht trennenden Glasstückchen oder das Platinblech sowie einen Zentimeter Breite der

Asbestschicht selbst zum Glühen, setzt dann den Sauerstoffstrom in Bewegung, führt das die Substanz enthaltende Schiffchen entweder bis an die Asbestschicht oder, falls eine solche nicht vorhanden, bis auf etwa 5 cm vor die erhitzten Teile in das Rohr ein und verschließt dasselbe hierauf sofort wieder mittels des durchbohrten Kautschukstopfens. Das in diesen eingepaßte Röhrchen habe, damit man vor einem Zurücktreten von Dämpfen gesichert ist, eine Ausströmungsöffnung für den Sauerstoffstrom von nur etwa 0.5 mm.

Nach diesen Vorbereitungen wird die Verbrennung selbst durch vorsichtiges Erhitzen der Substanz eingeleitet und in der Weise weiter und zu Ende geführt, daß die Sauerstoffzufuhr bei den an den betreffenden Elementen reicheren Substanzen, den rein chemischen Verbindungen, stets, also während der ganzen Operation, im Überschusse vorhanden ist, bei den an den betreffenden Elementen ärmeren Substanzen, den organisierten Gebilden, womöglich fortwährend ausreicht, die anfangs ausgeschiedene Kohle sogleich zu oxydieren.

Man geht für alle Fälle sicher, wenn man die Schnelligkeit, mit der man den Sauerstoffstrom zutreten läßt, so regelt, daß in einer Minute etwas mehr als 100 ccm Gas in das Verbrennungsrohr gelangen.

Bei Substanzen, deren Zersetzungsprodukte zu Explosionen führen könnten, leitet man die Verbrennung im Luftstrome ein. Die Kalkschicht soll während der Verbrennung womöglich ganz weiß bleiben. Beginnt die Substanz zu glimmen oder zu brennen, so ist die äußere Wärmezufuhr zeitweise einzustellen, und die Sauerstoffzufuhr entsprechend zu mäßigen.

Nachdem in der vorhin beschriebenen Weise alles Brennbare anscheinend oxydiert und der Kalkschicht zugeführt worden ist, wird auch der Teil des Rohres, in welchem sich die Substanz befand, und der, welcher die etwa zur Anwendung gekommene Asbestschicht enthält, zum Glühen erhitzt. Sobald dies bewirkt wurde, die Kohle vollständig verbrannt ist und der Sauerstoff sich am offenen Ende des Rohres deutlich nachweisen läßt, ist die Operation beendigt.

Ist nun die Substanz durch eine Asbestschicht und Glasstückchen oder ein zusammengebogenes Platinblech von der Kalkschicht getrennt, so bringt man das noch heiße Rohr, da wo sich die Glasstückchen oder das Platinblech und die Asbestschicht berühren, mittels einiger daraufgebrachter Tropfen Wasser behutsam zum Springen und entfernt nach dem Erkalten sorgfältig die Asbestfasern und Glassplitter, welche an dem die Kalkschicht enthaltenden Teile des Rohres noch zurückgeblieben sind. War aber die Substanz in direkter Berührung mit der Kalkschicht oder befand sie sich in einem Schiffchen, und zwar nur durch Glasstückchen oder ein Platinblech von derselben getrennt, so wird das Rohr in seiner ganzen Länge in Untersuchung gezogen.

In beiden Fällen entleert man die letzten an dem Ende des Rohres, an welchem der Sauerstoff während der Operation austrat, befindlichen 2 cm der Kalkschicht in ein besonderes Becherglas, nachdem man das Rohr an seiner Außenseite gründlich gereinigt und das den Verschluß bildende Platinblech mit einem starken hakenförmig umgebogenen Drahte vorsichtig entfernt hat. Man nimmt dies am besten über einem Bogen Glanzpapier vor, wobei man das Rohr stets horizontal hält oder es auch fest auf das Glanzpapier auflegt. Die erwähnten 2 cm der Kalkschicht, die man besonders darauf prüft, dürfen keine Spur der betreffenden Elemente enthalten, wenn die Verbrennung gut verlaufen ist und die Kalkschicht die erforderliche Beschaffenheit gehabt hat. Finden sich in diesen letzten 2 cm der Kalkschicht Spuren der zu bestimmenden Elemente, so muß man auf Verluste gefaßt sein, sofern man die Bestimmung durchführt. Es ist daher das Richtige, alsdann die Operation ohne weiteres zu wiederholen.

Das noch im Rohre Befindliche wird nun bis auf das etwa angewandte Platinblech und auf das Schiffchen, welches man in der Regel im Rohre ausspülen kann, ebenfalls in ein Glas gebracht — was durch gelindes Klopfen an der Außenwandung des Rohres oder mit Hilfe eines starken Platindrahtes leicht gelingt — und in Wasser und Säure gelöst, worauf die Elemente in üblicher Weise bestimmt werden.

Verbrennt man Phosphor enthaltende Verbindungen und will die Bildung von Metaphosphorsäure verhindern, so mischt man die in einem Schiffchen befindliche Substanz innig mit überschüssigem feingepulvertem Ätzkalk, etwa dem 3fachen Volumen. Da in diesem Falle die gewöhnlich zur Anwendung kommenden Platinschiffchen zu klein sind, biegt man sich vorteilhaft ein passendes aus einem großen Platinblech zurecht. Bei der Analyse dieser Verbindungen vermeide man unter recht vorsichtigem Operieren die Anwendung einer Asbestschicht; denn in einer solchen würde sich, auch wenn die Substanz mit Kalk gemischt ist, leicht Phosphor bei etwaiger Verflüchtigung desselben nach dem Glühen als Metaphosphorsäure absetzen.

2. Flüssige flüchtige Verbindungen.

Flüssige flüchtige Verbindungen werden wie bei Kohlenstoff- und Wasserstoffbestimmungen in einem kleinen, dünnwandigen Glaskügelchen mit langem, feinem Halse abgewogen. Der letztere mißt 8 cm und wird, nachdem man die Substanz hat eintreten lassen, an seiner Spitze vor der Lampe zugeschmolzen.

Die Länge des Verbrennungsrohres richtet sich auch hier zweckmäßig bis zu einem gewissen Grade nach der Natur der Substanz; doch ist ein solches von 50 cm für alle Fälle brauchbar. Der innere Durchmesser desselben betrage wieder etwa 12 mm. Da viele der hierhergehörenden Verbindungen auch schon bei ganz gelindem Erwärmen größere Mengen leicht brennbarer Dämpfe entwickeln, so ist die Anwendung einer Asbestschicht in der Regel noch wichtiger.

Die Beschickung des Rohres geschieht wie bei 1. Die Länge der Asbestschicht beträgt 20 cm. An dem dem nachher eintretenden

Sauerstoffstrome zugekehrten Ende derselben wird das Rohr nach der
Füllung vor dem Gebläse vorsichtig eng ausgezogen, wobei man es
stets so hält, daß die Kalkschicht eine tiefere Lage hat als die Asbestschicht.   Dieser verengte Teil des Rohres muß einen etwas kleineren
Durchmesser haben als das zur Aufnahme der Substanz bestimmte
Glaskügelchen, darf aber doch nicht zu schwach im Glase sein. Läßt
sich die Substanz ohne Anwendung einer Asbestschicht untersuchen,
so gibt man dem Rohre, 20 cm — und diese leer lassend — von den
der Kalkschicht benachbarten Glasstückchen oder dem Platinblech
entfernt, ebenfalls in der schon erwähnten Weise eine Verengerung.
Diesen Zwischenraum von 20 cm, durch den auch die flüchtigsten Verbindungen weit genug von den glühenden Teilen des Rohres gehalten
werden, kann man bei weniger flüchtigen auch den Umständen nach
verkleinern und dann dementsprechend ein etwas kürzeres Verbrennungsrohr benutzen.

Der Rinne, welche zur Aufnahme des Rohres bestimmt ist, gibt
man eine solche Lage, und zwar hier in allen Fällen, daß sie nur
den Teil desselben unterstützt, welcher die Kalkschicht und die 5 cm
lange Lage von Glasstückchen oder das diese ersetzende Platinblech
enthält.   Der andere Teil des Rohres, in welchem die Asbestschicht
oder der ihr entsprechende leer gelassene Raum sowie die zur nachherigen Aufnahme des Kügelchens mit der Substanz bestimmte Partie
sich befinden, ruht frei in dem Ofen.   Man erhitzt nun die Kalkschicht sowohl wie die 5 cm lange Lage von Glasstückchen oder das
Platinblech, auch einen Zentimeter der Asbestschicht selbst, zum
Glühen und schiebt erst, wenn dies vollständig erreicht ist, das die
Substanz enthaltende Kügelchen so in das Rohr ein, daß es mit der
zugeschmolzenen Spitze — also ohne diese vorher abzubrechen —
bis an die Asbestschicht oder, falls eine solche nicht vorhanden, bis
an den die Verengerung des Rohres schließenden Asbestpfropfen reicht.
Das Rohr wird hierauf mittels eines durchbohrten, weichen Kautschukstopfens, in welchen ein 20 cm langes, nicht zu schwaches und
durch einen Kautschukschlauch mit dem Sauerstoffgasometer in Verbindung stehendes Glasröhrchen von etwa 6 mm Durchmesser eingepaßt ist, geschlossen, nachdem man schon vorher den Sauerstoffstrom in geeigneter Weise in Bewegung gesetzt hat.   Die rund ab-
geschmolzene Spitze hat eine Öffnung von 0,5 mm.

Dadurch, daß man die nötige Menge Glycerin auf das den Sauerstoff zuführende Röhrchen gestrichen hat, läßt sich dasselbe, wovon
man sich vorher überzeugt, auch bei vollkommen dichtem Verschlusse
des Verbrennungsrohres durch den Kautschukstopfen in diesem verschieben; man bewirkt daher das Abbrechen des Kugelhalses leicht
durch ein Vorwärtsstoßen des Kügelchens.[1]) Sobald dann im Verlaufe
der Verbrennung alle Flüssigkeit das Kügelchen verlassen hat, zer-
bricht man dasselbe durch das den Sauerstoff zuleitende Rohr, indem

---

[1]) Ein ähnliches Verfahren auch Seite 192 und 251.

man mit demselben die Kugel bis an die Verengerung des Verbrennungsrohres schiebt und dort zerdrückt. Hierdurch wird auch der kleine noch gasförmig in der Kugel zurückgebliebene Überrest der Substanz der Kalkschicht zugeführt. Das Zuleitungsrohr wird alsdann wieder zurückgezogen und schließlich, nachdem man den Sauerstoff am offenen Ende des Rohres bereits hat nachweisen können und die Substanz der Kalkschicht anscheinend zugetrieben ist, der Sicherheit wegen auch der Teil des Rohres, welcher bisher noch nicht erhitzt war, also die Asbestschicht oder der ihr entsprechende leere Zwischenraum und die die Kugelüberreste enthaltende Stelle zum Glühen gebracht. Sobald hierauf am offenen Ende des Rohres ein Entweichen des Sauerstoffs wiederum deutlich zu erkennen ist, ist auch die Verbrennung beendigt.

Das noch heiße Rohr wird hierauf, da, wo sich die Glasstückchen oder das Platinblech und die Asbestschicht berühren, oder wenn eine solche nicht vorhanden, da, wo der leere Teil des Rohres beginnt, wie bei den in die vorige Abteilung gezählten Körpern durch einige darauf gebrachte Tropfen Wasser zum Springen veranlaßt. Man verfährt auch mit dem die Kalkschicht enthaltenden Teile des Rohres in allen übrigen Stücken genau so, wie dies dort auseinandergesetzt wurde.

Um auch Brom und Jod nach dieser Methode bestimmen zu können, muß man an Stelle des Ätzkalks reinen Natronkalk benutzen.

Darstellung von reinem Natronkalk.

In einem großen Porzellantiegel (nicht in einer Silberschale) von etwa 8—9 cm Öffnung und 7 cm Höhe löscht man 80 g zerriebenen Marmorkalk mit einer heißen Lösung von 20 g Natronhydrat in 60 g Wasser. Nach dem Zusatze der Natronlauge rührt man sofort und schnell mit einem Glasstabe um, damit die Lauge den Kalk vollkommen gleichmäßig durchdringt, ehe dieser gelöscht wird; denn tritt die Absorption des Wassers (in der angegebenen Menge) durch den Kalk früher ein, so ist die gleichmäßige Aufsaugung der Natronlauge durch denselben nicht gesichert — es kann vielmehr ein Teil Kalk ungelöscht bleiben —, und eine nachherige gleichförmige Mischung ist bei der Zähigkeit der Masse nicht mehr zu erreichen. Andererseits ist aber ein größerer Zusatz von Wasser, welches doch wieder verjagt werden müßte, wenn, wie angegeben, verfahren wird, nicht erforderlich. Der erhaltene Natronkalk wird alsdann über einem Bunsenbrenner so lange erhitzt, bis das Wasser ausgetrieben und die Masse vollständig fest geworden ist. Sie löst sich nach dem Erkalten leicht aus dem Tiegel los und wird für den Gebrauch, wie für den gereinigten Ätzkalk (Seite 243) angegeben, gekörnt. 80 g Kalk und 20 g Natronhydrat geben Material für etwa 8 Verbrennungen und lassen sich bequem in einem Tiegel von der angegebenen Größe verarbeiten. Der Kalk wird direkt in dem Tiegel gelöscht.

Darstellung von reinem Ätzkalk.

Der zu verarbeitende Kalk, am besten gebrannter Marmorkalk, wird zuerst in einer Porzellanschale mit Wasser gelöscht und dann mit nur so viel chlorfreier Salpetersäure behandelt, daß noch ein kleiner Teil ungelöst, die Reaktion also stark alkalisch bleibt. Auf diese Weise scheidet man Eisen und Tonerde gänzlich ab. Ohne dieselben vorher abzufiltrieren, dampft man die Flüssigkeit nunmehr über freiem Feuer so weit ein, bis der Siedepunkt auf 140° C gestiegen ist; die zum Kochen erhitzte Lösung zeigt dann an ihrer Oberfläche eine Haut von ausgeschiedenem Calciumnitrat. Diese heißgesättigte Lösung, welche nach dem Erkalten sehr zähflüssig ist, wird in ein passendes Becherglas oder Standgefäß gebracht und in demselben mit zwei Raumteilen einer Mischung von 2 Vol. absolutem Alkohol und 1 Vol. Äther durch Umrühren innig gemischt. Das Ganze wird nun, damit der Äther sich nicht verflüchtigt, in einen nachher zu verschließenden Kolben übergefüllt. Nach zwölf Stunden langem Stehen an einem nicht zu kalten Orte trennt man die Flüssigkeit von dem abgeschiedenen Niederschlage durch Filtration. Hierdurch werden Quarzkörner, Schwefelsäure, Phosphorsäure, Eisen und Tonerde vollkommen beseitigt, und die ablaufende Lösung enthält nunmehr reines salpetersaures Calcium. Dieselbe wird jetzt in einer Porzellanschale durch Abdampfen, was wieder, wenn die Schale geräumig genug, über freiem Feuer geschehen kann, ohne daß Alkohol und Äther Feuer fangen, erst von diesen befreit und zuletzt unter Umrühren vollständig eingetrocknet. Von dem so erhaltenen festen, Calciumnitrat, welches man seiner großen Zerfließlichkeit wegen in einem gut zu verschließenden Glase aufbewahrt, wird ein kleiner Teil in einen Porzellankolben gebracht und der Kolben in einem passenden Ofen, am besten wohl einem Gasofen, da man in einem solchen den ganzen Kolben übersehen kann, zum Glühen erhitzt. Sobald das salpetersaure Calcium zersetzt ist, sobald also die Gasentwicklung aufhört, wird eine neue Quantität desselben eingeführt und so fort. Nachdem in dieser Weise sämtliches Calciumnitrat in Ätzkalk verwandelt ist, wird der Kolben nach genügendem Erkalten zur Erlangung des Inhaltes zerschlagen. Der gewonnene Ätzkalk wird vollständig von den anhaftenden Porzellanscherben befreit, und in sehr kleinen Teilen, denn sonst erhält man zu viel Pulver, zu Körnern von 5 mm Durchmesser zerstoßen.

Um auch das Chlor zu entfernen, löst man den Kalk zuerst wiederum in Salpetersäure, konzentriert die Lösung durch Eindampfen und fällt nun mit einer ebenfalls konzentrierten Lösung von Ammoniumcarbonat in einem geräumigen Becherglase oder, bei der Verarbeitung größerer Kalkmengen, in einem hohen, großen Standgefäße aus. Das Calciumcarbonat wird nun durch Dekantieren mit destilliertem, chlorfreiem Wasser, unter gründlichem Umrühren nach dem jedesmaligen neuen Aufgießen desselben so lange gewaschen, bis die letzten Waschwässer — welche man, damit die Reaktion nicht durch allzu große Verdünnung der Flüssigkeit an Schärfe verliert, nur in kleinen Mengen anwendet — mit Silberlösung geprüft, nicht mehr die geringste Reaktion auf Chlor erkennen lassen. Dieser Punkt wird schnell erreicht, da sich das Calciumcarbonat ausgezeichnet absetzt. Wenn der Kalk vollkommen von Chlor befreit ist, löst man ihn von neuem in der Weise in chlorfreier Salpetersäure, daß ein kleiner Teil unzersetzt bleibt, um Eisen und Tonerde abzuscheiden. Ebenso verdampft man die Lösung wieder bis zum Siedepunkte 140° C und verfährt zur Beseitigung der übrigen Verunreinigungen in allen Stücken wie oben auseinandergesetzt wurde.

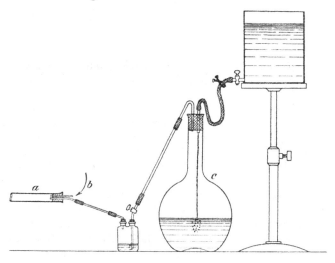

Fig. 136.

Man kann nach dem Brügelmannschen Verfahren auch gasförmige Schwefelverbindungen, z. B. auch den Schwefelgehalt des Leuchtgases bestimmen.

Beifolgende Abbildung (Fig. 136) zeigt den zusammengesetzten Apparat; a ist das Verbrennungsrohr, b das Sauerstoffzuleitungsrohr, c der das Leuchtgas enthaltende graduierte Gasometer.

3. Maßanalytische Bestimmung der Schwefelsäure:

a) Nach Brügelmann.[1]

Die schwefelsäurehaltige Flüssigkeit wird siedend mit $n/_5$-Chlorbariumlösung titriert und zur Erkennung der Endreaktion vermittels eines kleinen Heberfilters a (Fig. 137) von Zeit zu Zeit eine Probe der Flüssigkeit klar abgezogen und mit ein paar Tropfen Chlor-

---

[1] Z. anal. **16**, 19 (1877). — Vgl. Wilderstein, Z. anal. **1**, 431 (1862).

bariumlösung aus der Bürette geprüft. Das Heberfilter wird auf dem Rande des Becherglases hängend in die heiße Flüssigkeit eingeführt, nachdem man es vorher mit heißem Wasser ganz angefüllt hat. Dies kann vorteilhaft und ohne Gefahr für eine Verletzung des Hebefilters,

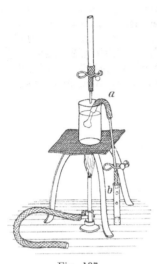

Fig. 137.

unter Anwendung von nur sehr wenig heißem Wasser, durch vorsichtiges Saugen mit dem Munde geschehen, namentlich wenn der zum Überbinden der Trichterglocke dienende, das Filtrierpapier einschließende Baumwollstoff dicht genug ist. Die Biegung des Hebers besteht aus einem Stück Kautschukschlauch, ebenso das Ende des aus dem Glase hervorragenden Heberarmes. Die Strecke von a—b beträgt etwa 18—20 cm.

Das anzuwendende Becherglas hat einen Inhalt von etwa 250 ccm, die Öffnung des kleinen Saugfilters beträgt nur etwa 1.5 cm im Durchmesser, und der ganzen Saugvorrichtung gibt man eine solche Dimension, daß sie nicht über 15 ccm Flüssigkeit faßt.

Man wird, wenn Bestimmungen von nicht annähernd bekannten Schwefelsäuremengen vorliegen, oft vorteilhaft so verfahren, daß man zuerst in einem Teile bloß annähernd, etwa auf 1 ccm mit $n/_1$- (oder auch $n/_5$-)Lösung titriert und den Versuch hierauf in einem zweiten Teile mit $n/_5$-Lösung beendigt, oder daß man von vornherein etwas mehr $n/_5$-Chlorbariumlösung als nötig zusetzt und dann mit gleichwertiger Schwefelsäurelösung zurücktitriert.

Die $n/_5$-Chlorbariumlösung, enthaltend 24.437 g $BaCl_2 + 2$ aq. im Liter, entspricht auf 0.1 ccm nur 0.0008 Schwefelsäure (oder 0.00028 Schwefel), bis auf 0,1 ccm kann man aber mit Sicherheit titrieren. Die Genauigkeit der Schwefelsäurebestimmungen in der angegebenen Form ist denn auch, verglichen mit den entsprechenden auf gewichtsanalytischem Wege erhaltenen Bestimmungen, eine vollkommen genügende.

b) Methode von Tarugi und Bianchi.[1]

Die Verfasser haben die Beobachtung gemacht, daß, wenn man die trübe Flüssigkeit, welche den Niederschlag von Bariumsulfat enthält, in einem engen Rohre mittels Druck steigen läßt, eine fast momentane Klärung dieser Flüssigkeit eintritt. Diese Methode kann nicht bloß zur Klärung der Flüssigkeiten, welche Bariumsulfat enthalten, sondern auch zur titrimetischen Bestimmung des Bariums oder der

---

[1] Gazz. **36**, I, 347 (1906). — Z. ang. **20**, 1111 (1907).

Schwefelsäure dienen. Zu diesem Zwecke kann man folgenden
Apparat anwenden (Fig. 138). Der Kolben A faßt 300 ccm und ist
mit einem mit drei Rohren versehenen Pfropfen B geschlossen.
Das Rohr C, welches als Manometer dient, ist U-förmig und
enthält Quecksilber, L, welches einen Durchmesser von 5 mm besitzt, ist mit dem Trichter E
mittels des Gummischlauches G, welcher mit dem
Quetschhahn F geschlossen werden kann, versehen. Das dritte Rohr ist mit einem gläsernen
Hahne D und dem Gummischlauche H versehen.
In den Kolben A wird z. B. die Sulfatlösung
eingefüllt; es muß stets so viel genommen werden,
daß L in die Lösung selbst eintaucht. Durch E
und L läßt man aus einer Bürette eine $n/_{10}$-
Bariumchloridlösung eintropfen. Man wäscht den
Trichter E mit destilliertem Wasser, und mittels
des Schlauches H bläst man, so daß die Flüssigkeit in dem Rohre L steigt und die an den
Wänden hängengebliebenen Tropfen mitnimmt.
Man erwärmt dann auf 70—80° und schließt
beide Rohre. Durch den entstehenden Druck
steigt die Flüssigkeit in L. Hat die Absetzung
vollständig stattgefunden, so erhält man eine
klare Lösung, anderenfalls noch eine trübe. Wenn

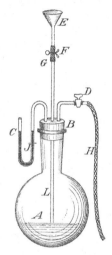

Fig. 138.

man die Bariumlösung durch eine Bürette tropfenweise hinzufügt,
und in genannter Weise arbeitet, kann man leicht den richtigen
Punkt treffen und bequem und schnell den Gehalt an Schwefelsäure
(bzw. an Barium) ermitteln.

2. Methode von Barlow.[1])

Diese Methode ist auf einem von Berthelot[2]) angegebenen Verfahren aufgebaut und namentlich für die Analyse von Pflanzen-
oder Tierstoffen geeignet.

Ein Rohr (Fig. 139) aus böhmischem, schwer schmelzbarem Glase
von gegen 70 cm Länge und 1.5 cm Durchmesser ist an einem Ende
ausgezogen und nach unten gebogen. Ungefähr 30 cm von diesem
Ende entfernt ist eine böhmische Röhre von 6—7 mm Durchmesser
seitlich angeschmolzen; der Teil der weiteren Röhre zwischen dem
angeschmolzenen und dem ausgezogenen Ende enthält kohlensaures
Natrium oder „Sodaquarz" (s. u.), der Teil zwischen der seitlichen
Röhre und dem nicht ausgezogenen Ende dient zur Aufnahme des
oder der Porzellanschiffchen mit der zu verbrennenden Substanz.
Durch den dieses Ende des Rohres schließenden Kork und über die

[1]) Tollens, Journ. Landw. **26**, 289 (1903). — Barlow, Am. Soc. **26**,
341 (1904).

[2]) Chimie Végétale et Agricole, **4**, Kap. 4.

zu verbrennende Substanz kann man nach Belieben Kohlendioxyd oder
Sauerstoff leiten; in das enge, an die Mitte des Hauptrohres gelötete
Rohr wird ebenfalls Sauerstoff geleitet, und passende Verzweigungs-
röhren samt Schraubenquetschhähnen erlauben, den Sauerstoff nach
Belieben dorthin zu leiten, wo man ihn braucht. Eingeschaltete
kleine Kugelröhren mit etwas Wasser zeigen die Schnelligkeit der
Gasströme an. In Berührung mit dem erhitzten Natriumcarbonat
oder dem Sodaquarz und der davor befindlichen Platinspirale findet
die Verbrennung der Dämpfe vollständig statt.

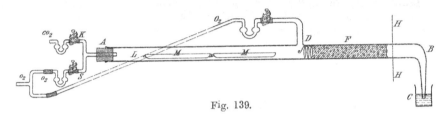

Fig. 139.

Darstellung des Absorptionsmittels für die Schwefelsäure.

Reiner Quarz, welcher zu Stückchen von 1—2 mm Größe zerstoßen
ist, wird mit 3—4 g reinem Natriumcarbonat und etwas Wasser in
einer Schale gemischt und das Gemenge unter Umrühren über einer
Spirituslampe eingetrocknet. Von diesem „Sodaquarz" wird eine
Schicht von 12—20 cm eingebracht; diese Schicht wird an einer
Seite durch ein rundes Platinsiebchen, an der anderen, den Dämpfen
zugewandten Seite durch einen längeren, spiralig gebogenen Platindraht zusammengehalten.

Die Vorderseite der Platinspirale soll sich direkt unter der Öffnung der Seitenröhre D befinden. Die Röhre wird jetzt in den kalten
Ofen gelegt, das Schiffchen mit der abgewogenen Substanz eingeführt
und der Kork A mit der T-Röhre KS eingefügt. Die zu verbrennende Substanz ist bequem in ein oder zwei langen Porzellanschiffchen enthalten. Solche 14 cm lange und 1 cm weite Schiffchen
aus feinstem Meißner Porzellan sind leicht zu erhalten. Zu größeren
Substanzmengen, welche selten erforderlich sind, kann die Substanz
in einen Zylinder aus reinem Filtrierpapier, welcher im Durchmesser
etwas kleiner ist, als die Röhre, gefüllt werden; die Enden des Zylinders sind zusammengedreht und das Ganze wird in die gehörige Lage
versetzt. Das Papier brennt ab und stört die Verbrennung nicht.
Der Gebrauch der Schiffchen bildet indes den beträchtlichen Vorteil,
daß Aschebestimmungen zugleich mit den Verbrennungen vorgenommen werden können. In beiden Fällen muß in der Verbrennungsröhre zwischen der Substanz und der Platinspirale bei E ein ca. 4—6 cm
langer leerer Raum gelassen werden. Dies ist unumgänglich notwendig,
wie aus einigen Zeilen weiter unten zu ersehen ist. Ein Sicherheits-
becherglas mit ein wenig Wasser ist bei C aufgestellt, um eine Probe

bezüglich der Vollständigkeit der Absorption zu erlauben. (Es mag bemerkt werden, daß sich hier bei der beschriebenen Methode in keinem einzigen Falle die geringste Spur von Schwefel zeigte.)

Die Seitenröhre D ist mit einer Sauerstoffleitung verbunden und ebenso die Röhren K und S mit Kohlendioxyd- bzw. Sauerstoffzufuhren.

Alle diese Gasströme streichen durch kleine Waschflaschen oder -kugeln, um die Stromstärke sichtbar zu machen, und werden durch metallene Schraubenklammern auf kleinen Gummischlauchstücken reguliert. Um Unannehmlichkeiten durch unnötige Erhitzung der sauerstoffregulierenden Schraubenklammern zu vermeiden, empfiehlt es sich, eine doppelte Schicht Asbestpapier über die Seitenstange des Ofens zu legen. Die Biegung bei D kann gleichfalls ähnlich geschützt werden, obwohl es nicht unbedingt notwendig ist. Der Teil der Röhre bei dem Korke darf nicht erhitzt werden und muß, um die Verkohlung des Korkes zu verhüten, frei von jeder Stütze gehalten sein.

Ausführung der Verbrennung.

Nachdem alles wie oben beschrieben geordnet ist, werden die den Sauerstoffstrom regulierenden Klammern S und D geschlossen. Ein langsamer Kohlendioxydstrom wird durch K hindurchgeleitet und der Teil der Röhre von D—H zu schwacher Rotglut erhitzt. Es empfiehlt sich, die Temperatur bei D ein wenig höher zu haben als bei H und sie allmählich die Röhre entlang von D nach H zu verringern. Bei H ist eine Temperatur unterhalb Rotglut zu erhalten. (So ist man sicher, daß, wenn die Temperatur bei D während der Verbrennung hoch, ja sogar ganz übermäßig hoch ansteigt, die Gase dessenungeachtet auf eine genügend große Schicht absorbierenden Materials in der richtigen Temperatur stoßen, bevor sie die Röhre verlassen.) Wenn der Teil DH heiß ist, wird ein sehr langsamer Sauerstoffstrom durch D zugeführt, während der Kohlendioxydstrom unverändert gelassen bleibt. Die Erhitzung wird jetzt sehr allmählich von D nach dem Schiffchen M weitergeführt. Ein Brenner, welcher ausreicht, jede Rückdestillation zu verhindern, wird bei L angezündet. Im Augenblicke, wo die Substanz im vordern Teile des Schiffchens zu verkohlen anfängt, wird der Sauerstoffstrom durch D vergrößert. Nach kurzer Zeit, gewöhnlich nach einigen Sekunden, beginnt die Platinspirale bei D zu glühen, die Gase von M entzünden sich in dem Überschusse des Sauerstoffs und verbrennen mit kleiner Flamme bei oder in der Nähe der Spirale. Am besten ist es, anfangs einen ziemlich starken Sauerstoffstrom durch D gehen zu lassen; nachdem die Gase sich einmal entzündet haben, ist die Regulierung des Stromes bei D eine leichte Sache, indem die Lage und Gestalt der Flammenscheibe selbst den Zustand der Dinge anzeigen.

In der Fig. 140 zeigt die Linie a b im Durchschnitt die von der Flamme eingenommene Lage, wenn die zugeführte Sauerstoffmenge gehörig geregelt ist. Wenn die Flamme vertikal wird und nach der Substanz zu fortschreitet, indem sie z. B. die Lage E F einnimmt, so wird ein nutzloser Überschuß von Sauerstoff gebraucht. Anderer-

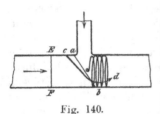

Fig. 140.

seits, wenn der Sauerstoff nicht ausreicht, nimmt die Flamme eine solche geneigte Randlage, wie die durch c d dargestellte ein. In diesem Falle beginnt der niedrigere Rand zu flackern, die Flamme wird rußig und Kohle lagert sich auf den näherliegenden Teilen des kohlensauren Natriums ab, wobei jedoch die Kohle fast augenblicklich verschwindet, wenn man die Sauerstoffzufuhr zeitweilig vergrößert. Eine Sauerstoffzufuhr, welche eben die Ablagerung von Kohle verhindert, ist genügend.

Von diesem Moment an schreitet die Verbrennung fast automatisch fort. Die Hitze wird allmählich nach dem vorderen (Kork-) Ende der Röhre geleitet. Hohe Temperatur ist nicht notwenig und sollte vermieden werden. Alles was man in dieser Zeit erstrebt, ist die vollständige Verkohlung der Substanz, und diese findet unterhalb der Rotglut statt. Die Verkohlungsprodukte werden von dem Kohlendioxydstrome, der jetzt verlangsamt werden kann, nach der Flamme fortgeführt.

Es ist ersichtlich, daß Explosionen nicht stattfinden können, weil die verbrennbaren Verkohlungsprodukte immer mit einer solchen Menge Kohlendioxyd gemischt sind, daß jede Explosion mit dem Sauerstoff verhindert wird. In der Tat hat Barlow niemals solche explosive Mischungen erhalten, wenn er auf diese Weise arbeitete. (Während einer Verbrennung von Erbsen wurde ein Versuch gemacht, Luft anstatt Kohlendioxyd zu verwenden. Das Resultat war eine Reihe kleiner Explosionen. Der Gebrauch von Kohlendioxyd ist daher unentbehrlich.)

Die Verkohlung muß langsam erfolgen, und es muß für überschüssigen Sauerstoff gesorgt werden.

Wenn die ganze Substanz verkohlt ist, nimmt die Flamme allmählich eine vertikale Stellung ein (EF) und schreitet langsam nach dem Schiffchen fort. Sucht man sie jetzt durch Verringerung der Sauerstoffzufuhr nach a b zurückzuleiten, so wird auch die Flamme kleiner, sie flackert und erlischt. In diesem Augenblicke werden die Brenner auf der Strecke DL (Fig. 139) höher gedreht, die Kohlendioxydzufuhr abgestellt und ein Sauerstoffstrom durch S geleitet, während der Sauerstoffstrom bei D vermindert, aber nicht vollständig abgestellt wird. Hat die Kohle eine gehörige Temperatur gewonnen, so entzündet sich das Ende bei A im Sauerstoffe, und die Masse gerät allmählich von A nach D zu ins Glühen. (Bei manchen Substanzen beginnt dies Glühen bei sehr niedriger Temperatur, anscheinend unterhalb Rotglut, und das Verbrennen der verkohlten Masse wie auch der auf der Röhrenwand neben dem Schiffchen abgelagerten Kohle findet sehr schnell statt. Andere Substanzen, wie

z. B. Casein, erfordern eine höhere Temperatur.) Wenn die Kohle ganz verbrannt ist, wird die Sauerstoffzufuhr bei D ausgesetzt, die bei S vermindert, und die Temperatur wird allmählich während 10 Minuten verringert. Darauf werden die Brenner ausgelöscht, der Sauerstoff abgestellt, und die Röhre erkaltet in einem langsamen Kohlendioxydstrome.

Die ganze Operation ist in 20—30 Minuten bis höchstens (Eiweiß-körper) einer Stunde beendigt, und ist sehr leicht zu leiten. Der Sodaquarz hält jede Spur Schwefelsäure zurück. Nach beendeter Verbrennung wird das Schiffchen mit der darin befindlichen Asche herausgezogen und dann der Sodaquarz samt den Platindrähten und -siebchen in eine Porzellanschale gebracht. Das Rohr wird gut ausgespült, das Waschwasser zu dem Sodaquarz gebracht; letzterer wird unter einer aufgelegten Uhrschale mit Wasser und verdünnter Salzsäure übergossen. Auf der Spiritusflamme wird die Masse eingetrocknet, dann auf 110° erhitzt, mit Salzsäure angerührt und mit Wasser ausgewaschen. Die Flüssigkeit wird dann mit Chlorbarium gefällt. Auf diese Weise erhält man den flüchtigen Schwefel oder die flüchtige Schwefelsäure; beim Lösen oder Extrahieren der Asche erhält man auf gleiche Weise die nicht flüchtige Schwefelsäure.

C. Methoden der Oxydation auf nassem Wege.

1. Methode von Carius.

Das Wesentliche über dieses Verfahren ist schon S. 210f. mitgeteilt. Natürlich entfällt hier der Zusatz von Silbernitrat, im übrigen wird wie zur Halogenbestimmung vorgegangen.

Wie schon Carius bemerkt,[1]) sind chlorhaltige Substanzen besonders leicht oxydierbar.

Angeli[2]), welcher diese Beobachtung bestätigt, empfiehlt daher den Zusatz von einigen Tropfen reinen Broms zu der Salpetersäure (sp. Gew. = 1.52). Es wird dadurch die Temperatur, bei welcher vollkommene Zersetzung eintritt, wesentlich herabgesetzt und die Reaktion beschleunigt.

Schon Carius hatte zur Reaktionserleichterung Zusatz von Chromsäure empfohlen, die später durch Erwärmen mit Alkohol zerstört wird.

Manchmal begegnet die Ausführung der Methode Schwierigkeiten.

Es muß dann viele Stunden lang auf 300° und höher erhitzt werden,[3]) bei gewissen Sulfosäuren (Phenanthrensulfosäuren) genügt aber auch dies nicht zur Aufschließung der Substanz.[4]) Solche

---

[1]) Ann. **116**, 19 (1860). — Ann. **136**, 129 (1865).
[2]) Gazz. **21**, (**2**), 163 (1891).
[3]) Wohl, Schäfer und Thiele, B. **38**, 4160 (1905).
[4]) Schmidt und Junghans, B. **37**, 3565, Anm. (1904).

Substanzen analysiert man dann etwa nach Brügelmann[1]) oder
noch besser nach Gasparini (siehe S. 243).

Thiophenderivate[2]) geben zu Explosionen Anlaß. Auch
Thioharnstoffe (über deren Analyse siehe S. 932) verursachen nach
Löwenstamm[3]) Schwierigkeiten.

Die Oxydationswirkung der Salpetersäure ist hier eine außerordentlich energische: Im geschlossenen Rohre geht die Reaktion schon
in der Kälte unter Feuererscheinung und heftigster Entwicklung roter
Dämpfe vor sich, gleichzeitig tritt starke Erwärmung ein. Man hüte
sich deswegen, die Substanz mit der Säure in Berührung zu bringen,
solange das Rohr nicht im Ofen liegt, auch nehme man, um jede Berührung auszuschließen, möglichst lange Wägeröhrchen.

Apitzsch[4]) behauptet, in einem Falle 8 Stunden auf mindestens
500° erhitzt zu haben. Derartig hohe Temperaturen hält aber doch
wohl kein Rohr aus.

Schwefelhaltige Calcium- oder Bariumsalze können nicht
gut nach dieser Methode analysiert werden; man schließt sie nach
Kaufler[5]) am besten mit Soda und Salpeter auf. Im phenyl- und
naphthylcarbithiosauren Blei bestimmt aber Pohl den Schwefel nach
der Aufschließung mittels Salpetersäure als Bleisulfat.[6])

Nach Kochs[7]) ist in den Eiweißstoffen die Schwefelbestimmung
nach Carius nicht durchführbar. Wird die Temperatur zu niedrig
gehalten, so bleibt die Oxydation unvollständig, steigert man sie,
so zerspringen die Röhren.

2. Methode von Messinger.[8])

Sind die Schwefelverbindungen nicht sehr flüchtig, so kann in
den meisten Fällen — Sulfone sind auf diese Art im allgemeinen
nicht analysierbar — die Oxydation in einer alkalischen Permanganatlösung oder mit saurem chromsaurem Kalium und Salzsäure ausgeführt
werden. Will man die der Schwefelsäurebestimmung hinderlichen
Kaliumsalze ausschließen, so ersetzt man das saure Kaliumchromat
durch Chromsäure, welche durch wiederholtes Auskrystallisieren aus
konzentrierter Salpetersäure und Absaugen frei von Schwefelsäure
erhalten werden kann.

1. Die abgewogene Schwefelverbindung wird mit $1^{1}/_{2}$—2 g übermangansaurem Kalium und $^{1}/_{2}$ g reinem Kaliumhydroxyd in einen
Kolben von 500 ccm Inhalt gebracht, den man mit einem aufrecht-

---

[1]) Bistrzycki und Mauron, B. 40, 4373, 4375 (1907).
[2]) Schwalbe, B. 38, 2209 (1905).
[3]) Diss. Berlin, S. 15, Anm. 3 (1901). — Siehe auch V. J. Meyer, Diss.
Berlin, S. 36, Anm. 1 (1905) und Großmann, Ch. Ztg. 31, 1196 (1907).
[4]) B. 37, 1604 (1904).
[5]) Privatmitteilung.
[6]) Diss. Berlin, S. 19, 30 (1907).
[7]) Erg.-Heft z. Centr.-Bl. f. allg. Gesundh.-Pflege 2, 171 (1886).
[8]) B. 21, 2914 (1888). — Wagner, Ch. Ztg. 14, 269 (1890). — Schlicht,
Z. anal. 30, 665 (1891). — Dircks, Landw. Vers.-Stat. 28, 179 (1881).

stehenden Kühler verbindet. Durch die obere Mündung des Kühlers werden 25—30 ccm Wasser in den Kolben gegossen und hierauf 2—3 Stunden erhitzt. Nach dem Erkalten der Flüssigkeit, die nach Beendigung der Oxydation noch rot gefärbt sein muß, wird nach und nach konzentrierte Salzsäure durch den Kühler gegossen und nach beendeter Gasentwicklung so lange erwärmt, bis die Flüssigkeit klar erscheint. Man führt nun den Inhalt des Kolbens in ein Becherglas über und fällt die Schwefelsäure mit Chlorbarium.

In manchen Fällen erhält man durch tagelanges (8 Tage) Stehenlassen der Substanz mit der alkalischen Permanganatlösung ohne zu Erwärmen bessere Resultate.[1])

2. Wendet man zur Oxydation saures chromsaures Kalium und Salzsäure an (es genügen 2—3 g Bichromat und 20—25 ccm Salzsäure, 2 Teile konzentrierte Salzsäure und 1 Teil Wasser), so wird die Operation ebenfalls mit Rückflußkühler ausgeführt und etwa 2 Stunden lang erhitzt. Nach beendeter Zersetzung fügt man noch einige Tropfen Alkohol hinzu, entfernt den Kühler, erhitzt bis zum Verschwinden des Aldehydgeruches, verdünnt, und fällt mit Chlorbarium.

3. Pozzi-Escot[2]) oxydiert mit naszierendem Chromylchlorid aus trockener Chromsäure und konzentrierter Salzsäure.

3. Schwefelbestimmung auf elektrolytischem Wege.[3])

Der bei allen diesen Oxydationen zu verwendende Strom muß Gleichstrom sein (bei Wechselstrom geht etwas Platin in die Lösung über)[4]) mit einer Spannung von 8—10 Volt. Die Art der Zuleitung des Stromes ist stets die gleiche: Eine Doppelklemme trägt an einem Ende einen zu einem Haken gebogenen Silberdraht, am anderen den Stromzuleitungsdraht. Man hat nichts weiter zu tun, als die Klemmen mittels der Haken in die Ösen der Platindrähte einzuhängen.

Die beiden Ausführungsformen der Apparate besitzen eingeschmolzene Elektroden und unterscheiden sich dadurch, daß sie ein oder zwei Oxydationsgefäße besitzen. Der einfache Apparat (Fig. 141) mit einem Zersetzungsgefäße wird je nach dem Verwendungszweck in zwei Größen ausgeführt. Die kleinere, die zur Bestimmung des Schwefels in nicht flüchtigen, organischen Substanzen zu empfehlen ist, besteht aus einem zylindrischen Rohre mit zwei am Boden eingeschmolzenen Platinelektroden, deren äußere Drähte zu Ösen gebogen sind. Die untere Elektrode, die man als Anode wirken läßt, ist konvex, damit die Gasblasen, die sich dort ansammeln, beim Auf-

---

[1]) Lenz, Z. anal. **34**, 39 (1895).
[2]) Rev. gén. de Chim. pure et appl. **7**, 240 (1904).
[3]) Gasparini und Savini, Gazz. **37**, (2), 437 (1907). — Gasparini, Ch. Ztg. **31**, Nr. 51 (1907). Siehe auch S. 319. Die Bestimmungsmethode kann auch für Phosphor, Quecksilber usw. angewendet werden. Die Apparate sind von Martin Wallach Nachfolger, Kassel, zu beziehen.
[4]) E. Ruer, Z. phys. **44**, 81 (1903).

steigen die Flüssigkeit durchmischen. In die Halsöffnung des Gefäßes ist ein gebogenes Rohr eingeschliffen, an das auf einer Seite
ein Trichter mit Hahn, auf der anderen ein Kugelrohr angeschmolzen
ist. Das Ganze wird auf einem geeigneten Gestell befestigt.

In den Trichter bringt man konzentrierte Salpetersäure (1.42),
die man dann vorsichtig tropfenweise auf die zu oxydierende Substanz fallen läßt. Im Ganzen gibt man nicht mehr Salpetersäure
als bis 2—3 cm über der oberen Elektrode. In das Kugelrohr dagegen bringt man Wasser, welches einen doppelten Zweck hat:
Erstens hält es die Salpetersäuredämpfe fast vollständig zurück (es
entweicht nur etwas Stickstoffdioxyd), so daß der Apparat während
des Betriebes keine ernste Belästigung verursacht; zweitens hält es

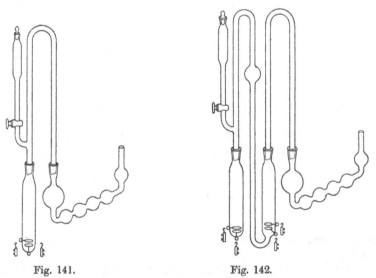

Fig. 141.   Fig. 142.

bei den Bestimmungen von Schwefel, Phosphor usw. kleine Mengen
von Schwefelsäure, Phosphorsäure usw., die von den gasförmigen
Produkten der Elektrolyse mitgerissen werden könnten, zurück. Die
Wägung der Substanz kann im Zersetzungsgefäße selbst ausgeführt
werden, wobei nur darauf zu achten ist, daß nichts davon an dem
Schliffstücke hängen bleibt. Der kleinere Apparat hat etwa 75 ccm,
der größere 200 ccm Inhalt. Dieser größere Apparat dient besonders.
zur Analyse von Wein, Getreide, Düngemitteln usw., sowie auch für
toxikologische Untersuchungen.

Der Doppelapparat (Fig. 142) unterscheidet sich von dem vor-
stehend beschriebenen durch das Vorhandensein eines zweiten Rohres,
welches dem ersten ähnlich ist und durch welches die Salpetersäuredämpfe hindurchgehen müssen, ehe sie zu den mit Wasser gefüllten
Kugelröhren gelangen. Er ist zur Untersuchung flüchtiger Substanzen bestimmt (Thiophen, Senföl, Allylsulfid, Petroleum usw.).

Falls ein Teil der Substanz sich der Oxydation im ersten Rohre entzieht, wird er im zweiten Rohre oxydiert, in das man vorher 10 bis 15 ccm rauchende Salpetersäure bringt. Die vier Pole des Apparates schaltet man nebeneinander. Die Einfüllung der Substanz in das erste Rohr geschieht entweder direkt oder vermittels eines kurzen Glasröhrchens.

Die Dauer der Bestimmung beträgt im Maximum 5—6 Stunden.

Man entleert dann den Apparat und bestimmt die Schwefelsäure entweder in üblicher Weise gravimetrisch oder noch einfacher so, daß man erst zur Vertreibung der Salpetersäure wiederholt mit verdünnter Salzsäure, dann zur Entfernung der Salzsäure wiederholt mit Wasser eindampft, wieder verdünnt und direkt titriert.

D. Bestimmung des „bleischwärzenden" Schwefels.[1]

Manche schwefelhaltige Substanzen, und zwar stets solche, bei denen der Schwefel sich nicht in direkter Bindung mit Sauerstoff befindet, geben beim Kochen mit Lauge Schwefelalkali, das durch Bleisalze oder Wismutoxyd in Schwefelmetall übergeführt werden kann.

Krüger hat für das qualitative Verhalten der Substanzen folgende Sätze aufgestellt:

1. Während die Mercaptane $= C.SH$ im allgemeinen von wässerigen Alkalien nicht angegriffen werden, tritt Zersetzung unter Bildung von Schwefelmetall ein, wenn an den Kohlenstoff direkt Sauerstoff (Thiosäuren) oder eine NH_2-Gruppe (Cystein) gebunden ist.

2. Verbindungen der Form $= C = S$ zersetzen sich, soweit bekannt, mit Alkalien unter Bildung von Schwefelmetall.

3. Diejenigen Verbindungen, in welchen der Schwefel zwei C-Atome verknüpft: $= C — S — C =$, sind zum Teile unangreifbar für wässerige Alkalien, zum Teile werden sie zersetzt, jedoch stets ohne Bildung von Schwefelmetall.

4. Verbindungen der Form $= C — S — S — C =$ scheinen im allgemeinen unter Bildung von Schwefelwasserstoff zersetzt zu werden, falls jedoch der Kohlenstoff mit Sauerstoff verbunden ist, unangreifbar zu sein.

---

[1] Mulder, Berzel. Jahresb. 18, 534 (1837); 19, 639 (1838); 27, 512 (1846). — Liebig, Ann. 57, 129, 131 (1846). — Rüling, Ann. 57, 301, 315, 317 (1846). — Laskowski, Ann. 58, 129 (1846). — Mulder, Scheik. Onderzoek 3, 357 (1846); 4, 195 (1847). — De Vrij, Ann. 61, 248 (1847). — Fleitmann, Ann. 61, 121 (1847); 66, 380 (1848). — Mulder, J. pr. (1), 44, 488 (1848). — Nasse, Pflüg. 8 (1874). — Danilevsky, Z. physiol. 7, 427 (1883). — Baumann und Goldmann, Z. physiol. 12, 257 (1888). — Krüger, Pflüg. 43, 244 (1888). — Malerba, Rend. Acc. delle scienze Napoli (2), 8, 59 (1894). — Suter, Z. physiol. 20, 564 (1895). — Drechsel, C. f. Physiol. 10, 529 (1896). — Gürber und Schenk, Leitf. d. Physiol. 1897, S. 23. — Middeldorf, Verh. phys. med. Ges. Würzburg, N. F. 31, 43 (1898). — Schulz, Z. physiol. 25, 16 (1898). — Osborne, Stud. res. lab. Conn., agr. exp. stat. 1900, S. 467. — Mörner, Z. physiol. 34, 210 (1901). — Sertz, Z. physiol. 38, 323 (1903). — Bailey und Randolph, B. 41, 2494 (1908).

Die quantitative Bestimmung des „bleischwärzenden" oder „lockeren" Schwefels und sein Mengenverhältnis zum „oxydierten" — wie man früher unrichtig sagte — oder „festgebundenen", genauer, nach Schulz, zum „durch Alkali nicht abspaltbaren" Schwefel hat für die Eiweißchemie eine gewisse Bedeutung.

Bei der quantitativen Bestimmung des bleischwärzenden Schwefels ist, entweder durch Kochen im Leuchtgasstrome, oder unter Zusatz von Zink, oder bei geeigneter Versuchsanordnung durch den reichlich entwickelten Wasserdampf, die nachträgliche Oxydation durch den Luftsauerstoff auszuschließen.

Mörner geht folgendermaßen vor:

Die Substanz wird mit 50 g Natriumhydroxyd, 10 g Bleiacetat und 200 ccm Wasser nach Zusatz von einem ganz kleinen Stückchen Zink gekocht. Das Kochen geschieht auf dem Drahtnetze in einem Kolben aus Jenaglas, von welchem ein nicht zu weites Ableitungsrohr zu einem Rückflußkühler führt. Zur Verbindung werden Korkstopfen benutzt. Das Kochen wird 8—10 Stunden fortgesetzt. Der Einwirkung der Luft wird durch lebhafte Entwicklung von Wasserdampf vorgebeugt; der Zinkzusatz bezweckt nur, ein ruhiges Kochen der alkalischen Flüssigkeit zu ermöglichen.

Nach einigen Autoren ist die Verwendung von frisch gefälltem Wismutoxyd vorzuziehen.

Das Metall muß jedenfalls in reichlichem Überschusse vorhanden sein.

Zur Schwefelbestimmung sammelt man den Niederschlag auf einem gehärteten oder einem Asbestfilter, wäscht möglichst rasch mit sehr verdünnter Natronlauge, bis das Filtrat schwefelsäurefrei und die Mutterlauge entfernt ist, was im allgemeinen leicht und in kurzer Zeit geschehen kann.

Dann wird der Niederschlag nach Zusatz von Salpetersäure mit Bromwasser oxydiert (das Zinkstückchen für sich in Salpetersäure gelöst und mit der übrigen Lösung vereinigt). Nach dem Eindampfen auf dem Wasserbade wird mit reinem Natriumcarbonat und etwas Wasser aufgenommen, in einen Silber- oder Nickeltiegel übergeführt, eingetrocknet und dann die nitrathaltige Masse über der Weingeistlampe erhitzt. Darauf wird mit Wasser ausgelaugt, das Ungelöste noch einmal mit Natriumcarbonatlösung erwärmt und dann mit Wasser ausgewaschen. Das Filtrat wird mit Bromwasser versetzt, mit reiner Salzsäure übersättigt und auf dem Wasserbade eingetrocknet.

Der Abdampfrückstand wird mit nicht zu wenig Salzsäure und Wasser behandelt,[1] das Filtrat mit Bariumchlorid gefällt usw.

Bei Gegenwart von Blei ist das geglühte Bariumsulfat gelblich; durch Umschmelzen mit Soda kann das Blei entfernt werden.

---

[1] Die zurückbleibende Kieselsäure ist mit Schwefelammonium auf Blei zu prüfen.

Kritik der Methoden zur Schwefelbestimmung.

Für feste und flüssige, nicht allzu flüchtige Substanzen kommt in erster Linie die sehr bequeme und recht genaue Methode von Asbóth in Betracht.

Flüchtigere Substanzen wird man am besten nach Carius oder Gasparini oxydieren. Die Methoden von Brügelmann und Liebig-Du Ménil sind namentlich dann von Wert, wenn größere Substanzmengen mit geringem Schwefel-Gehalt, z. B. Pflanzenteile, zur Untersuchung kommen.

Über die in ihrem Prinzipe so überaus elegante Methode von Dennstedt fehlen zurzeit noch weitere Erfahrungen.

Auf das Leuchtgas als Fehlerquelle ist bei den Methoden, nach welchen im Tiegel erhitzt wird, entsprechend Rücksicht zu nehmen (blinde Probe).

Faktorentabelle:

Gefunden	Gesucht	Faktor	2	3	4	5
$BaSO_4 = 233.5$	$S = 32.1$	0.13733	0.27465	0.41198	0.54930	0.68663

6	7	8	9	log
0.82395	0.96128	1.09860	1.23593	0.13775 — 1

Fünfter Abschnitt.

Bestimmung der übrigen Elemente, welche in organische Substanzen eingeführt werden können.

1. Aluminium Al = 27.1.

Da die Verbindungen des Aluminiums im allgemeinen nicht flüchtig sind, gelingt der Nachweis und die Bestimmung dieses Elementes in dem nach dem Veraschen der organischen Substanz, eventuell unter Zusatz konzentrierter Schwefelsäure und Salpetersäure[1]) verbleibenden Rückstande leicht nach den Methoden der anorganischen Analyse.

Zur Analyse des Aluminiumpropyls $Al_2(C_3H_7)_6$ und anderer flüchtiger Aluminiumverbindungen verfuhren Roux und Louise[2]) folgendermaßen:

3 g wurden in ein Glaskügelchen eingeschmolzen und dieses in

---

[1]) Klatte, Diss. Tübingen 1907, S. 19.
[2]) Bull. (2), **50**, 512 (1888).

einen mit Kautschukstopfen verschlossenen dickwandigen Rundkolben gebracht, mit etwa 100 ccm reinem Benzol übergossen, das Kügelchen durch Schütteln zerbrochen und dann zuerst Wasser und hierauf so viel Salzsäure zugesetzt, bis das ausgeschiedene Aluminium gelöst erschien. Nun wurde das Benzol im Vakuum abgetrieben, der Rückstand filtriert und das Aluminium durch Ammoniak gefällt.

Faktorentabelle.

Gefunden	Gesucht	Faktor	2	3	4	5
$Al_2O_3 = 102.2$	$Al_2 = 54.2$	0.53033	1.06067	1.59100	2.12133	2.65167

6	7	8	9	log
3.18200	3.71233	4.24266	4.77300	0.724548 — 1

2. Antimon Sb = 120.

Die quantitative Bestimmung des Antimons in organischen Substanzen wird gewöhnlich durch Glühen der Substanz mit Kalk[1]) oder mit Kalk und Natronkalk[2]) in einer engen Röhre nach der Brügelmannschen Methode (S. 227f.) im Sauerstoffstrome ausgeführt, ebenso wie S. 285 bei der Phosphorbestimmung nach Schäuble angegeben ist.

Nach Beendigung der Verbrennung löst man den Röhreninhalt in Salzsäure und leitet Schwefelwasserstoff ein. Das gefällte Schwefelantimon wird in üblicher Weise mit rauchender Salpetersäure in antimonsaures Antimon übergeführt.

Die Elementaranalyse der Doppelverbindungen des Antimonpentachlorids mit organischen Körpern bietet nach Rosenheim und Löwenstamm unüberwindliche Schwierigkeiten. Zur Antimonbestimmung in diesen Körpern fällt man mit Schwefelwasserstoff, und führt das Schwefelantimon durch Erhitzen im Kohlendioxydstrome auf 270 bis 280° in Antimontrisulfid über.[3])

Die Werte für Kohlenstoff und Wasserstoff werden in solchen Substanzen zu hoch, die Werte für Stickstoff zu niedrig gefunden.

Wieland[4]) schließt für die Chlor- und Antimonbestimmung nach Carius auf, und entzieht der Antimonsäure das Chlorsilber mit Ammoniak. Dann dampft er ein und glüht zur Antimonbestimmung im Porzellantiegel.

Zur Chlorbestimmung konnte die Substanz (Tetratolylhydrazinantimonpentachlorid) auch durch wasserhaltiges Pyridin zerlegt werden.

---

[1]) Löloff, B. **30**, 2835 (1897).
[2]) Michaëlis und Reese, Ann. **233**, 45 (1886). — Michaëlis und Genzken, Ann. **241**, 168 (1887).
[3]) B. **35**, 1124 (1902).
[4]) B. **40**, 4277 (1907).

Messinger[1]) empfiehlt seine zur Kohlenstoffbestimmung vor-geschlagene Methode.

Die Substanz (0.25—0.35 g) wird in einem Röhrchen gewogen und mit einem Gramm Chromsäure versetzt. Der zur Oxydation der Substanz dienende Kolben wird mit einem Rückflußkühler verbunden. Man gießt nun 10 ccm Schwefelsäure (2 Teile Säure mit 1 Teil Wasser verdünnt) durch die obere Mündung des Kühlers und erwärmt gelinde. Nach einer Stunde wird erkalten gelassen, mit Kalilauge im Überschuß und mit Schwefelnatrium versetzt und eine halbe Stunde lang gekocht. Aus dieser Lösung kann das Metall am einfachsten elektrolytisch abgeschieden werden.

In vielen Fällen genügt wiederholtes Eindampfen mit rauchender Salpetersäure auf dem Wasserbade und schließliches Glühen über dem Gebläse.

Das Stibäthyl, welches weder durch Salpetersäure noch durch Königswasser vollständig oxydiert werden kann, analysierten Löwig und Schweizer[2]) folgendermaßen.

In eine lange Verbrennungsröhre kommt in den unteren Teil etwas Sand, auf denselben die Substanz. Der übrige Teil wird zu drei Vierteln mit Quarzsand gefüllt, der leere Teil des Rohres ragt aus dem Ofen heraus, damit er kalt bleibt und damit sich hier das Antimon, welches sich sonst möglicherweise verflüchtigen könnte, kondensiert. Der Sand wird nun nach und nach zum Glühen erhitzt und dann über denselben der Dampf der Verbindung geleitet. Sowie diese mit dem glühenden Sande in Berührung kommt, scheidet sich das Antimon krystallinisch aus und findet sich gewöhnlich in einem sehr kleinen Raume beisammen. Nach dem Erkalten wird der Inhalt der Röhre in ein Becherglas gespült, die Röhre mit Königswasser aus-gewaschen und der Sand mehrere Stunden mit rauchendem Königs-wasser digeriert. Man verdünnt nun mit einer Lösung von Weinsäure, fällt das Antimon mit Schwefelwasserstoff und bestimmt es in der gewöhnlichen Weise.

Antimonbestimmung in vulkanisiertem Kautschuk: Wagner, Ch. Ztg. 30, 638 (1906).

Faktorentabelle.

Gefunden	Gesucht	Faktor	2	3	4	5
$SbO_2 = 152$	$Sb = 120$	0.78947	1.57895	2.36842	3.15790	3.94737

	6	7	8	9	log	
	4.73684	5.52632	6.31580	7.10527	0.89734 — 1	

---

[1]) B. **21**, 2916 (1888).
[2]) Ann. **75**, 320 (1850).

3. Argon A = 39.9.

Analysen von „Argonverbindungen" hat Berthelot ausgeführt.
Es wird diesbezüglich eine Literaturzusammenstellung genügen.

Berthelot, C. r. 120, 581, 1316 (1895).

C. r. 129, 71 378 (1899).

Ann. Ch. Phys. (7) 19, 66, 89 (1900).

4. Arsen As = 75.

Messinger[1]) versetzt aromatische Arsenverbindungen
(0.4 g) mit 5 g Chromsäure und bringt in einen Kolben mit Rückflußkühler. Man gießt nun 10 ccm Schwefelsäure (2:1) durch den
Kühler und erwärmt gelinde. Nach einer Stunde fügt man weitere
10 ccm Schwefelsäure zu und erhitzt noch eine Stunde. Dann verdünnt man auf 100 ccm und leitet bei 70° Schwefelwasserstoff bis
zur Sättigung ein, bringt auf ein Filter und wäscht das Chrom
mit Schwefelwasserstoffwasser heraus. Dann wird nach Classen[2])
Filter und Niederschlag mit 50 ccm ammoniakalischer Wasserstoffsuperoxydlösung eine Stunde lang gekocht, filtriert, mit Ammoniak
versetzt und mit Chlormagnesium gefällt.

Die aliphatischen Arsenverbindungen sind gegen Oxydationsmittel sehr resistent.

Zur Analyse des Arsenäthyls kann man nach Landolt[3]) die
Substanz mit reinem Zinkoxyd wie bei der Elementaranalyse ver-
brennen, wobei der vordere Teil der langen Verbrennungsröhre, der
aus dem Ofen herausragt, zur Regelung der Operation einen mit
Wasser gefüllten Kugelapparat trägt. Nach der Verbrennung löst
man das Zinkoxyd in Salzsäure; Arsen und Kohle bleiben zurück.
Man digeriert mit Königswasser und fällt das Arsen schließlich mit
Schwefelwasserstoff.

Weit besser operiert man indessen auch hier nach der von
Löwig und Schweizer für die Analyse des Stibins ausgearbeiteten
Methode (siehe S. 249). Das Arsen scheidet sich als glänzender
Metallspiegel aus. Die Stücke der Röhre, an welche sich dasselbe
angelegt ·hatte, sowie der Quarzsand werden in einem Apparate, in
welchem Verflüchtigung von Chlorarsen nicht stattfinden kann, mit
Königswasser behandelt und aus der Lösung das Arsen als arsensaures
Ammoniummagnesium gefällt.

Die Arsenbestimmung im Arsenmethylsulfid kombiniert A. v.
Baeyer[4]) mit der Russelschen[5]) Schwefelbestimmung (siehe S. 251).
Die Lösung des Röhreninhaltes wird zuerst von der Schwefelsäure

[1]) B. 21, 2916 (1888).
[2]) B. 16, 1069 (1883).
[3]) Ann. 89, 304 (1854).
[4]) Ann. 107, 280 (1858).
[5]) Soc. 7, 212 (1854).

befreit, dann die Arsensäure mit schwefliger Säure reduziert, das gelöste Quecksilber durch Schwefelammonium entfernt und schließlich das auf dem gewöhnlichen Wege erhaltene arsensaure Ammoniummagnesium bei 100⁰ getrocknet.

Das Methylarsinbisulfid (?)[1]) schmilzt G. Meyer[2]) mit Salpeter und Kaliumnatriumcarbonat, löst in Wasser, säuert mit Salzsäure an, kocht kurze Zeit zur Vertreibung der Salpetersäure, fällt in der Wärme mit Schwefelwasserstoff usw.

Analyse der primären Arsine nach Palmer und Dehn.[3])

Für die Bestimmung des Kohlenstoffs und Wasserstoffs wird ein mit der zu analysierenden Flüssigkeit gefülltes Kügelchen etwa in die Mitte eines langen Verbrennungsrohres gebracht, welches mit einer gesinterten Mischung von gepulvertem Bleichromat und Kupferoxyd gefüllt ist. Das Rohr wird an beiden Enden erhitzt, während der mittlere Teil bis zu dem Augenblicke kalt erhalten wird, in welchem das Kügelchen mit Hilfe eines starken Metalldrahtes, der durch den Stopfen am hinteren Ende des Rohres geführt ist, zerbrochen wird. Hierauf wird auch der mittlere Teil des Rohres auf Rotglut erhitzt und Sauerstoff eingeleitet, um die Verbrennung zu einer vollständigen zu machen. Für die Bestimmung des Arsens wird die Verbrennung in gleicher Weise ausgeführt, jedoch an Stelle von Bleichromat und Kupferoxyd reines Zinkoxyd verwendet.

Nach Beendigung der Verbrennung wird der ganze Rohrinhalt in Säure gelöst und das Arsen in der gebräuchlichen Weise durch Abscheidung als Sulfid, Oxydation zu Arsensäure und Fällung als arsensaures Ammoniummagnesium bestimmt.

Körper der Kakodylreihe zerstört Partheil[4]) nach einer Modifikation der Russelschen Methode. Ein 40 cm langes, einerseits zugeschmolzenes Verbrennungsrohr wird derart beschickt, daß dasselbe zunächst eine 1 cm lange Schicht reinen Quecksilberoxyds, darauf eine Mischung aus gleichen Teilen Quecksilberoxyd und Natriumcarbonat mit der zu untersuchenden Substanz enthält, und hierauf mit Natriumcarbonat, gemischt mit dem fünften Teil seines Gewichtes Quecksilberoxyd, gefüllt wird. Von dem offenen Ende des Rohres an wird die Natriumcarbonatschicht in Zwischenräumen von 5 zu 5 cm erhitzt, so daß zwischen den erhitzten Stellen noch Quecksilberoxyd vorhanden ist. Dann wird die mit der Substanzmischung gefüllte Stelle erhitzt und schließlich das ganze Rohr und das reine Quecksilberoxyd, bis die ganze Masse weiß ist. Die entweichenden Quecksilberdämpfe werden unter Wasser geleitet. Der erkaltete Röhreninhalt wird in Wasser gelöst, mit Salzsäure neutra-

---

[1]) Vgl. Ann. **249**, 149 (1888).
[2]) B. **16**, 1441 (1883).
[3]) B. **34**, 3594 (1901).
[4]) Arch. **237**, 135, (1899). — Siehe auch Carlson, Z. physiol. **49**, 410 (1906).

lisiert und auf ein bestimmtes Volum aufgefüllt. In einem aliquoten
Teile dieser Lösung wird dann das Arsen nach Schneider und
Beckurts bestimmt.

Bestimmung von Arsen und Phosphor nach Monthulé.[1])

Zur Bestimmung der organischen Substanz dient eine Lösung von
Magnesia in Salpetersäure der Dichte 1.38 von der Konzentration,
daß 100 ccm Flüssigkeit 10 g Magnesiumoxyd enthalten.

Man durchtränkt die zu untersuchende Substanz in einem Porzellantiegel mit dieser Lösung, dampft auf dem Wasserbade ein, stellt
dann in ein Sandbad und glüht schließlich über freier Flamme bei
gelinder Rotglut. Zeigt sich ein kohliger Rückstand, so gibt man
reine Salpetersäure hinzu, trocknet und glüht nochmals. Der Rückstand wird mit Salzsäure aufgenommen und die Lösung mit Magnesiamixtur gefällt.

Um das Arsen nach Brügelmann[2]) zu bestimmen, verbrennt
man in der Seite 228 angegebenen Weise, zuerst im Luft-, dann im
Sauerstoffstrome. Man trennt indes für die Verbrennungen der arsenhaltigen Verbindungen die Asbestschicht von der Kalkschicht (oder
Natronkalkschicht) nicht durch Platin, sondern durch Glasstücke, da
durch die Gegenwart des Arsens das Platin sehr bedeutend angegriffen
wird. Man kann sich indessen anstatt des Platins zur Trennung der
Natronkalkschicht vom Asbest auch eines lockeren Asbestpfropfens
bedienen.

Die arsenhaltigen Substanzen müssen, nachdem sie im Luftstrome
in die Asbestschicht sublimiert worden sind, wie die Schwefelverbindungen mit fortwährendem Sauerstoffüberschuß verbrannt werden, da
sich bei einer Abscheidung von Kohle auf der Kalk- oder Natronkalkschicht Arsen im metallischen Zustande verflüchtigen würde. Das
Arsen erhält man in der Form von Arsensäure, in der es sich ebenso
leicht und gut auf gewichtsanalytischem, wie besonders schnell und
ebenfalls genau auf maßanalytischem Wege als arsensaures Uran bestimmen läßt.

Der verwendete Kalk muß frei von Eisen und Tonerde sein.[3])

Maßanalytische Bestimmung der Arsensäure und der Phosphorsäure durch Uranlösung.[4])

Nachdem man das betreffende arsensaure Salz zuerst wie gewöhnlich in Wasser, Salpeter- oder Salzsäure gelöst hat, gibt man vorsichtig Natronhydrat (oder Ammoniak) tropfenweise in die Flüssigkeit,
bis ein in dieselbe gebrachtes stark rotes Stückchen Lackmuspapier
seine Farbe in intensives Blau umgewechselt hat (bei Gegenwart von
freier Arsensäure oder Phosphorsäure würde man ebenso operieren)

---

[1]) Ann. chim. anal. appl. **9**, 308 (1904).
[2]) Siehe S. 227 f.
[3]) Reinigung des Kalks S. 234.
[4]) Brügelmann, Z. anal. **16**, 20 (1877).

und fügt hierauf Essigsäure bis zur stark sauren Reaktion zu; ein nachheriger weiterer Zusatz von essigsaurem Natrium (essigsaurem Ammonium) vor dem Titrieren findet nicht statt. Den Zusatz des Natronhydrates (oder Ammoniaks) und der Essigsäure nimmt man am sichersten in der Kälte vor, um bei Gegenwart der alkalischen Erden (mit Ausnahme der Magnesia) eine etwaige teilweise Ausfällung der arsen- (oder phosphor-) sauren Salze derselben zu verhindern.

In der angegebenen Weise gelangt nur eine sehr geringe Menge von essigsaurem Natrium (oder Ammonium) in die Lösung, und da für die vorliegenden Bestimmungen eine größere Quantität dieser die Reaktion von Ferrocyankalium auf Uranlösung ungemein beeinträchtigenden Salze nicht erforderlich ist, so läßt sich beim Titrieren der Arsensäure, wenn die Flüssigkeit nicht zu verdünnt ist, die Endreaktion mit Ferrocyankaliumlösung direkt sehr scharf erkennen.

Zu einer jeden Bestimmung nimmt man nicht mehr als 50 ccm Lösung — ein Quantum, das man sich nötigenfalls durch Teilung oder auch durch Eindampfen herstellt — wie dies auch bei der maßanalytischen Bestimmung der Phosphorsäure mit Uranlösung geschieht.

Die Phosphorsäurebestimmungen werden in derselben Weise ausgeführt, wie eben für die Arsensäurebestimmungen beschrieben worden, also insbesondere mit sorgfältiger Vermeidung eines Zusatzes störender Mengen von essigsaurem Natrium (oder essigsaurem Ammonium) und mit demselben guten Erfolge, selbst zur Bestimmung sehr kleiner Mengen von Phosphor (Phosphorsäure), wie sie z. B. in den Vegetabilien und Animalien enthalten sind.

Die für die Phosphorsäurebestimmungen benutzte Uranlösung (auf 1 l etwa 20 g Uranoxyd enthaltend) dient auch zu den Arsensäurebestimmungen.

Erst nach dem jedesmaligen Zusatze der Uranlösung, namentlich nachdem zuerst die Hauptmenge derselben der kalten Flüssigkeit zugefügt worden ist, wird die Lösung einige Minuten lang bis zum Kochen erhitzt und außerdem die Titrierung bei der Arsensäure sowohl wie bei der Phosphorsäure bis auf 0.1 ccm, dem nur die sehr kleine Menge von etwa 0.0005 Phosphorsäure (oder 0.00022 Phosphor) und 0.00081 Arsensäure (oder 0.00053 Arsen) entspricht, genau ausgeführt. Nach dem jedesmaligen Zusatze von Uranlösung und Kochen prüft man in bekannter Weise mit einer schwach gefärbten Lösung von gelbem Blutlaugensalz, ob die Ausfällung beendigt ist. Man betrachtet sowohl bei den Arsensäure- wie Phosphorsäurebestimmungen den Punkt als die Endreaktion, bei dem ein paar Tropfen der Lösung, nachdem dieselbe, wie schon bemerkt, einige Minuten lang zum Kochen erhitzt worden ist, auf einem Porzellanteller ausgebreitet und mit einem Tropfen der Ferrocyankaliumlösung zusammengebracht, eine ganz schwache, eben erkennbare Reaktion durch Bildung des bekannnten braunen Niederschlages von Uranferrocyanid hervorbringen. Hat sich die Endreaktion eingestellt, so wird die Flüssigkeit, ohne erneuten Zusatz von Uranlösung noch einmal einige Minuten bis zum Kochen erhitzt und wieder in derselben Weise geprüft; tritt die Endreaktion auch jetzt wieder ein, so ist der Versuch beendigt.

Nachweis und Bestimmung geringer Arsenmengen.

Da durch die Arbeiten von Bertrand[1]) und Gautier[2]) das Vorkommen von geringen Mengen Arsen in organisierter Materie sichergestellt worden ist,[3]) haben die Methoden zum verläßlichen Nachweise dieses Elements für die physiologische Chemie erhöhte Bedeutung gewonnen.

Im Folgenden ist eine Zusammenstellung der einschlägigen Literatur gegeben:

Tarugi, Gazz. 32, II, 380 (1902).
Pedersen, C. r. des trav. du Lab. de Carlsberg 5, 108 (1902).
Thomsen, Ch. News 86, 179 (1902); 88, 228 (1903).
Bertrand, C. r. 137, 266 (1903). — Bull. (3), 29, 920 (1903). — Ann. Chim. Phys. (7), 29, 242 (1903).
Gautier, C. r. 137, 158 (1903). — Bull. (3) 29, 639, 867, (1903); (3) 35, 207 (1906).
Thorpe, Soc. 83, 974 (1903); 89, 408 (1906).
Gotthelf, Chem. Ind. 22, 191 (1903).
Kehler, Am. J. Pharm. 75, 30 (1903).
Panzer, Verhandl. Ges. Deutsch. Naturf. u. Ärzte 1902, II, 1, 79 (1903).
Morgan, Soc. 85, 1001 (1904).
Sand und Hackford, Soc. 85, 1018 (1904).
Todeschini, Gazz. 34, I, 492 (1904).
Trotman, Chem. Ind. 23, 177 (1904).
Strzyzowski, Öst. Ch. Ztg. 7, 77 (1904). — Pharm. Post 39, 677 (1906).
Monthulé, Ann. chim. anal. appl. 9, 308 (1904).
Pozzi, L'Industria chimica 6, 144 (1904).
Köhler, Arkiv för Kemi 1, 167 (1904).
Mai und Hurt, Z. anal. 43, 557 (1904). — Z. Unters. Nahr. Gen. 9, 193 (1905); 10, 290 (1905).
Frerichs und Rodenberg, Arch. 243, 348 (1905).
Cantoni und Chautems, Arch. sc. phys. nat. Genève (4) 19, 364 (1905).
Cowley und Catford, Pharm. Journ. (4) 19, 897 (1905).
Mac Gowan und Floris, Chem. Ind. 24, 265 (1905).
Lobello, Boll. Chim. Farm. 44, 445 (1905).
Norton und Koch, Am. Soc. 27, 1247 (1905).
Lockemann, Z. ang. 18, 416 (1905); 19, 1362 (1906).
Bishop, Am. Soc. 28, 178 (1906).
Vamossy, Bull. (3) 35, 24 (1906).
Bertrand und Vamossy, Ann. Chim. Phys. (8) 7, 523 (1906).
Tarugi und Bigazzi, Gazz. 36, I, 359 (1906).
Carlson, Z. physiol. 49, 410 (1906).
Chapman und Law, Analyst. 31, 3 (1906). — Z. ang. 20, 67 (1907).
Schaefer, Ann. chim. anal. appl. 12, 52 (1907).
Tonegutti, Boll. Chim. Farm. 46, 681 (1907).
Goldschmiedt, Z. Allg. Öst. Apoth.-Ver. 45, 375 (1907).
Hubert und Alba, Ann. chim. anal. appl. 12, 230 (1907).
Salkowski, Z. physiol. 56, 95 (1908).

- - - - -

[1]) C. r. 134, 1434 (1902).
[2]) Gautier und Clausmann, C. r. 139, 101 (1904).
[3]) Kunkel, Z. physiol. 44, 511 (1901). — S. auch Denigès, Ann. Chim. Phys. (8) 5, 559 (1905). — Schaefer, a. a. O.

Faktorentabelle.

Gefunden	Gesucht	Faktor	2	3	4
$(MgNH_4AsO_4 + {}^1/_2H_2O)_2 = 380.9$	$As_2 = 150$	0.39380	0.78761	1.18141	1.57522

5	6	7	8	9	log
1.96902	2.36282	2.75663	3.15043	3.54424	0.59528 —1

Gefunden	Gesucht	Faktor	2	3	4	5
$Mg_2As_2O_7 = 310.7$	$As_2 = 150$	0.48275	0.96550	1.44825	1.93100	2.41375

6	7	8	9	log
2.89650	3.37925	3.86200	4.34475	0.68372 — 1

5. Barium Ba = 137.4.

Die Bariumbestimmung selbst wird wohl niemals Schwierigkeiten machen; bei der Verbrennung phosphorhaltiger Bariumsalze können sich indessen, wie Haiser[1]) bei der Analyse des inosinsauren Salzes fand, Anstände ergeben, da die bei der Operation zurückbleibende Asche, das Bariumpyrophosphat, Kohle eingeschlossen zurückhält. In solchen Fällen empfiehlt sich der Gebrauch eines 15 cm langen Platin- oder Kupferschiffchens, in welchem man die Oberfläche der Substanz nach Möglichkeit vergrößert. Oder man vermischt die Substanz mit gepulvertem Bleichromat (Liebig[2]).

Hlasiwetz[3]) übergoß ein explosives Bariumsalz (und ebenso Kaliumsalz) mit alkoholischer Schwefelsäure, um Verpuffung zu vermeiden.

Das Barium wird entweder als Sulfat, oder — nach dem Glühen des Salzes — als Oxyd gewogen, bzw. titriert.

Will man die Bariumbestimmung vornehmen, ohne die Substanz zu opfern, so verfährt man nach Schotten[4]) folgendermaßen:

Die Substanz wird mit ihrem doppelten Gewichte Natriumcarbonat und Wasser mehrere Stunden unter Umrühren auf dem Wasserbade erhitzt, bis alles Barium sich als Carbonat zu Boden gesetzt hat und

---

[1]) M. **16**, 194 (1895).
[2]) Ann. **62**, 317 (1847).
[3]) Ann. **102**, 157 (1857). — Auch Bariumpikrat ist explosiv: Silberrad und Philips, Soc. **93**, 481 (1908).
[4]) Z. physiol. **10**, 178 (1886).

die überstehende Flüssigkeit klar ist. Das Bariumcarbonat bringt
man aufs Filter, wäscht aus und kann nun aus den vereinigten Filtraten die Substanz regenerieren. Man löst das Bariumcarbonat in
verdünnter Salzsäure, bringt die Lösung in das zuerst verwendete
Becherglas, welches noch Spuren von Bariumcarbonat enthalten kann,
und fällt endlich in üblicher Weise das Barium als Sulfat.

Siehe auch unter „Calcium" S. 262.

Faktorentabelle.

Gefunden	Gesucht	Faktor	2	3	4	5
$BaSO_4 = 233.5$	Ba = 137.4	0.58854	1.17708	1.76561	2.35415	2.94269

6	7	8	9	log
3.53123	4.11977	4.70830	5.29684	0.76977 — 1

Gefunden	Gesucht	Faktor	2	3	4	5
BaO = 153.4	Ba = 137.4	0.89570	1.79139	2.68709	3.58279	4.47849

6	7	8	9	log
5.37418	6.26988	7.16558	8.06127	0.95216 — 1

6. Beryllium Be = 9.1.

Die Berylliumalkyle werden durch Wasser oder Alkohol unter
Abscheidung von Berylliumhydrat zersetzt (Cahours)[1].

Das Berylliumacetylaceton[2] ist schon bei 100^0 unzersetzt
flüchtig, und das Berylliumacetat sublimiert bei 300^0.[3]

Zur Analyse von Salzen des Berylliums mit organischen
Säuren[4] fällt man das Beryllium als Oxydhydrat, und führt letzteres durch Glühen in Oxyd über.

Flüchtige Berylliumverbindungen werden mit starker Salpetersäure abgeraucht und der Rückstand geglüht.

In gleicher Weise analysiert Glaßmann aliphatische und aromatische Berylliumsalze.[5]

---

[1] C. r. **76**, 1383 (1873).
[2] Combes, C. r. **119**, 122 (1894).
[3] Steinmetz, Z. anorg. **54**, 217 (1907).
[4] Rosenheim u. Woge, Z. anorg. **15**, 289, 302 (1897).
[5] B. **41**, 34 (1908).

Faktorentabelle.

Gefunden	Gesucht	Faktor	2	3	4	5
BeO = 25.1	Be = 9.1	0.36255	0.72510	1.08765	1.45020	1.81275

	6	7	8	9	log
	2.17530	2.53785	2.90040	3.26295	0.55937 — 1

7. Blei Pb = 206.9.

In den Salzen mit organischen Säuren bestimmt man in der Regel das Blei durch Abrauchen der Substanz mit konzentrierter Schwefelsäure, da die Fällung mit Schwefelwasserstoff nicht immer quantitativ verläuft.[1])

Zur Analyse der aromatischen Bleiverbindungen löst Polis[2]) die Substanz in konzentrierter Schwefelsäure (20 ccm) unter Erwärmen auf und läßt dann aus einer Bürette einige Kubikzentimeter konzentrierter Chamäleonlösung vorsichtig hinzutropfen. Es scheidet sich zunächst ein brauner Niederschlag von Mangansuperoxyd aus, welcher sich durch weiteres Erhitzen unter teilweiser Bildung von Manganoxydsulfat löst, welch letzteres sich durch eine intensiv rote Färbung kundgibt. Setzt man die Erhitzung weiter fort, so verschwindet diese Farbe unter Bildung von schwefelsaurem Manganoxydul. Alsdann fügt man eine neue Menge von Kaliumpermanganatlösung hinzu, erhitzt bis zur Entfärbung und setzt diese Operation so lange fort, bis die Substanz vollständig zersetzt ist. Hierauf verdünnt man mit Wasser und filtriert das ausgeschiedene Bleisulfat ab.

Das phenyl- und α-naphtylcarbithiosaure sowie das äthylcarbithiosaure Blei mußte mit Salpetersäure im Rohre aufgeschlossen werden, worauf mit Schwefelsäure gefällt wurde.[3])

Manche Bleisalze blähen sich bei der Elementaranalyse so auf, daß sich das Rohr dadurch vollkommen verlegt.

Man muß in solchen Fällen die Substanz mit viel Kupferoxyd mischen, eventuell im geschlossenen Rohre verbrennen (Skraup[4]).

Explosive Bleisalze sind auch wiederholt beobachtet worden,

---

[1]) Lewkowitsch, Proc. **7**, 14 (1891). — In vielen Fällen kann man sich allerdings durch Verdünnen der Lösung helfen, vgl. auch Otto u. Drewes, Arch. **228**, 495 (1890). — Siehe auch S. 279.
[2]) B. **20**, 718 (1887). — Vgl. B. **19**, 1024 (1886).
[3]) Pohl, Diss. Berlin 1907, S. 19, 30, 49. — Siehe auch Rindl und Simonis, B. **41**, 838 (1908).
[4]) M. **9**, 787 (1888).

so von Steinkopf[1]) und von Tschirch und Stevens[2]), sowie Silberrad und Philips.[3])

Siehe auch die Methoden von Halenke und Gras und Gintl S. 316.

Faktorentabelle.

Gefunden	Gesucht	Faktor	2	3	4	5
$PbSO_4 = 303$	Pb = 206.9	0.68293	1.36586	2.04878	2.73171	3.41464

	6	7	8	9	log
	4.09757	4.78050	5.46342	6.14635	0.83438 — 1

Gefunden	Gesucht	Faktor	2	3	4	5
PbS = 239	Pb = 206.9	0.86584	1.73167	2.59751	3.46334	4.32918

	6	7	8	9	log
	5.19501	6.06085	6.92668	7.79252	0.93744 — 1

8. Bor B = 10.

Verbrennungen borhaltiger Verbindungen mit Kupferoxyd fallen, wie Frankland[4]) gefunden hat, nicht ganz befriedigend aus, weil etwas Borsäure sich verflüchtigt, während andererseits die geschmolzene Borsäure Kohleteilchen einhüllt und deren Verbrennung hindert.

Landolph legt deshalb[5]) dem Kupferoxyd einige Zentimeter Bleichromat vor, dessen vorderster Teil aber nur mäßig erwärmt wird, um einer Verflüchtigung von Borsäure vorzubeugen.

Michaëlis endlich[6]) verbrennt ausschließlich mit Bleichromat.

Zur Borbestimmung werden aliphatische Substanzen[7]) mit konzentrierter Salpetersäure im Rohre auf 100^0 erhitzt, wodurch alles Bor in Borsäure verwandelt wird, die aber nicht durch direktes Eindampfen bestimmt werden kann, weil dabei bis zu $20\,^0/_0$ sich verflüchtigen. Man versetzt daher die salpetersaure Lösung mit einer

---

[1]) B. **37**, 4627 (1904).
[2]) Arch. **243**, 509 (1905).
[3]) Soc. **93**, 485 (1908).
[4]) Ann. **124**, 134 (1862).
[5]) B. **12**, 1586 (1879).
[6]) Z. anal. **1**, 405 (1862). — Kaliumchromat: Westram, Diss. Berlin 1907, S. 30.
[7]) B. **12**, 1586 (1879).

bekannten Menge überschüssiger Magnesia und glüht. Die Verluste betragen auch dann noch im Mittel 1.5 mindestens aber 0.7 $^0/_0$ des Borgehaltes.

Aromatische Borverbindungen werden[1]) im zugeschmolzenen Rohre mit Brom und Wasser auf 150^0 erhitzt und die gebildete Borsäurelösung abfiltriert. In dieser Lösung wird das Bor nach Marignac[2]) bestimmt, indem ein Gemisch von Magnesia und borsaurem Magnesium abgeschieden, und die Menge der Magnesia, durch Überführung in phosphorsaures Ammonmagnesium, oder fast ebenso genau durch Titration (Indikator Methylorange) bestimmt wird.

Oder man oxydiert die Substanz[3]) durch Schmelzen mit Soda und Salpeter in einem großen Porzellantiegel, löst die Schmelze in Wasser und verfährt dann weiter nach dem Marignacschen Verfahren.

Borsäurephenylester analysiert man nach Hillringhaus[4]) folgendermaßen: In einen gewogenen großen Porzellantiegel wird Magnesia[5]) gebracht, bis zu konstantem Gewicht geglüht, eine gewogene Menge Substanz hinzugefügt und nun das Ganze mit wässerigem Ammoniumcarbonat übergossen. Es wird so lange erhitzt, bis alle organische Substanz verflüchtigt ist, dann zur Trockne eingedampft und geglüht. Die Gewichtszunahme ist dann durch das gebildete Borsäureanhydrid bedingt.

Zur Borbestimmung in fluor- und borhaltigen Verbindungen[6]) wird erst (nach S. 271) das Fluor gefällt, die vom Fluorcalcium abfiltrierte Flüssigkeit mit dem Waschwasser vereinigt und Ammoniumcarbonat und etwas Ammoniumoxalat zugesetzt, um den Kalk vollständig auszufällen. Man filtriert nach einiger Zeit, wäscht gut aus und gibt nun zu der wässerigen Lösung eine hinreichende Menge von Chlormagnesium, dem etwas Salmiak und Ammoniak beigemengt ist, um die Borsäure in borsaures Magnesium überzuführen. Die Menge der Magnesia muß mindestens das Vierfache der Borsäure betragen. Man dampft jetzt in einer Platinschale zur Trockne, glüht andauernd und stark, pulverisiert die Masse nach dem Erkalten fein und wäscht auf einem Filter bis zum Verschwinden der Chlorreaktion. Das Waschwasser enthält geringe Mengen in Lösung gegangenen borsauren Magnesiums. Es wird dann nochmals in gleicher Weise eingedampft, geglüht und gewaschen. Die vereinigten Filtrierrückstände werden nun getrocknet, zusammen mit der Filterasche in einen Porzellantiegel gebracht, geglüht und gewogen. Man löst hierauf das Gemenge von borsaurem Magnesium und Magnesia in Salzsäure auf, filtriert und bestimmt das Gewicht des immer in geringer Menge auf dem Filter zurückbleibenden Platins. Man versetzt nun

---

[1]) A. Michaëlis, B. **27**, 255 (1894).
[2]) Z. anal. **1**, 405 (1862).
[3]) Gaston Thévenot, Inaug.-Diss. Rostock 1894, S. 26.
[4]) Ann. **315**, 41 (1901).
[5]) Noch besser ist Natriumwolframat: Westram, a. a. O.
[6]) Landolph, B. **12**, 1586 (1879).

die salzsaure Lösung mit Salmiak, bis Ammoniak keinen Niederschlag mehr hervorbringt, und fällt die Magnesia mit phosphorsaurem Natrium als Magnesiumammoniumphosphat. Die Gewichtsdifferenz gibt die Menge der Borsäure. Resultate genau.

Borbestimmung als Borfluorkalium und nach Gooch erwähnt Werner[1]). — Titration der Borsäure: Westram a. a. O. S. 34.

Faktorentabelle.

Gefunden	Gesucht	Faktor	2	3	4	5
$Mg_2P_2O_7 = 222.7$	$(MgO)_2 = 80.7$	0.36243	0.72486	1.08728	1.44971	1.81214

	6	7	8	9	log
	2.17457	2.53700	2.89942	3.26185	0.55922 — 1

Gefunden	Gesucht	Faktor	2	3	4	5
$B_2O_3 = 70$	$B_3 = 22$	0.31429	0.62857	0.94286	1.25714	1.57143

	6	7	8	9	log
	1.88572	2.20000	2.51429	2.82857	0.497325 — 1

9. Cadmium Cd = 112.4.

Die vielfach geübte Methode, das Cadmium in löslichen organischen Salzen durch Fällung mit Alkalicarbonat und Glühen des gut gewaschenen Niederschlages zu bestimmen, erfordert sehr sorgfältiges Arbeiten, da das Cadmiumoxyd, welches am Filter haften bleibt, leicht reduziert und verflüchtigt wird.

Fresenius[2]) empfiehlt deshalb, das vom Niederschlage tunlichst befreite Filter im Trichter mit einigen Tropfen einer Lösung von Ammoniumnitrat zu befeuchten, wieder zu trocknen und vorsichtig in der Platinspirale zu veraschen. Nachdem man die Asche zu dem Niederschlage in den Tiegel gebracht hat, glüht man vorsichtig, so daß die Einwirkung reduzierender Gase vermieden wird, bis nach einiger Zeit Gewichtskonstanz erreicht ist. Trotz dieser Kautelen sind die Resultate meist etwas zu niedrig.

Barth und Hlasiwetz[3]) zersetzen das Salz in der Platinschale mit rauchender Salpetersäure auf dem Wasserbade. Man dampft

---

[1]) Soc. **85**, 1450 (1904).
[2]) Analyse **1**, 346.
[3]) Ann. **122**, 104, Anm. (1862).

wiederholt mit neuen Säuremengen zur Trockne, bis die organische Substanz zerstört ist. Die eingetrocknete Salzmasse wird schließlich vorsichtig erhitzt und das hinterbleibende Oxyd stark und anhaltend geglüht. Wie sie später angeben,[1]) erhält man aber noch genauere Resultate, wenn man das als Carbonat gefällte Produkt vom Filter in eine Platinschale abspült, zur Trockne dampft und glüht. Gleiches gilt von der Bestimmung des Zinks.

Gelegentlich wird auch das Cadmium als Sulfid gefällt.[2]) Um eine vollständige Fällung zu erzielen, muß man dann mit ziemlich verdünnten und nur schwach angesäuerten Lösungen arbeiten,[3]) oder man fällt[4]) in ammoniakalischer Lösung mit Schwefelammonium.

Kunz-Krause und Richter[5]) zersetzten das Cadmiumcyclo-gallipharat durch Erwärmen mit verdünnter Salzsäure, filtrierten von der abgeschiedenen Cyclogallipharsäure und fällten im Filtrate mit Schwefelwasserstoff. Das ausgeschiedene Cadmiumsulfid wurde im Goochtiegel gesammelt, bei 100° getrocknet, mit Schwefelkohlenstoff gewaschen und wieder getrocknet.

Victor J. Meyer[6]) empfiehlt, das Cadmiumsalz mit konzentrierter Schwefelsäure im Platintiegel abzurauchen. Erhitzt man nicht zu hoch, nur bis zur beginnenden Rotglut, so erhälte man gute Resultate.[7])

Faktorentabelle.

Gefunden	Gesucht	Faktor	2	3	4	5
CdO = 128.4	Cd = 112.4	0.87539	1.75078	2.62617	3.50116	4.37695

6	7	8	9	log
5.25233	6.12772	7.00311	7.87850	0.94220 — 1

Gefunden	Gesucht	Faktor	2	3	4	5
CdS = 144.5	Cd = 112.4	0.77807	1.55614	2.33421	3.11228	3.89035

6	7	8	9	log
4.66842	5.44649	6.22456	7.00263	0.89102 — 1

---

[1]) Ann. **134**, 273, Anm. (1865). — Mayer, Dissert. Göttingen 1907, S. 40.
[2]) Löhr, Ann. **261**, 56 (1891). — Andreasch, M. **21**, 290 (1900).
[3]) Weiteres über Cadmiumbestimmungen siehe Miller u. Page, Z. anorg. **28**, 233 (1901).
[4]) Milone, Gazz. **15**, 219 (1885).
[5]) Arch. **245**, 33 (1907).
[6]) Diss. Berlin 1905, S. 33.
[7]) Siehe auch Mylius und Funk, B. **30**, 824 (1897).

Faktorentabelle.

Gefunden	Gesucht	Faktor	2	3	4	5
$CdSO_4 = 208.4$	$Cd = 112.4$	0.53831	1.07661	1.61492	2.15322	2.69153

6	7	8	9	log
3.22984	3.76814	4.30645	4.84475	0.73103 — 1

10. Caesium Cs = 133.

Die Caesiumsalze werden ebenso wie die Rubidiumsalze[1]) mit Schwefelsäure verascht, und das Caesium als Sulfat bestimmt.[2]) Caesiumpikrat explodiert beim Erhitzen.[3])

Faktorentabelle.

Gefunden	Gesucht	Faktor	2	3	4	5
$Cs_2SO_4 = 362$	$Cs_2 = 266$	0.73469	1.46937	2.20406	2.93874	3.67343

6	7	8	9	log
4.40811	5.14280	5.87748	6.61217	0.866101 — 1

11. Calcium Ca = 40.

Den Calciumgehalt organischer Salze bestimmt man durch Abrauchen derselben mit Schwefelsäure oder durch Fällen der neutralen Salze mit Ammoniumcarbonat und Ammoniak in der Wärme und Titration des ausgeschiedenen gut ausgewaschenen Carbonates. Vielfach wird auch das Salz direkt im Platintiegel verascht und der Glührückstand als Calciumoxyd gewogen oder titriert.

Manche Calciumsalze blähen sich beim direkten Glühen sehr stark auf oder versprühen. Man dampft in solchen Fällen mit konzentrierter Oxalsäurelösung ein und glüht den Rückstand.

Dieses Verfahren ist auch für andere, z. B. Kupfersalze empfehlenswert.[4])

Über eine Methode der Calciumbestimmung in Salzen, bei welcher die organische Säure wiedergewonnen wird, siehe unter „Barium".

---

[1]) Bestimmung als Cs_2PtCl_6: Windaus, B. **41**, 2563, 2565 (1908).
[2]) Salway, Diss. Leipzig 1906, S. 39.
[3]) Silberrad und Philips, Soc. **93**, 477 (1908).
[4]) Kiliani, B. **19**, 229 (1886). — Kiliani und Loeffler, B. **37**, 3614 (1904). — Kiliani, B. **41**, 123 (1908).

Man kann auch, wenn das Calciumsalz leicht löslich ist, wie Emil Fischer[1]) zur Untersuchung der Trioxyglutarsäure, verfahren.

Man trägt das gepulverte Calciumsalz in eine verdünnte Oxalsäurelösung ein, von welcher etwas mehr als die berechnete Menge genommen wird. Im Filtrate vom Calciumoxalat wird dann der Überschuß von Oxalsäure wieder durch Calciumcarbonat genau herausgefällt.

Das so gewonnene Calciumoxalat löst man nochmals in verdünnter Salzsäure und fällt mit Ammoniumacetat und Oxalat nochmals aus. Dann wird zur Gewichtskonstanz geglüht.[2])

Für physiologische Untersuchungen schließt Aron[3]) mit Salpeterschwefelsäure auf und scheidet das Calciumsulfat durch Alkohol ab. Die aufgeschlossene Lösung verdünnt man mit etwas Wasser, verjagt die Salpetersäure durch kurzes Aufkochen, spült die Lösung in ein passendes Becherglas, gibt unter Umrühren das 4—5fache Volumen Alkohol zu und erwärmt auf dem Wasserbade, bis sich der Niederschlag flockig abgesetzt hat. Nach 6—12 Stunden filtriert man, wäscht mit 80—90proz. Alkohol aus, verascht und wägt das Calciumsulfat.

Voraussetzung für die Anwendbarkeit der Methode ist natürlich, daß kein Barium und kein Strontium in der Substanz enthalten ist. Vorhandene Kieselsäure muß vor dem Fällen abgeschieden werden; auch soll man nie mehr als 10 g, höchstens 15 g Trockensubstanz auf einmal verbrennen. Im Filtrate kann man noch die Phosphorsäure und die Alkalien bestimmen.

Das Calciumpikrat explodiert beim Erhitzen sehr heftig.[4])

Über die Elementaranalyse von Calciumsalzen siehe S. 162.

Faktorentabelle.

Gefunden	Gesucht	Faktor	2	3	4	5
$CaSO_4 = 136.1$	$Ca = 40$	0.29399	0.58798	0.88197	1.17595	1.46994

6	7	8	8	log
1.76393	2.05792	2.35190	2.64589	0.46833 — 1

Gefunden	Gesucht	Faktor	2	3	4	5
$CaO = 56$	$Ca = 40$	0.71429	1.42857	2.14286	2.85714	3.57143

6	7	8	9	log
4.28572	5.00001	5.71429	6.42857	0.85387 — 1

---

[1]) B. **24**, 1842 (1891).
[2]) Willstätter u. Lüdecke, B. **37**, 3756, Anm. (1904).
[3]) Bioch. **4**, 268 (1907).
[4]) Silberrad und Philips, Soc. **93**, 479 (1908).

12. Cerium Ce = 140.

Durch starkes Glühen werden die Cersalze in Cerdioxyd umgewandelt: Erdmann und Nieszytka, Ann. **361**, 167 (1908).

In den Doppelverbindungen des Certetrachlorids reduziert Kop-
pel[1]) die in Wasser gelösten Substanzen mit Wasserstoffsuperoxyd,
schwefliger Säure oder Oxalsäure, fällt das Cer als Oxalat, und führt
es durch Glühen in Dioxyd über.

Ceriumpikrat explodiert beim Erhitzen.[2])

Faktorentabelle.

Gefunden	Gesucht	Faktor	2	3	4	5
$CeO_2 = 172$	Ce = 140	0.81395	1.62791	2.44186	3.25582	4.06977

6	7	8	9	log
4.88372	5.69768	6.51163	7.32559	0.91060 — 1

13. Chrom Cr = 52.1.

Durch Glühen im Porzellantiegel lassen sich die organischen
Chromate unter Zurückbleiben von Chromoxyd veraschen. Flüchtige
Chromverbindungen[3]) müssen durch konzentrierte Salpetersäure zer-
setzt werden.

Im ersteren Falle hat man manchmal schlechte Resultate.

Es ist daher sicherer, das Salz mit Alkohol und Salzsäure zu
erwärmen und, nach dem Verdünnen und Wegkochen des Alkohols
und eventuellem Filtrieren, das Chrom mit Ammoniak in üblicher
Weise zu bestimmen (Hunke[4]).

Explosives Chromat: Hoogewerff und van Dorp, Rec. 1, 13 (1882).

Über die Analyse komplexer Chromoxalate: Rosenheim, Z. anorg.
11, 200 (1896).

Faktorentabelle.

Gefunden	Gesucht	Faktor	2	3	4	5
$Cr_2O_3 = 152.2$	$Cr_2 = 104.2$	0.68463	1.36925	2.05388	2.73850	3.42313

6	7	8	9	log
4.10775	4.79238	5.47700	6.16163	0.83545 — 1

---

[1]) Z. anorg. **38**, 308 (1902).
[2]) Silberrad und Philips, Soc. **93**, 485 (1908).
[3]) Gach, M. **21**, 108 (1900). — Urbain und Debierne, C. r. **129**, 302 (1899).
[4]) Diss. Marburg. 1904, S. 32.

Faktorentabelle.

Gefunden	Gesucht	Faktor	2	3	4	5
$Cr_2O_3 = 152.2$	$(CrO_3)_2 = 200.2$	1.31538	2.63075	3.94613	5.26150	6.57688

6	7	8	9	log
7.89225	9.20763	10.52300	11.83838	0.11905

14. Eisen Fe = 56.0.

Beim Veraschen organischer Eisenverbindungen hinterbleibt Eisen-oxyd. Man erhitzt im anfangs bedeckten Platintiegel, erst gelinde, schließlich stark, bis zur Gewichtskonstanz. Der Rückstand wird zweckmäßig nochmals mit Salpetersäure abgeraucht.[1])

Es sind auch flüchtige Eisenverbindungen bekannt geworden.

In solchen bestimmt man nach Bishop, Claisen und Sinclair[2]) das Eisen so, daß man einige Male erst mit verdünnter und dann mit rauchender Salpetersäure eindampft, hierauf vorsichtig erhitzt und schließlich über dem Gebläse glüht. Wegen der reduzierenden Wirkung der Kohle ist die Behandlung mit Salpetersäure nach dem Glühen zweckmäßig zu wiederholen.

Bestimmung des Eisens in tierischen oder vegetabilischen Substanzen (Socin[3]).

Die organische phosphorsäurehaltige Substanz (Harn, Kot, Ei-dotter, Serum usw.) wird in einer Platinschale mit Natriumcarbonat-lösung[4]) bis zur deutlich alkalischen Reaktion versetzt, dann wird nochmals das gleiche Quantum Sodalösung zugegeben. Ist der Stoff von Anfang an alkalisch, so wird auf 100 g ca. 0.5—1 g Natrium-carbonat zugesetzt.

Das Gemisch wird auf dem Wasserbade unter häufigem Umrühren so weit wie möglich eingedampft, und im Trockenkasten bei ca. 120° getrocknet. Hierauf wird mit einem Bunsenschen Brenner bei be-ginnender Rotglut verkohlt, und zwar beginnt man am besten am oberen Rande des Gefäßes und geht langsam zum Boden herab; auf diese Weise wird das gefährliche Überschäumen einzelner Sub-stanzen gänzlich vermieden. Ist keine weitere Verbrennung mehr wahrzunehmen, so wird die Kohle mit heißem Wasser ausgelaugt, filtriert, ausgewaschen, Filter und Kohle in das Platingefäß zurück-gegeben, auf dem Wasserbade eingedampft und im Trockenkasten

---

[1]) Kunz-Krause und Richter, Arch. **245**, 40 (1907).
[2]) Ann. **281**, 341, Anm. (1894).
[3]) Z. physiol. **15**, 102 (1891).
[4]) Um die Bildung von Pyrophosphorsäure zu vermeiden.

vollends getrocknet, dann eingeäschert, die Asche mit heißem Wasser und verdünnter reiner Salzsäure aufgenommen, wieder eingedampft und bei aufgelegtem Deckel vorsichtig auf 110° erwärmt; die allenfalls gelöste Kieselsäure fällt bei diesem Verfahren aus und wird unlöslich.

Die Asche wird zum zweiten Male in möglichst wenig Wasser und etwas Salzsäure gelöst, filtriert und ausgewaschen; das Filtrat wird mit Ammoniak ein wenig abgestumpft und nach dem Erkalten das Eisen durch Ammoniumacetat als Phosphat gefällt.

Der flockige Niederschlag wird im bedeckten Glase ca. 12 Stunden zum Absetzen hingestellt, filtriert, mit kaltem Wasser ausgewaschen, bis das Wasser rückstandfrei abläuft, im Trockenkasten bei 120° getrocknet, der Niederschlag vom Filter möglichst entfernt, das Filter in einem Porzellantiegel verbrannt, der Niederschlag dazu gegeben und geglüht, dann gewogen.

Röhmann und Steinitz[1]) oxydieren die organische Substanz nach der Methode von Neumann[2]), indem sie mit konzentrierter Schwefelsäure und mehreren Portionen Ammoniumnitrat (im ganzen etwa ebenso viele Gramme als Kubikzentimeter der Säure) so lange über starker Flamme im Kolben aus Jenenser Glas erhitzen, bis eine hellgelbe klare Lösung resultiert. Die Flüssigkeit, welche nach dem Erkalten zu einem farblosen Krystallbrei erstarrt, wird unter Erwärmen mit wenig Wasser verdünnt und in ein höchstens 150 ccm fassendes Kochfläschchen gebracht, darauf wird sie mit konzentriertem Ammoniak alkalisch gemacht; fürchtet man, daß das Volumen des Kochfläschcheninhaltes zu groß werden sollte, so kann man auch gasförmiges Ammoniak einleiten. Nach Hinzufügen von etwas Salmiaklösung versetzt man die Flüssigkeit mit wenigen Tropfen farblosen Schwefelammoniums und füllt bis zum Halse der Flasche mit Wasser auf. Der entstehende Niederschlag von Schwefeleisen wird nach völligem Absetzen, am besten erst nach mehr als sechsstündigem Stehen in der Wärme, auf einem aschenfreien Filterchen gesammelt, indem zuerst die über dem Niederschlage stehende klare Lösung, dann zum Schlusse der Niederschlag selbst auf das Filter gebracht wird. Bedient man sich dabei geringer Druckdifferenz, so kann man die ganze Flüssigkeit binnen weniger Minuten filtrieren. Nachdem so das Schwefeleisen von der Hauptmenge der Salze befreit ist, wird der Filterinhalt durch Übergießen mit wenig verdünnter Schwefelsäure gelöst, in das noch Spuren des Schwefeleisens enthaltende Fläschchen filtriert, und das Filter mit destilliertem Wasser ausgewaschen. Nun wird dasselbe in einer größeren Platinschale verascht; die minimalen Mengen Eisenoxyd, welche am Filter festhaften, werden durch Schmelzen mit einer kleinen Menge Kaliumbisulfat aufgeschlossen. Unterdessen hat man die Hauptmenge durch

---

[1]) Z. anal. **38**, 433 (1899).
[2]) Arch. f. Anat. u. Physiol. **1897**, 556. — Siehe S. 318.

Kochen von gelöstem Schwefelwasserstoff befreit und auf wenige Kubikzentimeter eingeengt. Sie wird nun gleichfalls in die Platinschale gebracht und darin die Schmelze von Eisenoxyd und Kaliumbisulfat unter Erwärmen aufgelöst. Schließlich wird in einem mit Kohlendioxyd gefüllten Kölbchen mit einem eisenfreien Zinkstäbchen reduziert, nach einer halben Stunde der Zinkstab herausgefischt[1]) und das Eisen mit Kaliumpermanganatlösung titriert.

Für die Bestimmung des Eisens im Harn muß die beschriebene Methode folgendermaßen modifiziert werden. Der Harn (300—400 ccm) wird im resistenten Glaskolben mit 25—30 ccm reiner rauchender Salpetersäure versetzt und über starker Flamme auf ein kleines Volumen eingedampft. Unter Hinzufügung von 20 bis 30 ccm konzentrierter Schwefelsäure, eventuell noch mit Hilfe einiger Gramme Ammoniumnitrat, wird dann bis zu Ende oxydiert. Hat man so innerhalb $^3/_4$ Stunden den Harn aufgeschlossen, so wird in gleicher Weise weiter verfahren wie bei anderen Substanzen.

Jodometrische Bestimmung des Eisens[2]) unter Benutzung der „Säuregemisch-Veraschung".[3])

Erfordernisse.

1. Eisenchloridlösung, enthaltend 2 mg Fe in 10 ccm. Dieselbe wird hergestellt, indem man 20 ccm der Freseniusschen Eisenchloridlösung[4]), welche 10 g Eisen im Liter enthält, mit 2 ccm konzentrierter Salzsäure (sp. Gew. 1.19) versetzt und dann genau zum Liter auffüllt. Man bewahrt die Lösung in einer braunen Flasche auf; sie ist sehr lange haltbar.

2. Thiosulfatlösung, ca. $^1/_{250}$ normal. Man löst 40 g Natriumthiosulfat in einem Liter Wasser. Aufbewahrung in brauner Flasche. Diese sehr haltbare Lösung verdünnt man für den Verbrauch von ca. einer Woche um das 40fache, z. B. 5 ccm auf 200 ccm annähernd.

3. Stärkelösung. Ein Gramm löslicher Stärke (von Schering) wird 10 Minuten lang mit einem halben Liter Wasser gekocht.

4. Zinkreagens. Etwa 20 g Zinksulfat und 100 g Natriumphosphat werden jedes für sich in Wasser gelöst und in einem Litermeßkolben vereinigt, das ausgefallene Zinkphosphat mit verdünnter Schwefelsäure gerade gelöst und auf einen Liter verdünnt.

Titerstellung der Thiosulfatlösung.

Vor jedem Versuche muß der Titer der Thiosulfatlösung neuerdings gestellt werden.

---

[1]) Sicherer ist es wohl, das Zink sich vollständig lösen zu lassen. Vgl. Mitscherlich, J. pr. (1) **86**, 3 (1862).

[2]) Siehe auch Arch. f. Anat. u. Physiol., Physiol. Abt., **1902**, 362. — Z. physiol. **37**, 120 (1902); **43**, 33 (1904). — Glikin, B. **41**, 911 (1908).

[3]) Siehe S. 318.

[4]) Quant. Anal. **1**, 288. — Auch von Kahlbaum-Berlin zu beziehen.

10 ccm der Eisenchloridlösung werden mit etwas Wasser, einigen Kubikzentimetern Stärkelösung und etwa 1 g Jodkalium versetzt und bei 50—60° mittels der Thiosulfatlösung titriert. Die Lösung muß nach der Titration mindestens 5 Minuten farblos bleiben; färbt sie sich früher violett, so muß noch etwas Thiosulfatlösung zugesetzt werden. Die verbrauchten Kubikzentimeter entsprechen dann gerade 2 mg Eisen.

Ausführung der Eisenbestimmung.

Die nach S. 266 aufgeschlossene Lösung wird mit Wasser verdünnt, 20 ccm Zinkreagens und hierauf unter Abkühlen so lange Ammoniak zugefügt, bis der weiße Niederschlag gerade verschwindet,[1] und zum lebhaften Kochen erhitzt. Es scheidet sich ein krystallinisches Zinkeisenphosphat aus, das sich leicht absetzt und durch Dekantation gewaschen wird. Dabei wird ein Filter von höchstens $3^1/_2$ cm Radius benutzt. Das Filtrat darf mit Salzsäure und Rhodankalium keine Eisenreaktion geben, widrigenfalls das Kochen fortgesetzt werden muß.

Der gut gewaschene Niederschlag wird in verdünnter heißer Salzsäure gelöst, mit Ammoniak abgestumpft, bis gerade der weiße Zinkniederschlag erscheint, und dieser in der Hitze durch tropfenweises Zugeben von Salzsäure eben gelöst, und nach dem Abkühlen auf 50—60° mit der Thiosulfatlösung titriert, ebenso wie bei der Titerstellung der lezteren angegeben.

20 ccm Zinkreagens sind ausreichend für 5—6 mg Eisen. Man wählt die Substanzmenge so, daß darin 2—3 mg Eisen vorhanden sind, z. B. bei Blut 5—10 g, bei getrockneten Faeces 3—5 g.

Hat man selbst in großen Mengen Substanz, z. B. in 500 ccm Harn, sehr wenig Eisen, so muß man genau gemessene 10 ccm Eisenchloridlösung vor dem Hinzufügen des Zinkreagens hineingeben, um vollständige Jodabscheidung zu erhalten, was natürlich bei der Berechnung berücksichtigt werden muß.

Ripper[2] bestimmt den Eisengehalt in Pflanzen- und Tieraschen maßanalytisch durch Titration des in Eisenchlorid verwandelten Metalls mittels Jodkaliumlösung, nach einer von Schwarzer[3] ausgearbeiteten Methode. Das Eisen der Asche wird durch salpetersäurefreie Wasserstoffsuperoxydlösung vollkommen oxydiert und die

---

[1] Enthält die Aschenlösung Erdalkaliphosphate in größerer Menge, so bleibt natürlich der weiße Niederschlag bestehen. In diesem Falle muß man mittels Lackmuspapier gerade schwach ammoniakalisch machen. In den meisten Fällen ist aber der flockige Zinkniederschlag von der Erdalkaliphosphatfällung leicht zu unterscheiden.

[2] Ch. Ztg. **18**, 133 (1894).

[3] J. pr. (2), **3**, 139 (1871).

nicht zu verdünnte schwach salzsaure Oxydlösung in einem mit einem Uhrglase bedeckten Bechergläschen mit 1.5 g Jodkalium und bis zu 0.3 ccm Salzsäure zirka eine Viertelstunde lang auf 50--60° erhitzt. Man titriert dann mit $n/_{100}$ Thiosulfatlösung und Stärkelösung. Bei Anwesenheit von Mangansalzen ist diese Methode nicht anwendbar.

Methode von Gottlieb (Fällung des Eisens als Berlinerblau) Arch. f. exp. Path. 26, 139 (1889).

Methode von Jolles (Fällung des Eisens mit Nitrosobetanaphthol) Z. anal. 36, 154 (1897).

Siehe auch Damaskin, Arb. d. pharmakol. Inst. zu Dorpat. Herausg. v. Kobert. 7, 40 (1891).

Über spektrophotometrische Eisenbestimmung siehe Hörner, Z. physiol. 11, 89 (1897).

In den Eisenchloriddoppelsalzen der Pyryliumverbindungen bestimmen Decker und v. Fellenberg[1]) Eisen und Chlor in ein und derselben Probe.

Etwa 0.2 g Substanz werden in 15 ccm Alkohol gelöst, mit Wasser auf 200 ccm verdünnt und etwa 2 Stunden unter Zusatz von wenigen Tropfen Salpetersäure, um die Fällung von basischen Eisensalzen zu verhüten, auf dem Wasserbade erhitzt. Man filtriert von der Base, die sich oft in Form von unlöslichen Krystallen ausgeschieden hat, und fällt in der nur noch Anorganisches enthaltenden Flüssigkeit das Eisen mit Ammoniak und in dem Filtrate das Chlor nach den üblichen Verfahren aus.

Auch explosive Eisensalze kommen vor. Ein derartiges Salz der Formel $Na_4Fe(ONC)_6 2H_2O$, welches der Elementaranalyse unüberwindliche Schwierigkeiten bereitet, versetzt Nef mit wenig verdünnter Schwefelsäure, dampft ein und raucht ab. Der Rückstand wird in Salzsäure unter Zusatz von Salpetersäure aufgelöst, und das Eisen und Natrium auf gewöhnlichem Wege (als Fe_2O_3 und Na_2SO_4) bestimmt.[2])

Faktorentabelle.

Gefunden	Gesucht	Faktor	2	3	4	5
$Fe_2O_3 = 160$	$Fe_2 = 112$	0.70000	1.40000	2.10000	2.80000	3.50000

6	7	8	9	log
4.20000	4.90000	5.60000	6.30000	0.84510 — 1

---

[1]) Ann. 356. 291, Anm. (1907).
[2]) Ann. 280, 337 (1894).

Faktorentabelle.

Gefunden	Gesucht	Faktor	2	3	4	5
$FePO_4 = 151$	$Fe = 56$	0.37086	0.74172	1.11258	1.48344	1.85431

	6	7	8	9	log	
	2.22517	2.59603	2.96689	3.33775	0.56921 — 1	

15. Fluor F = 19.

Die Elementaranalyse fluorhaltiger aromatischer Substanzen läßt sich nach Wallach und Heusler[1]) ohne Schwierigkeiten bei Anwendung von Bleichromat ausführen.

Das Fluor durch Glühen der Substanzen mit Kalk im Glasrohre als Fluorcalcium abzuscheiden gelingt dagegen durchaus nicht, man kann vielmehr die übrigen Halogene nach dieser Methode oder nach Carius bestimmen, ohne daß das Fluor abgespalten würde. Beekman[2]) bestimmt aber das Fluor in aromatischen Fluor-Verbindungen nach der Kalkmethode in einer Platinröhre, die natürlich viel stärkeres Erhitzen gestattet, löst dann in verdünnter Essigsäure und glüht das zurückbleibende Fluorcalcium.

Zur Analyse von Fluorbenzol[3]) wird die Substanz mit trockenem Benzol verdünnt und nach dem Hinzufügen von Natriumdraht in zugeschmolzenem Rohre auf 100° erhitzt. Nach einigen Tagen wird das Rohr geöffnet, der Inhalt in eine Platinschale gespült, derart, daß das überschüssige Natrium mit Alkohol in Lösung gebracht wird. Nach dem Verdunsten der Hauptmenge des Alkohols und Benzols wird das noch vorhandene Alkoholat in der Schale abgebrannt und das rückständige Gemenge von Fluornatrium und Natriumcarbonat nach Fresenius[4]) verarbeitet.

Auch für den qualitativen Nachweis von Fluor in organischen Substanzen wird das metallische Natrium meist zu verwerten sein, wenngleich zu berücksichtigen bleibt, daß z. B. in den Diphenylverbindungen das Fluor erheblich fester gekettet ist als in den Benzolderivaten.

In der o.o-Fluornitrobenzoesäure konnte übrigens van Loon[5]) nach obiger Methode das Halogen nicht nachweisen, da die Säure mit Natrium sofort unter Wasserstoffentwicklung ein in Benzol unlösliches Salz bildet, welches von Natrium nicht weiter zersetzt werden

---

[1]) Ann. **243**, 243 Anm. (1888).
[2]) Rec. **23**, 239 (1905). — Holleman und Beekman, Rec. **23**, 225 (1905). — Holleman, Rec. **24**, 140 (1905).
[3]) Wallach und Heusler, Ann. **243**, 243 (1888).
[4]) Quant. Anal., 6. Aufl., **1**, 428.
[5]) Diss., Heidelberg 1896, S. 17.

kann. Wohl aber kann man das Fluor nachweisen, indem man 50 mg der Säure mit 0.2 g chemisch reinem **Natriumhydroxyd** und einem Tropfen Wasser vorsichtig im Platintiegel schmilzt, dann die Schmelze auflöst, filtriert, mit Essigsäure eindampft und die Flußsäure mit konzentrierter Schwefelsäure in Freiheit setzt, um sie an ihrer ätzenden Wirkung auf Glas zu erkennen.[1]

Eine Elementaranalyse kann nicht entscheiden, ob eine Oxy- oder eine Fluornitrobenzoesäure vorliegt; ist doch die Hydroxylgruppe (= 17) fast ebenso groß wie Fluor (= 19).

Fluorhaltige Derivate von Eiweißkörpern untersuchen Blum und Vaubel[2]) durch Schmelzen der Substanz mit Ätznatron und Salpeter im Nickeltiegel, Lösen, Filtrieren, Ansäuern mit Essigsäure und Fällen mit Chlorbarium. Der erhaltene Niederschlag, welcher neben Fluorbarium noch Bariumsulfat zu enthalten pflegt, wird geglüht und gewogen; darauf wird nochmals konzentrierte Schwefelsäure zugefügt, geglüht und aus der Differenz der Gewichte vor und nach Zusatz von Schwefelsäure der Gehalt an Fluor berechnet.

Die Derivate der Fettreihe geben viel leichter ihr Fluor ab[3]) als die aromatischen Substanzen. So zersetzen sich die von Landolph[4]) untersuchten **Fluorborverbindungen** schon in Berührung mit wässeriger Chlorcalciumlösung.

Die Substanz wird in kleine Röhrchen eingefüllt, die auf beiden Seiten ausgezogen sind. Das eine der ausgezogenen Enden wird abgeschnitten und das Röhrchen sogleich bis auf den Boden einer etwas weiteren Probierröhre, die mit einer Chlorcalciumlösung gefüllt ist, eingetaucht. Beim nachherigen vorsichtigen Erhitzen mischt sich die zu analysierende Substanz allmählich mit der wässerigen Lösung des Salzes und wird unter Bildung von Fluorcalcium und Borsäure zerlegt. Man gießt hierauf die Flüssigkeit, nachdem das Röhrchen gehörig mit Wasser ausgespült worden ist, in eine Porzellanschale, verdünnt mit destilliertem Wasser, neutralisiert mit Ammoniak und erhitzt einige Zeit zum Sieden, um sicher zu sein, daß die Zersetzung vollständig ist. Man filtriert vom unlöslichen Fluorcalcium ab und wäscht mit Wasser aus, bis salpetersaures Silber keine Trübung mehr hervorbringt. Um das während des Erhitzens sich bildende kohlensaure Calcium zu entfernen, kann man dem Waschwasser etwas Essigsäure oder Salpetersäure zusetzen. Das Fluorcalcium wird hierauf getrocknet, geglüht und gewogen.

In ähnlicher Weise untersuchte Meslans[5]) das Acetylfluorid. 0.4—0.5 g Substanz in flüssigem Zustande werden rasch in eine mit eingeriebenem Stöpsel versehene Flasche gegossen, in der sich eine reine Calciumacetatlösung befindet. Man verschließt und schüttelt.

[1]) Siehe auch V. Meyer und van Loon, B. **29**, 841 (1896).
[2]) J. pr. (**2**), **57**, 383 (1898).
[3]) Siehe auch Paternò und Spallino, Atti Lincei (5), **16**, II, 160 (1907).
[4]) B. **12**, 1587 (1879).
[5]) C. r. **114**, 1072 (1891).

Das Acetylfluorid zersetzt sich, und gelatinöses Fluorcalcium scheidet
sich aus. Man spült in eine Platinschale, dampft zur Trockne und
glüht, nimmt wieder mit Essigsäure auf, verdampft auf dem Wasserbade, bis aller Geruch nach Essigsäure verschwunden ist, löst das
Calciumacetat in heißem Wasser, dekantiert, filtriert, wäscht, trocknet
und glüht.

Die Verbrennung wurde, ebenso wie von Moissan beim Methyl-
fluorid[1]) und Äthylfluorid[2]), in einer Kupferröhre, welche mit einer
Mischung von 80 Teilen Kupferoxyd und 20 Teilen Bleioxyd gefüllt
war, im Sauerstoffstrome vorgenommen. Die Enden der Röhre werden durch bleierne Schlangenrohre, durch welche Wasser zirkuliert,
gekühlt. Mittels Korkstopfen sind einerseits die Absorptionsgefäße,
andererseits das Zuführungsrohr für das Fluoralkyl angefügt, welches
langsam über die dunkelrot glühende Oxydschicht geleitet wird.
Schließlich wird 25 Minuten lang Sauerstoff eingeleitet.

Die Bestimmung des Fluors in gasförmigen organischen
Fluorverbindungen bewirkt Meslans[3]) durch Oxydation mit
Sauerstoffgas. Bei Vorhandensein genügender Mengen Wasserstoff
wird das gesamte Fluor in Fluorwasserstoffsäure verwandelt. Diese
läßt sich alsdann titrimetrisch mit Normallauge bestimmen oder
gewichtsanalytisch nach Umwandlung in das unlösliche Calciumfluorid.

Bei der Untersuchung bedient sich Meslans folgenden Apparates. Ein Kolben aus starkem Glase (Glas für Verbrennungsröhren) von ca. 500 ccm Inhalt ist durch einen Gummistopfen geschlossen, der drei Bohrungen besitzt. Durch die eine Bohrung geht
ein mit Glashahn versehenes Glasrohr, in welches ein Platinrohr eingeschmolzen ist. Letzteres reicht bis in das Innere des Kolbens.
Durch die beiden anderen Öffnungen des Gummistopfens sind zwei
Glasröhren geführt, in welche je ein starker Platindraht eingefügt
ist. Der eine Platindraht steht im Innern des Kolbens in Berührung
mit der Platinröhre, während der andere parallel zu demselben verläuft. Die Platinröhre ist von einer Spirale aus dünnem Platindraht
umgeben, deren eines Ende mit dem zweiten Platindraht in Verbindung gebracht ist, während ihr anderes Ende die Platinröhre berührt.
Vermittels Durchleitens eines elektrischen Stromes läßt sich die Spirale
zum Glühen bringen.

Bei der Ausführung des Versuches beschickt man den Kolben
mit verdünnter Kalilauge von bekanntem Gehalte, evakuiert ihn und
läßt alsdann etwa 400 ccm Sauerstoffgas eintreten. Der Druck im
Innern soll etwa 10 mm betragen. Durch die mit Glashahn versehene Glasröhre leitet man langsam eine gemessene Menge des zu
bestimmenden Gases ein. Beim Austritt aus der Platinröhre verbrennt
es sofort an der glühenden Spirale. Faßt man dabei den Kolben

---

[1]) Ann. Chim. Phys. (6), **19**, 266 (1890).
[2]) C. r. **107**, 993 (1888).
[3]) Bull. (3), **9**, 109 (1893). — Z. anal. **33**, 470 (1894).

mit der Hand am Halse, bringt ihn in eine fast horizontale Lage und schwenkt die Flüssigkeit so um, daß sie die Wände des Kolbens an allen Stellen des Bauches bespült, so läßt sich eine sofortige Absorption der gebildeten Fluorwasserstoffsäure bewirken, und das Glas bleibt unangegriffen. Sobald die bestimmte Menge des zu analysierenden Gases in den Kolben eingeführt ist, schließt man den Gaszufluß ab und leitet noch einige Kubikzentimeter Luft ein, um die in der Platinröhre befindlichen Anteile des Gases ebenfalls zur Verbrennung zu bringen.

Man hat nun nur noch nötig, durch Titration das überschüssige Alkali zu bestimmen, um die Menge der absorbierten Flußsäure zu erfahren.

Will man das Fluor gewichtsanalytisch bestimmen, so verfährt man in gleicher Weise, nur daß man an Stelle der Kalilauge eine genügende Menge Kalkmilch in den Kolben bringt. Nach Absorption der Flußsäure dampft man die Masse, welche Fluorcalcium, Ätzkalk und Calciumcarbonat enthält, zur Trockne ein und glüht den Rückstand, um das Fluorcalcium leichter filtrieren zu können. Alsdann säuert man mit Essigsäure an und verfährt in der bekannten Weise zur Bestimmung des Fluors.[1]

Moissan benutzt zur Fluorbestimmung in den Fluoralkylen die Zersetzbarkeit derselben durch konzentrierte Schwefelsäure.

Man bringt nach seiner Vorschrift[2] ein abgemessenes Volum der Fluorverbindung, welches sich in einer durch Quecksilber abgesperrten Meßröhre befindet, mit ausgekochter Schwefelsäure zusammen. Durch Schütteln wird fast die ganze Menge des Gases zur Absorption gebracht. Läßt man nun sieben bis acht Tage stehen, so findet sich alles Fluor in Fluorsilicium umgewandelt vor, das in ein anderes Meßrohr übergefüllt und seinem Volumen nach bestimmt wird.

Aromatische Fluorverbindungen, welche das Fluor in der Seitenkette enthalten, wie das ω-Di- und Trifluortoluol und das 1', 1'-Difluor-1'-Chlortoluol, sind leicht durch Erwärmen mit konzentrierter Schwefelsäure auf 200° oder durch Erhitzen mit Wasser bis auf 150° im Rohre, manchmal schon bei gewöhnlicher Temperatur oder beim Kochen am Rückflußkühler hydrolysierbar.[3]

Auch explosive Fluorverbindungen sind beschrieben worden, wie das Trifluorbromäthylen (Swarts[4]).

Fluorbestimmung in Vegetabilien; Ost, B. 26, 151 (1893). —
      ,,   in Zähnen: Gabriel, Z. anal. 31, 522 (1892). —
              Hempel u. Scheffler, Z. anorg. 20, 1 (1899).

---

[1] Fresenius, Quant. Anal. 6. Aufl., 1, 529.
[2] C. r. 107, 994 (1888).
[3] Swarts, Bull. Ac. roy. Belg. (3), 35, 375 (1898). — Bull. Ac. roy. Belg. (3), 39, 414 (1900).
[4] Bull. Ac. roy. Belg. (3), 37, 357 (1899).

Faktorentabelle.

Gefunden	Gesucht	Faktor	2	3	4	5
$CaF_2 = 78$	$F_2 = 38$	0.48718	0.97436	1.46154	1.94872	2.43590

6	7	8	9	log
2.92307	3.41025	3.89743	4.38461	0.68769 — 1

Gefunden	Gesucht	Faktor	2	3	4	5
$SiF_4 = 104.4$	$F_4 = 76$	0.72797	1.45594	2.18391	2.91188	3.63985

6	7	8	9	log
4.36781	5.09578	5.82375	6.55172	0.86211 — 1

16. Gold Au = 197.2.

Das Gold organischer Doppelsalze läßt sich fast immer leicht durch Glühen der Substanz im Porzellantiegel bestimmen, doch gibt es auch flüchtige Goldverbindungen, wie das Diäthylgoldbromid $(C_2H_5)_2AuBr$, das bei 58° schmilzt, bei raschem Erhitzen auf 70° explodiert und schon bei Zimmertemperatur sehr leicht verdunstet.

Zur Analyse dieser Substanz und ähnlicher Verbindungen löst man in Chloroform, fügt eine Lösung von Brom in Chloroform zu, dampft langsam zur Trockne und glüht.[1]

Wenn die zu untersuchende Substanz kostbar ist, empfiehlt sich die Scheiblersche Methode,[2] bei welcher sowohl die Substanz erhalten bleibt, als auch nach der Goldbestimmung noch eine Chlorbestimmung möglich ist.

Eine abgewogene Menge des Salzes wird in Wasser gelöst oder bei schwerlöslichen Substanzen nur darin suspendiert und mit metallischem Magnesium (am besten Magnesiumband) in Berührung gebracht,[3] wobei das Gold unter Wasserstoffentwicklung gefällt wird. Man kann bei schwer löslichen Substanzen auch auf dem Wasserbade operieren und mit einer passenden Säure ansäuern. Das abgeschiedene Gold läßt sich leicht mittels Dekantation durch ein Filter auswaschen. Danach entfernt man die zur Chlorbestimmung dienenden Filtrate

---

[1] Pope und Gibson, Proc. 23, 245 (1907). — Soc. 91, 2064 (1907).
[2] B. 2, 295 (1869).
[3] Man überzeuge sich durch einen Vorversuch, ob das Magnesium in verdünnter Salzsäure rückstandslos löslich ist.

und wäscht das Gold mit verdünnter Salzsäure, um Magnesium und Magnesiahydrat zu beseitigen. Diese Methode wurde später nochmals von G. Villiers und Fr. Borg[1]) empfohlen, ihr Prinzip stammt von Roussin und Comaille[2]).

Man kann auch das Gold als Schwefelgold fällen und glühen. Im Filtrate wird das Chlor bestimmt (Bergh[3]).

Die „normalen" Golddoppelsalze sind nach der Formel $R.HCl.AuCl_3$ zusammengesetzt, die „modifizierten" Goldsalze besitzen die Formel $R \cdot AuCl_3$.[4])

Das explosive Diazobenzolgoldchlorid $C_6H_4N_2 \cdot HCl \cdot AuCl_3$ zersetzte Grieß[5]) in alkoholischer Lösung mit Schwefelwasserstoff und glühte das abgeschiedene Schwefelgold.

Über Aurosalze siehe Gadamer, Arch. **234**, 31 (1896) und Schacht, Inaug.-Diss. Marburg 1897, S. 16. — Hermann, B. **38**, 2813 (1905).

Weiteres über Goldsalze siehe S. 796.

17. Kalium K = 39.15.

Bei der Elementaranalyse kaliumhaltiger Substanzen bleibt das Metall als Carbonat zurück. Genauer als die Wägung der solcherart zurückgehaltenen Kohlensäure, ist es, dem zu analysierenden Salze Substanzen zuzufügen, welche alles Kohlendioxyd auszutreiben gestatten. Als solche Zusätze werden Antimonoxyd, phosphorsaures Kupfer, Borsäure oder chromsaures Blei empfohlen; letzteres ist, mit $^1/_{10}$ seines Gewichtes Kaliumbichromat gemischt, besonders für den angegebenen Zweck geeignet.[6])

Will man in derselben Probe gleichzeitig das Alkali bestimmen, so verfährt man nach Schwarz und Pastrovich[7]) folgendermaßen:

Man stellt sich durch Fällen von reinem, neutralem Kaliumchromat mit Quecksilberoxydulnitrat und Auswaschen des chromsauren Quecksilbers durch Dekantation reines Quecksilberchromat dar, trocknet dieses und glüht es in einem Porzellantiegel aus, wobei ein sehr fein verteiltes, reines Chromoxyd zurückbleibt. Dieses wird mit dem abgewogenen, organischen Salze im Überschuß innig vermischt und in ein nicht zu kleines Platin- oder Porzellanschiffchen übertragen. Beim Verbrennen mit Sauerstoff werden die Carbonate der Alkalien und alkalischen Erden gänzlich in neutrale Chromate

---

[1]) C. r. **116**, 1524 (1892).
[2]) Z. anal. **6**, 100 (1867).
[3]) Arch.. **242**, 425 (1904).
[4]) Stöhr, J. pr. (2), **45**, 37 (1892) und Saggan, Inaug.-Diss. Kiel 1892, S. 18. — Brandes und Stöhr, J. pr. (2), **52**, 504 (1895). — Salkowski, B. **31**, 783 (1898).
[5]) Ann. **137**, 52, 69, 91 (1866).
[6]) Gleiches gilt auch von den übrigen Alkalien und bis zu einem gewissen Grade auch von den Erdalkalien. — Siehe auch S. 162.
[7]) B. **13**, 1641 (1880).

verwandelt, die Kohlensäure also vollständig gewonnen. Selbst stickstoffhaltige Substanzen lassen sich so ohne Gefahr der Bildung von
Stickoxyden verbrennen, wenn man nur durch Mäßigung des Sauer-
stoffstroms im Anfange dafür sorgt, daß das vorgelegte, metallische
Kupfer bis zuletzt unoxydiert bleibt. Wird nach dem Erkalten das
Schiffchen vorsichtig herausgezogen, so läßt sich durch die Bestimmung der darin enthaltenen Chromate auch die in den Salzen vorhandene Base genau bestimmen. Bei den löslichen Alkalichro-
maten geschieht dies am einfachsten mittels einer $n/_{10}$-Bleilösung,
die man zu der aus dem Schiffcheninhalte erhaltenen, wässerigen
Lösung so lange zufließen läßt, bis eine herausgenommene Probe
einen Tropfen Silberlösung nicht mehr rot fällt. Bei den Chromaten
der alkalischen Erden verfährt man bequem nach der älteren Methode, indem man den Schiffcheninhalt mit einer sauren Eisen-
oxydulsalzlösung von bekanntem Gehalte im Überschusse versetzt
und das nicht oxydierte Eisenoxyd im Filtrate mit titrierter Permanganatlösung zurückmißt.

Nur bei explosiven Nitroprodukten, wie z. B. Kaliumpikrat, ist
es nötig, die Substanz zuerst mit Chromoxyd und dann mit einem
Überschusse von Kupferoxyd zu mischen. Die Trennung des gebildeten Chromates von dem Kupferoxyd macht keine Schwierigkeiten.

Zur Kaliumbestimmung selbst verkohlt man nach Käm-
merer die Substanz bei möglichst niedriger Temperatur im Platintiegel, bringt nach dem Erkalten einige Krystalle reinen schwefelsauren Ammoniums zu der kohligen Masse, spült diese mit etwas
Wasser vorsichtig zusammen und verjagt nun durch Erhitzen des
Öhres des Tiegeldeckels zuerst das Wasser und das entstehende
Ammoniumcarbonat, später durch gelindes Erhitzen des Tiegelbodens
das überschüssige Ammoniumsulfat. Man behandelt nun noch in
gleicher Weise mit geringen Mengen salpetersauren Ammoniums und
glüht schließlich.

Bei vielen Substanzen kann man auch gleich zu Beginn der
Operation freie Schwefelsäure zusetzen, doch ist dann manchmal
starkes Schäumen und ein Verlust durch Verspritzen kaum zu vermeiden.

Über Kaliumbestimmung im Harn siehe Pribram und
Gregor, Z. anal. 38, 401 (1899). — Alkalienbestimmung in
Pflanzensubstanzen: Neubauer, Z. anal. 43, 14 (1908).

Explosive Kaliumverbindungen, wie z. B. das diazoäthansulfosaure Salz,[1] dampft man mit verdünnter[2] Schwefelsäure auf dem
Wasserbade ein und erhitzt hierauf langsam zum Glühen.

Explosive Kaliumsalze von Nitroverbindungen dampft man im

---

[1] E. Fischer, Ann. 199, 303, Anm. (1879). — Van Dorp, Rec. 8, 195,
198 (1889).
[2] Am besten alkoholischer: Siehe S. 255.

Platintiegel mit Ammoniumsulfid ab, behandelt dann vorsichtig mit rauchender Salpetersäure und Schwefelsäure, und raucht endlich ab.[1])

Faktorentabelle.

Gefunden	Gesucht	Faktor	2	3	4	5
$K_2SO_4 = 174.4$	$K_2 = 78.3$	0.44907	0.89814	1.34721	1.79628	2.24536

6	7	8	9	log
2.69443	3.14350	3.59257	4.04164	0.65231 — 1

18. Kobalt Co = 59.

Zur Bestimmung des Kobalts in organischen Salzen glüht man die Substanz vorsichtig und wägt das zurückbleibende Kobaltoxydul, man bekommt dabei aber leicht, auch nach dem Abrauchen mit Schwefelsäure, infolge von Kohlenstoffeinschluß zu hohe Zahlen.

Genauere Resultate erhält man, wenn man die Kobaltverbindung im Roseschen Tiegel im Wasserstoffstrome erhitzt und so metallisches Kobalt zur Wägung bringt. Letzteres Verfahren empfiehlt sich auch für flüchtige Kobaltverbindungen. [2])

Oder man oxydiert die Substanz mit Natronlauge und Brom, filtriert das ausgeschiedene Oxyd ab und bestimmt das Metall elektrolytisch.[3])

Seltener[4]) bestimmt man das Kobalt als Sulfat. Eine Bestimmung des Kobalts als Co_3O_4 gibt Vaillant[5]) an.

Kobaltpikrat explodiert beim Erhitzen.[6])

Faktorentabelle.

Gefunden	Gesucht	Faktor	2	3	4	5
$CoO = 75$	$Co = 58$	0.78667	1.57333	2.35000	3.14666	3.93333

6	7	8	9	log
4.72000	5.50666	6.29333	7.07999	0.89580 — 1

---

[1]) Leemann und Grandmougin, B. **41**, 1306 Anm. (1908).
[2]) Gach, M. **21**, 106 (1900).
[3]) Clinch, Diss., Göttingen 1904, S. 48. — V. J. Meyer, Diss., Berlin 1905, S. 36.
[4]) Reitzenstein, Z. anorg. **18**, 275 (1898).
[5]) Bull. (**3**), **15**, 517 (1896).
[6]) Silberrad und Philips, Soc. **93**, 488 (1908).

Faktorentabelle.

Gefunden	Gesucht	Faktor	2	3	4	5
$CoSO_4 = 155,1$	$Co = 59$	0.38050	0.76100	1.14149	1.52199	1.90249

6	7	8	9	log
2.28299	2.66349	3.04398	3.42448	0.58035 — 1

19. Kupfer $Cu = 63.6$.

Gewöhnlich wird in organischen Substanzen das Kupfer durch Glühen, zuletzt unter Zusatz von salpetersaurem Ammonium oder freier Salpetersäure als Oxyd bestimmt.[1] Meist ist indessen diese Vorsicht nicht vonnöten; dann genügt energisches Glühen bei geöffnetem Tiegel.

Die Kupfersalze der β-Diketone und ähnlicher die Gruppe — CO — CH_2 — CO — enthaltender säureartiger Verbindungen sind mehr oder weniger flüchtig[2] und können daher nicht für sich allein, selbst nicht im Sauerstoffstrome, geglüht werden, ohne Verlust an Kupfer zu erleiden. Andererseits lassen sie sich größtenteils mit Salpetersäure an der Luft nicht oxydieren, weil hierbei leicht Explosionen stattfinden, welche nur in umständlicher Weise zu vermeiden sind. Auch führt die Oxydation durch dasselbe Mittel in zugeschmolzenen Röhren häufig zu sehr unbefriedigenden Resultaten.

Das isovaleriansaure Kupfer ist ebenfalls flüchtig, sogar unzersetzt sublimierbar,[3] ebenso, wenn auch in geringerem Maße, das benzoesaure und cyclogallipharsaure Kupfer.[4]

Manchmal gelingt es allerdings doch, die Zersetzung mittels Salpetersäure durchzuführen[5] oder mit Natronlauge zu fällen und das so abgeschiedene Kupferoxyd zu bestimmen,[6] auch werden die getrockneten Kupfersalze durch sehr vorsichtiges Erhitzen in vielen Fällen verlustlos zersetzt;[7] wo dies aber nicht möglich ist, empfiehlt es sich, das Kupfer mittels Schwefelwasserstoffs zu fällen.

---

[1] Natürlich tritt, wenn man schon vor dem Zersetzen der organischen Substanz Ammoniumnitrat zusetzt, wie dies Rindl und Simonis getan haben [B. **41**, 839 (1908)], sehr leicht Verpuffung ein. — Man verwende nicht festes Ammoniumnitrat, sondern je einen Tropfen einer konzentrierten wässerigen Lösung, mit welcher man das Kupferoxyd tränkt.

[2] Combes, C. r. **105**, 870 (1887). — E. F. Ehrhardt, Diss., München 1889, S. 20. — Walker, B. **22**, 3246 (1889). — Claisen, Ann. **277**, 170 (1893). — Siehe auch Motylewski, B. **41**, 794 (1908).

[3] Kinzel, Ph. C.-H. **48**, 37 (1912).

[4] Kunz-Krause u. Richter, Arch. **245**, 34 (1907).

[5] Dickmann u. Stein, B. **37**, 3381 (1904).

[6] Kircher, Diss. 1885, S. 35.

[7] Schulze u. Winterstein, Z. physiol. **45**, 46, Anm. (1905).

Man kann zu diesem Behufe entweder mit Lösungen operieren, wie Dimroth[1]), der ein explosives Kupfersalz mit Salzsäure zersetzte und dann Schwefelwasserstoff einleitete, oder man operiert mit dem trockenen Salze.

Nach Walker verfährt man in solchen Fällen so, daß eine abgewogene Menge Substanz in einen Roseschen Tiegel hineingebracht und der Wirkung eines Schwefelwasserstoffstromes ausgesetzt wird. Die Zersetzung findet schon in der Kälte statt und darf nach Verlauf von 15—20 Minuten als vollendet betrachtet werden: Man erwärmt dann gelinde unter fortdauerndem Durchleiten des Schwefelwasserstoffstromes, um das frei gewordene Keton, resp. dessen etwaige Zersetzungsprodukte, zu verflüchtigen. Nachdem dies stattgefunden, bleibt in dem Tiegel nur Kupfersulfid zurück. Um diese Verbindung in eine wägbare Form überzuführen, leitet man Wasserstoff aus einem mit dem Tiegel durch ein T-Rohr in Verbindung stehenden Entwicklungsapparate hindurch, unterbricht erst dann den Schwefelwasserstoffstrom und glüht bis zu konstantem Gewichte.

Wenn man eine halbe Stunde lang geglüht hat, darf man annehmen, daß die Reduktion zu Kupfersulfür bei nicht zu großen Substanzmengen vollständig ist. Natürlich läßt man im Wasserstoffstrome erkalten. Ein Versuch dauert in der Regel anderthalb Stunden.

Bemerkenswert ist, daß das dimethylpyrrolincarbonsaure Kupfer von Schwefelwasserstoff in neutraler Lösung überhaupt nicht angegriffen wird, während die Zersetzung in saurer Lösung vollkommen glatt erfolgt. [2])

Auch sonst ist, zur Verhinderung der Bildung von kolloidalem Kupfer, Fällen in stark saurer Lösung zu empfehlen. [3])

Vaillant[4]) behandelt das Dithioacetylacetonkupfer mit Schwefelsäure und bestimmt das Kupfer elektrolytisch. Auch für halogenhaltige Kupfersalze, die natürlich nicht direkt geglüht werden können, weil sich sonst Halogenkupfer verflüchtigt, ist Abrauchen mit Schwefelsäure recht geeignet. [5])

Der Kupferdibromacetessigester wurde[6]) mit Soda und Salpeter geschmolzen, in Wasser gelöst, filtriert und das Kupferoxydhydrat geglüht. Im Filtrate konnte das Halogen bestimmt werden.

Analyse des monophenylarsinsauren Kupfers: La Coste und Michaëlis, Ann. 201, 210 (1880). — Explosive Kupferselenverbindungen: Stoecker und Krafft, B. 39, 2199 (1906).

---

[1]) B. 39, 3911 (1906).
[2]) Zelinsky u. Schlesinger, B. 40, 2886 (1907).
[3]) Skraup, Ann. 201, 296 Anm. (1880). — Hans Meyer, M. 23, 438 Anm. (1902).
[4]) Bull. (3), 15, 518 (1896). — Über elektrolytische Kupferbestimmung siehe auch Makowka, B. 41, 825 (1908).
[5]) Liebermann, B. 41, 839 (1908).
[6]) Wedel, Ann. 219, 100 (1883). — Siehe Duisberg, Ann. 213, 141 (1882).

Faktorentabelle.

Gefunden	Gesucht	Faktor	2	3	4	5
CuO = 79.6	Cu = 63.6	0.79900	1.59799	2.39699	3.19600	3.99500

6	7	8	9	log
4.79397	5.59297	6.39196	7.19096	0.90254 — 1

Gefunden	Gesucht	Faktor	2	3	4	5
$Cu_2S = 159.3$	$Cu_2 = 127.2$	0.79869	1.59739	2.39608	3.19478	3.99347

6	7	8	9	log
4.79216	5.59086	6.38955	7.18825	0.90238 — 1

20. Lithium Li = 7.

Über die Elementaranalyse lithiumhaltiger Verbindungen gelten die S. 275f. für Kaliumsalze gemachten Bemerkungen.

Da das Lithiumcarbonat beim Glühen unzersetzt schmelzbar ist, kann man es als Rückstand im Schiffchen bestimmen.

Sonst führt man das Salz durch Abrauchen mit Schwefelsäure in das Sulfat über.

Das pikrinsaure Lithium explodiert beim Erhitzen sehr heftig.[1])

Faktorentabelle.

Gefunden	Gesucht	Faktor	2	3	4	5
$Li_2CO_3 = 74.1$	$Li_2 = 14.1$	0.18985	0.37969	0.56954	0.75938	0.94923

6	7	8	9	log
1.13908	1.32892	1.51877	1.70861	0.27840 — 1

---

[1]) Miles Beamer und Clarke, B. **12**, 1068 (1879). — Silberrad und Philips, Soc. **93**, 475 (1908).

Faktorentabelle.

Gefunden	Gesucht	Faktor	2	3	4	5
$Li_2SO_4 = 110.1$	$Li_2 = 14.1$	0.12768	0.25536	0.38304	0.51072	0.63840

		6	7	8	9	log
		0.76607	0.89375	1.02143	1.14911	0.10612 — 1

21. Magnesium Mg = 24.4.

Die Bestimmung des Magnesiums wird entweder durch direktes Glühen der, eventuell mit ein wenig Salpetersäure angefeuchteten, Substanz — wobei man anfangs nur sehr gelinde erwärmen darf — oder durch Abrauchen des Salzes mit Schwefelsäure und schwaches Glühen, als Magnesiumoxyd bzw. Magnesiumsulfat ausgeführt.

Magnesiumpikrat explodiert beim Erhitzen.[1]

Magnesiumdiphenyl wurde durch Wasser von 0^0 zerlegt und das erhaltene Magnesiumhydroxyd in Salzsäure gelöst, gefällt und als Pyrophosphat gewogen.[2]

Faktorentabelle.

Gefunden	Gesucht	Faktor	2	3	4	5
$MgO = 40.4$	$Mg = 24.4$	0.60357	1.20714	1.81070	2.41427	3.01784

		6	7	8	9	log
		3.62141	4.22498	4.82854	5.43211	0.78073 — 1

Gefunden	Gesucht	Faktor	2	3	4	5
$MgSO_4 = 120.4$	$Mg = 24.4$	0.20229	0.40458	0.60688	0.80917	1.01146

		6	7	8	9	log
		1.21375	1.41604	1.61834	1.82063	0.30598 — 1

---

[1] Silberrad und Philips, Soc. **93**, 479 (1908).
[2] Fleck, Ann. **276**, 139 (1893).

Faktorentabelle.

Gefunden	Gesucht	Faktor	2	3	4	5
$Mg_2P_2O_7 = 222.7$	$Mg_2 = 48.7$	0.21875	0.43750	0.65625	0.87500	1.09375

6	7	8	9	log
1.31250	1.53125	1.75000	1.96875	0.33995 — 1

22. Mangan Mn = 55.

Man führt die betreffenden Salze in der Regel durch starkes Glühen in Manganoxyduloxyd über,[1]) seltener durch Ammoniak und Schwefelammonium in Mangansulfür.[2]) Oder man raucht mit Schwefelsäure im Platintiegel ab, erhitzt bis zur beginnenden Rotglut und wägt als Sulfat.[3])

Manganpikrat explodiert beim Erhitzen.[4])

Faktorentabelle.

Gefunden	Gesucht	Faktor	2	3	4	5
$Mn_3O_4 = 229$	$Mn_3 = 165$	0.72052	1.44105	2.16157	2.88210	3.60262

6	7	8	9	log
4.32314	5.04367	5.76419	6.48472	0.85765 — 1

Gefunden	Gesucht	Faktor	2	3	4	5
$MnS = 87.1$	$Mn = 55$	0.63175	1.26350	1.89524	2.52699	3.15874

6	7	8	9	log
3.79049	4.42224	5.05398	5.68573	0.80054 — 1

---

[1]) Ladenburg, Spl. **8**, 58 (1872). — Schück, Diss., Münster 1906, S. 36.
[2]) Milone, Gazz. **15**, 227 (1885).
[3]) V. J. Meyer, Diss., Berlin 1905, S. 41.
[4]) Silberrad und Philips, Soc. **93**, 487 (1908).

23. Molybdän Mo = 96.

Organische Molybdänverbindungen sind nur selten dargestellt worden.

Das Molybdänacetylaceton[1]) ist schon wenig über 90° flüchtig. Das Molybdän wurde in dieser Substanz als MoO_3 bestimmt.

Faktorentabelle.

Gefunden	Gesucht	Faktor	2	3	4	5
$MoO_3 = 144$	Mo = 96	0.66667	1.33333	2.00000	2.66667	3.33334

6	7	8	9	log
4.00000	4.66667	5.33334	6.00000	0.82391 — 1

24. Natrium Na = 23.05.

In bezug auf die Bestimmung dieser Substanz gelten die für Kalium S. 275 f. gemachten Angaben. Die Bestimmung als Carbonat (Schiffchenrückstand) bei der Elementaranalyse gibt hier bessere Resultate als beim Kalium. Nur erhitzt man zweckmäßig nach beendigter Verbrennung den Schiffcheninhalt noch einmal mit ein wenig kohlensaurem Ammonium.

Sonst bestimmt man das Natrium als Sulfat.

Explosive Natriumverbindungen, wie das Natriumfulminat[2]) oder das Natriumpikrat,[3]) werden in wenig Wasser gelöst, mit Schwefelsäure zersetzt, verdampft, getrocknet und geglüht.

Faktorentabelle.

Gefunden	Gesucht	Faktor	2	3	4	5
$Na_2CO_3 = 106.1$	$Na_2 = 46.1$	0.43450	0.86899	1.30349	1.73798	2.17248

6	7	8	9	log
2.60698	3.04147	3.47597	3.91046	0.63799 — 1

---

[1]) Gach, M. **21**, 112 (1900). — A. Clinch, Diss., Göttingen 1904, S. 45.
[2]) Carstanjen und Ehrenberg, J. pr. (2), **25**, 243 (1882). — Ehrenberg, J. pr. (2), **32**, 231 (1885).
[3]) Silberrad und Philips, Soc. **93**, 476 (1908).

Faktorentabelle.

Gefunden	Gesucht	Faktor	2	3	4	5
$Na_2SO_4 = 142.2$	$Na_2 = 46.1$	0.32428	0.64856	0.97285	1.29713	1.62141

6	7	8	9	log
1.94569	2.26997	2.59426	2.91854	0.51092 — 1

25. Nickel Ni = 58.7.

Für die Bestimmung dieses Metalls gelten dieselben Maßregeln wie für Kobalt. (Siehe S. 277.) Man bestimmt dasselbe also entweder als Metall oder als Oxyd — nach Zerstörung der organischen Substanz durch Erhitzen im Rohre mit rauchender Salpetersäure — gelegentlich aber auch als Sulfat[1]) durch mehrmaliges Abrauchen mit konzentrierter Schwefelsäure (Schulze[2]).

Nickelpikrat explodiert beim Erhitzen.[3])

Faktorentabelle.

Gefunden	Gesucht	Faktor	2	3	4	5
$NiO = 74.7$	$Ni = 58.7$	0.78581	1.57162	2.35743	3.14324	3.92905

6	7	8	9	log
4.71486	5.50067	6.28648	7.07229	0.89532 — 1

Gefunden	Gesucht	Faktor	2	3	4	5
$NiSO_4 = 154.8$	$Ni = 58.7$	0.37930	0.75859	1.13789	1.51719	1.89649

6	7	8	9	log
2.27578	2.65508	3.03438	3.41367	0.57898 — 1

---

[1]) Reitzenstein, Z. anorg. **18**, 264 (1898).
[2]) Diss., Kiel 1906, S. 104. — Schück, Diss., Münster 1906, S. 13.
[3]) Silberrad und Philips, Soc. **93**, 489 (1908).

26. Palladium Pd = 106.

In Palladiumdoppelsalzen[1])[2]) wird das Metall durch Glühen, eventuell im Wasserstoffstrome, bestimmt. Siehe unter Platin S. 290. Das Chlor in den entsprechenden Doppelsalzen bestimmt man nach dem Schmelzen der Substanz mit Soda und Salpeter.[2])

27. Phosphor P = 31.0.

Zur Elementaranalyse phosphorhaltiger Eiweißverbindungen empfiehlt Dennstedt[3]), damit keine phosphorhaltige Kohle zurückbleibt, einfach an Stelle der gewöhnlichen glasierten Porzellanschiffchen unglasierte zu verwenden. Die bei der Verbrennung gebildete Phosphorsäure wird von der porösen Masse des Schiffchens aufgesaugt, während die abgeschiedene Kohle zurückbleibt und nun genügend mit dem Sauerstoff in Berührung kommt, um leicht und vollständig verbrannt zu werden. — Ist der Phosphorgehalt groß, dann muß die Verbrennung nach vollständiger Verkohlung der Substanz unterbrochen werden. Man stellt das Schiffchen nach dem Erkalten in eine flache Glasschale mit Salzsäure und erwärmt auf dem Wasserbade. Die Flüssigkeit dringt von außen in das Schiffchen und laugt die Phosphorsäure vollständig aus, während die Kohle fest im Schiffchen liegen bleibt. Man gießt die Säure ab, wiederholt das Verfahren einige Male mit reinem Wasser, trocknet bei 120° und verbrennt von neuem. Auf diese Weise tritt vollständige Verbrennung ein, und man erhält gut stimmende Resultate.

Zur quantitativen Bestimmung des Phosphors in organischen Substanzen dienen gewöhnlich die auf S. 222 ff. für die Schwefel-Bestimmung angeführten Methoden.

Die Methode von Carius für sich allein angewendet läßt hier allerdings öfters im Stich. Derartige resistente Substanzen müssen nach dem Erhitzen mit Salpetersäure und Neutralisieren mit Soda nach der Liebigschen Methode mit Ätzkali geschmolzen werden.

Verläßlichere Resultate werden nach der Brügelmannschen (auf S. 227 beschriebenen) Methode erhalten.

Titration der erhaltenen Phosphorsäure siehe S. 252 und 289.

So untersuchte beispielsweise Schaeuble[4]) das Trixylylphosphin folgendermaßen: Die Substanz wurde in einem Schiffchen mit feinkörnigem Natronkalk und Ätzkalk überdeckt und in eine etwa 11 mm weite Röhre von schwer schmelzbarem Glase geschoben. Vor der Substanz befand sich eine ca. 12—14 cm lange Schicht Ätzkalk, hinter

---

[1]) Cohn, M. 17, 670 (1896). — Rosenheim u. Maaß, Z. anorg. 18, 334 Anm. (1898).

[2]) Kurnakow u. Gwosdarew, Z. anorg. 22, 385 (1900).

[3]) Z. physiol. 52, 181 (1907).

[4]) Diss., Rostock 1895, S. 9. — Siehe auch Michaëlis und Gentzken, Ann. 241, 168 (1887).

der Substanz eine 8 cm lange Ätzkalkschicht, und zwar ohne aufgeklopften Kanal. Die Röhre wurde dann ganz allmählich von beiden Enden nach der Mitte fortschreitend erhitzt und gleichzeitig zuerst ein langsamer Luftstrom, später ein Sauerstoffstrom so durchgeleitet, daß die Substanz ohne sichtbare Entzündung verbrannte. Der Phosphor wurde aus der salpetersauren Lösung des Röhreninhaltes mit molybdänsaurem Ammonium gefällt. Das phosphormolybdänsaure Ammonium wurde auf einem Filter gesammelt, gut ausgewaschen, in Ammoniak gelöst und mit dem Magnesiagemisch als Ammoniummagnesiumphosphat gefällt und nach dem Glühen gewogen.

Methode von Messinger.[1])

Die Substanz (0.3—0.4 g) wird in einem Röhrchen gewogen und mit 4—5 g Chromsäure zersetzt. Der zur Zersetzung der Substanz dienende Kolben wird mit einem Rückflußkühler verbunden; man gießt nun 10 ccm Schwefelsäure (zwei Teile konzentrierte Schwefelsäure und ein Teil Wasser) durch die obere Mündung des Kühlers und erwärmt gelinde. Nach einer Stunde werden noch 10 ccm Schwefelsäure hinzugefügt und die Erwärmung etwa eine Stunde lang fortgesetzt. Mit dem Erhitzen darf man in keinem Falle zu weit gehen. Die Flüssigkeit muß nach dem Erkalten vollständig durchsichtig und ohne Niederschlag erscheinen. Der Kolbeninhalt wird nach zweistündiger Digestion in ein Becherglas geleert und auf dem Wasserbade erwärmt. Man versetzt nun die Flüssigkeit mit 3—4 g festem Ammoniumnitrat und 50 ccm Ammoniummolybdatlösung und setzt das Erwärmen 2—3 Stunden fort. Die grünlich gefärbte Flüssigkeit wird vom Niederschlage abfiltriert, der Niederschlag mit einer salpetersauren Lösung von Ammoniumnitrat (20 g Salz in 100 ccm Wasser) 6 bis 8 mal dekantiert, dann aufs Filter gebracht und in 2prozentigem, warmem Ammoniak gelöst. Die klare Flüssigkeit, die nicht mehr als 40—50 ccm betragen darf, wird mit 4—5 Tropfen einer konzentrierten Lösung von Citronensäure versetzt (um Spuren von Chromverbindungen als Citrate in Lösung zu halten) und mit Chlormagnesiumlösung gefällt.

Methode von Marie.[2])

Die zu analysierende Substanz wird zuerst in überschüssiger konzentrierter Salpetersäure (etwa 15—20 ccm auf 1 g Substanz) gelöst, auf das kochende Wasserbad gebracht und eine kleine Menge feingepulverten Kaliumpermanganats zugesetzt. Das Permanganat löst sich, und während sich die Lösung nach und nach entfärbt, scheidet sich Braunstein aus. Man fügt wieder Permanganat zu, wartet die Entfärbung ab usw. und fährt so fort, bis die Lösung einige Minuten lang deutlich rot gefärbt bleibt.

---

[1]) B. **21**, 2916 (1888).
[2]) C. r. **129**, 766 (1899).

Das verwendete Permanganat muß mindestens das 5—6fache Gewicht der angewandten Substanz betragen, man nimmt um so mehr davon, je schwerer oxydabel die organische Substanz ist; Ringverbindungen z. B. sind sehr resistent.

Man läßt erkalten und fügt tropfenweise 10proz. Natrium- oder Kaliumnitritlösung zu, bis die Lösung klar wird, was plötzlich eintritt. Durch Kochen werden nun überschüssige Salpetersäure und salpetrige Säure verjagt und Molybdänsäurelösung, der erwarteten Phosphorsäuremenge entsprechend, zugesetzt. Die gefällte Phosphormolybdänsäure muß sehr sorgfältig ausgewaschen werden, wobei man untersucht, ob die Waschwässer beim Erhitzen mit Bleisuperoxyd keine Permanganatfärbung mehr zeigen. — Nach der Fällung des Phosphors mit Magnesiasolution muß natürlich wieder alles Molybdän ausgewaschen werden. Um letzteres nachzuweisen, säuert man das ammoniakalische Waschwasser mit überschüssiger Salzsäure an und fügt ein paar Tropfen Rhodanammonium und etwas Zink hinzu. Das Molybdän verrät sich dann durch das Auftreten einer deutlichen, aber nach einiger Zeit verblassenden Rosafärbung.

Die Methode von Marie führt namentlich auch bei sehr schwer oxydablen Substanzen, die nach Carius kaum aufgeschlossen werden, z. B. dem Calcium-Ammoniumsalz der acetodiphosphorigen Säure[1]), zu ausgezeichneten Resultaten und vermeidet die Unbequemlichkeit des Arbeitens im Einschmelzrohre.

Zur Phosphorbestimmung bei physiologisch-chemischen Analysen bemerkt Rieger[2]), daß man richtige Resultate nur dann zu erhalten hoffen darf, wenn man bei der üblichen Aufschließungsmethode[3]) Asche herstellt, die, in Salpetersäure gelöst, keine Spur von Kohle mehr enthält, die also rein weiß ist.

Rieger verfährt beispielsweise für die Phosphorsäurebestimmung in der Milch folgendermaßen.

50 ccm Milch werden in einer geräumigen Platinschale unter öfterem Umrühren auf dem Wasserbade zur Sirupdicke eingedampft, mit 3 Löffeln chemisch reiner, wasserfreier, fein gepulverter Soda verrührt und vorsichtig im Abzuge verbrannt, darauf $\frac{1}{4}$ Sunde lang geglüht. Die vollkommene Veraschung der Milch wird zuletzt dadurch erreicht, daß man den in breiter, aber dünner Schicht befindlichen Tiegelinhalt mit einer Mischung von 1 Teil Soda und 2 Teilen krystallinischen Kaliumnitrats gut bedeckt und unter Umrühren mit einem Glasstabe über einem Dreibrenner glüht. Es entsteht dann eine weiße Masse, die bei starkem Glühen flüssig wird. Die breiige Masse rührt man zu einem Häufchen zusammen, legt den Glasstab in eine Porzellanschale, läßt erkalten und kann dann durch leichtes Zusammendrücken der Platinschale die ganze Schmelze in

---

[1]) H. v. Baeyer u. Hofmann, B. 30, 1973 (1897).
[2]) Z. physiol. 34, 109 (1901).
[3]) Methode von Hoppe-Seyler.

einem oder mehreren großen Stücken herausheben. Man gibt sie in ein geräumiges Becherglas, ebenso den Glasstab, fügt verdünnte Salpetersäure zu und läßt die Schmelze sich in dem mit einem Uhrglase bedeckten Becherglase in der Kälte lösen. Inzwischen hat man in die Platinschale verdünnte Salpetersäure gegeben und fügt sodann zu dem im Becherglase gelösten Teile den in der Platinschale zurückgebliebenen gelösten Rest der Schmelze hinzu. Man erhält auf diese Weise eine fast klare Flüssigkeit, kocht dieselbe auf und behandelt sie mit Molybdänlösung usw.

Auf diese Weise können auch andere Nahrungsmittel, Fleisch, Kot usw. analysiert werden.

Neben dieser Veraschungsmethode leistet auch das Verfahren von Röhmann und Keller[1]) in der Riegerschen Modifikation gute Dienste.

In einen Kjeldahlschen Kolben werden z. B. 50 ccm Milch oder Urin gegeben und 5 ccm konzentrierte Salpetersäure zugefügt, um bei dem darauffolgenden Einengen auf ca. 20 ccm, das sehr vorsichtig zu geschehen hat, Überkochen zu vermeiden. Erst dann wird die eigentliche Oxydation durch 20 ccm rauchende Salpetersäure eingeleitet. Sobald die braunen Dämpfe durch Erwärmen verschwunden sind, läßt man abkühlen und fügt 20 ccm konzentrierte Schwefelsäure hinzu. Nachdem sich die Flüssigkeit, die man wieder erwärmt, schwarz gefärbt hat, werden 25 g Ammoniumnitrat in zwei Portionen hinzugefügt und die Lösung dabei so lange unter Umschütteln mit kleiner Flamme erhitzt, bis sie farblos ist. Nach abermaligem Abkühlen wird alkalisch gemacht, sodann mit Salpetersäure stark angesäuert und die weitere Phosphorsäurebestimmung nach der Molybdänmethode vollendet.

Man hat das bei der Operation gebildete Calciumsulfat vor der Fällung mit Magnesiamixtur abzufiltrieren.

Methoden der Phosphorbestimmung im Phosphoröl: Korte, Diss. Bern 1906.

Faktorentabelle.

Gefunden	Gesucht	Faktor	2	3	4	5
$Mg_2P_2O_7 = 222.7$	$P_2 = 62$	0.27838	0.55675	0.83513	1.11351	1.39189
	$P_2O_5 = 142$	0.63757	1.27514	1.91272	2.55029	3.18786

	6	7	8	9	log	
	1.67026	1.94864	2.22702	2.50539	0.44463 — 1	
	3.82543	4.46300	5.10058	5.73815	0.80453 — 1	

---

[1]) Z. physiol. **29**, 151 (1900). — Siehe auch Marcuse, Pflüg. **67**, 363 (1897).

Alkalimetrische Bestimmung der Phosphorsäure unter Benützung der Säuregemisch-Veraschung nach Neumann.[1])

Erforderliche Lösungen:
1. 50proz. Ammoniumnitratlösung,
2. 10proz. Ammoniummolybdatlösung, kalt gelöst und filtriert,
3. $n/_2$-Natronlauge und $n/_2$-Schwefelsäure,
4. 1proz. alkoholische Phenolphthaleinlösung.

Ausführung der Phosphorsäurebestimmung:
Die Substanz wird nach den S. 318 gegebenen Vorschriften verascht, wobei sogleich 20 ccm Säuremischung zugesetzt werden. Während des weiteren Verlaufes der Veraschung tröpfelt man nur konzentrierte Salpetersäure zu. Man verdünnt zu 250 ccm Flüssigkeit, wobei außer dem Wasser so viel Ammoniumnitratlösung zuzugeben ist, daß in dem Viertelliter 15 Proz. desselben vorhanden sind. Man erhitzt auf 70—80°, d. h. bis gerade Blasen aufsteigen, und setzt einen nicht gar zu großen Überschuß an Molybdatlösung zu.

40 ccm reichen aus für 60 mg Phosphorsäureanhydrid; zu Proben, die 10—25 mg Phosphorpentoxyd enthalten, verwendet man ca. 40 ccm, zu solchen, die mutmaßlich weniger als 10 mg enthalten, 20 ccm Molybdatlösung.

Man schüttelt den entstandenen Niederschlag von phosphormolybdänsaurem Ammonium etwa $^1/_2$ Minute gründlich durcheinander und läßt 15 Minuten stehen. Dann filtriert und wäscht man durch Dekantation, wobei man aschefreie Faltenfilter von 5—6 cm Radius benützt. Vor dem Filtrieren wird das Filter mit eiskaltem Wasser gefüllt, um die Filterporen zu kontrahieren.

Um bequem zu dekantieren, legt man den Rundkolben in einen Stativring, etwas höher als das Filter, und läßt durch Neigen des Kolbenhalses die klare Flüssgkeit ohne Unterbrechung durch das Filter fließen, indem man den Zufluß nach dem Abfluße regelt. Zu dem im Kolben zurückgebliebenen Niederschlage fügt man 150 ccm eiskaltes Wasser, schüttelt kräftig und läßt absitzen. Währenddessen wird auch das Filter 1—2mal mit eiskaltem Wasser gefüllt. Man dekantiert und wäscht noch 3—4mal in gleicher Weise, bis das Waschwassser gerade nicht mehr gegen Lackmuspapier sauer reagiert.

Nunmehr gibt man das Filter in den Kolben zurück, zerteilt es durch heftiges Schütteln in der ganzen Flüssigkeit und löst den gelben Niederschlag, indem man gemessene Mengen Natronlauge hinzufügt,

---

[1]) Neumann, Z. physiol. **37**, 129 (1902); **43**, 35 (1904). — Malcolm, Journ. Physiol. **27**, 355 (1902). — Cronheim und Müller, Z. f. diät. u. phys. Therap. **6** (1902/3). — Donath, Z. physiol. **42**, 142 (1904). — Ehrström, Skand. Arch. Physiol. **14**, 82 (1904). — Wendt, Skand. Arch. Physiol. **17**, 215 (1905). — Rubow, Arch. f. exp. Path. Pharm. **57**, 71 (1905). — Plimmer und Bayliss, Journ. Physiol. **33**, 441 (1906). — Glikin, Bioch. **4**, 240 (1907). — Erlandsen, Z. physiol. **51**, 85 (1907). — Gregersen, Z. physiol. **53**, 453 (1907). — Plimmer, Soc. **93**, 1502 (1908).

unter beständigem Schütteln und ohne Erwärmen gerade zu einer farblosen Flüssigkeit auf. Sodann werden noch 5—6 ccm Lauge zugesetzt und gekocht (ca. $^1/_4$ Stunde), bis in den Wasserdämpfen durch feuchtes Lackmuspapier kein Ammoniak mehr nachweisbar ist. Nach völligem Abkühlen unter der Wasserleitung und Ergänzung der Flüssigkeitsmenge auf ca. 150 ccm muß durch Hinzufügen von 6 bis 8 Tropfen Phenolphthaleinlösung starke Rotfärbung eintreten, widrigenfalls nochmals nach Zusatz einiger Kubikzentimeter Lauge gekocht werden muß. Dann übersättigt man mit ca. 1 ccm Schwefelsäure, vertreibt durch Kochen die Kohlensäure und titriert zurück.

Die Zahl der verbrauchten Kubikzentimeter $^n/_2$-Lauge mit 1.268 multipliziert, ergibt die Menge Phosphorsäureanhydrid in Milligrammen.

28. Platin Pt = 194.8.[1])

Im allgemeinen wird das Platin in den organischen Doppelsalzen durch Glühen der Substanz als Metall bestimmt.

Zur Analyse des explosiven Diazobenzoldoppelsalzes $(C_6H_5N_2Cl)_2PtCl_4$ und anderer derartiger Salze, welche beim Erhitzen verpuffen, vermischte Grieß die Substanz mit kohlensaurem Natrium, und erhitzte dann zum Glühen.[2])

Das sehr explosive Platindoppelsalz des Tetraäthyltetrazons $[(C_2H_5)_4N_4HCl]_2PtCl_4$ löste E. Fischer zur Platinbestimmung zunächst in Wasser, zersetzte durch gelindes Erwärmen und glühte den Rückstand.[3])

Platindoppelsalze von Arsoniumbasen[4]) werden nach La Coste und Michaëlis folgendermaßen analysiert.

Die in einem Porzellanschiffchen abgewogene lufttrockene Substanz wird in einer Verbrennungsröhre in schwachem Luftstrome zuerst sehr gelinde, dann allmählich bis zum schwachen Rotglühen erhitzt; die noch vorhandenen Reste abgeschiedener Kohle werden hierauf durch längeres Überleiten von Sauerstoff völlig verbrannt und das reduzierte Platin durch darauffolgendes heftiges Glühen im Wasserstoffstrome von den letzten Spuren Arsen befreit.

Über die Analyse von Chloroplatinaten nach Edinger siehe Seite 213.

Über die Scheiblersche Methode siehe unter Gold Seite 274.

In allen Fällen, wo die Zusammensetzung einer Base lediglich aus der Analyse des Platinsalzes erschlossen werden kann, ist eine Bestimmung des Chlors in demselben natürlich unerläßlich. Die Cariussche Methode ist für diesen Zweck nicht anwendbar, weil die Platinchlorwasserstoffsäure mit dem Silbernitrat reagieren würde; die

---

[1]) Siehe auch S. 797.
[2]) Ann. 137, 52, 63 (1866).
[3]) Ann. 199, 320 (1879).
[4]) Ann. 201, 214 (1880).

Chlorbestimmung nach der Kalkmethode macht die gleichzeitige Platinbestimmung schwierig und unbequem.

Wallach empfiehlt deshalb[1]) nachfolgendes bequemes und namentlich für die Chlorbestimmung sehr genaues Verfahren.

Das zu analysierende Platinsalz wird in einer Platinschale abgewogen und mit einer frisch bereiteten konzentrierten Auflösung von $^1/_2$—1 g Natrium in absolutem Alkohol übergossen. Der überschüssige Alkohol wird durch Erwärmen auf dem Wasserbade bis zur Bildung einer Krystallhaut abgeraucht. Die Schale wird dann auf ein Dreieck gesetzt und durch vorsichtiges Nähern einer Flamme der Alkohol in derselben entzündet. Es brennt nun der Alkohol und das Alkoholat ganz ruhig und ohne das mindeste Schäumen und Spritzen ab. War der Alkohol aber stark wasserhaltig, oder hatte das Alkoholat Wasser angezogen, so macht sich beim Abdampfen immer ein mehr oder weniger starkes Spritzen bemerklich, und die Genauigkeit der Analyse wird in Frage gestellt.

Das Platinsalz wird dabei unter Abscheidung von metallischem Platin völlig zerlegt, während sich alles Chlor an das Alkali bindet. Wenn die Flamme erloschen ist, wird die Schale noch kurze Zeit über freiem Feuer erhitzt und dann, nach dem Erkalten, der Schaleninhalt in ein Becherglas gespült, mit Salpetersäure angesäuert, filtriert, gewaschen und das Chlor gefällt. Das auf dem Filter befindliche Gemenge von Platin und Kohlenstoff wird in dieselbe Schale gebracht, in welcher die Zerlegung des Platinsalzes stattfand und nach Verbrennung des Filters und der Kohle geglüht und gewogen.

Hoogewerff und van Dorp[2]) fügen zur wässerigen Lösung des Chloroplatinates reines Natriumamalgam und bestimmen das Chlor nach der Fällung des Platins im Filtrate.

29. Quecksilber Hg = 200.3.

Um das Quecksilber bei der Elementaranalyse zugleich mit Kohlenstoff und Wasserstoff zu bestimmen, ziehen Frankland und Duppa[3]) das vordere Ende des Verbrennungsrohres zu einer 8—10 cm langen engen Röhre aus, welche mittels eines Kautschukschlauches direkt mit dem Chlorcalciumröhrchen verbunden werden kann. Einige Zentimeter weiter rückwärts ist die Verbrennungsröhre wieder ausgezogen und die zwei ausgezogenen Röhrenteile sind so umgebogen, daß eine Art U-Röhre für die Aufnahme des Quecksilbers und Wassers entsteht. Diesen Teil des Rohres hält man durch Einstellen in kaltes Wasser kühl.[4])

Bei Beendigung der mit Kupferoxyd im offenen Rohre ausgeführten Verbrennung wird, während der Luftstrom noch durchstreicht,

---

[1]) B. **14**, 753 (1881).
[2]) Rec. **9**, 55 (1890).
[3]) Ann. **130**, 107 (1864). — E. Fischer, B. **40**, 387 (1907). — Anschütz, Ann. **359**, 208 (1908).
[4]) Dimroth, B. **32**, 759, Anm. (1899).

der dem Kupferoxyd zunächst befindliche ausgezogene Teil der Röhre
etwas aus dem Ofen herausgeschoben, und nachdem man sorgfältig
mittels eines Brenners alle Quecksilberkügelchen, welche sich etwa in
dem ausgezogenen Halse befanden, in die U-förmige Röhre getrieben hat,
wird die letztere mittels einer Lötrohrflamme abgeschmolzen. Nachdem der Kaliapparat abgenommen ist, wird eine zweite Chlorcalcium-
(Schwefelsäure-)Röhre an seine Stelle vorgelegt (zur Abhaltung der
äußeren Feuchtigkeit) und das freie Ende mit einer gut wirkenden
Luftpumpe in Verbindung gebracht. Es muß nun in dem Systeme
eine Stunde lang ein Vakuum erhalten werden; nach dieser Zeit ist
die ganze Menge des Wassers aus der U-Röhre in das Absorptionsgefäß übergegangen, ohne daß man erstere zu erwärmen braucht.

Nach dem Wägen der ausgetrockneten U-förmigen Röhre wird
das zugeschmolzene Ende derselben im Gebläse erhitzt, während man
von der anderen Seite trockene Luft hineinbläst. Es entsteht so
ohne Glasverlust ein Loch, durch das das Quecksilber durch Hitze
und einen Luftstrom ausgetrieben werden kann. Man kann auch
nach der Verbrennung und Abnahme der Absorptionsgefäße das U-
förmige Röhrenstück absprengen, zuerst für sich wägen, dann durch
Gewichtsverlust im Exsiccator das Wasser und schließlich durch Erhitzen im Luftstrome das Quecksilber bestimmen (Dimroth).

Verzichtet man auf die Quecksilberbestimmung, so verbrennt
man mit Kupferoxyd und vorgelegtem Bleisuperoxyd (15 cm lange
Schicht), das auf 150—160° erhitzt wird.[1])

Um Quecksilber mit Halogen gleichzeitig zu bestimmen, geht man ähnlich vor, indem man das nach S. 205 f. mit Kalk
und Magnesit beschickte Rohr an seinem offenen Ende U-förmig aus-

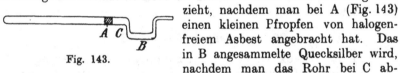

Fig. 143.

zieht, nachdem man bei A (Fig. 143)
einen kleinen Pfropfen von halogen-
freiem Asbest angebracht hat. Das
in B angesammelte Quecksilber wird,
nachdem man das Rohr bei C ab-
gesprengt hat, mit Wasser in ein gewogenes Schälchen gespült, die
Hauptmenge des Wassers abgegossen, dann das Quecksilber mit
Alkohol gewaschen, mit Filtrierpapier abgetupft und schließlich im
Vakuumexsiccator über Schwefelsäure getrocknet.

Bei besonders genauen Analysen fängt man die letzten
Spuren Quecksilber, welche aus der U-förmigen Röhre entweichen
könnten, in vorgelegten Goldblättchen auf, welche sich mit dem Quecksilber amalgamieren.[2])

Für schwefelhaltige Substanzen ist das Verfahren nicht
gut anwendbar.

Solche Körper, wie das phenylcarbithiosaure Quecksilber schließt

———————
[1]) Konek-Norwall, Ch. Ztg. 31, 1185 (1907).
[2]) Erdmann u. Marchand, J. pr. (1) 31, 393 (1844). — Vgl. auch König,
J. pr. (1) 70, 64 (1856).

man mittels Salpetersäure im Rohre auf und reduziert das Quecksilber, das schließlich als Chlorür bestimmt wird, mittels phosphoriger
Säure.[1])

Auf nassem Wege kann man das Quecksilber als Sulfid durch
Fällen in schwach salzsaurer Lösung mit Schwefelwasserstoff und Wägen
des bei 100° getrockneten Niederschlages bestimmen. Man kocht die
Substanz zu diesem Behufe einige Zeit mit konzentrierter Salzsäure,
verdünnt dann mit Wasser und leitet Schwefelwasserstoff ein.[2]) Die
Substanz braucht dabei in der Regel nicht gelöst zu werden;[3]) für
die Analyse der Oxymercabide[4]) ist es indessen notwendig, mit
Bromwasser zu erwärmen, bis Lösung und Entfärbung eingetreten
ist, erst dann fällt Schwefelwasserstoff reines Sulfid. Salzsäure und
Schwefelwasserstoff greifen selbst bei tagelangem Digerieren nur unvollständig an.

Die Verbrennung dieser explosiven Körper ist mit den Seite 165
gegebenen Kautelen auszuführen.

Biltz und Mumm schließen im Rohre mit Salpetersäure auf
und fällen nach Treadwell als Quecksilbersulfid.[5])

Die Quecksilber-Bestimmung bei jodhaltigen Substanzen gelingt nur durch Erhitzen mit Kalk im Kohlendioxydstrome und
Wägung des abdestillierten Metalls. Löst man die Substanz in Salzsäure
(Chlornatriumzusatz) und behandelt in der Hitze mit Bromwasser
und dann mit Schwefelwasserstoff, so sind die erhaltenen schwarzen·
Niederschläge jodhaltig, und die Quecksilberzahl wird um 2—3 Proz.
zu hoch gefunden (Sand[6]).

Zur Bestimmung des Quecksilbers in stickstoffhaltigen
organischen Verbindungen ist es nach Hugo Schiff[7]) erforderlich, die organische Substanz vorerst vollständig (durch Eindampfen mit Königswasser, eventuell unter Zugabe von Kaliumchlorat) zu zerstören. Das Quecksilber wird dann am besten durch
Erwärmen mit phosphoriger Säure als Calomel bestimmt. Siehe
Vanino und Seubert, B. 30, 2808 (1897).

Bestimmung des Quecksilbers nach Rupp und Nöll.[8])

Wird die organische Substanz nach Kjeldahl oxydiert, so läßt
sich nachher das Quecksilber nach der Gleichung:

$$HgSO_4 + 2NH_4SCN = Hg(SCN)_2 + (NH_4)_2SO_4$$

---

[1]) Pohl, Diss., Berlin 1907, S. 21.
[2]) Schenk u. Michaëlis, B. 21, 1501 (1888). — Kunz-Krause und
Richter, Arch. 245, 34 (1907).
[3]) Pesci, Gazz. 23, (2), 533 (1893).
[4]) K. A. Hofmann, B. 31, 1905 (1898).
[5]) Biltz u. Mumm, B. 37, 4420 (1904).
[6]) B. 34, 1388, Anm. (1901).
[7]) Ann. 316, 247 (1901).
[8]) Arch. 243, 1, 244, 300, 536 (1905). — Rupp, B. 39, 3702 (1906). —
B. 40, 3276 (1907).

titrimetrisch mittels Rhodanammonium und Ferriammonsulfat bestimmen.

0,3 g des Präparates werden mit 4 g Kaliumsulfat und 5 ccm konzentrierter Schwefelsäure in einem ca. 150 ccm fassenden Kochkölbchen zusammengebracht, und dieses durch einen einfach durchbohrten Korkstopfen, welcher ein 40—50 cm langes, am oberen Ende erweitertes Steigrohr trägt, verschlossen. Man erhitzt sodann in geneigter Stellung auf dem Drahtnetze zum leichten Sieden, bis die Mischung wasserklar geworden ist. Nunmehr läßt man durch das Trichterrohr, um dieses auszuspülen, 5—10 ccm konzentrierter Schwefelsäure in das Reaktionsgemisch einlaufen, worauf das Steigrohr entfernt wird. Alsdann gibt man sofort einige Körnchen Kaliumpermanganat hinzu, 0.1—0.2 g, so daß das Reaktionsgemisch sich rot färbt. Hierauf wird nochmals einige Augenblicke auf dem Drahtnetze erhitzt, um die Permanganatfärbung zum Verschwinden zu bringen. Nach dem Erkalten verdünnt man die Flüssigkeit mit Wasser auf ca. 100 ccm, läßt abermals völlig erkalten, gibt dann ca. 2 ccm Eisenalaunlösung als Indikator hinzu und titriert unter fortgesetztem Schütteln mit $n/_{10}$-Rhodanlösung auf eintretende Braunrotfärbung.

Ein Kubikzentimeter von dieser Lösung entspricht 0.010015 g Quecksilber.

Analyse der Additionsprodukte von Oxoniumbasen und Quecksilberchlorid: Straus, B. **37**, 3284 (1904).

Zur Bestimmung von Quecksilber im Harn, in Leichenteilen usw. sind viele Vorschriften angegeben worden. Dieselben beruhen zumeist auf Zerstörung der organischen Substanz durch Chlor, Reduktion des Quecksilbersalzes mittels Zinnchlorürlösung, Kupferpulvers oder Zinkstaubs und Fixation desselben mittels Goldes oder metallischen Kupfers.

Die Bestimmung selbst erfolgt entweder durch Wägung oder colorimetrisch durch Beobachtung der Gelbfärbungen, welche durch Schwefelwasserstoffwasser in den sehr verdünnten Quecksilbersalzlösungen entstehen, oder endlich elektrolytisch.[1]

Von den zahlreichen diesbezüglichen Vorschlägen seien diejenigen von Ludwig und Zillner, Medizin. Chemie, 2. Aufl. (1895), S. 223—225; Wien. Klin. Wochenschr. **1889**, Nr. 45; **1890**, Nr. 28—32; Ztschr. österr. Apoth. Ver. **43**, 54 (2881); Jolles, M. **16**, 684 (1895); Z. anal. **39**, 230 (1900); Winternitz, Z. anal. **28**, 753 (1889); Schumacher und Jung, Z. anal. **39**, 12 (1900); **41**, 461 (1902) und Werder, Z. anal. **39**, 358 (1900) erwähnt. — Siehe auch S. 243.

Das von Werder verbesserte Schumacher-Jungsche Verfahren, welches zum Teile in Anlehnung an die Methoden von Winternitz und Jolles ausgearbeitet ist, wird folgendermaßen ausgeführt.

---

[1] Enoch, Ztschr. f. öff. Ch. **13**, 307 (1907).

Ein Liter Harn[1]) wird in einem Zweiliterkolben, welcher einen
kurzen Glaskühler trägt, unter Zusatz von 15—20 g chlorsaurem Kalium
und ungefähr 100 ccm konzentrierter Salzsäure auf dem Wasserbade
erhitzt, bis sich durch Hellerwerden der anfänglich tiefroten Flüssigkeit eine Einwirkung des nascierenden Chlors wahrnehmbar macht.
Dann bleibt der Kolben 12 Stunden bei gewöhnlicher Temperatur
stehen, wird hierauf zur Vertreibung des überschüssigen Chlors wieder
erwärmt, dann werden ungefähr 100 ccm klare Zinnchlorürlösung zugesetzt, mit kaltem Wasser gekühlt und durch ein
Asbestfilter filtriert. Der Niederschlag, der neben wenig
organischer Substanz das vorhandene Quecksilber enthält,
wird ein wenig gewaschen und dann quantitativ mit wenig
Kalilauge und Wasser in einen 300 ccm fassenden Kolben
gespült, unter Rückflußkühlung auf dem Wasserbade erwärmt,
um die organische Substanz in Lösung zu bringen, und dann
wieder abgekühlt. Dann werden einige Körnchen Kaliumchlorat zugefügt, mit konzentrierter Salzsäure stark angesäuert und wieder gelinde erwärmt, bis das grüngelbe
Chlor im Kühler sichtbar wird. Es wird darauf durch einen
kleinen Trichter, in dem sich ein Filterplättchen mit rundem,
fest anliegendem Filter befindet, in einen 200—300 ccm
fassenden Kolben abgesaugt, so wenig wie möglich nachgewaschen und die noch warme Lösung mit 10—20 ccm Zinnchlorür
versetzt. Darauf wird dieselbe durch ein Filtrieramalgamierröhrchen
(Fig. 144) filtriert, das mit Goldasbest, worin noch feine Goldkörnchen
verteilt sind, gefüllt ist. Man wäscht mit verdünnter Salzsäure und
Wasser, dann dreimal mit Alkohol und dreimal mit Äther aus,
trocknet das Röhrchen gut im trockenen Luftstrome, wobei es anfangs
ganz wenig angewärmt wird, und wägt bis zur Gewichtskonstanz.
Darauf wird das Quecksilber, wieder im Luftstrome, weggeglüht,
wozu starkes Erhitzen erforderlich ist.

Fig. 144.

Der Goldasbest wird so hergestellt, daß man chemisch reines
Gold in Königswasser löst, eindampft, bis nur noch wenig freie
Säure vorhanden ist, und in diese Lösung gereinigte feine Asbestfäden bringt, welche man, nachdem sie genügend mit der ziemlich
konzentrierten Goldlösung durchtränkt sind, abtropfen läßt. Dann
werden sie in einem Porzellantiegel auf dem Sandbade getrocknet,
und in den Tiegel wird, während er über freier Flamme allmählich
stark erhitzt wird, durch ein Porzellanröhrchen reiner Wasserstoff
eingeleitet. Nach ungefähr 15 Minuten ist die Reduktion des Gold-
chlorids beendet, und der Asbest zeigt sich mit zum Teile hellglänzen-
dem, sehr fein verteiltem metallischem Golde bedeckt. Er wird mit
verdünnter Salzsäure und heißem Wasser gewaschen und getrocknet.
Zur Füllung der Filtrieramalgamierröhrchen (Fig. 144) wird in die

---

[1]) Für die Untersuchung anderer physiologischer Ausscheidungsprodukte,
Leichenteile usw. sind entsprechende geringe Änderungen der Aufschließungsmethode notwendig.

Verengung derselben zuerst ein dichter Asbestpfropf a, darüber eine Schicht Goldasbest, dann eine Lage feinkörnigen Goldes b und darüber eine zweite Schicht Goldasbest gebracht. Vor der erstmaligen Anwendung sind die auf Saugflaschen aufgesetzten Röhrchen mit Salzsäure, Wasser, Alkohol und Äther zu waschen und im Luftstrome gut auszuglühen.

Jodide beinträchtigen die Ausführbarkeit dieser Methode nicht.

Um gleichzeitig mit der quantitativen Quecksilber-Bestimmung nachzuweisen, daß der Glühverlust des Filtrierröhrchens nicht etwa von anderen zufälligen, in der Glühhitze gleichfalls flüchtigen Substanzen herrührt, schaltet Werner (a. a. O.) an dem in Fig. 144 abgebildeten Apparate unmittelbar an den verjüngten Teil des Röhrchens eine Röhre von der abgebildeten Form ein (Fig. 145).

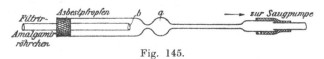

Fig. 145.

Die Dichtung wird am geeignetsten durch eine Asbestumwicke-lung hergestellt. Den Quecksilberspiegel treibt man durch Erhitzen in den bauchigen Teil, also auf Stelle a des zweiten Röhrchens, schneidet dasselbe nach Beendigung des Versuches bei b ab und bringt ein Kryställchen Jod in die bauchige Erweiterung. Bei gelindem Erwärmen bilden sich dann an der Stelle, wo sich das ausgeschiedene Quecksilber befand, je nach der Menge desselben mehr oder weniger deutlich die charakteristischen Anflüge von rotem Quecksilberjodid (Methode von Neubauer[1]).

Faktorentabelle.

Gefunden	Gesucht	Faktor	2	3	4	5
HgS = 232.4	Hg = 200.3	0.86202	1.72405	2.58607	3.44810	4.31012

6	7	8	9	log
5.17214	6.03417	6.89619	7.75822	0.93552--1

30. Rubidium Rb = 85.5.

Rubidiumsalze werden nach Zusatz einiger Tropfen Schwefelsäure verascht,[2]) seltener wird das Rubidium als Chlorid bestimmt.[3])

Rubidiumpikrat explodiert beim Erhitzen.[4])

---

[1]) Z. anal. **17**, 399 (1878).
[2]) Van der Velden, J. pr. (2) **15**, 154 (1877). — Salway, Diss. Leipzig 1906, S. 39.
[3]) Windaus, B. **41**, 617 (1908). — Als Rb_2PtCl_6: B. **41**, 2560 (1908).
[4]) Silberrad und Philips, Soc. **93**, 476 (1908).

Faktorentabelle.

Gefunden	Gesucht	Faktor	2	3	4	5
$Rb_2SO_4 = 267$	$Rb_2 = 171$	0.64048	1.28096	1.92144	2.56192	3.20240

6	7	8	9	log
3.84288	4.48336	5.12384	5.76432	0.80651—1

31. Sauerstoff O = 16.

Der Sauerstoffgehalt organischer Substanzen wird ausschließlich indirekt bestimmt, was allerdings voraussetzt, daß man sich von der Abwesenheit anderer als der bestimmten Elemente vergewissert hat. Zu welchen Irrtümern das Unterlassen dieser Vorsichtsmaßregel Gelegenheit geben kann, ist in der Einleitung zu diesem Kapitel[1]) betont worden. Die bis jetzt ausgearbeiteten Methoden zur Sauerstoffbestimmung sind überaus umständlich und nicht von allgemeiner Anwendbarkeit, so daß sie auch kaum jemals von anderen als ihren Erfindern benutzt worden sind.

Daß man übrigens „ohne eine solche Methode sehr wohl auskommen kann, lehrt die Entwicklungsgeschichte der organischen Chemie, man sieht keine Stelle, wo die fortschreitende Entwicklung durch das Fehlen einer solchen Methode gehemmt worden wäre".[2])

Im nachfolgenden sind kurz die wichtigsten auf die Sauerstoffbestimmung abzielenden Vorschläge zusammengestellt.

Methode von Baumhauer.[3])

Die organische Substanz wird mit Kupferoxyd im Stickstoffstrome verbrannt, wobei schließlich der zur Beendigung der Oxydation notwendige Sauerstoff aus einer gewogenen Menge Silberjodat (nach einem Vorschlage Ladenburgs) entwickelt wird. Dabei regeneriert sich auch das reduzierte Kupferoxyd, und der überschüssige Sauerstoff wird von einer besonderen Schicht metallischen Kupfers aufgenommen. Letzteres wird dann mit reinem Wasserstoff reduziert und das dabei gebildete Wasser gewogen.

Methode von Ladenburg.[4])

Die Substanz wird in einem gewogenen Einschmelzrohre mit konzentrierter Schwefelsäure und überschüssigem gewogenem Silberjodat erhitzt, nach dem Erkalten vorsichtig geöffnet, der Rohrinhalt

---

[1]) S. 143.
[2]) Dennstedt, Entwicklung der organischen Elementaranalyse, S. 91.
[3]) Ann. **90**, 228 (1854). — Jb. **1855**, 768, — Z. anal. **5**, 141 (1866).
[4]) Ann. **135**, 1 (1865).

mit Wasser verdünnt, mit Jodkaliumlösung versetzt und das durch
unverbrauchtes Silberjodat ausgeschiedene Jod mit $^n/_{10}$-Thiosulfat-
lösung bestimmt. Zur gleichzeitigen Kohlenstoffbestimmung wird das
Rohr vor dem Erhitzen evakuiert, nach dem Erhitzen gewogen, geöffnet, evakuiert und wieder gewogen. Die Differenz beider Wägungen
gibt die Menge des Kohlendioxyds.

Methode von Maumené.[1])

Die mit phosphorsaurem Calcium und Bleioxyd vermischte Substanz
wird in gewöhnlicher Weise verbrannt. Der Röhreninhalt wird hierauf
mit der doppelten Gewichtsmenge Bleiglätte bedeckt in ˙einem Tiegel
geschmolzen und der entstehende Bleiregulus gewogen. Der Sauerstoffgehalt der Substanz ergibt sich aus der Differenz der im Kohlendioxyd und dem Wasser befindlichen, und der dem reduzierten Blei
entsprechenden Sauerstoff-Menge.

Methode von Mitscherlich.[2])

Die organische Substanz wird entweder mit Chlor (Kaliumplatin-
chlorid) zerlegt und der Sauerstoff in derselben durch Wägung des
entstandenen Kohlenoxyds und der Kohlensäure festgestellt — oder
die Kohlenstoffverbindungen werden mit Quecksilberoxyd verbrannt;
durch Wägung des durch Reduktion entstandenen Quecksilbers wird
die Quantität Sauerstoff, die zur Verbrennung gedient hat, und durch
Abziehen der letzteren von der in den Verbrennungsprodukten vorhandenen wird die Sauerstoffmenge der untersuchten Substanz gefunden. — Mitscherlich ermöglicht es durch die weitere Ausbildung
seines Verfahrens Kohlenstoff, Wasserstoff, Sauerstoff, Stickstoff,
Chlor, Brom, Jod und Schwefel in einer Operation zu bestimmen.
„Daß diese schwierige Aufgabe tatsächlich lösbar ist" — sagt Dennstedt[3]) — „beweisen die Beleganalysen, aber niemand, auch nicht
die tapfersten Chemiker, haben sich je an die Wiederholung dieses
Verfahrens herangewagt."

Methode von Phelps.[4])

Die Substanz wird in einer evakuierten Röhre mit einer gewogenen Menge Kaliumbichromat und Schwefelsäure auf 105° erhitzt.
Nach vollendeter Oxydation wird mit Salzsäure behandelt. Die nicht
verbrauchte Chromsäure entbindet Chlor, welches durch Kaliumarsenit
von bekannter Stärke absorbiert wird. Der Überschuß des letzteren
wird mit Jodlösung zurücktitriert.

---

[1]) J. pr. (1) **84**, 185 (1861). — C. r. **55**, 432 (1861).
[2]) Pogg. **130**, 536 (1841). — Z. anal. **6**, 136 (1867). — B. **1**, 45 (1868). —
Z. anal. **7**, 272 (1868). —B. **6**, 1000, (1873). — Tageblatt der 47. Naturf.-Vers.
1874, 122. — B. **7**, 1527 (1874). — Z. anal. **15**, 371 (1876).
[3]) Entwickl. d. Elem. Anal. S. 93.
[4]) Silliman (4) **4**, 372 (1897).

Andere mehr oder weniger phantastische Vorschläge zur direkten Sauerstoffbestimmung stammen von Persoz[1]), Strohmeyer[2]), Wanklyn und Frank[3]), Cretier[4]) u. a.

32. Selen Se = 79.1.

Eine genaue, allgemein anwendbare Methode zur Bestimmung des Selens dürfte es noch nicht geben;[5]) so konnten Hofmann[6]) in den Selenazolverbindungen und Paal[7]) im Selenoxen das Selen „in Anbetracht des Mangels einer guten Methode" nur qualitativ nachweisen.

Rathke[8]) verbrennt die Substanz im Sauerstoffstrome und leitet die Dämpfe über glühenden Kalk, aus welchem dann durch Lösen in Salzsäure und Fällen mit schwefliger Säure das Selen abgeschieden wird, oder oxydiert mit Chromsäure oder Salpetersäure (von 1,4 sp. Gew.) im Rohre bei 200° und fällt mit schwefliger Säure.

Die Elementaranalyse wird mit einer Mischung von Kupferoxyd und Bleioxyd vorgenommen.

Über die Analyse des o-Cyanbenzylselencyanids schreibt A. L. Drory[9]): „Die Selenbestimmung wurde durch Oxydation der Substanz mit rauchender Salpetersäure im Digestionsrohr ausgeführt; die hierbei gebildete Selensäure wurde dann mit Salzsäure reduziert und das Selen mit Natriumbisulfit ausgefällt." Andererseits „wurde die Substanz in ca. 10 ccm konzentrierter Schwefelsäure unter gelindem Erwärmen gelöst, die erhaltene grüne Lösung nach dem Erkalten in ca. 150 ccm Wasser gegossen, wobei das Selen vollständig ausfiel. Durch Aufkochen ballte es sich zusammen und wurde auf tariertem Filter gesammelt und gewogen. Aber auch diese Methode führt nicht immer zu genauen Zahlen, weil kein Anzeichen dafür vorhanden ist, wann die Zerstörung der Substanz und Auflösung des elementar abgeschiedenen Selens erfolgt ist. Bei zu langem Erwärmen verschwindet schließlich die grüne Färbung vollständig, indem unter Entwicklung von schwefliger Säure eine wasserklare Auflösung von Selenigsäure entsteht. Da nun auch das Schmelzen der Substanz mit Soda und Salpeter, Umsetzung des erhaltenen selensauren Alkalis mit Chlorbarium und Wägung des Selens als selensaures Barium kein ganz zuverlässiges Verfahren ist, so habe ich davon Abstand genommen, weitere Selenbestimmungen auszuführen."

---

[1]) Ann. Chim. Phys. (2), **75**, 5 (1840).
[2]) Ann. **117**, 243 (1851).
[3]) Jb. **1868**, 700.
[4]) Z. anal. **13**, 1 (1874).
[5]) Siehe auch Ch. Ztg. **30**, 810, 1044 (1906).
[6]) Ann. **250**, 297 (1889).
[7]) B. **18**, 2255 (1885).
[8]) Ann. **152**, 206 (1869).
[9]) Diss. Berlin 1892, S. 37.

Das Triäthylselenjodid wurde von Pieverling[1]) mit einer
hinreichenden Menge konzentrierter Salpetersäure gekocht, die Lösung
zur Reduktion von etwa gebildeter Selensäure mit wenig Salzsäure
zur Trockne verdampft und der Rückstand durch wiederholtes Eindampfen mit einer gesättigten Lösung von schwefliger Säure vollständig reduziert.

Nach Michaëlis und Röhmer[2]) bedingt aber das Eindampfen
mit Selen immer Verluste. Sie empfehlen die Substanz mit gewöhnlicher konzentrierter Salpetersäure im Rohre auf 180° zu erhitzen,
dann den in einen Kolben gespülten Rohrinhalt mit einem großen
Überschusse von konzentrierter Salzsäure einige Stunden am Rückflußkühler zu kochen, wodurch alle Salpetersäure zerstört wird. Alsdann wird die eventuell filtrierte Flüssigkeit längere Zeit mit schwefligsaurem Natrium erhitzt, das ausgeschiedene Selen abfiltriert, getrocknet und gewogen.

Stollé dampft[3]) nach der Oxydation mit Salpetersäure unter
Kochsalzzusatz ein und reduziert durch sechsstündiges Kochen mit
Hydroxylamin, nach der Methode von Jannasch und Müller[4]);
Edinger und Ritsema[5]), die im übrigen ähnlich arbeiten, fällen mit
Hydrazinsulfat, erhalten aber auch keine besonders guten Resultate.

Godchaux[6]) erhitzt zur Selenbestimmung mit Brom und Wasser
im Rohre, vertreibt dann das Brom auf Zusatz von Wasser und
Kochsalz und gibt zu der filtrierten Lösung behufs Fällung des Selens
wässerige schweflige Säure im Überschuß.

Bestimmung des Selens in organischen Substanzen nach Frerichs.[7])

Etwa 0.2—0.3 g der Substanz werden nach Carius mit Salpetersäure (sp. Gew. 1.4) unter Zusatz von etwa 0.5 g Silbernitrat zerstört.
Der Rohrinhalt wird mit Wasser oder Alkohol in eine Porzellanschale
gespült und zur Trockne verdampft. Der Rückstand wird mit einigen
Tropfen Wasser verrieben und dann mit Alkohol auf ein Filter gebracht und mit Alkohol gewaschen, bis im Filtrate kein Silber mehr
nachweisbar ist. Das Filter mit dem Rückstande wird dann in einem
Becherglase mit etwa 20 ccm Salpetersäure und 80 ccm Wasser so
lange gekocht, bis der Rückstand völlig in Lösung gegangen ist, was
nach etwa fünf Minuten der Fall zu sein pflegt.

Nach Zusatz von etwa 100 ccm Wasser und einem Kubikzentimeter konzentrierter Eisenammonalaunlösung wird mit $n/_{10}$-Rhodan-
kaliumlösung (nach Volhard) titriert.

---

[1]) Ann. **185**, 334, Anm. (1877).
[2]) B. **30**, 2827, Anm. (1897).
[3]) J. pr. (2), **69**, 510 (1904).
[4]) B. **31**, 23, 88 (1898).
[5]) J. pr. (2), **68**, 90 (1003).
[6]) Diss., Rostock 1891, S. 58.
[7]) Arch. **240**, 656 (1902).

Jeder Kubikzentimeter Rhodanlösung entspricht 0.003 95 g Selen.

Bei der Titration stört das Silbersulfid nicht, weil es sich in der verdünnten Salpetersäure nicht löst.

Auch die Bestimmung von Selen neben Halogen in organischen Verbindungen läßt sich nach dieser Methode durchführen. Man hat nur nötig, das nach der Zerstörung der Substanz erhaltene Gemisch von Halogensilber und selenigsaurem Silber durch Kochen mit salpetersäurehaltigem Wasser zu trennen und den Rückstand als Halogensilber, im Filtrate nach dem Eindampfen das selenigsaure Silber zu bestimmen.

Allerdings fallen hierbei die Zahlen für Halogen etwas zu hoch, diejenigen für Selen etwas zu niedrig aus.

Becker und Jul. Meyer ziehen es vor, das entstehende Ag_2SeO_3 nach dem Trocknen direkt zu wägen.[1]

Verfahren zur Selenbestimmung von Lyons und Shinn.[2]

Während Frerichs eine indirekte Selenbestimmung ausführt, indem die dem Selen entsprechende Silbermenge titriert wird, schlagen Lyons und Shinn eine direkte Methode vor, welche im wesentlichen folgendermaßen ausgeführt wird.

Die Substanz wird im Einschmelzrohre mit roher, rauchender Salpetersäure mindestens eine Stunde lang auf 235—240° erhitzt, der Rohrinhalt in eine Schale gespült und ungefähr um ein Viertel mehr an Silber- oder Zinknitrat zugefügt, als zur Bildung des selenigsauren Salzes der Berechnung nach erforderlich ist. Man dampft zweimal mit etwas Wasser zur Trockne (auf dem Wasserbade) und versetzt den Rückstand mit etwa 50 ccm verdünntem Ammoniak, dampft wieder ein, setzt nochmals Ammoniak zu und bringt wieder zur Trockne. Dann wird noch zweimal mit Wasser eingedampft, um jede Spur von überschüssigem Ammoniak zu entfernen. Der Rückstand wird mit kaltem Wasser verrührt und so lange durch ein Filter dekantiert, als sich im Filtrate noch Nitrate nachweisen lassen. Hierauf bringt man das Filter zu dem Niederschlage in die Schale zurück und zersetzt das selenigsaure Ammoniumsilber (-Zink) durch Zusatz von 10 ccm Salzsäure (sp. Gew. 1.124), verdünnt mit Wasser auf ca. 300 ccm und fügt einige Stückchen Eis hinzu.

Dann wird nach Norris und Fay[3] titriert, indem man $n/_{10}$-Natriumthiosulfatlösung in geringem Überschusse zufügt und unter Kühlung auf 0° eine Stunde lang stehen läßt. Schließlich wird mit Jodlösung zurücktitriert.

1 ccm $n/_{10}$-$Na_2S_2O_3$-Lösung = 0.001 975 g Selen.

---

[1] B. **37**, 2551 (1904).
[2] Am. Soc. **24**, 1087 (1902). — Lyons und Bush, Am. Soc. **30**, 832 (1908).
[3] Am. **18**, 704 (1896). — **23**, 119 (1900). — Norton, Am. J. Sc. **157**, 287 (1899).

Man kann auch das Selen gewichtsanalytisch bestimmen, indem man die filtrierte Salzsäurelösung mit Natriumbisulfit reduziert.

Um in selenhaltigen Platinverbindungen das Platin rein zu erhalten, muß man sehr andauernd über dem Gebläse glühen.

Silber durch Glühen selenfrei zu erhalten, ist überhaupt nicht möglich. Man muß in den betreffenden Fällen den Glührückstand in verdünnter Salpetersäure lösen und mit Salzsäure fällen.[1]

33. Silber Ag = 107.9.

Viele Silbersalze sind licht- oder luftempfindlich, worauf gebührend Rücksicht zu nehmen ist, auch sind sie nicht selten, wie das Silbersalz der Oxalsäure, Isocyanursäure, Pikrinsäure, der Knallsäure, oder der Lutidoncarbonsäure von Sedgwick und Collie[2]), explosiv. Das chinolincarbonsaure Silber verbindet mit der unerfreulichen Eigenschaft, sich beim Erhitzen plötzlich zu zersetzen, eine sehr auffallende Neigung, Wasser anzuziehen.[3]) Trockenes Diazobenzolsilber explodiert beim Überleiten von Schwefelwasserstoff, kann aber in wässeriger Lösung als Sulfid gefällt werden.[4]) Derartige Substanzen werden zur Silberbestimmung im Wasserstoffstrome geglüht, oder mit Salzsäure gekocht,[5]) während man sonst gewöhnlich einfach im Porzellantiegel verascht, oder man zersetzt sie in verdünnter Salpetersäure (eventuell im Rohre) und fällt mit Salzsäure.[6])

Hierbei erhält man oft infolge eines kleinen Kohlegehaltes des Silbers ein wenig zu hohe Zahlen, dann ist das Silber gewöhnlich nicht weiß und glänzend, sondern gelb und matt; man kann in solchen Fällen das Silber wieder in Salpetersäure lösen und nochmals vorsichtig abrauchen und glühen, gewöhnlich genügt aber einfaches Abrauchen mit Schwefelsäure.

Schwefelhaltige Silbersalze verlangen sehr intensives und anhaltendes Glühen.[7]) (Siehe Seite 651 „Thiosemicarbazone".) Besser ist es daher, solche Salze im Rohre mit Salpetersäure bei ca. 200° aufzuschließen, nach dem Eindampfen das Silbernitrat mit Wasser und ein paar Tropfen Ammoniak zu lösen und mit Salzsäure zu fällen.[8])

Über die Analyse selenhaltiger Silbersalze siehe weiter oben.

---

[1]) Jackson, Ann. **179**, 8 (1875). — Derartige Salze können zudem explosiv sein. Stoeker u. Krafft, B. **39**, 2200 (1906).

[2]) Soc. **67**, 407 (1895).

[3]) Bernthsen u. Bender, B. **16**, 1809 (1883).

[4]) Griess, Ann. **137**, 76 (1866).

[5]) Gay-Lussac u. Liebig, Ann. Chim. Phys. (2), **25**, 285 (1824).

[6]) Hoogewerff u. Van Dorp, Rec. **8**, 173, Anm. (1899). — Dimroth, B. **39**, 3912 (1906).

[7]) Salkowski, B. **26**, 2497 (1893). — Siehe auch Neuberg und Neimann, B. **35**, 2050 (1902).

[8]) Keller, Diss., Heidelberg 1905, S. 24.

Silbersalze von Halogen, eventuell auch noch Schwefel[1]) haltigen Substanzen[2]) analysiert man nach der Methode von Vanino[3]), oder man fällt das Silber als Halogensilber auf nassem Wege aus.

Methode von Vanino.

Man versetzt eine gewogene Menge des veraschten Silbersalzes, also ein Gemisch von Silber und Halogensilber, mit konzentrierter Ätznatron- oder Ätzkalilösung und setzt Formaldehyd zu. Die Reaktion vollzieht sich in wenigen Minuten, das Silber scheidet sich in schwammiger Form ab und kann mit Leichtigkeit von anhaftendem Alkali durch Waschen mit Wasser und Alkohol befreit werden. Natürlich wird die Reduktion in einer Porzellanschale vorgenommen. Bei Bromsilber gelingt die Reaktion nur in der Wärme, bei Jodsilber nur bei wiederholtem Aufkochen und erneutem Zusatze von Formaldehyd.

Dupont und Freundler[4]) empfehlen ganz allgemein die Substanz mit Königswasser einzudampfen und so das Silber in Chlorsilber überzuführen; für bromhaltige Substanzen ist es vorteilhafter, Bromwasserstoffsäure + Salpetersäure anzuwenden.

Die Halogenbestimmung mit der Silberbestimmung in der Weise zu verbinden, daß man nach Carius unter Zusatz bekannter Silbernitratmengen erhitzt und im Filtrate vom Halogensilber eine Restbestimmung des Silbers macht, wie empfohlen wird,[1]) ist, wie Seite 212 gezeigt ist, nicht statthaft.

Faktorentabelle.

Gefunden	Gesucht	Faktor	2	3	4	5
AgCl = 143.4	Ag = 107.9	0.75276	1.50551	2.25827	3.01102	3.76378

6	7	8	9	log
4.51653	5.26929	6.02204	6.77480	0.87665 − 1

34. Silicium Si = 28.4.

Die organischen Siliciumverbindungen der Fettreihe pflegt man mit Soda und Salpeter zu schmelzen und die Kieselsäure in üblicher Weise durch Salzsäure abzuscheiden.[5]) Das silico-

---

[1]) Rindl und Simonis, B. **41**, 840 (1908).
[2]) Thiele, Ann. **308**, 343 (1899).
[3]) B. **31**, 1763, 3136 (1898).
[4]) Manuel opératoire de chimie organique 1898, S. 80. — Rindl und Simonis a. a. O.
[5]) Taurke, B. **38**, 1669 (1905).

heptylkohlensaure Natrium[1]) zeigt die interessante Eigenschaft, beim Glühen im Platintiegel reine Soda zu hinterlassen, nach der Gleichung:

$$2\,SiC_6H_{15}CO_3Na = (SiC_6H_{15})_2O + Na_2CO_3 + CO_2.$$

Für aromatische Siliciumverbindungen hat Polis[2]) auf Anregung von La Coste eine der Kjeldahlschen Stickstoffbestimmung nachgebildete Methode ausgearbeitet. Man löst die zu untersuchende Substanz unter Erwärmen in ca. 20 ccm Schwefelsäure, der man je nach Bedürfnis eine entsprechende Menge von rauchender Säure zufügt und läßt dann aus einer Bürette einige Kubikzentimeter konzentrierter Chamäleonlösung vorsichtig hinzutropfen. Es scheidet sich zunächst ein brauner Niederschlag von Mangansuperoxyd aus, welcher sich durch weiteres Erhitzen unter teilweiser Bildung von Manganoxydsulfat löst, welch letzteres sich durch seine intensiv rote Farbe kundgibt. Setzt man die Erhitzung weiter fort, so verschwindet diese Farbe unter Bildung von schwefelsaurem Manganoxydul. Alsdann fügt man eine neue Menge von Kaliumpermanganatlösung hinzu, erhitzt bis zur Entfärbung und setzt diese Operationen so lange fort, bis die Substanz vollständig zersetzt ist.

Es ist einleuchtend, daß die Zersetzung der Substanz wohl häufig in der Art verlaufen kann, daß zunächst leichtflüchtige Oxydationsprodukte entstehen, welche beim Erwärmen mit den Wasserdämpfen entweichen; erstere geben dann mitunter durch ihren Geruch ein Kriterium, ob die Substanz ganz zersetzt ist oder nicht. Alle Kieselsäure scheidet sich bei dieser Art des Operierens als Kieselsäureanhydrid aus. Die erkaltete Flüssigkeit wird mit Wasser verdünnt, die Kieselsäure abfiltriert und geglüht.

Die so resultierende Kieselsäure enthält stets wägbare Mengen, bis zu 0.8 Proz., von Manganoxyduloxyd, zu dessen Entfernung sie mit Salzsäure schwach erwärmt wird; alsdann filtriert man, wäscht aus und glüht nochmals im Platintiegel. Es kommt auch vor, daß selbst durch konzentrierte Salzsäure nicht alles Mangan in Lösung zu bringen ist, dann ist man gezwungen, die Kieselsäure nochmals mit Soda und einigen Körnchen Salpeter zu schmelzen.

Wenn die zu analysierenden Substanzen einen relativ niedrigen Siedepunkt besitzen, bedarf die Ausführung dieser Bestimmungsmethode möglicherweise irgend einer Modifikation. (Rückflußkühlung usw.)

Zur Analyse des Siliciumphenylchlorids[3]) $(SiC_6H_5Cl_3)$ wurde die Substanz in offenem Kügelchen gewogen, dann durch Erwärmen des letzteren in ein etwas Wasser enthaltendes Stöpselglas getrieben, darin längere Zeit verschlossen stehen gelassen und die Zersetzung

---

[1]) Ladenburg, Ann. **164**, 321 (1872).
[2]) B. **19**, 1024 (1886). — Ladenburg, B. **40**, 2278 (1907).
[3]) Ladenburg, Ann. **173**, 153 (1874). — Ähnliche Verfahren: Kipping, Soc. **91**, 217 (1907). — Robinson und Kipping, Soc. **93**, 442 (1908).

durch Schütteln und schwaches Erwärmen beschleunigt. Der Inhalt des Stöpselglases wurde dann in eine Platinschale gebracht, Ammoniak zugesetzt und auf dem Wasserbade zur Trockne gedampft. Hierauf wurde nach Wasserzusatz filtriert und die so abgeschiedene Silicobenzoesäure im Platintiegel geglüht. Da hierbei der Kohlenstoff niemals vollständig verbrannt wird, so wird noch nach Zusatz von Soda geschmolzen, die Masse in Wasser aufgelöst, Salzsäure und Salmiak hinzugefügt und zur Trockne gebracht, dann von neuem in Wasser gelöst, die Kieselsäure abfiltriert, geglüht und gewogen.

Triphenylsilicol[1]) wurde einfach mit konzentrierter Schwefelsäure abgeraucht.

Faktorentabelle.

Gefunden	Gesucht	Faktor	2	3	4	5
$SiO_2 = 60.4$	$Si = 28.4$	0.47020	0.94040	1.41060	1.88080	2.35100

6	7	8	9	log
2.82119	3.29139	3.76159	4.23179	0.67228 — 1

35. Strontium Sr = 87.6.

Strontium wird am besten als Sulfat bestimmt, weniger gut durch Erhitzen des schwach geglühten Salzes mit Ammoniumcarbonat als kohlensaures Salz.[2])

Siehe auch unter „Calcium" und „Barium".

Faktorentabelle.

Gefunden	Gesucht	Faktor	2	3	4	5
$SrSO_4 = 183.7$	$Sr = 87.6$	0.47697	0.95394	1.43090	1.90787	2.38484

6	7	8	9	log
2.86181	3.33878	3.81574	4.29271	0.67849 — 1

36. Tellur Te = 127.

Das Tellurmethyljodür wird nach Wöhler und Dean[3]) durch Kochen mit Königswasser zersetzt, bis fast zur Trockne eingedampft und das Tellur mit schwefligsaurem Ammonium gefällt.

---

[1]) Dilthey und Eduardoff, B. **37**, 1141 (1904).
[2]) Großmann und Von der Forst, B. **37**, 4142 (1904).
[3]) Ann. **93**, 236 (1855).

Becker[1]) kochte das Tellurtriäthyljodid andauernd mit konzentrierter Salpetersäure und fällte schließlich mit Schwefeldioxyd. Die Jodbestimmung erfolgte durch Glühen mit Natronkalk.

Nach Rohrbaech[2]) muß man beim Fällen des Tellurs die wässerige Auflösung der schwefligen Säure allmählich zusetzen und längere Zeit erwärmen, da die Tellurabscheidung meistens erst nach längerem Kochen eintritt. Den Tellurniederschlag trocknet man am besten auf dem Wasserbade. Zu langsames Trocknen muß vermieden werden, da dieses auch die Oxydation erleichtert.

Zur Zerstörung der organischen Substanz wird vor der Tellur-fällung mit rauchender Salpetersäure im Rohr erhitzt und danach der mit Wasser verdünnte Inhalt der Röhre zweimal zur Trockne gedampft und mit salzsäurehaltigem Wasser aufgenommen.

Jannasch und Müller[3]) reduzieren die tellurige Säure durch Kochen der ammoniakalischen Lösung mit Hydroxylamin. Das Tellur wird auf einen Asbesttrichter gebracht und im Kohlendioxyd-strome getrocknet.

Lyons und Bush[4]) zersetzten das α-Dinaphthyltellur nach Carius mit roter rauchender Salpetersäure im Rohre, reduzierten die tellurige Säure in salzsaurer Lösung mit Natriumbisulfit, sammelten das Tellur auf einem gewogenen Goochfilter und trockneten bei 105°.

Elementaranalysen tellurhaltiger Substanzen müssen mit Bleichromat unter großer Vorsicht vorgenommen werden, weil sonst leicht Tellur bis in den Kaliapparat gelangen kann,[5]) und kleine Verpuffungen im Verbrennungsrohre selbst bei sehr langsamer Verbrennung kaum zu vermeiden sind.

Die Platinbestimmung von Tellurplatinverbindungen führt man aus, indem man die Substanz in einem gewogenen Porzellan-tiegel einige Zeit lang erwärmt, dann mittels des Gebläses stark glüht, aus dem Rückstande die tellurige Säure durch Salzsäure extrahiert, und nochmals heftig glüht.

37. Thallium Tl = 204.1.

Die Substanz wird,[6]) eventuell im zugeschmolzenen Rohre, gewöhnlich aber im Becherglase, mit konzentrierter Salpetersäure erhitzt, dann die überschüssige Säure auf dem Wasserbade nahezu, aber nicht vollständig verjagt, mit sehr wenig Wasser verdünnt und mit Sodalösung neutralisiert. Man versetzt dann in der Kälte mit so viel Jodkaliumlösung, als zur Ausfällung des Thalliums notwendig

---

[1]) Ann. **180**, 266 (1875).
[2]) Diss., Rostock 1900, S. 19.
[3]) B. **31**, 2388 (1898).
[4]) Am. Soc. **30**, 833 (1908).
[5]) Köthner, Ann. **319**, 30 (1901). — Daselbst auch sehr detaillierte Angaben über die Bestimmung von Tellur.
[6]) Hartwig, Ann. **176**, 262 (1875). — Ost, J. pr. (2), **19**, 203 (1879).

ist, fügt noch $^1/_3$ Volumen absoluten Alkohols hinzu und filtriert durch ein bei 105° getrocknetes und gewogenes Filter, wäscht erst mit 50 proz., dann mit absolutem Alkohol und trocknet bei 105°.

Da sich sehr häufig neben Thalliumoxydulnitrat etwas Oxydnitrat bildet, so fällt beim Ausfällen des Thalliums mittels Jodkalium neben Thalliumjodür freies Jod mit aus, welches dem an sich rotgelben Jodthallium eine dunkle, oft ganz schwarze Färbung gibt. Um das Jod zu entfernen, setzt man so viel Schwefligsäurelösung zu, daß die charakteristische Färbung des Jodthalliums wieder auftritt und ein schwacher Geruch von schwefliger Säure wahrnehmbar ist. Bei jodhaltigen Substanzen, zu deren Aufschließung im Rohre oxydiert wird, muß die dabei gebildete Jodsäure vor dem Neutralisieren durch Soda mittels schwefliger Säure reduziert werden.

Bei der Analyse halogen- und schwefelhaltiger Thalliumverbindungen kann man nach Löwenstamm[1]) Schwierigkeiten finden.

Beim Erhitzen unter Silbernitratzusatz mit Salpetersäure im geschlossenen Rohre findet sich bei dem Chlor-, bzw. Bromsilber stets noch unverändertes Chlor- und Bromthallium, und selbst eine kleine derartige Verunreinigung gibt naturgemäß schon einen beträchtlichen Fehler. Es ist also ein ziemlicher Überschuß von Silbernitrat und längeres Erhitzen notwendig. Im Filtrate vom Halogensilber kann dann nach dem Ausfällen des Silbers und Thalliums die Schwefelsäure mit Salzsäure, das Thallium in einer besonderen Probe durch Oxydation mit Bromwasser und Fällung mit Ammoniak als Tl_2O_3 bestimmt werden. Man kann aber auch — und das ist besser — gleich zwei Aufschlüsse machen, einen mit, einen ohne Silbernitrat: In dem mit Silbernitrat ausgeführten wird nur das Halogen bestimmt, in dem andern die übrigen Bestandteile.

Filippo Stuzzi[2]) zerstört die organische Substanz durch abwechselndes Erwärmen mit Salpetersäure und Schwefelsäure, trocknet und verkohlt, extrahiert mit schwefelsäurehaltigem Wasser und bestimmt das Thallium durch Titration mit Normaljodkalium- und Normalsilberlösung.

Analyse der Thalliumdialkylverbindungen.[3])

Zur Thalliumbestimmung werden die Verbindungen mit rauchender Salpetersäure vorsichtig zersetzt; die Lösung wird dann auf dem Wasserbade eingedampft, der Rückstand unter Zusatz einiger Tropfen schwefliger Säure in Wasser aufgenommen und die auf 100—200 ccm verdünnte Lösung mit überschüssigem Jodkalium bei 90° gefällt. Nach dem Erkalten wird das Thalliumjodür auf dem Goochtiegel abgesaugt, mit einer Mischung von 4 Volumen absoluten Alkohols und 1 Volumen Wasser ausgewaschen, bei 160—170° getrocknet und gewogen.

---

1) Diss., Berlin 1901, S. 32.
2) Ph. C.-H. **38**, 167 (1896).
3) Meyer und Bertheim, B. **37**, 2055 (1904).

Die Verbrennungen machten zunächst viel Schwierigkeiten, weil die Substanzen schon bei niedriger Temperatur — durchschnittlich gegen 200° — explosionsartig verpuffen und Gase entwickeln, die sich leicht der völligen Oxydation entziehen. Aus diesem Grunde muß die Substanz, von der man zweckmäßig nicht mehr als 0.2 g anwendet, in einer langen Schicht von Bleichromat verteilt und die Verbrennung so langsam als möglich geleitet werden. Trotz aller Vorsichtsmaßregeln ergibt aber das Resultat leicht ein geringes Defizit an Kohlenstoff und Wasserstoff. — Siehe hierzu S. 177.

Die Halogenbestimmungen wurden nach Carius ausgeführt.

Thalliumverbindungen, die sich mit Salpetersäure explosionsartig zersetzen, werden zuerst durch Eindampfen mit Salzsäure vorbehandelt und dann, wie oben angegeben, analysiert.

Faktorentabelle.

Gefunden	Gesucht	Faktor	2	3	4	5
TlJ = 331	Tl = 204.1	0.61671	1.23342	1.85013	2.46684	3.08355

6	7	8	9	log
3.70025	4.31696	4.93367	5.55038	0.79008 − 1

38. Thorium Th = 232.

Zur Bestimmung des Thoriums im Thoriumacetylaceton behandelt Urbain[1]) das Salz mit Salpetersäure und glüht das Thoriumnitrat, wobei Thorerde ThO_2 zurückbleibt.

39. Titan Ti = 48.1.

Durch Glühen geht das Titanacetylaceton in TiO_2 über, das gewogen wird.[2])

Zur Titanbestimmung in den Additionsprodukten von Titantetrachlorid an organische Substanzen muß je nach der Beständigkeit des Körpers mit kochendem Wasser oder Ammoniak zersetzt werden, manchmal führt auch nur Oxydation mit rauchender Salpetersäure zum Ziele.

Die so erhaltene Titansäure wird dann durch Glühen in TiO_2 übergeführt.

---

[1]) Bull. (3), **15**, 348 (1896).
[2]) Clinch, Diss., Göttingen 1904, S. 44.

Die Halogenbestimmung wird entweder gewichtsanalytisch nach dem Ausfällen des Metalls durchgeführt oder titrimetrisch nach Mohr. Zur Abstumpfung der hydrolytisch entstehenden Salzsäure muß, nach Rosenheim, Natriumacetat zugefügt werden.

Die Volhardsche Titrationsmethode kann hier nicht angewandt werden, weil die in der Lösung vorhandenen organischen Substanzen die Eisenrhodanreaktion beeinträchtigen.

Die Elementaranalyse macht zum größten Teile unüberwindliche Schwierigkeiten, denn es bilden sich hierbei Titancarbide, die durch keine der bei der Verbrennung anwendbaren Reagenzien zerlegt werden können.

Schnabel[1]) hat alle Modifikationen der Verbrennung im geschlossenen und offenen Rohre, Beschickung mit Kupferoxyd, Bleichromat, Kaliumbichromat versucht und auch sonst nicht übliche Oxydationsmittel, z. B. ein Gemisch von Salpeter und Kaliumbichromat bei Vorlegung von Kupferspiralen angewandt, ohne bei der Analyse befriedigende Resultate erzielen zu können.

Faktorentabelle.

Gefunden	Gesucht	Faktor	2	3	4	5
$TiO_2 = 80.1$	$Ti = 48.1$	0.60050	1.20100	1.80150	2.40200	3.0025

6	7	8	9	log
3.60299	4.20349	4.80399	5.40449	0.77851 — 1

40. Uran $U = 239.5$.

Zur Uranbestimmung zerstört man nach Vaillant[2]) die organische Substanz durch Kochen mit konzentrierter Salpetersäure. In der erhaltenen Lösung läßt sich dann das Uran durch einfaches Glühen als Oxyduloxyd U_3O_8 bestimmen.

Es empfiehlt sich, das Oxyd durch Abrauchen mit Schwefelsäure nochmals sorgfältig von Kohlenstoffresten zu befreien.[3])

Scholtz und Kipke[4]) fanden speziell das Uransalz des Piperonylpyrazolin-n-carbonamids zu dessen Reinigung geeignet. Zur Analyse wurde direkt geglüht.

---

[1]) Diss., Berlin 1906, S. 17.
[2]) Bull. (3), **15**, 519 (1896). — Schück, Diss., Münster 1906, S. 42.
[3]) Clinch, Diss., Göttingen 1904, S. 47.
[4]) B. **37**, 1702 (1904).

Faktorentabelle.

Gefunden	Gesucht	Faktor	2	3	4	5
$U_3O_8 = 846.5$	$U_3 = 718.5$	0.84879	1.69758	2.54637	3.39516	4.24395

6	7	8	9	log
5.09273	5.94152	6.79031	7.63910	0.92880 — 1

41. Wismut Bi = 208.5.

Dampft man Wismuttriphenyl wiederholt mit Eisessig ein, so läßt sich nach Classen[1]) der Rückstand ohne Kohleabscheidung in Salpetersäure lösen und daraus in gewöhnlicher Weise Wismutoxyd gewinnen, welches gewogen wird. Zur Analyse des Triphenyldinitrowismutdinitrats erhitzt Gillmeister[2]) die Substanz im Schießrohre mit rauchender Salpetersäure 3 Stunden lang auf 150°, dampft auf dem Wasserbade bis nahe zur Trockne, neutralisiert mit Ammoniak und versetzt dann mit wenig konzentrierter Salzsäure und hierauf mit sehr viel Wasser. Es fällt dann sämtliches Wismut als Oxychlorid aus, das bis zum Verschwinden der Chlorreaktion gewaschen und bei 100° auf gewogenem Filter bis zum konstanten Gewichte getrocknet wird.

Die meisten anderen aromatischen Wismutverbindungen können schon durch konzentrierte Salzsäure, eventuell beim Kochen, zerlegt werden. Die Substanz wird in einem Glasschälchen mit konzentrierter Salzsäure auf dem Wasserbade erwärmt, bis klare Lösung eingetreten ist, der Überschuß der Säure möglichst verdampft und der Rückstand in viel kaltes Wasser gegossen, wobei sich das Oxychlorid ausscheidet.

Resistente Wismutverbindungen werden in einer Platinschale mit mäßig starker Salpetersäure übergossen und dann so lange rauchende Salpetersäure in kleinen Portionen zugesetzt, bis die Oxydation bei sorgfältigem Vermeiden alles Spritzens beendet ist. Dann wird auf dem Wasserbade zur Trockne gedampft und der Rückstand nach und nach zum lebhaften Glühen erhitzt. Es hinterbleibt Wismutoxyd.

Zur Verbrennung der Wismutalkyle wägt Marquardt[3]) die Substanz in einem mit Stickstoff gefüllten Röhrchen ab; die Substanz in ein Glaskügelchen einzuschmelzen ist nicht ratsam, da sich bei der Verbrennung die Öffnung des Kügelchens durch ausgeschiedenes Wismutoxyd leicht verstopft, worauf durch weiteres Erhitzen Explosion eintritt.

---

[1]) B. **23**, 950 (1890).
[2]) Diss., Rostock 1896, S. 29, 37, **44**, 48.
[3]) B. **20**, 1518 (1887).

Die Wismutbestimmung wird ausgeführt, indem die im Glaskügelchen abgewogene Substanz im zugeschmolzenen Rohre mit Salpetersäure zersetzt wird.

Im Wismutthioharnstoffrhodanid bestimmt V. J. Meyer[1]) das Metall durch Fällen mit Schwefelwasserstoff in salzsaurer Lösung, Auswaschen mit Schwefelwasserstoffwasser, Alkohol und Äther und Trocknen bei ca. 105^0 als Bi_2S_3.

Faktorentabelle.

Gefunden	Gesucht	Faktor	2	3	4	5
$Bi_2O_3 = 465$	$Bi_2 = 417$	0.89677	1.79355	2.69032	3.58710	4.48387

6	7	8	9	log
5.38064	6.27742	7.17419	8.07097	$0.90422 - 1$

Gefunden	Gesucht	Faktor	2	3	4	5
$BiOCl = 260$	$Bi = 208.5$	0.80208	1.60415	2.40623	3.20831	4.01039

6	7	8	9	log
4.81246	5.61454	6.41662	7.21869	$0.95268 - 1$

Gefunden	Gesucht	Faktor	2	3	4	5
$Bi_2S_3 = 513.2$	$Bi_2 = 417$	0.81258	1.62516	2.43774	3.25032	4.06291

6	7	8	9	log
4.87549	5.68807	6.50065	7.31323	$0.90987 - 1$

42. Wolfram W = 184.

Zur Analyse der in der Eiweißchemie häufig verwendeten Phosphorwolframate kann man sich nach Barber[2]) nur der Sprengerschen Methode[3]) in einer etwas modifizierten Form bedienen, da alle anderen Verfahren zur Trennung von Phosphor- und Wolframsäure unbefriedigende Resultate geben.

---

[1]) Diss., Berlin 1905, S. 43.
[2]) M. **27**, 379 (1906).
[3]) J. pr. (2), **22**, 421 (1880).

Zu der in heißem Wasser gelösten Substanz wird möglichst
wenig einer konzentrierten heißen Gerbsäurelösung hinzugefügt (auf
1 g Substanz ca. 6—8 ccm einer 50proz. Gerbsäurelösung). Die
Lösung wird mit Ammoniak übersättigt und längere Zeit warm gehalten, da sonst Erstarrung zu einer gelatineartigen Masse eintritt,
die erst wieder in Lösung gebracht werden muß. Sobald die anfangs
hellbraune Flüssigkeit dunkel und trüb wird, wird mit konzentrierter
Salzsäure angesäuert; solange die Flüssigkeit noch ammoniakalisch
ist, entsteht durch die Hinzufügung der Salzsäure ein grünlich gefärbter und zu Klumpen geballter Niederschlag. Wird nun weiter
genügend angesäuert, so fällt dann die ganze Wolframsäure als brauner,
feinkörniger Niederschlag aus, der eine Zeitlang gekocht wird, wodurch
die Fällung vollständig wird. Man läßt nun absitzen und filtriert
nach mindestens 6 Stunden den Niederschlag ab, wäscht mit salzsäurehaltigem Wasser nach, dampft das Filtrat auf die Hälfte ein,
um noch eventuell neuerdings ausgeschiedenes Wolfram abzufiltrieren,
trocknet und glüht die vereinigten Niederschläge im Porzellantiegel
bis zur Gelbfärbung, die beim Erkalten in Blattgrün übergeht. Der
Niederschlag wird als WO_3 in Rechnung gezogen. Das Filtrat wird
nun behufs Zerstörung der organischen Substanz nach vorsichtigem
Zusatze von konzentrierter Salpetersäure wenigstens zweimal bis zur
Trockne eingedampft. Der Rückstand wird mit verdünnter Salpetersäure
aufgenommen und mit molybdänsaurem Ammonium im Überschusse
versetzt. Der nach längerem Stehen abfiltrierte Niederschlag wird in
Ammoniak gelöst, mit Magnesiamixtur gefällt und als $Mg_2P_2O_7$ bestimmt.

Die Bestimmung aus dem Glührückstande, wie sie bei diesen
Phosphorwolframaten manchmal gemacht wird,[1]) erwies sich als un-
genau, da der Glührückstand immer geringer ist, als dem tatsäch-
lichen Gehalte an anorganischer Substanz entspricht, was entweder
auf die nicht völlige Überführung in WO_3 — indem möglicherweise
der Rückstand niedere Oxyde des Wolframs als Phosphate enthält —
oder auf Entweichen von Phosphor zurückzuführen ist. Gegen letztere Annahme aber spricht die gar zu große Differenz von oft mehr
als 2 Prozenten.

Faktorentabelle.

Gefunden	Gesucht	Faktor	2	3	4	5
$WO_3 = 232$	$W = 184$	0.79310	1.58621	2.37931	3.17241	3.96552

	6	7	8	9	log
	4.75862	5.55172	6.34482	7.13793	0.89933 — 1

---

[1]) Gulewicz, Z. physiol. **27**, 192 (1899); dann auch Kehrmann, Z. anorg.
6, 388 (1894).

43. Zink Zn = 65.4.

Die Bestimmung des Zinks in organischen Verbindungen durch Fällen als Sulfid oder Carbonat ist umständlich, schwierig und in wenig geübter Hand nicht sehr genau.[1])

Nach Huppert und von Ritter[2]) erhält man dagegen gute Resultate, wenn man das Zinksalz mit konzentrierter Salpetersäure im Porzellantiegel (Platintiegel werden sehr stark angegriffen) übergießt, bei niedriger Temperatur (zur Vermeidung des Spritzens) abraucht und den anscheinend trockenen Rückstand — der bei unvorsichtigem Erhitzen leicht verpufft — langsam weiter erhitzt[3]) und schließlich glüht, bis er beim Erkalten vollständig weiß erscheint. Das Zink bleibt als Oxyd zurück. — Noch besser ist es nach Willstätter und Pfannenstiel[4]), die Zersetzung im Glaskölbchen vorzunehmen.

Kaufler[5]) erhitzt Chlorzinkdoppelsalze nach Carius, bestimmt das Halogen mittels Silbernitrat, fällt im Filtrate das Silber mit Salzsäure und hierauf das Zink mit Soda. Man wäscht, löst das Zinkcarbonat auf dem Filter mit Salpetersäure und verfährt weiter nach Huppert und von Ritter.

Ähnlich verfährt Pohl[6]) zur Analyse des phenylcarbithiosauren Zinks.

Zinkpikrat explodiert beim Erhitzen.[7])

Faktorentabelle.

Gefunden	Gesucht	Faktor	2	3	4	5
ZnO = 81.4	Zn = 65.4	0.80344	1.60688	2.41032	3.21376	4.01720

6	7	8	9	log
4.82064	5.62408	6.42752	7.23096	0.90495 — 1

44. Zinn Sn = 118.5.

Schwer flüchtige Zinnverbindungen werden nach Aronheim[8]) mit Soda und Salpeter oder mit Ätzkali und Salpeter[9]) geschmolzen. Man löst dann in Wasser und fällt durch genaues

---

[1]) Siehe übrigens bei „Cadmium", S. 260. — Kiliani, B. 41, 2656 (1908).
[2]) Z. anal. 35, 311 (1896).
[3]) Bequem in einer Liebenschen Muffel.
[4]) Ann. 358, 250 (1908).
[5]) Privatmitteilung.
[6]) Diss., Berlin 1907, S. 20.
[7]) Silberrad und Philips, Soc. 93, 482 (1908).
[8]) Ann. 194, 156 (1879).
[9]) Straus und Ecker, B. 39, 2993, Anm. (1906).

Neutralisieren mit Salpetersäure das Zinnoxyd vollständig aus. Im Filtrate können eventuell die Halogenbestimmungen vorgenommen werden.

Pfeiffer und Schnurmann[1]) zersetzten das Tetraphenylzinn mit rauchender Salpetersäure im Rohre.

Zur Zerlegung des Diisoamylzinnoxychlorids erhitzte Truskier[2]) zwei Tage lang auf 270°.

Flüchtigere Substanzen werden mit konzentrierter Salzsäure (auf 0.2—0.3 g Substanz genügen 5 ccm der Säure) im zugeschmolzenen Rohre auf 100° erhitzt. Hierdurch wird eine Spaltung in Zinnchlorid und Kohlenwasserstoff bewirkt. Nach 12—18stündiger Digestion öffnet man das Rohr und spült den Inhalt sorgfältig mit Wasser in eine Platinschale. Hierauf wird mit Soda alkalisch gemacht und vorsichtig zur Trockne gedampft, geglüht, mit Wasser aufgenommen, die Lösung mit dem Niederschlage in ein Becherglas gespült, in der Siedehitze genau mit Salpetersäure neutralisiert und einige Zeit gekocht. Dann wird das Zinnoxyd abfiltriert, gewaschen, geglüht und gewogen.

In Zinndoppelsalzen wird auch oftmals das Zinn als Sulfür abgeschieden und dann durch Glühen an der Luft in Oxyd übergeführt.[3])

Reissert und Heller[4]) erhitzten ein Zinnchlorürdoppelsalz mit rauchender Salpetersäure und Silbernitrat im Rohre auf 300° Das Reaktionsprodukt enthielt das Chlor als unlösliches Chlorsilber und das Zinn als unlösliche Metazinnsäure. Der Rückstand wurde mit warmem Wasser gewaschen, auf einem Filter gesammelt und mit verdünntem Ammoniak ausgelaugt. — Chlorsilber ging in Lösung und wurde im Filtrate wieder durch Salpetersäure herausgefällt, die auf dem Filter gebliebene Metazinnsäure wurde getrocknet und stark geglüht.

Die Elementaranalyse der Zinntetrachloriddoppelverbindungen bietet nach Schnabel ähnliche Schwierigkeiten, wie diejenige der Titanchloridderivate.[5])

Faktorentabelle.

Gefunden	Gesucht	Faktor	2	3	4	5
$SnO_2 = 150.5$	$Sn = 118.5$	0.78738	1.57475	2.36213	3.14950	3.93688

	6	7	8	9	log
	4.72425	5.51163	6.29900	7.08638	0.89618 — 1

[1]) B. **37**, 321 (1904). — Siehe auch Dilthey, B. **36**, 930 (1893).
[2]) Diss., Zürich 1907, S. 53.
[3]) Hofmann, B. **18**, 115 (1885).
[4]) B. **37**, 4375 (1904). — Ähnlich verfährt Truskier, Diss., Zürich 1907, S. 53.
[5]) Siehe S. 309.

45. Zirkon Zr = 90.6.

Zirkonacetylaceton wurde direkt verascht und stark geglüht. Zirkonoxyd bleibt zurück.

Zur Elementaranalyse mischt man mit Kupferoxyd im Bajonettrohre, da das Zirkonoxyd außerordentlich leicht Kohlenstoff zurückhält.[1])

Zirkoniumpikrat explodiert beim Erhitzen.[2])

Faktorentabelle.

Gefunden	Gesucht	Faktor	2	3	4	5
ZrO_2 = 122.6	Zr = 90.6	0.73899	1.47798	2.21696	2.95595	3.69494

6	7	8	9	log
4.43393	5.17292	5.91190	6.65089	0.86864 — 1

Sechster Abschnitt.

Aschenbestimmung[3]) und Aufschließung organischer Substanzen auf nassem Wege.

1. Aschenbestimmung.

Hat man die in einer organischen Substanz als Verunreinigung enthaltenen anorganischen Bestandteile zu bestimmen, so verascht man im allgemeinen am besten im Platintiegel unter Zuleitung eines Sauerstoffstromes.[4])

Zur Beschleunigung der Veraschung sowie zur Verhinderung des Überschäumens usw. ist das Beimengen gewogener Mengen von fein verteiltem Silber[5]), Calciumacetat[6]), Calciumphosphat[7]), Calciumoxyd[7])[8]), Magnesia[9]), Quarzsand[10]), Eisenoxyd[10])[11]) und Zinkoxyd[12]) empfohlen worden.

---

[1]) Aldous Clinch, Diss., Göttingen 1904, S. 40. — Biltz und Clinch, Z. anorg. **40**, 218 (1904).

[2]) Silberrad und Philips, Soc. **93**, 484 (1908).

[3]) Siehe auch S. 162, 265, 295.

[4]) Minor, Ch. Ztg. **14**, 510 (1890).

[5]) Kassner, Pharm. Ztg. **33**, 758 (1888).

[6]) Shuttleworth u. Tollens, Journ. Landw. **47**, 173 (1899).

[7]) Ritthausen, Die Eiweißstoffe usw. Bonn 1872, S. 239. — Gutzeit, Ch. Ztg. **29**, 556 (1905).

[8]) Wislicenus, Z. anal. **40**, 441 (1901).

[9]) Klein, Ch. Ztg. **27**, 923 (1903).

[10]) Alberti u. Hempel, Z. angew. **4**, 486 (1891). — Donath und Eichleiter, Österr.-Ung. Z. f. Rübenz. und Landw, **21**, 281 (1892).

[11]) Kassner, Ph. Ztg. **34**, 266 (1889).

[12]) Lucien, Bull. assoc. des chim. Belg. **1889**, 356.

Ebenso kann ein „Verdünnen" der Substanz durch Oxalsäure[1]) oder Benzoesäure[2]) gelegentlich von Vorteil sein.

Ein Verfahren und einen (Platin-)Apparat zur exakten Veraschung hat Wislicenus[3]) angegeben.

Explosive Körper müssen vorher in geeigneter Weise zersetzt werden.[4])

2. Aufschließung organischer Substanzen auf nassem Wege.[5])

An Stelle der Veraschung tritt die Verbrennung der organischen Substanz auf nassem Wege namentlich dann, wenn es gilt, anorganische Substanzen, die in geringer Menge vorhanden oder beim Glühen flüchtig sind, quantitativ zu bestimmen.

Für diesen Zweck ist namentlich das Kjeldahlsche Verfahren (S. 195) wiederholt in Vorschlag gebracht worden, so von Ishewsky und Nikitin[6]), La Coste und Pohlis[7]), Halenke[8]), endlich von Gras und Gintl[9]) und Neumann[10]).

Zerstörung der organischen Substanz nach Gras und Gintl.

Diese Methode ist speziell für die Untersuchung von Teerfarbstoffen ausgearbeitet worden. Es ist übrigens selbstverständlich, daß das Verfahren mit gleich gutem Erfolge auch für die Untersuchung von Nahrungs- und Genußmitteln, sowie für den Nachweis von Metallgiften in Leichenteilen (welche, wenn nötig, vorher durch vorsichtiges Trocknen bei ca. 80° C von der Hauptmenge ihres Wassergehaltes befreit werden) anwendbar ist.

Man bringt je nach Umständen 10 g oder mehr von der zu untersuchenden Substanz (bei Farbstoffen en pâte oder Farbstofflösungen nach vorherigem Trocknen) in einen geräumigen langhalsigen Kolben. Derselbe ist mit einem einfach durchbohrten Pfropfen verschließbar, dessen Bohrung eine in einen spitzen Winkel abgebogene, längere Glasröhre trägt, die andererseits in ein Kölbchen mit Kugelrohransatz, etwa nach Peligot[11]), gasdicht eingepaßt werden kann. In diesem Kolben übergießt man die, wenn nötig vorher zerriebene, Substanz mit 60—80 ccm konzentrierter Schwefelsäure, der 10 Proz. gepulvertes Kaliumsulfat zugesetzt werden. Man erhitzt nun im schräg

---

[1]) Grobert, Neue Ztschr. Rübenz.-Ind. 23, 181 (1889). — Siehe S. 262.
[2]) Boyer, C. r. 111, 190 (1890).
[3]) Wislicenus, Z. anal. 40, 441 (1901).
[4]) Siehe S. 255, 276, 308.
[5]) Siehe auch S. 162ff. u. 265.
[6]) Pharm. Ztg. f. Rußl. 34, 580 (1895).
[7]) B. 19, 1024 (1886). — B. 20, 718 (1887).
[8]) Ztschr. Unters. Nahr. Gen. 2, 128 (1898).
[9]) Ost. Ch. Ztg. 2, 308 (1899). — Siehe ferner Medicus und Mebold, Ztschr. Elektr. 8, 690 (1902). — Dennstedt u. Rumpf, Z. physiol. 41, 42 (1904).
[10]) Siehe S. 318.
[11]) Siehe S. 193.

gestellten Kolben, welchen man vorher mit dem (mit ca. 20 ccm destillierten Wassers beschickten) Kölbchen dicht verbunden hat, allmählich, und, nach dem Aufhören des anfangs häufig auftretenden Aufschäumens, bis auf eine dem Siedepunkte der Schwefelsäure naheliegende Temperatur. Nach mehrstündigem Erhitzen (nach Umständen 6—8 Stunden) ist die organische Substanz zumeist größtenteils zerstört, und eine nur mehr wenig gefärbte Flüssigkeit entstanden.

Vollständige Entfärbung erreicht man durch Zusatz von kleinen Anteilen zerriebenen Kaliumnitrats in die noch heiße und im nunmehr offenen Kolben ständig weiter erhitzte Flüssigkeit gewöhnlich binnen kurzer Zeit.[1] Ist Farblosigkeit erreicht, oder doch bei weiter fortgesetztem Erhitzen keine weitere Veränderung der Flüssigkeit mehr wahrnehmbar, dann läßt man erkalten, verdünnt den Kolbeninhalt vorsichtig mit reichlichen Mengen Wassers und erwärmt längere Zeit auf dem Wasserbade, um die bei der Zersetzung der nitrosen Schwefelsäure entstandenen Stickstoffoxyde zu entfernen. Hierauf vermischt man die in dem Vorlegekolben angesammelte Flüssigkeit, in welcher stets Schwefeldioxyd, aber auch Anteile etwa vorhandener flüchtiger Metalle vorhanden sind (so insbesondere in Fällen, wo die untersuchte Substanz Chloride oder als Chlorhydrat einer Farbbase Arsen, eventuell Antimon und Quecksilber enthält), mit der von den Oxyden des Stickstoffs möglichst befreiten, noch warmen Hauptmenge der Lösung. Schließlich oxydiert man, falls dies nicht durch den Gehalt an Oxyden des Stickstoffs in der Lösung erfolgt sein sollte, Reste des Schwefeldioxyds durch Einleiten von mit Luft gemengtem Bromdampf.

Die so vorbereitete und entsprechend verdünnte Lösung wird nun unter Erwärmen mit reinem Schwefelwasserstoffgase gesättigt und durch längere Zeit im verschlossenen Kolben der Einwirkung eines Überschusses dieses Gases überlassen.

Der hierbei etwa abgeschiedene Niederschlag wird abfiltriert, gewaschen und der Untersuchung auf die durch Schwefelwasserstoff aus saurer Lösung fällbaren Metalle zugeführt. Zu diesem Zwecke wird im Niederschlage in üblicher Weise die Trennung der Metallsulfide der fünften von jenen der sechsten Gruppe vorgenommen und die getrennten Sulfide systematisch untersucht. Hierbei hat man es speziell zur Ermittlung etwa vorhandenen Arsens für zweckmäßig befunden, den Niederschlag der Sulfide der sechsten Gruppe durch Kochen mit einer Lösung von Natriumsuperoxyd zu oxydieren und die dabei leicht entstehende Arsensäure nachzuweisen bzw. quantitativ zu bestimmen.

Das Filtrat vom Schwefelwasserstoff-Niederschlage untersucht man sodann nach Neutralisation mit Ammoniak in üblicher Weise auf Metalle der dritten resp. vierten Gruppe.

---

[1] Bei schwer oxydierbaren Substanzen kann man den Zusatz von Kaliumnitrat auch schon früher vornehmen.

Ein etwa vorhandener größerer Gehalt an Blei sowie ein Gehalt an Barium verrät sich bei diesem Gange der Untersuchung durch das Auftreten einer größeren oder geringeren Menge eines Niederschlages in der ursprünglichen, durch Erhitzen mit Schwefelsäure enthaltenen und verdünnten Lösung, welche bei Abwesenheit bestimmbarer Mengen dieser Metalle, nach dem Verdünnen in der Regel vollkommen klar sein wird.

Aufschließungsmethode (Säuregemisch-Veraschung) von Alb. Neumann.[1]

Die Aufschließung wird in einem schief liegenden Rundkolben aus Jenenser Glas, welcher ca. 10 cm Halslänge und $^1/_2$—$^3/_4$ Liter Inhalt hat, vorgenommen. Über demselben befindet sich ein mit Tropfcapillare versehener Hahntrichter.

Das Säuregemisch wird durch vorsichtiges Eingießen von $^1/_2$ Liter konzentrierter Schwefelsäure in $^1/_2$ Liter Salpetersäure vom sp. Gew. 1.4 erhalten.

Vorbehandlung der Substanz.

Blut wird zweckmäßig vor dem Aufschließen eingedampft.

Fett- oder kohlenhydratreiche Stoffe, wie Milch, werden, namentlich wenn es sich um größere Mengen handelt, zweckmäßig so konzentriert, daß man sie in dem Veraschungskolben mit dem vierten Teil konzentrierter Salpetersäure mischt und dann auf einem Baboblech mit starker Flamme eindampft.

Für die meisten Bestimmungen im Harne ist eine Veraschung nicht erforderlich. Dieselbe muß aber bei eiweißhaltigem Harn und für die Eisenbestimmung vorgenommen werden.

Um größere Mengen Harn (z. B. 500 ccm zur Eisenbestimmung) für die Aufschließung schnell und quantitativ zu konzentrieren, läßt man kontinuierlich kleine Mengen des mit $^1/_{10}$ Vol. konzentrierter Salpetersäure versetzten Harns zu konzentrierter siedender Salpetersäure fließen, und zwar erhitzt man letztere (30 ccm) in dem eben beschriebenen Kolben zum Sieden und reguliert das Zutropfen der Mischung so, daß bei starkem Kochen der Flüssigkeit keine zu große Volumvermehrung (höchstens bis zu 100 ccm) eintritt. Kolben und Hahntrichter werden mit wenig verdünnter Salpetersäure nachgespült und schließlich die Lösung auf 50 ccm konzentriert.

Ausführung der „Säuregemisch-Veraschung".

Die — eventuell vorbehandelte — Substanz wird im Rundkolben mit 5—10 ccm Säuregemisch übergossen und, falls energische Reaktion eintritt (wobei man abzukühlen hat), nach dem teilweisen Ablaufe derselben, mit mäßiger Flamme erwärmt.

---

[1] Neumann, Z. physiol. **37**, 115 (1902). — **43**, 32 (1904).

Überhaupt ist die Veraschung mit kleiner Flamme, so daß die Oxydation gerade ohne besondere Heftigkeit verläuft, durchzuführen. Erst am Schluße steigert man die Hitze; sonst braucht man, weil ein Teil der Salpetersäure unausgenutzt entweicht, viel mehr Säuregemisch.

Sobald die Entwicklung der braunen Nitrosodämpfe geringer wird, gibt man aus dem Hahntrichter von der gezeichneten Form (Fig. 146) tropfenweise weiteres Gemisch (annähernd ge-

messene Mengen) hinzu, bis man glaubt, daß die Substanzzerstörung beendet ist, was man daran erkennt, daß sich die hellgelbe oder farblose Flüssigkeit nach dem Abstellen des Zuflusses der Oxydationsflüssigkeit und dem Verjagen der braunen Dämpfe bei weiterem Erhitzen nicht dunkler färbt und auch keine Gasentwicklung mehr zeigt. — Will man eine Eisenbestimmung ausführen, so kocht man noch $^1/_2-^3/_4$ Stunden weiter.

Nun fügt man noch dreimal soviel Wasser

Fig. 146.

hinzu, als Säuregemisch verbraucht wurde, erhitzt und kocht etwa 5—10 Minuten. Dabei entweichen braune Dämpfe, welche von der Zersetzung der entstandenen Nitrosylschwefelsäure herrühren.

In der so erhaltenen Lösung werden dann die Basen in üblicher Weise aufgesucht und bestimmt; für die Bestimmung von Eisen, Phosphor und Salzsäure hat indessen N e u m a n n besondere Verfahren ausgearbeitet.[1]) Siehe S. 216, 267 und 289.

Aufschließung durch Elektrolyse.

G a s p a r i n i [2]) empfiehlt zur Zerstörung der organischen Substanz die elektrolytische Oxydation in salpetersaurer Lösung.

Einen hierzu geeigneten Apparat liefert M. Wallach Nachf., Kassel. Die in Salpetersäure D 1.42 aufgenommene Substanz wird 6—16 Stunden lang zwischen Platinelektroden mit 4—7 Amp. und 8—16 Volt behandelt. Es empfiehlt sich Gleichstrom anzuwenden. Das Ende der Oxydation ist daran zu erkennen, daß die Flüssigkeit fast farblos wird, nicht mehr schäumt und nach Stromunterbrechung keine Gasentwicklung mehr zeigt. Siehe auch S. 243.

---

[1]) Über ein ähnliches Verfahren siehe R o t h e, Mitt. Kgl. Mater.-Prüf.-Amt **25**, 105 (1907).

[2]) Atti Lincei (5), **13**, II, 94 (1904). — Gazz. **35**, I, 501 (1905). — S c u r t i und G a s p a r i n i, Staz. sperim. agrar. ital. **40**, 150 (1907). — G a s p a r i n i, Gazz. **37**, II, 426 (1907). — Siehe auch B u d d e und S c h o u, Z. anal. **38**, 344 (1899).

Siebenter Abschnitt.

Ermittelung der empirischen Formel.

Das Verhältnis der Atome Kohlenstoff, Wasserstoff, Sauerstoff usw. in einer organischen Substanz wird nach den Ergebnissen der Elementaranalyse in der Art ermittelt, daß man zuerst die gefundenen Prozentzahlen durch die Atomgewichte der betreffenden Elemente dividiert.

Von den so erhaltenen Zahlen nimmt man die kleinste als Divisor für die übrigen. Man erhält nunmehr Werte, welche entweder (nahezu) ganzen Zahlen entsprechen oder durch Multiplikation mit 2 oder 3 in Zahlen verwandelt werden, die durch geringe Abrundung zu Ganzen werden.

So seien zum Beispiel in einer Substanz gefunden worden:

$$C = 68.0\,^0/_0$$
$$H = 10.7\,^0/_0$$
$$N = 10.1\,^0/_0$$

Differenz f. $O = 11.2\,^0/_0$

Die Divisionen $\dfrac{68}{12}$, $\dfrac{10.7}{1}$, $\dfrac{10.1}{14}$ und $\dfrac{11.2}{16}$ ergeben die Zahlen:

$$5.67 \quad 10.7 \quad 0.72 \quad\quad 0.70$$

Diese durch 0.7 dividiert:

$$8.1 \quad 15.3 \quad 1.0 \quad\quad 1.0$$

Dem entspricht die einfachste Formel: $C_8H_{15}ON$.

Äußerst zweckmäßig ist der Vorschlag Felix Kauflers[1]), die wahrscheinlichste Formel durch Entwicklung in Näherungsbrüche zu ermitteln.

Diese Methode gleicht die Analysenfehler eben durch ihren Näherungscharakter aus. Obiges Beispiel wäre danach folgendermaßen zu rechnen:

Zunächst das Verhältnis $C:H = 5.67:10.7$.

5.67	10.7	1		1	1	7	1	6	9
64	503	1	0	1	1	8	9	62	
55	9	7	1	1	2	15	17	117	···
1		1							
		6							
		9							

---

[1]) Privatmitteilung.

Dann das Verhältnis $C : N = 5.67 : 0.72$.

5.67	0.72	7		7	1	7
63	9	1	0	1	1	8
		7	1	7	8	63

Endlich $C : O = 5.67 : 0.70$

5.67	0.70	8		8	10
7		10	0	1	10
			1	8	81

oder $H : N = 10.70 : 0.72$

10.70	0.72	14		14	1	65
62	10	1	0	1	1	7
2		6	1	14	15	104
		5				

Daraus ergibt sich zwanglos das Verhältnis:

$$C : H : N : O = 8 : 15 : 1 : 1, \quad \text{id est } C_8H_{15}ON.$$

Man berücksichtigt beim Aufstellen der Formel, daß die Werte für Wasserstoff und Stickstoff in der Regel etwas zu hoch (bis zu 0.3 Proz)., diejenigen für den Kohlenstoff bei Substanzen, die bloß Kohlenstoff, Wasserstoff und Sauerstoff enthalten, um ebensoviel zu niedrig auszufallen pflegen; Substanzen, die außer den drei genannten noch andere Elemente enthalten, liefern bei der Analyse oftmals ein Plus an Kohlenstoff von einigen Zentelprozenten.

Auch auf das Gesetz der paaren Valenzzahlen ist Rücksicht zu nehmen.

Bei kompliziert zusammengesetzten Substanzen läßt sich natürlich die empirische Formel nicht mehr mit Sicherheit errechnen,[1] muß vielmehr auf Grund von Umwandlungsreaktionen und nach Ermittlung der Molekulargröße bestimmt werden.

---

[1] Siehe das Vorwort zur ersten Auflage.

Viertes Kapitel.

Ermittelung der Molekulargröße.

— — —

Die Ermittelung der Molekulargröße kann entweder mittels chemischer oder mittels physikalischer Methoden erfolgen.

Von letzteren Methoden kommen für die Laboratoriumspraxis eigentlich nur die Dampfdichtebestimmung nach dem Luftverdrängungsverfahren einerseits, die Bestimmung der Gefrierpunkts- und Siedepunktsveränderung von Lösungen andererseits in Betracht. Andere Verfahren (Molekulargewichtsbestimmung aus dem osmotischen Druck oder aus der Löslichkeitserniedrigung usw.) werden fast niemals angewendet.

———————

Erster Abschnitt.

Ermittelung des Molekulargewichtes auf chemischem Wege.

Das Verfahren besteht hier allgemein darin, Derivate der Substanz herzustellen, welche ein genau bestimmbares Atom oder Radikal besitzen, aus dessen Menge dann die Formel des Derivates und weiterhin der Stammsubstanz erschlossen wird. Ist man außerdem imstande, zu bestimmen, wie oft der betreffende Rest in das Molekül eingetreten ist, so kann man nicht nur die empirische, sondern auch die Molekularformel ergründen.

Am einfachsten lassen sich salzbildende Körper untersuchen.

Man titriert Säuren, bzw. Basen; oder man stellt ihre Silbersalze, bzw. Chloraurate oder Chloroplatinate dar.

Hat man so die empirische Formel gefunden, so trachtet man die Basizität der Substanz — etwa durch Darstellung saurer Ester

oder Salze usw. zu ermitteln. Die Bestimmung der Leitfähigkeit gibt hier wertvolle Anhaltspunkte.

Von anderen Substanzen wird man je nach ihrem Charakter
Acyl-Alkyl-Derivate usw. darstellen und die entsprechenden Gruppen-
bestimmungen vornehmen.

Kohlenwasserstoffe substituiert man durch Halogene oder
untersucht (bei aromatischen Verbindungen) ihre Pikrate (Methode
von Küster, siehe S. 574), an Doppelbindungen wird Chlorjod
addiert usf.

Über die Bestimmung des Molekulargewichtes von hochmolekularen Alkoholen siehe Seite 450.

Ein schönes Beispiel davon, wie durch geschicktes Gruppieren der
Beobachtungen auch bei komplizierten Verbindungen ausschließlich
durch chemische Untersuchung die richtige Molekulargröße einer Substanz ermittelt werden kann, bilden die Untersuchungen von Herzig[1])
über das Quercetin.

Im allgemeinen wird man sich immerhin in Fällen, wo die Analyse kein vollkommen eindeutiges Resultat gibt, der physikalischen
Methoden zur Bestimmung von Molekulargrößen bedienen.

Zweiter Abschnitt.

Bestimmung des Molekulargewichtes vermittels physikalischer Methoden.

Von den zahlreichen, hierfür theoretisch möglichen Methoden
kommen für die Praxis des organischen Chemikers nur drei in Betracht.

1. Die Dampfdichtebestimmung,
2. Die Bestimmung der Siedepunktserhöhung,
3. Die Bestimmung der Gefrierpunktserniedrigung, welche die
gelöste Substanz bei dem Lösungsmittel verursacht.

1. Molekulargewichtsbestimmung aus der Dampfdichte.

Diese Methode ist nur bei (wenigstens unter vermindertem Drucke)
unzersetzt vergasbaren Substanzen anwendbar.

Im chemischen Laboratorium wird die Dampfdichtebestimmung
jetzt wohl nur mehr nach der Luft-Verdrängungsmethode Victor
Meyers[2]) — welche je nach Erfordernis verschiedenartig modifiziert
wird — ausgeführt.

---

[1]) M. **9**, 537 (1888). — M. **12**, 172 (1891).
[2]) B. **11**, 1867, 2253 (1878). — Über die Methode von Blackman siehe
Ch. News **96**, 223 (1907). — B. **41**, 768, 881, 1588, 2487 (1908).

A. Dampfdichtebestimmung bei Atmosphärendruck nach V. Meyer.

Wird eine Substanz in einem mit Luft von erhöhter konstanter Temperatur gefüllten Gefäße sehr rasch verdampft, so wird
ihr Dampf eine Luftmenge von gleichem Volumen verdrängen. Ist
das Luftvolum 2—3 mal so groß als das Dampfvolum, so wird,
sehr rasche Verdampfung vorausgesetzt, der durch Diffusion entstehende Fehler sehr klein
sein. Auch der Umstand,
daß das Volumen zweier
chemisch nicht aufeinander
wirkender Gase nicht im-
mer gleich der Summe der
Einzelvolumina ist, läßt
nur Fehler von geringer
Größe voraussehen.

Mißt man demnach
das durch Verdrängung
erhaltene Luftvolum bei
bekanntem Drucke und
bekannter Temperatur und
ist die Menge der Substanz
bekannt, so sind alle zur
Berechnung der Dampf-
dichte dieser Substanz
erforderlichen Größen ge-
geben.

Charakteristisch für
dieses Verfahren ist es,
daß bei demselben weder
der Inhalt des Gefäßes,
in dem die Verdampfung
vorgenommen wird, noch
die Versuchstemperatur in
Betracht kommt.

Der Apparat (Fig.
147) besteht aus einem
zylindrischen Glasgefäße
von ca. 200 ccm Inhalt

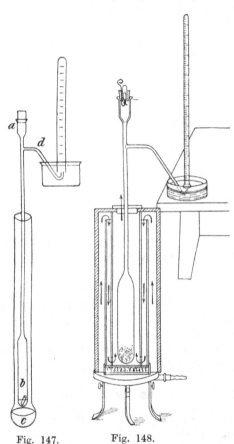

Fig. 147.   Fig. 148.

bei einer Höhe von 200 mm; an dasselbe ist eine Glasröhre von
6 mm lichter Weite und 600 mm Länge angelötet, welche sich am Ende
erweitert. In der Höhe von zirka 500 mm ist ein Gasentbindungsrohr d von 1 mm lichter Weite und 140 mm Länge angeschmolzen.

Arbeitet man bei Temperaturen unter 310°, so kann man ein
gläsernes Erhitzungsgefäß anwenden, für höhere Temperaturen bedient

man sich eines Erhitzungsgefäßes, das aus einer schmiedeeisernen Röhre hergestellt ist, die unten geschlossen ist, und einen Zylinder von 240 mm Höhe, 60 mm Durchmesser und 4 mm Wandstärke bildet. Um den Zylinder ist ein eiserner Ring gezogen, in welchem die drei den Zylinder tragenden schmiedeeisernen Füße befestigt sind. Weit bequemer ist noch das von Lothar Meyer angegebene Luftbad (Fig. 148), welches bei Temperaturen von 100—500⁰ zu arbeiten gestattet.

Zur Ausführung des Versuches wird zuerst das Glasgefäß b (Fig. 147) auf eine genügend hohe Temperatur erhitzt.[1] Als Erhitzungsflüssigkeiten dienen, falls man nicht das L. Meyersche Luftbad benutzt, die folgenden:

	Siedetemperatur		Siedetemperatur
Wasser	100⁰	Isoamylbenzoat	261⁰
Xylol	140⁰	Diphenylamin	302⁰
Anilin	183⁰	Schwefel	445⁰
Äthylbenzoat	213⁰	Phosphorpentasulfid	520⁰
Thymol	230⁰	Zinnchlorür	606⁰˙

In Ermangelung einer passenden Heizflüssigkeit kann man auch ein Ölbad verwenden.[2]

Für hohe Temperaturen kann man auch ein Bleibad benutzen. In diesem Falle muß man den Glaszylinder mit einem Schutzgeflecht aus starkem Eisendraht umgeben, um ihn vor der Berührung mit den eisernen Wänden zu bewahren, und ihn anrußen, um ein Ankleben des Bleis zu verhindern.

Auf den Boden des Glasgefäßes bringt man etwas ausgeglühten Asbest oder, für nicht zu hoch siedende Substanzen, die das Metall nicht angreifen, etwas Quecksilber,[3] die obere Öffnung des Glasapparates wird verschlossen.

Sobald die Temperatur konstant geworden ist, und also aus der unter Wasser befindlichen Mündung des Gasentbindungsrohres keine Luftblasen mehr entweichen,[4] setzt man das Meßrohr an seine Stelle und läßt die Substanz herabfallen.

Einige Formen der häufigst verwendeten Fallvorrichtungen zeigen die Figuren 149, 150, 151 und 152, von denen die in Fig. 151 abgebildete[5] die meist angewandte ist. Der Mechanismus dieser Vorrichtungen ist aus den Zeichnungen ohne weiteres ersichtlich. Be-

---

[1] Ob die Temperatur genügend hoch ist, erfährt man, wenn man eine kleine Probe der zu untersuchenden Substanz in einer dünnwandigen Glasröhre in das Bad taucht und sieht, ob dieselbe rasch kocht. Zugleich kann man hierbei beobachten, ob eine Zersetzung der Substanz stattfindet oder nicht.

[2] Eijkman, Rec. 4, 38 (1885).

[3] M. u. J., 2. Aufl., 1, 1, 48 Anm. (1907). — Blackman, B. 41, 768 (1908).

[4] Der Siedering der Heizflüssigkeit muß sich oberhalb der Verengung der Glasbirne befinden.

[5] Biltz u. V. Meyer, Z. phys. 2, 189 (1888).

sonders erwähnt sei nur noch die Vorrichtung von Patterson[1]) (Fig. 152).

Der in dem erweiterten Teile E des Halses unten festsitzende Kork H ist bei F (nicht in der Mitte) durchbohrt. Oben ist F durch einen Gummistopfen verschlossen, der ein schräg gebohrtes

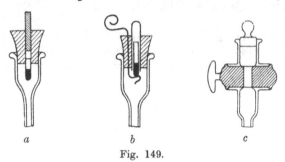

a   b   c

Fig. 149.

Loch hat, durch welches die Glasröhre BC eingeführt wird, die der Gummistopfen A verschließt. Ist aus dem Kolben alle Luft vertrieben, so wird A geöffnet, das mit der Substanz beschickte, gewogene Röhrchen G eingeführt und A sofort wieder verschlossen. Durch vor-

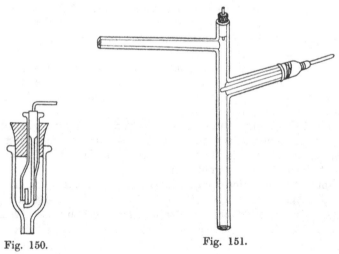

Fig. 150.   Fig. 151.

sichtiges Seitwärtsbiegen der Röhre BC läßt man nun G durch das Loch von H in den Kolben hinunterfallen.

Nach wenigen Sekunden beginnt die Verdampfung, und eine entsprechende Luftmenge tritt in die Meßröhre. Sobald keine Blasen mehr kommen (klopfen!) — was in ganz kurzer Zeit der Fall ist —,

---

[1]) Ch. News **97**, 73 (1908).

entfernt man den Stopfen und bringt in üblicher Weise das Gasvolumen zur Ablesung.

Die Substanz wird, wenn sie fest ist, entweder
in Pastillen[1]) gepreßt oder zu kleinen Stäbchen geschmolzen. Letztere fertigt man folgendermaßen an[2]):

Man bringt die Substanz in einem Schälchen
zum Schmelzen und saugt von der geschmolzenen
Masse in einer ca. 2 mm weiten
und 6 cm langen Glasröhre so viel
auf, daß dieselbe zu etwa $^2/_3$ damit gefüllt ist. In der kalten Glasröhre erstarrt die flüssige Masse
meist rasch und haftet, wenn gänzlich fest geworden, nur noch an
einigen Stellen des Glases. Bewegt
man nun ein solches Röhrchen
über einer kleinen Flamme mit
der Vorsicht hin und her, daß die
im Innern befindliche Substanz nur
an den Stellen, wo sie das Glas
berührt, eben zu schmelzen beginnt,
so läßt sich mittels eines Drahtes
ohne Schwierigkeit die ganze Masse
in Form eines kleinen Stäbchens
aus der Röhre herausschieben.

Flüssigkeiten werden in
einem kleinen Eimerchen[3]) abge-

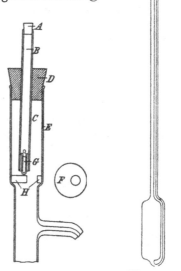

Fig. 152.   Fig. 153.

wogen, das sie möglichst vollständig ausfüllen sollen und das für
flüchtige Substanzen mit Stopfen versehen sein muß.[4])

Luftempfindliche Substanzen untersucht man in einem mit
einem indifferenten Gase (Stickstoff) gefüllten Gefäße und gibt alsdann der Birne die in Fig. 153 reproduzierte Form.

Die Berechnung der Resultate geschieht in folgender Weise:

Bezeichnet S das Gewicht der Substanz,
           P den Druck des Dampfes,
           T die unbekannte Temperatur des Dampfes,
           V das unbekannte wirkliche Dampfvolum bei T[0],

so ist die Dichte $D = \dfrac{S \cdot 760\,(1 + \alpha\,T)}{P \cdot V \cdot 0.001293}$.

[1]) Über eine geeignete Pastillenpresse: Gernhardt, Z. phys. **15**, 671 (1894)
und Fritz Köhler, Hauptkatalog (D) 1905, S. 52.
[2]) V. Meyer und Demuth, B. **23**, 313, Anm. (1890).
[3]) Z. phys. **6**, 9, Anm. (1890).
[4]) Über einen Kunstgriff, welcher das Öffnen dieser Eimerchen innerhalb
des Apparates gestattet, siehe „Methode von Bleier und Kohn". S. 334.

Der Druck P setzt sich zusammen aus dem bestimmten Luft-
drucke B und dem Drucke der Wassersäule, welche sich zwischen
der Mündung des Gasentbindungsrohres und dem Niveau der Flüssigkeit befindet, und welche mit s bezeichnet werden soll, daher ist

$$P = B + \frac{s}{13.596}.$$

V ist aber dem über Wasser gemessenen Luftvolum v gleich,
wenn dieses auf T^0 und den Druck $B + \frac{s}{13.596}$ gebracht wäre, d. h.

$$V = \frac{v \cdot (B - w)(1 + \alpha T)}{\left(B + \frac{s}{13.596}\right)(1 + \alpha t)},$$

wenn t die Temperatur der gemessenen Luft und w die Tension des
Wasserdampfes bei dieser Temperatur bedeutet.

Setzt man die Werte von V und P in die Gleichung 1 ein, so wird

$$D = \frac{S \cdot 760 (1 + \alpha T)\left(B + \frac{s}{13.596}\right)(1 + \alpha t)}{v (B - w)(1 + \alpha T)\left(B + \frac{s}{13.596}\right)0.001293}$$

und daher

$$D = \frac{S\,760\,(1 + \alpha t)}{v (B - w)\,0.001293}$$

oder wenn man die Konstanten zusammenzieht

$$D = \frac{S(1 + \alpha t)\,587780}{(B - w)\,v}.$$

Im nachfolgenden ist eine Tabelle mitgeteilt,[1]) welche die Werte für

$$\frac{(1 + \alpha t)\,587780}{B - w}$$

für $t = 10^0$ bis 25^0 und $B = 730$ bis 760 mm enthält.

Man findet mittels derselben die Dampfdichte, indem man die
dem Barometerstande und der Temperatur entsprechende Zahl mit
dem Gewichte der Substanz multipliziert und durch die Anzahl Kubikzentimeter des verdrängten Luftvolumens dividiert.

Die rechts stehenden Ziffern geben die entsprechenden Logarith-
men an, als Charakteristik ist immer die Ziffer 2 einzusetzen.

---

[1]) Dieselbe ist ein Auszug der von G. G. Pond (Amherst, Mass. U. S. A.
1886) herausgegebenen „Tables for calculating vapor density determinations by
the Victor Meyer Method."

Tabelle zur Berechnung von Dampfdichten nach der Methode Viktor Meyers.

	731 mm	732 mm	733 mm	734 mm	735 mm	736 mm	737 mm	738 mm	739 mm	740 mm
10° C	.92713 845.5	.92653 844.4	.92593 843.2	.92533 842.0	.92473 840.9	.92413 839.7	.92353 838.6	.92293 837.4	.92234 836.3	.92174 835.1
11°	.92914 849.5	.92854 848.3	.92794 847.1	.92734 845.9	.92674 844.8	.92614 843.6	.92554 842.4	.92494 841.3	.92434 840.1	.92375 839.0
12°	.93115 853.4	.93055 852.2	.92995 851.0	.92934 849.9	.92874 848.7	.92814 847.5	.92754 846.3	.92695 845.2	.92635 844.0	.92575 842.9
13°	.93316 857.3	.93255 856.2	.93195 855.0	.93135 853.8	.93074 852.6	.93014 851.4	.92954 850.2	.92894 849.1	.92835 847.9	.92775 846.7
14°	.93522 861.4	.93461 860.2	.93401 859.0	.93340 857.8	.93280 856.6	.93220 855.5	.93160 854.3	.93100 853.1	.93040 851.9	.92980 850.7
15°	.93727 865.5	.93666 864.3	.93605 863.1	.93546 861.9	.93485 860.7	.93425 859.5	.93365 858.3	.93305 857.1	.93245 855.9	.93185 854.8
16°	.93928 869.5	.93867 868.3	.93807 867.1	.93746 865.9	.93686 864.7	.93626 863.5	.93565 862.3	.93505 861.1	.93446 859.9	.93391 858.8
17°	.94149 874.0	.94088 872.7	.94027 871.5	.93967 870.3	.93906 869.1	.93846 867.9	.93786 866.7	.93725 865.5	.93665 864.3	.93605 863.1
18°	.94359 878.2	.94298 877.0	.94237 875.7	.94177 874.5	.94116 873.3	.94056 872.1	.93995 870.9	.93935 869.7	.93875 868.5	.93815 867.3
19°	.94575 882.6	.94514 881.3	.94453 880.1	.94392 878.9	.94332 877.6	.94271 876.4	.94211 875.2	.94150 874.0	.94096 872.9	.94034 871.7
20°	.94796 887.1	.94735 885.8	.94675 884.6	.94614 883.4	.94553 882.1	.94492 880.9	.94432 879.7	.94371 878.4	.94311 877.2	.94250 876.0
21°	.95018 891.6	.94957 890.4	.94896 889.1	.94835 887.9	.94774 886.6	.94713 885.4	.94652 884.1	.94592 882.9	.94537 881.8	.94477 880.6
22°	.95245 896.3	.95183 895.0	.95122 893.8	.95061 892.5	.95000 891.3	.94939 890.0	.94878 888.8	.94818 887.5	.94757 886.3	.94684 884.8
23°	.95477 901.1	.95416 899.8	.95355 898.6	.95294 897.3	.95232 896.0	.95171 894.8	.95110 893.5	.95050 892.3	.94989 891.0	.94928 889.8
24°	.95710 905.9	.95648 904.7	.95587 903.4	.95526 902.1	.95465 900.8	.95403 899.6	.95342 898.3	.95285 897.0	.95220 895.8	.95160 894.5
25°	.95948 910.9	.95886 909.6	.95825 908.3	.95763 907.1	.95702 905.8	.95641 904.5	.95580 903.2	.95519 902.0	.95458 900.7	.95397 899.4

Tabelle zur Berechnung von Dampfdichten nach der Methode Viktor Meyers.

	741 mm	742 mm	743 mm	744 mm	745 mm	746 mm	747 mm	748 mm	749 mm	750 mm
10° C	.92115 / 834.0	.92055 / 832.8	.91996 / 831.7	.91937 / 830.6	.91888 / 829.6	.91818 / 828.3	.91759 / 827.2	.91701 / 826.0	.91642 / 824.9	.91583 / 823.8
11°	.92315 / 837.8	.92256 / 836.7	.92196 / 835.5	.92137 / 834.4	.92078 / 833.3	.92019 / 832.1	.91960 / 831.0	.91901 / 830.0	.91842 / 828.7	.91783 / 827.6
12°	.92515 / 841.7	.92456 / 840.5	.92396 / 839.4	.92337 / 838.2	.92284 / 837.2	.92219 / 836.0	.92159 / 834.8	.92100 / 833.7	.92041 / 832.6	.91983 / 831.4
13	.92715 / 845.6	.92656 / 844.4	.92596 / 843.3	.92537 / 842.1	.92477 / 841.0	.92419 / 839.8	.92359 / 838.7	.92300 / 837.5	.92241 / 836.4	.92182 / 835.3
14°	.92920 / 849.6	.92861 / 848.4	.92801 / 847.2	.92742 / 846.1	.92682 / 844.9	.92623 / 843.8	.92564 / 842.6	.92504 / 841.5	.92445 / 840.3	.92396 / 839.4
15°	.93125 / 853.9	.93065 / 852.4	.93006 / 851.2	.92946 / 850.1	.92887 / 848.9	.92827 / 847.8	.92768 / 846.6	.92709 / 845.4	.92649 / 844.3	.92596 / 843.1
16°	.93331 / 857.7	.93271 / 856.5	.93212 / 855.3	.93152 / 854.1	.93092 / 853.0	.93033 / 851.8	.92973 / 850.6	.92914 / 849.5	.92855 / 848.3	.92796 / 847.1
17°	.93545 / 861.9	.93485 / 860.7	.93425 / 859.3	.93366 / 858.3	.93306 / 857.2	.93246 / 856.0	.93187 / 853.6	.93127 / 853.6	.93068 / 851.5	.93006 / 851.2
18°	.93754 / 866.1	.93694 / 864.9	.93635 / 863.7	.93575 / 862.5	.93515 / 861.3	.93455 / 860.1	.93396 / 858.9	.93336 / 857.8	.93283 / 856.7	.93223 / 855.5
19°	.93975 / 870.5	.93915 / 869.3	.93855 / 868.1	.93795 / 866.9	.93736 / 865.7	.93676 / 864.5	.93616 / 863.2	.93557 / 862.1	.93497 / 860.9	.93438 / 859.8
20°	.94190 / 874.8	.94130 / 873.6	.94070 / 872.4	.94010 / 871.2	.93950 / 869.6	.93890 / 868.8	.93830 / 867.6	.93770 / 866.4	.93711 / 865.2	.93651 / 864.0
21°	.94416 / 879.4	.94356 / 878.1	.94296 / 876.9	.94236 / 875.7	.94176 / 874.5	•.94116 / 873.9	.94056 / 872.1	.93996 / 870.9	.93906 / 869.7	.93877 / 868.5
22°	.94636 / 883.8	.94576 / 882.6	.94515 / 881.4	.94461 / 880.3	.94401 / 879.0	.94341 / 877.8	.94281 / 876.6	.94221 / 875.4	.94161 / 874.0	.94101 / 873.0
23°	.94868 / 888.5	.94807 / 887.3	.94747 / 886.1	.94686 / 884.8	.94626 / 883.6	.94566 / 882.4	.94506 / 881.2	.94446 / 879.9	.94386 / 878.7	.94326 / 877.5
24°	.95099 / 893.3	.95038 / 892.0	.94978 / 890.8	.94917 / 889.6	.94857 / 888.3	.94797 / 887.1	.94736 / 885.9	.94676 / 884.6	.94622 / 883.5	.94562 / 882.3
25°	.95336 / 898.2	.95275 / 896.9	.95208 / 895.5	.95148 / 894.3	.95087 / 893.0	.95033 / 891.9	.94973 / 890.7	.94912 / 889.5	.94858 / 888.3	.94798 / 887.0

	751 mm	752 mm	753 mm	754 mm	755 mm	756 mm	757 mm	758 mm	759 mm	760 mm
10° C	.91524 / 822.7	.91466 / 821.6	.91407 / 820.5	.91355 / 819.5	.91296 / 818.4	.91228 / 817.3	.91180 / 816.2	.91121 / 815.1	.91063 / 814.0	.91005 / 812.9
11°	.91724 / 826.5	.91666 / 825.4	.91607 / 824.3	.91548 / 823.2	.91490 / 822.1	.91432 / 821.0	.91373 / 819.9	.91315 / 818.8	.91257 / 817.7	.91190 / 816.6
12°	.91924 / 830.3	.91865 / 829.2	.91806 / 828.1	.91748 / 826.0	.91689 / 825.8	.91631 / 824.7	.91573 / 823.6	.91514 / 822.5	.91456 / 821.4	.91398 / 820.3
13°	.92123 / 834.1	.92064 / 833.0	.92005 / 831.9	.91947 / 830.7	.91888 / 829.6	.91830 / 828.5	.91771 / 827.4	.91713 / 826.3	.91655 / 825.2	.91597 / 824.1
14°	.92327 / 838.1	.92268 / 836.9	.92210 / 835.8	.92151 / 834.7	.92092 / 833.5	.92034 / 832.4	.91975 / 831.3	.91917 / 830.2	.91859 / 829.1	.91800 / 827.9
15°	.92525 / 841.9	.92466 / 840.7	.92408 / 839.6	.92355 / 838.6	.92296 / 837.5	.92237 / 836.3	.92179 / 835.2	.92120 / 834.1	.92062 / 833.0	.92004 / 831.8
16°	.92737 / 846.0	.92678 / 844.8	.92619 / 843.7	.92561 / 842.6	.92501 / 841.4	.92442 / 840.3	.92384 / 839.1	.92325 / 838.0	.92267 / 836.9	.92208 / 835.8
17°	.92950 / 850.2	.92891 / 849.0	.92832 / 847.8	.92774 / 846.6	.92714 / 845.5	.92655 / 844.4	.92596 / 843.3	.92538 / 842.1	.92479 / 841.0	.92422 / 839.9
18°	.93164 / 854.4	.93105 / 853.2	.93046 / 852.0	.92987 / 850.9	.92928 / 849.7	.92863 / 848.5	.92804 / 847.3	.92746 / 846.2	.92687 / 845.0	.92629 / 843.9
19°	.93378 / 858.6	.93318 / 857.7	.93260 / 856.2	.93201 / 855.1	.93142 / 853.9	.93083 / 852.8	.93024 / 851.6	.92965 / 850.5	.92906 / 849.3	.92848 / 848.2
20°	.93592 / 862.8	.93533 / 861.6	.93473 / 860.5	.93420 / 859.4	.93361 / 858.2	.93302 / 857.1	.93243 / 855.9	.93184 / 854.8	.93125 / 853.6	.93066 / 852.4
21°	.93817 / 867.3	.93758 / 866.4	.93699 / 865.0	.93639 / 863.0	.93580 / 862.6	.93520 / 861.4	.93461 / 860.2	.93402 / 859.1	.93344 / 857.9	.93284 / 856.7
22°	.94042 / 871.8	.93982 / 870.6	.93923 / 869.4	.93863 / 868.2	.93804 / 867.0	.93745 / 865.9	.93686 / 864.7	.93626 / 863.5	.93567 / 862.3	.93509 / 861.2
23°	.94266 / 876.3	.94207 / 875.1	.94147 / 873.9	.94093 / 872.8	.94037 / 871.6	.93975 / 870.5	.93915 / 869.3	.93856 / 868.1	.93799 / 866.9	.93738 / 865.7
24°	.94502 / 881.1	.94442 / 879.9	.94383 / 878.7	.94323 / 877.5	.94264 / 876.3	.94204 / 875.1	.94145 / 873.9	.94085 / 872.7	.94026 / 871.5	.93967 / 870.3
25°	.94738 / 885.9	.94678 / 884.7	.94618 / 883.5	.94558 / 882.2	.94499 / 881.0	.94439 / 879.8	.94380 / 878.6	.94314 / 877.3	.94255 / 876.1	.94196 / 874.9

B. Dampfdichtebestimmung unter vermindertem Drucke.[1])

Von den zahlreichen Methoden, die angegeben wurden, um die Dampfdichte von Substanzen, die sich unter Atmosphärendruck bei ihrem Siedepunkte zersetzen oder unbequem hoch sieden, zu bestimmen, ist das

Verfahren von Bleier und Kohn[2])

weitaus das einfachste, bequemste und von allgemeinster Anwendbarkeit.

Beschreibung des Apparates (Fig. 154).

Die in dem Heizmantel befindliche Birne A besitzt eine Länge von 28—30 cm und einen unteren Durchmesser von 43 mm, so daß der Heizraum ca. 390 ccm faßt. Der Stiel hat eine innere Weite von 5—6 mm und ist 32 cm lang. An ihn ist mittels der Kautschukverbindung k die Biltzsche Fallvorrichtung angesetzt. Oben ist das Rohr durch einen eingeschliffenen Stopfen verschließbar. Das horizontale Ableitungsrohr ist capillar und trägt in einer Entfernung von 14 cm eine vertikale Abzweigung, in die der Dreiweghahn a eingelassen ist. Durch dieses Hahnrohr kann der Apparat evakuiert oder mit irgend einem Gase gefüllt werden. An das horizontale Rohr schließt mittels dichter Kautschukverbindung der Ansatz m des Differentialmanometers B, während der Ansatz n desselben mit dem Vakuumreservoir C verbunden ist. Dieses besteht aus einer ca. 1200 ccm fassenden dickwandigen Flasche, in deren Hals ein Oberteil dicht eingerieben ist, der, dreifach gegabelt, ein kleines Manometer und zwei Hahnrohransätze trägt.

Das Differentialmanometer ist folgendermaßen konstruiert: Die beiden Schenkel einer zweimal U-förmig gebogenen Glasröhre von 5 mm lichter Weite kommunizieren nicht nur unten, sondern auch oben miteinander, solange diese letztere Kommunikation nicht durch einen Hahn unterbrochen wird. Der untere Teil des Manometers ist bis zur Mitte, dort wo sich beiderseits der 0-Punkt der aufgeätzten Millimeterteilung befindet, mit der Manometerflüssigkeit (Paraffinöl) gefüllt. Die Teilung reicht auf der rechten Seite

---

[1]) Meunier, C. r. 98, 1268 (1884). — La Coste, B. 18. 2122 (1885). — Dyson, Ch. News 55, 87 (1887). — Bott u. Macnair, B. 20, 916 (1887). — Malfatti u. Schoop, Z. phys. 1, 159 (1887). — Schall, B. 20, 1435, 1759, 1827, 2127 (1887); 21, 100 (1888); 22, 140 (1889); 23, 919, 1701 (1890). — J. pr. (2), 45, 134 (1892); 50, 88 (1894); 62, 536 (1900). — Richards, Ch. News 59, 39, 87 (1889). — Eykman, B. 22, 2754 (1889). — Bleier, Neue gasom. Methoden S. 293. — Demuth u. V. Meyer, B. 23, 311 (1890). — Krause und V. Meyer, Z. phys. 6, 5 (1890). — Lunge und Neuberg, B. 24, 729 (1891). — Traube, Phys. chem. Methoden. — Bodländer, B. 27, 2267 (1894). — H. Erdmann, Z. anorg. 32, 425 (1902).
[2]) M. 20, 505, 909 (1899); 21, 599 (1900).

20 cm weit nach abwärts, auf der linken 20 cm weit nach aufwärts. Das Manometer kann demnach zur Messung eines von rechts her wirkenden Überdruckes bis zum Ausmaße von 400 mm Paraffinöl (= ca. 24 mm Hg) verwendet werden. Der rechte Schenkel des Mano-

meters ist dicht ober-
halb des Nullpunktes
der Teilung bis nahe
zum Glashahn b ver-
engt. Auch der hori-
zontale Rohransatz
m ist nahezu capil-
lar; nicht so der
zweite Ansatz n.

Wenn das Ma-
nometer mit Hilfe
der beiden Rohran-
sätze m und n bei
g e s c h l o s s e n e m
H a h n e zwischen
zwei abgeschlossene
Drucksysteme ein-
geschaltet ist, so wird
sich die geringste
Druckdifferenz — die
von rechts positiv

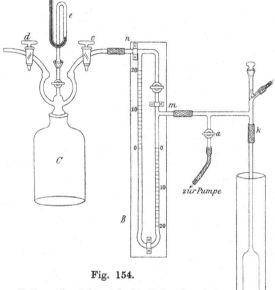

Fig. 154.

sein muß — zu beiden Seiten der Flüssigkeitssäule durch eine Verschiebung derselben kundgeben, und der an der Skala abzulesende Niveauunterschied (gleich der Summe der Ablesungen an beiden Schenkeln) gibt das Maß für diese Druckungleichheit.

Bei geöffnetem Hahne b hingegen tritt keine Verschiebung der Flüssigkeit ein, da der Druckausgleich nun durch die zweite Kommunikation oberhalb der beiden Flüssigkeitsniveaux stattfindet; dementsprechend wird das durch Schließen des Hahnes in Funktion getretene Manometer durch Öffnen desselben wieder ausgeschaltet. Damit der Druckausgleich durch den geöffneten Hahn in jedem Falle genügend rasch erfolge, darf dessen Bohrung nicht capillar sein, und auch die verengten Stellen des Manometers sollen nicht weniger als 2 mm weit sein.

Um ein Austreten der Manometerflüssigkeit aus den Schenkeln zu vermeiden, darf man das Manometer weder einem zu hohen Überdrucke noch aber einem Minderdrucke auf der rechten Seite aussetzen. Auch mache man es sich zur Regel, den Hahn stets geöffnet zu lassen und nur direkt für die Differentialbestimmung zu schließen.

Die Hähne am Vakuumreservoir sind schief gebohrt. Ferner besitzt der dem Differentialmanometer zugewandte Hahn c einen feinen vertikalen Schlitz im Schlüssel, der gestattet, bei gewisser Stellung

des Hahnes (der in der Zeichnung angedeuteten) langsam Luft in den
Apparat einzulassen, ohne daß das Vakuum des Reservoirs verloren
geht. Der Apparat soll so gut schließen, daß, wenn er auf 2 mm
ausgepumpt war, im Laufe von 48 Stunden keine am Manometer
sichtbare Druckzunahme erfolgt.

Ausführung der Bestimmung.

Die Substanz wird in den Warteraum gebracht (wie in der Figur
ersichtlich), die Birne angeheizt und nun der Apparat bei aus-
geschaltetem Manometer vom Hahne a aus bis zum gewünschten
Minderdrucke (2—3 mm) mittels einer Quecksilberpumpe evakuiert.
Ist in dem Vakuumreservoir von vorhergehenden Bestimmungen noch
gutes Vakuum vorhanden, so wird die Flasche durch den Hahn c
erst dann mit dem Apparat verbunden, bis auch in ihm die gleiche
Druckverminderung erreicht ist.

Das nach Belieben weiter evakuierte System wird nun durch
Sperrung von a (resp. auch von d) vom Außenraume abgeschlossen.
Jetzt wird durch Drehung des Hahnes das Manometer, dessen
Flüssigkeit bis jetzt natürlich im Gleichgewichte gestanden ist, eingeschaltet. Durch minutenlange Beobachtung des Niveaus, das
unbewegt bleiben muß, kann wieder genau Temperaturkonstanz
und vollkommene Dichtigkeit konstatiert werden. Ist dem so, so
wird die Substanz in den Heizraum fallen gelassen. Das Verdampfen
derselben bewirkt sofort eine Verschiebung des Flüssigkeitsstandes im
Manometer, die beobachtet wird. Sobald Konstanz eingetreten ist
(1—4 Minuten) liest man ab und hat die zur Berechnung notwendige
Größe p. Hiermit ist die Bestimmung beendet. Das Manometer
wird ausgeschaltet und während des Erkaltens durch die Rille von c
langsam Luft in den Apparat eingelassen.

Zum Einbringen der Substanz in den Verdampfungsraum bedient man sich für Körper, die bei dem zu verwendenden
Drucke über 100° sieden, kurzer, offener Gefäßchen. Für niedriger
siedende Verbindungen werden Glasfläschchen mit eingeriebenem Glasstöpsel verwendet. Die Schwierigkeit, dieselben innerhalb des Warte-
raumes noch geschlossen zu halten, während sie in den Verdampfungsraum offen gelangen sollen, wird dadurch überwunden, daß der Glasstöpsel mit einem runden Kopfe versehen wird, welcher um eine
Spur dicker ist als der Leib des Fläschchens. Durch vorsichtiges
Zurückziehen des Glasstabes der Fallvorrichtung gelingt es nun leicht,
den Kopf zurückzuhalten, während das Fläschchen geöffnet in den
Verdampfungsraum hinabfällt, worauf man dann den Stöpsel nach-
folgen lassen kann.

Berechnung des Molekulargewichtes.

Dieselbe erfolgt nach der Gleichung:

$$M = k \cdot \frac{q}{p},$$

wobei q das Gewicht der eingebrachten Substanz,
   p die durch das Vergasen derselben erfolgte Druckerhöhung und
   k die „Konstante" des Apparates für die Versuchstemperatur
   bedeutet.

Dieselbe repräsentiert die Druckveränderung, die das Milligramm-Molekulargewicht einer beliebigen Substanz, bei bestimmter Temperatur, vergast hervorbringt.

Die Konstanten.

Die Konstante (als Druck) ist bei demselben Apparate, der daher stets das gleiche Volumen hat, nur eine Funktion des Siedepunktes der Heizflüssigkeit, der Apparat hat also eine „Wasserkonstante", „Amylbenzoatkonstante" usw.

Die einmal ermittelten Konstanten haben daher für alle gleich dimensionierten Apparate Geltung, wobei bemerkt sei, daß Differenzen von 3 ccm im Volumen, Fehler, die einem geübten Glasbläser nicht unterlaufen, die Resultate der Molekulargewichtsbestimmungen erst um ein Prozent alterieren würden.[1])

Es genügt daher die von Bleier und Kohn ermittelten Konstanten anzuführen, und betreffs ihrer Bestimmungsmethoden auf die Literatur[2]) zu verweisen.

Tabelle der Konstanten für einen Apparat von 393 ccm Inhalt.

	Siedepunkt	Konstante
Benzol	80°	826
Wasser	100°	870
Toluol	110°	905
Xylol	140°	973
Cymol	175°	1050
Anilin	183°	1060
Äthylbenzoat	212°	1133
Naphthalin	218°	1144
Thymol	230°	1177
Amylbenzoat	262°	1232
Diphenylamin	310°	1316
Quecksilber	360°	1447
Schwefel	448°	1634

Will man eine Molekulargewichtsbestimmung bei einer anderen Temperatur ausführen, so findet man die entsprechende Konstante C_x für die Temperatur T_x aus der zur nächstliegenden Temperatur T_1 gehörigen Konstante C_1 nach der Gleichung:

---

[1]) Der Glasbläser P. Haack, Wien IX, Mariannengasse, liefert den Apparat unter Garantie des Volumens.
[2]) M. **20**, 518 (1899).

$$C_x = \frac{C_1 T_x}{T_1}.$$

Ist der Apparat um geringe Volumsdifferenzen von 393 ccm Inhalt verschieden, so kann man zu den ersten Molekulargewichtsbestimmungen die obigen Konstanten benützen und dieselben dann auf Grund der eigenen Bestimmungen korrigieren, da ja jede Molekulargewichtsbestimmung gleichzeitig eine empirische Bestimmung der Konstante vorstellt.

Man habe z. B. unter Benutzung einer der obigen Konstanten c für eine Substanz, deren Molekulargewicht nach der Analyse nur ein Multiplum von 60 sein kann, den Wert 117 gefunden. Danach kann das Molekulargewicht der Substanz nur 120 sein. Mit Benützung dieses theoretischen Molekulargewichtes berechnet man aus den Zahlen der Bestimmung auf Grund der Proportion

$$q : p = m : c$$

die Konstante und erhält so den korrigierten Wert $c_1{}^1$ für dieselbe. Aus dieser korrigierten Konstante für die eine Temperatur können dann die Konstanten $c_2{}^1$, $c_3{}^1$ ... für die anderen Temperaturen entweder mittels der Temperaturen

$$c_1{}^1 : c_2{}^1 = T_1 : T_2 \text{ usw.}$$

oder mittels der Bleier-Kohnschen Konstanten nach den Proportionen

$$c_1{}^1 : c^1 = c_2{}^1 : c_2 = c_3{}^1 : c_3 \text{ usw.}$$

abgeleitet werden.

Weitere Apparate siehe auch Lumsden, Soc. **83**, 342 (1903). — Haupt, Z. phys. **48**, 713 (1904).

2. Molekulargewichtsbestimmung aus der Gefrierpunktserniedrigung.

Nach Raoult zeigen äquimolekulare Lösungen des gleichen Lösungsmittels gleiche Gefrierpunktsdepression.

Die Gefrierpunktserniedrigung, welche 100 g Lösungsmittel durch Eintragen eines Gramm-Molekulargewichtes einer beliebigen Substanz erfahren, wird als Molekulardepression oder als Gefrierkonstante bezeichnet.

Über die Berechnung des Molekulargewichtes vermittels der durch die kryoskopische Methode erhaltenen Daten siehe weiter unten.

Von den zahlreichen zu den kryoskopischen Bestimmungen vorgeschlagenen Verfahren seien als die meist geübten diejenigen von Beckmann, Baumann und Fromm, sowie Eijkman ausführlicher besprochen.

A. Verfahren von Beckmann.[1])

Diese, die genaueste, meist verbreitete und allgemein angewandte Methode sei vor allem dargelegt.

Der von Beckmann angegebene Apparat wird durch Fig. 155 veranschaulicht. In dem oberen etwas erweiterten Ende des Gefrierrohres A ist vermittels eines weichen Gummistöpsels

1. das Zentigrad-Thermometer D,[2])
2. der vertikale Teil des Trockenrohres F

befestigt.

Der durch letzteres hindurch ziemlich anschließend geführte Rührer E läßt sich ohne merkliche Reibung auf und nieder bewegen und besteht aus einem dicken Platindrahte, oder, der geringeren Kostspieligkeit halber, aus einem Glasstabe, an dessen unterem Ende vermittels des bekannten roten Einschmelzglases ein starker Platinring befestigt ist. Als Handhabe streift man über das obere Ende ein Kniestück von Gummischlauch.

Um bei einer längeren Unterbrechung des Versuches den Apparat verschließen zu können, braucht man nur den Gummischlauch über das obere Ende des Rohres F zu schieben.

Das Einwägen oder Einpipettieren des Lösungsmittels in das Gefrierrohr kann sowohl vor wie nach dem Anbringen der obigen Vorrichtungen geschehen, im letzteren Fall durch den Tubus, welcher

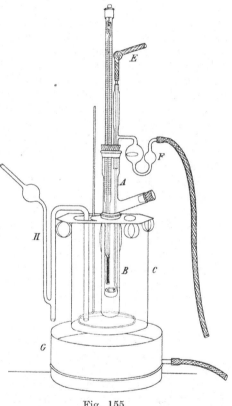

Fig. 155.

---

[1]) Z. phys. **2**, 638 (1888); **7**, 323 (1891); **15**, 656 (1894); **21**, 239 (1896); **22**, 617 (1897); **44**, 173 (1903). — Biltz, Praxis der Molekelgewichtsbestimmung, Berlin 1898. — Fuchs, Anleitung zur Molekulargewichtsbestimmung nach der Beckmannschen Methode, Leipzig 1895, Engelmann. — F. W. Küster, Z. phys. **8**, 577 (1891). — Holleman, Organ. Chemie. 5. Aufl. 1907, S. 19. — Beckmann, Arch. **245**, 213 (1907).
[2]) Über das Beckmannthermometer siehe Z. phys. **51**, 329 (1905) und Ostwald-Luther, Phys.-Chem. Messungen 2. Aufl., 1902, S. 290.

je nach dem Lösungsmittel mit Kork, Kautschuk oder Glas' zu verschließen ist. Falls der Rührer sich schwer bewegt und mit dem Thermometer nicht parallel läuft, wird das Vertikalrohr von F mit einer Schnur oder einem Gummiband an das Thermometer herangezogen oder durch Zwischenschieben eines Korkstückchens in die richtige Lage gebracht.

An den Metalldeckel des Kühlgefäßes sind vier schwache Federn zum Niederhalten des Luftmantels B nach Entfernung des Gefriergefäßes und vier Metallringe festgenietet, um dessen Abnehmen und Wiederaufsetzen zu erleichtern. Mit größter Bequemlichkeit lassen sich so die Hauptteile des Apparates aus der Kühlflüssigkeit entfernen und auf jeden Dreifuß oder Stativring stellen. Durch den größeren seitlichen Ausschnitt im Deckel kann man Eis und Wasser nachfüllen, die kleinere seitliche Öffnung dient besonders zum Einsetzen eines Thermometers oder des weiter unten erwähnten Impfstiftes. An dem mittleren, den Luftmantel aufnehmenden Ausschnitte sind die Kanten abgerundet, um ein Abspringen des Glasrandes zu vermeiden; denselben Schutz gewährt dem Luftmantel das Überstreifen eines Gummiringes. Ein Heber H ist zum Ablassen der Kühlflüssigkeit bestimmt, der Untersatz G zur Aufnahme des Überflusses derselben. Bei Anwendung niederer Temperaturen wird das Kühlgefäß C zweckmäßig mit einem schlechten Wärmeleiter, z. B. Filz, umgeben.

Für wässerige Flüssigkeiten genügt als Gefriergefäß vielfach ein gewöhnliches, nicht tubuliertes, starkwandiges Probierrohr.

Vor dem Eintragen von Substanz in das Gefrierrohr durch den seitlichen Stutzen dreht man vermittels des oberen Stöpsels den Rührer so weit seitwärts, daß der Zugang zum Rohre frei wird.

Um aus dem Stutzen etwa anhaftende Substanz in Lösung zu bringen, füllt man denselben durch Neigen des Gefrierrohres mit Lösungsmittel. Substanzteilchen, welche sich am Rührer und Thermometer angesetzt haben sollten, werden beim Wiederaufrichten des Rohres durch die aus dem Stutzen tretende Flüssigkeit fortgeschwemmt. Unbequem einzuführende Pulver preßt man zu Pastillen. Diese kommen auch zur Verwendung, wenn die Versuche mit sehr wenig Lösungsmittel auszuführen sind. Bei Benutzung eines Thermometers mit kurzem Gefäße genügen alsdann zur Ermittlung von Molekulargewichten etwa 5 ccm Lösungsmittel und einige Zentigramme Substanz.

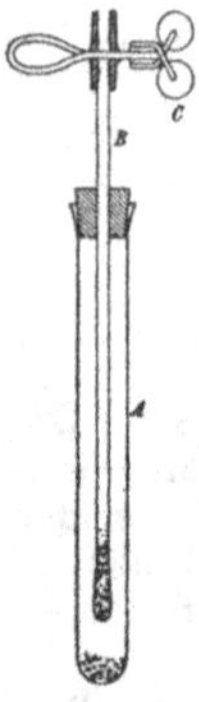

Das Einimpfen von Krystallen zum Einleiten des Erstarrens läßt sich, wie später mitgeteilt, in den meisten Fällen umgehen, es wird nur notwendig, wenn die Lösung so viel Substanz enthält, daß bei der Unterkühlung eine Abscheidung derselben stattfinden würde. Das Einimpfen ist indessen so bequem ausführbar, daß man es in allen Fällen anwenden wird, wo sich eine unbequeme Verzöge-

Fig. 156. rung der Krystallisation bemerkbar macht.

Etwas abweichend von dem Vorschlage Klobukows, welcher das Gefrieren vermittels einer dünnwandigen Capillare einleitet, worin ein Tropfen des betreffenden Lösungsmittels gefroren ist, verfährt Beckmann in der folgenden Weise: In das Rohr A (Fig. 156) bringt man eine kleine Menge Lösungsmittel, saugt dieselbe in das zu Boden gesenkte Rohr B fast völlig auf, erhält die Flüssigkeit durch Schließen des Quetschhahnes C schwebend und läßt nun freiwillig oder nach dem Einsetzen von A in die Kühlflüssigkeit erstarren. Wird die Röhre B, nachdem sie etwas emporgezogen und mit dem Stöpsel aus ihrem Luftmantel entfernt ist, von unten nach oben so weit erwärmt, daß der angefrorene Substanzzylinder sich loslöst, so kann man denselben, während der Quetschhahn vorübergehend geöffnet wird, leicht etwas aus der Röhre herausschieben. Zur Aufbewahrung wird das Ganze in den Luftmantel A zurückgebracht, welcher beständig in das Kühlwasser zu stellen ist, wenn der Schmelzpunkt des „Impfstiftes" unterhalb der Lufttemperatur liegt.

Beim Versuche führt man, sobald der Erstarrungspunkt erreicht ist, den Impfstift durch den Tubus des Gefrierrohres ein und berührt damit den Rührer am unteren Ende, während dieser mit der linken Hand in die Höhe gezogen wird. Da der Impfstift kompakt

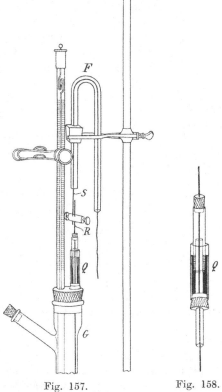

Fig. 157.   Fig. 158.

ist und unter den Gefrierpunkt abgekühlt bleibt, läßt er sich auch bei niedrig schmelzenden Substanzen, wie Wassereis, bequem handhaben.

Von großer Wichtigkeit ist, namentlich bei der Benutzung von Eisessig und Phenol als Lösungsmittel, die Abhaltung von Luftfeuchtigkeit.

Auwers[1]) hat deshalb eine Verbindung von Kork und Rührer durch eine Kautschukmembran in Vorschlag gebracht; nach Beck-

---

[1]) B. **21**, 536, 701 (1888).

mann[1]) ist indessen Gummi für Wasserdampf nicht undurch-
lässig.

Die von Beckmann a. a. O. beschriebene Schutzvorrichtung F
(Fig. 155) wird derart benützt, daß man in das Kugelrohr so viel
konzentrierte Schwefelsäure bringt, daß diese das Verbindungsstück
der Kugeln füllt, und einen so lebhaften Strom trockener Luft hin-
durchschickt, daß die Blasen eben nicht mehr zu zählen sind.

In einer späteren Publikation[2]) empfiehlt Beckmann
ein sehr bequemes, unter Quecksilberverschluß luftdicht
gehendes Rührwerk (Fig. 157, 158).

Den Beckmannschen Rührer kann man sich leicht
selbst aus drei Glasröhren von verschiedener Weite darstellen. Zum Verschlusse dienen Korke, die mit Kollodium
überzogen und wieder völlig getrocknet sind. An der

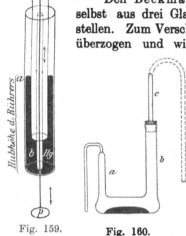

Fig. 159.   Fig. 160.

Stelle, wo der Platinrührer den
oberen Kork passiert, läßt man
eventuell etwas Siegellack auffließen.
Zur Verbindung des Rührers R mit
der Zugschnur S kann jede beliebige
Klemmschraube Verwendung finden,
welche schwer genug ist, um ein
Niederfallen des Platinrührers zu
bewirken. Zum Einfüllen bzw. Entfernen des Quecksilbers dient zweckmäßig die in Fig. 160 abgebildete
Pipette, welche man leicht aus einer
sog. Liebigschen Ente durch Ausziehen des Röhrchens bei a erhält.

Auf das Rohr b wird die Ausflußspitze c befestigt. Zum Über-
füllen in das Gefäß Q läßt man das Quecksilber aus c ausfließen.
Soll das Quecksilber aus Q entfernt werden, so taucht man die
Capillare a hinein und saugt vermittels eines in der Figur punktiert
gezeichneten Gummischlauches bei c. Die Pipette dient auch zur
ständigen Aufbewahrung der benötigten Quecksilbermenge.

Feuchtigkeit oder flüchtige Substanzen, welche vielleicht von
früheren Versuchen her dem Quecksilber anhaften und leicht zu Fehlern
führen, können in der Pipette durch Überleiten trockener Luft und
eventuelles Erwärmen leicht entfernt werden.

Beim Arbeiten hat man darauf zu achten, daß die Stöpsel be-
sonders in den Bohrungen gut schließen und daß durch richtiges
Einstellen von F (Fig. 157) ein Herausziehen des Rührers aus dem
Quecksilber ausgeschlossen ist.

---

[1]) Z. phys. **2**, 642 (1888). — Im allgemeinen genügt aber die Anordnung
von Auwers.

[2]) Z. phys. **22**, 617 (1897).

Einen ähnlichen Rührer (Fig. 159) hat gleichzeitig Kaiser[1]) beschrieben.

Auf dem Boden der Röhre a ist die Röhre b eingeschmolzen; durch letztere wird der Platinrührer p geführt, welcher in der Röhre c luftdicht eingeschmolzen ist. Der durch die Röhren a und b gebildete Zwischenraum wird etwas über die Hälfte mit Quecksilber angefüllt, wodurch die Röhre c, die über der Röhre b gleitet, luftdicht verschlossen wird. Die Länge des Röhrensatzes beträgt ca. 10 cm; der Durchmesser der äußersten Röhre ca. 1 cm. Mit Hilfe einer Kautschukhülse kann man leicht Röhre a und c verschließen, so daß man das Rührwerk auf den Arbeitstisch legen kann, ohne Gefahr zu laufen, daß Quecksilber verschüttet wird.

Verwendet man luftempfindliche Lösungsmittel, so schickt man einen indifferenten Gasstrom (Kohlendioxyd) durch den Apparat.[2])

Elektromagnetisches Rührwerk von Beckmann.[3])

Den sichersten Abschluß von Luftfeuchtigkeit erzielt man, wenn man den Rührer bei geschlossenem Gefrierpunktsapparate vermittels eines Elektromagneten in Bewegung erhält. Der hierzu von Beckmann angewandte Apparat besteht (Fig. 161) aus:

A. dem eigentlichen Gefrierpunktsapparate (links),

B. der Stromquelle, welche, in der Figur eine Gülchersche Thermosäule, zum Teile abgebildet ist (rechts),

C. dem Stromunterbrecher, für welchen ein Metronom hergerichtet werden kann (Mitte).

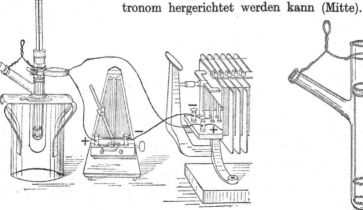

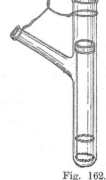

Fig. 161.

Fig. 162.

[1]) Z. phys. **22**, 618 (1897).
[2]) Küster, Z. phys. **8**, 579 (1891). — Helff, Z. phys. **12**, 217 (1893).
[3]) Z. phys. **21**, 240 (1896); **44**, 161 (1904).

A. Gefrierapparat. Das in Fig. 162 noch besonders abgebildete Gefrierrohr ist so kurz zu wählen, daß die ganze Skala des Thermometers sich über dem Verschlußstöpsel befinden kann.

Für Molekulargewichtsbestimmungen in gefrierendem Chloroform haben Stobbe und Müller[1]) dieses Gefrierrohr mit einem Mantel versehen, in dessen Hohlraum die Luft auf 400 mm Druck gebracht ist (Fig. 163).

Der Rührer besteht entweder aus einem oberen schmiedeeisernen Ringe, welcher ganz mit dünnem Platinblech bekleidet ist und an mittels Gold angelöteten Platindrähten die als eigentlicher Rührer

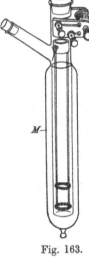

dienenden beiden unteren gewellten Platinblechringe trägt, oder noch zweckmäßiger nach E. Moufang[2]) aus einem gewellten Nickelzylinder. Der gesamte Rührer wiegt 14—15 g.

Der hufeisenförmige Elektromagnet trägt auf einem Eisenkerne von 8 mm Dicke zunächst eine Lage Papier zur Vermeidung von Kurzschluß; sodann sind vier Lagen von mit Seide umsponnenem 0.8 mm dickem Kupferdraht darauf gewickelt. Außen folgt noch eine schützende Umhüllung von Guttaperchapapier. Durch eine Messingstellschraube können die eisernen Polschuhe an Gefrierröhren von beliebiger Weite befestigt werden. Gesamtgewicht: 160—170 g.

B. Stromquelle. Um den Rührer etwa 1.5 cm zu heben, sind bei ca. 1.7 Volt etwa ebenso viele Ampères erforderlich. Für diesen Strom würde bereits ein Chromsäureelement genügen, doch ist ein kleiner Akkumulator oder eine Gülchersche Thermosäule wegen größerer Konstanz empfehlenswerter.

Fig. 163.

C. Stromunterbrecher. Die Stromunterbrechung wird durch eine in Quecksilbernäpfchen eintauchende Wippe erzielt, welche an die verlängerte Achse des Pendels eines Mälzelschen Musikmetronoms angebracht wird. Man kann auch nach Ostwald und Luther[3]) eine gewöhnliche Wanduhr verwenden, deren Perpendikel unten einen Platindraht trägt, welcher abwechselnd zwei seitlich angebrachte Platinkontakte berührt und dadurch periodisch den Strom des Akkumulators im Elektromagneten schließt. Das Metronom bietet den Vorteil, die Zahl der Stromunterbrechungen regulierbar zu machen.[4])

Die Genauigkeit der Bestimmungen[5]) im Beckmannschen Apparat beträgt etwa ± 5%.

---

[1]) Ann. **352**, 147 (1907).
[2]) Preis-Arbeit der Julius-Maximilians-Universität Würzburg 1901, S. 11.
[3]) Physiko-chemische Messungen, 2. Aufl., 1902, S. 295.
[4]) Der Apparat wird von F. O. R. Götze in Leipzig geliefert.
[5]) Noch genauere Bestimmungen können unter Beachtung besonderer Kau-

B. Apparat von Baumann und Fromm.[1])

Für Bestimmungen, bei denen keine allzu große Genauigkeit erfordert wird, namentlich auch für das nicht hygroskopische Naphthalin als Lösungsmittel, erhält man nach dem Verfahren von Baumann und Fromm auf außerordentlich bequeme Weise verwendbare Resultate. Die Anordnung des Apparates geht aus der Zeichnung (Fig. 164) hervor.

a ist ein starkwandiges zylindrisches Gefäß von 3 cm Durchmesser und 10 cm Länge, welches sich bei b zu einem offenen Fortsatze von 5 cm Länge erweitert. Als Verschluß dient ein becherförmiger Einsatz c, welcher in die Erweiterung so hineinpaßt, daß er darin festsitzt; in demselben befinden sich zwei runde Öffnungen für Thermometer und Rührer; letztere sind durch Korkscheiben d und e in den Öffnungen frei aufgehängt.

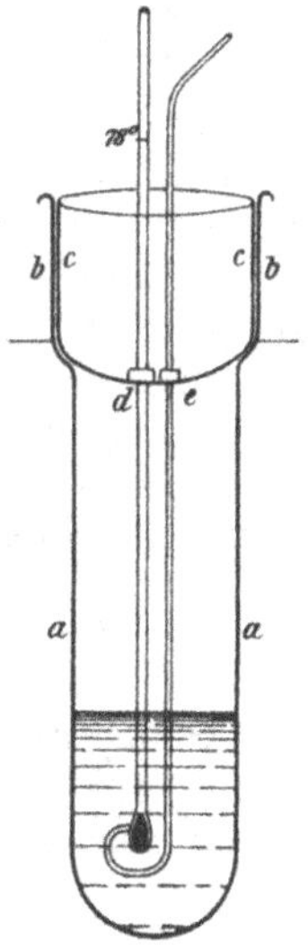

Bei den Bestimmungen wird dieser Apparat bis an die unterhalb b bezeichneten Linien in ein mit Wasser nahezu gefülltes Becherglas gebracht, welches durch eine Gasflamme geheizt wird. Um nach erfolgtem Schmelzen nicht längere Zeit warten zu müssen, kühlt man das Wasserbad durch Zugeben von kaltem Wasser auf 78° ab, wobei jede Erschütterung sorgfältig zu vermeiden ist. Der Boden des Glaseinsatzes wird zweckmäßig mit Watte bedeckt.

Das benutzte Thermometer ist von 69—82° in $^1/_{20}$ Grade geteilt, so daß man mit ziemlicher Sicherheit noch $^1/_{100}$ Grade ablesen kann. Der Teilstrich 78° befindet sich ca. 15 cm über dem unteren Ende.

Man verwendet durch Umkrystallisieren aus Alkohol gereinigtes Naphthalin, welches zur Vertreibung der letzten Spuren Alkohol eine Zeitlang auf dem Wasserbade geschmolzen erhalten wird. Es schmilzt bei ungefähr 79.5°.

Zu jedem Versuche dienen 30 g Naphthalin. Die molekulare Depression desselben wurde mit diesem Apparate zu 69.6 bestimmt.

Seither[2]) verwendet Fromm einen enger dimensionierten Zylinder (dm = 2 cm) und dementsprechend geringere Mengen (10 g) Naphthalin.

Der Erstarrungspunkt des Naphthalins wird bestimmt, indem man, wenn das in dasselbe eintauchende Thermometer auf 78.5 bis

Fig. 164.

telen ausgeführt werden. Siehe Nernst und Abegg, Z. phys. 15, 681 (1894). — Loomis, Wied. 51, 500 (1894). — Wildermann, Z. phys. 19, 63 (1896). — Abegg, Z. phys. 20, 207 (1896). — Raoult, Z. phys. 27, 617 (1898). — Raoult, Kryoskopie, Coll. Scientia, Paris 1901.

[1]) B. 24, 1432 (1891).
[2]) Miller u. Kiliani, Lehrb., 4. Aufl., S. 587.

78.7° gesunken ist, rasch und energisch den Rührer bewegt, bis der Quecksilberfaden zu steigen aufhört. Man nimmt aus mehreren Bestimmungen das Mittel und wählt die Menge der nunmehr einzutragenden Substanz so groß, daß die Depression, wenn möglich, mehr als 0.2 Grade beträgt.

Ein ähnlicher Apparat dient zu Bestimmungen mit Eisessig (Fromm[1]).

Ein starkwandiger, zylindrischer Glasbecher, 11 cm lang und 3.5 cm breit, wird mit einem doppelt durchbohrten Stopfen versehen; die eine Bohrung ist für das Thermometer (von 8—20" in $^1/_{20}$° geteilt), die andere für den Rührer bestimmt. Man ermittelt zunächst den Gefrierpunkt einer nicht gewogenen Menge Eisessig, indem man durch Eintauchen des Bechers in Eiswasser unterkühlt, dann außen abtrocknet und durch heftiges Rühren die Erstarrung hervorruft. Die Maximalhöhe des Thermometerstandes wird als Gefrierpunkt notiert. Hierauf wird der Apparat gereinigt und getrocknet. Nun wägt man die zu untersuchende Substanz in einem Meßkolben zu 50 ccm ab, gibt von dem gleichen Eisessig hinzu, bis nach dem Umschwenken bei aufgesetztem Stopfen klare Lösung eingetreten ist, füllt bis zur Marke auf, wägt wieder, sorgt für gleichmäßige Mischung und gießt die Lösung ohne nachzuspülen in den Glasbecher, um den Gefrierpunkt neuerdings zu ermitteln.

C. Depressimeter von Eijkman.[2]

Neben Eisessig, Naphthalin und Benzol ist namentlich das Phenol für kryoskopische Bestimmungen sehr zu empfehlen, erstens weil es eine große Lösungsfähigkeit für die meisten Körper besitzt, zweitens einen etwas über Zimmertemperatur gelegenen Schmelzpunkt hat, so daß die Kühlung ausschließlich durch Luft bewirkt werden kann, und endlich drittens sich durch eine hohe Molekulardepression (berechnet = 76) auszeichnet, so daß bei einer leicht zu erzielenden Depression von 2—3 Grad Differenzen von $^1/_{100}$ Grad das Resultat wenig beeinflussen. Da der Eijkmansche Apparat, welcher speziell für Bestimmungen mit Phenol konstruiert ist, auch die Abhaltung von Feuchtigkeit gewährleistet, ist er sehr wohl geeignet, in vielen Fällen gute Dienste zu leisten.

Derselbe besteht (Figur 165) aus einem kleinen Kölbchen A von ca. 10 ccm Inhalt, worin ein kleines Thermometer, über 6 Grade in $^1/_{20}$ Grade geteilt (entsprechend ca. 40—34° C), eingeschliffen ist. Das „Depressimeter" kann auf eine Spirale gesetzt und durch

Fig. 165.

[1] a. a. O. 584.
[2] Z. phys. 2, 964 (1888); 3, 113, 205 (1889); 4, 497 (1889).

den passend ausgehöhlten Kork K in einem Standzylinder fixiert
werden.

Nachdem vorher mit dem Apparate der Gefrierpunkt des Phenols
festgestellt worden ist, werden in das Kölbchen ca. 0.002 Grammmolekül (bis auf Milligramm genau gewogen) der Substanz hineingebracht, ferner etwa bis zur Höhe d (entsprechend 6—8 g) Phenol
eingegossen, das Thermometer eingesetzt und die Gesamtmenge des
Phenols + Substanz durch Wägung bestimmt. Nachdem die Substanz
sich gelöst hat, wird der Inhalt zur partiellen Krystallisation gebracht
und sodann durch Erwärmen wieder so weit aufgetaut, bis nur noch
wenige Krystallnadeln in der Flüssigkeit schweben, wobei man Sorge
trägt, daß die Temperatur nicht erheblich über den Gefrierpunkt des
Gemisches steigt. Man setzt nun das Depressimeter in den Standzylinder und läßt unter sanftem Schütteln erstarren. Die Temperatur
geht zunächst einige Zehntel unter den wahren Gefrierpunkt herab,
um sodann unter teilweisem Ausfrieren des Lösungsmittels schnell zu
steigen. Das genügend lang konstant bleibende Maximum wird unter
Benutzung einer Lupe bestimmt, wobei die Hundertstelgrade geschätzt
werden. Man nimmt das Mittel mehrerer Bestimmungen.

Sehr gute Resultate werden in diesem Apparate auch mit
Stearinsäure oder Palmitinsäure erhalten.

D. Berechnung der Resultate bei den Gefrierpunkts-bestimmungen.

Das Molekulargewicht M einer gelösten Substanz findet man nach
der Gleichung:

$$M = K \cdot \frac{100 \cdot S}{\Delta \cdot L},$$

in welcher

K die molekulare Depression (Gefrierpunktskonstante),
S die gewogene Menge der Substanz,
Δ die Depression in Graden und
L das Gewicht des Lösungsmittels bedeutet.

Die Gefrierpunktskonstante läßt sich nach van 't Hoff[1]) aus
der absoluten Gefrierpunktstemperatur des Lösungsmittels T und
seiner Schmelzwärme w nach der Gleichung

$$K = \frac{0.0198\,T^2}{w}$$

berechnen. Experimentell wird sie gefunden, indem man Körper
mit bekanntem Molekulargewichte zur Gefrierpunktsbestimmung verwendet. Es ist dann

$$K = \frac{\Delta \cdot L \cdot M}{100\,S}.$$

---

[1]) Z. phys. **1**, 496 (1887).

Im folgenden sind die Konstanten für die hauptsächlich in Frage kommenden Lösungsmittel zusammengestellt.

	Schmelz-punkt	K	Anmerkung
Äthylenbromid	8^0	118.0	Im Dunkeln aufzubewahren.
Ameisensäure	8.5^0	27.7	Unterkühlung um 0.5^0 erforderlich, hygroskopisch, daher Quecksilber-verschluß notwendig. [1])
Anilin	-6^0	58.7	
Benzoesäure	122^0	78.5	
Benzol	5.4^0	50.0	
Bromoform	8^0	144.0	
Diphenyl	70^0	79.4	
Essigsäure	17^0	39.0	Hygroskopisch; um 0.5^0 unterkühlen.
Naphthalin	80^0	70.0	
Nitrobenzol	5.3^0	70.0	
Phenanthren	99^0	120.0	
Phenol	40^0	72.0	Hygroskopisch.
Stearinsäure	53^0	42.5	Um 0.5^0 unterkühlen.
p-Toluidin	42.5^0	51.0	
Veratrol	22.5^0	63.8	
Wasser	0^0	18.5	Um 0.5^0 unterkühlen.

Gefrierpunktsbestimmung in Chloroform: Stobbe und Müller, Ann. **352**, 147 (1907). — In Schwefelsäure: Hantzsch, Z. phys. **61**, 257 (1908); **62**, 178, 626 (1908).

Besonders hohe Konstanten besitzen Cyclohexan[2]) k = 203, s-Tribromphenol[3]) k = 204 und Zinnbromid[4]) k = 280.0.

E. Wahl des Lösungsmittels.

Die brauchbarsten Lösungsmittel sind im allgemeinen Benzol, Eisessig, Phenol und Naphthalin.

Lösungsmittel, welche mit der zu untersuchenden Substanz feste Lösungen geben würden, dürfen nicht angewendet werden.

Dieser Fall tritt ein:

1. bei Lösungsmitteln, die mit der Substanz isomorph sind,
2. bei Lösungsmitteln, die mit der Substanz chemisch nahe ver-wandt sind,

soweit cyclische Verbindungen in Betracht kommen.

Elektrolyte dürfen nicht in stark dissoziierenden Medien unter-sucht werden.

Assoziation.[5]) Die sauerstofffreien Lösungsmittel, z. B. Benzol,

---

[1]) Dimroth, Ann. **335**, 35 (1904).
[2]) Mascarelli, Atti Lincei (5), **16**, I, 924 (1907).
[3]) Bruni und Padoa, Gazz. **33**, I, 78 (1903).
[4]) Garelli, Acc. Linc. (5), **7**, II, 27 (1898).
[5]) Auwers, Z. phys. **18**, 595 (1895); **21**, 337 (1896); **23**, 449 (1897); **30**, 300 (1899); **32**, 39 (1900). — Smith, Diss., Heidelberg 1898. — Auwers und

Bromoform, Naphthalin und Phenanthren, wirken auf hydroxylhaltige
und solche Substanzen, die durch Desmotropie leicht in hydroxylhaltige übergehen können (Säuren, Oxime, Alkohole, Phenole, Säureamide usw.), assoziierend, in konzentrierteren Lösungen wird ein
höheres bis doppeltes Molekulargewicht gefunden. Die Assoziation
steigt mit zunehmender Konzentration.

Nicht assoziierend wirken die Lösungsmittel vom Wasser-
typus: Ameisensäure, Essigsäure, Phenol, Stearinsäure (und Anilin).
Homologe Stoffe können verschieden stark depolymerisierend wirken.

So ist Indigo nach Beckmann und Gabel[1]) in Anilin mono-,
in Paratoluidin dimolekular, und Metacetaldehyd ist nach Hantzsch
und Oechslin[2]) in Thymollösung stärker assoziiert als in Phenol.

Auch für die assoziierenden Lösungsmittel liefert die Bestimmung
in sehr verdünnten Lösungen nahezu oder vollkommen genau die
Werte für das einfache Molekulargewicht, das auf jeden Fall durch
Extrapolation gefunden werden kann, wenn man die Werte für verschiedene Konzentrationen bestimmt und in einer Kurve vereinigt.

Wasserfreie Blausäure (Smp. = — 15°, K. = 21,7) wird von
Piloty, B. 35, 3116 (1902) für die Untersuchung von Nitrosoverbindungen empfohlen.[3])

3. Molekulargewichtsbestimmung aus der Siedepunktserhöhung.

A. Direkte Siedemethode.

Verfahren von Beckmann.[4])

a) Älterer Apparat.

Einrichtung und Beschickung des Apparates (Fig. 166).
Als Siedegefäß dient das separat abgebildete Kölbchen A, welches
am Boden zur Siedeerleichterung mit einem dicken eingeschmolzenen
Platindraht s versehen und dreifach tubuliert ist. Man gibt in das-

---

Smith, Z. phys. 30, 327 (1899). — Mann, Diss., Heidelberg 1901. — Gierig,
Diss., Greifswald 1901. — Siehe auch noch über das Verhalten der einzelnen
Substanzgruppen im Register.

[1]) B. 39, 2611 (1906).

[2]) B. 40, 4342 (1907).

[3]) Unter den seltener benutzten Lösungsmitteln wären noch zu nennen:
p-Dibrombenzol Smp. = 87°, K. = 124. — m-Dinitrobenzol Smp. = 91°, K. =
106°. — 2·4·6-Trinitrotoluol Smp. = 81°, K. = 115°. — p-Toluylsäuremethyl-
ester Smp. = 33°, K. = 62. — p-Dichlorbenzol Smp. = 53°, K = 77. — Benzil
Smp. = 94°, K = 105. — 2·4-Dinitrotoluol Smp. = 70°, K. = 89. — p-Nitro-
toluol Smp. = 52°, K. = 78. — p-Chlornitrobenzol Smp. = 83°, K. = 109. —
p-Chlorbrombenzol Smp. = 67°, K. = 92. — Oxalsäuredimethylester Smp.= 54°,
K. = 52. — Resorcin Smp. = 110°, K. = 68. — Palmitinsäure Smp. = 60°,
K. = 44. — Gefrierpunktsbestimmung nach S. W. Young und Sloan, Am.
Soc. 26, 913 (1904). — Gilson, Ch. Ztg. 27, 926 (1903).

[4]) Z. phys. 4, 543 (1889); 6, 437 (1890); 8, 223 (1891); 15, 661 (1894); 21,
245 (1896); 40, 130 (1902); 53, 129 (1905). — Öst. Ch. Ztg. 1907, 270 (Vortrag
auf der 67. Vers. Ges. deutsch. Naturf. u. Ärzte, Dresden).

selbe bis etwa zur halben Höhe das Füllmittel, z. B. Granaten,[1]) befestigt das Thermometer mittels Kork oder Glasschliff in dem weiteren
Röhrenansatze, so daß es die Granaten fast berührt, im mittleren
Tubus b das Rückflußrohr B in der Weise, daß das Dampfloch d
als der Weg für die Dämpfe zum Kühler frei bleibt und das untere

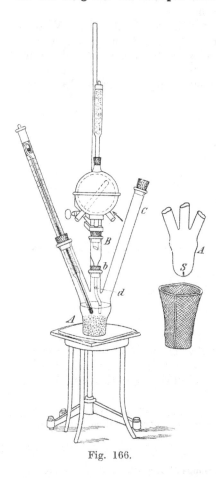

Fig. 166.

Ende des Rohres noch etwa 1 cm
von den Granaten absteht, damit
nicht später durch Aufsteigen von
Dampfblasen das Ausfließen von
Flüssigkeit behindert wird. Weiterhin hat man durch Drehung des
Rückflußrohres um seine Achse
dafür zu sorgen, daß es weder in
unmittelbarer Nähe des Thermometers mündet, noch auch das
zum Einbringen von Substanz
bestimmte Rohr C versperrt. So
vorgerichtet und mit Korken verschlossen, wird der Apparat in
ein Becherglas gehängt, bis auf
Dezigramme oder Zentigramme
genau tariert und mit so viel Lösungsmittel beschickt, bis das
Thermometergefäß ganz eingetaucht ist. Die Flüssigkeit wird
dann in dem erweiterten Teile
des Kölbchens stehen, und, wie
es für die Erhaltung einer möglichst gleichmäßigen Konzentration
wünschenswert erscheint, das
untere Ende des Rückflußrohres
bedecken. Nachdem auch das
Gewicht des eingefüllten Lösungsmittels festgestellt ist, schiebt man
um das Kölbchen samt dem unteren
Teile der Röhren einen Mantel
von Asbestgewebe, welcher den
Boden frei läßt, oben aber mit

Watte ausgestopft wird, und gibt der Vorrichtung die aus der Zeichnung ersichtliche Aufstellung an dem durch ein Chlorcalciumrohr ge-
schützten Soxhletschen Kugelkühler. Das Kölbchen ruht auf einer
Asbestplatte. Behufs gleichmäßiger Erwärmung und zum Schutze
der oberen Teile des Apparates gegen Hitze ist über der Heizplatte
in geringem Abstande zur Herstellung einer Luftschicht eine zweite

---

[1]) Raoult verwendet Quecksilber und darüber eine Schicht grobkantiger
Glasstücke. Vgl. Lespieau, Bull. (3), 3, 856 (1896).

Asbestplatte angebracht, welche einen Ausschnitt für den Boden des Siedegefäßes besitzt.

Erhitzung. Als Wärmequelle verwendet man für leichtflüchtige Flüssigkeiten, wie Äther und Schwefelkohlenstoff, die spitze, leuchtende Flamme, welche ein Bunsenbrenner nach dem Entfernen seiner Brennerröhre liefert; für höher siedende Substanzen, wie Alkohol, Benzol, Essigsäure, kommt die nicht leuchtende Bunsenflamme zur Anwendung. Besonders reichliche Wärmezufuhr verlangen wässrige Flüssigkeiten. Behufs besseren Zusammenhaltens der Wärme ersetzt man hier die Heizplatte durch eine flache Asbestschale, auf welche die Schutzplatte direkt aufgelegt wird.

An der Erwärmung des Rückflußrohres und durch die Tropfenbildung am Kühler läßt sich der Grad des Siedens bequem erkennen. Man richtet das Erhitzen im allgemeinen so ein, daß zwar das Rückflußrohr von Dämpfen erfüllt ist, diese aber nur in dem Maße in den Kühler aufsteigen, daß je nach der Flüchtigkeit alle 5—10—15 Sekunden oder noch seltener ein Tropfen abfällt. Man wird finden, daß alsdann das Thermometer im reinen Lösungsmittel und in dessen Dampf dieselbe Temperatur anzeigt.

Bei dem besonders schwer zu verdampfenden Wasser erkennt man ein genügendes Erhitzen am besten daran, daß die mit mangelhaftem Sieden verbundenen, kleinen Temperaturschwankungen aufhören. Die Siedetemperatur ist hier erreicht, wenn die heißen Dämpfe in den sichtbaren Teil des Rückflußrohres aufzusteigen beginnen.

Der Soxhletsche Metallkühler, welcher insbesondere beim Arbeiten mit Asbesthülle wegen seiner intensiven Wirkung Verwendung findet, sich übrigens auch durch große Handlichkeit und Dauerhaftigkeit sehr empfiehlt, kann hier zumeist durch einen Liebigschen Glaskühler ersetzt werden. Dies geschieht in allen Fällen, wo die Dämpfe Metall angreifen würden.

Für die genaue Einstellung der Flammenhöhe ist ein Präzisionsgashahn zwar nicht notwendig, aber äußerst bequem. Der Hahn trägt eine gezahnte Kreisscheibe, welche durch eine Schraube ohne Ende gedreht wird. Natürlich erscheint es wünschenswert, daß während des Versuches die Flammenhöhe sich nicht wesentlich ändert. Deshalb wird der Brenner mit Schornstein versehen, etwaige Zugluft durch einen Schirm abgehalten und eine größere Änderung des Gasdruckes vermieden. Mit Rücksicht auf die Zunahme des Druckes in der Leitung am Nachmittage und Abend wird man die Bestimmungen am besten vormittags ausführen. Der Einfluß des Gasdruckes läßt sich etwas herabmindern, wenn man durch Zusammenpressen des Zuleitungsschlauches mit einem Quetschhahn den Druck der Leitung zum großen Teile fortnimmt. Besonders beim Arbeiten mit leicht siedenden Lösungsmitteln, wie Äther, genügen diese Vorsichtsmaßregeln.

Siedepunkt des Lösungsmittels. Bekanntlich erhält man

leicht kleine Abweichungen in den Angaben eines Thermometers, wenn auf dieselbe Temperatur das eine Mal erwärmt, das andere Mal abgekühlt wird. Aus diesem Grunde empfiehlt es sich, die Ablesungen immer nach dem Ansteigen des Quecksilberfadens vorzunehmen. Hat man das Lösungsmittel behufs Zeitersparnis mit großer Flamme ins Kochen gebracht, so wird durch kurzes Entfernen derselben zunächst etwas unter den Siedepunkt abgekühlt und darauf mit entsprechend verkleinerter Flamme das Sieden wiederhergestellt. Zur weiteren Sicherung der Ablesungen dient das übliche Anklopfen des Thermometers.

Konstanz ist erst erreicht, wenn die Temperatur sich während 5 Minuten nicht oder doch nur um ein paar Tausendstelgrade ändert.

Man achte darauf, daß das auf dem Kühler angebrachte Chlorcalciumrohr einen Druckausgleich leicht gestattet und nicht etwa durch Anziehen von Feuchtigkeit verstopft ist.

Der Tubus zur Aufnahme des Thermometers soll so lang und weit sein, daß der ganze sogenannte Stiel des Thermometers von den Dämpfen erwärmt wird.

Ein weiterer Tubus ist auch für die spätere bequeme Entfernung des Füllmittels erwünscht.

Einbringen der Substanz. Die zu untersuchende Lösung wird durch Einführen des betreffenden Körpers durch den Tubus C in das siedende Lösungsmittel hergestellt. Zum Eintragen von Flüssigkeiten dient eine mit langer, nicht zu enger Capillare versehene Ostwaldsche Pipette[1]), welche zur bequemeren Abschätzung der Substanzmenge in Kubikzentimeter geteilt werden kann.

Man füllt dieselbe, nach dem Eintauchen der Capillare in die Flüssigkeit, vermittels Saugens an dem durch ein Chlorcalciumrohr zu schützenden weiteren Ende, tariert, entleert die wünschenswerte Menge in den unteren mit Dämpfen erfüllten Teil des Tubus C durch Einblasen, saugt die Flüssigkeit aus der Capillare zurück und wägt wieder.

Feste Körper verwendet man zweckmäßig in Form von Pastillen mit einem Durchmesser von 5—6 mm. Dieselben werden in bekannter Weise durch Zusammenpressen der trockenen Pulver erhalten.

Vor einer Verwechslung der Pastillen schützt man sich durch Numerieren mit weichem Bleistift. Locker anhaftende Teilchen werden vor dem Wägen mit einem Pinsel abgestaubt.

Ermittlung der Siedepunktserhöhung. Durch das Eintragen und die folgende Auflösung der Substanz sinkt zunächst die Temperatur, steigt aber alsbald über die frühere Ablesung hinaus, um nach einiger Zeit wieder konstant zu werden. Dauert das Ansteigen länger als wenige Minuten, so ist dies auf langsames Lösen der Substanz zurückzuführen. Die Konstanz wird aber als erreicht

---

[1]) Fig. 76 auf S. 124.

angesehen, wenn binnen 3—4 Minuten der Stand des Thermometers sich nicht oder doch nur um ein paar Tausendstelgrade geändert hat. Wie bei der Gefriermethode ist es auch hier zweckmäßig, die Bestimmungen bei verschiedenen Konzentrationen auszuführen. Nach der ersten Beobachtung wird sofort neue Substanz zugeführt, die Siedeerhöhung bei der neuen Konzentration beobachtet, ein drittes Mal Substanz zugegeben usw. Man beginnt vielleicht mit 0.3—0.5 g Substanz und 0.1° Erhöhung und steigert, soweit die Substanz reicht oder es überhaupt wünschenswert erscheint.

Ist mehr Substanz eingeführt, als sich zu lösen vermag, so folgt auf das Ansteigen des Thermometers vielfach ein langsames Zurückgehen. Aus der zunächst übersättigten Lösung findet eine allmähliche Wiederausscheidung von Substanz statt. In solchem Falle wird man später ungelöste Substanz am Boden des Siedegefäßes unterhalb des Füllmittels angesammelt finden. Das Thermometer gibt die beste Auskunft über alles, was während des Versuches im Innern des Apparates vor sich geht, und ein Einblick in denselben, welcher übrigens durch Einschneiden eines Fensterchens in den Asbestmantel leicht gewonnen werden kann, hat deshalb nicht viel Wert.

Barometerstand. Bei der kurzen Versuchsdauer kann der Barometerstand unbedenklich als konstant genommen werden. Ob etwa während einer größeren Versuchsreihe merkliche Druckänderungen vorgekommen sind, wird man allerdings durch die Beobachtung zu kontrollieren haben.

Beendigung des Versuches. Ist die letzte Temperaturerhöhung abgelesen, so entfernt man die Heizvorrichtung samt Asbestmantel und läßt das Kölbchen am Kühler zunächst in der Luft, später unter Eintauchen in Wasser erkalten. Nach dem Abnehmen vom Kühler wird nun durch eine wie eingangs auszuführende Wägung die der Berechnung zugrunde zu legende Konzentration bestimmt.

Bei korrektem Arbeiten wird das Gewicht des Lösungsmittels nur einige Dezigramme weniger als dessen ursprüngliche Menge betragen.

Die angewandte Substanz kann durch Abdunsten des Lösungsmittels vollkommen wiedergewonnen werden. Um die letzten Reste derselben von dem Füllmittel zu trennen, wird dasselbe in dem bekannten Soxhletschen Apparate mit ein wenig Lösungsmittel extrahiert.

b) Modifizierter Apparat (mit Luftmantel).[1])

Der neuere Apparat von Beckmann gestattet die Menge des erforderlichen Lösungsmittels herabzumindern, der etwas sorgfältigere Behandlung erfordernde Platinstift ist vermieden, und der immerhin wünschenswerten Durchsichtigkeit des Apparates wird Rechnung getragen.

---

[1]) Z. phys. **21**, 246 (1896); **40**, 130 (1902); **53**, 129 (1905).

Der Apparat (Fig. 167) besteht aus dem Siedegefäß A, welches zwei seitliche Tuben t_1 und t_2 besitzt. t_1 dient zum Einbringen der Substanz, t_2 zum Einführen eines inneren Kühlers K. Das Siedegefäß A setzt sich nach unten bis über den angepaßten Ausschnitt einer Asbestplatte L fort und ruht mit dem Boden auf einem darunterliegenden Drahtnetze D. Zum Schutze des Siederohres gegen direkte Berührung mit dem Drahtnetze, bzw. der Flamme wird dessen Boden vermittels Wasserglas mit etwas Asbestpapier beklebt. Die äußere Luft wird von diesem Gefäße durch den Luftmantel G (ein abgesprengtes Stück eines Lampenzylinders), der warme Luftstrom vom oberen Teile des Apparates durch die Glimmerscheibe S abgehalten. Zur Vereinfachung kann man den Tubus t_1 auch weglassen (da der Kühler K leicht herauszunehmen ist) und die Substanz durch den Tubus t_2 einfüllen. Nachdem so viel Lösungsmittel in das Siederohr eingeführt ist, daß später in der Hitze, nach dem Eintragen von Füllmaterial, das Quecksilbergefäß des Thermometers davon bedeckt wird, erhitzt man zu so lebhaftem Sieden, daß reichliche Kondensation an dem Innenkühler K stattfindet. Nun wird die Überhitzung durch Eintragen von Platintetraedern[2]) oder dgl. beseitigt. Die ersten drei bis vier Tetraeder werden ein lebhaftes Aufsieden und starke Temperaturerniedrigung hervorbringen. Fügt man in rascher Folge weitere Tetraeder hinzu, so sieht man, daß die Temperatur

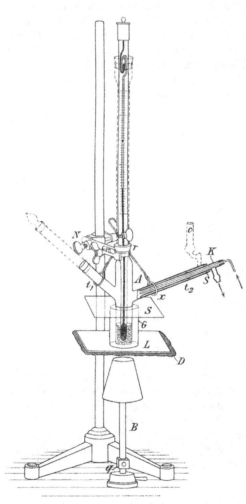

Fig. 167.

---

1) Siehe S. 354.

sich bald nur noch um ein geringes ändert, und wenn dieselbe auf Zusatz einiger neuer Tetraeder nicht mehr als $^1/_{100}$ Grad heruntergeht, so ist der richtige Siedepunkt erreicht. Das Thermometer wird, wenn nötig, in die Höhe gezogen, bis das untere Ende über dem Füllmateriale steht. Andrücken des Quecksilbergefäßes an das Füllmittel oder an die Wandung ändert sichtlich den Stand empfindlicher Thermometer.

Die weiteren Operationen bestehen in einem Ablesen der Temperatur des Lösungsmittels unter ganz leichtem Anklopfen des Thermometers, Einführung der Substanz (gewöhnlich in Pastillenform) und Ablesen der Temperatur der Lösung. Der Apparat ist sofort zur Aufnahme einer neuen Substanzmenge fertig und liefert in kürzester Zeit eine Serie von Bestimmungen bei verschiedener Konzentration.

Man hat dafür zu sorgen, daß das Siederohr dem Ausschnitte der Asbestpappe gut angepaßt ist, damit nicht die Flammengase durch das Drahtnetz an dem Ausschnitte vorbei, direkt an den über dem Füllmaterial befindlichen Teil des Siederohres gelangen. Selbstverständlich würde hierdurch

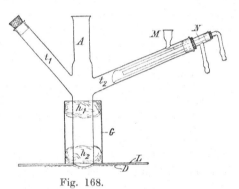

Fig. 168.

die Wirkung der Platintetraeder zum Teile illusorisch gemacht werden. Um ganz sicher zu gehen, wird in der aus Fig. 168 ersichtlichen Weise der untere Teil des Siederohres mit etwas Glaswolle h_2 umgeben. Zur Erhaltung einer stagnierenden Luftsäule ist auch der obere Teil des Luftmantels mit etwas Glaswolle h_1 abgedichtet. Dabei kann man die Glimmerplatte beibehalten oder auch weglassen. Will man von der Durchsichtigkeit des Apparates absehen, so kann auch der ganze Luftmantel mit Glaswolle gefüllt oder unter Weglassen desselben das Siederohr bis über die Tuben vermittels Metalldraht in Glaswolle oder Asbest eingepackt werden.

Ferner hat man zu vermeiden, daß vom Kühlrohre Tropfen direkt in das Siedegefäß zurückfallen. Dazu ist weiter nichts nötig, als daß das innere Kühlrohr am äußeren Tubus, wie in Fig. 168, anliegt; denn dann muß von dem Schnabel des inneren Rohres die Flüssigkeit kontinuierlich abfließen. Das innere Kühlrohr wird stets im äußeren Tubus mit Kork oder Gummi befestigt oder auch zur völligen Sicherung seines Anliegens mit demselben zusammengeschmolzen. Für den Luftausgleich dient der Ansatz M, in dessen erweitertem Teile (vgl. Fig. 168) eventuell, bei hygroskopischen Substanzen, ein kleines Chlorcalciumrohr befestigt werden kann.

Was die Wahl des Füllmaterials anbelangt, so sind für seine Wirksamkeit und Zweckmäßigkeit maßgebend:

1. ein genügend hohes spezifisches Gewicht, um ein Aufwirbeln vom Boden der Flüssigkeit zu verhindern,

2. eine nicht zu kleine Oberfläche, damit sich genügend Luftbläschen und Siedestellen ausbilden können,

3. eine genügende Widerstandsfähigkeit gegen die damit in Berührung kommenden Flüssigkeiten,

4. die leicht zu bewerkstelligende Reinigung.

Allen diesen Anforderungen entspricht eng zusammengerolltes dünnes Platinblech von 0.015—0.3 mm Dicke, durch dessen Zerschneiden unter jedesmaligem Drehen um 90° die erwähnten Tetraeder[1]) hergestellt sind, in ausgezeichneter Weise. Wegen des hohen spezifischen Gewichtes des Platins wird es nicht aufgewirbelt, zwischen den einzelnen Lagen sind große Mengen festhaftender Luft eingeschlossen, das Material ist in höchstem Grade chemisch widerstandsfähig, und schließlich läßt es sich durch Auswaschen und eventuell durch Glühen von allen anhaftenden Stoffen befreien. Das einzige, was gegen seine Verwendung (10—15 g) in Betracht kommt, ist der hohe Preis. In den allermeisten Fällen wird statt des Platins auch Silber Verwendung finden können, welches nur in der chemischen Widerstandsfähigkeit, sowie darin etwas gegen das Platin zurücksteht, daß es wegen seines niedrigeren Schmelzpunktes nicht so ungeniert geglüht werden kann. Man verwendet es als zusammengerolltes Blech, bzw. daraus geschnittene Tetraeder und beschränkt sich nach dem Auswaschen auf ein mäßiges Erhitzen im Porzellantiegel. Bei der Anwendung von Platin und Silber ist man an obige Form keineswegs gebunden. Man kann auch beliebige Abfälle von Blech, Draht usw. verwenden; die erforderliche Menge und die Erreichung des Zweckes ergibt sich bei der Hinzufügung des Materials zum lebhaft siedenden Lösungsmittel ohne weiteres daraus, daß ein weiterer Zusatz den Siedepunkt nicht erheblich mehr herabdrückt. Man wird sich begnügen, wenn die Temperatur innerhalb eines $^1/_{100}$ Grades konstant bleibt.

An Platin bzw. Silber läßt sich in der folgenden Weise erheblich sparen: Man gibt zu der Flüssigkeit von den Metallen nur 1—2 g, um das Stoßen beim Sieden durch das schwere Material, dessen Aufwirbeln nicht zu befürchten ist, zu vermeiden, und füllt nun ein anderes körniges Material hinzu, welches die weitere Temperaturregulierung bis zur erwähnten Konstanz besorgt. Als solches Füllmaterial haben sich Tariergranaten besonders bewährt; man verwendet 10—15 g davon.

Bei Lösungsmitteln, welche über 100° sieden, oder leicht er-

---

[1]) Fertig zu beziehen von Heraeus in Hanau. — Das Gewicht jedes Tetraeders beträgt ca. $^1/_4$ Gramm.

starren, wird der Innenkühler mit warmem oder heißem Wasser gespeist bzw. entfernt.

Der oben beschriebene Apparat gestattet leicht einige kleine Abänderungen, die unter Umständen wünschenswert erscheinen können. Handelt es sich um die Verwendung von Substanzen, welche Korkverschlüsse angreifen, so läßt sich eine Berührung der Dämpfe mit denselben durch Verlängerung der Tuben t_1 und t_2 in der aus Fig. 167 ersichtlichen Weise oder durch Anbringen von Schliffen nach Art der Fig. 179 vorbeugen. Der Luftmantel G wird in den meisten Fällen den Einfluß äußerer Abkühlung in genügendem Maße beseitigen. Wie bei den Gefrierversuchen eine große Differenz der Temperatur des Kühlwassers und des Gefrierpunktes der Lösungen die Resultate ungünstig beeinflußt, so kann auch hier eine Erhitzung der Umgebung des Siedegefäßes bis nahe zur Siedetemperatur des Lösungsmittels erwünscht sein. In diesem Falle lassen sich Dampfmäntel aus Glas

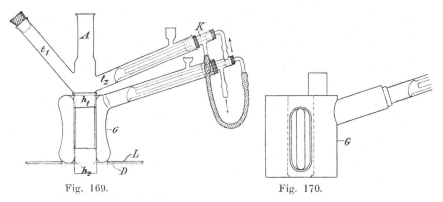

Fig. 169.   Fig. 170.

(Fig. 169) und Porzellan (Fig. 170) und eventuell auch aus Metall verwenden. Wie aus Fig. 169 ersichtlich wird, befestigt man das Siederohr in dem inneren Tubus des Dampfmantels vermittels Wülsten, h_1 und h_2, von Asbestpapier, von denen der untere etwas hervorragt. Die ganze Vorrichtung wird in den Ausschnitt einer Asbestpappe L eingepaßt und ruht auf einem Drahtnetze D, durch dessen mittleren Ausschnitt der untere Asbestwulst hervorragt. Zum Schutze des Glasmantels gegen das zu erhitzende Drahtnetz wird derselbe zunächst mit dünnem Asbestpapier bedeckt. Aus der Figur geht hervor, daß der Kühler des Dampfmantels mit dem Wasser aus dem Kühler K des Siederohres gespeist werden kann.

Im übrigen ist die Verwendung eines Dampfmantels bei raschem Arbeiten fast immer überflüssig.

Für hochsiedende Lösungsmittel[1]) (Chinolin, Schwefelsäure) hat Beckmann[2]) seinen Apparat ein wenig modifiziert (Fig. 171).

---

[1]) Apparat von Hantzsch für den gleichen Zweck: Z. phys. **61**, 257 (1908).
[2]) Z. phys. **53**, 129 (1905).

Aufkleben des Asbestpapieres mit Wasserglas ist für höhere Temperaturen nicht zu empfehlen. Um ein Eintreten der Flammengase in den Luftmantel G zu verhindern und eine stagnierende Luftsäule in demselben zu sichern, werden, wie die Figur andeutet, alle Öffnungen desselben mit Asbest verstopft. Sobald man glaubt, davon absehen zu können, das Siederohr während des Versuches zu beobachten, füllt man den Luftmantel ganz mit Asbest oder Glaswolle bis über den Ansatz der Tuben hinaus. Der weite Luftmantel

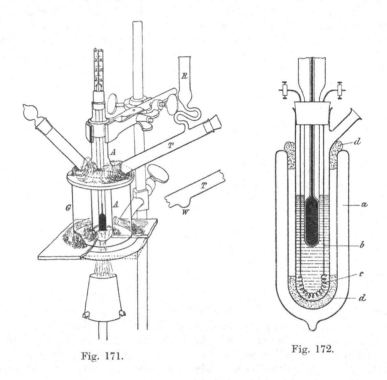

Fig. 171.   Fig. 172.

macht selbst für die Siedetemperatur der Schwefelsäure einen Dampfmantel unnötig.

Aufdestillieren von Wasser und Zurücktropfen desselben in die siedende Schwefelsäure gefährdet das Siederohr. Um dieses unbedingt zu sichern, kann am Kühlrohre T (Fig. 171) die Warze W angeblasen werden, in welcher Wassertropfen bereits mit heißer Schwefelsäure zusammentreffen. Der Inhalt dieser Warze ist durch Wägen oder Messen zu ermitteln und für die Berechnung der Konzentration in Abzug zu bringen. Bei ganz konstant übergehender Schwefelsäure ist diese Warze nicht nötig. Zur Abhaltung von Luftfeuchtigkeit dient das mit Glaswolle und Phosphorpentoxyd beschickte Röhrchen R.

In neuester Zeit[1]) befürwortet Beckmann die zuerst von Bigelow[2]) angegebene elektrische Heizung, die übrigens, entgegen den
Angaben von Bigelow, die Verwendung von Granaten oder Platintetraedern nicht überflüssig macht.

Man benutzt eine Platindrahtspirale von 0.1 mm Durchmesser
und ein Weinhold-Dewarsches Gefäß (a) als Mantel. Bei d wird
Asbest zwischen den Mantel und das Siedegefäß b gebracht. Der
Heizdraht c kann auch in Form eines horizontal gelegten Spiral-
ringes angebracht werden (Fig. 172).

B. Indirekte Siedemethode.

1. Molekulargewichtsbestimmung nach der Siedemethode von W. Landsberger.[3])

Landsberger bringt die Lösung seiner Substanzen durch Einleiten des Dampfes des Lösungsmittels selbst zum Sieden. Kommt
nämlich der Dampf mit der kalten Flüssigkeit in Berührung, so
kondensiert er sich zum größten Teile, und die in Freiheit gesetzte
latente Wärmemenge bewirkt eine Steigerung der Temperatur der
Flüssigkeit. Die Kondensation geht in beträchtlichem Maße weiter
vor sich, bis die Flüssigkeit auf ihren Siedepunkt erhitzt ist. Ist
dieser erreicht, so wird sich nur so viel Dampf verflüssigen, als
nötig ist, um den durch Strahlung und Leitung bewirkten Wärmeverlust zu decken. Dann kann auch die Temperatur nicht mehr
unter den Siedepunkt gelangen, vorausgesetzt, daß mit der Dampf-
einleitung in ziemlich regelmäßiger Weise fortgefahren wird. Andererseits wird das Lösungsmittel nicht überhitzt werden können, da eine
reine Flüssigkeit durch ihren Dampf nur bis auf den Siedepunkt erwärmt werden kann.[4])

Beschreibung des Apparates.

Die Molekulargewichtsbestimmungen werden in dem in Fig. 173
abgebildeten Apparate[5]) ausgeführt. Das gewöhnliche Reagensglas a
von 3 cm innerem Durchmesser und 16 cm Höhe, welches in 2 cm
Entfernung vom Rande eine Öffnung b besitzt, stellt das eigentliche
Siedegefäß dar. Es wird durch einen zweifach durchbohrten Kork c,
dessen eine Öffnung für ein in $1/_{20}°$ geteiltes Thermometer[6]) d bestimmt
ist, verschlossen, während durch die andere Durchbohrung ein zweimal rechtwinklig gebogenes Glasrohr e geht. Der längere Schenkel

---

[1]) Z. phys. **63**, 177 (1908). — Richards und Mathews, Am. Soc. **80**,
1282 (1908).

[2]) Am. **22**, 280 (1899).

[3]) B. **31**, 458 (1898). — Z. anorg. **17**, 424 (1898). — Vgl. auch Sakurai,
Soc. **61**, 989 (1892).

[4]) Siehe auch Gay-Lussac, Ann. Chim. Phys. **20**, 320 (1822). — Beckmann, Z. phys. **40**, 129 (1902).

[5]) Zu beziehen von den Verein. Werkst. f. Labor.-Bedarf, Berlin.

[6]) Zu beziehen von Alex. Küchler & Söhnen in Ilmenau.

des Rohres e ist sowohl nach der dem Beobachter zugekehrten, als
auch nach der ihm abgewendeten Seite schräg abgeschliffen, damit
der Dampf möglichst ungehindert und nach allen Richtungen hin
gleichmäßig austreten kann (Fig. 175). Durch dieses Glasrohr wird
der Dampf, welcher in einem Rundkolben f von $^1/_4$—$^1/_2$ l Inhalt er-

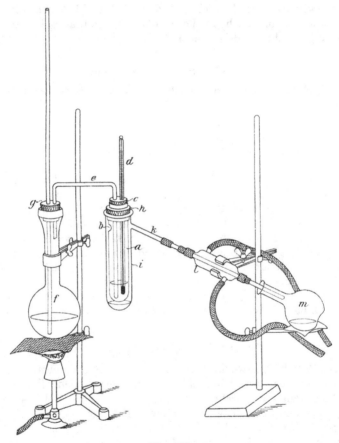

Fig. 173.

zeugt wird, eingeleitet. Letzterer ist durch einen ebenfalls mit zwei
Öffnungen versehenen Kork g verschließbar; durch die eine Durchbohrung geht eine Sicherheitsröhre, durch die andere die Röhre e.
Mittels eines Korkes h ist mit dem Siedegefäße ein zweites Reagensglas i von etwas größeren Dimensionen verbunden, welches mit einem
in einiger Entfernung vom Rande schräg angeschmolzenen Glasrohre k
versehen ist. Ein Kork oder ein Stückchen Gummischlauch stellt
die Verbindung von k mit einem Liebigschen Kühler l her.

Wendet man als Lösungsmittel Wasser an, so vereinfacht sich der Apparat dadurch, daß man den Kühler nebst Vorlage fortlassen kann, den Dampf also direkt von f (siehe Fig. 174) in das Zimmer strömen läßt.

Als Entwicklungsgefäß für den Dampf empfiehlt sich ein kupferner Kessel a von ca. 3 l Inhalt. Er wird durch einen Kork verschlossen, der außer dem Sicherheitsrohre noch ein rechtwinklig gebogenes Glasrohr b trägt, welches mit dem einmal gebogenen Einleitungsrohre c durch einen Kautschukschlauch d verbunden ist. Als Verschluß für das Siedegefäß wird bei diesem Lösungsmittel ein Gummipfropfen e verwendet.

Ausführung der Molekulargewichtsbestimmung.

Man bringt in das Siedegefäß a (Fig. 173) nur so viel Lösungsmittel, daß gegen das Ende des Versuches die Quecksilberkugel des Thermometers gerade von der Flüssigkeit bedeckt ist, und zwar von:

Äthyläther	ungefähr	7 ccm,
Schwefelkohlenstoff	,,	7 ,,
Aceton	,,	4 ,,
Chloroform	,,	$3^1/_2$—4 ,,
Äthylalkohol	,,	5 ,,
Benzol	,,	0 ,,
Wasser	,,	7 ,,

Darauf fügt man den Kork c so ein, daß die Röhre e den Boden des Gefäßes berührt, während das Thermometer d sich seitlich daneben befindet, und umgibt das Reagensglas mit dem Mantel i.

Den Kolben f dagegen füllt man mit ungefähr $^1/_4$ l Lösungsmittel[1]) und wirft, damit ein gleichmäßiges Sieden stattfindet, zwei Tonstückchen in die Flüssigkeit. Letztere wird entweder durch direkte Erhitzung mittels einer Flamme (bei Alkohol, Benzol und Wasser als Lösungsmittel) oder dadurch, daß man den Kolben in ein angewärmtes Wasserbad stellt, unter welchem man den Brenner entfernt hat, ins Sieden gebracht.

Hängt man den Kolben derart in das Bad, daß das Niveau innerhalb und außerhalb des Kolbens ziemlich gleich hoch ist, so empfiehlt sich für Äthyläther als Lösungsmittel ein Wasserbad von ungefähr 70°, für Schwefelkohlenstoff von ca. 80°, für Aceton und Chloroform von 100° Anfangstemperatur.

Nachdem man das Kühlwasser in Gang gebracht und den mit einem kleinen Schornstein versehenen Bunsenbrenner angezündet resp. den Entwicklungskolben in das auf die angegebene Temperatur erhitzte Wasserbad gestellt hat, steckt man die Röhre e des Siedeapparates durch die freie Öffnung des die Sicherheitsröhre tragenden

---

[1]) Will man nur wenige Bestimmungen ausführen und ist man nur im Besitze einer geringen Flüssigkeitsmenge, so genügen ev. 100—125 ccm.

Korkes g und verbindet mittels eines Korkes oder eines kurzen Gummischlauches das Ansatzrohr k mit dem Kühler l.

Sobald nun das Lösungsmittel im Entwicklungskolben siedet
und die Luft im wesentlichen verdrängt ist, wird sich der die Röhre e
passierende Dampf kondensieren, und gleichzeitig wird die Temperatur
der Flüssigkeit in a schnell steigen, bis sie schließlich einen konstanten
Wert erreicht hat. Es ist ratsam, die Temperatur jede viertel
Minute abzulesen und aufzunotieren, damit man aus den Zahlen den

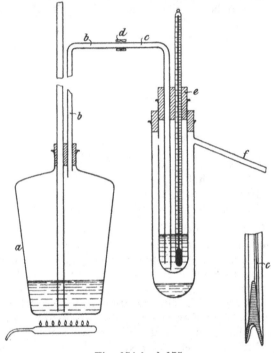

Fig. 174 und 175.

Gang der Temperatur ersehen kann und sich betreffs der Konstanz
nicht täuscht.

In der Regel ist die Konstanz in 2—6 Minuten, vom Beginn
der Kondensation an gerechnet, erreicht. Man unterbricht den
Versuch, wenn etwa während $1^1/_2$ Minuten kein Temperaturunter-
schied abgelesen wurde.

Es ist zu empfehlen, bei der Kürze der Zeit, welche ein Versuch erheischt, denselben zur Kontrolle zu wiederholen, besonders
wenn man nach dieser Methode noch wenig gearbeitet hat, oder ein
noch nicht verwendetes Lösungsmittel benutzt. Man gießt dann die
in sämtlichen Gefäßen befindlichen Flüssigkeitsmengen zu dem noch
nicht gebrauchten Lösungsmittel, schüttelt durch, füllt und setzt den

Apparat genau wie beim ersten Male in Tätigkeit. Man versäume hierbei nicht, die alten Tonstückchen durch neue zu ersetzen. Bei Anwendung von Wasser als Lösungsmittel wird der nicht über die Hälfte mit destilliertem Wasser gefüllte Kupferkessel a der Fig. 174 durch direktes Erhitzen in beständigem, nicht allzu starkem Sieden erhalten. Will man den Versuch unterbrechen, so entfernt man nur den mittels eines Gummischlauches d und durch eine Klammer am Stative befestigten Siedeapparat.

Vorausgesetzt, daß man richtig gearbeitet, und daß der Barometerstand sich in dieser kurzen Zeit nicht geändert hat, wird man denselben Wert für die Siedetemperatur finden.

Ist nun also der Siedepunkt des reinen Lösungsmittels mit Sicherheit bestimmt, so gießt man wieder sämtliches Lösungsmittel zusammen, füllt und setzt den Apparat genau, wie oben beschrieben, in Tätigkeit, nur daß man in das Siedegefäß a (Fig. 173) die bereits vorher in einem Glasröhrchen auf Milligramme genau abgewogene Menge Substanz schüttet und mit der betreffenden Menge Lösungsmittel die dem Röhrchen noch anhaftenden Substanzteilchen in das Siedegefäß hineinspült. Man beobachtet wieder die Temperaturen, womöglich jede $^1/_4$ Minute, und unterbricht den Versuch, sobald man dreimal nacheinander dieselbe Temperatur abgelesen hat, indem man die Verbindung mit dem Kühler löst, das Glasrohr e aus dem Korke g herauszieht und das äußere Gefäß i nebst dem Pfropfen h entfernt. Mit zwei kleinen bereit liegenden Gummipfropfen verschließt man die Öffnung b sowie das freie Ende der Röhre e und wägt den äußerlich gesäuberten, an einer Drahtschlinge aufgehängten Apparat einschließlich Glasrohr und Thermometer auf einer Tarierwage auf Zentigramme genau.

Man reinigt hierauf den Apparat, meist durch Ausspülen mit Alkohol und Äther, trocknet und wägt ihn, in derselben Weise aufgehängt, nebst den Gummipfropfen.

Subtrahiert man von dem Gewichte der Lösung, d. i. der Differenz beider Wägungen, das Gewicht der Substanz, so resultiert das Gewicht des Lösungsmittels, und es ist leicht, die in 100 g Lösungsmittel gelöste Menge Substanz zu berechnen. Dieser Prozentgehalt, mit der für jedes gewöhnliche Lösungsmittel berechneten Konstante multipliziert und durch die Siedepunktserhöhung dividiert, ergibt das gefundene Molekulargewicht.

Die Methode ist sehr rasch ausführbar, was die weiteren Vorteile hat, die Bestimmung von der Berücksichtigung einer Änderung des Barometerstandes unabhängig zu machen und leicht zersetzliche Substanzen zu schonen.

Weiter ist der benutzte Apparat leicht und billig herstellbar und seine Handhabung die denkbar einfachste. Er gestattet eine bequeme und schnelle Reinigung.

Diesen Vorteilen des Verfahrens stehen nur wenige Nachteile gegenüber. Ein Versuch erfordert das Vorhandensein einer größeren Menge Lösungsmittel, wenn auch der Verbrauch kein wesentlich bedeutenderer ist als bei der Beckmannschen Methode. Hat man eine größere Zahl von Bestimmungen in demselben Lösungsmittel oder Versuche in wässeriger Lösung auszuführen, so kommt dieser Nachteil nicht in Betracht.

Auf den ersten Blick hin mag es als eine wenig angenehme Eigenschaft dieses Verfahrens angesehen werden, daß ein Fortsetzen des Versuches durch wiederholtes Hinzufügen von Substanz unmöglich ist. Da nun aber in äußerst kurzer Zeit und mit geringer Mühe ein neuer Versuch angesetzt ist, außerdem die Übereinstimmung zweier neu angesetzter, voneinander vollständig unabhängiger Versuche noch die Sicherheit erhöht, so ist auch dieser Mangel nicht sehr fühlbar.

Dagegen darf nicht aus dem Auge gelassen werden, daß die Methode versagt, wenn die gelöste Substanz mit dem Dämpfen des Lösungsmittels flüchtig ist.[1])

2. Modifikation des Landsbergerschen Verfahrens von Mac Coy.[2])

Schon Walker und Lumsden[3]) haben vorgeschlagen, das Gefäß mit dem Lösungsmittel zu graduieren, und das Volum der Flüssigkeit zu messen, statt dieselbe zu wägen, ein Vorgang, der nach Beckmann[4]) sehr wohl statthaft ist. Diese Abänderung wird auch von Mac Coy akzeptiert. Bei dem Landsbergerschen Apparate wirkt die durch Kondensation des eingeleiteten Dampfes immer mehr zunehmende Menge des Lösungsmittels oft störend, weil die Möglichkeit, die Bestimmungen hintereinander mehrmals zu wiederholen, dadurch beschränkt wird. Dies wird hier vermieden. Die beiden Gefäße A und B sind von Glas. Das kleinere A, in welchem das Thermometer angebracht ist, ist 20 cm lang und 2.7 cm weit. Sein unterer Teil ist von 10—35 ccm graduiert. Es hat ein enges Rohr a b, das 7.5 cm vom offenen Ende entfernt, nach außen mündet. Es ist an seinem unteren Ende b geschlossen und mit fünf kleinen Löchern durchbohrt. Ein zweites Rohr c ist 2.5 ccm von der oberen Mündung von A entfernt angebracht und führt zum Liebigschen Kühler C. Der Mantel B ist 22 cm lang, 4 cm weit und am unteren Ende etwas ausgebaucht. Er trägt 7 cm von der Mündung entfernt ein kurzes Rohr d, das mit Gummischlauch und Quetschhahn verschließbar ist. Zur Ausführung kommen in das innere Rohr 12 bis

---

[1]) Über eine Modifikation des Landsbergerschen Apparates (namentlich für die Verwendung von Eisessig als Lösungsmittel) siehe R. Meyer u. Jaeger, B. **36**, 1555 (1903).

[2]) Am. **23**, 353 (1900).

[3]) Soc. **73**, 502 (1898). — Siehe über diesen Apparat auch Meldrum u. Turner, Soc. **93**, 878 (1908).

[4]) Z. phys. **6**, 472 (1890).

16 ccm, in den Mantel ca. 50 ccm des reinen Lösungsmittels und in letzteres einige Tonstückchen; die Flüssigkeit im Mantel wird zum Sieden erhitzt. Der Dampf muß seinen Weg durch das Rohr a b nehmen und erhitzt die Flüssigkeit im inneren Gefäße auf ihren Siedepunkt. In ca. 5—10 Minuten wird gewöhnlich Konstanz der Temperatur auf 0.001° erreicht. Dann wird zuerst der Hahn bei d geöffnet, hierauf die Flamme entfernt, die Substanz eingeführt, d geschlossen und wieder erhitzt. Man kann so mit derselben Substanz-

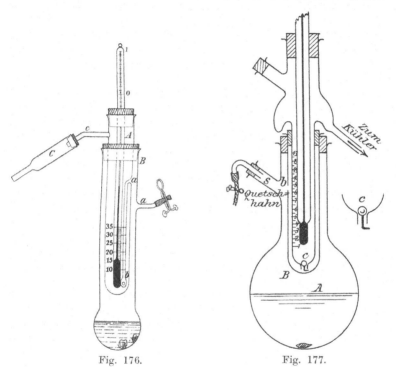

Fig. 176.   Fig. 177.

menge sechs oder mehr Bestimmungen bei immer mehr wachsender Verdünnung ausführen, indem nach jeder Bestimmung das Volumen der Lösung abgelesen wird. Gewöhnlich ist die freiwillige Zunahme des Volumens durch jede neue Bestimmung sehr gering. Am größten ist sie beim Benzol, und zwar ca. 2.5 ccm bei jedesmaligem Erhitzen. Beim Wasser ist sie sehr gering; hier wird nach jeder Ablesung etwas neues Lösungsmittel zugesetzt, um die Verdünnung zu erhöhen.

Smits[1] hat noch einen besonderen Apparat für wässerige Lösungen konstruiert und Riiber[2] hat den Apparat nach dem Rückflußsystem umgestaltet. Siehe auch Walther, B. 37, 78 (1904).

---

[1] Proc. K. Akad. Wetensch. Amsterdam 3, 86 (1900). — Z. phys. 39, 415 (1902). — Chem. Weekblad 1, 469 (1904).
[2] B. 34, 1060 (1901).

8. Modifikation des Landsbergerschen Verfahrens von E. B. Ludlam und Young.[1])

Die nicht sehr bequeme Versuchsanordnung von Riiber haben Ludlam und Young in folgender Weise modifiziert.

Der Apparat (Fig. 177) besteht aus dem weithalsigen Kolben A von 300 ccm Inhalt, welcher bei S einen Tubus zum Einfüllen der Siedeflüssigkeit besitzt. In dem Halse ist mittels eines Korkes das mit einem seitlichen Loche b versehene Rohr B von 10 cm Länge und 2.6 cm Durchmesser befestigt, in welches wiederum das graduierte Rohr C mittels Kork eingesetzt wird. C besitzt unten ein kleines Loch, welches durch ein Ventil, bestehend aus einer Glaskugel mit angeschmolzenem und rechtwinkelig umgebogenem Platindrahte, geschlossen wird.

Am oberen weiteren Ende von C befindet sich ein seitliches Rohr zum Einbringen der Substanz, ein ebensolches, welches zum Kühler führt, und eine sackartige Ausbuchtung zur Aufnahme der sich im oberen Teile des Rohres kondensierenden Flüssigkeit. Der Dampf der in A siedenden Flüssigkeit geht durch b in den Raum zwischen B und C und durch das separat vergrößert gezeichnete Ventil nach C; die sich hier ansammelnde Flüssigkeit kann wegen des Ventils nicht nach B zurückfließen. C ist stets durch einen doppelten Dampfmantel vor Ausstrahlung geschützt.

Ausführung der Bestimmung.

Man bestimmt zunächst den Siedepunkt des reinen Lösungsmittels und führt dann die zu untersuchende Substanz durch das obere seitliche Rohr in C ein.

Sobald das Maximum der Temperatur erreicht ist, liest man den Stand des Thermometers ab, zieht letzteres durch den Kork hindurch über den Spiegel der Flüssigkeit empor und liest das Volumen der Flüssigkeit in C ab, während man das Sieden der Flüssigkeit in A einen Augenblick unterbricht, indem man durch den Quetschhahn Luft eintreten läßt.

Man kann diese Bestimmung sofort mehrmals wiederholen und auch eine neue Portion der Substanz in C hineinbringen.

Die mit diesem Apparate ausgeführten Bestimmungen geben sehr gut stimmende Resultate (Fehlergrenze $\pm 7\,^0/_0$).

4. Apparat von Lehner.[2]) (Fig. 178.)

In ein äußeres zylindrisches Glasgefäß A (Dampfentwicklungsgefäß) ist ein zweites, engeres und kürzeres B (Siedegefäß) eingeschliffen, das durch eine im oberen Teile der Wandung eingesetzte und beinahe auf den Boden des Siedegefäßes reichende Röhre C mit

---

[1]) Soc. 81, 1193 (1902). — C. 1902 (II), 722.
[2]) B. 36, 1105 (1903).

dem Dampfentwicklungsgefäß A in Verbindung steht. Dieses Siedegefäß wird an seinem oberen Ende durch einen das Thermometer D
tragenden Kork E verschlossen.

Zwischen Kork und Schliff ist eine abwärts gebogene Röhre F
eingesetzt, die durch ein Stückchen Schlauch mit einer abwärts führenden Röhre H verbunden werden kann.

Diese wiederum mündet in eine Röhre J, welche, etwas schief
gerichtet, im unteren Teile der Wandung des Dampfentwicklungs-
gefäßes A eingeschmolzen ist, innerhalb desselben, bei K, fast auf den
Boden reicht und an ihrem untersten Ende hakenförmig nach oben
gekrümmt ist; außerhalb des Gefäßes trägt J eine den Anschluß eines
beliebigen Kühlers ermöglichende Erweiterung L.

Ausführung der Molekulargewichtsbestimmung.

Zunächst fraktioniert man das gewünschte Lösungsmittel derart,
daß man gesondert auffängt, was innerhalb eines vierzigstel Grades
übergeht. So genügt z. B. bei Anwendung von Kahlbaums ,,Aceton
für Molekulargewichtsbestimmung'' eine Ausgangsmenge von 300 ccm,
um eine Anzahl von geeig-
neten, d. h. mindestens 40
ccm umfassenden Fraktionen
zu erhalten, denn 40 ccm
sind für eine Bestimmung
ausreichend.

Zur Ausführung des
Versuches wird der Apparat
mit einem entsprechend geneigten Kühler durch einen
Korkstopfen bei der Erweiterung L verbunden und bei Anwendung von nicht über 80°
siedenden   Lösungsmitteln
senkrecht auf die Ringe eines
Wasserbades gestellt.

Hierauf wägt man das
innere, trockne Siedegefäß B
mit Kork E und Thermo-
meter D und zwei die Öff-
nungen der Röhren C und
F verschließenden Zäpfchen
auf Zentigramme ab.

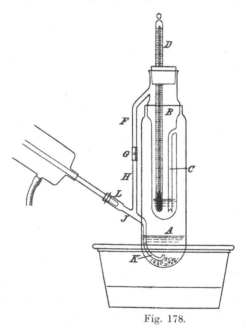

Fig. 178.

Verwendet werden meist die von Landsberger empfohlenen, in
ein zehntel Grad geteilten Thermometer. Bei. Anwendung dieser
können sie direkt mit gewogen werden; sollten an ihrer Stelle solche
gebraucht werden, die ein Mitwägen erschweren würden, so wird Kork
mit Thermometer vor jeweiligem Wägen durch einen einfachen Kork
ersetzt.

Nun bringt man, um ein gleichmäßiges Sieden zu erzielen, in das äußere Gefäß A einige Tonstückchen oder, wenn es angeht, Chlorcalcium- oder Kalkstückchen und ca. 30 ccm einer Fraktion des Lösungsmittels. In das innere Gefäß B gibt man von der gleichen Fraktion so viel Flüssigkeit, als nötig ist, die Quecksilberkugel zu dreiviertel zu bedecken, ca. 8—10 ccm.

Es ist zu beachten, daß das Thermometer die Wandung nicht berührt. Dann wird der Apparat durch das Kautschukstück G verschlossen und auf dem Wasserbade erhitzt.

Es empfiehlt sich sehr, den ganzan Apparat mit Asbestpapier zu umwickeln oder in einen Asbestmantel einzuhüllen, besonders bei Anwendung höher siedender Lösungsmittel.

Sobald die Flüssigkeit im inneren Gefäße zu sieden beginnt, das Thermometer also annähernde Konstanz zeigt, liest man die Temperatur ungefähr von ein halber zu ein halber Minute genau ab, bis innerhalb zweier Minuten keine Temperaturänderung oder nur eine solche von 0.0005^0 beobachtet wird. Diese Konstanz wird, bei gut fraktioniertem Lösungsmittel, nach höchstens acht Minuten, meist früher, von Beginn der Ablesungen an gerechnet, erreicht.

Nun löscht man die Flamme aus, schiebt den Apparat vom Wasserbade auf eine bereitgehaltene Unterlage, läßt zirka eine halbe Minute erkalten, hebt Kork mit Thermometer heraus, schüttet vorsichtig aus dem abgewogenen Wägegläschen 0.3—0.7 g Substanz in das innere Siedegefäß B, steckt Kork mit Thermometer wieder hinein, schiebt den Apparat aufs Wasserbad zurück und erhitzt wie früher. Es schadet nicht, wenn eingeschüttete Substanz an der Wandung klebt, sie wird von selbst hinuntergespült.

Das Wägegläschen läßt man nach Entnahme der Substanz noch einige Zeit im Exsiccator offen stehen und wägt es dann genau zurück.

Sobald das Sieden im inneren Gefäße wieder eintritt, liest man wie früher ab. Nach kurzer Zeit wird die Temperatur völlig konstant bleiben. Man läßt nun so lange sieden, bis das Thermometer eben zu sinken beginnt. Findet jedoch ein Sinken des Thermometers nach fünf Minuten langer Konstanz nicht statt, so unterbricht man, ohne weiter zu warten.

Zu diesem Zwecke dreht man die Flamme aus, schiebt den Apparat vom Wasserbade, nimmt das innere Siedegefäß B heraus, verschließt es mit den beiden bereitliegenden Zäpfchen, läßt abkühlen und wägt auf Zentigramme genau. Die Differenz dieser Wägung und der früheren des leeren Gefäßes, abzüglich der angewendeten Substanzmenge, ergibt das Gewicht des Lösungsmittels.

Da man bei Anwendung dieses Apparates mit einer sehr geringen Menge Flüssigkeit auskommen kann, bietet es auch keine Schwierigkeiten, bei der vorausgehenden Destillation des Lösungsmittels Fraktionen zu erhalten, von denen eine jede beinahe konstanten Siedepunkt hat. Das Thermometer stellt sich daher bei obiger Bestimmung rasch und scharf ein, so daß es auch Ungeübten nicht schwer fällt, die Siedepunkte vor und nach Zusatz der Substanz mit aller Sicherheit zu bestimmen, was bei Anwendung des Landsbergerschen Apparates nicht eben der Fall ist.

Ferner wird durch den Umstand, daß das Siedegefäß beständig von Dampf umspült und schon dadurch beinahe auf die Siedetemperatur erhitzt wird, die Kondensation des durchströmenden Dampfes so sehr vermindert, daß es möglich wird, direkt nach Ablesung des Siedepunktes der Flüssigkeit die Substanz einzuwerfen und sofort die Siedepunktserhöhung zu bestimmen. Dadurch wird nicht nur an Zeit gespart, indem z. B. auch die von Landsberger empfohlene doppelte Bestimmung des Siedepunktes wegfällt, sondern auch an Genauigkeit gewonnen, da es das nämliche Lösungsmittel ist, dessen Siedepunkt vor und nach Zugabe der Substanz in rascher Folge unter gleichen Umständen ermittelt wird.

5. Siedeapparate für Heizung mit strömendem Dampfe von Beckmann.[1])

Das von den vorgenannten Forschern angestrebte Ziel, durch Anwendung strömenden Dampfes genaue und bequeme Siedepunktsbestimmungen auszuführen, kann auch in sehr einfacher Weise durch Modifizieren des Beckmannschen Apparates mit Dampfmantel (Fig. 169) erreicht werden. In folgendem ist eine Beschreibung des Apparates (Fig. 179 und 180) gegeben.

Das Siederohr besteht, entsprechend dem früheren Apparate, aus dem Glasrohr A mit den seitlichen Tuben t_1 zum Einführen der Substanz und t_2 zur Aufnahme des Rückflußrohres K. An das Siederohr ist der Siedemantel G angeschmolzen. Der entwickelte Dampf tritt durch das außen 7 mm weite, unten ausgefranste Dampfrohr D bis nahe auf den flachen Boden des Siederohres und wird sich dort zum Teile kondensieren; der nicht kondensierte Dampf gelangt sodann in das Rückflußrohr K und erfährt am Kühler N völlige Verflüssigung. Die entstandene Flüssigkeit kann nun nach Belieben dem Siederohr oder dem Siedemantel zugeführt werden. In der Zeichnung Fig. 180 findet ein direktes Rückfließen in das Siederohr statt, in Fig. 179 ist durch Drehen des Rückflußrohres bewirkt, daß die Flüssigkeit durch eine Bohrung des Schliffes nach dem am Tubus angeschmolzenen Überlaufrohr E und von da zurück in den Siedemantel gelangt. Hierdurch hat man es ganz in der Hand, das Siederohr rasch mit Flüssigkeit zu füllen oder die Hauptmenge der

---

[1]) Z. phys. **40**, 144 (1902); **44**, 164 (1903); **53**, 137 (1905); **63**, 210 (1908). — Der Apparat ist durch die Leipziger Firmen O. Preßler, Brüderstraße 39; Goetze, Härtelstraße 4 und Franz Hugershoff, Karolinenstraße 13, zu beziehen. — Es ist besonders darauf zu achten, daß der Schliff des Rückflußrohres gut schließt und eine genügend weite seitliche Abtropföffnung besitzt. Der obere Tubus des Siederohres muß so weit nach dem Kühler zu liegen, daß das Thermometer weder das Dampfeinleitungsrohr noch die äußere Wand berührt.

Dämpfe den Weg zurück nach dem Siedemantel nehmen zu lassen. Das Siederohr ist zwischen 2 und 5 cm Abstand vom Boden mit Millimeterteilung versehen. Zum Einfüllen von Flüssigkeit in den Siedemantel dient der seitliche Tubus H. Um ein unerwünschtes Zurücksteigen der Flüssigkeit aus dem Siederohr in den Siedemantel unmöglich zu machen, ist durch den Tubus H das Sicherheitsrohr R geführt, welches am unteren Ende aufgebogen ist, damit nicht Dampfblasen hineingelangen. Wird dasselbe aus der in der Figur 179 wiedergegebenen Lage um 180° gedreht, so tritt die äußere

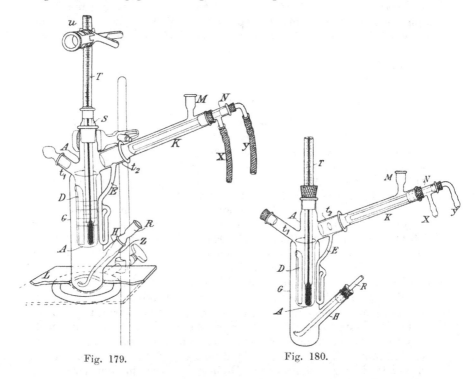

Fig. 179.   Fig. 180.

Luft durch eine Öffnung Z des Tubus und eine eingedrückte Rinne am Schliff des Sicherheitsrohres in den Siedemantel. Der so hergestellte Ausgleich des Druckes soll ein bequemeres und sicheres Ablesen am Siederohre ermöglichen. Bezüglich des Kühlers ist noch zu bemerken, daß dessen Kühlrohr N am unteren Ende mit einigen Glaswarzen versehen ist, um ein kontinuierliches Rückfließen der Flüssigkeit herbeizuführen. Das Rückflußrohr K trägt einen seitlichen Tubus M, welcher den Ausgleich mit dem Atmosphärendrucke bewirkt.

Beim Arbeiten mit hygroskopischen Substanzen kann ein kleines Chlorcalciumrohr sowohl an M wie an R zum Schutze vor Luftfeuchtigkeit befestigt werden. Um dem Thermometer stets dieselbe Stellung im Siederohre zu sichern, ist es (Fig. 179) in einem eingeschliffenen Hohlstöpsel S mit etwas Asbestpapier befestigt. Ein Aufstehen des Thermometers auf dem Boden oder ein seitliches Andrücken an Glasteile ist zu vermeiden, da bei empfindlichen Thermometern dadurch der Stand des Quecksilbers beeinflußt wird. Verschließt man auch noch den Tubus t_1 mit einem Glasstöpsel, so kommen Lösungsmittel und Dämpfe nur mit Glas in Berührung.

Wie die Zeichnung erkennen läßt, steht der Siedemantel in dem Ausschnitte einer Asbestpappe L und ruht mit dem Boden auf einem darunter liegenden Drahtnetze. Zweckmäßig schützt man denselben vor direkter Berührung mit Drahtnetz und Flamme durch Aufkleben von etwas Asbestpapier vermittels Wasserglas. Auf das enge Anpassen der Asbestpappe ist besonders zu achten, um intensivere Erhitzung vom oberen Teile des Apparates abzuhalten, insbesondere um zu vermeiden, daß im Überlaufrohre E die Flüssigkeit ins Sieden kommt. Die ganze Vorrichtung ruht auf einem Stativringe, während der obere Teil des Siederohres von einer kleinen Stativklammer gefaßt wird.

Will man nicht eine Serie von Bestimmungen der Substanz bei verschiedenen Konzentrationen hintereinander erledigen, so wird die Skala auf dem Siederohre entbehrlich. Kommen nur Substanzen in Betracht, die Korke nicht angreifen, so können die Schliffe S, t_1 und H wegfallen (Fig. 180). Als Sicherheitsrohr genügt dann ein einfaches, im Stöpsel verschiebbares Glasröhrchen. Nach Erlangung einiger Übung wird es ganz entbehrt werden können; durch Verschließen nach außen läßt es sich jederzeit ausschalten. Schließlich kann man auch vom Tubus t_1 ganz absehen, wenn man die Unbequemlichkeit nicht scheut, den Innenkühler N wegzunehmen und die Substanz durch das Rückflußrohr K in seiner Stellung von Fig. 159 einzuführen. Bei Körpern, die über 100° sieden, wird zweckmäßig der Kühler N mit warmem Wasser gespeist oder fortgenommen. Um bei höher siedenden Substanzen, wie Phenol und Anilin, die Kondensation zu verringern, umwickelt man den oberen Teil des Apparates mit Asbest oder Glaswolle und heizt mit einem Intensivbrenner.

Ausführung des Versuches.

Nachdem man sich überzeugt hat, daß der untere Teil des Apparates fest am Asbestausschnitte anliegt, wird durch den Tubus H, bzw. das Sicherheitsrohr R, so viel Lösungsmittel eingefüllt, daß die Menge, 15—30 ccm, ausreichen wird, um auch nach dem Abdestillieren in das Siederohr die untere Öffnung des Sicherheitsrohres R zu verschließen.

Regulierung des Quecksilbergehaltes des Thermometers.

Dieselbe kann annäherungsweise im Apparate selbst vorgenommen werden. Die Flüssigkeit wird durch einen geeigneten Brenner zum Sieden erhitzt, so daß die Dämpfe durch D in das Siederohr und weiterhin zum

Kühler gelangen, von wo die kondensierte Flüssigkeit durch E in den Siedemantel zurückgeführt wird. (Stellung des Kühlers wie in Fig. 179.) Nachdem sich im Siederohre so viel Flüssigkeit kondensiert hat, daß ungefähr das Quecksilbergefäß davon bedeckt ist, nimmt man die Regulierung des Quecksilbergehaltes in gewöhnlicher Weise vor.

Die im Siederohre angesammelte Flüssigkeit läßt sich jederzeit wieder in den Siedemantel überführen, indem man das Rückflußrohr K so dreht, daß die Öffnung im Schliffe auf die Wand trifft und somit t_2 von E abgeschlossen ist. (Stellung: Fig. 180.) Wird nun das Sicherheitsrohr R in der aus der Zeichnung (Fig. 179) ersichtlichen Stellung mit dem Finger oder einem Stöpsel verschlossen, so tritt bei äußerer Abkühlung des Siedemantels durch Wegnehmen des Brenners und eventuell Daraufblasen von Luft der gesamte Inhalt des Siederohrs A durch D nach dem Siedemantel G über. Hiernach ist es ohne großen Belang, wieviel Flüssigkeit während des Einstellens des Thermometers hinzudestilliert ist.

Um bei der Drehung des Rückflußrohres K ein Zusammenknicken der Kühlerschläuche zu vermeiden, werden unter Beibehaltung der Stellung des Rückflußrohrs, wie in Fig. 158, die Zu- und Abflußröhren (x, y) so weit nach rückwärts gedreht, daß eine Knickung der Schläuche noch nicht stattfindet. Beim Drehen des Rückflußrohrs in der Weise, daß die Öffnung auf die Vorderwand des Tubus t_2 trifft (Fig. 180), werden dann die Schläuche ebenfalls nicht geknickt.

Siedepunkt des Lösungsmittels.

Unter der Annahme, daß das Siederohr A entleert ist, wird das Lösungsmittel hineindestilliert und, soweit es sich in diesem nicht verflüssigt, vom Kühler durch das Überlaufrohr E in den Siedemantel zurückgeführt. Je nach der Natur des Lösungsmittels dauert es verschieden lange Zeit, bis das Thermometergefäß mit Flüssigkeit bedeckt ist. Das Sieden soll so lebhaft sein, daß der Apparat bis zum Kühler ganz von Dämpfen erfüllt wird. Will man, wie z. B. bei Wasser, schneller zum Ziele gelangen, so läßt sich dieses sehr einfach durch eine Drehung des Rückflußrohrs K und damit verbundenes direktes Zurückleiten des im Kühler kondensierten Lösungsmittel in das Siederohr bewerkstelligen.

Soll eine Serie von Bestimmungen bei verschiedenen Konzentrationen ausgeführt werden, und will man Ablesungsfehler tunlichst ausschließen, so bestimmt man die Temperatur bei den verschiedenen in Betracht kommenden Flüssigkeitshöhen, ohne an der Stellung des Thermometers etwas zu ändern.

Um eine genaue Ablesung des Standes der Flüssigkeit zu erreichen, unterbricht man das Destillieren durch Entfernung des Brenners und dreht das Sicherheitsrohr R um 180°, so daß die Rinne des Hahnes bei H auf die Öffnung z im Tubus trifft und damit durch Zutritt der äußeren Luft der Atmosphärendruck hergestellt

wird. Die auf dem Siedegefäße A angebrachte Millimeterteilung ist
am besten durch eine Handlupe abzulesen.

Nachdem durch Zurückdrehen von K und R sowie durch äußeres
Abkühlen unter Daraufblasen von Luft bei gleichzeitigem Verschlusse
von R das Lösungsmittel in den Siedemantel zurückgeführt ist, bringt
man durch den Tubus t_1 die Substanz, gewöhnlich in Pastillenform,
in das Siederohr A. Darauf destilliert man, analog wie bei der Bestimmung des Siedepunktes des Lösungsmittels, dieses zu der Sub-

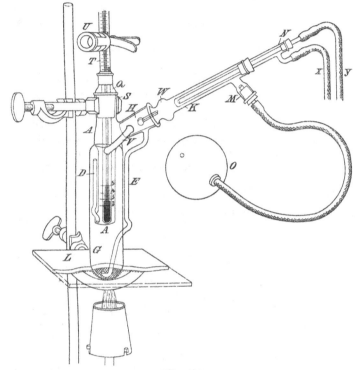

Fig. 181.

stanz und macht eine Serie von Ablesungen in ungefähr denselben
Höhen wie vorher bei der Siedepunktsbestimmung des Lösungsmittels. Die Ablesung ist genau wie beim Lösungsmittel vorzunehmen. Die Füllung des Siederohrs kann man auch hier durch
direktes Zurückleiten der im Kühler kondensierten Flüssigkeit beschleunigen.

Die Temperatureinstellungen erfolgen sehr rasch. Sobald das
Lösungsmittel im Siederohre bis auf die gewünschte Höhe gelangt
ist, kann sofort abgelesen werden. Ängstlichkeit im Ablesen erhöht
nur die Unsicherheit. Die Einstellung des Thermometers kann hier
nur kurze Zeit konstant bleiben. Zunächst steigt dasselbe durch

Wärmezufuhr auf den Siedepunkt des Lösungsmittels und darüber, entsprechend der durch Lösen der Substanz bewirkten Siedepunktserhöhung. Durch Hinzudestillieren von Lösungsmittel wird die Lösung verdünnter, und die Temperatur geht zurück.

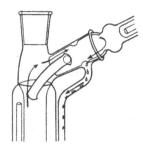

Wie lange Zeit das Thermometer zum Anwärmen erfordert, ergibt sich gelegentlich der Siedepunktsbestimmung des Lösungsmittels. Ohne Berücksichtigung dieser Verhältnisse würden durch Beobachtung einer scheinbaren Konstanz, die eintreten müßte, wenn das Thermometer durch Anwärmen ebenso rasch steigt, wie es durch Verdünnung der Lösung fällt, Fehler gemacht werden können.

Eine Serie von drei Versuchen ist gewöhnlich innerhalb 5 bis 15 Minuten erledigt.

Beckmann hat übrigens[1]) den Apparat auch noch weiter vereinfacht und widerstandsfähiger gemacht (Fig. 181). Die Tuben sind bis auf diejenigen zur Aufnahme des Seitenkühlers und des Thermometers beseitigt. Das Einwerfen der Substanz hat durch den Thermometertubus zu geschehen. Für den Druckausgleich zwischen Dampfmantel und Atmosphäre wird bei der Niveauablesung durch das zum Kühlertubus führende Verbindungsrohr V gesorgt. Das Kühlrohr K, welches in den Tubus H eingeschliffen ist, besitzt drei Bohrungen, von denen die weiter nach dem Siederohr zu liegende ausschließlich dazu dient, den Druckausgleich durch V zu bewirken in einer Stellung, wo die Flüssigkeit aus dem Kühler nur durch eine der beiden andern Bohrungen in den Dampfmantel zurückfließen kann (Fig. 182). Durch Drehung des Kühlrohrs kann man auch unter Abschluß von V die Verbindung mit dem Ablaufrohr E herstellen (Fig. 183), und schließlich läßt sich durch Drehung des Kühlers ein Verschluß aller Bohrungen herbeiführen, wodurch ein direkter Rückfluß in das Siederohr veranlaßt wird (Fig. 184). In dieser Stellung ist es auch jederzeit leicht, die Flüssigkeit aus dem Siederohr in den Dampfentwickler zurückzuführen. Man braucht nur mittels des Gummiballs O wiederholt

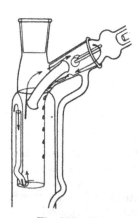

Fig. 182—184.

---

[1]) Z. phys. **53**, 137 (1905).

kleine Anteile Luft in das Siederohr einzupressen, während man
zur Vorsicht den Schliffstöpsel Q niederdrückt. Um ein vollständiges
Ablaufen der kondensierten Flüssigkeit durch das Ablaufrohr E zu
sichern, sind auf dem Wege vom Kühler zu den oberen Bohrungen
der Schlifffläche Führungsstäbchen aus Glas angeschmolzen und die
Bohrungen etwas nierenförmig gestaltet. Da bei hochsiedenden
Flüssigkeiten leicht geringe Mengen Wasser vorweg destillieren, ist
die Wulst W angebracht, in welchem sich dieselben vor dem Zurückfließen mit heißem Lösungsmittel mischen müssen. Die Kühler-

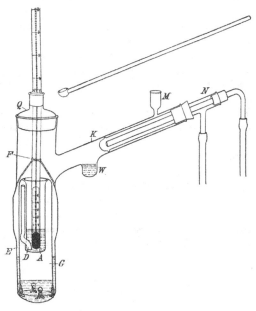

Fig. 185.

schläuche X und Y sind so befestigt, daß sie dem Drehen des
Kühlrohrs nicht im Wege sind und auch keinen Knick bekommen
können, wenn sie nicht allzu dünnwandig genommen werden. Alles
übrige ist aus dem Vergleiche mit dem früheren Apparate verständlich.
Das Entleeren und Reinigen des Apparates bietet keine Schwierigkeit, da der Dampfentwickler beim Ablassen der Flüssigkeit durch V
eine Luftzufuhr durch das Ablaufrohr E hat.
  Mit Berücksichtigung der mitgeteilten Änderungen sind die Versuche wie bei den früher beschriebenen Modifikationen auszuführen.
Werden die Apparate vom Glasbläser gut gekühlt, so halten sie
Temperaturen bis zu 200° gut aus. Immerhin ist es zweckmäßig,
die Schmelzstellen vor einem zu schroffen Temperaturwechsel zu bewahren.

Das neueste,[1]) von Beckmann in Hinblick auf einen von Eijkman konstruierten Apparat modifizierte Modell für die Dampfstrommethode unter Benutzung hochsiedender Lösungsmittel ist folgendermaßen eingerichtet (Fig. 185).

In dem verkürzten, oben verschlossenen und mit seitlichem Kühlertubus versehenen Dampfentwickler E ist der aus Siederohr A und Glasglocke G bestehende Teil so eingesetzt, daß er auf dem Boden des Dampfentwicklers ruht. Direkte Berührung von Glas mit Glas würde natürlich leicht zu Sprüngen führen. Dieser Gefahr ist aber dadurch begegnet, daß, wie die Figur zeigt, in dem unteren Teile des Dampfmantels Ösen angebracht sind, in welchen Schleifen aus langfaserigem Asbest befestigt werden. Dadurch ruht die Dampfglocke nur auf Asbest, und selbst bei hochsiedenden Flüssigkeiten, wie konzentrierte Schwefelsäure, hat sich nie eine Neigung zur Ausbildung von Sprüngen im Boden des Dampfentwicklers bemerkbar gemacht. Um ein Rückfließen kondensierter Flüssigkeit in das Siederohr nach Möglichkeit auszuschalten, wird darauf gesehen, daß von der Vereinigungsstelle von Siederohr mit Dampfglocke diese sofort nach außen abfällt. Durch einen Kunstgriff gelingt es auch, die am Thermometer kondensierte Flüssigkeit in den Dampfentwickler abzuleiten. Man braucht nur über dem Siederohre bei F eine Schleife von langfaserigem Asbest anzubringen. Durch das Dampfrohr D und die im Siederohre vorhandene Flüssigkeit können Dämpfe aus der Dampfglocke nur hindurchtreten, wenn in dieser genügend Druck vorhanden, d. h. wenn genügend Flüssigkeit in den Dampfentwickler übergetreten ist. Der Schliffstöpsel Q braucht nicht genau eingepaßt zu sein, da die Kondensation von Flüssigkeit für genügenden Schluß sorgt. Das Rückflußrohr K ist wieder mit der Warze W versehen, um die häufig bei hochsiedenden Lösungsmitteln anfangs aufdestillierenden Wassertröpfchen unschädlich zu machen, welche beim direkten Zurückfließen Sprünge verursachen könnten.

Das Ablesen des Niveaus im Siederohre ermöglicht eine Millimeterskala aus Milchglas, welche im unteren Teile des Thermometers eingeschlossen ist. Nach dem Wegziehen oder Kleindrehen des mit Zündflamme versehenen Brenners hört das Sieden auf, und es ist leicht für eine Ablesung konstantes Niveau zu erhalten. Zurücksteigen in den Dampfentwickler findet nicht statt, da schon vorher ein Druckausgleich durch die Löcher am unteren Rande der Dampfglocke herbeigeführt wird.

In den Dampfentwickler bringt man 40—50 ccm Lösungsmittel, auch das Siederohr wird mit ca. 5 ccm Lösungsmittel beschickt. Die geringe Flüssigkeitszunahme im Siederohre bietet eine Reihe von Vorteilen. Man kann den Temperaturausgleich des Thermometers sich vollziehen lassen, ohne auf den Apparat achten und eine zu starke Füllung des Siederohrs befürchten zu müssen, sodann fällt die mit

---

[1]) Z. phys. **53**, 143 (1905).

der Flüssigkeitszunahme Hand in Hand gehende Temperatursteigerung fort, und es ist ein ruhigeres Beobachten der Temperatur möglich. Schließlich kann auch die Niveauablesung nicht so leicht durch nachlaufende Flüssigkeit fehlerhaft werden. Nach Bestimmung des Siedepunkts des Lösungsmittels in früher angegebener Weise wird die Substanz gewöhnlich mittels eines Glaslöffels, welcher durch den Kühlertubus geschoben wird, in das Siederohr entleert. Die Kondensation von Lösungsmittel an dem Löffel spült auch die letzten Reste der Substanz weg. Selbstverständlich hat der Lösungsvorgang Kondensation von Flüssigkeit und Veränderung des Niveaus zur Folge, und es ist unmöglich, einen Dampfstromapparat zu konstruieren, bei welchem sich, wie bei dem Apparate für direktes Sieden, völlig konstant bleibendes Niveau erhalten ließe.

Nach Ablesung des Siedepunkts der Lösung und des Niveaus kann man neue Substanz einführen und eine zweite Siedepunktsbestimmung machen. Meist empfiehlt es sich aber, nur eine Bestimmung auszuführen und die Menge des Lösungsmittels durch Wägung festzustellen, indem man es mit einer fein ausgezogenen Pipette in ein tariertes Kölbchen überführt.

Vergleichende Versuche mit einem Apparate für direktes Heizen und diesem Stromapparat mit Dampfglocke haben ergeben, daß bei richtiger Ausführung und relativ niedrig siedenden Lösungsmitteln übereinstimmende Werte zu erhalten sind.

Bestimmung der Konzentration.

Am einfachsten wird die Konzentration auf Gramm Substanz in 100 ccm Lösung bezogen. Um bei beliebigem Thermometerstande zu erfahren, welchem Volum die abgelesenen Mengen entsprechen, läßt man, während das Thermometer in derselben Stellung wie bei der Bestimmung belassen wird, bei gewöhnlicher Temperatur aus einer Bürette Wasser oder eine beliebige Flüssigkeit durch den Tubus in das leere Siederohr A bis zu den früheren Ablesungen einfließen. Die Ablesungen an der Bürette ergeben die in Anrechnung zu bringenden Kubikzentimeter. Als Siedepunktskonstanten werden in diesem Falle die auf Seite 377 angegebenen benutzt, die durch Division der auf 100 g Lösungsmittel bezogenen Konstanten durch das beim Siedepunkt bestimmte spezifische Gewicht ermittelt sind.

Wird wiederholt der gleiche Apparat mit demselben Thermometer gebraucht, so genügt eine Ausmessung des Apparates für verschiedene Versuche. Wenn das Thermometer mittels Schliffstopfens S in den Apparat eingeführt ist, kann sich an seiner Stellung nichts ändern.

Ist die auf 100 ccm bezogene Konstante des Lösungsmittels nicht bekannt, wohl aber die auf 100 g Lösungsmittel bezogene, so läßt sich die Umrechnung leicht bewerkstelligen, indem man das im Siederohr erhitzte Lösungsmittel nach Ablesung des Flüssigkeitsstandes und Wegnahme des Thermometers vermittels Pipette aufsaugt, in ein tariertes Kölbchen bringt und wägt. Das spezifische Gewicht beim Siedepunkte des Lösungsmittels, welches sich durch Division von Gewicht durch Volum in dieser Weise sehr bequem ergibt, wird zur Umrechnung verwendet. Man begeht auch keinen großen Fehler, wenn statt des Lösungsmittels die am Schlusse der Versuchsserie im Siederohre verbleibende verdünnteste Lösung zu vorstehender Bestimmung des spezifischen Gewichts benutzt wird.

Zur Ermittelung der genauen Siedepunktserhöhungen trägt man zweckmäßig die beobachteten Siedetemperaturen des Lösungsmittels und den entsprechenden Flüssigkeitsstand auf der Ordinaten-, bzw. Abszissenachse eines Koordinatensystems auf. Die zu ziehende Kurve ergibt die Temperatursteigerungen für jeden Flüssigkeitsstand des Lösungsmittels, welche für die Berechnung der Siedepunktserhöhungen der Lösung in Abzug zu bringen sind. Eine Berücksichtigung dieser Korrektur erscheint um so mehr geboten, als gerade bei den verdünnteren Lösungen, welche nur geringere Siedepunktserhöhungen ergeben, der temperaturerhöhende Einfluß des Flüssigkeitsdruckes in erhöhtem Maße, besonders bei spezifisch schweren Flüssigkeiten, zur Geltung kommt.

Modifikationen dieses Apparates:

Eijkman, J. chim. phys. 2, 47 (1904).
Rupp, Z. phys. 58, 693 (1905).

Einen Apparat zur Siedepunktsbestimmung leicht flüchtiger Substanzen hat Oddo beschrieben.[1]

C. Berechnung des Molekulargewichtes.[2]

Wird mit

M das gesuchte Molekulargewicht,
K die molekulare Siedepunktserhöhung für 100 g Lösungsmittel (Siedekonstante),
g das Gewicht der angewandten Substanz,
Δt die beobachtete Siedepunktserhöhung und
G das Gewicht des Lösungsmittels bezeichnet, so ist:

$$M = K \cdot \frac{100 \cdot g}{G \cdot \Delta t}.$$

Die Konstante K kann auf verschiedene Weise ermittelt werden,[3] am einfachsten findet man sie aus einer Siedepunktsbestimmung mit einer Substanz von bekanntem Molekulargewichte. Berechnen läßt sie sich[4] nach der Formel:

$$K = M T_0 / (475 \log T_0 - 0.007 \, T_0).$$

---

[1] Oddo, Gazz. 82 (II), 123 (1902).
[2] Beckmann u. Arrhenius, Z. phys. 4, 532, 550 (1889).
[3] Beckmann, Fuchs u. Gernhardt, Z. phys. 18, 473 (1895). — Siehe auch Kaufler und Karrer, B. 40, 3265 (1907).
[4] Tsakalotos, C. r. 144, 1104 (1907).

Tabelle einiger Siedekonstanten.

	Siedepunkt	Konstante (= mol. Siedepunktserhöhung für 100 g Lösungsmittel)	Konstante (= mol. Siedepunktserhöh. für 100 ccm Lösung)
Aceton	56°	17.1	—
Äthylacetat	77°	26.8	—
Äthyläther	35°	21.1	30.3
Äthylalkohol	78°	11.5	15.6
Ameisensäure	99°	24.0	—
Anilin	184°	32.2	36.0
Benzol	79°	26.1	32.0
Buttersäure	163°	39.4	—
Chloroform	61°	36.6	26.0
Chinolin	240°	57.2	—
Dimethylanilin	192°	48.4	—
Essigsäure	118°	25.3	—
Methylalkohol	66°	8.8	—
Nitrobenzol	209°	50.1	—
Phenol	183°	30.4	32.2
Propionsäure	141°	35.1	—
Schwefelkohlenstoff	46°	23.5	—
Wasser	100°	5.2	5.4

D. Wahl des Lösungsmittels.

Das möglichst gereinigte[1]) Lösungsmittel muß einen Siedepunkt besitzen, der mindestens 140° unter demjenigen der zu untersuchenden Substanz liegt.

Betreffs der assoziierenden Kraft der sauerstofffreien Lösungsmittel gilt das S. 346f. Mitgeteilte.

Man wählt womöglich Lösungsmittel mit hoher Konstante.

---

4. Molekulargewichtsbestimmung durch Dampfdruckmessung unter dem Mikroskope:

Barger, Soc. 85, 286 (1904); 87, 1042 (1905). — B. 37, 1754 (1904).
Barger und Ewins, Soc. 87, 1756 (1905).
Pyman, Soc. 91, 1230 (1907).

5. Molekulargewichtsbestimmung aus der Dampfdruckerniedrigung.

Zur Messung der Dampfdruckerniedrigung kann man entweder[2]) den Beckmannschen Siedeapparat mit einer Pumpe, einem Windkessel und Manometer verbinden und den Druckunterschied messen, welcher erforderlich ist, um Lösung und Lösungsmittel auf den gleichen Siedepunkt zu bringen, oder man macht von der Erfahrung

---

[1]) Beckmann, Fuchs u. Gernhardt, Z. phys. 18, 473 (1895). — Beckmann, Z. phys. 21, 251 (1896). — Z. anorg. 51, 237 (1906).
[2]) Noyes u. Abbot, Z. phys. 23, 63 (1897).

Gebrauch, daß die Löslichkeit einer Flüssigkeit in einem indifferenten Gase ihrem Dampfdrucke proportional ist.

Nach Ostwald und Walker[1]) sowie Will und Bredig[2]) verfährt man folgendermaßen.

Ein konstanter, langsamer Luftstrom wird mittels Aspirators der Reihe nach durch einen Trockenapparat, eine Bleirohrspirale, einen mit der zu untersuchenden Lösung von bekanntem Gehalte angefüllten, gewogenen Neunkugelapparat (ähnlich dem Liebigschen Kaliapparate), einen zweiten gewogenen, der reines Lösungsmittel (Wasser, Alkohol) enthält, ein kleines, leeres U-Röhrchen und eine mit konzentrierter Schwefelsäure gefüllte Waschflasche geleitet. Der ganze Apparat wird mittels eines Wasserbades auf konstanter Temperatur erhalten.

Bedeutet

m das Molekulargewicht des Lösungsmittels,

s_1 und s_2 die Gewichtsabnahmen der Kugelapparate,

p die Anzahl Gramme gelöster Substanz auf 100 g Lösungsmittel, so ergibt sich das Molekulargewicht M der gelösten Substanz

$$M = \frac{m \cdot p \cdot s_1}{100 \cdot s_2}.$$

Die Resultate weichen im Mittel um $\pm 8\,^0/_0$ von den theoretischen Werten ab.

Siehe ferner:

Guglielmo, Acc. Linc. (5), 10, II, 232 (1902).
Biddle, Am. 29, 341 (1903).
S. T. Mittler, Diss., Kiel 1903.
Rügheimer, Ann. 339, 297 (1905).
Perman, Soc. 87, 194 (1905).

---

[1]) Z. phys. 2, 602 (1888). — Ostwald-Luther, Physiko-chemische Messungen 308.
[2]) B. 22, 1084 (1889).

Zweiter Teil.

Ermittelung der Stammsubstanz.

Ermittelung der Stammsubstanz.

Die Konstitutionsbestimmung einer Substanz wird wesentlich erleichtert, ja in den meisten Fällen erst ermöglicht, wenn es gelungen ist, dieselbe auf einen Körper von bekannter Konstitution zurückzuführen.

Im großen ganzen dienen hierfür nur zwei Methoden: die Oxydation und die Reduktion; in Spezialfällen können auch andere Verfahren die Zugehörigkeit einer Substanz zu einer bestimmten Klasse von Körpern erweisen, so haben große Gruppen von Verbindungen gewisse gemeinsame Eigenschaften, und man spricht dementsprechend auch von Eiweiß-, Zucker- usw. Reaktionen, von der Cholesterinreaktion u. dgl. und verwertet diese mit mehr oder weniger Erfolg.

Die Anforderungen, welche an die Operationen der Überführung in eine Stammsubstanz gestellt werden müssen, sind: möglichste Durchsichtigkeit der Reaktion, die also gestatten soll, die Zwischenstadien des Abbaues zu verfolgen, und wenn möglich ein Zurückverwandeln in das Ausgangsmaterial, also eine partielle Synthese ermöglichen soll, ferner Einwandfreiheit, d. h. Gewähr dafür, daß nicht durch die Operationen eine einschneidende Änderung des Aufbaues des Moleküls (Umlagerungen, Kondensationen) erfolgt sei, und endlich muß man trachten, das Kohlenstoffskelett des zu untersuchenden Körpers möglichst intakt zu lassen.

Die zunehmende Erkenntnis, daß viele bis dahin als harmlos angesehene Reaktionen zu Umlagerungen Veranlassung geben können, haben namentlich die Zahl der als Oxydationsmittel in Betracht kommenden Reagenzien sehr eingeschränkt und uns überhaupt gelehrt, nicht mit aller Bestimmtheit den Resultaten eines solchen Abbaues zu trauen, zwingen uns auch andererseits, alle Umstände, welche derartigen Fehlern Vorschub leisten, wie übermäßig hohe Temperaturen und allzu stürmisch verlaufende Reaktionen tunlichst zu meiden.

Erstes Kapitel.

Abbau durch Oxydation.

Die Oxydation wird namentlich zur Lösung folgender Aufgaben verwendet.

Verwandlung von Seitenketten C.... C.. C.. in COOH.

Spaltung ungesättigter Substanzen an der Stelle der doppelten oder dreifachen Bindung.

Überführung primärer oder sekundärer Alkohole in Aldehyd und Säure resp. in Keton.

Spaltung von Ketonen.

Verwandlung von Ketonen $RCOCH_3$ in Säuren $RCOOH$.

Überführung von Oxysäuren in Aldehyde resp. Ketone.

Dehydrogenieren von cyclischen Verbindungen.

Umwandlung von Säureamiden in primäre Amine.

Ersatz der Sulfogruppe aromatischer Verbindungen durch Hydroxyl.

Erster Abschnitt.

Allgemeine Bemerkungen über die Oxydations-mittel.

1. Übermangansäure.

Wenn Gefahr vorliegt, daß mit der Oxydation Umlagerungen einhergehen könnten, darf durchaus nicht in saurer Lösung oxydiert werden.[1]

Namentlich für die Terpenreihe und ähnliche Substanzklassen ist dann nur eine Oxydation in neutraler oder schwach alkalischer Lösung mit Chamäleonlösung statthaft.[2]

---

[1] Beispiel von Umlagerungen durch Chromsäure: Demjanow und Dojarenko, B. **41**, 43 (1908); Ch. Ztg. **32**, 460 (1908); durch Persulfat: Kumagai und Wolffenstein, B. **41**, 297 (1908). — Siehe auch S. 455.

[2] Tiemann und Semmler, B. **28**, 1345 (1895). — Semmler, B. **34**, 3122 (1901); **36**, 1033 (1903). — Windaus, B. **39**, 2008 (1906).

Leider scheint, nach einer Beobachtung von Wallach[1]), auch dieses Verfahren keine absolute Sicherheit gegen Umlagerungen zu gewähren.

Man verwendet gewöhnlich Kaliumpermanganat, seltener, wenn es darauf ankommt, keine anorganischen Salze ins Filtrat zu bekommen, Calcium-[2]), Barium-[3]), Magnesium-[4]), Silber- oder Zinkpermanganat[5]). Das Permanganat wird meist in wässeriger Lösung, öfters auch nach Sachs[6]) erfolgreich in Acetonlösung oder in Eisessig angewendet.

Gelegentlich benutzt man auch andere Solvenzien, wie Salpetersäure[7]) oder Alkohol[8]), die sich dann auch ihrerseits an der Oxydationswirkung beteiligen können.

Soll die Heftigkeit der Reaktion gemäßigt werden, so löst man die Substanz in einem Medium, das sich mit dem Permanganat nicht mischt, wie Äther, Benzol[9]), Ligroin[10]); oder man trägt das Permanganat in kleinen Partien als festes Pulver ein.[11])

Der bei der Oxydation in saurer Lösung entstehende Braunstein hält oftmals hartnäckig Substanz, namentlich Polycarbonsäuren (aber auch Kohlenwasserstoffe)[12]) zurück und muß daher öfters mit Wasser oder einem entsprechenden Lösungsmittel ausgekocht werden.

Damit der Braunstein, der namentlich beim wiederholten Kochen teilweise kolloidal durchs Filter zu gehen Neigung hat, zurückgehalten werde, setzt man einen passenden Elektrolyten, meist Soda, zur Waschflüssigkeit.[13])

Hat man Grund zur Annahme, daß sich mit dem Braunstein schwer lösliche Oxydationsprodukte ausgeschieden haben, so bringt man ihn durch Einleiten von Schwefeldioxyd in Lösung. Ebensogut kann man natürlich ein schwefligsaures Salz zusetzen und dann ansäuern, oder man löst den Braunstein durch Erwärmen mit Oxalsäure und verdünnter Schwefelsäure.[14])

---

[1]) Ann. 353, 293 (1907). — Siehe auch S. 408.
[2]) Ullmann und Uzbachian, Ch. Ztg. 26, 189 (1902). — B. 36, 1797 (1903).
[3]) Litterscheid, Arch. 238, 208 (1900). — Steudel, Z. physiol. 32, 241 (1901). — Benech und Kutscher, Z. physiol. 32, 279 (1901). — Zickgraf, B. 35, 3401 (1902).
[4]) Prileshajew, Russ. 39, 769 (1907).
[5]) Guareschi, Ann. 222, 305 (1883).
[6]) B. 34, 497 (1901). — Harries und Pappos, B. 34, 2979 (1901). — Harries und Schauwecker, B. 34, 2987 (1901). — Béhal, Fr. P. 349896 (1901). — D. R. P. 115516 (1901). — Michael und Leighton, J. pr. (2) 68, 521 (1903). — Leuchs, B. 41, 1712 (1908).
[7]) Rupp, B. 29, 1625 (1896).
[8]) Riiber, B. 37, 3120 (1904); 41, 2412, 2415 (1908).
[9]) Windaus, Arch. 246, 131, 142 (1908).
[10]) Wienhaus, Diss., Göttingen 1907, S. 56.
[11]) Semmler, B. 24, 3821 (1891). — Knorr, Ann. 279, 220 (1894). — Wolff, B. 28, 71 (1895). — D. R. P. 102893 (1899).
[12]) Wienhaus, Diss., Göttingen 1907, S. 36.
[13]) Baeyer, Ann. 245, 139 (1888).
[14]) Phillips, Diss., Göttingen 1901, S. 23.

Überschüssiges Permanganat entfernt man durch vorsichtigen Zusatz von Formaldehyd, weniger gut von Ameisensäure oder Methylalkohol.

Will man in dauernd neutraler Lösung arbeiten, so leitet man während der Oxydation einen Kohlendioxydstrom ein, oder man setzt, was noch weit rationeller ist, der Lösung Magnesiumsulfat[1]) zu, das sich mit dem entstehenden Alkali nach der Gleichung

$$MgSO_4 + 2KOH = Mg(OH)_2 + K_2SO_4$$

umsetzt. Das unlöslich ausfallende Magnesiumhydroxyd entfaltet dann keine alkalischen Wirkungen.

Ähnlich wirkt Aluminiumsulfat.

2. Chromsäure.

Man benutzt als Oxydationsmittel entweder das Chromsäureanhydrid, das in Eisessig oder in verdünnter, seltener in konzentrierter[2]) Schwefelsäure gelöst angewandt wird, oder man säuert die wässerige Lösung eines chromsauren Alkalis mit Schwefelsäure[3]) oder Essigsäure an.

Natriumbichromat ist in Wasser sehr leicht und auch in Eisessig genügend löslich, gestattet also, in konzentrierten Lösungen zu arbeiten.

Orthoverbindungen werden im allgemeinen von Chromsäure viel leichter verbrannt als ihre Isomeren, doch ist die früher von Fittig[4]) aufgestellte These, daß mit diesem Oxydationsmittel Orthoverbindungen überhaupt nicht ohne tiefer gehende Zerstörung oxydierbar seien, nicht aufrechtzuerhalten.[5])

Oxydierende Acetylierung.

Das nachfolgende Verfahren hat zwar zu Konstitutionsbestimmungen nicht dieselbe Wichtigkeit wie sein Gegenstück, die reduzierende Acetylierung[6]), verdient aber doch eine spezielle Erwähnung.

Werden aromatische Kohlenwasserstoffe mit Methylgruppen als Seitenketten bei Gegenwart von Essigsäureanhydrid, Eisessig und Schwefelsäure mit Chromsäureanhydrid oxydiert, so werden die als erstes Oxydationsprodukt entstehenden Aldehyde in Form ihrer

---

[1]) Thiele, B. **28**, 2599 (1895). — D. R. P. 94629 (1897). — Lassar-Cohn, B. **32**, 683 (1899).

[2]) D. R. P. 127325 (1902).

[3]) Daß ein Schwefelsäurezusatz zur Essigsäure unter Umständen von ausschlaggebender Bedeutung sein kann, haben E. und O. Fischer, B. **37**, 3356 (1904) gezeigt.

[4]) Z. f. Ch. (2) **7**, 179 (1871).

[5]) Remsen Am. **1**, 36 (1879). — D. R. P. 109012 (1899).

[6]) S. 431.

Acetylderivate fixiert und vor einer weiteren Zerstörung durch das Oxydationsgemisch bewahrt.[1])

Zur Darstellung des Terephthalaldehyds werden z. B. 100 g Essigsäureanhydrid, 50 g Eisessig, 15 g Schwefelsäure und 3.3 g p-Xylol unter Turbinieren mit überschüssigem Chromsäureanhydrid (10 g) 4—5 Stunden lang bei 5—10° oxydiert. Durch Eingießen in Wasser erhält man 5,5 g Tetraacetat, das durch Salzsäure zersetzt und durch Wasserdampfdestillation in reinen Aldehyd übergeführt werden kann.

Zur

Isolierung der Reaktionsprodukte nach der Oxydation mit Chromsäure

muß, falls das entstandene Produkt nicht durch Wasserdampfdestillation oder Ausschütteln erhalten werden kann, oder durch Wasserzusatz gefällt wird, das Chrom und meist auch die Schwefelsäure, falls solche zugesetzt worden war, entfernt werden.

Im allgemeinen wird zu diesem Behufe mit Ammoniak übersättigt und gekocht, vom ausgefallenen Chromoxydhydrat abgesaugt, und im Filtrate die Schwefelsäure und eventuell noch vorhandene Chromsäure mittels eines Bariumsalzes oder durch Barythydrat gefällt. Dabei kann das meist als Säure vorhandene organische Reaktionsprodukt mit ausgefällt werden und ist dann durch Auskochen vom Bariumsulfat zu trennen. Oftmals fällt man auch die organische Säure aus der neutralen, Ammoniumsulfat enthaltenden Lösung mittels Kupferacetats oder Sulfats als schwerlösliches Salz. (Pyridin- und Chinolincarbonsäuren[2]).)

Da das voluminöse Chromoxydhydrat oftmals viel organische Substanz mitreißt, die nur durch wiederholtes Auskochen extrahiert werden kann, empfiehlt Pinner[3]) vor der Fällung eine dem Chrom entsprechende Menge Phosphorsäure zuzusetzen, weil man dann beim Neutralisieren Chromphosphat $CrPO_4$ an Stelle des Hydrates fällt, das viel leichter filtrierbar ist und schon nach einmaligem Auskochen fast nichts mehr zurückhält.

3. Salpetersäure.

Salpetersäure kann natürlich nur dann in Frage kommen, wenn die zu oxydierende Substanz nicht leicht nitrierbar ist. Man benutzt sie daher gelegentlich zur Oxydation von Polynitrokörpern[4]), von Pyridinderivaten[5]), Naphthenen[6]) und deren Derivaten[7]) oder Fettkörpern.

---

[1]) Thiele und Winter, Ann. 311, 355 (1900). — Fr. P. 295939 (1900). — D. R. P. 121788 (1901).
[2]) Siehe auch S. 386.
[3]) B. 38, 1519 (1905).
[4]) Tiemann und Judson, B. 3, 224 (1870). — Haeussermann und Martz, B. 26, 2982 (1893).
[5]) Z. B. Hans Meyer und Turnau, M. 28, 155 (1907).
[6]) Aschan, B. 32, 1771 (1899).
[7]) Bouveault und Locquin Bull. (4) 3, 437 (1908).

Sehr resistente Körper können sogar mit Vorteil mit Salpeter-schwefelsäure oxydiert werden.[1])

Um die als Oxydationsprodukt erhaltenen Körper (Säuren) zu isolieren, verdünnt man mit Wasser und erhält so oft schon direkt die Abscheidung, oder man neutralisiert und fällt mittels eines geeigneten Metallsalzes (Kupfer, Blei, Silber, Barium).

Durch wiederholtes Eindampfen auf dem Wasserbade, nament-lich rasch auf Salzsäurezusatz (wo dies angängig ist) kann man auch die Salpetersäure vollkommen verjagen.

Um sie auf chemischem Wege zu entfernen, setzt man nach Siegfried[2]) stark überschüssiges, kalt gefälltes und gut gewaschenes, unter Wasser befindliches Bleioxydhydrat zu, wodurch unlösliches basisches Bleinitrat gebildet wird. Das Filtrat wird dann mit Schwefel-wasserstoff entbleit. Dieses Verfahren setzt natürlich voraus, daß die Säure kein unlösliches Bleisalz gibt. — Geringe Mengen von Salpeter-säure können auch, falls dies sonst statthaft ist, in alkalischen Lö-sungen durch Zinkstaub zu Ammoniak reduziert werden.[3])

Über die Verwendung von Nitron siehe S. 793.

Abscheidung von Pyridincarbonsäuren aus ihren Mineral-säuresalzen und aus ihren Salzen überhaupt.

Man pflegt diese Säuren in Form ihrer in der Regel leicht zu reinigenden Salze mit Schwermetallen oder mit Mineralsäuren zu iso-lieren und führt dann im letzteren Falle (wie bei der Chinaldinsäure) auch noch in Silber-, Blei- oder Kupfersalze über, die nunmehr mit Schwefelwasserstoff zerlegt werden.

Diese Prozedur ist nicht nur wegen des starken Adsorptions-vermögens der Metallsulfide zeitraubend, mühsam und verlustreich, sondern auch für empfindliche Säuren gefährlich. Endlich werden die Schwefelmetalle, namentlich das Kupfer, zum Teile in kolloidaler, schwer fällbarer Form erhalten.

Letzterem Umstande hat Hans Meyer dadurch abgeholfen[4]), daß er die Fällung in salzsaurer Lösung vor sich gehen läßt. Die so leicht und in sehr reiner Form resultierenden Chlorhydrate sind in allen Fällen, wo eine Isolierung der Carbonsäure nicht notwendig ist, z. B. für die Esterifizierung oder die Chloriddarstellung, vollkommen entsprechend.

Will man aber die freien Carbonsäuren darstellen, so kann man[5]) der Gleichung

$$R . COOH . HNO_3 + NaOH = RCOOH + NaNO_3 + H_2O$$

nach die einem Äquivalent Säure entsprechende Menge Alkali zusetzen und erhält sogleich die ganze Menge der gesuchten Säure im Zustande

---

[1]) D. R. P. 77559 (1899).
[2]) B. **24**, 421 (1891).
[3]) Schmiedeberg und Meyer, Z. physiol. **8**, 444 (1873).
[4]) M. **23**, 438, Anm. (1902). — Vgl. Skraup, Ann. **201**, 296 (1880).
[5]) Hans Meyer und Turnau, M. **28**, 156 (1907).

vollkommener Reinheit. Liegt das Alkalisalz der Pyridin- (Chinolin-) Carbonsäure vor, so wird die Zerlegung natürlich mittels der äquivalenten Menge Mineralsäure bewirkt.

Zum Beispiel wurde eine gewogene Menge Chinaldinsäurechlorhydrat in möglichst wenig Wasser gelöst, die Hälfte der Flüssigkeit neutralisiert und die andere Hälfte zugesetzt. Die Hauptmenge an Chinaldinsäure kristallisiert sofort aus, der Rest kann durch Konzentrieren gewonnen werden und wird von geringen Mengen Natriumnitrats durch Auskochen mit Benzol befreit.

In dem relativ seltenen Falle, als die organische Säure allzuleicht in Wasser löslich sein sollte, um sich durch Umkrystallisieren von dem mitentstandenen anorganischen Salze bequem abtrennen zu lassen (Picolinsäure, α'-Methylpicolinsäure), hat man es immer zugleich mit Substanzen zu tun, die in organischen Lösungsmitteln (Benzol, Eisessig, Aceton usw.), worin die Mineralsäuresalze nicht löslich sind, bequem aufgenommen werden können, so daß man in jedem Falle zum Ziele kommt. Vielleicht wird sich auch hier die Gelegenheit ergeben, von der leichten Löslichkeit der Lithiumsalze Gebrauch zu machen.[1])

Übrigens läßt sich selbst dieses Verfahren noch in der Ausführung vereinfachen, was sich namentlich in jenen Fällen als wichtig erweist, wo leicht dissoziierbare Salze vorliegen, die schon beim Trocknen einen Teil ihrer Mineralsäure verlieren können: Man löst alsdann das ungewogene Salz in möglichst wenig Wasser auf und neutralisiert mit verdünnter Lauge, während man Strichproben auf empfindlichem Kongopapier bis zum Verschwinden der Blaufärbung macht.

Zweiter Abschnitt.

Aboxydieren von Seitenketten.

Die eigentlichen Benzolderivate werden durch alle gebräuchlichen Oxydationsmittel, wie Salpetersäure, Chromsäure oder Permanganate bis zu den Benzolcarbonsäuren abgebaut. Beim vorsichtigen Arbeiten, namentlich mit Kaliumpermanganat in alkalischer Lösung, lassen sich oftmals auch Zwischenprodukte fassen. Sehr geeignet sind hierfür auch Persulfate[2]).

Unter den kohlenstofffreien Substitutionsprodukten sind einige geeignet, die Stabilität des Systems zu erhöhen, andere, es zu schwächen.[3])

----

[1]) Hans Meyer, Festschr. f. Ad. Lieben 1906, S. 475. — Ann. **351**, 275 (1907).

[2]) Law und Perkin, Soc. **91**, 258 (1907).

[3]) Siehe über den Einfluß der Kernsubstitution auf die Oxydierbarkeit der Seitenketten namentlich Cohen u. Miller, Proc. **20**, 11, 219 (1904). — Soc. **85**, 1622 (1905). — Cohen und Hodsman, Proc. **23**, 152 (1907). — Soc. **91**, 970 (1907). — Über die Wirkungsart der verschiedenen Oxydationsmittel: Law und Perkin, Soc. **91**, 258 (1907); **93**, 1633 (1908).

So vermindern **Nitrogruppen** die Oxydierbarkeit der Seitenketten (Nitroaldehyde, Trinitrotoluol), ebenso wie **Halogene**, namentlich in Orthostellung, die Oxydierbarkeit verringern. Im allgemeinen verzögern Meta- und begünstigen Parasubstituenten die Reaktion. Das Tetrabromxylol z. B.[1]) ist so widerstandsfähig, daß es nur durch die kombinierte Wirkung von Salpetersäure und Übermangansäure und vielstündiges Erhitzen im Einschlußrohre auf 180° gelingt, dasselbe in die entsprechende Terephthalsäure überzuführen. Das gleiche gilt von der entsprechenden Tetrachlorverbindung.

Aminogruppen und **Hydroxyle** sind dagegen so leicht angreifbar, daß sie von dem Oxydationsmittel früher als die kohlenstoffhaltigen Seitenketten angegriffen werden, und weitgehende Zertrümmerung des Moleküls herbeiführen würden, wenn man nicht in geeigneter Weise einen „Schutz" für sie anwenden würde.

„Geschützt" können nun Aminogruppen durch **Acylierung**, sekundäre auch durch **Nitrosierung**[2]), Hydroxylgruppen durch **Alkylierung**[3]) oder **Acylierung** werden.

In manchen Fällen gelingt es übrigens auch durch passende Wahl des Oxydationsmittels, einen derartigen Schutz entbehrlich zu machen.

So hat Perkin gefunden,[4]) daß man manche Phenole mittels **Wasserstoffsuperoxyd** oxydieren kann, und zwar sowohl in essigsaurer als auch in alkalischer Lösung, ohne daß es nötig wäre, sie vorher zu alkylieren. —

Auch in der **Naphthalinreihe** werden im allgemeinen die Alkylgruppen aboxydiert, ohne daß sich sonstige Veränderungen in dem Systeme zeigen würden. Man kann z. B. aus Methylnaphthalin β-Naphthoesäure machen.[5]) In manchen Fällen tritt aber auch eine Spaltung des einen Kerns ein; so liefert 1.4-Dimethyl-6-Äthylnaphthalin die 1.4-Dimethylphthalsäure.[6])

Ist der Naphthalinring partiell **hydriert**, so wird stets die aliphatisch gewordene Hälfte angegriffen.

In der **Pyridinreihe** liegen die Verhältnisse ganz ebenso wie in der Benzolreihe, dagegen sind in der **Chinolinreihe**, namentlich

[1]) Rupp, B. **29**, 1625 (1896).
[2]) D. R. P. 121287 (1901).
[3]) Z. B. Ach u. Knorr, B. **36**, 3067 (1903).
[4]) Proc. **23**, 166 (1907).
[5]) Ciamician, B. **11**, 272 (1878).
[6]) Gucci u. Grassi-Cristaldi, Gazz. **22**, I, 44 (1892).

bei den eingehenden Untersuchungen von v. Miller[1]), ziemlich verschiedenartige Reaktionsfolgen beobachtet worden.

Gesetzmäßigkeiten bei der Oxydation von Chinolinderivaten mit Chromsäure.[2])

Sämtliche im Pyridinkern durch Methyl substituierten Chinolinderivate, ebenso die durch Äthyl substituierten gehen in die betreffenden Chinolincarbonsäuren über. Auch längere Seitenketten werden in gleicher Weise abgebaut.

Von mehreren Methylen ist das a das stärkste, dann folgt β, endlich γ, hierauf folgen die eventuell im Benzolkern vorhandenen Methyle, in der Reihefolge: ortho, meta, para, ana, welches in dieser Reihe das schwächste ist.

Die Festigkeit der Pyridinseitenketten im Chinolinmolekül hängt von ihrer Länge ab: je kürzer desto stärker, je länger, desto schwächer.

Eine Ausnahme besteht, wenn a-Äthyl mit β-Methyl bei Anwesenheit eines Methyls in Parastellung konkurriert, dann zeigt das a-Äthyl dem β-Methyl gegenüber eine hervorragende Widerstandsfähigkeit.

Die Widerstandsfähigkeit der gesättigten Alkylseitenketten wächst durch die gleichzeitige Anwesenheit von Carboxyl im anderen Kern derart, daß eine Oxydation zur Dicarbonsäure dadurch überhaupt unmöglich wird. Ist indes die Seitenkette ungesättigt, so gelingt es, sie zu oxydieren.

Man macht hiervon Gebrauch, indem man vor der Oxydation, wo dies angängig ist (siehe S. 966), den Rest eines Aldehyds einführt, und so nicht nur durch Verlängerung der Kette, sondern auch durch Überführung derselben in eine ungesättigte sie leichter angreifbar macht.

Gesetzmäßigkeiten bei der Oxydation von Chinolinderivaten mit Permanganat.[3])

Die Oxydation führt hier im Gegensatze zu den Oxydationen mit Chromsäure in ihrem weiteren Verlaufe regelmäßig zur Sprengung des Benzol- oder Pyridinringes oder beider.

---

[1]) B. 23, 2252 (1890).

[2]) Weidel, M. 3, 79 (1882). — Döbner u. Miller, B. 16, 2472 (1883); 18, 1640 (1885). — Kahn, B. 18, 3369 (1885). — Spady, B. 18, 3379 (1885). — Reher, B. 19, 2996, 3000 (1886). — Königs u. Neff, B. 19, 2427 (1886). — Skraup u. Brunner, M. 7, 149 (1886). — Beyer, J. pr. (2), 33, 401 (1886). — Panajotow, B. 20, 38 (1887). — Lellmann u. Alt, Ann. 237, 308 (1887). — Heymann u. Königs, B. 21, 2172 (1888). — Rohde, B. 22, 267 (1889). — Kugler, Diss. (1889) S. 30. — Eckart, B. 22, 277 (1889). — Seitz, B. 23, 2257 (1890). — Rist, B. 23, 2262 (1890). — Daniel, B. 23, 2264 (1890). — Ohler, B. 23, 2268 (1890). — Jungmann, B. 23, 2270 (1890). — v. Miller u. Krämer, B. 24, 1915 (1891).

[3]) v. Miller, B. 24, 1900 (1891). — Hier auch alle einschlägigen älteren Literaturangaben.

Beim Oxydieren in saurer Lösung, das sich überhaupt im allgemeinen nicht empfiehlt, werden bei alkylierten oder carboxylierten Chinolinderivaten immer tiefgehende Zersetzungen beobachtet, oder das Auftreten von Anthranilsäurederivaten, niemals von Pyridinderivaten. Das Paraaminophenylchinolin gab hingegen in saurer Lösung Benzolspaltung und Bildung von α-Oxychinolinsäure.

Oxydationen in alkalischer Lösung.

Chinolin und im Benzolkern alkylierte Chinoline erleiden Benzolspaltung.

Bei den Py-Methylchinolinen hängt der Verlauf der Oxydation von der Stellung der Methylgruppen ab. Die Widerstandsfähigkeit des Pyridinkerns bleibt nämlich erhalten, wenn das Methyl sich in γ-Stellung befindet, ist jedoch Methyl in α-Stellung vorhanden, so bleibt der Benzolring erhalten und der Pyridinring wird zerstört. Dasselbe gilt für α-Phenyl- und Äthylchinolin, die allerdings nur in saurer Lösung relativ glatt oxydiert werden. Oxychinaldin gibt ebenfalls Benzolderivat (Acetanthranilsäure). Auch Substitutionen im Benzolkern scheinen an diesen Verhältnissen nichts zu ändern.

β-Methylchinolin endlich wird von alkalischem Permanganat vollständig zu Oxalsäure, Kohlensäure und Ammoniak verbrannt.

Ist neben dem Methyl in der α-Stellung noch ein zweites Methyl vorhanden, so bleibt, wenn das zweite Methyl sich in β-Stellung befindet, der Benzolkern erhalten, wenn das Methyl sich aber in γ-Stellung befindet, entsteht ein Pyridinderivat.

Ist im Pyridinkern nicht Methyl, sondern Carboxyl, so wird in jedem Falle der Benzolkern gesprengt, das gleiche gilt, wenn sich neben dem Carboxyl im Pyridinkerne Methyl befindet.

Die beiden Naphthochinoline, die β-Naphthochinolinsulfosäure und alle anderen Derivate der Naphthochinoline werden zu Pyridinderivaten abgebaut. Das gleiche gilt für die Phenanthroline.

Dritter Abschnitt.

Überführung von Alkoholen in Aldehyde (Ketone) und Säuren.

Nach Fournier[1]) empfiehlt sich hierzu die Oxydation mit Permanganat. Man mischt z. B. 100 Teile Isobutylalkohol mit 60 Teilen Kaliumhydroxyd und 600 Teilen Wasser, trägt nach und nach bei + 10° 280 Teile Kaliumpermanganat, das in 9000 Teilen Wasser gelöst ist, ein, filtriert nachdem Entfärbung eingetreten, kon-

---

[1]) C. r. 144, 331 (1907).

zentriert und säuert sehr langsam durch Schwefelsäure an. Ausbeute an Isobuttersäure 75 Proz.

Wenn möglich, muß man aber trachten, auch den intermediär gebildeten Aldehyd zu isolieren und zu charakterisieren. So oxydierten Semmler und Bartelt[1]) das Myrtenol mit Chromsäure in Eisessiglösung, fällten den entstandenen Aldehyd mit Semicarbazid, zersetzten das Semicarbazon mit Phthalsäureanhydrid und führten den freigemachten Aldehyd in sein Oxim über. Letzteres, mit Essigsäureanhydrid gekocht, gab das Myrtensäurenitril, das mit alkoholischer Kalilauge zur Säure verseift wurde, die ihrerseits in den Methylester übergeführt wurde:

$$C_9H_{11}\cdot CH_2OH \rightarrow C_9H_{11}\cdot C\!\!\big\langle{}^{O}_{H} \rightarrow C_9H_{11}\cdot C\!\!\big\langle{}^{NOH}_{H} \rightarrow C_9H_{11}\cdot CN \rightarrow C_9H_{11}\cdot COOH$$

Chromsäure ist überhaupt[2]) für diesen Zweck im allgemeinen besonders geeignet, und zwar wendet man hierzu gewöhnlich wässerige, mehr oder weniger Schwefelsäure enthaltende Lösungen an, die man entweder mittels Chromsäureanhydrid oder mit Kalium- oder Natriumbichromat bereitet. Ein von Beckmann[3]) ausgearbeitetes Verfahren, das vielfach mit außerordentlichen Erfolgen angewendet wird, schreibt auf je 60 g (1 Mol.) Kaliumbichromat 50 g (2,5 Mol.) konzentrierter Schwefelsäure und 300 g Wasser vor (Beckmannsche Mischung). Diese Mischung ist gleich gut geeignet, sekundäre Alkohole in Ketone zu verwandeln.

Beispiel:

Mit den angegebenen Mengen der Beckmannschen Mischung, welche auf ca. 30° gebracht ist, werden 45 g Menthol versetzt, das sich, infolge der Bildung einer Chromverbindung, momentan tief schwarz färbt. Man schüttelt kräftig, wobei die Masse unter Selbsterwärmung heller wird. Bei 53° zerfällt die Chromverbindung, und es scheidet sich flüssiges Menthon ab. Eventuell ist durch Anwärmen oder Kühlen für eine Regulierung der Temperatur zu sorgen.

Leicht oxydable Aldehyde können natürlich auch nach diesem Verfahren nicht immer isoliert werden, fallen vielmehr der Weiteroxydation anheim.[4])

Dagegen gibt es auch wieder zahlreiche Aldehyde, bei denen die Überführung in die zugehörige Säure bemerkenswerte Schwierigkeiten macht.

So sind die aromatischen Nitroaldehyde, noch mehr die aromatischen Aldehydsäuren außerordentlich stabil.[5])

---

[1]) B. **40**, 1363 (1907).
[2]) Pfeiffer, B. **5**, 699 (1872).
[3]) Ann. **250**, 325 (1889). — Siehe auch Baeyer, B. **26**, 822 (1893). — Erlenbach, Ann. **269**, 47 (1892).
[4]) Z. B. Kirpal, B. **30**, 1599 (1897).
[5]) Siehe S. 388 und 422.

Vierter Abschnitt.

Oxydation der Ketone.

1. Chromsäure.

Durch stark wirkende Oxydationsmittel, namentlich durch Chromsäuregemisch werden die Ketone derart gespalten, daß an der Stelle
zwischen dem Carbonyl und einem der beiden benachbarten Kohlenstoffatome Trennung erfolgt.

Man hat lange Zeit geglaubt,[1]) daß diese Spaltung so erfolge, daß
sich das Carbonyl an dem kürzeren der beiden Spaltungsstücke er-
halte (Popowsche Regel).

Es hat sich aber seither gezeigt,[2]) daß die Reaktion im allgemeinen
überhaupt nach beiden möglichen Richtungen verläuft.

Wagner hat gefunden, daß das primäre Stadium der Oxydation in dem Ersatze eines Wasserstoffatoms in einer der der Carbonylgruppe benachbarten CH_3-, CH_2- oder CH-Gruppen durch
Hydroxyl besteht. Das so entstandene Oxyketon zerfällt dann an
der Stelle zwischen Carbonyl und Alkoholrest.

Da nun wasserstoffärmere Gruppen leichter hydroxyliert werden
als wasserstoffreichere, erfolgt, wenn nicht durch Temperatursteigerung
auch die andere Gruppe reaktionsfähiger gemacht wird, die Spaltung
des Ketons in der Hauptsache in der dadurch gegebenen Richtung.

So gibt z. B. $CH_3 \cdot CO \cdot CH_2 \cdot CH_2 \cdot C_2H_5$ bei niederer Temperatur
$CH_3 \cdot COOH$ und $C_2H_5 \cdot CH_2 \cdot COOH$, bei höherer Temperatur daneben
auch etwas $C_2H_5 \cdot CH_2 \cdot CH_2 \cdot COOH$ und $HCOOH$.

Ketone, welche primäre Alkoholgruppen liefern, zerfallen ebenso wie die primären Alkohole überhaupt, d. h. sie geben eine Säure
als Oxydationsprodukt.

Sekundäre Alkylgruppen veranlassen dementsprechend Keton-
bildung, tertiäre können nur nach einer Richtung zerfallen, weil ja
das tertiäre Kohlenstoffatom nicht hydroxylierbar ist.

Folgende Beispiele werden das Gesagte erläutern.

1. $CH_3 \cdot CO \cdot CH_2 \cdot R_1$ $\Big\langle$ $CH_3 \cdot CO \cdot CHOH \cdot R \rightarrow CH_3COOH + RCOOH$ Haupt-
reaktion

$CH_2OHCO \cdot CH_2R \rightarrow HCOOH + R \cdot CH_2 \cdot COOH$ Nebenreaktion.

---

[1]) Popow, Ann. 161, 285 (1872). — Hercz, Ann. 186, 257 (1877).
[2]) Wagner, B. 15, 1194 (1882); 17, R. 315 (1884); 18, 2267, R. 178
(1885). — J. pr. (2), 44, 257 (1891).

2. $\overset{\displaystyle R_2}{\underset{\displaystyle R_1}{\mid}}$ CH·CO·CH$_2$R $\Big\langle$

$\nearrow \overset{R_1}{\underset{R_2}{>}}$CH — CO·CH$_2$R → R$_1$CO·R$_2$ + R·CH$_2$COOH Haupt-reaktion.

$\searrow \overset{R_1}{\underset{R_2}{>}}$CH·CO·CHR → $\overset{R_1}{\underset{R_2}{>}}$ CH·COOH + R·COOH Neben-reaktion.
OH, OH

3. $\overset{R_1}{\underset{R_3}{\overset{R_2}{>}}}$C·CO·CH$_2$R → $\overset{R_1}{\underset{R_3}{\overset{R_2}{>}}}$C — CO — CH — R → $\overset{R_1}{\underset{R_3}{\overset{R_2}{>}}}$C — COOH +
OH, R·COOH Einzige Reaktion.

2. Kaliumpermanganat.

Dieses Reagens wirkt im allgemeinen ganz ebenso wie das Chromsäuregemisch, zumal in saurer Lösung. In alkalischer Lösung pflegt die Reaktion nicht ganz so energisch zu sein, so daß als Reaktionsprodukt Ketonsäuren entstehen können.[1])

$\overset{CH_3}{\underset{CH_3}{\overset{CH_3}{>}}}$C·CO·CH$_3$ → $\overset{CH_3}{\underset{CH_3}{\overset{CH_3}{>}}}$C·CO·COOH

⬡—CO·CH$_3$ → ⬡—CO·COOH

Reines, trockenes Aceton ist übrigens, wie schon angedeutet,[2]) gegen neutrales Kaliumpermanganat nahezu unempfindlich.

Fünfter Abschnitt.

Abbau der Methylketone R·COCH$_3$ zu Säuren R·COOH.

1. Oxydationen mit Hypojodit (Liebens Jodoformreaktion).

Nach Lieben[3]) werden Substanzen, welche die Gruppe CH$_3$CHOH — oder CH$_3$CO — enthalten, durch Jod in alkalischer Lösung unter Jodoformabspaltung zersetzt.

$$R·COCH_3 + 3KOJ = R·COCJ_3 + 3KOH$$
$$R·COCJ_3 + KOH = R·COOK + CHJ_3$$

Diese Reaktion, welche vielfach zu diagnostischen Zwecken Verwendung gefunden hat,[1]) ist auch auf verschiedene Weise zu quanti-

---

[1]) Claus, B. 19, 235 (1886). — Glücksmann, M. 10, 770 (1889); 11, 248 (1890). — J. pr. (2), 41, 396 (1890). — Feith, B. 24, 3543 (1891). — J. pr. (2), 46, 474 (1893).
[2]) S. 383.
[3]) Spl. 7, 218, 377 (1870). — Hager, Ph. C.-H. 1870, 153.

tativen Bestimmungsmethoden, so von Äthylalkohol und von Aceton ausgebaut worden.

Zum Nachweise von Äthylalkohol erwärmt Lieben eine wässerige Lösung desselben und trägt einige Körnchen Jod und einige Tropfen Kalilauge in die erwärmte Lösung ein, und zwar nicht mehr Kalilauge, als zum Entfärben der Lösung notwendig ist.

Wenn die Menge des Alkohols nicht gar zu gering ist, erfolgt sogleich eine Trübung, und es bildet sich ein citronengelber, aus mikroskopischen Krystallen bestehender Niederschlag von Jodoform. Das Erwärmen ist übrigens nicht unbedingt notwendig, auch in der Kälte erfolgt, wenn auch natürlich langsamer, die Reaktion. Erhitzt man die Jodoform in Lösung haltende alkalische Flüssigkeit mit Resorcin, so entsteht eine Rotfärbung,[2]) die auf Säurezusatz verschwindet.

Über die Jodoformreaktion bei Gegenwart von Eiweißkörpern: Bardach, Z. physiol. 54, 355 (1908).

Quantitative Bestimmung.

Dieselbe kann gravimetrisch und volumetrisch ausgeführt werden.

a) Gravimetrische Methode.

Klarfeld[3]) gibt hierzu nach Krämer[4]) folgende Vorschrift.

Eine abgewogene Menge der Substanz wird in einem Eudiometerrohre, das mit eingeschliffenem Stöpsel versehen ist, mit wenig reinem Methylalkohol, der die Jodoformreaktion nicht gibt, dann mit einem großen Überschusse an Jod und tropfenweise bis zur Entfärbung mit Kalilauge versetzt. Hierauf wird das Gemisch mit Wasser verdünnt und mit so viel Äther tüchtig durchgeschüttelt, daß die Ätherschichte nach dem Absitzen 10 ccm beträgt. 5 ccm von der Ätherschichte werden in eine tarierte Schale pipettiert und nach dem Verdunsten des Äthers das Jodoform nach dreistündigem Stehen über Schwefelsäure gewogen.

b) Volumetrische Methode von Messinger.[5])

Dieses Verfahren ist namentlich für die Acetonanalyse vielfach in Gebrauch. — Anwendung für Milchsäurebestimmung: Jerusalem a. a. O.

Gibt man zu einer mit Kalilauge gemischten Acetonlösung Jod im Überschusse, so wird durch 6 Atome Jod und 1 Molekül Aceton

---

[1]) Z. B. Haitinger und Lieben, M. 5, 346 (1884). — Wallach Ann. 275, 145 (1893). — Windaus, B. 41, 2563 (1908).

[2]) Lustgarten, M. 3, 717 (1882). — Klar, Pharm. Ztg. 41, 629 (1896).

[3]) M. 26, 87 (1905). — Siehe auch Hintz, Z. anal. 27, 182 (1888). — Vignon, C. r. 110, 534 (1890).

[4]) B. 13, 1000 (1880). — Ch. Ind. 15, 79 (1896).

[5]) B. 21, 3366 (1888). — Collischonn, Z. anal. 29, 562 (1890). — Geelmuyden, Z. anal. 35, 503 (1896). — Klar, Ch. Ind. 15, 73 (1896). — Zetsche, Ph. C.-H. 44, 505 (1903). — Keppeler, Z. ang. 18, 464 (1905). — Jerusalem, Bioch. 12, 369 (1908). —

ein Molekül Jodoform gebildet, und das überschüssige zugesetzte Jod geht in unterjodigsaures Kalium bzw. jodsaures Kalium und Jodkalium über. Säuert man nun an, so wird das Jod der letzteren Verbindung wieder frei und kann titrimetrisch bestimmt werden.

Zur Bestimmung des Gehaltes an Aceton in einem Methylalkohol bringt man in eine Flasche von zirka 250 ccm Inhalt 20—30 ccm Normalkali- oder Natronlauge, die nitritfrei sein muß. Man setzt 1—2 ccm des Methylalkohols zu, schüttelt gut um und läßt unter fortwährendem Schütteln eine gemessene Menge $n/_5$ Jodlösung — mindestens $1/_4$ mehr als die berechnete Menge — zufließen, schüttelt noch etwa 1 Minute lang, läßt dann noch 5 Minuten lang stehen, säuert mit Salzsäure an, gibt $n/_{10}$ Natriumthiosulfatlösung im Überschusse zu, versetzt mit Stärke und titriert mit Jodlösung zurück. Ein Kubikzentimeter dieser Jodlösung entspricht 0·19334 g Aceton.

Wie zuerst Gunning[1]) gezeigt hat, liefert eine statt mit Kali- oder Natronlauge mit Ammoniak bereitete Jodlösung nur mit Ketonen, nicht aber mit Alkoholen oder Pinakonen Jodoform. Man kann dies Verhalten zur Bestimmung von Ketonen neben Äthylalkohol usw. verwenden.

2. Oxydationen mit Bromlauge.[2])

Ähnlich wie nach Lieben mit Hypojodit kann man mittels Hypobromit Methylketone und vor allem auch Methylketonsäuren oxydieren.

Beim Arbeiten mit verdünnten Lösungen erhält man aber dabei mehr oder weniger leicht auch Tetrabromkohlenstoff, der unter Umständen zum Hauptreaktionsprodukte werden kann.[3])

Daher wird man seltener, namentlich für quantitative Bestimmungen — wie für das Auldsche Verfahren zur Acetonanalyse —, das abgeschiedene Bromoform in Betracht ziehen, als vielmehr die nach der Gleichung

$$R . CO . CH_3 + 3 BrOK = R . COOK + CBr_3H + 2 KOH$$

gebildete Säure isolieren.

Das Verfahren ist namentlich von Tiemann und Semmler mit viel Erfolg in der Terpenreihe verwendet worden; die Bildung von

[1]) Journ. Pharm. Chim. **1881**, 30. — Le Nobel, Nederlandsch Tijdschrift voor Geneeskunde 1883. — Arch. exp. Path. **18**, 6 (1884). — Freer, Ann. **278**, 129, Anm. (1894).

[2]) Semmler, B. **25**, 3349 (1892). — Tiemann und Semmler, B. **29**, 539 (1896); **30**, 432, 434 (1897). — Tiemann, B. **30**, 254, 597 (1897); **31**, 860 (1898). — Tiemann und Schmidt, B. **31**, 883 (1898). — Semmler, B. **33**, 276 (1900). — Thoms, Ber. d. pharm. Ges. **11**, 5 (1901). — Kohn, M. **24**, 766 (1903). — Denigès, Bull. (3) **29**, 597 (1903). — Auld, Ch. Ind. **25**, 100 (1906). — Liechtenhan, Diss., Basel 1907, S. 37. — Rupe, B. **40**, 4909 (1907). — Semmler und Hoffmann, B. **40**, 3524 (1907). — Semmler, B. **40**, 4596 (1907); **41**, 386, 870 (1908). — Dorée und Gardner, Soc. **93**, 1331 (1908).

[3]) Wallach, Ann. **275**, 147 (1893).

Bromoform und einer um ein Kohlenstoffatom ärmeren Substanz wird
als sicherer Beweis für das Vorliegen einer die Gruppe COCH₃ enthaltenden Substanz angesehen, während die Bildung von Bromoform
(oder Tetrabromkohlenstoff) allein[1]) hierfür keinen Beweis liefert, da
auch viele anders konstituierte Körper, wie zum Beispiel das Iretol

$$\underset{\text{OH}}{\overset{\displaystyle \text{OCH}_3}{\underset{\displaystyle}{\text{HO}\bigcirc\text{OH}}}}$$

diese Reaktion zeigen.

3. Oxydationen mit Hypochlorit.

Hypochlorite scheinen besonders leicht mit ungesättigten Ketonen
nach dem Schema

$$3\,\text{HClO} + -\text{CH} = \text{CH}\,.\,\text{CO}\,.\,\text{CH}_3 \rightarrow -\text{CH} = \text{CHCOOH} + \text{HCCl}_3$$

zu reagieren,[2]) es dürfte aber nichts im Wege stehen, dieses Reagens
auch für gesättigte Verbindungen anzuwenden.

Einhorn und Gernsheim[3]) erhielten allerdings bei der auf
diese Art durchgeführten Oxydation der Nitrophenyl-β-Milchsäure-
ketone um noch zwei Wasserstoffe ärmere nitrierte Phenylglycidsäuren.

Daß andererseits die Reaktion mit ungesättigten Ketonen und
Jod- oder Bromlauge normal verläuft, beweisen die Angaben eines
Patentes.[4])

Sechster Abschnitt.

Dehydrierung cyclischer Verbindungen.

1. Methode der erschöpfenden Bromierung von Baeyer.[5])

Abbau der monocyclischen Terpene.

Der diesem Verfahren zugrunde liegende Gedanke war folgender.
Zink und Salzsäure geben mit Benzolhexabromid Benzol. Gelingt es
daher, das Dihydrobromid eines monocyclischen Terpens durch erschöpfende Bromierung in ein Derivat des Benzolhexabromids zu verwandeln, so wird dasselbe auch durch das genannte Reduktions-

---

[1]) Tiemann und De Laire, B. 26, 2028 (1893).
[2]) Diehl und Einhorn, B. 18, 2323, 2331 (1885). — Einhorn und
Grabfield, Ann. 243, 363 (1888). — Stoermer und Wehle, B. 35, 3551
(1902). — Mayerhofer, M. 28, 599 (1907). — Siehe indessen Harries, B. 29,
386 (1896).
[3]) Ann. 284, 132 (1895).
[4]) D. R. P. 21162 (1882).
[5]) B. 31, 1401 (1898) und die Zitate auf S. 398.

mittel in ein Benzolderivat übergeführt werden, wie z. B. folgende
Formeln zeigen:

$$
\begin{array}{ccc}
\underset{\displaystyle \text{C}}{\overset{\displaystyle \text{CH}_3\ \text{Br}}{\diagdown\!\diagup}} &
\underset{\displaystyle \text{C}}{\overset{\displaystyle \text{CH}_3\ \text{Br}}{\diagdown\!\diagup}} &
\underset{\displaystyle \text{C}}{\overset{\displaystyle \text{CH}_3}{|}}
\end{array}
$$

$$
\begin{array}{ccc}
\text{H}_2\text{C}\diagup\ \diagdown\text{CH}_2 &
\text{BrHC}\diagup\ \diagdown\text{CHBr} &
\text{HC}\diagup\ \diagdown\text{CH} \\[2pt]
\text{H}_2\text{C}\diagdown\ \diagup\text{CH}_2 \ \rightarrow &
\text{BrHC}\diagdown\ \diagup\text{CHBr}_2 \ \rightarrow &
\text{HC}\diagdown\ \diagup\text{CH} \\[2pt]
\text{CH} & \text{CBr} & \text{C} \\
\overset{|}{\underset{\text{CH}_3}{\text{CH}_3}}{>}\text{CBr} &
\overset{|}{\underset{\text{CH}_3}{\text{CH}_3}}{>}\text{CBr} &
\overset{|}{\underset{\text{CH}_3}{\text{CH}_3}}{>}\text{CBr}
\end{array}
$$

Das Experiment lehrte, daß Brom bei Jodzusatz schon in der
Kälte die gewünschte Substitution bewirkt, daß aber Wärme und
andere Zusätze, wie das von V. Meyer benutzte Eisen, hier wegen
Verharzung schädlich wirken.

Als Ausgangsmaterial hat sich in jedem Falle das Dihydrobromid
eines Terpens als das geeignetste erwiesen, da diese Produkte sich
leicht und ohne Harzbildung bei gewöhnlicher Temperatur erschöpfend
bromieren lassen.

Beispiel: Metacymol aus Carvestren.

Darstellung des Dihydrobromids. Wenn Carvestren mit
10 Teilen gesättigten Eisessigbromwasserstoffs behandelt wird, so
dauert es auch bei andauerndem Schütteln einige Stunden, bis das Öl
untersinkt, und einige Tage, bis sich dasselbe in eine krystallinische
Masse verwandelt hat. Nach dem Aufgießen auf Eis und Waschen
mit Wasser werden die Krystalle auf Ton getrocknet.

Bromierung. 13.8 g trocknes gepulvertes Dihydrobromid wurden
unter Eiskühlung portionsweise in 42 g Brom eingetragen und dann
nach dem Aufhören der ersten starken Einwirkung noch ebensoviel
Brom hinzugesetzt. Als nach einstündigem Stehen noch 1.4 g Jod
in kleinen Portionen hinzugesetzt wurde, trat bei jedem Zusatze ver-
stärkte Gasentwicklung ein, die erst nach drei Tagen vollständig aufhörte. Das Gefäß war während dieser Zeit mit einem Chlorcalcium-
rohre in Verbindung, um alle Feuchtigkeit abzuhalten. Die Flüssigkeit wurde hierauf mit Eis und Bisulfit versetzt, ausgeäthert und die
ätherische Flüssigkeit durch nochmalige Behandlung mit Bisulfit und
Waschen mit Soda gereinigt und schließlich mit Chlorcalcium getrocknet.

Reduktion. Die ätherische Lösung wurde hierauf mit dem
halben Volumen absoluten Alkohols verdünnt, im Kältegemisch gut
abgekühlt und mit Zinkstaub und frisch bereiteter alkoholischer Salzsäure abwechselnd — anfänglich in sehr kleinen Portionen — versetzt. Diese Operation muß mit sehr großer Vorsicht ausgeführt
werden, weil sonst Verharzung eintritt. Das Zink verschwindet anfangs schnell, ohne Gasentwicklung, nach etwa einer Stunde tritt eine
solche ein. Man setzt dann noch eine größere Menge Zinkstaub und

alkoholische Salzsäure zu und läßt noch eine Stunde im Kältegemisch stehen. Die Flüssigkeit wird darauf mit Wasser versetzt, mit Äther extrahiert und dieser mit Wasser und mit Soda gründlich gewaschen und mit Kaliumcarbonat gründlich getrocknet.

Das nach Entfernung des Äthers erhaltene Öl wurde hierauf zur vollständigen Entfernung von Bromierungsprodukten in 140 g Alkohol gelöst und auf 20 g Natrium gegossen und in üblicher Weise weiter behandelt. Nach der Isolierung des Kohlenwasserstoffs zeigte derselbe nicht mehr die Carvestrenreaktion (Blaufärbung mit Essigsäureanhydrid und konzentrierter Schwefelsäure).

Entfernung der ungesättigten Kohlenwasserstoffe. Der Kohlenwasserstoff wird unter Eiskühlung mit einer Permanganatlösung geschüttelt, bis eine isolierte Probe in alkoholischer Lösung die Farbe des Permanganats zwei Minuten lang unverändert läßt, dann wird mit Wasserdampf übergetrieben und über Natrium destilliert. Er siedete ganz gleichmäßig bei 175° corr., dem Siedepunkte des Metacymols, erwies sich auch bei der Oxydation als ganz reines Metacymol, ohne Beimengung auch nur einer Spur von Paracymol. Die Ausbeute betrug 1.6 g.

Mittels dieser Methode haben Baeyer und Villiger aus Limonen Paracymol[1]), aus Silvestren (und, wie oben beschrieben, Carvestren) Metacymol[2]), aus Euterpen Dimethyläthylbenzol[3]), aus Isogeraniolen Hemellithol und Pseudocumol[4]), aus Ionen Trimethylnaphthalin dargestellt.[4])

Baeyer und Seuffert[5]) unterwarfen dann auch noch ein sauerstoffhaltiges Glied der Terpengruppe der erschöpfenden Bromierung, das Menthon, und konnten auch hier die Überführung in Benzolderivate erzielen.

In Menthon[6]), das in Kältemischung gut gekühlt ist, wird Brom langsam eingetropft. Man benützt am besten eine mit eingeschliffenem Glasstopfen verschließbare Flasche mit seitlich angesetztem Rohre zum Entweichen des sich entwickelnden Bromwasserstoffs, an welches man ein Chlorcalciumrohr zur Vermeidung des Anziehens von Wasser ansetzt. Den Bromwasserstoff leitet man zur Absorption in einen halb mit Wasser gefüllten Kolben — doch darf das Einleitungsrohr nicht eintauchen.

Anfangs wird das Brom nur langsam zutropfen gelassen: jeder Tropfen verschwindet momentan — es entwickelt sich massenhaft Bromwasserstoff: beim Umschütteln der Flüssigkeit bis zu lebhaftem Aufschäumen. Im ganzen wurden auf je 50 g Menthon 400 g Brom zugegeben; die Farbe des Broms, die anfangs rasch verschwindet,

---

[1]) B. 31, 1401 (1898).
[2]) B. 31, 2067 (1898).
[3]) B. 31, 2076 (1898).
[4]) B. 32, 2429 (1899).
[5]) B. 34, 40 (1901).
[6]) Seuffert, Diss., München 1900, S. 29.

bleibt nach Zugabe von ca. 150 g bestehen, und von da an kann dann die Zugabe des Broms rascher erfolgen.

Ist alles Brom zugegeben, so läßt man die Bromierungsflasche stehen, bis der ganze Inhalt zu einem Krystallbrei erstarrt ist: dies dauert bei gewöhnlicher Zimmertemperatur acht bis zehn Tage. Bedeutend abkürzen kann man diese Frist, wenn man die Flasche ständig in Eiswasser gekühlt stehen läßt.

Der Krystallbrei wurde in eine Schale gegeben und an der Luft stehen gelassen, bis das überschüssige Brom sich verflüchtigt hatte. Dann wurde die Masse durch Waschen mit Ligroin oder Benzin etwas gereinigt. Man erhält so aus 50 g Menthon 100—120 g eines ziemlich weißen Produktes, das aber, wie sich zeigte, noch viel Verunreinigung enthielt: es konnten daraus nur ca. 60 Proz. des Körpers $C_{10}H_8Br_6O$ (umgerechnet aus dem tatsächlich erhaltenen Tetrabromdimethylcumaron) neben ca. 10—12 Proz. Tetrabrom-m-kresol erhalten werden.

Die Trennung der beiden in dem rohen Bromierungsprodukte hauptsächlich enthaltenen Körper $C_{10}H_8Br_6O$ und $C_7H_4Br_4O$ konnte nicht quantitativ ausgeführt werden, da der erstere mit Alkali behandelt sofort in ein Tetrabromdimethylcumaron übergeht.

Daß das Tetrabrom-m-kresol ein primäres Produkt der Bromierung des Menthons ist und nicht etwa erst durch die Behandlung mit alkoholischem Kali entsteht, geht sowohl daraus hervor, daß weder der Körper $C_{10}H_8Br_6O$ noch die aus ihm entstehenden Substanzen mit alkoholischem Kali ein Phenol liefern, als auch daraus, daß aus dem rohen Bromierungsgemenge ohne Behandlung mit Alkali, nur durch häufiges Umkrystallisieren aus Ligroin (Siedep. 56—70⁰) das Tetrabromkresol rein erhalten wurde. Auf diesem Wege wurde es denn auch zuerst isoliert und analysiert. Smp. 192⁰.

Tetrabromdimethylcumaron:

$$CH_3$$
$$Br \diagup \diagdown Br$$
$$Br$$
$$O$$
$$CH_3—C = CBr$$

Zu seiner Darstellung geht man am besten von dem rohen Bromierungsgemenge aus und behandelt dasselbe nach dem Lösen in Alkohol mit methylalkoholischem Kali; die Lösung trübt sich nach schnell verschwindender Rotfärbung sehr rasch und erstarrt zu einem Brei, da das Tetrabromdimethylcumaron sehr voluminös ist und von Alkohol nahezu nicht gelöst wird. Man fällt mit Wasser völlig aus und saugt den Niederschlag ab — derselbe darf dann an Natronlauge kein Phenol mehr abgeben, sonst ist die Operation zu wiederholen. Im Filtrate aber läßt sich durch Säure das Tetrabrom-m-kresol ausfällen.

Das Hydrobromid des Cyclooctadiens läßt sich nicht perbromieren.[1]

Dehydrogenisation hydrierter Benzolcarbonsäuren.

Nachdem schon Baeyer[2]) neben konzentrierter Schwefelsäure, Mangansuperoxyd und verdünnter Schwefelsäure, sowie alkalischer Ferricyankaliumlösung, die Addition von Brom und Abspaltung von Bromwasserstoffsäure als Oxydationsmittel für hydrierte Benzolcarbonsäuren erkannt hatte, haben Einhorn und Willstätter[3]) diese letztere Methode zu einer in den allermeisten Fällen, auch bei vollkommen hydrierten Säuren, wohl verwertbaren gestaltet.

Die zu oxydierende Säure wird mit der berechneten Menge Brom im Einschlußrohre zwei Stunden lang auf 200° erhitzt.

Zur genauen Wägung des anzuwendenden Broms werden in Capillaren ausgezogene Glaskügelchen tariert, mit Brom gefüllt, zugeschmolzen und gewogen. Auf die so bestimmte Menge Brom wird die erforderliche Quantität der Säure (1 Molekül Tetrahydrosäure z. B. 4 Atome Brom) berechnet und zusammen mit dem Kügelchen in ein Rohr eingeschmolzen. Durch Schütteln zertrümmert man nun das Bromröhrchen, was leicht gelingt, wenn man es mit der Spitze nach unten in das Rohr gesenkt hatte.

Nach Beendigung der Reaktion herrscht im Rohre starker Druck, und obwohl alles Brom verschwunden ist, haben sich als Nebenprodukte ungesättigte Säuren gebildet, welche nach dem Aufnehmen des Rohproduktes in Soda durch Permanganatlösung zerstört werden müssen. Das so gereinigte Reaktionsprodukt muß noch von bromhaltigen Substanzen befreit werden.

Man versetzt deshalb die vom Permanganat schwach rot gefärbte Lösung mit Bisulfit, säuert an und schüttelt mit Äther aus, resp. löst die ausgefallene Säure darin auf. Der Abdampfrückstand wird wieder in Sodalösung aufgenommen, und einige Stunden mit Natriumamalgam am Wasserbade behandelt. Man isoliert dann die nunmehr halogenfreie Säure und krystallisiert sie nochmals um.

Dehydrogenierung der Naphthene.

Markownikow[4]) hat verschiedene hydrierte Kohlenwasserstoffe vermittels Broms und Aluminiumbromids abgebaut, und Zelinsky hat gezeigt,[5]) daß man diese Reaktion auch mit Brom allein durchführen kann.

2 g Hexamethylen wurden mit 36 g Brom in zugeschmolzener Röhre zuerst auf 150 und zum Schlusse auf 200° während mehrerer

---

[1]) Willstätter und Veraguth, B. **40,** 957 (1907).
[2]) Ann. **269,** 176 (1892).
[3]) Ann. **280,** 91 (1894).
[4]) Ann. **301,** 154 (1898). — Russ. **30,** 59, 151, 586 (1898).
[5]) B. **34,** 2803 (1901). — Vgl. Ahrens und Mozdzenski, Z. ang. **21,** 1411 (1908).

Tage erhitzt, und von Zeit zu Zeit das gebildete Bromwasserstoffgas herausgelassen. So wurden 3 g völlig reines 1.2.4.5-Tetrabrombenzol erhalten.

Heterocyclische Ringe.

Zur Dehydrogenierung von Piperidin und dessen Derivaten ist die Brommethode schon seit längerer Zeit in Gebrauch. So wurde sie von Schotten[1]) und von Hofmann[2]) für das Piperidin, von Hofmann und Königs für Tetrahydrochinolin, von Ladenburg[3]) für das Tropidin und überhaupt bei zahlreichen Alkaloiden angewendet.

Daß aber hier die Reaktion nur mit Vorsicht zu verwerten ist, hat gerade der Fall des Tropidins gelehrt.[4])

2. Dehydrieren durch andere Oxydationsmittel.

Außer der Methode der Oxydation mit Brom ist hier auch konzentrierte Schwefelsäure[5]), Nitrobenzol[6]), Silberoxyd[5])[7]) und rotes Blutlaugensalz[5]) in Anwendung gekommen, aber mit nur sehr wenig befriedigendem Erfolg.

Dagegen hat Tafel[8]) gefunden, daß sich das

Quecksilberacetat

für die Überführung von Piperidinderivaten und Tetrahydrochinolin in die entsprechenden Derivate des Pyridins und Chinolins recht gut eignet. Gleich gut[9]) waren die Resultate beim Tetrahydrochinaldin und bei der Tetrahydroorthochinolinbenzcarbonsäure. Dagegen wurden mit Tetrahydro-α-naphthochinolin keine faßbaren Mengen von α-Naphthochinolin erhalten.

Beispiel. Tetrahydrochinaldin.

5 g chinaldinfreies Hydroderivat wurden zu einer heißen Lösung von 25 g essigsaurem Quecksilberoxyd in 25 ccm Wasser gegeben und im zugeschmolzenen Rohre 10 Stunden lang auf 130° erhitzt. Es war dann alles Quecksilberacetat verändert und das Quecksilber in Kügelchen neben ziemlich viel Harz ausgeschieden. Beim Öffnen der Röhre war kein Überdruck vorhanden. Die dunkel gefärbte Flüssigkeit wurde mit Natronlauge übersättigt und mit Wasserdampf destilliert. In das Destillat gingen reichliche Mengen eines Öles über, das in überschüssiger verdünnter Salzsäure gelöst und hierauf mit

---

[1]) B. **15,** 427 (1882).
[2]) B. **16,** 586 (1883).
[3]) Ann. **217,** 144 (1883).
[4]) Willstätter, B. **30,** 2696 (1897).
[5]) Königs, B. **12,** 2341 (1879).
[6]) Lellmann und Geller, B. **21,** 1921 (1888).
[7]) Blau, B. **27,** 2537 (1894).
[8]) B. **25,** 1619 (1892). — Siehe auch Reissert, B. **27,** 2527 (1894).
[9]) Vogel, Diss., Würzburg, 1893, S. 19.

einer Lösung von Natriumnitrit ebenfalls im Überschusse versetzt wurde. Selbst bei längerem Stehen schied sich aus der sauren Flüssigkeit nur wenig gelbes Öl ab, das sorgfältig mit Äther aufgenommen wurde. Die wässerige Lösung trübte sich beim Übersättigen mit Alkali unter Ausscheidung einer öligen Base, die ebenfalls durch mehrmaliges Ausschütteln mit Äther vollständig in diesem gelöst wurde. Die filtrierte und mit Kali getrocknete Lösung hinterließ beim Verdampfen des Äthers 2 g völlig ätherfreier Base. Dies entspricht einer Ausbeute von 41 Proz. der theoretisch berechneten Menge. Bei der Destillation des Öles stieg das Thermometer rasch auf 245°, und es ging fast alles bis 246° über. Die Base wurde sowohl durch die Analyse als auch durch den Schmelzpunkt ihres Pikrates (192°) als reines Chinaldin erkannt.

Gleich gute Resultate wie mit Quecksilberacetat wurden mit

Silberacetat

erhalten.[1])

Beispiel der Anwendung von Silberacetat.

2,5 g reines Piperidin wurden in 25 ccm 10 proz. Essigsäure gelöst und mit 30 g Silberacetat in einer Röhre aus schwerschmelzendem Glase 4 Stunden lang auf 180° erhitzt. Beim Öffnen des Rohres entweicht Kohlendioxyd, an Stelle des Silberacetats ist ein grauer Silberschwamm getreten, und die Flüssigkeit ist braun gefärbt. Man filtriert, wäscht das Silber mit wenig Wasser, versetzt die Lösung mit viel festem Kali und destilliert. Es geht noch piperidinhaltiges Pyridin über.

In gleicher Weise wurde aus Coniin Conyrin gewonnen.

Beide Reagenzien wirken auch sehr leicht auf hydrierte Indole ein, aber die Reaktion verläuft nur zum geringen Teile in der gewünschten Richtung. Hier ist

Silbersulfat

das geeignete Mittel, um die Dehydrogenation durchzuführen.[2])

Zur Oxydation von Dihydromethylketol z. B. wurden 5 g der Base mit 6,5 g Silbersulfat und so viel trockener Kieselgur — ca. 2 g — verrieben, daß eine pulverige Masse entstand. Diese wurde in einem Fraktionierkolben über freier Flamme erhitzt, wobei das Silbersulfat nach der Gleichung:

$$AgSO_4 = Ag + SO_2 + O_2$$

zerfällt, und demzufolge unter ziemlich heftiger Reaktion neben schwefliger Säure und Wasser ein rasch krystallisierendes Öl überdestilliert, während Silber neben teerigen Bestandteilen zurückbleibt.

Das Öl erwies sich als Methylketol.

Die Ausbeuten nach diesem Verfahren pflegen 50 °/₀ zu betragen.

---

[1]) Tafel, B. **25**, 1620 (1892).
[2]) Kann und Tafel, B. **27**, 826 (1894).

Sabatier und Senderens haben gezeigt,[1]) daß Alkohole beim Leiten über erhitztes

Kupfer

in Wasserstoff und Aldehyde bzw. Ketone zerlegt werden.

Mannich[2]) hat daraufhin Dodekahydrotriphenylen mittels diesem Reagens in Triphenylen überführen können, indem er folgendermaßen verfuhr:

In ein Verbrennungsrohr, das in einer breiten, mit Sand in dünner Schicht bedeckten Birne liegt, wird eine 20 cm lange Schicht groben Kupferoxyds zwischen zwei kleinen Kupferspiralen festgelegt. Dicht neben dem Rohr im Sande liegt ein Thermometer, dessen Gefäß sich neben der Mitte der Kupferoxydschicht befindet.

Man erhitzt nun das Kupferoxyd und leitet einen Strom von reinem Wasserstoff darüber, bis es vollständig reduziert ist. Nach dem Erkalten bringt man die Substanz in das Rohr, füllt letzteres mit Kohlendioxyd, erhitzt das Kupfer auf 450—500⁰ und sublimiert die Substanz in einem schwachen Kohlendioxydstrome darüber weg. Der entwickelte Wasserstoff wurde über Natronlauge aufgefangen, er entsprach fast der berechneten Menge.

Für die Dehydrogenierung der unzersetzt flüchtigen Tetrahydrocarbazole ist nach Borsche[3]) die Destillation der hydrierten Verbindungen über fein verteiltes und nicht allzuhoch erhitztes

Bleioxyd

besonders geeignet. Die Methode von Mannich, resp. Sabatier und Senderens gab dagegen hier kein sonderlich befriedigendes Resultat.

Ein auf der einen Seite zu einer Capillare ausgezogenes Verbrennungsrohr wurde zunächst mit einer etwa 10 cm langen Schicht von erbsengroßen Bimssteinstücken, die mit einem Brei von Bleioxyd und Wasser überzogen und dann sorgfältig getrocknet worden waren, und dann mit der mit Bleioxyd gut gemischten Substanz beschickt. Der Rest des Rohres wurde mit Bleioxyd-Bimsstein ausgefüllt, und zwar so, daß eine Strecke von 10—15 cm vom offenen Ende an frei

---

[1]) C. r. **136,** 921, 983 (1903). — Siehe auch S. 460.
[2]) B. **40,** 160 (1907).
[3]) Ann. **359,** 57, 74 (1908). — B. **41,** 2203 (1908).

davon blieb. Dieses Stück ragte bei der Destillation aus dem Ofen heraus und wurde durch einen darüber gestülpten geräumigen Erlenmeyerkolben verschlossen.

Zunächst wurde die substanzfreie Schicht mit kleinen Flammen erhitzt (wie hoch man die Temperatur in jedem einzelnen Falle zu steigern hat, ermittelt man am besten durch einen Vorversuch) und dann die Substanz, indem man nach und nach die nach dem ausgezogenen Röhrenende zu liegenden Flammen entzündete, in einem langsamen Luft- oder Kohlendioxydstrome darüber weg destilliert.

Die Hauptmenge des Destillates setzte sich meist schon im freien Teile des Rohres ab. Waren dem Destillate noch erhebliche Mengen Tetrahydroverbindung beigemengt, so wurde es noch einmal in derselben Weise behandelt. Die rohen Reaktionsprodukte wurden dann durch Überführung in die Pikrate gereinigt.

Wasserfreies

Kupfersulfat

hat zuerst Brühl zur Überführung von Menthol[1]) und Menthen[2]) in Cymol verwendet. Ebenso konnte Markownikoff[3]) mit diesem Oxydationsmittel Heptanaphthensäure in Benzoesäure überführen. Im allgemeinen sind bei diesem Verfahren die Ausbeuten schlecht,[4]) und infolge der erforderlichen hohen Reaktionstemperatur ist das Resultat nicht immer beweisend.

Von Wichtigkeit ist dagegen die Entdeckung Herzigs[5]), daß sich im Hämatoxylin, bzw. Brasilin vier Wasserstoffatome durch

Chromsäure

wegoxydieren lassen, ohne daß sich sonst die Funktionen der Sauerstoffatome ändern, ausgenommen die des fünften, das phenolischen Charakter annimmt. Nach den Resultaten Herzigs muß also angenommen werden, daß im Hämatoxylin ein hydrierter Benzolring vorliegt, dessen „addierte" Wasserstoffatome wegoxydiert werden, wodurch das im Kern befindliche, ursprünglich alkoholische Hydroxyl zu einem phenolischen werden muß.

In ähnlicher Weise gelang es Petrenko-Kritschenko und Petrow[6]) den Diphenylpiperidondicarbonsäureester:

$$CO$$
$$C_2H_5OOC \cdot HC \diagup \diagdown CHCOOC_2H_5$$
$$C_6H_5 \cdot HC \diagdown \diagup CH \cdot C_6H_5$$
$$NH$$

[1]) B. 24, 3374 (1891).
[2]) B. 25, 143 (1892).
[3]) B. 25, 3359 (1892).
[4]) Oder der Erfolg überhaupt negativ: Markownikoff, J. pr. (2), 49, 71, 75 (1894).
[5]) M. 16, 906 (1895).
[6]) B. 41, 1692 (1908).

mittels Chromsäure in Eisessiglösung zu dem um vier Wasserstoffatome ärmeren Pyridonderivate:

$$
\begin{array}{c}
\text{CO} \\
\text{C}_2\text{H}_5\text{OOC}-\text{C} \quad \text{C}-\text{COOC}_2\text{H}_5 \\
\text{C}_6\text{H}_5-\text{C} \quad \text{C}-\text{C}_6\text{H}_5 \\
\text{NH}
\end{array}
$$

zu oxydieren.

Über

Schwefel

als dehydrierendes Agens siehe: Curie, Ch. News **30**, 189 (1874). —
Kelbe, B. **11**, 2174 (1878). — Ann. **210**, 1 (1881). — D. R. P. 43802
(1887). — Bruhn, Ch. Ztg. **22**, 300 (1898). — Dziewonski, B. **36**,
964 (1903). — Easterfield und Bagley, Soc. **85**, 1238 (1904). —
Schultze, Diss. Straßburg 1905. — Endemann, Am. **33**, 523 (1905).
— Tschirch, Die Harze 1906, S. 704. — Schultze, Ann. **359**,
140 (1908).

Siebenter Abschnitt.

Oxydative Sprengung der Doppelbindung.

Die häufig gestellte Aufgabe, die Lage der Doppelbindung in
einer ungesättigten Substanz einwandfrei auf dem Wege der Oxydation zu ermitteln, kann auf verschiedene Arten gelöst werden.

1. Oxydation mit Permanganat in alkalischer Lösung.

a) Überführen ungesättigter Substanzen in gesättigte
Hydroxylverbindungen.

Die ungesättigten Säuren werden bei der vorsichtigen Oxydation mit alkalischer Kaliumpermanganatlösung ganz allgemein in
Dioxysäuren übergeführt.[1]) Die $\alpha\beta$-ungesättigten Säuren geben dabei

---

[1]) Saytzeff, B. **12**, 2293 (1879); **13**, 2150 (1880). — J. pr. (2), **31**, 541
(1885); **33**, 300 (1886); **34**, 315 (1886); **50**, 66 (1894). — Gröger, B. **18**, 1268
(1885); **22**, 620 (1889). — Urwanzow, J. pr. (2), **39**, 336 (1889). — Regel,
B. **20**, 425 (1887). — Fittig, B. **21**, 919 (1888). — Hazura, M. **9**, 469, 948
(1888). — Grüssner und Hazura, M. **10**, 196 (1889). — Fittig, Ann. **268**,
4 (1892). — Semmler, B. **26**, 2256 (1893). — Fittig und De Vos, Ann. **283**,
291 (1894). — Shukowsky, J. pr. (2), **50**, 70 (1894). — Fittig und Silber-
stein, Ann. **283**, 269 (1894). — Einhorn und Sherman, Ann. **287**, 35
(1895). — Kohn, M. **17**, 142 (1896). — Braun, M. **17**, 216 (1896). —
Kietreiber, M. **19**, 734 (1898). — Edmed, Soc. **73**, 627 (1898). — Sseme-
now, Russ. **31**, 115 (1899). — Holde und Marcusson, B. **36**, 2657 (1903).
— Marcusson, Ch. Rev. **10**, 247 (1903).

Derivate, die beim Kochen mit verdünnter Salzsäure nicht verändert werden, dagegen gehen die Dioxysäuren aus $\beta\gamma$-ungesättigten Säuren beim Erwärmen mit Salzsäure glatt in neutrale Oxylactone über. Ebenso verhalten sich die $\gamma\delta$-ungesättigten Säuren, wie die Cinnamenyl-propionsäure.[1]) Säuren mit zwei Doppelbindungen geben Tetroxy-säuren,[2]) solche mit drei Doppelbindungen Hexaoxysäuren.[3])

Die ungesättigte Säure wird mit kohlensaurem Alkali neutralisiert, und in die sehr stark verdünnte (auf 1 Teil Säure 60—100 Teile Wasser) und durch Eiskühlung beständig auf nahezu 0° erhaltene Lösung eine 2 proz. Lösung von Kaliumpermanganat (1 Molekül auf 1 Molekül Säure) unter fortwährendem Umschütteln langsam eingeträufelt. Dann wird die entstandene Dioxysäure durch Ansäuern in Freiheit gesetzt.

In gleicher Weise lassen sich auch ungesättigte Alkohole[4]) oxydieren. So führte Marko[5]) das Diallylpropylcarbinol in den entsprechenden fünfwertigen Alkohol

$$C_3H_7C\underset{\diagdown CH_2-CHOH-CH_2OH}{\overset{\diagup CH_2-CHOH-CH_2OH}{\underset{\big |}{-OH}}}$$

über.

Aus Terpineol wird ein Glycerin $C_{10}H_{20}O_3$, und analog verhält sich das Dihydrocarveol. — Entsprechend liefern Geraniol und Linalool Pentite.

In gleicher Weise reagieren auch die ungesättigten Kohlenwasserstoffe.[6]) Namentlich für die cyclischen Verbindungen (Terpene) ist diese Reaktion von großer Wichtigkeit.[7])

Man muß danach aus einem Kohlenwasserstoff mit einer doppelten Bindung zunächst ein Glykol erhalten, aus einem Kohlenwasserstoff mit zwei doppelten Bindungen einen Erythrit, aus einer olefinischen Substanz mit drei doppelten Bindungen einen Hexit. Alsdann geht die Oxydation weiter, je nachdem das vorliegende Molekül beschaffen ist; z. B.

---

[1]) Fittig, Ann. **268**, 5 (1892). — B. **27**, 2670 (1894). — Fittig und Penschuk, Ann. **283**, 109 (1894).

[2]) Bauer und Hazura, M. **7**, 224 (1886). — Hazura und Friedreich, M. **8**, 159 (1887). — Reformatzky, J. pr. (2), **41**, 543 (1890). — Döbner, B. **23**, 2873 (1890); **35**, 1141 (1902).

[3]) Hazura, M. **8**, 267 (1887); **9**, 181 (1888).

[4]) Wagner, B. **21**, 3347 (1888). — Primäre und sekundäre Alkohole können dabei als Nebenreaktion ungesättigte Aldehyde resp. Ketone geben.

[5]) J. pr. (2), **65**, 46 (1902).

[6]) Wagner, Russ. **1**, 72 (1887). — B. **21**, R. 182, (1888). — B. **21**, 1230, 3343 (1888). — Lwoff, B. **23**, 2308 (1890).

[7]) Semmler, Die ätherischen Öle, Leipzig, Veit & Co., **1**, 107 (1905).

$$
\begin{array}{ccc}
\text{Pinen} & \text{Pinenglykol} & \text{Pinonsäure}
\end{array}
$$

Pinen → Pinenglykol → Pinonsäure

Limonen → Limonetrit ; Myrcen[1]) → Myrcenhexit.

Wir haben demnach in der Wertigkeit des entstandenen Alkohols das sicherste Mittel, die Anzahl der doppelten Bindungen zu bestimmen.

Je nach der Natur der Hydroxylgruppen verhalten sich die entstandenen Alkohole verschieden. Wenn z. B. ein Glykol vorliegt, kann bei der weiteren Oxydation unter Ringsprengung entweder eine Dicarbonsäure oder eine Ketonsäure entstehen; wir erhalten auf diese Weise Einblick in die Natur der Doppelbindung, also eine Konstitutionsaufklärung. Diese Reaktion hat beim Terpineol, Pinen, Limonen usw. gute Früchte getragen. Interessant gestaltet sich die Anlagerung ferner, wenn man aus diesen mehrwertigen Alkoholen Wasser abzuspalten versucht; man kann alsdann neben Kohlenwasserstoffen Oxyde erhalten. So entsteht z. B. aus dem Pinen das Sobrerol. Selbstverständlich können in diesen mehrwertigen Alkoholen die Hydroxylgruppen durch Halogene ersetzt werden; dies geschieht um so leichter und vollständiger, je mehr tertiäre Alkoholgruppen vorhanden sind.

---

[1]) Semmler, B. **34**, 3122 (1901).

Auch aus ungesättigten Aldehyden[1]) (Tetrahydroxygeranium-säure aus Citral, Dioxycapronsäure aus Methyläthylacrolein) und noch leichter aus ungesättigten Ketonen[2]) können derartige Polyhydroxyl-derivate erhalten werden.

Die ungesättigten Aldehyde werden freilich meist primär zu den ungesättigten Säuren oxydiert.[3])

Wenn man aber die Aldehydgruppe durch Acetalisierung schützt, wird das dihydroxylierte Produkt oftmals anstandslos erhalten. So gelangten Harries und Schauwecker durch Oxydation des Citro-nellaldimethylacetals mit Permanganat in Acetonlösung zum Acetal eines Dioxydihydrocitronellals:

$$\begin{array}{c} CH_3 \\ CH_2OH \end{array}\!\!\!> COH$$
$$CH_2CH_2CH_2CHCH_2 . CHO$$
$$CH_3$$

Ausbeute 80 Proz.[4])

Für das Citronellal folgt daraus die Struktur:

$$\begin{array}{c} CH_3 \\ CH_2 \end{array}\!\!\!> C - CH_2CH_2CH_2CHCH_2 . CHO$$
$$CH_3$$

Wenn man aber diesen Aldehyd in wässeriger Lösung mit Per-manganat oxydiert,[5]) so erhält man Aceton und β-Methyladipinsäure, was für die Formel

$$\begin{array}{c} CH_3 \\ CH_3 \end{array}\!\!\!> C = CH . CH_2CH_2CH_2CHCH_2CHO$$
$$CH_3$$

sprechen würde; daraus ist zu ersehen, daß auch die sonst so zu-verlässige Permanganatmethode nicht immer mit voller Sicherheit zu Konstitutionsbestimmungen verwendet werden darf,[6]) wenn es nicht gelingt, der Zwischenprodukte habhaft zu werden,[7]) und wenn man nicht bei labilen Substanzen Umlagerungen (wie hier durch Kali-lauge) ausschließt.[8])

---

[1]) Siehe auch Lieben und Zeisel, M. 4, 69 (1883).
[2]) Pinner, B. 15, 591 (1882). — Wagner, B. 21, 3352 (1888). — Har-ries und Pappos, B. 34, 2979 (1901). — Harries, B. 35, 1181 (1902). — Weil, Diss., Berlin 1904, S. 43.
[3]) Claus, Spl. 2, 123 (1862). — Lieben und Zeisel, M. 4, 52 (1883). — Salonina, Russ. 1, 302 (1887). — Semmler, B. 24, 208 (1891). — Charon, Ann. ch. (7) 17, 212 (1899).
[4]) B. 34, 1498, 2981 (1901).
[5]) Tiemann und Schmidt, B. 29, 903 (1896); 30, 22, 33 (1897).
[6]) Siehe außerdem Wallach, Ann. 353, 293 (1907).
[7]) Harries, B. 35, 1179 (1902).
[8]) Siehe übrigens zur Erklärung dieses Falles auch Harries und Himmelmann, B. 41, 2187 (1908).

b) Spaltung der Hydroxylderivate.

Die weitere Oxydation der hydroxylierten Produkte führt zur Ringsprengung und zur Bildung jener Produkte, die dem Charakter der Hydroxylgruppen entsprechend die Endprodukte sein müssen, also Säuren oder Ketone.

Im allgemeinen wird man am sichersten fahren, wenn man mit Permanganat weiter oxydiert, doch ist, nachdem die Doppelbindung verschwunden und damit die Hauptursache für Umlagerungen entfernt ist, ein Wechsel des Oxydationsmittels und etwa ein weiteres Arbeiten in saurer Lösung mit Chromsäure oder Salpetersäure auch oftmals am Platze.

2. Oxydationen mit Ozon.

Wie Otto[1]) und Trillat[2]) gezeigt haben, entstehen mit Ozon aus Phenoläthern mit ungesättigter Seitenkette Aldehyde. So gewinnt man aus Isoeugenol Vanillin:

$$\text{CH}=\text{CHCH}_3 \qquad\qquad \text{COH}$$

(Struktur: Benzolring mit CH=CHCH$_3$-Seitenkette, OCH$_3$ und OH) $\longrightarrow$ (Benzolring mit COH, OCH$_3$ und OH)

aus Isosafrol Piperonal:

$$\text{CH}=\text{CHCH}_3 \qquad\qquad \text{COH}$$

(Struktur: Benzolring mit CH=CHCH$_3$-Seitenkette, O–CH$_2$) $\longrightarrow$ (Benzolring mit COH, O–CH$_2$)

Der eigentliche Reaktionsmechanismus ist aber von diesen Forschern nicht aufgeklärt worden.

Harries[3]) hat dann die Einwirkung von Ozon auf ungesättigte Verbindungen studiert.

---

[1]) Ann. Chim. Phys. (7), **13**, 120 (1898). — Otto und Verley, D. R. P. 97 620 (1898). — D. R. P. 161 306 (1905).
[2]) C. r. **113**, 823 (1901). — Monit. scient. **1898**, 351.
[3]) B. **36**, 1933, 2996, 3431, 3658 (1903); **37**, 612, 839, 845 (1904). — Harries und Weiß, B. **37**, 3431 (1904). — De Osa, Diss., Berlin 1904. — Weil, Diss., Berlin 1904. — Langheld, Diss., Berlin 1904. — Harries und Türk, B. **38**, 1630 (1905). — Türk, Diss., Kiel 1905. — Reichard, Diss., Kiel 1905. — Weiss, Diss., Kiel 1905. — Harries, Ann. **343**, 311 (1905). — B. **38**, 1196, 1632, 2990 (1905). — Molinari und Loncini, Ch. Ztg. **29**, 715 (1905). — Thieme, Diss., Kiel 1906. — Drugman, Soc. **89**, 943 (1906). — Harries und Thieme, B. **39**, 2844 (1906). — D. R. P. 192 565 (1906). — Weyl, B. **39**, 3347 (1906). — Molinari, B. **39**, 2737 (1906). — Harries, B. **39**, 3667, 3728 (1906). — B. **40**, 1651, 2823 (1907). — Harries und Türk,

Dabei findet, wie er nachgewiesen hat, eine Anlagerung von einem Molekül Ozon an jede Doppelbindung unter Aufhebung derselben statt, bei Anwesenheit einer CO-Gruppe im Moleküle, also auch bei ungesättigten Säuren, lagert sich auch ein Sauerstoffatom an diese. Die so erhaltenen Körper wurden von Harries „Ozonide" genannt, sie sind meistens gelatinöse Körper von stechendem Geruch und sind mehr oder weniger explosiv.

Man muß unterscheiden:

1. Einwirkung von trocknem Ozon auf die Substanz ohne Lösungsmittel (oder in nicht dissoziierenden Lösungsmitteln).

2. Einwirkung von Ozon auf die Substanz bei Gegenwart von Wasser.

Das erste Verfahren liefert die peroxydartigen Ozonide, das zweite bewirkt Spaltung derselben an der Stelle der doppelten Bindung zu Aldehyden oder Ketonen:

1.
$$>C=C<\ +\ \overset{\diagdown\!\!\diagup}{O=O}\ =\ >\underset{\underset{\diagdown\!\!\diagup}{O}}{\overset{|\quad|}{C-C}}<$$

2.
$$>\underset{\underset{\diagdown\!\!\diagup}{O}}{\overset{|\quad|}{C-C}}<\ +\ H_2O\ =\ >CO+H_2O_2+OC<$$

Behandelt man die Substanz gleich bei Gegenwart von Wasser mit Ozon, so kann man auch die Gleichung aufstellen:

3. $>C=C<\ +\ H_2O+O_3\ =\ >CO+H_2O_2+OC<$

Ungesättigte Aldehyde oder deren Acetale, Ketone, sowie ungesättigte Säuren, Kohlenwasserstoffe und Amine verhalten sich dem Ozon gegenüber völlig analog.

Acroleinacetal liefert ein Semiacetal des Glyoxals:

$$CH_2=CH \cdot CH(OC_2H_5)_2 \longrightarrow O \cdot CH \cdot CH(OC_2H_5)_2 \,.$$

Maleinsäure wird zu Glyoxylsäure oxydiert:

$$COOH \cdot CH = CH \cdot COOH \longrightarrow COOH \cdot CH \cdot O + O \cdot CH \cdot COOH$$

B. **39**, 3732 (1906). — Harries und Neresheimer, B. **39**, 2846 (1906). — B. **41**, 38 (1908). — Harries und Langheld, Z. physiol. **51**, 342, 373 (1907). — Gutmann, Diss., Kiel 1907, S. 51. — Semmler, B. **40**, 4595 (1907); **41**, 386 (1908). — Harries, B. **41**, 672 (1908). — Gottlob, Ch. Ztg. **82**, 67 (1908). — Haworth und Perkin, Soc. **93**, 588 (1908). — Langheld, B. **41**, 1023 (1908). — Harries, B. **41**, 1227, 1700, 1701, 3098 (1908). — Staudinger, B. **41**, 1498 (1908) — Harries und Himmelmann, B. **41**, 2187 (1908).

Aus Fumarsäuremethylester erhält man Glyoxylsäuremethylester:

$$CH_3OOC.CH = CH.COOCH_3 \rightarrow$$
$$CH_3.OOC.CH.O + O.CH.COOCH_3.$$

Zimtsäure wird zu Benzaldehyd und Glyoxylsäure oxydiert:

$$C_6H_5.CH = CH.COOH \rightarrow$$
$$C_6H_5.CH.O + O.CH.COOH$$

In Wasser suspendiertes Stilben liefert langsam Benzaldehyd:

$$C_6H_5.CH = CH.C_6H_5 \rightarrow$$
$$C_6H_5.CH.O + O.CH.C_6H_5$$

Allylaminchlorhydrat wird oxydiert zu Aminoacetaldehydchlorhydrat:

$$CH_2 = CH.CH_2.NH_2.HCl \rightarrow$$
$$O.CH.CH_2.NH_2.HCl.$$

Auch Verbindungen mit zwei Doppelbindungen, z. B. das 2.6-Dimethylheptadien-2.5, liefern analoge Verbindungen, doch reagieren cyclische Kohlenwasserstoffe mit konjugierten Doppelbindungen manchmal nur mit einem Molekül Ozon.

Eine ganze Anzahl bisher schwer oder überhaupt nicht zugänglicher Aldehyde, Dialdehyde, Ketoaldehyde und Aminoaldehyde kann nach diesem Verfahren leicht gewonnen werden. Da die entstehenden Aldehyde oder die entsprechenden Säuren meist leicht nachweisbar sind, so kann diese Methode auch zur Konstitutionsbestimmung ungesättigter Körper Anwendung finden.

Ausführung der Versuche mit Ozon.

Die beiden weiten Röhren A (Fig. 186), welche durch mit Paraffin getränkte Korkstopfen verschlossen und untereinander verbunden sind, werden in eine Kältemischung gebracht und das erste Rohr mit der

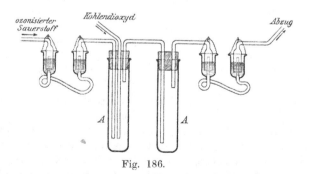

Fig. 186.

zu oxydierenden Substanz beschickt. An diesem Gefäße befindet sich noch ein Einleitungsrohr für Kohlendioxyd. Diese Vorrichtung hat den Zweck, die Explosionsgefahr herabzusetzen und hat auch in manchen Fällen Erfolg gehabt. Das zweite Gefäß dient als Reservoir für eventuell überspritzende oder überschäumende Substanz. Das Ableitungsrohr führt in den Abzug. Als Dichtungen dienen Quecksilberverschlüsse, System Siemens und Halske.

Zur Darstellung der Ozonide arbeitet man mit trockenen Chloroformlösungen, seltener mit Hexan oder Chloräthyl, wodurch ebenfalls die Explosionsgefahr herabgesetzt wird, doch ist immerhin, namentlich beim Abdampfen des Lösungsmittels im Vakuum (wobei die Wasserbadtemperatur nicht über 20° steigen darf), Vorsicht am Platze.

Das Ende der Reaktion sieht man gewöhnlich daran, daß beim Einleiten des Ozons keine weißen Nebel mehr auftreten. Pro Gramm Substanz rechnet man dazu gewöhnlich $^3/_4$—2 Stunden.

Zur Reinigung kann man die Ozonide in wenig Essigester oder Aceton aufnehmen und durch niedrigsiedenden Petroläther fällen.

Zur Zerlegung werden die Ozonide in Eiswasser gegossen bzw. mit Eiswasser aus dem Kolben herausgespült, einige Zeit sich selbst überlassen und dann ganz allmählich auf dem Wasserbade am Rückflußkühler so lange erhitzt, bis man sieht, daß sie verschwunden sind oder sich verändert haben.

Manchmal empfiehlt es sich, die öligen Ozonide direkt mit Wasserdampf zu behandeln, doch ist hierbei Vorsicht am Platze. Ungesättigte Säuren kann man in Wasser lösen[1]) und dann Ozon einleiten.

Beispiel:

Untersuchung der Ölsäure.

5 g ölsaures Natrium werden in 100 ccm Wasser gelöst, die Lösung filtriert und nachher ca. 4—5 Stunden mit Ozon behandelt.

Es entsteht eine milchige Suspension, aus der sich der Nonylaldehyd nur schwierig durch Äther ausschütteln läßt. Deswegen wird besser im Vakuum eingedampft, wobei der größte Teil des Aldehyds mit den Wasserdämpfen übergeht. Derselbe wird nunmehr mit Äther aufgenommen, auch läßt sich der noch im Rückstande verbliebene Anteil jetzt bequemer durch Äther isolieren. Beide Auszüge vereint liefern nach dem Verdunsten des Äthers und nach dem Trocknen ein farbloses Liquidum, ca. 2 g, von dem reichlich die Hälfte unter 15 mm Druck bei 80—85° siedet und aus Nonylaldehyd besteht.

Der Rückstand des Nonylaldehyds siedet unter 15 mm Druck bei 120—145° und besteht aus Pelargonsäure.

In der im Vakuum eingeengten und ausgeätherten wässerigen Lösung befindet sich der andere Spaltungsanteil in Form des Natriumsalzes. Zu seiner Isolierung wird mit verdünnter Schwefelsäure angesäuert und mit Äther ausgeschüttelt. Beim Verdampfen des letzteren hinterbleibt ein weißer, fettglänzender Körper, der sich

---

[1]) Ev. in Form ihrer Alkalisalze.

aus heißem Wasser umkrystallisieren läßt. Er schmilzt dann bei ca. 86°. Diese Substanz besteht zum größten Teile aus Azelainsäure, erhält aber noch einen aldehydischen Bestandteil, wie aus ihrem Verhalten gegen ammoniakalisches Silbernitrat hervorgeht, beigemengt. Oxydiert man daher das Rohprodukt mit verdünnter Permanganatlösung, so erhält man nachher eine schöne, weiße, in Blättern krystallisierende Säure, welche bei 106° schmilzt und reine Azelainsäure ist.

Die Ozonide hydroaromatischer Verbindungen sind, sofern sie durch Anlagerung von Ozon an eine im sechsgliedrigen Ringe vorhandene Doppelbindung entstanden sind, durch Wasser nur sehr schwer zerlegbar.[1] Sie lassen sich aber reduzieren, und hierbei bilden sich entweder dieselben Aldehyde bzw. Ketone, welche bei der Spaltung mit Wasser entstehen sollten, oder bei weitergehender Einwirkung der reduzierenden Agenzien die zugehörigen Alkohole.

Die Reduktion wird mit Aluminiumamalgam[2] in ätherischer Lösung ausgeführt.

Man reduziert so lange, bis eine abfiltrierte Probe keine

Ozonidreaktionen

mehr anzeigt: Betupfen mit konzentrierter Schwefelsäure, Verpuffung; Entfärben von Indigo- und Permanganatlösung, Wasserstoffsuperoxyd-reaktion mit Äther, Kaliumbichromat und Schwefelsäure; Freimachen von Jod aus Jodkalium.

Dann wird vom Aluminiumschlamm abgepreßt, derselbe mehrfach mit Äther ausgekocht und die vereinten Lösungen in geeigneter Weise weiter behandelt.

Sehr leicht wirkt Ozon auf nicht hydrierte aromatische Kohlenwasserstoffe ein und liefert dabei leicht zersetzliche Ozonide.

Ein geeigneter Ozonentwickler ist von Glasbläser Müller, Kiel, zu beziehen. Zum Betriebe dient Wechselstrom, ca. 2 Amp. 110 Volt, der in einem Öltransformator auf ca. 10000 Volt gespannt wird. Der Sauerstoff ist sorgfältig zu trocknen.

Zur

Bestimmung des Ozongehalts

wird das Gas in eine neutrale Lösung von Jodkalium geleitet, wo es nach der Gleichung

$$2 KJ + O_3 + H_2O = 2 KOH + J_2 + O_2$$

Jod ausscheidet, das nach dem Ansäuern mit verdünnter Schwefelsäure durch $n/_{10}$-Thiosulfatlösung titrimetrisch gemessen wird.

---

[1] Ebenso resistent ist das Ozonid der Cholsäure, Langheld, B. **41**, 1024 (1908). — Cholesterin: Dorée und Gardner, Soc. **93**, 1329 (1908). — Langheld, B. **41**, 378 (1908). — Diels, B. **41**, 2597 (1908).

[2] Darstellung: Seite 83.

Es ist notwendig, daß man die Jodkaliumlösung erst nach dem Einleiten des Ozons ansäuert. Man darf, wie Ladenburg und Quasig[1]) gezeigt haben, das Gas nicht in eine angesäuerte Jodkaliumlösung schicken, weil man sonst um etwa 50% zu hohe Werte erhält.

$$1000 \text{ cm } {}^{n}/_{10}\text{-Na}_2\text{S}_2\text{O}_3 \text{ entspr. } \frac{O_3}{20} = \frac{48}{20} = 2.4 \text{ g Ozon.}$$

Daraus ergeben sich, wenn

n die verbrauchten ccm ${}^{n}/_{10}$-Na$_2$S$_2$O$_3$-Lösung,
s das Gewicht des zu ozonisierenden Gases in Grammen

ist, die Gewichtsprozente des Gases an Ozon zu

$$x = \frac{0.24 \, n}{s}.$$

3. Indirekte Oxydation.

Aliphatische Säuren mit einer Doppelbindung lassen sich auch manchmal durch Überführen in Dibromfettsäure und zweimalige Bromwasserstoffabspaltung in Säuren mit dreifacher Bindung überführen, die nach den weiter unten gegebenen Methoden auf die Lage ihrer dreifachen Bindung untersucht werden können.[2])

Achter Abschnitt.

Abbau von Substanzen mit dreifacher Bindung.

1. Einwirkung von Oxydationsmitteln.

Kaliumpermanganat. Auch hier dürfte primär die Anlagerung von Hydroxylen statthaben, und zwar von je zwei Hydroxylen an je ein Kohlenstoffatom. Da derartige Substanzen nicht beständig zu sein pflegen, erhält man die durch Wasserabspaltung aus ihnen hervorgehenden Diketonsäuren. So entsteht aus Stearolsäure Stearoxylsäure.[3])

---

[1]) B. **34**, 1184 (1901).
[2]) Otto, Ann. **135**, 227 (1865). — Overbeck, Ann. **140**, 42 (1866). — Schröder, Ann. **143**, 24 (1867). — Hausknecht, Ann. **143**, 41 (1867). — Holt, B. **24**, 4128 (1891). — Krafft, B. **29**, 2232 (1896). — Haase, Diss., Königsberg 1903. — Haase u. Stutzer, B. **36**, 3601 (1903).
[3]) Hazura, M. **9**, 470 (1888). — Hazura und Grüßner, M. **9**, 952 (1888).

Ganz analog wirkt Salpetersäure:[1]) Behenolsäure wird in Behenoxylsäure übergeführt. Bei weitergehender Oxydation wird die Kette zwischen den beiden Carboxylgruppen gesprengt und aus den letzteren Carboxyle gebildet.

Ozon[2]) reagiert nach dem Schema:

$$-C \equiv C - + O_3 \ = \ -C = C - + H_2O \ = \ -COOH + HOOC -$$
$$\underset{\underset{O}{\underset{\diagdown\diagup}{O-O}}}{\qquad\qquad}$$

manchmal mit explosionsartiger Heftigkeit (Phenylpropiolsäure), so daß meist starkes Verdünnen mit Tetrachlorkohlenstoff notwendig ist.

2. Indirekte Oxydation.

Behandelt man Substanzen mit dreifacher Bindung bei niederer Temperatur mit konzentrierter Schwefelsäure und zerlegt die Reaktionsprodukte mit Wasser, so erfolgt Hydratation und Bildung von gesättigten Ketonen resp. Ketonsäuren.[3])

Wenn man diese mit Hydroxylamin kondensiert, so entstehen Oxime, die durch Beckmannsche Umlagerung gespalten werden können.

Beispiel:

Taririnsäure $CH_3 - (CH_2)_{10} - C \equiv C - (CH_2)_4 - COOH$

$$CH_3 - (CH_2)_{10} - \underset{\underset{NOH}{\|}}{C} - CH_2 - (CH_2)_4 - COOH$$

(Beckmannsche Umlagerung)

$CH_3 - (CH_2)_{10} - NH - CO - (CH_2)_5 - COOH \qquad\qquad CH_3(CH_2)_{10} - CO - NH . (CH_2)_5 - COOH$

(H OH) $\qquad\qquad\qquad\qquad\qquad\qquad$ (+ HO H)

$CH_3 . (CH_2)_{10} - NH_2 + HO . CO . (CH_2)_5 . COOH \qquad CH_3(CH_2)_{10}COOH + NH_2 . (CH_2)_5 .$
Undecylamin $\qquad$ Pimelinsäure $\qquad\qquad$ Laurinsäure $\quad$ Amino- COOH
$\qquad\qquad\qquad\qquad\qquad\qquad\qquad\qquad\qquad\qquad\qquad\qquad$ capronsäure.

---

[1]) Overbeck, Ann. **140**, 42 (1866). — Hausknecht, Ann. **143**, 46 (1867). — Spieckermann, B. **28**, 276 (1895). — Arnaud, Bull. (3), **27**, 487 (1902).

[2]) Thieme, Diss., Kiel 1906, S. 15. — Harries, B. **40**, 4905 (1907); **41**, 1227 (1908). — Siehe hiezu Molinari, B. **41**, 585, 2784 (1908).

[3]) Béhal, Ann. ch. (6), **15**, 268, 412 (1888); **16**, 376 (1889). — Holt u. Baruch, B. **26**, 838 (1893). — Baruch, B. **26**, 1867 (1893); **27**, 176 (1894). — Jacobson, B. **26**, 1869 (1893). — Goldsobel, B. **27**, 3121 (1894). — Arnaud, Bull. (3), **27**, 489 (1902). — Michael, B. **39**, 2143 (1906).

Zweites Kapitel.

Alkalischmelze.

---

1. Geschichtliches und allgemeine Bemerkungen.

Im Jahre 1822 fand Bussy[1]), daß beim Glühen von Kohle mit Ätzkali neben Wasserstoff und Kohlenoxyd Kaliumcarbonat und Kohlenwasserstoffe gebildet werden.

Gay-Lussac[2]) konstatierte dann, daß zahlreiche organische Verbindungen, wie Baumwolle, Zucker, Stärkemehl, Gummi, Weinsäure und andere, beim Schmelzen mit Ätzkali neben Wasserstoff reichliche Mengen von Oxalsäure liefern; eine Beobachtung, die sehr bald praktische Verwertung fand.

Possoz[3]) hat denn auch gerade beim Bearbeiten dieses Problems als Erster die verschiedenartige Wirkungsart von Kali und Natron eingehend studiert.

Wöhler und Liebig[4]) konstatierten 1832, daß Bittermandelöl, mit festem Kalihydrat erhitzt, bei Luftabschluß benzoesaures Kalium und reinen Wasserstoff liefert. ,,Die Bildung von benzoesaurem Kali aus dem Öl, wenn dieses ohne Luftzutritt mit Kalihydrat erhitzt wird, ist demnach durch eine Wasserzersetzung bedingt, wobei das Wasser des Hydrats 1 Atom Sauerstoff aufnimmt, während der Wasserstoff als Gas entweicht.''

Persoz zeigt in seiner ,,Introduction à l'étude de la chimie moleculaire'', daß die Reaktion von Gay-Lussac eine ganz allgemeine sei, und schlägt vor, die bei der Einwirkung des Alkalis entwickelte Wasserstoffmenge zur quantitativen Analyse der organischen Substanzen zu verwerten. Er teilt auch noch mit, daß aus Essigsäure und Aceton bei dieser Reaktion Methan gebildet wird.[5])

---

[1]) J. pharm. 8, 266 (1822).
[2]) Ann. Chim. Phys. 41, 398 (1829).
[3]) C. r. 47, 207, 648 (1858).
[4]) Ann. 3, 253, 261 (1832).
[5]) Revue scient. 1, 51.

Über die Zersetzung organischer Materien durch Baryt berichten **Pelouze** und **Millon**[1]); sie leiteten u. a. Alkohol und Naphthalin über stark erhitzten Baryt und beobachteten im ersteren Falle das Auftreten eines dem Sumpfgas „isomeren" Gases neben Carbonatbildung, im zweiten Falle das Auftreten von freiem Wasserstoff.

Gleichzeitig teilt **Dumas**[2]) Versuche mit, essigsaures oder chloressigsaures Alkali durch Erhitzen mit Ätzbaryt zu zersetzen; er erhielt dieselben Resultate wie **Persoz**, ohne indessen auf dessen Arbeiten Bezug zu nehmen, worauf **Pelouze** und **Millon** in ihrer zitierten Arbeit aufmerksam machen.

In ihrer Arbeit: „Über die chemischen Typen" berichten dann **Dumas** und **Stas**[3]) über die Verwandlung von Alkohol in Essigsäure durch Erhitzen mit Kalikalk (chaux potassée) und über die Oxydation des Fuselöls zu Baldriansäure sowie einige andere weniger durchsichtige Reaktionen.[4]) Während **Dumas** und **Stas**, was sie ausdrücklich betonen, ein Schmelzen des Kalis auszuschließen bemüht waren — was der Kalkzusatz auch erreichen ließ —, um in Glasgefäßen arbeiten zu können, arbeitet bereits im selben Jahre **Varrentrapp**[5]) ganz so, wie es seither im Laboratorium üblich geblieben ist, in einer Silberschale, in welcher das Gemenge der zu oxydierenden Substanz (Ölsäure, Elaidinsäure) mit Kalihydrat und wenigen Tropfen Wasser unter Umrühren bis zum Schmelzen des Kalis und bis zur beginnenden Wasserstoffentwicklung erhitzt wurde.

Die Einwirkung von schmelzendem oder stark erhitztem Kali auf **stickstoffhaltige Substanzen** hat auch schon **Gay-Lussac**[6]) an Seide, Leim und Harnsäure studiert. Es wurden dabei Wasserstoff und Ammoniak beobachtet. **Faraday** hatte ebenfalls[7]) derartige Versuche angestellt. **Berzelius** schreibt dann[8]) später: „Bei der

---

[1]) Ann. **33**, 182 (1840). — Nach ihnen haben **Austin** und **Higgen** schon im 18. Jahrhundert „die Bildung von Sumpfgas oder wenigstens eines damit isomeren Gases, bei Destillation von essigsaurem Kali beobachtet."

[2]) Ann. **33**, 179 (1840).

[3]) Ann. **35**, 134 (1840). — Sie schreiben dabei: „Schon **Liebig** hat gefunden, daß das in Alkohol aufgelöste Kali, beim Verdampfen an der Luft, einen Essigsäure enthaltenen Rückstand hinterläßt." — Einwirkung von Kalkerde auf Benzoesäure: **Mitscherlich**, Ann. **9**, 43 (1834). — Von Ätzkali auf Ameisensäure: **Pelouze**, Ann. **2**, 87 (1832). — Auf Elaidinsäure: **Meyer**, Ann. **35**, 183 (1840). — Auf Margarinsäure und Ölsäure: **Bussy**, Ann. Chim. Phys., Augustheft **1833**. — Ann. **9**, 263 (1834). — Siehe ferner **Peligot**, Ann. **11**, 277 (1834), **12**, 39 (1839). — Ann. Chim. Phys. **73**, 133 (1834).

[4]) Diese Arbeit gilt — wie aus Obigem zu ersehen mit Unrecht — als der Ausgangspunkt für die Ausübung der „Kalischmelze". Siehe **Hofmanns** Nachruf auf **Stas**, B. **25**, 3 (1892). — **Graebe** u. **Kraft**, B. **39**, 794 (1906). — M. u. J., 2. Aufl., I, 1, 247, Anm. (1907).

[5]) Ann. **35**, 210 (1840).

[6]) Ann. Chim. Phys. **41**, 389 (1829). — Pogg. **17**, 171, 528 (1829).

[7]) Pogg. **3**, 455 (1825). — Journ. of Science **19**, 16 (1826). — **Berzelius**, Jb. **6**, 80 (1827). — Brief von **Wöhler** an **Liebig** vom 29. April 1841 (Briefwechsel S. 228).

[8]) J. pr. (1) **23**, 231 (1841).

Bearbeitung für meinen Jahresbericht von Dumas' interessanter Abhandlung über die Zerlegung der organischen Stoffe durch Einwirkung von Kalihydrat ist mir aufgefallen, daß stickstoffhaltige Körper dabei ihren ganzen Stickstoffgehalt als Ammoniak abgeben müssen, welchen man in Salzsäure, wie Kohlensäure in Kalilauge, auffängt und als Platinsalmiak wiegt. Ich verfolge mit Plantamour diese Idee ... Wir machen die Versuche ganz so wie die gewöhnlichen organischen Analysen und lassen die Dämpfe durch ein Stück ungemischtes und stark erhitztes Gemenge von Kalihydrat und Kalkerdehydrat streichen.'' Weiteres hat Berzelius über dieses Thema nicht publiziert, dagegen haben Varrentrapp und Will[1]) in Liebigs Laboratorium kurze Zeit darauf ihre auf den gleichen Prinzipien basierte Methode zur quantitativen Stickstoffbestimmung publiziert, wozu sie durch Liebigs Vermittelung von Wöhler schon vor Anstellung der Berzeliusschen Versuche angeregt worden waren,[2]) der selbst schon den Stickstoff der Harnsäure in dieser Weise bestimmt hatte.[3])

Das Wesen der Kalischmelze besteht in einer durch die Zersetzung des vorhandenen Wassers bedingten gleichzeitigen Sauerstoff- nnd Wasserstoffentwicklung.

Je nach der Natur der gleichzeitig gegenwärtigen Substanz kann demnach Oxydation, Reduktion oder beides erfolgen.

Während die Methode von Varrentrapp und Will die reduzierende Kraft der Schmelze ausnützt, bestimmt man bei der Analyse der hochmolekularen Alkohole nach Dumas und Stas, bzw. Hell sowohl den entwickelten Wasserstoff als auch die durch Oxydation gebildete Säure.[4])

Sonst pflegt aber fast ausschließlich[5]) die Oxydationswirkung verwertet zu werden, und man hat schon frühzeitig gelernt, die Wasserstoffentwicklung, die der Oxydation entgegenwirkt, durch passende Zusätze zu anullieren.

So gab Fritzsche der Schmelze chlorsaures Kalium zu,[6]) und Liebig benutzte zum gleichen Zwecke den Braunstein.[7])

Diese Angaben sind aber vollständig in Vergessenheit geraten, so daß allgemein J. J. Koch, der 1873 dieses Verfahren in die Technik einführte, als Erfinder der Oxydationsschmelzen gilt.[8])

---

[1]) Ann. **39**, 265 (1841). — Siehe S. 193.
[2]) Wöhler, in Berzelius Jb. **21**, 159, Anm. (1842).
[3]) Brief Wöhlers an Liebig vom 30. Okt. 1840 (Briefwechsel Wöhler-Liebig **1**, 165).
[4]) Siehe S. 449.
[5]) Reduzierende Schmelzen unter Zusatz von Eisenpulver, schwefligsauren Salzen oder Natriumäthylat: Baeyer und Emmerling, B. **2**, 679 (1869). — Fr. P. 322387 (1902). — D. R. P. 152683 (1904).
[6]) Ann. **39**, 82 (1841).
[7]) Ann. **39**, 92 (1841).
[8]) Friedländer **1**, 301 (1888). — Lassar-Cohn, Arbeitsmethoden, 4. Aufl., 1907, S. 82.

Wasserhaltige Alkalien können nun bei höherer Temperatur folgende Reaktionen veranlassen:

1. Wie schon erwähnt, eine Zerlegung des Wassers in Sauerstoff und Wasserstoff, und infolge davon gleichzeitige Reduktionswirkung und Oxydationswirkung. Je nach dem Charakter der gleichzeitig vorhandenen organischen Substanz wird entweder nur eine dieser beiden Wirkungen oder werden beide in die Erscheinung treten.

2. Die einfache Hydroxylwirkung, welche als Ionenwirkung im Schmelzfluß anzusehen ist.

3. Die kondensierende Wirkung, welche Alkalien überhaupt zukommt.

In den kompliziertesten Fällen machen sich alle drei Arten von Wirkungen nebeneinander geltend: die Folge davon ist, daß der Reaktionsverlauf an Einheitlichkeit und Durchsichtigkeit einbüßt und die Resultate der Schmelze an Beweiskraft für die Entscheidung von Konstitutionsfragen verlieren.

2. Ausführung der Alkalischmelze.

Als meist verwendetes Alkali dient das Kaliumhydroxyd, doch wird auch öfters Ätznatron und, oftmals mit besonderem Erfolge, ein Gemisch von Ätzkali und Ätznatron benutzt.

Der in der Technik in Spezialfällen notwendige Ersatz des ganzen, oder eines Teiles des Alkalis durch ein Erdalkali, wie Kalk, Baryt oder Magnesia, hat für die Laboratoriumspraxis vorläufig keine Bedeutung.

Über die Anwendung von Kalikalk siehe S. 449 ff.

Allgemeine Regeln für die Ausführung der Schmelze lassen sich kaum aufstellen, denn dieses Verfahren muß mehr als die meisten anderen der Natur der zu untersuchenden Substanz angepaßt werden: allgemein gilt nur, daß man trachten soll, die Schmelze bei möglichst niedriger Temperatur auszuführen, und daß man in geeigneter Art für eine möglichst gleichmäßige Erhitzung sorgt.

Letzterem Umstande wird durch Rühren, am besten mittels eines mechanischen Rührers (Turbine) Rechnung getragen.

Liebermann hat[1]) einen sehr brauchbaren Apparat zur Ausführung der Schmelzen angegeben, dessen Konstruktion aus Fig. 187 ersichtlich ist.

Fig. 187.

Der Apparat besteht aus einem Schmelzkessel nebst zugehörigem Löffel aus reinem Nickel und einem kupfernen Bade. Das Bad kann mit hochsiedenden Substanzen, Naphthalin, Anthracen, Antra-

---

1) B. **21**, 2528 (1888).

chinon usw. beschickt und die Schmelze dadurch bei der Siedetemperatur dieser Verbindungen ausgeführt werden.

Bei genügender Übung kann man übrigens meist mit einer in
ein Ölbad gesenkten Nickel- oder Silberschale auskommen, oder erhitzt
sogar mit direkter Flamme.

Graebe und Kraft empfehlen[1]) die Verwendung eines Nickeltiegels, der im Ölbade erhitzt wird, und die Anwendung eines Eisenspatels, der mittels Rührwerk die Masse durchmischt.

Man erhitzt auf 200—300°, etwa nach folgendem Beispiel.

5 g o-Kresol, 50 g Ätzkali von ca. 90 Proz. und 10 g Wasser werden
auf 200—220° (im Ölbade gemessen) erhitzt, und unter Umrühren
34 g Bleisuperoxyd nach und nach eingetragen. (Theoretisch sind
33,3 g Superoxyd, entsprechend 3 Molekülen nötig.)

Es erfolgt rasch Reduktion zu Bleioxyd, welches sich zum
größten Teile krystallinisch ausscheidet. Die Dauer der Schmelze
beträgt eine Stunde.

Der größte Teil des Alkalis wird mit Schwefelsäure neutralisiert,
darauf vom Bleioxyd abfiltriert, das Filtrat sauer gemacht und die
Flüssigkeit samt der darin suspendierten Fällung von Säure und von
Bleisulfat mit Äther ausgezogen. Es werden 4.2 g Salicylsäure erhalten. Eventuell vorhandenes unverändertes Kresol trennt man mit
Ammonium- oder Natriumcarbonat ab.

Der Zusatz von Bleisuperoxyd — in Fällen, wo wie bei der
Chinasäure damit zu heftige Reaktion eintritt von Bleioxyd — bewirkt, durch Verhinderung der Wasserstoffentwicklung, wesentliche
Verbesserung der Ausbeute; daß aber auch durch diesen Kunstgriff
die reduzierende Wirkung der Schmelze nicht völlig paralysiert werden
kann, zeigt das Verhalten der Sulfosäuren der Homologen des Benzols,
welche dabei ganz allgemein so reagieren, daß die Alkylgruppen durch
Carboxyl und die Sulfogruppen durch Wasserstoff ersetzt werden.[2])

Statt mit geschmolzenem Ätzkali in offenen Gefäßen zu arbeiten,
zieht man es in neuerer Zeit vielfach vor, mit konzentrierten Laugen
unter Druck zu erhitzen. Oftmals lassen sich auch mit alkoholischer
Lauge bessere Resultate erzielen, oder ist das Arbeiten im geschlossenen
Rohre (Autoklaven) überhaupt unnötig oder schädlich.

Es wird hierbei dann im wesentlichen nur die verseifende Wirkung des Alkalis ausgenutzt.

Zuerst hat namentlich Piccard[3]) gezeigt, daß man oft bei Anwendung von verdünnten, wässerigen oder alkoholischen Laugen bei
niederer Temperatur die Spaltungsstücke leichter und in unversehrterem Zustande fassen kann.

Beispiel einer Schmelze mit alkoholischem Kali.[4])

Dimethylpyranthren aus Tetramethyldianthrachinonyl.

---

[1]) B. **39**, 795 (1906).
[2]) Graebe und Kraft, B. **39**, 2507 (1906).
[3]) B. **7**, 888 (1874).
[4]) Mansfeld, Diss., Zürich 1907, S. 45.

3 g Substanz wurden mit 90 g einer genau bei 175° siedenden Lösung von Kaliumhydroxyd in Alkohol (96%ig) drei Stunden lang in lebhaftem Sieden gehalten. (Das alkoholische Kali wurde dargestellt, indem eine klare, möglichst konzentrierte Lösung von Kaliumhydroxyd in Äthylalkohol so weit eingedampft wurde, bis das Thermometer in der Flüssigkeit 175° zeigte.) Die erkaltete Reaktionsmasse wurde mit 750 ccm Wasser versetzt und dann bei Siedetemperatur Luft durch die weinrote Lösung geleitet. Der zum Teil in Form seines alkalilöslichen Reduktionsproduktes — durch die gleichzeitige Reduktionswirkung des alkoholischen Kalis[1]) — vorhandene Farbstoff fiel dabei vollständig aus, die Lösung wurde farblos. Nach dem Übersättigen mit Salzsäure wurde der Farbstoff abfiltriert, getrocknet und aus Nitrobenzol umkrystallisiert.

3. Kalischmelze der aliphatischen Säuren.

Eine der ersten und meist studierten Anwendungen dieser Methode betraf den Abbau der Säuren der Fettreihe. Namentlich die Frage nach der Lage der Doppelbindung der Ölsäure und ähnlicher Verbindungen schien sich leicht auf Grund der Beobachtung lösen zu lassen, daß diese Substanzen durch schmelzendes Alkali in zwei Säuren zerlegt wurden, eine Operation, die öfters annähernd quantitativ verlief.

So erschien es einleuchtend,[2]) daß die Ölsäure als

$$CH_3 . (CH_2)_{14} . CH = CH . COOH$$

zu formulieren sei, da sie in glatter Reaktion[3]) in Palmitinsäure und Essigsäure gespalten wird:

$$CH_3 . (CH_2)_{14} . \underset{\underset{O}{\parallel}}{C}OH + H_2CHCOOH$$

Es hat sich seither gezeigt, daß alle Fettsäuren mit normaler Kette derart gespalten werden, daß die Sprengung der Kette zwischen α- und β-Kohlenstoffatom stattfindet.

Nach Wagner[4]) sind dabei als Zwischenprodukte β-Ketonsäuren anzunehmen, die der Säurespaltung unterliegen:

$$R . CH_2CH_2COOH \rightarrow R . CO . CH_2COOH + H_2 \rightarrow R . COOH$$
$$+ HCH_2COOH$$

es entsteht also immer Essigsäure und eine Säure, die um zwei Kohlenstoffatome ärmer ist als die Stammsubstanz.

Ungesättigte Säuren werden, ganz gleich wo die Doppelbindung gelegen ist, durch den bei der Schmelze nascierenden Wasserstoff zu Fettsäuren reduziert, wahrscheinlich im Wege über die Dioxysäuren; die Spaltung der Ölsäure ist demnach folgendermaßen zu formulieren:

---

[1]) Siehe auch Anm. 5 auf Seite 418.
[2]) Marasse, B. **2**, 359 (1869).
[3]) Edmed, Soc. **78**, 632 (1898).
[4]) Wagner, B. **21**, 3353 (1888).

$$CH_3 . (CH_2)_7 . CH = CH . (CH_2)_5 . CH_2 . CH_2 . COOH$$

$$CH_3 . (CH_2)_7 . CH - CH . (CH_2)_5 . CH_2 . CH_2 . COOH$$
$$\qquad\qquad\quad | \qquad |$$
$$\qquad\qquad\quad OH \quad OH$$

$$CH_3 . (CH_2)_7 . CH_2 . CH_2 . (CH_2)_5 . CH_2 . CH_2 . COOH$$

$$CH_3(CH_2)_{14} . CO . CH_2 . COOH$$

$$CH_3(CH_2)_{14} . COOH + CH_3 . COOH.$$

Die Kalischmelze ist somit zur Konstitutionsbestimmung ungesättigter Säuren nicht zu verwenden.

4. Ersatz von Halogen in aromatischen Verbindungen durch die Hydroxylgruppe.

Diese Reaktion, welche mehrfach zum Stellungsnachweise von
Halogen in cyclischen Verbindungen gedient hat,[1]) ist auch nicht
mehr als verläßlich zu bezeichnen, seit man gefunden hat, daß bei
dieser Reaktion Umlagerungen stattfinden können.

So erhält man aus den beiden bekannten Dichlor- und Dibrom-
anthrachinonen und ebenso aus Tri- und Tetrabromanthrachinon dasselbe 1.2-Dioxyanthrachinon, das Alizarin.[2])

1.3-Dioxybenzol (Resorcin) wird[3]) sowohl aus m-, als auch aus
o- und p-Bromphenol beim Schmelzen mit Kali erhalten: dabei wird
sonderbarerweise nur aus p-Bromphenol ausschließlich Resorcin erhalten, während o- und m-Bromphenol daneben noch Brenzcatechin
liefern. Ebenso entsteht Resorcin aus p-Chlorbenzolsulfosäure.[4])
Diese Umlagerungen lassen sich unschwer so deuten, daß nach statt-
gehabter Oxydation (Eintritt einer zweiten Hydroxylgruppe) durch
Einwirkung des nascierenden Wasserstoffs Halogen gegen Wasserstoff
ausgetauscht wird:

Vielleicht wird auch noch die Beobachtung von Tijmstra von
Wichtigkeit werden, daß o- und p-Chlor- und Bromphenol mit
Kaliumcarbonat erhitzt, ohne Atomverschiebung in die Dioxy-
verbindungen übergehen.[5])

---

[1]) Weidel und Blau, M. 6, 664 (1885). — Kircher, Ann. 238, 349 (1887).
[2]) Hammerschlag, B. 19, 1109 (1886).
[3]) Fittig u. Mager, B. 7, 1177 (1874); 8, 362 (1877). — Siehe hierzu
auch Blanksma, Chemisch Weekblad 5, 93 (1908).
[4]) Oppenheim und Vogt, Suppl. 6, 376 (1868).
[5]) Chemisch Weekblad 5, 96 (1908).

5. Ersatz der Sulfogruppe aromatischer Verbindungen durch Hydroxyl.

Diese präparativ und technisch so außerordentlich wichtige Reaktion, die nahezu gleichzeitig von Wurtz[1]), Dusart[2]), und Kekulé[3]) aufgefunden wurde, ist für die Konstitutionsbestimmungen aber auch nicht ohne weiteres verwertbar, da auch hier Umlagerungen beobachtet worden sind.

So erhält man nicht nur, wie schon erwähnt, aus p-Chlorbenzolsulfosäure, sondern auch aus Phenol-p-Sulfosäure Resorcin.[4])

In der Naphthalinreihe gilt die Regel, daß in α-Stellung befindliche Sulfogruppen viel leichter durch Hydroxyl ersetzbar sind, als die in β-Stellung befindlichen. Doch gibt es auch Ausnahmen von dieser Regel. So ergibt die α-Naphthylamindisulfosäure 1.4.6 in der Kalischmelze 1-Amino-6-naphthol-4-sulfosäure, und dann 1.6-Dioxynaphthalin-4-sulfosäure.[5])

Die α_1-Oxy-β_1-naphthoe-$\alpha_2\beta_4$-disulfosäure liefert $\alpha_1\beta_4$-Dioxynaphthalin-α_2-sulfosäure[6]) und die 1-Oxy-2-naphthoe-4.7-disulfosäure gibt 1.7-Dioxy-2-naphthoe-4-sulfosäure.[7])

Weiteres über das Verhalten von Sulfosäuren der Naphthalinreihe in der Kalischmelze: A. Winther, Patente der organ. Chemie I, 739 (1908).

Während also die Kalischmelze für die Ortsbestimmung der Sulfogruppe nicht immer verwertbar ist, sind hierfür zwei Methoden in sehr vielen Fällen wohl geeignet, welche den Ersatz der Sulfogruppe durch Carboxyl ermöglichen.

6. Ersatz der Sulfogruppe durch den Cyanrest.

Wird ein Gemenge des sulfosauren Salzes (am besten des Kalium-, weniger gut des Calcium- oder Natriumsalzes) mit Cyankalium oder noch besser nach Witts Vorschlag[8]) mit entwässertem Ferrocyankalium der trockenen Destillation unterworfen, so findet nach der Gleichung:

$$R.SO_3K + KCN = R.CN + K_2SO_3$$

Verwandlung des sulfosauren Salzes in Nitril statt.[9])

---

[1]) C. r. **64**, 749 (1867).
[2]) C. r. **64**, 759 (1867).
[3]) C. r. **64**, 752 (1867).
[4]) Kekulé, Z. f. Ch. **1867**, 301.
[5]) Friedländer und Lucht, B. **26**, 3034 (1893). — D. R. P. 68232 (1894). — D. R. P. 104902 (1899),
[6]) D. R. P. 81938 (1895).
[7]) D. R. P. 84653 (1895).
[8]) B. **6**, 448 (1873).
[9]) Merz, Z. f. Ch. **1868**, 33. — Garrick, Z. f. Ch. **1869**, 551. — Irelan, Z. f. Ch. **1869**, 164. — Merz und Mühlhäuser, B. **3**, 709 (1870). — Fittig und Ramsay, Ann. **168**, 246 (1873). — Döbner, Ann. **172**, 111, 116 (1874). — Vieth, Ann. **180**, 305 (1875). — Nölting, B. **8**, 1113 (1875). — Barth und Senhofer, B. **8**, 1481 (1875). — Liebermann, B. **13**, 47 (1880). — Ekstrand, J. pr. (**2**), **38**, 139, 241 (1888). — B. **21**, R. 834 (1888).

Bei der Ausführung der Reaktion trachtet man, die Temperatur
möglichst wenig hoch steigen zu lassen, und das entstandene Nitril
möglichst rasch aus dem Bereiche der heißen Gefäßwände zu entfernen, um Verkohlung und Rückbildung von Kohlenwasserstoffen
hintanzuhalten. Man nimmt zu diesem Behufe einen indifferenten
Gasstrom zu Hilfe oder arbeitet mit Benutzung der Luftpumpe. [1])

In halogensubstituierten Sulfosäuren kann zugleich das Halogen
durch die Cyangruppe ersetzt werden, [2]) eine Reaktion, die sonst in
der aromatischen Reihe nicht so leicht verläuft. [3])

Diese Methode ist übrigens in ihrer Anwendung nicht auf die
aromatische Reihe beschränkt, findet vielmehr auch in der Pyridin-, [4])
Chinolin- [1]) [5]) und Isochinolinreihe [6]) vielfache Anwendung.

Wenn auch im allgemeinen hierbei glatte Substitution stattzu-
finden pflegt, darf doch nicht außer acht gelassen werden, daß bei
der hohen Reaktionstemperatur die Sulfogruppen selbst umgelagert
werden können, wodurch die Resultate zweideutig werden können.

So entsteht aus Orthochinolinsulfosäure in reichlicher Menge
Metacyanchinolin.

Die Nitrile werden, meist ohne daß eine besondere Reinigung
derselben vorher nötig wäre, (nach den Angaben auf Seite 829) in die
korrespondierenden Säuren verwandelt; will man die Rohprodukte
reinigen, so wäscht man sie mit Natronlauge, destilliert im Wasser-
dampfstrom, und destilliert nochmals fraktioniert, eventuell im Vakuum.

7. Direkte Überführung von Sulfosäuren in Carbonsäuren mit Natriumformiat.

Dieses von V. Meyer aufgefundene Verfahren [7]) ist namentlich
in solchen Fällen von Vorteil, wo, wie bei der Sulfobenzoesäure, das
Reaktionsprodukt nicht unzersetzt flüchtig ist, und daher nach der
Cyankaliummethode nicht erhalten werden kann.

Gleiche Gewichtsteile des sulfosauren Kaliums und gut getrockneten
ameisensauren Natriums werden innig gemischt, und in einer Porzellanschale über offenem Feuer unter beständigem Umrühren anhaltend

---

[1]) Lellmann und Reusch, B. **22**, 1391 (1889).
[2]) Barth und Senhofer, Ann. **174**, 242 (1874). — Limpricht, Ann.
180, 88, 92 (1875).
[3]) Merz und Schelnberger, B. **8**, 918 (1875). — Merz und Weith,
B. **10**, 746 (1877).
[4]) O. Fischer, B. **15**, 63 (1882).
[5]) O. Fischer und Bedall, B. **14**, 2574 (1881). — La Coste, B. **15**,
196 (1882). — O. Fischer und Willmack, B. **17**, 440 (1884). — O. Fischer
und Körner, B. **17**, 765 (1884). — La Coste und Valeur, B. **20**, 99 (1887). —
Lellmann und Lange, B. **20**, 1449 (1887). — Lellmann und Reusch,
B. **21**, 397 (1888). — Richard, B. **23**, 3489 (1890).
[6]) Jeiteles, M. **15**, 809 (1894).
[7]) V. Meyer, Ann. **156**, 273 (1870). — Ador und V. Meyer, Ann. **159**,
16 (1871). — Barth und Senhofer, Ann. **159**, 228 (1871). — Remsen,
B. **5**, 379 (1872).

geschmolzen, bis die Schmelze schwarzbraune Farbe angenommen hat. Während der Reaktion tritt der unangenehme Geruch flüchtiger Schwefelverbindungen auf.

Die Schmelze wird in Wasser gelöst, angesäuert und das entstandene Produkt entweder durch Ausschütteln mit einem geeigneten Lösungsmittel oder durch Wasserdampfdestillation oder dergleichen isoliert.

$$\overset{\text{H}}{\underset{|}{\text{R.SO}_3\text{K}}} + \text{COONa} = \text{R.COONa} + \text{HKSO}_3$$

Ersatz der Sulfogruppe durch den Aminrest: Jackson und Wing, B. **19**, 1902 (1886). — Am. **9**, 76 (1887). — D. R. P. 173522 (1904). — Sachs, B. **39**, 3006 (1906) ist zu Konstitutionsbestimmungen nicht zu empfehlen, weil hierbei Umlagerungen eintreten können.

Austausch der Sulfogruppe gegen Chlor: Barbaglia und Kekulé, B. **5**, 876 (1872).

8. Anwendungen der Kalischmelze.

Ist demnach auch die Kalischmelze für speziellere Ortsbestimmungen im allgemeinen nicht anwendbar, so ist sie doch, auch jetzt, wo für die meisten Zwecke verfeinertere Methoden zu Gebote stehen, vielfach sehr wohl verwertbar, namentlich dort, wo es gilt für eine Substanz von noch großenteils oder völlig unbekannter Struktur die Klassenzugehörigkeit zu ermitteln.

Derartige Probleme stellt namentlich die Untersuchung der Naturprodukte, und hier hat auch die Kalischmelze ganz außerordentliche Dienste geleistet. So ist namentlich die Chemie der Harze,[1] ferner die Chemie der Pflanzenfarbstoffe,[2] aber auch die Eiweißchemie[3] durch die Anwendung dieser Methode gefördert worden.

Spezielle Verwendung findet die Kalischmelze ferner:

1. **Zur Oxydation von Kresolen und ähnlichen Oxyderivaten zu den entsprechenden Oxysäuren.**

Man geht nach dem von Graebe und Kraft angegebenen Verfahren vor, oder arbeitet nach Friedländer und Löw[4] mit Wasser, Ätznatron und Kupferoxyd im Autoklaven bei 260—270°.

---

[1] Literaturzusammenstellung bei Tschirch, Die Harze und die Harzbehälter, Gebrüder Bornträger, Leipzig 1906, S. 151. — Goldschmiedt und Senhofer, Nachruf f. L. Barth, B. **24**, R. 1089 (1891).
[2] Literatur bei Rupe, Die Chemie der natürlichen Farbstoffe, Vieweg u. Sohn, Braunschweig 1900. — Ferner Hummel u. Perkin, Ch. Ztg. **27**, 521 (1903). — Perkin, Ch. Ztg. **26**, 621 (1902); **28**, 667 (1904).
[3] Literatur: Cohnheim, Roscoe-Schorlemmers Chemie **9**, 44 (1901).
[4] D. R. P. 170230 (1906). — Siehe hierzu auch Barth, Ann. **154**, 360 (1870).

2. Zur Überführung von Naphthalinderivaten in Phthalsäure resp. substituierten Phthalsäuren: D. R. P. 138790 (1903).
— D. R. P. 139995 (1903); — D. R. P. 140999 (1903).

3. Zur Überführung von aromatischen Aldehydsäuren in
Dicarbonsäuren.

So schmelzen Tiemann und Reiner[1]) einen Teil Orthoaldehydo-
salicylsäure mit 10—15 Teilen Kalihydrat, unter Zusatz von wenig
Wasser. Nach 6—8 Minuten wird erkalten gelassen. Es hat sich
die Oxyisophthalsäure in vorzüglicher Ausbeute gebildet.

4. Zur Aufspaltung cyclischer Ketone, speziell auch von
Chinonen.

Orthophenylbenzoesäure aus Diphenylketon: Pictet und Anker-
smit, Ann. 266, 143 (1891). — Chrysensäure aus Chrysochinon:
Graebe und Hönigsberger, Ann. 311, 269 (1900).

5. Zur Verseifung von beständigen Acetylverbindungen.
Siehe S. 512.

6. Zur Aufspaltung cyclischer Oxyde.
Euxanthon: Graebe, Ann. 254, 265 (1889). — Siehe auch
S. 748.

7. Zur Entalkylierung von Phenoläthern.
Para-Oxybenzoesäure aus Anissäure: Barth, Z. f. Ch. 1866, 650.
— Metaoxybenzoesäure aus Methoxydiäthylphthalid: Bauer, B. 41,
503 (1908).

---

[1]) B. 10, 1568 (1877).

Drittes Kapitel.

Reduktionsmethoden.

Durch die Reduktion wird im allgemeinen mehr als durch die Oxydation das ursprüngliche Kohlenstoffskelett intakt gelassen, da hierbei nur in Ausnahmefällen[1])[2]) eine Sprengung von Kohlenstoffbindungen erfolgt.

Doch sind, ebenso wie bei der Oxydation, in vielen Fällen Umlagerungen zu gewärtigen. Semmler[3]), der als erster nachdrücklich hierauf aufmerksam gemacht hat, warnt namentlich vor den Reduktionen in saurer Lösung.[2])

Die Aufgaben, welche hier hauptsächlich zu lösen sind, sind die folgenden:

1. Verwandlung von Ketonen oder Aldehyden in die zugehörigen Alkohole.

2. Zurückführung sauerstoffhaltiger Substanzen auf den entsprechenden Kohlenwasserstoff oder, falls noch andere Elemente, wie Stickstoff, Schwefel usw., vorhanden sind, auf den entsprechenden sauerstofffreien Stammkörper.

3. Umwandlung ungesättigter Substanzen in gesättigte (Hydrierung).[4])

4. Resubstitution, d. h. Abspaltung von Substituenten und Ersatz derselben durch Wasserstoff (Desulfonieren, Dehalogenieren usw.).

---

[1]) So zerfällt Benzoylthiophen in Thiophen und Benzoesäure. Allendorff, Diss., Heidelberg 1898, S. 17.

[2]) Siehe auch unter „Jodwasserstoffsäure" S. 439 und 943.

[3]) B. **84**, 3123 (1901). — B. **86**, 1033 (1903). — Isomerisation bei der Reduktion nach Sabatier und Senderens, Willstätter und Kametaka, B. **41**, 1480 (1908).

[4]) Hierüber siehe Seite 941.

Erster Abschnitt.

Verwandlung von Ketonen und Aldehyden in die zugehörigen Alkohole.

1. Reduktion von Ketonen.

Diese Operation ist namentlich für die Terpenchemie von großer Bedeutung, und zwar ist hier nach Semmler[1]) namentlich die Reduktion nach Ladenburg[2]) angebracht.

Dieselbe besteht bekanntlich in der Entwicklung von nascierendem Wasserstoff bei der Einwirkung von Natrium auf absoluten Äthylalkohol, in manchen Fällen, wo eine höhere Reaktionstemperatur notwendig ist, Amylalkohol[3]), in dem die zu reduzierende Substanz gelöst ist.

Das Verfahren ist in der Fettreihe, in der Terpenreihe sowie bei hydroaromatischen Verbindungen überhaupt, in der aromatischen Reihe und bei Pyridinderivaten gleich gut anwendbar.

Über die Reduktion ungesättigter Ketone und Aldehyde siehe S. 944.

Nicht nur Ketone (und Aldehyde), sondern auch die Ester der meisten Carbonsäuren lassen sich nach diesem Verfahren in die zugehörigen Alkohole überführen.[4])

Ausführliche Angaben über die Reduktion aromatischer und gemischt fettaromatischer Ketone mit Natrium und Alkohol haben Klages und Allendorff[5]) gemacht.

Die Reduktionen werden im allgemeinen in der Weise ausgeführt, daß auf einen Teil des Ketons die gleiche Menge Natrium verwendet wird. Das Keton wird in Alkohol gelöst, die Lösung unter Rückfluß auf dem Wasserbade erwärmt und das Natrium möglichst schnell eingetragen. Auf einen Teil Natrium gelangt die zehnfache Menge Alkohol zur Verwendung. Nach Beendigung der Reduktion wird in die warme alkoholische Lösung Kohlendioxyd eingeleitet und allmählich mit Wasser versetzt. Der Alkohol wird alsdann unter Anwendung eines Aufsatzes abdestilliert, das zurückbleibende Öl ausgeäthert, die ätherische Lösung getrocknet und weiter verarbeitet.

---

[1]) B. **34**, 3123 (1901). — B. **36**, 1033 (1903).
[2]) B. **27**, 78, 1465 (1894). — Ann. **247**, 80 (1889). — B. **33**, 1074 (1900).
[3]) Bamberger, B. **20**, 2916 (1887). — B. **21**, 850 (1888). — B. **22**, 944 (1889). — Bamberger u. Bordt, B. **23**, 215 (1890). — Jacobson u. Turnbull, B. **31**, 897 (1898). — Besthorn, B. **28**, 3151 (1895). — Verwendung von Caprylalkohol: Markownikoff, B. **25**, 3356 (1892). — Markownikoff u. Zuboff, B. **34**, 3248 (1901). — Oktylalkohol: Markownikoff, B. **22**, 1311 (1889).
[4]) Bouveault u. Blanc, D. R. P. 148207 (1904). — 164294 (1905).
[5]) B. **31**, 998 (1898).

Dabei zeigt es sich, daß die rein aromatischen Ketone (der Benzophenonreihe, sowie das Benzoylthiophen) bis zu den entsprechenden Kohlenwasserstoffen reduziert werden, während die Acetophenone nur die entsprechenden Carbinole liefern.

Wie die fettaromatischen Ketone verhällt sich auch das Michlersche Keton[1]) und sein Homologes, das Tetraäthyldiaminobenzophenon[2]).

Für die Reduktion der Ketone der Terpenreihe gibt Semmler[3]) noch folgende Vorschriften: Man löst das Keton in absolutem Alkohol und fügt ungefähr die $2^1/_2$fache Menge metallischen Natriums zu der unter Rückfluß siedenden Lösung allmählich hinzu. Sollte sich Alkoholat ausscheiden, so setzt man noch etwas absoluten Alkohol zu, bis sämtliches Natrium verbraucht ist. Zur Gewinnung des gebildeten Alkohols destilliert man nunmehr mit Wasserdampf ab. Gewöhnlich geht hierbei zuerst der Äthylalkohol über, ohne daß erhebliche Mengen des durch Reduktion gebildeten Alkohols mit überdestillieren. Man wechselt die Vorlage, sobald das Destillat sich trübt. Aus dem Destillate gewinnt man alsdann den Alkohol durch Ausäthern (ev. Aussalzen!); sollte jedoch mit dem Äthylalkohol bereits eine erhebliche Menge des neuen Alkohols übergegangen sein, so destilliert man jenen nochmals der Hauptmenge nach aus einem Kochsalzbade ab, gießt den Rückstand in Wasser und schüttelt ebenfalls mit Äther aus.

Es ist zu beachten, daß als Nebenprodukte der Reduktion auch noch andere Körper: Pinakone und andere Kondensationsprodukte, entstehen können.

Zur Trennung der gebildeten Alkohole von noch unangegriffenem Keton eignen sich am besten Hydroxylamin, Semicarbazid, manchmal auch Bisulfitlösung.

Für die Reduktionen von Ketonen der Pyridinreihe[4]) hat Tschitschibabin[5]) die Ladenburgsche Methode modifiziert.

Zur Lösung von 6 g Natrium in absolutem Alkohol werden 10 g Zinkstaub und 8 g Keton zugesetzt und 3 bis 4 Stunden auf dem Wasserbade am Rückflußkühler gekocht. Dann wird die heiße alkoholische Lösung abfiltriert und das Unaufgelöste mit heißem Alkohol gewaschen. Durch Zusatz von Wasser zur alkoholischen Lösung werden die Pyridylcarbinole ausgefällt.

Über Reduktionen mit Zink und alkoholischer Lauge siehe auch: Zagumenny, Ann. **184**, 175 (1876) und D. R. P. 27032 (1883). (Amylalkohol.)

---

[1]) Siehe auch Möhlau u. Klopfer, B. **32**, 2148 (1899).
[2]) Allendorff, Diss., Heidelberg 1898, S. 35.
[3]) Die ätherischen Öle **1**, 149 (1905).
[4]) Überführung von Cinchoninon in Cinchonin mittels Äthylalkohol und Natrium: Rabe, B. **41**, 67 (1908).
[5]) B. **37**, 1371 (1904).

2. Reduktion von Aldehyden.

Die Aldehyde lassen sich nach der Ladenburgschen Methode meist nicht so glatt reduzieren wie die Ketone, da sie dabei Polymerisationen zu erleiden pflegen.

Am meisten bewährt sich hier, für empfindlichere Substanzen, die Reduktion mittels Natriumamalgam,[1]) wie sie durch folgendes Beispiel illustriert wird.

50 Teile Citronellal werden in 600 bis 700 Teilen absoluten Alkohols gelöst. Man trägt in kleinen Portionen 1000 Teile 5 proz. Natriumamalgam und 150 Teile Eisessig mit der Vorsicht ein, daß die Flüssigkeit stets schwach sauer reagiert und jede erhebliche Temperatursteigerung vermieden wird. Man stellt den Kolben in Eiswasser, wenn die Reaktion zu stürmisch verläuft. Nach Beendigung derselben setzt man 50 bis 60 Teile Kaliumhydroxyd hinzu und kocht einige Stunden am Rückflußkühler, um unverändertes Citronellal zu zerstören. Man fügt hierauf Wasser hinzu und destilliert das gebildete Citronellol im Dampfstrom über. Die Ausbeute beträgt etwa 80 Proz. der Theorie.

Citronellol ist durch Überführung in das entsprechende phthalestersaure Natriumsalz[2]) leicht zu reinigen und wird schließlich im Vakuum destilliert.

Die Reinigung der Alkohole kann im übrigen ebenso wie diejenige der aus Ketonen erhaltenen erfolgen (S. 429).

Eine sehr vorsichtige Art des Reduzierens ist auch das Verfahren von Wislicenus[3]): Reduktion mittels Aluminiumamalgam[4]).

Beispiel[5]): Ein Teil Methylaminoacetobrenzcatechin wird in 30 Teilen heißen Wassers unter Zugabe der berechneten Menge Schwefelsäure gelöst; beim Erkalten der Lösung krystallisiert das schwerlösliche Sulfat der Base aus. Diese Lösung erwärmt man auf dem Wasserbade, gibt ein Teil Aluminiumspäne und ein Teil einprozentige Mercurisulfatlösung hinzu und rührt 3 bis 4 Stunden; durch vorsichtigen Zusatz der erforderlichen Menge verdünnter Schwefelsäure bringt man während dessen sich abscheidende Base wieder in Lösung. Um das Reduktionsprodukt in fester Form zu erhalten, kann man die filtrierte Lösung, nachdem durch genaues Neutralisieren mit

---

[1]) Dodge, Am. 11, 463 (1890). — Tiemann u. Schmidt, B. 29, 906 (1896). — Ähnlich wird die Reduktion des Dimethylgentisinaldehyds ausgeführt. Baumann u. Fränkel, Z. physiol 20, 220 (1895). — Siehe auch Claus, Ann. 137, 92 (1866).
[2]) Siehe S. 448.
[3]) J. pr. (2), 54, 18 (1896). — Moore, B. 33, 2014 (1900). — Fischer u. Beisswenger, B. 36, 1200 (1903). — Ponzio, J. pr. (2), 65, 198 (1902); 67, 200 (1903).
[4]) Siehe auch S. 944.
[5]) D. R. P. 157300 (1904).

Barytwasser überschüssige Schwefelsäure und gelöstes Aluminium gefällt ist, im Vakuum eindampfen. Man gewinnt so das Sulfat des Methylaminoalkohols als amorphe Masse; es ist leicht löslich in Wasser, schwer in Alkohol:

$$(HO)_2 : C_6H_3 . CO . CH_2NHCH_3 \rightarrow (HO)_2 : C_6H_3 . C{\overset{\text{H}}{\underset{\text{OH}}{\Big<}}} CH_2NHCH_3 .$$

Falls keine Gefahr einer Umlagerung besteht, kann man auch in **saurer Lösung arbeiten, am besten mittels Eisenfeile,**[1]) **Zinkstaubs oder Zinkgranalien und Essigsäure.**[2])

Auf diese Art, unter Anwendung verdünnter Säure, haben E. **Fischer** und **Tafel** das α-Acroson in α-Acrose verwandelt.[3])

Leicht esterifizierbare Alkohole können dabei acetyliert werden.

So geht Phenylacetaldehyd bei der Reduktion in Essigsäurephenyläthylester[4]), Benzaldehyd in Essigsäurebenzylester über.[5])

Während bei diesen Reduktionen die gleichzeitige Acetylierung eher als störende Nebenreaktion empfunden wird, kann diese Kombination zweier Operationen in anderen Fällen sehr verwertbar sein.

3. Reduzierende Acetylierung.

Die Vereinigung von Reduktion und Fixierung der bei dieser Reaktion entstandenen acylierbaren Reste gestattet nämlich leicht veränderliche oder sonst schwer zugängliche wichtige Derivate darzustellen, aus denen man dann gewöhnlich leicht durch Verseifung und Reoxydation wieder zum Ausgangsmaterial zurückgelangen kann.

Diese Methode hat es zuerst **Liebermann**[6]) ermöglicht, die für sich schwer faßbaren unbeständigen Reduktionsprodukte

$$
\begin{array}{c}
OH \\
| \\
C \\
\diagdown\diagup\diagdown\diagup\diagdown \\
\vdots \\
\diagup\diagdown\diagup\diagdown\diagup \\
C \\
| \\
OH
\end{array}
$$

von Anthrachinonen in Form der Derivate:

---

[1]) **Rabe**, B. **41**, 67 (1908).
[2]) **Krafft**, B. **16**, 1715 (1883).
[3]) B. **22**, 99 (1889).
[4]) **Soden** und **Rojahn**, B. **33**, 1723 (1900).
[5]) B. **19**, 355 (1886).
[6]) B. **21**, 436, 442, 1172 (1888).

$$O-COCH_3$$
$$|$$
$$C$$

$$C$$
$$|$$
$$O-COCH_3$$

festzuhalten.

Die Technik des Verfahrens wird durch folgendes Beispiel[1]) erläutert.

Reduktion der Anthraflavinsäure:

$$CO\ OH \qquad\qquad O-COCH_3$$
$$HO \qquad\qquad\qquad CH_3CO-O \quad C \quad O-COCH_3$$
$$\longrightarrow$$
$$CO \qquad\qquad\qquad\qquad C$$
$$O-COCH_3$$

Je 1 Teil Anthraflavinsäure, 3 Teile entwässertes essigsaures
Natrium, 3 Teile Zinkstaub und 20 Teile Essigsäureanhydrid werden
in einem Kolben am Rückflußkühler so lange erhitzt, bis die ursprünglich grün gefärbte Lösung farblos geworden ist und sich die prachtvoll blaue Fluorescenz der Acetylleukoverbindungen zeigt. Die heiße
Lösung wird von dem zusammengeballten Zinkstaub abgegossen und
letzterer noch mehrere Male mit heißem Eisessig ausgezogen. Nach
dem Erkalten wird das Produkt mit viel Wasser versetzt, wobei
sich nach der Zersetzung des überschüssigen Essigsäureanhydrids die
Acetylverbindungen häufig schon in krystallisierter Form abscheiden.

Die Anthraflavinsäure liefert bei dieser Reduktionsmethode zwei
Produkte, welche sich wegen ihres fast gleichen Verhaltens gegen
alle Lösungsmittel nur schwierig voneinander trennen lassen. Nach
vielfachen Versuchen hat folgende Methode zum Ziele geführt.

Das Gemenge der beiden Körper wird zunächst wiederholt mit
verdünntem etwa 50 proz. Alkohol ausgezogen, wobei der größte Teil
eines leicht löslichen Körpers entfernt wird. Der Rückstand wird
dann noch wiederholt aus Eisessig umkrystallisiert und so schließlich
in reinem Zustande in Form weißer seideglänzender Nadeln vom
Smp. 274° erhalten.

Es liegt ein Acetylprodukt des Oxanthranols der Anthraflavinsäure vor:

----

[1]) Lochner, Diss., Berlin 1889, S. 34.

$$C_6H_3(O\bar{A})\underset{C(O\bar{A})}{\overset{C(O\bar{A})}{\diagup\diagdown}}C_6H_3(O\bar{A})$$

Die Verbindung ist in Alkohol, Eisessig und Chloroform leicht löslich, etwas schwerer in Benzol. Diese Lösungen fluorescieren wie die aller in der Mittelgruppe acetylierten Anthranol- und Oxanthranolabkömmlinge schön bläulich. Gegen wässerige Alkalien ist die Acetylverbindung ziemlich beständig. Konzentrierte Schwefelsäure löst sie mit blutroter Farbe, auf Zusatz von Wasser fällt Anthraflavinsäure in geblichen Flocken aus.

Je 1 g Substanz wurde in einem Kölbchen mit 10 ccm englischer Schwefelsäure versetzt und kurze Zeit auf dem Wasserbade erwärmt, bis sich alles mit roter Farbe gelöst hatte. Unter Abkühlung, wobei jede Erwärmung sorgfältig vermieden wurde, wurden dann nach und nach 100 ccm Wasser hinzugefügt. Es schied sich sofort ein schön grün gefärbter Körper in Flocken aus, der abfiltriert und auf Porzellan getrocknet wurde. An der Luft ist er ziemlich beständig, doch geht er beim Erwärmen oder in Berührung mit einem Lösungsmittel in einen gelben Körper über, der sich bei der Analyse und spektroskopischen Untersuchung als Anthraflavinsäure herausstellte. Es ist kaum zweifelhaft, daß in dem grünen Körper, die unbeständige Verbindung

$$C_6H_3(OH)\underset{C(OH)}{\overset{C(OH)}{\diagup\diagdown}}C_6H_3(OH)$$

vorliegt. Wird die Lösung des Acetylproduktes in Schwefelsäure beim Versetzen mit Wasser nicht sorgfältig gekühlt, so scheidet sich direkt Anthraflavinsäure aus, und zwar verläuft die Reaktion quantitativ und kann zur Bestimmung der Anzahl der Acetylgruppen dienen.[1]

Auch in anderen Reihen erhält man auf diesem Wege die meist schön krystallisierenden Leukofarbstoffe leicht und fast augenblicklich auch da, wo die Leukostufen selbst ihrer Unbeständigkeit wegen sehr schwer darstellbar sind.

Derartige Verbindungen hat Liebermann[2] vom Alkannin, Santalin und Indigo aus dargestellt.

Das Acetylindigweiß ist übrigens auch durch reduzierende Acetylierung in alkalischer Lösung zu erhalten.

Vorländer und Drescher[3] gehen hierzu folgendermaßen vor: 20 g Indigo werden mit 20 g Ätznatron, 600 ccm Wasser und 20 g Zinkstaub im Leuchtgasstrome durch Erwärmen im Wasserbade reduziert. Man kühlt dann die Lösung durch Einstellen in Eis ab und acetyliert

---

[1] Siehe Seite 517.
[2] B. **21**, 442, Anm. (1888); **24**, 4130 (1891). — Dickhuth, Diss., Jena 1893.
[3] B. **34**, 1858 (1901). — Drescher, Diss., Halle 1902, S. 70.

durch Schütteln mit 60 ccm Essigsäureanhydrid, welches man portionenweise mit kleinen Mengen 20 proz. Natronlauge hinzufügt, bis eine
Probe des grauweißen Niederschlages an der Luft nicht mehr blau
wird. Das mit Zink vermischte Produkt wird von der essigsauren
Flüssigkeit abgesaugt, mit Wasser gewaschen und wiederholt mit je
75 ccm Aceton ausgekocht. Aus der Acetonlösung fällt das Diacetindigweiß auf Zusatz von Wasser krystallinisch heraus. Ausbeute: 16 g.

Um ein zinkfreies Produkt zu gewinnen, kann man die alkalische
Indigweißlösung vor dem Zusatze des Essigsäureanhydrids durch Ab-
heben in einen mit Leuchtgas gefüllten Kolben vom Zinkschlamm
trennen, oder man acetyliert statt der Zinkstaubküpe eine Hydro-
sulfitküpe, welche man aus 20 g Indigo, 240 g 12 proz. Natronlauge,
600 g konzentrierter Hydrosulfitlösung[1]) und 200 ccm Wasser unter
Leuchtgas bei 40—50⁰ bereitet.

Beim Arbeiten nach Liebermann ist übrigens der Zusatz von
Natriumacetat nicht notwendig.[2]) Außerdem ist es zweckmäßig,
möglichst bald von den Zersetzungsprodukten zu trennen, welche bei
der Reduktion von Indigo in der Hitze entstehen und welche, da
sie mit Wasser aus der Essigsäureanhydridlösung als braune amorphe
Massen gefällt werden, dem Rohprodukte anhaften..

10 g Indigo werden mit 100 ccm käuflichem Essigsäureanhydrid
im siedenden Wasserbade erhitzt und unter beständigem Schütteln
allmählich 20 g Zinkstaub zugesetzt. Sobald die Farbe des Kolben-
inhalts blaugrau geworden ist, saugt man das Essigsäureanhydrid ab,
wäscht das graue Reaktionsprodukt erst mit Eisessig, dann mit
Wasser und erhält daraus durch wiederholtes Kochen mit Aceton und
Fällen mit Wasser Diacetindigweiß in weißen Nadeln. Ausbeute: 7 g.

Mittels Zinkstaub, Essigsäureanhydrid und Eisessig hat Cohn[3])
das Methylen- und Äthylenblau reduzierend acetyliert.

Henrich und Schierenberg haben[4]) in gleicher Weise einen
Phenoxazinkörper charakterisiert.

Besondere Wichtigkeit hat das Verfahren auch für die Chemie
gewisser gelber Pflanzenfarbstoffe, wie dies Herzig und Pollak
wiederholt zeigen konnten.[5])

Auch zum Beweise der Phenolbetainformel der Isorosindone und
Rosindone wurde die Methode mit Erfolg verwertet.[6])

---

[1]) 1 Liter käufliche, mit schwefliger Säure frisch gesättigte Natriumbisulfitlösung (sp. Gew. 1.37) wird mit einem Zinkbrei aus 130 g Zinkstaub
und 500 ccm Wasser unter Eiskühlung reduziert, mit Wasser auf 1.9 Liter
Gesamtvolumen verdünnt, mit 600 ccm 20 proz. Kalkmilch vermischt und
nach 12stündigem Stehen vom Niederschlage abgehoben. Während des Pro-
zesses darf die Temperatur nicht über 40⁰ steigen.

[2]) Drescher, a. a. O. S. 72.

[3]) D. R. P. 103147 (1898). — Arch. **237**, 387 (1899).

[4]) J. pr. (2), **70**, 373 (1904).

[5]) M. **22**, 211 (1901); **23**, 168 (1902); **27**, 746 (1906). — Galitzenstein,
M. **25**, 884 (1904).

[6]) Kehrmann und Stern, B. **41**, 13 (1908).

So werden z. B. 10 g Isorosindonchlorhydrat, 10 g entwässertes
Natriumacetat, und 50 g Essigsäureanhydrid mit etwas Zinkstaub
versetzt, zum Sieden erhitzt und nun portionsweise Zinkstaub bis
zur Entfärbung eingetragen.

Dann wird noch 10 Minuten gekocht, heiß filtriert, mit etwas
Eisessig nachgewaschen und 12 Stunden stehen gelassen. Die ausgeschiedenen Krystalle werden abgesaugt, durch Waschen mit heißem
Wasser vom Zinkacetat befreit, und schließlich wiederholt aus siedendem Alkohol umkrystallisiert:

Isorosindon   Diacetylleukoisorosindon.

4. Reduzierende Propionylierung und Benzoylierung

ist ebenfalls öfters mit Erfolg unternommen worden.[1])

Zur Darstellung z. B. von Dipropionylindigweiß werden 5 g
Indigo mit 7,5 g Ätznatron, 5 g Zinkstaub und 150 ccm Wasser im
Kolben unter Leuchtgas reduziert. Die erkaltete Lösung hebt man
vom Zinkschlamm ab und acyliert unter Schütteln und guter Kühlung durch allmählichen Zusatz von 11 g Propionsäureanhydrid, bis
eine Probe des Niederschlags an der Luft nicht mehr blau wird.
Das graue Reaktionsprodukt wird abgesaugt, mit Wasser gewaschen
und wiederholt mit Aceton ausgekocht; beim Erkalten der heißen
Lösungen fällt das Dipropionylindigweiß in weißen kleinen Krystallen
zu Boden; der Rest ist aus den Mutterlaugen durch Wasser zu fällen.

Dipropionylindigweiß verhält sich wie Diacetindigweiß. Aus
Aceton oder Eisessig krystallisiert es in kleinen weißen Krystallen,
welche sich an der Luft schwach blaugrün färben.

Dibenzoylindigweiß. 10 g Indigo werden mit 10 g Ätznatron,
10 g Zinkstaub und 300 ccm Wasser im Kolben unter Leuchtgas reduziert. Die Küpe wird nach dem Erkalten vom Zinkschlamm abgehoben und mit 27 g Benzoylchlorid und 17 ccm 20proz. Natronlauge,
welche man abwechselnd in kleinen Portionen zugibt, unter fortwährendem Schütteln und Eiskühlung benzoyliert, bis die alkalische Flüssigkeit an der Luft keinen Indigo mehr bildet. Der graue Niederschlag
wird abgesaugt, mit Wasser gewaschen und wiederholt mit Aceton
ausgekocht; aus den schwach blau gefärbten Lösungen krystallisiert
das Dibenzoylindigweiß beim Erkalten aus, der Rest wird aus den
Mutterlaugen krystallinisch gefällt. Aus Eisessig oder Aceton um-

---

[1]) Vorländer und Drescher, B. **34**, 1858 (1901). — Drescher, Diss.,
Halle 1902, S. 76.

krystallisiert bildet der Körper weiße Krystalle, welche sich an der Luft hellgrün färben, sonst aber äußerst beständig sind.

In ähnlicher Weise wird die reduzierende Benzoylierung des Indanthrens vorgenommen: Scholl, Steinkopf und Kabacznik, B. **40**, 390 (1907). Hierbei gelangt der S. 31 beschriebene Apparat von Steinkopf zur Verwendung.

5. Reduzierende Alkylierung.

Zur reduzierenden Alkylierung der Anthrachinone kann man nach Liebermann[1]) etwa folgendermaßen verfahren.

In einem geräumigen Kolben werden 120 g alkoholfeuchtes Anthrachinon mit 180 g Kali, 250 g Zinkstaub, 5 Litern Wasser und 50 g Amylbromid mehrere Stunden am Rückflußkühler gekocht und nach und nach weitere 50 g Amylbromid zugegeben. Nach 6—8 Stunden wird das entstandene Amyloxanthranol nach dem Abdestillieren des unverbrauchten Amylbromids abfiltriert und durch Umkrystallisieren aus verdünntem Alkohol usw. gereinigt.

Zweiter Abschnitt.

Zinkstaubdestillation.

Im Jahre 1866 zeigte v. Baeyer[2]), daß beim Überleiten der Dämpfe von Phenol und Oxindol über erhitzten Zinkstaub Benzol resp. Indol, also völlig sauerstofffreie Substanzen, gebildet werden.

Kurze Zeit darauf[3]) haben Graebe und Liebermann in ihrer klassischen Arbeit über das Alizarin dieser Methode die bis jetzt übliche[4]) Ausführungsform gegeben.

Man mischt das Alizarin mit der 30—50 fachen Menge Zinkstaub und bringt das Gemisch in eine einseitig verschlossene Verbrennungsröhre, legt noch eine Schicht Zinkstaub vor und läßt eine weitere Strecke im Rohre frei.

Es ist notwendig, durch Klopfen eine nicht zu enge Rinne herzustellen, da sonst leicht beim nunmehr folgenden Erhitzen der Rohrinhalt herausgeschleudert wird.

Nunmehr wird genau wie bei einer Elementaranalyse vorgegangen, d. h. mit dem Erhitzen langsam vom vorderen (offenen) Rohrende nach rückwärts fortgeschritten. Man erwärmt bis zur schwachen Rotglut. Das entstandene Reduktionsprodukt setzt sich in dem leeren kalt erhaltenen Teile des Rohres ab. Es ist bereits ziemlich reines Anthracen.

---

[1]) Ann. **212**, 73 (1882).
[2]) Ann. **140**, 295 (1866).
[3]) B. **1**, 49 (1868). — Suppl. **7**, 297 (1869).
[4]) Es kann aber noch zweckmäßiger sein, die Substanz, gemischt mit der ca. 8 fachen Menge Zinkstaubs, aus kleinen Retorten zu destillieren. Bohn, B. **36**, 3443 (1903).

Man kann auch in einem indifferenten Gasstrome (Wasserstoff oder Kohlendioxyd[1]) arbeiten und den Zinkstaub mit Sand oder Bimsstein[2]) vermengen.

Wesentlich ist es, die Temperatur nicht über das unbedingt Erforderliche zu steigern, oftmals auch, die Reduktionsprodukte möglichst rasch aus dem Bereiche des erhitzten Zinks zu entfernen, was namentlich durch Arbeiten im luftverdünnten Raume erleichtert wird.[3])

Flavanthrin entsteht durch Erhitzen von Flavanthren mit der 8—10fachen Menge Zinkstaub. Es destilliert dabei nicht aus dem Zink heraus, sondern muß durch Weglösen des Zinks mit Salzsäure, oder durch Auskochen mit organischen Lösungsmitteln isoliert werden: Bohn und Kunz, B. **41**, 2328 (1908).

Statt des Destillierens mit Zinkstaub kann man auch gelegentlich im Einschmelzrohre — bei 220—230° — arbeiten.

Dieses von Semmler herrührende Verfahren ist als Reaktion auf tertiäre Alkohole S. 455 beschrieben.

Noch milder wirkt der Zinkstaub, wenn er durch ein indifferentes Medium verdünnt ist.

Als letzteres dient zweckmäßig ein hochsiedender Kohlenwasserstoff. So führte Binz[4]) Indigo durch Kochen mit der fünffachen Menge Zinkstaub und der fünfzigfachen Menge Naphthalin in Indigoweißzink über.

Nach dem teilweisen Erkalten kann das Naphthalin durch warmes Xylol oder dgl. weggewaschen werden.

In ähnlicher Weise kann auch Essigsäureanhydrid verwendet werden.[5])

Ersatz des Zinks durch andere Metalle ist verschiedentlich versucht worden, aber meist ohne sonderlichen Erfolg.

Schmidt und Schultz[6]) erhielten nach der Gleichung:

$$3\,C_6H_5-N-N-C_6H_5 + Fe_2 = 3\,C_6H_5-N=N-C_6H_5 + Fe_2O_3$$
$$\diagdown O \diagup$$

bei der Destillation von Azoxybenzol mit der dreifachen Menge Eisenfeile mit über 70 Proz. Ausbeute Azobenzol.[7])

In anderen Fällen ist aber die Verwendung von Eisenstaub oder reduzierter Eisenfeile direkt schlechter befunden worden[8]) als diejenige von Zinkstaub, und ebensowenig konnten annehmbare Resultate mit

---

[1]) Irvine und Mooaie, Soc. **91**, 537 (1907). — Wasserstoff verstärkt, Kohlendioxyd mildert die Wirkung des Zinkstaubs. Irvine und Weir, Soc. **91**, 1385 (1907).
[2]) Vongerichten, B. **34**, 1162 (1901).
[3]) Scholl und Berblinger, B. **36**, 3443 (1903).
[4]) J. pr. (2), **63**, 467 (1901).
[5]) Kunz, B. **41**, 2328 (1908).
[6]) Ann. **207**, 329 (1881).
[7]) Siehe auch Rotarski, B. **41**, 865 (1908).
[8]) Z. B. Scholl und Berblinger, B. **36**, 3443 (1903).

Magnesium- oder Aluminiumpulver erzielt werden,[1]) weil die letzteren allzu heftig einwirken.

Die Resultate, welche man mittels der Zinkstaubdestillation erhält, sind, wenn man die Hauptreaktionsprodukte der Beobachtung zugrunde legt, vielfach für Konstitutionsbestimmung von größtem Werte.

Doch muß man sich vor Augen halten, daß hierbei auch nicht selten Ringschlüsse und Umlagerungen beobachtet worden sind.

So liefert[2]) p-Methoxybenzoylbenzoesäure bei der Zinkstaubdestillation Anthracen:

Orthodimethoxybenzoin liefert **Paradimethyltolan** (**Irvine** und **Moodie**)[3]).

Es ist daher bei Schlüssen auf die Konstitution aus den Resultaten der Zinkstaubdestillation Vorsicht am Platze.

Bei der energischen Behandlung mit Zinkstaub, ev. einer wiederholten Destillation im Wasserstoffstrome werden die meisten organischen Substanzen zu völlig sauerstofffreien Körpern abgebaut. Doch gibt es Atomgruppen, welche der Reduktion großen Widerstand leisten. Hierher gehört in erster Linie die Methoxygruppe der Phenoläther R.OCH$_3$, die nach **Graebe**[4]) gegen Zinkstaub ganz unempfindlich sein soll.

Letztere Angabe ist nun allerdings nicht aufrecht zu erhalten, denn, nicht nur kann, wie weiter oben gezeigt wurde, aus der Methoxybenzoylbenzoesäure Methoxyl abgespalten werden, es wird vielmehr bei genügend gesteigerter Temperatur jeder Phenoläther unter Alkylenabspaltung zerlegt, und das restierende Phenol in normaler Weise reduziert[5]) oder es tritt Methyl an den Kern.[3])

Eine andere Art der Zinkstaubreduktion ist die **Chlorzink-Zinkstaubschmelze**.

Zur Darstellung des **Helianthrons** z. B. geht man folgendermaßen vor.[6])

10—15 g Chlorzink wurden gepulvert, mit wenig Wasser versetzt, um schon bei niederer Temperatur eine Schmelze zu ermöglichen, und

---

[1]) **Irvine** und **Weir**, Soc. **91**, 1389 (1907).
[2]) **Nourisson**, B. **19**, 2105 (1886).
[3]) Proc. **23**, 62 (1907). — Soc. **91**, 536 (1907).
[4]) Privatmitteilung an **Marasse**, B. **19**, 2106 (1886).
[5]) **Thomas**, Arch. **242**, 95 (1904). — Siehe **Bamberger**, B. **19**, 1818 (1886). — Elimination von Methoxylgruppen beim Reduzieren mit Natrium und Alkohol: **Kostanecki** und **Lampe**, B. **41**, 1327 (1908). — **Semmler**, B. **41**, 1774, 2556 (1908).
[6]) **Mansfeld**, Diss., Zürich 1907, S. 53.

im Metallbade auf 280—290° erhitzt. Unter gutem Umrühren wurde dann 1 g 1.1'-Dianthrachinonyl zugegeben, hierauf wurde der Zinkstaub (2—4 g je nach Reinheit) in kleinen Portionen eingetragen. Nach 4 Minuten, von Beginn des Zinkstaubzusatzes an, wurde der Versuch unterbrochen. Die Schmelze wurde gepulvert, mit viel Wasser oftmals ausgekocht und der Niederschlag gut gewaschen.

Dritter Abschnitt.

Reduktionen mit Jodwasserstoffsäure.

Ungefähr zur gleichen Zeit, in welcher die Reduktionsmethode mittels Zinkstaubs aufgefunden wurde, entdeckte Berthelot[1]), das zweite allgemein anwendbare Verfahren zur vollkommenen Desoxygenierung von organischen Verbindungen.

Berthelot schreibt über seine Methode: (Sie) gestattet, irgend eine organische Verbindung in einen Kohlenwasserstoff überzuführen, welcher die gleiche Menge Kohlenstoff und die größtmögliche Menge Wasserstoff enthält. . . . . Sie besteht darin, den organischen Körper mit einem großen Überschusse von Jodwasserstoffsäure in einer zugeschmolzenen Glasröhre 10 Stunden lang auf 275° zu erhitzen.

Die Jodwasserstoffsäure muß von der größten erreichbaren Konzentration, entsprechend dem spezifischen Gewicht 2 sein; den Druck, der sich unter diesen Umständen entwickelt, schätzt Berthelot auf etwa 100 Atmosphären.

Je weniger reich die Verbindung an Wasserstoff ist, desto mehr Jodwasserstoffsäure wird verlangt: auf 1 Teil eines Alkohols oder einer aliphatischen Säure genügen 20—30 Teile, während aromatische Verbindungen 80—100 Teile erfordern, andere Substanzen, wie Indigo, noch mehr.

Die reduzierende Kraft der Jodwasserstoffsäure erklärt sich aus der Zersetzbarkeit ihrer wässerigen Lösung bei hoher Temperatur; sie ist quantitativ sehr verschieden, je nach der Beschaffenheit der gegenwärtigen organischen Substanz.

Baeyer[2]) betont 1870, daß bei den Berthelotschen Versuchen Jod frei wird, das ohne Zweifel der Reduktion hinderlich ist, und daß das während der Reaktion entstehende Wasser die Säure verdünnt, was auch der beabsichtigten Wirkung entgegensteht. Er versuchte daher den Ersatz der Jodwasserstoffsäure durch Jodphosphonium, weil die geringste Menge Jod, die durch Zersetzung der

---

[1]) C. r. **64**, 710, 760, 786, 829 (1868). — Siehe auch Berthelot, Ann. Chim. Pharm. (3), **43**, 257 (1855); **51**, 54 (1857). — Chimie organique fondée sur la synthèse, **1**, 438 (1860). — Lautemann, Ann. **113**, 217 (1860). — Luynes, Ann. Chim. Pharm. (4), **2**, 389 (1864). — Bull. (2), **7**, 53 (1867); (2), **9**, 8 (1868). — Erlenmeyer und Wanklyn, Ann. **127**, 253 (1863). — **135**, 129 (1865).
[2]) Ann. **155**, 267 (1870).

Säure entsteht, nach Hofmanns Versuchen durch den Phosphorwasserstoff unter Bildung von Jodphosphor wieder in Jodphosphonium verwandelt wird, bis endlich nach der Gleichung

$$PH_4J = PJ + 4H$$

alles Jodphosphonium aufgebraucht ist.

Entgegen den Erwartungen Baeyers zeigte sich indessen Jodphosphonium der wässerigen Jodwasserstoffsäure nicht nur nicht überlegen, es wurden vielmehr die aromatischen Kohlenwasserstoffe nicht so weit reduziert, als es bei den Berthelotschen Versuchen der Fall war. Offenbar deshalb, weil die Jodwasserstoffsäure bei Gegenwart von Phosphorwasserstoff viel beständiger ist und unzersetzt Temperaturen verträgt, bei denen die freie Säure sonst vollständig zerlegt wird.

Graebe und Glaser[1]) haben dann die beiden Verfahren gewissermaßen kombiniert, indem sie zur Reduktion des Carbazols folgendermaßen vorgingen:

Je 6 g Carbazol, 2 g roten Phosphors und 7-8 g Jodwasserstoffsäure (sp. Gew. 1.72 = 127° Siedep.) — also nur so viel Säure, daß der Wassergehalt derselben genügt, um aus dem sich ausscheidenden Jod und dem Phosphor wieder Jodwasserstoff (und phosphorige Säure) zu bilden — wurden 8--10 Stunden in Röhren aus schwer schmelzbarem Glase auf 220—240° (nicht höher!) erhitzt.

Nach dem Erkalten müssen die Röhren vorsichtig geöffnet werden, weil sie immer freien Phosphorwasserstoff enthalten. Der Inhalt der Röhre ist fast vollkommen fest und besteht zum Teil aus Krystallen, zum Teil aus einer braunen sirupösen, phosphorige Säure enthaltenden Masse. Man kocht mit Wasser aus, um alles jodwasserstoffsaure Carbazolin zu lösen, filtriert und fällt aus der Lösung das Reduktionsprodukt mit Lauge. Die ausgeschiedenen Krystalle werden gewaschen und aus Alkohol umkrystallisiert. Ausbeute 50—60 Proz.:

$$C_{12}H_9N + 6H = C_{12}H_{15}N.$$

Es wird also hier nicht die höchste Hydrierungsstufe erreicht, doch gelingt auch dies bei Anwendung eines großen Überschusses an Säure, und bei länger andauernder Einwirkung (16 Stunden) bei genügend hoher (250—260°) Temperatur.[2])

Es empfiehlt sich, die Luft in den Einschmelzröhren durch Kohlendioxyd zu verdrängen.[3])

In Fällen, welche die Gefahr einer Umlagerung in sich schließen, kann Jodwasserstoffsäure nicht verwertet werden. Namentlich bei der Reduktion cyclischer Verbindungen werden solche Verände-

---

[1]) Ann. **163**, 353 (1872).
[2]) Lucas, B. **21**, 2510 (1888). Reduktion des Anthracens. — Liebermann und Spiegel, B. **22**, 135 (1889); **23**, 1143 (1890). Reduktion des Chrysens.
[3]) Rabe und Ehrenstein, Ann. **360**, 265 (1908).

rungen beobachtet: Methylengruppen werden teils abgespalten, teils addiert oder treten aus dem Ring in die Seitenkette und umgekehrt.[1]) So entsteht[2]) aus Benzol Methylpentamethylen:

$$CH_2\text{---}CH_2$$
$$CH_2\diagdown CH\text{---}CH_3$$
$$CH_2$$

Die komplizierten Seitenketten werden leichter als das Methyl abgespalten.

Die polymethylierten cyclischen Verbindungen unterliegen desto leichter einer Abspaltung, je mehr Methylgruppen sie enthalten.

Über die vortreffliche Reduktionsmethode mittels **Jodwasserstoffsäure** und **Zinkstaub** siehe **Willstätter**, B. **32**, 368 (1899). — **Koenigs** und **Happe**, B. **35**, 1345 (1902).

Vierter Abschnitt.

Resubstitutionen.

1. Abspaltung der Sulfogruppe.

Die Abspaltung der Sulfogruppen aus aromatischen Sulfosäuren erfolgt sehr verschieden leicht; man kann deshalb öfters aus dem Verhalten der Substanz auf die Stellung des Schwefelsäurerestes im Moleküle schließen.

Im allgemeinen wird[3]) die Abspaltung durch Einleiten von Wasserdampf in das auf geeignete Temperatur (110—220°) erhitzte Gemisch der Sulfosäure mit Phosphorsäure, Schwefelsäure und eventuell Salzen dieser Säuren bewirkt.

Besonders vorteilhaft ist die Verwendung überhitzten Dampfes (**Friedel** und **Crafts**).

Durol- und Pentamethylbenzolsulfosäure werden schon beim Schütteln mit kalter konzentrierter Schwefelsäure zerlegt.[4]) Offenbar wirken hier sterische Beeinflussungen.

Die a-ständigen Sulfogruppen von Naphthalin-, Naphthol- und Naphthylaminsulfosäuren werden schon in kalter, verdünnter wässeriger

---

[1]) **Markownikoff**, J. pr. (2), **46**, 104 (1892); **49**, 430 (1894). — B. **30**, 1214, 1225 (1897). — Siehe auch S. 943.

[2]) **Kižner**, Russ. **26**, 375 (1894). — Ch. Ztg. **21**, 954 (1897).

[3]) **Freund**, Ann. **120**, 80 (1861). — **Beilstein** u. **Wahlforss**, Ann. **133**, 36, 40 (1864). — **Armstrong** u. **Miller**, Soc. **45**, 148 (1884). — Bull. (2), **42**, 66 (1884). — **Kelbe**, B. **19**, 93 (1886). — **Jacobsen**, B. **19**, 1210 (1886); **20**, 900 (1887). — **Friedel** und **Crafts**, C. r. **109**, 95 (1889). — **Fournier**, Bull. (3) 7, 652 (1892). — D. R. P. 62634 (1892). — Wasserdampf allein: D. R. P. 82563 (1895).

[4]) **Jacobsen**, a. a. O.

Lösung durch Natriumamalgam gespalten, während die β-Sulfosäuren unter diesen Umständen unverändert bleiben.[1])

Ebenso wirkt Kochen mit verdünnten Säuren auf negativierenden Gruppen benachbarte Sulfogruppen.[2]) So wird aus der 1.5-Amino-naphthol-2.7-Disulfosäure die in o-Stellung befindliche Sulfogruppe glatt abgespalten.[3]) Ebenso kann aber auch anhydridhaltige Schwefelsäure wirken.[4])

Bei der trockenen Destillation der Ammoniumsalze werden nach Caro und V. Meyer ebenfalls vielfach die Sulfogruppen abgespalten,[5]) doch scheint das Verfahren nur in der Benzolreihe ausführbar und ergibt zum Teile störende Nebenprodukte.

p-Sulfozimtsäure geht in alkalischer Lösung beim Stehen mit Aluminiumamalgam in Zimtsäure über.[6])

Die α-Naphthylamindisulfosäuren 1.4.6, 1.4.7, 1.4.8 spalten beim Erhitzen mit Anilin oder p-Toluidin die in 4 befindliche Sulfogruppe unter gleichzeitiger Arylierung der α_1-Gruppe ab. D.R.P. 158923 (1905). — D.R.P. 159353 (1905).

2. Ersatz von Hydroxylgruppen durch Wasserstoff.

Der direkte Ersatz von Hydroxyl durch Wasserstoff wird, weil hierbei im allgemeinen allzu energisch wirkende Reduktionsmittel notwendig sind, selten vorgenommen, wenn Konstitutionsbestimmungen ausgeführt werden sollen. Man zieht es vielmehr vor, zuerst an Stelle des Hydroxyls Halogen treten zu lassen und dann dieses gegen Wasserstoff auszutauschen.

Die Verwandlung der Hydroxylverbindungen in Chlorverbindungen wird mittels Phosphorpentachlorid, manchmal auch Phosphortrichlorid oder Thionylchlorid, zur Milderung der Reaktion meist in Lösungsmitteln, bewirkt. Als solche Lösungsmittel dienen Phosphoroxychlorid, Chloroform oder Tetrachlorkohlenstoff.

Zum Entchloren dient dann entweder nach Königs[7]) Eisenfeile in Gegenwart von verdünnter Schwefelsäure, oder Zinkstaub und

---

[1]) Friedländer und Lucht, B. **26**, 3030 (1893). — Claus, B. **10**, 1303 (1877).

[2]) D. R. P. 57525 (1891). — D.R.P. 62634 (1892). — D. R. P. 64979 (1892). — D. R. P. 73076 (1893) — D. R. P. 75710 (1894). — D. R. P. 77596 (1894). — D. R. P. 78569 (1894). — D. R. P. 78603 (1894). — D.R.P. 82563 (1895). — D. R. P. 83146 (1895). — D. R. P. 81762 (1895). — D. R. P. 90096 (1895). — D. R. P. 84952 (1895). — D. R. P. 89539 (1896). — B. **29**, 1983 (1896). — B. **30**, 1460 (1897). — B. **27**, 1199 (1899).

[3]) D. P. A. C. 13536 (1905).

[4]) Ber. Ref. **26**, 154 (1893). — D.R.P. 42272 (1887). — D. R. P. 42273 (1887). — D. R. P. 81762 (1895). — R. R. P. 90849 (1897).

[5]) B. **16**, 1468 (1883). — Egli, B. **18**, 575 (1885).

[6]) Moore, B. **33**, 2014 (1900).

[7]) B. **28**, 3145 (1895). — Busch und Rast, B. **30**, 521 (1897).

Salzsäure[1]) oder Lauge[2]), ferner Natriumamalgam in saurer und alkalischer Lösung, endlich Jodwasserstoffsäure, der roter Phosphor oder, nach E. Fischer[3]), Phosphoniumjodid zugesetzt wird.

Vielfach leichter als Chlorverbindungen reagieren die entsprechenden Brom- oder Jodderivate, die man entweder direkt oder durch Umsetzung aus den Chlorverbindungen erhält.[4])

Kekulé hat die leichte Resubstituierbarkeit von Brom und Jod durch aus Natriumamalgam entwickelten Wasserstoff zu einer quantitativen Bestimmungsmethode für das Halogen in aliphatischen Verbindungen ausgearbeitet.[5])

Die Halogenderivate der aromatischen und Pyridinreihe sind im allgemeinen weit schwerer resubstituierbar; doch können mit dem Halogen gleichzeitig im Molekül befindliche Atome und Atomgruppen „auflockernd" wirken: so der Stickstoff des Pyridinringes auf α- und γ-ständiges Halogen, negativierende Gruppen in Ortho- oder Parastellung, wie die Nitro-, Hydroxyl- oder Carboxylgruppe bei Benzolderivaten.

Sehr bemerkenswert ist andererseits, daß Spuren von Metallen, speziell Kupfer (und Eisen), in ähnlicher Weise das Halogen beweglich machen,[6]) und daß auch die Grignardsche Reaktion in sehr vielen Fällen eine leichte Abspaltung des Halogens ermöglicht. Siehe Spencer und Stokes, Soc. **93**, 68 (1908). — Spencer, B. **41**, 2302 (1908).

Über die Beweglichkeit von Halogenatomen in organischen Verbindungen siehe auch die Zusammenstellung in der Dissertation von Ch. Chorower, Zürich 1907. — Siehe auch S. 965 ff.

3. Abbau der Carbonsäuren.

Außer durch direkte Abspaltung von Kohlendioxyd (Seite 564) oder Kohlenoxyd (Seite 566) kann man Carbonsäuren noch in verschiedener Weise in um ein C-Atom ärmere Verbindung verwandeln.

Die wichtigste einschlägige Methode, der Hofmannsche Abbau ist Seite 850 besprochen.

Außer dem Hofmannschen Verfahren hat man noch viererlei Wege die Carboxylgruppe abzubauen.

1. Die Lossensche Methode[7]) der Umlagerung gewisser Hydroxylaminderivate durch Kochen mit Wasser:

---

[1]) E. Fischer und Seuffert, B. **34**, 797 (1901).
[2]) Ladenburg, Ann. **217**, 11 (1883), setzt auch hier noch Eisenfeile zu.
[3]) B. **17**, 332 (1884); **32**, 692 (1899).
[4]) Haitinger und Lieben, M. **8**, 319 (1885). — Byvanek, B. **31**, 2153 (1898).
[5]) Siehe S. 217.
[6]) Ullmann, B. **38**, 2211 (1905). — Ann. **355**, 312 (1907).
[7]) Ann. **185**, 313 (1877).

$$2\,R.C\begin{array}{l} NO.CO.R \\ \diagdown \\ OK \end{array} + H_2O = 2\,R.COOK + CO\begin{array}{l} NHR \\ \diagup \\ \diagdown \\ NHR \end{array} + CO_2.$$

Durch Hydrolyse des entstehenden Harnstoffs erhält man dann die Base RNH_2. Diese Methode hat mehrfache Anwendung in der Technik gefunden. Siehe D. R. P. 130680 (1902) und D. R. P. 130681 (1902).

2. Die Reaktionsfolge von Curtius[1]), welche von den Säure-estern ausgehend über die Säurehydrazide und Azide zu den Urethanen und weiterhin den primären Aminen führt:

$$R.COOCH_3 \;\longrightarrow\; R.CONH.NH_2 \;\longrightarrow\; R.CON\begin{array}{l} N \\ \| \\ N \end{array}\longrightarrow$$

$$\longrightarrow\; R.NH.COOC_2H_5 \;\longrightarrow\; R.NH_2.$$

Dieses Verfahren hat u. a. die Darstellung des $\beta\beta'$-Diaminolutidins ermöglicht.[2])

3. Die Beckmannsche Methode[3]), welche von der Säure über das Keton und Oxim zum substituierten Säureamid führt, das dann gespalten werden kann:

$$RCOOH \rightarrow R.CO.CH_3 \rightarrow RCNOHCH_3 \rightarrow RCONHR \rightarrow RCOOH + NH_2R.$$

Das Beckmannsche Verfahren ist nur in Ausnahmefällen für präparative Zwecke anwendbar.

4. Die aus den primären und sekundären Säuren leicht erhält-lichen α-Bromfettsäureamide werden unter dem Einflusse von Alkali-lauge unter Bildung von Bromwasserstoff und Blausäure nach dem Schema:

abgebaut.[4])

Über weitere Reduktions- und Abbaumethoden siehe bei den betr. Atomgruppen.

---

[1]) J. pr. (2) **50**, 275 (1894).

[2]) Mohr, B. **33**, 1114 (1900). — Amos, Inaug.-Diss. Heidelberg, 1902.

[3]) Siehe S. 909.

[4]) Zernik, Apoth.-Ztg. **19**, 873 (1904); **22**, 960 (1907). — Saam, Ph. C.-H. **48**, 143 (1907). — Mossler. M. **29**, 69 (1908). — Mannich und Zernik, Arch. **246**, 178 (1908).

Dritter Teil.

Qualitative und quantitative Bestimmung der organischen Atomgruppen.

Erstes Kapitel

Nachweis und Bestimmung der Hydroxylgruppe.

————

Erster Abschnitt.

Qualitativer Nachweis der Hydroxylgruppe.

Außer den im nachfolgenden beschriebenen allgemein anwendbaren Methoden zur quantitativen Hydroxylbestimmung, die natürlich auch zum qualitativen Nachweise dieser Atomgruppe dienen können, gibt es noch für die einzelnen Bindungsformen, in denen sich die OH-Gruppe befindet, charakteristische Spezialreaktionen.

$$\text{1. Reaktionen der primären Alkohole } R - \overset{\displaystyle H}{\underset{\displaystyle H}{\overset{\displaystyle |}{\underset{\displaystyle |}{C}}}} - OH.$$

A. Nitrolsäureprobe von V. Meyer und Locher.[1]

Man verwandelt den zu untersuchenden Alkohol durch Jod und amorphen Phosphor[2] in sein Jolid. Die bequemere Jodierungsmethode mittels Jodwasserstoffsäure ist unstatthaft, weil sie eventuell zu Umlagerungen Anlaß geben kann.

Von den kohlenstoffärmeren Jodüren (der Methyl- bis zur Propylreihe), bei welchen die Umwandlung in Nitrokörper sehr glatt geht, genügen zu der folgenden Operation 0.3 g; von den kohlenstoffreicheren, bei welchen neben der Bildung des Nitrokörpers stets Abspaltung von Alkylen statthat, nimmt man 0.5—1.0 g.

Diese Jodidmenge bringt man in ein Destillierkölbchen von wenigen Kubikzentimetern Inhalt mit seitlich angeblasenem, etwa 20 cm

———

[1] B. 7, 1510 (1874); 9, 539 (1876). — Ann. 180, 139 (1875). — Siehe auch Demjanow, B. 40, 4394 (1907).
[2] Beilstein, Ann. 126, 250 (1863).

langem Rohre, in welches vorher eine kleine Menge trockenen Silber-
nitrits (das Doppelte vom Gewichte des Jodürs), das mit seinem
gleichen Volumen feinen trockenen weißen Sandes innig verrieben ist,
eingefüllt wurde.

Man wartet einige Augenblicke, bis die unter Wärmeentwicklung
erfolgende Reaktion:

$$RCH_2J + AgNO_2 = RCH_2NO_2 + AgJ$$

eingetreten ist und destilliert nun über freier Flamme ohne Kühler
ab. Das aus wenigen Tropfen bestehende Destillat wird mit dem
dreifachen Volum einer Auflösung von Kaliumnitrit in konzentrierter
Kalilauge geschüttelt, die Flüssigkeit mit etwas Wasser verdünnt und
durch tropfenweisen Zusatz von verdünnter Schwefelsäure angesäuert.

Die nunmehr farblose Lösung färbt sich, falls ein primärer Alkohol
vorlag, orangerot bis (in den niedrigeren Reihen) intensiv dunkelrot.
(Bildung von erythronitrolsaurem Salz. Siehe Hantzsch und Graul,
B. **31**, 2854 (1898).

Durch abwechselnden Zusatz von Säure und Alkali kann man
diese Färbung beliebig oft aufheben und wiederherstellen; falls das
Destillat in wässeriger Kalilauge schwer löslich ist, kann man auch
alkoholische Lauge verwenden.

Nach Gutknecht[1]) liefert diese Reaktion noch in der Octyl-
reihe gute Resultate. Versuche des Verfassers zeigten, daß auch noch
das Cetyljodid $C_{16}H_{33}J$ deutlich reagiert. — Aromatische Alkohole (Benzylalkohol) geben die Reaktion nicht.

B. Nach Stephan[2])[3]) reagiert Phthalsäureanhydrid unter
Zusatz eines geeigneten Verdünnungsmittels auf dem Wasserbade bei
einstündigem Erwärmen quantitativ mit primären Alkoholen unter
Bildung saurer Ester, während sekundäre Alkohole bei gleicher Be-
handlungsweise nur schwer und in geringer Menge, tertiäre durchaus
nicht reagieren. Erhitzt man aber die Komponenten ohne Verdünnungsmittel auf 110—120°, so reagieren auch sekundäre Alkohole
recht leicht. Pickard und Littlebury, Soc. **91**, 1978 (1907). —
Pickard und Kenyon, Soc. **91**, 2059 (1907).

Der betreffende Alkohol wird mit dem gleichen Gewichte fein
gepulverten Phthalsäureanhydrids und dem gleichen Volum Benzol
gekocht, der gebildete saure Ester durch Schütteln mit Sodalösung
an Alkali gebunden, stark mit Wasser (bis zur klaren Lösung) ver-

---

[1]) B. **12**, 620 (1879).
[2]) J. pr. (2), **60**, 248 (1899); **62**, 523 (1900). — Semmler und Barthelt,
B. **40**, 1365 (1907). Diese Methode ist namentlich in der Terpenreihe erprobt
worden. — Schimmel & Co., B. **1899**, II, 17, 41; **1900**, 1, 44; **1900**, II, 45. —
Roure-Bertrand Fils, B. I, **3**, 35, 38 (1901); B. I, 9, 21 (1904). — Hesse,
B. **36**, 1466 (1903). — Über eine etwas andere Arbeitsmethode siehe Charabot,
Bull. (3), **23**, 926 (1900). — Roure-Bertrand Fils, B. I, 4, 15 (1904). —
Enklaar, B. **41**, 2086 (1908). — Siehe auch S. 430.
[3]) Fr. P. 374405 (1907).

dünnt, mit Äther erschöpft und nach dem Abdestillieren des letzteren unter Zusatz von kaustischem Alkali der regenerierte Alkohol mit Dampf übergetrieben. Die Phthalestersäuren lassen sich öfters auch zweckmäßig durch Umkrystallisieren aus hochsiedendem Petroläther reinigen.

In analoger Weise liefern auch nur die primären Alkohole mit den Anhydriden schwer flüchtiger einbasischer Säuren unter geeigneten Bedingungen entsprechende Ester.[1]

Phytol, obwohl ein primärer Alkohol, reagiert nicht mit Phthalsäureanhydrid.[2] — Dagegen bewährte sich nach Henderson und Heilbron[3] die Phthalsäureestermethode in einem Falle, wo Benzoylierung und Acetylierung nicht zu befriedigenden Resultaten führten.

Das Verfahren kann auch zu quantitativen Bestimmungen verwertet werden. Schimmel & Co. gehen z. B.[4] zur Analyse des Citronellöls folgendermaßen vor.

In einem Kolben mit eingeschliffenem Rückflußkühler werden 2 g Öl mit 2 g Phthalsäureanhydrid und 2 g Benzol 2 Stunden lang im Wasserbade erhitzt. Nach dem Abkühlen wird der Kolbeninhalt mit 60 ccm $n/_2$-Kalilauge 10 Minuten lang durchgeschüttelt. Während dieser Zeit bleibt der Kolben mit einem eingeschliffenen Stopfen verschlossen. Das Anhydrid ist dann in neutrales Kaliumphthalat und die Geraniolestersäure in ihr Kaliumsalz verwandelt. Der Überschuß an Kalilauge wird dann mit $n/_2$-Schwefelsäure zurücktitriert. Die Zahl der verbrauchten Kubikzentimeter multipliziert mit 0,028 gibt die noch vorhanden gewesene Menge Alkali an. Zieht man diese Menge von der der angewandten Phthalsäure entsprechenden ab, so erhält man die dem sauren Geraniolester äquivalente Menge. Hieraus läßt sich das vorhanden gewesene Geraniol berechnen.

Das Geraniol kann hier nicht durch Acetylierung bestimmt werden, weil das anwesende Citronellal dabei in Isopulegolacetat übergeführt würde.

Über die Umwandlung auch von tertiären Alkoholen (Linalool) in Phthalestersäuren mittels trockener Natriumalkoholate siehe Tiemann und Krüger, B. 29, 902 (1896).

C. Namentlich für primäre Alkohole von höherem Molekulargewichte ist die Reaktion von Hell[5] verwertbar. Beim Erhitzen mit Natronkalk werden nämlich die primären Alkohole nach der Gleichung[6]

---

[1] Fr. P. 374405 (1907).
[2] Willstätter und Hocheder, Ann. 354, 249 (1907).
[3] Soc. 93, 293 (1908).
[4] Schimmel & Co., B. 1899, II, 17.
[5] Ann. 223, 269, 274, 295 (1884). — Schwalb, Ann. 235, 106 (1886). — Mangold, Ch. Ztg. 16, 799 (1891).
[6] Dumas und Stas, Ann. 35, 129 (1841). — Brodie, Ann. 67, 202 (1848); 71, 149 (1849). — Nef, Ann. 318, 173 (1901). — Siehe auch S. 418.

$$R \cdot CH_2 OH + KOH = R \cdot COOK + 2H_2$$

unter Freimachung von 2 Molekülen Wasserstoff in die zugehörigen Säuren verwandelt. Die weitergehende Zersetzung der Säure:

$$R \cdot COOK + KOH = R \cdot H + K_2 CO_3$$

erfolgt bei nicht viel höherer Temperatur. Es wäre daher bei den niedrigeren Alkoholen auf eine entsprechende Reinigung des gebildeten Wasserstoffs von gasförmigen Kohlenwasserstoffen Rücksicht zu nehmen. Bei den höheren Alkoholen dagegen übt die Bildung dieser Nebenprodukte, da dieselben nicht flüchtig sind, keinen Einfluß auf die Menge des entwickelten Gases.

Das Volum des bei der Reaktion entwickelten Gases ist ein Maß für die Molekulargröße des untersuchten Alkohols. Ebenso kann natürlich die Methode von Hell zur qualitativen und quantitativen Bestimmung eines primären Alkohols von bestimmtem Molekulargewichte dienen.

Ausführung der Bestimmung. In einem nach dem Prinzipe von Lothar Meyer[1]) konstruierten Luftbade B (Fig. 188), in welches mittels Kork das Rohr i und ein Thermometer eingesetzt sind, wird die Substanz erhitzt. Hell verwendet die fein gepulverte Substanz direkt mit Natronkalk innig gemischt. Seither haben A. und P. Buisine[2]) konstatiert, daß man noch zuverlässigere Resultate erhält, wenn man den flüssigen oder geschmolzenen Alkohol zuerst mit dem gleichen Gewichte ($^1/_2$—1 g) fein gepulverten Ätzkalis in der Wärme verreibt. Die nach dem Erkalten harte Masse wird pulverisiert und mit 3 Teilen Kalikalk (auf 1 Teil Alkohol) innig gemischt. — Die Mischung wird in die Röhre i gebracht, noch mit etwas Natron- oder Kalikalk bedeckt und dann, um das durch Erwärmung und Druckverminderung ausdehnbare Luftvolumen möglichst zu verringern, eine an beiden Enden zugeschmolzene Röhre k, welche das Rohr nahezu ausfüllt, eingeschoben. Durch das mittels des gut passenden Kautschukstopfens p eingesetzte enge Röhrchen r wird dann die Verbindung mit einer vollständig mit Quecksilber gefüllten und mit einem Dreiweghahne h versehenen Hofmannschen Gasbürette luftdicht hergestellt.

Um die durch das Einschieben von r in p veranlaßte Druckdifferenz auszugleichen, wird zuerst durch Drehen des Dreiweghahns die Kommunikation von i mit der atmosphärischen Luft hergestellt.

Man beobachtet nun Barometerstand und Temperatur und bringt durch Drehen von h die Bürette mit i in Verbindung. Durch Ablassen von Quecksilber bei q wird jetzt ein Vakuum erzeugt und untersucht, ob der Apparat luftdicht schließt, der Quecksilberstand in der Bürette sich also nach einiger Zeit nicht ändert.

---

[1]) B. **16**, 1087 (1885).
[2]) Monit. scient. **1890**, 1127. — Bull. (3), **3**, 567 (1890).

Nun wird langsam angewärmt und dann so lange auf 300—310°
erhitzt, bis das Niveau der Quecksilbersäule konstant bleibt. Man
läßt dann den Apparat wieder auf die Anfangstemperatur erkalten,
stellt den ursprünglichen Druck durch Zugießen von Quecksilber her,
liest das Gasvolumen ab und reduziert auf 0° und 760 mm Druck.

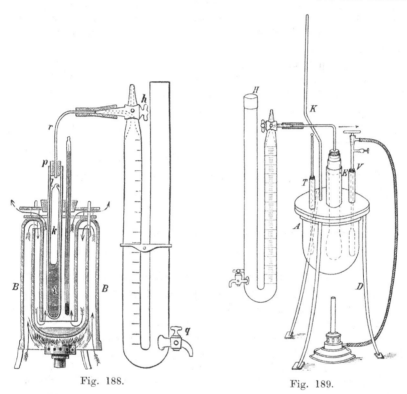

Fig. 188.   Fig. 189.

Will man das Gas trocken messen, so wählt man i länger und
bringt oberhalb k noch eine Schicht stark ausgeglühten Natronkalks an.

Andernfalls hat man die Tension des Wasserdampfes w zu berücksichtigen.

Aus dem abgelesenen Volumen v findet man das korrigierte Volumen

$$V = \frac{v \cdot (b - w)}{760 \, (1 + 0.003665 \, t)}$$

und das Gewicht des Wasserstoffs in Milligrammen

$$G = 0.0896 \cdot V.$$

Zur Analyse der Alkohole der Wachsarten haben A. und
P. Buisine den Apparat modifiziert. Als Bad dient das mit Queck-
silber gefüllte eiserne Gefäß A (Fig. 189), welches ein Steigrohr K zur
Kondensation der Quecksilberdämpfe trägt.

D. Reaktion von Jaroschenko[1]). Aus primären Alkoholen entsteht mit Phosphortrichlorid nach der Gleichung:

$$R.CH_2 - OH + PCl_3 = RCH_2 - OPCl_2 + HCl$$

ein alkylphosphorsaures Chloranhydrid, das unzersetzt destillabel ist. Man läßt den Alkohol unter sorgfältiger Kühlung in das Phosphortrichlorid eintropfen. Nach Beendigung der ziemlich stürmischen Reaktion wird noch einige Zeit auf dem Wasserbade erwärmt und dann rektifiziert.

E. Natürlich kann man für die Diagnose von primären Alkoholen auch ihre Überführbarkeit in einen Aldehyd und eine Säure vom gleichen Kohlenstoffgehalte verwerten, nur sind diese Oxydationen nicht immer leicht und glatt ausführbar. — Siehe hierzu S. 390.

F. Über Messung der Esterifizierungsgeschwindigkeit primärer Alkohole siehe S. 456.

G. Nur primäre Alkohole liefern Alkylschwefelsäuren.

H. Mit Brom[2]) reagieren die primären Alkohole im Gegensatze zu den sekundären, nur sehr wenig energisch.

2. Reaktionen der sekundären Alkohole: $R - \overset{\displaystyle C}{\underset{\displaystyle H}{\vert\,\,C\,\,\vert}} - OH.$

A. Pseudonitrolreaktion von V. Meyer und Locher.[3])

Die Reaktion wird wie in der primären Reihe die Nitrolsäureprobe angestellt, nur muß das Schütteln mit der Kaliumnitrit-Kalilösung etwas längere Zeit (ungefähr 1 Minute lang) fortgesetzt werden. Nach Zusatz von Schwefelsäure erhält man dann eine tiefblaue bis blaugrüne Färbung, die auf Alkalizusatz nicht verschwindet, aber unter Entfärbung der wässerigen Lösung durch Chloroform ausgeschüttelt werden kann. Manchmal scheidet sich auch das entstandene Pseudonitrol in festem Zustande ab und kann dann mit blauer Farbe in Chloroform gelöst werden. Die Pseudonitrole besitzen einen scharfen, zu Tränen reizenden Geruch, ähnlich dem des Nitrosobenzols.

Während nun in Mischungen primärer und sekundärer Alkohole die Nitrolsäurebildung immer gleich gut gelingt, wird die Pseudonitrolreaktion schon durch die Anwesenheit geringer Mengen primären Jodürs merklich gestört und durch große Mengen desselben ganz verwischt. Das primäre Jodür bleibt also in Mischungen immer

---

[1]) Menschutkin, Ann. **139**, 343 (1866). — Kowalewsky, Russ. **29**, 217 (1897). — Jaroschenko, Russ. **29**, 223 (1897).

[2]) Etard, C. r. **114**, 753 (1892). — Lobry de Bruyn, B. **26**, 272 (1893). — Ipatjew, J. pr., (2), **53**, 257 (1896). — Ipatjew und Grawe, C. **1901**, II, 1201. — Bugarsky, Z. phys. **38**, 561 (1901); **42**, 545 (1903). — Siehe auch S. 453, Anm. 3.

[3]) Literatur siehe S. 447, Anm. 1.

leicht nachweisbar, das sekundäre mit Sicherheit nur dann, wenn seine Menge wesentlich vorwiegt.[1]) Die Reaktion gelingt in der aliphatischen Reihe nur bis einschließlich der Amylalkohole.[2])

B. Sekundäre Alkohole reagieren mit Brom schon bei gewöhnlicher Temperatur in explosionsartig heftiger Weise, ohne daß sich primär Bromwasserstoff entwickelt.[3])

C. Während im allgemeinen die sekundären Alkohole ebenso wie die primären durch Halogenwasserstoffsäuren nur schwer, und dann in sekundäre Halogenkohlenwasserstoffe verwandelt werden, geben Alkohole $-CH-CHOH$ (auch ungesättigte) der Terpenreihe hierbei

$$\underset{R}{|}$$

tertiäre Halogenide.[4])

D. Reaktion von Chancel.[5]) Während bei der Einwirkung von Salpetersäure auf primäre Alkohole nur neutrale Körper (Ester der Salpetersäure und salpetrigen Säure) entstehen, bilden die sekundären (und wahrscheinlich auch die höheren tertiären, was nicht untersucht ist) unter Spaltung des Alkohols sauer reagierende Nitroalkyle, welche charakteristische Kalium- und Silbersalze liefern.

Man übergießt in einer Eprouvette 1 ccm des zu untersuchenden Alkohols mit dem gleichen Volumen Salpetersäure (sp. Gew. 1.35), erwärmt und verdünnt, wenn die Reaktion vorüber ist, mit Wasser und schüttelt mit Äther aus. Die Ätherschicht wird abpipettiert, in einem kleinen Schälchen verdampft und der Rückstand in wenigen Tropfen Alkohol gelöst. Auf Zusatz von etwas alkoholischer Kalilauge bleibt die Lösung klar, falls ein primärer Alkohol vorlag. Sekundäre Alkohole liefern hingegen nach kurzer Zeit eine Krystallisation von gelben Prismen des Nitroalkylsalzes.

Die Reaktion gelingt auch in den höheren Reihen, nicht aber beim Isopropylalkohol.

E. Beim Behandeln mit Phosphortrichlorid (siehe Reaktion D der primären Alkohole) erhält man ca. 80 Proz. an ungesättigten Kohlenwasserstoffen.

F. Bei der Oxydation geben die sekundären Alkohole Ketone, unter Umständen indes auch Ketonsäuren[6]) mit der gleichen Anzahl von Kohlenstoffatomen.

G. Esterifizierungsgeschwindigkeit mit Essigsäure siehe S. 456.

---

[1]) V. Meyer und Forster, B. 9, 539, Anm. (1876). — Demjanow, B. 40, 4394 (1907).
[2]) Gutknecht, B. 12, 624 (1879).
[3]) Henry, Bull. Ac. roy. Belg. 1906, 424. — Rec. 26, 118 (1907).
[4]) Kondakow, B. 28, 1618 (1895). — Kondakow und Lutschinin, J. pr. (2), 60, 257 (1899); 62, 1 (1900).
[5]) C. r. 100, 604 (1885).
[6]) Glücksmann, M. 10, 770 (1889). — Siehe auch S. 393.

$$\text{3. Reaktionen der tertiären Alkohole: } R - C - OH.$$
$$\begin{array}{c} C \\ | \\ C \end{array}$$

A. Beim Behandeln der Jodide nach V. Meyer und Locher tritt keine Färbung ein.

B. Tertiäre Alkohole reagieren mit Brom, auch im Sonnenlicht, erst in der Wärme, am stärksten werden jene Alkohole angegriffen, welche neben der $\equiv$C—OH-Gruppe eine $=$CH-Gruppe haben, schwächer, die eine CH$_2$-Gruppe, und ganz schwach, die eine CH$_3$-Gruppe benachbart haben.[1) — Siehe auch unter K.

C. Mit Phthalsäureanhydrid tritt keine Reaktion ein.[2)

D. Reaktion von Chancel: Siehe sekundäre Alkohole (D).

E. Mit Phosphortrichlorid bilden sich die entsprechenden Alkylchloride nahezu quantitativ.

F. Reaktion von Denigès.[3) Die Äthylenkohlenwasserstoffe verbinden sich mit Quecksilbersulfat zu charakteristischen Verbindungen vom Typus

$$R'' \left(\begin{array}{c} > O < \begin{array}{c} Hg \\ \\ Hg \end{array} > SO_4 \end{array} \right)_3$$

Da nun die tertiären Alkohole im allgemeinen unter Bildung derartiger Kohlenwasserstoffe zu zerfallen vermögen, reagieren sie auch leicht mit dem Reagens von Denigès.

Zur Darstellung des letzteren vermischt man

50 g Quecksilberoxyd,
200 ccm Schwefelsäure,
1000 ccm Wasser.

Zur Ausführung der Reaktion erhitzt man ein bis zwei Tropfen des zu untersuchenden Alkohols mit einigen Kubikzentimetern der Quecksilberlösung. Nach kurzer Zeit bildet sich dann, falls der Alkohol tertiär ist, ein gelber, manchmal auch rötlicher Niederschlag. Das Kochen soll höchstens 2—3 Minuten andauern.

Alkohole, denen die Fähigkeit zur Bildung von Äthylenkohlenwasserstoffen abgeht, wie das Triphenylcarbinol, die Citronensäure usw., reagieren nicht, ebensowenig wie die primären und sekundären Alkohole. Nur der Isopropylalkohol, der relativ leicht in Propylen übergeht, reagiert beim andauernden Kochen, jedoch viel langsamer als die tertiären Verbindungen.

[1) Henry, Bull. Ac. roy. Belg. 1906, 424. — Rec. 26, 118 (1907).
[2) Siehe übrigens S. 449.
[3) C. r., 126, 1043, 1277 (1898).

G. Beim Erhitzen mit Essigsäureanhydrid auf 155° spalten die acyclischen tertiären Alkohole in der Regel Wasser ab und bilden Alkylene.

H. Bei der Oxydation[1]) zerfallen sie gewöhnlich in Ketone und Carbonsäuren von geringerer Kohlenstoffanzahl. Gelegentlich tritt indessen (als Nebenreaktion) infolge intermediärer Alkylenbildung und Wasseranlagerung Umwandlung in primären Alkohol ein, der dann zur Carbonsäure mit gleicher C-Zahl oxydiert wird; z. B.[2]):

$$CH_3\!\!>\!\!C\!\!<^{CH_3}_{OH} \;-\!\!\rightarrow\; CH_3\!\!>\!\!C=CH_2 \;\rightarrow\; CH_3\!\!>\!\!C\!\!<^{CH_2-OH}_{H} \;\rightarrow$$

$$CH_3\!\!>\!\!C\!\!<^{COOH}_{H}$$

I. Im Gegensatze zu den primären und sekundären liefern die tertiären Alkohole mit Bariumoxyd keine Alkoholate.[3])

K. Reaktion von Hell und Urech.[4])

Brom wirkt auf tertiäre Alkohole nach dem Schema:

$$\overset{C\;C\;C}{\underset{OH}{C}} + Br_2 = \overset{C\;C\;C}{\underset{Br}{C}} + HBr + O$$

Wenn man die Reaktion in Gegenwart von Schwefelkohlenstoff vor sich gehen läßt, so bildet der nascierende Sauerstoff mit letzterem Schwefelsäure.

Zur Ausführung des Versuches wird der wasserfreie, reine Alkohol mit trockenem Brom und reinem Schwefelkohlenstoff mehrere Stunden in einem gut verschlossenen Gefäße bei Zimmertemperatur sich selbst überlassen. Dann gießt man in Wasser und prüft nach sofortigem Durchschütteln mit Bariumnitrat. Tertiäre Alkohole geben eine reichliche Fällung von Bariumsulfat, während primäre und sekundäre wasserfreie Alkohole keinen Niederschlag erzeugen.

L. Nach Semmler[5]) werden tertiäre Alkohole, im Gegensatze zu den primären und sekundären, durch Reduktion mit Natrium und Alkohol, noch besser mittels Zinkstaub, ihres Sauerstoffs beraubt.

Man schließt den Alkohol mit seinem doppelten Gewichte Zinkstaub in eine Einschmelzröhre ein und erhitzt $^1/_2$—4 Stunden auf

---

[1]) Wagner, J. pr. (2), **44**, 308 (1891) und M. u. J. 2. Aufl. **1**, 218 (1906). — Siehe auch S. 382.

[2]) Butlerow, Z. f. Ch. **1871**, 484. — Ann. **189**, 73 (1877). — Eine etwas andere Erklärung gibt Nevole, B. **9**, 448 (1876). — Wagner, B. **21**, 1232 (1888).

[3]) Menschutkin, Ann. **197**, 204 (1879).

[4]) B. **15**, 1249 (1882).

[5]) B. **27**, 2520 (1894); **33**, 776 (1900). — Siehe S. 437.

220—230°. Die Röhren enthalten häufig Druck von teilweise abge-
spaltenem Wasserstoff. Das Reaktionsprodukt wird durch Destillieren mit Wasserdampf gereinigt oder der Röhreninhalt ausgeäthert
und nach Entfernung des Äthers der Rückstand im Fraktionierkolben
destilliert.

M. Tertiäre Alkohole — namentlich leicht die aromatischen Carbinole — werden durch Halogenwasserstoff (auch Salzsäure) und Acetylchlorid oder Thionylchlorid (Hans Meyer) in halogensubstituierte
Kohlenwasserstoffe verwandelt.[1])

Wenn der Alkohol außer Kohlenwasserstoffresten in Nachbar-
stellung zum Hydroxyl noch andere Gruppen (wie CH_2Cl, $COOH$,
$COOC_2H_5$, CN) enthält, wird er gegen Salzsäure resistenter und gibt
mit Acetylchlorid Acetat.

N. Primäre und sekundäre alkoholische Hydroxyle reduzieren
Neßlers Reagens. Körper mit tertiärem alkoholischem Hydroxyl
reduzieren nicht.[2])

4. Weitere Reaktionen der einwertigen Alkohole.

A. Primäre, sekundäre und tertiäre einwertige Alkohole, nicht
aber mehrwertige Alkohole, Phenole und Säuren zeigen nach B. v. Bittó[3])
eine charakteristische Farbenreaktion mit Methylviolett.

Einige Kubikzentimeter der zu untersuchenden Flüssigkeit werden
mit 1—2 ccm einer Lösung von 0.5 g Methylviolett in 1 l Wasser versetzt und dann $^1/_2$—1 ccm Alkalipolysulfidlösung hinzugefügt. Ist
ein einwertiger Alkohol vorhanden, so färbt sich die Flüssigkeit kirsch-
rot bis violettrot und bleibt klar; im anderen Falle entsteht eine
grünlichblaue Färbung, und es scheiden sich aus der alsdann gelb
gewordenen Flüssigkeit rötlichviolette Flocken aus.

B. Verhalten der Alkohole bei der Esterifikation mit
Essigsäure.

Die Esterifizierungsgeschwindigkeit der primären, sekundären und
tertiären Alkohole ist verschieden groß, und ebenso verschieden die
unter analogen Umständen umsetzbare Alkoholmenge (Menschutkin[4]).

---

[1]) Butlerow, Ann. 144, 5 (1867). — Michael, J. pr. (2), 60, 424,
Anm. (1899). — Straus und Caspari, B. 35, 2401 (1902); 36, 3925 (1903).
— Henry, Bull. Ac. roy. Belg. 1905, 537. — Kauffmann und Grombach,
B. 38, 2702 (1905). — Semmler, Die ätherischen Öle 1, 125 (1905). —
Michael, B. 39, 2790 (1906). — Henry, C. r. 142, 129 (1906). — Rec. 25,
138 (1906). — Bull. Soc. Chim. Belg. 20, 152 (1906). — Bull. Ac. roy. Belg.
1906, 424. — Gleditsch, Bull. (3), 35, 1094 (1906). — Delacre, Bull. Ac.
roy. Belg. 1906, 134. — Henry, Rec. 26, 89 (1907).
[2]) Rosenthaler, Arch. 244, 373 (1906). — Süddeutsche Apoth. Ztg.
1907, 412. — Z. ang. 20, 412 (1907).
[3]) Ch. Ztg. 17, 611 (1893).
[4]) Ann. 195, 334 (1879); 197, 193 (1879). — Russ. 18, 564 (1881). —
Willstätter und Hocheder, Ann. 354, 249 (1907).

Nennt man die Prozentzahl an Ester, die nach einstündiger Einwirkung äquimolekularer Mengen von Alkohol und Essigsäure (bei 155°) sich ergibt, den Wert der **Anfangsgeschwindigkeit**, den nach 120 Stunden erzielten Umsatz den **Grenzwert**, so findet man: Für die **primären Alkohole** der Formel:

	Anfangsgeschwindigkeit:	Grenzwert:
$CH_3(CH_2)_nCH_2OH$	46.7	66.6
R_2CHCH_2OH	44.4	67.4
$C_nH_{2n-1}OH$	35.7	59.4
$C_nH_{2n-3}OH$	20.5	—
$C_nH_{2n-7}OH$	38.6	60.8

Für die **sekundären Alkohole** der Formel:

$C_nH_{2n+1}OH$	16.9—26.5	58.7—63.1
$C_nH_{2n-1}OH$	15.1	52.0—61.5
$C_nH_{2n-3}OH$	10.6	50.1
$C_nH_{2n-7}OH$	18.9	—
$C_nH_{2n-15}OH$	22.0	—

Für die **tertiären Alkohole** der Formel:

$C_nH_{2n+1}OH$	0.9—2.2	0.8—6.6
$C_nH_{2n-1}OH$	3.1	0.5—7.3
$C_nH_{2n-3}OH$	—	3.1—5.4
$C_nH_{2n-7}OH$ (Phenole)	0.6—1.5	8.6—9.6
$C_nH_{2n-13}OH$	—	6.2

Ausführung der Bestimmungen. Zu jeder Bestimmung werden ca. 2 g Alkohol und die äquimolekulare Menge reiner, wasserfreier Essigsäure benutzt. Die Erhitzung des Gemisches wird in zugeschmolzenen dünnwandigen Glasröhren von etwa 5 mm innerem Durchmesser vorgenommen (Fig. 190). —

Um die Flüssigkeit in dieselben einzuführen, wird die ausgezogene Spitze des gewogenen Röhrchens in das Gemisch von Säure und Alkohol getaucht und mittels Kautschukschlauches so viel eingesogen, daß das Röhrchen, dessen Kapazität etwa 1 ccm beträgt, halb gefüllt ist. Dann schmilzt man bei C zu, dreht das Röhrchen um, entfernt durch leichtes Klopfen die Flüssigkeit aus c und schmilzt wieder etwa in der Hälfte der Capillare ab. Nun werden wieder alle Teile des Röhrchens gewogen und aus der Gewichtszunahme die Menge der in Untersuchung genommenen Mischung bestimmt. Auf dieselbe Art füllt man noch 3—4 Röhrchen. Bei hochmolekularen Alkoholen nimmt man etwas größere Röhrchen. Feste Alkohole werden in dem unausgezogenen tarierten Röhrchen gewogen, dann dasselbe justiert und die Essigsäure eingesogen.

Die Röhrchen werden mittels ihres einen hakenartigen Endes in das durch einen Thermoregulator auf 155° gehaltene Bad (Glycerin oder Paraffin) gebracht (Fig. 191), in dem sie vollständig eingetaucht sein müssen.

Durch einen blinden Versuch konstatiert man, ob und wieviel Essigsäure durch das Glas des Röhrchens neutralisiert wird, und zieht eventuell diese Differenz· in Rechnung.

Nach einer Stunde wird das erste Röhrchen, eventuell ein zweites Kontrollröhrchen, herausgenommen, gereinigt und in eine starkwandige Flasche mit gut schließendem Stopfen gebracht, durch Schütteln zertrümmert, 50 ccm neutralisierter Alkohol und etwas Phenolphthaleinlösung (besser als, nach Menschutkin, Rosolsäure) zugefügt und mit $^{n}/_{10}$-Barythydratlösung titriert (Anfangsgeschwindigkeit).

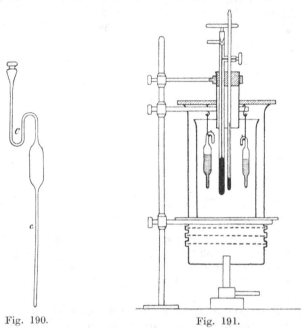

Fig. 190.   Fig. 191.

Die Titerstellung erfolgt rasch und genau durch Eindampfen einer gemessenen Menge Barythydrat mit Schwefelsäure im Platintiegel, Glühen und Wägen des Bariumsulfats.

Der Grenzwert dürfte stets nach 120 Stunden erreicht sein.

Genauer, wenn auch weniger expeditiv, ist es, die Esterifizierung bei gewöhnlicher Temperatur sich vollziehen zu lassen. So wurden Geraniol und Linalool mit 6 Molekülen Essigsäure gemischt und bei konstanter (Zimmer-) Temperatur sich selbst überlassen. Verestert waren nach:

	24 Stunden	10 Tagen	24 Tagen	5 Monaten	12 Monaten
von Geraniol	5,5	29,2	45,0	85,6	90,0 %
von Linalool	0,4	0,6	1,1	3,9	5,3 %

sonach ist Linalool als tertiärer Alkohol anzusprechen.[1]

[1) Roure-Bertrand Fils, B. (2), 5, 3 (1907).

C. Kryoskopisches Verhalten der Alkohole (Biltz[1]). Hydroxylhaltige Substanzen zeigen in Benzollösung bei größeren Konzentrationen infolge Assoziation ein scheinbar steigendes Molekulargewicht (Beckmann, Auwers). Bei Ketonen dagegen ändert sich mit steigender Konzentration die Größe für das Molekulargewicht nur sehr wenig.

Die kryoskopische Kurve ist nun für die einzelnen Gruppen von Alkoholen verschieden, und zwar zeigen die primären Alkohole die am stärksten, die tertiären die am wenigsten steigende Kurve, die sekundären Alkohole stehen in der Mitte. Die Kurve steigt um so rascher, je niedriger das wirkliche Molekulargewicht des Alkohols ist.

D. Nach Tschugaeff[2]) werden die Magnesiumverbindungen vom Typus RMgJ wie durch Wasser, so auch durch viele Hydroxylverbindungen (Alkohole, Phenole, Oxime) nach folgender Gleichung zersetzt:

$$RMgJ + R_1OH = RH + R_1OMgJ.$$

Die auf den Gehalt an Hydroxyl zu prüfende Substanz (0.1 bis 0.15 g) wird nach sorgfältigem Trocknen mit dem im Überschusse genommenen Methylderivate, CH_3MgJ, in Reaktion gebracht. Hierbei bildet sich Methan, wenn die Substanz Hydroxyl enthielt. Substanzen, die kein Hydroxyl enthalten, scheiden auch kein Gas aus. Auf diese Weise läßt sich im allgemeinen das Vorhandensein von Hydroxylgruppen qualitativ feststellen.

Außerdem läßt sich die angeführte Eigenschaft der magnesiumorganischen Verbindungen auch zur Trennung hydroxylhaltiger Substanzen von solchen benutzen, die kein Hydroxyl enthalten, insbesondere zur Trennung von Alkoholen und Kohlenwasserstoffen. Das zu trennende Gemisch wird zu der im Überschusse genommenen Lösung der Verbindung CH_3MgJ gegeben. Hierbei entsteht Methan, und der Alkohol ROH geht in die nicht flüchtige Verbindung ROMgJ über, während der Kohlenwasserstoff frei bleibt und unter vermindertem Drucke, nach dem Verjagen des Äthers, abdestilliert werden kann. Dem Rückstande entzieht man den Alkohol mit Wasser.

Über die Ausbildung dieser Reaktion zu einer quantitativen Bestimmungsmethode für hydroxylhaltige Substanzen siehe S. 547 ff.

E. Über die Säurechloridreaktion siehe S. 494.

F. Auch die Fähigkeit der Alkohole, sich mit Chlorcalcium zu verbinden,[3]) wird gelegentlich als Hydroxylreaktion verwertet.[4])

---

[1]) Z. phys. **27**, 529 (1899); **29**, 249 (1899).
[2]) Ch. Ztg. **26**, 1043, 1902. — B. **35**, 3912 (1902).
[3]) Siehe S. 82 und Jones und Getman, Am. **32**, 338 (1904).
[4]) Thoms und Beckström, B. **35**, 3191 (1902).

G. Bei der Dampfdichtebestimmung nach V. und C. Meyer zeigen die überhitzten Dämpfe der drei Klassen von Alkoholen ebenfalls ein verschiedenes Verhalten.[1])

Primäre Alkohole sind noch bei der Siedetemperatur des Anthracens (360°) beständig, sekundäre Alkohole zerfallen bei dieser Temperatur in Wasser und ungesättigte Kohlenwasserstoffe, ertragen aber noch die Siedetemperatur des Naphthalins (218°), während tertiäre Alkohole sich bereits bei dieser Temperatur spalten.

Gibt daher ein Alkohol z. B. im Naphthalindampfe noch normale Zahlen, im Anthracendampfe aber nurmehr den halben theoretischen Wert seiner Dampfdichte, so ist er als sekundär anzusprechen.

Isopropylalkohol und tertiärer Butylalkohol zeigen eine abnorme Beständigkeit; im übrigen ist die Reaktion für primäre Alkohole der Fettreihe bis C_7, für sekundäre bis C_9, für tertiäre bis C_{12} anwendbar.

H. Reaktion von Sabatier und Senderens.[2]) Beim Überleiten über reduziertes, auf 300° erhitztes Kupfer werden die primären Alkohole in Aldehyd und Wasserstoff, die sekundären in Keton und Wasserstoff, die tertiären endlich in Wasser und ungesättigten Kohlenwasserstoff zerlegt.

Man behandelt das Reaktionsprodukt mit Caroschem Reagens, wodurch der eventuell entstandene Aldehyd, resp. der primäre Alkohol erkannt wird, hierauf mit Semicarbazid, wodurch das Keton, resp. der sekundäre Alkohol nachgewiesen wird, endlich mit Brom, das augenblicklich entfärbt wird, wenn aus der Zersetzung eines tertiären Alkohols ein ungesättigter Kohlenwasserstoff hervorgegangen war.

J. Bouveault[3]) charakterisiert die primären und sekundären Alkohole durch die Semicarbazone ihrer Brenztraubensäureester.

K. Reaktion von Bacovesco.[4]) Man löst 15 g Molybdänsäure in 85 g konzentrierter auf ca. 85° erwärmter Schwefelsäure. Man überschichtet die mit etwas Wasser verdünnte hydroxylhaltige Substanz mit dem gleichen Volum des Reagens. An der Berührungsstelle entsteht sofort ein blauvioletter Ring.

L. Nach Henry[5]) unterscheiden sich die Acetate der tertiären Alkohole sehr wesentlich von denen der primären und sekundären, indem sie durch rauchende Salzsäure bei Zimmertemperatur rasch nach der Gleichung:

$$R_1R_2R_3 : C - OOC_2H_5 + HCl = R_1R_2R_3CCl + CH_3COOH$$

zerfallen.

Analog wirken Salzsäure und Acetylchlorid auf die tertiären Alkohole (siehe S. 456).

---

[1]) Kling und Viard, C. r. **138**, 1172 (1904). — Kling, Bull. (3), **35**, 460 (1906).
[2]) Bull. (3), **33**, 263 (1905). — Mailhe, Ch. Ztg. **32**, 229 (1908).
[3]) C. r. **138**, 984 (1904).
[4]) Ph. C.-H. **45**, 574 (1904). — Z. anal. **44**, 437 (1905).
[5]) Rec. **26**, 449 (1907).

5. Reaktionen der mehrwertigen Alkohole.

A. Esterifizierungsgeschwindigkeit.[1])

Für die Esterifizierungsgeschwindigkeit der Glykole mit Essigsäure fand Menschutkin folgende Werte:

	Anfangsgeschwindigkeit	Grenzwert
Primäre Glykole	43—49	54—60
Primär-sekundäre Glykole	36.4	50.8
Sekundäre Glykole	17.8	32.8
Tertiäre Glykole	2.6	5.9
(Zweiwertige Phenole	0	7)

B. Verhalten gegen organische Säurechloride.[2])

Bei der Einwirkung organischer Säurechloride wird die eine Hydroxylgruppe acyliert und an die Stelle der zweiten Chlor eingeführt (Halogenhydrine).

C. Einwirkung verdünnter Säuren.[3])

1.2-Diole werden unter dem Einfluß verdünnter Säuren (und ebenso durch Chlorzink, Phosphorpentoxyd oder Wasser allein bei hoher Temperatur) ausnahmslos in Aldehyde oder Ketone oder in beide zugleich übergeführt. Der Hergang vollzieht sich so, als ob ein an C neben Hydroxyl gebundenes H resp. Alkyl (Pinakone) mit einem an das Nachbar-C gebundenen OH Platz wechseln würde, wobei dann unter Wasseraustritt eine CO-Gruppe entsteht.

1.4- und 1.5-Diole liefern beim Erhitzen mit verdünnten Säuren ringförmige 1.4- und 1.5-Oxyde.

1.3-Diole liefern je nach ihrer Konstitution Aldehyde und Ketone, und zwar dann, wenn das in Stelle (2) befindliche C (von der einen OH-Gruppe als (1) an gerechnet) mit mindestens einem Wasserstoffatom verbunden ist; wenn dies nicht der Fall ist, aber das an Stelle (4) befindliche C an Wasserstoff gebunden ist — wodurch eine Abspaltung von H aus (4) mit OH aus (3) möglich ist — so entsteht ein 1.4-Oxyd. Ist auch dies nicht der Fall, so treten andere Umlagerungen ein. In jedem Falle aber treten nebenher Doppeloxyde auf, die aus zwei Molekülen Glykol unter zweimaligem Wasseraustritte entstehen. Diese Doppeloxyde scheinen für die 1.3-Diole charakteristisch zu sein.

D.
Nach Klein und Jehn verwandeln mehrwertige Alkohole die alkalische Reaktion von Boraxlösungen gegen Indikatoren in eine saure.[4])

---

[1]) Menschutkin, B. 13, 1812 (1880).
[2]) Lourenço, Ann. Chim. (3), 67, 259 (1863).
[3]) Lieben, M. 23, 60 (1902). — Kondakow, J. pr. (2), 60, 264 (1899). — Ch. Ztg. 26, 469 (1902).
[4]) Klein, C. r. 86, 826 (1878); 99, 144 (1884). — Z. ang. 9, 551 (1896); 10, 5 (1897). — Jehn, Arch. (3), 25, 250 (1887). — Z. anal. 27, 395 (1888). — Lambert, C. r. 108, 1016 (1889).

$$= \text{C}$$
$$|$$

6. Reaktionen des phenolischen Hydroxyls. $\text{C} = \text{C} - \text{OH}.$

A. Die Eisenchloridreaktion.[1]) Die überwiegende Mehrzahl
der Phenole und der von den denselben ableitbaren Verbindungen
gibt in wässeriger Lösung auf Zusatz von Eisenchlorid eine charakteristische Farbenreaktion.

Worin das Wesen der Reaktion besteht, ist indes nur in wenigen
Fällen aufgeklärt. Die Prozesse verlaufen auch nicht immer gleich-
artig. In gewissen Fällen ist die Bildung von Chinhydronen oder
anderen Chinonfarbstoffen als Ursache der Färbung anzusehen. Bei
den Naphtholen bewirkt das Eisenchlorid durch Aboxydation von
Kernwasserstoff eine Verkettung der Kerne selbst. Nach Raschig[2])
ist die Eisenreaktion der Phenole allgemein die Folge einer Ferrisalz-
bildung.[3]) Die stärker sauren Phenole (Phenolsulfosäuren) bilden
dementsprechend stabilere Salze und zeigen (in saurer Lösung) beständigere und intensivere Färbung („Tintenbildung").

Allgemeine Regeln für die Nüance der Färbung oder für die
Fälle, wo die Reaktion ganz ausbleibt, lassen sich zurzeit noch wenige
geben. Sicher ist nur, daß zum Zustandekommen der Reaktion die
Hydroxylgruppe frei (unverestert usw.) sein muß. Die entgegengesetzte
alte Beobachtung von Biechele[4]), wonach der p-Chlor-m-Kresol-
methyläther mit Eisenchlorid eine grüne Färbung gibt, bedarf der
Überprüfung.

Das Phenol selbst gibt nur in nicht sehr verdünnter Lösung
(bis 1:3000) violette Färbung. Alkohol und Säuren bringen ebenso
wie ein Überschuß von Eisenchlorid die Farbe zum Verschwinden.

Auch sonst ist natürlich eine gewisse Konzentration der Lösung
zum Zustandekommen der Reaktion notwendig.

Sehr schwer in Wasser lösliche Phenole, wie Thymol, Carvacrol,
Eugenol, zeigen daher die Reaktion nicht. Verwandelt man aber
diese Substanzen in ihre leicht löslichen Sulfosäuren, so geben sie die
Farbenreaktion.[5])

Die drei Phenolmonosulfosäuren geben eine violette, die Disulfo-
säuren eine rote Färbung.[6])

Während die übrigen Salicylsäurederivate mit unsubstitu-
iertem Hydroxyl alle mit Eisenchlorid reagieren, bleibt die äußerst

---

[1]) Siehe auch die wertvolle Broschüre von E. Nickel, Farbenreaktionen
der Kohlenstoffverbindungen, 2. Aufl., 1890, S. 67ff.
[2]) Z. ang. **20**, 2066 (1907).
[3]) Über farbige organische Ferriverbindungen überhaupt siehe Hantzsch
und Desch, Ann. **323**, 1 (1902). — Hopfgartner, M. **29**, 689 (1908).
[4]) Ann. **151**, 214 (1869).
[5]) Rosenthaler, Vhdlg. Ges. Naturf. f. 1906, S. 211. — Siehe übrigens
auch die Erklärungsweise hierfür von Raschig.
[6]) Städeler, Ann. **144**, 299 (1867). — Barth u. Senhofer, B. **9**, 969
(1876). — Obermiller, B. **40**, 3631 (1907).

schwer in Wasser lösliche Salicyloanthranilsäure nach Hans Meyer[1])
ungefärbt.

Derivate der Orthoreihe. Dieselben zeigen fast durchgehends
intensive Reaktion.

Es färben sich mit Eisenchlorid:

o-Kresol blau,
α-Naphthol violett (Flocken, in Äther mit blauer Farbe löslich),
Brenzcatechin smaragdgrün, auf Zusatz von Bicarbonat violettrot,
Pyrogallol braun, auf Sodazusatz rotviolett,
Oxyhydrochinon bläulichgrün, mit Soda dunkelblau bis weinrot,
o-Oxybenzaldehyd violett,
o-Oxybenzaldehyd-m-Carbonsäure violett,
Salicylsäure violett,
Salicylsäureamid violett,
Sämtliche Nitrosalicylsäuren blutrot,
Oxyterephthalsäure violettrot,
Oxynaphthoesäure 1.2 blaugrün,
  ,, 2.1 blau,
  ,, 2.3 blau,
  ,, 8.1 violett (Niederschlag),
Dioxybenzoesäure 3.4 blaugrün, mit Soda dunkelrot,
  ,, 2.6 violett, dann blau,
  ,, 2.5 tiefblau,
  ,, 2.3 tiefblau, mit Soda violettrot,
Trioxybenzoesäure 2.3.4 blauschwarz,
  ,, 2.4.6 blau, dann schmutzigbraun,
  ,, 3.4.5 violett,
α-Homoprotocatechusäure grasgrün,
Hydrokaffeesäure graugrün,
Homobrenzcatechin grün,
Protocatechualdehyd grün,
1.2-Xylenol (3) blauviolett,
1.3-Xylenol (4) blau,
Oxyterephthalsäuredimethylester violett,
  ,,   ,, β-Monomethylester violett.[2])

Es färben sich also die Derivate des Brenzcatechins
grünlich, die Derivate der Salicylsäure violett bis blau,
die Nitrosalicylsäuren rot.

Keine Färbung zeigen 1.4-Xylenol (2), Mesitol, Pseudocumenol,
Thymol und Pikrinsäure.

Derivate der Metareihe. Dieselben haben im allgemeinen
keine große Tendenz zu Färbungen.

---

[1]) Festschrift für Adolf Lieben 1906, S. 479. — Ann. **351**, 279 (1907).
[2]) Konstitutionsbestimmung mittels der Eisenreaktion: Wegscheider
und Bittner, M. **21**, 650 (1900).

Es zeigen mit Eisenchlorid:

m-Kresol blaue Färbung,
Resorcin dunkelviolette Färbung,
β-Naphthol schwachgrüne Färbung,
m-Oxybenzaldehyd keine Färbung,
Oxyterephthalsäure-a-Methylester rotgelbe Färbung,
m-Oxybenzoesäure keine Färbung,
Isovanillinsäure keine Färbung,
o-Homo-m-Oxybenzoesäure keine Färbung,
m-   „   „   brauner Niederschlag,
p-   „   „   hellbrauner   „
Phloroglucin violblaue Färbung,
1.3-Xylenol (5) keine Färbung,
1.2-Xylenol (4)   „   „
Dioxybenzoesäure 3.5 keine Färbung.

Derivate der Parareihe. Wird in das Phenolmolekül die Methylgruppe oder die Aldehydgruppe in p-Stellung eingeführt, so tritt Farbenreaktion ein. Die Carboxylgruppe verhindert die Reaktion oder gibt höchstens zu gelben bis roten Färbungen bzw. Fällungen Veranlassung.

Es zeigen:

p-Kresol blaue Färbung,
Hydrochinon blaue Färbung, dann Chinonbildung,
p-Oxybenzaldehyd violette Färbung,
p-Oxybenzoesäure gelbe Fällung,
o-Homo-p-Oxybenzoesäure keine Färbung,
m-   „   „   „   „   „
Saligenin-p-Carbonsäure   „   „
Vanillinsäure   „   „
o-Aldehydo-p-Oxybenzoesäure rote Färbung,
a-Oxyisophthalsäure rote Färbung,
Tyrosinsulfosäure violette Färbung,
1.4-Oxynaphthoesäure schmutzigvioletten Niederschlag.

Derivate der Pyridinreihe. Dieselben geben ebenfalls zumeist Eisenchloridreaktion.

Es geben mit Eisenchlorid:

a-Oxypyridin rote Färbung,
β-   „   „   „
Dibrom-β-Oxypyridin violette Färbung,
Dichlor-a-Oxypyridin keine Färbung,
γ-Oxypyridin gelbe Färbung,
Pyrokomenaminsäure violette Färbung,
$\beta\beta'$-Dioxypyridin braunrote Färbung,
Glutazin tiefrote Färbung (wird beim Erwärmen dunkelgrün),

Pyromekazonsäure indigoblaue Färbung,
Brompyromekazonsäure tiefblaue Färbung,
Nitropyromekazonsäure blutrote Färbung,
1.3.5-Trioxypyridin tiefrote Färbung (beim Erwärmen gelb),
Tetraoxypyridin schmutzig violette Färbung,
(sog. a)-Oxypicolinsäure rötlichgelbe Färbung,
Chlor-β-Oxypicolinsäure gelbrote Färbung,
Komenaminsäure violette Färbung,
Monoacetylkomenaminsäureäthylester keine Färbung,
Trioxypicolinsäure indigoblaue Färbung,
Bromtrioxypicolinsäure tiefblaugrüne Färbung,
a'-Oxynicotinsäure gelbe Färbung,
a'-Oxychinolinsäure tiefrote Färbung,
Chelidamsäure rote Färbung,
Dichlorchelidamsäure purpurrote Färbung,
Dibromchelidamsäure fuchsinrote Färbung,
Kynurin schwach karminrote Färbung,
B 1 Oxy 2 Chinolinbenzcarbonsäure violett-tiefbraune Färbung,
B 1 Oxy 3 ,, rotbraune Färbung,
B 1 Oxy 4 ,, grüne Färbung,
B 3 Oxy ,, blutrote Färbung,
(sog. a)-Oxycinchoninsäure grüne Färbung,
Carbostyril-β-Carbonsäure braunrote Färbung,[1])
n-Methyldioxychinolincarbonsäure blaue Färbung,
B 1 Oxychinaldincarbonsäure kirschrote Färbung,
Py-γ-Oxychinaldin-β-Carbonsäure rote Färbung,
B 1 Oxytetrahydrochinolin dunkelrotbraune Färbung,
B 1 Oxy-n-Äthyltetrahydrochinolin dunkelbraune Färbung,
B 2 Oxytetrahydrochinolin lichtgelbe bis braunrote Färbung,
B 4 Oxytetrahydrochinolin tief dunkelrote Färbung.

Es sei übrigens hervorgehoben, daß auch das Thallin (B 3 Methoxytetrahydrochinolin), das keine freie Hydroxylgruppe besitzt, mit Eisenchlorid (und anderen Oxydationsmitteln) ebenfalls eine — intensiv smaragdgrüne — Färbung liefert.

Andererseits geben fast alle a-Oxy- und Carboxy-Derivate des Pyridins und Chinolins mit Eisenvitriol gelbrote bis blutrote Färbungen (Skraup[2]).

Wolff empfiehlt, da die Reaktion durch gleichzeitige Anwesenheit von Oxydsalz wesentlich abgeschwächt werden kann, an Stelle des Vitriols das stabilere Mohrsche Salz zu verwenden.

Trimethylchinolinsäure zeigt die Reaktion nicht.[3])

---

[1]) Friedländer und Göhring, B. 17, 459 (1884). — Nach meinen Beobachtungen tritt mit der reinen Substanz keine Färbung ein. H. M.
[2]) M. 7, 212 (1886).
[3]) Wolff, Ann. 322, 372, Anm. (1902).

B. Liebermannsche Reaktion.[1]) Mit salpetriger Säure und wasserentziehenden Mitteln bilden die einwertigen Phenole mit nicht substituierter Parastellung und die mehrwertigen Phenole der Meta-reihe[2]) infolge Bildung von Paranitrosophenolen, die sich mit un-verändertem Phenol unter Wasseraustritt verbinden, schön gefärbte Farbstoffe von wahrscheinlich folgender Struktur:

$\underbrace{\hspace{5cm}}_{\alpha} \qquad \underbrace{\hspace{2cm}}_{\beta}$

von denen man die ersteren nach Brunner und Chuit als α-, die letzteren als β-Dichroine bezeichnet, wegen ihrer prächtigen Fluorescenz und ihres Dichroismus.

Nach Liebermanns Vorschrift verwendet man als Reagens konzentrierte Schwefelsäure, in verschließbarer Flasche mit 5—6 Proz. Kaliumnitrit versetzt. Durch Schütteln bewirkt man die Absorption der Dämpfe.

Die Substanz wird unter Kühlung in möglichst konzentrierter wässeriger oder schwefelsaurer Lösung mit dem vierfachen Volum des Reagens versetzt. Unter Erwärmung tritt die Farbstoffbildung ein. Durch vorsichtiges Eingießen in Wasser (Kühlen!) kann man den betr. Farbstoff fällen, der dann in schwach essigsaurer, verdünnt alkoholischer Lösung Seide schön anzufärben pflegt.

Eijkman[3]) verwendet Äthylnitrit in Form des Spiritus aetheris nitrosi, der zu der mit dem gleichen Volum konzentrierter Schwefelsäure versetzten Phenolprobe zugetropft wird. Das Reagens bereitet man, indem man salpetrigsaures Kalium mit Alkohol und etwas überschüssiger verdünnter Schwefelsäure übergießt und dekantiert. Ebensogut wird man auch Amylnitrit verwenden können.[4])

Die Reaktion ist übrigens nicht auf die Phenole beschränkt, da nach Liebermann[5]) auch Thiophen und seine Derivate zur Bildung blauer bis grüner Färbungen Anlaß geben.

Über andere Farbenreaktionen der Phenole siehe:

Alvarez, Ch. News **91**, 125 (1905) (Natriumsuperoxyd).

Aloy und Laprade, B. **33**, 860 (1900) (Uranylnitrat).

Stobbe und Werdermann, Ann. **326**, 373 (1903).

---

[1]) B. **7**, 248, 806, 1098 (1874). — Krämer, B. **17**, 1875 (1884).
[2]) Liebermann u. Konstanecki, B. **17**, 885, Anm. (1884). — Brunner u. Chuit, B. **21**, 249 (1888). — Siehe übrigens Nietzki, Farbstoffe, 4. Auf lage, S. 211 und Decker u. Solonina, B. **35**, 3217 (1902).
[3]) New Remedies **11**, 340. — Ref. Z. anal. **22**, 576 (1883).
[4]) Vgl. Claisen und Manasse, B. **20**, 2197, Anm. (1887).
[5]) B. **16**, 1473 (1883); **20**, 3231 (1887).

C. Durch Halogene, namentlich Brom und Jod, werden die Phenole leicht substituiert. Auf dieses Verhalten sind Methoden zur quantitativen Bestimmung der Phenole gegründet worden. Es wird genügen, für diese hauptsächlich technischen Zwecken dienenden Verfahren die Literaturstellen anzuführen.

Titrationen mit Brom:

Koppeschaar, Z. anal. **15**, 242 (1876). — J. pr. (2); **17**, 390 (1879).
Benedikt, Ann. **199**, 123 (1877).
Degener, J. pr. (2), **20**, 322 (1879).
Seubert, B. **14**, 1581 (1881).
Kleinert, Z. anal. **23**, 1 (1884).
Endemann, C. **1884**, 892.
Weinreb und Bondy, M. **6**, 506 (1885).
Beckurts, Arch. (3), **24**, 562 (1886). — Z. anal. **26**, 391 (1887).
Tóth, Z. anal. **25**, 160 (1886).
Werner, Jb. **1886**, 633.
Keppler, Arch. f. Hyg. **18**, 51 (1893).
Stockmeier und Thurnauer, Ch. Ztg. **17**, 119, 131 (1893).
Vaubel, Ch. Ztg. **17**, 245, 414 (1893). — Z. ang. **11**, 1031 (1898). — J. pr. (2), **48**, 74 (1893); (2), **67**, 476 (1903).
Zimmermann, Soc. **46**, 259 (1894).
Freyer, Ch. Ztg. **20**, 820 (1896).
Dietz und Clauser, Ch. Ztg. **22**, 732 (1898).
Wagner, Diss., Marburg 1899.
Clauser, Öst. Ch. Ztg. **2**, 585 (1899).
Ditz, Z. ang. **12**, 1155 (1899).
Ditz und Cedivoda, Z. anal. **37**, 873 (1899); **38**, 897 (1900).
Fresenius und Grünhut, Z. anal. **38**, 298 (1900).
Lloyd, Am. Soc. **27**, 16 (1905).
Riedel, Z. phys. **56**, 243 (1906).
Seidell, Am. Soc. **29**, 1091 (1907) (Amine).

Titrationen mit Jod:

Ostermayer, J. pr. (2), **37**, 213 (1888).
Kehrmann, J. pr. (2), **37**, 9, 134 (1888); **38**, 392 (1888).
Messinger und Pickersgill, B. **23**, 2761 (1890).
Messinger und Vortmann, B. **22**, 2312 (1889); **23**, 2753 (1890).
Kossler und Penny, Z. physiol. **17**, 121 (1892).
Frerichs, Apoth. Ztg. **11**, 415 (1896).
Neuberg, Z. physiol. **27**, 123 (1899).
Vaubel, Ch. Ztg. **23**, 82 (1899); **24**, 1059 (1900).
Bougault, C. r. **146**, 1403 (1908).

Titration (mehrfach) nitrierter Phenole:

Schwarz, M. **19**, 139 (1898).

D. Natriumamid wird durch Phenole nach der Gleichung:

$$R . OH + NaNH_2 = RONa + NH_3$$

zersetzt.

Schryver[1]) benutzt diese Reaktion zur quantitativen Bestimmung des phenolischen Hydroxyls („Hydroxylzahl").

Ungefähr ein Gramm feingepulvertes Natriumamid[2]) wird ein paarmal mit kleinen Quantitäten thiophenfreien Benzols gewaschen und dann in ein Kölbchen A von 200 ccm Inhalt gebracht, dessen doppelt durchbohrter Kork einen Scheidetrichter B und einen Rückflußkühler trägt. Letzterer ist wieder mit einem Absorptionsgefäße für das Ammoniak C und mit einem Aspirator verbunden.

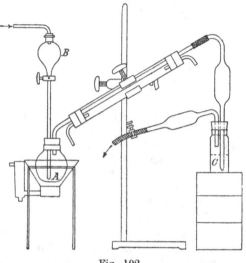

Fig. 192.

In das Kölbchen werden 50—60 ccm Benzol (Toluol, Xylol) gebracht und 10 Minuten lang auf dem Wasserbade gekocht, während ein Strom von kohlensäurefreier trockener Luft durchgesaugt wird, um durch eventuellen Wassergehalt des Benzols gebildetes Ammoniak zu entfernen. Nun werden in den Absorptionsapparat 20 ccm Normalschwefelsäure gebracht und die Lösung des Phenols in reinem Benzol, die durch längeres Stehen über geschmolzenem Natriumacetat vollständig getrocknet sein muß, durch den Scheidetrichter eingesaugt und unter Durchsaugen von Luft weiter gekocht. Nach $1^{1}/_{2}$ Stunden ist der Versuch als beendet anzusehen. Schließlich wird das Ammoniak unter Verwendung von Methylorange als Indikator titriert.

---

[1]) Ch. Ind. **18**, 533 (1899). — Bericht von Schimmel und Co. 1899, S. 60. — Haller, C. r. **138**, 1139 (1904).

[2]) Von der Gold- und Silberscheidanstalt vorm. Rössler, Frankfurt a. M. und von Kahlbaum, Berlin.

Alkohole und Amine[1]) wirken in gleicher Weise auf Natriumamid. Das Natriumamid reagiert ferner auch mit Ketonen, worauf entsprechend Rücksicht zu nehmen ist.[2]) Die Methode ist auf ± 2 Proz. genau.

E. Mit Diazokörpern geben Phenole, in denen die Parastellung oder eine der beiden Orthostellungen unbesetzt ist,[3]) Oxyazokörper von meist intensiv roter oder rotgelber Farbe. Ungesättigte Seitenketten oder Azogruppen erschweren die Kuppelungsfähigkeit der Phenole, am meisten, wenn die Seitenkette die Metastellung innehat.[4]) Als Diazokomponente verwendet man zweckmäßig entweder diazotierte Sulfanilsäure[5]) oder Diazoparanitroanilin.

Letzteres Reagens verwendet Bader[6]), um Phenole quantitativ als Azofarbstoffe zu fällen. Das Verfahren kann auch in der Anthrachinonreihe mit gutem Resultate verwendet werden.[7])

Die Reaktion verläuft nach der Gleichung:

$$C_6H_4NO_2N : NCl + C_6H_5OH + 2NaOH = C_6H_4NO_2N : NC_6H_4ONa + NaCl + 2H_2O.$$

50 cm³ einer wässerigen Lösung des zu untersuchenden Phenols, die nicht mehr als 0.1 g Phenol enthalten darf, werden mit 10 cm³ einer 5 %igen Sodalösung versetzt, 20 cm³ der Diazolösung zugefügt und unter Kühlen und starkem Umschütteln tropfenweise 1 : 5 verdünnte Schwefelsäure zugesetzt, bis Entfärbung der Lösung und vollständige Abscheidung des Farbstoffes eingetreten ist. Alsdann muß die Lösung stark sauer reagieren. Man läßt einige Stunden stehen, filtriert durch ein bei 100° getrocknetes gewogenes Filterröhrchen, wäscht aus bis zum Verschwinden der Schwefelsäurereaktion und wägt nach dem Trocknen bei 100°. Die Phenollösung darf weder Ammoniak noch Ammonsalze oder Amine enthalten.

Statt den entstandenen Farbstoff zu wägen, wie dies Bader vorgeschlagen hat, kann man auch das verbrauchte Nitrit messen.

---

[1]) S. 821.
[2]) Mon. scient. 1900, S. 34. — Roure-Bertrand fils, Ber. I, 1, 60 (1900).
[3]) Nölting und Kohn, B. 17, 358, Anm. (1884). Paraoxybenzoesäure liefert hierbei (in ätzalkalischer Lösung) Phenoldisazobenzol und etwas Phenoltrisazobenzol; in Sodalösung Phenoldisazobenzol und ein wenig Benzolazo-p-oxybenzoesäure. Limpricht und Fitze, Ann. 263, 236 (1884). — Grandmougin und Freimann, B. 40, 3453 (1907). — Über die Verdrängung von Azoresten durch Diazokörper: Nölting und Grandmougin, B. 24, 1602 (1891). — Grandmougin, Guisan und Freimann, B. 40, 3453 (1907). — Lwoff, B. 41, 1096 (1908). — Grandmougin, B. 41, 1403 (1908). — Siehe auch Scharwin und Kaljanow, B. 41, 2056 (1908).
[4]) Borsche und Streitberger, B. 37, 4116 (1904).
[5]) Ehrlich, Z. f. kl. Med. 5, 285 (1885).
[6]) Buletin. societ. de sciente din Bucuresci 8, 51 (1899).
[7]) Tschirch und Edner, Arch. 245, 150 (1907). — Oesterle und Tisza, Arch. 246, 157 (1908).

Bucherer[1]) hat in letzter Zeit diese Methode, die bisher an kleinen Fehlern krankte,[2]) zu einer einwandfreien gemacht. Im folgenden ist hierüber das Wesentliche, zusammen mit ergänzenden Bemerkungen von Schwalbe[3]) wiedergegeben. Man stellt sich das Diazoniumchlorid:

$$O_2N . C_6H_4 . N \equiv N ,$$

$$Cl$$

entweder aus dem p-Nitranilin selbst oder noch zweckmäßiger aus der in der Technik mit dem wohl nicht ganz zutreffenden Namen „Nitrosaminrot" belegten Paste des Isodiazotats, $O_2N . C_6H_4 . N : N . O . Na + H_2O$, dar. Dieses Natriumsalz ist in gesättigter Kochsalzlösung fast unlöslich und läßt sich daher durch Auswaschen mit einer solchen völlig von dem in der Regel in ihm noch vorhandenen Nitrit befreien. Dieses würde nämlich in solchen Fällen störend wirken, in denen die Kombination zum Farbstoff in (mineral- oder essig-)saurer Lösung erfolgt. Unter solchen Bedingungen würde salpetrige Säure frei werden, die auf Amine unter Bildung von Diazoverbindungen und auf Phenole, Naphthole usw. unter Bildung von Nitrosoverbindungen einwirkt.

Der sehr einfache Prozeß des Auswaschens von Nitrosaminrotpaste mit gesättigter Kochsalzlösung kann ohne Beachtung gewisser Vorsichtsmaßregeln zu einem Mißerfolge führen. Hat man eine technische Nitrosaminrotpaste des Handels (Badische Anilin- und Sodafabrik) zur Verfügung, so muß man das Produkt möglichst sorgfältig absaugen, besser noch abpressen, den Saug- oder Preßkuchen mit gesättigter Kochsalzlösung anreiben, wiederum absaugen oder abpressen und nach abermaligem Anreiben mit Kochsalzlösung bei mäßiger Wärme (20—30 °) einige Tage stehen lassen, besser noch 24 Stunden rühren. Die Paste erstarrt nämlich häufig zu einem harten Kuchen, dessen Verteilung in Teigform Schwierigkeiten macht; jedenfalls tut man gut, die Einstellung der Paste erst vorzunehmen, nachdem dieser anscheinende Hydratationsvorgang beendet ist.

Hat man Nitrosaminhandelspaste nicht zur Verfügung, so kann man sich das Isodiazotat leicht durch Eingießen von p-Nitrodiazoniumchlorid in Natronlauge, die man mit Kochsalzlösung verdünnt hat, bereiten. Es ist vorteilhaft, auf möglichst tiefe Temperaturen zu kühlen, denn man kommt dann mit einem geringen Überschuß an Natronlauge aus, kann also auch das Auswaschen des Niederschlages abkürzen und diesen leichter natronlaugenfrei erhalten. Das bei starker Kühlung bereitete Isodiazotat fällt in einer sehr leicht filtrier-

---

[1]) Z. ang. 20, 877 (1907).
[2]) Siehe 1. Auflage dieses Buches, S. 307, 531 und Lunge, Chem. Techn. Unters., 4. Auflage, 8, 778 (1900). — Die Erklärung hierfür siehe S. 474.
[3]) Z. ang. 20, 1098 (1907).

baren Form als grobkrystallinisches,sandiges, braunrotes Pulver nieder,
doch läßt es sich kaum zur gleichmäßigen Paste anrühren, da sich
der schwere Niederschlag sehr rasch in der Kochsalzlösung am Ge-
fäßboden absetzt. Rührt man jedoch die braunrote Modifikation
einige Zeit mit lauwarmer Kochsalzlösung, so entsteht bald die bekannte gelbe Modifikation, die sehr lange als gleichmäßige Paste
aufbewahrt werden kann. Die Nitrosaminpaste ist in der Regel
25 prozentig, d. h. sie enthält in 100 g etwa 25 g der Verbindung
$O_2N . C_6H_4 . N_2 . O . Na + H_2O$ vom Molekulargewichte 207. Um z. B.
einen Liter einer $n/_{10}$-Diazolösung herzustellen, verfährt man folgendermaßen:

$$\frac{4 \times 207}{10} = 82.8 \text{ g}$$

Paste werden mit ca. 200 ccm Wasser zu einem dünnen Brei angerührt, den man mit 30—40 ccm konzentrierter Salzsäure versetzt.
Die angegebenen Volumenverhältnisse sind genau zu beachten.
Eine Vermehrung des Wasservolumens verlängert die Zeit der Umsetzung ganz bedeutend, jedoch nur bei der nitritfreien Paste, während
die nitrithaltige Paste fast momentan auch bei größeren Wassermengen
umgesetzt wird. Die Temperatur wird zweckmäßig zwischen 10 und
20° gehalten; unterhalb 10° geht die Umsetzung sehr langsam vor
sich. Bei der nitritfreien Paste kann man fast mit der theoretischen
Menge Salzsäure (2 Mol.) auskommen, wenn man die Konzentration
noch weiter erhöht. Es ist also die Bereitung von Diazolösungen
mit sehr wenig freier Salzsäure möglich. Nach Zusatz der Salzsäure
wartet man mit dem Abfiltrieren mindestens eine Stunde. Man hat
dann den Vorteil, daß die abfiltrierte Diazolösung bei Aufbewahrung
in Eis und im Dunkeln eine Woche lang konstanten Titer zeigt.
Es hat sich nämlich herausgestellt, daß innerhalb der ersten Stunde
nach erfolgter Umsetzung der Titer der Lösung zunächst etwas abnimmt. Vermutlich kuppelt anfangs gelöste Diazoaminoverbindung
mit β-Naphthol. Hat sich aber die Diazoaminoverbindung erst einmal völlig abgeschieden — und dies ist nach etwa einer Stunde der
Fall —, so beeinflußt sie den Titer nicht mehr.
Will man sich die Diazolösung unmittelbar aus p-Nitranilin darstellen, so benutzt man am besten die Vorschrift[1]) der Höchster Farbwerke: 14 g p-Nitranilin werden in 60 ccm kochendem Wasser und
22 ccm Salzsäure (35 proz.) gelöst, unter gutem Rühren — am besten
durch Schütteln unter einem Wasserstrahl — abgekühlt, 100—150 g Eis
in fein zerklopftem Zustande eingetragen und 26 ccm einer Nitritlösung von 290 g im Liter auf einmal unter heftigem Umschütteln
hinzugegeben. Fast nocl sicherer ist es, das gepulverte Nitrit auf
einmal in fester Form einzutragen. Wesentlich ist die Bildung eines
feinen, gleichmäßig verteilten Breies von p-Nitranilinchlorhydrat durch

---

[1]) Kurzer Ratgeber, S. 142.

heftiges Schütteln und rasches Kühlen, ferner die unverzügliche
Zugabe von Eis und Nitrit. Wartet man auch nur einige Minuten,
so ist der Brei von Chlorhydrat so grobkrystallinisch, daß die Diazotierung mißlingen kann. Alle Ingredienzien sind also vorher
abzuwägen.

Derartige Diazolösungen sind jedoch nicht völlig frei von salpetriger Säure. Die im Vakuum bereiteten Präparate Azophorrot PN
(Höchster Farbwerke) und Nitrazol C (Cassella) u. a. m. sind
daher vorzuziehen, da man aus ihnen durch bloßes Lösen eine allerdings verhältnismäßig salzreiche Diazolösung erhält. In der Haltbarkeit ist aber die Nitrosaminrotpaste den genannten Präparaten überlegen, sofern sie in gut geschlossenen Gefäßen und vor Licht
geschützt bewahrt wird.

Als Ursubstanz, die zur Einstellung der Diazolösung sehr
wohl geeignet ist, benutzt man in der Technik β-Naphthol, das in
vollkommen reiner Form leicht zu haben ist. Zur Kontrolle führt
man eine Bestimmung des Schmelzpunktes aus, der bei 112° liegen
muß. Handelt es sich um weniger genaue Bestimmungen, so kann
man auch andere bequemer zu titrierende Zwischenprodukte von bekanntem Gehalt, z. B. 2.6-Naphtholmonosulfosäure oder R-Salz, der
Titration zugrunde legen. Doch ist zu beachten, daß derartige
salzhaltige Substanzen nicht die nämliche Gewähr der gleichmäßigen
und (mit Rücksicht auf den veränderlichen Wassergehalt der umgebenden Atmosphäre) konstanten Beschaffenheit bieten wie schmelz-
punktsreines β-Naphthol, und daß sie außerdem auch im Laufe der
Zeit mehr oder minder weitgehenden bleibenden Veränderungen unterliegen können.

Einstellung der Diazolösung mittels β-Naphthol nach Schwalbe.[1])

In einem 3-Litergefäß (Becherglas oder besser Batterieglas
„Stutzen") werden 1,44 g sublimiertes β-Naphthol[2]) mit 2 ccm konzentrierter Natronlauge von 30—35 Proz. Gehalt versetzt, 10—20 ccm
warmes Wasser hinzugefügt und bis zur völligen Lösung umgerührt.
Nunmehr wird mit warmem (ca. 25—30°) Wasser auf 2—2$^{1}/_{2}$ Liter
verdünnt, mit Essigsäure bis zur sauren Reaktion auf Lackmus angesäuert und ca. 50 g krystallisiertes Natriumacetat dazugegeben. Bei
diesem Verdünnungsgrade fällt das β-Naphthol aus der sauren Lösung
nicht mehr aus. Aus einer Bürette läßt man dann die zu titrierende
Diazolösung unter tüchtigem Umrühren hinzufließen. Der in Wasser
total unlösliche Farbstoff fällt fast augenblicklich — eine Wirkung
des Salzzusatzes — aus. Nähert man sich mit dem Zusatze der
Diazolösung dem mutmaßlichen Ende der Kuppelung, so beginnt
man mit Tüpfelproben. Ein Tropfen der Farbstoffbrühe wird auf

---

[1]) B. **38**, 3072 (1905).
[2]) Von Merck, Darmstadt.

Filtrierpapier gebracht und der farblose Auslaufrand mit Diazolösung betupft.

Tritt noch momentane Rotfärbung an, so ist weiterer Zusatz von Diazolösung in Mengen von 0,5 ccm nötig. Ist aber die Rotfärbung undeutlich oder gar verschwunden, so filtriert man eine Probe (3—4 ccm) der Farbstoffbrühe ab, teilt das Filtrat in zwei Hälften, fügt zur einen 1 Tropfen Diazolösung, zur zweiten 1 Tropfen β-Naphthollösung. Auf weißer Unterlage kann man mit aller Schärfe sogar bei künstlicher Beleuchtung die Rot- oder Rosafärbung beobachten. Man macht etwa 4—6 derartige Proben. Wird das Filtrat auch durch β-Naphthol rot, so ist das Ende der Reaktion erreicht, das angewendete β-Naphthol ist völlig verbraucht, und die richtige Zahl von Kubikzentimetern Diazolösung liegt zwischen den zwei zuletzt gemachten Ablesungen. Man kann 0,1 ccm Diazolösung noch deutlich wahrnehmen.

Der Verlust von etwa 20 ccm bei der Probeentnahme macht bei 2 Litern keinen bemerkbaren Fehler; auch kann man bei Rotfärbung der Diazolösung die zweite Hälfte der Filtratprobe sparen, kommt also mit noch kleineren Flüssigkeitsmengen aus. Bei einem Verbrauche von 100 ccm Diazolösung kann man bis etwa 99 ccm mit der Tüpfelprobe auskommen. Erst dann muß man Filtratproben entnehmen. In 2 Litern Flüssigkeit sind dann aber nur noch 0,0144 g β-Naphthol in 20 ccm Flüssigkeit, 0,000144 g β-Naphthol = 0,01 Proz.! Analog entsprechen den Ablesungen 99,9 und 100,1 Abweichungen von nur 0,1 Proz. Da 0,1 ccm bequem abgelesen und an dem Grade der Rotfärbung unterschieden werden kann, geht die Genauigkeit bis etwa 0,05 Proz.

Was nun die Bestimmung des eine Hydroxyl- oder Amingruppehaltigen Körpers anbelangt, so ist in allen Fällen zu empfehlen: 1. das Arbeiten in möglichst saurer Lösung und 2. das Aussalzen des Monoazofarbstoffs unmittelbar nach seiner Entstehung, um ihn der Einwirkung der Diazoverbindung zu entziehen. Im übrigen lassen sich bei der Azofarbstoffbildung noch folgende Abstufungen der Reaktionsbedingungen unterscheiden: 1. schwach mineralsauer, 2. schwach essigsauer, 3. schwach essigsauer + wenig Natriumacetat (was einer annähernd neutralen Reaktion entspricht, da Natriumacetat für sich allein bekanntlich schwach alkalisch auf Lackmus reagiert), 4. neutrale Reaktion des Natriumbicarbonats, die auch bei Zugabe von Mineralsäuren ihre Konstanz bewahrt — das Vorhandensein genügender Mengen Bicarbonat vorausgesetzt, 5. schwach essigsauer + viel Acetat (= schwach alkalisch), 6. sodaalkalisch und ammoniakalisch, 7. ätzalkalisch.

Mehr oder minder stark (mineral- oder essig-) sauer arbeitet man, wenn die Gefahr der Disazofarbstoffbildung vorliegt, schwach sauer soll die Reaktion bei den gewöhnlichen Aminen sein. Kuppeln dieselben etwas schwerer, oder handelt es sich um normale Monooxyverbindungen, so fügt man je nach Bedarf Natriumacetat hinzu oder

kuppelt in Bicarbonatlösung. Die Diazolösung aus p-Nitranilin
ist außerordentlich reaktionsfähig gegenüber Alkalien und
selbst gegenüber den Alkalicarbonaten, durch welche sie eine
Umwandlung in das Isodiazotat erfährt.

Daraus ergibt sich die Notwendigkeit, bei allen Titrationen, bei
denen p-Nitrobenzoldiazoniumchlorid benutzt wird, sorgfältig soda-
oder ätzalkalische Reaktion zu vermeiden.[1]) Ist daher zur
Bereitung der zu untersuchenden Lösungen die Anwendung von Alkali erforderlich, so muß vor Beginn der Titration durch Zusatz von
Essig- oder Mineralsäure das überschüssige Alkali fortgenommen
werden. Das ist besonders auch bei solchen Titrationen, die in Gegenwart von Bicarbonat ausgeführt werden sollen, zu beachten. Denn
da aus Ätzalkali und Bicarbonat nur Soda erzeugt wird, so kann
selbst durch noch so große Mengen Bicarbonat die Gefahr einer Isomerisierung nicht ausgeschlossen werden.

Die 20 oder 25 ccm der alkalischen $n/_{10}$-β-Naphthollösung werden
demgemäß in einem starkwandigen Becherglase mit ca. $^3/_4$ l Wasser
von etwa 20^0 verdünnt und alsdann mit Essig- oder Salzsäure ganz
schwach angesäuert. Nun fügt man etwa 10 g Natriumacetat oder
Bicarbonat hinzu und läßt von der Diazolösung so lange hinzufließen,
bis die Tüpfelprobe undeutlich wird, worauf man die Titration in der
bereits angedeuteten Weise mit Hilfe von Filtrationsproben zu
Ende führt.

Die quantitative Bestimmung der gewöhnlichen Naphthylamin-
mono- und -disulfosäuren, die man, wie bereits erwähnt, unter Zusatz von Acetat ausführt, bietet keine Schwierigkeiten, ebensowenig
die Titration der Naphtholmono- und -disulfosäuren, bei denen
entweder Acetat oder Bicarbonat als Neutralisationsmittel Verwendung finden kann. Gewisse Schwierigkeiten verursacht die
2.6.8-Naphtholdisulfosäure (G-Säure), die einerseits einen sehr schwer
aussalzbaren Azofarbstoff mit p-Nitrobenzoldiazoniumchlorid bildet,
andererseits sogar dieser so energischen Diazokomponente gegenüber
ziemlich langsam kuppelt. Diese Erscheinung ist bekanntlich auf die
in 8-Stellung befindliche Sulfogruppe zurückzuführen, die den Eintritt der Azogruppe in die 1-Stellung erschwert, derart, daß die
2.8 - Naphthylaminmono- und die 2.6.8-Naphthylamindisulfosäure
überhaupt keinen normalen Azofarbstoff mehr zu bilden vermögen.
Diese Säuren sind daher, ebenso wie die 1.2.4-Naphthylamindi-
sulfosäure oder die 1.2.4.7-Naphthylamintrisulfosäure, die gleichfalls kupplungsunfähig sind, zweckmäßig mittels Nitrits auf ihren
Gehalt zu prüfen. Bei den technisch wichtigen Aminonaphtholsulfosäuren, z. B. 1,8,4-, läßt sich die Bildung von Disazofarbstoffen
mit Sicherheit vermeiden, falls man bei mineralsaurer Reaktion
titriert. Die 2.8.6 - Aminonaphtholsulfosäure (γ) kuppelt jedoch
unter diesen Umständen ziemlich langsam und ist, selbst wenn man

---

[1]) Siehe auch Bülow und Sproesser, B. **41**, 1687 (1908).

die Lösung ein wenig erwärmt, zudem so schwer löslich, daß es sich empfiehlt, sie ebenso wie die 1.8.3.6-Aminonaphtholdisulfosäure (H) in essigsaurer Lösung zu titrieren. Das Verhältnis zwischen Acetat und freier Essigsäure ist derart zu bemessen, daß einerseits eine Ausscheidung der freien Aminonaphtholsulfosäuren nicht stattfindet, andererseits aber die Kupplung nicht zu sehr erschwert und doch die Disazofarbstoffbildung verhindert wird. (Näheres s. u.) Bei der H-Säure darf man, entsprechend ihrer größeren Neigung zur Disazofarbstoffbildung und ihrer größeren Löslichkeit in Wasser, das Verhältnis von Essigsäure zu Acetat etwas mehr zugunsten der Essigsäure verschieben.

Bezüglich der Ausführung der Titration und ihrer Berechnung sei noch folgendes bemerkt. Man wende für jede Analyse im allgemeinen so viel Substanz an, daß jedesmal etwa 20 bis 25 ccm der Diazolösung verbraucht werden, also eine Bürette von 50 ccm für zwei Titrationen ausreicht. Handelt es sich z. B. um die Titration der γ-Säure, und vermutet man einen Gehalt derselben an freier Säure, der zwischen 80 und 100 Proz. liegt, so verfährt etwa in folgender Weise: Für

$$C_{10}H_5 {\Large\langle} {\overset{\displaystyle OH}{\underset{\displaystyle SO_2H}{-NH_2}}}$$

berechnet sich das Molekulargewicht zu 239. Es entsprechen also 239 g γ-Säure (100proz.) einem Molekül Diazoverbindung $= 1$ l einer Diazolösung von normalem Gehalt oder 20 l $n/_{20}$-Diazolösung oder 0.239 g $= 20$ ccm $n/_{20}$-Diazolösung. Wäre die γ-Säure tatsächlich z. B. 25 proz., so wären die 0.239 g $= 17$ ccm $n/_{20}$-Diazolösung. Man wägt, um eventuell Material für vier Titrationen zu haben, viermal ca. 0.3 g, also etwa 1.2 g, γ-Säure ab, löst dieselbe in Natronlauge, stellt auf 100 ccm ein und pipettiert für jede Titration 25 ccm davon ab. Die Rechnung gestaltet sich dann folgendermaßen: Angenommen, es seien für die Titration 0.297 g γ-Säure verbraucht; dieselben erforderten 23.6 ccm einer $n/_{20.7}$-Diazolösung. Dann entsprechen 0.297 g γ-Säure 23.6/20.7 ccm $n/_1$-Diazolösung oder umgekehrt: 23.6/207 ccm $n/_1$-Diazolösung $= 0.297$ g γ-Säure, also 1 l $n/_1$-Diazolösung $=$

$$\frac{0.297 \times 20.7 \times 1000}{23.6}$$

$= 260.46$ g γ-Säure. Der Titer der sonach bestimmten Säure wäre demgemäß $M = 260.46$.

Beispiele:

1. Naphthionat (1, 4-Naphthylaminsulfosäure). Angewandt 1.532 g Substanz, gelöst in 100 ccm Wasser. Zur Titration verbraucht je 25 ccm. Dieselben wurden mit etwa 25 ccm Natriumacetatlösung

(enthaltend 1 Molekül in $^1/_2$ l) und während der Titration nach Bedarf mit festem Kochsalz versetzt. Verbraucht an $^n/_{20.5}$-Diazolösung im Mittel 24.7 ccm. Also 1.532/4 g Naphthionat $= 24.7/20.5$ ccm $^n/_1$-Diazolösung. 1 l $^n/_1$-Diazolösung $= 1.532/4 \times 20.5/24.7 . 1000$ oder $M = 317.8$.

　　2. 2,6-Naphtholsulfosäure (Schäffersalz). Angewandt 1.314 g Substanz gelöst in 100 ccm Wasser. Zur Titration verbraucht je 25 ccm. Dieselben wurden mit 5 g Bicarbonat und 50 ccm Kochsalzlösung versetzt. Der Farbstoff nimmt anfänglich leicht eine gallertartige Beschaffenheit an, die aber durch die Anwesenheit von Kochsalz bald in eine feinkrystallinische Form übergeht. Verbraucht an $^n/_{20.5}$-Diazolösung im Mittel 23.45 ccm; also

$$\frac{1.314}{4} \text{ g Schäffersalz} = \frac{23.45}{20.5} \text{ ccm } ^n/_1\text{-Diazolösung.}$$

Daraus berechnet sich 1 l $^n/_1$-Diazolösung

$$= \frac{1.314}{4} \times \frac{20.5}{23.45} \cdot 1000 \text{ g}$$

oder $M = 287.4$.

　　3. 2.6.8-Naphtholdisulfosäure (G-Salz). Abgewogen 1.794 g G-Salz. Dasselbe wurde in 100 ccm Wasser gelöst. Von dieser Lösung wurden für die Titration je 25 ccm verwendet. Nach der Zugabe von 5 g Bicarbonat wurden zunächst 15 ccm Diazolösung zufließen gelassen und alsdann solche Mengen von festem Kochsalz zugesetzt, daß ein kleiner Teil desselben ungelöst blieb, während gleichzeitig der Farbstoff fast völlig ausgesalzen wurde, so daß beim Tüpfeln ein breiter farbloser Rand entstand, der bei der weiteren Zugabe von Diazolösung eine sichere Erkennung der jeweils überschüssigen Komponenten gestattete. Verbraucht wurden von der $^n/_{21.4}$-Diazolösung im Mittel 22.7 ccm. Daraus berechnet sich auf die oben angegebene Weise $M = 422.9$.

　　F. Verhalten der Phenole bei der Ätherifikation. Im allgemeinen lassen sich Phenoläther durch „saure Ätherifikation" nicht gewinnen, wodurch man meist phenolisches Hydroxyl von Carboxyl zu unterscheiden imstande ist. Wenn aber durch Häufung von sauren Gruppen die OH-Gruppe stärker negativ wird, kann sie auch durch Säuren ätherifizierbar werden.

　　So liefert Phloroglucin nach Will[1]) einen Dimethyläther, wenn man es mit Salzsäure und Alkohol behandelt: ja bei energischer Durchführung dieser Methode kann man sogar teilweise Überführung in Trimethylphloroglucin erzwingen (Herzig und Kaserer[2]). α- und

---

　　[1]) B. 17, 2106 (1884); 21, 603 (1888). — Bamberger und Althausse, B. 21, 1900 (1888).
　　[2]) M. 21, 875 (1900).

β-Anthrol[1]), sowie α- und β-Naphthol geben gleichfalls mit Salzsäure und Alkoholen Alkyläther (Liebermann und Hagen[2]), und
mit Schwefelsäure als Katalysator kann man sowohl die Naphthole[3])
als auch Dioxynaphthaline[4]) und sogar das p-Bromphenol und das
Phenol selbst ätherifizieren.[5]) Die α-Verbindungen entstehen weniger
leicht, als die β-Verbindungen, was sich aus sterischer Beeinflussung
erklären läßt.

In der Terpenreihe findet sich auch öfters dieses Verhalten,
so beim Isoborneol, Linalool und Geraniol. (Bertram und
Walbaum.[6])

Paraoxybenzaldehyd gibt nach Hans Meyer[7]) mit Alkohol
und Schwefelsäure kleine Mengen von Anisaldehyd.

Sehr interessant ist ferner die Bildung von Tetrabrommorin-
äther bei der Bromierung von Morin in alkoholischer Lösung,[8])
und analog ist wahrscheinlich die Bildung von Spriteosin beim Erhitzen von Fluorescein mit Alkohol und Brom unter Druck zu
erklären.

Derartig reaktives Hydroxyl besitzt aber trotzdem keine „sauren"
Eigenschaften: ja es sind vereinzelte Fälle bekannt, wo sich sogar
„alkoholisches" Hydroxyl — allerdings in Verbindung mit lauter
negativen Gruppen — durch alkoholische Salzsäure ätherifizierbar
erwies, z. B. in der von Geisenheimer und Anschütz[9]) studierten
Substanz:

liefert. Ganz allgemein lassen sich die aromatischen Carbinole auf
dies Art leicht ätherifizieren.[10])

---

[1]) Dienel, B. **38**, 2864 (1905).
[2]) B. **15**, 1427 (1882). — Ann. **212**, 49, 56 (1881).
[3]) Henriques und Gattermann, Ann. **244**, 72 (1887). — Davis,
Soc. **77**, 33 (1900).
[4]) D. R. P. 173730 (1906).
[5]) Armstrong und Panisset, Soc. **77**, 44 (1900).
[6]) J. pr. (2), **49**, 9 (1894).
[7]) M. **24**, 235 (1903).
[8]) Benedikt und Hazura, M. **5**, 667 (1884). — Herzig, M. **18**,
706 (1897).
[9]) Ann. **306**, 41, 54 (1899).
[10]) Siehe S. 24.

Die Äther des Coeroxonols[1]) entstehen schon durch bloßes Aufkochen mit den Alkoholen. Sie sind sehr leicht zerlegbar und werden
durch Kochen mit anderen Alkoholen leicht umgeestert.[2])

Die allgemein übliche Ätherifizierungsart für Phenole ist das Behandeln ihrer Metallverbindungen, namentlich der Silber-,[3]) Natrium-
und Kaliumphenolate mit Jod- oder Bromalkyl in alkoholischer
oder wässerig-alkoholischer Lösung.[4]) Diesem altbewährten Verfahren schließen sich einige neuere, außerordentlich wertvolle Methoden an.[5])

Die Methylierung mittels Diazomethan hat v. Pechmann[6])
eingeführt. Sie wird bei der Besprechung der Esterifikation von
Carbonsäuren erörtet werden.

Anschließend hieran sei der Inhalt eines französischen Patentes
von Baeyer & Co. wiedergegeben.[7])

Das neue Alkylierungsverfahren besteht darin, daß Kohlenwasserstoffe der aromatischen Reihe mit einer oder mehreren Hydroxylgruppen in Gegenwart alkalischer Mittel der Einwirkung von Nitroso-
derivaten des Alkylharnstoffs ausgesetzt werden. Bei Körpern
mit mehreren Phenolhydroxylen lassen sich die mono-, di- und tri-
alkylierten Äther gewinnen.

Beispielsweise löst man 15 Teile β-Naphthol in 100 Teilen Normal-
kalilauge und versetzt langsam mit 7 Teilen Nitrosodiäthylharnstoff,
wobei man für Kühlung Sorge trägt. Der Äthyläther des β-Naph-
thols scheidet sich ab. Oder man löst 55 Teile Brenzcatechin in 2000
Teilen Äthylalkohol und alkyliert mittels 55 Teilen Nitrosomonomethylharnstoff, indem man bei 0° 20 Teile Ätznatron, in wenig
Wasser gelöst, unter Umrühren zufließen läßt. Nach der Filtration
destilliert man den Alkohol ab und reinigt das Guajacol durch fraktionierte Destillation unter vermindertem Drucke.

Um Morphin zu alkylieren, suspendiert man 15 Teile desselben in
100 Teilen Alkohol unter Zugabe von 2 Teilen Natriumhydroxyd in wenig
Wasser und trägt bei 0° 6 Teile Nitrosomonomethylharnstoff ein. Nach
beendeter Reaktion wird der Alkohol abdestilliert und das Kodein nach
Zusatz von Natronlauge mittels Benzol extrahiert. Ähnlich wird die Alkylierung des Guajacols mittels Nitrosodimethylharnstoffs (Schmp. 96°),
und die Darstellung des Triäthyläthers des Pyrogallols vorgenommen.

---

[1]) Decker und v. Fellenberg, Ann. **356**, 317, 318 (1907).
[2]) Unter „Umestern" verstehen Stritar und Fanto, M. **28**, 383 Anm.
(1907), eine Alkoholyse, welche zur Verwandlung eines Esters in einen andern führt.
[3]) Torrey und Hunter erhielten aus Tribromphenolsilber mit Äthyl-
(Methyl)jodid ohne Verdünnungsmittel einen alkoxylfreien amorphen Körper;
in Alkohollösung verlief die Reaktion normal. B. **40**, 4335 (1907).
[4]) Siehe auch S. 591.
[5]) Weitere Ätherifizierungsarten Krafft und Roos, D.R.P. 76574 (1894)
und Moureu, Bull. (3), **19**, 403 (1898).
[6]) B. **28**, 856 (1895); **31**, 64 (1898); **31**, 501 (1898). — Ch. Ztg. **22**,
142 (1898).
[7]) Fr. P. 374378 (1907).

In analoger Weise lassen sich auch Dioxynaphthaline, Anthrol, Naphthole alkylieren, auch wenn man statt Natronlauge Kalk, Ammoniak, Monomethylamin usw. anwendet.

Dimethylsulfat als Alkylierungsmittel auch bei Phenolen anzuwenden, haben Ullmann und Wenner[1]) gelehrt. Die Alkylierung wird gewöhnlich durch kurzes Schütteln der alkalischen Phenollösung mit der berechneten Menge Dimethylsulfat nahezu quantitativ durchgeführt.

Manchmal empfiehlt sich die Verwendung wässerigalkoholischer[2]) oder rein alkoholischer[3]) Lösungen.

Mit möglichst wenig Wasser arbeitet C. Funk[4]), in kochender Lösung J. Sulser[5]) und S. Cohen[6]). Auch Kostanecki und Lampe haben möglichst stürmischen Reaktionsverlauf, unter Benutzung siedenden Dimethylsulfats und siedender alkalischer Substanzlösung sehr bewährt gefunden.[7])

An Stelle von Lösungen verwendet Graebe[8]) auch öfters mit Erfolg die trockenen Salze und kocht mit überschüssigem Dimethylsulfat.

Ein Hindernis mechanischer Natur bei der Methylierung des Vanillins ist die Schwerlöslichkeit seines Natriumsalzes.[9]) Dieser Umstand kommt zwar nicht in Betracht, wenn man an Stelle desselben das Kaliumsalz verwendet, aber auch so kann durch die weitere Einwirkung des Kalis auf den Aldehyd oder auf ähnliche empfindliche Körper die Darstellung eines reinen Reaktionsproduktes in Frage gestellt werden. Decker und Koch[10]) haben deshalb folgende Versuchsanordnung, die am Beispiel des Vanillins erläutert werden soll, angegeben.

Man löst 1 Mol. Vanillin in 10 Proz. weniger als der theoretischen Menge Methylsulfat auf dem Wasserbade auf und trägt nun tropfenweise in die heiße Flüssigkeit eine Lösung der dem Methylsulfat entsprechenden Menge (1 Mol.) Kalihydrat in dem doppelten Gewicht Wasser unter gutem Umschütteln ein. Die Reaktion ist sehr lebhaft, und es muß daher ein Rückflußkühler benutzt werden. Nachdem alles eingetragen ist, setzt man noch etwas Alkali bis zur bleibenden Reaktion hinzu und läßt abkühlen.

---

[1]) B. **33**, 2476 (1900). — D. R. P. 122851 (1900). — Graebe und Aders, Ann. **318**, 365, 370 (1901). — B. **38**, 152 (1905). — Ann. **349**, 201 (1906). — Colombano, Gazz. **37**, II, 471 (1907). — Smith und Mitchell, Soc. **93**, 844 (1908).

[2]) Perkin und Hummel, Soc. **85**, 1466 (1905). — Widmer, Diss., Bern. 1907. S. 30.

[3]) Kulka, Ch. Ztg. **27**, 407 (1903). — Funk, Diss., Bern 1904, S. 25. — B. **37**, 774 (1904).

[4]) Funk, Diss., Bern 1904, S. 26.

[5]) Diss., Bern 1905, S. 25, 29.

[6]) Diss., Bern 1905, S. 29, 30.

[7]) B. **35**, 1669 (1902); **41**, 1331 (1908).

[8]) Ann. **340**, 244 (1905).

[9]) Perkin und Robinson, Soc. **91**, 1079 (1907).

[10]) B. **40**, 4794 (1907).

Es haben sich zwei Schichten gebildet; die obere ist reiner Veratryl-aldehyd. Man setzt nun Äther zu und schüttelt zwei- bis dreimal aus: dabei scheidet sich gewöhnlich festes Vanillinkalium aus. Die ätherischen Auszüge hinterlassen reinen, farblosen Aldehyd, der nach dem Ein-impfen krystallisiert. Die Ausbeute entspricht, auf Methylsulfat be-rechnet, 97 Proz. der Theorie. Die 5—10 Proz. unausgenutzten Vanillins können aus der alkalischen Flüssigkeit wiedergewonnen werden. Nimmt man mehr Methylsulfat und Alkali, so könnte man leicht diesen Rest von Vanillin umsetzen, dann ist aber eine Verunreinigung des emp-findlichen Veratrals mit Dimethylsulfat oder Veratrylalkohol nicht zu vermeiden.

Die geschilderte Anordnung hat vor den meistgeübten Vorschriften den Vorteil, daß man den Gang der Reaktion durch die Regulierung der Zugabe des Alkalis vollkommen in der Hand hat.

Die Beobachtung der Geschwindigkeit, mit der die alkalische Reaktion nach Zugabe eines Tropfens Lauge verschwindet, dient als Kontrolle für den Verlauf der Reaktion.

Über die Alkylierung der Oxyanthrachinone mit Dimethyl-sulfat siehe Graebe, Ann. **349**, 201 (1906).

Über die Alkylierung von Oxyazokörpern: Colombano, Gazz. **37**, (II), 471 (1907).

Weiteres über die Anwendung dieses Alkylierungsmittels siehe S. 589ff.

Den bereits angeführten Alkylierungsmethoden ist noch die speziell auch für alkoholisches Hydroxyl und für Oxysäuren verwertbare Methode von Purdie und Lander[1][3] anzureihen: die zu alkylierende Substanz wird mit trockenem Silberoxyd und Jodalkyl mehrere Stunden lang, eventuell im Einschmelzrohre, erhitzt.

In manchen Fällen kann dabei auch Oxydation eintreten. So wird z. B. bei der Alkylierung von Benzoin ein Teil zu Benzaldehyd und Benzoesäure oxydiert und letztere dann esterifiziert.

Diese Methode ist auch besonders zur Alkylierung von Zucker-arten geeignet,[2][3] sie dient übrigens auch zur Methylierung von Oximen.[3]

Nach den Untersuchungen von Herzig und Zeisel[4] vermögen alle 1.3-Dioxybenzole bei der Ätherifizierung mit Kali und Jod-

---

[1] Purdie und Pitkeathly, Soc. **75**, 157 (1899). — Purdie und Ir-vine, Soc. **75**, 485 (1899); **79**, 975 (1901). — Mc Kenzie, Soc. **75**, 754 (1899). — Druce Lander, Proc. **16**, 6, 90 (1900). — Soc. **77**, 729 (1900); **79**, 690; (1901); **81**, 591 (1902); **83**, 414 (1903). — Liebermann und Lindenbaum, B. **35**, 2913 (1902). — Purdie und Young, Soc. **89**, 1194, 1578 (1908).

[2] Purdie und Irvine, Soc. **83**, 1021 (1903). — Irvine und Cameron, Soc. **85**, 1071 (1904). — Purdie und Mc Laren Paul, Soc. **85**, 1074 (1904). — Proc. **23**, 33 (1907).

[3] Irvine und Moodie, Proc. **23**, 303 (1907). — Soc. **93**, 95 (1908).

[4] A. W. Hofmann, B. **11**, 800 (1878). — Herzig und Zeisel, M. **9**, 217 (1888); **9**, 882 (1888); **10**, 144, 435 (1889); **11**, 291, 311, 413 (1890); **14**, 376 (1893). — Margulies, M. **9**, 1045 (1888); **10**, 459 (1889). — Spitzer,

alkyl Alkylgruppen an Kohlenstoff zu fixieren, falls keine anderen Gruppen hinderlich sind.

In der Phloroglucinreihe werden hierbei ausschließlich bisekundäre und gänzlich sekundäre Verbindungen gewonnen.[1] — Ein Einfluß der schon vorhandenen Methylgruppen macht sich dabei insofern geltend, als das symmetrische Trimethylphloroglucin ausschließlich das gleichfalls symmetrisch konstituierte Hexamethylphloroglucin, das Dimethylphloroglucin, in welchem die Methylgruppen an zwei verschiedenen C-Atomen haften, Tetra- und Hexamethylphloroglucin liefert, während das Monomethylphloroglucin analog dem Phloroglucin selbst, alle drei Ketoformen nebeneinander bildet.

Bei der Alkylierung der echten Dialkyläther entstehen die wahren Trialkyläther,[2] in den Monoalkyläthern hingegen bleibt wohl die Alkyloxydgruppe erhalten, die neu eintretenden Alkyle dagegen gehen an den Kohlenstoff.[3]

Bei den Phloroglucincarbonsäurederivaten[4] zeigt sich die bei den Phloroglucinhomologen konstatierte Herabsetzung der Alkylierungsfähigkeit in noch weit höherem Maße, indem weder mittels Salzsäure und Alkohol, noch mittels Natrium und Jodalkyl eine Alkylierung derselben (auch nicht der Methyläthersäuren) stattfindet.

Dieselbe gelingt indessen leicht mittels Diazomethan.

Auch bei der Acetylierung macht sich hier diese Abnahme der Reaktionsfähigkeit bemerkbar.

Zur Theorie dieser Vorgänge siehe Herzig und Zeisel a. a. O. und ferner Henrich, M. 20, 540 (1899). — Kaufler, M. 21, 1002 (1900).

Andererseits ist Hydroxyl, das sich zu einem Carbonylsauerstoff, wie er sich im Chalkon[5] Xanthon-, Flavon- oder Anthrachinor.-kerne befindet:

M. 11, 104, 287 (1890). — Kraus, M. 12, 191, 368 (1891). — Ulrich, M. 13, 245 (1892). — Ciamician und Silber, Gazz. 22, (2), 56 (1892). — Hostmann, Inaug.-Diss., Rostock 1895, S. 30. — Pollak, M. 18, 745 (1897). — Reisch, M. 20, 488 (1899). — Henrich, M. 20, 540 (1899). — Brezina, M. 22, 346, 590 (1901). — Hirschel, M. 23, 181 (1902).

[1] Soweit Methyl- und Äthylgruppen in Frage kommen. Über die Einwirkung höherer homologer Alkyle: Kaufler, M. 21, 993 (1900).

[2] Will und Albrecht, B. 17, 2107 (1884). — Will, B. 21, 603 (1888). — Herzig und Theuer. M. 21, 852 (1900).

[3] Pollak, M. 18, 745, (1897). — Weidel, M. 19, 223 (1898). — Weidel und Wenzel, M. 19, 236, 249 (1898). — Reisch, M. 20, 488 (1899). — Herzig und Hauser, M. 21, 866 (1900). — Herzig und Kaserer, M. 21, 875 (1900).

[4] Herzig und Wenzel, B. 32, 3541 (1899). — M. 22, 215 (1901); 23, 81 (1902).

[5] Auch das orthoständige Hydroxyl im 2 . 4 . Dioxydesoxybenzoïn

ist nicht alkylierbar. Rosicki, Diss. Bern 1906, S. 36.

Meyer, Analyse. 2. Aufl.   31

1-Oxyxanthron.　　　　　　　Alizarin

2'-Oxy-4',3,4-trimethoxychalkon.　　　　1-Oxy-Flavon.

in Orthostellung befindet, nach den Erfahrungen von Herzig[1]),
Graebe[2]), Schunk und Marchlewski[3]), Konstanecki[4]) und
Perkin[5]) zwar durch Acylierung, nicht oder nur schwer[6]) (und
zumeist nur mittels Dimethylsulfats) aber durch direkte Alkylierung
nachweisbar.

Die Phenoläther sind im Gegensatze zu den Säureestern meist
sehr schwer und zwar nur durch Säuren bei höherer Temperatur[7])
(Jodwasserstoffsäure bei 127°, Salzsäure bei 150°, kochende Schwefelsäure) oder durch wasserfreies Aluminiumchlorid[8]) oder Phosphorpentachlorid verseifbar, während sie von Alkalien noch viel schwerer
angegriffen werden.

Es gibt indessen auch Ausnahmen von dieser Regel.

So zerfällt Methylpikrat schon beim Kochen mit starker Kalilauge in Methylalkohol und Kaliumpikrat (Cahours[9]), Salkowsky[10]),

[1]) M. 5, 72 (1884); 9, 541 (1888); 12, 163 (1891).
[2]) B. 38, 152 (1905).
[3]) Soc. 65, 185 (1894). — Siehe auch Manchester Memoirs 1873.
[4]) M. 12, 318 (1891). — Dreher und Kostanecki, B. 26, 71, 2901 (1893).
— Dreher, Diss. Bern 1893, S. 32. — Tambor, B. 41, 789 (1908).
[5]) Soc. 67, 995 (1895); 69, 801 (1896); 71, 812 (1897).
[6]) Siehe auch Böck, M. 23, 1008 (1902). — Graebe und Thode, Ann.
349, 201 (1906). — Perkin, Soc. 91, 2067 (1907). — Liebermann und
Jelline, B. 21, 1164 (1888). — Kostanecki und Webel, B. 34, 1455 (1901).
— Czajkowski, Kostanecki und Tambor, B. 33, 1988 (1900). — D. R. P.
139 424 (1902). — D. R. P. 155 633 (1904).
[7]) Relativ leicht erfolgt die Entalkylierung durch Kochen mit einem Gemisch von 48proz. Bromwasserstoffsäure und Eisessig. Störmer, B. 41, 322
(1908).
[8]) Auwers, B. 36, 3893 (1903). — Osterle, Arch. 243, 441 (1905). —
Auwers und Rietz, B. 40, 3515 (1907). — Auf diese Art kann man sogar
alkylierte aromatische Oxyaldehyde verseifen, ohne daß die Aldehydgruppe angegriffen wird: D. R. P. 193 958 (1908).
[9]) Ann. 69, 237 (1849).
[10]) Ann. 174, 259 (1874).

die Dinitro- und Trinitroderivate des Phenyl- und p-Kresylbenzyläthers werden durch alkoholisches Kali verseift,[1]) Alizarin-a-Methyläther durch kochendes Barytwasser.[2])

Nitroopiansäure verliert beim Kochen mit alkoholischer Kalilauge das der Carboxylgruppe benachbarte Methyl,[3]) und analog wird Methylanthrol durch alkoholisches Kali zersetzt (Liebermann und Hagen[4]). — Über Cumarinsäureester siehe B. **22**, 1710 (1889). — Verseifung von Äthern durch quaternäre Basen: Decker und Dunart, Ann. **358**, 293 (1908). — Beim 15stündigen Erhitzen mit der doppelten Menge Kali und der vierfachen Menge Alkohol auf 180 bis 200⁰ werden übrigens selbst Veratrol[5]), Anisol, Anethol und Phenetol entalkyliert.[6])

Über leicht verseifbare, stark negativ substituierte Phenylbenzyläther siehe noch Auwers und Rietz, Ann. **356**, 152 (1907) und Auwers, Ann. **357**, 85 (1907).

Außerordentlich leicht verseifbar sind meist die Enoläther. So wird der Oxycholestenonäther schon durch Erwärmen mit Essigsäure verseift,[7]) der Vinyläthyläther und seine Derivate werden ebenfalls sehr leicht durch verdünnte Säuren gespalten.[8]) Das Phenyläthoxytriazol ist indessen sehr resistent.[9])

Über das Verhalten von Alkyläthern der Oxymethylenverbindungen siehe auch noch Rich. Gärtner, Diss., Kiel 1906 und Knorr, B. **36**, 3077 (1903); **39** 1410 (1906).

G. **Benzylierung der Phenole.** Um Phenole zu benzylieren, erhitzt man dieselben in alkoholischer Lösung mit der berechneten Menge Natriumalkoholat und Benzylchlorid mehrere Stunden unter Rückflußkühlung auf dem Wasserbade und filtert dann noch heiß vom ausgeschiedenen Kochsalz[10]) oder gießt in Wasser und krystallisiert um.

Die Silberphenolate reagieren besser als mit Benzylchlorid mit dem auch sonst[11]) zu Benzylierungen empfohlenen Benzyljodid[12]).

[1]) Kumpf, Ann. **224**, 96 (1884). — Frische, Ann. **224**, 137 (1884).
[2]) Perkin, Soc. **91**, 2069 (1907).
[3]) Liebermann und Kleemann, B. **19**, 2277 (1886).
[4]) B. **15**, 1427 (1884).
[5]) Bouveault, Bull. (3) **19**, 75 (1898).
[6]) Störmer und Kahlert, B. **34**, 1812 (1901). — Kahlert, Diss., Rostock 1902, S. 74. — Störmer und Kippe, B. **36**, 3995 (1903). — Siehe auch S. 426.
[7]) Windaus, B. **39**, 2253 (1905).
[8]) Wislicenus, Ann. **192**, 106 (1878). — Faworsky, J. pr. (2), **37**, 532 (1888); **44**, 215 (1891). — Eltekow, B. **10**, 706 (1877). — Denaro, Gazz. **14**, 117 (1884). — Zimmermann, Diss., Jena 1907, S. 18.
[9]) Dimroth, Ann. **335**, 79 (1904).
[10]) Haller und Guyot, C. r. **116**, 43 (1893).
[11]) M. u. J. **2**, S. 126. — Wedekind, B. **36**, 379, 1 Anm. (1903).
[12]) V. Meyer, B. **10**, 311 (1877). — Kumpf, Ann. **224**, 126 (1884). — Auwers und Walker, B. **31**, 3040 (1898).

Das Silbersalz wird mit einer benzolischen Lösung der äquivalenten Menge Benzyljodid auf dem Wasserbade unter Rückfluß so lange gekocht, bis die stechenden Dämpfe des Jodids verschwunden sind. Man filtriert, dampft zur Trockne und krystallisiert (etwa aus Ligroin) um. — Auch mit Nitrobenzylchlorid kann man benzylieren.

Darstellung von Benzyljodid.

Reines Benzylchlorid wird mit etwas mehr als der berechneten Menge Jodkalium und reinem Alkohol 20—30 Minuten lang am Rückflußkühler gekocht, unter häufigem tüchtigem Umschütteln, das ein Zusammenballen des gepulverten Jodkaliums verhindert. Nach dem Erkalten gießt man in kaltes Wasser und trennt im Scheidetrichter das als dickflüssiges Öl abgeschiedene rohe Benzyljodid ab. Man bringt in einer Kältemischung zum Erstarren, saugt ab und krystallisiert nochmals aus Alkohol um. Weiße Nadeln, Smp. 24°.

H. In verdünnter Kali-(Natron-)Lauge pflegen im allgemeinen Substanzen mit phenolischem Hydroxyl löslich zu sein, doch sind auch von dieser Regel Ausnahmen bekannt geworden.[1] So ist das orthohydroxylierte Hexamethyltriaminotriphenylmethan in wässeriger Lauge selbst in der Hitze ganz unlöslich[2] und ebenso verhält sich das Naphthyloldinaphthoxanthen[3] und der 2-Äthoxybenzalresacetophenonmonoäthyläther[4] sowie die Hydrazone aromatischer o-Oxyketone.[5]

Auwers[6] hat eine große Anzahl derartiger Phenole aufgefunden, die er nach dem Vorschlage Jacobsons als „Kryptophenole" bezeichnet; doch soll der Ausdruck eigentlich Substanzen mit maskierten Phenoleigenschaften überhaupt (z. B. Indifferenz gegen Ammoniak) bedeuten. Es gibt auch keine scharfe Grenze zwischen Kryptophenolen und echten Phenolen. So sind viele Kryptophenole kalilöslich, wie Salicylsäureester, Orthooxyacetophenon usw.

Über die Acidität der Phenole siehe noch Pellizari, Gazz. **14**, 262 (1884). — Raikow, Ch. Ztg. **27**, 781, 1125 (1903.) — Hantzsch, B. **40**, 3801 (1907). — Hans Meyer, M. **28**, 1381 (1907).

Hesse[7] hat ein auf der Unlöslichkeit der Phenolate in Äther

---

[1]) Siehe auch S. 832.
[2]) Haller und Guyot, Bull. (3), **25**, 752 (1901).
[3]) Fosse, Bull. (3), **27**, 534 (1902). — C. r. **132**, 789 (1901); **137**, 858, (1903); **138**, 2820 (1904); **140**, 1538 (1905).
[4]) Siehe ferner: Kostanecki und Salis, B. **32**, 1031 (1899). — Michael, Am. **5**, 92 (1883). — Dreher und Kostanecki, B. **26**, 71 (1892). — Kostaneki, B. **27**, 1989 (1894). — Cornelson und Kostanecki, B. **29**, 242 (1896). — Anselmino, B. **35**, 4099 (1902). — Bull. (3), **29**, 1 (1903). — Scholz und Huber, B. **37**, 395 (1904). — Rogow, B. **33**, 3535 (1900). — J. pr. (2), **72**, 315 (1905).
[5]) Torrey und Kipper, Am. Soc. **29**, 77 (1907); **30**, 836 (1908).
[6]) B. **39**, 3167 (1906).
[7]) Ch. Ztschr. **2**, 434 (1903). — B. **36**, 1466 (1903).

beruhendes Verfahren zur quantitativen Bestimmung derselben (und der Oxysäureester) angegeben.

Dieses Verfahren besteht darin, daß man die zu analysierende Substanz, z. B. ein ätherisches Öl, in 3 Teilen wasserfreien Äthers löst und normales alkoholisches Kali hinzufügt. Bei Abwesenheit von Phenolen entsteht dann kein Niederschlag, wenn aber das betreffende Öl Phenole oder Salicylsäureester enthält, so fallen die Kaliumsalze der Phenole meist in schönen Krystallen, manchmal allerdings auch ölig, aus. Man sammelt die Abscheidung und wäscht sie mit absolutem Äther. Zur Phenolbestimmung genügt es dann, sie durch eine Säure, am besten Kohlensäure, zu zerlegen, oder das Alkali zu titrieren. In letzterem Falle empfiehlt es sich, keinen allzu großen Überschuß an Kali zu verwenden. Diese elegante Methode wird in vielen Fällen mit Vorteil verwendbar sein.[1])

Vielfach wird die Ansicht ausgesprochen[2]), daß die Phenole im Gegensatze zu den Carbonsäuren aus ihren alkalischen Lösungen durch Einleiten von Kohlendioxyd ausgefällt werden können. Dieses Moment kann aber durchaus nicht als unterscheidendes Merkmal der beiden Körperklassen dienen, denn bei genügend langem Einleiten des Gases werden sehr viele Säuren gleichfalls in freier Form oder als saure Salze niedergeschlagen; wird doch selbst Natriumchlorid hierbei partiell unter Salzsäureentwicklung zersetzt.[3]) „Von theoretischen Gesichtspunkten aus muß die Ausfällbarkeit auch ganz stark saurer Verbindungen durch Kohlensäure unter gewissen Bedingungen nicht nur zugegeben, sondern direkt gefordert werden."[4]) — Von den beiden stereoisomeren Anisylzimtsäuren wird die α-Säure durch Kohlensäure sofort aus der wässerigen Lösung ihres Natriumsalzes ausgeschieden. Die β-Säure fällt als solche nicht aus.[5])

I. **Kryoskopisches Verhalten der Phenole.**[6]) Auwers hat für das kryoskopische Verhalten der Phenole in Naphthalinlösung folgende Sätze aufgestellt:

Orthosubstituierte Phenole verhalten sich kryoskopisch normal, parasubstituierte zeigen starke Assoziation bei zunehmender Konzentration der Lösungen, Metaderivate stehen in der Mitte, nähern sich jedoch meist den Paraderivaten. Beliebige Substituenten in Orthostellung über einen „normalisierenden", dieselben in Parastellung einen „anormalisierenden" Einfluß aus, während Metasubstituenten schwächer anormalisierend wirken.

---

[1]) **Roure-Bertrand Fils** I, 9, 72 (1904). — Siehe indes S. 41.
[2]) Z. B. **Mohr**, Vhdl. Ges. Nat. f. 1907, S. 97. — **Schrötter** und **Flooh**, M. 28, 1099 (1907).
[3]) **Müller**, B. 3, 40 (1870). — **Schulz**, Pflüg. Arch. 27, 454 (1882). — D. R. P. 74937 (1893).
[4]) **Herzig** und **Pollak**, M. 25, 880 (1904). — Siehe hierzu auch **Fr. Mohr**, Ann. 185, 286 (1877). — **Hans Meyer**, M. 28, 1381 (1907).
[5]) **Stoermer** und **Friderici**, B. 41, 337 (1908).
[6]) **Auwers**, Z. phys. 18, 595 (1895).

Die Wirkung der Orthosubstituenten ist ceteris paribus stärker als die der Meta- und Parasubstituenten. Diejenigen Substituenten, die in Parastellung stark anormalisierend wirken, besitzen in Orthostellung ebenfalls einen starken normalisierenden Einfluß, und Analoges gilt für die schwach wirkenden Substituenten. Die angeführten Regeln geben einen Anhaltspunkt dafür, welcher Einfluß bei der Konkurrenz verschiedener Substituenten in mehrfach substituierten Phenolen siegreich bleibt.

Die Reihenfolge der Substituenten, nach abnehmender Stärke geordnet, ist folgende:

Aldehydgruppe,
Carboxalkyl,
Nitrogruppe,
Halogene,
Alkyle.

Weiteres über das kryoskopische Verhalten der Phenole: Auwers, B. 28, 2878 (1895). — Z. phys. 30, 300 (1899). — Orton, Z. phys. 21, 341 (1896).

K. Über die Einwirkung von Phenylhydrazin auf Phenole siehe: Baeyer und Kochendörfer, B. 22, 2189 (1889). — E. Fischer, und Passmore, B. 22, 2735 (1889). — Seyewetz, C. r. 113, 264 (1892). — Z. anal. 31, 329 (1892).

7. Reaktionen der zweiwertigen Phenole.[1]

A. Reaktionen der Orthoverbindungen (Reihe des Brenzcatechins).

a) Eisenchloridreaktion siehe S. 463.

b) Verhalten gegen Antimonsalze[2] (Causse).

Brenzcatechin und andere Polyphenole, welche die Hydroxylgruppen in Orthostellung enthalten, vermögen zwei typische Wasserstoffatome gegen zwei Valenzen des dreiwertigen Antimons auszutauschen. Die Verbindung

$$R\diamondsuit\begin{smallmatrix}O\\O\end{smallmatrix}Sb-OH$$

spielt die Rolle einer Base, und ihre Verbindungen

$$R\diamondsuit\begin{smallmatrix}O\\O\end{smallmatrix}Sb-X(X=Cl, Br, J, F, usw.)$$

sind denen des Antimonyls O=Sb—X analog. Phenole, die der Metareihe angehören, liefern höchstens in konzentrierter Lösung mit Antimontrichlorid flockige, leicht zersetzliche Verbindungen und rea-

---

[1] Verhalten gegen Ammoniummolybdat: Stahl, B. 25, 1600 (1892).
[2] Ann. Chim. Phys. (7), 14, 526 (1898). — Bull. (3), 7, 245 (1892).

gieren mit Antimonfluorür gar nicht.   Derivate der p-Reihe geben überhaupt keine Fällungen.

Die Darstellung der Fluorüre gelingt leicht durch Mischen der wässerigen Lösung des Phenols mit einer wässerigen Fluorantimonlösung. — Ähnliche Fällungen gibt Bleizucker.[1]

c) Heteroringbildungen.

Die Phenole der Orthoreihe bilden mit den anorganischen Säurechloriden, ferner mit o-Diaminen, o-Aminophenolen usw. cyclische Ester:

So mit:

$$\text{Thionylchlorid} \qquad R\underset{O}{\overset{O}{\diamondsuit}}SO \quad \text{Sulfite,}$$

$$\text{Phosphortrichlorid} \qquad R\underset{O}{\overset{O}{\diamondsuit}}PCl \quad \text{Chlorphosphine,}$$

$$\text{Phosphoroxychlorid} \qquad R\underset{O}{\overset{O}{\diamondsuit}}POCl \quad \text{Oxychlorphosphine,}$$

$$\text{Phosgen} \qquad R\underset{O}{\overset{O}{\diamondsuit}}CO \quad \text{Carbonate,}$$

$$\text{ferner mit } R_1\underset{NH_2}{\overset{NH_2}{<}} \qquad R\underset{N}{\overset{N}{\diamondsuit}}R_1 \quad \text{Azine,}$$

$$\text{mit } R_1\underset{OH}{\overset{NH_2}{<}} \qquad R\underset{O}{\overset{NH}{\diamondsuit}}R_1 \quad \text{Oxazine,}$$

$$\text{und } Br(CH_2)_2Br \qquad R\overset{O-CH_2}{\underset{O-CH_2}{<}} \quad \text{Äthylenäther usf.}$$

Ebenso verhalten sich die orthohydroxylierten Pyridinderivate.[2]

d) Unter den Orthohydroxylderivaten, welche ausschließlich Hydroxylgruppen enthalten, sind nur diejenigen gute, d. h. technisch brauchbare Beizenfarbstoffe,[3] bei denen sich die Hydroxylgruppen in der Orthostellung zu einer Carbonylgruppe befinden (Regel von Liebermann und Kostanecki[5]). Als Beizen dienen hierbei Eisenoxyd und Tonerde.[4]

[1] Degener, J. pr. (2), 20, 320 (1879).

[2] Ris, B. 19, 2206 (1886).

[3] Zur Theorie der Beizenfarbstoffe: Werner, Ch. Ztg. 32, 302 (1908). — B. 41, 1062 (1908). — Liebermann, B. 41, 1436 (1908).

[4] Liebermann, B. 34, 1563 (1901); 35, 1491 (1902). — V. Intern. Kongreß f. ang. Ch., Sekt. IV B, Bd. 2, 881 (1903).

[5] Ann. 240, 245 (1887). — B. 18, 2145 (1885). — Buntrock, Rev. gén. mat. color. 5, 99 (1901). — B. 34, 2344 (1901). — Liebermann, B. 26, 1574

An Stelle der einen Hydroxylgruppe kann auch Carboxyl treten
(Munjistin), oder die Nitroso- und Isonitrosogruppe[1]) oder überhaupt gewisse chromophore Gruppen (ev. auch in Parastellung[2]).

Diese ursprünglich an Oxyanthrachinonen exemplifizierte Regel,
welche auch für Konstitutionsbestimmungen in anderen Körperklassen:
Oxychinone[3]), Oxychinoline[4]), Orthochinondioxime, Orthodioxyphenole
verwendet wurde, hat wesentlich an Bedeutung verloren, seitdem
v. Georgievics gezeigt hat,[5]) daß auch die in 2.3, 1.4 und 1.3 hydroxylierten Dioxyanthrachinone ein deutlich ausgesprochenes Beizen-
färbevermögen besitzen.

Unter Umständen kann übrigens sogar der Eintritt weiterer
Hydroxylgruppen wieder auslöschend auf das Färbevermögen wirken
(1.4.5.8-Tetraoxyanthrachinon.[6])

Georgievics gibt hierfür,[7]) im Anschluß an Betrachtungen von
Hantzsch[8]), eine sehr ansprechende Erklärung, welche auf der Annahme einer chinoiden Formel für die beizenfärbenden Oxyanthrachinone basiert.

B. Reaktionen der Metaverbindungen (Resorcinreihe).

a) Eisenchloridreaktionen siehe S. 463f.

b) Fluoresceinreaktion.[9]) Metadioxybenzole werden durch
Erhitzen mit Phthalsäureanhydrid in Phthaleine übergeführt, welche
in alkalischer Lösung intensiv (grün) fluorescieren. Das Eintreten
der Fluoresceinreaktion wird indes durch Substitution in der Metastellung zu den beiden Hydroxylen verhindert.[10])

Wie die Metadioxybenzole reagieren auch die $\alpha\alpha'$-hydroxylierten
Pyridinderivate.[11])

c) Phenole der Metareihe werden schon durch Kochen im
offenen Gefäße mit Lösungen von Alkalibicarbonaten in Oxy-

(1893); **34**, 1026, 1031, 1562, 2299 (1901); **35**, 1490, 1778, 2301 (1902); **36**, 2913
(1903); **37**, 1171 (1904). — Buntrock und v. Georgievics, Z. f. Farb. u.
Text. **1**, 351 (1902). — Möhlau u. Steimmig, Z. f. Farb. u. Text. **3**, 358 (1904).
— Sachs u. Thonet, B. **37**, 3327 (1904). — Prudhomme, Z. f. Farb. u.
Text. **4**, 49 (1905). — Sachs und Craveri, B. **38**, 3685 (1905). — Zaar,
Diss., Berlin 1907.

[1]) Kostanecki, B. **20**, 3146 (1887). — Tschugaeff, J. pr. (2), **76**, 92
(1907).
[2]) Möhlau und Steimmig, a. a. O.
[3]) Kostanecki, B. **22**, 1351 (1889).
[4]) Nölting und Trautmann, B. **23**, 3660 (1890).
[5]) Z. f. Farb. u. Text **1**, 523 (1902)..
[6]) v. Georgievics, Z. f. Farb. u. Text. **4**, 187 (1905). — Siehe übrigens
Möhlau, Ch. Ztg. **31**, 940 (1907).
[7]) Lotos, 1907, S. 97.
[8]) B. **39**, 3072 (1906).
[9]) Baeyer, Ann. **183**, 1 (1876).
[10]) Knecht, B. **15**, 298, 1070 (1882). — Ann. **215**, 83 (1882).
[11]) Ruhemann, B. **26**, 1559 (1893).

carbonsäuren verwandelt,[1]) eine Reaktion, die in den anderen
Reihen nur unter Druck, resp. über $130°$[2]) erfolgt.

d) Verhalten bei der Alkylierung.

Beim Ätherifizieren der Metadioxybenzole entstehen nach Herzig und Zeisel neben den wahren Äthern zum Teile auch C-alkylierte Verbindungen, die sich von einer Mono- oder Diketoform ableiten lassen. Siehe S. 480f.[2])

Die m-Dioxybenzole geben indessen mit Hydroxylamin keine Oxime.[3])

e) Reaktion von Scholl und Bertsch.[4])

Phenole, welche metaständige Hydroxyle und eine freie Parastelle haben, werden von Monochlorformaldoxim schon bei $0°$ und darunter in der Weise angegriffen, daß die Chlorhydrate von Aldoximen entstehen:

Suspendiert man Knallquecksilber in einer absolut ätherischen Lösung des betreffenden Phenols und leitet unter Kühlung Chlorwasserstoff ein, so verschwindet das Knallquecksilber allmählich und an seiner Stelle scheidet sich das salzsaure Salz des Adoxims in Krystallen aus. Durch Einwirkung von heißer verdünnter Schwefelsäure können daraus leicht die Aldehyde gewonnen werden.

Synthese von Phenolaldiminen aus mehrwertigen Phenolen mit m-Hydroxylen, Blausäure und Chlorwasserstoff in ätherischer Lösung: Gattermann und Köbner, B. **32**, 278 (1899).

f) Einwirkung von salpetriger Säure.[5])

In zweiwertigen m-Phenolen können nur dann zwei Isonitrosogruppen eintreten, wenn außer der Parastellung zu dem einen Hydroxylrest auch die Stelle zwischen den beiden OH-Gruppen unbesetzt ist, während, wenn die Parastelle und die Stelle zwischen den

---

[1]) Kostanecki, B. **18**, 3203 (1885).
[2]) In Glycerinlösung: Brunner, Ann. **351**, 313 (1907).
[3]) Baeyer, B. **19**, 163 (1886).
[4]) B. **34**, 1442 (1901).
[5]) Fitz, B. **8**, 631 (1875). — Aronheim, B. **12**, 30 (1879). — Kraemer, B. **17**, 1875 (1884). — H. Goldschmidt, B. **17**, 1883 (1884). — Stenhouse und Groves, Ann. **188**, 358 (1887); **203**, 294 (1880). — Kostanecki, B. **19**, 2322 (1886); **20**, 3133 (1887). — Goldschmidt und Strauß, B. **20**, 1608 (1887). — Nietzki und Maekler, B. **23**, 723 (1890). — Kraus, M. **12**, 373 (1891). — Kehrmann und Hertz, B. **29**, 1415 (1896). — Henrich, M. **18**, 142 (1897). — B. **29**, 989 (1896); B. **32**, 3419 (1899). — M. **22**, 232 (1901). — Kietaibl, M. **19**, 536 (1898). — Hantzsch und Farmer, B. **32**, 3108 (1899). — Pollak, M. **22**, 998, 1002 (1901).

Hydroxylen besetzt ist, nur ein Mononitrosoderivat entstehen kann (Kostanecki).

g) Chrysoidingesetz.[1])

Bei der Einwirkung von Diazokörpern auf Dioxybenzole reagieren nur die Derivate der Metareihe unter Bildung von Azokörpern (Grieß-sche Regel).

Man läßt zur Ausführung dieser Reaktion eine gekühlte Diazo-benzolchloridlösung langsam in die alkalische Lösung des betreffenden Phenols einfließen. Nach einigem Stehen wird durch Kochsalzzusatz oder Ansäuern die Ausscheidung des Farbstoffes bewirkt.

Das Chrysoidingesetz hat für die Naphthalinreihe keine Gültig-keit, indem sowohl das β-Naphthohydrochinon[2])

als auch dessen Sulfosäure

mit Diazoverbindungen Azofarbstoffe geben.[3])

Übrigens haben Witt und Mayer sowie Witt und Johnson gezeigt, daß unter besonderen Umständen auch Brenzcatechin[4]) und Hydrochinon[5]) (Monobenzoat) Azofarbstoffe geben.

C. Reaktionen der Pararreihe (Reihe des Hydrochinons).

a) Eisenchloridreaktion siehe S. 464.

b) Überführung in Chinone.

Die p-Dioxybenzole gehen leicht durch Oxydationsmittel (Eisen-chlorid, Mangansuperoxyd, Chromsäure usw.) in die zugehörigen Chinone über, an deren Reaktionen sie erkannt werden.

Ebenso verhalten sich para-hydroxylierte Pyridinderivate.[6])

Als Zwischenprodukte entstehen (z. B. bei der Oxydation durch

---

[1]) Siehe auch unter den Reaktionen der Metadiamine, S. 807.

[2]) Witt, D. R. P. 49872 (1889), D. R. P. 49979 (1889).

[3]) Über die Regeln, nach denen hier der Kuppelungsprozeß verläuft, siehe v. Georgievics, Farbenchemie, 3. Aufl., 1907, S. 53.

[4]) B. 26, 1672 (1893). — Siehe Orton und Everatt, Soc. 93, 1010 (1908).

[5]) B. 26, 1908 (1893).

[6]) Kudernatsch, M. 18, 624 (1897). — Es ist übrigens nicht aus-geschlossen, daß in diesem Falle ein Orthochinon vorliegt.

Elektrolyse[1]) oder mittels Jodsäure[2]) die schön farbigen (grünlich) metallisch glänzenden Chinhydrone.

c) Mit **Hydroxylamin** geben die Hydrochinone die Dioxime der zugehörigen Chinone.[3])

d) Bei der **Alkylierung** entstehen nur echte Äther.

8. Reaktionen der dreiwertigen Phenole.

A. Verhalten der vicinalen Verbindungen (Pyrogallolreihe).

a) **Eisenchloridreaktion:** siehe S. 463.

b) Mit **Bleiacetat** entstehen schwerlösliche krystallinische Fällungen.

c) In wässeriger oder alkoholischer Lösung werden die vicinalen Trioxybenzole durch eine Spur **Jod** purpurrot gefärbt.

d) Von **alkalischen Lösungen** wird Sauerstoff äußerst energisch absorbiert.[4])

e) **Verhalten beim Alkylieren.**[5])

Mit Bromalkyl und Kali erhält man ein Gemisch von wahren und Pseudoäthern, daneben scheint auch partielle Reduktion zu alkylierten Brenzcatechinäthern stattzufinden.

B. Verhalten der asymmetrischen Verbindungen (Oxyhydrochinone).

a) **Eisenchloridreaktion:** siehe S. 463.

b) **Verhalten bei der Alkylierung.**[6])

Bei der Ätherifizierung mit Kalilauge und Brom-(Jod-)Alkyl verhält sich das Oxyhydrochinon im Gegensatze zum Brenzcatechin und Hydrochinon, die nach Herzig und Zeisel nur echte Äther liefern, und zum Phloroglucin, bei dem nur Pseudoäther nachgewiesen werden konnten, wie Resorcin, symmetrisches Orcin, Diresorcin und Pyrogallol, indem es sowohl echte als auch Pseudoäther liefert.

Über eine bequeme Darstellungsmethode für Oxyhydrochinone: Thiele, Ann. **311**, 341 (1899).

Oxyhydrochinon zeigt mit Aldehyden (Benzaldehyd, Acetaldehyd und Oxyaldehyden) die Fluoronreaktion;[7]) siehe S. 492.

---

[1]) Liebmann, Z. El. **2**, 497 (1896).

[2]) Causse, Ann. Chim. Phys. (7), **14**, 526 (1898).

[3]) Nietzki und Benckiser, B. **19**, 305 (1886). — Nietzki und Kehrmann, B. **20**, 613 (1887). — E. v. Meyer, J. pr. (2), **29**, 494 (1889). — Jeanrenaud, B. **22**. 1283 (1889).

[4]) Weyl und Zeitler, Ann. **205**, 255 (1880). — Weyl und Goth, B. **14**, 2659 (1881).

[5]) A. W. Hoffmann, B. **11**, 800 (1878). — Herzig und Zeisel, M. **10**, 150 (1889). — Hirschel, M. **23**, 181 (1902).

[6]) Herzig und Zeisel, M. **10**, 149 (1889). — Brezina, M. **22**, 346, 590 (1901).

[7]) Liebermann und Lindenbaum, B. **37**, 1171, 2728 (1904).

C. Verhalten der symmetrischen Verbindungen (Phloroglucin-reihe).

a) Eisenchloridreaktion siehe S. 464.

b) Fichtenspanreaktion. Alle Homologen des Phloroglucins, sowie das Phloroglucin selbst, färben in wässeriger Lösung einen mit konzentrierter Salzsäure befeuchteten Fichtenspan rot- bis blauviolett, solange noch am Benzolkerne ein nicht substituiertes Wasserstoff-atom vorhanden ist.[1]

c) Verhalten beim Alkylieren siehe S. 481.

d) Fluoronbildung.[2]

Während sich das Phloroglucin mit o-Aminobenzaldehyd in der Ketoform,[3] mit Vanillin in der Enolform[4] kondensiert, reagiert nach Weidel und Wenzel ein Molekül Phloroglucin mit einem Molekül Salicylaldehyd nach der Gleichung:

gleichzeitig in der Hydroxyl- und in der Ketoform unter Bildung des farbigen Fluorons.

Weit besser als das Phloroglucin regiert das Methyl- und das Dimethylphloroglucin und die Methylphloroglucincarbonsäure, während das Trimethylphloroglucin sich nicht kondensieren läßt.

Noch geeigneter für die Fluoronreaktion ist nach Sachs und Appenzeller[5] der Tetramethyldiaminobenzaldehyd.

e) Einwirkung von salpetriger Säure.[6]

Dabei entstehen Oxime von Ortho- und Parachinonen; es scheint jedoch auch gelegentlich die Bildung wahrer Nitrosokörper stattzu-finden, wenigstens reagiert das Nitrosoderivat des Methylphloroglucin-dimethyläthers beim Alkylieren in der Nitrosoform.[7]

---

[1] Weidel und Wenzel, M. **19**, 295 (1898). — Weißweiler, M. **21**, 48 (1900).

[2] Weidel und Wenzel, M. **21**, 62 (1900). — Schreier und Wenzel, M. **25**, 311 (1904). — Liebschütz und Wenzel, M. **25**, 319 (1904). — Liebermann und Lindenbaum, B. **37**, 2730 (1904).

[3] Eliasberg und Friedländer, B. **25**, 1758 (1892).

[4] Etti, M. **3**, 640 (1882).

[5] B. **41**, 92 (1908).

[6] Benedikt, B. **11**, 1375 (1878). — Moldauer, M. **17**, 462 (1896). — Weidel und Pollak, M. **18**, 347 (1897); M. **21**, 15, 50 (1900). — Brunn-mayr, M. **21**, 3 (1900). — Bosse, M. **21**, 1021 (1900). — Konya, M. **21**, 422 (1900). — Pollak, M. **22**, 999, 1002 (1901).

[7] Pollak, M. **22**, 1004 (1901). — Vgl. Weidel und Pollak, M. **17**, 593 (1896).

9. **Reaktionen der Oxymethylengruppe:** $C = \overset{\overset{\displaystyle H}{|}}{C} - OH.$

Nach Erlenmeyer[1]) sollte der in offenen Ketten enthaltene Komplex $>C = CHOH$ unbeständig sein und alsogleich nach seiner Bildung in die Aldehydform $>CH - CH = O$ übergehen. Durch die Arbeiten von Claisen[2]), v. Pechmann u. a. wissen wir nunmehr, daß, wenn im Acetaldehyd und seinen Homologen

$$R.CH_2 - CH = O$$

ein Wasserstoffatom der Methyl- (Methylen-) Gruppe durch ein Säureradikal ersetzt ist, oder zwei Wasserstoffe durch den schwächer sauren Phenylrest vertreten werden, dadurch eine Umlagerung der Aldehydform in die Vinylalkoholform:

$$R - CH = CH - OH$$

bedingt wird.

Außer diesen eigentlichen Oxymethylenverbindungen, welche ausschließlich Alkoholform besitzen, scheinen auch die meisten β-Ketoverbindungen, wie der Acetessigester, der Formylphenylessigester, Mesityloxydoxalsäureester, Benzylidenbisacetessigester, Diacetylbernsteinsäureester usw., wenigstens vorübergehend in einer „Enol"-Form auftreten zu können. Die Neigung zur Bildung der Hydroxylform tritt bei derartigen Substanzen um so mehr hervor, je negativer oder je zahlreicher die mit dem Methan-(Methyl-)Kohlenstoff verbundenen Acylreste sind (Claisen).

Von den chemischen Kriterien für das Vorliegen einer Enolform in solchen allelotropen[3]) Verbindungen haben nur diejenigen sicheren diagnostischen Wert, welche rasch und ohne Temperaturerhöhung verlaufenden Reaktionen zukommen, denn wo es nicht gelingt, eine Umwandlung auszuschließen, entstehen bei chemischen Reaktionen aus Enol- und Ketoform identische Produkte.

Das eine, wenigstens vielfach brauchbare Reagens ist das zuerst von H. Goldschmidt und Meißler[4]) empfohlene Phenylisocyanat. Nach W. Wislicenus[5]) ist dasselbe auch wirklich für „tautomere" Substanzen brauchbar, nur ist auf die Versuchsbedingungen noch weit größere Sorgfalt zu verwenden, als sie Goldschmidt beachtete. Man muß das Phenylisocyanat

1. ohne Lösungsmittel,
2. bei gewöhnlicher Temperatur[6]) einwirken lassen.

---

[1]) B. **13**, 309 (1880). — B. **14**, 320 (1881). — Vgl. auch v. Baeyer, B. **16**, 2188 (1883).
[2]) Literatur und ausführliche Mitteilungen Ann. **281**, 306 (1894).
[3]) Knorr, Ann. **306**, 336 (1899).
[4]) B. **23**, 257 (1890).
[5]) Ann. **291**, 198 (1896). — Knorr, Ann. **303**, 141 (1898). — Siehe auch Hantzsch, B. **32**, 585 (1899).
[6]) Michael, J. pr. (2), **42**, 19 (1890). — B. **38**, 22 (1905). — Dieckmann, B. **37**, 4627 (1904). — H. Goldschmidt, B. **38**, 1096 (1905).

Daß durch letzteren Umstand natürlich in manchen Fällen eine allzu lange Reaktionsdauer notwendig wird, kann die Sicherheit der Reaktion gefährden. Namentlich bei flüssigen Keto-Enolgemischen, die vielleicht ursprünglich nur spurenweise Enolform besaßen, wird die durch das Verschwinden des mit Phenylisocyanat verbundenen Enolanteiles erfolgte Gleichgewichtsstörung immer wieder auf Kosten der Aldo- (Keto-) Form behoben und so bei genügend langer Reaktionsdauer schließlich alles enolisiert werden. Über die Notwendigkeit, eine Übertragungskatalyse (durch Spuren von Alkali) auszuschließen, siehe·die in Anm. 6, S. 493 angeführten Autoren und S. 544.

In bestimmten Fällen, wo das Phenylisocyanat versagt,[1]) erfolgreicher ist die Säurechloridreaktion.[2]) Phosphorchloride, aber auch Acetylchlorid, geben durch Erwärmen und Salzsäureentwicklung beim Zusammenbringen mit der in trockenem Benzol gelösten Substanz das Vorhandensein einer Hydroxylgruppe zu erkennen.

$$R.OH + PCl_5 = R.Cl + HCl + POCl_3.$$

Für einige Klassen von Pseudosäuren, vor allem für Nitroparaffine (Mono- und Dinitroäthan) kann die Ammoniakreaktion, d. i. die Indifferenz dieser Pseudosäuren gegen Ammoniak, als ein Kriterium derselben dienen; doch sind der allgemeinen Anwendbarkeit dieser Reaktion ziemlich enge Grenzen gezogen, da auch nicht wenige Pseudosäuren mit Ammoniak fast momentan, d. i. mit nicht meßbarer Geschwindigkeit, oder ebenso rasch, wie echte Säuren, reagieren. (Hantzsch.)

Ein weiteres, viel bequemer anwendbares und nahezu vollkommen zuverlässiges Reagens auf die Oxymethylengruppe ist das Eisenchlorid.[3]) Während bei den Phenolen, die ja auch zumeist eine Eisenreaktion geben, diese fast nur in wässeriger Lösung auftritt, auf Alkoholzusatz usw. aber zumeist schwächer wird oder ganz verschwindet, zeigt sich die Reaktion bei den acyclischen Oxymethylenverbindungen besonders deutlich, wenn dieselben in organischen Lösungsmitteln untersucht werden.

Bei besonders labilen Substanzen kann übrigens schon durch gewisse Lösungsmittel (namentlich Methyl- und Äthylalkohol) Umlagerung erfolgen, während die „energiearmen" Lösungsmittel (Aceton, Chloroform, Benzol, Äther) indifferent sind.

Die Eisenchloridreaktion ist also von der Art des Lösungsmittels abhängig, und zwar scheint es, daß sich in bezug auf ihre umlagernde

---

[1]) Manche hydroxylhaltige Körper reagieren nicht mit Phenylisocyanat: Gumpert, J. pr. (2), 31, 119 (1885); 32, 278 (1885). — Knoevenagel, Ann. 297, 141 (1897). — Rabe, B. 36, 228 (1903). — Dimroth, Ann. 335, 76 (1904). — Kaufler und Suchannek, B. 40, 521 (1907).

[2]) Hantzsch, B. 32, 586 (1899).

[3]) Claisen, Ann. 281, 340 (1894). — W. Wislicenus, B. 28, 769 (1895). — Ann. 291, 173 (1896). — B. 32, 2837 (1899). — Traube, B. 29, 1717 (1896). — Knorr, Ann. 306, 376 (1899). — Rabe, Ann. 313, 180 (1900). — Ann. 332, 27 (1904). — Moureu und Lazennec, C. r. 144, 806 (1907).

Wirkung die Lösungsmittel nach ihrer dissoziierenden Kraft ordnen.[1]) W. Wislicenus gibt für den Fall des Formylphenylessigesters die Reihenfolge:

Methylalkohol,
Äthylalkohol,
Äther,
Schwefelkohlenstoff,
Methylal,
Aceton,
Chloroform,
Benzol.

Die nicht oder schwach dissoziierenden Lösungsmittel begünstigen bzw. erhalten hier die Enolform in höherem Grade als die Alkohole. In manchen Fällen (Oxytriazolcarbonsäureester) liegen allerdings die Verhältnisse gerade umgekehrt.[2]) — Nach Michael und Hibbert besteht übrigens zwischen Dissociationsvermögen und Isomerisierungsgeschwindigkeit überhaupt keine einfache Beziehung.[3])

Die Farbe, welche man bei der Enolreaktion erhält, ist gewöhnlich rot, violett bis dunkelblau. Oftmals wird sie in ihrer Nüance durch Zusatz von Natriumacetat oder Überschuß an Ester modifiziert, was auf das Vorliegen verschiedener Ferriverbindungen: FeR_3, FeR_2Cl, $FeRCl_2$ hindeutet. In den Eisenverbindungen — deren eine Anzahl bereits isoliert und analysiert wurde[4]) — ist augenscheinlich das Eisen an Sauerstoff gebunden.

Leider ist übrigens auch die Eisenchloridrektion kein absolut sicherer Beweis für das Vorliegen einer Enolgruppe, denn nicht nur geben einzelne Substanzen (Dicarboxyglutaconsäureester, Wislicenus[5]), Monoalkylacetessigester, Camphocarbonsäureester, Brühl[6]), die hydroxylfrei sind, die Reaktion; sie bleibt auch hier und da bei notorischen Enolformen aus.[7])

Dimroth hat[8]) langsam ketisierbare Enolester von genügender Stärke nach der Methode von Gröger[9]) neben Ketoester titrieren können.

Die Substanz (ca. 0.5 g) wird in einem geeigneten Lösungsmittel (für den Phenyloxytriazolcarbonsäureester Wasser oder Alkohol) in

---

[1]) Literaturzusammenstellung und weitere Angaben bei Stobbe, Ann. **326**, 357 (1903).
[2]) Dimroth, Ann. **335**, 1 (1904); **338**, 143 (1904). — Siehe auch Stobbe, Ann. **352**, 132 (1907).
[3]) B. **41**, 1080 (1908).
[4]) Literatur siehe Rabe a. a. O. — Siehe ferner Hantzsch und Desch, Ann. **323** (1902).
[5]) Ann. **291**, 174, Anm. (1896).
[6]) Z. phys. **34**, 53 (1900). — B. **38**, 1872 (1905).
[7]) Knorr, Ann. **306**, 376 (1899). — Brühl, Z. phys. **30**, 5 (1899); **34**, 53 (1900).
[8]) Ann. **335**, 1 (1904).
[9]) Siehe S. 582.

der Kälte gelöst oder suspendiert, 20 ccm einer Jodkaliumlösung, die 32 g im Liter enthielt, und 20 ccm einer 0.5 proz. Kaliumjodatlösung zugefügt, und nach 5 Minuten das ausgeschiedene Jod mit $^{n}/_{10}$-Natriumthiosulfatlösung zurücktitriert. Als Indikator dient Stärke.

Bei den stabilen, eigentlichen Oxymethylenverbindungen können die üblichen Hydroxylreaktionen (Acylierung, Alkylierung, Säurechloridreaktion usw.) unbedenklich in Anwendung kommen. Bei den β-Ketoverbindungen erhält man, wie selbstverständlich, sowohl aus der Enol- wie aus der Aldo- (Keto-) Form je nach dem angewandten Reagens das gleiche Hydroxyl- resp. Carbonylderivat.[1]

Man muß daher in solchen Fällen, falls die Phenylisocyanat- und die Eisenchloridreaktion nicht genügende Sicherheit bieten, zu physikalischen Untersuchungsmethoden Zuflucht nehmen.

Es wird hier genügen, die wichtigsten derartigen Methoden kurz zu skizzieren.

A. Nach P. Drude[2] zeigen hydroxylhaltige Substanzen die Erscheinung der „anomalen Absorption" für schnelle elektrische Schwingungen, während hydroxylfreie Substanzen im allgemeinen diese Erscheinung nicht bieten. Die Reaktion ist für feste Körper nicht verläßlich.[3]

B. Die Molekularrefraktion bietet nach den Untersuchungen von Brühl[4] ein Mittel, zwischen Enol- und Ketoform zu unterscheiden, da die Doppelbindung der Alkoholform sich durch das Auftreten des für Äthylenbindung charakteristischen Refraktionsinkrementes verrät. Diese Methode ist also kein direkter Nachweis der Hydroxylgruppe, sondern nur ein Beweis für das Vorliegen eines ungesättigten Komplexes. Siehe Müller, Bull. (3) **27**, 1019 (1902).

C. Die elektromagnetische Drehung der Polarisationsebene ist nach Perkin[5] ebenfalls ein Mittel, zwischen den beiden isomeren Formen zu unterscheiden, da die Molekularrotation gesättigter und ungesättigter Verbindungen beträchtliche Unterschiede zeigt.

D. Auch das molekulare Lösungsvolumen hat J. Traube[6] für derartige Untersuchungen als Kriterium angegeben.

E. Die innere Reibung als Hilfsmittel zum Nachweise desmotroper Formen benutzt Ernst Müller.[7]

Um die Anwesenheit eines an ein asymmetrisches Kohlenstoffatom gebundenen Hydroxyls zu erweisen, prüft man auf die optische Aktivität der Verbindung unter Zusatz von alkalischer

---

[1] Sehr hübsch legt dies namentlich Brühl, Z. phys. **30**, 55 (1899), dar. — Siehe auch B. **38**, 1872 (1905).

[2] B. **30**, 940 (1897). — Wied. **58**, 1 (1898). — Z. phys. **28**, 673, 684 (1899).

[3] W. Wislicenus, Ann. **312**, 36, Anm. (1900).

[4] B. **20**, 2297 (1887). — Z. phys. **34**, 31 (1900).

[5] Soc. **61**, 800 (1892). — Ann. **291**, 185 (1896).

[6] Ann. **290**, 43 (1895).

[7] Diss., Leipzig 1906.

Uranylnitratlösung, welche sowohl in wässeriger als auch alkoholischer Lösung eine erhebliche Steigerung der Drehung hervorruft: Walden, B. **30**, 2889 (1897). — Lutz, B. **35**, 2460 (1902). — B. **41**, 845 (1908).

***

Zweiter Abschnitt.

Quantitative Bestimmung der Hydroxylgruppe.

Zur quantitativen Bestimmung der Hydroxylgruppe in organischen Substanzen gewinnt man Derivate derselben nach folgenden Methoden:

Durch Acylierung,

wobei namentlich die Radikale der

Essigsäure, Chloressigsäure,
Benzoesäure und deren Substitutionsprodukte,
Benzolsulfosäure,

ferner seltener die Reste anderer Säuren, wie der

Propionsäure, Isobuttersäure, Stearinsäure,
Phenylessigsäure oder
Opiansäure

in das Molekül des hydroxylhaltigen Körpers eingeführt werden, —

durch Darstellung der Carbamate,
durch Alkylierung oder
Benzylierung,
durch Darstellung der Phenylcarbaminsäureester usw.

In der Regel wird man sich mit Acetyl- und Benzoylderivaten der zu untersuchenden Körper bescheiden, wobei wieder die Acetylierungsmethode von Liebermann und Hörmann[1]) und die Benzoylierungsarten nach Lossen resp. Schotten-Baumann[2]) zumeist gebräuchlich sind, doch müssen manchmal auch die anderen Bestimmungsmethoden der Hydroxylgruppe zur Konstitutionsermittelung versucht werden.

Daß bei stickstoffhaltigen Verbindungen auf Imid- und Aminwasserstoff zu vigilieren ist, ist selbstverständlich.

Ebenso ist der Wasserstoff der SH-Gruppe der Acylierung usw. zugänglich.

In gewissen Fällen kann übrigens auch Acylierung stattfinden, wo keine Hydroxylgruppen vorliegen.[3])

***

[1]) S. 503.
[2]) S. 525.
[3]) Über das Acetat der Lävulinsäure siehe v. Baeyer, B. **15**, 2101 (1882). — Bredt, Ann. **236**, 228 (1886); **256**, 314 (1889). — Siehe auch unter „Ketonsäuren".

So liefert nach Sarauw[1]) und Buchka[2]) das Chinon mit Essigsäureanhydrid und Natriumacetat Diacetylhydrochinon; das Chloranil nach Graebe[3]) mit Acetylchlorid Diacetyltetrachlorhydrochinon.

Immer muß man sich davon zu überzeugen trachten, daß das acylierte Produkt wieder durch Verseifung in den ursprünglichen Hydroxylkörper überführbar ist, oder wenigstens davon, daß das Reaktionsprodukt wirklich den Säurerest aufgenommen hat, den man einführen wollte.

Durch acylierende Reagenzien tritt nämlich öfters Isomerisation oder Polymerisation ein, oder wird Anhydridbildung verursacht usw.

So entsteht nach Benedikt und Ehrlich[4]) aus Orthozimtcarbonsäure durch Behandeln mit Essigsäureanhydrid und Natriumacetat das isomere Benzhydrylessigcarbonsäureanhydrid, aus α-Truxillsäure das Anhydrid der γ-Truxillsäure (Liebermann[5]), aus Cantharsäure nach Anderlini und Ghiro[6]) beim Erhitzen mit Acetylchlorid im Rohre Isocantharidin.[7]) Ganz allgemein werden tertiäre Alkohole durch Acetylchlorid in Chloride übergeführt.

Chinoide[1])[2])[3]) und andere leicht reduzierbare Substanzen, so z. B. einige Farbstoffe (Methylenblau, Neumethylenblau GG, Capriblau, Nilblau A, Indigo, Indanthren) geben bei erzwungener Acylierung o-acylierte Reduktionsprodukte.[8])

Viele cyclische Ketone, und zwar nicht nur Triketone (wie Phloroglucin) und Diketone (wie Dihydroresorcin), sondern auch Monoketone (Cyclohexanone, Menthon, Cyclopentanon, Suberone), werden durch energische Einwirkung von Essigsäure-, Propionsäure-, Buttersäure- oder Benzoesäureanhydrid in die Ester der Enolform übergeführt.[9])

Ersatz einer Äthoxylgruppe durch Wasserstoff beim Kochen mit Essigsäureanhydrid, Eisessig oder Acetylchlorid: Bistrzycki und Herbst, B. 35, 3135 (1902).

Endlich ist hier an die interessante Beobachtung von Askenasy und Viktor Meyer[10]) zu erinnern, daß sich auch schwache Carbonsäuren mit Essigsäureanhydrid verbinden (Jodosobenzoesäure, Paradimethylaminobenzoesäure). Diese Verbindungen (gemischte

---

[1]) B. 12, 680 (1879). — Scharwin, B. 38, 1270 (1905).
[2]) B. 14, 1327 (1881).
[3]) Buchka, B. 14, 1327 (1881).
[4]) M. 9, 529 (1888).
[5]) B. 22, 126 (1889).
[6]) B. 24, 1998 (1891).
[7]) Weitere hierher gehörige Fälle: Pinner, B. 27, 1057, 2861 (1894); 28, 457 (1895). — Bistrzycki und Herbst, B. 35, 3136 (1902). — Liebermann und Lindenbaum, B. 35, 2910 (1902). — Scharwin, B. 38, 1270 (1905). — Posner, B. 39, 3528 (1906).
[8]) Heller, B. 36, 2762 (1904). — Scholl, Steinkopf und Kabacznik, B. 40, 398, 399 (1907).
[9]) Mannich, B. 39, 1594 (1906). — Mannich und Hâncu, B. 41, 564 (1908).
[10]) B. 26, 1365 (1893).

Anhydride der Form R.COO.COCH$_3$) werden schon durch kochendes Wasser zerlegt.

Nach dem D. R. P. 117267 (1901) entstehen solche gemischte Anhydride ganz allgemein beim Zusammenbringen von Säuren und Säurechloriden in Pyridin- (Chinolin-) Lösung.

1. Acetylierungsmethoden.

A. Die Verfahren zur Acetylierung.

Zur Darstellung von Acetylderivaten aus hydroxylhaltigen Substanzen dienen folgende Essigsäurederivate:

1. Acetylchlorid,
2. Essigsäureanhydrid, Natriumacetat,
3. Eisessig,
4. Chloracetylchlorid.

Acetylierung mittels Acetylchlorid.[1])

Manche Hydroxylderivate reagieren mit Acetylchlorid schon beim Vermischen oder Digerieren auf dem Wasserbade, so die primären und sekundären Alkohole der Fett-Reihe.[2])

Zweckmäßig arbeitet man in Benzollösung, indem man äquimolekulare Mengen der Substanz und des Säurechlorids am Rückflußkühler kocht, bis die Salzsäureentwicklung beendet ist.

Wenn keine Gefahr vorhanden ist, daß durch die frei werdende Säure sekundäre Reaktionen (Verseifung) eintreten könnten,[3]) schließt man auch gelegentlich die unverdünnte Substanz mit dem Säurechlorid im Rohre ein.

Empfindliche, leichtreagierende Körper werden dagegen unter Eiskühlung zur Reaktion gebracht.[4])

Zur Einleitung der Reaktion setzt Aschan einen Tropfen Wasser zu.[5])

Houben[6]) und Henry[7])[8]) verwandeln schwer acylierbare (zersetzliche), namentlich auch tertiäre Alkohole in ihre Halogenmagnesiumverbindungen und lassen auf diese Acetylchlorid (oder Anhydrid) einwirken.

---

[1]) Das käufliche Acetylchlorid enthält meist eine große Menge Salzsäure, von welcher es durch Destillieren über Dimethylanilin befreit werden kann.

[2]) Tissier, Ann. Chim. Phys. (6), **29**, 364 (1893). — Henry, Rec. **26**, 89 (1907).

[3]) Über einen derartigen interessanten Fall, welcher wahrscheinlich auf Verseifung beruht, Herzig und Schiff, B. **30**, 380 (1897). — Vgl. auch Bamberger und Landsiedl, M. **18**, 507 (1897).

[4]) Anschütz und Bertram, B. **37**, 3972 (1904).

[5]) Ann. **271**, 283 (1892).

[6]) B. **39**, 1736 (1906).

[7]) Bull. Ac. roy. Belg. **1907**, 285.

[8]) Rec. **26**, 440 (1907).

Bei einigen zweibasischen Oxysäuren der Fettreihe, welche, wie z. B. Schleimsäure, der Einwirkung von siedendem Acetylchlorid widerstehen, wird Zusatz von Chlorzink empfohlen.[1])

Acetylchlorid und Phosphoroxychlorid[2]) führt Cochenillesäure in das sonderbare Produkt $C_{10}H_6O_6 + C_2H_4O_2$ (Essigsäureverbindung des Cochenillesäureanhydrids) über, das bei 115° die Essigsäure verliert.

Acetylchlorid wirkt überhaupt nur leicht auf Alkohole und Phenole ein, kann aber andererseits bei mehratomigen Säuren zu Anhydridbildung führen. In derartigen Fällen läßt man das Reagens auf den Ester einwirken. Man erhält so ein Säurederivat des Esters, welches viel leichter destillierbar ist als die freie Säure (Wislicenus[3]).

Auch die aromatischen Carbinole [Triphenylcarbinol[4]), Dicinnamenylchlorcarbinole[5])] werden durch Acetylchlorid in Chlormethane verwandelt, die ihrerseits unter Feuchtigkeitsabschluß mittels Silberacetat in Acetylderivate verwandelt werden können.[6]) Bequemer ist noch das oben angeführte Verfahren von Houben.

F. Adam[7]) hat vorgeschlagen, die beim Acetylieren nach der Gleichung

$$R . OH + CH_3COCl = RO . COCH_3 + HCl$$

entstehende Salzsäure[8]) zu titrieren, und so diese Reaktion zur quantitativen Bestimmung von Glycerin im Wein und von Fuselöl im Branntwein zu verwerten.

Vorteilhafter als die geschilderte sogenannte „saure" Acetylierung ist das von L. Claisen[9]) angegebene Verfahren, namentlich, weil bei demselben die schädlichen Wirkungen der bei der Reaktion gebildeten Salzsäure aufgehoben werden.

Das Verfahren hat sich namentlich auch zur O-Acetylierung (Benzoylierung) von Oxymethylenverbindungen bewährt.[10])

Die in Äther oder Benzol gelöste Substanz wird mit der äquivalenten Menge Acetylchlorid und trockenem Alkalicarbonat digeriert und die Menge des letzteren so bemessen, daß nach der Gleichung

$$R - OH + ClCOCH_3 + K_2CO_3 = R - OCOCH_3 + KCl + KHCO_3$$

saures Alkalicarbonat entsteht.

---

[1]) Weit besser wirkt in solchen Fällen übrigens Anhydrid mit Schwefelsäure, siehe S. 504.

[2]) Liebermann und Voßwinckel, B. **37**, 3346 (1904).

[3]) Ann. **129**, 17 (1864).

[4]) Gomberg und Davis, B. **36**, 3924 (1903). — Am. Soc. **25**, 1269 (1904).

[5]) Straus und Caspari, B. **40**, 2692 (1907).

[6]) Butlerow, Ann. **144**, 7 (1867). — Friedel, C. r. **76**, 229 (1873). — Gomberg, B. **36**, 3926 (1903). — Henry, Rec. **26**, 438 (1907).

[7]) Öst. Ch. Ztg. **2**, 241 (1899).

[8]) Siehe Anm. 1, S. 499.

[9]) B. **27**, 3182 (1894).

[10]) Nef, Ann. **276**, 201 (1893). — Claisen, Ann. **291**, 65 (1896); **297**, 2 (1897). — Claisen und Haase, B. **33**, 1242 (1900). — Siehe auch S. 528.

In gleicher Weise wird Bariumcarbonat verwendet.[1])

Konschegg[2]) geht, um die Wirkung der Salzsäure zu annullieren, folgendermaßen vor:

Die Substanz wird in Äther gelöst und mit festem, nicht entwässertem Natriumacetat und wenig überschüssigem Acetylchlorid geschüttelt. Nach Zusatz von Wasser wird der Äther abgeschieden und dieser nunmehr mit schwacher Lauge bis zur neutralen Reaktion geschüttelt, endlich mit entwässertem Natriumsulfat getrocknet und abdestilliert.

Zur Darstellung von Cellulosetetraacetat[3]) werden molekulare Mengen von Cellulose und Magnesium- oder Zinkacetat mit zwei Molekülen Acetylchlorid (ev. unter Zusatz von Essigsäureanhydrid) erhitzt. Als passendes Verdünnungsmittel wendet man Nitrobenzol und seine Homologen an[4]), oder auch Chloroform. Zuerst läßt man in der nicht verdünnten Acetylierungsmischung die Reaktion eintreten und setzt dann erst die erwähnten Lösungsmittel zu, und zwar zuerst sehr wenig und je nach dem Fortgange der Reaktion in größerer Menge derart, daß der letzte und größte Anteil ungefähr dann zugesetzt wird, wenn die reagierende Mischung die höchste Temperatur erreicht hat.

Auch Acetylieren mit Acetylchlorid und wässeriger Lauge wird, allerdings selten (siehe S. 528), vorgenommen.

Manchmal empfiehlt es sich auch, die zu acetylierende Substanz in Pyridin, Chinolin oder Diäthylanilin[5]) zu lösen und dann das Säurechlorid einwirken zu lassen (A. Denninger[6]).

Die Alkohole und Phenole werden hierzu in der 5—10fachen Menge Pyridin (reines aus dem Zinksalze) gelöst und das Säurechlorid unter Abkühlen allmählich hinzugefügt. Dabei findet gewöhnlich Rötung der Flüssigkeit und Abscheidung von Pyridinchlorhydrat statt. — Nach mindestens 6 Stunden tropft man in kalte, verdünnte Schwefelsäure ein, wobei die Acetylprodukte entweder als bald erstarrende Öle oder direkt in festem Zustande auszufallen pflegen (Einhorn und Hollandt[7]).

Man kann auch in saurer Lösung arbeiten, indem man die betreffende hydroxylhaltige Substanz in Eisessig, der Pyridin enthält, löst und dann Acetylchlorid zutropft. Nach diesem Verfahren kann man sogar mittels Benzoylchlorid acetylieren.

Feist erzielte Acylierung des Diacetylacetons nur dadurch, daß

[1]) Syniewski, B. 31, 1791 (1898).
[2]) M. 27, 248 (1906). — Über eine ähnliche Verwertung von krystallisiertem Barythydrat siehe Etard und Vila, C. r. 135, 699 (1902).
[3]) D. R. P. 85329 (1895) und 86368 (1895).
[4]) D. R. P. 105347 (1898).
[5]) Ullmann und Nádai, B. 41, 1870 (1908).
[6]) B. 28, 1322 (1895), vgl. Minunni, Gazz. 22, II, 213 (1892). — Auwers, B. 37, 3899 (1904). — Michael und Eckstein, B. 38, 50 (1905).
[7]) Ann. 301, 95 (1898). — Näheres über diese Methode siehe S. 528ff.

er auf das Bariumsalz der Substanz Acetylchlorid in der Kälte einwirken ließ.[1])

Statt fertigen Säurechlorids kann man auch Phosphortrichlorid
oder besser Phosphoroxychlorid oder auch Chlorkohlenoxyd auf ein
äquivalentes Gemisch von Essigsäure und Substanz einwirken
lassen.[2])

Man versetzt z. B. äquivalente Mengen von Essigsäure und
Phenol in einem mit Tropftrichter versehenen, auf 80° erwärmten
Kolben allmählich mit $1/_3$ Molekül Phosphoroxychlorid, gießt nach
beendigter Salzsäureentwicklung in kalte, verdünnte Sodalösung,
wäscht das ausgeschiedene Öl mit sehr verdünnter Natronlauge und
Wasser, trocknet mit Chlorcalcium und rektifiziert.

Acetylierung mit Essigsäureanhydrid.

Um mit Essigsäureanhydrid zu acetylieren, kocht man in der
Regel die Substanz mit der 5—10fachen Menge[3]) Anhydrid oder erhitzt eventuell mehrere Stunden lang im Einschlußrohre.

Manchmal darf indes die Einwirkung nur kurze Zeit bei mäßiger
Temperatur andauern. So konnte Beberin[4]) nur durch kurzes Dige-
rieren bei 40—50° acetyliert werden, bei längerer Einwirkung des
Anhydrids wurde ein amorpher, nicht einheitlicher Körper gebildet.

Empfindliche Alkohole (auch tertiäre) der Terpenreihe verdünnt
Boulez vor Zusatz des Anhydrids mit indifferenten Lösungsmitteln,
z. B. Terpentinöl.[5])

Nach seinem Verfahren vermischt man 5 g ätherisches Öl oder
auch reines Linalool mit 25 g Terpentinöl, fügt 40 g Essigsäureanhydrid und 4 g geschmolzenes Natriumacetat hinzu und erhitzt am
Rückflußkühler 3 Stunden bis zu gelindem Sieden. Hierauf erwärmt
man den Kolbeninhalt $1/_2$ Stunde mit destilliertem Wasser auf dem
Wasserbade und führt die Operation dann in gewohnter Weise zu
Ende. Auf Grund einer besonderen Bestimmung ermittelt man gleichzeitig den Verseifungskoeffizienten des Terpentinöls und bringt die
so gewonnene Zahl bei der Berechnung des Resultates in Ansatz.

Diese Versuche sind im Laboratorium von Schimmel und Co.[6])
einer Nachprüfung unterzogen worden; hierbei wurde gefunden, daß
die Resultate keine ganz quantitativen sind, daß man aber das Maximum
der überhaupt erzielbaren Genauigkeit erreicht, wenn man die Dauer

---

[1]) B. **28**, 1824 (1895).
[2]) J. pr. (2), **25**, 282 (1882); **26**, 62 (1882); **31**, 467 (1885). — Bischoff
und von Hederström, B. **35**, 3431 (1902).
[3]) Einen enormen Überschuß (für 3 g Substanz 1 kg Anhydrid) verwenden
gelegentlich Scholl und Berblinger, B. **37**, 4183, 4184 (1904).
[4]) Scholtz, B. **29**, 2057 (1896).
[5]) Les Corps Gras industriels **33**, 178 (1907). — Bull. (4), **1**, 117 (1907)
[6]) Geschäftsbericht **1907**, 121. — Siehe auch Berichte von Roure-Bertrand Fils, Grasse (2) **6**, 73 (1907); (2) **7**, 35 (1908).

der Acetylierung beim Linalool auf 7 Stunden und beim Terpineol auf 5 Stunden ausdehnt. Beim Linalool wurden dann 91 Proz. und beim Terpineol 99.8 Proz. der angewendeten Alkoholmenge wiedergefunden. Die Versuche wurden in der Weise durchgeführt, daß man mit 20 Proz. Terpentinöl, Toluol oder auch Xylol verdünnte.

Auch Simmons hat nach diesem Verfahren günstige Resultate erzielt.[1])

Essigsäureanhydrid vermag sich ohne Zersetzung als solches in Wasser aufzulösen und bewahrt diese Eigenschaft bei seiner Verwendung zum Acetylieren. Die Hydratation setzt zwar schnell ein, die Geschwindigkeit dieses Vorgangs nimmt indessen um so rascher ab, je kleiner der Anteil an Anhydrid ist. Man darf daher bei Acetylierungsversuchen stets nur einen geringen Überschuß über die berechnete Menge Anhydrid verwenden. Mit absolutem Alkohol reagiert das Anhydrid sehr langsam, wenn man Erwärmung vermeidet.[2])

Man kann dementsprechend auch mit Essigsäureanhydrid und wässeriger Lauge acetylieren, wie dies z. B. Pschorr und Sumuleanu[3]) für die Darstellung von Acetylvanillin empfehlen; doch ist im allgemeinen dieses Verfahren für hydroxylhaltige Substanzen wenig gebräuchlich. (Siehe unter Acetylierung von Aminen, S. 756.)

Mehrfach sind mit ungereinigtem Anhydrid schlechte Resultate erhalten worden;[4]) zur Reinigung empfiehlt Korndörfer Destillation über Calciumcarbonat.

In der Regel setzt man nach dem Vorschlage von C. Liebermann und O. Hörmann[5]) dem Essigsäureanhydrid, das in 3—4facher Menge angewandt wird, gleiche Teile frisch geschmolzenes essigsaures Natrium und Substanz zu und kocht kurze Zeit — bei geringen Substanzmengen nur 2—3 Minuten — am Rückflußkühler. Seltener ist es notwendig, im Einschmelzrohre auf 150° zu erhitzen.[6])

Die Wirksamkeit des Zusatzes von Natriumacetat soll nach Liebermann darauf beruhen, daß zuerst das Natriumsalz der zu acetylierenden Substanz entsteht und dieses dann mit Essigsäureanhydrid reagiert.

Wahrscheinlicher aber[7]) entsteht ein Additionsprodukt von Natriumacetat und Essigsäureanhydrid:

---

[1]) The Chemist and Druggist **70**, 496 (1907).

[2]) Lumière und Barbier, Bull. (3), **35**, 625 (1906). — Siehe Menschutkin, Russ. **21**, 192 (1889).

[3]) B. **32**, 3405 (1899). — Siehe auch Bistrzycki und Herbst, B. **36**, 3567 (1903).

[4]) Korndörfer, Arch. **241**, 450 (1903). — Fischer, B. **30**, 2483 (1897). — Hinsberg, B. **38**, 2801, Anm. (1905). — Spuren von Alkali können O-Ester von Oxymethylenverbindungen umlagern. Dieckmann und Stein, B. **37**, 3370 (1904).

[5]) B. **11**, 1619 (1878). — Pyridin statt Natriumacetat: S. 507.

[6]) Tiemann und de Laire, B. **26**, 2013 (1893). — Kunz-Krause und Schelle, Arch. **242**, 262 (1904).

[7]) Higley, Am. **37**, 305 (1907).

$$\begin{array}{c}CH_3-CO\\[-2pt]\diagdown\\[-2pt]\raisebox{-6pt}{O}\\[-2pt]\diagup\\[-2pt]CH_3-CO\end{array}\;\begin{array}{c}CH_3\\|\\+\;C-ONa\\\|\\O\end{array}\;=\;\begin{array}{c}CH_3-CO\diagdown\qquad CH_3\\[-2pt]\qquad\quad O\\[-2pt]\qquad\qquad\diagdown\;\diagup\\[-2pt]\qquad\qquad\quad C\\[-2pt]\qquad\qquad\diagup\;\diagdown\\[-2pt]\qquad\quad O\\[-2pt]CH_3-CO\diagup\qquad ONa\end{array}$$

das in Berührung mit hydroxylhaltigen Substanzen leicht unter Bildung von Essigsäure, Natriumacetat und Acetylprodukt zerfällt.

Von allen Acetylierungsmethoden liefert diese die zuverlässigsten Resultate und führt fast ausnahmslos zu vollständig acylierten Verbindungen. Resistent hat sich indessen nach J. Diamant[1]) das α-Hydroxyl der Oxychinoline (Pyridine) erwiesen, das aber der Benzoylierung zugänglich ist.

Daß der Zusatz von Natriumacetat übrigens auch gelegentlich schädlich sein kann, hat Herzig[2]) beobachtet.

Über die Spaltung von Alkaloiden durch Kochen mit Essigsäureanhydrid siehe: Knorr, B. 22, 1113 (1889). — Freund und Göbel, B. 30, 1363 (1897). — Knorr, B. 36, 3074 (1903). — Knorr und Pschorr, B. 38, 3177 (1905).

Man kann zur Acetylierung auch ein Gemisch von Anhydrid und Acetylchlorid verwenden[4]) oder dem Anhydrid zur Einleitung der Reaktion einen Tropfen konzentrierter Schwefelsäure zusetzen (Franchimont[5]), Grönewold[6]), Merck[7]).

Letztere Methode haben Skraup[8]) und Freyss[9]) sehr warm empfohlen.

So gibt nach Skraup Schleimsäure sehr leicht die krystallisierte Tetraacetylverbindung, während man mit Acetylchlorid oder mit Anhydrid und geschmolzenem Natriumacetat nur amorphe Produkte erhält. Es sind dabei nur wenige Zehntausendstel Prozente Schwefelsäure zur Einleitung der Reaktion erforderlich.

Die meisten Acetylierungen, welche unter den gewöhnlichen Versuchsbedingungen einen Zusatz von geschmolzenem Natriumacetat zum Essigsäureanhydrid und längeres Kochen, oder ein Erhitzen auf hohe Temperatur unter Druck erfordern, verlaufen nach Zugabe einiger

---

[1]) M. 16, 770 (1895), vgl. La Coste und Valeur, B. 20, 1822 (1887). — Kudernatsch, B. 18, 620 (1897). Der α α′-Dioxy-β β′-Pyridindicarbonsäureester gibt übrigens ein Diacetylderivat, Guthzeit, B. 26, 2795 (1893). — Siehe ferner S. 508.

[2]) M. 18, 709 (1897).

[4]) Bamberger, B. 28, 851 (1895).

[5]) C. r. 89, 711 (1879).

[6]) Arch. 228, 124 (1890).

[7]) D. R. P. 103581 (1899). — Vgl. Lederer, D. R. P. 124408 (1901).

[8]) M. 19, 458 (1898), vgl. Thiele, B. 31, 1249 (1898). — Schranzhofer, M. 21, 677 (1900). — Thiele und Winter, Ann. 311, 341 (1900). — Rogow, B. 35, 3883 (1902). — Auwers und Bondy, B. 37, 3915 (1904). — Gorter, Ann. 359, 225 (1908).

[9]) Ch. Ztg. 22, 1048 (1898).

Tropfen konzentrierter Schwefelsäure zu der kalten Mischung des Essigsäureanhydrides mit der zu acetylierenden Verbindung vollständig quantitativ, meistens ohne Zufuhr von äußerer Wärme. Bei nicht substituierten Phenolen ist die Reaktion nach Zugabe der konzentrierten Schwefelsäure fast momentan, die Flüssigkeit erhitzt sich sofort bis zur Siedehitze, und das Phenol ist nach freiwilliger Abkühlung quantitativ esterifiziert. Die Schwefelsäure wird dann durch Zusatz von etwas Calciumcarbonat gebunden, die Flüssigkeit filtriert und der Destillation unterworfen.

Sind in den Phenolen negative Gruppen vorhanden, wie im Orthonitrophenol, o-Chlorphenol, Dinitroresorcin, so genügt für den quantitativen Reaktionsverlauf ein längeres Stehen der anfangs erhitzten Flüssigkeit bei gewöhnlicher Temperatur oder kurzes Erwärmen auf dem Wasserbade. Dasselbe gilt auch für die **Diacetylierung der aromatischen und aliphatischen Aldehyde. Bei Oxyaldehyden** kann, je nach der angewendeten Menge von Essigsäureanhydrid, der Versuch so geleitet werden, daß nur die Acetylierung der Hydroxylgruppen oder daneben vollständige Acetylierung der Aldehydgruppen eintritt.

Nach Stillich[1]) ist die katalysierende Wirkung der Schwefelsäure durch die intermediäre Bildung von Acetylschwefelsäure zu erklären; da diese Substanz bei 40—50° rasch in Sulfoessigsäure übergeht, wäre die günstigste Temperatur für die Ausführung von Acetylierungen die angegebene.

Der Zusatz von Schwefelsäure oder anderen stark wirkenden Kondensationsmitteln kann aber unter Umständen zu Nebenreaktionen führen. So kann bei Polyosen Hydrolyse[2]) eintreten,[3]) und bei Verbindungen, welche die Gruppierung $CO . C = C . CO$ besitzen, wie Benzochinon und Dibenzoylstyrol, tritt eine Acetylgruppe in Kohlenstoffbindung.[4]) Tertiäre aliphatische Alkohole werden hierdurch (auch durch Chlorzinkzusatz) meist in Alkylene verwandelt.[5])

Oxycholestenon mit Anhydrid und Schwefelsäure erhitzt addiert Schwefelsäure (Windaus[6]).

Übrigens ist es nicht einmal immer erforderlich, konzentrierte Säure[7]) als Kondensationsmittel anzuwenden, man kann vielmehr nach einer Patentvorschrift von Lederer an Stelle von konzentrierter

---

[1]) B. **38**, 1241 (1905). — Siehe auch Thiele und Winter, Ann. **311**, 341 (1900) und Hans Meyer, M., **24**, 840 (1903)

[2]) Skraup bezeichnet M. **26**, 1415 (1905) die Spaltung der Polysaccharide durch Essigsäureanhydrid als „Acetolyse".

[3]) Franchimont, B. **12**, 1938 (1879). — C. r. **89**, 711 (1879). — Tanret, C. r. **120**, 194 (1895). — Hamburger, B. **32**, 2413 (1899). — Skraup und König, M. **22**, 1011 (1901). — Pregl, M. **22**, 1049 (1901).

[4]) Thiele, B. **31**, 1247 (1898). — D. R. P. 101607 (1899).

[5]) Masson, C. r. **132**, 484 (1901). — Henry, C. r. **144**, 552 (1907).

[6]) B. **39**, 2259 (1906).

[7]) Die konzentrierte Säure der Laboratorien ist übrigens nur zirka 92 prozentig.

Schwefelsäure auch wässerige Salzsäure, Salpetersäure und wässerige Phosphorsäure verwerten,[1]) und ebenso vorteilhaft kann der Zusatz von Phenol- oder Naphtholsulfosäure,[2]) Camphersulfosäure,[3]) Benzolsulfinsäure[4]) oder Dimethylsulfat[5]) sein. Auch Eisenvitriol, Kaliumpyrosulfat, Dimethylaminchlorhydrat und Eisenchlorid werden angewendet,[6]) und ebenso Mono-, Di- und Trichloressigsäure.[7])

Wo Gelegenheit zum Entstehen von Isomeren vorhanden ist, können auch die einzelnen Zusätze verschieden wirken.[8])

So erhält man mit Natriumacetat resp. Schwefelsäure verschiedene Celluloseacetate.

Über Acylierungen bei Gegenwart von Kupfervitriol siehe: Bogojawlenski und Norbutt, B. **38**, 3344 (1905).

Einen Zusatz von Zinntetrachlorid hat H. A. Michael[9]) empfohlen, Kaliumbisulfat wurde von Wallach und Wüsten[10]) und Böttinger[11]), Phosphorpentoxyd von Bischoff und Hederström[12]), Phosphoroxychlorid von Watte[13]) verwendet.

Unter Umständen gibt Chlorzink[6])[14]) die besten Resultate,[15]) kann aber auch zu gechlorten Produkten führen[16]) oder Kernsubstitution hervorrufen[17]) und Isomerisation bewirken.[18]) Cross, Bevan und Briggs[19]), sowie Law[20]) empfehlen eine Mischung von 100 g Eisessig, 100 g Essigsäureanhydrid und 30 g Zinkchlorid.

Mit Essigsäureanhydrid und Pyridin kann man nach Verley

---

[1]) D. R. P. 107508 (1900). — D. R. P. 124408 (1901). — Fr. P. 373994 (1907).

[2]) Amerik. P. 709922 (1902). — Fr. P. 324862 (1902). — D. R. P. 180666 (1907).

[3]) Reychler, Bull. Soc. Chim. Belge **21**, 428 (1907).

[4]) D. R. P. 180667 (1905).

[5]) Engl. P. 9998 (1905).

[6]) Fr. P. 373994 (1907).

[7]) Fr. P. 368738 (1906).

[8]) Erwig und Königs, B. **22**, 1457 (1889). — Siehe auch Tanret, C. r. **120**, 194 (1895). — Bull. (3), **31**, 854 (1904).

[9]) Ch. Ztg. **21**, 658 (1897).

[10]) B. **16**, 151 (1883).

[11]) B. **27**, 2686 (1894).

[12]) B. **35**, 3431 (1902).

[13]) Engl. P. 10243.

[14]) Franchimont, B. **12**, 2058 (1879). — Eykman, R. **5**, 134 (1886). — Maquenne, Bull. (2), **48**, 54, 719 (1887). — Bülow und Sautermeister, B. **37**, 4720 (1904).

[15]) Erwig und Königs, B. **22**, 1458, 1464 (1889). — Cross und Bevan, Soc. **57**, 2 (1890). — Miller und Rhode, B. **30**, 1761 (1897). — v. Arlt, M. **22**, 146 (1901). — Diels und Stein, B. **40**, 1663 (1907). — Müller, B. **40**, 1824 (1907).

[16]) Thiele, B. **31**, 1249 (1898).

[17]) Liebermann, B. **14**, 1843 (1881).

[18]) Jungius, Z. phys. **52**, 97 (1905).

[19]) Journ. Soc. Dyers and Col. **23**, 250 (1907).

[20]) Ch. Ztg. **32**, 365 (1908). — Siehe auch S. 588.

und Bölsing[1]) leicht quantitative Esterifikation von Alkoholen und Phenolen erzielen:

$$R.OH + (CH_3CO)_2O + Pyridin = R.O.COCH_3 + CH_3COOH, Pyridin.$$

Das frei werdende Halbmolekül Anhydrid kombiniert sich sofort mit dem Pyridin zu einem neutralen Salze, wodurch jede Möglichkeit einer Wiederverseifung ausgeschlossen ist. Die Methode liefert namentlich bei der Untersuchung der ätherischen Öle gute Dienste. Man stellt zunächst durch Vermischen von ca. 120 g Essigsäureanhydrid mit ca. 880 g Pyridin eine Anhydridlösung („Mischung") her, die bei Verwendung wasserfreier Materialien gänzlich ohne gegenseitige Einwirkung bleibt. Versetzt man diese Mischung mit Wasser, so wird das Anhydrid sofort unter Bildung von Pyridinacetat verseift, welches seinerseits durch Alkalien in Alkaliacetat und Pyridin zerfällt, beides Körper, welche gegen Phenolphthalein neutral reagieren.

In einem Kölbchen von 200 ccm Inhalt wägt man 1—2 g des betreffenden Alkohols (Phenols) ab, fügt 25 ccm der Mischung hinzu und erwärmt ohne Kühler $^1/_4$ Stunde im Wasserbade; nach dem Erkalten versetzt man mit 25 ccm Wasser und titriert unter Benutzung von Phenolphthalein als Indikator die nicht gebundene Essigsäure mit $^n/_2$-Lauge zurück.

25 ccm Mischung entsprechen ca. 120 ccm $^n/_2$-Lauge.

Es ist wichtig, Mischung und Lauge vor Beginn des Versuches genau auf jene Temperatur zu bringen, bei welcher ihr gegenseitiger Wirkungswert ermittelt wurde.

Die Methode versagt indessen in einigen Fällen, wo, wie beim Vanillin oder dem Salicylaldehyd, das entstandene Acetat sich schon während des Titrierens zersetzt. Manche Substanzen erfordern auch zur quantitativen Umsetzung einen großen Uberschuß (bis zu 50 Proz.) an Anhydrid, wie das Menthol. Linalool und Terpineol gaben ungenügende Resultate.

Acetylierung durch Eisessig.

Durch Erhitzen der zu acetylierenden Substanz mit Eisessig, eventuell unter Druck, läßt sich öfters Acetylierung, namentlich von alkoholischem Hydroxyl erzielen.

Auch hier ist Zusatz von Natriumacetat von Vorteil.

Manchmal führt ausschließlich dieses Verfahren zum Ziele.

So gibt das Campherpinakonanol bei kurzem Erwärmen mit Essigsäure das stabile und beim 24 stündigen Stehen mit kaltem Eisessig das labile Acetylderivat, während Anhydrid auch beim Kochen nicht einwirkt und Acetylchlorid zur Chloridbildung führt (Beckmann[2]).

---

[1]) B. **34**, 3354, 3359 (1901). — Über ein ähnliches Verfahren siehe Garfield, Ph. C.-H. **38**, 631 (1897). — Perkin, Soc. **93**, 1191 Anm. (1908).
[2]) Ann. **292**, 17 (1896).

Acetylierung durch Chloracetylchlorid.

Chloracetylchlorid hat zuerst Klobukowsky[1]) zu Acetylierungen versucht. Später haben Bohn und Graebe[2]), um zu entscheiden, ob das Galloflavin vier oder sechs Acetylgruppen aufzunehmen imstande sei, die Substanz 15 Stunden lang mit überschüssigem Chloracetylchlorid auf 100—115° erwärmt. Die Chlorbestimmung zeigte, daß das Reaktionsprodukt vier CH_2ClCO-Gruppen enthielt.

Dieses Verfahren empfiehlt sich auch in Fällen, wo keine Verseifung und somit keine direkte Bestimmung der Acetylgruppe möglich ist.

Nach Feuerstein und Brass[3]) arbeitet man am besten nach dem sog. Schotten-Baumannschen Verfahren (siehe S. 525).

Nicht acetylierbare Hydroxyle.

Es ist schon erwähnt worden, daß das α-Hydroxyl der Oxypyridinderivate gegen Acetylierungsmittel resistent ist.[4]) Man kennt außerdem noch einige Fälle, in denen es nicht gelang, durch Acetylierung das Vorliegen einer OH-Gruppe nachzuweisen.

So ist nach Beckmann Amylenhydrat und Campherpinakon,[5]) nach Hans Meyer der Cantharidinmethylester[6]), nach W. Wislicenus das α-Oxybenzalacetophenon[7]) nicht acetylierbar.[8]) — Tertiäre Alkohole zeigen ganz allgemein wenig Tendenz zur Acetylierbarkeit.[9])
Von den vier Oxyaldehyden:

ist nur der erstaufgeführte nicht acetylierbar.[10])

Auch Fälle, daß von mehreren Hydroxylgruppen nicht alle acetylierbar sind — wobei zum Teile sterische Behinderungen ins Spiel kommen mögen[11])[12]) —, sind beobachtet worden: so das Resaceto-

---

[1]) B. **10**, 881 (1877). — Dzezrgowski, Bull. (3), **12**, 911 (1894).
[2]) B. **20**, 2330 (1887).
[3]) B. **37**, 817, 820 (1904).
[4]) Siehe S. 504.
[5]) Ann. **292**, 1 (1896).
[6]) M. **18**, 401 (1897).
[7]) Ann. **308**, 232 (1899).
[8]) Siehe ferner Knoevenagel und Reinecke, B. **32**, 418 (1899). — Japp und Findlay, Soc. **75**, 1018 (1899).
[9]) Schmidt und Weilinger, B. **39**, 654 (1906).
[10]) Auwers und Bondy, B. **37**, 3905 (1905).
[11]) Brauchbar und Kohn, M. **19**, 22 (1898).
[12]) Weiler, B. **32**, 1909 (1899). — Paal u. Härtel, B. **32**, 2057 (1899).

phenon und das Gallacetophenon (Crépieux[1]), das p-Oxytriphenyl-carbinol[2]) und das Hexamethylhexamethylen-s-Triol.[3])

Man darf aber nicht außer Acht lassen, daß manche Acetyl-derivate so leicht zersetzlich sind (siehe S. 510), daß sie der Beob-achtung entgehen können, oder besondere Vorsicht bei der Bereitung erheischen. Hierher gehört z. B. das Acetyltriphenylcarbinol (Gomberg[4]).

Hier mag auch die Beobachtung von Willstätter[5]) angeführt werden, daß das Tropinpinakon keine Benzoylverbindung liefert.

Verdrängung der Äthoxylgruppe durch den Acetylrest: Gomberg, B. **36**, 3926 (1903); der Isobutylgruppe: Brauchbar und Kohn, M. **19**, 27 (1898). — Siehe auch B. **35**, 3136 (1902).

Verdrängung der Benzoylgruppe durch den Acetylrest: Soc. **59**, 71 (1891). — Cohen und Scharvin, B. **30**, 2863 (1897). — Bamberger und Böck, M. **18**. 298 (1897). — C. r. **137**, 713 (1903).

Verdrängung der Acetylgruppe durch den Benzoylrest: Tingle und Williams, Am. **37**, 51 (1907).

B. Isolierung der Acetylprodukte.

Um die gebildeten Acetylprodukte zu isolieren, gießt man in Wasser oder entfernt die überschüssige Essigsäure durch Kochen mit Methylalkohol und Abdestillieren des entstandenen Esters, oder man saugt das Anhydrid im Vakuum ab.[6])

Wasserlösliche Acetylprodukte werden oft durch Zusatz von Natriumcarbonat oder Kochsalz zur Lösung ausgefällt, oder können durch Ausschütteln mit Chloroform oder Benzol aus der wässerigen Solution zurückerhalten werden.

Als gute Krystallisationsmittel sind Benzol[7]), Essigsäure, Essig-säureanhydrid[8]) und Essigester zur Reinigung zu empfehlen.

Bamberger krystallisiert leicht verseifbare Acetylderivate aus essigsäureanhydridhaltigem Eisessig oder Toluol um.[9])

Manche Acetylderivate sind gegen Wasser sehr empfindlich (siehe unter „Verseifung durch Wasser") und können nur aus sorgfältig ge-trockneten Lösungsmitteln umkrystallisiert werden,[10]) oder werden durch Alkohol angegriffen.[11])

---

[1]) Bull. (3), **6**, 161 (1891).
[2]) Bistrzycki und Herbst, B. **35**, 3133 (1902).
[3]) Brauchbar und Kohn, M. **19**, 22 (1898).
[4]) B. **36**, 3926 (1903).
[5]) B. **31**, 1674 (1898).
[6]) Z. B. Ach und Steinbock, B. **40**, 4284 (1907).
[7]) Auwers und Bondy, B. **37**, 3908 (1904). — Gorter, Ann. **359**, 225 (1908).
[8]) Perkin und Nierenstein, Soc. **87**, 1416 (1905). — Perkin, **89**, 252 (1906).
[9]) B. **28**, 851 (1895).
[10]) Gomberg, B. **36**, 3926 (1903).
[11]) Kudernatsch, M. **18**, 619 (1897). — Werner und Detscheff, B. **38**, 77 (1905). — Kostanecki und v. Lampe, B. **39**, 4020 (1906).

Oftmals erhält man die Acetylprodukte rasch und gut krystallisiert, wenn man in die abgekühlte Reaktionsflüssigkeit erst etwas Eisessig und dann vorsichtig Wasser einträgt und die jedesmalige Reaktion, die oft erst nach einiger Zeit, und dann stürmisch eintritt, abwartet. Bei einer gewissen Verdünnung pflegt dann die Ausscheidung in Krystallen zu beginnen.

C. Qualitativer Nachweis des Acetyls.

Derselbe wird in der Regel so vorgenommen, daß man die durch Verseifung gebildete Essigsäure mit Wasserdampf übertreibt und entweder als Silbersalz fällt und mittels konzentrierter Schwefelsäure und Alkohol in den charakteristisch riechenden Ester verwandelt, oder mit Kalilauge zur Trockne dampft und nach Zusatz von Arsenigsäureanhydrid glüht, wobei der widerliche Kakodylgeruch sich bemerkbar macht.

Eisenchlorid bewirkt in einer neutralen Kaliumacetatlösung blutrote Färbung.

D. Quantitative Bestimmung der Acetylgruppen.

Nur in wenigen Fällen ist es möglich, durch Elementaranalyse mit Bestimmtheit zu entscheiden, wie viele Acetylgruppen in eine Substanz eingetreten sind, da die Acetylderivate in ihrer prozentischen Zusammensetzung wenig untereinander differieren.

So haben z. B. die Mono-, Di- und Tri-Acetyltrioxybenzole gleiche prozentuelle Zusammensetzung.

Man ist daher in der Regel gezwungen, den Acetylrest abzuspalten und die gebildete Essigsäure entweder direkt oder indirekt zu bestimmen.

In Chloracetylderivaten begnügt man sich mit einer Halogenbestimmung.

Verseifungsmethoden.

Zum Verseifen von Acetylderivaten werden die folgenden Reagenzien verwendet:

    Wasser, Alkohol,
    Kalilauge, Natronlauge, Kaliumacetat, Natriumacetat,
    Ammoniak, Piperidin, Anilin,
    Kalk, Baryt, Magnesia,
    Eisessig, Salzsäure, Schwefelsäure, Jodwasserstoffsäure, Benzol
    sulfosäure, Naphtalinsulfosäuren.

Verseifung durch Wasser.

Manche Acetylderivate lassen sich schon durch Erhitzen mit Wasser im Rohre verseifen.

So haben Lieben und Zeisel[1]) das Butenyltriacetin

---

[1]) M. 1, 835 (1880). — Debus, Ann. 110, 318 (1859).

$$C_4H_7(C_2H_3O_2)_3$$

durch 30stündiges Erhitzen mit der 40fachen Menge Wasser auf 160°
im zugeschmolzenen Rohre verseift. Die freigewordene Essigsäure
wurde durch Titration bestimmt.

Das Diacetylmorphin spaltet schon beim Kochen mit Wasser
eine Acetylgruppe ab[1]) ebenso das Acetylglykol[2]) und noch
empfindlicher ist das Acetyldioxypyridin,[3]) das schon durch Umkrystallisieren aus feuchtem Essigäther und durch Alkohol, sowie
durch Auflösen in Wasser verseift wird, ebenso wie das Acetyltriphenylcarbinol[4]) und der Acetylterebinsäureester, welche
schon durch feuchte Luft zersetzt werden.

Ebenso werden auch die Acetylderivate von Oximen durch
Alkohol zersetzt.[5])

Verseifung mit Kali- oder Natronlauge.

Die Verseifung wird entweder mit wässeriger oder mit alkoholischer Lauge vorgenommen, und zwar mit $n/_1$- bis $n/_{10}$-Lauge. Wässerige
Lauge, die die meisten Acetylkörper nicht leicht benetzt, wird seltener
verwendet und erfordert fast immer andauerndes Erhitzen am Rückflußkühler.

Häufiger wird man nach Benedikt und Ulzer[6]) verfahren,
welche diese Methode speziell für die Analyse der Fette verwertet
haben.

Die Substanz wird in einem weithalsigen Kölbchen von 100 bis
150 ccm Inhalt mit titrierter alkoholischer Kalilauge (25 ev. 50 ccm
ca. $n/_2$-Lauge) $1/_2-1$ Stunde lang auf dem Wasserbade zum schwachen
Sieden erhitzt, wobei der Kolben einen Rückflußkühler trägt.

Nach beendeter Verseifung fügt man Phenolphthaleinlösung hinzu und titriert mit $n/_2$-Salzsäure zurück.

Diese Methode kann auch zur Molekulargewichtsbestimmung
von Fettalkoholen benutzt werden.

Bedeutet V die Anzahl Milligramme Kaliumhydroxyd, welche zur
Verseifung von 1 g der acetylierten Substanz verbraucht wurde, so
ist das Molekulargewicht des betreffenden Fettalkohols:

$$M = \frac{56100}{V} - 42.$$

---

[1]) Wright und Beckett, Soc. **28**, 315 (1875). — Danckworth, Arch.
226, 57 (1888).

[2]) Erlenmeyer, Ann. **192**, 149 (1878).

[3]) Kudernatsch, M. **18**, 619 (1897).

[4]) Gomberg, B. **36**, 3926 (1903).

[5]) Werner und Detscheff, B. **38**, 77 (1905). — Siehe Seite 908.

[6]) M. **8**, 41 (1887). — Van Romburgh, R. **1**, 48 (1882). — Lewkowitsch, Chem. Ind. **9**, 982 (1890). — R. und H. Meyer, B. **28**, 2965 (1895).
— R. Meyer und Hartmann, B. **38**, 3956 (1905). — Siegfeld, Ch. Ztg. **32**,
63 (1908). — Mastbaum, Ch. Ztg. **32**, 378 (1908).

Substanzen, welche leicht durch den Sauerstoff der Luft alteriert werden, verseift man im Wasserstoffstrome.[1])

Wenn der ursprüngliche Körper in verdünnter Salzsäure unlöslich ist, so kocht man mit gewöhnlicher Kalilauge, säuert an und bringt das abgeschiedene Produkt zur Wägung.

Verseifung mit schmelzendem Kali: Auwers und Bondy, B. 37, 3908 (1904). Siehe Seite 422.

Kalte Verseifung.[2])

Ein bis zwei Gramm Substanz werden bei Zimmertemperatur in 25 ccm Petroleumäther vom Siedep. 100—150° in einem Kolben gelöst, mit 25 ccm Normalalkali versetzt und nach dem Umschwenken 24 Stunden lang verschlossen aufbewahrt, dann zurücktitriert.

Die Verseifungslauge muß alkoholisch (Kali- oder Natronlauge, Alkohol von mindestens 96 Proz.) und kohlensäurefrei sein.

Königs und Knorr[3]) verseifen mit methylalkoholischer Lauge in der Kälte.

Zur Darstellung[4]) einer sich farblos haltenden alkoholischen Kalilauge löst Haupt[5]) 35 g Kali caust. fus. alcoh. dep. Kahlbaum in 100 ccm absolutem Alkohol durch längeres Umschütteln in einem verschlossenen Standzylinder, filtriert durch ein trockenes Filter vom unlöslichen Carbonat ab und verdünnt mit Alkohol beliebiger Kon-

---

[1]) Klobukowski, B. 10, 883 (1877).

[2]) Henriques, Z. ang. 8, 271 (1895); 9, 221, 423 (1896); 10, 398, 766 (1897). — Schmitt, Z. anal. 35, 381 (1896). — Ch. Rev. 1, Nr. 10 (1897). — Z. f. öffentl. Ch. 4, 416 (1898). — Herbig, Z. f. öffentl. Ch. 4, 227, 257 (1898).

[3]) B. 34, 4348 (1901).

[4]) Es seien hierzu auch noch die sehr richtigen Ausführungen Mastbaums (a. a. O.) wiedergegeben: „Die Klagen über die Schwierigkeit der Herstellung und die geringe Haltbarkeit der alkoholischen Kalilauge sind in der Tat alt und zahlreich. Daß noch jemand das Ätzkali pulvert und mit dem Alkohol am Rückflußkühler kocht, dürfte wohl nur vereinzelt vorkommen. Ganz allgemein löst man die 30 g Ätzkali in 20—25 ccm Wasser, spült sie mit dem vorher über Natron oder Kali destillierten 95/96-proz. Alkohol in die Literflasche, läßt nach dem Auffüllen ein oder mehrere Tage stehen und gießt die vollkommen klare, farblose Lösung von der Fällung ab. Irgendwelche Schwierigkeit wird bei dieser Herstellung der Flüssigkeit niemand finden.

Um die so häufig beobachtete Gelb- und Braunfärbung der Lauge zu verhindern, die man gewöhnlich der Einwirkung des Ätzkalis auf die Nebenbestandteile des Alkohols unter dem Einflusse besonders des Lichtes zuschreibt, sind eine Anzahl Verfahren zur Reinigung des Alkohols angegeben worden, und es ist außerdem üblich, die alkoholische Kalilösung in gelben oder braunen Flaschen möglichst unter Abschluß des Lichtes aufzubewahren. Ich habe gefunden, daß man sich auf eine einfache Destillation des alkalisch gemachten Alkohols beschränken kann, wenn man die fertige Lösung nicht in dunklen, sondern in farblosen Flaschen ohne irgend welchen Ausschluß des Lichtes aufhebt. Man kann sogar gelb gewordene Lösung dadurch, daß man sie dem vollen Sonnenlicht aussetzt, vollständig und in kurzer Zeit mindestens so weit, daß sie wieder gut brauchbar wird, entfärben." — Siehe auch Halla, Ch. Ztg. 32, 890 (1908).

[5]) Ph. C.-H. 46, 569 (1905).

zentration zu einem Liter. Man erhält so eine ungefähr $n/_2$ haltbare Lauge.

Thiele und Marc[1]) mischen 34.5 g reinsten Kaliumsulfats mit 110—120 g Barythydrat in einer Schale gut durch, übergießen mit 100 ccm Wasser, wägen die Schale, kochen unter beständigem Rühren 10—15 Minuten und ergänzen nach dem Abkühlen das verdampfte Wasser. Nach Zugabe von 800 ccm Alkohol gießt man in eine Flasche, spült mit 100 ccm Wasser nach, schüttelt und fügt nach der Klärung noch 3—4 ccm konzentrierte Kaliumsulfatlösung zu, um den Baryt völlig abzuscheiden, schüttelt gut um und läßt absitzen.

Mit Schwefelsäure überzeugt man sich von der völligen Abscheidung des Baryts. Die klare Lösung wird abgehebert. Sie hält sich monatelang unverändert klar und farblos.

Der Alkohol, der zur Bereitung der Kalilösung dienen soll, muß von Verunreinigungen befreit sein. Von den Methoden,[2]) die hierfür vorgeschlagen sind, ist zur Darstellung absoluten Alkohols die Winklersche allein verwertbar.

Durch Eingießen von Silbernitratlösung in überschüssige Lauge gewonnenes Silberoxyd wird gewaschen, bei gewöhnlicher Temperatur getrocknet, mit Alkohol fein verrieben und in Mengen von einigen Gramm je einem Liter absoluten Alkohols zugesetzt. Man fügt noch 1—2 g gepulvertes Ätzkali zu und läßt unter öfterem Schütteln stehen, bis eine herausgenommene Probe, etwa 10 ccm Alkohol, mit dem gleichen Volum Wasser verdünnt und mit ammoniakalischer Silberlösung versetzt, nach mehrstündigem Stehen im Dunkeln farblos bleibt. Man dekantiert alsdann und destilliert, ev. noch über einigen Grammen Calciumspänen. (Siehe hierzu S. 83.)

Dunlop löst 1.5 g Silbernitrat in ca. 3 ccm Wasser oder in heißem Alkohol und vermischt in einem mit Glasstopfen versehenen Zylinder mit 1 l 95proz. Alkohols. Dann werden 3 g reines Ätzkali in 10—15 ccm warmen Alkohols gelöst und nach dem Abkühlen langsam in die alkoholische Silbernitratlösung gegossen, ohne daß umgeschüttelt wird. Das in feiner Verteilung ausfallende Silberoxyd vermischt sich von selbst langsam mit dem Zylinderinhalte. Nach dem völligen Absetzen des Silberoxyds wird dekantiert und destilliert. Das gesamte Destillat ist brauchbar.

Für Methylalkohol ist diese Methode nicht anwendbar; man kann ihn nur durch Kochen mit Ätzkali und fraktionierte Destillation reinigen, wobei man die Anteile, welche sich mit Lauge gelb färben, verwirft.

---

[1]) Z. f. öff. Ch. 10, 386 (1904). — Davidsohn und Weber, Seifens. Ztg. 33, 770 (1906). — Zetzsche, Ch. Ztg. 32, 222 (1908).
[2]) Waller, Am. Soc. 11, 124 (1889). — Bell, Chem. Ind. 12, 236 (1893). — Kitt, Ch. Rev. 11, 173 (1904). — Winkler, B. 38, 3612 (1905). — Dunlop, Am. Soc. 28, 395 (1906). — Scholl, Z. Unt. Nahr.-Gen. 15, 343 (1908). — Mastbaum, Ch. Ztg. 32, 379 (1908). — Rusting, Pharm. Weekblad 45, 433 (1908). — Rabe, Z. Unters. Nahr.-Gen. 15, 730 (1908).

Mac Kay Chace[1]) läßt den von Aldehyd zu befreienden Alkohol mehrere Tage in Berührung mit Ätzkali, destilliert dann ab und läßt das aufgefangene Produkt mehrere Stunden hindurch am aufsteigenden Kühler über m-Phenylendiamin-chlorhydrat (25 g Salz pro Liter) sieden. Hierauf destilliert man den so gereinigten Alkohol über und bringt ihn durch Verdünnen auf die gewünschte Konzentration.

Beim längeren Kochen mit Alkali wird der Alkohol etwas oxydiert. So fanden R. Meyer und Hartmann, daß sich beim Kochen von 5 g Ätznatron mit 150 ccm Äthylalkohol nach 4 Stunden 0,0129 g Essigsäure gebildet hatten. Dieser Fehler wird durch Verwenden von Methylalkohol auf die Hälfte heruntergebracht.[2])

Duchemin und Dourlen empfehlen, um den Einfluß des Luftwasserstoffs auf die alkoholische Lauge auszuschließen, im Vakuum zu verseifen.[3])

Natriumalkoholat.

Um das freie Dibrom-p-oxy-p-xylylnitromethan aus seinem Acetat zu gewinnen, verrieb es Auwers[4]) unter Kühlung mit einer 9 proz. methylalkoholischen Lösung von Natriummethylat, bis sich nahezu alles gelöst hatte, verdünnte dann mit viel Wasser und filtrierte in gekühlte verdünnte Essigsäure oder Salzsäure. Der weiße Niederschlag wird abgesaugt und auf Ton getrocknet.

Auch zur Verseifung von empfindlichen Benzoylderivaten der Zuckerreihe hat sich dieses Verfahren bewährt.[5])

Verseifung mit Kaliumacetat.[6])

Gewisse Acetylderivate von „gelben Farbstoffen", wie das Diacetyljacarandin werden nach Perkin und Briggs[7]) durch Kochen mit überschüssiger alkoholischer Kaliumacetatlösung quantitativ verseift.

Seelig[8]) gelang die quantitative Verseifung des Acetylglykols durch Erhitzen mit Natriumacetat und absolutem Alkohol auf 160°.

Daß wässeriges Kaliumacetat verseifend auf Ester wirken kann, hat schon vor längerer Zeit Claisen[9]) gezeigt.

Verseifung durch Ammoniak.

Das diacetylierte Benzoingelb wird beim Kochen mit Natronlauge teilweise zersetzt, aber glatt in die Stammsubstanz verwandelt, wenn man es in kochendem Alkohol löst und dann einige Zeit mit etwas Ammoniak kocht (Graebe)[10]).

---

1) Am. Soc. 28, 1473 (1906).
2) B. 38, 3956 (1905).
3) Bull. Assoc. Chim. Sucr. et Dist. 23, 109 (1905).
4) B. 34, 4269 (1901).
5) Baisch, Z. physiol. 19, 342 (1894).
6) Siehe auch S. 524.
7) Soc. 81, 218 (1902).
8) J. pr. (2), 39, 166 (1889).
9) B. 24, 123, 127 (1891).
10) B. 31, 2976 (1898).

Verseifung durch Piperidin.

Auwers, Ann. **332**, 214 (1904). — Auwers und Eckardt, Ann. **359**, 357, 363 (1908).

Verseifung durch Anilin.

Gorter, Ann. **359**, 232 (1908).

Verseifung mit Baryt, Kalk oder Magnesia.

Auch Barythydrat läßt sich in manchen Fällen verwenden, wo Kalilauge zersetzend auf die Substanz einwirkt.

So wird nach Erdmann und Schultz[1]) das Hämatoxylin beim Kochen auch mit sehr verdünnter Lauge unter Bildung von Ameisensäure zersetzt, während bei Verwendung von Barythydrat die Zerlegung des Acetylderivates glatt verläuft.

Zur Verseifung mit diesem Mittel kocht Herzig[2]) 5—6 Stunden lang am Rückflußkühler. Der entstandene Niederschlag wird filtriert und im Filtrate das überschüssige Barythydrat mit Kohlensäure ausgefällt. Das Filtrat vom kohlensauren Barium wird abgedampft, mit Wasser wieder aufgenommen, filtriert, gut gewaschen, und im Filtrate das Barium als Sulfat bestimmt.

Da die Barytlösung in Glasgefäßen aufbewahrt wird und die Verseifung in einem Glaskolben vor sich geht, muß wegen des in Lösung gehenden Alkalis, welches einen Teil der Essigsäure neutralisiert, eine Korrektur angebracht werden.

Zu diesem Behufe wird das Filtrat vom schwefelsauren Barium in einer Platinschale eingedampft, die überschüssige Schwefelsäure weggeraucht und zuletzt noch der Rückstand mit reinem kohlensaurem Ammonium bis zur Gewichtskonstanz behandelt. Man löst in Wasser, filtriert von der Kieselsäure, wäscht und fällt im Filtrate die Schwefelsäure mit Chlorbarium; das ausfallende schwefelsaure Barium ist zu dem erstgefundenen hinzuzurechnen.[3])

Barth und Goldschmiedt[4]) empfehlen, Substanzen, welche in trockenem Zustande von Barythydrat nur schwer benetzt werden, vorerst mit ein paar Tropfen Alkohol zu befeuchten.

Müller[5]) arbeitet direkt mit wässerig-alkoholischen Lösungen.

Substanzen von Farbstoffcharakter bilden übrigens öfters mit Barythydrat beständige Lacke und können dann so nicht vollständig entacetyliert werden (Genvresse).[6])

---

[1]) Ann. **216**, 234 (1882).
[2]) M. **5**, 86 (1884).
[3]) Diese Korrektur entfällt, wenn man, wie Lieben und Zeisel M. **4**, 42 (1883); **7**, 69 (1886) im Silberkolben arbeiten kann.
[4]) B. **12**, 1237 (1879).
[5]) B. **40**, 1825 (1907).
[6]) Bull. (**3**), **17**, 599 (1897).

Ebenso wie mit Baryt kann man mit gesättigtem Kalkwasser verseifen.[1]

Verseifung durch Calciumcarbonat (Kreide) haben Friedländer und Neudörfer beobachtet.[2]

Während alkoholische Laugen bei Gegenwart von Aldehydgruppen nicht anwendbar sind, kann man in solchen Fällen nach Barbet und Gaudrier[3] Zuckerkalk anwenden.

Zur Herstellung der Lösung werden auf 1 Teil Kalk 5 Teile Zucker und so viel Zuckerwasser verwendet, daß die Flüssigkeit ca. $^1/_{10}$ normal wird. Man kocht die Substanz in alkoholischer Lösung mit der Zuckerkalklösung zwei Stunden am Rückflußkühler und titriert dann zurück.

Zur Acetylbestimmung mittels Magnesia gibt H. Schiff[4] folgende Vorschrift.

Man darf sich zunächst weder der käuflichen gebrannten Magnesia, noch des Hydrocarbonates (Magnesia alba) bedienen, welche beide nur sehr schwer entfernbare Alkalicarbonate enthalten.

Man fällt vielmehr aus eisenfreier Magnesiumsulfat- oder Chloridlösung mit nicht überschüssigem kaustischem Alkali die Magnesia, wäscht lange und gut aus und bewahrt das Produkt unter Wasser als Paste auf. Etwa 5 g der letzteren werden mit 1—5 g des sehr fein gepulverten Acetylderivates und wenig Wasser zu einem dünnen Brei verstrichen und mit weiteren 100 ccm Wasser in einem Kölbchen aus resistentem Glase 4—6 Stunden lang am Rückflußkühler gekocht. Gewöhnlich ist übrigens die Zersetzung schon nach 2—3 Stunden beendet.

Man dampft im Kölbchen selbst auf etwa ein Drittel ab, filtriert nach dem Erkalten an der Saugpumpe ab und wäscht mit weng Wasser. Im Filtrate fällt man nach Zusatz von Salmiak und Ammoniak durch eine stark ammoniakalische Lösung von Ammoniumphosphat.

Der nach 12 Stunden abfiltrierte Niederschlag wird nochmal in verdünnter Salzsäure gelöst und wieder durch Ammoniak ausgefällt.

Die Zersetzung mittels Magnesia ist bei fein gepulverter Substanz und bei genügend lange (ev. bis zu 12 Stunden) fortgesetztem Kochen auch bei nicht löslichen Substanzen vollständig.

Die Löslichkeit der Magnesia in sehr verdünnter Lösung von Magnesiumacetat ist geringer, als daß sie eine Korrektur notwendig machen würde.

Die Magnesiamethode dient mit Vorteil namentlich in solchen Fällen, wo Alkalien sonst verändernd wirken oder gefärbte Produkte erzeugen, welche die Titration unsicher machen.

---

[1] Brauchbar und Kohn, M. 19, 42 (1898).
[2] B. 30, 1081 (1897).
[3] Ann. chim. anal. appl. 1, 367 (1896).
[4] B. 12, 1531 (1879). — Ann. 154, 11 (1870).

1 Gewichtsteil Magnesiumpyrophosphat $Mg_2P_2O_7$ entspricht 0.774648 Gewichtsteilen C_2H_3O.

Verseifung durch Säuren.

Andere als die starken Mineralsäuren werden zur Verseifung von Acetylderivaten im allgemeinen nicht benutzt.

Heller[1]) hat acetylierte Enolverbindungen durch Kochen mit Eisessig verseift.

Versuche mit Benzolsulfosäure sowie α- und β-Naphthalinsulfosäure beschreiben Sudborough und Thomas;[2]) nach ihnen sind diese starken Säuren der Schwefel- und Phosphorsäure vorzuziehen.

Das Acetylderivat wird mit einer 10 proz. Lösung von Benzolsulfosäure, an deren Stelle auch α- oder β-Naphthalinsulfosäure treten kann, der Dampfdestillation unterworfen, und in dem Destillate die übergegangene Säure durch Titration bestimmt. Da die Benzolsulfosäure meist mit flüchtigen Säuren verunreinigt ist, muß man sie vorher dadurch reinigen, daß man die wässerige Lösung ihres Bariumsalzes so lange der Wasserdampfdestillation unterwirft, bis das Destillat neutral ist, das Bariumsalz aus der zurückbleibenden Lösung auskrystallisieren läßt und mit der berechneten Menge Schwefelsäure zersetzt.

Mit Salzsäure wird selten[3]) in der Kälte entacetyliert, meist am Rückflußkühler gekocht.[4])

Wirkt freie Salzsäure (Schwefelsäure) auf das Hydroxylderivat nicht ein, so erhitzt man die Acetylverbindung mit einer abgemessenen Menge Normalsäure im Einschmelzrohre (Druckfläschchen) auf 120—150° und titriert die freigemachte Essigsäure[5]) oder wägt das entstandene Produkt, wenn es unlöslich ist.[6])

Die Verseifung mit stärker konzentrierter Schwefelsäure empfiehlt sich namentlich dann, wenn die ursprüngliche Substanz in der verdünnten Säure unlöslich ist.

Man benutzt nitrosefreie, verdünnte Schwefelsäure, am besten aus 75 Teilen konzentrierter Schwefelsäure mit 32 Teilen Wasser gemischt, mit der man die in einem Kölbchen genau abgewogene Substanz — etwa 1 g und 10 ccm der Säuremischung — übergießt (Liebermannsche Restmethode).

Um die Substanz leichter benetzbar zu machen, kann man sie

---

[1]) Diss., Marburg 1904, S. 21.

[2]) Proc. **21**, 88 (1905). — Soc. **87**, 1752 (1905). — Busch, Diss., Berlin 1907, S. 26.

[3]) Franchimont, Rec. **11**, 107 (1892).

[4]) Erwig und Königs, B. **22**, 1464 (1889).

[5]) Schützenberger und Naudin, Ann. Chem. Phys. **84**, 74 (1869). — Herzfeld, B. **13**, 266 (1880). — Schmoeger, B. **25**, 1453 (1892).

[6]) Waliaschko, Arch. **242**, 235 (1904). — Perkin, Soc. **75**, 448 (1899). — Perkin und Hummel, Soc. **85**, 1464 (1904). — Siehe S. 433.

vor dem Zusatze der Schwefelsäure mit 3—4 Tropfen Alkohol befeuchten oder, nach A. G. Perkin[1]), in Eisessig lösen.

Man erwärmt $^1/_2$ Stunde auf dem nicht ganz siedenden Wasserbade, verdünnt alsdann mit dem 8fachen Volumen Wasser, kocht 2—3 Stunden im Wasserbade und läßt 24 Stunden stehen. Dann sammelt man das abgeschiedene Hydroxylprodukt auf dem Filter.[2])[3])

Stülcken[4]) mußte mit 50 proz. Schwefelsäure zum Kochen erhitzen.

Gelegentlich ist auch die Verwendung von unverdünnter Schwefelsäure angezeigt.[5]) Das entacetylierte Produkt kann dann direkt durch Ausfällen mit Wasser gewonnen werden.

Falls das Hydroxylprodukt in der sauren Flüssigkeit nicht ganz unlöslich ist, muß man durch einen Parallelversuch der gelöst gebliebenen Menge Rechnung tragen.[3])

In vielen Fällen tritt schon beim 24stündigen Stehen in der Kälte durch konzentrierte Schwefelsäure Verseifung ein, ja es ist diese Methode oftmals anwendbar, wo die Verseifung mittels Alkalien nicht angängig ist (Franchimont[6]).

Man fügt nach einigem Stehen vorsichtig Wasser hinzu, bis die Lösung etwa 1proz. ist und destilliert die gebildete Essigsäure mit Wasserdampf ab. Dieses von Franchimont stammende, von Skraup[7]) modifizierte Verfahren hat Wenzel[8]) zu einer recht allgemein anwendbaren Bestimmungsmethode ausgearbeitet. Speziell bei den mehrwertigen Phenolen, die gegen Alkali sehr empfindlich sind, leistet sie treffliche Dienste.

Methode von Wenzel.

Bei der Einwirkung von konzentrierter Schwefelsäure auf leicht oxydable Körper bei höherer Temperatur tritt außer flüchtigen organischen Säuren stets schweflige Säure auf. Die Abwesenheit der letzteren kann man daher als Kriterium dafür betrachten, daß der nach Abspaltung der Essigsäure verbleibende Körper von der Schwefelsäure nicht angegriffen wurde, die Verseifung demgemäß glatt vonstatten gegangen ist. Es wird daher in allen Fällen die Menge der schwefligen Säure quantitativ bestimmt und falls diese null war, ergibt sich auch stets eine brauchbare Acetylzahl.

In weitaus den meisten Fällen läßt sich zur Verseifung eine Schwefelsäure von der Verdünnung 2:1 anwenden.

---

[1]) Soc. **69**, 210 (1896).
[2]) Liebermann, B. **17**, 1682 (1884). — Herzig, M. **6**, 867, 890 (1885).
[3]) Ciamician und Silber, B. **28**, 1395 (1895).
[4]) Diss., Kiel 1906, S. 28.
[5]) Schrobsdorff, B. **35**, 2931 (1902).
[6]) B. **12**, 1940 (1879). — A. G. Perkin, Soc. **73**, 1034 (1898).
[7]) M. **14**, 478 (1893). — Siehe auch Ost, Z. ang. **19**, 1995 (1906).
[8]) M. **18**, 659 (1897).

Ein einziger Körper, das Acetyltribromphenol, erwies sich gegen Schwefelsäure 2:1 resistent, da er sich in derselben nicht löste; hier trat erst bei Verwendung von konzentrierter Schwefelsäure Lösung und Verseifung ein.

Des öfteren ist jedoch die Säure 2:1 zu konzentriert. In diesen Fällen wird die Säure noch mit dem gleichen Volumen Wasser verdünnt, so daß sie die Konzentration 1:2 hat, und nun gelingt es durch vorsichtiges Erwärmen auf 50—60° bei vollständiger Verseifung die Bildung der schwefligen Säure gänzlich zu vermeiden oder doch auf einen ganz minimalen Betrag zu reduzieren.

Um Fehlbestimmungen zu vermeiden, ist es zweckmäßig, mit einer geringen Menge Substanz in der Eprouvette jene Konzentration der Schwefelsäure zu ermitteln, bei welcher sich das Acetylprodukt eben löst, ohne beim Erwärmen sich stark zu verfärben, harzige Produkte abzuscheiden oder schweflige Säure zu entwickeln.

Auch bei Körpern, welche eine Amingruppe enthalten, ist die Schwefelsäure 2:1 noch zu verdünnen, weil mit der konzentrierten Säure, wie die Versuche gezeigt haben, die Verseifung unvollständig bleibt.

Enthält eine Verbindung Schwefel, so kann bei der Einwirkung der Schwefelsäure Schwefelwasserstoff abgespalten werden. Dieser kann unschädlich gemacht werden, indem man vor der Zugabe der Schwefelsäure in den Verseifungskolben die entsprechende Menge festen Kadmiumsulfats bringt.

Ebenso läßt sich bei halogenhaltigen Substanzen etwa auftretende Halogenwasserstoffsäure durch Silbersulfat binden.

Was die Dauer der Bestimmung betrifft, so ist Verseifung wohl schon eingetreten, sobald die Substanz gelöst ist, und es genügt bei Sauerstoffverbindungen erfahrungsgemäß, eine halbe Stunde auf 100—120° zu erwärmen, während es bei Stickstoffverbindungen notwendig ist, bei Verwendung der Säure 1:2 zur Sicherheit drei Stunden auf dieselbe Temperatur zu erhitzen, obwohl längst Lösung eingetreten ist.

Ist die Verseifung beendet, so wird erkalten gelassen und eine Lösung von primärem phosphorsaurem Natrium zugesetzt, welches die Schwefelsäure in nichtflüchtiges saures Natriumsulfat verwandelt. Die Verwendung des primären Natriumphosphats hat ihren Grund in der leichteren Löslichkeit und dadurch bedingten geringeren Wassermenge, welche damit hineingebracht wird. Die gebildete Essigsäure wird endlich im Vakuum abdestilliert und durch Titration bestimmt.

Die Methode bietet auch die Möglichkeit, sich zu überzeugen, ob das Acetylprodukt wirklich vollständig verseift war. Nachdem die Essigsäure abdestilliert und titriert ist, bringt man in den Verseifungskolben, welcher den Rest der Substanz, saures Natriumsulfat und Phosphorsäure enthält, die gleiche Menge Schwefelsäure wie bei der ersten Verseifung, und erhitzt 3 Stunden auf 120°.

War alles verseift, so geht beim nachherigen Versetzen mit Natriumphosphat und Abdestillieren keine Essigsäure mehr über.

Der Apparat ist in Fig. 193 dargestellt.

Der größere Rundkolben von etwa 300 ccm Inhalt dient zur Verseifung. In den Hals desselben ist mittels eines doppelt durchbohrten Kautschukstöpsels eine starkwandige Capillare für die Vakuumdestillation und ein Tropftrichter eingesetzt, dessen ausgezogenes Ende etwa 2 cm unter die Anschmelzstelle des seitlichen Rohres am Kolbenhalse reicht. Dieses letztere ist schief aufwärts gerichtet und dient, mit einem etwa 10 cm langen Kühlmantel umgeben, als Rückflußkühler. Im weiteren Verlaufe ist es nach abwärts gebogen und endet etwa in der Mitte der Kugel des kleineren Kölbchens.

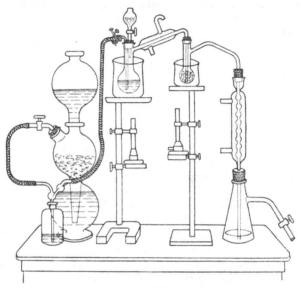

Fig. 193.

Dieser zweite Kolben hat einen Inhalt von 50—70 ccm, ist mit Glasperlen gefüllt und dient als Dampfwäscher. Da dieses Kölbchen bei der Destillation im kochenden Wasserbade gehalten wird, setzen sich die mitgerissenen Phosphorsäure- und Salzteilchen staubförmig ab und werden bei leerem Kolben durch den Dampfstrom aufgewirbelt und bis in die vorgelegte Kalilauge weitergetragen, in welcher sich bei Blindversuchen immer Spuren von Phosphorsäure, bei raschem Destillieren selbst größere Mengen derselben nachweisen lassen. Durch die Füllung mit Glasperlen aber wird erreicht, daß absolut keine Phosphorsäure ins Destillat kommt. Selbst wenn die Flüssigkeit stark schäumt, werden die übergehenden Blasen durch die vielen Kanäle zwischen den Glasperlen zerstört und das Destillat bleibt vor Verunreinigung bewahrt.

Aus dem Dampfwäscher gelangen die Dämpfe in einen vertikal gestellten Kugelkühler, der mittels eines Kautschukstöpsels in eine

Druckflasche von $^3/_4$ l Inhalt so eingesetzt ist, daß die verlängerte Kühlröhre bis zum Boden der Flasche reicht. Diese dient zur Aufnahme der vorgelegten Kalilauge und wird durch einen Glashahn mit der Pumpe verbunden. Für die Verbindungen zwischen den einzelnen Teilen muß man guten Kautschuk verwenden, und weiter ist auch zu beachten, daß der Glashahn am Tropftrichter sehr gut schließen muß, weil sonst die ins Vakuum eingesaugte oft saure Laboratoriumsluft Fehler bedingen würde.

Zur Ausführung der Bestimmung bringt man erst in die Druckflasche etwas mehr als die berechnete Menge titrierter Kalilauge und setzt den Kugelkühler ein. Dann gibt man die Substanz, 0.2—0.4 g, je nach der Anzahl der Acetylgruppen, in den größeren Kolben, läßt 3 ccm Schwefelsäure 2:1, eventuell noch 3 ccm Wasser zufließen, fügt den Apparat zusammen und erwärmt, nachdem die beiden Kühler in Tätigkeit gesetzt sind, das Wasserbad, in dem der größere Kolben sich befindet, bis die Verseifung vollendet ist. Nun ersetzt man das heiße Wasser durch kaltes, erhitzt wieder und heizt auch das Becherglas unter dem kleinen Kolben an, läßt durch den Tropftrichter 20 ccm einer Lösung, welche im Liter 100 g Metaphosphorsäure und 450 g krystallisiertes primäres Natriumphosphat enthält, zufließen, verbindet die Capillare mit dem Wasserstoffapparate, die Druckflasche mit der Pumpe und destilliert im Vakuum zur Trockne, indem man den Kolben, wenn keine Flüssigkeit mehr übergeht, noch etwa 10 Minuten im kochenden Wasserbade läßt, bis die trockene Salzmasse vom Glase abzuspringen beginnt. Nun ist auch schon alle Essigsäure überdestilliert. Um jedoch den Apparat noch nachzuwaschen, schließt man den Hahn, der zur Pumpe führt, entfernt das heiße Wasserbad unter dem größeren Kolben, läßt durch den Tropftrichter 20 ccm ausgekochtes Wasser nachfließen, ohne daß dabei Luft eindringt, und destilliert abermals im Vakuum. Ist dies geschehen, so schließt man den Hahn, der die Verbindung mit der Pumpe herstellt, öffnet vorsichtig den Quetschhahn an der Capillare und füllt den Apparat mit Wasserstoff. Nunmehr lüftet man den Kautschukstöpsel oben am Kühler, entfernt diesen mit der Druckflasche, spritzt die Kühlröhre innen und außen ab und geht ans Titrieren.

Man benutzt $^n/_{10}$-Lösungen und als Indikator Lackmus oder Phenolphthalein. In ersterem Falle kann man die Essigsäure in der Druckflasche selbst bestimmen und dann sogleich nach dem Ansäuern und Versetzen mit Stärkekleister mit $^n/_{10}$-Jodlösung die eventuell gebildete schweflige Säure titrieren. Phenolphthalein dagegen addiert selbst Jod, man muß daher bei Benutzung dieses Indikators das Filtrat teilen.

Wenn sich bei der Verseifung leicht flüchtige Phenole bilden, so ist natürlich der Jodverbrauch kein Beweis für die Anwesenheit von schwefliger Säure In solchen Fällen wird ein Teil des Destillates mit Bromwasser oxydiert, angesäuert, eventuell filtriert und mit Chlorbarium versetzt.

Über einen Fall, wo die Methode durch mitgebildete Isobuttersäure unanwendbar wurde, berichten Brauchbar und Kohn[1]); in
einem anderen Falle störte mit übergehende Kohlensäure,[2]) in einem
dritten mit überdestilliertes Phthalein.[3])

Auch mit Jodwasserstoffsäure hat Ciamician[4]) Verseifung
von Acetylprodukten erzielt.

Additionsmethode.

Diese bildet gewissermaßen eine Umkehrung der von Liebermann angegebenen, auf S. 517 angeführten sogenannten Restmethode.
Ist das Acetylprodukt in kaltem Wasser unlöslich, und kann man
sich davon überzeugen, daß der Reaktionsverlauf ein quantitativer
war, so kann man durch Kontrolle der Ausbeute des aus einer gewogenen Menge der hydroxylhaltigen Substanz erhaltenen Acetylproduktes die Anzahl der eingeführten Acetyle ermitteln.[5])
Auf diese Art hat auch H. Schiff[6]) die aus Gerbsäure dargestellten Acetylprodukte untersucht.

Wägung des Kaliumacetats.[7])

Ist das Kaliumsalz des Verseifungsproduktes in absolutem Alkohol unlöslich, so kann man folgendes Verfahren anwenden:
1—2 g des Acetylproduktes werden mit verdünnter Lauge in
geringem Überschusse bis zur vollständigen Verseifung unter Ersatz
des Wassers am Rückflußkühler gekocht, das freie Kali mit Kohlensäure neutralisiert, die Flüssigkeit im Wasserbade möglichst zur
Trockne gebracht und der Rückstand vollständig mit absolutem Alkohol erschöpft. Die alkoholische Lösung wird wieder zur Trockne
verdampft und noch einmal in absolutem Alkohol gelöst. Von einem
geringen Rückstande durch Filtration und genaues Auswaschen mit
absolutem Alkohol getrennt, bleibt nach dem Verdunsten in· einem
gewogenen Platinschälchen reines Kaliumacetat zurück, das vorsichtig
geschmolzen und, nach dem Erkalten über Schwefelsäure, rasch gewogen wird.

Destillation mit Phosphorsäure.

Die schon von Fresenius[8]) angegebene Methode, Essigsäure in
Acetaten durch Destillation der mit Phosphorsäure angesäuerten Lö-

---

[1]) M. **19**, 22 (1898).
[2]) Doht, M. **25**, 960 (1904).
[3]) R. Meyer, B. **40**, 1445 (1907).
[4]) B. **27**, 421, 1630 (1894).
[5]) Wislicenus, Ann. **129**, 181 (1864). — Goldschmiedt und Hemmelmayr, M. **15**, 321 (1894).
[6]) Ch. Ztg. **20**, 865 (1897).
[7]) Wislicenus, Ann. **129**, 175 (1864). — Skraup, M. **14**, 477 (1893).
[8]) Z. anal. **5**, 315 (1866). — Gschwendner, Diss., Borna-Leipzig 1906,
S. 45.

sung ohne oder mit[1]) Zuhilfenahme von Wasserdampf zu isolieren und zu bestimmen, haben zuerst in weniger guter Modifizierung (Anwendung von Schwefelsäure statt Phosphorsäure) Erdmann und Schultz[2]), dann ebenso Buchka und Erk[3]) und Schall[4]) für die Bestimmung der aus Acetylderivaten durch Verseifung abgespaltenen Essigsäure benutzt.

Herzig hat[5]) bald nach dem Erscheinen der Arbeit von Erdmann und Schultz Phosphorsäure zur Bestimmung der Essigsäure verwendet. Daher wird dieses Verfahren öfters irrtümlicherweise als „Herzigsche Methode" bezeichnet.[6])

Das Acetylprodukt wird mit Lauge oder Barythydrat verseift, in der Kälte mit Phosphorsäure angesäuert, filtriert und gut gewaschen. Das Filtrat wird in eine Retorte umgefüllt und dann die Essigsäure unter öfterer Erneuerung des Wassers so lange abdestilliert, bis das Destillat absolut keine saure Reaktion mehr zeigt.

Anfangs destilliert man über freiem Feuer, dann im Ölbade, wobei die Temperatur auf 140—150° gesteigert werden kann, oder im Vakuum auf dem kochenden Wasserbade.[7]) Beim Apparate sind Korke zu vermeiden, um das Aufsaugen von Essigsäure zu verhindern, alle Verbindungen und Verschlüsse sind mittels Kautschuk zu bewerkstelligen.

Die verwendete Phosphorsäure und das Kali müssen frei von salpetriger und Salpetersäure sein. Ein Gehalt des Kalis an Chlorid ist nicht schädlich, da die wässerige Phosphorsäure keine Salzsäure daraus freimacht; aus diesem Grunde hingegen, unter anderen, ist die Anwendung von Schwefelsäure zu vermeiden.

Das Destillat wird in einer Platinschale unter Zusatz von Barythydrat konzentriert, das überschüssige Barium mittels Kohlensäure ausgefällt, das Filtrat vom kohlensauren Barium ganz abgedampft, mit Wasser wieder aufgenommen, filtriert, gut gewaschen und dann schließlich das Barium mittels Schwefelsäure gefällt und quantitativ bestimmt.

1 Gewichtsteil Bariumsulfat entspricht

    0.5064 Gewichtsteilen $C_2H_6O_2$ oder
    0.5070 Gewichtsteilen Essigsäure.

Zur Bestimmung der Acetylgruppen in acetylierten Gallussäuren verseift P. Sisley[8]) 3—4 g derselben, nach Zugabe von 5 ccm reinem Alkohol und 2—3 g Ätznatron, welches in ca. 15 ccm Wasser gelöst

---

[1]) Z. anal. **14**, 172 (1875).
[2]) Ann. **216**, 232 (1882).
[3]) B. **18**, 1142 (1885).
[4]) B. **22**, 1561 (1889).
[5]) M. **5**, 90 (1884).
[6]) H. A. Michael, B. **27**, 2686 (1894). — Ciamician, B. **28**, 1395 (1895).
[7]) Eventuell im Wenzelschen Apparate (S. 520). — Dieser Vorschlag stammt von H. A. Michaël, B. **27**, 2686 (1894).
[8]) Bull. (**3**), **11**, 562 (1894). — Z. anal. **34**, 466 (1895).

war. Nach beendeter Verseifung verdampft man den Alkohol. Die
gebildete Essigsäure wird aus der mit Phosphorsäure angesäuerten
Lösung mit Wasserdampf übergetrieben und das Destillat unter Benutzung von Phenolphthalein als Indikator mit Natronlauge titriert.

Da die aus dem Ätznatron stammende und die bei der Verseifung häufig mitgebildete Kohlensäure zum Teile mit den Wasserdämpfen übergeht, so wird dieselbe auch mit titriert. Den dadurch
entstehenden Fehler korrigiert Sisley in der Weise, daß er das neutralisierte Destillat zum Kochen erhitzt, mit einer geringen Menge
Normalsäure ansäuert, wiederum kocht und alsdann neutralisiert,
eventuell diese Operationen wiederholt, bis die neutralisierte Flüssigkeit beim weiteren Kochen nicht mehr röter wird. Nunmehr ist
auch alle Kohlensäure entfernt, ohne daß Verlust an Essigsäure stattgefunden hätte.

Zweckmäßiger wird man nach P. Dobriner[1]) nach vollzogener
Verseifung und Vertreibung des Alkohols der alkalischen Lösung die
nötige Menge Phosphorsäure zufügen und zunächst am Rückflußkühler so lange kochen, bis sicher alle Kohlensäure entfernt ist.
Alsdann kann die Bestimmung wie gewöhnlich vollzogen werden.

Bemerkenswert sind auch die Erfahrungen von Goldschmiedt
Jahoda und Hemmelmayr über diese Methode.[2])

Eine ausführliche Beschreibung einer Acetylbestimmung nach
diesem Verfahren gibt Zölffel[3]).

Methode von A. G. Perkin.[4])

Auf einer anderen Basis, als die im vorstehenden beschriebenen
Verfahren, beruht die Methode von A. G. Perkin.

0.5 g Substanz werden in 30 ccm Alkohol gelöst, 2 ccm Schwefelsäure zugefügt und unter zeitweisem Zusatze von Alkohol destilliert.

Der übergegangene Essigsäureester wird mit titrierter Lauge
verseift.

In einzelnen Fällen kann man statt Schwefelsäure Kaliumacetat verwenden (siehe S. 514).

2. Benzoylierungsmethoden.

A. Verfahren zur Benzoylierung.

Um den Rest der Benzoesäure usw. in hydroxylhaltige Körper
einzuführen, verwendet man nachfolgende Reagenzien:

Benzoylchlorid, Benzoylbromid,
Benzoesäure-Anhydrid, Natriumbenzoat,

---

[1]) Z. anal. **34**, 466, Anm. (1895). — Siehe hierzu Dekker, B. **39**, 2500
(1906). — Gorter, Ann. **359**, 220 (1908).
[2]) M. **13**, 53 (1892). — M. **14**, 214 (1893); **15**, 319 (1894).
[3]) Arch. **229**, 149 (1891).
[4]) Proc. **20**, 171 (1904). — Soc. **85**, 1462 (1904); **87**, 107 (1905). — Pyman, Soc. **91**, 1230 (1907).

p-Chlorbenzoylchlorid,
o-Brombenzoylchlorid, p-Brombenzoylchlorid, p-Brombenzoesäureanhydrid,
o-, m- und p-Nitrobenzoylchlorid, Dinitrobenzoylchlorid, ferner
noch
Anisylchlorid, Veratroylchlorid und Benzolsulfosäurechlorid.

Benzoylieren mittels Benzoylchlorid.

Zur „sauren Benzoylierung" mit Benzoylchlorid erhitzt man
mehrere Stunden am Rückflußkühler auf 180°.

Im Einschmelzrohre empfiehlt es sich nur dann zu arbeiten,
wenn man sicher sein kann, daß die entstehende Salzsäure zu keinerlei
sekundären Reaktionen Veranlassung geben kann, oder wenn sie, bei
stickstoffhaltigen Verbindungen, unter Chlorhydratbildung unwirksam
gemacht wird.[1] In solchen Fällen werden die berechneten Mengen
der Ingredienzien etwa 4 Stunden lang auf 100—110° erhitzt.

Leichter benzoylierbare Körper werden auf dem Wasserbade erhitzt, oder sogar, etwa in ätherischer Lösung, mit durch Äther verdünntem Benzoylchlorid stehen gelassen.[2]

Über reduzierende Benzoylierung siehe S. 435.

Beim Dicyanmethyl und Dicyanäthyl wird übrigens nach Burns[3]
durch Erhitzen der Substanz mit Benzoylchlorid der direkt am
Kohlenstoff befindliche Wasserstoff durch Benzoyl substituiert.

Während diese Art des Benzoylierens nur relativ selten angewendet
wird, ist die Methode des Acetylierens in wässerig-alkalischer
Lösung eine sehr häufig und fast immer mit Erfolg geübte Reaktion.
Diese von Lossen aufgefundene,[4] von Schotten und Baumann[5]
verallgemeinerte Methode ist unter dem Namen der Schotten-
Baumannschen bekannt. Die Substanz wird im allgemeinen mit
überschüssiger 10proz. Natronlauge und Benzoylchlorid geschüttelt,
bis der Geruch nach Benzoylchlorid verschwunden ist (Baumann).
Soll die Benzoylierung möglichst vollständig sein, so muß man indessen nach Panormow[6] etwas stärkere Lauge verwenden. Man
schüttelt z. B. die Substanz mit 50 Teilen 20proz. Natronlauge und
6 Teilen Benzoylchlorid in geschlossenem Kolben, bis der heftige
Geruch des Säurechlorids verschwunden ist. Die Temperatur soll
nicht über 25° steigen (v. Pechmann[7]).

---

[1] Dankworth, Arch. **228**, 581 (1890).
[2] Knorr, Ann. **301**, 7 (1898).
[3] J. pr. (2), **44**, 568 (1891).
[4] Ann. **161**, 348 (1872); **175**, 274, 319 (1875); **205**, 282 (1880); **217**, 16
(1883); **265**, 148, Anm. (1891).
[5] Schotten, B. **17**, 2445 (1884). — Baumann, B. **19**, 3218 (1886).
[6] B. **24**, R. 971 (1891). — Baisch, Z. physiol. **18**, 200 (1894). — Schunck
und Marchlewski, Soc. **65**, 187 (1894).
[7] B. **25**, 1045 (1892).

Skraup[1]) empfiehlt, bei der Reaktion die Mengenverhältnisse
so zu wählen, daß auf ein Hydroxyl immer sieben Moleküle Natronlauge und fünf Moleküle Benzoylchlorid in Anwendung kommen.
Das Ätznatron wird in der 8—10fachen Menge Wasser gelöst. Man
schüttelt unter mäßiger Kühlung 10—15 Minuten.

Beim Pyrogallol war es nötig, die Schüttelflasche mit
Leuchtgas zu füllen. Bei derartigen, gegen Alkali empfindlichen
Körpern kann man auch in Sodalösung[2]) oder nach Bamberger[3])
unter Verwendung von Alkalibicarbonat[4]) oder Natriumacetat arbeiten; oft genügt es übrigens, die Lauge stark zu verdünnen.[5])

Die ausgeschiedenen Benzoylprodukte bilden gewöhnlich weiße,
halbfeste Massen, die bei längerem Stehen mit Wasser hart und
krystallinisch werden, aber häufig hartnäckig Benzoylchlorid oder
Benzoesäure resp. Benzoesäureanhydrid zurückhalten.

Zur Reinigung des Traubenzuckerderivates löst Skraup[6]) das
Reaktionsprodukt in Äther, destilliert letzteren ab und nimmt den
Rückstand mit Alkohol auf, wodurch die anhaftenden Reste von
Benzoylchlorid zerstört werden, welche selbst andauerndes Schütteln
der ätherischen Lösung mit konzentrierter Lauge nicht hatte entfernen können. Die alkoholische Lösung wird mit etwas überschüssiger Soda vermischt, mit Wasser ausgefällt, Alkohol und Äthylbenzoat mit Wasserdampf verjagt und der Rückstand durch oft-
maliges Umkrystallisieren aus Alkohol, dann Eisessig, gereinigt. In
Äther ist die reine Substanz nicht löslich, während das Rohprodukt
sich in der Regel schon in wenig Äther vollständig löst.

Anhaftende Benzoesäure kann man eventuell im Vakuum ab-
sublimieren, oder mit Wasserdampf abtreiben, oder wenn angängig,
durch Auskochen mit Schwefelkohlenstoff,[7]) Ligroin[8]) oder kaltem
Benzol[9]) entfernen. Ist das Benzoylprodukt in Äther löslich, so
führt gewöhnlich schon wiederholtes Ausschütteln mit Lauge zum
Ziel, kann aber partielle Verseifung bewirken. Auch Waschen des
Rohproduktes mit verdünntem Ammoniak kann empfehlenswert sein.

Als bestes Krystallisationsmittel hat Kueny[10]) Essigsäureanhydrid empfohlen. So wird z. B. Pentabenzoyltraubenzucker mit
überschüssigem Anhydrid im Einschlußrohr 6 Stunden lang auf 112°
erwärmt. Beim Erkalten krystallisiert die Substanz alsdann in

---

[1]) M. 10, 390 (1891).
[2]) Lossen, Ann. 265, 148 (1891). — Simon, Arch. 244, 460 (1906).
[3]) M. u. J. 2, 546. — E. Fischer, B. 32, 2454 (1899). — Siehe auch S. 760.
[4]) Siehe auch B. 38, 1659 (1905); 39, 539 (1906). — Wieland u. Bauer,
B. 40, 1687 (1907) (Dioxyguanidin).
[5]) Cebrian, B. 31, 1598 (1898).
[6]) M. 10, 395 (1889).
[7]) Barth und Schreder, M. 3, 800 (1882).
[8]) E. Fischer, B. 34, 2900 (1901). — Baum, 37, 2950 (1904).
[9]) Ehrlich, B. 37, 1828 (1904).
[10]) Z. physiol. 14, 337 (1890).

schönen Nadeln aus. — Diese Methode schließt indes immer die
Gefahr einer Verdrängung von Benzoyl- durch Acetylgruppen in sich.
Das Dioxymethylenkreatinin kann nur auf folgende Weise in
ein reines und einheitliches Dibenzoylderivat übergeführt werden.[1])
Die mit einem kleinen Überschusse von Lauge und Benzoylchlorid versetzte Lösung wird nur so lange geschüttelt, bis die erste
krystallinische Ausscheidung bei noch vorhandener, ev. wiederher-
gestellter alkalischer Reaktion erfolgt. Der Überschuß des Benzoylchlorids und etwa vorhandenes Benzoesäureanhydrid wird nun mittels
Äther entfernt, filtriert und der Filterrückstand nach dem Waschen
mit Wasser aus Alkohol umkrystallisiert. — Aus dem Filtrate können
in analoger Weise weitere Mengen des Benzoylproduktes gewonnen
werden.

Da Benzoylchlorid sich in der Kälte mit Alkohol nur langsam
umsetzt, kann man auch in alkoholischer Lösung arbeiten, und benutzt dann an Stelle der wässerigen Lauge Natriumalkoholat. Im
allgemeinen wird man hier unter Eiskühlung zu arbeiten haben[2])[3])
(Methode von Claisen[4]).

Feist[5]) konnte nur auf diese Art Benzoylierung des Diacetylacetons erreichen. — Ein Gemenge von einem Molekül Diacetylaceton,
zwei Molekülen Benzoylchlorid und zwei Molekülen bei 200° getrockneten Natriummäthylats[6]) wurde 6 Stunden am Rückflußkühler erhitzt, nach dem Erkalten die Lösung vom gebildeten Kochsalze abgesaugt und von Benzol befreit. Zur Reinigung wurde die ätherische
Lösung mit verdünnter Sodalösung geschüttelt.

Ähnlich konnte Dimroth den Phenylbenzoyloxytriazolcarbon-
säureester nur durch mehrtägiges Erhitzen des trockenen Natriumsalzes mit absolutem Äther und Benzoylchlorid auf 100° erhalten.[7])

Sehr bewährt hat sich nach Brühl[8]) auch das Aceton als
Lösungsmittel. So wurden 5.25 g ($^1/_{40}$ Molekül) Camphocarbonsäureester in 50 ccm Aceton gelöst, und unter Eiskühlung und Turbinieren
gleichzeitig 17.5 g ($^5/_{40}$ Molekül) Benzoylchlorid und 100 ccm dreifach
normaler Natronlauge ($^{12}/_{40}$ Molekül) langsam eintropfen lassen. Allmählich werden auch noch weitere Mengen Aceton zugefügt, so daß
alles in Lösung bleibt. Sobald der Geruch nach Benzoylchlorid verschwunden war, wurde in Wasser gegossen und ausgeäthert.

Auch Xylol[9]) und Benzoesäureester[10]) werden als Verdünnungsmittel empfohlen.

---

[1]) Jaffé, B. **35**, 2899 (1902).
[2]) Claisen, Ann. **291**, 53 (1896).
[3]) Wislicenus und Densch, B. **35**, 763 (1902).
[4]) B. **27**, 3183 (1894).
[5]) B. **28**, 1824 (1895).
[6]) Von E. Merck, Darmstadt, zu beziehen.
[7]) Ann. **335**, 77 (1904).
[8]) B. **36**, 4273 (1903).
[9]) Bischoff, B. **24**, 1046 (1891). — Brühl, B. **24**, 3378 (1891).
[10]) Brühl, B. **25**, 1873 (1892).

Besser als auf die trockenen Alkaliverbindungen Benzoylchlorid einwirken zu lassen — was Claisen[1]) gelegentlich versucht hat, ist das obenerwähnte Verfahren, Natriumalkoholat in alkoholischer Lösung zu benutzen oder die Benzoylierung in ätherischer oder Benzollösung bei Gegenwart von trockenem Alkalicarbonat vorzunehmen (Claisen) oder endlich nach Brühl[2]), die in Petroläther gelöste Substanz mit in demselben Medium suspendierten Natriumstaub und gleichermaßen verdünntem Benzoylchlorid zu kochen.

Nach Viktor Meyer[3]) und Goldschmiedt[4]) enthält das Benzoylchlorid des Handels oft Chlorbenzoylchlorid. Da die gechlorten Benzoylverbindungen schwerer löslich sind als die entsprechenden Derivate der Benzoesäure, so lassen sich die erhaltenen Benzoylderivate durch Umkrystallisieren nicht gut von Chlor befreien.

Übrigens scheint auch reines Benzoylchlorid gelegentlich zur Bildung chlorhaltiger Produkte Veranlassung zu geben.[5])

War das Benzoylchlorid aus Benzotrichlorid und Bleioxyd oder Zinkoxyd dargestellt, so kann aus etwa beigemischtem Benzalchlorid durch die Behandlung mit den Metalloxyden Benzaldehyd entstehen, der zu Störungen Anlaß geben kann.[6])

Lactone geben alkalilösliche benzoylierte Säuren. Man säuert an und destilliert aus dem ausgefallenen Gemische des Produktes mit Benzoesäure letztere mit Wasserdampf ab.[7])

Die Schotten-Baumannsche Methode ist auch analog für Acetylierung verwendbar, hat hier indessen wegen der leichteren Zersetzlichkeit des Acetylchlorids weniger Bedeutung.

Benzoylieren in Pyridinlösung.[8])

Tertiäre Basen, wie Pyridin, Picolin, Chinolin oder Dimethylanilin, wirken als Überträger der Benzoylgruppe, indem dieselben erst Benzoylchlorid addieren und dann das Benzoylradikal unter Übergang in ein Chlorhydrat wieder abspalten.

---

[1]) Claisen, Ann. **291**, 53 (1896).
[2]) B. **36**, 4273 (1903).
[3]) B. **24**, 4251 (1891).
[4]) M. **13**, 55, Anm. (1892).
[5]) Scholtz, B. **29**, 2057 (1896).
[6]) Hoffmann und V. Meyer, B. **25**, 209 (1892).
[7]) Bistrzycki und Flatau, B. **30**, 127 (1897).
[8]) Dennstedt und Zimmermann, B. **19**, 75 (1886). — Minunni, G. **22**, II, 213 (1892). — Deninger, J. pr. (2), **50**, 479 (1894). — Claisen, Ann. **291**, 106 (1896); **297**, 64 (1897). — Wislicenus, Ann. **291**, 195 (1896). — Léger, C. r. **125**, 187 (1897). — Erdmann und Huth, J. pr. (2), **56**, 4, 36 (1897). — Claisen, B. **31**, 1023 (1898). — Einhorn und Hollandt, Ann. **301**, 95 (1898). — Erdmann, B. **31**, 356 (1898). — Wedekind, B. **34**, 2070 (1901). — Bouveault, Bull. (3), **25**, 439 (1901). — Tschitschibabin, Bull. (3), **30**, 70, 500 (1903). — Diekmann, B. **37**, 3370, 3384 (1904). — Auwers, B. **37**, 3899 (1904). — Freundler, Bull. (3), **31**, 616 (1904).

$$\bigcirc\!\!\!\!\bigwedge_{\substack{N \\ C_6H_5CO \quad Cl}} + R - OH = \bigcirc\!\!\!\!\bigwedge_{\substack{N \\ H \quad Cl}} + ROOCC_6H_5$$

Es ist notwendig,[1]) zu den Versuchen reine Basen (Pyridin aus dem Zinksalze, von Erkner oder Pyridin „Kahlbaum") zu verwenden. Die Ausführung der Benzoylierung erfolgt wie S. 501 beschrieben.

Als Nebenprodukt entsteht immer das bis 42^0 schmelzende Benzoesäureanhydrid.

Man braucht auch nicht überschüssiges Pyridin zu nehmen und kann die Reaktion fast immer in der Kälte zu Ende führen.

Chinolin[2]) wirkt ebenso, nur weniger energisch, bietet dafür aber die Möglichkeit, falls es notwendig ist, höher zu erhitzen; das gleiche gilt vom Dimethylanilin[3]) oder Diäthylanilin[4]).

Bei mehrwertigen Phenolen und Alkoholen ist nach diesem Verfahren meist keine erschöpfende Acetylierung zu erzielen.

Über Bildung gemischter Säureanhydride nach diesem Verfahren siehe S. 499.

Benzoylbromid.

Nach Brühl[5]) ist Benzoylbromid dem Benzoylchlorid an Reaktionsfähigkeit beträchtlich überlegen. Er benzoylierte mit diesem Reagens den Camphocarbonsäureester nach der Schotten-Baumannschen Methode bei — 5^0.

Benzoylieren mit Benzoesäureanhydrid.

Mit Benzoesäureanhydrid erhitzt man die hydroxylhaltige Substanz im offenen Kölbchen 1—2 Stunden lang auf 150^0 (Liebermann[6]).

Seltener wird es notwendig sein, im Einschlußrohre stundenlang auf 190—200^0 zu erhitzen.[7])

Mit Benzoesäureanhydrid und Wasser gelingt die Überführung des Ecgonins in Cocain besonders gut.[8])

Ein Molekül Ecgonin wird in der halben Menge heißen Wassers gelöst und bei Wasserbadhitze mit etwas mehr als einem Molekül Benzoesäureanhydrid, das man allmählich zusetzt, eine Stunde lang

---

[1]) Lockemann und Liesche, Ann. **342**, 40 (1905).
[2]) Scholl und Berblinger, B. **40**, 395 (1907).
[3]) Nölting und Wortmann, B. **39**, 638 (1906).
[4]) Ullmann und Nádai, B. **41**, 1870 (1908).
[5]) B. **36**, 4274 (1903).
[6]) Ann. **169**, 237 (1873). — Windaus und Hauth, B. **39**, 4378 (1906).
[7]) Romburgh, R. **1**, 50 (1882). — Likiernik, Z. phys. **15**, 418 (1894).
[8]) Liebermann und Giesel, B. **21**, 3196 (1888). — D. R. P. 47602 (1889).

digeriert. Nach dem Abkühlen werden überschüssiges Anhydrid und
Benzoesäure durch Ausschütteln mit Äther entfernt. Der ausgeätherte
Rückstand wird durch Waschen mit Wasser gereinigt.

In ähnlicher Weise benzoyliert Knick[1]) das p-Nitrophenyl-,
α-, γ-Lutidylalkin. Die stark verdünnte salzsaure Lösung der
Substanz wird mehrere Stunden mit Benzoesäureanhydrid auf dem
Wasserbade erwärmt, aus der wässerigen Lösung durch Schütteln
mit Äther die Benzoesäure entfernt und der Ester mit Natronlauge
gefällt.

Nach Goldschmiedt und Hemmelmayr[2]) ist vollständige
Benzoylierung manchmal noch besser als nach Schotten-Baumann
bei Anwendung von Benzoesäureanhydrid und Natriumbenzoat zu erzielen.

2 g Scoparin, 10 g Benzoesäureanhydrid und 1 g trockenes benzoesaures Natrium wurden sechs Stunden im Ölbade auf 190° erhitzt,
hierauf die Masse mit 2proz. Natronlauge übergossen und über Nacht
in der Kälte stehen gelassen. Das ausgeschiedene Hexabenzoyl-
derivat wurde aus Alkohol gereinigt.

Reychler empfiehlt, als katalysierendes Agens statt der sonst
verwendeten Schwefelsäure oder von Chlorzink Sulfosäuren, speziell
Camphersulfosäure zu verwenden.[3])

Auch mit Benzoesäureanhydrid allein sind Erfolge erzielt
worden, welche nach den anderen Verfahren nicht erreicht werden
konnten (Gorter[4]), Emmerling[5]).

Gascard[6]) benutzt die Benzoylierung mit Benzoesäureanhydrid
zur Bestimmung des Molekulargewichtes von Alkoholen und
Phenolen.

Das in Äther gelöste Gemisch von Ester, Anhydrid und Säure
gibt nämlich seine Säure an wässerige Kalilauge ab, ohne daß der
Ester und das Anhydrid merklich zersetzt werden. Die Benzoesäureester der tertiären Alkohole liefern jedoch zu niedrige Werte, da sie
bei der Titration mehr oder weniger verseift werden. In einen langhalsigen Kolben bringt man eine bestimmte Menge des zuvor getrockneten Alkohols oder Phenols und einen Überschuß von Benzoesäureanhydrid (das 2—3fache der Theorie), schmilzt den Kolben zu
und erhitzt ihn im Wasser- oder Ölbade bis zu 24 Stunden lang.
Der Kolben soll im Wasser- bzw. Ölbade völlig untertauchen. In den
meisten Fällen wird eine siedende, in der Kälte gesättigte Chlorcalciumlösung als Bad genügen. Nach beendigtem Erhitzen öffnet
man den Kolben, läßt 10—20 ccm Äther einfließen, setzt nach ein-
getretener Lösung 5 ccm Wasser und 2 Tropfen Phenolphthaleinlösung

[1]) B. **35**, 2791 (1902).
[2]) M. **15**, 327 (1894).
[3]) Bull. Soc. Chim. Belge **21**, 428 (1907).
[4]) Arch. **235**, 313 (1897).
[5]) B. **41**, 1375 (1908).
[6]) Journ. Pharm. Chim. (6), **24**, 97 (1906).

hinzu und titriert mittels normaler Kalilauge. Das Molekulargewicht M ergibt sich aus der Formel:

$$\frac{p \cdot 1000}{N - n},$$

wo p das Gewicht des Alkohols oder Phenols, N die Anzahl verbrauchter Kubikzentimeter normaler Kalilauge und n die von einem blinden Versuche mit der gleichen Menge Anhydrid, Äther und Phenolphthalein verbrauchte Anzahl Kubikzentimeter Kalilauge bedeutet.

Handelt es sich um einen Polyalkohol, so ist das Resultat mit der Anzahl der vorhandenen Alkoholgruppen zu multiplizieren.

In den Fällen, wo der Benzoesäureester in Äther schwerlöslich oder unlöslich ist, muß Benzol oder Chloroform als Lösungsmittel verwendet werden.

Benzoylieren mittels substituierter Benzoesäurederivate und Acylierung durch Benzol-(Toluol-)sulfosäurechlorid.

F. Loring Jackson und G. W. Rolfe[1]) benzoylieren mittels p-Brombenzoylchlorid oder p-Brombenzoesäureanhydrid und bestimmen aus dem Bromgehalte in den so gewonnenen Derivaten die Zahl der ursprünglich vorhandenen Hydroxylgruppen.

Ebenso eignen sich o-Brombenzoylchlorid (Schotten)[2]) und p-Chlorbenzoylchlorid,[3]) o-Nitrobenzoylchlorid,[4]) m-Nitrobenzoylchlorid (Claisen und Thompson[5]), W. Wislicenus[6]), Schotten)[7]) und p-Nitrobenzoylchlorid (W. Wislicenus[8]) zur Bestimmung von Hydroxylgruppen.

Speziell die mittels m-Nitrobenzoylchlorid erhältlichen Derivate zeichnen sich durch Schwerlöslichkeit und eminentes Krystallisationsvermögen aus (V. Meyer und Altschul[9]).

Das schwer lösliche p-Nitrobenzoylchlorid wird meist in Äther oder Benzol gelöst verwendet.

Zur Spaltung der p-Nitrobenzoylderivate (namentlich auch mit Basen) hat sich Kochen mit (etwa 15 proz.) Bromwasserstoffsäure bewährt.[10])

---

[1]) Am. **9**, 82 (1887).
[2]) B. **21**, 2250 (1888).
[3]) B. **37**, 4151 (1904).
[4]) D. R. P. 170587 (1906).
[5]) B. **12**, 1943 (1879). — Frankland und Harger, Soc. **85**, 1571 (1904).
[6]) Ann. **312**, 48 (1900). — Siehe auch D. R. P. 170587 (1906). — Wohl, B. **40**, 4694 (1907).
[7]) B. **21**, 2244 (1888). — Soc. **67**, 591 (1895).
[8]) Ann. **316**, 37, 333 (1901). — Buchner und Meisenheimer, B. **38**, 624 (1905). — Emmerling, B. **41**, 1376 (1908).
[9]) B. **26**, 2756 (1893).
[10]) Jacobs, Diss., Berlin 1907, S. 18.

Zur Identifizierung von aliphatischen Alkoholen empfiehlt Mulliken[1]) die Darstellung der 3.5-Dinitrobenzoylderivate.

Auch die Verwendung von Benzolsulfosäurechlorid[2])[3]), welche von Hinsberg angegeben ist, sei hier angeführt.

Dasselbe wird, analog der Baumannschen Methode, zur Einwirkung gebracht, oder man setzt der Mischung von Phenol und Benzolsulfochlorid Zinkstaub oder Chlorzink zu und erwärmt.[4])

Alkoholische Lösungen sind möglichst zu vermeiden, da der Alkohol bei Gegenwart von Alkali das Benzolsulfochlorid zu heftig angreift, das dann vor Vollendung der gewünschten Reaktion verbraucht wird. Zur Reinigung werden die Niederschläge mit etwas Alkali angerührt, um sie von einem Reste von Benzolsulfochlorid zu befreien, und aus Alkohol umkristallisiert.

Diese Ester pflegen in heißem Alkohol, Benzol, Chloroform und Schwefelkohlenstoff leicht, in Äther schwer löslich zu sein.[5]) Sie besitzen oftmals ein besonderes Krystallisationsvermögen.[6])

Ebenso verwertbar ist Toluolsulfochlorid. Man arbeitet nach der Baumannschen Methode unter Benutzung von Soda[7]) oder nach der Einhornschen Methode mit Diäthylanilin.[8]) — Pikrinsäure liefert hierbei Pikrylchlorid.

Darstellung der substituierten Benzoesäurederivate und des Benzolsulfosäurechlorids.

Parabrombenzoylchlorid. Parabrombenzoesäure wird mit der äquivalenten Menge Phosphorpentachlorid zusammengerieben, das Gemisch erwärmt und nach Austreibung des größten Teiles des dabei entwickelten Chlorwasserstoffs im Vakuum fraktioniert. Smp. 42°, Siedep. 174° bei 102 mm. Leicht löslich in Benzol und Ligroin.

Parabrombenzoesäureanhydrid entsteht bei einstündigem Erhitzen von 3 Teilen p-brombenzoesaurem Natrium mit 2 Teilen p-Brombenzoylchlorid auf 200°. — Smp. 212°. Fast unlöslich in Äther, Schwefelkohlenstoff und Eisessig, wenig löslich in Benzol, etwas leichter in Chloroform, woraus es gereinigt wird.

Orthobrombenzoylchlorid[9])[10]), analog seinem Isomeren dar-

---

[1]) A method for the identification of pure organic compounds **1**, 168 (1904). — J. pr. (2), **69**, 449 (1904).

[2]) B. **23**, 2962 (1890).

[3]) Schotten und Schlömann, B. **24**, 3689 (1891). — Georgescu, B. **24**, 416 (1891). — D. R. P. 117587 (1901). — Grandmougin und Bodmer, B. **41**, 610 (1908).

[4]) Schiaparelli, Gazz. **11**, 65 (1881). — Krafft und Roos, **26**, 2823 (1893). — Heffter, B. **28**, 2261 (1895).

[5]) Georgescu, B. **24**, 416 (1891).

[6]) Manasse, B. **30**, 669 (1897).

[7]) Ullmann und Loewenthal, Ann. **332**, 62 (1904).

[8]) Ullmann und Nádai, B. **41**, 1872 (1908).

[9]) B. **21**, 2244 (1888). — Soc. **67**, 591 (1895).

[10]) B. **24**, 416 (1891).

gestellt, läßt sich bei Atmosphärendruck unzersetzt destillieren. Flüssig, Siedep. 241—243°.

Metanitrobenzoylchlorid erhält man nach Claisen und Thompson[1]) durch Mischen von Nitrobenzoesäure mit der allmählich zuzusetzenden äquivalenten Menge Phosphorpentachlorid, Abdestillieren des gebildeten Phosphoroxychlorids und Fraktionieren des Rückstandes im Vakuum. Siedep. 183—184° bei 50—55 mm; Smp. 34°.

Zur Darstellung von Benzolsulfosäurechlorid[2]) werden äquivalente Mengen benzolsulfonsauren Natriums und Phosphorpentachlorid zusammen erwärmt und nach Beendigung der Reaktion in Wasser gegossen. Das sich abscheidende Öl wäscht man mit Wasser und entfärbt es in ätherischer Lösung mit Tierkohle. Siedep. 120° bei 10 mm; Smp. 14°.

Nach dem Verfahren von Hans Meyer[3]) — Darstellung der Säurechloride mittels Thionylchlorid — sind alle diese Derivate viel leichter zugänglich geworden. Man ist damit in die Lage gesetzt, sich rasch und bequem die verschiedensten Säurechloride rein darzustellen. So kann es gelegentlich von Wert sein, Versuche statt mit halogensubstituierten Benzoylchloriden, mit Anisoylchlorid[4]) oder Veratroylchlorid zu unternehmen, wodurch die Bestimmung der Hydroxylgruppen vermittels der Methoxylzahl ermöglicht wird.

Zur Bereitung des betreffenden Säurechlorids verfährt man folgendermaßen:

Die feingepulverte Säure wird in Mengen von 1—5 g in ein oben verengtes Einschmelzrohr (Fig. 194) gebracht und mit der 3- bis 5fachen Menge Thionylchlorid (Siedep. 78° C) übergossen. Durch gelindes Anwärmen unterstützt man die Reaktion, die unter stromweisem Entweichen von Salzsäure und Schwefeldioxyd beginnt, und mit der in wenigen Minuten bis höchstens einer Stunde[5]) erfolgten vollständigen Auflösung der Substanz in dem an den senkrecht gestellten Rohrwänden stets wieder kondensierten Thionylchlorid beendet ist. Durch Verstärken der Hitze wird nun vorsichtig der größte Teil des überschüssigen Thionylchlorids verjagt, das Rohr oberhalb der Verengung abgesprengt und mit der Pumpe verbunden. Der Rest des Thionylchlorids wird, indem man das Rohr im Wasserbade erwärmt, leicht durch Absaugen vollständig entfernt, und in der Röhre bleibt das reine Chlorid zurück, auf welches man direkt die zu untersuchende hydroxylhaltige Substanz — eventuell durch ein passendes in-

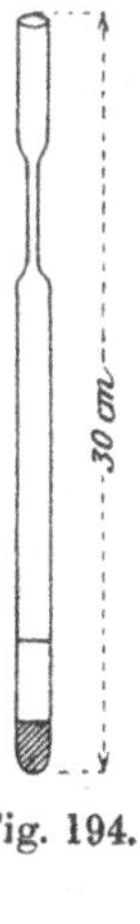

Fig. 194.

---

[1]) Claisen und Thompson, B. **12**, 1943 (1879).
[2]) Otto, Z. f. Ch. **1866**, 106.
[3]) M. **22**, 109, 415, 777 (1901).
[4]) Hierfür Beispiele: B. **29**, 1156 (1896). — Braun und Steindorff, B. **38**, 3098 (1905). — Rud. Schulze, Diss., Kiel 1906, S. 110. — Auwers und Eckardt, Ann. **359**, 367 (1908). — Scheiber und Brandt, J. pr. (2) **78**, 93 (1908).
[5]) In seltenen Fällen länger (bis 25 Stunden), Bischoff, B. **40**, 2781 (1907).

differentes Lösungsmittel (Chloroform, Äther, Benzol) verdünnt —, wenn nötig unter Kühlung oder nach Zusatz von Lauge, aufgießen kann.

Man kann auch[1]) das überschüssige Thionylchlorid mittels Ameisensäure, welche nach der Gleichung

$$HCOOH + SOCl_2 = 2\,HCl + SO_2 + CO$$

unter Bildung ausschließlich gasförmiger Reaktionsprodukte einwirkt, entfernen.

B. Analyse der Benzoylderivate.[2])

In manchen Benzoylprodukten kann man schon durch Elementaranalyse die genaue Zusammensetzung ermitteln; in substituierten Derivaten bestimmt man Halogen, resp. Stickstoff, Schwefel oder Methoxyl.

Zur direkten Bestimmung der Benzoesäure hat G. Pum[3]) ein Verfahren ausgearbeitet.

Die Substanz, etwa 0.5 g, wird durch zweistündiges Erhitzen im geschlossenen Rohre mit der zehnfachen Menge konzentrierter, mit Benzoesäure in der Kälte gesättigter Salzsäure verseift. Die Digestion wird im kochenden Wasserbade vorgenommen.

Nach 1—2 stündigem Stehen wird der Rohrinhalt vor der Pumpe filtriert, zunächst mit der benzoesäurehaltigen Salzsäure, dann mit einer gesättigten wässerigen Benzoesäurelösung vollständig gewaschen.

Der Filterrückstand wird in überschüssiger $^n/_{10}$-Natronlauge gelöst, dann die Benzoesäure durch Übersättigen mit Säure und Zurücktitrieren mit Lauge bestimmt. Als Indikator wird Phenolphthalein verwendet. Die Normallösungen werden auf reine Benzoesäure gestellt.

Beim Mischen der beiden Waschflüssigkeiten fällt etwas Benzoesäure aus, und daher wird immer ca. 1 Proz. zu viel gefunden. Man kann diesen konstanten Fehler entweder in Rechnung ziehen, oder dadurch eliminieren, daß man in einem blinden Versuche, unter Benutzung einer gleichen Menge der Waschflüssigkeiten, wie beim Hauptversuche, die Menge der ausgefällten Benzoesäure bestimmt.

Allgemeiner anwendbar ist das Verfahren, in der verseiften Substanz, analog der Destillationsmethode bei Acetylbestimmungen, die mit Wasserdampf übergetriebene Benzoesäure zu titrieren (R. und H. Meyer[4]).

Diese Methode setzt allerdings voraus, daß der zu untersuchende Körper sich durch alkoholische Kalilauge glatt verseifen läßt und

---

[1]) Hans Meyer und Turnau, M. 28, 160 (1907).
[2]) Über Verseifen empfindlicher Benzoylverbindungen siehe auch Wohl, B. 36, 4144 (1903).
[3]) M. 12, 438 (1891).
[4]) B. 28, 2965 (1895). — R. Meyer und Hartmann, B. 38, 3956 (1905).

dabei außer Benzoesäure keine sauren, mit Wasserdämpfen flüchtigen Bestandteile abspaltet.

Ca. 0.5 g Substanz werden mit 30—50 ccm Alkohol (am besten Methylalkohol) und überschüssigem Ätzkali unter Rückflußkühlung verseift, nach dem Erkalten mit konzentrierter Phosphorsäurelösung oder glasiger Phosphorsäure angesäuert und hierauf nach Fresenius mit Wasserdampf destilliert.

Im Anfang läßt man die Destillation langsam gehen und ev. noch durch einen Tropftrichter Alkohol zufließen, damit das Verseifungsprodukt sich allmählich und krystallinisch ausscheide und keine harzigen Produkte entstehen, welche Benzoesäure einhüllen und ihre Übertreibung erschweren können.

Sobald 1—1¹/₂ l Wasser übergangen sind, werden 150 ccm des nun folgenden Destillates gesondert aufgefangen und durch Titration auf Benzoesäure geprüft, und sobald dieselbe nicht mehr nachweisbar ist, die Destillation abgebrochen.

Die vereinigten Destillate werden mit einer gemessenen Menge Lauge alkalisch gemacht, und in einer Platin-, Silber- oder Nickelschale auf 100—150 ccm konzentriert, dann kochend zurücktitriert.

Als Indikator dient Aurin oder Rosolsäure. Erst wenn sich der Farbstoff nach 10 Minuten langem Kochen nicht mehr rot färbt, ist alle Kohlensäure vertrieben und die Titration beendet.

Die zum Titrieren benutzte $n/_{10}$-Lauge stellt man auf sublimierte, frisch geschmolzene Benzoesäure.

Das Eindampfen hat auf einer Spiritus- oder Benzinkochlampe zu erfolgen, damit keine schweflige oder Schwefelsäure in die Flüssigkeit gelange.

F. Scharf[1]) zieht es vor, das mit Natronlauge alkalisch gemachte Destillat einzuengen, die überschüssige Natronlauge durch Einleiten von Kohlendioxyd in Carbonat zu verwandeln und zur Trockne einzudampfen. Aus dem Rückstande erhält man durch Extraktion mit Alkohol das benzoesaure Natrium, das nach dem Abdestillieren des Alkohols bei 110° getrocknet und gewogen wird.

Durch Verseifung und direkte Titration hat Vongerichten[2]) das Benzoylmorphin untersucht.

Die Substanz wurde in Methylalkohol gelöst, mit wenig Wasser und 10 ccm Normallauge am Rückflußkühler 2—3 Stunden gekocht, bis eine Probe beim Verdünnen mit Wasser keine Trübung mehr zeigte. Titration mit n-Salzsäure unter Benutzung von Phenolphthalein als Indikator ergab das Vorliegen des Monobenzoylproduktes.

Auf dieselbe Art wurde das Dibenzoylpseudomorphin und Tribenzoylmethylpseudomorphin analysiert.

Wenn das entacylierte Produkt in Lauge unlöslich ist, kann es abfiltriert, getrocknet und gewogen werden. Das alkalische Filtrat

---

[1]) Diss., Leipzig 1903, S. 29.
[2]) Ann. 294, 215 (1896). — Lockemann und Liesche, Ann. 342, 42 (1905).

wird angesäuert, erschöpfend mit Äther extrahiert und die Benzoesäure im Rückstande gewogen.[1])

Spaltung von Benzoylprodukten durch Natriumäthylatlösung;
in der Kälte: Kueny, Z. physiol. **14**, 341 (1890) — beim Kochen am
Rückflußkühler: Kiliani und Sautermeister, B. **40**, 4296 (1907) —
mit Natriummethylatlösung: Baisch, Z. physiol. **19**, 342 (1895)
— mit Piperidin: Auwers und Eckardt, Ann. **359**, 257 (1908).
— Siehe auch S. 515.

3. Acylierung durch andere Säurereste.

Da öfters die höheren Homologen der Fettsäuren, proportional
dem steigenden Kohlenstoffgehalte, infolge höheren Siedepunktes leichter
in das hydroxylhaltende Molekül eintreten oder besser krystallisierende Derivate geben, werden gelegentlich

Propionsäureanhydrid, Propionylchlorid, Valeriansäurechlorid,[2])
Buttersäureanhydrid,[3]) Isobuttersäureanhydrid, Isovaleriansäure-
chlorid,[4]) sowie Stearinsäureanhydrid, Stearinsäurechlorid,
Palmitinsäurechlorid, Laurinsäurechlorid, Ölsäurechlorid,[4])
Brenzschleimsäurechlorid; andrerseits aber auch

Opiansäure und Phenylessigsäurechlorid, endlich Chlorkohlensäureester .

zu Acylierungen benutzt.

Um zu propionylieren, erhitzt man die Substanz mit überschüssigem Propionsäureanhydrid 2 Stunden lang in der Druckflasche auf 100⁰.

Man kann auch in offenen Gefäßen arbeiten,[5]) setzt dann aber
gewöhnlich zur Einleitung der Reaktion einen Tropfen konzentrierter
Schwefelsäure zu.[6])

Mit Propionylchlorid haben Fortner und Skraup[7]), indem
sie mit äquimolekularen Mengen arbeiteten, den Schleimsäurediäthyl-
ester durch 2stündiges Erhitzen unter Rückfluß auf dem Wasserbade
und 24stündiges Stehenlassen bei Zimmertemperatur in das Tetra-
propionylderivat verwandelt.

Die Propionylbestimmung wurde nach zwei Methoden durchgeführt.

1. Titration mit Kalilauge. Der Ester wurde mit der zehnfachen Menge absoluten Alkohols übergossen, auf dem Wasserbade unter
Rückflußkühlung erwärmt und allmählich etwas mehr als die be-

---

[1]) Scholl, Steinkopf und Kabacznik, B. **40**, 392 (1907). — Scholl
und Holdermann, **41**, 2320 (1908).

[2]) Erdmann, B. **31**, 357 (1898). — Brühl, B. **35**, 4037 (1902).

[3]) Stütz, Ann. **218**, 250 (1883). — Hemmelmayr, M. **23**, 162 (1902).
— Reychler, Bull. Soc. Chim. Belg. **21**, 428 (1907) setzt noch Camphersulfosäure als Katalysator zu.

[4]) D. R. P. 182627 (1906).

[5]) Windaus und Hauth, B. **39**, 4378 (1906).

[6]) Groenewold, Arch. **228**, 177 (1890).

[7]) M. **15**, 200 (1894).

rechnete Menge $^n/_{10}$ Kalilauge zufließen gelassen. Nach $1^1/_2$ stündigem Kochen wurde mit $^n/_{10}$ Salzsäure angesäuert und zurücktitriert.

2. Wägung des Kaliumpropionats. Der titrierte Kolbeninhalt wurde zur Trockne gebracht, viermal mit absolutem Alkohol extrahiert, der Extrakt eingedunstet, bei 130° getrocknet und gewogen. Derivate der Isobuttersäure können in ähnlicher Weise erhalten werden.

Zur Darstellung von Isobutyrylostruthin erhitzte beispielsweise Jassoy[1]) je 3 g Ostruthin mit 10 g Isobuttersäureanhydrid 2 Stunden im zugeschmolzenen Rohre auf 150°.

Man gießt das Reaktionsprodukt in Wasser, läßt die anfangs ölartige Masse erstarren, wäscht mit warmem Wasser bis zur neutralen Reaktion aus, preßt ab und trocknet zwischen Fließpapier. Dann reinigt man durch Umkrystallisieren aus Alkohol.

Stearinsäureanhydrid haben einmal Beckmann und Pleißner[2]), Stearinsäurechlorid und Laurinsäurechlorid haben auch Auwers und Bergs[3]), Palmitinsäurechlorid Erdmann[4]) und v. Sobbe[5]) zum Acylieren verwendet.

Mischt man aus 44 Teilen Stearinsäure dargestelltes Chlorid mit 35 Teilen Santalol, so tritt Erwärmung und starke Salzsäureentwicklung ein. Die Reaktion wird auf dem Wasserbade zu Ende geführt, das Reaktionsprodukt mehrere Male mit heißem, 85 proz. Alkohol umgeschieden, und das beim Erkalten ausfallende Öl auf dem Wasserbade getrocknet und filtriert.[6])

Der Opiansäure-ψ-ester ist das einzige krystallisierbare Säurederivat des Rhodinols.[7])

Eine allgemein anwendbare Methode, um Säurereste in hydroxylhaltige Substanzen einzuführen, haben Einhorn und Hollandt[8]) angegeben. Ihre Methode fußt auf der Beobachtung von Kempf[9]), daß durch Einwirkung von Phosgen auf Essigsäure Acetylchlorid entsteht. Diese Reaktion vollzieht sich unter Vermittelung von Pyridin schon in der Kälte und läßt sich verallgemeinern. Es entstehen dabei die Säurechloridadditionsprodukte des Pyridins, die in Gegenwart von Phenolen usw. Acylderivate liefern. Man löst den hydroxylhaltigen Körper in Pyridin auf, welches die berechnete Menge derjenigen Säure enthält, deren Alkylverbindung man darstellen will, und fügt zu der kalt gehaltenen Flüssigkeit die berechnete Menge gasförmigen oder in Toluol gelösten Phosgens. Beim Eintropfen in

---

[1]) Arch. **228**, 551 (1890).
[2]) Ann. **262**, 5 (1891).
[3]) Ann. **332**, 201, 203 (1904).
[4]) B. **31**, 356 (1898). — Bergs, Diss., Greifswald 1903, S. 24.
[5]) J. pr. (2), **77**, 510 (1908).
[6]) D. R. P. 182627 (1906).
[7]) E. Erdmann, B. **31**, 358 (1898).
[8]) Ann. **301**, 100 (1898). — Einhorn und Mettler, B. **35**, 3639 (1902).
[9]) J. pr. (2), **1**, 414 (1870).

Wasser scheidet sich das Acylierungsprodukt dann entweder direkt ab, oder es bleibt im Toluol gelöst.

Auf diese Art wurden Propionyl-, i-Butyryl- und i-Valeryl-β-Naphthol dargestellt. — Natürlich kann man auch die fertigen Säurechloride in Pyridinlösung reagieren lassen.[1])[2])

Auch mit Chlorkohlensäureester kann man nach diesem Verfahren oder nach Schotten-Baumann acylieren.[3])

Kohlensäureester kann man übrigens[1]) auch durch Erhitzen der in Benzol gelösten Substanz mit Chlorkohlensäureester in Gegenwart von Calciumcarbonat[4]) darstellen. In diesen Derivaten macht man dann eine Methoxylbestimmung.

Über Carbonate und Formylderivate der Phenole siehe die Literatur.[5])[6])

Mit Phenylessigsäurechlorid arbeitet man nach Art der Schotten-Baumannschen Reaktion, indem man die in verdünnter Kalilauge gelöste Substanz mit überschüssigem Phenylacetylchlorid schüttelt.

Die Darstellung erfolgt am besten mittels Thionylchlorid.[7])

Brenzschleimsäurechlorid hat Baum[8]) empfohlen, namentlich für die Acylierung mehrwertiger Phenole.

Baum bezeichnet die Einführung des Restes der Brenzschleimsäure als Furoylierung.

Darstellung des Brenzschleimsäurechlorids.

Man erwärmt ein Gewichtsteil Brenzschleimsäure mit der 5fachen Menge Thionylchlorid 1—2 Stunden auf dem Wasserbade am Rückflußkühler. Man destilliert die Hauptmenge des Thionylchlorids auf dem Wasserbade und sodann mit freier Flamme ab; das Thermometer steigt rasch von 73° an, und nachdem wenige Kubikzentimeter einer Zwischenfraktion übergegangen sind, die sich durch einmaliges Fraktionieren zerlegen läßt, destilliert bei 173° reines Brenzschleimsäurechlorid. Die Ausbeute ist nahezu quantitativ, ebenso wird vom Thionylchlorid wenig mehr als die berechnete Menge verbraucht.

Hervorzuheben wäre noch die stark aggressive Wirkung des Brenzschleimsäurechlorids. Es wirkt namentlich auf die Schleimhaut der Augen in weit heftigerer Weise als Benzoylchlorid, so daß man nur unter einem gut wirkenden Abzuge damit arbeiten kann.

Beispiel: Difuroylresorcin.

[1]) Syniewski, B. 28, 1875 (1895). — Weidel, M. 19, 229, (1898). — Rosauer, M. 19, 557 (1898). — Kaufler, 21, 994 (1900).

[2]) Erdmann, J. pr. (2), 56, 43 (1897).

[3]) Claisen, B. 27, 3182 (1894). — E. Fischer, B. 41, 2875 (1908).

[4]) Weniger gut ist Alkalicarbonat, das auf die gebildeten Ester verseifend wirken kann.

[5]) Erdmann, B. 31, 356 (1898).

[6]) Hinsberg, B. 23, 2962 (1890).

[7]) Hans Meyer, M. 22, 427 (1901).

[8]) Diss., Berlin 1903. — B. 37, 2949 (1904).

Um Verharzung durch Alkali zu vermeiden, wird die Furoylierung in Pyridinlösung vorgenommen. 1 Teil Resorcin wird in der 5fachen Menge Pyridin gelöst und die berechnete Menge Säurechlorid tropfenweise unter guter Kühlung zugegeben. Beim Eingießen der Pyridinlösung in Wasser scheidet sich der Körper als Öl aus, das bald krystallinisch erstarrt. Die Ausbeute an Rohprodukt ist quantitativ. Aus heißem Alkohol umkrystallisiert bildet es farblose, rechteckige, perlmutterglänzende Tafeln vom Schmelzpunkte 128—129°. Es ist unlöslich in Wasser, schwer löslich in kaltem Alkohol, leicht löslich in Äther. Durch 2stündiges Erhitzen mit Barytwasser wird es, allerdings unter schwacher Braunfärbung, in die Komponenten gespalten.

Die Spaltung der Furoylderivate gelingt überhaupt immer durch Kochen mit Barytwasser.[1])

In der Regel wird die Furoylierung (wo keine Schädigung des Hydroxylderivates durch Alkali zu befürchten ist) nach Schotten-Baumann bewirkt.

4. Darstellung von Urethanen mittels Harnstoffchlorid.

Mit Harnstoffchlorid reagieren nach Gattermann[2]) hydroxylhaltige Körper nach der Gleichung

$$NH_2COCl + ROH = HCl + NH_2COOR$$

unter Bildung der schön krystallisierenden Urethane.

Man läßt am besten molekulare Mengen der Komponenten in ätherischer Lösung aufeinander einwirken. Die Reaktion verläuft meist schon beim Stehen bei Zimmertemperatur quantitativ, nur bei mehrwertigen Phenolen ist schwaches Erwärmen nötig.

In dem Reaktionsprodukte wird der Stickstoff am Besten als Ammoniak bestimmt.

Ein größerer Überschuß an Säurechlorid ist zu vermeiden, weil er zur Bildung von Allophansäureestern

$$NH_2CONHCOOR$$

führen könnte.

Darstellung von Harnstoffchlorid.[3])

30 g Salmiak werden in einem 4 cm weiten, 60 cm langen Glasrohre im Luftbade auf etwa 400° erhitzt und ein kräftiger Strom durch Schwefelsäure getrockneten Phosgens darübergeleitet. Das Harnstoffchlorid destilliert dann als farblose Flüssigkeit von sehr stechendem Geruche über, die zuweilen zu zollangen, breiten Nadeln vom

---

[1]) Jaffé und Cohn, B. **20**, 2312 (1887).
[2]) Ann. **244**, 38 (1888). — Siehe auch Erdmann, B. **35**, 1860 (1902).
[3]) Gattermann und G. Schmidt, B. **20**, 858 (1887). — Gattermann, Ann. **244**, 30 (1888).

Schmelzpunkt 50° erstarrt. Das Chlorid verflüchtigt sich schon bei 61—62° und polymerisiert sich bei längerem Stehen unter Abspaltung von Salzsäure zu Cyamelid, aus welch letzterem Grunde es sich empfiehlt, dasselbe nach seiner Darstellung unmittelbar weiter zu verarbeiten. An feuchter Luft sowie mit Wasser setzt es sich zu Kohlensäure und Salmiak um. Direktes Sonnenlicht ist bei der Darstellung auszuschließen.

Nach Kauffmann[1]) braucht man das höchst lästige Phosgen nicht zu isolieren, man leitet vielmehr das rohe, nach Erdmann[2]) bereitete Gas durch mehrere mit konzentrierter Schwefelsäure beschickte Waschflaschen, welche das mitgebildete Sulfurylchlorid und Schwefelsäureanhydrid zurückhalten, dann direkt über den Salmiak.

Darstellung der Phosgenlösung nach Erdmann.

100 ccm Tetrachlorkohlenstoff werden in einem Rundkolben von 300 ccm Inhalt im kochenden Wasserbade zum lebhaften Sieden erhitzt und aus einem Tropftrichter mit zur Spitze ausgezogenem Hals 120 ccm 80prozentiges Oleum in der durch beistehende Zeichnung (Fig. 195) erläuterten Weise so zugegeben, daß jeder Tropfen des Anhydrids zuerst in dem senkrecht stehenden Kugelkühler mit den aufsteigenden Dämpfen des Tetrachlorids in innige Berührung gelangt und dann erst in das Siedegefäß herabfällt. Das in regelmäßigem Strome entwickelte Phosgen wird in ganz aus Glas geblasenen Waschflaschen mit wenig konzentrierter Schwefelsäure gewaschen, um die Dämpfe von Schwefelsäureanhydrid und Pyrosulfurylchlorid zurückzuhalten.

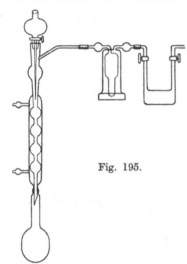

Fig. 195.

Auch substituierte Harnstoffchloride haben in vielen Fällen gute Dienste geleistet. So ist nach Erdmann und Huth[3]) das Diphenylharnstoffchlorid

$$\begin{array}{c} C_6H_5 \\ {}\diagdown \\ {}\diagup \\ C_6H_5 \end{array}\!\!NCOCl$$

---

[1]) Ann. **344**, 70 (1905).
[2]) B. **26**, 1993 (1893).
[3]) J. pr. (2), **53**, 45 (1896); (2), **56**, 7 (1897).

speziell für Rhodinol- (Geraniol-) Bestimmungen sehr geeignet. Ebenso bewährt sich dasselbe für die Charakterisierung des Furfuralkohols (Erdmann[1]). Man erhitzt 5 g Furfuralkohol mit 11.5 g Diphenylharnstoffchlorid und 6.5 g Pyridin eine Stunde lang im kochenden Wasserbade, trägt in heißes Wasser ein und läßt erkalten. Die ausgeschiedene Krystallmasse wird aus Alkohol und Ligroin gereinigt. — Das Nerol wird gleichfalls als Diphenylcarbaminsäureester charakterisiert.[2]

Darstellung des Diphenylharnstoffchlorids.

250 g Diphenylamin werden in 700 ccm Chloroform gelöst und 120 ccm wasserfreies Pyridin zugegeben. Diese Mischung kühlt man in einem Kolben auf 0° ab und leitet 147 g Phosgen ein. Nach 5—6stündigem Stehen destilliert man das Chloroform aus dem Wasserbade ab und krystallisiert den Rückstand aus 1500 ccm Weingeist um. Man erhält 300 g krystallisiertes Carbaminsäurechlorid, in der Mutterlauge bleibt hierbei salzsaures Pyridin. Nach nochmaligem Umkrystallisieren aus einem Liter Weingeist ist das Diphenylcarbaminsäurechlorid rein und zeigt den Schmelzpunkt 84°.

Nach Herzog[3]) ist das Diphenylharnstoffchlorid übrigens ganz allgemein ein ausgezeichnetes Reagens für Phenole und deren Derivate, mit Ausnahme der freien Phenolcarbonsäuren.[4])

Das betreffende Phenol wird mit der vierfachen Menge Pyridin und der molekularen Gewichtsmenge Diphenylharnstoffchlorid im Kölbchen mit Steigrohr eine Stunde lang in siedendem Wasser erhitzt, darauf die Lösung unter Umrühren in Wasser gegossen, wobei sich ein rötlicher, mehr oder weniger verschmierter Krystallbrei ausscheidet. Nach dem Abgießen des Wassers und oberflächlichem Trocknen der Krystallmasse wird diese aus Ligroin, bei hochmolekularen Substanzen aus Alkohol, umkrystallisiert.

Löst man Diphenylharnstoffchlorid ohne Phenolzusatz in Pyridin, so bildet sich, namentlich rasch bei Belichtung, ein Additionsprodukt, Diphenylharnstoffchloridpyridin, das sich unter lebhafter Rotfärbung der ganzen Masse in Krystallen ausscheidet, und das aus wasserfreiem Alkohol-Äther in anfangs farblosen, sich leicht wieder rötenden, bei 105—110° schmelzenden Nadeln erhalten werden kann. Dieses Zwischenprodukt gibt mit Phenolen die entsprechenden Urethane in besserer Ausbeute und reiner als Diphenylharnstoffchlorid selbst, doch wird seine Isolierung im allgemeinen nicht notwendig sein.

Zur Verseifung der Urethane erhitzt man in einer Druckflasche zwei Stunden lang im kochenden Wasserbade mit alkoholischer Kalilauge, treibt das entstandene Diphenylamin mit Wasserdampf über,

---

[1]) B. **35**, 1851 (1902). — Caryophyllin: Herzog, B. d. pharm. Ges·
1905, 121.
[2]) Hesse und Zeitschel, J. pr. (2), **66**, 502 (1902). — Soden und Treff, B. **39**, 906 (1906).
[3]) B. **40**, 1831 (1907).
[4]) Herzog und Hâncu, B. **41**, 637 (1908). — Arch. **246**, 411 (1908).

übersättigt mit Säure und erhält so das reine Phenol, das dann auch wieder durch Destillation mit Wasserdampf oder Ausschütteln isoliert wird.

Zur Identifizierung von Phenolen genügen Zehntelgramme der Substanz, da die Ausbeute eine vorzügliche zu sein pflegt.

Mit Säuren liefert Diphenylharnstoffchlorid diphenylierte Säureamide (Herzog und Hâncu, a. a. O.).

Die Analyse der Diphenylurethane gibt namentlich bei hochmolekularen Phenolen keinen sicheren Aufschluß über die Zusammensetzung der Körper, so zeigen z. B. Resorcin- und Phloroglucin-Diphenylurethan im Kohlenstoff-, Wasserstoff- und Stickstoffgehalte nur um Zehntelprozente differierende Werte.

Nach Herzog und Hâncu[1]) kann man aber auf die Tatsache, daß das Diphenylamin in Wasser vollkommen unlöslich ist, eine quantitative Spaltungsmethode dieser Substanzen aufbauen. Etwa ein Gramm des Urethans und 8 ccm Alkohol werden mit einem Überschusse von Kalilauge, wie weiter oben angegeben, verseift, darauf das Produkt in einen Destillationskolben gegossen und die Druckflasche zweimal mit je 2 ccm Alkohol nachgespült.

Die nun folgende Wasserdampfdestillation wird so langsam ausgeführt, daß die milchige, mit Diphenylamin beladene Flüssigkeit nur tropfenweise übergeht. Sobald das Destillat klar abläuft, wird zum Hinübertreiben der schon im Kühler erstarrten Substanz durch heiße Wasserdämpfe das Kühlwasser abgestellt.

Nach ein bis höchstens zwei Tagen hat sich das gewonnene Diphenylamin vollkommen klar abgesetzt und wird auf einem bei 30° getrockneten und gewogenen Filter gesammelt, wieder bei 30° getrocknet und gewogen.

Die erhaltene Menge Diphenylamin, durch den Faktor 9.94 dividiert, gibt das entsprechende Gewicht an Hydroxyl.

Man erhält in der Regel etwas zuviel, bis etwa 1 Proz. des Hydroxylwertes, manchmal aber auch um den entsprechenden Betrag zu wenig.

5. Bestimmung der Hydroxylgruppe durch Phenylisocyanat.[2])

Durch Einwirkung molekularer Mengen von Phenylisocyanat auf Hydroxylderivate entstehen Phenylcarbaminsäureester[3]) nach der Gleichung:

$$ROH + CO \cdot N \cdot C_6H_5 = ROCONHC_6H_5 \, .$$

[1]) B. **41**, 638 (1908).
[2]) Siehe auch S. 318.
[3]) Hofmann, Ann. **74**, 3 (1850). — B. **18**, 518 (1885). — Snape, B. **18**, 2428 (1885). — W. Wislicenus, Ann. **308**, 233 (1890). — Knorr, Ann. **308**, 141 (1898). — Dieckmann, Hoppe und Stein, B. **37**, 4627 (1904). — Sack und Tollens, B. **37**, 4108 (1904). — Heinr. Goldschmidt, B. **38**, 1096 (1905). — Michael, B. **38**, 23 (1905). — Dieckmann und Breest, B. **39**, 3052 (1906).

Oft findet die Reaktion schon bei gewöhnlicher Temperatur statt, in der Regel aber erhitzt man die berechneten Mengen der Komponenten im Kölbchen auf vorgewärmtem Sandbade rasch zum Sieden. Die eingetretene Reaktion wird unter Schütteln und geringem Erwärmen zu Ende geführt.[1]

Mehrwertige Phenole werden 10—16 Stunden im Einschlußrohre erhitzt (Snape)[2]. Körper, welche bei dieser Temperatur Wasser abspalten, zersetzen das Phenylisocyanat in Kohlendioxyd und Carbanilid.[3]

Auch beim Kochen im offenen Kölbchen ist, zur Vermeidung der Bildung größerer Mengen von Diphenylharnstoff, die Dauer des Erhitzens tunlichst abzukürzen. Aus der zu einem weißen Brei erstarrten Masse entfernt man durch wenig absoluten Äther — gewöhnlich noch besser durch Benzol — etwas unangegriffenes Phenylisocyanat, wäscht nach dem Verjagen des Äthers oder Benzols mit kaltem Wasser und krystallisiert aus Alkohol, Essigester oder Äther-Petroleumäther um, wobei der schwerlösliche Diphenylharnstoff zurückbleibt.

Manche Urethane vertragen weder Erhitzung noch Umkrystallisieren aus hydroxylhaltigen Medien. So wird das von Knorr beschriebene Urethan:

$$CH_3 - C = CH - C = C \begin{smallmatrix} CH_3 \\ OCONHC_6H_5 \end{smallmatrix}$$
$$\quad\quad | \quad\quad\quad\quad | $$
$$\quad\quad O --- \quad\quad CO$$

sowohl beim Schmelzen, als auch beim Kochen mit Alkohol gespalten, wird aber unverändert aus siedendem Benzol oder Äther zurückerhalten.[4]

Treten elektronegative Gruppen substituierend in den Hydroxylkörper ein, so nimmt die Reaktionsfähigkeit ab oder erlischt ganz. So gibt Pikrinsäure selbst bei 180° unter Druck keinen Carbaminsäureester[5] und ebensowenig reagiert Triphenylcarbinol.[6]

Maquenne[7] arbeitet in Pyridinlösung. Die auf diese Art dargestellten Urethane der Zuckerarten können zur quantitativen Bestimmung der letzteren durch Wägung des Derivates dienen.[8]

Auch für die Reindarstellung von Alkoholen sind die Phenylurethane geeignet.[9]

---

[1] Tesmer, B. 18, 969 (1885).
[2] B. 18, 2428 (1885).
[3] Beckmann, Ann. 292, 16 (1896).
[4] Ann. 303, 141 (1899).
[5] Gumpert, J. pr. (2), 31, 119 (1885); (2), 32, 278 (1885).
[6] Knoevenagel, Ann. 297, 141 (1897).
[7] Bull. (3), 31, 854 (1904).
[8] Bull. (3), 31, 430, 433 (1904).
[9] Bloch, Bull. (3), 31, 49 (1904).

Über Einwirkung von Phenylisocyanat auf **Pyridone**: B. **23**, 272 (1890).

Über einen Fall von anormaler Wirkung: **Eckart**, Arch. **229**, 369 (1891).

Über „Aktivierung" des Phenylisocyanats mit einer Spur Alkali (Natriumacetat) siehe **Dieckmann**, **Hoppe** und **Stein**, B. **37**, 3370, 4627 (1904).

Darstellung von Phenylisocyanat (H. Goldschmidt).[1])

Je 15 g käuflichen Phenylurethans werden in kleinen Retorten mit dem doppelten Gewichte Phosphorpentoxyd gemengt. Die Mischung wird mit der leuchtenden Flamme des Bunsenbrenners erhitzt und das Destillat mehrerer Portionen in einem Fraktionierkolben aufgefangen. Einmaliges Destillieren genügt, um ein reines Präparat zu erzielen. (Siedep. 162—163°.)

Die Ausbeute beträgt 52—53 Proz.

Michael[2]) destilliert je 50 g Phenylurethan mit 30 g Phosphorpentoxyd bei 100 mm (140—170°) aus einem Metallbade.

Nach einem patentierten Verfahren[3]) kann man zweckmäßig auch folgendermaßen vorgehen: 13 Teile trockenes Anilinchlorhydrat werden mit 11 Teilen Phosgen, welche in 40 Teilen Benzol gelöst sind, unter Druck auf 120° erhitzt. Man bläst die nach der Gleichung:

$$C_6H_5NH_2 \cdot HCl + COCl_2 = C_6H_5NCO + 3\,HCl$$

entstandene Salzsäure ab und destilliert dann.

Zunächst geht das Benzol mit noch viel Salzsäure und überschüssigem Phosgen über, dann steigt das Thermometer rasch, worauf bei 166° das Phenylisocyanat überdestilliert. Durch nochmalige Destillation wird es vollkommen rein gewonnen. Aus salzsaurem p-Phenetidin und Phosgen erhält man auf ähnliche Weise das p-Äthoxyphenylisocyanat $C_2H_5O \cdot C_6H_4 \cdot NCO$.

Gleich dem Phenylisocyanat liefert auch das, wie später[4]) ausgeführt wird, für die Abscheidung von Aminokörpern wichtige

6. α-Naphthylisocyanat

mit den Alkoholen Verbindungen, die in gewissen Fällen zur Identifizierung der letzteren dienen können. Die Methode ist namentlich dann zu empfehlen, wenn die Derivate des Phenylisocyanates nicht krystallisiert erhalten werden können. Ein Nachteil des Verfahrens scheint darin zu liegen, daß die Naphthylderivate bei der Elementar-

---

[1]) B. **25**, 2578, Anm. (1892).
[2]) B. **38**, 22 (1905).
[3]) D. R. P. 133760 (1902).
[4]) Siehe S. 769.

analyse Schwierigkeiten machen, und wesentlich zu niedrige Kohlenstoffwerte liefern.[1])

Zur Darstellung[2]) der Naphthylurethane läßt man das Gemisch der Komponenten entweder einige Tage lang stehen, oder erhitzt einige Stunden lang auf dem Wasserbade. Die Derivate pflegen erst nach einiger Zeit zu krystallisieren, und können dann aus verdünntem Methyl- oder Äthylalkohol umkrystallisiert werden. Das Gemisch von Isocyanat und Terpineol war selbst nach 6 Tagen noch nicht fest geworden; man unterwarf deshalb die ölige Masse der Einwirkung eines Dampfstromes, und behandelte den festen Rückstand mit siedendem Petroläther. Schließlich wurde aus verdünntem Alkohol umkrystallisiert.

Naphthylisocyanat haben Willstätter und Hocheder[3]) auch zur Charakterisierung des Phytols benutzt.

Als Nebenprodukt entstand bei 281—282⁰ schmelzender Dinaphthylharnstoff.

7. Carboxäthylisocyanat $OC:NCO_2C_2H_5$.[4])

Darstellung von Carboxäthylisocyanat. 60 g Urethan werden in 1 l absolutem Äther gelöst und 29 g Natriumdraht hinzugefügt. Zur Einleitung der Reaktion wird die Mischung, welche mit einem gut wirkenden, mit Chlorcalciumrohr verschlossenen Rückflußkühler versehen ist, in ein Gefäß mit warmem Wasser gestellt. Nach kurzer Zeit beginnt die Wasserstoffentwicklung, und die Umwandlung des Natriums vollzieht sich sehr energisch. Nach etwa 2—3 Stunden hat sich ein großer Teil des Metalls gelöst und in eine weiße, gequollene Masse verwandelt. Zu dieser läßt man 140 g Chlorkohlensäureester langsam und sehr vorsichtig hinzufließen, wobei der Niederschlag unter starker Erwärmung pulvrige Beschaffenheit annimmt, und das noch unangegriffene Metall aufgelöst wird. Nachdem der Ester eingetragen ist, überläßt man das Gemisch noch einige Stunden sich selbst, filtriert dann, wäscht den Niederschlag mit Äther aus und destilliert den letzteren ab.

Das zurückbleibende Öl, 127 g, wird im Vakuum fraktioniert, wobei unter 12 mm Druck nach einem Vorlaufe von ca. 16 g, der hauptsächlich aus unverändertem Urethan besteht, zwischen 143—147⁰ die Hauptmenge übergeht. Bei nochmaligem Fraktionieren unter 12 mm erhält man 100 g bei 146—147⁰ siedenden Stickstofftricarbonsäureesters.

50 g desselben werden mit etwa der doppelten Menge Phosphorpentoxyd gut gemischt, und in einem geräumigen Fraktionierkolben

---

[1]) Roure-Bertrand Fils, Berichte II, 5, 49 (1907).
[2]) Bericht von Schimmel & Co., 1906, II, 38.
[3]) Ann. 354, 253 (1907).
[4]) Diels, B. 36, 740 (1903). — Diels und Wolf, B. 39, 686 (1906). — Jacoby, Diss., Berlin 1907. — Diels und Jacoby, B. 41, 2397 (1908).

in einem Bade auf ca. 120° erhitzt. Bei dieser Temperatur tritt unter
lebhafter Gasentwicklung Reaktion ein, und das entstehende Isocyanat
destilliert als farblose Flüssigkeit in die durch eine Kältemischung
gut gekühlte und vor der Luftfeuchtigkeit gut geschützte Vorlage.
Sobald kein Äthylen mehr entweicht, was man leicht durch An-
zünden des Gases während der Reaktion erkennen kann, unterbricht
man den Versuch und reinigt das in der Vorlage befindliche Reaktionsprodukt durch eine zweite Destillation, wobei nahezu die ganze
Menge konstant bei 115—116° übergeht. Die Ausbeute an diesem
analysenreinen Produkte beträgt 8 g.

Das Carboxäthylisocyanat ist eine wasserhelle, ziemlich bewegliche Flüssigkeit, von charakteristischem, sehr stechendem Geruche.

Gegen Wasser ist Carboxäthylisocyanat äußerst empfindlich.
Schon kurzes Stehen an feuchter Luft genügt, um es unter Abscheidung eines krystallinischen Produktes zu zersetzen. Dieses ist
identisch mit dem bei 107° schmelzenden Carbonyldiurethan: Nachdem das Isocyanat (1 Molekül) zuerst 1 Molekül Wasser unter Bildung
von Urethan aufgenommen hat, addiert dieses ein zweites Molekül
Carboxäthylisocyanat.

Etwas weniger heftig, aber meist sehr glatt reagiert Carboxäthylisocyanat mit Alkoholen und Phenolen. Diese Reaktion ist um
so mehr den anderen Hilfsmitteln zur Hydroxylbestimmung als gleichwertig an die Seite zu stellen, da sie durch ihren einfachen und
glatten Verlauf keinerlei Schwierigkeiten bietet, und dabei gleichzeitig
ausgezeichnete Ausbeuten zu erzielen sind.

Der zu prüfende Körper wird meist in einem indifferenten Lösungsmittel aufgelöst und mit dem Carboxäthylisocyanat, von dem zur
Erzielung besserer Ausbeuten ein kleiner Überschuß angewendet wird,
zusammengebracht. Man überläßt das Gemisch sich selbst oder führt
die Reaktion durch schwaches Erwärmen auf dem Wasserbade zu
Ende. Die Beendigung der Umsetzung wird durch das völlige Verschwinden des charakteristischen stechenden Geruchs angezeigt. Das
Additionsprodukt fällt dann von selbst aus, oder es wird durch
Abdunsten des Lösungsmittels isoliert. Bei dieser Reaktion mit Alkoholen
und Phenolen entstehen die zum Teile sehr schön krystallisierenden
gemischten Ester der Iminodicarbonsäure:

$$NH\begin{cases} CO_2R \\ CO_2C_2H_5 \end{cases}$$

Diese Derivate können mittels der Zeiselschen Äthoxylbestim-
mungsmethode bequem analysiert werden.

8. Alkylierung der Hydroxylgruppe.[1])

Der Hydroxylwasserstoff der Phenole und primären Alkohole
läßt sich alkylieren und in den so entstehenden Äthern kann

---

[1]) Siehe S. 476 ff.

man nach Zeisel die Zahl der eingetretenen Alkylgruppen ermitteln.

Da die Phenoläther sich in der Regel nicht durch Alkalien verseifen lassen, ist dadurch meist auch die Möglichkeit gegeben, in Oxysäuren Carboxyl- und Hydroxylgruppe zu unterscheiden.

9. Benzylierung der Hydroxylgruppe.[1])

Siehe hierüber S. 483.

Das dargestellte Produkt wird der Elementaranalyse unterworfen, bzw. bei Nitrobenzylderivaten eine Stickstoff- oder Nitrobestimmung vorgenommen.

10. Einwirkung von Natriumamid siehe S. 468.

11. Darstellung von Dinitrophenyläthern (Willgerodt).[2])

Die leichte Beweglichkeit des Chlors im 1-Chlor-2.4-Dinitrobenzol ermöglicht die Bildung der verschiedensten Dinitrophenyläther. Man löst das Chlordinitrobenzol in der betreffenden Alkoholart auf, setzt auf je 1 g desselben 0.25 g Ätzkali (in dem gleichen Alkohol gelöst) zu und erwärmt, falls notwendig, zur Beendigung der Reaktion. Die Kalilösung bereitet man so, daß man das Ätzkali zuerst in Wasser löst und dann mit der gleichen Alkoholmenge versetzt.

Phenole löst Landau[3]) in Natronlauge, gibt etwas mehr als die berechnete Menge Chlordinitrobenzol zu und schüttelt.

12. Quantitative Bestimmung von Hydroxylgruppen mit Hilfe magnesiumorganischer Verbindungen nach Zerewitinoff.

Nachdem schon Hibbert und Sudborough[4]) die Tschugaeffsche Reaktion[5]) zu einer quantitativen auszugestalten versucht hatten, ist von Zerewitinoff[6]) ein recht allgemein anwendbares Verfahren ausgearbeitet worden.

Als Lösungsmittel für die magnesiumorganische Verbindung und für die zu untersuchende Substanz kann man Äthyläther nicht gebrauchen, da seine Dampfspannung sich selbst bei unbedeutenden Temperaturschwankungen merklich verändert, was natürlich auch die Resultate der Bestimmungen stark beeinträchtigt. Aus diesem Grunde wird, dem Vorschlage Hibberts und Sudboroughs folgend, der

---

[1]) Siehe auch Haase und Wolffenstein, B. **37**, 3231 (1904).
[2]) B. **12**, 762 (1879), siehe auch Vongerichten, Ann. **294**, 215 (1896). — Werner, B. **29**, 1151, 1156 (1896). — D. R. P. 75071 (1894). — D. R. P. 76504 (1894).
[3]) Diss., Zürich 1905, S. 24.
[4]) Proc. **19**, 285 (1904). — B. **35**, 3912 (1902).
[5]) Siehe S. 459.
[6]) B. **40**, 2023 (1907); **41**, 2233 (1908). — Windaus, B. **41**, 618 (1908).

hochsiedende Amyläther, dessen Dampfspannung bei gewöhnlicher Temperatur vernachlässigt werden kann, als Lösungsmittel benutzt.

Man bekommt hierbei befriedigende Resultate, aber es löst sich nur eine relativ kleine Zahl der in Frage kommenden Substanzen in diesem Medium auf.

Weit allgemeiner anwendbar erwies sich das Pyridin.

Das käufliche Präparat wird mit Bariumoxyd getrocknet, unter Feuchtigkeitsabschluß destilliert und in gut verschlossenen hohen[1]) Flaschen über Bariumoxyd aufgehoben.

Es bildet mit magnesiumorganischen Verbindungen Komplexe, etwa von der Zusammensetzung:

$$(C_5H_5N)_2 . JMgCH_3 . O(C_5H_{11})_2$$

die beim Zusammentreffen mit hydroxylhaltigen Substanzen ganz ebenso wie das freie $CH_3 . MgJ$ reagieren. — Nur bei längerem Stehen oder Erhitzen reagiert auch das Pyridin unter Gasentwicklung mit.

Zur Herstellung von Methylmagnesiumjodid werden 100 g ganz trockener, über Natrium destillierter Amyläther,[2]) 9.6 g Magnesiumband und 35.5 g trockenes Methyljodid in Arbeit genommen und einige Jodkrystalle hinzugefügt. Die Reaktion beginnt von selbst; sollte sie aber nach einiger Zeit noch nicht eintreten, so wird die Mischung schwach erhitzt. Nach Beendigung der Reaktion erhitzt man die Ingredienzien noch 1—2 Stunden unter Rückfluß auf einem stark siedenden Wasserbade und darauf noch einige Zeit mit absteigendem Kühler, um das nicht in Reaktion getretene Methyljodid zu entfernen; dies ist wegen der beträchtlichen Dampfspannung des Methyljodids von Wichtigkeit. Die gewonnene magnesiumorganische Verbindung kann in einer gut verkorkten, mit Paraffin übergossenen Flasche längere Zeit (3—4 Wochen) ohne Veränderung aufbewahrt werden.

Die Bestimmung selbst wird in einem Apparate (Fig. 196) ausgeführt, der im wesentlichen aus 2 Teilen besteht: 1. aus einem Gefäße A, in welchem sich die Reaktion zwischen $CH_3 . MgJ$ und der zu untersuchenden Substanz abspielt, und 2. aus einem Apparate, der nach dem Typus des Lungeschen Nitrometers hergestellt ist, und in dem das entweichende Gas gemessen wird.

Damit richtige Resultate erhalten werden, müssen alle Apparate und Reagenzien vollkommen trocken sein. Das Gefäß A wird zweckmäßig dadurch getrocknet, daß man etwa 15 Minuten einen trockenen Luftstrom durch dasselbe hindurchströmen läßt.

Das Gefäß A wird in der Klammer des Stativs in vertikaler Lage befestigt, und durch einen Trichter (Fig. 197) wird die zu untersuchende Substanz aus einem kleinen Reagensgläschen eingeführt. Das

---

[1]) Damit beim Ausgießen des Pyridins kein Bariumhydroxyd mit herausgelangt, was sorgfältig vermieden werden muß.

[2]) Käufliches Produkt.

Gewicht der angewandten Substanz beträgt in der Regel (je nach
dem Molekulargewichte des Körpers und nach der Hydroxylzahl)
0.03—0.2 g. Durch denselben Trichter wird das Lösungsmittel
(ca. 15 ccm) eingebracht und durch einen
Überschuß des letzteren die am Trichter
haften gebliebene Substanz in das Gefäß A
hineingespült. Wird hierbei Pyridin genommen, so muß die Einfüllung möglichst
rasch erfolgen, da sonst Feuchtigkeit aus
der Luft absorbiert werden könnte. Nachdem man den Trichter herausgenommen und
das Gefäß A mit einem Pfropfen geschlossen
hat, bringt man durch vorsichtiges Umschütteln die Substanz in Lösung. Danach
stellt man das Gefäß A schräg auf, und
zwar so, daß die Lösung nicht in die Kugel
C hinein kommen kann. Mit Hilfe des
Fig. 198 abgebildeten Trichters werden in
Kugel C etwa 5 ccm der magnesiumorganischen Verbindung (in Lösung) eingegossen.
Darauf verschließt man das Gefäß A fest mit
einem Kautschukpfropfen, der mit Hilfe des
Gasableitungsrohres d und des Kautschukschlauches mit dem Meßapparate in Verbindung steht. Um die Temperatur in Gefäß A
einzustellen, benutzt man das Wasserbad D,
in dem man dieselbe Temperatur einhält,

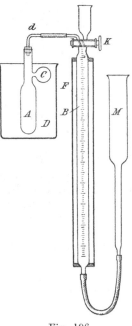

Fig. 196.

wie in der ebenfalls mit Wasser gefüllten
Hülse F; innerhalb 10 Minuten wird die Temperatur konstant.
Während dieser Zeit fällt gewöhnlich der Druck im Gefäß A, wohl
infolge einer geringen Sauerstoffabsorption durch die magnesiumorganische Verbindung. Um in dem Apparate
den Atmosphärendruck wiederherzustellen,
nimmt man einfach für einen Augenblick den
Zweiweghahn K heraus und setzt ihn sofort
wieder ein. Darauf bringt man mit Hilfe des
Hahnes K die Röhre B mit der Außenluft
in Verbindung, hebt dann den mit Quecksilber
gefüllten Trichter M, bis letzteres alle Luft
aus B verdrängt hat und bis es dicht an die

Fig. 197 u. 198.

Öffnung des Hahnes steigt, dreht dann den Hahn um 90°, senkt
den Trichter M und befestigt ihn in einer Stativklammer. Sobald
der Apparat in solche Lage gebracht ist, vermischt man, ohne weiter
zu zögern (um weitere Absorption von Sauerstoff durch die magnesiumorganische Verbindung zu verhüten), das Methylmagnesiumjodid mit der Lösung der zu untersuchenden Substanz. Dazu nimmt
man (am bequemsten mit der linken Hand) das Gefäß A und läßt,

indem man es schief hält, die magnesiumorganische Verbindung aus der Kugel C in das Gefäß A hinüberfließen: zugleich dreht man (mit der rechten Hand) den Hahn K so um, daß das Gefäß A mit B in Verbindung tritt. Bei starkem Schütteln des Gefäßes A erfolgt lebhafte Gasausscheidung, und das Quecksilber in B sinkt in raschem Tempo. Sobald das Quecksilber langsam zu fallen beginnt, und das Gasvolumen aufhört, sich zu vergrößern, setzt man das Gefäß A wieder in das Wasserbad zur Erzielung der ursprünglichen Temperatur, wozu etwa 5—7 Minuten erforderlich sind. Hierbei sinkt die Temperatur, und es findet infolgedessen Volumkontraktion statt. Wird hierbei Pyridin als Lösungsmittel verwendet, so muß man diese Kontraktion sorgfältig verfolgen und, sobald sie aufhört, sofort die Ablesung des Volumens vornehmen, da sonst in der Regel stetiges, wenn auch langsames Ansteigen des Gasvolumens erfolgt. Man soll deshalb immer das Minimum des Gasvolumens notieren und dasselbe der weiteren Berechnung zugrunde legen. Falls Amyläther angewendet wird, erfolgt keine Volumvergrößerung, und das Gasvolumen ändert sich nicht mehr, wenn die Temperatur einmal konstant geworden ist.

Gleichzeitig mit der Volumbestimmung werden auch die Temperatur des Gases und der Barometerstand notiert. Wird Pyridin gebraucht, so ziehe man vom beobachteten Barometerstand 16 mm ab, die der Dampfspannung des Pyridins bei 18° entsprechen. Das erhaltene Gasvolumen wird auf 0° und 760 mm Druck reduziert.

Der Prozentgehalt an Hydroxylgruppen wird nach der Formel

$$x = (^0/_0 \; OH) = \frac{0.000719 \cdot V \cdot 17 \cdot 100}{10 \cdot S} = 0.0764 \, \frac{V}{S}$$

berechnet, in welcher 0.000719 das Gewicht von 1 ccm Methan bei 0° und 760 mm bedeutet; 16 das Molekulargewicht von CH_4, 17 dasjenige von OH; V das Volumen des ausgeschiedenen Methans auf 0° und 760 mm reduziert und in Kubikzentimetern ausgedrückt; S das Gewicht der zu untersuchenden Substanz in Grammen.

Bei krystallwasserhaltigen Substanzen reagieren beide Wasserstoffatome des Wassers, und müssen entsprechend in Rechnung gestellt werden.

Die Formel lautet in diesem Falle:

$$x = (^0/_0 \; H) = \frac{V \cdot 0.000719 \cdot 100}{16 \cdot S} = 0.00449 \, \frac{V}{S} \; .$$

Wenn man die Bestimmung in der Atmosphäre eines indifferenten Gases ausführen will, was aber kaum jemals notwendig sein wird, so wird das Gefäß A (Fig. 196) mit einem seitlich angebrachten Rohre versehen, das beinahe bis zum Boden von A reicht und durch das der Apparat mit sorgfältig getrocknetem Gas gefüllt wird. Methan ist hierbei dem Stickstoff vorzuziehen, da letzterer verhältnismäßig schwieriger in absolut reinem Zustande, ohne Beimengung von Stickstoffoxyden, zu erhalten ist.

Recht bequem erscheint die Anwendung der Methode zur Bestimmung der Hydroxyle in Säuren. Kombiniert man nämlich die Resultate der Hydroxylbestimmung mit den Ergebnissen der Titration, so erhält man sofort alle Daten zur Berechnung der Basizität (Carboxylzahl) und der Atomigkeit (Carboxyl- + Alkoholhydroxylzahl) der betreffenden Säure.

Zu den Vorzügen der Methode gehört auch der Umstand, daß die Reaktion zwischen magnesiumorganischen Verbindungen und hydroxylhaltigen Körpern sich bei gewöhnlicher Temperatur und in Abwesenheit von stark wirkenden Reagenzien abspielt, ein Vorzug, welcher z. B. der Acetylierungsmethode nicht zukommt. Aus diesem Grunde ist bei der angegebenen Reaktion die Möglichkeit sekundärer Prozesse (z. B. der Anhydrisation der Hydroxylverbindungen), welche sonst die Genauigkeit der Analysenresultate beeinträchtigen könnten, so gut wie ausgeschlossen.

Das Verfahren hat auch in der Flavongruppe vorzügliche Resultate geliefert.

Schließlich sei bemerkt, daß der zur Hydroxylbestimmung benutzte Amyläther aus den Rückständen leicht regeneriert werden kann, was in Anbetracht seines ziemlich hohen Preises[1]) einen gewissen Vorteil ausmacht. Man behandelt zu diesem Zwecke die angesammelten Rückstände zur Entfernung von Pyridin mit verdünnter Salzsäure, scheidet die obere Ätherschicht ab und behandelt sie noch mehrmals in ganz ähnlicher Weise. Schließlich wäscht man mit Wasser, trocknet über Calciumchlorid und destilliert über Natrium. Auf diese Weise gelingt es, den größten Teil des ursprünglich angewandten Amyläthers in reinem Zustande zurückzugewinnen.

Mittels dieser Methode können auch Sulfhydrylgruppen (S. 930), Imid- und Amingruppen[2]) bestimmt werden, und überhaupt alle „aktiven" Wasserstoffatome.[3])

---

[1]) Neuerdings geben Schroeter und Sondag eine bequeme Darstellungsmethode für Amyläther an: B. 41, 1922 (1908). — D. R. P. 200 150 (1908).
[2]) Ostromisslensky, B. 41, 3025 (1908).
[3]) Zerewitinoff, B. 41, 2233 (1908).

Zweites Kapitel

Nachweis und Bestimmung der Carboxylgruppe.

Qualitative Reaktionen der Carboxylgruppe.

1. Nachweis des Vorhandenseins einer Carboxylgruppe.

Der qualitative Nachweis dessen, daß in einer Substanz eine freie COOH-Gruppe vorliegt, ist nicht immer leicht zu führen. Charakterisiert ist diese Gruppe vor allem durch das leicht bewegliche ionisierbare Wasserstoffatom, das leicht durch positive Reste vertreten werden kann (Salzbildung, Esterbildung), sowie durch die Fähigkeit des Hydroxyls, durch negative Substituenten (Chlorid-, Anhydrid-, Amidbildung) verdrängt zu werden.

Die Beweglichkeit des Wasserstoffatoms in der Carboxylgruppe hängt nun nicht allein von dem Vorhandensein des Hydroxyls oder der Carbonylgruppe ab, sondern von einer bestimmten Kombination beider Gruppen (Vorländer).

Schematisch kann man beispielsweise die Ameisensäure:

$$H - C - O - H$$
$$\underset{O}{\overset{\|}{}}$$

schreiben. Für den Säurecharakter dieser Substanz ist nur die Gruppierung

$$H - C - R - H$$
$$\overset{\|}{\underset{(R_1 R_2)(4)}{}}{(3)\,(2)\quad(1)}$$

von negativen Gruppen (RR_1R_2) in den vom Wasserstoff respektiven Stellungen

2, 3 und 4

bestimmend.

Daher sind nach Claisen[1]) auch die **Oxymethylenverbin-dungen** vom Typus des Oxymethylenacetessigesters:

$$
\begin{array}{c}
\text{H—C—OH} \\
\diagup \ \diagdown \\
\text{CO} \quad \text{CO} \\
| \qquad | \\
\text{CH}_3 \quad \text{OC}_2\text{H}_5
\end{array}
$$

Säuren, welche die Stärke der Essigsäure besitzen.

Ist in der Stellung 4 nur ein negativer Rest vorhanden, so sind die betreffenden Substanzen zwar auch noch Säuren, aber viel schwächere; am schwächsten sind sie dann, wenn sie neben dem einen negativen Rest das stark positive Alkoholradikal enthalten.

Daß auch der Sauerstoff der Hydroxylgruppen durch andere negative Elemente oder Atomgruppen vertreten werden kann, ohne daß der Säurecharakter der Substanz verschwindet, geht aus dem Verhalten der Thiosäuren:

$$
\begin{array}{c}
\text{R — C — S — H} \\
\| \\
\text{O}
\end{array}
$$

und der Methenylverbindungen:

$$
\begin{array}{c}
\text{H — C — } [\text{CX}_2] \text{ — H} \\
\| \\
\text{CX}_2
\end{array}
$$

z. B. des Dicarboxyglutaconsäureesters:

$$
\begin{array}{c}
\text{H — C — } \left[\text{C} \genfrac{}{}{0pt}{}{\diagup \text{COOC}_2\text{H}_5}{\diagdown \text{COOC}_2\text{H}_5} \right] \text{— H} \\
\| \\
\text{C} \\
\diagup \ \diagdown \\
\text{CO} \quad \text{CO} \\
| \qquad | \\
\text{OC}_2\text{H}_5 \ \text{OC}_2\text{H}_5
\end{array}
$$

hervor.

Analog besitzt die Nitrobarbitursäure:

$$
\text{CO} \Big\langle \begin{array}{c} \text{NH — CO} \\ \\ \text{NH — CO} \end{array} \Big\rangle \text{C} = \text{N} \genfrac{}{}{0pt}{}{\diagup \text{O}}{\diagdown \text{OH}}
$$

wie Claisen hervorhebt, nach Hollemans Untersuchungen etwa die Stärke der Salzsäure, was leicht verständlich erscheint, wenn man sie als Derivat der Salpetersäure

$$
\text{O} = \text{N} \genfrac{}{}{0pt}{}{\diagup \text{O}}{\diagdown \text{OH}}
$$

auffaßt.

---

[1]) Ann. **297**, 14 (1897). — Vgl. Knorr, Ann. **293**, 70 (1896).

Andere Substanzen von Säurecharakter sind die **Hydro-resorcine**[1]):

$$R-CH\begin{array}{c}CH_2-CO\\ \qquad\qquad CH\\ CH_2-C\\ \qquad\qquad OH\end{array}$$

bei denen überdies noch eine Steigerung der sauren Eigenschaften durch den Ringschluß, gegenüber den acyclischen β-Diketonen usw., zu konstatieren ist.

Während das Hydroresorcin und seine Homologen etwas schwächer sind als Essigsäure, repräsentieren die Ester und Nitrile der Hydro-resorcylsäuren, z. B. der **Dimethylhydroresorcylsäuremethyl-ester**:

$$\begin{array}{c}COOCH_3\\ CH_3\quad CH-CO\\ \qquad\quad C\qquad\quad CH\\ CH_3\quad CH_2-C\\ \qquad\qquad\qquad OH\end{array}$$

und das **Nitril der Phenylhydroresorcylsäure**:

$$\begin{array}{c}CN\\ CH-CO\\ C_6H_5-CH\qquad\quad CH\\ CH_2-C\\ \qquad\quad OH\end{array}$$

sehr starke Säuren.

Ferner sind auch die **Oxylactone**[2]) als „Säuren" aufzufassen, so z. B.   die **Vulpinsäure**:   die **Tetrinsäure**:

$$\begin{array}{cc}OH & OH\\ C\quad COOCH_3 & C\\ C_6H_5-C\quad C=C-C_6H_5 & CH_3C\quad CH_2\\ CO-O & CO-O\end{array}$$

---

[1]) **Vorländer**, Ann. **294**, 253 (1896); **308**, 184 (1899). — Ber. **34**, 1633 (1901).

[2]) **Möller und Strecker**, Ann. **113**, 56 (1860). — **Spiegel**, Ann. **219**, 1 (1883). — **Hantzsch**, B. **20**, 2792 (1887). — **Moscheles und Cornelius**, B. **21**, 2603 (1888). — **Bredt**, Ann. **256**, 318 (1890). — **Wolff**, Ann. **288**, 1 (1895); **291**, 226 (1896). — **Wislicenus und Beckhann**, **295**, 348 (1897). — **Hoene**, Diss., Kiel 1904, S. 37.

und besonders deren Stammsubstanz, die Tetronsäure:

$$
\begin{array}{c}
\text{OH} \\
| \\
\text{C} \\
\diagup \diagdown \\
\text{HC} \quad \text{CH}_2 \\
| \qquad | \\
\text{CO}-\text{O}
\end{array}
$$

Schließlich sind hier noch die in den Orthostellungen negativ substituierten Phenole anzuführen, welche, wie

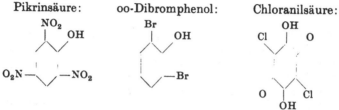

Pikrinsäure: oo-Dibromphenol: Chloranilsäure:

Tetraoxychinon[1]):

sich in vielen Stücken wie echte starke Säuren verhalten.

Inwieweit diese angeführten Gruppen säureähnlicher Körper die typischen Carboxylreaktionen zu zeigen befähigt sind, wird bei der Besprechung der einzelnen Reaktionen erörtert werden.

Während also unter gewissen Umständen auch andere als carboxylhaltige Körper ein bewegliches, ionisierbares Wasserstoffatom aufweisen, gibt es andererseits echte Carbonsäuren, deren acider Charakter mehr oder weniger maskiert ist: es sind dies namentlich verschiedene Arten von Aminosäuren, für deren Verhalten sich nach Hans Meyer[2]) folgende Regeln aufstellen lassen:

Die Größe der Acidität der verschiedenen Gruppen von Aminosäuren, gemessen an der Menge Alkali, welche ein Äquivalent der Säure zu ihrer Neutralisation bedarf, schwankt zwischen 0 und 1; alkalisch reagierende Aminosäuren sind nicht mit Sicherheit bekannt. Die Existenz derselben ist auch aus theoretischen Gründen unwahrscheinlich.

---

[1]) Nietzki und Benckiser, B. 18, 1837 (1885). — Siehe auch S. 575.

[2]) M. 21, 913 (1900); 23, 942 (1902). — Über die Affinitätskonstanten der Aminosäuren siehe noch Winkelblech Z. phys. 36, 546 (1901) und Veley, Proc. 22, 313 (1906). — Soc. 91, 153 (1907). — Hier auch Angaben über das Verhalten von Aminosulfosäuren.

Das Verhalten der einzelnen Säuren wird ausschließlich durch den elektrochemischen Charakter der dem Aminostickstoff zunächst befindlichen Gruppen bedingt. Gruppen, welche sich in größerer Entfernung als (2) vom Stickstoff befinden, üben nur mehr in sehr geringem Maße einen Einfluß auf die Stärke der Aminosäure aus.

$$\begin{array}{ccc} (1) & (2) & (3) \\ \diagdown & | & | \\ N & \!\!\!-C-C-(3)\ldots \\ \diagup & (1) & (2) \\ (1) & | & | \\ & (2) & (3) \end{array}$$

Aminosäuren, welche in (1) und (2) ausschließlich positive Gruppen enthalten, sind durchwegs neutral oder äußerst schwach sauer (primäre und alkylsubstituierte Aminosäuren der Fettreihe, Piperidin- und Pyrrolidincarbonsäuren, Betaine). Aminosäuren, welche in einer der (1)-Stellungen einen sauren Substituenten tragen, sind unbedingt echte Säuren, welche ein volles Äquivalent Base zu neutralisieren vermögen. In diese Gruppe gehören: die am Stickstoff durch einen Säurerest oder Methylen substituierten Aminofettsäuren, die aromatischen Carbonsäuren und die Pyridin- (Chinolin-, Isochinolin-) Derivate.[1] Der Säurecharakter der beiden letzteren Klassen wird durch die negativierende Natur der doppelten Bindungen bedingt. Substitution des einen Aminowasserstoffes in aromatischen Aminosäuren durch Alkyle übt einen kleinen, aber merklichen, die Acidität herabsetzenden Einfluß aus.

Substitution durch einen negativen Rest in einer (2)-Stellung führt entweder zur Bildung einer „vollkommenen" Säure (Substituent: C_6H_5) oder, falls der Substituent nur sehr schwach sauer ist (Substituent: $CONH_2$), zu Substanzen, die nur einen Bruchteil eines Äquivalentes Alkali zu neutralisieren vermögen (α-Phenylglycin, Asparagine).

Um in derartigen Substanzen den Einfluß der basischen Gruppen zu eliminieren, benutzt man nach Schiff[2] Formaldehyd, der mit den Aminosäuren Methylenverbindungen bildet, welche sich glatt titrieren lassen.

2. Reaktionen der Carboxylgruppe, welche durch die Beweglichkeit des Wasserstoffs bedingt sind.

A. Salzbildung. Die meisten Carbonsäuren bilden mit den stärkeren Basen neutral reagierende, nicht hydrolytisch gespaltene Salze. In der Regel erfolgt daher auch die quantitative Bildung der Alkalisalze (Bariumsalze) schon bei Zusatz der theoretischen Menge

---

[1] Mit Ausnahme der γ-Aminopyridincarbonsäuren. S. Hans Meyer, M. **21**, 913 (1900); **23**, 942 (1902). — Kirpal, M. **29**, 229 (1908).

[2] Ann. **310**, 25 (1899).

der betreffenden Base zur wässerigen oder alkoholischen Säurelösung. (Quantitative Bestimmung des Carboxyls durch Titration s. S. 572.) Da die Carbonsäuren auch lösliche Alkalisalze zu geben pflegen und stärker sind als Kohlensäure, lösen sie sich meist in verdünnter wässeriger Soda unter Aufbrausen[1]) und werden andererseits aus Lösungen ihrer Alkalisalze durch Kohlensäure nicht sofort gefällt. Durch dieses Verhalten unterscheiden sie sich im allgemeinen von den Phenolen.[2])

Es verhalten sich aber die Oxymethylenverbindungen, Oxylactone, Oxybetaïne, Hydroresorcine und orthosubstituierten Phenole bei der Salzbildung ganz ebenso wie die Säuren.

B. Esterbildung. Über die einzelnen Methoden der Esterifikation siehe S. 476 und 582. Im allgemeinen sind die Carbonsäuren sowohl durch Mineralsäuren und Alkohol, als auch durch Einwirkung von Halogenalkyl, Diazomethan, Dimethylsulfat usw. esterifizierbar.

Aminosäuren lassen sich indessen nur durch „saure" Reagenzien verestern, während man aus den Salzen die stickstoffalkylierten Säuren[3]) erhält. Ähnlich verhalten sich die Pyridincarbonsäuren), welche mit Alkali und Jodalkyl Betaine liefern, außer wenn der Pyridinstickstoff durch Substituenten in Orthostellung die Fähigkeit fünfwertig aufzutreten verloren hat (Dipicolinsäure). Andererseits zeigt sich bei den aromatischen Säuren nach den Untersuchungen von V. Meyer und seinen Schülern bei vorhandener Orthosubstitution eine sterische Behinderung der Esterifizierbarkeit durch Säure und Alkohol.

Näheres hierüber siehe Seite 586.

Auch in bezug auf Esterbildung unterscheiden sich die Carbonsäuren in nichts von den anderen Substanzen mit stark acidem Charakter.

C. Kryoskopisches Verhalten. Die Carbonsäuren zeigen bei der Molekulargewichtsbestimmung in indifferenten Lösungsmitteln (Benzol, Naphthalin) starke Assoziation, wodurch sie sich von den Oxylactonen und Hydroresorcinen[4]) unterscheiden lassen. Über das kryoskopische Verhalten der Phenole siehe S. 485.

D. Über Leitfähigkeitsbestimmung siehe Seite 594.

E. Über Unterscheidung von Carboxyl- und Enol-Gruppe in der Tetronsäurereihe siehe Wolff, Ann. **315**, 149 (1901).

---

[1]) Manche Säuren (z. B. die Benzoylbenzoesäure) lösen sich, unter Bildung von Bicarbonat, ohne Aufbrausen.

[2]) Stearinsäure löst sich — offenbar weil sie nicht benetzt wird — in Sodalösung nicht auf, dagegen aber werden viele Lactone, z. B. Phthalid, von kohlensaurem Natrium reichlich aufgenommen. Fulda, M. **20**, 715 (1899). — Siehe übrigens S. 27, 485 und 611.

[3]) Hans Meyer, M. **21**, 913 (1900). — S. auch S. 591.

[4]) Vorländer, Ann. **294**, 257 (1896).

3. Reaktionen der Carboxylgruppe, welche auf dem Ersatze der Hydroxylgruppe basieren.

A. Säurechloridbildung. Die Darstellung der so überaus reaktionsfähigen Chloride der Carbonsäuren, welche das Ausgangsmaterial für die Bildung zahlreicher anderer charakteristischer Derivate (Amide, Anilide, Ester, Anhydride usw.) bilden, ist nach dem von Hans Meyer ausgearbeiteten Thionylchloridverfahren mit minimalen Substanzmengen ausführbar. Die Beschreibung der Methode findet sich auf S. 533.

Die Anwendbarkeit des Thionylchlorids ist eine ganz allgemeine, nur sind folgende Punkte zu beachten:

Dicarbonsäuren, welche eine normale Kohlenstoffkette von 4 oder 5 Gliedern enthalten, deren Enden die Carboxyle bilden, geben Säureanhydride; fumaroide Formen werden aber nicht umgelagert, sondern in die Chloride verwandelt.

Thionylchlorid reagiert weder mit der Aldehyd- noch mit der Keton- oder Alkoxylgruppe; man kann daher mittels desselben auch Aldehyd- und Ketonsäuren[1]) sowie Estersäuren in die Säurechloride verwandeln.

Säuren mit konjugierten Doppelbindungen, an deren einem Ende sich die Carboxylgruppe, an deren anderem Ende sich Hydroxyl oder Carboxyl befinden (z. B. Muconsäure, Paraoxybenzoesäure), reagieren nur dann, wenn sich in der Stellung (3) vom Carboxyl eine negativierende Gruppe befindet, z. B.

α'-Oxynicotinsäure   m-Brom-p-Oxybenzoesäure

Oxyterephthalsäure

$$HOOC-CH=CCl-CCl=CH-COOH$$
$$\quad\;\;(3)\quad\;(2)\quad\;(1)$$

Dichlormuconsäure.

B. Säureamidbildung. Die Darstellung der Säureamide ist eine der wichtigsten Umwandlungsreaktionen der Carbonsäuren, weil der Abbau der Amide zu Nitril und Amin so ziemlich den sichersten

---

[1]) Aromatische α-Ketonsäuren (Phthalonsäure, Benzoylameisensäure) gehen indessen dabei in Derivate der um ein C-Atom ärmeren Säuren (Phthalsäure, Benzoesäure) über, und die Brenztraubensäure und deren aliphatische Derivate werden von Thionylchlorid überhaupt nicht angegriffen (Hans Meyer).

Beweis für das Vorliegen der COOH-Gruppe bietet. Über den Abbau der Säureamide siehe Seite 850.

Darstellung der Säureamide.

Die bequemste Methode besteht in dem Eintropfen oder Eintragen von Säurechlorid in gut gekühltes, wässeriges Ammoniak. Das sofort oder (bei festen Chloriden) nach kurzem Aufkochen gebildete Amid fällt aus, oder kann durch passende Extraktionsmittel von dem mitgebildeten Salmiak getrennt werden.

In vielen Fällen ist das Isolieren des Säurechlorids nicht notwendig, man gießt einfach das bei der Einwirkung von Thionylchlorid (Hans Meyer)[1]), Phosphorpentachlorid (Krafft und Stauffer)[2]) oder Phosphortrichlorid (Aschan)[3]) erhaltene Rohprodukt, das man höchstens durch Abdestillieren eines Teiles der Nebenprodukte oder durch Ausfrieren gereinigt hat, auf das gekühlte Ammoniak oder löst es in Äther und leitet Ammoniakgas ein.

Eine zweite Methode, die sich namentlich dann empfiehlt, wenn die Trennung der Amide vom Salmiak Schwierigkeiten verursacht (Pyridinderivate), beruht auf der Einwirkung von wässerigem oder alkoholischem Ammoniak auf die Ester. Auch hier ist es im allgemeinen am zweckmäßigsten, die Reaktion bei gewöhnlicher Temperatur vor sich gehen zu lassen. Der Ester wird in einer verschließbaren Flasche mit konzentriertem wässerigem oder wässerig-alkoholischem Ammoniak unter häufigem Umschütteln bis zur Beendigung der Reaktion stehen gelassen.

Der Umsatz erfolgt oftmals erst im Verlaufe mehrerer Tage, selbst Wochen, aber man erhält dabei sehr reine Produkte. Indessen reagieren manche Ester nur beim Erhitzen und einzelne überhaupt gar nicht mit wässerigem oder alkoholischem oder selbst flüssigem Ammoniak, oder werden zum Ammoniumsalze verseift.[4])

Die einschlägigen Verhältnisse lassen sich nach Hans Meyer[5]) folgendermaßen charakterisieren:

Während im allgemeinen die Ester der Carbonsäuren durch wässeriges Ammoniak glatt in Säureamide verwandelt werden, verhalten sich Verbindungen vom Typus

[1]) M. **22**, 415 (1901).
[2]) B. **15**, 1728 (1882).
[3]) B. **31**, 2344 (1898).
[4]) E. Fischer und Dilthey, B. **35**, 844•(1902). — Hans Meyer, B. **39**, 198 (1906). — M. **27**, 31 (1906); **28**, 1 (1907).
[5]) Verh. Ges. Naturf. f. 1906 S. 145.

in welchen das die Carboxylgruppe tragende Kohlenstoffatom mit drei Kohlenwasserstoffresten verbunden ist, einerlei ob der betr. Alkylrest der Fettreihe oder der aromatischen Reihe angehört, völlig indifferent.

Ist eine dieser Valenzen durch —CO—CH$_3$ gesättigt (disubstituierte Acetessigester), so ergibt sich eine überraschende Abhängigkeit der Reaktionsfähigkeit sowohl von der Art der Substituenten im Kerne als auch der Carboxylgruppe. So reagieren die Verbindungen

$$\begin{Bmatrix} CH_3 \\ CH_3 \\ COCH_3 \\ COOCH_3 \end{Bmatrix} \quad \begin{Bmatrix} CH_3 \\ C_2H_5 \\ COCH_3 \\ COOCH_3 \end{Bmatrix} \quad \begin{Bmatrix} CH_3 \\ CH_2C_6H_5 \\ COCH_3 \\ COOCH_3 \end{Bmatrix} \quad \begin{Bmatrix} CH_3 \\ CH_3 \\ COCH_3 \\ COOC_2H_5 \end{Bmatrix} \quad \begin{Bmatrix} CH_3 \\ C_2H_5 \\ COCH_3 \\ COOC_2H_5 \end{Bmatrix},$$

während die Verbindungen

$$\begin{Bmatrix} C_2H_5 \\ C_2H_5 \\ COCH_3 \\ COOCH_3 \end{Bmatrix} \quad \text{und} \quad \begin{Bmatrix} C_2H_5 \\ C_2H_5 \\ COCH_3 \\ COOC_2H_5 \end{Bmatrix}$$

absolut indifferent sind.

In der Malonsäurereihe werden

$$\begin{matrix} CH_3 \\ CH_3 \end{matrix} > C < \begin{matrix} COOCH_3 \\ COOCH_3 \end{matrix} \quad \begin{matrix} CH_3 \\ C_2H_5 \end{matrix} > C < \begin{matrix} COOCH_3 \\ COOCH_3 \end{matrix} \quad \begin{matrix} CH_3 \\ C_3H_7 \end{matrix} > C < \begin{matrix} COOCH_3 \\ COOCH_3 \end{matrix}$$

quantitativ in Amide verwandelt, während

$$\begin{matrix} CH_3 \\ CH_3 \end{matrix} > C < \begin{matrix} COOC_2H_5 \\ COOC_2H_5 \end{matrix} \quad \text{und} \quad \begin{matrix} C_2H_5 \\ C_2H_5 \end{matrix} > C < \begin{matrix} COOCH_3 \\ COOCH_3 \end{matrix}$$

ganz unangegriffen bleiben.

Diese Versuche zeigen, daß man bei der Untersuchung auf sterische Behinderungen mehr als bisher auf die Natur der anwesenden Alkylreste Bedacht nehmen muß und namentlich nicht Methyl- und Äthylreste als in ihrer Wirkung gleichwertig betrachten darf: Siehe hierzu noch Hans Meyer, M. 28, 33 (1907).

Über die Umkehrbarkeit der Reaktion Säureester + Ammoniak = Säureamid + Alkohol und über Arbeiten mit alkoholischer Ammoniak-Lösung siehe: Hofmann, B. 4, 268 (1871). — Cahours, Jb. 1873, 748. — Bonz, Z. phys. 2, 865 (1888). — Kirpal, M. 21, 959 (1900).

In einzelnen Fällen bedient man sich auch noch des alten Hofmannschen Verfahrens und erhitzt die Ammoniumsalze andauernd im Einschmelzrohre auf 230°.

C. Säureanilide und Toluide,[1]) sowie

D. Säurehydrazide werden auch gelegentlich zur Charakterisierung von Carbonsäuren verwandt. Sie werden ebenfalls aus den

---

[1]) Scudder, Am. 29, 511 (1903). — Anilinsalze: Liebermann, B. 30, 695 (1897).

Chloriden oder Estern erhalten[1]), die Anilide oft schon durch Kochen der Säure mit Anilin, eventuell unter Zusatz von konzentrierter Salzsäure.[2])

4. Abspaltung der Carboxylgruppe.

Viele Säuren gehen durch Erhitzen, entweder für sich oder in wässeriger Lösung, namentlich bei Gegenwart nicht flüchtiger Säuren (Schwefelsäure, Phosphorsäure), oder auch beim Kochen mit indifferenten Lösungsmitteln (Wasser, Eisessig, Chinolin) unter Verlust von CO_2 in die carboxylfreien Stammsubstanzen über. Es sind dies namentlich Säuren, die in der Nachbarschaft der COOH-Gruppe stark negativierende Reste besitzen, so z. B. die α-Carbonsäuren des Pyridins, die β-Naphthol-α-carbonsäure, Trinitrobenzoesäure usw. Die leichte Abspaltbarkeit der Carboxylgruppe kann daher zur Entscheidung von Stellungsfragen herangezogen werden, wie noch näher ausgeführt werden wird.

Einteilung der Säuren.

Man kann die Carbonsäuren ähnlich wie die Alkohole als

$$\text{primäre } R - CH_2 - COOH$$

$$\text{sekundäre } \begin{matrix} R_1 \\ R_2 \end{matrix} > CH - COOH$$

$$\text{und tertiäre } \begin{matrix} R_1 \\ R_2 \\ R_3 \end{matrix} C - COOH$$

unterscheiden. Die „Stärke" und das Verhalten der Carboxylgruppe wird in erster Linie durch die Natur der Reste R_1, R_2, R_3 beeinflußt.

A. Verhalten der primären Säuren. $R - CH_2 - COOH$.

Die primären Säuren, in denen R ein positives Radikal ist, besitzen den Typus der Fettsäuren. Infolge des positiven Charakters des die Carboxylgruppe tragenden C-Atoms ist in ihnen die COOH-Gruppe fest gebunden (schwer abspaltbar), dagegen sind sie in Lösung schwach dissoziiert. Ihre Ester sind leicht verseifbar, da der schwach negative Säurerest für das positive Alkyl nicht genügende Affinität besitzt.

Ist R ein stark negatives Radikal, so wird dadurch die Festigkeit, mit der die COOH-Gruppe gebunden ist, entsprechend gelockert. Die Bisdiazoessigsäure verliert alle Kohlensäure schon weit unterhalb des Schmelzpunktes. Die Malonsäure HOOC — CH_2 — COOH

---

[1]) Über den Abbau der Säurehydrazide s. Seite 444.
[2]) Über Anilide von Aldehyd- und Ketonsäuren: Hans Meyer, M. 28, 1211 (1907).

zerfällt bei 130°, in Eisessiglösung schon bei Wasserbadtemperatur[1]),
die Acetessigsäure

$$CH_3 - CO - CH_2 - COOH$$

spaltet schon unter 100° stürmisch CO_2 ab, und Nitroessigsäure
$NO_2 - CH_2 - COOH$ ist sogar überhaupt nicht in freier Form beständig, zerfällt vielmehr sofort unter CO_2-Abspaltung, sobald sie aus
ihren Salzen oder Estern freigemacht wird. Dagegen sind derartige Substanzen in Lösung stark dissoziiert und bilden sehr beständige Ester.

Säuren mit schwach negativem Radikal R nehmen eine Mittel-
stellung ein. So zerfällt die Phenylessigsäure

$$C_6H_5 - CH_2 - COOH$$

schon unter 300° in Toluol und Kohlensäure, während die Essigsäure $H - CH_2 - COOH$ nach Engler und Löw[2]) noch bei 400°
beständig ist.

B. Sekundäre Säuren. $\frac{R_1}{R_2}{>}CH - COOH$.

Für diese gelten analoge Betrachtungen. Zwei positive Reste
verleihen Fettsäurecharakter, Eintritt eines oder zweier negativer
Radikale verstärkt den Säurecharakter, lockert aber die Bindung der
Carboxylgruppe. So zerfällt Zimtsäure $C_6H_5 CH = CH - COOH$
schon bei ihrem Siedepunkte in Styrol und Kohlendioxyd, während
die Diazoessigsäure

$$\begin{matrix} N \\ \| \\ N \end{matrix}{>}CH - COOH$$

in freiem Zustande überhaupt nicht beständig ist, dagegen einen sehr
stabilen Ester bildet.

Die hexahydroaromatischen Säuren werden bei allen Versuchen,
ihr Carboxyl abzuspalten, weitgehend verändert: Zelinsky und
Gutt, B. 41, 2074 (1908).

C. Tertiäre Säuren. $\frac{R_1}{R_2}{>}C - COOH$. R_3

Für die Säuren mit offener Kette gelten die gleichen Er-
örterungen wie für die primären und sekundären Säuren. So zerfällt die Phenylpropiolsäure $C_6H_5 - C \equiv C - COOH$ beim Erhitzen mit Wasser auf 120°, die stärker saure Nitrophenyl-
propiolsäure bei 100°, die 4.1²-Dinitrozimtsäure

$$C_6H_4NO_2 - CH = C - COOH$$
$$|$$
$$NO_2$$

spaltet schon unter 0° Kohlendioxyd ab.[2])

---

[1]) Pomeranz und Lindner, M. 28, 1041 (1907).
[2]) B. 26, 1436 (1893).

Die cyclischen Verbindungen, insbesondere die Benzolcarbonsäuren sind weit beständiger, zeigen aber ebenfalls mit zunehmender Negativität des dem Carboxyl benachbarten C-Atoms abnehmende Festigkeit der COOH-Bindung. So ist Benzoesäure

$$\text{—COOH}$$

bei 400° noch beständig, Salicylsäure

$$\text{— OH}$$
$$\text{—COOH}$$

zerfällt beim Erhitzen (mit Wasser) auf 220—230°, β-Naphthol-α-carbonsäure

$$\text{COOH}$$
$$\text{OH}$$

bei 120° und auch schon beim andauernden Kochen mit Wasser, s-Trinitrobenzoesäure wird ebenfalls bei 100° zerlegt, Thiodiazoldicarbonsäure

$$\text{HOOC—C} \overset{S}{\diagup} \text{N}$$
$$\text{HOOC—C} \quad \text{N}$$

spaltet bei 75—80°, oder bei Verwendung wässeriger Lösungen bei 60—70°, das α-ständige Carboxyl ab,[1] und Phloroglucindicarbonsäure ist in freier Form nicht mehr beständig.[2]

Sehr instruktiv ist der Vergleich von Diphenyldihydropyridazincarbonsäure:

$$C_6H_5 . C . CH_2 . CH . COOH$$
$$\| \qquad \qquad |$$
$$N — N = C . C_6H_5$$

welche (auch mit Salzsäure) unverändert über 200° erhitzt werden kann und Diphenylpyridazincarbonsäure:

$$C_6H_5 . C — CH = C — COOH$$
$$\| \qquad \qquad \qquad |$$
$$N — N = C . C_6H_5$$

---

[1] Wolff, Ann. **333**, 9 (1904).
[2] Herzig u. Wenzel, M. **22**, 221 (1901).

36*

welche beim Schmelzen glatt in Kohlendioxyd und Pyridazin zerfällt.[1])

Sehr interessant ist auch, daß, während die Nitrosalicylsäure

$$
\begin{array}{c}
\text{—OH} \\
\text{—COOH} \\
\overset{|}{\text{NO}_2}
\end{array}
$$

überhaupt nicht beständig ist, ihre Isomeren, bei denen also keine
o-o-Substitution des Carboxyls statthat, sehr stabil sind.[2])

Aus der p-Stellung wirkt ein negativer Substituent auch noch,
aber schwächer, und noch schwächer aus der m-Stellung. So zerfällt p-Oxybenzoesäure bei 300°, während m-Oxybenzoesäure
unzersetzt destilliert.

Nach Hoogewerff und van Dorp[3]) werden übrigens auch die
aromatischen Säuren mit zwei zum Carboxyl orthoständigen Methylgruppen durch Schwefelsäure glatt in CO_2 und den entsprechenden
Kohlenwasserstoff gespalten.

In der Pyridinreihe sind alle α-Carbonsäuren durch ihren
leichten Zerfall ausgezeichnet.

Dimethylphloroglucincarbonsäure verliert beim Kochen in
alkalischer Lösung ihr Carboxyl. Durch Erhitzen mit Anilin[4])
werden die aromatischen Oxysäuren viel leichter unter Kohlendioxydabspaltung in Phenol übergeführt, als durch Wasser. Je mehr Hydroxyle
vorhanden sind, um so leichter erfolgt der Zerfall. Auch Haloid-
substitutionsprodukte sind weniger beständig als die Stammsubstanzen.
Am leichtesten zerfallen o-, dann p-, endlich m-Derivate. Äthersäuren
sind viel beständiger als die zugehörigen Oxysäuren.

Nach Staudinger[5]) verlieren die Chinolin- und Pyridinsalze
weit leichter als die Säuren selbst Kohlensäure. Benzalmalonsaures
Chinolin und Pyridin geht schon bei Zimmertemperatur in zimtsaures
Salz über.

Quantitative Kohlendioxydabspaltung.

Wenn man das bei der Abspaltung der Carboxylgruppe entstehende Kohlendioxyd quantitativ bestimmen will, kann man es entweder in ammoniakalischer Barytlösung auffangen und als Bariumcarbonat wägen,[6]) oder man leitet es wie bei der Elementaranalyse
in gewogene Kalilauge. So beschreibt Lefèvre[7]) die quantitative Zersetzung der Glucuronsäure mittels Salzsäure folgendermaßen.

---

[1]) Paal und Kühn, B. **40**, 4604 (1907).
[2]) Seidel und Bittner, M. **23**, 427 (1902).
[3]) Akad. van Wetenschappen te Amsterdam 1901, S. 173.
[4]) Cazeneuve, Bull. (3) **15**, 73 (1896).
[5]) B. **39**, 3067 (1906). — Siehe E. Fischer, B. **41**, 2883 (1908).
[6]) Kunz-Krause, Arch. **236**, 561 (1897). — Mann, Diss., Göttingen 1901.
[7]) Diss., Göttingen 1907, S. 32.

Auf den Destillationskolben A (Fig. 199) wird ein Liebigscher Rückflußkühler mit innerem Mehrkugelrohre aufgesetzt, der Wasserdampf und Salzsäuregas sofort wieder verdichtet und so das fortgesetzte Hinzubringen von neuen Mengen Salzsäure erübrigt, an diesen werden hintereinander zwei zur Hälfte mit Wasser gefüllte Peligotsche Röhren geschlossen, die die Aufgabe haben, Spuren übergegangener Salzsäure festzuhalten; an diese reiht sich ein Chlorcalciumrohr, und an dieses der Kaliapparat, der an seinem anderen Ende unter Einschaltung eines Chlorcalciumrohres mit dem Aspirator verbunden ist.

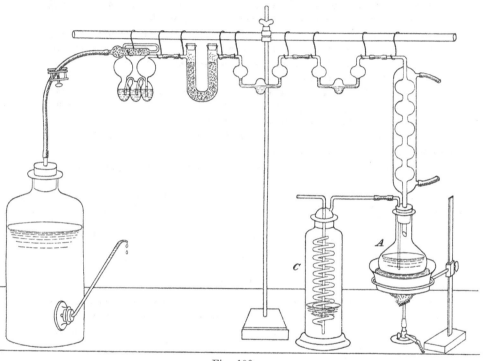

Fig. 199.

Der Destillationskolben wird ferner durch ein bis auf seinen Boden gehendes Rohr mit einem von Hugershoff-Leipzig gelieferten Kohlensäureabsorptionsapparate C verbunden. Dieser Apparat verdient eine nähere Besprechung:

Er besteht aus einem ca. 30 cm hohen starken Zylinder, in dessen eingeschliffenen Glasstopfen zwei Röhren eingeschmolzen sind, von denen die eine direkt an der inneren Öffnung endet, während die andere bis fast auf den Boden durchgeführt ist; von diesem Rohre zweigt sich dicht über seinem inneren Ende ein anderes Rohr ab, das sich, spiralförmig um das Hauptrohr gewunden, oben dicht unter dem Deckel öffnet. Der Apparat wird zu einem Drittel mit Kalilauge oder Barytwasser gefüllt; wird nun an dem kurzen Rohre gesaugt, so muß die durch das andere Rohr einströmende Luft während des Passierens der Spirale in inniger Berührung mit der Kalilauge oder dem Baryt bleiben, es tritt also aus dem kurzen Rohre nur kohlensäurefreie Luft aus.

Soll das Kohlendioxyd bei der trockenen Erhitzung der Säure abgespalten werden, so benutzt man an Stelle von A als Zersetzungsgefäß ein weites Probierglas, welches nebst einem Thermometer in ein mit konzentrierter Schwefelsäure gefülltes Becherglas taucht und mit einem doppelt durchbohrten Kork versehen ist, der das Zu- und Ableitungsrohr für die zu aspirierende Luft trägt.[1]

An Stelle des Erhitzens der freien Säure[2] wird auch oft das Zersetzen ihrer Salze mit Kalk oder Baryt ev. unter Zusatz von Natriummethylat[3] oder Natronkalk vielfach angewendet. Einhorn empfiehlt die Verwendung von Chlorzink.[4]

Weit zweckmäßiger, namentlich dann, wenn außer dem Carboxyl noch stark saure Hydroxyle vorhanden sind, ist das Erhitzen der Silbersalze,[5] namentlich im Wasserstoffstrome.[6]

Die aliphatischen flüchtigen Carbonsäuren werden dagegen hierbei ungefähr nach dem Schema:

$$2n(AgC_nH_{2n-1}O_2) = 2(n-1)(C_nH_{2n}O_2) + (n-1)C + CO_2 + 2nAg$$

zersetzt.[7] Phenylessigsäure, Cuminsäure und Benzoesäure destillieren dagegen nahezu unzersetzt; letztere liefert auch etwas Benzol.

Über einen weiteren Typus der Zersetzung von Silbersalzen (bei den 5-Nitro-2-aldehydobenzoesäure) siehe Wegscheider und Kuśy von Dúbrav, M. 24, 808 (1903).

Abspaltung von Kohlenoxyd.[8]

Tertiäre Säuren mit offener Kette, also nicht die aromatischen Carbonsäuren, spalten in Berührung mit konzentrierter (ca. 94proz.) Schwefelsäure sehr leicht, oft schon bei gewöhnlicher Temperatur, und in vielen Fällen quantitativ, Kohlenoxyd ab.

---

[1] Kunz-Krause, Arch. 231, 632 (1893); 236, 560 (1898); 242, 271, (1904).

[2] Z. B. Marckwald, B. 27, 1320 (1894).

[3] Mai, B. 22, 2133 (1889).

[4] Ann. 300, 179 (1898). — Zelinsky und Gutt, B. 41, 2074 (1908).

[5] Gerhardt und Cahours, Ann. 38, 80 (1841). — Königs und Körner, B. 16, 2153 (1883). — Königs, B. 24, 3589 (1901). — Lux, M. 29, 774 (1908).

[6] Wegscheider, M. 16, 37 (1895). — Lux, M. 29 (1908).

[7] Kachler, M. 12, 338 (1891). — Iwig und Hecht, B. 19, 238 (1886).

[8] Walter, Ann. Chim. Phys. (2), 74, 38 (1840); (3), 9, 177 (1843). — Königs und Hoerlin, B. 26, 812 (1893). — Nowakowski, Diss., Freiburg 1899, S. 45. — Bistrzycki und Nowakowski, B. 34, 3064 (1901). — Bistrzycki und Herbst, B. 34, 3074 (1901). — Auwers u. Schröter, B. 36, 3237 (1903). — Bistrzycki und Zurbriggen, B. 36, 3558 (1903). —

Sekundäre Säuren reagieren sehr viel schwerer, primäre noch schwerer oder gar nicht.[1])

Zur Untersuchung auf Kohlenoxydabspaltung geht man nach Bistrzycki und Siemiradski folgendermaßen vor:

Die Substanz (0.2—0.3 g) wird mit 30—40 ccm reiner 94proz. Schwefelsäure in einem Kölbchen, aus dem die Luft vorher durch einen während der ganzen Operation in Gang gehaltenen Strom von getrocknetem Kohlendioxyd verdrängt worden war, langsam erwärmt. Das Kohlendioxyd wird nach S. 188 aus Natriumbicarbonat entwickelt. Die aus dem Zersetzungskölbchen tretenden Gase werden zunächst zur Absorption von eventuell mitgebildetem Schwefeldioxyd durch

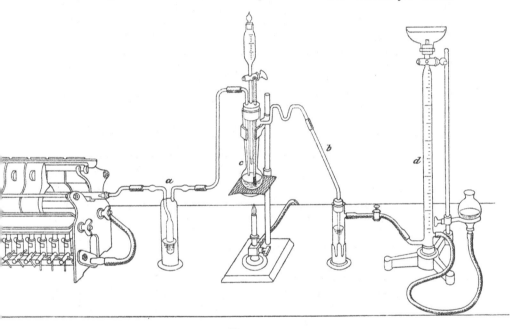

Fig. 200.

eine kalt gehaltene konzentrierte Natriumbicarbonatlösung geleitet, dann im Azotometer von Schiff über konzentrierter Kalilauge aufgefangen. Das so erhaltene Kohlenoxyd ist immer etwas lufthaltig. Man läßt es daher von ammoniakalischer Kupferchlorürlösung absorbieren und bringt den nicht absorbierten Anteil vom abgelesenen Volum in Abzug.

Bistrzycki und Schick, B. **37**, 656 (1904). — Bistrzycki u. Gyr, B. **37**, 662 (1904); **38**, 1822 (1905). — Bistrzycki u. Reintke, B. **38**, 839 (1905). — Bistrzycki und Mauron, Ch. Ztg. **29**, 7 (1905). — B. **40**, 4062, 4370 (1907). — Bistrzycki und Siemiradzki, B. **39**, 51 (1906). — Mitt. Naturf. Ges. Freiburg **3**, 23 (1907). — Siemiradzki, Diss. Freiburg 1908.
[1]) Bistrzycki und Siemiradzki, B. **41**, 1665 (1908).

Die Autoren wenden ein besonders konstruiertes Zersetzungs-kölbchen an,[1]) welches ein Mitgerissenwerden von Schwefelsäure-dämpfen verhindert (Fig. 200).

Waschflasche a enthält konzentrierte Schwefelsäure, der Zylinder b kaltgesättigte Natriumbicarbonatlösung. c ist der Zersetzungs-kolben, d ein mit konzentrierter Kalilauge beschicktes Azotometer nach Schiff.

Wenn das Kohlenoxydvolum konstant geworden ist, erhitzt man noch 10—20° höher, um sicher zu sein, daß keine weitere Gas-entwicklung stattfindet. Selten ist es notwendig, über 160° zu er-hitzen. Erfolgt die Kohlenoxydabspaltung erst bei höherer Tempe-ratur, so geht ein Teil des Gases durch Reduktion der Schwefel-säure zu Schwefeldioxyd der Bestimmung verloren. Ähnlich leichte Abspaltung von Kohlenoxyd zeigen auch die α-Oxysäuren,[2]) Ameisen-säure und Oxalsäure und ihre Derivate und manche α-Ketonsäuren.

Über Kohlenoxydabspaltung aus Säurechloriden: Hans Meyer, M. 22, 792 (1901). — Joist und Löb, Z. El. 11, 938 (1905). — Staudinger, Ann. 356, 72 (1907). — Bistrzycki und Landtwing, B. 41, 686 (1908).

5. Unterscheidung der primären, sekundären und tertiären Säuren.

A. Ermittelung der Esterifizierungsgeschwindigkeit.

Ganz analog der Konstitutionsbestimmung der Alkohole durch Ermittelung ihrer Esterifizierungsgeschwindigkeit mit einer bestimmten Säure (Essigsäure) kann man bei der Untersuchung der Säuren ver-fahren, die man mit einem und demselben Alkohol (Isobutylalkohol) reagieren läßt.

Während aber bei der Konstitutionsbestimmung der Alkohole nicht nur die Anfangsgeschwindigkeit, sondern auch der Grenzwert gleichermaßen charakteristische Unterschiede zwischen den einzelnen Gruppen erkennen lassen, ist bei der Untersuchung der Säuren das Hauptaugenmerk auf die Bestimmung der Anfangsgeschwindigkeit zu richten, während die Grenzwerte sich für alle drei Gruppen von Säuren nicht sonderlich unterscheiden.

Die Beschreibung der Methode ist S. 457 gegeben. Zur Er-reichung des Grenzwertes ist bei tertiären Säuren 480stündiges, bei den anderen Säuren 200stündiges Erhitzen auf 155° erforderlich. Nachfolgend Menschutkins Daten.[3])

	Anfangs-geschwindigkeit:	Grenzwert:
Primäre Säuren: $C_nH_{2n}O_2$	30.86—44.36	67.4—70.9
$C_nH_{2n-2}O_2$	43.0	70.8
$C_nH_{2n-8}O_2$	40.3—48.8	72.0—73.9

---

[1]) Zu beziehen von Dr. Bender und Dr. Hobein, Zürich.
[2]) Siehe S. 606.
[3]) Ann. 195, 334 (1879); 197, 193 (1879). — B. 14, 2630 (1881).

		Anfangs-geschwindigkeit:	Grenzwert:
Sekundäre Säuren:	$C_nH_{2n}O_2$	21.5—29.0	69.5—73.7
	$C_nH_{2n-2}O_2$	12.1	72.1
	$C_nH_{2n-10}O_2$	11.6	74.6
Tertiäre Säuren:	$C_nH_{2n}O_2$	3.5—8.3	72.7—74.2
	$C_nH_{2n-2}O_2$	3.0	69.3
	$C_nH_{2n-4}O_2$	8.0	74.7
	$C_nH_{2n-8}O_2$	6.8—8.6	72.6—76,5.

Meist wird man nur die Anfangsgeschwindigkeit bestimmen; doch ist Erhitzen auf 155° unbequem, und fast stets unnötig. Man benutzt statt höherer Temperatur 3proz. methylalkoholische
Salzsäure als Katalysator, und erhitzt entweder eine Stunde lang
auf dem kochenden Wasserbade[1]) oder im Thermostaten bei 15°. [2])
Über die Unanwendbarkeit dieser Methode bei Dicarbonsäuren:
Schwab, Rec. 2, 64 (1883). — Reicher, ebenda 308.

**B. Unterscheidung primärer und sekundärer Säuren von den
tertiären mittels Brom (Auwers und Bernhardi).[3])**

Bei der Bromierung nach der Hell-Volhard-Zelinskyschen
Methode nehmen aliphatische Mono- und Dicarbonsäuren so viele
Bromatome auf, als sie Carboxylgruppen besitzen, vorausgesetzt, daß
sich neben jeder Carboxylgruppe mindestens ein a-Wasserstoffatom
befindet.

Die Bernsteinsäure und ihre Alkylderivate nehmen nur ein
Atom Brom auf. Tertiäre Säuren reagieren nicht mit Brom und
Phosphor.

Bromierung nach Hell[4])-Volhard[5])-Zelinsky[6]).

In ein starkwandiges Reagensglas (Fig. 201) von etwa 3 cm
Durchmesser und 10 cm Höhe ist ein Helm eingeschliffen, der in ein
etwa 50 cm langes Kühlrohr endigt. In den Helm ist ferner ein
kleiner Tropftrichter eingeschmolzen, dem man zweckmäßig die Form
einer graduierten Pipette gibt. Man vermeidet dann das lästige Abwägen des Broms und kennt überdies in jedem Augenblicke die
Menge des bereits zugesetzten Halogens.

---

[1]) Sudborough und Lloyd, Soc. **73**, 81 (1898).
[2]) Sudborough und Roberts, Soc. **87**, 1841 (1905). — Sudborough
und Thomas, Soc. **91**, 1033 (1907). — Proc. **23**, 146 (1907).
[3]) Auwers und Bernhardi, B. **24**, 2210 (1891), vgl. auch V. Meyer
und Auwers, B. **23**, 294 (1890). — Auwers und Jackson, B. **23**, 1601,
1609 (1890). — Reformatzky, B. **23**, 1594˙ (1890). — Gabriel, B. **40**, 2647
(1907).
[4]) B. **14**, 891 (1881). — Hell und Twerdomedoff, B. **22**, 1745 (1889).
— Hell und Jordanoff, B. **24**, 938 (1891). — Hell und Sadomsky, B. **24**,
938, 2390 (1891).
[5]) Ann. **242**, 141 (1887).
[6]) B. **20**, 2026 (1887).

Die Ausführung der Bromierung gestaltet sich folgendermaßen:

Amorpher Phosphor wird mit der flüssigen Säure übergossen oder mit der festen Säure innig gemengt und darauf langsam Brom zugetropft. Durch richtige Regulierung des Bromzuflusses, nötigenfalls durch Kühlung des Kolbens, wird die Reaktion so geleitet, daß die Dämpfe im Kühlrohre gelb, nur ausnahmsweise und für kurze Zeit rot gefärbt erscheinen, um den Bromverlust möglichst zu beschränken. Sobald die berechnete Menge Brom hinzugefügt ist oder die Bromwasserstoffentwicklung sich verlangsamt, wird das Reaktionsgemisch allmählich auf 90—100° erwärmt.

Die Berechnung der Mengenverhältnisse der zur Reaktion gelangenden Substanzen erfolgt nach den Gleichungen:

I. $3C_nH_{2n+1} . CO_2H + P + 11Br = 3C_nH_{2n}Br . COBr + HPO_3 + 5HBr.$

II. $3C_nH_{2n} . (CO_2H)_2 + 2P + 22Br = 3C_nH_{2n-2}Br_2 . (COBr)_2 +$
$2HPO_3 + 10HBr.$

Da auch bei vorsichtigem Arbeiten stets mehr oder weniger Brom ungenutzt entweicht, so müssen in jedem Falle nach Verbrauch der theoretischen Menge weitere Quantitäten von Brom in kleinen Portionen zugefügt werden. Im allgemeinen wird mit diesem Zusatze fortgefahren, bis die Bromwasserstoffentwicklung völlig aufgehört hat, und das Kühlrohr auch nach halbstündiger Digestion noch von roten Bromdämpfen erfüllt ist. Dieser Zeitpunkt tritt bei den einbasischen Säuren ziemlich rasch ein, d. h. in wenigen Stunden bei Verarbeitung von 10—20 g Säure. Die Überführung der Dicarbonsäuren in ihre Bromderivate dauert dagegen in der Regel beträchtlich länger, meist währt es 10—15 Stunden, bis die Reaktion als beendet angesehen werden darf. Die Verlangsamung der Reaktion tritt dann ein, wenn ungefähr die zur Bildung des Monosubstitutionsproduktes nötige Menge Brom verbraucht ist.

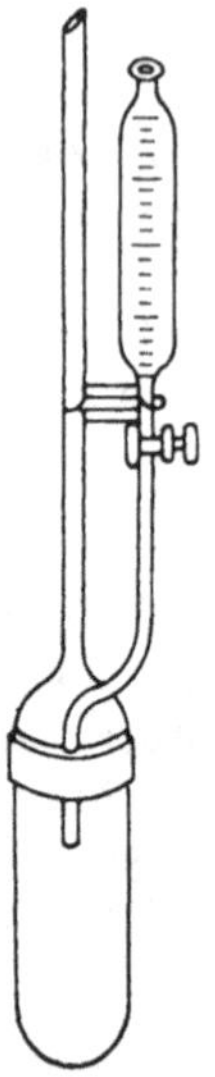

Nach Beendigung des Versuches wird das noch vorhandene Brom abdestilliert und darauf das gelb bis dunkelrotbraune, ölige Reaktionsprodukt auf Säure oder auf Ester verarbeitet.

In letzterem Falle läßt man das Öl direkt in das

Fig. 201. Zwei- bis Dreifache der theoretisch erforderlichen Menge absoluten Alkohols einlaufen, wobei regelmäßig eine sehr heftige Umsetzung erfolgt. Der bromierte Ester wird darauf durch Zusatz von viel Wasser abgeschieden, mit Wasser und verdünnter Schwefelsäure gewaschen, über Chlorcalcium oder besser über entwässertem Glaubersalz getrocknet, durch trockne Filter gegossen und schließlich unter gewöhnlichem Drucke oder im Vakuum rektifiziert.

Die Verarbeitung des Rohproduktes auf bromierte Säuren sowie die Reindarstellung derselben geschieht in verschiedener Weise, da die Löslichkeitsverhältnisse dieser Säuren und speziell ihr Verhalten gegen Wasser von Fall zu Fall wechseln.

Verwertbarkeit der bromierten Säuren zu näheren Konstitutionsbestimmungen: Crossley und Le Sueur, Proc. 14, 218 (1899). — Soc. 75, 161 (1899). — Proc. 15, 225 (1900). — Soc. 77, 83 (1900). — Mossler, M. 29, 69 (1908). — Siehe auch S. 444.

Einwirkung von Salpetersäure auf sekundäre Säuren: Bredt, B. 14, 1780 (1881); 15, 2318 (1882). — Bredt und Kershaw, 32, 3661 (1899).

Über die Skraupsche Reaktion der Pyridin-α-carbonsäuren siehe S. 465.

Zweiter Abschnitt.

Quantitative Bestimmung der Carboxylgruppe.

Zur quantitativen Bestimmung der Basizität organischer Säuren dienen folgende Methoden:

1. Analyse der Metallsalze der Säure;
2. Titration;
3. Die indirekten Methoden, und zwar:
   A. Die Carbonatmethode,
   B. Die Ammoniakmethode,
   C. Die Schwefelwasserstoffmethode,
   D. Die Jod-Sauerstoffmethode;
4. Untersuchung der Ester.
5. Bestimmung der elektrischen Leitfähigkeit des neutralen Natriumsalzes der Säure.

1. Bestimmung der Carboxylgruppe durch Analyse der Metallsalze der Säure.

In vielen Fällen läßt sich die Zahl der Carboxylgruppen in einer organischen Verbindung durch Analyse ihrer neutralen Salze ermitteln.

Namentlich sind Silbersalze für diesen Zweck verwendbar, weil sie fast immer wasserfrei und neutral erhalten werden.

Immerhin sind Ausnahmen bekannt. So krystalliert das cantharidinsaure Silber mit einem[1]), das Silbersalz der Camphoglucuronsäure mit drei[2]), das metachinaldinacrylsaure Silber mit vier[3]) Molekülen Krystallwasser.

---

[1]) Homolka, B. 19, 1083 (1886).
[2]) Schmiedeberg und Meyer, Z. physiol. 3, 433 (1879).
[3]) Eckhardt, B. 22, 276 (1889).

Auch saure Silbersalze sind, wenngleich selten, beobachtet worden[1]) und Oxysäuren, die stark mit negativen Gruppen beladen sind, wie o.o-Dibromparaoxybenzoesäure, 3.5-Dinitrohydrocumarsäure, 1.5-Dinitroparaoxybenzoesäure und 2.6-Dinitro-5-oxy-3.4-dimethylbenzoesäure nehmen 2 Atome Silber auf.

Viele Silbersalze sind licht- oder luftempfindlich, manche auch explosiv, wie das Silberoxalat, das Salz der Lutidoncarbonsäure[3]) der Apophyllensäure[4]) und der Chinolintricarbonsäure[5]), welch letzteres außerdem sehr hygroskopisch ist.[2])

Über die Analyse solcher Salze siehe S. 302.

Über Silbersalze von Polypeptiden der Glutaminsäure und Asparaginsäure: E. Fischer, B. 40, 3712 (1907).

Kupfersalze sind namentlich in der Pyridin- und Chinolinreihe sowie für die Charakterisierung aliphatischer Aminosäuren[6]), Zinksalze in der Fettreihe und zur Isolierung von aromatischen Sulfosäuren mit Vorteil angewendet worden. Die Aminosäuren pflegen auch charakteristische Nickelsalze zu geben.

Auch Natrium-, Kalium-, Calcium-, Barium- und Magnesiumsalze, sowie Ammonium-, Cadmium- und Bleisalze, sogar Rubidiumsalze[7]) sind zur Basizitätsbestimmung von organischen Säuren herangezogen worden.

Dabei sei erwähnt, daß sich oftmals gerade die sauren Salze von Polycarbonsäuren durch besondere Beständigkeit oder Schwerlöslichkeit auszeichnen. So läßt sich das saure chinolinsaure Kupfer aus Salpetersäure[8]), das saure dipicolinsaure Kalium aus Salzsäure[9]) unverändert umkrystallisieren (s. auch S. 27).

Da übrigens von vielen Säuren gut definierte, neutrale Salze überhaupt nicht darstellbar sind, andererseits auch andere Atomgruppen Metall zu fixieren vermögen, hat diese Methode nur beschränkte Anwendbarkeit.

2. Titration der Säuren.

Ist das Molekulargewicht eines carboxylhaltigen Körpers bekannt, so kann seine Basizität oftmals durch Titration bestimmt werden.

---

[1]) Thate, J. pr. (2), 29, 157 (1884). — Kohlstock, B. 18, 1849 (1885). — Schmidt, Arch. 2, 521 (1886). — Jeanrenaud, B. 22, 1281 (1889). — franz feist, B. 23, 3733 (1890). — Weitere anormale Silbersalze: Fussenegger, Diss., Kiel 1901, S. 42. — Theobald, Diss., Rostock 1892, S. 44. — R. Schulze, Diss., Kiel 1906, S. 65.
[2]) W. H. Perkin, Soc. 75, 176 (1899).
[3]) Sedgwick und Collie, Soc. 67, 407 (1895).
[4]) Roser, Ann. 234, 118 (1886).
[5]) Bernthsen und Bender, B. 16, 1809 (1883).
[6]) Fischer, Unters. Aminosäuren 1906, S. 17.
[7]) Windaus, B. 41, 613, 2560 (1908).
[8]) Boeseken, Rec. 12, 253 (1893).
[9]) Pinner, B. 33, 1229 (1900).

Man kann mit wässeriger oder alkoholischer $^n/_{10}$-Kali- oder Natronlauge, oder mit wässeriger $^n/_{10}$-Barythydratlösung arbeiten. Titration mit $^n/_2$-Ammoniak haben Haitinger und Lieben[1]) sowie Kehrer und Hofacker[2]) vorgenommen.

Substanzen, welche sehr schwer lösliche Kalium-(Natrium)-Salze geben, lassen sich manchmal vorteilhaft mit Lithiumhydroxydlösung titrieren.[3])

Diels und Abderhalden fanden,[4]) daß die bei der Oxydation des Cholesterins entstehende Säure $C_{27}H_{44}O_4$ mit Kalilauge glatt als zweibasische Säure titrierbar ist, während $^n/_{10}$-Natronlauge ein so schwer lösliches saures Natriumsalz liefert, daß damit nur eine Carboxylgruppe nachweisbar ist.

Man kann auch den Störungen, die bei Verwendung von Wasser als Lösungsmittel entstehen, Hydrolyse usw. durch geeignete Wahl des Mediums begegnen.[5])

So lassen sich die hochmolekularen Fettsäuren nur in starkem (mindestens 40 proz.) Alkohol titrieren. Als Endreaktion gilt der erste bleibende rosa Schein.[6])

Manche Substanzen (Oxymethylene) müssen mit Natriumalkoholat in absolut alkoholischer Lösung (Indikator Phenolphthalein) titriert werden.[7])

Anschütz und Schmidt[8]) titrieren in Pyridinlösung mit Natronlauge und Phenolphthalein.

Hans und Astrid Euler lösen Harzsäuren in Amylalkohol und titrieren mit Barytlösung.[9])

Von Säuren werden in der Regel Salzsäure oder Schwefelsäure verwendet.

Letztere kann beim Arbeiten in alkoholischer Lösung nicht so gut gebraucht werden, weil die ausfallenden unlöslichen Sulfate das Erkennen der Endreaktion stören.

Die zum Auflösen der Substanz benutzten Flüssigkeiten (Alkohol, Äther usw.) müssen säurefrei sein oder vorher mit $^n/_{10}$-Lauge genau neutralisiert werden.

Als Indikatoren werden Phenolphthalein, Methylorange, Lacmoid, seltener Rosolsäure, Curcuma oder Lackmus verwendet. Auf Kohlensäure ist immer entsprechend Rücksicht zu

---

[1]) M. **6**, 292 (1895).

[2]) Ann. **294**, 171 (1896).

[3]) Hans Meyer, Festschr. f. Ad. Lieben (1906), S. 469. — Ann. **351**, 269 (1907).

[4]) B. **37**, 3096 (1904).

[5]) Vesterberg, Arkiv för Kemi etc. **2**, Nr. 37, 1 (1907).

[6]) Hirsch, B. **35**, 2874 (1902). — Schmatolla, B. **35**, 3905 (1902). — Kanitz, B. **36**, 400 (1903). — Schwarz, Ztschr. f. öff. Ch. **11**, 1 (1905). — Holde und Schwarz, B. **40**, 88 (1907).

[7]) Rabe, Ann. **332**, 32 (1904).

[8]) B. **35**, 3467 (1902).

[9]) B. **40**, 4763 (1907).

nehmen. Bei dunkel gefärbten Flüssigkeiten ist oft Alkaliblau[1]) mit Vorteil anwendbar.

Bei Verwendung von Methylorange ist für gelb gefärbte Flüssigkeiten Zusatz von Indigosulfosäure zu empfehlen. [2])

Fast noch wichtiger scheint nach Luther der Indigozusatz bei der genauen Titration farbloser Lösungen mit Methyl- bzw. Äthylorange zu sein. Um bei der Titration mit carbonathaltigen Laugen deutliche Endpunkte zu erhalten, verfährt man nach dem Vorschlage von Küster[3]) derart, daß man sich durch Sättigen einer Methylorangelösung mit Kohlendioxyd eine „Normalfarbe" herstellt, auf die titriert wird. Da die Farbübergänge rot-orange-gelb besonders bei verdünnten Lösungen sehr allmählich sind, so kann man leicht über den Endpunkt im Unsichern sein. Hier hilft indigschwefelsaures Natrium sehr gut, denn die Farbe seiner Lösung ist nahezu komplementär zur „Normalfarbe". Durch Mischungsverhältnisse, die durch Probieren schnell zu finden sind, kann man es leicht erreichen, daß das Farbstoffgemenge durch Kohlensäure ein fast neutrales Grau erhält. Genügend verdünnte Lösungen erscheinen dann nahezu farblos. Der Umschlag von violett über farblos nach grün, den ein derartiges Gemenge von Methylorange und indigschwefelsaurem Natrium beim Titrieren gibt, ist sehr ausgesprochen und erleichtert das Titrieren — besonders bei verdünnten Lösungen — ganz ungemein. Man titriert auf farblos (grau). Da Indigschwefelsäure durch überschüssiges Alkali gelb gefärbt wird, so ist die ganze Farbenskala, die etwa bei der Titration eines Alkalis mit Säure durchlaufen wird, folgende: gelb, grün, farblos (grau), violett. Diese Mannigfaltigkeit hat den Vorzug, daß man auf die Annäherung an den Endpunkt vorbereitet wird. Ein Übertitrieren ist daher auch bei rascher Arbeit leicht zu vermeiden.

Hewitt[4]) empfiehlt das p-Nitrobenzolazo-α-naphthol (NO_2. C_6H_4.N:N.$C_{10}H_6$.OH, bzw. KNO_2:C_6H_4:N.N:$C_{10}H_6O$), welches in neutraler Lösung gelbbraun ist und durch Alkali violett wird, und ganz besonders auch das Nitrosulfobenzolazo-α-Naphthol (NO_2. SO_3H.C_6H_3.N:N.$C_{10}H_6OH$). Das letztere, in neutraler Lösung schwach gelb, wird durch Alkali intensiv purpurrot. Mit beiden Indikatoren erhält man ebenso scharfe Resultate wie mit Phenolphthalein.

Als Kuriosum sei auch der Versuch von Richards[5]) erwähnt, den Neutralisationspunkt durch den Geschmacksinn zu bestimmen.

Aber nicht nur Carbonsäuren, sondern auch gewisse Phenole,

---

[1]) Marke II OLA der Höchster Farbwerke, siehe Freundlich, Öst. Ch. Ztg. 4, 441 (1901).

[2]) Hällström, B. 38, 2288 (1905). — Kirschnick, Ch. Ztg. 31, 960 (1907). — Luther, Ch. Ztg. 31, 1172 (1907).

[3]) Z. anorg. 13, 134 (1897). Die theoretischen Ausführungen daselbst S. 144 sind übrigens nach Luther nicht richtig.

[4]) Analyst 33, 85 (1908).

[5]) Am. 20, 125 (1898). — S. auch Kastle, Am. 20, 466 (1898).

wie Pikrinsäure[1]), Salicylamid[2]), Salicylsäurehydrazid[2]), Oxymethylenverbindungen[3]), wie z. B. Acetyldibenzoylmethan[4]), Oxymethylenacetessigester[5]), Oxylactone wie Tetrinsäure[4]) und Tetronsäure[6]), Naphthooxycumarin[7]), Hydroresorcine[8]), 1-Phenyl-3-methyl-5-pyrazolon[4]), Oxybetaïne[9]) und endlich Saccharin[10]) lassen sich glatt in wässeriger oder alkoholischer Lösung titrieren.

Ebenso reagieren manche Aldehyde, wie Glyoxal[11]), Salicylaldehyd, p-Oxybenzaldehyd und Vanillin, ferner substituierte Ketone, wie Monochloraceton und Bromacetophenon mit Phenolphtalein als Indikator wie einbasische Säuren.[12])

Andererseits zeigen, wie schon S. 555 erwähnt, gewisse Aminosäuren infolge intramolekularer Kompensation eine Abschwächung des sauren Charakters, die bis zur vollständigen Neutralität gehen kann.

Über Titration der Säureimide und Lactone sowie über verzögerte Neutralisation (Pseudosäuren) siehe Seite 613 und 855.[13])

3. Indirekte Methoden.

Die indirekten Methoden zur Basizitätsbestimmung organischer Säuren lassen sich nach der Art der durch die Säure verdrängten Substanz unterscheiden als

A. Carbonatmethode,

B. Ammoniakmethode,

C. Schwefelwasserstoffmethode,

D. Jod-Sauerstoffmethode.

---

[1]) Küster, B. 27, 1102 (1894). — Küster hat die Titrierbarkeit der Pikrinsäure zu einer quantitativen Bestimmungsmethode für die Additionsprodukte derselben mit Kohlenwasserstoffen, Phenolen usw. ausgearbeitet. Siehe S. 323.

[2]) Hans Meyer, M. 28, 1382 (1907).

[3]) S. auch Diels und Stern, B. 40, 1622 (1907).

[4]) Knorr, Ann. 293, 70 (1896).

[5]) Claisen, Ann. 297, 14 (1897).

[6]) Wolff, Ann. 291, 226 (1896).

[7]) Runkel, Diss., Bonn 1902, S. 31.

[8]) Schilling und Vorländer, Ann. 308, 184 (1899).

[9]) Hans Meyer, M. 26, 1311 (1905). — Kirpal, M. 29, 472 (1908).

[10]) Hans Meyer, M. 21, 945 (1900). — Glücksmann, Pharm. Post 34, 234 (1901).

[11]) S. auch Harries und Temme, B. 40, 165 (1907).

[12]) Welmans, Pharm. Ztg. 1898, 634. — Astruc und Murco, C. r. 131, 943 (1901). — Hans Meyer, M. 24, 833 (1903). — Die Angabe von Astruc und Murco, daß auch das Piperonal sich titrieren lasse, ist irrtümlich; dasselbe reagiert vielmehr gegen Phenolphtalein vollkommen neutral.

[13]) Über die Acidimetrie organischer Säuren siehe auch noch Degener, Festschrift der Herzogl. Techn. Hochschule in Braunschweig, Friedr. Vieweg u. S. (1897), S. 451 ff. — Imbert und Astruc, C. r. 130, 35 (1900). — Astruc, C. r. 130, 253 (1900). — Wegscheider, M. 21, 626 (1900). — Wagner und Hildebrandt, B. 36, 4129 (1903).

A. Carbonatmethode (Goldschmiedt und Hemmelmayr).[1]

Eine gewogene Menge Substanz (0.5—1 g) wird in Lösung in ein Kölbchen mit dreifach durchbohrtem Stopfen gebracht. Durch eine Bohrung geht ein bis knapp unter den Stopfen reichendes, aufsteigendes Kugelrohr, durch die zweite ein bis an den Boden des Kölbchens reichendes, ausgezogenes und am unteren Ende hakenförmig nach aufwärts gebogenes Glasrohr; die dritte Bohrung trägt einen kleinen Tropftrichter mit Hahn, dessen unteres Ende ebenfalls ausgezogen und hakenförmig aufgebogen ist und unter das Niveau der Flüssigkeit taucht.

Durch diesen kleinen Trichter läßt man in siedendem Wasser aufgeschwemmtes kohlensaures Barium zur schwach kochenden Lösung sukzessive hinzutreten.

Das entbundene Kohlendioxyd wird durch einen langsamen Strom kohlensäurefreier Luft durch zwei Chlorcalciumröhrchen in einen gewogenen Absorptionsapparat übergeführt.

Man läßt erkalten, kocht nochmals auf und wägt das Absorptionsrohr nach dem Erkalten im Luftstrome.[2]

B. Ammoniakmethode (Parker C. Mc Jlhiney).[3]

Die Säure (ca. 1 g) wird in überschüssiger alkoholischer Kalilauge gelöst (der Alkoholgehalt der Lösung soll gegen 93 Proz. betragen) und auf 250 ccm gebracht. Man leitet eine Stunde lang Kohlendioxyd durch die Flüssigkeit, bis alles freie Alkali als Carbonat und Bicarbonat gefällt ist, filtriert, wäscht mit 50 ccm 93 proz. Alkohol, destilliert das Lösungsmittel ab und versetzt den Rückstand mit 100 ccm einer 10 proz. Salmiaklösung.

Das Kaliumsalz der Säure zersetzt das Chlorammonium unter Entbindung der äquivalenten Menge Ammoniak, welches abdestilliert und in gewöhnlicher Weise titriert wird.

Da 100 ccm 93 proz. Alkohols so viel Alkalicarbonat lösen, als 0.34 ccm Normalsäure entspricht, muß bei der Berechnung eine entsprechende Korrektur angebracht werden.

Auch muß man, durch eine blinde Probe, bei der man 100 ccm der Salmiak-Lösung ebenso lange kochen läßt wie bei dem Versuche (etwa 1—2 Stunden), konstatieren, wieviel Ammoniak durch Dissoziation des Salmiaks mit den Wasserdämpfen flüchtig ist, und dies in Rechnung ziehen.

Die Methode gibt bei den schwächeren Fettsäuren gute Resultate und wird namentlich bei dunkel gefärbten Lösungen, welche keine Titration gestatten, mit Vorteil angewandt.

---

[1] M. **14**, 210 (1893).
[2] Über ein auf der Zersetzung von Natriumbicarbonat beruhendes Verfahren siehe Vohl, B. **10**, 1807 (1877) und C. Jehn, B. **10**, 2108 (1877).
[3] Am. **16**, 408 (1894).

F. Jean[1]) bestimmt in ähnlicher Weise die Acidität bzw. Alkalinität gefärbter Substanzen. Bei alkalischer Reaktion wird eine bekannte Menge Substanzlösung mit überschüssigem Ammoniumsulfat destilliert und das übergehende Ammoniak mit Salzsäure titriert. Säuren werden mit gemessener überschüssiger Kalilauge versetzt, Ammoniumsulfat zugesetzt und das bei der Destillation übergehende Ammoniak in Rechnung gestellt.

C. Schwefelwasserstoffmethode (Fritz Fuchs).[2])

Bringt man einen carboxylhaltigen Körper mit einer in Schwefelwasserstoffatmosphäre befindlichen Sulfhydratlösung zusammen, so entwickelt derselbe nach der Gleichung:

$$NaSH + xH_2S + RCOOH = RCOONa + xH_2S + H_2S$$

für jedes Volum durch Metall ersetzbaren Wasserstoffs zwei Volumina Schwefelwasserstoff.

Phenolisches und alkoholisches Hydroxyl, sowie Hydroxyl der Oxysäuren reagieren nicht mit den Sulfhydraten.

Lactone (Phthalid, Phenolphthalein) sind im allgemeinen ohne Einwirkung. Alkalilösliche **Lactonsäuren** (Cantharsäure) können aber partiell aufgespalten werden (Hans Meyer und Krczmař[3]).

Bereitung der Lösung.

Die zu benutzende Lauge darf nicht konzentriert sein, weil die meisten Alkalisalze in konzentrierter Sulfhydratlösung schwer löslich sind, und so die vollständige und schnelle Einwirkung verhindert würde.

Man benutzt daher eine höchstens 10 proz. Kalilauge, welche vor Anstellung des Versuches zur Entfernung von Kohlensäure mit Barytwasser aufgekocht wird. Man läßt, in geschlossener Flasche, das Bariumcarbonat sich absetzen und gießt nun die erkaltete, klare Lösung in das Kölbchen, welches zum Versuche dienen soll. Nun leitet man Schwefelwasserstoff im Überschusse ein, wodurch auch das in Lösung befindliche Barythydrat in Hydrosulfid verwandelt wird, und daher auf den Gang der Analyse keinen Einfluß ausübt.

Ausführung der Analyse.

Die Bestimmung des entwickelten Schwefelwasserstoffs kann
a) volumetrisch,
b) titrimetrisch
erfolgen. Bequemer und daher in den meisten Fällen empfehlenswerter ist die erstere Methode.

a) Volumetrische Bestimmung.

Die Analyse erfolgt nach dem Prinzipe der Viktor Meyerschen Dampfdichtebestimmung.

---

[1]) Ann. chim. anal. appl. **1897**, II, 445.
[2]) M. **9**, 1132, 1143 (1888); **11**, 363 (1890).
[3]) M. **19**, 715 (1898).

Der Apparat (Fig. 202) besteht aus einem langhalsigen Kölbchen A aus dickwandigem Glase und dem erweiterten Gasentwicklungsrohre B. Die Verbindung ist durch den Kautschukstopfen c hergestellt, dessen eine Bohrung das Rohr B aufnimmt. In der zweiten befindet sich das Röhrchen mit der Substanz und darüber ein gleichkalibriger Glasstab. Vor Beginn des Versuches ist das Kölbchen zum

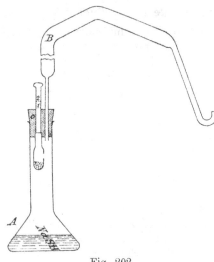

Fig. 202.

größten Teile mit Schwefelwasserstoffgas gefüllt, im oberen Teile des Halses befindet sich etwas Luft.

Das Gasentwicklungsrohr B ist mit trockener Luft gefüllt. Geht die Schwefelwasserstoff-Entwicklung vor sich, so verdrängt das entbundene Gas ein gleiches Volumen Luft, welches über Wasser in einer kubizierten Röhre aufgefangen wird.

Man wägt die feinzerriebene, getrocknete Substanz (ca. 0.5 g) in dem Röhrchen ab, schiebt von oben den Glasstab ein bis zur Marke 1, welche in Form eines Feilstriches an letzterem angebracht ist, sodann drückt man von unten das Substanzröhrchen so weit in die Öffnung, bis es den Glasstab berührt.

Nun wird der Kolben gasdicht mit dem Gasentwicklungsrohre verbunden.

Man läßt einige Minuten stehen, damit die durch das Anfassen etwas erwärmten Stellen sich wieder abkühlen, bringt dann das Capillarrohr unter die gefüllte Meßröhre und drückt den Glasstab bis zur Marke 2 herab, wobei man den Stöpsel und nicht das Glas festhält.

Nach wenigen Minuten ist die Gasentwicklung beendet.

Die Berechnung erfolgt nach der Formel:

$$G = \frac{\frac{1}{2} V (b-w)}{760 (1 + 0,00366\,t)} \cdot 0,0000896 = \frac{V \cdot (b-w) \cdot 0,0000000589\underline{5}}{1 + 0,00366\,t}$$

in welcher

G das Gewicht an ersetzbarem Wasserstoff,
V das abgelesene Volumen,
b den Barometerstand,

w die der Temperatur t entsprechende Tension des Wasserdampfes,

0.0000896 das Gewicht eines Kubikzentimeters Wasserstoff
bei 0° und 760 mm

bedeutet.

Für einen zweiten oder dritten Versuch kann dieselbe Lösung
benutzt werden, es ist nur nötig, vor jedem neuen Versuche das
Gasentwicklungsrohr mit frischer, getrockneter Luft zu füllen.

Titrimetrische Bestimmung.

Zur jodometrischen Bestimmung des Schwefelwasserstoffs wird
man einen kurzhalsigen Kolben und ein kurzes Gasentwicklungsrohr
benutzen, um den Apparat leicht mit Schwefelwasserstoff füllen zu
können (Fig. 203).

Wenn die Substanz in den Stopfen justiert ist, wirft man in
das Kölbchen ein Stückchen Weinsäure oder Oxalsäure — ca. $^1/_4$ g —
und verschließt mit dem Kautschukstopfen. Der sich entwickelnde
reine Schwefelwasserstoff verdrängt die Luft
vollkommen aus dem Apparate.

Nach beendigter Gasentwicklung legt
man ein kleines Becherglas vor, welches
mit konzentrierter Kalilauge gefüllt ist. Da
die Lauge den Schwefelwasserstoff stark
absorbiert, so steigt sie im Entwicklungs=
rohre etwas empor; es ist dies jedoch ein
Fehler, der sich im Verlaufe des Versuches
von selbst korrigiert.

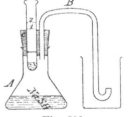

Fig. 203.

Man läßt nun die Substanz in die
Sulfhydratlösung fallen und den entwickelten Schwefelwasserstoff von
der Lauge absorbieren.

Nach Beendigung der Gasentwicklung (1—5 Minuten) senkt
man langsam das Becherglas mit der Lauge, um das Gas wieder
unter den ursprünglichen Druck zu stellen. Man spült die Lauge
in einen geräumigen Kolben, spült auch das aus dem Apparate ge-
zogene Entwicklungsrohr ab, verdünnt mit Wasser auf ca. $^1/_2$ Liter,
neutralisiert mit Essigsäure und titriert nach Zusatz von etwas Stärkelösung mit Jodlösung.

Es entspricht:

$$1\,H = 1\,H_2S = 2\,J.$$

Man hat bloß das Gewicht des verbrauchten Jodes durch
2×126.5 zu dividieren, um das Gewicht des ersetzbaren Wasserstoffs zu erhalten.

Der Fehler, der durch das Hinabdrücken des Glasstabes entsteht, kann durch eine blinde Probe bestimmt werden, ist aber so
klein, daß er meistens vernachlässigt werden kann.

Nach einer späteren Mitteilung von Fuchs[1]) über das Verhalten der substituierten Phenole usw. gegen Alkalisulfhydrat
lassen sich folgende Regeln auf-
stellen:

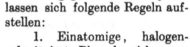
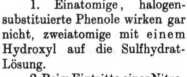

1. Einatomige, halogen-
substituierte Phenole wirken gar
nicht, zweiatomige mit einem
Hydroxyl auf die Sulfhydrat-
Lösung.

2. Beim Eintritte einer Nitrogruppe in ein Phenol ermöglicht
nur die Besetzung der Parastellung zum Hydroxyl eine Einwirkung.

3. Unter gewissen Um-
ständen kann auch durch den
Eintritt von Carbonylgruppen
der Phenolhydroxylwasserstoff
Säurecharakter erlangen (Methyl-
phloroglucine).

Von diesen Fällen abge-
sehen, gibt die Methode ein
Mittel an die Hand, Phenol-
resp. Alkohol-Hydroxyl von Carboxyl zu unterscheiden, was
durch die beiden vorhergenannten Methoden nicht mit Bestimmtheit
erreicht wird.

Fig. 204.

D. Jod-Sauerstoffmethode (Baumann-Kux).[2])

Diese Methode beruht auf der Ausscheidung von Jod aus Jodkalium und jodsaurem Kalium durch selbst ganz schwache[3]) organische Säuren nach der Gleichung:

$$6\,RCOOH + 5\,JK + JO_3K = 6\,RCOOK + 6\,J + 3\,H_2O.$$

Das ausgeschiedene Jod wird mit alkalischer Wasserstoffsuperoxydlösung gemischt und der entwickelte Sauerstoff gemessen.

$$J_2 + K_2O = JOK + JK$$
$$JOK + JK + H_2O_2 = 2\,JK + H_2O + O_2.$$

Man benutzt zu den gasvolumetrischen Bestimmungen ein etwas
modifiziertes Wagner-Knopsches Azotometer[4]) (Fig. 204).

Der Apparat besteht aus einem Zersetzungsgefäß A, auf dessen
Boden in der Mitte ein kleiner, ca. 20 ccm fassender Glaszylinder B

---

[1]) M. **11**, 363 (1890).
[2]) Z. anal. **32**, 129 (1893).
[3]) Siehe übrigens Dimroth, Ann. **335**, 4 (1904).
[4]) Z. anal. **13**, 389 (1874).

aufgeschmolzen ist, und einem großen, mit Wasser gefüllten Glaszylinder C, in dessen Deckel zwei kommunizierende Büretten befestigt sind. Außer den letzteren befindet sich in dem großen Zylinder noch ein Thermometer. Die Füllung der Büretten mit Wasser geschieht durch Luftdruck, welchen man durch Kompression eines Kautschukballes D erzeugt und auf ein mit Wasser gefülltes, durch einen Schlauch mit den Büretten in Verbindung stehendes Gefäß E einwirken läßt. Der Gummischlauch ist mit einem Quetschhahn F versehen, welchen man beim Füllen und Ablassen des Wassers öffnet. Das Zersetzungsgefäß ist mit einem Kautschukstopfen oder gut eingeriebenen Glasstopfen G mit Hahn H verschließbar, durch dessen Mitte eine Glasröhre geht, welche durch einen Gummischlauch mit der graduierten Bürette in Verbindung steht. Durch Lüften des Hahnes H, der gut eingefettet sein muß, sorgt man vor Beginn des Versuches für Druckausgleich.

Vor und nach der Bestimmung wird das Zersetzungsgefäß in einen Behälter mit Wasser gestellt, welches dieselbe Temperatur haben muß wie das Wasser in dem großen Glaszylinder.

Als Reagenzien dienen:

1. Jodkalium, welches ebenso wie das
2. jodsaure Kalium absolut säurefrei sein muß,
3. Wasserstoffsuperoxyd in 2—3 proz. Lösung,
4. Kalilauge, aus gleichen Teilen Kalihydrat und Wasser bereitet,
5. frisch ausgekochtes (kohlensäurefreies) destilliertes Wasser.

Ausführung des Versuches.

Zirka 0.2 g feingepulvertes Kaliumjodat und 2 g Jodkalium werden mit etwa 0.1—0.2 g der Säure und 40 ccm Wasser in ein gut schließendes Stöpselglas gebracht und entweder 12 Stunden in der Kälte oder $^1/_2$ Stunde bei 70—80° stehen gelassen, bis das Jod vollständig ausgeschieden ist. Hierauf spült man den Inhalt des Stöpselglases mit höchstens 10 ccm Wasser in den äußeren Raum des Entwicklungsgefäßes.

Alsdann stellt man eine Mischung von 2 ccm Wasserstoffsuperoxydlösung und 4 ccm Kalilauge her, wobei schwache Erwärmung des Gemisches eintritt, welche man durch Einstellen des Gefäßes in kaltes Wasser annulliert.

Das Wasserstoffsuperoxyd darf erst kurz vor der Analyse alkalisch gemacht werden, da sich das alkalische Wasserstoffsuperoxyd bei längerem Stehen unter Sauerstoffentwicklung zersetzt. Die alkalische Lösung wird mittels eines Glastrichters in den kleinen Glaszylinder des Entwicklungsgefäßes gegossen, derselbe fest mit dem Kautschukstopfen verschlossen und in das Kühlwasser gehängt, welches dieselbe Temperatur besitzt wie das Wasser des Gasmeßapparates.

Nach etwa 10 Minuten, während welcher Zeit der oberhalb des

Stopfens befindliche Glashahn H gelüftet war, drückt man denselben fest und beobachtet nach weiteren 5 Minuten, ob sich der Flüssigkeitsspiegel in den Büretten, welche vorher auf 0 eingestellt wurden, verändert.

Eventuell wäre der Gashahn nochmals 5 Minuten offen zu halten.

Nach Ausgleich der Temperatur läßt man durch Öffnen des Quetschhahnes F ungefähr 30—40 ccm Wasser aus den Büretten abfließen, nimmt das Entwicklungsgefäß aus dem Wasser, faßt dasselbe mittels eines kleinen Handtuches an dem oberen Rande, ohne die Wandungen mit der Hand zu berühren, und bringt die Flüssigkeit in eine drehende Bewegung, ohne jedoch Wasserstoffsuperoxyd aus dem Glaszylinder treten zu lassen.

Nun mischt man, ohne die drehende Bewegung zu unterbrechen, plötzlich die beiden Flüssigkeiten miteinander, schüttelt noch einige Male kräftig durch und setzt das Gefäß in das Kühlwasser zurück.

Die Entwicklung des Sauerstoffs findet sofort statt und ist in wenigen Sekunden beendet. Nachdem das Gefäß etwa 10 Minuten in dem Kühlwasser gestanden, bringt man den Flüssigkeitsstand in den beiden Büretten auf gleiche Höhe und liest ab.

Die Anzahl der gefundenen Kubikzentimeter multipliziert man mit der betreffenden Zahl der Baumannschen[1]) Tabelle (siehe S. 584 und 585) und erhält so direkt das Gewicht des Carboxylwasserstoffs.

Eine jodometrische Methode zur Bestimmung von Säuren hat auch M. Gröger ausgearbeitet.[2])

Mittels dieses Verfahrens konnte Dimroth[3]) auch langsam ketisierbare Enolester titrieren.

4. Bestimmung der Carboxylgruppen durch Esterifikation.

In sehr vielen Fällen kann man die Unterscheidung von Phenol- und Carboxylwasserstoff durch Esterifikation der Substanz mit Salzsäure oder Schwefelsäure und Alkohol bewirken.

Es empfiehlt sich stets, die Methylester darzustellen, die fast immer leichter krystallisieren, höheren Schmelzpunkt besitzen[4]) und sich leichter bilden.[5])

Es ist auch nicht immer gleichgültig, ob man Salzsäure oder Schwefelsäure verwendet.

So kann bei ungesättigten Säuren der Fettreihe (Crotonsäure, Linolensäure) bei Verwendung von Salzsäure Anlagerung derselben

---

[1]) Z, ang. 4, 328 (1891).
[2]) Z. ang. 3, 353, 385 (1890). — Furry, Am. 6, 341 (1885). — Fessel, Z. anorg. 23, 67 (1900).
[3]) Siehe S. 495. — Ferner: Feder, Ztschr. Unters. Nahr. Gen. 12, 216 (1906). (Titration der Pikrinsäure).
[4]) Siehe S. 107.
[5]) Siehe hierzu die interessanten Angaben von W. Küster, Z. physiol. 54, 501 (1908).

stattfinden, so daß überhaupt auf diese Weise kein reiner Ester erhältlich ist. Schwefelsäure führt aber hier zum Ziele.[1]) Kocht man Jodpropionsäure mit 1proz. alkoholischer Salzsäure, so entsteht Chlorpropionsäureester. Dagegen wird der Jodpropionsäureester sogleich vollkommen rein erhalten, wenn an Stelle von Salzsäure Schwefelsäure genommen wird.[2])

Zur Esterifizierung mittels Salzsäure oder Schwefelsäure[3]) und Alkohol empfiehlt sich in vielen Fällen die Vorschrift von E. Fischer und Speier[4]), wonach die zu veresternde Säure mit der zwei- bis sechsfachen Menge absoluten Alkohols, der einige Prozente (1—5) Salzsäuregas[5]) oder vielfach noch besser Schwefelsäure enthält, etwa 4 Stunden lang am Rückflußkühler gekocht wird.

Schwer lösliche Säuren, die beim Kochen stoßen, erhitzt man im Einschlußrohre auf 100°.

In manchen Fällen empfiehlt es sich auch, die Säure in warmer Schwefelsäure zu lösen und diese Lösung in Alkohol zu gießen (Schleimsäure[6]). Dieses Verfahren bewährt sich namentlich auch dann, wenn die Säure selbst mittels konzentrierter Schwefelsäure gewonnen wird; man gießt dann das Reaktionsgemisch direkt unter Kühlung in den Alkohol und erhitzt noch kurze Zeit auf dem Wasserbade (Acetondicarbonsäure[7]), Cumalinsäure).

Auch läßt man die Säure auf ein in Alkohol suspendiertes Salz der Säure einwirken.[8])

Die Pyridincarbonsäuren geben beim Einleiten von Salzsäure in ihre alkoholische Lösung zuerst eine Ausscheidung der unlöslichen Chlorhydrate, die sich erst beim andauernden Einleiten von Salzsäuregas in die kochende Flüssigkeit unter Esterbildung lösen.

Auch andere Säuren (Salicylsäuren[9]) erfordern zur vollständigen Esterifizierung andauerndes Kochen unter Einleiten von Salzsäuregas.

Nach Salkowski[10]) gehen dagegen aromatische Aminosäuren, deren

---

[1]) Bedford, Diss., Halle 1906, S. 39.

[2]) Fittig u. Wolff, Ann. **216**, 128 (1882). — Otto, B. **21**, 97 (1888). — Flürscheim, J. pr. (2), **68**, 345 (1903).

[3]) Esterifizieren mit Salpetersäure: Bertram, D. R. P. 80711 (1895). — Wolffenstein, B. **25**, 2780 (1892), mit Kaliumbisulfat: D. R. P. 23775 (1882). — Benzol-(Naphthalin-)Sulfosäure: Krafft u. Roos, B. **26**, 2823 (1893). — D. R. P. 69115 (1894). — D. R. P. 76574 (1894).

[4]) B. **28**, 1150, 3252 (1895). — Vgl. Markownikoff, B. **6**, 1177 (1873).

[5]) Zur Darstellung des salzsäurehaltigen Alkohols leitet man in eine mit absolutem Alkohol beschickte Stöpselflasche, deren Tara und Bruttogewicht man kennt, einige Zeitlang trockenes Salzsäuregas ein, und bestimmt durch nochmalige Wägung die Menge der aufgenommenen Salzsäure. Durch Verdünnung kann man dann leicht einen Alkohol von gewünschtem Salzsäure-Gehalte darstellen.

[6]) Malaguti, Ann. Chim. Phys. (2), **63**, 86 (1836).

[7]) D. R. P. 32245 (1884). — Pechmann, Ann. **261**, 155 (1891).

[8]) Ann. **52**, 283 (1844). — Pierre und Puchot, Ann. **163**, 272 (1872). — Hlasiwetz und Habermann, Ann. **155**, 127 (1870). — Tiemann, B. **27**, 127 (1894). — Conrad, Ann. **204**, 126 (1880); **218**, 131 (1883).

[9]) V. Meyer und Sudborough, B. **27**, 1581 (1894).

[10]) B. **28**, 1922 (1895). — J. pr. (2), **68**, 347 (1903).

Gewicht eines Kubikzentimeters Wasserstoff in Milligramm
peratur von

$\Big($ Werte von

Nach Anton

Man bringe — zur Reduktion der Quecksilbersäule auf 0^0 von dem Barometer-

3 mm

Barometer-stand mm	10^0 C mg	11^0 C mg	12^0 C mg	13^0 C mg	14^0 C mg	15^0 C mg	16^0 C mg	17^0 C mg
700	0.07851	0.07816	0.07781	0.07746	0.07711	0.07675	0.07639	0.07603
702	0.07874	0.07839	0.07804	0.07769	0.07733	0.07697	0.07661	0.07625
704	0.07896	0.07861	0.07826	0.07791	0.07756	0.07720	0.07684	0.07647
706	0.07919	0.07884	0.07848	0.07813	0.07778	0.07742	0.07706	0.07670
708	0.07942	0.07907	0.07871	0.07836	0.07800	0.07774	0.07729	0.07692
710	0.07964	0.07929	0.07893	0.07858	0.07823	0.07787	0.07750	0.07714
712	0.07987	0.07952	0.07917	0.07881	0.07845	0.07809	0.07772	0.07736
714	0.08009	0.07975	0.07939	0.07903	0.07868	0.07832	0.07795	0.07759
716	0.08032	0.07997	0.07961	0.07924	0.07890	0.07854	0.07817	0.07781
718	0.08055	0.08019	0.07984	0.07948	0.07912	0.07876	0.07840	0.07803
720	0.08078	0.08043	0.08007	0.07971	0.07935	0.07899	0.07862	0.07825
722	0.08101	0.08065	0.08029	0.07993	0.07957	0.07921	0.07884	0.07847
724	0.08123	0.08087	0.08052	0.08016	0.07979	0.07943	0.07907	0.07869
726	0.08146	0.08110	0.08074	0.08038	0.08002	0.07965	0.07929	0.07891
728	0.08169	0.08133	0.08097	0.08061	0.08024	0.07987	0.07951	0.07913
730	0.08191	0.08156	0.08120	0.08083	0.08047	0.08010	0.07973	0.07936
732	0.08215	0.08179	0.08142	0.08106	0.08069	0.08032	0.07995	0.07958
734	0.08237	0.08201	0.08164	0.08129	0.08091	0.08055	0.08018	0.07980
736	0.08259	0.08224	0.08187	0.08151	0.08114	0.08077	0.08040	0.08002
738	0.08282	0.08246	0.08209	0.08173	0.08136	0.08099	0.08062	0.08024
740	0.08305	0.08269	0.08233	0.08196	0.08158	0.08122	0.08084	0.08047
742	0.08328	0.08291	0.08255	0.08218	0.08181	0.08144	0.08106	0.08069
744	0.08351	0.08314	0.08277	0.08240	0.08203	0.08166	0.08129	0.08091
746	0.08373	0.08337	0.08300	0·08263	0.08226	0.08189	0.08151	0.08113
748	0.08396	0.08360	0.08322	0.08285	0.08248	0.08211	0.08173	0.08135
750	0.08419	0.08382	0.08344	0.08308	0.08270	0.08234	0.08195	0.08158
752	0.08441	0.08404	0.08368	0.08331	0.08293	0.08256	0.08218	0.08180
754	0.08464	0.08428	0.08390	0.08353	0.08315	0.08278	0.08240	0.08202
756	0.08487	0.08450	0.08413	0.08376	0.08338	0.08301	0.08262	0.08224
758	0.08510	0.08472	0.08435	0.08398	0.08360	0.08323	0.08285	0.08246
760	0.08533	0.08496	0.08458	0.08420	0.08382	0.08345	0.08307	0.08269
762	0.08555	0.08518	0.08481	0.08443	0.08405	0.08367	0.08329	0.08291
764	0.08578	0.08541	0.08503	0.08465	0.08428	0.08389	0.08352	0.08313
766	0.08601	0.08563	0.08525	0.08487	0.08450	0.08412	0.08374	0.08335
768	0.08624	0.08586	0.08549	0.08511	0.00473	0.08434	0.08396	0.08357
770	0.08646	0.08608	0.08571	0.08533	0.08495	0.08456	0.08418	0.08380

für einen Barometerstand von 700—770 mm und für eine Tem-
10—25° C.

$$\left. \frac{(b - \omega)\,0.089\,523}{760\,(1 + 0.003\,66\ t)} \right).$$

Baumann.

stand für T = 10—12° C 1 mm, für T = 13—19° C 2 mm, für T = 20—25° C
in Abzug.

18° C	19° C	20° C	21° C	22° C	23° C	24° C	25° C	Barometer-stand
mg	mg	mg	mg	mg	mg	mg	mg	mm
0.07567	0.07529	0.07493	0.07455	0.07417	0.07380	0.07340	0.07300	700
0.07588	0.07552	0.07515	0.07477	0.07439	0.07401	0.07362	0.07322	702
0.07610	0.07574	0.07537	0.07499	0.07461	0.07422	0.07383	0.07344	704
0.07633	0.07595	0.07559	0.07521	0.07483	0.07444	0.07405	0.07366	706
0.07655	0.07618	0.07581	0.07543	0.07505	0.07466	0.07427	0.07387	708
0.07677	0.07640	0.07603	0.07565	0.07527	0.07487	0.07449	0.07409	710
0.07699	0.07662	0.07625	0.07587	0.07548	0.07509	0.07470	0.07431	712
0.07722	0.07684	0.07646	0.07608	0.07570	0.07531	0.07492	0.07452	714
0.07743	0.07706	0.07668	0.07630	0.07592	0.07553	0.07513	0.07473	716
0.07765	0.07728	0.07690	0.07652	0.07614	0.07574	0.07535	0.07495	718
0.07788	0.07749	0.07712	0.07674	0.07635	0.07596	0.07557	0.07516	720
0.07809	0.07772	0.07734	0.07696	0.07657	0.07618	0.07579	0.07538	722
0.07831	0.07794	0.07756	0.07718	0.07679	0.07640	0.07600	0.07560	724
0.07854	0.07816	0.07778	0.07740	0.07701	0.07661	0.07621	0.07582	726
0.07876	0.07838	0.07800	0.07762	0.07723	0.07683	0.07643	0.07604	728
0.07898	0.07860	0.07822	0.07784	0.07744	0.07705	0.07665	0.07624	730
0.07920	0.07882	0.07844	0.07805	0.07766	0.07727	0.07687	0.07646	732
0.07942	0.07904	0.07866	0.07827	0.07788	0.07748	0.07708	0.07668	734
0.07964	0.07926	0.07888	0.07849	0.07810	0.07770	0.07730	0.07689	736
0.07986	0.07948	0.07910	0.07871	0.07831	0.07792	0.07752	0.07711	738
0.08009	0.07970	0.07932	0.07893	0.07853	0.07813	0.07774	0.07732	740
0.08030	0.07992	0.07954	0.07915	0.07875	0.07835	0.07795	0.07754	742
0.08053	0.08014	0.07976	0.07937	0.07897	0.07857	0.07817	0.07776	744
0.08075	0.08036	0.07998	0.07959	0.07919	0.07879	0.07838	0.07797	746
0.08097	0.08058	0.08020	0.07981	0.07940	0.07900	0.07860	0.07819	748
0.08119	0.08080	0.08042	0.08002	0.07962	0.07922	0.07881	0.07840	750
0.08141	0.08102	0.08063	0.08024	0.07984	0.07944	0.07903	0.07862	752
0.08163	0.08124	0.08085	0.08046	0.08006	0.07966	0.07925	0.07883	754
0.08185	0.08146	0.08107	0.08068	0.08028	0.07987	0.07947	0.07905	756
0.08207	0.08168	0.08129	0.08090	0.08050	0.08009	0.07968	0.07927	758
0.08229	0.08190	0.08151	0.08112	0.08071	0.08031	0.07990	0.07949	760
0.08251	0.08212	0.08173	0.08134	0.08093	0.08052	0.08012	0.07970	762
0.08273	0.08234	0.08195	0.08155	0.08115	0.08074	0.08033	0.07992	764
0.08295	0.08256	0.08217	0.08177	0.08137	0.08096	0.08055	0.08013	766
0.08318	0.08278	0.08239	0.08199	0.08158	0.08118	0.08076	0.08034	768
0.08341	0.08301	0.08261	0.08221	0.08180	0.08139	0.08098	0.08056	770

Carboxyl sich in einer aliphatischen Seitenkette befindet, in Form ihrer mineralsauren Salze (auch Nitrate) beim Kochen mit Alkohol in die Ester über.

Andere Säuren wiederum vertragen keinen Zusatz von Mineralsäure, wie die Brenztraubensäure, deren Ester am besten durch mehrstündiges Kochen äquimolekularer Mengen der Komponenten entsteht[1]) und die Furalbrenztraubensäure[2]). Orsellinsäure wird durch Erhitzen mit Alkohol auf 150° esterifiziert. [3])

Über die kombinierte Wirkung von Schwefelsäure und Salzsäure siehe Einhorn[4]).

Nach Viktor Meyer[5]) bilden Säuren, welche die Gruppierung

enthalten, mit Alkohol und Salzsäure keinen Ester, wenn sich an den tertiären äußeren Kohlenstoffatomen die Gruppen

$$Cl, NO_2, Br \text{ oder } J$$

befinden, während die Gruppen mit kleinerem Molekulargewichte

$$CH_3, OH, Fl$$

die Esterifikation stark verzögern und erschweren.

Diese „sterischen Hinderungen“ können zu Konstitutionsbestimmungen verwertet werden.

Die Esterifizierung mittels Schwefelsäure und Alkohol kann nach drei verschiedenen Methoden erfolgen: erstens nach der bisher beschriebenen, bei welcher der Alkohol das Lösungsmittel bildet, und die Mineralsäure als Katalysator dient, zweitens in der Form, in der die Acetylierungen und Acylierungen überhaupt vorgenommen werden, wobei die Carbonsäure (resp. ein Derivat derselben) das Medium bildet, in dessen Schoße sich die Esterifikation abspielt, und endlich drittens nach dem im folgenden beschriebenen Verfahren von Hans Meyer[6]).

Wenn sich auch viele Säuren in Schwefelsäure „unverändert“ lösen mögen, so wird doch im allgemeinen Bildung von gemischten Anhydriden erfolgen und namentlich dann, wenn diese Lösung erst beim Erwärmen oder längeren Stehen zu erzielen ist. Man kann

---

[1]) L. Simon, Thèse, Paris (1895).
[2]) Römer, B. 31, 281 (1898). — Siehe auch Berthelot, Jb. 1858, 419. — Erlenmeyer, Jb. 1874, 572 und ferner S. 24.
[3]) Zopf, Ann. 336, 47 (1904).
[4]) Ann. 311, 43 (1900). — Fortner, M. 22, 939 (1901). — D.R.P. 97 333 (1898).
[5]) Literatur: M. u. J. 2, 543, Anm.
[6]) M. 24, 840 (1903); 25, 1201 (1904).

alsdann beobachten, daß die ursprünglich schwer lösliche oder unlösliche organische Säure nicht mehr durch Abkühlen oder Impfen
mit festen Partikeln der Säure zur Wiederabscheidung gebracht
werden kann.

Die so entstandenen Acylschwefelsäuren[1])

$$R.CO.SO_4H$$

reagieren nun ebenso glatt und rasch auf zugefügten Alkohol nach
der Gleichung:

$$R.CO.SO_4H + HOR_1 = R.COOR_1 + H_2SO_4$$

wie die analog konstituierten Säurechloride. Es folgt daraus, daß
dieses Verfahren vor der sonst üblichen Esterifizierungsmethode den
Vorteil besitzt, außerordentlich rasch ausführbar zu sein. Weiter
kann man, falls die Besonderheiten des Falles es erfordern,[2]) im
offenen Gefäße bei Temperaturen arbeiten, welche den Siedepunkt
des Alkohols weit übersteigen (bis 140°), und endlich lassen sich
viele Carbonsäuren, welche z. B. wegen ihrer Schwerlöslichkeit in
alkoholischer Lösung nur schwer reagieren, auf die geschilderte Weise
rasch und glatt verestern. Das Verfahren ist namentlich für aromatische Aminosäuren und Pyridincarbonsäuren vorteilhaft.

Natürlich verbietet sich dagegen die Anwendung der konzentrierten Mineralsäure, wenn dieselbe zerstörend oder verändernd einwirkt; indessen sind derartige Fälle nicht so sehr häufig, als man
wohl gewöhnlich glaubt; auch intensive Färbungen, welche sich oftmals, namentlich beim Erwärmen, zeigen, beruhen zumeist nur auf
unschuldiger „Halochromie".

Die Versuche werden meist folgendermaßen ausgeführt. Die fein
gepulverte, aber nicht besonders sorgfältig getrocknete Substanz wird
mit dem 5- bis 10 fachen Gewichte an reiner konzentrierter Schwefelsäure bis zur Lösung erwärmt und beobachtet, ob nach dem Wieder-
erkalten die Flüssigkeit klar bleibt. Im entgegenstehenden Falle wird
wieder (über freier Flamme) erwärmt, bis nach nochmaligem Erkalten sich nichts mehr ausscheidet.

Nunmehr wird ohne besondere Vorsicht die der organischen
Säure äquivalente Menge Methylalkohol oder ein kleiner Überschuß
des letzteren zugegossen, die auftretende energische Reaktion durch
Schütteln oder Rühren mit einem Glasstabe unterstützt und wieder
erkalten gelassen. Die schwefelsaure Lösung wird nunmehr auf
gepulverte krystallisierte Soda gegossen, wobei ohne die geringste
Wärmeentwicklung Neutralisation erfolgt.

Der entstandene Ester wird nunmehr mittels Äther oder Chloroform aufgenommen, welche Lösungsmittel man zweckmäßig bereits
der Krystallsoda zugemischt hat. Man kann auch den Alkohol, statt

---

[1]) Siehe auch S. 505.
[2]) Beim Erhitzen auf ca. 100° wird sogar die Mellithsäure in den Neutralester verwandelt.

ihn direkt in die Acylschwefelsäurelösung zu gießen, vorerst in ein wenig Schwefelsäure eintragen und die erkaltete Lösung zusetzen.

In diesem Falle muß man zur Vollendung der Reaktion einige Zeit lang erwärmen oder längere Zeit in der Kälte stehen lassen.

Man kann übrigens sogar die Lösung des Esters in der konzentrierten Schwefelsäure (falls keine salzbildende Substanz vorliegt) direkt mit Chloroform ausschütteln. Das Chloroform pflegt dann im Scheidetrichter unterhalb der Schwefelsäure zu sein, doch wurde auch der umgekehrte Fall beobachtet. —

Um die Ester zu isolieren, destilliert man die Hauptmenge des Alkohols, am besten im Kohlendioxydstrome — wenn notwendig im Vakuum — ab, versetzt mit verdünnter Sodalösung und schüttelt mit Äther, Chloroform oder Benzol aus. Viele Ester fallen schon auf Wasserzusatz zur Reaktionsflüssigkeit in fester Form aus. Wasserlösliche Ester (der Glykolsäure, Lävulinsäure, Weinsäure) werden nach Fischer und Speier am besten so isoliert, daß die Reaktionsflüssigkeit direkt durch längeres Schütteln mit gepulvertem kohlensaurem Kalium neutralisiert, die gelösten Kaliumsalze durch Zusatz von Äther gefällt, das Filtrat auf dem Wasserbade vorsichtig eingedampft und der Rückstand im Vakuum fraktioniert wird.[1]

Die ebenfalls wasserlöslichen, leicht verseifbaren Ester der Pyridincarbonsäuren gewinnt man nach Hans Meyer[2] am besten durch Lösen ihrer Chlorhydrate in Chloroform und Waschen mit sehr verdünnter Sodalösung.

Über den Zusatz weiterer Kondensationsmittel bei Esterifizierungen siehe S. 506 und J. K. und M. A. Phelps Ch. News. 97. 112 (1908) (Chlorzink).

Darstellung der Ester aus den Säurechloriden. Da nach der bereits beschriebenen[3] Methode der Chloridbildung mittels Thionylchlorid die Säurechloride nunmehr leicht in reinem Zustande zugänglich sind, empfiehlt sich die Esterifikation mittels derselben in sehr vielen Fällen, da sie ermöglicht, mit einigen Zentigrammen sofort den reinen Ester zu gewinnen, was namentlich bei kostbaren Substanzen von Wichtigkeit ist.

Dabei ist es übrigens nicht immer nötig, das Säurechlorid zu isolieren. So erhitzt man z. B. ein Gemisch von 276 Teilen Salicylsäure und 188 Teilen Phenol 1—2 Stunden lang mit 236 Teilen Thionylchlorid auf 100—110°. Nach Beendigung der Gasentwicklung ist das entstandene Phenylsalicylat aus Alkohol umzukrystallisieren.[4]

Es sei im übrigen betont, daß o-Aldehyd- und Ketonsäuren beim Behandeln mit Thionylchlorid meist Derivate liefern, die den auf die

---

[1] Isolieren von Aminosäureestern: Curtius, J. pr. (2), **87**, 150 (1888). — E. Fischer, B. **34**, 433 (1901).
[2] M. **22**, 112 Anm. (1901).
[3] S. 533.
[4] Fr. Pat. 223 188 (1890).

übrigen Esterifikationsmethoden isomere Ester liefern. Und zwar pflegen die mittels dieses Reagens erhaltenen Säurechloride die echten Aldehydsäureester und die Pseudoester der Ketonsäuren zu liefern (Hans Meyer)[1]).

Im allgemeinen erfolgt die Umsetzung der Chloride momentan und unter Wärmeentwicklung; feste Chloride bringt man durch kurzes Kochen zur Reaktion. Gewisse diorthosubstituierte aromatische Säurechloride indessen, wie dasjenige der symmetrischen Trichlorbenzoesäure[2]), lassen sich nur sehr schwer oder — wie das Chlorid der 2.3.4.6-Tetrabrombenzoesäure[3]) — überhaupt nicht durch Kochen mit Alkohol in den Ester verwandeln.

Mittels schwefliger Säure und Alkohol ist zuerst der ψ-Ester der Opiansäure gewonnen worden.[4])

Esterifizierungen mittels äthylschwefelsauren Kaliums haben in der Pyridinreihe gute Dienste geleistet.[5])

Weit aussichtsvoller ist noch die Anwendung des Dimethylsulfats[6]), das indessen wegen seiner großen Giftigkeit[7]) mit aller Vorsicht zu verwenden ist.

Mittels desselben haben schon im Jahre 1835 Dumas und Peligot[8]) Benzoesäureester erhalten. Es erlaubt infolge seines hohen Siedepunktes (188°) stets das Arbeiten in offenen Gefäßen und reagiert weit energischer als Halogenalkyl, nicht nur mit Hydroxyl-[9]) und Amin-[10])Gruppen, sondern unter Umständen auch mit Lactonen, welche aufgespalten werden.[11])

Die Umsetzung erfolgt nach der Gleichung:

$$SO_2 \Big\langle {}^{OCH_3}_{OCH_3} + R.COOK = SO_2 \Big\langle {}^{OK}_{OCH_3}$$

unter Bildung von methylschwefelsaurem Salz.

---

[1]) M. **22**, 787 (1901). — **25**, 475, 491, 1177 (1904) — **28**, 1231 (1907). Goldschmiedt und Lipschitz, B. **36**, 4034 (1903). M. **25**, 1164 (1904). — Rainer, M. **29**, 434 (1908). — Pérard, C. r. **146**, 934 (1908).

[2]) Sudborough, B. **27**, 3155 Anm. (1894). — Soc. **65**, 1030 (1894).

[3]) Sudborough, Soc. **67**, 599 (1895).

[4]) Wöhler, Ann. **50**, 1 (1844). — Anderson, Ann. **86**, 194 (1853).

[5]) Hans Meyer, M. **15**, 164 (1894).

[6]) Ullmann und Wenner, B. **33**, 2476 (1900). — Wegscheiden, M. **24**, 692 (1902). — Liebig, B. **37**, 4036 (1904). — Hans Meyer, B. **37**, 4144 (1904). — M. **25**, 476, 1190 (1904). — B. **40**, 2430 (1907). — Werner und Seybold, B. **37**, 3658 (1904). — Feuerlein, Diss. Zürich 1907. — Siehe auch S. 479.

[7]) Ch. Industrie, **23**, 559 (1900). — Weber, A. Pch. **47**, 113 (1901). — Waliaschko, Arch. **242**, 242 (1904). — Wenner, Diss., Basel 1902, S. 37. — Graebe, Ann. **340**, 206 (1905).

[8]) C. **1835**, 279.

[9]) Nef, Ann. **309**, 186 (1899). — Baeyer und Villiger, B. **33**, 3388 (1900).

[10]) Claesson und Lundvall, B. **13**, 1700 (1880). — D. R. P. 102634 (1898). — Siehe auch Kaufler und Pomeranz, M. **22**, 494 (1901).

[11]) Fr. P. 291690 (1899), E. P. 16068 (1899), Alkylierung von Dialkylrhodaminen. — H. v. Liebig, B. **37**, 4036 (1904). — Herzig und Tscherne, Ann. **351**, 24 (1907). — Epstein, M. **29**, 288 Anm. (1908).

Auch Polycarbonsäuren können nach diesem Verfahren in Neutralester verwandelt werden.[1][2])

Um beispielsweise neutralen Camphersäuremethylester zu erhalten,
werden 2 Gewichtsteile gewöhnlicher Rechtscamphersäure unter Rühren
in 3,7 Gewichtsteilen Kalilauge (sp. Gew. 1,340) eingetragen, wobei
sich unter starker Selbsterwärmung in kurzer Zeit die Lösung vollzieht. Nach dem Abkühlen auf Zimmertemperatur läßt man im
Rührwerk oder in der Schüttelmaschine 2,75 Gewichtsteile Dimethylsulfat einfließen. Die Temperatur des Gemisches steigt von selbst
auf etwa 60° und genügt, um die Reaktion fast bis zu Ende zu
führen. Wenn die Temperatur zu fallen beginnt, werden noch 0,33 Gewichtsteile Kalilauge zugegeben, 0,25 Gewichtsteile Dimethylsulfat
einfließen gelassen und durch Erwärmen von außen die Temperatur
noch einige Zeit bei etwa 60° gehalten, bis die alkalische Reaktion
verschwunden ist. Nach dem Erkalten wird der als farbloses Öl
obenauf schwimmende neutrale Camphersäuremethylester von der
wässerigen Schicht abgetrennt, zur Entfernung geringer Mengen sauren
Esters mit verdünnter Sodalösung gewaschen und über Chlorcalcium
sorgfältig getrocknet. Durch Destillation unter vermindertem Drucke
wird der neutrale Methylester vollends gereinigt. Er siedet unter
760 mm Druck bei 260—263°.

Als Beispiel für gleichzeitige Äther- und Esterbildung sei die
Darstellung von Methyläthersalicylsäureester angeführt.[3])

Zu 144 g salicylsaurem Natrium gibt man 150 ccm Natronlauge
(1.36) und 282 g Dimethylsulfat und erwärmt. Bei 90° tritt stürmische Reaktion ein. Man dreht die Flamme aus. Die Reaktion
ist so exotherm, daß die Flüssigkeit im Sieden bleibt. Nach dem
Erkalten wird ausgeäthert. Die ätherische Lösung schüttelt man
mit verdünnter Schwefelsäure und hierauf mit verdünnter Natronlauge kräftig durch, trocknet und fraktioniert. Bei 252° geht der
Methylsalicylsäureester als wasserhelles Öl über. Die Ausbeute variiert
zwischen 85 und 90 Prozent.

Als Verdünnungsmittel für Dimethylsulfat dient für niedrigere
Temperaturen Alkohol, für höhere Eisessig[4]) und Nitrobenzol[5]), auch
wird in wässeriger Suspension erwärmt.[6])

Diäthylsulfat eignet sich im Gegensatze zu seinem niedrigeren
Homologen weniger gut für Alkylierungen, ist aber doch manchmal
recht brauchbar.[1][7])

---

[1]) D. R. P. 189840 (1906); 196152 (1907).
[2]) Wegscheider, M. 20, 692 (1899). — Hans Meyer, B. 37, 4144
(1904).
[3]) Herold, Diss., Zürich 1907, S. 27.
[4]) Houben und Brassert, B. 39, 3234 (1906).
[5]) Böck, M. 23, 1009 (1902). — Ullmann, B. 35, 322 (1902). — D. R. P.
125576 (1901); 142565 (1903).
[6]) Houben und Brassert, B. 39, 3236 (1906).
[7]) Henstock, Diss. Zürich 1906, S. 45. — Hans Meyer, B. 40, 2430
(1907).

Esterifizierungen mittels Halogenalkyl.

Zumeist wird Jodalkyl, seltener Bromalkyl auf die Silber-, Blei- oder Alkalisalze einwirken gelassen. Als Verdünnungsmittel empfehlen sich Benzol[1]), Chloroform[2]), Äther[3]), Aceton[4]), nicht aber die Alkohole[5]). Die Ester der Phloroglucincarbonsäure können nur durch Einwirkenlassen von Jodalkyl ohne Verdünnungsmittel auf phloroglucincarbonsaures Silber erhalten werden (Herzig und Wenzel[6]), und das Silbersalz der Dimethylnitrobarbitursäure (die freilich keine Carbonsäure ist) reagiert nur mit Jodmethyl und Acetonitril.[7])

Die Reaktion erfolgt oft schon beim Kochen unter Rückflußkühlung, besser unter Druck bei 100°, auch bei noch höherer Temperatur.

Zur Reinigung der gebildeten Ester löst man dieselben in Äther oder Chloroform und wäscht zuerst mit verdünnter Sodalösung, der man etwas Bisulfit zugefügt hat, dann mit reinem Wasser, trocknet mit Pottasche oder Natriumsulfat und destilliert das Lösungsmittel ab.

Die Methode ist bei Aminosäuren und Pyridincarbonsäuren im allgemeinen nicht verwertbar[8]) und führt auch sonst (bei Oxysäuren usw.) öfters zu zweideutigen Resultaten; man kann sich indes gewöhnlich durch Verseifung des gebildeten Produktes, oder Behandeln desselben mit Ammoniak davon überzeugen, ob die alkylierte Gruppe ein Carboxyl war. Nach Hans Meyer[9]) gehen alle Pyridincarbonsäuren, welche nicht in beiden α-Stellungen zum Stickstoff substituiert sind, glatt und ausschließlich in die zugehörigen Betaine, bzw. Jodalkylate über, wenn man sie längere Zeit mit überschüssiger wässeriger Sodalösung und Jodalkyl auf den Siedepunkt des letzteren erwärmt, oder andauernd bei Zimmertemperatur schüttelt.

αα'-substituierte Pyridincarbonsäuren dagegen werden unter diesen Umständen nicht angegriffen, läßt man aber ihre trockenen Kalium- oder Silbersalze längere Zeit mit Jodmethyl in Berührung, so werden sie quantitativ in ihre Methylester verwandelt.

---

[1]) C. r. **129**, 1214 (1899).

[2]) Marckwald und Chwolles, B. **31**, 787 (1898). — Rohde u. Schwab, B. **38**, 318, 319 (1905).

[3]) Dimroth, Ann. **335**, 78 (1904).

[4]) Busse und Kraut, Ann. **177**, 272 (1875). — Stohmann, J. pr. (2), **40**, 352 (1889). — Gordin, Am. Soc. **30**, 270 (1908).

[5]) Siehe erste Auflage dieses Buches S. 386 (1903). — Hans Meyer, M. **28**, 36 (1907). — Wegscheider und Frankl, M. **28**, 79 (1907). — Siehe auch Reychler, Bull. Soc. Chim. Belge **21**, 71 (1907). — Siehe übrigens S. 478, Anm. 3.

[6]) B. **32**, 3541 (1899). — M. **22**, 215 (1901). — Siehe aber S. 478, Anm. 3.

[7]) Salway, Diss., Leipzig 1906, S. 68. — Siehe Michael, Am. **25**, 419 (1901) und Brunner und Rapin, Schweizer Wchschr. f. Ch. u. Pharm. **46**, 457 (1908).

[8]) Siehe S. 557.

[9]) B. **36**, 616 (1903).

Über Alkylierung mit Jodmethyl und trockenem Silberoxyd siehe S. 480.

Bei der Einwirkung von Jodalkyl auf die Silbersalze mancher Säuren (Phloroglucincarbonsäure, β-Resorcylsäure, Malonsäure) findet indes auch zum Teil Kernmethylierung statt.[1])

Esterifizierung mit Diazomethan (v. Pechmann).[2])

Von den gebräuchlichen Methoden der Methylierung unterscheidet sich diese Reaktion dadurch, daß sie in Abwesenheit dritter Körper, meist bei gewöhnlicher Temperatur, und in der Regel quantitativ vor sich geht. Eine praktische Bedeutung wird sie in solchen Fällen haben, wo andere Methoden versagen oder wo es sich um Operationen im kleinsten Maßstabe handelt. — Das Diazomethan ist ungemein giftig.

Darstellung der Diazomethanlösung.

I. Nach v. Pechmann.

Käufliches Methylurethan wird mit dem gleichen Volum trockenen Äthers verdünnt und die aus Arsenik und Salpetersäure entwickelten roten Dämpfe so lange durchgeleitet — wobei sehr gut gekühlt werden muß —, bis die Flüssigkeit eine schmutzig-graue Farbe angenommen hat. Dann wird mit Wasser und Soda gewaschen und mit Natriumsulfat getrocknet.[3])

1—5 ccm der Nitrosomethylurethanlösung werden hierauf in einem mit absteigendem Kühler verbundenen Kölbchen mit 30—50 ccm Äther und 0.6 Raumteilen 25 proz. methylalkoholischer[4]) Kalilösung auf dem Wasserbade erwärmt. Alsbald färbt sich die Flüssigkeit gelb, und Kölbchen und Kühler füllen sich mit gelben Dämpfen, während ebenfalls gelb gefärbter Äther überzugehen beginnt. Man destilliert so lange, bis der Destillationsrückstand und der abtropfende Äther wieder farblos sind. 1 ccm Nitrosoäther liefert 0.18—0.2 g Diazomethan.

Auch auf manche Alkohole[5]) und auf die meisten Aldehyde[6])[7])

---

[1]) Altmann, M. **22**, 217 (1901).—Graetz, M. **23**, 106 (1902).—Batscha, M. **24**, 114 (1903). — Kurzweil, M. **24**, 881 (1903). — Herzig und Wenzel, M. **27**, 781 (1906).

[2]) B. **27**, 1888 (1894); **28**, 856, 1624 (1895); **31**, 501 (1898). — Ch. Ztg. **22**, 142 (1898). — D. R. P. 92789 (1897).

[3]) Das Nitrosomethylurethan wird jetzt auch in genügender Reinheit von Dr. Th. Schuchardt, Görlitz, in den Handel gebracht.

[4]) Nach Hantzsch und Lehmann, B. **35**, 901 (1902) ist indessen die Anwendung des Alkohols zu vermeiden. Es empfiehlt sich vielmehr die ätherische Nitrosourethanlösung bei 0° mit konzentrierter wässeriger Kalilauge zu versetzen und durch tropfenweisen Wasserzusatz im Kältegemische das entstandene methylazosaure Kalium zu zersetzen, wodurch man sofort eine fast quantitative Ausbeute an ätherischer Diazomethanlösung erhält.

[5]) Hans Meyer und Hönigschmid, M. **26**, 387, 389 (1905).

[6]) Hans Meyer, M. **26**, 1300 (1905).

[7]) Schlotterbeck, B. **40**, 479 (1907). — Hans Meyer, B. **40**, 847 (1907).

und Aldehydsäuren[1]) wirkt Diazomethan ein. Aus den Aldehyden
entstehen dabei im wesentlichen die zugehörigen Methylketone.

II. Methode von Bamberger und Renauld: B. **28**, 1682 (1895).

Gehaltsbestimmung von Diazomethanlösungen nach Hans
Meyer.[2])

Je 20 ccm der Diazomethanlösung wurden in eine Stöpselflasche
gebracht und mit 20 ccm alkoholischer $n/_{10}$-Salzsäure geschüttelt. Innerhalb weniger Sekunden ist die Reaktion vollendet und alles Diazomethan ist in Chlormethyl verwandelt.

Man titriert nun mit $n/_{10}$-Lauge unter Benutzung von Phenolphthalein als Indikator zurück.

Es verbrauchten so 20 ccm einer Diazomethanlösung 0.9, 0.92,
0.92, 0.94, 0.90, 0.93 ccm Salzsäure.

Für stärkere Lösungen wären natürlich die Mengenverhältnisse
entsprechend zu ändern.

Diese Bestimmungsmethode des Diazomethans hat sich als genügend genau erwiesen.

Wertbestimmung der Lösung mit Jod siehe v. Pechmann,
B. **27**, 1888 (1894) und S. 859f.

Zur Ausführung der Alkylierung wird man etwa nach
Herzig und Wenzel[3]) verfahren. 5 g Carbonsäure werden fein zerrieben und getrocknet in 100 ccm trockenem Äther verteilt, eine verdünnte ätherische Lösung von Diazomethan (1 g in 100 ccm) allmählich zugefügt, solange bei weiterer Zugabe noch stürmische
Stickstoffentwicklung erfolgt, und schließlich ein etwaiger kleiner
Überschuß von Diazomethan durch Zugabe von etwas Carbonsäure
beseitigt. Aus der ätherischen Lösung werden dann kleine Quantitäten unveresterter Säure durch Ausschütteln mit Bicarbonat[4]) entfernt.

Man kann übrigens ebensogut in alkoholischer[5]), auch amyl-
alkoholischer[6]), oder wässerig-alkoholischer[7]) Lösung arbeiten.

Manchmal dauert die Reaktion sehr lange (wochenlang), und es
ist notwendig, die Substanz einer mehrfachen Behandlung mit neuen
überschüssigen Mengen von Diazomethan zusammenzubringen. (Dies
gilt freilich nicht von carboxylhaltigen Substanzen, die stets sehr
energisch reagieren.)

Nach einer Patentangabe[8]) ist es übrigens nicht immer nötig,
das Diazomethan zu isolieren.

---

[1]) Hans Meyer, M. **26**, 1295 (1905).
[2]) M. **26**, 1296 (1905). — Es soll l. c. „alkoholische" Salzsäure heißen.
[3]) M. **22**, 229 (1901).
[4]) Besser als Soda, wie es a. a. O. heißt. (Privatmitteilung von Herzig.)
[5]) D. R. P. 92789 (1897).
[6]) Pschorr, Jaeckel und Fecht, B. **35**, 4387 (1902).
[7]) Hans Meyer, M. **25**, 1194 (1904).
[8]) D. R. P. 95644 (1897). — Siehe auch S. 478.

So werden z. B. 285 g Morphin und 132 g Nitrosomethylurethan in 1 l Methylalkohol gelöst, und unter Umrühren langsam eine Lösung von 50 g Ätzkali in 800 g Methylalkohol einfließen gelassen. Das entstandene Kodein wird aus der eingedampften Lösung durch Extraktion mit Benzol gewonnen.

Esterifizierung von Fettsäuren mittels Chloraceton.

Die Semicarbazone, die man von den Ketonsäureestern erhalten kann, welche die verschiedenen Säuren mit Acetol oder Oxyaceton $CH_3.CO.CH_2OH$ liefern, krystallisieren leicht, lassen sich leicht reinigen und besitzen einen sehr scharfen Schmelzpunkt.

Locquin[1]) benutzt zu ihrer Darstellung das Monochloraceton $CH_3.CO.CH_2Cl$. 1 Molekül der durch ihr Semicarbazon zu charakterisierenden Säure wird in wasserfreiem Äther gelöst und mit der theoretischen Menge drahtförmigen Natriums versetzt. Wenn die Reaktion beendet ist, gibt man 1 Molekül reines Monochloraceton hinzu und erhitzt auf dem Wasserbade zur Verjagung des Äthers. Indem man das Gemisch aus dem Natriumsalz und dem Monochloraceton etwa 4 Stunden im Ölbade auf 120—130° hält, erzielt man die Umwandlung desselben in Natriumchlorid und Acetolester gemäß der Gleichung:

$$CH_3.CO.CH_2Cl + R.CO_2Na = CH_3.CO.CH_2.CO_2.R + NaCl.$$

Nach dem Erkalten nimmt man die Masse mit Wasser und Äther auf; die ätherische Lösung wird mit Natriumcarbonat und Wasser gewaschen, sodann nach Beseitigung des Äthers im Vakuum rektifiziert. Die den verwendeten Säuren entsprechenden Acetolester destillieren im Vakuum ohne nennenswerte Zersetzung und besitzen einen um einige Grade höheren Siedepunkt als die zugrunde liegende Säure. Die entsprechenden Semicarbazone erhält man mit größter Leichtigkeit, indem man den Ketonsäureester mit Semicarbazid in essigsaurer Lösung behandelt. Schließlich erfolgt die Wiedergewinnung der reinen Säuren aus diesen Semicarbazonen äußerst leicht, wenn man letztere mit alkoholischem Kali kocht.

Über die Bestimmung der Alkylgruppen siehe unter Methoxylbestimmung.

5. Bestimmung der Basizität der Säuren aus der elektrischen Leitfähigkeit ihrer Natriumsalze.

Nach Ostwald[2]) ist die Messung der Leitfähigkeit des Natriumsalzes ein sicheres Mittel, um über die Basizität einer Säure zu entscheiden.

Da die meisten Natriumsalze in Wasser löslich sind, auch wenn den freien Säuren diese Eigenschaft abgeht, so ist diese Methode

---

[1]) Ch. Ztg. **28**, 564 (1904); siehe S. 649.
[2]) Z. phys. **2**, 901 (1888), vgl. Z. phys. **1**, 74 (1887). — Valden, Z. phys. **1**, 529 (1887); **2**, 49 (1888).

sehr allgemein. Sie versagt nur in dem Falle, daß die Säure zu schwach ist, um ein neutral reagierendes, durch Wasser nicht erheblich spaltbares Salz zu liefern.

Zur Ausführung der Messungen bedarf man der folgenden Apparate:

1. Eines kleinen Induktionsapparates, wie sie zu medizinischen Zwecken fabriziert werden, zu dessen Betriebe ein oder zwei galvanische Elemente auch auf lange Zeit ausreichen.

Man muß dafür sorgen, daß die Feder des Unterbrechers recht schnelle Schwingungen macht. Dadurch entstehen im Telephon hohe Töne, welche besser als tiefe beobachtet werden können.

2. Einer Meßbrücke. Dieselbe besteht aus einem 100 cm langen, über einen in Millimeter geteilten Maßstab ausgespannten

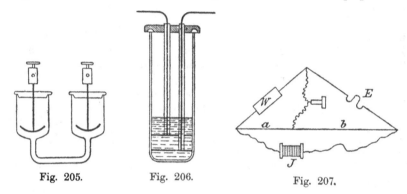

Fig. 205.   Fig. 206.   Fig. 207.

Platin- oder Neusilber-(Nickelin-)Draht, über welchen ein Schlittenkontakt geführt werden kann[1]).

Zum Kalibrieren des Rheochords bedient man sich der Methode von Strouhal und Barus[2]).

3. Eines Rheostaten als Vergleichswiderstandes.

4. Eines Widerstandsgefäßes für den Elektrolyten, für besser leitende Flüssigkeiten in der von Kohlrausch angegebenen Form (Fig. 205), für große Widerstände, wie sie stark verdünnte Lösungen bilden, am besten in der Arrheniusschen Form (Fig. 206).

Die Elektroden müssen platiniert sein.

Ausgezeichnete Tonminima erhält man nach Kohlrausch, wenn man die Platinierung mittels der Lummer-Kurlbaumschen Lösung vornimmt.

Dieselbe besteht aus 1 Teil Platinchlorid und 0.008 Teilen Bleiacetat in 30 Teilen Wasser. Man elektrolysiert unter häufigem Polwechsel mit einer Stromdichte von 0.03 Am./qcm so lange, bis jede Elektrode eine gute Viertelstunde lang Kathode gewesen ist.

---

[1]) Noch bequemer ist die Kohlrausch'sche Walzenbrücke. Zu beziehen von Fritz Köhler, Leipzig.
[2]) Wied. **10**, 326 (1881).

Nach dem Platinieren müssen die Elektroden lange und gut ausgewaschen werden, da die Platinierungsflüssigkeit hartnäckig an dem Überzuge haften bleibt.

5. Eines Telephons. Nach Ostwald sind die empfindlichsten Instrumente jene von Ericsson in Stockholm. Für gewöhnlich genügt ein Bellsches Telephon vollständig. Um nicht durch das Geräusch der Umgebung gestört zu werden, verstopft man das freie Ohr mit Watte oder einem Antiphon.

6. Eines Wasserbades mit Rührer und Thermometer, oder eines Thermostaten.[1])

Die Anordnung der Apparate geschieht nach der Kirchhoffschen Modifikation der Wheatstoneschen Brücke. Die Verbindungen der Apparate bestehen aus starkem Kupferdraht (siehe Fig. 207).

Des Induktorium stellt man in ein vollständig auswattiertes Kästchen oder bringt es ins Nebenzimmer auf eine Filzplatte.

An Stelle von Telephon und Induktorium kann man auch nach Cahart und Patterson („Electrical Measurements" S. 109) einen Doppelkommutator und ein Galvanometer benutzen.

Der kommutierende Apparat, ein sogenanntes Secohmmeter, ist so eingerichtet, daß ein Kommutator in den Batteriestromkreis, der andere in den Galvanometerstromkreis eingeschaltet ist. Der Strom wechselt seine Richtung in der Flüssigkeit so oft, daß die Polarisation annulliert wird.

Über Thermostaten: Kurt Arndt, Ztschr. f. Apparat-Kunde 1, 255 (1906).

Ausführung der Messung.

Wenn es sich um die Untersuchung desselben Stoffes in wechselnden Verdünnungen handelt, so stellt man letztere am einfachsten in dem Widerstandsgefäße selbst her, indem man genau bekannte Mengen der vorhandenen Lösung herauspipettiert und durch Wasser, welches im Thermostaten auf die Versuchstemperatur vorgewärmt worden ist, ersetzt.

Das Telephon zeigt gewöhnlich kein absolut scharfes Minimum an einem bestimmten Punkte, wohl aber kann man sehr leicht zwei nahe (0.5—2 mm) beisammen liegende Punkte ermitteln, an welchen der Ton gleich deutlich anzusteigen beginnt. Die Mitte zwischen diesen Punkten ist der gesuchte Ort.

Bei einiger Übung läßt sich so die Leitfähigkeit auf 0.1 Proz. genau ermitteln.

Sollte einmal das Minimum undeutlicher werden, so sind die Elektroden neu zu platinieren.

---

[1]) Ostwald, Z. phys. 2, 564 (1888), wo auch über alle anderen Apparate ausführliche Angaben zu finden sind. — Siehe vor allem auch Kohlrausch: Wied. 1897, 315: „Über platinierte Elektroden und Widerstandsbestimmung", ferner Cohen, Z. phys. 25, 15 (1898).

Die Berechnung der Messungen geschieht nach der Formel:

$$\mu = k \cdot \frac{v \cdot a}{w \cdot b}.$$

Hierin ist:

μ die molekulare Leitfähigkeit, d. h. das Produkt aus der spezifischen Leitfähigkeit $\varkappa$ und der Verdünnung v. Die erstere wird jetzt allgemein in reziproken Ohm eines Zentimeterwürfels ausgedrückt, die Verdünnung durch die in 1 ccm enthaltene Anzahl Mol.[1]).

v das Volum der Lösung, welches ein Grammolekulargewicht des Elektrolyten enthält, in Litern,

w der eingeschaltete Vergleichswiderstand,

a die linke,

b die rechte Drahtlänge der Meßbrücke bis zur Kontaktschneide,

k die Widerstandskapazität des Meßgefäßes.

Um k zu bestimmen, benutzt man[2]) eine $^n/_{50}$-Chlorkaliumlösung, welche nach Kohlrausch die molekulare Leitfähigkeit

$$\mu = 120.0 \text{ bei } 18^0$$

und

$$138.4 \text{ bei } 25^0$$

besitzt.

Die Verhältniszahlen $\frac{a}{b}$ für einen Draht von 1000 mm hat Obach berechnet; eine abgekürzte Tabelle ist auf der folgenden Seite mitgeteilt.

Die Leitfähigkeit des benutzten Wassers bestimmt man in gleicher Weise, wie die der Lösung, und berechnet nach der Formel den Wert, den sie für jedes v der Lösungen annimmt. Die so erhaltenen Korrektionszahlen müssen von dem unmittelbar gefundenen μ der Lösungen subtrahiert werden.

Zur Basizitätsbestimmung der Säuren bestimmt man nun ihre Leitfähigkeit bei den Verdünnungen von 32 Litern und 1024 Litern.

Der Unterschied Δ der beiden Leitfähigkeiten beträgt dann im Mittel:

für einbasische Säuren $\Delta = 10.4 = 1 \times 10.4$

zwei   ,,   ,, $19.0 = 2 \times 9.5$

drei   ,,   ,, $30.2 = 3 \times 10.1$

vier   ,,   ,, $41.1 = 4 \times 10.3$

fünf   ,,   ,, $50.1 = 5 \times 10.0$

---

[1]) Die älteren Messungen (vor 1898) sind in Quecksilbereinheiten angegeben. Der Wert der molekularen Leitfähigkeit ist dann um $6,6^0/_0$ kleiner als in der jetzt üblichen Einheit.

[2]) Über andere brauchbare Flüssigkeiten von bekannter Leitfähigkeit siehe Wiedemann-Ebert, Physik. Praktikum S. 389.

Über eine Methode der Basizitätsbestimmungen von Säuren auf Grund der Änderung ihrer Leitfähigkeit durch Alkalizusatz siehe Daniel Berthelot, C. r. **112**, 287 (1890). — Schmidt, Am. **40**, 305 (1908).

Darstellung von Leitfähigkeits-Wasser.

Hartley, Campbell und Poole[1] empfehlen hierzu nachfolgende Vorrichtung (Fig. 208, $^1/_9$ natürl. Größe).

In dem aus Kupfer oder verzinntem Eisen bestehenden, 10 Liter fassenden Kessel A wird gewöhnliches destilliertes Wasser erhitzt.

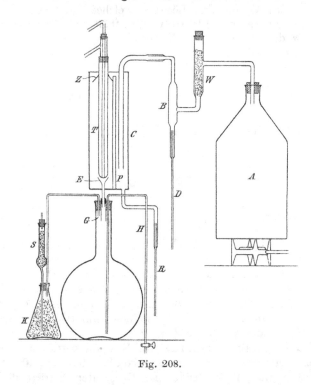

Fig. 208.

Der Dampf geht durch W, welches Glaswolle enthält, und B. Kondensiertes Wasser fließt von hier durch D ab.

In dem aus bestem verzinnten Eisen gemachten Kondenskasten C ist das aus Blockzinn verfertigte Kondensrohr T im Deckel eingelötet, das im Innern durch strömendes Wasser gekühlt wird.

P ist eine Zwischenwand, die verhindern soll, daß mit übergespritzte Wassertröpfchen an das Kondensrohr gelangen. Dem gleichen Zwecke dient ein kleines Zinndach Z. R ist ein zweiter Wasserablauf.

---

[1] Soc. **93**, 428 (1908).

Es gelangt somit nur der an T kondensierte Dampf durch den Zinntrichter E nach G, einen ausgedämpften Dreiliterkolben aus Jenenser Glas. E ist mittels Kautschukschlauches luftdicht an ein Einführungsrohr, ebenfalls aus Jenenser Glas, angefügt. Der dreifach gebohrte Kautschukstopfen, der G verschließt, enthält noch den Heber H und die Verbindung mit der Außenluft, deren Kohlendioxyd durch die Natronkalkröhre S und den mit angefeuchteter Glaswolle gefüllten Kolben K zurückgehalten wird.

Man destilliert zuerst eine halbe Stunde lang, ohne das Wasser in G aufzufangen. Dann wird G angesetzt.

Das in den nächsten zwei Stunden übergehende Wasser dient zum Auswaschen des Apparates. Nachdem ca. 2 Liter übergegangen sind, läßt man dieses Wasser durch H abfließen, und sammelt jetzt die beste Partie des Wassers — während ca. 3 Stunden $2^1/_2$ Liter — vom $K_{18} = 0{,}75 . 10^{-6}$ (Rez. Ohms).

Fig. 209.

Man nimmt G ab und verschließt rasch mit einem Kautschukstopfen.

Der nächst überdestillierende Liter hat noch ca. $K_{18} = 1 . 10^{-6}$ Rez. Ohms.

Gefäße, aus denen Leitfähigkeitswasser entnommen wird, sollen keine eingeriebenen Stopfen, sondern aufgeschliffene Verschlußkappen haben[1]) (Fig. 209).

Tabelle der Werte von $\dfrac{a}{1000 - a}$ für $a = 1$ bis $a = 999$.

Nach Obach.

a	0	1	2	3	4	5	6	7	8	9
00	0.0000	010	020	030	040	050	060	071	081	091
01	101	111	122	132	142	152	163	173	183	194
02	204	215	225	235	246	256	267	278	288	299
03	309	320	331	341	352	363	373	384	395	406
04	417	428	438	449	460	471	482	493	504	515
05	526	537	549	560	571	582	593	605	616	627
06	638	650	661	672	684	695	707	718	730	741
07	753	764	776	788	799	811	823	834	846	858
08	870	881	893	905	917	929	941	953	965	977
09	989	*001	*013	*025	*938	*050	*062	*074	*087	*099
10	0.1111	124	136	148	161	173	186	198	211	223
11	236	249	261	274	287	299	312	325	338	351
12	364	377	390	403	416	429	442	455	468	481
13	494	508	521	534	547	561	574	588	601	614
14	628	641	655	669	682	696	710	723	737	751

[1]) Hartley, Thomas und Applebey, Soc. **93**, 539 (1908).

a	0	1	2	3	4	5	6	7	8	9
15	765	779	793	806	820	834	848	862	877	891
16	905	919	933	947	962	976	990	*005	*019	*034
17	0.2048	083	077	092	107	121	136	151	166	180
18	195	210	225	240	255	270	285	300	315	331
19	346	361	376	392	407	422	438	453	469	484
20	0.2500	516	531	547	563	579	595	610	626	642
21	658	674	690	707	723	739	755	771	788	804
22	821	837	854	870	887	903	920	937	953	970
23	987	*004	*021	*038	*055	*072	*089	*106	*123	*141
24	0.3158	175	193	210	228	245	263	280	298	316
25	333	351	369	387	405	423	441	459	477	495
26	514	532	550	569	587	605	624	643	661	680
27	699	717	736	755	774	793	812	831	850	870
28	889	908	928	947	967	986	*006	*025	*045	*065
29	0.4085	104	124	144	164	184	205	225	245	265
30	286	306	327	347	368	389	409	430	451	472
31	493	514	535	556	577	590	620	641	663	684
32	706	728	749	771	793	815	837	859	881	903
33	925	948	970	993	*015	*038	*060	*083	*106	*129
34	0.5152	175	198	221	244	267	291	314	337	361
35	385	408	432	456	480	504	528	552	576	601
36	625	650	674	699	723	748	773	798	823	848
37	873	898	924	949	974	*000	*026	*051	*077	*103
38	0.6129	155	181	208	234	260	287	313	340	367
39	393	420	447	475	502	529	556	584	611	639
40	667	695	722	750	779	807	835	863	892	921
41	949	978	*007	*036	*065	*094	*123	*153	*182	*212
42	0.7241	271	301	331	361	391	422	452	483	513
43	544	575	606	637	668	699	731	762	794	825
44	857	889	921	953	986	*018	*051	*083	*116	*149
45	0.8182	215	248	282	315	349	382	416	450	484
46	519	553	587	622	657	692	727	762	797	832
47	868	904	939	975	*011	*048	*084	*121	*157	*194
48	0.9231	268	305	342	380	418	455	493	531	570
49	608	646	685	724	763	802	841	881	920	960
50	1.000	004	008	012	016	020	024	028	033	037
51	041	045	049	053	058	062	066	070	075	079
52	083	088	092	096	101	105	110	114	119	123
53	128	132	137	141	146	151	155	160	165	169
54	174	179	183	188	193	198	203	208	212	217
55	222	227	232	237	242	247	252	257	262	268
56	273	278	283	288	294	299	304	309	315	320
57	326	331	336	342	347	353	358	364	370	375
58	381	387	392	398	404	410	415	421	427	433
59	439	445	451	457	463	469	475	481	488	494

a	0	1	2	3	4	5	6	7	8	9
60	1.500	506	513	519	525	532	538	545	551	558
61	564	571	577	584	591	597	604	611	618	625
62	632	639	646	653	660	667	674	681	688	695
63	703	710	717	725	732	740	747	755	762	770
64	778	786	793	801	809	817	825	833	841	849
65	857	865	874	882	890	899	907	915	924	933
66	941	950	959	967	976	985	994	*003	*012	*021
67	2.030	040	049	058	067	077	086	096	106	115
68	125	135	145	155	165	175	185	195	205	215
69	226	236	247	257	268	279	289	300	311	322
70	333	344	356	367	378	390	401	413	425	436
71	448	460	472	484	497	509	521	534	546	559
72	571	584	597	610	623	636	650	663	676	690
73	704	717	731	745	759	774	788	802	817	831
74	846	861	876	891	906	922	937	953	968	984
75	3.000	016	032	049	065	082	098	115	132	149
76	167	184	202	219	237	255	274	292	310	329
77	348	367	386	405	425	444	464	484	505	525
78	545	566	587	608	630	651	673	695	717	739
79	762	785	808	831	854	878	902	926	950	975
80	4.000	025	051	076	102	128	155	181	208	236
81	263	291	319	348	376	405	435	465	495	525
82	556	587	618	650	682	714	747	780	814	848
83	882	917	952	988	*024	*061	*098	*135	*173	*211
84	5.250	289	329	369	410	452	494	536	579	623
85	667	711	757	803	849	897	944	993	*042	*092
86	6.143	194	246	299	353	407	463	519	576	634
87	692	752	813	874	937	*000	*065	*130	*197	*264
88	7.333	403	475	547	621	696	772	850	929	*009
89	8.091	174	259	346	434	524	615	709	804	901
90	9.000	101	204	309	417	526	638	753	870	989
91	10.11	10.33	10.36	10.49	10.63	10.77	10.90	11.05	11.20	11.35
92	11.50	11.66	11.82	11.99	12.16	12.33	12.51	12.70	12.89	13.08
93	13.29	13.49	13.71	13.93	14.15	14.38	14.63	14.87	15.13	15.39
94	15.67	15.95	16.24	16.54	16.86	17.18	17.52	17.87	18 23	18.61
95	19.00	19.41	19.83	20.28	20.74	21.22	21.73	22.26	22.81	23.39
96	24.00	24.64	25.32	26.03	26.78	27.57	28.41	29.30	30.25	31.26
97	32.33	33.48	34.71	36.04	37.46	39.00	40.67	42.48	44.45	46.62
98	49.00	51.6	54.6	57.8	61.5	65.7	70.4	75.9	82.3	89.9
99	99.0	110	124	142	166	199	249	332	499	999

Dritter Abschnitt.

Säureanhydride.

Bei den Säureanhydriden muß man ebenso wie bei den Äthern **acyclische** aus zwei Molekülen Säure hervorgehende:

$$R_1—CO—O—CO—R_2$$

und **cyclische** aus Orthodicarbonsäuren abgeleitete:

$$\begin{cases} —CO \\ —CO \end{cases} \!\!>\!\! O$$

unterscheiden.

Anhydride von je einer Carboxylgruppe aus zwei Molekülen Orthodicarbonsäure etwa von der Form:

$$\begin{array}{c} COOH \\ | \\ CO \\ CO \\ | \\ COOH \end{array} \!\!\!\!> O$$

sind auch denkbar, aber noch nicht mit Sicherheit beobachtet, dagegen sind die entsprechenden Ester:

$$\begin{array}{c} COOC_2H_5 \\ | \\ CO \\ CO \\ | \\ COOC_2H_5 \end{array} \!\!\!\!> O$$

dargestellt worden.[1]

Primär zeigen diese beiden Gruppen dieselben Additions-Reaktionen. Sekundär können bei den cyclischen Säureanhydriden durch Abspaltung von Wasser, Alkohol usw. Kondensationen eintreten, welche den acyclischen Anhydriden nicht eigentümlich sind. Auch sind, wenn der Brückensauerstoff der Ringsprengung widerstrebt, Substitutionen, sowohl eines Keton- als auch des Brückensauerstoffs möglich.

---

[1] Bouveault, Bull (3) **23**, 509 (1900). — Mol, Rec. **26**, 373 (1907).

1. Additionsreaktionen der Säureanhydride.

Mit Alkoholen[1]) reagieren die Säureanhydride derart, daß ein Molekül Alkohol addiert und sonach entweder ein saurer Ester oder gleiche Mengen freier Monocarbonsäure und Ester gebildet werden:

$$\text{I.} \quad R\!\!\begin{array}{c} CO \\ \diamond \\ CO \end{array}\!\!O + \begin{array}{c} H \\ | \\ OCH_3 \end{array} = R\!\!\begin{array}{c} COOH \\ \\ COOCH_3 \end{array}$$

$$\text{II.} \quad \begin{array}{c} R_1\!\!-\!\!CO \\ \diamond \\ R_2\!\!-\!\!CO \end{array}\!\!O + \begin{array}{c} H \\ | \\ OCH_3 \end{array} = \begin{array}{c} R_1 COOH \\ \\ R_2 COOCH_3 \end{array}$$

Bei Gegenwart von überschüssigem Alkohol bildet sich im ersteren Falle stets etwas Neutralester. Die Reaktion tritt meist schon sofort beim Auflösen der Anhydride in dem betreffenden Alkohol ein: indes lassen sich resistentere Anhydride unverändert aus kochendem Alkohol umkrystallisieren. Andauerndes Kochen führt aber in allen Fällen, wo nicht durch besondere Verhältnisse übergroße Stabilität des Ringes vorhanden ist (Pyrocinchonsäureanhydrid), zum Ziele.

Bei unsymmetrischen Säuren wird dabei vorwiegend das stärkere[2]) Carboxyl esterifiziert,[3]) in geringerer Menge kann der isomere saure Ester entstehen.

Über die Geschwindigkeit der Esterbildung aus Anhydriden: Sprinkmeier, Diss., Münster 1906.

Mit Natriumalkoholat bei Gegenwart von Alkohol oder Benzol erhält man ebenfalls glatte Aufspaltung der Anhydride,[3])[4]) bei unsymmetrischen Säuren indes in der Regel ein Gemisch der beiden möglichen sauren Ester (Wegscheider).

Mit Ammoniak und Aminen bilden sich Säureamide und Amidosäuren, letztere können unter Ringschluß in Säureimide (Anile usw.) übergehen.

Quantitative Bestimmung acyclischer Säureanhydride nach Menschutkin und Wasilijew.[5])

Das betreffende Anhydrid wird nach dem Verdünnen mit einem indifferenten Lösungsmittel mit einer gewogenen Anilinmenge ver-

---

[1]) Walker, Soc. 61, 1089 (1892). — B. 26, 285 (1893). — Brühl, J. pr. (2), 47, 299 (1893). — B. 26, 285 (1893). — Cazeneuve, C. r. 116, 148 (1893). — Wegscheider und Lipschitz, M. 21, 805 (1900). — M. 23, 359 (1902). — Wegscheider, M. 23, 401 (1902). — Wegscheider und Piesen, M. 23, 401, (1902). — Siehe auch Anm. 3.

[2]) Nach Kahn das sterisch behinderte Carboxyl, B. 35, 3875 (1902).

[3]) Hoogewerff und Van Dorp, Rec. 12, 23 (1893); 15, 329 (1896); 16, 329 (1897). — Wegscheider, M. 16, 144 (1895); 18, 418 (1897); 20, 692 (1899); 23, 360 (1902). — Graebe und Leonhard, Ann. 290, 225 (1896). — Neelmeier, Inaug.-Diss., Halle 1902. — Kahn, B. 35, 3857 (1902). — Siehe auch Kahn, B. 36, 2535 (1903).

[4]) Wislicenus und Zelinsky, B. 20, 1010 (1887). — Brühl und Braunschweig, B. 26, 286 (1893).

[5]) Russ. 21, 192 (1889).

setzt. Es werden genau 50 Proz. des Anhydrids in Anilid verwandelt.

$$\begin{array}{c} RCO \\ \diagdown \\ RCO \diagup \end{array} O + 2C_6H_5NH_2 = \begin{array}{c} RCOOHNH_2C_6H_5 \\ \\ RCONHC_6H_5 \end{array}$$

In dem nebenbei gebildeten Anilinsalze läßt sich die Säure
mittels Barythydrat titrieren. Man kann auf diese Art z. B. Essigsäureanhydrid neben freier Essigsäure bestimmen.

2. Verhalten gegen Zinkäthyl.[1])

Säureanhydride reagieren mit Zinkäthyl nach der Gleichung:

$$\begin{array}{c} R-CO \\ \diagdown \\ R-CO \diagup \end{array} O + Zn\begin{array}{c} C_2H_5 \\ \diagdown \\ C_2H_5 \end{array} = \begin{array}{c} R-C-OZnC_2H_5 \\ \diagdown C_2H_5 \\ O \\ | \\ R-CO \end{array}$$

Beim Zersetzen mit Wasser zerfällt dieses Additionsprodukt in
gleiche Teile Äthylketon und Säure:

$$\begin{array}{c} OZnC_2H_5 \\ R-C \diagup \\ | \diagdown C_2H_5 \\ O \\ | \\ R-CO \end{array} + 2H_2O = \begin{array}{c} O \\ R-C \diagup \\ \diagdown C_2H_5 \\ \\ R-COOH \end{array} + Zn(OH)_2 + C_2H_6$$

das daneben entstehende Äthan kann aufgefangen und gemessen
werden.

3. Einwirkung von Hydroxylamin.

Bei der Einwirkung von Säureanhydriden der Fettreihe auf
salzsaures Hydroxylamin entstehen Hydroxamsäuren (Miolatti[2]).

Wenn man ein Molekül fein gepulvertes und trockenes salzsaures Hydroxylamin mit ungefähr zwei Molekülen Säureanhydrid
am Rückflußkühler kocht, so löst sich das salzsaure Salz in dem
Anhydrid allmählich auf, während Salzsäure in großer Menge entweicht. Hat die Entwicklung derselben aufgehört (was nach ungefähr einer halben Stunde eintritt), so verdünnt man die erkaltete
Lösung mit Wasser, neutralisiert sie mit Alkalicarbonat und versetzt
sie mit überschüssigem Kupferacetat. Es fällt alsdann in reichlicher
Menge das basische Kupfersalz der Hydroxamsäure als grasgrünes

---

[1]) Saytzeff, Z. f. Ch. 1870, 107. — Granichstädten und Werner,
M. 22, 316 (1901).

[2]) B. 25, 699 (1892). — Errera, Gazz. 25, (2), 25 (1895).

Pulver aus. Das trockene Kupfersalz wird hierauf in absolutem Alkohol suspendiert und mit Schwefelwasserstoff zersetzt; aus dem alkoholischen Filtrat bekommt man beim Eindampfen die freie Hydroxamsäure.[1])

Auch in der aromatischen Reihe wirkt Hydroxylamin in derselben Weise ein, wenn man das Anhydrid in sehr konzentrierter alkoholischer Lösung mit salzsaurem Hydroxylamin erwärmt (Lach[2]).

4. Einwirkung von Hydrazinhydrat

führt zur Bildung von Hydraziden[3]) und analog wirkt Phenyl-hydrazin, und zwar erhält man in der Fettreihe vorwiegend oder ausschließlich die durch Benzaldehyd leicht spaltbaren α-Hydrazide:

$$\left\{ \begin{matrix} CO \\ \\ C \\ \\ NNH_2 \end{matrix} \right. \!\!\!\!\!\! O \quad \text{und} \quad \left\{ \begin{matrix} CO \\ \\ C \\ \\ NNHC_6H_5 \end{matrix} \right. \!\!\!\!\!\! O$$

während in der aromatischen Reihe ausschließlich die stabilen β-Hydrazide:

$$\left\{ \begin{matrix} CO-NH \\ | \\ CO-NH \end{matrix} \right. \quad \text{und} \quad \left\{ \begin{matrix} CO-NC_6H_5 \\ | \\ CO-NH \end{matrix} \right.$$

gebildet werden.

5. Phthaleinreaktion.

Die Anhydride von Dicarbonsäuren geben beim Erhitzen mit Resorcin Fluoresceine, gelb, rot oder braun gefärbte Substanzen, die sich in Alkalien mit intensiver grüner oder blauer Fluorescenz lösen.

Um die Reaktion anzustellen, schmilzt man ein wenig Anhydrid mit der mehrfachen Menge Resorcin zusammen und nimmt das Reaktionsprodukt in verdünnter Lauge auf. Die Reaktion gelingt besonders leicht, wenn man dem Resorcin ein Körnchen Chlorzink zusetzt.

Diese Reaktion ist indessen nicht sehr verläßlich, denn wie wiederholt, u. a. von Damm und Schreiner[4]), beobachtet wurde, zeigen auch andere Substanzen, wie Citronensäure, Weinsäure, Glycerin, Oxamid, Dextrin, Traubenzucker und Rohrzucker usw., die Reaktion. Ja, das Resorcin selbst wird durch Erhitzen mit Chlorzink auf 140° in einen in Alkalien mit intensiv grüner Fluorescenz und orangeroter Farbe löslichen Körper verwandelt.

---

[1]) Über Hydroxamsäuren siehe ferner S. 672.
[2]) B. 16, 1781 (1883).
[3]) Hötte, J. pr. 35, 265 (1887). — Försterling, J. pr. (2) 51, 371 (1895). — Davidis, J. pr. (2) 54, 66 (1896).
[4]) B. 15, 556 (1882).

Vierter Abschnitt.

Oxysäuren.

Die Oxysäuren zeigen, abgesehen von den durch die Eigentümlichkeiten der OH- und COOH-Gruppen bedingten Hydroxyl- und Carboxylreaktionen überhaupt, je nach der relativen Stellung dieser beiden Reste innerhalb des Moleküls verschiedenes Verhalten.

1. Reaktionen der aliphatischen Oxysäuren.

A. α-Oxysäuren R.CHOH.COOH.

α) Beim Erhitzen zerfallen die primären und sekundären α-Oxysäuren in Wasser und Lactide, das sind Anhydride der Form

$$R.CH\begin{subarray}{c} O-CO \\ \diagup \quad \diagdown \\ CO-O \end{subarray}CH.R \quad \text{respektive} \quad \begin{subarray}{c} R_1 \\ \diagdown \\ R_2 \end{subarray}C\begin{subarray}{c} O-CO \\ \diagup \quad \diagdown \\ CO-O \end{subarray}C\begin{subarray}{c} R_1 \\ \diagdown \\ R_2 \end{subarray}$$

während die tertiären Säuren, wie z. B. die Oxyisobuttersäure

$$\begin{subarray}{c} CH_3 \\ \diagdown \\ CH_3 \end{subarray}C\begin{subarray}{c} OH \\ \diagdown \\ COOH \end{subarray}$$

unzersetzt sublimieren.[1])

β) Beim Kochen mit Bleisuperoxyd (oder Braunstein) und ebenso mit Wasserstoffsuperoxyd[2]) oder Mercurisalzen[3]) werden die meisten α-Oxysäuren zu dem um ein C ärmeren Aldehyd (ev. der Säure) resp. Keton und Kohlendioxyd oxydiert.[4]) Eine Ausnahme bildet die α-Oxy-as-dimethybernsteinsäure, welche von diesem Reagens kaum angegriffen wird.

Bei der Oxydation bildet sich, im Verhältnis wie Bleioxyd entsteht, ein Bleisalz der Säure, welches gewöhnlich unlöslich ist und nicht mehr recht vom Bleisuperoxyd angegriffen wird. Man muß daher eine andere stärkere Säure hinzusetzen, als welche Phosphorsäure sich besonders eignet.

So wurden z. B. 60 g dioxysebacinsaures Barium mit 98 g Bleisuperoxyd ($2^1/_2$ Mol.) und der zur Bindung von Blei und Barium nötigen Menge 25 proz. Phosphorsäure gemischt und Wasserdampf hindurchgeleitet. Es findet starke Kohlensäureentwicklung statt,

---

[1]) Markownikow, Ann. 153, 232 (1870). — Le Sueur, Soc. 85, 827 (1904); 87, 1888 (1905); 91, 1365 (1907); 93, 716 (1908).
[2]) Dakin, Journ. of Biol. Chem. 4, 91 (1908).
[3]) Guerbet, Bull. (3), 27, 803 (1902). — C. r. 146, 132 (1908). — Journ. Pharm. Chim. (6), 27, 273 (1908). — Bull. (4) 3, 427 (1908),
[4]) Liebig, Ann. 113, 15 (1860). — Baeyer, B. 29, 1909 (1896). — B. 30, 1962 (1897). — Baeyer und Liebig, B. 31, 2106 (1898). — Willstätter, B. 31, 2507 (1898). — Semmler, B. 33, 1465 (1900); 35, 2046 (1902). — Henderson und Heilbron, Soc. 93, 291 (1908). — Wallach, Ann. 359, 265 (1908).

und das übergehende Wasser gibt mit salzsaurem Hydroxylamin sofort eine Ausscheidung von schwerlöslichen Krystallen des entstandenen Dioxims.

γ) Beim Kochen mit konz. Salzsäure, Thionylchlorid[1]) oder verdünnter Schwefelsäure zerfallen die Oxysäuren mehr oder weniger leicht in Ameisensäure und Aldehyde (Ketone), während nur ev. wenig α-Halogensäure sich bildet;[2]) noch sicherer wirkt Erwärmen mit konzentrierter Schwefelsäure,[3]) nur entstehen dabei an Stelle der Ameisensäure Kohlenoxyd und Wasser.

Homologe Milchsäuren verhalten sich anormal, indem sie neben Ameisensäure statt Aldehyden Ketone liefern.[4])

δ) Zusatz von Borsäure zu einer Lösung der Säuren in wässerigem Alkohol erhöht deren elektrische Leitfähigkeit.[5])

ε) Chloralidreaktion von Wallach.[6])

Beim mehrstündigen Erhitzen von α-Oxysäuren oder deren Estern mit überschüssigem wasserfreiem Chloral (etwa 3 Mol.) auf 100—160° im Einschmelzrohre werden nach der Gleichung

$$(R_1 R_2) = C \underset{COOH}{\overset{OH}{\big\langle}} + C \underset{O}{\overset{\overset{CCl_3}{|}}{\big\langle}} \underset{}{\overset{H}{}} = (R_1 R_2) = C \underset{CO}{\overset{O——CHCCl_3}{\big\langle}} \underset{O}{\overset{|}{}}$$

Chloralide erhalten, welche durch Umkrystallisieren (aus Chloroform oder Benzol) oder durch Destillation (ev. mit Wasserdampf) gereinigt werden können.

ζ) Charakteristisch für α-Oxysäuren ist auch die Schwerlöslichkeit ihrer Natriumsalze.[7])

B. β-Oxysäuren R.CHOH.CH₂COOH.

α) Die primären und sekundären Säuren destillieren zum größten Teile unzersetzt, ein kleiner Teil zerfällt bei der Destillation in Wasser und αβ-ungesättigte Säure, auch etwas βγ-ungesättigte Säure wird gebildet; tertiäre Säuren zerfallen in Aldehyd und Säure; z. B.:

---

[1]) Hans Meyer, M. 22, 698 (1901). — Lux, M. 29, 771 (1908).
[2]) Erlenmeyer, B. 10, 635 (1877); 14, 1319 (1881).
[3]) Döbereiner, Schweigers Journ. f. Ch. u. Ph. 26, 276 (1819). — Gilberts Ann. d. Ph. 72, 201 (1822). — Robiquet, Ann. Chim. Phys. (1), 30, 229 (1839). — Dumas und Piria, Ann. Chim. Phys. (2), 5, 353 (1842). — Pelouze, Ann. 53, 121 (1845). — Bouchardat, Bull. (2), 34, 495 (1880). — Vangel, B. 13, 356 (1880). — D. R. P. 32245. (1884) — B. 17, 2542 (1884). — Klinger und Standke, B. 22, 1214 (1889). — Pechmann, Ann. 261, 155 (1891); 264, 262 (1891). — Störmer und Biesenbach, B. 38, 1958 (1905). — Bistrzycki und Siemiradzki, B. 39, 52 (1906); siehe auch S. 567.
[4]) Glücksmann, M. 12, 358 (1891). — Schindler, M. 13, 647 (1892). — Braun und Kittel, M. 27, 803 (1906).
[5]) Magnanini, Gazz. 22, (1), 541 (1892).
[6]) B. 9, 546 (1876). — Hausen, Diss., Bonn 1877. — Wallach, Ann. 193, 35 (1878). — Schiff, B. 31, 1305 (1898).
[7]) Wallach, Ann. 356, 228 (1907).

$$CH_3CHOHC(C_2H_5)_2COOH = CH_3C\underset{O}{\overset{H}{\diagup}} + (C_2H_5)_2CHCOOH. \; [1]$$

β) Beim Kochen mit konz. Salzsäure usw. tritt Zerfall in Wasser und ungesättigte Säuren ein, [2] welche sich dann mit der Salzsäure zu Halogensäuren verbinden, wobei das Chlor der Hauptsache nach in die β-Stellung, in manchen Fällen zum kleineren Teile in die α-Stellung geht. [3] Tertiäre Säuren werden hierbei (durch rauchende Brom- oder Jodwasserstoffsäure schon in der Kälte) im Sinne der unter α) angeführten Gleichung gespalten.

γ) Beim Kochen mit 10 proz. Natronlauge entstehen $\alpha\beta$- und $\beta\gamma$-ungesättigte Säuren in nahezu gleicher Menge. [4]

C. γ-Oxysäuren R.CHOHCH$_2$CH$_2$COOH.

Diese Säuren sind in freiem Zustande sehr unbeständig und gehen schon in der Kälte sehr leicht unter Wasserabspaltung in γ-Lactone über. Sie liefern krystallisierbare, sehr beständige Silbersalze. [5]

D. δ-Oxysäuren R.CHOH(CH$_2$)$_3$COOH sind nur wenig beständiger als die γ-Oxysäuren. [6]

2. Reaktionen der aromatischen Oxysäuren.

A. o-Oxysäuren.

α) Die Orthooxysäuren sind leicht mit Wasserdämpfen flüchtig, leicht löslich in kaltem Chloroform [7] und zeigen eine intensive (meist violettrote bis blaue) Eisenchloridreaktion. [8]

β) Die Chloralidreaktion (S. 606) läßt sich bei denselben, wenn auch nicht so leicht wie bei den aliphatischen α-Oxysäuren, ebenfalls ausführen.

γ) Mit Phosphorpentachlorid [9] reagieren diese Säuren unter Bildung eines Esters des Orthophosphorsäurechlorids nach den Gleichungen:

$$\text{[Benzolring]}\diagup^{COOH}_{\diagdown OH} + PCl_5 = \text{[Benzolring]}\diagup^{COCl}_{\diagdown OH} + HCl + POCl_3 = \text{[Benzolring]}\diagup^{COCl}_{\diagdown OPOCl_2} + 2\,HCl$$

Jene Salicylsäuren indessen, bei denen auch die zweite Orthostellung zur Hydroxylgruppe substituiert ist (selbst durch Methyl), geben in normaler Weise Carbonsäurechloride

[1] Ebenso bei der Einwirkung von Phosgen in Pyridinlösung: Einhorn und Mettler, B. **35**, 3639 (1902).
[2] Burton, Am. **3**, 395 (1881). — Schnapp, Ann. **201**, 65 (1880).
[3] Erlenmeyer, B. **14**, 1318 (1881).
[4] Fittig, Ann. **208**, 116 (1881). — B. **26**, 40 (1893).
[5] Fittig, Ann. **283**, 60 (1894).
[6] Fittig und Wolff, Ann. **216**, 127 (1882). — Fittig und Christ, Ann. **268**, 111 (1891).
[7] Wegscheider und Bittner, M. **21**, 650 (1900).
[8] Siehe S. 463.
[9] Anschütz, Ann. **228**, 308 (1885); **239**, 314, 333 (1887). — B. **30**, 221 (1897).

$$\begin{array}{c} \diagup \text{COCl} \\ \diagdown -\text{OH} \\ \text{R} \end{array}$$

δ) Bei der Reduktion mit Natrium und Alkohol (Methode von Ladenburg) liefern die Orthooxysäuren zweibasische Säuren der Pimelinsäurereihe[1]), indem zuerst entstehende Tetrahydrosäure sich in 1.3-Ketonsäure umlagert:

$$\begin{array}{cc} \text{CH}_2 & \text{CH}_2 \\ \text{CH}_2 \diagup \diagdown \text{C—COOH} & \text{CH}_2 \diagup \diagdown \text{CHCOOH} \\ \text{CH}_2 \diagdown \diagup \text{C—OH} = \text{CH}_2 \diagdown \diagup \text{CO} \\ \text{CH}_2 & \text{CH}_2 \end{array}$$

die dann analog der „Säurespaltung" des Acetessigesters hydrolytisch aufgespalten wird[2]):

$$\begin{array}{cc} \text{CH}_2 & \text{CH}_2 \\ \text{CH}_2 \diagup \diagdown \text{CHCOOH} & \text{CH}_2 \diagup \diagdown \text{CH}_2\text{—COOH} \\ \quad\quad\quad + \text{H}_2\text{O} = \\ \text{CH}_2 \diagdown \diagup \text{CO} & \text{CH}_2 \diagdown \diagup \text{COOH} \\ \text{CH}_2 & \text{CH}_2 \end{array}$$

ε) Bei der Einwirkung von Phosgen (weniger gut Phosphoroxychlorid) in Pyridinlösung entstehen neben amorphen Reaktionsprodukten krystallisierte dimolekulare cyclische Anhydride. Letztere sind in Soda und kalter Lauge unlöslich und gehen erst beim Erwärmen mit ätzenden Laugen in die zugehörigen Säuren über. Bei der Einwirkung von Phosphoroxychlorid in Toluol- oder Xylollösung[3]) erhält man höher molekulare Anhydride, von denen das in Chloroform lösliche und mit Krystallchloroform ausfallende Tetrasalicylid von Interesse ist.[4])

ζ) Nur die o-Oxybenzoesäureester liefern mit Hydroxylamin Hydroxamsäuren (Jeanrenaud[5]). Übrigens versagt diese Reaktion auch bei der β-Naphthol-β-carbonsäure.

η) Reaktion von Nölting.[6]) Während die m- und p-Oxysäureanilide mit Dimethylanilin und Phosphoroxychlorid Auramine, resp.

---

[1]) Einhorn, Ann. **286**, 257 (1895); **295**, 173 (1897).
[2]) Einhorn und Pfeifer, B. **34**, 2951 (1901). — Einhorn und Mettler, B. **35**, 3644 (1902).
[3]) Schiff, Ann. **163**, 220 (1872). — Goldschmiedt, M. **4**, 121 (1883). — Anschütz, Ann. **273**, 73, 94 (1893). — D. R. P. 68960 (1893). — Schroeter, Ann. **273**, 97 (1893). — D. R. P. 69708 (1893). — B. **26**, R. 651, 912 (1893). — Einhorn und Pfeifer, B. **34**, 2951 (1901).
[4]) Siehe S. 22.
[5]) B. **22**, 1273 (1889).
[6]) B. **30**, 2589 (1897).

durch Verseifung der letzteren Dimethylaminobenzophenone liefern,[1]) werden die o-Oxysäureanilide nach dem Schema

$$I. \quad 3\,C{\begin{smallmatrix}C_6H_4OH\\ O\\ NHC_6H_5\end{smallmatrix}} + 6\,C_6H_5N(CH_3)_2 + 2\,POCl_3 =$$

$$3\,C{\begin{smallmatrix}C_6H_4OH\\ [C_6H_4N(CH_3)_2]_2\\ NHC_6H_5\end{smallmatrix}} + P_2O_5 + 6\,HCl$$

$$II. \quad C{\begin{smallmatrix}C_6H_4OH\\ [C_6H_4N(CH_3)_2]_2\\ NHC_6H_5\end{smallmatrix}} + 2\,HCl = C{\begin{smallmatrix}C_6H_4OH\\ C_6H_4N(CH_3)_2\\ C_6H_4=N(CH_3)_2Cl\end{smallmatrix}} + C_6H_5NH_2HCl$$

in Farbstoffe der Malachitgrünreihe verwandelt.

Z. B. werden gleiche Gewichtsmengen o-Oxynaphthoesäureanilid, Dimethylanilin und Phosphoroxychlorid 4 Stunden lang im Wasserbade erhitzt. Der entstandene grüne Farbstoff wird durch Sulfurieren mit rauchender Schwefelsäure löslich gemacht. Er färbt Seide, Wolle und tannierte Baumwolle gelbstichig grün.

B. m-Oxysäuren.

α) Während die o- und p-Oxysäuren beim Erhitzen für sich oder mit Säuren oder Basen relativ leicht unter CO_2-Abspaltung in Phenole übergehen,[2]) werden die m-Oxysäuren durch konz. Schwefelsäure nach dem Schema:

in Oxyanthrachinone übergeführt (Liebermann und Kostanecki[3]).

Über eine analoge Kondensation mit Chloral siehe Fritsch, Ann. 296, 344 (1897).

β) Bei der Reduktion nach Ladenburg werden glatt Oxyhexamethylencarbonsäuren gebildet.[4]) Reduktion in saurer Lösung: Velden, J. pr. (2), 15, 165 (1876).

γ) Über die Eisenchloridreaktion siehe S. 464.

C. p-Oxysäuren.

α) In Chloroform sind die p-Oxysäuren vollkommen unlöslich und sind auch mit Wasserdämpfen nicht flüchtig.

---

[1]) D. R. P. 41751 (1887).

[2]) Graebe, Ann. 139, 143 (1866). — Limpricht, B. 22, 2907 (1889). — Graebe und Eichengrün, Ann. 269, 325 (1892). — Cazeneuve, Bull. (3), 15, 75 (1896). — Vaubel, J. pr. (2), 53, 556 (1896); siehe auch S. 563.

[3]) B. 18, 2142 (1885). — Heller, B. 28, 313 (1895).

[4]) Einhorn, Ann. 291, 297 (1896).

β) Eisenchloridreaktion siehe S. 464.

γ) Gegen Thionylchlorid verhalten sich Paraoxysäuren, welche nicht in Orthostellung zum Hydroxyl einen negativen Substituenten tragen, vollkommen indifferent.[1])

Neutralisationswärme der Oxysäuren: Berthelot und Werner, Ann. Chim. Phys. (6), **7**, 146 (1886). — Leitfähigkeit und Acidität: Ostwald, J. pr. (2), **32**, 344 (1885). — Z. phys. **3**, 247 (1889). — Koral, J. pr. (2), **34**, 109 (1886). — Engel, Ann. Chim. Phys. (6), **8**, 573 (1886).

Fünfter Abschnitt.

Verhalten der Lactongruppe: $\begin{matrix} C-CO \\ | \\ C-O \end{matrix}$

Die Lactone sind innere (cyclische) Ester von Oxysäuren; sie zeigen dementsprechend zwei Gruppen von Reaktionen:

1. Umwandlungen, die von Ringsprengung begleitet sind,
2. Substitutionen im Lactonringe.

1. Verhalten gegen Alkalien.

Je nach der Festigkeit der Bindung des Brückensauerstoffs werden die Lactone mehr oder weniger leicht zu Salzen der entsprechenden Oxysäuren verseift. Die Tendenz, in Oxysäuren überzugehen, ist von verschiedenen Faktoren bedingt, und zwar hauptsächlich von der Spannung im Ringe[2]) (δ-Lactone öffnen sich im allgemeinen leichter als γ-Lactone), ferner von der Stärke der Carboxylgruppe und dem Charakter des Hydroxyls der Oxysäure.

Die Lactone der Fettreihe, die den Fettsäureestern an die Seite zu stellen sind, zeigen ein ganz entsprechendes Verhalten: sie werden leicht und vollständig durch Alkalien verseift[3]) und schon langsam beim Stehen mit Wasser gespalten.[4]) Auch hierin zeigt sich der Parallelismus mit den Fettsäureestern, indem die Neigung zur Wasseraufnahme mit der Löslichkeit in Wasser zunimmt.

Die aromatischen Lactone sind weit stabiler, gemäß dem stärker ausgeprägten Säurecharakter[5]) der entsprechenden Stamm-

---

[1]) Hans Meyer, M. **22**, 415 (1901).
[2]) β-Lactone zersetzen sich im allgemeinen beim Erhitzen leicht unter Kohlendioxydabspaltung: Erlenmeyer, B. **13**, 305 (1880). — Einhorn, B. **16**, 2211, (1883). — Staudinger, B. **41**, 1358 (1908). — Über ein stabiles β-Lacton: Baeyer und Villiger, B. **30**, 1954 (1897). — Fichter und Hirsch, B. **33**, 3270 (1900). — Komppa, B. **35**, 534 (1902).
[3]) Benedikt, M. **11**, 71 (1890).
[4]) Fittig und Christ, Ann. **268**, 110 (1892).
[5]) In Bicarbonatlösung sind die Lactone meist, aber nicht ausnahmslos, unlöslich. — Siehe S. 557, Anm. 2.

substanzen: während man die Fettsäurelactone durch Verseifen mit überschüssigem Alkali und Zurücktitrieren quantitativ bestimmen kann,[1]) ist dies bei den aromatischen Lactonen in der Regel nicht möglich. Während man aus dem Silbersalze der γ-Oxybuttersäure mit Jodmethyl den Ester derselben erhalten kann,[2]) entsteht aus dem (Kalium-) Salze der Benzylalkohol-o-carbonsäure bei analoger Behandlung ausschließlich Phthalid[3])

$$\overset{CH_2-OH}{\underset{COOK}{\diagup}} + JC_2H_5 = \overset{CH_2}{\underset{CO}{\diagup}}O + JK + C_2H_5OH.$$

Untersuchungen über die Schnelligkeit der Lactonbildung aus den Oxysäuren: Hjelt, B. **24**, 1236 (1891). — B. **25**, 3174 (1892). — Henry, Z. physiol. **10**, 96 (1892). — B. **27**, 3331 (1894). — Ch. Ztg. **18**, 3 (1894). — B. **29**, 1855, 1861 (1896).

Das Hauptergebnis dieser Arbeiten ist, daß alle Momente, welche überhaupt dem Ringschlusse günstig sind, die Stabilität der Lactone erhöhen,[4]) namentlich ,,daß zunehmende Größe oder Anzahl der Kohlenwasserstoffreste in der durch Sauerstoff sich schließenden Kohlenstoffverkettung die intramolekulare Wasserabspaltung bei den Oxysäuren begünstigen''.

Es müssen auch für die Lactone, als innere Ester, dieselben Betrachtungen Geltung haben, welche Emil Fischer[5]) im Vereine mit Van't Hoff über den Einfluß der Salzbildung auf die Verseifung von Amiden und Estern durch Alkalien angestellt hat.

Ein hydroxylhaltiges Lacton wird in seiner alkalischen Lösung in die Ionen

$$R\begin{cases} -O- \\ C \\ \quad \diagdown O \quad \text{und K} \\ CO \end{cases}$$

zerfallen, von denen das erstere elektronegativen, das letztere elektropositiven Charakter besitzt. Es ist klar, daß dann zwischen diesem negativen Reste und dem gleichfalls negativen Hydroxyl zugesetzter Kalilauge eine elektrische Abstoßung statthat, welche die chemische Wechselwirkung zu erschweren geeignet ist.[6])

Es hat auch andererseits E. Hjelt gelegentlich seiner Untersuchungen über die relative Geschwindigkeit der Lactonbildung bei zweibasischen γ-Oxysäuren darauf hingewiesen,[7]) daß bei diesen Säuren

[1]) Benedikt, M. **11**, 71 (1890).
[2]) Neugebauer, Ann. **227**, 102 (1885).
[3]) Hjelt, B. **25**, 524 (1892).
[4]) Siehe auch Bischoff, B. **23**, 620 (1890).
[5]) B. **31**, 3277 (1898).
[6]) Hans Meyer, M. **20**, 338 (1899).
[7]) B. **25**, 3174 (1892). — Fittig, Ann. **353**, 32 (1907).

die Lactonbildung viel schneller vonstatten geht, als bei den einbasischen Oxysäuren: „Eintritt von Carboxyl in das Molekül begünstigt somit die innere Wasserabspaltung".

Dementsprechend liefern Lactonsäuren beim Titrieren in der
Kälte den der freien Carboxylgruppe entsprechenden Wert, bei Siedehitze wird die Lactongruppe partiell aufgespalten.[1])
Während die Lactone der Fettreihe durch Kochen mit Sodalösung zu Salzen der Oxysäuren aufgespalten werden, welche Salze
gegen kochendes Wasser beständig sind, werden die Derivate des
Phthalids nur durch freies Ätzkali, gewöhnlich sogar nur durch alkoholisches Kali in die entsprechenden Salze übergeführt, die indessen
so wenig beständig sind, daß bei ihnen sowohl beim längeren Stehen
in alkalischer Lösung bei gewöhnlicher Temperatur,[2]) als auch rasch
beim Kochen,[3]) sowie beim Einleiten von Kohlendioxyd[4]) unter Abscheidung freien Alkalis Lactonisierung eintritt.

2. Lactone als Pseudosäuren.[5])

Gewisse Lactone bieten die Kriterien der von Hantzsch als
Pseudosäuren bezeichneten Substanzen.

Sie reagieren, in alkoholischer oder wässerig-alkoholischer Lösung,
gegen Phenolphthalein, Lackmus und Helianthin vollkommen neutral;
versetzt man aber ihre Lösungen mit Kalilauge, so verschwindet nach
einiger Zeit die anfangs alkalische Reaktion, erscheint von neuem
auf wiederholten Kalizusatz, verschwindet wieder beim Stehen der
Lösung usf., bis endlich, wenn die einem Molekül KOH entsprechende
Kalimenge zugesetzt ist, auch nach vielen Stunden die alkalische
Reaktion selbst beim Erhitzen nicht mehr verschwindet. (Langsames
oder zeitliches Neutralisationsphänomen.) Dabei gehen die farblosen
Lactone in die gelben Salze ungesättigter Säuren über. (Änderung
der Konstitution bei der Salzbildung. Farbenänderung.)

Fulda[6]) beschreibt als solche Pseudosäuren das Phthaliddimethylketon, Mekonindimethylketon, Phthalidmethylphenylketon und
Mekoninmethylphenylketon.

Die gelben Salze der ungesättigten Säuren zeigen nun bei Säurezusatz wieder „abnorme Neutralisationsphänome", indem jede zugesetzte Säuremenge ($^n/_{10}$ HCl) erst nach längerem Stehen verschwindet
— wobei ein entsprechender Teil der farblosen Pseudosäure ausfällt —
bis endlich, nach Zusatz von einem Molekül Salzsäure, selbst nach
Tagen die saure Reaktion bestehen bleibt, während die Flüssigkeit

[1]) v. Baeyer und Villiger, B. **30**, 1958 (1897). — Hans Meyer, M. **19**,
712 (1898). — Siehe auch Fittig, Ann. **330**, 316 (1903).
[2]) Haller und Guyot, C. r. **116**, 481 (1893). — Herzog und Hâncu,
Arch. **246**, 408 (1908).
[3]) Guyot, Bull. (3), **17**, 971 (1897).
[4]) J. Herzig und Hans Meyer, M. **17**, 429 (1896).
[5]) Über Pseudosäuren überhaupt siehe S. 494ff.
[6]) M. **20**, 702 (1899).

sich vollständig entfärbt hat. Der Vorgang entspricht z. B. beim
Phthaliddimethylketon dem Schema:

3. Verhalten der Lactone gegen Ammoniak.
(Hans Meyer.[1])

Bei der Einwirkung von Ammoniak in wässeriger oder alkoholischer Lösung findet entweder

1. überhaupt keine Einwirkung auf das Lacton statt,

2. oder es entsteht ein Oxysäureamid,[2] welches leicht das Lacton regeneriert, oder

3. das primär entstandene Oxysäureamid geht mehr oder weniger leicht durch bloßes Umkrystallisieren, Erwärmen oder Digerieren mit Alkalien oder Säuren unter Wasserabspaltung in ein Imid (Lactam) über.

Das Verhalten der einzelnen Lactone gegen Ammoniak ist einzig und allein vom Charakter des die Hydroxylgruppe in der zugehörigen Oxysäure tragenden Kohlenstoffatoms abhängig, und zwar tritt Imidinbildung mit wässerigem oder alkoholischem oder sonstwie gelöstem Ammoniak ein (und zwar bei β-, γ- und δ-Lactonen):

1. Wenn das Hydroxyl tertiär ist:

2. Wenn dasselbe sekundär und ungesättigt ist:

Die Reaktion führt hingegen bloß zu einem mehr oder weniger labilen Oxysäureamid oder bleibt ganz aus, wenn

---

[1] M. **20**, 717 (1899). — Luksch, M. **25**, 1062 (1904). — Kühling und Falk, B. **88**, 1215 (1905). — H. Weber, Diss., Berlin 1905, S. 15. — Köhler. Diss. Heidelberg 1907, S. 17.

[2] Die Konstitution dieser Oxysäureamide, für welche früher die Formeln

diskutiert werden, ist von G. Cramer (B. **31**, 2813 [1898]) als der ersteren Formel entsprechend erwiesen worden.

3. das Hydroxyl einem primären Alkoholrest angehört:

$$- CH_2 - OH,$$

4. oder einem gesättigten sekundären Alkohol:

$$C - \overset{\overset{\displaystyle H}{|}}{\underset{\underset{\displaystyle C}{|}}{C}} - OH,$$

oder endlich

5. Phenolcharakter besitzt.

Wenn sich in Orthostellung zum Phenolhydroxyl eine Nitrogruppe befindet, so kann ebenfalls eine Reaktion erzwungen werden, analog wie im Orthonitrophenol[1]) schon bei verhältnismäßig niedriger Temperatur direkte Substitution des Hydroxyls durch den Ammoniakrest stattfindet.

Läßt man bei Abwesenheit von Wasser Ammoniak auf hoch (300⁰) erhitzte aromatische Lactone einwirken, so tritt direkt Ersatz des einen Sauerstoffatoms durch die NH-Gruppe ein.[2])

4. Verhalten der Lactone gegen Phenylhydrazin und Hydrazinhydrat.

Analoge Regelmäßigkeiten, wie bei der Einwirkung von Ammoniak, zeigen sich auch hier.

Es tritt sonach: 1. Kondensation unter Wasserabspaltung ein: Wenn das Hydroxyl der zugehörigen Oxysäure tertiär ist:

I. Schema: $- C - \overset{\overset{\displaystyle C}{}}{\underset{\underset{\displaystyle OH}{|}}{C}}\!\!\!<\!\!\overset{\displaystyle C}{\underset{\displaystyle C}{}}$ Fluoran[3]), Diphenylphthalid[3]), Phenol-

phthalein[4]), Fluorescein[4]);

II. Schema: $- C\!\!\overset{\displaystyle \diagup C}{\underset{\underset{\displaystyle OH}{|}}{}}$ Benzalphthalid[5]);

2. Es tritt Aufspaltung des Lactonringes und Addition der Base unter Bildung eines Oxysäurehydrazides ein, wenn das Hydroxyl einem primären Alkoholrest angehört:

III. Schema: $- CH_2 - OH$: Valerolacton[6]), Phthalid[6])[7])[8]) oder einem gesättigten sekundären Alkohol:

---

[1]) Merz und Ris, B. **19**, 1751 (1886).
[2]) Graebe, B. **17**, 2598 (1884).
[3]) R. Meyer und Saul, B. **26**, 1273 (1893).
[4]) Gattermann und Ganzert, B. **32**, 1133 (1899).
[5]) Ephraïm, B. **26**, 1376 (1893).
[6]) Wislicenus, B. **20**, 401 (1887).
[7]) R. Meyer und Saul a. a. O.
[8]) Wedel, Diss., Freiburg 1900, S. 63. — B **33**, 766 (1900). — Blaise und Luttringer, C. r. **140**, 790 (1905). — Bull. (3), **33**, 1095 (1905).

IV. Schema: C—C$\begin{array}{c} \text{H} \\ \diagdown \text{OH} \end{array}$　Saccharin[1])

oder endlich Phenolcharakter besitzt:

V. Schema: [structure]　o-Oxydiphenylessigsäurelacton[2]).

Die von Wedel[2]) studierten Derivate des nicht substituierten
Hydrazins werden — ebenso wie die Phenylhydrazide — von Alkalien
leicht verseift. Salpetrige Säure ist ohne Wirkung, und Essigsäureanhydrid regeneriert das Lacton. Mit Aldehyden (Benzaldehyd, Phthalaldehydsäure) geben diese Körper Kondensationsprodukte (Reaktion
von Curtius und Struve[3]).

5. Einwirkung aliphatischer und aromatischer Amine:

G. Cramer, B. **31**, 2814 (1898).

6. Einwirkung von Kaliumsulfhydrat auf Lactone:

Hans Meyer und Krczmař, M. **19**, 715 (1898), siehe auch S. 577.

7. Einwirkung von Hydroxylamin.

Im allgemeinen wirkt Hydroxylamin auf Lactone nicht ein.[4])
Vgl. indessen Hans Meyer, M. **18**, 407 (1897). — R. Meyer und
Spengler, B. **36**, 2953 (1903).

8. Einwirkung von Chlor- und Bromwasserstoffsäure auf Lactone:

Roser, Ann. **220**, 255 (1883).
Fittig und Morris, B. **17**, 202 (1884).
Bredt, B. **19**, 514 (1886).
Salomonson, Rec. **6**, 11, 14 (1887).
Swarts, Bull. Ac. roy. Belg. **24**, 44 (1889).
G. Cramer, B. **31**, 2813 (1898).

9. Reduktion durch nascierenden Wasserstoff:

Kiliani, B. **20**, 2715 (1887).
E. Fischer, B. **22**, 2204 (1889).

---

[1]) E. Fischer und Paßmore, B. **22**, 2733 (1889).
[2]) Wedel, Diss., Freiburg 1900, S. 63. — B. **33**, 766 (1900). — Blaise
und Luttringer, C. r. **140**, 790 (1905). — Bull. (3), **33**, 1095 (1905).
[3]) J. pr. (2), **50**, 301 (1893).
[4]) Lach, B. **16**, 1782 (1883).

Drittes Kapitel

Nachweis und Bestimmung der Carbonylgruppe.

Erster Abschnitt.

Qualitativer Nachweis der Carbonylgruppe.

Die Carbonylgruppe bildet den charakteristischen Bestandteil von zwei Gruppen von Substanzen, den Aldehyden, bei denen die C:O-Gruppe einerseits an Wasserstoff gebunden ist:

$$\overset{\displaystyle H}{\underset{\displaystyle R-C=O}{|}}$$

und den Ketonen, bei denen beide Kohlenstoffvalenzen an organische Reste gebunden sind:

$$\overset{\displaystyle R_1}{\underset{\displaystyle R_2-C=O.}{|}}$$

Die Reaktionen der Carbonylgruppe sind hauptsächlich durch ihren ungesättigten Charakter bedingt; die Aldehyde und Ketone addieren dementsprechend verschiedene Arten von Substanzen, die man von den durch die Hydratform der Aldehyde und Ketone gebildeten Glykolen

$$>C<^{OH}_{OH}$$

ableiten kann.[1])

Diese Glykole sind als solche nur dann beständig, wenn mit der CO-Gruppe mindestens ein sehr saurer Rest verbunden ist (Chloralhydrat, Mesoxalsäure).

Der Charakter der mit der CO-Gruppe verbundenen Radikale bestimmt überhaupt das Verhalten der ersteren gegen Reagenzien.

---

[1]) In manchen Fällen auch von vierwertigem Sauerstoff.

Man kann daher die carbonylhaltigen Substanzen einteilen in solche, die zwei elektropositive Reste besitzen:

$$\underset{\text{H}}{\overset{\text{H}}{|}}\qquad\underset{}{\overset{\text{CH}_3}{|}}$$

$$-\text{H}_2\text{C}-\overset{|}{\text{C}}=\text{O}\qquad-\text{H}_2\text{C}-\overset{|}{\text{C}}=\text{O}$$

Aldehyde und Ketone der Fettreihe,

solche, die einen positiven und einen negativen Rest tragen:

$$\overset{\text{H}}{\underset{|}{}}\qquad\overset{\text{CH}_3}{\underset{|}{}}\qquad\overset{\text{O}\ \ \text{CH}_3}{\underset{|}{}}$$

$$(\text{Bz})-\overset{|}{\text{C}}=\text{O}\qquad(\text{Bz})-\overset{|}{\text{C}}=\text{O}\qquad\text{R}-\overset{\|}{\text{C}}-\overset{|}{\text{C}}=\text{O}$$

Aromatische Aldehyde　　Fett-aromatische Ketone　　α-Diketone,

und endlich solche, welche nur mit sauren Resten verbunden sind:

$$(\text{Bz})\qquad\text{C}=\text{O}\qquad(\text{Bz})\qquad\text{R}_1$$

$$(\text{Bz})-\text{C}=\text{O}\quad\text{O}=\text{C}-\text{C}=\text{O}\quad-\text{C}=\text{C}-\text{C}=\text{O}\quad\text{R}_2\!\!\diagdown\!\!\text{C}=\text{C}=\text{O}$$

Aromatische Ketone　　Triketone　　Ungesättigte Ketone　　Ketene[1])

Soweit die Reaktionen dieser Substanzen durch das elektrochemische Verhalten der Komponenten bestimmt sind, zeigen sich infolgedessen Unterschiede innerhalb der einzelnen Gruppen, und man kann daher spezifische **Aldehydreaktionen** usw. beobachten.

1. Reaktionen, welche der C:0-Gruppe überhaupt eigentümlich sind.

a) Acetalbildung.

Während, wie schon erwähnt, Glykole, welche beide Hydroxylgruppen am selben C-Atom enthalten, nur dann beständig sind, wenn neben letzteren sich noch eine stark negative Gruppe befindet:

$$\underset{\text{Chloralhydrat}}{\begin{matrix}\text{Cl}\\\text{Cl}-\text{C}\\\text{Cl}\\\text{H}\end{matrix}\!\!\diagup\!\!\text{C}\!\!\diagdown\!\!\begin{matrix}\text{OH}\\\text{OH}\end{matrix}}\qquad\underset{\text{Mesoxalsäure}}{\begin{matrix}\text{HOOC}\\\text{HOOC}\end{matrix}\!\!\diagup\!\!\text{C}\!\!\diagdown\!\!\begin{matrix}\text{OH}\\\text{OH}\end{matrix}}$$

sind die entsprechenden Alkyläther (Acetale) sehr stabile Substanzen.[2])

---

[1]) Siehe S. 962.

[2]) Claisen, B. **26**, 2731 (1893); **29**, 1005, 2931 (1896); **31**, 1010, 1019, 1022 (1898); **33**, 3778 (1900); **36**, 3664, 3670 (1903). — Ann. **281**, 312 (1894); **291**, 43 (1896); **297**, 3, 28 (1897). — B. **40**, 3903 (1907). — E. Fischer und Giehe, B. **30**, 3053 (1897); **31**, 545 (1898). — E. Fischer und Haffa, B. **31**, 1989 (1898). — Harries, B. **33**, 857 (1900); **34**, 2987 (1901). — Stollé, B. **34**, 1344 (1901). — Hütz, Diss., Jena 1901, S. 18. — Sachs und Herold, B. **40**, 2727 (1907). — Reitter und Hess, B. **40**, 3020 (1907). — Arbusow, B. **40**, 3301 (1907). — Reitter und Weindel, B. **40**, 3358 (1907). — E. Fischer, B. **41**, 1021 (1908).

Als halbseitiges Acetal ist das Chloralalkoholat

$$CCl_3C \begin{smallmatrix} H \\ \diagup \\ \diagdown \end{smallmatrix} \begin{smallmatrix} OC_2H_5 \\ \\ OH \end{smallmatrix}$$

aufzufassen.

Derartige Substanzen können nach der Zeiselschen Methode (S. 726) analysiert werden.[1])

Die Acetalisierung von Aldehyden kann nach E. Fischer und Giehe durch Digerieren mit Alkohol bei Gegenwart von wenig Chlorwasserstoff erfolgen:

$$R . C \begin{smallmatrix} H \\ \diagup \\ \diagdown \\ O \end{smallmatrix} + 2HOC_2H_5 = R . C \begin{smallmatrix} H \\ \diagup \\ -OC_2H_5 \\ \diagdown \\ OC_2H_5 \end{smallmatrix} + 2H_2O.$$

Nach Claisen kann die Acetalisierung der Aldehyde und Ketone auf zweierlei Art bewirkt werden: Erstens durch Behandlung mit freiem, und zweitens mit nascierendem Orthoameisensäureester, d. h. mit einer Mischung von Alkohol und salzsaurem Formiminoester.

Letztere Methode,[2]) als die bequemere, sei an Beispielen erläutert.

Vorher sind aber einige Bemerkungen von Wichtigkeit.

Die Acetalisierung mittels des freien Orthoameisensäureesters erfordert die Anwendung eines Katalysators, da reiner Ester ganz ohne Einwirkung ist. Ferner ist die Anwendung von Alkohol bei der Reaktion von großem Vorteil.

Die besten Bedingungen sind also, daß man den Aldehyd oder das Keton in 3 Molekülen Alkohol, eventuell auch mehr, auflöst, $1^1/_{10}$ Molekül Orthoameisensäureester zufügt, dann den Katalysator zusetzt, und nun kurze Zeit erwärmt oder längere Zeit bei gewöhnlicher Temperatur stehen läßt. Die Ausbeuten sind oft nahezu theoretisch.

Als Katalysatoren dienen am besten geringe Mengen Mineralsäuren, Salmiak, Eisenchlorid, Monokaliumsulfat. Noch stärker wirken salzsaures Pyridin, Ammoniumsulfat und Nitrat, doch arbeitet man zweckmäßig mit den mittelstarken Katalysatoren.

Um das Maximum an Ausbeute zu erzielen, muß man durch Vorversuche Quantität des Katalysators und Zeitdauer der Einwirkung ermitteln, da die Reaktion sonst rückläufig wird, etwa im Sinne der Gleichung:

$$R . CH(OC_2H_5)_2 = R . CHO + (C_2H_5)_2O.$$

[1]) Schmidinger, M. 21, 36 (1900).
[2]) Über die Verwendung der Iminoester anderer Säuren siehe D. R. P. 197804 (1908).

Beispiele:

I. Acetalisierung von Aldehyden.

Benzaldehyd. Eine Mischung von 37.5 g Benzaldehyd, 57 g Orthoameisensäureester und 49 g Alkohol wurde nach Zusatz von 0.75 g feingepulvertem Salmiak 10 Minuten lang unter Rückfluß gekocht. Die Aufarbeitung ist folgende: Abdestillieren des Alkohols und enstandenen Ameisensäureesters bis 82° unter Benützung eines guten Fraktionieraufsatzes, Erkaltenlassen, Zugabe von etwas Wasser, Ausäthern, Trocknen des Auszugs über Kaliumcarbonat, Abdestillieren des Äthers und Fraktionieren. Benzaldehyd ist nicht mehr vorhanden, alles destilliert bis auf einen minimalen Rest bei 217—223°. Ausbeute 97 Proz. der Theorie. Wurde Salzsäure (0.15 ccm = 0.06 g HCl) benutzt, so stieg die Temperatur von selbst sofort auf 48°. Nach ganz kurzem Aufkochen auf dem Wasserbade wurde rasch abgekühlt und, um die weitere Einwirkung der Salzsäure abzuschneiden, mit ein paar Tropfen alkoholischen Kalis eben alkalisch gemacht. Die weitere Verarbeitung erfolgte wie weiter oben angegeben: Ausbeute 99 Proz.

In dieser Weise, mit Neutralisation der Säure vor dem Abdestillieren des Alkohols, wird in allen Fällen verfahren, wo stark wirkende saure Katalysatoren zur Anwendung kommen. Namentlich bei den so äußerst leicht zersetzlichen Ketonacetalen ist dies notwendig.

II. Acetalisierung von Ketonen.

Aceton. Angewandt 11.6 g Aceton (aus der Bisulfitverbindung), 32.5 g Orthoester, 27.6 g Alkohol und 1 g Salmiak. Damit von dem letzteren sich möglichst viel löse, wurde zunächst der Alkohol allein einige Zeit mit dem sehr fein gepulverten Salmiak gekocht; nach dem Erkalten wurden dann die anderen Bestandteile zugesetzt. Nach achttägigem Stehen wurde ziemlich viel Äther und so viel Eiswasser (letzteres mit ein paar Tropfen Ammoniak alkalisch gemacht) zugegeben, als zur Auflösung des Salmiaks erforderlich war. Aus der abgehobenen und getrockneten ätherischen Schicht resultierten bei vorsichtiger Destillation (anfangs mit langem Hempelrohr) 21 g rohen und $17^1/_2$ g reinen Acetonacetals, entsprechend 80 bzw. 66 Proz. der Theorie.

III. Ketonsäureester und 1.3-Diketone.

1. Acetonoxalester. 16 g des Esters und 16.3 g Orthoester wurden in 23 g Alkohol (5 Moleküle) gelöst und nach Zusatz von 1 g Salmiak eine Woche lang unter gelegentlichem Durchschütteln stehen gelassen. Nach Ablauf dieser Zeit wurde mit Äther verdünnt, von dem Salmiak abgesaugt, mit Wasser gewaschen und schließlich so oft mit 10proz. Sodalösung ausgeschüttelt, bis die durch etwas unverändert gebliebenen Acetonoxalester verursachte

Eisenchloridreaktion nicht mehr zu bemerken war. Die getrocknete und von Äther und Alkohol befreite Flüssigkeit ging bei der Destillation im Vakuum (11 mm Druck) fast ohne Vorlauf und Nachlauf bei 127—129⁰ über; die erhaltene Menge betrug 14 g = 87 Proz.

2. Benzoylaceton. Angewandt 65 g des Diketons, 62 g Orthoester, 60 g Alkohol und 2 g Eisenchlorid. Das Kochen darf nur ganz kurze Zeit (5—10 Minuten) fortgesetzt werden; anderenfalls wird ein großer Teil des anfangs entstandenen o-Äthylderivates zu Acetophenon (und Essigester?) gespalten. Nach raschem Abkühlen wird, wie oben, aufgearbeitet, nur wird statt mit Sodalösung mit Natronlauge extrahiert. Erhalten wurden 45 g o-Äthylbenzoylaceton.

In allen Fällen wird der benützte Alkohol vor den Versuchen durch Destillation mit etwas Natrium von jeder Spur Säure befreit.

b) Darstellung von Phenylhydrazonen.[1])

Carbonylhaltige Substanzen verbinden sich mit Phenylhydrazin unter Wasseraustritt[2]) zu Hydrazonen der Formel

$$C_6H_5NHN = CR_1R_2.$$

Indessen sind nicht alle carbonylhaltigen Substanzen dieser Kondensation fähig: Körper der Formel R.CO.CN reagieren vielmehr[3]) nach der Gleichung:

$$C_6H_5NHNH_2 + R.CO.CN = R.CO.NH.NHC_6H + HCN.$$

Nach E. Fischers ursprünglicher Vorschrift wird die Substanz in Wasser oder Alkohol gelöst resp. suspendiert und mit überschüssigem salzsaurem Phenylhydrazin versetzt, das mit der anderthalbfachen Menge krystallisierten essigsauren Natriums in 8—10 Teilen Wasser gelöst wurde, oder man benutzt eine Mischung aus gleichen Volumen der Base und 50proz. Essigsäure verdünnt mit etwa der dreifachen Menge Wasser, die für jeden Versuch frisch bereitet wird.

Da jetzt die reine Base leicht zugänglich ist, wird man im allgemeinen diese benutzen. Bei kleineren Proben fügt man zu der zu prüfenden Flüssigkeit einfach die gleiche Anzahl Tropfen Base und 50proz. Essigsäure.

Die Reaktion erfolgt nämlich in der Regel am leichtesten in (schwach) essigsaurer Lösung, oft schon in der Kälte, fast

---

[1]) E. Fischer, Ann. 190, 136 (1878). — B. 16, 661, Anm., 2241 (1883); 17, 572 (1884): 22, 90, Anm. (1889); 30, 1240 (1897).

[2]) Über Additionsprodukte (Phenylhydrazonhydrate?) siehe Baeyer und Kochendörfer, B. 22, 2190 (1889). — Wislicenus u. Scheidt, B. 24, 3006, 4210 (1891). — Nef, Ann. 270, 289, 300, 319 (1892). — Sachs und Kempf, B. 35, 1231 (1902). — Biltz, Maué und Sieden, B. 35, 2000 (1902). — Auwers und Bondy, B. 37, 3916 (1904).

[3]) Pechmann und Wehsarg, B. 21, 2999 (1888).

immer in kurzer Zeit beim Erhitzen auf Wasserbadtemperatur, oft auch am besten beim Stehen mit konzentrierter Essigsäure in der Kälte (Overton[1]).

In letzterem Falle kann aber als Nebenprodukt Acetylphenylhydrazin gebildet werden.

Auch überschüssige verdünnte Essigsäure kann durch Bildung von Acetylphenylhydrazin zu Irrtümern Anlaß geben.[2]) Nach Milrath[3]) bildet sich dieses schon beim dreistündigen Erhitzen von 7 proz. Essigsäure auf dem Wasserbade mit der äquivalenten Menge Phenylhydrazin. Das Acetylphenylhydrazin schmilzt bei 126—128°.

Speziell für die Darstellung der Osazone empfiehlt E. Fischer neuerdings,[4]) das zuerst angegebene Gemisch von zwei Teilen salzsaurem Phenylhydrazin und drei Teilen wasserhaltigem Natriumacetat anzuwenden.

Das salzsaure Phenylhydrazin muß unbedingt rein sein: gefärbte Präparate müssen daher so lange aus heißem Alkohol umkrystallisiert werden, bis sie ganz farblos geworden sind. Arbeitet man mit freier Base in verdünnt-essigsaurer Lösung, so empfiehlt es sich, der Lösung Kochsalz zuzufügen.

Reinigen des Phenylhydrazins.[5]) Man löst die Base in ungefähr dem gleichen Volum reinen Äthers, kühlt auf ca. — 10° ab, saugt stark ab und wiederholt das Umkrystallisieren. Das so erhaltene Präparat darf nur ganz schwach gelb gefärbt sein und muß sich in der zehnfachen Menge eines Gemisches von einem Teil 50 proz. Essigsäure und 9 Teilen Wasser völlig klar lösen.

Durch Destillation bei 10—20 mm Druck kann das Phenylhydrazin ebenfalls bequem gereinigt werden.

Wegen der Empfindlichkeit gegen die Luft ist es ratsam, die Base in zugeschmolzenen Glasgefäßen aufzuheben.

Freie Mineralsäuren, welche die Reaktion verzögern oder ganz verhindern können, müssen vorher durch Natronlauge oder Soda neutralisiert werden.

Besonders schädlich ist die Anwesenheit von salpetriger Säure, welche mit dem Hydrazin Diazobenzolimid und andere ölige Produkte erzeugt. Sie muß durch Harnstoff zerstört werden.

Aldehyde und α-Diketone,[6]) sowie Ketonsäuren, nicht aber die einfachen Ketone, reagieren auch mit salzsaurem Phenylhydrazin.

---

[1]) B. 26, 20 (1893). Die günstige Wirkung des Eisessigs beruht jedenfalls auf seiner Wasserentziehung und der Schwerlöslichkeit der Hydrazone in demselben.

[2]) Anderlini, B. 24, 1993, Anm. (1901). — Jaffé, Z. physiol. 22, 536 (1896). — Meisenheimer, B. 41, 1010, Anm. (1908). — Siehe Milrath, M. 29, 339 (1908).

[3]) Ost. Ch. Ztg. 11, 84 (1908). — Z. physiol. 56, 132 (1908).

[4]) B. 41, 77 (1908).

[5]) Overton, B. 26, 19 (1893). — E. Fischer, B. 41, 74 (1908). — Siehe dazu Milrath, M. 29, 343 (1908).

[6]) Petrenko-Kritschenko und Eltschaninoff, B. 34, 1699 (1901).

Besonders empfindliche Hydrazone werden auch schon durch überschüssiges Phenylhydrazin angegriffen.[1])

Manche Hydrazone müssen auch vor Licht geschützt, in offenen Gefäßen aufgehoben werden, weil sie sonst der Selbstzersetzung anheimfallen.[2])

Das bei Lichtabschluß dargestellte farblose, gutkrystallisierte Hydrazon der Ketonsäure $C_7H_{12}O_4$ z. B. färbt sich im Tageslichte bald gelb und zerfließt zu einem schmierigen Brei.[3])

Nach einigem Stehen oder nach dem Abkühlen der Lösung pflegt sich das Kondensationsprodukt ölig oder krystallinisch abzuscheiden. In letzterem Falle wird es aus Wasser, Alkohol oder Benzol gereinigt. Für viele Fälle empfiehlt es sich, die Hydrazone (Osazone) zu ihrer Reinigung in Pyridin resp. Alkohol und Pyridin zu lösen und eventuell durch Benzol, Ligroin oder Äther, manchmal auch Wasser zu fällen (Neuberg[4]). Zur Extraktion von Hydrazonen aus komplexen Mischungen ist Essigester sehr empfehlenswert (Tanret[5]).

Manchmal empfiehlt es sich, den zu untersuchenden Körper mit Phenylhydrazinbase ohne Verdünnungsmittel zu erhitzen,[6]) selbst unter Druck,[7]) wenn keine Gefahr der Hydrazidbildung vorliegt.

Man gießt danach in Wasser und preßt das ausgeschiedene Hydrazon ab, wäscht mit verdünnter Salzsäure, um den Überschuß an Phenylhydrazin zu entfernen, und krystallisiert um.

Oder man wäscht das Reaktionsprodukt mit Glycerin und verdrängt das letztere mit Wasser.[8])

Die Ketone der Fettreihe reagieren auch leicht in ätherischer Lösung. Das gebildete Wasser entfernt man durch frisch geglühte Pottasche.

In Ketophenolen und Ketoalkoholen empfiehlt es sich, die Hydroxylgruppen zu acetylieren, Säuren gelangen als Ester oder nach Bamberger[9]) als Natriumsalze zur Verwendung, lassen sich auch öfters unter Zusatz von Mineralsäuren kondensieren (Elbers[10]).

Über die Darstellung von Hydrazonen aus Oximen siehe S. 913.

Hydrazonbildung nur durch Anilinverdrängung aus dem Chinophthalonanil: Eibner und Hofmann, B. **37**, 3018 (1904). — Siehe auch Walther, B. **35**, 1656 (1902).

---

[1]) Knick, B. **35**, 1166 (1902)

[2]) Meister, B. **40**, 3443 (1907).

[3]) Fittig, Ann. **353**, 29 (1907).

[4]) B. **32**, 3384 (1899). — Bertrand, C. r. **130**, 1332 (1900). — Salkowski, Z. physiol. **84**, 172 (1901). — Mayer, Z. physiol. **32**, 538 (1901). — Fürth, Hofmeisters Beitr. z. ch. Physiol. 1901. — Wohlgemuth, Berl. klin. Wochenschr. 1900. — Z. physiol. **35**, 571 (1902). — Bial, Verh. d. Kongr. f. inn. Medizin 1902. — W. Mayer, Diss., Göttingen 1907, S. 26.

[5]) Bull. (8), **27**, 392 (1902).

[6]) Ciamician und Silber, B. **24**, 2985 (1891). — Baeyer, B. **27**, 813(1894).

[7]) Hemmelmayr, M. **14**, 395 (1893).

[8]) Thoms, B. **29**, 2988 (1896).

[9]) B. **19**, 1430 (1886).

[10]) Ann. **227**, 353 (1885).

Auch das Carbonyl mancher **Lactone** und **Säureanhydride** vermag mit Phenylhydrazin unter Wasserabspaltung zu reagieren,[1]) ein Verhalten, welches diese Verbindungen gegen Hydroxylamin nicht zeigen.[2])

Dagegen[3]) sind manche **Chinone** teils indifferent gegen Phenylhydrazin, wie das Anthrachinon, oder reagieren nur mit einem Molekül Phenylhydrazin, wie die Naphthochinone und das Phenanthrenchinon, oder sie wirken oxydierend auf das Reagens unter Bildung von Kohlenwasserstoff (Benzochinon, Toluchinon, amphi-Naphthochinon[4]) usw.). Auch **ortho-disubstituierte Ketone** reagieren oft nicht mit Phenylhydrazin (Baum[5]), V. Meyer[6]).

Manchmal gelingt aber auch hier die Hydrazonbildung auf einem Umwege — ähnlich wie die Oximbildung aus Thioderivaten möglich ist.[7]) Tetramethyldiaminobenzaldehyd gibt weder mit Phenylhydrazin noch mit Hydroxylamin ein Kondensationsprodukt, liefert aber ein Semicarbazon.[8]). Siehe S. 701.

Durch einen eigentümlichen Oxydationsvorgang, wobei aus einem Teile des verwendeten Phenylhydrazins Ammoniak und Anilin entstehen, werden aus den Oxyketonen und Oxyaldehyden der Fettreihe Osazone gebildet (E. Fischer und Tafel[9]).

Bei der Einwirkung von Phenylhydrazin auf halogenhaltige Aldehyde und Ketone kann das Halogen, eventuell unter Osazonbildung eliminiert werden.[10])

Über die **Schmelzpunktsbestimmung** von Hydrazonen und Osazonen siehe S. 90.

Die **Stickstoffbestimmung** nach Kjeldahl läßt sich in diesen Substanzen ausführen, wenn man mit größeren Mengen reinen Zinkpulvers und starker Schwefelsäure in der Wärme reduziert und schließlich neben einem Tropfen Quecksilber auch etwas Kaliumpersulfat zusetzt.[11])

Phenylhydrazinparasulfosäure

bildet mit aromatischen Aldehyden und Ketonen fast ausschließlich Additionsprodukte. Aliphatische Diketone dagegen reagieren unter Pyrazolbildung.[12])

---

[1]) Hemmelmayr, M. **13**, 667 (1892). — R. Meyer u. E. Saul, B. **26**, 1271 (1893). — Ephraim, B. **26**, 1376 (1893).

[2]) V. Meyer u. Münchmeyer, B. **19**, 1706 (1886). — Hötte, J. pr. (2), **33**, 99 (1886).

[3]) Siehe S. 700.

[4]) Willstätter und Parnas, B. **40**, 3971 (1907).

[5]) B. **28**, 3209 (1895).

[6]) B. **29**, 830, 836 (1896).

[7]) S. 641.

[8]) Sachs und Appenzeller, B. **41**, 99 (1908).

[9]) B. **20**, 3386 (1887).

[10]) Hess, Ann. **232**, 234 (1886). — Nastvogel, Ann. **248**, 85 (1888). — R. Meyer und Marx, B. **41**, 2470 (1908).

[11]) Milbauer, Böhm. Ztschr. f. Zuckerind. **28**, 339 (1904).

[12]) Claisen und Roosen, Ann. **278**, 296 (1893). — Über die relative Beständigkeit der Phenylhydrazinsulfosäureadditionskörper an Aldehyde und

c) Darstellung substituierter Phenylhydrazone.

In vielen Fällen sind substituierte Hydrazine, welche besonders gut krystallisierende Derivate liefern, zum Nachweise der CO-Gruppe empfehlenswert. Es kommen hier hauptsächlich die folgenden Substanzen in Betracht:

Parabromphenylhydrazin,
Ortho-, Meta- und Paranitrophenylhydrazin,
2.4-Dinitrophenylhydrazin,
Methylphenylhydrazin,
Benzylphenylhydrazin,
Diphenylhydrazin,
Naphthylhydrazin.

Parabromphenylhydrazin.

Dieses Reagens ist namentlich zur Erkennung einzelner Zuckerarten (Ribose, Arabinose) sehr geeignet (E. Fischer[1]).

Von Tiemann und Krüger[2] ist dasselbe speziell zur Darstellung des Ionon- und Ironhydrazons benutzt worden.

Das p-Bromphenylhydrazin wird meist in essigsaurer Lösung zur Einwirkung gebracht, wobei Temperaturerhöhung durch Kochen zu vermeiden ist, zur Hintanhaltung der Bildung von Acet-p-Bromphenylhydrazin.[3] Auch in methyl-[4] oder äthylalkoholischer[5] Lösung kann es verwendet werden, man kann dann die Lösung am Rückflußkühler kochen.

Zum Umkrystallisieren der gebildeten Hydrazone wird zweckmäßig schwach verdünnter Methylalkohol, weniger gut Ligroin (bei Luftabschluß) verwendet. Die anderen Lösungsmittel verändern die Hydrazone unter Rotfärbung.

Neuberg[6] empfiehlt, die ursprüngliche Fischersche Vorschrift der Hydrazonbereitung anzuwenden. Das p-Bromphenylhydrazon der Glucuronsäure erhielt er folgendermaßen:

Fügt man zu 250 ccm wässeriger Glucuronsäurelösung eine zuvor zum Sieden erhitzte Lösung von 5 g salzsaurem p-Bromphenylhydrazin und 6 g Natriumacetat, so trübt sich die Flüssigkeit, wird aber beim Erwärmen im Wasserbade wieder klar. Nach 5—10 Minuten beginnt die Ausscheidung hellgelber Nadeln. Man entfernt vom Wasserbade und erhält beim Abkühlen eine reichliche Krystallmenge. Man saugt

---

Ketone in Rücksicht auf die Anwesenheit acidifizierender Gruppen im Carbonylkörper siehe Biltz, B. **35**, 2008 (1902). — Biltz, Maué und Sieden, B. **35**, 2000 (1902). — Siehe Sachs und Kempf, B. **35**, 1231 (1902).

[1] B. **24**, 4221, Anm. (1891).
[2] B. **28**, 1755 (1895).
[3] Michaelis, B. **26**, 2190 (1893).
[4] Liebermann und Lindenbaum, B. **41**, 1615 (1908).
[5] Lotte Weil, M. **29**, 903 (1908). — Winzheimer, Arch. **246**, 352 (1908).
[6] B. **32**, 2395 (1899). — Siehe auch Mayer und Neuberg, Z. physiol. **29**, 256 (1900).

dieselbe ab, erhitzt das klare Filtrat von neuem im Wasserbade bis
zur Krystallabscheidung, läßt erkalten, saugt ab usw. Durch 4—5 malige
Wiederholung dieser Operation gelingt es in 2—3 Stunden, fast die
gesamte Glucuronsäuremenge als Hydrazinverbindung zu fällen.

Die verschiedenen, auf einem Filter gesammelten Niederschläge
der Hydrazinverbindung wäscht man an der Saugpumpe (am besten
auf einer Porzellannutsche mit großer Oberfläche) gründlich mit
warmem Wasser und dann mit absolutem Alkohol, bis dieser ganz
schwach gelb gefärbt abläuft. Hierdurch entfernt man eine anhaftende dunkle Substanz und erhält die Verbindung als leuchtend hellgelbe Krystallmasse.[1])

Darstellung von Parabromphenylhydrazin (Michaelis).

20 g Phenylhydrazin werden in 200 g Salzsäure vom sp. Gew. 1.19
eingegossen und das abgeschiedene Salz in der Flüssigkeit gleichmäßig verteilt.

Man kühlt nun auf 0° ab und läßt unter starkem Schütteln in
10—15 Minuten 22.5 g Brom eintropfen. Nach 24 stündigem Stehen
saugt man ab und wäscht mit wenig kalter Salzsäure, löst in Wasser
und zersetzt mit Natronlauge.

Die Base scheidet sich dabei in festen, krystallinischen Flocken
ab, welche mit Äther extrahiert und nach dem Verdampfen des letzteren aus heißem Wasser umkrystallisiert werden. Die salzsaure
Mutterlauge enthält Bromdiazobenzolchlorid, zu dessen Reduktion
man 60 g Zinnchlorür einträgt. Den entstandenen Niederschlag versetzt man — nach dem Absaugen und Waschen mit starker Säure —
mit Wasser und überschüssigem Alkali und reinigt die Base, wie
oben angegeben.

Ausbeute 80 Proz.

Das p-Bromphenylhydrazin ist möglichst vor Licht und Luft geschützt, also in gut schließenden, gefärbten Flaschen, aus denen man
die Luft zweckmäßig durch Kohlendioxyd oder Leuchtgas verdrängt
hat, aufzubewahren.

Gut krystallisierte und ausreichend trockene Präparate halten
sich jahrelang unverändert. Verfärbte Präparate lassen sich durch
Umkrystallisieren aus Wasser unschwer reinigen. Es empfiehlt sich,
der erkaltenden Flüssigkeit einige Tropfen Sodalösung hinzuzusetzen.

Reines p-Bromphenylhydrazin schmilzt bei 107—109°.

Acet-p-Bromphenylhydrazin schmilzt bei 167°.

Zur Spaltung von p-Bromphenylhydrazonen erhitzen
Liebermann und Lindenbaum[2]) mit an Salzsäure gesättigtem Eisessig auf 125—130°.

---

[1]) Andere p-Bromphenylhydrazone: Tiemann, B. **28**, 2191, 2491 (1895).
— Giemsa, B. **33**, 2998 (1900). — Mayer und Neuberg, B. **33**, 3229 (1900).
— Brunner, Z. physiol. **29**, 260 (1900). — Hanuš, Ztschr. Unters. Nahr.Gen.
3, 535 (1900).

[2]) B. **40**, 3571 (1907).

Metanitrophenylhydrazin.[1]

Darstellung. 10 g m-Nitroanilin werden durch Erwärmen in 100 g konzentrierter Salzsäure gelöst; beim Erkalten scheidet sich das salzsaure Nitroanilin teilweise aus. Diese Lösung wird bei niederer Temperatur mit 5 g Natriumnitrit — gelöst in 35 g Wasser — diazotiert. Die braun gewordene Flüssigkeit läßt man unter zeitweiligem Umrühren so lange ohne Kühlung stehen, bis das auskrystallisierte salzsaure Nitranilin verschwindet. Zu der Diazolösung werden 32 g Zinnchlorür, in dem gleichen Gewichte konzentrierter Salzsäure gelöst, tropfenweise hinzugegeben; die Temperatur soll dabei nicht viel über 0^0 steigen, da sich sonst der Diazokörper unter Stickstoffentwicklung zersetzt. Jeder Tropfen der Zinnchlorürlösung bringt eine rötliche Ausscheidung hervor.

Nach beendigter Reduktion wird der Niederschlag abgesaugt, ausgewaschen, in viel heißem Wasser gelöst und durch die warme, braune Flüssigkeit Schwefelwasserstoff geleitet. Die vom Schwefelzinn abfiltrierte hellgelbe Lösung scheidet beim Erkalten das salzsaure m-Nitrophenylhydrazin in losen, kurzen, durchsichtigen, gelb gefärbten Tafeln aus.

Die Base gewinnt man aus dem salzsauren m-Nitrophenylhydrazin, indem man dasselbe mit Natriumacetat zersetzt. Aus Alkohol krystallisiert, bildet sie feine, kanariengelbe, faserige Nädelchen vom Schmelzpunkte 93^0.

Zur Darstellung von Hydrazonen erwärmt man einige Zeit in alkoholischer Lösung.

Wichtiger als dieses, nur gelegentlich[1]) verwendete Produkt, ist das namentlich von Bamberger empfohlene

Paranitrophenylhydrazin.

Darstellung[2]): 10 g p-Nitroanilin werden mit Wasser befeuchtet, mit 21 g Salzsäure (37 Proz.), etwas Eis und 6 g Natriumnitrit in 10 g Wasser diazotiert; die ev. filtrierte Lösung wird, nachdem sie mittels gesättigter Sodalösung abgestumpft und auf 100 ccm verdünnt ist, langsam und unter Rühren in die auf 0^0 abgekühlte Sulfitlauge (50 ccm), zu welcher noch 10 g festes Kaliumcarbonat zuvor hinzugefügt sind, einlaufen gelassen. Die Flüssigkeit ist alsbald in einen Krystallbrei des Salzes $NO_2 . C_6H_4NSO_3KNHSO_3K$ verwandelt. Dasselbe wird scharf abgenutscht, mit wenig kaltem Wasser gewaschen, filterfeucht in einer Schale mit 40 ccm Salzsäure (37 Proz.) $+$ 40 ccm Wasser übergossen und etwa 5 Minuten auf dem Wasserbade erwärmt. Das nach dem Abkühlen ausgeschiedene Gemenge von Chlorkalium und salzsaurem Nitrophenylhydrazin wird abgesaugt und in

---

[1]) Bischler und Brodsky, B. **22**, 2809 (1889). — Ekenstein und Blanksma, Rec. **24**, 33 (1905).

[2]) Bamberger und Kraus, B. **29**, 1834 (1896). — Borsche und Reclaire, B. **40**, 3806 (1907).

konz. wässeriger Lösung zuerst unter Kühlung mit gesättigter Sodalösung, zum Schlusse mit Natriumacetat versetzt; die alsdann ausgeschiedene Hydrazinbase ist ohne weiteres rein. Aus der Mutterlauge
erhält man durch Neutralisieren noch weitere Mengen von Hydrazin.

Zum Nachweise von Aldehyden und Ketonen[1]) fügt man
in der Regel die wässerige Lösung des Chlorhydrates der wenn möglich
ebenfalls wässerigen Lösung des Untersuchungsobjektes hinzu; ist
dieses Verfahren nicht angängig, so kommt die freie Base in alkoholischer oder essigsaurer Lösung zur Anwendung.

Dakin[2]) löst z. B. die carbonylhaltige Substanz in wenig Wasser
oder Alkohol und fügt eine kalte, filtrierte Lösung von p-Nitrophenylhydrazin in 30 Teilen 40proz. Essigsäure hinzu.

Das Paranitrophenylhydrazin liefert Derivate, die sich nicht nur
durch große Beständigkeit und außerordentliches Krystallisationsvermögen, sondern auch durch bequeme Löslichkeitsverhältnisse auszeichnen. Zur Reinigung empfiehlt sich Umkrystallisieren aus Alkohol[3])
oder Lösen in Pyridin und Ausfällen mit Äther,[4]) Wasser oder Toluol.[5]) Es ist auch als mikrochemisches Reagens sehr geeignet.[6])

Manche p-Nitrophenylhydrazone sind so stark sauer, daß sie sich
in wässerigen Ätzlaugen auflösen; derartige Salzlösungen sind immer
gefärbt (tiefrot oder tiefblau). Die Färbung tritt namentlich bei
Alkoholzusatz hervor.[7])

Dagegen sind die Phenylhydrazone vieler Oxyaldehyde in
Kalilauge unlöslich.[8])

Verhalten gegen Chinonoxime siehe S. 702.

Orthonitrophenylhydrazin

haben Ekenstein und Blanksma[9]) auch für die Diagnose von
Zuckerarten, empfohlen; ebenso Borsche[10]) für die Überführung von
Chinonen in Hydrazone (Oxyazoverbindungen); Busch und Weiß[11])
haben das

---

[1]) Bamberger und Sternitzki, B. **26**, 1306 (1893). — Bamberger,
B. **32**, 1804 (1899). — Hyde, B. **32**, 1810 (1899). — Feist, B. **33**, 2098
(1900). — Wohl und Neuberg, B. **33**, 3095 (1900). — Bamberger und
Grob, B. **34**, 546, Anm. (1901). — Ekenstein und Blanksma, R. **22**, 434
(1903). — Medwedew, B. **38**, 1646 (1905). — Schoorl und Van Kalmthout,
B. **39**, 280 (1906). — Braun, B. **40**, 3945, 3948 (1907). — Auwers und
Hessenland, B. **41**, 1826 (1908).

[2]) Journ. of Biol. Chem. **4**, 235 (1908).

[3]) Dakin, Journ. of Biol. Chem. **4**, 235 (1908).

[4]) Neuberg, B. **32**, 3385 Anm. (1899).

[5]) Neuberg, B. **41**, 962 (1908).

[6]) Behrens, Ch. Ztg. **27**, 1105 (1903).

[7]) Bamberger und Djierdjian, B. **33**, 536 (1900). — Blumenthal
und Neuberg, Deutsche med. Woch. **1901**, Nr. 1. — Meister, B. **40**, 3445 (1907).

[8]) Anselmino, B. **35**, 4099 (1902).

[9]) Rec. **24**, 33 (1905). — Phenylcarbaminsäure-o-nitrophenylhydrazid:
Borsche und Reclaire, B. **40**, 3812 (1907).

[10]) Ann. **357**, 175 (1907).

[11]) Rec. **22**, 439 (1903).

p-Di(nitrodibenzyl)hydrazin

auf seine Verwendbarkeit geprüft. Es hat vor den Nitrophenyl-
hydrazinen keine Vorzüge.

2.4-Dinitrophenylhydrazin.[1])

6.5 g Hydrazinsulfat werden mit 25 ccm 20 proz. Kalilauge bis
zur beendeten Umsetzung zum Sieden erhitzt, nach dem Erkalten
mit 50 ccm Alkohol versetzt und nach einiger Zeit vom abgeschiedenen Kaliumsulfat abgesaugt. Das Filtrat wird mit einer Lösung
von 5 g Dinitrobenzol auf dem Wasserbade erhitzt. Dabei färbt es
sich zunächst rot, dann beginnt das Dinitrophenylhydrazin aus-
zukrystallisieren, dessen Menge nach halbstündigem Erhitzen 3.2 g
beträgt. Etwa dieselbe Quantität läßt sich aus den Mutterlaugen
dieser ersten Krystallisation gewinnen, wenn sie noch einmal etwas
längere Zeit mit 4 g Dinitrobenzol und 3.5 g krystallisiertem Natriumacetat als salzsäurebindendem Mittel erwärmt werden. Ausbeute
ca. 65 Proz.

Beispiel der Einwirkung auf ein Benzochinon.

1 g Dinitrophenylhydrazin wird mit etwa der berechneten Menge
Salzsäure zusammen in 60 ccm siedendem Alkohol gelöst, 0,5 g Chinon
hinzugefügt, und dann mit Wasser auf Zimmertemperatur abgekühlt.
Das Eintreten der Reaktion macht sich durch einen deutlichen Farbenumschlag noch dunkelrot bemerkbar. Man verdünnt mit Wasser bis
zur bleibenden Trübung. Nunmehr krystallisieren feine braune Nadeln
in großer Menge aus, die noch einmal in derselben Weise umkrystallisiert bei 185—186° schmelzen. Spielend leicht löslich in absolutem
Alkohol. Sie werden auch von Alkalien leicht mit prachtvoll blau-
stichig roter Farbe aufgenommen.

as-Methylphenylhydrazin.

Für die Erkennung und Isolierung der Ketosen, welche sonst
mangels charakteristischer Reaktionen mit Schwierigkeiten verknüpft
ist, sollen die sekundären asymmetrischen Hydrazine vom Typus

$$\begin{array}{c} C_6H_5 \\ R \end{array}\!\!\!\diagdown\!\!\!N.NH_2$$

speziell das Methylphenylhydrazin nach den Angaben von Neu-
berg[2]) vorzüglich geeignet sein; es gäben nur die Ketozucker mit dieser
Hydrazinbase ein Methylphenylosazon, während die Aldosen und
Aminozucker vom Typus des Chitosamins dazu nicht befähigt seien;

---

[1]) Siehe Purgotti, Gazz. **24**, 555 (1899). — Borsche, Ann. **357**, 180
(1907).
[2]) B. **35**, 959, 2626 (1902). — E. Fischer, B. **22**, 91 (1889); **35**, 959,
2626 (1902). — Neuberg und Strauß, Z. physiol. **36**, 233 (1902). — Neuberg, B. **37**, 4616 (1904). — Pieraerts, Bull. Ass. Chim. **26**, 47 (1908).

die beiden letzteren lieferten damit ausschließlich farblose Hydrazone, die in allen Fällen leicht von dem intensiv gefärbten Osazon getrennt bzw. unterschieden werden könnten.

Die Osazonbildung, welche nach E. Fischer auf einer intermediären Osonbildung beruht, kann nach diesen Beobachtungen nur bei Ketoalkoholen — $CO.CH_2OH$, nicht aber bei Aldehydalkoholen $CHOH.CH:O$ stattfinden. Nach Ofner[1]) liefern aber auch Aldosen Methylphenylosazone. Dies ist wahrscheinlich durch eine vorausgehende, durch das Hydrazin bewirkte, Umlagerung des Zuckers zu erklären.

Bei den Zuckern nimmt die Beständigkeit der Osazone mit der Größe des neben der Phenylgruppe im Hydrazin vorhandenen Radikals ab, während nach Lobry de Bruyn und Ekenstein[2]) die Schwerlöslichkeit der Hydrazone mit der Größe des Substituenten zu steigen pflegt.

Man wird daher zur Darstellung der Osazone das Methyl-, für Hydrazone das Benzyl- und Diphenylhydrazin vorziehen.

Beispielsweise werden zur Darstellung des d-Fructose-Methylphenylosazons 1.8 g Lävulose in 10 ccm Wasser gelöst, 4 g Methylphenylhydrazin und so viel Alkohol zugesetzt, daß eine klare Lösung entsteht. Nach Zusatz von 4 ccm Essigsäure von 50 Proz. färbt sich die Flüssigkeit schnell gelb. Man erwärmt noch 5—10 Minuten lang auf dem Wasserbade und läßt dann das Osazon auskrystallisieren. Zur Reinigung benutzt man 10 proz. Alkohol und dann ein Gemisch von Chloroform und Petroläther.

Bestimmung von Raffinose mittels α-Methylphenylhydrazin: Ofner, Böhm. Ztschr. f. Zuckerind. **31**, 326 (1907). — Pieraerts a. a. O.

Darstellung des Methylphenylhydrazins.[3])

Ein Gemisch von 5 Teilen käuflichen Methylphenylnitrosamins und 10 Teilen Eisessig wird in kleinen Portionen unter fortwährendem Umrühren in ein Gemenge von 35 Teilen Wasser und 20 Teilen Zinkstaub eingetragen, wobei man die Temperatur der Flüssigkeit durch sukzessiven Zusatz von 45 Teilen Eis auf 10—20° hält. Nachdem das Gemisch unter öfterem Umrühren noch einige Stunden bei gewöhnlicher Temperatur gestanden, wird bis nahe zum Sieden erhitzt, nach einiger Zeit heiß filtriert und der zurückbleibende Zinkstaub mehrmals mit warmer, stark verdünnter Salzsäure ausgezogen.

Die Base wird am besten in der Wärme durch einen großen Überschuß sehr konzentrierter Natronlauge abgeschieden und in Äther aufgenommen. Das so erhaltene Rohöl wird mit der berechneten Menge 40 proz. Schwefelsäure versetzt, auf 0° abgekühlt und mit

---

[1]) B. **37**, 3362, 3848, 3854, 4399 (1904). — M. **25**, 592, 1153 (1904); **26**, 1165 (1905); **27**, 75 (1906). — Ost, Z. ang. **18**, 30 (1905).

[2]) Rec. **15**, 225 (1896).

[3]) E. Fischer, Ann. **190**, 153 (1877); **236**, 198 (1886).

dem gleichen Volumen absoluten Alkohols verdünnt. Die abgeschiedene Krystallmasse wird mit Alkohol gewaschen, abgepreßt und aus siedendem absolutem Alkohol umkrystallisiert. Das so gereinigte Sulfat wird durch konzentrierte Lauge zerlegt und die in Freiheit gesetzte Base, am besten im Vakuum, destilliert.

Siedepunkt bei 35 mm 131° (corr.), bei Atmosphärendruck 227° C.

$$\text{Benzylphenylhydrazin}^1)^2) \qquad \begin{array}{c} C_6H_5CH_2 \\ \diagdown \\ C_6H_5 \diagup \end{array} N.NH_2.$$

Dasselbe ist namentlich für die Isolierung von Zuckern wertvoll, da es sehr schwerlösliche Hydrazone bildet.

Darstellung[3]): 2 Moleküle Phenylhydrazin und 1 Molekül Benzylchlorid werden ohne Kühlung gemischt einige Zeit bei Zimmertemperatur sich selbst überlassen. Dabei erhitzt sich die Masse sehr stark. Nach dem Abkühlen wärmt man auf dem Wasserbade wieder an und setzt Wasser zu. Das salzsaure Phenylhydrazin geht in Lösung, während das α-Benzylphenylhydrazin als schweres Öl völlig ungelöst zurückbleibt. Zur Reinigung nimmt man mit Äther auf, trennt die wässerige Schicht ab, wäscht den Äther mit destilliertem Wasser und schüttelt dann mit verdünnter Salzsäure, in welcher das Chlorhydrat des Benzylphenylhydrazins sich löst, während die Verunreinigungen in dem Äther bleiben. Die Lösung des Chlorhydrates wird auf dem Wasserbade eingedampft und das Salz durch konzentrierte Salzsäure in Form weißer Nadeln gefällt. Smp. 166—167°.

Die freie Base, durch Ätzkali abgeschieden, bildet ein schweres, schwach bräunlich gefärbtes Öl, das sich nach dem Trocknen in ätherischer Lösung mit Kaliumcarbonat, bei 38 mm Druck zwischen 216—218° unzersetzt destillieren läßt. Die reine Base ist in verdünnter Salzsäure vollkommen löslich.

Beim Stehen geht[4]) das Benzylphenylhydrazin partiell in Benzalbenzylphenylhydrazin (Smp. 111°) über, das in Alkohol schwer löslich ist, und zu Täuschungen[5]) Veranlassung geben kann.

Zur Darstellung von Hydrazonen arbeitet man am besten in neutraler alkoholischer Lösung.

So krystallisiert z. B. das 1-Xylosebenzylphenylhydrazon aus, wenn man 3 g Xylose, in 5 ccm Wasser gelöst, mit einer Lösung von 4 g Benzylphenylhydrazin in 20 ccm absolutem Alkohol mischt und nach gelindem Erwärmen mit Wasser bis zur starken Trübung ver-

[1]) Minunni, Gazz. 22, (2), 219 (1892). — Giemsa, B. 33, 2997 (1900). — Ofner, B. 37, 2623 (1904). — M. 25, 593, 1153 (1904).
[2]) Lobry de Bruyn und van Ekenstein, Rec. 15, 97, 227 (1896). — Ruff und Ollendorf, B. 32, 3235 (1899). — Hilger und Rothenfußer, B. 35, 1843 (1902). — Neuberg, B. 35, 962 (1902).
[3]) Milrath, Privatmitteilung.
[4]) Ofner, M. 25, 593 (1904). — Goldschmiedt, B. 41, 1862 (1908).
[5]) Minunni, Gazz. 27, (2), 242 (1897). — Michaelis, B. 41, 1427 (1908). — Siehe Goldschmiedt a. a. O. und Milrath, B. 41, 1865 (1908).

setzt. Nach einigen Stunden ist die ganze Masse zu einem Brei seidenglänzender weißer Nadeln erstarrt.

Man spaltet die Benzylphenylhydrazone mittels Formaldehyd.[1])

$$\text{Diphenylhydrazin} \quad \begin{matrix} C_6H_5 \\ \diagdown \\ C_6H_5 \end{matrix} \!\!> N.NH_2$$

ist hauptsächlich in der Zuckerreihe verwendet worden,[2]) kann aber auch mit Vorteil bei Aldehyden angewendet werden.[3])

Im Gegensatze zum Phenylhydrazin verbindet sich das weniger basische Diphenylhydrazin in der Kälte erst nach längerem Stehen mit den gewöhnlichen Zuckerarten, liefert dann aber beständige, in Wasser schwer lösliche und schön krystallisierende Hydrazone. Rascher erfolgt die Reaktion beim Erwärmen. Da die Base sowohl in Wasser als auch in verdünnter Essigsäure sehr schwer löslich ist, so benutzt man alkoholische Lösungen.

Darstellung[4]): Zu einer gut gekühlten Lösung von 40 Teilen käuflichen Diphenylamins in 200 Teilen Alkohol und 30 Teilen Salzsäure (sp. Gew. 1.19) werden allmählich 35 Teile salpetrigsaures Natrium (28 Proz. N_2O_3 enthaltend) in konzentrierter wässeriger Lösung (2:3) unter gutem Umschütteln eingetragen. Die Flüssigkeit färbt sich anfangs dunkelgrün, gegen Ende der Operation meist dunkelbraun und scheidet neben Chlornatrium reichliche Mengen des Nitrosamins in blätterigen Krystallen ab. Durch starke Abkühlung und vorsichtigen Zusatz von wenig Wasser wird auch der Rest des letzteren ziemlich vollständig ausgefällt, während die dunkelgefärbten öligen, vorzüglich von Verunreinigungen des Diphenylamins herstammenden Nebenprodukte größtenteils in Lösung bleiben. Durch Abfiltrieren und Auswaschen mit kleinen Mengen Alkohol erhält man eine hellgelbe Krystallmasse, welche, nach Entfernung des beigemengten Kochsalzes durch Waschen mit Wasser, aus fast reinem Nitrosamin besteht.

Zur vollständigen Reinigung des Rohproduktes genügt einmaliges Umkrystallisieren aus heißem Ligroin (Siedep. 70—100°), worin dasselbe in der Wärme außerordentlich leicht, in der Kälte sehr schwer löslich ist. Zur Umwandlung in die Hydrazinbase wird die Lösung des Nitrosamins in der fünffachen Menge Alkohol mit überschüssigem Zinkstaub versetzt und allmählich Eisessig in kleinen Mengen zugegeben, wobei gut gekühlt werden muß. Die Reaktion ist beendet,

---

[1]) Winterstein und Hiestand, Z. physiol. **54**, 312 (1908).
[2]) Miller, Plöchl und Rohde, B. **25**, 2063 (1892). — Neuberg, B. **33**, 2245 (1900). — Neuberg, Ztschr. Ver. Zuck. **1902**, 247. — B. **37**, 4618 (1904). — Müther und Tollens, B. **37**, 311 (1904). — Tollens und Maurenbrecher, B. **38**, 500 (1905). — Graaff, Pharm. Weekblad **42**, 685 (1905). — Ch. Ztg. **29**, 991 (1905).
[3]) Maurenbrecher, Ztschr. f. Zuckerind. **56**, 1046 (1906). — B. **39**, 3583 (1906).
[4]) E. Fischer, Ann. **190**, 174 (1878). — Stahel, Ann. **258**, 242 (1891). — Overton, B. **26**, 19 (1893).

wenn eine abfiltrierte Probe auf Zusatz von konzentrierter Salzsäure nicht mehr die dem Nitrosamin eigentümliche grünblaue Färbung zeigt. Die heiß vom Zinkstaub abfiltrierte Lösung wird auf $^1/_4$ ihres Volums eingedampft und mit einem großen Überschusse von rauchender Salzsäure unter Abkühlen und Umrühren allmählich versetzt. Das beim Erkalten ausgeschiedene Chlorhydrat wird zur Trennung von zurückbleibendem Diphenylamin dreimal in Wasser gelöst, mit konzentrierter Salzsäure gefällt und schließlich aus heißem Alkohol umkrystallisiert, worauf es vollkommen farblose feine Nadeln bildet. Die mit Natronlauge abgeschiedene Base erstarrt nach mehrtägigem Stehen in der Kälte, oder wird durch Vakuumdestillation in krystallisierbare Form gebracht. (Siedep. gegen 220⁰ bei 40—50 mm.) Die schwach violett gefärbten Krystalle werden mit etwas Ligroin gewaschen und dann aus diesem Lösungsmittel umkrystallisiert. Farblose Tafeln, Smp. 34—35⁰.

Das käufliche Diphenylhydrazin-Chlorhydrat (Kahlbaum) muß durch Schütteln mit Äther und Natronlauge, Abdestillieren der mit Natriumsulfat entwässerten Ätherschicht und Destillation des Rückstandes im Vakuum unter 8—10 mm bei 198—199⁰ (ca. 220⁰ bei 40—50 mm, siehe oben) gereinigt werden. Man läßt das Destillat erstarren, saugt ab, und wäscht mit etwas Ligroin.[1]

$$\beta\text{-Naphthylhydrazin} \quad \overset{H}{\underset{C_{10}H_7}{\diagdown}}N.NH_2.$$

Darstellung.[2] 50 g β-Naphthylamin werden mit der gleichen Menge starker Salzsäure sehr fein verrieben, dann mit 400 g Salzsäure (sp. Gew. 1.10) in eine Flasche gespült, gut abgekühlt und langsam unter energischem Schütteln mit der berechneten Menge Natriumnitrit versetzt. Die filtrierte Flüssigkeit wird nun sofort unter lebhaftem Rühren in eine kalte salzsaure Lösung von 250 g krystallisierten Zinnchlorürs eingetragen. Man erwärmt auf dem Wasserbade, bis der Niederschlag größtenteils gelöst uud die Flüssigkeit fast farblos geworden ist.

Aus der abgekühlten Lösung scheidet sich das salzsaure Hydrazin nahezu vollständig als schwach gefärbter Krystallbrei ab. Man krystallisiert aus möglichst wenig Wasser um und fällt die freie Base aus der heißen Lösung mittels Lauge oder besser Natriumcarbonat oder Bicarbonat, unter Vermeidung großen Überschusses.[3] Aus Wasser erhält man dann das Hydrazin in farblosen glänzenden Blättchen vom Schmelzpunkte 124—125⁰. — Das Naphthylhydrazin ebenso wie seine Derivate, ist lichtempfindlich, namentlich in feuchtem Zustande.[4] An der Luft oxydiert es sich langsam unter Rotfärbung.

---

[1] Tollens und Maurenbrecher, B. **38**, 500 (1905).
[2] E. Fischer, Ann. **232**, 242 (1886). — Hanuš, Z. Unters. Nahr. Gen. **3**, 351 (1900).
[3] Rothenfußer, Arch. **245**, 369 (1907).
[4] Hilger und Rothenfußer, B. **35**, 1841, Anm. 4444 (1902).

Beständiger sind das Chlorhydrat und das Oxalat. Verunreinigte Präparate des Chlorhydrates (wie jedes Handelsprodukt) wäscht man auf der Saugpumpe mit Äther.

Die β-Naphthylhydrazone der Zuckerarten[1])[2]) zeichnen sich durch große Krystallisationsfähigkeit und Schwerlöslichkeit aus, doch ist zu bemerken, daß man je nach der Darstellungsweise (verdünnt essigsaure oder schwach alkalisch-alkoholische Lösung) verschiedene Produkte erhalten kann. Wahrscheinlich entstehen Stereoisomere nach den Formeln:

$$
\begin{array}{ccc}
C_5H_{11}O_5{-}CH & & C_5H_{11}O_5{-}CH \\
\| & \text{und} & \| \\
N\,.\,NHC_{10}H_7 & & C_{10}H_7HN\,.\,N
\end{array}
$$

Im allgemeinen entstehen in schwach saurer Lösung die Naphthylhydrazone der labileren Form (größere Löslichkeit, niedrigerer Schmelzpunkt, leichtere Zersetzlichkeit durch Licht und höhere Temperatur). Es empfiehlt sich daher gewöhnlich, statt vom salzsauren Salze auszugehen, das mit der äquivalenten Menge Natriumacetat versetzt, mit der konzentrierten wässerigen Lösung des Zuckers zur Reaktion gebracht wird (Ekenstein und Lobry de Bruyn), etwa nach dem folgenden, für die Darstellung von Galaktose-, Dextrose- und Arabinose-β-Naphthylhydrazon ausgearbeiteten Verfahren vorzugehen.[1])

1 g Zucker wird in 1 ccm Wasser unter Erwärmung gelöst, und andererseits 1 g freies β-Naphthylhydrazin in 20—40 ccm Alkohol von 96 Proz. Beide Lösungen werden warm zusammengegossen, filtriert und bis zur Abscheidung des Hydrazons in verschlossener Flasche unter zeitweisem Umschütteln stehen gelassen. Das Hydrazon wird mit Äther gewaschen und aus Alkohol umkrystallisiert.

Auch für die Darstellung von Kondensationsprodukten mit Aldehyden und Ketonen ist Arbeiten in alkoholischer Lösung von Vorteil.

Beispiel: Citralnaphthylhydrazon. 16 g salzsaures Naphthylhydrazin und 13 g trockenes Natriumacetat werden auf dem Wasserbade in 160 g 96proz. Alkohol gelöst. Man filtriert vom ausgeschiedenen Chlornatrium, versetzt mit Soda in geringem Überschusse und saugt die noch heiße Flüssigkeit wieder ab. Dann fügt man 10 g Citral oder entsprechende Mengen einer citralhaltigen Flüssigkeit, z. B. Lemongrasöl hinzu und erwärmt noch kurze Zeit. Beim Abkühlen tritt dann Krystallisation ein. Nach 12 Stunden wird abgesaugt, mit etwas Petroläther nachgewaschen und aus 96proz. Alkohol wiederholt umkrystallisiert. Beim Absaugen ist immer darauf zu achten, daß nicht unnütz lange Luft durchgesaugt wird, wodurch Verschmierung eintreten würde. Das Kondensations-

---

[1]) Hilger und Rothenfußer, B. **35**, 1841, Anm. (1902). — B. **35**, 4444 (1902).

[2]) Van Ekenstein und Lobry de Bruyn, Rec. **15**, 97, 225 (1896). — B. **35**, 3082 (1902).

produkt ist weiß, färbt sich aber an der Luft nach und nach gelb bis rot, ebenso am Lichte.[1])

Zur Analyse der Naphthylhydrazone dient ihre Spaltbarkeit vermittels Formaldehyd oder Benzaldehyd.

Man erwärmt mit Benzaldehyd und Salzsäure und wägt das gebildete Benzaldehydnaphthylhydrazon.

Über Isomerie bei Hydrazonen siehe noch: B. 24, 35, 27 (1891); 26, 9, 18 (1893); 29, 793, Ref. 863 (1896); 30, 1240 (1897); 31, 1249 (1898); 34, 2001 (1901). — Am. 16, 107 (1894). — C. r. 135, 630 (1902). — Ferner: B. 25, 1979 (1892); 28, 64 (1895) [Osazone].

Über Dibromphenylhydrazin, symm. Tribromphenylhydrazin, Tetrabromphenylhydrazin, p-Chlor- und p-Jod- sowie m-Dijodphenylhydrazin und ihre Derivate siehe A. Neufeld[2]).

Über Pikrylhydrazone: Purgotti[3]).

Neuerdings empfiehlt v. Braun das Diphenylmethandimethyldihydrazin speziell als Aldehydreagens: B. 41, 2169 (1908).

Einwirkung auf cyclische, die Gruppierung —CH$_2$—CO—CH$_2$—enthaltende Ketone: B. 41, 2604 (1908).

Als Lösungsmittel für schwer lösliche Hydrazone und Osazone[4]) haben sich neben Eisessig und Ligroin hauptsächlich Pyridin und Toluol, ferner Mischungen von Methyl-(Amyl-)Alkohol mit Chloroform und Benzol, bewährt.

Über Spaltung der Hydrazone und Osazone:

Mittels Salzsäure: E. Fischer, B. 22, 3218 (1889).

„   Benzaldehyd: Herzfeld, B. 28, 442 (1895). — E. Fischer, Ann. 288, 144 (1895). — B. 35, 2000 (1902). — Siehe S. 714.

„   Formaldehyd: Ruff und Ollendorf, B. 32, 3234 (1899), vgl. Neuberg, B. 33, 2245 (1900).

Gegenseitige Verdrängung[5]) von Hydrazinresten in Hydrazonen und Osazonen: Votoček und Vondráček, B. 37, 3848, 3854 (1904).

d) Darstellung von Oximen.

Zur Bildung von Oximen wird das Hydroxylamin entweder als
    Freie Base, oder als
    Chlorhydrat, als
    Hydroxylaminomonosulfosaures Kalium oder als
    Zinkchloridbihydroxylamin
verwendet.

---

[1]) Rothenfußer, Arch. 245, 370 (1907).
[2]) Ann. 248, 93 (1888).
[3]) Gazz. 24, (I), 554 (1894).
[4]) Neuberg, B. 32, 3384 (1899). — Hilger und Rothenfußer, B. 35, 4444 (1902).
[5]) Siehe auch Pinkus, B. 31, 35 (1898). — Neuberg, B. 32, 3387 (1899). — Ofner, B. 37, 2624, 3362 (1904).

Zur Darstellung von Aldoximen läßt man auf die Aldehyde (1 Mol.) eine wässerige Lösung von salzsaurem Hydroxylamin (1 Mol.) und Natriumcarbonat ($^1/_2$ Mol.) in der Kälte einwirken.

Manchmal erweist es sich auch als zweckmäßig, von dem betreffenden Aldehydammoniak auszugehen. So stellt man nach Dunstan und Dymond[1]) Acetaldoxim dar, indem man die der Gleichung

$$CH_3 . CHO, NH_3 + NH_2OH, HCl = NH_4Cl + H_2O + CH_3 . CH : NOH$$

entsprechenden Mengen der Materialien trocken zusammen verreibt. Dabei verflüssigt sich die Masse zum Teile. Man extrahiert das entstandene Oxim mittels Äther, trocknet und fraktioniert. Das Destillat erstarrt in der Kälte zu langen, bei 46,5° schmelzenden Nadeln.

Auch aus der Bisulfitverbindung kann man Oxime, ohne den Aldehyd isolieren zu müssen, gewinnen. Man vermischt erstere mit Hydroxylaminchlorhydrat, löst in Wasser und fügt unter Eiskühlung Kalilauge hinzu.[2])

Schiff verwendet Anilin als salzsäurebindendes Medium.[3])

Bei in Wasser unlöslichen Aldehyden arbeitet man in wässerig-alkoholischer oder in methylalkoholischer Lösung.

So kochen Schmitt und Söll die zusammen mit salzsaurem Hydroxylamin in Alkohol gelöste Substanz bei Gegenwart von festem Bariumcarbonat am Rückflußkühler.[4])

Man läßt 12 Stunden, eventuell länger (bis zu 8 Tagen) stehen, schüttelt mit Äther aus, trocknet mit Chlorcalcium und rektifiziert.

Leicht oxydable Aldehyde (Benzaldehyd) oximiert man in einer mit Kohlendioxyd gefüllten Flasche.[5])

Bei Darstellung der Oxime der Zuckerarten, welche in Wasser so leicht löslich sind, daß sie bei Verwendung von salzsaurem Hydroxylamin und Soda oder Ätznatron nicht von den anorganischen Salzen getrennt werden können, wird die Substanz in der berechneten Menge einer alkoholischen Lösung von freiem Hydroxylamin aufgelöst. Nach mehrtägigem Stehen krystallisiert das Aldoxim aus.[6])

Die alkoholische Hydroxylaminlösung bereitet man nach Volhard[7]), indem man die berechneten Mengen salzsauren Hydroxylamins und Kaliumhydroxyds separat mit wenig Wasser anrührt und mit absolutem Alkohol übergießt, vermischt und dann vom ausgeschiedenen Kaliumchlorid abfiltriert. Die so erhaltene Hydroxylaminlösung

---

[1]) Soc. **61**, 473 (1892); **65**, 209 (1894).

[2]) Houben und Doescher, B. **40**, 4579 (1907).

[3]) B. **28**, 2731 (1895).

[4]) B. **40**, 2455 (1907).

[5]) Petraczek, B. **15**, 2783 (1882).

[6]) Wohl und List, B. **80**, 3103(1897). — Siehe auch Winterstein, B. **29**, 1393 (1896). — Schröter, B. **81**, 2191 (1898).

[7]) Ann. **253**, 206 (1889).

färbt sich stets ein wenig gelb, was sich nach Tiemann vermeiden läßt, wenn man statt mit Kalihydrat mit Natriumalkoholat arbeitet.[1])

Da sich das salzsaure Hydroxylamin in Methylalkohol löst, kann man so eine nahezu kochsalzfreie Lösung erhalten, die aber noch durch geringe Mengen von basisch salzsaurem Hydroxylamin verunreinigt ist, was bei der Darstellung empfindlicher Oxime stören kann. Durch Schütteln mit Bleioxyd wird diesem Übelstande abgeholfen (Wohl[2]).

Durch Abkühlen einer äthylalkoholischen 5—10proz. Hydroxylaminlösung auf —18° erhält man vollkommen reines, festes Hydroxylamin in Form feiner Nadeln oder Blättchen, die mit Alkohol von —18° gewaschen und über Schwefelsäure im Vakuum getrocknet werden können (Ehler und Schott[3]).

Mit freiem Hydroxylamin kann man auch in alkoholisch-ätherischer Lösung arbeiten.

In derartiger Lösung unter Kochen am Rückflußkühler wird nach Beckmann und Pleißner[4]) das Pulegonoxim gewonnen, ebenso das Dioxyacetoxim.[5])

Ketoxime bilden sich gewöhnlich nicht so leicht wie Aldoxime. Man kann zu ihrer Darstellung die Substanz in wässeriger oder alkoholischer Lösung mit der berechneten Menge Natriumacetat und Hydroxylaminchlorhydrat 1—2 Stunden auf dem Wasserbade erwärmen, schließt auch gelegentlich die in Alkohol gelöste Substanz mit salzsaurem Hydroxylamin im Rohre ein und erhitzt 8—10 Stunden auf 160—180°.[6])

Dabei kann man aber statt der Oxime deren Umlagerungsprodukte (Amide) erhalten,[7]) und es ist daher vorsichtiger, bei Zimmertemperatur stehen zu lassen: allerdings kann dann die Beendigung der Umsetzung wochenlang auf sich warten lassen.[8])

In vielen Fällen ist es von wesentlichem Vorteile, das Hydroxylamin in stark alkalischer Lösung auf die betreffende Carbonylverbindung einwirken zu lassen (Auwers[9]).

Besonders empfiehlt es sich, die Verhältnisse so zu wählen, daß auf 1 Molekül der in Alkohol gelösten Substanz $1\frac{1}{2}$—2 Moleküle der salzsauren Base und $4\frac{1}{2}$—6 Moleküle Ätzkali zur Anwendung kommen. Die Reaktion pflegt dann bei gewöhnlicher, höchstens Wasserbadtemperatur, in wenigen Stunden beendigt zu sein.

---

[1]) B. **24**, 994 (1891). — Siehe auch S. 671.
[2]) B. **33**, 3105 (1900).
[3]) Ch. Ztg. **31**, 742 (1907).
[4]) Ann. **262**, 6 (1891).
[5]) Piloty und Ruff, B. **30**, 1663 (1897). — Siehe auch Haars, Arch. **243**, 172 (1905).
[6]) Homolka, B. **19**, 1084 (1886). — Schunck und Marchlewski, B. **27**, 3464 (1894).
[7]) B. **24**, 2386, 2388, 4051 (1891); **26**, 1261 (1893).
[8]) Harries und Osa, B. **36**, 2999 (1903).
[9]) B. **22**, 609 (1889).

Statt durch Soda oder Ätzkali kann man die Neutralisation der Salzsäure auch durch andere Basen bewirken; so mischte Schiff[1]) äquivalente Mengen von Acetessigester und Anilin mit einer konzentrierten wässerigen Lösung der berechneten Menge von Hydroxylaminchlorhydrat. Nach Beendigung der Reaktion wird das entstandene Oxim mit Äther vom Anilinchlorhydrat getrennt.

Unanwendbar ist die Methode von Auwers bei der Darstellung von Dioximen, welche unter dem Einflusse von Alkali leicht in ihre Anhydride übergehen, oder wenn die Ketone, von denen man ausgeht, von Alkali angegriffen werden.

In solchen Fällen kann saure Oximierung[2]) am Platze sein.

Chinon z. B. wird von alkalischer Hydroxylaminlösung lediglich zu Hydrochinon reduziert, gibt aber in wässeriger Lösung mit Hydroxylaminchlorhydrat und Salzsäure ein Dioxim (Nietzki und Kehrmann[3]).

Phenylglyoxylsäure hingegen ist sowohl in alkalischer, als auch neutraler und saurer Lösung der Oximierung zugänglich.

Zur Darstellung von Ketoximsäuren setzt Bamberger[4]) zur neutralen Alkalisalzlösung der Ketonsäure salzsaures Hydroxylamin; die Ausscheidung der freien Ketoximsäure beginnt meist nach wenigen Augenblicken, namentlich beim Erwärmen. Ist die betreffende Ketonsäure in Wasser unlöslich, so fügt man noch ein weiteres Molekül Lauge hinzu, um das lösliche Alkalisalz zu erhalten (Mylius[5]).

Garelli[6]) empfiehlt dagegen (unter Vermeidung eines Überschusses von salzsaurem Hydroxylamin, wegen eventueller Nitrilbildung) statt der freien Säuren deren Methylester zu oximieren.

Aldoximsäuren (resp. deren Anhydride). können sehr labil sein; so geht das Bromopianoximsäureanhydrid

$$(CH_3O)_2C_6HBr\underset{CH=N}{\overset{CO-O}{<}}$$

schon durch Kochen mit Alkohol und salzsaurem Hydroxylamin in Bromhemipinimid

$$(CH_3O)_2C_6HBr\underset{C}{\overset{CO}{<}}\underset{NH}{>}O$$

über.[7])

───────────

¹) B. **28**, 2731 (1885).
²) Siehe auch Harries, Ann. **330**, 191 (1903). — Harries und Majima, B. **41**, 2521 (1908).
³) B. **20**, 614 (1887). — Schunck und Marchlewski, B. **27**, 3464 (1904).
⁴) B. **19**, 1430 (1886).
⁵) Mylius, B. **19**, 2007 (1886).
⁶) Gazz. **21**, 2, 173 (1891).
⁷) Tust, B. **25**, 1998 (1892).

Ebenso verhält sich die Opiansäure[1]) und ähnlich die Phthalaldehydsäure.[2])

Nach Lapworth[3]) beschleunigt sowohl Alkali-, als auch Säurezusatz die Oximbildung; da dieselbe aber ein reversibler Prozeß ist, wird die Wahl der geeigneten Form des Verfahrens von der resp. Stabilität des Oxims abhängen.

Bei der sauren Oximierung erhält man übrigens öfters an Stelle der primär entstandenen Oxime die Nitrile oder Imide.

Einwirkung von Hydroxylamin auf Safranone liefert nicht Oxime, sondern Aminosafranone,[4]) falls nicht die Reaktion überhaupt sterisch behindert ist.[5])

Manchmal (Phenanthrenchinon) ist die Verwendung völlig salmiakfreien Hydroxylaminchlorhydrates notwendig, zur Vermeidung von Chinonimidbildung.[6])

Beim Stehen in geschlossenen Gefäßen erleiden die Oxime oftmals Selbstzersetzung.[7])

Reinigung und Krystallisation eines Oxims über das Natriumsalz: Eppelsheim, B. **36**, 3589 (1903). — Durch das Benzoat: Braun, B. **40**, 3947 (1907). — Mittels Essigester: Diels und Abderhalden, B. **37**, 3101 (1904).

Zersetzliche Oxime krystallisiert man bei Gegenwart von überschüssigem Hydroxylaminchlorhydrat aus verdünnter Salzsäure um.[8])

Mittels hydroxylaminsulfosauren Kaliums, des ,,Reduziersalzes'' der Badischen Anilin- und Sodafabrik, hat Kostanecki[9]) Oximierung in wässerig-alkalischer Lösung durchgeführt.

Dieses Salz spaltet nämlich bei Gegenwart von überschüssigem Alkali freies Hydroxylamin ab, das gleichsam im status nascens zur Einwirkung gelangt.[10]) Es besitzt übrigens den Vorteil großer Wohlfeilheit.

Von Crismer[11]) wird das Zinkchloridbihydroxylamin ($ZnCl_2$ $2NH_2OH$), namentlich auch zur Darstellung von Ketoximen empfohlen, da es, wasserfreies Chlorzink und Hydroxylamin enthaltend, die Wasserabspaltung erleichtert.

Zur Darstellung dieses Körpers[12]) wird in eine kochende alko-

---

[1]) Liebermann, B. **19**, 2278 (1886).
[2]) Racine, Ann. **239**, 85 (1887).
[3]) Soc. **91**, 1138 (1907). — Acree und Johnson, Am. **38**, 258 (1907). — Barrett und Lapworth, Soc. **93**, 85 (1908). — Acree, Am. **39**, 300 (1908).
[4]) Fischer u. Hepp, B. **38**, 3435 (1905). — Kehrmann u. Gottran, B. **38**, 2574 (1905). — Kehrmann und Prager, B. **40**, 1234 (1907).
[5]) B. **40**, 3406 (1907).
[6]) Schmitt und Söll, B. **40**, 2455 (1907).
[7]) Holleman, Rec. **13**, 429 (1895). — Konowalow und Müller, Russ. **37**, 1125 (1904).
[8]) Fecht, B. **40**, 3899 (1907). — Siehe aber S. 638.
[9]) B. **22**, 1344 (1889).
[10]) Raschig, Ann. **241**, 187 (1887).
[11]) Bull. (3), **3**, 114 (1890).
[12]) B. **23**, R. 223 (1890).

holische Lösung von Hydroxylaminchlorhydrat (10 Teile) Zinkoxyd (5 Teile) eingetragen, und die Lösung unter Anwendung eines Rückflußkühlers einige Minuten im Kochen erhalten.

Beim Erkalten scheidet sich das Doppelsalz als krystallinisches Pulver aus. Es ist wenig löslich in reinem Wasser und Alkohol, leicht in Flüssigkeiten, welche salzsaures Hydroxylamin enthalten.

Nach Kehrmann[1]), sowie Herzig und Zeisel[2]) wird unter Umständen durch mehrfache Substitution der Orthowasserstoffe durch Halogen oder Alkyl die Ersetzbarkeit des Carbonylwasserstoffs durch den Hydroxylaminrest aufgehoben oder erschwert, und zwar nicht bloß bei o- und p-Chinonen,[3]) sondern auch bei m-Diketonen. Aromatische Ketone der Form

$$CH_3-C-\underset{\underset{CO-R}{|}}{C}-C-CH_3$$

in welchen R ein Alkoholradikal oder Phenyl bedeutet, sind nach V. Meyer[4]) und Petrenko-Kritschenko und Rosenzweig[5]) der Oximierung nicht zugänglich, und wo dennoch eine Reaktion erzwungen wird, erhält man an Stelle der Oxime die Produkte der Beckmannschen Umlagerung.[6])

Über einen anderen merkwürdigen Fall sterischer Behinderung der Oximbildung siehe Börnstein, B. **34**, 4349 (1901). — Siehe ferner: Rattner, B. **21**, 1317 (1888). — Goldschmiedt u. Knöpfer, M. **20**, 751 (1899). — Mayerhofer, M. **28**, 597 (1907).

Gibt es sonach Carbonylgruppen, welche durch Oximierung nicht nachweisbar sind, so kann andererseits gelegentlich Carboxylcarbonyl von Säuren,[7]) Säureamiden[8]) oder Estern[9]) infolge Bildung von Hydroxamsäuren zu Irrtümern Anlaß geben. Ebenso kann unter Umständen Oxyd- und Lactonsauerstoff reagieren.

Oxime aus Thioverbindungen.

Manche Ketone, welche nicht direkt mit Hydroxylamin in Reaktion zu bringen sind, liefern Oxime, wenn man sie vorher in ihre Thioverbindungen verwandelt.

---

[1]) B. **21**, 3315 (1888).
[2]) B. **21**, 3494 (1888).
[3]) Vgl. dagegen Kostanecki, B. **22**, 1344 (1889).
[4]) Feit u. Davies, B. **24**, 3546 (1891). — Dittrich und V. Meyer, Ann. **264**, 166 (1891). — Claus, J. pr. (2), **45**, 383 (1892). — Biginelli, Gazz. **24**, 1, 437 (1894). — Baum, B. **28**, 3209 (1895). — Meyer, B. **29**, 830, 836, 2564 (1896). — Harries und Hübner, Ann. **296**, 301 (1897).
[5]) Petrenko-Kritschenko und Rosenzweig, B. **32**, 1744 (1899).
[6]) Smith, B. **24**, 4058 (1891). — Auwers und Meyenburg, B. **24**, 2370 (1891). — Davies und Feith, B. **24**, 2388 (1891). — Thorp, B. **26**, 1261 (1893).
[7]) Nef, Ann. **258**, 282 (1890).
[8]) C. Hoffmann, B. **22**, 2854 (1889).
[9]) Jeanrenaud, B. **22**, 1273 (1889). — Tingle, Am. **24**, 52 (1900).

So gelangte Tiemann[1]) mit Hilfe des Thiocumarins zum Cumaroxim, während Cumarin selbst von Hydroxylamin nicht angegriffen wird.

Während Rosindon auf die Base nicht einwirkt, kann man nach dieser Methode[2]) leicht zum Rosindonoxim gelangen.

Graebe und Röder[3]) erhielten ebenfalls das Oxim (und das Phenylhydrazon) des Xanthons im Umwege über das Xanthion.

Dagegen läßt dieses Verfahren bei den N-Alkylpyridonen[4]) im Stiche.

Ketonreaktionen des γ-Lutidons: J. pr. (2), **64**, 496 (1902).

Doppelverbindungen der Oxime.

Viele Ketoxime besitzen die Fähigkeit, sich mit den verschiedenartigsten organischen und anorganischen Verbindungen zu vereinigen. Oft lassen sich für die Zusammensetzung derartiger Doppelverbindungen gar keine rationellen Formeln finden, so daß man annehmen muß, daß je nach Temperatur und Konzentration verschiedene Körper (nach Art der Hydrate) entstehen, die dann in Mischung vorliegen.

Als solche Substanzen, die Verbindungen mit Ketoximen eingehen, sind zu erwähnen: Wasser (Wallach[5]), Goldschmidt[6]), Blausäure (Miller[7]), Phenylisocyanat (Goldschmidt[8]), Jodnatrium (Goldschmidt[9]), Alkohol, Benzol (V. Meyer, Auwers[10]), Petrenko-Kritschenko und Rosenzweig[11][12][13]), Glycerin[11][12]), Äthylenglykol[11][12]), Tetrachlorkohlenstoff[11]), Chinolin[11]) Malonsäureester[12]), Acetessigester[12]), Äthyläther[11]), Amylalkohol[11]), Valeriansäure[11]), Äthylenbromid[11]), Nitrobenzol[11]), Essigsäure[11][12]), Anilin[11]), Pyridin[11][12]), Aceton[11][12]), Methylalkohol[11]), Chloroform[11]).

Namentlich die Oxime der Tetrahydropyronverbindungen zeigen diese Eigentümlichkeit.

Die Doppelverbindungen der Oxime mit hoch siedenden organischen Lösungsmitteln schmelzen niedriger als die entsprechenden Oxime, die anderen zeigen den Schmelzpunkt der reinen Oxime.[12])

[1]) B. **19**, 1662 (1886).
[2]) Dilthey, Diss., Erlangen 1900.
[3]) B. **32**, 1688 (1899).
[4]) Gutbier, B. **33**, 3358 (1900).
[5]) Ann. **279**, 386 (1894).
[6]) B. **23**, 2748 (1890); **24**, 2808, 2814 (1891); **25**, 2573 (1892).
[7]) B. **26**, 1545 (1893).
[8]) B. **22**, 3101 (1889); **23**, 2163 (1890).
[9]) B. **23**, 2748 (1890); **24**, 2808, 2814 (1891); **25**, 2573 (1892).
[10]) B. **22**, 540, 710 (1889).
[11]) Petrenko-Kritschenko, B. **33**, 744 (1900).
[12]) Petrenko-Kritschenko und Kasanezky, B. **33**, 854 (1900).
[13]) Petrenko-Kritschenko und Rosenzweig, B. **32**, 1744 (1899).

Verhalten ungesättigter Carbonylverbindungen gegen Hydroxylamin.

$\alpha\beta$-Ungesättigte Verbindungen vom Typus:

$$\begin{array}{cc} \text{C—C} = \text{C} & \text{C—C} = \text{O} \\ | & | \\ \text{C—C} = \text{C—} \quad \text{oder} & \text{CH} = \text{C—} \end{array}$$

reagieren mit Hydroxylamin derart, daß sich die Base zunächst an die doppelte Bindung addiert:

$$\begin{array}{cc} \text{C—C} = \text{O} & \text{C—C} = \text{O} \\ | & | \\ \text{C—CH—C—} \quad \text{oder} & \text{CH}_2\text{—C—} \\ | & | \\ \text{NHOH} & \text{NHOH} \end{array}$$

und erst überschüssiges Hydroxylamin greift auch die Carbonylgruppe unter Bildung der sogenannten Oxaminoxime an.[1][2] Die primär gebildeten Additionsprodukte geben dann weiter noch oft unter Ringschluß cyclische Anhydride (Isoxazole[1]).

Terpenketone, welche eine $\alpha\beta$-Doppelbindung in der Seitenkette enthalten, lagern nur 1 Mol. Hydroxylamin an, unter Bildung von Oxaminoketonen.

Bei der Oxydation einer wässerigen Lösung von Oxaminoketonen und Oxaminoximen durch Kochen mit gelbem Quecksilberoxyd, liefern jene Substanzen, bei denen sich die Hydroxylamingruppe an ein sekundäres Kohlenstoffatom angelagert hat, farblose Dioxime, während diejenigen, bei welchen Anlagerung an ein tertiäres Kohlenstoffatom eingetreten war, eine dunkelblaue Lösung liefern. (Bildung eines wahren Nitrosokörpers.)[3]

Verhalten der Xanthon- und Flavonderivate gegen Hydroxylamin.

Weder das Xanthon

$$C_6H_4 \Big\langle {\overset{\text{O}}{\underset{\text{CO}}{}} } \Big\rangle C_6H_4$$

---

[1] J. Bishop Tingle, Am. 19, 408 (1897).

[2] Wallach, Ann. 277, 125 (1893). — Tiemann, B. 30, 251 (1897). — Harries u. Lehmann, B. 30, 231, 2726 (1897). — Minunni, Gazz. 27, (II), 263 (1897). — Harries und Gley, B. 31, 1808 (1898). — Harries und Jablonski, B. 31, 1371 (1898). — Harries und Röder, B. 31, 1809 (1898). — Bredt und Rübel, Ann. 299, 160 (1898). — Knoevenagel und Goldsmith, B. 31, 2465 (1898). — Harries, B. 31, 2896 (1898). — Harries, B. 32, 1315 (1899). — Knoevenagel, Ann. 303, 224 (1899). — Harries und Mattfus, B. 32, 1940, 1345 (1899). — Tiemann und Tigges, B. 33, 2960 (1900). — Harries, Ann. 330, 191 (1903). — B. 37, 1341, 3102 (1904). — Semmler, B. 37, 950 (1904). — Minunni u. Ciusa, Gazz. 34, II, 373 (1905). — Atti Lincei (5) 14, II, 420 (1905); (5) 15, II, 455 (1906). — Harries und Majima, B. 41, 2521 (1908). — Ciusa u. Terni, Atti Lincei (5) 17, I, 724 (1908).

[3] Harries, Ann. 330, 207 (1903).

noch das Euxanthon reagieren mit Hydroxylamin (und Phenylhydrazin)[1]) und ebenso verhalten sich die Flavonderivate[2])

$$\begin{array}{c} \diagup O \diagdown \\ \diagup \quad \diagdown C{-}\diagup \\ | \quad C \\ \diagdown CO \diagup \end{array}$$

Während es nun Graebe gelungen ist, das Xanthon im Umwege über das Xanthion zu oximieren,[3]) konnte Kostanecki[4])
zeigen, daß diese merkwürdige Passivität des γ-Pyronringes aufgehoben wird, sobald der Pyronring in einen Dihydro·γ-Pyronring übergeht, wie ihn die von Kostanecki, Levi und Tambor[4]) und von
Kostanecki und Oderfeld[5]) dargestellten Flavanone

$$\begin{array}{c} \diagup O \diagdown \\ \diagup \quad \diagdown CH{-}\diagup \\ \diagdown CO \diagup CH_2 \end{array}$$

enthalten. Schon beim Kochen der alkoholischen Lösung der Flavanone mit salzsaurem Hydroxylamin geht die Oximbildung langsam
vonstatten, setzt man noch die molekulare Menge Natriumcarbonat
hinzu, so werden bereits nach kurzem Erhitzen die Flavanone quantitativ in ihre Oxime übergeführt; kocht man diese Oxime in alkoholischer Lösung mit konzentrierter Salzsäure, so regenerieren sie die
Flavanone.[6])

Auch Xanthydrol reagiert leicht mit Hydroxylamin und Semicarbazid.[7])

e) Darstellung von Semicarbazonen.[8])

Die Darstellung der gut krystallisierenden Semicarbazidderivate
leistet namentlich in der Terpenreihe gute Dienste, in welcher Gruppe
die Phenylhydrazone meist schlecht krystallisieren und leicht zersetzlich sind und auch die Oxime oft nicht in festem Zustande erhalten werden können.

---

[1]) V. Meyer und Spiegler, B. 17, 808 (1884). — Fosse, C. r. 143,
749 (1906).
[2]) Kostanecki, B. 33, 1483 (1900).
[3]) Siehe S. 641.
[4]) B. 32, 330 (1899).
[5]) B. 32, 1928 (1899).
[6]) Herzig und Pollak, B. 36, 232 (1903).
[7]) Fosse, Bull. (3), 35, 1005 (1906).
[8]) Baeyer und Thiele, B. 27, 1918 (1894).

Darstellung der Semicarbazidsalze.[1])

1. Semicarbazid-Chlorhydrat NH$_2$.CO.NH.NH$_2$.HCl.

a) Aus Hydrazinsulfat.

Zu einer 50—60° warmen Lösung von 130 g Hydrazinsulfat, und 54 g wasserfreiem Natriumcarbonat in 500 ccm Wasser wird eine Lösung von 86 g Kaliumcyanat in 500 ccm Wasser gegeben. Am nächsten Tage werden die abgeschiedenen wenigen Gramme Hydrazodicarbonamid abfiltriert, das Filtrat mit 120 g Aceton versetzt und bis zum nächsten Tage unter öfterem Schütteln stehen gelassen. Die abgeschiedene Salzmasse wird abgesaugt, das Filtrat auf einem Wasserbade unter Umrühren zur Trockene gedampft und die gesamte Salzmasse im Soxhletschen oder sonst einem automatischen Extraktionsapparate mit Alkohol, in dem sich Acetonsemicarbazon leichter löst als in Aceton, völlig ausgezogen; dem Alkohol werden einige Kubikzentimeter Aceton beigemischt. Das Acetonsemicarbazon krystallisiert im Siedekolben des Extraktionsapparates aus, wird abfiltriert und schmilzt nach dem Auswaschen mit etwas Alkohol und Äther bei 186—187°; der Rest krystallisiert aus der eingeengten alkoholischen Mutterlauge auf Zusatz von etwas Äther aus. Die Ausbeute beträgt 80 Proz. der berechneten.

Die Überführung des Acetonsemicarbazons in das chlorwasserstoffsaure Semicarbazid gelingt quantitativ nach folgender Vorschrift.

Je 11.5 g Acetonsemicarbazon werden mit 10 g konzentrierter Chlorwasserstoffsäure schwach erwärmt, bis eben Lösung eingetreten ist. Beim Erkalten erstarrt die Lösung zu einem dicken Brei farbloser, gut ausgebildeter Nädelchen. Diese werden abgesaugt und mit einer Spur Alkohol und mit Äther gewaschen. Smp. 173° unter Zers.

Aus der Mutterlauge krystallisiert der Rest nach Zusatz des doppelten Volums Alkohol beim Versetzen mit Äther.

b) Aus Nitroharnstoff (Thiele und Heuser[2]).

225 g rohen Nitroharnstoffs werden mit 1700 ccm konzentrierter Salzsäure und etwas Eis angerührt. Man trägt das Gemisch in kleinen Portionen (namentlich anfangs) unter gutem Rühren in einen Brei von Eis mit überschüssigem Zinkstaub ein, indem man darauf achtet, daß die Temperatur stets auf ca. 0° gehalten wird.

Die Reduktion wird zweckmäßig in einem emaillierten Blechtopfe vorgenommen, der durch eine Kältemischung gekühlt wird.

Wenn aller Nitroharnstoff eingetragen ist, läßt man noch kurze Zeit stehen, saugt ab, sättigt das Filtrat mit Kochsalz und 200 g essigsaurem Natrium und gibt schließlich 100 g Aceton zu. Nach mehrstündigem Stehen in Eis oder besser Kältemischung scheidet sich Acetonsemicarbazon-Chlorzink als krystallinischer Niederschlag

---

[1]) Thiele und Stange, B. 27, 32 (1894). — Ann. 283, 19 (1894). — Biltz und Arnd, Ann 339, 250, Anm. (1905).

[2]) Ann. 288, 312 (1895).

ab, der mit Kochsalzlösung, dann mit wenig Wasser gewaschen wird. Ausbeute 40—55 Proz.

Je 200 g Zinkverbindung werden mit 350 ccm konzentrierter Ammoniaklösung digeriert und nach einigem Stehen das Zink abfiltriert. Der Rückstand ist Acetonsemicarbazon, das nach der oben gegebenen Vorschrift auf Semicarbazidsalze zu verarbeiten ist.

Das käufliche Semicarbazid enthält häufig salzsaures Hydrazin, [1] das zur Bildung flüssiger Hydrazone Veranlassung gibt, die das Hauptprodukt verunreinigen und am Krystallisieren hindern. Manche Ketone setzen sich übrigens auch mit reinem Semicarbazid-Chlorhydrat wenig glatt um, oder geben chlorhaltige Reaktionsprodukte.

In solchen Fällen verwendet man das Sulfat, oder noch zweckmäßiger freies Semicarbazid resp. dessen Acetat.

2. Darstellung des schwefelsauren Semicarbazids (Tiemann und Krüger). [2]

Das nach Thiele dargestellte Filtrat vom Hydrazodicarbonamid wird vorsichtig alkalisch gemacht, mit Aceton geschüttelt, das auskrystallisierende Acetonsemicarbazon in alkoholischer Lösung mit der berechneten Menge Schwefelsäure versetzt und das dabei ausfallende schwefelsaure Semicarbazid mit Alkohol gewaschen.

Darstellung von freiem Semicarbazid.

a) Nach Curtius und Heidenreich [3].

Zur Darstellung des Semicarbazids erhitzt man molekulare Mengen von Harnstoff und Hydrazinhydrat während 20 Stunden im Rohre auf 100°. Die Röhren zeigen beim Öffnen sehr geringen Druck und enthalten eine Krystallmasse, welche dem Harnstoff sehr ähnlich sieht; man spült ihren Inhalt mit Wasser in eine Porzellanschale und verdampft die Flüssigkeit auf dem Wasserbade. Den zähflüssigen Rückstand bringt man in einen Exsiccator über Schwefelsäure, wo derselbe bald zu einer weißen Krystallmasse erstarrt; diese wird zur Entfernung des noch anhaftenden Hydrazinhydrates auf einen Tonteller gebracht und, nachdem sie vollkommen trocken geworden ist, aus absolutem Alkohol umkrystallisiert; hierbei bleiben kleine Mengen Hydrazodicarbonamid ungelöst. Aus der alkoholischen Lösung krystallisiert das Semicarbazid in farblosen sechsseitigen Prismen, welche bei 96° schmelzen.

b) Nach Alexander und Wilhelm Herzfeld [4].

Zur Darstellung des freien Semicarbazids wird gebrannter Marmor zu einem dicken Kalkbrei gelöscht und in geringen Mengen mit der

---

[1] Über einen Fall, wo Semicarbazid ausschließlich wie Hydrazin (unter Hydrazonbildung) einwirkte, siehe Liebermann und Lindenbaum, B. **40**, 3575 (1907).

[2] B. **28**, 1754 (1895).

[3] B. **27**, 55 (1894). — J. pr. (2), **52**, 465 (1895).

[4] Z. Ver. Rübenz.-Ind. **1895**, 853.

berechneten Menge Semicarbazidsulfat in einer Reibschale so verrührt, daß das letztere anfangs immer im Überschusse zugegen ist, die Paste in einem Kolben längere Zeit mit starkem Alkohol geschüttelt, dann vom Gips abfiltriert und der Alkohol abgedampft.

c) Nach Bräuer[1]).

Semicarbazidchlorhydrat wird in möglichst wenig Wasser gelöst, mit der berechneten Menge Natrium in absolut alkoholischer Lösung versetzt, und nach dem Erkalten vom Kochsalze filtriert.

d) Nach Thiele und Stange

verwendet man zum Abstumpfen der Säure Magnesiumcarbonat.[2])

e) Nach Bouveault und Locquin[3]).

In einem Kolben werden 130 g (1 Mol.) Hydrazinsulfat in 500 g siedendem Wasser aufgelöst, auf das kochende Wasserbad gebracht, und in kleinen Portionen 69 g ($^1/_2$ Mol.) trockenes, reines pulverisiertes Kaliumcarbonat eingetragen. Es entweicht Kohlendioxyd, und das Hydrazinsulfat geht in Lösung. Man läßt erkalten, und fügt hierauf 81 g (1 Mol.) Kaliumcyanat in mehreren Portionen, unter Vermeidung von Temperatursteigerungen, zu, und läßt nunmehr 12 bis 15 Stunden stehen. Dann wird durch Zusatz von ca. 300 ccm Alkohol fast die Gesamtmenge des entstandenen Kaliumsulfates gefällt, abgesaugt, der Krystallkuchen mit etwas 80 proz. Alkohol gewaschen, und die vereinigten Filtrate auf dem Wasserbade im Vakuum zur Trockne gedampft. Man kocht nunmehr mit absolutem Alkohol aus, am besten in einem Soxhletschen Extraktionsapparate. Beim Erkalten scheidet sich das Semicarbazid vollkommen rein ab; die Mutterlauge, eingedampft und noch einmal mit absolutem Alkohol behandelt, liefert weitere Mengen davon. Gesamtausbeute ca. 80 Proz. Es empfiehlt sich, möglichst rasch zu arbeiten.

Vor Feuchtigkeit sorgfältig bewahrt, hält sich das Semicarbazid sehr lange unverändert; am besten wird es in kleinen Gefäßen eingeschmolzen aufgehoben.

Darstellung der Semicarbazone.[4])

Das salzsaure Semicarbazid wird in wenig Wasser gelöst, mit einer entsprechenden Menge von alkoholischem Kaliumacetat und dem betreffenden Aldehyd oder Keton versetzt und dann acetonfreier Alkohol und Wasser bis zur völligen Lösung hinzugesetzt.[5])

---

[1]) B. **31**, 2199 (1898).
[2]) Ann. **283**, 37 (1894).
[3]) Bull. (**3**) **33**, 162 (1905)
[4]) Siehe ferner: Marchlewski, B. **29**, 1034 (1896). — Bromberger, B. **30**, 132 (1897). — Biltz, Ann. **339**, 243 (1905). — Michael, B. **39**, 2146 (1906). — Michael und Hartmann, B. **40**, 144 (1907).
[5]) Beim langen Stehenlassen von Semicarbazid-Chlorhydrat und Kaliumacetat in wässerig-alkoholischer Lösung scheidet sich auch das bei 165° schmelzende Acetylsemicarbazid ab. Siehe Ruppe und Hinterlach, B. **40**, 4770 (1907).

Die Dauer der Reaktion ist sehr verschieden und schwankt, wie beim Hydroxylamin, zwischen einigen Minuten und 4—5 Tagen (Baeyer), ja bis zu mehreren Wochen.[1]) Zelinski[2]) empfiehlt (zur Untersuchung cyclischer Ketone) eine Lösung von 1 Teil Semicarbazidchlorhydrat und 1 Teil Kaliumacetat in 3 Teilen Wasser. Dieses Reagens wird in etwas überwiegendem Quantum zu der entsprechenden Menge des Ketons gebracht. Beim Schütteln beginnt alsbald in der Kälte Abscheidung der in Wasser schwer löslichen Semicarbazone, ev. leitet man die Abscheidung durch Zufügen einiger Tropfen acetonfreien Methylalkohols ein. — Die erhaltenen Verbindungen werden meist aus Methylalkohol umkrystallisiert.

d-Camphersemicarbazon wird erhalten,[3]) indem man 12 g Semicarbazidchlorhydrat und 15 g Natriumacetat in 20 ccm Wasser löst und damit die Auflösung von 15 g d-Campher in 20 ccm Eisessig vermischt. Eine eintretende Trübung wird durch gelindes Erwärmen oder Zusatz von einigen Tropfen Eisessig beseitigt. Das gebildete Semicarbazon wird mit Wasser gefällt.

Aldehyde[4]) können auch direkt in Eisessiglösung mit Semicarbazid-Chlorhydrat zur Reaktion gebracht werden; Chinone werden mit in wenig Wasser gelöstem Chlorhydrat erwärmt.[5])

Bei Cyclohexanonen und deren Estern tritt Semicarbazonbildung leicht ein, wenn ein Alkyl oder Carboxäthyl am Ringe sitzt, oder beide Gruppen am selben C-Atom, oder an den beiden dem Carbonyl benachbarten Kohlenstoffatomen: die Reaktion ist erschwert, wenn ein Alkyl und zwei Carboxäthyle neben dem Carbonyl sich befinden, und bleibt ganz aus, wenn sich Methyl und Isopropyl in Orthostellung zur CO-Gruppe befinden, einerlei, ob sich noch ein Carboxäthyl an demselben C-Atome befindet oder nicht.[6])

Iononsemicarbazon kann nur mittels schwefelsauren Semicarbazids erhalten werden.[7])

Man trägt zu seiner Darstellung gepulvertes Semicarbazidsulfat in Eisessig ein, welcher die äquivalente Menge Natriumacetat gelöst enthält.

Man läßt das Gemisch 24 Stunden bei Zimmertemperatur stehen, damit schwefelsaures Semicarbazid und Natriumacetat sich völlig zu Natriumsulfat und essigsaurem Semicarbazid umsetzen, fügt sodann die iononhaltige Flüssigkeit hinzu und läßt 3 Tage stehen.

Das mit viel Wasser versetzte Reaktionsgemisch wird dann ausgeäthert und die Ätherschicht durch Schütteln mit Sodalösung von Essigsäure befreit.

---

[1]) Semmler und Hoffmann, B. **40**, 3525 (1907).
[2]) B. **30**, 1541 (1897).
[3]) Tiemann, B. **28**, 2192 (1895).
[4]) Biltz und Stepf, B. **37**, 4025, 4028 (1904).
[5]) Thiele, Ann. **302**, 329 (1898).
[6]) Kötz und Michels, Ann. **350**, 204 (1906).
[7]) Tiemann und Krüger, B. **28**, 1754 (1895).

Den Ätherrückstand behandelt man mit Ligroin, um vorhandene Verunreinigungen zu entfernen, und krystallisiert das so gereinigte Iononsemicarbazon aus Benzol unter Zusatz von Ligroin um.

In manchen Fällen ist auch Erwärmen auf dem Wasserbade nötig, so namentlich bei den Zuckerarten[1]) und Chinonen[2]). In diesen Fällen wird dann auch meist eine alkoholische Lösung von freiem Semicarbazid benutzt. Mit freiem Semicarbazid ohne Lösungsmittel haben übrigens auch Curtius und Heidenreich[3]) und A. und W. Herzfeld[4]) gearbeitet.

Man kann auch ohne den Aldehyd isolieren zu müssen, Bisulfitverbindungen durch Erhitzen mit Wasser und salzsaurem Semicarbazid in Carbazone verwandeln.[5])

Semicarbaziddinatriumphosphat benutzt Michael[6]).

Zur Darstellung von Semicarbazonen nach Bouveault und Locquin mischt man entweder die essigsauren[7]) Lösungen von Semicarbazid und Aldehyd (Keton), oder man löst das Reagens in möglichst wenig Wasser, säuert mit ein wenig Essigsäure an, und versetzt mit einer alkoholischen Lösung oder Suspension des zu kondensierenden Körpers. Die fast immer unter Selbsterwärmung eintretende Reaktion wird durch kurzes Erhitzen auf dem Wasserbade beendet.

Fällt das entstandene Semicarbazon nicht nach dem Erkalten oder auf Wasserzusatz aus, was in der Regel der Fall ist, so dampft man im Vakuum zur Trockne, und extrahiert mit einem geeigneten Lösungsmittel.

Die Semicarbazone der Zuckerarten[8]) pflegen Krystallwasser zu enthalten und unscharf zu schmelzen. Ketosen scheinen überhaupt nicht zu reagieren.[9])

Leicht zersetzliche Semicarbazone krystallisiert Fecht[10]) bei Gegenwart von überschüssigem Semicarbazid aus verdünnter Salzsäure um.

Sterische Behinderung der Semicarbazonbildung: Bouveault und Locquin, Bull. (3), **35**, 655 (1906). — Kötz, Ann. **350**, 208 (1906). — Michels, Diss., Göttingen 1906, S. 22. — Siehe auch Mannich, B. **40**, 158 (1907). — Auwers und Hessenland, B. **41**, 1792 (1908).

Über Charakterisierung von Alkoholen und Säuren durch Über-

---

[1]) W. Herzfeld, Z. Ver. Rübenz.-Ind. **1897**, 604. — Bräuer, B. **31**, 2199 (1898). — Glucuronsäure: Giemsa, B. **33**, 2997 (1900).
[2]) Thiele und Barlow, Ann. **302**, 329 (1898).
[3]) J. pr. (2) **52**, 465 (1895).
[4]) A. u. W. Herzfeld, Z. Ver. Rübenz.-Ind. **1895**, 853.
[5]) Houben und Doescher, B. **40**, 4579 (1907).
[6]) B. **39**, 2146 (1906). — Siehe S. 650.
[7]) Festgebundene Krystall-Essigsäure: Biltz u. Stepf, B. **37**, 4025 (1904).
[8]) Maquenne und Godwin, Bull. (3), **31**, 1075 (1904).
[9]) Kahl, Z. Ver. Rübenz.-Ind. **1904**, 1091.
[10]) B. **40**, 3899 (1907).

führung in die Semicarbazone ihrer Brenztraubensäureester siehe
Bouveault, C. r. **138**, 984 (1904). — Von Säuren durch Überführen
in die Semicarbazone ihrer Ester mit Oxyaceton $CH_3\,COCH_2\,OH$:
Locquin, C. r. **138**, 1274 (1904); siehe Seite 594.
Semicarbazone aus Oximen durch Verdrängung des Hydroxylamin-
restes: Biltz, B. **41**, 1884 (1908).

Beim Kochen mit Anilin gehen die Semicarbazone in Phenyl-
carbaminsäurehydrazone über. Man wird durch diese Reaktion öfters
schlecht krystallisierende Semicarbazone in die schwerer löslichen
und leichter krystallisierenden Phenylsemicarbazone verwandeln
können.[1])

Phenylsemicarbazid selbst haben Braun und Steindorff[2])
verwendet.

Spalten kann man die Semicarbazone mittels Benzaldehyd
(Herzfeld), verdünnter Schwefelsäure[3]), Phthalsäureanhydrid[4]) oder
wässeriger konzentrierter Oxalsäurelösung.[5])

Bei der Spaltung mit Phthalsäureanhydrid können gelegentlich
Zersetzungen eintreten,[6]) durch Schwefelsäure können Umlagerungen
erfolgen.[7])

Semicarbazid und ungesättigte Ketone: Harries und Kaiser,
B. **32**, 1338 (1899). — Harries, Ann. **330**, 208 (1903). — Rupe
und Lotz, B. **36**, 2802 (1903). — Rupe und Schlochoff, B. **36**,
4377 (1903). — Rupe und Hinterlach, B. **40**, 4764 (1907). —
Ch. Ztg. **32**, 892 (1908).

Hinterlach[8]) stellt folgende Regeln auf:

1. Semicarbazid wirkt bei aliphatischen ungesättigten α-, β-Ke-
tonen mit 2 Molekülen unter Wasserabscheidung ein. Es bilden sich
Semicarbazid-Semicarbazone.

2. Semicarbazid bildet gleichfalls Semicarbazid-Semicarbazone bei
aliphatischen Estern, die eine Ketogruppe in. α-, β-Stellung zu einer
Doppelbindung haben.

3. Semicarbazid wirkt auf aliphatische ungesättigte α-, β-Ester
unter Verseifung des Esters und Anlagerung von je 1 Molekül Semicarbazid an die Doppelbindung und an das Carbonyl.

---

[1]) Borsche, B. **34**, 4299 (1901). — Borsche und Merkwitz, B. **37**,
3177 (1904).
[2]) B. **38**, 3097 (1905).
[3]) Semmler, B. **35**, 2047 (1902). — Wallach, Ann. **331**, 323 (1904). —
Bouveault und Locquin, Bull. (3), **33**, 165 (1905). — Michael und Hartmann, B. **40**, 144 (1907).
[4]) Tiemann und Schmitt, B. **33**, 3721 (1900). — Dabei entsteht als
Nebenprodukt Phthalsäurehydrazidcarbonamid. Bromberg, Diss., Berlin 1903,
S. 32. — Harries, Ann. **330**, 209 (1903); **336**, 45 (1904). — Monosson,
Diss., Berlin 1907, S. 21. — Semmler und Bartelt, B. **40**, 1370 (1907). —
Semmler, B. **41**, 869 (1908).
[5]) Wallach, Ann. **353**, 293 (1907); **359**, 270, 278, 310 (1908).
[6]) Semmler und Hoffmann, B. **40**, 3523 (1907).
[7]) Wallach, Ann. **359**, 270 (1908).
[8]) Diss., Basel 1907, S. 60.

4. Dagegen wirkt auch bei den aromatischen Estern der Phenyl-rest ebenso störend, wie bei den aromatischen Ketonen. Er verhin-dert auch hier eine Anlagerung und demgemäß auch die Verseifung.

Trennung und Bestimmung von Carbonylverbindungen nach der Michaelschen Semicarbazidmethode.[1])

Die neutralen Lösungen des Semicarbazids in Säuren verschie-dener Acidität sind nicht nur als vortreffliches Reagens zur quali-tativen Unterscheidung von Aldehyden und Ketonen geeignet, sondern können auch bei passender Wahl der Säuren als ziemliche genau quantitativ wirkende Bestimmungsmittel derselben in Isomeren-gemischen dienen.

Zum Zwecke der Bestimmung z. B. von Hexanon-2 in Gegen-wart von Hexanon-3 wurde die Tatsache benutzt, daß ersteres Keton mit saurem Semicarbazidphosphat ein Semicarbazon bildet, was beim Hexanon-3 nicht der Fall ist. Die Semicarbazidlösung wurde durch Auflösen von 5 g $Na_2HPO_4 + 12 H_2O$, 2.5 g Phosphorsäure von 89 Proz., 3.6 g Semicarbazidchlorhydrat und Verdünnen des Ge-misches bis zum Gewichte von 30 g hergestellt. Es wurden nun das Ketongemisch 2 Tage lang mit der Reagenslösung unter häufigem Schütteln stehen gelassen, dann der Niederschlag abgesaugt und ge-waschen, schließlich im Vakuum getrocknet.

Die Bestimmung der Semicarbazide und Semicarbazone führt Rimini[2]) im Schultze-Tiemannschen Apparate auf gaso-metrischem Wege aus. Kocht man nämlich ein Hydrazinsalz mit Sublimatlösung, bis alle Luft aus dem Apparate vertrieben ist, und fügt dann etwas konzentriertes Alkali zu, so zersetzt sich das Hy-drazin unter Abgabe seines ganzen Stickstoffs, dessen Menge bestimmt werden kann:

$$N_2H_4H_2SO_4 + 6 KOH + 2 HgCl_2 = K_2SO_4 + 4 KCl + 2 Hg + N_2 + 6 H_2O.$$

f) Darstellung der Thiosemicarbazone.[3])

Die Verbindungen des Thiosemicarbazids mit Aldehyden und Ketonen $RR_1C:NNHCSNH_2$ besitzen die wertvolle Eigenschaft, mit einer Reihe von Schwermetallen unlösliche Salze zu bilden. Man braucht daher die Thiosemicarbazone selbst — sie mögen fest oder flüssig sein — nicht zu isolieren, sondern fällt sie aus ihren Lösungen mit Silbernitrat, Kupferacetat oder Mercuriacetat.

Die Quecksilbersalze sind meist krystallinisch und in heißem Wasser löslich, daher auch umkrystallisierbar; die Kupfer- und Silber-

---

[1]) J. pr. (2), **60**, 350 (1899); **72**, 543, Anm. (1905). — B. **34**, 4038 (1901). — **39**, 2144 (1906). — **40**, 144 (1907).

[2]) Atti Lincei (5), **12**, II, 376 (1903).

[3]) Schander, Diss., Berlin 1894, S. 38. — Freund und Irmgart, B. **28**, 306, 948 (1895). — Freund und Schander, B. **35**, 2602 (1902). — Neuberg und Neimann, B. **35**, 2049 (1902). — Neuberg und Blumen-thal, Beiträge zur chem. Physiol. und Pathol. **2**, Heft 5 (1902). — Kling, Anzeig. Akad. d. Wiss. Krakau **1907**, 448.

salze dagegen sind amorph und in Wasser, Alkohol und Äther gänzlich unlöslich.

Besonders empfehlenswert ist die Abscheidung der Thiosemicarbazone als Silberverbindungen: $RR_1C:N.N:C(SAg)NH_2$ oder $RR_1C:N.(NAg)CSNH_2$.

Da das Thiosemicarbazid selbst mit Schwermetallen Doppelverbindungen eingeht, so muß ein Überschuß dieser Substanz vor der Fällung entfernt werden. Dies gelingt leicht, da das Reagens in Alkohol schwer und in anderen organischen Lösungsmitteln nicht löslich ist, während die Thiosemicarbazone von diesen Solvenzien meist leicht aufgenommen werden. Je nach der Löslichkeit der Thiosemicarbazone in Wasser oder organischen Lösungsmitteln ist wässeriges oder alkoholisches Silbernitrat zu verwenden.

Die Silbersalze sind weiße, oft käsige Niederschläge, die sich, möglichst vor Licht geschützt, über konz. Schwefelsäure unzersetzt trocknen lassen.

Die Silberbestimmung kann entweder durch energisches Glühen und Schmelzen[1]) oder nach Volhard durch Titration erfolgen; in letzterem Falle muß die Substanz im Erlenmeyer-Kölbchen mit etwas rauchender Salpetersäure bis zur Lösung erhitzt werden. Entfernung von etwa ungelöstem Schwefel ist überflüssig.

Die Abscheidung der Thiosemicarbazone führt man aus, indem man das Silbersalz in wässeriger, alkoholischer oder ätherischer Suspension (je nach der Löslichkeit des freien Thiosemicarbazons) mit Schwefelwasserstoff zerlegt oder mit einer nach der Volhardschen Titration berechneten Menge Salzsäure schüttelt und das Filtrat eindampft.

Die Rückverwandlung in Aldehyde resp. Ketone erfolgt durch Spaltung der Thiosemicarbazone oder direkt ihrer Silbersalze mit Mineralsäuren. Bei mit Wasserdampf flüchtigen Substanzen verwendet man zweckmäßig Phthalsäureanhydrid zur Zerlegung.[2])

Die Silbersalzmethode ist allgemeinster Anwendung fähig, nur die Zuckerarten geben keine schwerlöslichen Salze, bilden aber dafür oftmals sehr schön krystallisierende Thiosemicarbazone.

Beispiel der Darstellung eines Thiosemicarbazons.

3 g Valeraldehyd werden in 20 ccm absolutem Alkohol gelöst und mit einer konzentrierten, wässerigen Lösung von 3.3 g Thiosemicarbazid versetzt. Engt man nach 24 stündigem Stehen auf dem Wasserbade ein, so scheidet sich in dem Maße, wie der Alkohol verdampft, das gesuchte Produkt krystallinisch ab. Es wird aus 50 proz. Alkohol oder aus Äther umkrystallisiert.

Das Silbersalz wird dann aus der alkoholischen Lösung des Thiosemicarbazons mit alkoholischem Silbernitrat gefällt; beim Um-

---

[1]) Siehe S. 302.
[2]) Siehe S. 649.

rühren setzt es sich leicht in weißen Flocken ab, die abgesaugt, mit Alkohol und Äther gewaschen und im Vakuumexsiccator getrocknet, den erwarteten Silbergehalt zeigen.

Darstellung des Thiosemicarbazids.[1])

50 g des käuflichen Hydrazinsulfates $NH_2 . NH_2 . H_2SO_4$ (1 Mol.) werden mit 200 ccm Wasser übergossen, erwärmt und dazu 27 g ($^1/_2$ Mol.) festes calciniertes Kaliumcarbonat gegeben. Unter Entweichen von Kohlendioxyd entsteht das in Wasser leicht lösliche neutrale Hydrazinsulfat $(N_2H_4)_2 . H_2SO_4$ und schwefelsaures Kalium. Man fügt jetzt 40 g (1 Mol.) Rhodankalium hinzu, kocht einige Minuten, setzt dann zur vollständigen Abscheidung des bereits in reichlicher Menge auskrystallisierten Kaliumsulfats 200—300 ccm heißen Alkohol hinzu und saugt scharf ab. Das Filtrat, welches das gebildete rhodanwasserstoffsaure Hydrazin enthält, wird erst durch Erhitzen von Alkohol befreit und dann in offener Schale über freiem Feuer unter beständigem Rühren sehr stark eingekocht, bis die sirupöse Masse lebhaft Blasen aufzuwerfen beginnt. Sollte die Zersetzung zu heftig werden, so kann man die Reaktion durch Zusatz von kaltem Wasser mäßigen. Beim Erkalten erstarrt die eingekochte Masse zu einem Brei von Krystallen des Thiosemicarbazids. Nachdem man etwas Wasser zugefügt hat, wird abgesaugt und das Filtrat, in welchem noch reichliche Mengen nicht umgesetzten Rhodanats vorhanden sind, wiederum zum Sirup eingekocht. Durch 5—6 malige Wiederholung der Operation und jedesmalige Verarbeitung des Filtrats gelingt es, ca. 25 g rohen Thiosemicarbazids, d. h. 70 Proz. der theoretischen Ausbeute, zu erhalten.

Nach einmaligem Umkrystallisieren aus Wasser ist die Base vollkommen rein. Smp. 183⁰.

g) Darstellung von Aminoguanidinderivaten der Ketone.[2])

Salzsaures Aminoguanidin wird mit wenig Wasser und einer Spur Salzsäure in Lösung gebracht, das Keton und dann die zur Lösung notwendige Menge von Alkohol zugefügt.

Nach kurzem Kochen ist die Reaktion beendet.

Man setzt nun Wasser und Natronlauge hinzu und extrahiert die flüssige Base mit Äther. Das nach dem Verjagen des Äthers hinterbliebene Öl wird in heißem Wasser suspendiert und mit einer wässerigen Pikrinsäurelösung versetzt, welche das Pikrat als einen körnig-krystallinischen Niederschlag abscheidet.

Dieser Niederschlag wird je nach seiner Löslichkeit aus konzentriertem oder verdünntem Alkohol umkrystallisiert.

---

[1]) Freund und Schander, B. 29, 2500 (1896). — Schander, Diss., Berlin 1896, S. 17.

[2]) Mannich berichtet über einen Fall, wo weder ein Oxim noch Semicarbazon darstellbar war, aber ein schön krystallisierendes Pikrat der Aminoguanidinverbindung. B. 40, 158 (1907).

Auch die Nitrate der Aminoguanidinverbindungen sind meist schwerlöslich und gut krystallisiert.[1])

Über Verbindungen von Aminoguanidin mit Zuckerarten siehe Wolff und Herzfeld[2]) und Wolff[3]); mit Chinonen Thiele[4]).

Darstellung von Aminoguanidinsalzen (Thiele[5]).

208 g Nitroguanidin (1 Mol.) werden mit 700 g Zinkstaub und so viel Wasser und Eis vermischt, daß ein dicker Brei entsteht.

In diesen trägt man unter Umrühren 124 g käuflichen Eisessig, der zuvor mit etwa seinem gleichen Volumen Wasser verdünnt wurde, ein, und sorgt durch reichliches Zugeben von Eis, daß die Temperatur währenddessen 0° nicht überschreitet.

Wenn alle Essigsäure eingetragen ist, was in 2—3 Minuten geschehen sein kann, läßt man die Temperatur freiwillig langsam auf 70° steigen.

Die Flüssigkeit wird dabei dick und nimmt eine gelbe Farbe an, welche von einem Zwischenprodukte herrührt.

Man erhält bei 40—45°, bis eine filtrierte Probe mit Eisenoxydulsalz und Natronlauge keine Rotfärbung mehr zeigt. Zum Schlusse tritt gewöhnlich Gasentwicklung ein und es steigt ein großblasiger Schaum an die Oberfläche.

Man filtriert ab, versetzt das mit den Waschwässern vereinigte Filtrat mit hinreichend Salzsäure, um die Essigsäure auszutreiben und dampft auf dem Wasserbade auf $^1/_2$ Liter ein.

In die schwach essigsaure Flüssigkeit bringt man nach dem Erkalten eine konzentrierte Lösung von Bicarbonat, der man etwas Chlorammonium zugesetzt hat.

Man läßt 24 Stunden stehen und wäscht das ausgeschiedene Aminoguanidincarbonat $CN_4H_6 . H_2CO_3$ mit kaltem Wasser.

Aus diesem Salze sind leicht alle anderen darzustellen.

Schmelzpunkt des Bicarbonates: 172° unter Zersetzung, Smp. des Chlorhydrates: 163°.

h) Benzhydrazid und seine Derivate.

Diese, von Curtius und seinen Schülern[6]) dargestellten Verbindungen geben mit Aldehyden und (etwas schwerer) mit Ketonen gut krystallisierende, schwer lösliche Kondensationsprodukte, die sich namentlich zur Abscheidung der Aldehyde (Ketone) aus großen Flüssigkeitsmengen eignen. Sie leisten auch in der Zuckergruppe

[1]) Baeyer, B. 27, 1919 (1894). — Thiele und Bihan, Ann. 302, 302 (1898).
[2]) Z. f. Rübenzuckerind. 1895, 743.
[3]) B. 27, 971 (1894) und B. 28, 2613 (1895).
[4]) Ann. 302, 312 (1898).
[5]) Ann. 270, 23 (1892); 302, 332 (1898).
[6]) J. pr. (2), 50, 275 (1894); 51, 165, 353 (1895). — B. 28, 522 (1895).

gute Dienste,[1]) und können nach Kahl als Reagens auf Aldehydzucker verwendet werden.[2])

Darstellung von Benzhydrazid[3]).

Benzamid wird mit der äquimolekularen Menge Hydrazinhydrat
und 3 Teilen Wasser am Rückflußkühler gekocht, bis kein Ammoniak
mehr entweicht. Die nach dem Abkühlen erstarrte Masse wird in
einer Reibschale sorgfältig zerkleinert, abgesaugt und mit wenig Alkohol und Äther gewaschen, dann aus siedendem Wasser umkrystallisiert, wobei etwas Dibenzoylhydrazin zurückbleibt. Silber-
glänzende, farblose Tafeln. Smp. 112.5⁰.

o-, m- und p-Nitrobenzhydrazid

werden aus den entsprechenden Nitrobenzoesäuremethylestern erhalten,[4]) indem man zu den Estern etwas mehr als die berechnete
Menge Hydrazinhydrat hinzufügt und die Mischung am Rückflußkühler 2—3 Stunden lang auf dem Wasserbade erhitzt. Nach dem
Erkalten wird der ausgeschiedene Krystallbrei auf Tontellern getrocknet und aus Wasser umkrystallisiert.

Orthonitrobenzhydrazid Smp. 123⁰ — Metanitrobenzhydrazid
Smp. 152⁰ — Paranitrobenzhydrazid Smp. 210⁰.

Benzhydrazid und die Nitrobenzhydrazide verbinden sich mit
Aldehyden schon beim Schütteln der wässerigen oder alkoholischen
Lösungen in der Kälte. Die Ketone reagieren meist erst in der
Wärme, manchmal (Diketone) erst unter Druck. Am besten arbeitet
man in Eisessiglösung. α-Ketonsäuren reagieren sehr energisch,
während die Resultate mit β- und γ-Ketonsäuren nicht befriedigend sind.

Ketosen und Biosen reagieren überhaupt nicht. (Kahl.)

Weitere Benzhydrazide.

p-Brombenzhydrazid: 10 g Brombenzoesäureäthylester werden
mit 8.2 g 50 proz. wässeriger Hydrazinlösung und 12 ccm 90 proz.
Alkohol 4 Stunden am Rückflußkühler erhitzt. Smp. 164⁰. Das
analog dargestellte p-Chlorbenzhydrazid schmilzt bei 163⁰.

β-Naphthylhydrazid. Smp. 137—139⁰. Aus Naphthalinsulfochlorid und 50 proz. Hydrazinlösung mit wässerigem Alkali. Liefert
sehr schwer lösliche Derivate, die besonders zur Charakterisierung
der Aldehydzucker empfohlen werden.

Über quantitative Fällung von Vanillin mittels m-Nitrobenzhydrazid: Hanuš, Ztschr. Unters. Nahr. Gen. 10, 585 (1906).

---

[1]) Radenhausen, Z. Ver. f. Rübenzuckerind. 1894, 768. — Wolff,
B. 28, 161 (1895). — Kendall und Sherman, Am. Soc. 30, 1451 (1908).
[2]) Z. Ver. f. Rübenzuckerind. 1904, 1091.
[3]) Struve, Diss., Kiel 1891. — J. pr. (2), 50, 295 (1894).
[4]) Trachmann, Diss., Kiel 1893. — J. pr. (2), 51, 165 (1895).

Die Verbindungen mit Benzhydraziden werden durch Kochen mit Benzaldehyd in wässeriger Lösung gespalten.

i) Semioxamazid $NH_2 — CO — CO — NH — NH_2$.

wird von Kerp und Unger[1]) für Identifizierungen — namentlich von Aldehyden — empfohlen, wo infolge der Bildung stereoisomerer Semicarbazone[2]) Unsicherheit eintreten könnte.

Mit den Aldehyden reagiert das Semioxamazid unter den gleichen Bedingungen und mit der gleichen Leichtigkeit wie das Semicarbazid. Die entstehenden Kondensationsprodukte sind in Wasser unlöslich und werden bereitet, indem man die Aldehyde zu einer etwa 30⁰ warmen gesättigten Lösung des Hydrazids in äquimolekularer Menge hinzufügt und schüttelt. Der Aldehyd verschwindet binnen weniger Minuten, und das Reaktionsprodukt scheidet sich sofort als voluminöse Masse aus.

Über Verwendung des Semioxamazids zur Pentosanbestimmung siehe S. 722.

Quantitative Fällung von Zimtaldehyd: Hanuš, Ztschr. Unters. Nahr. Gen. 6, 817 (1903).

Darstellung des Semioxamazids.

Man bereitet sich zunächst eine wässerig-alkoholische Hydrazinlösung, indem man zu 9 g Ätzkali und 100 g Wasser 10 g feingepulvertes Hydrazinsulfat und nach dessen Auflösung etwa das gleiche Volumen Alkohol hinzufügt. Das Filtrat vom ausgeschiedenen Kaliumsulfat wird nun mit 9 g Oxamäthan versetzt und so lange auf dem Wasserbade erwärmt, bis das Oxamäthan in Lösung gegangen ist (ca. 1 Stunde). Man läßt dann erkalten und krystallisiert das ausgeschiedene Azid aus siedendem Wasser um. Smp. 220—221⁰ unter Zersetzung. Leicht löslich in heißem, schwer in kaltem Wasser, unlöslich in Alkohol und Äther, leicht in Säuren und Alkalien.

k) Paraaminodimethylanilin[3])

haben Arthur Calm[4]), Nuth[5]) und Naar[6]) mit Aldehyden kondensiert.

Um die Reaktion auszuführen, mischt man Aldehyd und Aminobase entweder für sich oder in alkoholischer Lösung miteinander.

Das Gemenge erwärmt sich alsbald ziemlich beträchtlich von selbst, und das gebildete Kondensationsprodukt scheidet sich meist deutlich krystallinisch aus.

Diese Kondensationsprodukte mit aromatischen Aldehyden geben

---

[1]) B. 30, 585 (1897).
[2]) Wallach, B. 28, 1955 (1895).
[3]) Darstellung der freien Base aus dem Chlorhydrat, Haars, a. a. O.
[4]) B. 17, 2938 (1884).
[5]) B. 18, 573 (1885).
[6]) B. 25, 635 (1892).

mit 1 Molekül Salzsäure intensiv rote, mit 2 Molekülen Salzsäure schwach gelb gefärbte Salze, die heller sind als die freie Base.[1]

Vogtherr[2]) hat später diese Reaktion bei Ketonen studiert und auch hier Kondensationen ausführen können. Einwirkung findet indessen hier nur statt, wenn man der Mischung molekularer Mengen Base und Keton einige Tropfen Kalilauge zufügt, oder wenn man die Komponenten zusammenschmilzt und längere Zeit über freier Flamme zum beginnenden Sieden erhitzt.

1) p-Nitrobenzylmercaptale und -mercaptole.

$$R.C = (S.CH_2.C_6H_4.NO_2)_2.$$

p-Nitrobenzylmercaptan eignet sich nach Schaeffer[3]) als qualitatives Reagens auf Aldehyde und Ketone und zur Abscheidung dieser Stoffe, namentlich auch zur Abscheidung und Identifizierung von hydroaromatischen Ketonen.

Das Reagens selbst hat nur schwachen Geruch, ist beständig, krystallisiert gut und liefert gut krystallisierende Mercaptale und Mercaptole.

Im allgemeinen wird man nicht das freie Mercaptan, sondern p-Nitrozinkmercaptid verwenden, das man in mit Salzsäure gesättigtem Alkohol löst, und dem man die berechnete Menge des carbonylhaltigen Körpers zusetzt. Das Reaktionsprodukt scheidet sich meistens sofort, sonst nach einigem Stehen im Eisschranke ab.

Zur Reinigung krystallisiert man 2—3 mal aus absolutem Alkohol um.

Da Furfurol Salzsäure nicht verträgt, mußte zu dessen Kondensation freies Nitrobenzylmercaptan verwendet werden, das aus dem Zinkmercaptid durch Zersetzen mit konzentrierter Salzsäure und Umkrystallisieren aus absolutem Alkohol in glänzenden Blättchen vom Smp. 52—53° erhalten werden kann.[4]

Das Furfurylidenmercaptal wird daraus durch einstündiges Kochen der Komponenten in absolut alkoholischer Lösung am Rückflußkühler erhalten.

Darstellung von p-Nitrobenzylzinkmercaptid.[4]

In die konzentrierte Lösung von p-Nitrobenzylrhodanid in 96 proz. Alkohol wird unter Eiskühlung Salzsäure bis zur Sättigung eingeleitet.

Man läßt die Lösung 8 Tage bei niedriger Temperatur, am besten im Eisschranke stehen, gießt dann in viel Eiswasser, und krystallisiert den ausfallenden Nitrobenzylthiolcarbaminsäureester bis zur Konstanz des Schmelzpunktes (142/143°) um.

---

[1]) Moore und Gale, Am. Soc. **30**, 394 (1908).
[2]) B. **24**, 244 (1891). — Dehydrocorydalin reagiert dagegen schon ohne Zusätze in ätherisher Lösung. Haars, Arch. **243**, 173 (1905).
[3]) Diss., München 1896. — Schaeffer und Murúa, B. **40**, 2007 (1907).
[4]) Waters, Diss., München 1905, S. 20, 29, 32.

Die alkoholische Lösung des Esters wird etwa eine Stunde lang mit Zinkacetat auf dem Wasserbade am Rückflußkühler zum Sieden erhitzt. Nach dem Erkalten wird in viel Wasser gegossen, der entstandene Niederschlag abgesaugt, zunächst mit warmem Wasser, dann mit Alkohol, und endlich mit wenig Äther gewaschen. Das so erhaltene p-Nitrobenzylzinkmercaptid bildet ein gelblichweißes, geruchloses Pulver.

m) Aminoazobenzol[1])

gibt ebenfalls mit aromatischen Aldehyden gut krystallisierende Kondensationsprodukte. Zu einer heiß gesättigten Lösung von reinem Aminoazobenzol fügt man die nach der Gleichung

$$R.CHO + H_2N.C_6H_4N:NHC_6H_5 = R.CH:NC_6H_4.N:NC_6H_5 + H_2O$$

berechnete Menge des Aldehyds. Beim Abkühlen scheiden sich dann Krystalle ab, die nur abgesaugt und aus Alkohol umkrystallisiert zu werden brauchen, um rein zu sein.

n) Farbenreaktionen der Carbonylverbindungen.

1. **Nitroprussidnatrium (Reagens von Legal).**

Fügt man zu einer Aldehyd- oder Ketonlösung 0.5—1 ccm einer frisch bereiteten 0.3—0.5 proz. Nitroprussidnatriumlösung und macht dann mit wenig Kalilauge vom sp. Gew. 1.14 schwach alkalisch, so nimmt die Lösung eine intensive Färbung an, welche aber beim längeren Stehen oder Ansäuern schwächer wird und schließlich verschwindet, besser gesagt vergilbt.[2])

Die organischen Säuren beeinträchtigen die Farbenreaktionen kaum, während Mineralsäuren, mit Ausnahme der Metaphosphorsäure, die Färbung nur abschwächen. Die auftretenden Färbungen sind bei den Ketonen gewöhnlich charakteristischer und lebhafter als bei den Aldehyden; sie werden aber auch beim Stehen oder Ansäuern mit Mineralsäuren schwächer, bis sie schließlich verschwinden, während sie beim Ansäuern mit organischen, zur Fett- und aromatischen Reihe gehörigen Säuren, oder mit Metaphosphorsäure einen Umschlag in der Farbe, z. B. von intensivem Rot ins Indigoblaue usf., erleiden.

Säuren, die schon für sich durch Alkali gefärbt werden, können selbstverständlich zum Ansäuern der mit Nitroprussidnatriumlösung versetzten und alkalisch gemachten Aldehyd- oder Ketonlösung nicht verwendet werden.

Auch Ketonsäuren und deren Abkömmlinge geben die Reaktion; jedoch bei weitem nicht so charakteristisch wie die Ketone.

Als Lösungsmittel benutzt man dort, wo es nur irgend angeht, destilliertes Wasser, sonst aber absoluten Alkohol oder Äther; es ist wohl zu bemerken, daß man letztere vor dem Gebrauche reinigen

---

[1]) Motto und Pelletier, Bull. de l'Ass. des anciens élèves de l'école de Chimie de Lyon 1902. — Roure-Bertrand Fils, Ber. I, 6, 52 (1902).

[2]) Béla von Bittó, Ann. 267, 372 (1892); 269, 377 (1892). — Denigès, Bull. (3), 15, 1058 (1896); (3), 17, 381 (1897).

muß, da sie in dem Zustande, wie sie im Handel zu bekommen sind, gewöhnlich schon Aldehyd als Verunreinigung enthalten.

Benutzt man Äther als Lösungsmittel, so beschränkt sich die Färbung gewöhnlich auf die zugefügte wässerige Lösung der Reagenzien; die ätherische Lösung bleibt ungefärbt. Da man aber nach der Vorschrift nicht mehr als $^1/_2$—1 ccm Nitroprussidnatriumlösung zu nehmen hat, so ist es gut, noch so viel destilliertes Wasser hinzuzufügen, daß die ganze wässerige Schicht 3—4 ccm beträgt, um dadurch die Reaktion deutlicher zu machen.

Die Reaktion tritt bei der Fettreihe angehörigen Aldehyden und Ketonen immer ein, wenn die Aldehyd- oder Ketongruppe unmittelbar wenigstens mit einer nur aus C und H bestehenden Gruppe verbunden ist. Diese aber kann ihrerseits der Reaktion unbeschadet wieder an ein substituiertes Kohlenwasserstoffradikal gebunden sein. Ist mit aromatischen Radikalen keine andere Gruppe als CHO oder CO verbunden, so tritt keine Reaktion ein. Sobald aber auch noch andere, der Fettreihe angehörige Kohlenwasserstoffradikale vorhanden sind, so fällt die Reaktion positiv aus (z. B. $C_3H_7C_6H_4COH$). Orthoaldehydsäuren (Opiansäure[1]) zeigen dagegen keine Färbung. Diese tritt aber ein, wenn mit dem aromatischen Radikal eine längere, die CHO- oder CO-Gruppe enthaltende Seitenkette verbunden ist (z. B.: C_6H_5—CH = CH—CHO), wobei eine Substitution in der mit der Gruppe CHO oder CO unmittelbar verbundenen Kohlenwasserstoffgruppe bezüglich des Ausfalls der Reaktion dieselbe Rolle spielt wie bei den einfachen, der Fettreihe angehörigen Körpern.[2]

In manchen Fällen läßt sich das Ätzkali bei der Bittóschen Reaktion durch Dimethylamin[3]) oder überhaupt sekundäre aliphatische Amine oder durch Piperidin[4]) ersetzen.

2. Reaktion mit Metadiaminen.[5]

Man stellt sich eine beliebige, am besten 0.5—1.0 proz. wässerige oder alkoholische Lösung eines salzsauren Meta-Diamins her und gießt einige Kubikzentimeter dieser Lösung zur alkoholischen resp. wässerigen Lösung der zu prüfenden Substanz.

In einigen Minuten tritt hierauf die mit intensiver grünlicher Fluorescenz verbundene Reaktion ein und erreicht in höchstens

---

[1]) Wegscheider, M. 17, 111 (1896).

[2]) Auch andere Nitrokörper (m-Dinitrobenzol, m-Dinitrotoluol, α- und β-Dinitronaphthalin) zeigen ähnliche, aber weniger charakteristische Reaktionen. — Andererseits geben auch andere Körper, welche die Gruppe CO—CH₂ enthalten (Hydantoin, Thiohydantoin, Methylhydantoin, Kreatinin) mit Nitroprussidnatrium eine ähnliche Färbung. Weyl, B. 11, 2155 (1878). — Guareschi, Annali di Chimica V. Ser. 4, 1887 (1892). — Über die Indolreaktion Bittó, Ann. 269, 382 (1892). — Z. anal. 36, 369 (1897).

[3]) Rimini, Annali Farmacoterap. e. Chim. 1898, 249. — Simon, C. r. 125, 1105 (1897).

[4]) Lewin, B. 32, 3388 (1899).

[5]) Windisch, Z. anal. 27, 514 (1888). — Béla von Bittó, Z. anal. 36, 370 (1897).

2 Stunden den Höhepunkt ihrer Intensität. Bei allen Verbindungen, die sich in Wasser lösen, gebrauche man wässerige Lösungen, ja sogar bei den in Wasser nicht löslichen Aldehyden und Ketonen ist es besser, eine wässerige Lösung der Salze der Metadiamine zu benutzen, was keine Schwierigkeiten bietet, da diese geringe Menge Wassers nie ausreicht, um etwa die Aldehyde oder Ketone aus der alkoholischen Lösung auszuscheiden. Die erhaltene Farbenreaktion erlischt beim Alkalisieren, und die Flüssigkeit wird farblos. Durch Zufügen von Säuren tritt indes die Reaktion abermals auf. Zusatz von starken Mineralsäuren schwächt die Farbenreaktion ab, während die Metaphosphorsäure dieselbe überhaupt nicht beeinflußt.

Die Reaktion tritt mit den Salzen der Metadiamine immer ein, wenn die Formyl- resp. Carbonylgruppe nicht mit einer vollständig substituierten Kohlenwasserstoffgruppe verbunden ist. Die partielle Substitution beeinflußt, wie es scheint, die Reaktion überhaupt nicht; die Reaktionsfähigkeit des Formaldehyds und Glyoxals beweist hingegen, daß die Formylgruppe nicht unbedingt an ein Alkyl gebunden sein muß, damit die Reaktion eintrete.

Bei den aromatischen Aldehyden tritt die Reaktion — ohne Rücksicht darauf, ob die Formylgruppe unmittelbar oder durch die Vermittelung eines Fettalkyls an einen Benzolrest gebunden ist —, immer ein. Die gemischten Ketone und Ketonsäuren reagieren hingegen überhaupt nicht.

Dem salzsauren Metaphenylendiamin ähnlich verhalten sich das salzsaure Metatoluylendiamin, sowie andere Diamine analoger Konstitution.

Hingegen tritt bei Anwendung von o- oder p-Diaminverbindungen bloß eine Färbung ein, ohne Fluorescenz.

3. Bildung von Bromnitrosokörpern.[1]

Um die Bildung des Bromnitrosokörpers als Reaktion auf Ketone zu verwenden, versetzt man die zu prüfende Lösung, welche möglichst neutral sein soll, im Reagensglase mit je einem Tropfen ca. 10 proz. Hydroxylaminchlorhydratlösung und ca. 5 proz. Natronlauge. Nach Zugabe eines größeren Tropfens Pyridin und Überlagerung einer dünnen Ätherschicht wird langsam unter Umschütteln so lange Bromwasser zugegeben, bis sich der Äther deutlich gelb, bzw. grün gefärbt hat. Man fügt nunmehr 1 ccm Wasserstoffsuperoxydlösung hinzu, welche beim Schütteln die gelben Brom-Pyridinverbindungen sofort zerstört, die Nitrosokörper aber in keiner Weise beeinflußt. Eine bleibende Blaufärbung des Äthers zeigt also an, daß die Bildung einer Bromnitrosoverbindung stattgefunden hat, und daß die geprüfte Lösung ein Keton oder eine andere, die Ketongruppe enthaltende Verbindung enthielt.

Acetessigester und Oxalessigester geben die Reaktion, während sie bei Acetophenon und Campher ausbleibt.

---

[1] Stock, Inaug.-Diss., Berlin 1899. — Blumenthal und Neuberg, Deutsche med. Woch. 1901, Nr. 1. — Piloty, B. 35, 3099 (1902).

Über den Einfluß von Kernsubstitution auf die Reaktionsfähigkeit aromatischer Aldehyde und Ketone: Posner, B. 35, 2343 (1902).

Über die Reaktion mit fuchsinschwefliger Säure siehe S. 661.

2. Reaktionen, welche speziell den Aldehyden eigentümlich sind.

I. Reduktionswirkungen.

Die Aldehyde sind sehr leicht oxydable Körper und üben daher verschiedene Reduktionswirkungen aus, durch die sie charakterisiert werden können.

a) Über Sauerstoffaktivierung durch Aldehyde siehe Radziszewski, B. 10, 321 (1887); Ludwig, B. 29, 1454 (1896).

b) Silberspiegelreaktion.[1]) Darstellung des Reagens.[2]) Man löst 3 g salpetersaures Silber in 30 g Wasser und andererseits 3 g Ätznatron in 30 g Wasser. Diese Lösungen hebt man gesondert auf, die Silberlösung in einer Glasstöpselflasche und im Dunkeln. Zum Gebrauche mischt man gleiche Volumina der Flüssigkeiten in einer sorgfältig gereinigten Eprouvette und tropft langsam Ammoniak vom sp. Gew. 0.923 hinzu, bis das Silberoxyd eben gelöst ist.

Es ist dringend davor zu warnen, Silberlösung, Natron und Ammoniak ad libitum zu mischen, oder das Reagens eindunsten zu lassen, weil sonst infolge von Knallsilberbildung ohne äußere Veranlassung Explosionen eintreten können, wie dies mehrfach beobachtet wurde.[3])

Setzt man zu mäßig verdünnten Aldehydlösungen einige Tropfen des Tollensschen Reagens, so entsteht ein mehr oder weniger schöner Silberspiegel, dessen Bildung man durch sehr gelindes Erwärmen beschleunigen kann.[4]) Besser ist es aber, die Silberabscheidung allmählich in der Kälte vor sich gehen zu lassen. Wesentlich für das gute Gelingen der Reaktion ist die vollständige Sauberkeit der benutzten Eprouvetten.

Übrigens geben nicht nur Aldehyde die Silberspiegelreaktion, sondern auch manche aromatische Amine, Alkaloide und mehrwertige Phenole,[5]) α-Diketone[6]), Trioxypicolin[7]), Phenylaminomalonsäureester[8]) usw. siehe auch S. 748 (Alkylenoxyde).

---

[1]) Liebig, Ann. 98, 132 (1856). — Dingl. 140, 199 (1856).
[2]) Tollens, B. 14, 1950 (1881); 15, 1635, 1828 (1882).
[3]) Salkowski, B. 15, 1738 (1882). — Matignon, Ch. Ztg. 32, 607 (1908). — Bull. (4), 3, 618 (1908).
[4]) Immerhin läuft man beim Erwärmen Gefahr, eine durch Zersetzung der Lösung etwa entstandene Trübung als Reaktion aufzufassen.
[5]) Tombeck, Ann. Chim. Phys. (7), 21, 383 (1900). — Morgan und Micklethwait, Soc. Ind. 21, 1373 (1902). — Kauffmann und Pay, B. 39, 324 (1906).
[6]) Locquin, Bull. (3), 31, 1173 (1904).
[7]) Lapworth und Collie, Soc. 71, 845 (1897).
[8]) Curtius, Am. 19, 694 (1897).

c) **Reduktion der Fehlingschen Lösung.** Die Aldehyde der Fettreihe, nicht aber die aromatischen Aldehyde[1]) reduzieren alkalische Kupferlösungen sehr lebhaft.

II. Farbenreaktionen.

a) Verhalten gegen fuchsinschweflige Säure.[2])

Eine durch schweflige Säure entfärte Lösung von reinem Rosanilin wird durch Aldehyde intensiv rot bis rotviolett gefärbt.[3])[4])

Nach Schiff stellt man sich das Reagens durch Einleiten von Schwefligsäureanhydrid in eine 0.025 proz. Lösung eines Rosanilinsalzes, bis die Flüssigkeit nur noch schwach gelb gefärbt ist, dar. In verschlossenen Flaschen läßt sich das Reagens lange unverändert aufbewahren. Es ist um so empfindlicher, je geringer der Überschuß an schwefliger Säure ist.

Guyon[5]) gibt das folgende Rezept für ein sehr empfindliches Reagens:

20 ccm Natriumbisulfitlösung von 30° Bé werden in einen Liter $^1/_{10}$ proz. Fuchsinlösung gegossen, und nach einer Stunde, wenn die Entfärbung nahezu vollendet ist, 10 ccm konzentrierte Salzsäure zugefügt. Man läßt die Lösung vor dem Gebrauche einige Tage in verschlossener Flasche stehen, wobei die Empfindlichkeit noch zunimmt.

Wenige Tropfen des Aldehyds werden mit 1—2 ccm dieser Lösung in verschlossener Eprouvette geschüttelt, feste Substanzen fein gepulvert damit übergossen.[6]) Die Reaktion tritt in kurzer Zeit ein.

Über Ausnahmen siehe Bittó Z. anal. **36**, 375 (1897).

Ob reine Ketone nicht auch die Reaktion zeigen können, erscheint nicht ganz sicher gestellt.

Nach Villiers und Fayolle[7]) reagiert reines Aceton ebensowenig wie die anderen Ketone (vgl. dagegen Bittó, Z. anal. **36**, 375 [1897], wonach Aceton, Methylpropylketon, Methylhexylketon und Methylnonylketon reagieren würden).

Nach Harries[8]) reagieren namentlich auch ungesättigte Ketone, wie Mesityloxyd und Carvon sehr bald. Die Ursache

---

[1]) Tollens, B. **15**, 1950 (1882).

[2]) Über die Reaktion, welche aromatische Athylenoxyde mit fuchsinschwefliger Säure zeigen, siehe S. 745.

[3]) Schiff, Ann. **140**, 131 (1866). — C. r. **64**, 482 (1867). — Caro und V. Meyer, B. **13**, 2343, Anm. (1880). — Schmidt, B. **14**, 1848 (1881). — Müller, Z. ang. **3**, 634 (1890). — Urbain, Bull. (3), **15**, 455 (1896). — Cazeneuve, Bull. (3), **15**, 723 (1896); (3), **17**, 196 (1897). — Lefèvre, Bull. (3), **15**, 1169 (1896); **17**, 535 (1897). — Paul, Z. anal. **35**, 647 (1896). — Mc Kay Chace, Am. **28**, 1472 (1906).

[4]) Villiers u. Fayolle, C. r. **119**, 75 (1894). — Bull. (3), **11**, 691 (1894).

[5]) C. r. **105**, 1182 (1887).

[6]) E. Fischer und Penzoldt, B. **16**, 657 (1883). — Neuberg, **32**, 2397 (1899).

[7]) C. r. **119**, 75 (1894). — Bull. (3), **11**, 691 (1894).

[8]) Ann. **330**, 190, 218 (1903).

scheint hier in geringen Spuren von Peroxyden zu liegen, die durch
Autoxydation entstehen. Ganz sorgfältig im Vakuum rektifizierte
Ketone reagieren meistens nicht.

Nach Faktor[1]) kann die Reaktion auch mit einer durch Magnesium entfärbten Fuchsinlösung ausgeführt werden.

Es ist auch mit Erfolg[2]) versucht worden, diese Reaktion zu
quantitativen Bestimmungen zu verwerten.

Mc Kay Chace[3]) geht z. B. zur Citralbestimmung folgendermaßen vor, wobei er annimmt, daß die Intensität der Färbung der
Aldehydmenge direkt proportional sei.

Man löst 0.5 g Fuchsin in 100 ccm Wasser, fügt eine Lösung
von schwefliger Säure hinzu, die 16 g SO_2 enthält, läßt das Gemisch bis zur Entfärbung stehen und verdünnt es dann durch Hinzufügen von Wasser bis auf einen Liter. Eine solche Lösung kann
nur 2 oder 3 Tage unverändert aufbewahrt werden.

Ferner stellt man sich einen 95proz., völlig aldehydfreien Alkohol her.

Schließlich bereitet man sich noch eine 0.1proz. Lösung von
Citral in 50grädigem Alkohol.

Diese verschiedenen Lösungen werden sämtlich bei einer Temperatur von 15° hergestellt und auch alle Bestimmungen unter genau gleichen Bedingungen durchgeführt. Ferner empfiehlt es sich
besonders, auch während der Versuche ein irgendwie erhebliches An-
steigenlassen der Temperatur zu vermeiden.

Für die Ausführung der Bestimmung verdünnt man 2 g des zu
untersuchenden ätherischen Öles mit dem gereinigten Alkohol auf
100 ccm. Dann bringt man 4 ccm einer jeden Lösung in Gefäße von
gleicher Beschaffenheit, fügt 20 ccm aldehydfreien Alkohol sowie
20 ccm der fuchsinschwefligen Säure hinzu und füllt schließlich mit
dem Alkohol auf 50 ccm auf. Nachdem nunmehr das Ganze gut
durchgemischt worden ist, bringt man die Lösungen auf 10 Minuten
in ein 15° warmes Wasserbad und vergleicht die Intensität ihrer
Färbungen dann entweder direkt oder mit Hilfe eines Colorimeters.

b) Verhalten gegen Diazobenzolsulfosäure (E. Fischer
und Penzoldt[4]).

Man löst reine, krystallisierte Diazobenzolsulfosäure in etwa
60 Teilen kalten Wassers und wenig Natronlauge, fügt die mit verdünntem Alkali vermischte Substanz und einige Körnchen Natriumamalgam zu und läßt die Lösung ruhig stehen. Bei Anwesenheit
eines Aldehyds zeigt sich nach 10—20 Minuten eine rotviolette, der
reinen Fuchsins ähnliche Färbung. Beim Bittermandelöl ist dieselbe

---

[1]) Pharm. Post. **38**, 153 (1905).
[2]) Siehe übrigens Schimmel u. Co., Bericht 1907, S. 123. — Berichte
von Roure-Bertrand Fils, Grasse 1907, S. 85.
[3]) Am. Soc. **28**, 1472 (1906).
[4]) B. **16**, 657 (1883). — Petri, Z. physiol. **8**, 291 (1884). — Mann, Diss.,
Gießen 1907, S. 26.

noch in der Verdünnung von 1:3000 mit voller Sicherheit zu erkennen.

Die Probe ist viel empfindlicher, als die Reaktion mit fuchsinschwefliger Säure.

Sie trifft bei allen Aldehyden, welche in alkalischen Lösungen
beständig sind, ein.

Aceton und Acetessigester liefern unter den gleichen Bedingungen
eine dunkelrote Färbung, ohne den charakteristischen violetten Ton.

Dasselbe gilt für Phenol, Resorcin und Brenzcatechin, wenn
man dafür sorgt, daß dieselben nur bei Gegenwart von überschüssigem
Alkali mit der Diazoverbindung zusammentreffen und dadurch verhindert werden, Azofarbstoffe zu bilden.

Bemerkenswert ist die Fähigkeit des Traubenzuckers, die beschriebene Aldehydreaktion in besonders schöner Weise zu geben,
während er gegen Fuchsinschwefligsäure indifferent ist.

.c) **Alkoholische Pyrrollösung** ist nach Ant. Ihl[1]) bei
Gegenwart von Salzsäure ein empfindliches Reagens auf Aldehyde,
welche meist schon in der Kälte, sicher beim Erwärmen, intensive
Rotfärbung liefern.

III. Additionsreaktionen der Aldehyde.

1. Verhalten gegen Sulfite.

Mit sauren schwefligsauren Alkalien und alkalischen
Erden vereinigen sich die Aldehyde nach der Gleichung:

$$\begin{array}{c} R \\ (R')H \end{array}\!\!\diagdown\!\!C = O + SO\!\!\diagup\!\!\begin{array}{c} OH \\ ONa \end{array} = \begin{array}{c} R \\ (R')H \end{array}\!\!\diagdown\!\!C\!\!\diagup\!\!\begin{array}{c} OH \\ O.SO.ONa \end{array}$$

zu krystallinischen Salzen von sauren Schwefligsäure-O-Estern der
zweiwertigen Alkohole:

$$\begin{array}{c} R \\ (R')H \end{array}\!\!\diagdown\!\!C\!\!\diagup\!\!\begin{array}{c} OH \,^2) \\ OH \end{array}$$

welche namentlich in überschüssiger Bisulfitlösung schwer löslich sind,
und sich dadurch zur Erkennung, Abscheidung und Reinigung der
Aldehyde eignen. Durch verdünnte Säuren und Soda, besser Baryt,
werden die Bisulfitverbindungen leicht rückwärts gespalten.[3])

Hochmolekulare Aldehyde reagieren nur langsam und erfordern
einen großen Überschuß an Bisulfitlösung.[4])

---

[1]) Ch. Ztg. **14**, 1571 (1890). — Mann, Diss., Gießen 1907, S. 27.
[2]) Knoevenagel, B. **37**, 4039, 4060 (1904).
[3]) Redtenbacher, Ann. **65**, 40 (1848). — Bertagnini, Ann. **85**, 179,
268 (1853). — Grimm, Ann. **157**, 262 (1871). — Bunte, Ann. **170**, 311
(1873). — Spaltung durch Natriumnitrit: Freundler und Bunel, C. r. **132**,
1338 (1901).
[4]) Berg, Diss., Heidelberg 1905, S. 14.

In gleicher Weise addieren die Aldehyde die Bisulfite von Ammonium, primären Basen und Aminosäuren.

Andererseits zeigen auch Ketone, welche mindestens ein an die Carbonylgruppe gebundenes Methyl besitzen, diese Additionsfähigkeit.[1])

Diese Eigenschaft ist namentlich auch bei den α-Diketonen,[2]) beim Alloxan[3]) und bei einzelnen cyclischen Ketonen[4]) konstatiert worden, ebenso bei ungesättigten Ketonen,[5]) welche aber an die Doppelbindung addieren. — Das Pulegon zeigt normale Ketonreaktion.[6])

Auch manche andere Substanzen, welche überhaupt keine aldehydischen Eigenschaften besitzen, können sich mit Alkalibisulfit verbinden, so namentlich ungesättigte Verbindungen, doch sind die so entstehenden Hydrosulfosäuren nur zum Teile wieder so leicht spaltbar wie die entsprechenden Additionsprodukte der Aldehyde.[7]) Auch Indol gibt eine Natriumbisulfitverbindung[8]) und ebenso die Azoverbindungen. Siehe S. 875.

Über die Bisulfitreaktion aromatischer Äthylenoxyde siehe S. 748.

Zur Ausführung der Reaktion wird die betreffende Carbonylverbindung entweder direkt, oder in wenig Alkohol gelöst mit konzentrierter Bisulfitlösung (sp. Gew. 1.33) geschüttelt,[9]) wobei gewöhnlich Erwärmung eintritt. Die Bisulfitlösung soll möglichst wenig freie schweflige Säure enthalten, in der sich die meisten Bisulfitverbindungen leicht lösen.[10])

Vielfach noch geeigneter als Bisulfit- sind neutrale Natriumsulfitlösungen.[11])

---

[1]) Bei den Ketonen ist diese Fähigkeit indessen nicht allgemein. Siehe Limpricht, Ann. **94**, 246 (1856). — Grimm, Ann. **157**, 262 (1871). — Popoff, Ann. **186**, 286 (1877). — Schramm, B. **16**, 1683 (1883). — Stewart, Proc. **21**, 13, 78, 84 (1905). — Soc. **87**, 185 (1905).

[2]) Locquin, Bull. (3), **31**, 1173 (1904).

[3]) Pellizari, Ann. **248**, 147 (1888). — Piloty und Finkh, Ann. **333**, 97 (1904).

[4]) Petrenko-Kritschenko und Kestner, Russ. **35**, 406 (1903). — Petrenko-Kritschenko, Ann. **341**, 163 (1905).

[5]) Pinner, B. **15**, 592 (1882). — Ann. **290**, 123 (1896). — Kerp, Ann. **290**, 123 (1896). — Knoevenagel, Ann. **297**, 142 (1897). — Labbé, Bull. (3), **23**, 280 (1900). — Harries, B. **32**, 1326 (1899). — Ann. **330**, 188 (1903). — Ciamician und Silber, B. **41**, 1932 (1908).

[6]) Baeyer und Henrich, B. **28**, 652 (1895).

[7]) Credener, Diss., Tübingen 1869. — Valet, Ann. **154**, 63 (1870). — Messel, Ann. **157**, 15 (1871). — Wieland, Ann. **157**, 34 (1871). — Müller, B. **6**, 1442 (1873). — Hofmann, Ann. **201**, 81 (1880). — Pinner, B. **15**, 592 (1882). — Looft, B. **15**, 1538 (1882). — Rosenthal, Ann. **233**, 37 (1886). — Haymann, M. **9**, 1055 (1888). — Haubner, M. **12**, 1053 (1891). — Looft, Ann. **271**, 377 (1892). — Marckwald und Frahne, B. **31**, 1864 (1898). — Tiemann, B. **31**, 842, 851, 3297 (1898). — Labbé, Bull. (3), **21**, 756 (1899).

[8]) Hesse, B. **32**, 2612 (1899).

[9]) Limpricht, Ann. **93**, 238 (1856).

[10]) Coppock, Ch. News **96**, 225 (1907).

[11]) Siehe „Methode von Tiemann", S. 666.

Über den Nachweis von Aldehyden (und Ketonen) auf Grund der Beschleunigung, welche die Entwicklung des Bildes einer belichteten photographischen Platte nach Zusatz der Carbonylverbindung zu dem aus wässeriger Bisulfit-Pyrogallol-(Hydrochinon-)Lösung bestehenden Entwickler. erfährt, siehe Lumière und Seyewetz, Bull. (3), **19** 134 (1898).

Über das Isolieren von aromatischen Aldehyden mittels freier schwefliger Säure siehe D. R. P. 154499 (1904).

Quantitative Bestimmung der Aldehyde nach Ripper.[1])

Auf das Verhalten der Aldehyde gegen Alkalibisulfit hat Ripper eine Methode zur maßanalytischen Bestimmung derselben gegründet. Versetzt man nämlich eine wässerige Aldehydlösung mit einer überschüssigen Menge Alkalibisulfitlösung, deren Gehalt an schwefliger Säure vorher durch Jod ermittelt worden ist, so wird nach kurzer Zeit aller vorhandener Aldehyd an das Alkalibisulfit gebunden sein. Dieses angelagerte saure, schwefligsaure Alkali ist durch Jod nicht oxydierbar. Bestimmt man nun die nicht gebundene schweflige Säure, so hat man in der Differenz zwischen der gesamten in der Alkalibisulfitlösung enthaltenen schwefligen Säure und der gebundenen schwefligen Säure ein Maß für die Menge des zu bestimmenden Aldehydes.

Von der zu untersuchenden Aldehydlösung wird eine ungefähr halbprozentige, womöglich wässerige Lösung hergestellt, 25 ccm dieser Aldehydlösung werden in einem ca. 150 ccm fassenden Kölbchen zu 50 ccm der Lösung des sauren, schwefligsauren Kaliums, welche 12 g $KHSO_3$ im Liter enthält, fließen gelassen. Das Kölbchen stellt man dann für ca. $\frac{1}{4}$ Stunde gut verkorkt beiseite. Während dieser Zeit wird der Jodwert von 50 ccm der Alkalibisulfitlösung mit Hilfe einer $n/_{10}$-Jodlösung bestimmt. Dann titriert man mit derselben $n/_{10}$-Jodlösung die Menge der nicht gebundenen schwefligen Säure in der Aldehydlösung zurück. Die Differenz zwischen dem Verbrauche an Jod im ersten und zweiten Falle ergibt den Gehalt an gebundener schwefliger Säure resp. den Gehalt an Aldehyd in 25 ccm der Aldehydlösung.

Der Berechnung der Aldehydmenge A sind zugrunde zu legen: M = das Molekulargewicht des betreffenden Aldehyds und J = die Menge Jod, welche der gebundenen schwefligen Säure entspricht (also die Anzahl verbrauchter Kubikzentimeter Jodlösung für die gebundene schweflige Säure multipliziert mit dem Titerwerte der Jodlösung), und zwar nach der Formel:

$$A = \frac{J \times \dfrac{M}{2}}{126.53} = \frac{J \times M}{253.06}$$

---

[1]) M. **21**, 1079 (1900). — Petrenko-Kritschenko, Ann. **341**, 163 (1905). — Jerusalem, Bioch. **12**, 368 (1908).

Konzentriertere Lösungen vom Kaliumbisulfit auf Aldehydlösungen einwirken zu lassen, empfiehlt sich nicht, weil die in größerer Menge gebildete Jodwasserstoffsäure bei der Titration mit Jod störend wirkt.

Diese Methode wird in allen Fällen brauchbare Resultate liefern, wo die Aldehyde entweder wasserlöslich sind oder aber mit Hilfe von wenig Alkohol in Lösung gebracht werden können. Hierbei ist zu berücksichtigen, daß schon in einer relativ schwachen alkoholischen Lösung (z. B. von mehr als 5 Proz.) die Jodstärkereaktion ausbleibt. Da jedoch nur sehr verdünnte Lösungen, wie schon erwähnt, nicht über $^1/_2$ Proz. Aldehyd enthaltend, zur Anwendung gelangen dürfen, wird man in den meisten Fällen mit einem sehr geringen Alkoholzusatze auskommen.

Die Einstellung der Jodlösung wird am zweckmäßigsten mit Kaliumbijodat vorgenommen, welches den Vorzug besitzt, daß seine Lösungen jahrelang unverändert ihren Titer bewahren. Ebenso benützt man zur Titration nur Jodlösungen, welche große Mengen Jodkalium enthalten, indem zu einer $^n/_{10}$-Jodlösung auf 12 g Jod rund 35 g Jodkalium pro Liter verwendet werden.

Ein ganz ähnliches Verfahren gibt Rocques[1]) an.

Methode von Tiemann.[2])

Viele Aldehyde lassen sich quantitativ durch Titration nach der Gleichung:

$$2Na_2SO_3 + 2R \cdot CHO + H_2SO_4 = 2(NaHSO_3 + R \cdot CHO) + Na_2SO_4$$

bestimmen. Als Indikator kann Phenolphthalein oder Rosolsäure (ev. auch Lackmus) dienen.

2. Bildung von Aldehydammoniak.[3])

Wenn man Aldehyde der Fettreihe, deren COH-Gruppe an ein primäres Alkoholradikal gebunden ist, in ätherischer Lösung mit

---

[1]) Journ. Pharm. Chim. (6), **8**, 9 (1900). — Ch. News **79**, 119 (1900). — Siehe auch Kerp, Arb. Kais. Gesundh. **21**, 180 (1904). — Mathieu, Rev. intern. falsif. **17**, 43 (1904). — Stewart, Proc. **21**, 13 (1905). — Bucherer und Schwalbe, B. **39**, 2814 (1906).

[2]) Tiemann, B. **31**, 3315 (1898); **32**, 412 (1899). — Kleber, Pharm. Review. **22**, 94 (1904). — Burgers, Analyst **29**, 78 (1904). — Sadtler, Am. Journ. Pharm. **76**, 84 (1904). — J. Soc. chem. Ind. **23**, 303 (1904). — Roure-Bertrand Fils, B. (1), **10**, 68 (1904); (2), **1**, 70 (1905). — Seyewetz und Gibello, Bull. (3), **31**, 691 (1905). — Seyewetz und Bardin, Bull. (3), **33**, 1000 (1905). — Rothmund, M. **26**, 1548 (1905). — Am. Soc. **27**, 132 (1905). — Berté, Ch. Ztg. **29**, 805 (1905). — Schimmel, Bericht f. 1905, S. 51.

[3]) Liebig, Ann. **14**, 133 (1835). — Strecker, Ann. **130**, 218 (1864). — Wurtz, C. r. **74**, 1361 (1872). — Erlenmeyer und Siegel, Ann. **176**, 343 (1875). — Lipp, Ann. **205**, 1 (1880); **211**, 357 (1882). — Waage, M. **4**, 709 (1883).

gasförmigem Ammoniak behandelt, oder in konzentriertes wässeriges Ammoniak einträgt, so bilden sich nach der Gleichung

$$R\!-\!C\!\!\!\diagdown^{O}_{H} + NH_3 = R\!-\!C\!\!\!\diagup^{OH}_{NH_2}\!\!\!\diagdown_H$$

Aminoalkohole.

Dagegen bilden die sekundären und ungesättigten Aldehyde komplizierte, aus mehreren Molekülen Aldehyd unter Wasseraustritt entstehende stickstoffhaltige Kondensationsprodukte.

Bei den aromatischen Aldehyden bilden sich aus 2 Molekülen NH_3 mit 3 Molekülen Aldehyd unter Austritt von 3 Molekülen Wasser die sog. Hydramide. Ammoniak und Ketone: Sokoloff und Latschinoff, B. 7, 1384. (1874). — E. Fischer, B. 17, 1788 (1884). — Tomae, Arch. 243, 291, 294, 393, 395 (1905). — Arch. 244, 641, 643 (1906). — Tomae und Lehr, Arch. 244, 653, 664 (1906). — Traube, B. 41, 777 (1908). — Tomae, Arch. 246, 373 (1908).

Abscheidung von Aldehyden in Form der schwerlöslichen Verbindungen mit naphthionsaurem Natrium oder Barium: Erdmann, Ann. 247, 325 (1888). — D. R. P. 124229 (1901).

8. Aldolkondensation.[1]

Nach Lieben kann man die Aldehyde in drei Gruppen teilen:

1. Solche, in denen die $C\!\!\!\diagdown^{O}_{H}$ Gruppe an einen primären Rest gebunden ist:

$$CH_3\!-\!C\!=\!O\!\!\!\diagdown_H \quad \text{und} \quad R\!-\!CH_2\!-\!C\!=\!O\!\!\!\diagdown_H$$

2. Sekundäre Aldehyde

$$\begin{matrix} R_1\!\diagdown \\ \\ R_2\!\diagup \end{matrix}\!CH\!-\!C\!\!\!\diagdown^{O}_{H}$$

3. Aldehyde, welche die COH-Gruppe entweder an tertiären Kohlenstoff, oder an C und OH, oder an Wasserstoff gebunden enthalten:

$$\triangle\!-\!C\!\!\!\diagdown^{O}_{H} \qquad \begin{matrix} C\!\diagdown \\ C\!\!\diagup\!C\!-\!C\!=\!O \\ C\!\diagup \end{matrix}\!\!\!\diagdown_H \qquad \begin{matrix} C\!\diagdown \\ C\!\!\diagup\!C\!-\!C \\ HO\!\diagup \end{matrix}\!\!\!\diagdown^{O}_{H} \qquad H\!-\!C\!=\!O\!\!\!\diagdown_H$$

---

[1] Lieben, M. 4, 11 (1883); 22, 289 (1901). — Franke und Kohn, M. 19, 354 (1898). — Franke, M. 21, 1122 (1900). — Nef, Ann. 318, 160 (1901). — Rosinger, M. 22, 545 (1901). — Ann. 322, 131 (1902). — Neustädter, M. 27, 879 (1906). — Ann. 351, 294 (1907). — Mc Leod, Am. 37, 20 (1907).

Die Aldehyde der ersten Gruppe geben Aldole (mit Aldehyden aller Gruppen) und bei energischerer Einwirkung des Konden-
sationsmittels meist ungesättigte Aldehyde,

$$R-CH_2-C\begin{smallmatrix}O\\\\H\end{smallmatrix} + CH_3-C\begin{smallmatrix}O\\\\H\end{smallmatrix} = CH_3 - \underset{(3)}{C}\overset{OH}{\underset{H}{\overset{}{C}}}\overset{R}{\underset{H}{\overset{}{C}}}\begin{smallmatrix}O\\\\H\end{smallmatrix}$$

indem sich das in (2) befindliche H mit dem in 3 befindlichen OH
als Wasser abspaltet.

Damit diese Reaktion möglich ist, muß das Aldol also in (2)
ein H-Atom tragen: Die aus Aldehyden der ersten Gruppen mit
solchen derselben, oder der dritten Gruppe, genügen diesen Bedingungen stets, die Aldole, die mit Aldehyden der zweiten Gruppe
entstehen, nur selten (Propion- mit Isobutyraldehyd) und geben daher
meist keine ungesättigten Aldehyde.

Die Aldehyde der zweiten Gruppe besitzen in (2) nur einen
Wasserstoff; sie können untereinander wohl Aldole, aber keine ungesättigten Aldehyde bilden.

Die Aldehyde der dritten Gruppe können untereinander
weder Aldole noch ungesättigte Aldehyde bilden, wohl aber mit Aldehyden der beiden anderen Gruppen Aldole und mit Aldehyden der
ersten Gruppe auch ungesättigte Aldehyde, wobei sie stets nur mit
ihrem Aldehydsauerstoff an der Kondensation beteiligt sind (Perkin-
sche Reaktion).

Für diese Gruppe charakteristisch ist die Reaktion von Cannizzaro[1]) (siehe weiter unten).

Die Bildung der Aldole erfolgt in der Weise, daß ein Wasser-
stoff, welcher an das der COH-Gruppe benachbarte C-Atom des einen
Aldehydmoleküls gebunden war, an den Aldehydsauerstoff des zweiten
Aldehydmoleküls geht, während sich gleichzeitig die freiwerdenden
C-Valenzen der beiden Aldehyde gegenseitig absättigen.

Als kondensierendes Agens für die Aldolbildung (bei 8—15°)
verwendet man Kaliumcarbonatlösung; für die Bildung der ungesättigten Aldehyde entweder auch Kaliumcarbonat, welches bei
gewöhnlicher oder mäßig erhöhter Temperatur dauernd einwirkt, oder
Natriumacetatlösung (bei 90—150°), ferner Kalilauge, verdünnte
Säuren oder saure Salze. Auch einfaches Erhitzen der Aldole führt
zur Wasserabspaltung. Kaliumverbindungen wirken energischer und
rascher als die entsprechenden Natriumverbindungen.[2])

Die Reaktion von Cannizzaro.[3]) Aldehyde, welche in

---

[1]) Nach Lieben (M. 22, 398, Anm. 1901) sind übrigens wahrscheinlich unter
geeigneten Reaktionsbedingungen auch die anderen Gruppen von Aldehyden
der Reaktion von Cannizzaro zugänglich.

[2]) Michael und Kopp, Am. 5, 182 (1884).

[3]) Wöhler u. Liebig, Ann. 3, 249 (1832); 22, 1 (1837). — Cannizzaro, Ann. 88, 129 (1853). — Kraut, Ann. 92, 67 (1854). — R. Meyer,

direkter Bindung keinen wasserstoffhaltigen Kohlenstoff besitzen (Gruppe 3 nach der Liebenschen Einteilung), werden durch Alkalien derart angegriffen, daß gleiche Mengen Alkohol und Säure gebildet werden.

Aromatische Aldehyde schüttelt man mit einer Lösung von 3 Teilen Kaliumhydroxyd in 2 Teilen Wasser und läßt die gebildete Emulsion mehrere Stunden stehen. Das Kaliumsalz der gebildeten Säure krystallisiert aus, der entstandene Alkohol wird ausgeäthert oder mit Wasserdampf übergetrieben und von anhaftendem Aldehyd mit Bisulfitlösung[1]) befreit.

Bei den Aldehyden der Fettreihe usw, ist im allgemeinen (Formaldehyd, Furaldehyd[2]) und Bromisobutyraldehyd[3]), Formiso-butyraldol[4]) usw.) der Reaktionsverlauf der gleiche. Einzelne Aldehyde indes (Isobutyraldehyd[5]) liefern neben der entsprechenden Säure den Alkohol des zugehörigen Aldols, also ein Glykol[6]). — Zur Erklärung dieser Reaktionen siehe Claisen, B. **20**, 646 (1887). — Kohn, M. **19**, 16 (1898). — Franke, M. **21**, 1122 (1900). — Lieben, M. **22**, 298 (1901). — Raikow und Raschtanow, Öst. Ch. Ztg. **5**, 169 (1902).

Über die Einwirkung von Aluminiumalkoholaten auf aliphatische Aldehyde siehe Tschitschenko, C. **1906**, II, 1309, 1552.

4. Verhalten gegen Zinkalkyl.[7])

Mit Zinkmethyl und Zinkäthyl reagieren alle Aldehyde derart, daß 1 Molekül Zinkalkyl addiert wird. Auf Zusatz von Wasser entstehen daraus sekundäre Alkohole:

$$R-C\diagdown_{H}^{O} + \|_{(CH_3)_2}^{Zn} \longrightarrow R-C\diagdown_{H}^{CH_3}OZnCH_3 \longrightarrow R-C\diagdown_{H}^{CH_3}OH + Zn(OH)_2 + CH_4$$

$$(+2H_2O).$$

B. **14**, 2394 (1881). — Claisen, B. **20**, 646 (1887). — Franke, M. **21**, 1122 (1900). — Lieben, M. **22**, 302, 308 (1901). — Auerbach, B. **38**, 2833 (1905). — H. u. A. Euler, B. **38**, 2551 (1905). — B. **39**, 36 (1906). — Neustädter, Ann. **351**, 295 (1907).

[1]) Siehe hierzu Meisenheimer, B. **41**, 1420 (1908).

[2]) Wessely, M. **21**, 216 (1900); **22**, 66 (1901).

[3]) Schiff, Ann. **239**, 374 (1887). — **261**, 254 (1891). — Wissel und Tollens, Ann. **272**, 291 (1893).

[4]) Franke, M. **21**, 1122 (1900).

[5]) Übrigens gibt nach Lederer, M. **22**, 536 (1901) der Isobutyraldehyd beim Erwärmen mit wässeriger Barytlösung unter Druck quantitativ die Cannizzarosche Reaktion.

Andererseits zeigen die drei Oxybenzaldehyde die Reaktion nicht, und bei den Nitrobenzaldehyden ist der Reaktionsverlauf ein anormaler. J. Maier, B. **34**, 4132 (1901). — Raikow und Raschtanow, Öst. Ch. Ztg. **5**, 169 (1902).

[6]) Fossek, M. **4**, 663 (1883).

[7]) Wagner, Ann. **181**, 261 (1876). — B. **14**, 2556 (1881); B. **10**, 714 (1877). — Russ. **16**, 283 (1884).

Die höheren Zinkalkyle bewirken Reduktion der Aldehyde zu den entsprechenden Alkoholen.[1]) Bei den chlorierten Aldehyden erfolgt diese Reduktion schon durch Zinkäthyl.[2])

Zur Ausführung der Reaktion kann man nach Granichstädten und Werner[3]) folgendermaßen verfahren:

Ein weithalsiger Kolben ist einerseits mit einem Kühler verbunden, dessen Fortsetzung ein absteigendes Rohr zum Auffangen des Gases in einer pneumatischen Wanne bildet. Ferner führt ein Rohr in den Kolben, um den Apparat mit Kohlendioxyd, das vorher mit Phosphorpentoxyd getrocknet wird, füllen zu können. Zur Eintragung des Zinkäthyls, welches in Röhrchen eingeschmolzen gewogen wird, dient ein Vorstoß, in welchen das Röhrchen mittels eines Korkes luftdicht eingesetzt wird. Die vorher angefeilte Spitze desselben reicht in eine Drahtschlinge, die durch einen seitlichen Rohransatz geführt wird. Durch Anziehen des herausragenden Drahtendes gelingt es, die Rohrspitze abzubrechen und so das Zinkäthyl in den geschlossenen und mit Kohlendioxyd gefüllten Apparat einzuführen. Der Kork mit der entleerten Röhre wird rasch durch einen anderen mit gebogenem Tropftrichter ersetzt, durch welchen man zuerst die in Reaktion zu bringende Flüssigkeit und später das zur Zersetzung des additionellen Zwischenproduktes notwendige Wasser eintropfen läßt.

Das Ende der Reaktion wird gewöhnlich daran erkannt, daß beim Einblasen von Luft in den Kolben keine Nebel mehr bemerkt werden können, doch ist es besser, nach dem Eintreten dieses Momentes den Kolben noch einige Zeit lang stehen zu lassen und dann erst die Zersetzung vorzunehmen. Zu dem durch kaltes Wasser abzukühlenden Reaktionsprodukte muß entweder viel Wasser mit einem Male zugesetzt werden, oder das Reaktionsprodukt muß allmählich in kaltes Wasser gegossen werden. Letzteres ist zu empfehlen, wenn das Reaktionsprodukt nicht ganz dickflüssig ist.

Das Verhalten zu den Zinkalkylen ist ganz besonders charakteristisch, denn dasselbe ist eine für alle Aldehyde ganz allgemeine eigentümliche Reaktion, die weder den isomeren Oxyden der zweiwertigen Radikale[4]) noch den Ketonen zukommt (Wagner).

Die Reaktion verläuft bei gewöhnlicher Temperatur sehr langsam, im Verlaufe von Tagen, selbst Wochen, so daß man gut tut, durch geeignetes Anwärmen den Vorgang zu beschleunigen.

5. Reaktion von Angeli und Rimini[5]). (Nitroxylreaktion.)

Die Salze der sog. Nitrohydroxylaminsäure zerfallen leicht in salpetrige Säure und den Rest NOH (Nitroxyl):

---

[1]) Wagner, Russ. **16**, 283 (1884).
[2]) Garzarolli-Thurnlackh, Ann. **210**, 63 (1881). — B. **14**, 2759 (1881). — B. **15**, 2619 (1882). — Ann. **213**, 369 (1882); **223**, 149, 166 (1883).
[3]) M. **22**, 316 (1901).
[4]) Siehe S. 749.
[5]) Angeli, Gazz. **26**, II, 17 (1896). —Ch. Ztg. **20**, 176(1896). — Atti Lincei (5), **5** 120 (1896). — B. **29**, 1884 (1896). — Gazz. **27**, II, 357 (1897).

$$\begin{matrix} \text{NOOH} \\ \| \\ \text{NOH} \end{matrix} = \text{NOOH} + : \text{NOH}$$

der von Aldehyden und Dialdehyden (Glyoxal)[1]) unter Bildung einer Hydroxamsäure addiert wird (Angeli):

$$\text{R.C}{\Big\langle}{\begin{matrix} \text{O} \\ \text{H} \end{matrix}} + : \text{NOH} = \text{R.C}{\Big\langle}{\begin{matrix} \text{OH} \\ \text{NOH} \end{matrix}}$$

Die Reaktion verläuft quantitativ und die entstandenen Hydroxamsäuren sind leicht mittels der Eisenreaktion nachzuweisen, aber die gleichzeitig gebildete salpetrige Säure wirkt in saurer Lösung zerstörend auf die Reaktionsprodukte.

Man verwendet daher zweckmäßig zur Ausführung der Nitroxylreaktion die von Piloty[2]) entdeckte Benzsulfhydroxamsäure, welche in gleicher Weise auf Aldehyde einwirkt, indem sie nach der Gleichung:

$$\text{C}_6\text{H}_5\text{SO}_2 - \text{NHOH} = \text{C}_6\text{H}_5\text{SO}_2\text{H} + : \text{NOH}$$

in Nitroxyl und Benzolsulfinsäure zerfällt (Rimini).

Darstellung der Benzsulfhydroxamsäure.[2])

Zur Darstellung dieser Substanz bereitet man sich eine Hydroxylaminlösung, nach der Vorschrift von Wohl[3]), indem man 130 g Hydroxylaminchlorhydrat in 45 ccm Wasser heiß löst und dazu eine Lösung von 42.5 g Natrium in 600 ccm absolutem Alkohol, bevor dieselbe erkaltet ist, in langsamem Strome so einfließen läßt, daß kein Aufkochen eintritt, und nach dem Erkalten vom ausgeschiedenen Chlornatrium filtriert. Diese Lösung verdünnt man mit weiteren 600 ccm Alkohol und trägt allmählich unter Umschütteln 100 g Benzolsulfochlorid ein, wobei etwas Gasentwicklung und ziemlich starke Erwärmung auftritt. Ohne Rücksicht auf etwa ausgeschiedenes Hydroxylaminchlorhydrat wird der Alkohol auf dem Wasserbade verjagt. Außer salzsaurem Salz enthält der Rückstand hauptsächlich benzolsulfosaures Hydroxylamin und Benzsulfhydroxamsäure. Zur Isolierung der letzteren wird der weiße Krystallbrei dreimal mit je

---

— Angeli und Angelico, Gazz. **30**, I, 593 (1900). — Atti Lincei (5), **9**, II, 44 (1900); **10**, I, 164 (1901). — Angelico und Fanara, Gazz. **31**, (II), 15 (1901). — Rimini, Gazz. **31**, (II), 84 (1901). — Angeli, Angelico und Scurti, Atti Lincei (5), **11**, I, 555 (1902). — Angeli und Angelico, Gazz. **33**, (II), 239 (1903). — Velardi, Soc. chim. di Roma, 24 April (1904). — Gazz. **34**, (2), 66 (1904). — Angeli, Memorie Acc. Linc. **5**, 107 (1905). — Ciamician und Silber, B. **40**, 2422 (1907). — Ciusa, Atti Lincei (5), **16**, II, 199 (1907). — Paolini, Gazz. **37**, II, 87 (1907). — Ciamician, B. **41**, 1073 (1908). — Ciamician und Silber, B. **41**, 1930, 1932 (1908).

[1]) Mit Nitrosoprodukten entstehen Nitrosohydroxylamine, mit sekundären Aminen Tetrazone. Angeli und Angelico, Gazz. **33**, (2), 239 (1903).

[2]) B. **29**, 1559 (1896).

[3]) Wohl, B. **26**, 730 (1893). — Siehe auch S. 636.

200 ccm absoluten Äthers durchgerührt und filtriert. Nach dem Verjagen des Äthers bleibt eine farblose, blättrig-krystallinische Masse
zurück, welcher meist ein scharfer Geruch anhaftet. Diesen ver-
dankt die Substanz geringen Mengen einer Verunreinigung, von der
sie leicht durch Waschen mit Chloroform auf dem Tonteller befreit
werden kann. Einmal aus Wasser umkrystallisiert ist die Substanz
völlig rein. Die Ausbeute beträgt auf Benzolsulfochlorid bezogen
ca. 75 Proz. der Theorie.

Die Säure krystallisiert aus Wasser in dicken dreieckigen Tafeln,
deren Ecken abgestumpft sind, oder in kompakten prismatischen
Krystallen mit scharf ausgebildeten Endpyramiden. Beim Stehen der
wässerigen Lösung tritt unter Entwicklung von salpetriger Säure und
Bildung von Dibenzsulfhydroxamsäure Zersetzung ein, während die
trockene Substanz völlig haltbar ist. Sie löst sich leicht in Alkohol,
Äther, Essigester, Aceton, leicht auch in warmem, schwerer in kaltem
Wasser, sehr schwer in Toluol, Benzol, Chloroform usw. Ihr Geruch ist
recht schwach und erinnert an denjenigen der aromatischen Mercaptane. Sie schmilzt nicht scharf gegen 126⁰ und zersetzt sich bei
wenig höherer Temperatur unter lebhafter Gasentwicklung.

Ausführung der Reaktion.[1]

Man löst in einem Kochkölbchen 1 Molekül Aldehyd in wenig
reinem Alkohol, fügt 2 Moleküle Kalilauge (doppelt normal) hinzu
und trägt unter Schütteln 1 Molekül Pilotyscher Säure ein. Es darf
dabei keine Gasentwicklung stattfinden. Wenn klare Lösung eingetreten ist, fügt man noch 1 Molekül Kalilauge hinzu. Man läßt
$^1/_2$ Stunde stehen, destilliert den Alkohol ab, läßt erkalten und neutralisiert mit verdünnter Essigsäure, filtriert und fällt die gebildete
Hydroxamsäure mit Kupferacetat.

$$
\text{Das blaue oder grüne Kupfersalz } R-C\underset{O}{\overset{NO}{\diagup}}Cu \text{ wird gut mit}
$$

Wasser und Aceton oder Äther gewaschen, in wenig Wasser suspendiert und mit verdünnter Salzsäure versetzt, bis das Salz fast vollständig zersetzt (gelöst) ist. Dann filtriert man und schüttelt wiederholt mit Äther aus. Die nach dem Abdunsten des Lösungsmittels
zurückbleibende Hydroxamsäure wird am besten durch Lösen in
Aceton und Schütteln mit Tierkohle gereinigt.

In vielen Fällen kann man die Hydroxamsäure, ohne das Kupfersalz abscheiden zu müssen, aus dem Reaktionsprodukte durch Übersättigen mit verdünnter Schwefelsäure (Indikator: Methylorange)
nahezu rein ausfällen.

Die Hydroxamsäuren werden in saurer und neutraler Lösung
durch Eisenchlorid intensiv rot gefärbt.

---

[1] Siehe auch Ciamician und Silber, B. 40, 2422 (1907).

Kocht man die Hydroxamsäuren mehrere Stunden mit 20 proz.
Schwefelsäure, so werden sie hydrolysiert, und man erhält die dem
Aldehyd entsprechende Säure.[1])

Orthonitrobenzaldehyd und Orthonitropiperonal zeigen
die Nitroxylreaktion nicht,[2]) ebensowenig Salicylaldehyd, Helicin,
Glucose, Lactose, Opiansäure und Pyrrolaldehyd.[3])

Die Angelische Reaktion hat sich in vielen Fällen, wesentlich
auch zum Isolieren und Bestimmen von Aldehyden neben Ketonen
sehr bewährt. Zur quantitativen Bestimmung des Aldehyds
wird das gut gewaschene Kupfersalz der Hydroxamsäure gewogen.
Ciamician, B. 41, 1079 (1908).

IV. Kondensationsreaktionen.

a) Die Doebnersche Reaktion.[4])

Wenn irgendein Aldehyd (1 Mol.) mit Brenztraubensäure (1 Mol.)
und β-Naphthylamin (1 Mol.) in alkoholischer oder ätherischer Lösung
zusammentrifft, so findet stets Bildung von α-Alkyl-β-naphthocin-
choninsäure statt, entsprechend der Gleichung:

$$R.CHO + CH_3.CO.COOH + C_{10}H_7NH_2 = C_{10}H_6 \underset{COOH}{\overset{N:CR}{\underset{|}{C:CH}}} + 2H_2O + H_2.$$

Die Reaktion geht besonders in ätherischer Lösung, schon in der
Kälte, vor sich, wird aber durch Wärmezufuhr beschleunigt. Es ist
zweckmäßig, folgende Vorschrift zu befolgen:

Brenztraubensäure und der betreffende Aldehyd (je 1 Mol.) mit
einem geringen Überschusse des letzteren — bzw. eine hinreichende
Menge des auf einen Aldehyd zu prüfenden Öles — werden in absolutem Alkohol gelöst, zu der Mischung wird β-Naphthylamin (1 Mol.),
ebenfalls in absolutem Alkohol gelöst, hinzugegeben, und die Mischung
etwa 3 Stunden am Rückflußkühler im Wasserbad erhitzt.

Nach dem Erkalten scheidet sich die α-Alkyl-β-naphthocinchonin-
säure, welche das in dem Aldehyd, R.CHO, vorhandene Radikal enthält, in krystallinischem Zustande aus und wird durch Auswaschen
mit Äther gereinigt. Nur in wenigen Fällen erwies es sich als erforderlich, die Säure durch Lösen in Ammoniak von indifferenten
Nebenprodukten zu trennen und aus der filtrierten ammoniakalischen
Lösung wieder durch Neutralisieren mit einer Säure abzuscheiden.

---

[1]) Angeli, Mem. Acc. Linc. 5, 107 (1905). — Ciamician, B. 41, 1075
(1908).
[2]) Angeli, Privatmitteilung an Ciamician und Silber, B. 35, 1996
(1902). — Methylindolaldehyd reagiert auch nicht: Plancher und Ponti
Atti, Linc. 16, (1) 130 (1907).
[3]) Angeli und Angelico, Gazz. 33, (II), 245 (1903).
[4]) B. 27, 352 (1894). — Über den Mechanismus dieser Reaktion siehe
Simon und Mauguin, C. r. 144, 1275 (1907).

Die α-Alkyl-β-naphthocinchoninsäuren sind in Wasser, absolutem Alkohol und Äther sehr schwer löslich, leichter in heißem Weingeist und lassen sich daraus leicht umkrystallisieren. Besonders gut krystallisieren sie aus einer heißen Mischung von Alkohol und konzentrierter Salzsäure als salzsaure Salze aus; letztere besitzen meist citronengelbe bis orangegelbe Farbe und geben beim Kochen mit Wasser und auch beim Erhitzen auf etwa 120° ihre Salzsäure ab.

Die Schmelzpunkte der α-Alkyl-β-naphthocinchoninsäuren liegen meist zwischen 200 und 300° und sind für die einzelnen Aldehyde charakteristisch. Ein weiteres Kennzeichen bilden die Schmelzpunkte der aus den Säuren durch Erhitzen unter Abspaltung von Kohlendioxyd entstehenden α-Alkyl-β-naphthochinoline

$$C_{10}H_6 \Big\langle \begin{matrix} N:C.R \\ CH:CH \end{matrix}$$

welche größtenteils gut krystallisieren und durch die Bildung gelbroter Bichromate als Chinolinbasen kenntlich sind. Nur wenige der Basen besitzen ölige Beschaffenheit.

Bei Ausführung der erwähnten Reaktion ist zu berücksichtigen, daß bei Abwesenheit von Aldehyden die Brenztraubensäure allein unter partieller Spaltung in Acetaldehyd und Kohlensäure mit dem β-Naphthylamin reagiert unter Bildung der α-Methyl-β-naphthocinchoninsäure:

$$2\,CH_3.CO.COOH + C_{10}H_7NH_2 = C_{10}H_6 \Big\langle \begin{matrix} N:C.CH_3 \\ | \\ C:CH \\ \cdot \\ COOH \end{matrix} \quad + CO_2 + 2\,H_2O + H_2$$

Letztere Säure krystallisiert mit 1 Mol. Krystallwasser[1]), das schon bei längerem Stehen im Exsiccator abgegeben wird, in farblosen Nadeln vom Schmelzpunkte 310° und geht beim Erhitzen in

β-Naphthochinaldin, $C_{10}H_6 \Big\langle \begin{matrix} N:C.CH_3 \\ CH:CH \end{matrix}$ Smp. 82°, über.

Sind aber andere Aldehyde als Acetaldehyd in hinreichender Menge zugegen, so findet die Bildung der Methyl-β-naphthocinchoninsäure nicht statt, vielmehr entstehen dann nur die Säuren, welche das in dem betreffenden Aldehyde enthaltene Alkoholradikal in α-Stellung enthalten.

Die genannte Reaktion ist ausschließlich den Aldehyden eigentümlich, und tritt nicht bei den anderen Körpergruppen, die ebenfalls die Carbonylgruppe enthalten — den Ketonen, Lactonen und den Aldehyden zweibasischer Säuren — ein. Wird z. B. ein Keton mit Brenztraubensäure und β-Naphthylamin in Reaktion gebracht,

---

[1]) Wegscheider, M. 17, 114 (1896).

so wirken allein die beiden letzteren Reagenzien unter Bildung der
α-Methyl-β-naphthocinchoninsäure aufeinander ein.[1][2] — Es reagieren
auch manche Aldehyde (Pyrrolaldehyd, o-Nitrobenzaldehyd), welche
die Reaktion von Angeli nicht zeigen.[3]

b) Die Reaktion von Einhorn.[4]

Brenzcatechinkohlensäurehydrazid

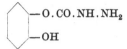

Smp. 164—165^0, Resorcinkohlensäurehydrazid

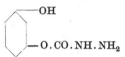

Smp. 160^0 und Hydrochinonkohlensäurehydrazid

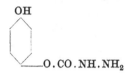

Smp. 174^0 sind nach Einhorn spezifische Aldehydreagenzien, welche
gegenüber ähnlichen Verbindungen die wertvolle Eigenschaft besitzen,
sich in Alkalien zu lösen und mit Säuren wieder unzersetzt auszufallen.

Darstellung der Kohlensäurehydrazide.

α) Brenzcatechinkohlensäurehydrazid. Man schüttelt eine
gut gekühlte, wässerige Lösung von 73.8 g Brenzcatechin und 53.3 g
Ätznatron mit einer 66 g Phosgen enthaltenden, etwa 20 proz. Phosgen-
Toluollösung durch, wobei sich sofort etwa 47 g Brenzcatechincarbonat
abscheiden, die man abfiltriert, während beim Destillieren der Toluollösung noch weitere 25 g gewonnen werden.

Zu einer alkoholischen Lösung von je 5 g Carbonat fügt man
die 1.9 g Base entsprechende Menge der nach Curtius und Schultz[5]
erhältlichen, bei 105—117^0 destillierenden wässerigen Hydrazinlösung,
nach dem Versetzen mit Alkohol, unter Kühlen in einer Kältemischung. Dabei erwärmt sich die Flüssigkeit und erstarrt schließ-

---

[1] Wegscheider, M. 17, 114 (1896).
[2] Andererseits kann es vorkommen, daß eine sehr reaktive Aldehydsäure
direkt und ausschließlich mit dem β-Naphthylamin reagiert: Liebermann,
B. 29, 174 (1896).
[3] Ciusi, Atti Lincei (5), 16, II, 199 (1907).
[4] Ann. 300, 135 (1898); 317, 190 (1901).
[5] J. pr. (2), 42, 522 (1890).

lich zu einem Krystallbrei, den man absaugt, und mit absolutem Alkohol auskocht.

Es hinterbleibt dann reines Hydrazid, das aus sehr verdünntem Alkohol in weißen Nadeln krystallisiert. Smp. 165°.

β) Resorcinkohlensäurehydrazid. In eine mit Eis gekühlte Auflösung von 30 g Resorcin in 250 g Pyridin trägt man unter häufigem Umschütteln 25 g Phosgen in Lösung ein, wobei sich eine gelatinöse gelb-rötliche Masse abscheidet, die man nach etwa $^1/_2$ Stunde in Wasser schüttet. So erhält man das Resorcincarbonat als amorphes, feines, weißes Pulver, das man abfiltriert, mit verdünnter Salzsäure und Wasser wäscht und dann auf Ton trocknet.

10 Teile gut getrocknetes und gepulvertes Carbonat suspendiert man in absolutem Alkohol und fügt unter Eiskühlung eine konzentrierte alkoholische Lösung von 4 Teilen Hydrazinhydrat hinzu. Die anfangs heftige Reaktion wird auf dem Wasserbade zu Ende geführt und die Masse, sobald vollständige Lösung erfolgt ist, schnell unter Eiskühlung zur Krystallisation gebracht. Durch Einengen der alkoholischen Mutterlauge erhält man weitere Mengen des Hydrazids. Weiße Nadeln (aus verdünntem Alkohol) Smp. 160°.

γ) Hydrochinonkohlensäurehydrazid. Das Carbonat wird genau so, wie beim Resorcin angegeben, bereitet, als unlösliches rotgelbes Pulver erhalten. Je 5 g desselben werden mit Benzol durchtränkt, mit einer alkoholischen Lösung von 2 g Hydrazin versetzt und einige Minuten auf dem Wasserbade erwärmt. Dann kocht man die Reaktionsmasse mit viel Alkohol aus, der unangegriffenes Carbonat ungelöst läßt, und erhält so das Hydrazid als krystallinisches, weißes Pulver vom Smp. 168°.

Darstellung der Kondensationsprodukte mit Aldehyden.

Dieselben werden leicht erhalten, wenn man zu der verdünnten alkoholischen Hydrazidlösung die molekulare Menge Aldehyd gibt und unter Umschütteln auf dem Wasserbade erwärmt, dann nach dem Erkalten mit Wasser verdünnt, oder, falls alsdann keine Fällung eintritt, stark eindampft.

Unter gleichen Versuchsbedingungen reagieren Ketone durchaus nicht mit den Kohlensäurehydraziden, wendet man indessen Kondensationsmittel (Eisessig, Chlorzink) an, so läßt sich mit gewissen Arylmethylketonen eine Reaktion erzwingen.

c) Kondensation der Aldehyde mit Dimethylhydroresorcin.

Bei dieser von Vorländer[1]) aufgefundenen Reaktion verbindet sich 1 Mol. Aldehyd mit 2 Mol. Dimethylhydroresorcin unter Austritt eines Moleküls Wasser:

---

[1]) Ann. **294**, 252 (1897). — Kalkow, Diss., Halle 1897. — B. **30**, 1801 (1897). — Strauß, Diss., Halle 1899. — Volkholz, Diss., Halle 1902. — Neumann, Diss., Leipzig 1906.

$$2 \quad \begin{array}{c} O \\ \| \\ C \\ H_2C \quad CH_2 \\ | \quad\quad | \\ (CH_3)_2C \quad CO \\ C \\ H_2 \end{array} + R.C\!\!\stackrel{\nearrow H}{=}\!\!O$$

$$= \begin{array}{c} R \\ \cdot \\ CH \\ O \quad\quad O \\ \| \quad\quad \| \\ C \quad CH \quad C \\ H_2C \quad CH \quad C \quad CH_2 \\ | \quad\quad | \quad\quad \| \quad\quad | \\ (CH_3)_2C \quad COHO.C \quad C(CH_3)_2 \\ C \quad\quad C \\ H_2 \quad\quad H_2 \end{array} + H_2O.$$

Die Reaktion verläuft ohne Anwendung eines Kondensations-
mittels in der wässerigen oder alkoholischen Lösung schon bei
Zimmertemperatur außerordentlich glatt. Gelindes Erwärmen beschleunigt im allgemeinen die Abscheidung des Kondensationsproduktes. Es entstehen gut krystallisierende Verbindungen aus
aliphatischen und aromatischen Aldehyden, die Alkylidenbisdimethylhydroresorcine.

Von den Hydroresorcinen eignet sich das Dimethylhydroresorcin
besonders als Aldehydreagens, weil es leicht und in guter Ausbeute
aus Mesityloxyd und Malonsäureester dargestellt werden kann und
im Gegensatze zum Hydroresorcin selbst auch bei langem Aufbewahren
vollständig unverändert bleibt. Es ist ferner im Gegensatze zu den
übrigen Hydroresorcinen gegen Säuren und Alkalien beständig, eine
Eigenschaft, die sich auch den Alkylidenderivaten mitteilt.

Die Alkylidenbisdimethylhydroresorcine sind Säuren; sie kenn-
zeichnen sich durch ihre Löslichkeit in Soda und durch die Färbungen,
die ihre alkoholischen Lösungen als Ketoenole mit Eisenchlorid
hervorrufen. Ihre Schmelzpunkte sind oft nicht ganz scharf, da
die Verbindungen beim Erhitzen teilweise in die Anhydride übergehen.

Die Umwandlung in die Anhydride vollzieht sich mit verschiedener Leichtigkeit bei Behandlung der Säuren mit wasserentziehenden
Mitteln. Während einige Kondensationsprodukte schon bei fortgesetztem Kochen mit Alkohol oder Schwefelsäure und Alkohol in die
Anhydride übergehen, wie die Acet-, Propion- und Benzaldehydver-
bindungen, erfolgt bei anderen dieser Übergang erst durch Erhitzen
mit Eisessig oder Essigsäureanhydrid. Auch durch Einwirkung von
Dimethylhydroresorcin auf den Aldehyd bei Gegenwart von Eisessig
oder auch von verdünnten Mineralsäuren gelangt man direkt zu dem
Anhydrid.

Salicylaldehyd und o-Chlorbenzaldehyd geben direkt Anhydride.
Die Anhydrisierung erfolgt am Ketoenol-Hydroxyl:

$$
\begin{array}{c}
R \\
\cdot \\
O \quad CH \quad O \\
\|\quad\quad\| \\
H_2C{\diagup}{C}{\diagdown}CH \quad C {\diagdown}C{\diagdown}CH_2 \\
\quad\quad\quad\quad\quad\quad\quad\quad\quad\quad -H_2O \\
(CH_3)_2C{\diagdown}{\diagup}CO \; HO.C{\diagdown}{\diagup}C(CH_3)_2 \\
C \quad\quad\quad C \\
H_2 \quad\quad\quad H_2
\end{array}
$$

$$
\begin{array}{c}
R \\
\cdot \\
O \quad CH \quad O \\
\|\quad\quad\| \\
H_2C{\diagup}C{\diagdown}C{\diagup}C{\diagdown}CH_2 \\
(CH_3)_2C{\diagdown}{\diagup}C{\diagdown}{\diagup}C(CH_3)_2 \\
C \quad O \quad C \\
H_2 \quad\quad\quad H_2
\end{array}
$$

Von den Säureverbindungen unterscheiden sich die Anhydride durch ihre Unlöslichkeit in Soda und ihr indifferentes Verhalten gegen Eisenchlorid. Ihre Schmelzpunkte liegen teils höher, teils tiefer als die der Säureverbindungen.

Vor den meisten anderen bisher bekannten Aldehydreagenzien hat das Dimethylhydroresorcin den Vorzug, daß es mit Ketonen im allgemeinen keine Kondensationsprodukte liefert.

Diacetyl und Isatin geben indessen ebenfalls Kondensationsprodukte, wenn man die Komponenten unter Eisessigzusatz erhitzt. [1]

Darstellung von Dimethylhydroresorcin. [2]

Man löst 23 g metallisches Natrium in 375 ccm absolutem Alkohol, gibt zu der Lösung 170 g Malonester und 100 g rektifiziertes Mesityloxyd und kocht 2 Stunden unter Rückfluß. Das Gemenge versetzt man sodann mit 700 g 18 proz. Kalilauge (sp. Gew. 1.157) und kocht weitere 6 Stunden.

Zu der noch warmen Masse fügt man verdünnte Salzsäure (sp. Gew. 1.055) bis zur Reaktion auf Lackmus und destilliert den Alkohol ab, wobei sich zuweilen unter Kohlendioxydentwicklung etwas Harz abscheidet, besonders wenn das Mesityloxyd nicht frisch destilliert ist. Die dunkelbraune, jetzt wieder alkalisch reagierende Flüssigkeit, wird sodann zur Entfärbung mit Tierkohle geschüttelt. Setzt man nun, unter weiterem Erhitzen, wiederum verdünnte Salzsäure hinzu bis zur Reaktion auf Methylorange, so fällt das Dimethylhydroresorcin aus. Man läßt bis zum völligen Erkalten stehen. Beim Aufkochen des Filtrates scheidet sich noch ein Teil des Körpers aus. Ausbeute etwa 120 g.

---

[1] Neumann, Diss., Leipzig 1906, S. 53.
[2] Volkholz, Diss., Halle 1902, S. 12.

d) Weitere Aldehydreaktionen.

Einwirkung von Phosphortrichlorid (Bildung von Oxy-phosphinsäuren) siehe Fossek, B. 17, 204 (1884), — M. 5, 627 (1884); 7, 20 (1886).

Reaktion mit Resorcin (Michaël und Ryder[1]). Einige Tropfen der flüssigen Substanz, oder eine konzentrierte alkoholische Lösung derselben werden mit einer alkoholischen Lösung von Resorcin und einer Spur Salzsäure versetzt und eine Minute lang gekocht. Wenn man nun das Produkt in Wasser gießt und ein Niederschlag entsteht, so enthält die untersuchte Substanz die Aldehydgruppe.

Die Resorcinlösung soll aus 1 Teil Resorcin und 2 Teilen absolutem Alkohol bestehen, denen man 2 Tropfen konzentrierte Salzsäure zufügt.

Oftmals tritt die Reaktion schon beim Stehen in der Kälte ein, und es scheidet sich auch ohne Wasserzusatz ein Harz aus.

Bei der Opiansäure[2]) versagt die Reaktion.

Reaktion mit Dithiocarbazinsäureestern (Thiobiazolbildung): Busch, J. pr. (2), 60, 25 (1899).

Spektroskopische Unterscheidung von Aldehyden und Ketonen auf Grund der Reaktion mit Hämoglobin. Bruylants, Bull. Ac. roy. Belg. 1907, 217.

Zweiter Abschnitt.

Quantitative Bestimmung der Carbonylgruppe.

1. Methode von Hugo Strache.[3])

Diese Methode beruht auf der Einwirkung von überschüssigem Phenylhydrazin auf Aldehyde und Ketone und der quantitativen Ermittelung des Überschusses der Base durch Oxydation des Hydrazins mit siedender Fehlingscher Lösung, welche allen Stickstoff, auch aus etwa mit gebildeten Hydraziden, freimacht, das entstandene Hydrazon aber nicht angreift:

$$C_6H_5NHNH_2 + O = C_6H_6 + N_2 + H_2O.$$

Die Fehlingsche Lösung wird durch Mischen gleicher Volume einer Kupfervitriollösung, welche 70 g krystallisiertes Kupfersulfat im Liter enthält, mit alkalischer Seignettesalzlösung (350 g Seignettesalz und 260 g Kaliumhydroxyd im Liter) hergestellt.

------

[1]) Vgl Baeyer, B. 5, 338 (1872). — B. 19, 1389 (1881). — Am. 9, 134 (1887). — Michaël, Am. 5, 338 (1883). — Michaël und Comey, Am. 5, 349 (1883). Wegscheider, M. 17, 113 (1896).
[2]) Wegscheider, M. 17, 113 (1896).
[3]) M. 12, 524 (1891). — M. 13, 299 (1892). — Benedikt und Strache, M. 14, 270 (1893). — Jolles, Öst. Apoth.-Ztg. 30, 198 (1892). — Kitt, Ch. Ztg. 22, 338 (1898).

Man hält außerdem eine 10proz. Lösung von essigsaurem Natrium und eine ca. 5proz. Lösung von salzsaurem Phenylhydrazin vorrätig.

Ausführung des Versuches.

Die zu untersuchende Substanz (0.1—0.5 g) wird in einem mit Marke versehenen 100 ccm-Kolben mit einer genau abgemessenen Menge der Hydrazinlösung und deren $1^1/_2$facher Menge essigsauren Natriums und Wasser auf etwa 50 ccm gebracht und $^1/_4$—$^1/_2$ Stunde auf dem Wasserbade erwärmt.

Nach dem Erkalten füllt man bis zur Marke, schüttelt um, hebt 50 ccm der Flüssigkeit heraus und bringt dieselbe in den Hahntrichter des weiter unten beschriebenen Apparates (Fig. 210).

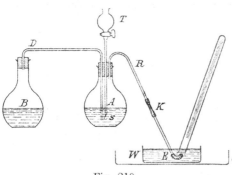

Fig. 210.

Die Menge des Hydrazinsalzes, welches man in einer Bürette abmißt, ist womöglich so zu wählen, daß 15—30 ccm Stickstoff entwickelt werden.

200 ccm der Fehlingschen Lösung werden nun in einem etwa $^3/_4$—1 Liter fassenden Kolben A zum Sieden erhitzt und aus dem Kolben B ein heftiger Strom von Wasserdampf eingeleitet, um das durch die Ausscheidung des Kupferoxyduls bedingte, lästige Stoßen zu vermeiden.

Sobald dem Entbindungsrohre R ein starker Dampfstrom entweicht, wird dasselbe, dessen unterer Teil mit dem oberen durch den kurzen Kautschukschlauch K verbunden ist, unter Wasser in die Wanne W gebracht. Das umgebogene Ende E des Glasrohres ist mit einem Kautschukschlauche überzogen.

Man setzt das Kochen fort, bis alle Luft aus dem Apparate durch Wasserdampf verdrängt ist.

Damit dies rasch geschehe, sollen die Rohre D und R nicht weiter als bis zum Rande in die entsprechenden Pfropfen eingesteckt sein. Trotzdem bleibt es aber unmöglich, in absehbarer Zeit die Luft vollkommen zu verdrängen; wenn daher in einer aufgesetzten Meßröhre die aufsteigenden Blasen bis auf einen verschwindend kleinen Rest kondensiert werden, ermittelt man den Wirkungswert der Phenylhydrazinlösung für den Apparat und legt den so gefundenen Wert statt des theoretischen der Rechnung zugrunde.

Titerstellung der Phenylhydrazinlösung.

Da 1 g salzsaures Phenylhydrazin rund 155 ccm Stickstoff entwickelt, benutzt man hierzu 10 ccm der 5proz. Lösung, die auf

100 ccm mit Wasser verdünnt, mit Natriumacetatlösung versetzt
werden usw., wie weiter oben für die Darstellung des Hydrazons an-
angegeben wurde.

Nach dem Aufsetzen des Meßrohres kann nun die Phenylhydrazin
haltende Lösung durch den Tropftrichter T, dessen Rohr vor der
Zusammenstellung des Apparates mit Wasser gefüllt worden ist, eingelassen werden.

Das Trichterrohr ist am unteren Ende S ausgezogen und hakenförmig gekrümmt, um das Aufsteigen von Gasblasen in dasselbe zu
vermeiden.

War die einfließende Lösung kalt, so darf sie nicht zu rasch
eingelassen werden, da sonst durch die plötzliche Abkühlung das
Sperrwasser zurücksteigen könnte.

Der Trichter wird zweimal mit heißem Wasser ausgespült.

Bei genügend starkem Kochen erfolgt die Abspaltung und Verdrängung des Stickstoffs bis auf die wieder nicht zum Verschwinden
zu bringenden kleinen Bläschen so rasch, daß die ganze Operation
nur 2—3 Minuten beansprucht.

Das Meßrohr wird nun in kaltes Wasser gebracht. Um es bequem aus der Wanne, deren Inhalt sich durch den Dampf beträchtlich erhitzt hat, nehmen zu können, verdrängt man nach dem Herausheben des Rohres R das Wasser der Wanne durch zugeschüttetes,
kaltes. Die flache Tasse C nimmt das überlaufende, warme Wasser auf.

Nach Beendigung der Titerstellung wird sofort der eigentliche
Versuch, eventuell noch ein zweiter und dritter durchgeführt.

200 ccm Fehlingscher Lösung reichen vollständig aus, um
150 ccm Stickstoff freizumachen, also bequem für drei bis vier
Carbonylbestimmungen.

In dem Meßrohre, auf dessen Wassersäule ein Tröpfchen des
durch die Reaktion gebildeten Benzols schwimmt, läßt man nun noch
mittels einer unten umgebogenen Pipette einige Tropfen Benzol aufsteigen und liest nach einiger Zeit in üblicher Weise ab.

Die Reduktion des Volumens auf 0^0 und 760 mm geschieht dann
unter Berücksichtigung der Tension des Benzoldampfes, vermehrt um
die Tension des Wasserdampfes, entsprechend folgender Tabelle:

Temperatur C^0	Tension Benzol + Wasser mm		Temperatur C^0	Tension Benzol + Wasser mm
15	72.7		21	98.8
16	76.8		22	103.9
17	80.9		23	109.1
18	85.2		24	114.3
19	89.3		25	119.7
20	93.7			

Wegen der hohen Tension des Benzoldampfes und der immerhin nicht absoluten Genauigkeit obiger zum Teil durch Interpolation

aus den Regnaultschen Zahlen erhaltenen Tabelle empfiehlt es sich
nach Benedikt und Strache[1]), das Benzol vor der Messung zu
eliminieren. Man bringt zu diesem Zwecke in einen

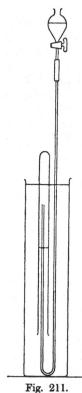

engen, ganz mit Wasser gefüllten Zylinder (siehe
Fig. 211), welcher nahezu dieselbe Höhe hat wie das
Meßrohr, zunächst ein aus einem etwa 5 mm weiten
Glasrohr gebogenes U-Rohr. Dessen Schenkel ist
zu einer Spitze ausgezogen, deren Mündung sich,
wenn der Bug des U-Rohres auf dem Boden auf-
steht, einige Zentimeter unter der Oberfläche des
Wassers befindet. Der längere, oben offene Schenkel
ragt etwa 40 cm über die Wasseroberfläche hervor
und ist mittels eines Stückchens dickwandigen
Kautschukschlauches mit einem Hahntrichter verbunden. Das U-Rohr wird durch den Trichter mit
Wasser gefüllt, die Meßröhre, welche den zum Ablesen bestimmten Stickstoff enthält, über die Mündung
des kürzeren Schenkels geschoben und dann in das
Wasser eingesenkt. Man läßt nun etwa 200 ccm
Alkohol aus dem Trichter in das U-Rohr fließen,
wobei die Flüssigkeit aus der Spitze des kürzeren
Schenkels in kräftigem Strahle herausspritzt, die
Benzoldämpfe aufnimmt und die über dem Wasser
stehende Benzolschicht aus dem Meßrohre verdrängt;
dann wäscht man in gleicher Weise mit mindestens
400 ccm Wasser und hebt das Meßrohr aus dem
engen Zylinder in einen weiteren, ebenfalls mit
Wasser gefüllten, in welchem dann die Ablesung
erfolgt.

Fig. 211.

Aus dem auf 0^0 und 760 mm reduzierten Vo-
lumen V_0 berechnet sich der Gehalt an Carbonylsauerstoff nach der
Gleichung:

$$O = (g . V - 2V_0) . 0{,}0012562 \cdot \frac{16}{28.02} \cdot \frac{100}{s}\,°/_0$$

$$O = (g . V - 2V_0) \cdot \frac{0{,}0718}{s}\,°/_0 ,$$

wenn

g das Gewicht des angewandten Hydrazinsalzes,
V das Volum des von 1 g dieses Salzes entwickelten Stickstoffs (theoretisch 154.63 ccm) und
s das Gewicht der angewandten Substanz bedeutet.

Wenn das gebildete Hydrazon in Wasser oder verdünntem Alkohol unlöslich ist, muß man, wo Gefahr vorliegt, daß sich ein Teil
des Phenylhydrazins als Hydrazid usw. ausgeschieden hat, das beim

[1]) M. **14**, 273 (1893).

Pipettieren der Flüssigkeit zurückbleiben würde, die Digestion in alkoholischer Lösung vornehmen.

Da alsdann der Druck der Flüssigkeitssäule im Tropftrichter nicht genügend stark ist, um die Lösung in den Kolben gelangen zu lassen, setzt man auf die Öffnung des Trichters mittels eines durchbohrten Kautschukstopfens ein gebogenes Glasröhrchen auf, das einen Schlauch mit Quetschhahn trägt, und bläst, während man den Glashahn vorsichtig öffnet, ein wenig der Flüssigkeit in den Kolben. Da der sich nun plötzlich entwickelnde Alkoholdampf zu einem Zurücksteigen der Flüssigkeit in den ersten Kolben, ev. selbst zu einer Explosion Anlaß geben kann, wenn man das Zufließenlassen der Lösung nicht sehr langsam bewirkt, andererseits namentlich Ketone bei der Siedetemperatur des Alkohols nicht immer quantitativ mit der Base reagieren, empfiehlt es sich, den Versuch mit reinem, frisch ausgekochtem Amylalkohol vorzunehmen, der ein ausgezeichnetes Lösungsmittel von genügend hohem Siedepunkte bildet (Hans Meyer[1]).

Der mit übergehende Amylalkohol ist dann natürlich, wie oben angegeben, mit Äthylalkohol und Wasser zu entfernen.

Nach Riegler[2]) kann man bei Zimmertemperatur arbeiten, wenn man an Stelle der Fehlingschen Lösung ein Gemisch gleicher Teile 15proz. Kupfersulfatlösung und 15proz. Natronlauge verwendet.

Man nimmt alsdann die Bestimmung im Knop-Wagnerschen Azotometer[3]) vor.

Modifikation des Stracheschen Verfahrens durch Kaufler und Watson Smith.[4])

Die wesentlichen Abänderungen der Stracheschen Vorschrift bei diesem Verfahren beziehen sich auf das Auffangen und die Messung des Stickstoffs. Sie bestehen in folgendem:

1. An Stelle von Dampf wird ein Kohlendioxydstrom zum Austreiben des Stickstoffs benutzt. Um zu verhüten, daß das Kohlendioxyd von der Fehlingschen Lösung absorbiert werde, ist eine Zwischenschicht von Paraffinöl vorgesehen, welche auf der Reaktionsflüssigkeit aufschwimmt.

2. Das bei der Reaktion gebildete Benzol wird durch Salpeterschwefelsäure absorbiert, so daß die Berücksichtigung seiner Dampfspannung unnötig wird.

3. Der Stickstoff wird in einem gewöhnlichen Schiffschen Azotometer aufgefangen.

Ausführung der Bestimmung.

Ein Strom gut ausgewaschenen Kohlendioxyds wird aus dem Kippschen Apparate in die Flasche B, welche 750—1000 ccm

---

[1]) Siehe S. 887.
[2]) Z. anal. **40**, 94 (1901).
[3]) Siehe S. 580.
[4]) Ch. News **93**, 83 (1906).

faßt, geleitet. In B befinden sich 200 ccm Fehlingscher Lösung, auf der eine dünne Schicht Paraffinöl schwimmt. Das Einleitungsrohr für das Kohlendioxyd darf nicht in die Flüssigkeit eintauchen.

Die Flasche B wird erhitzt, und ein Kohlendioxydstrom so lange durchgeleitet, bis die im Schiffschen Apparate aufsteigenden Bläschen so gut wie vollständig absorbiert werden.

Nunmehr wird ein blinder Versuch mit 5proz. Phenylhydrazinlösung gemacht, um den individuellen Wirkungswert des Apparates zu ermitteln.

Hierzu werden 10 ccm genau abgemessener Phenylhydrazinlösung mit 15 ccm Natriumacetatlösung gemischt und auf 100 ccm verdünnt. 50 ccm der Mischung werden in den Tropftrichter C, dessen capillar ausgezogenes Ende sich unterhalb der Flüssigkeit befindet

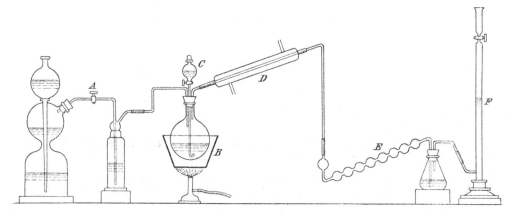

Fig. 212.

und aufwärts gebogen ist, hineinpipettiert. Der Stiel des Tropftrichters ist natürlich schon vor Beginn des Versuches mit Wasser gefüllt worden.

Man läßt nun den Inhalt des Tropftrichters einfließen und spült zweimal mit heißem Wasser nach.

Der Rückflußkühler D verhindert das Überdestillieren irgendwelcher Flüssigkeiten, nur der entwickelte Stickstoff und der Benzoldampf werden vom Kohlendioxyd in den Absorptionsapparat E getrieben. Hier wird durch ein Gemisch gleicher Moleküle Schwefelsäure und konz. Salpetersäure alles Benzol zurückgehalten und in einer folgenden Flasche der Stickstoff nochmals mit Wasser gewaschen.

Dann erfolgt Auffangen und Messen des Gases in der beim Verfahren nach Dumas üblichen Weise. Sofort nach dieser Titerstellung des Phenylhydrazins folgt die eigentliche Bestimmung.

2. Methode von Petrenko-Kritschenko und Lordkipanidze.[1])

Diese Methode gestattet, auf Grund der Beobachtung, daß die Oxime in verdünnten Lösungen sich nicht mit Säuren verbinden, den bei der Oximierung zurückbleibenden Überschuß von Hydroxylamin zu titrieren. Der alkoholischen Lösung der carbonylhaltigen Substanz wird eine frisch bereitete Lösung von schwefelsaurem Hydroxylamin mit einem Äquivalent Baryt zugesetzt.

Die Bestimmungen werden so ausgeführt, daß beim Zusammengießen der Flüssigkeiten eine etwa 50proz. Alkohollösung von ungefähr zentinormaler Konzentration erhalten wird.

Als Indikator dient Methylorange.

3. Jodometrische Methode von E. v. Meyer.[2])

Diese bequeme Methode (siehe Seite 885) läßt sich nicht anwenden, wenn die Hydrazone nach der meist geübten Weise unter Benutzung von essigsaurem Natrium dargestellt wurden (Strache[3]), ist aber gut verwendbar, wenn man neben dem Hydrazon nur freies oder salzsaures Phenylhydrazin in der Lösung hat.[4])

Rother[5]) geht bei dieser Bestimmung folgendermaßen vor: Etwas mehr als 5 g Phenylhydrazin werden abgewogen und in ungefähr 250 ccm warmem Wasser gelöst. Diese Lösung filtriert man behufs Entfernung harziger Anteile der Base in ein 500-ccm-Kölbchen hinein und füllt dann mit destilliertem, zuvor durch Kochen luftfrei gemachtem Wasser bis zum Eichstrich auf. Aber auch das so gewonnene Reagens ist nicht sehr haltbar und muß deshalb in gut verschlossenem Gefäß und vor Zutritt des Lichtes geschützt aufbewahrt werden. Den Titer der Lösung ermittelt man in der folgenden Weise: In einen Liter-Kolben bringt man 300 ccm Wasser und gibt dann genau 40 ccm dezinormaler Jodlösung hinzu; andererseits läßt man mit Hilfe einer Bürette 10 ccm Phenylhydrazinlösung in ein kleines Kölbchen einfließen, das ungefähr 50 ccm Wasser enthält. Hiernach schüttet man letztere Lösung in kleinen Anteilen in den Liter-Kolben, den man hierbei in lebhafter rotierender Be-

---

[1]) B. **34**, 1702 (1901). — Walther, Ph. C.-H. **41**, 613 (1900). — Roure-Bertrand Fils, Ber. (1), **3**, 60 (1901). — Grimaldi, Staz. sperim. agrar. ital. **35**, 738 (1902). — Über quantitative Bestimmung der Oximbildung siehe auch Hans Meyer, M. **20**, 354 (1899). — Stewart, Proc. **21**, 84 (1905). — Soc. **87**, 410 (1905). — Petrenko-Kritschenko u. Kantschew, Russ. **38**, 773 (1906). — B. **39**, 1452 (1906). — Grassi, Gazz. **38**, II, 32 (1908).

[2]) J. pr. (2), **36**, 115 (1887).

[3]) M. **12**, 526 (1891).

[4]) Petrenko-Kritschenko u. Eltschaninoff, B. **34**, 1699 (1901). — Petrenko-Kritschenko und Dolgopolow, Russ. **35**, 146, 406 (1903); **36**, 1505 (1904). — Konschin, Russ. **35**, 404 (1903). — Kediaschwili, Russ. **35**, 515 (1903). — Petrenko-Kritschenko, Ann. **341**, 15, 150 (1905).

[5]) Diss., Dresden 1907. — Ber. v. Roure-Bertrand fils (2), **7**, 48 (1908).

wagung erhält. Nach ungefähr einer Minute kann man dann das unverbrauchte Jod mittels einer dezinormalen Natriumhyposulfitlösung zurückmessen: 0,1 g Phenylhydrazin entsprechen 37 ccm dezinormaler Jodlösung.

Für die nun folgende eigentliche Aldehyd- bezw. Ketonbestimmung wägt man 0,5—1 g der zu analysierenden Substanz ab und fügt sofort einige Kubikzentimeter Alkohol hinzu, damit jegliche Oxydation verhütet wird. Die Lösung wird in ein 250-ccm-Kölbchen gegossen und dann das Gefäß, in welchem die Wägung vorgenommen wurde, mit 30 ccm Alkohol nachgewaschen. Hiernach gibt man titrierte Phenylhydrazinlösung in solcher Menge hinzu, daß man sicher ist, auf 1 Mol. Aldehyd oder Keton mindestens 1 Mol. des Hydrazins in der Lösung zu haben; dann schüttelt man energisch und überläßt das vor Licht geschützte Gemisch etwa 15 Stunden sich selbst, wobei man jedoch für wiederholtes Durchschütteln Sorge trägt. Schließlich verdünnt man mit Wasser und filtriert unter rotierender Bewegung des Kolbens; sollte die Flüssigkeit trübe sein, so gibt man etwas Gips hinzu.

Das Filtrat fängt man in einem Liter-Kolben auf, der ungefähr 500 ccm Wasser und — je nach der Menge des angewandten Phenylhydrazins — 10—20 ccm dezinormaler Jodlösung enthält; das Filtrat wäscht man mit Wasser nach und titriert mit $n/_{10}$-Hyposulfitlösung zurück, unter Benützung von Stärke als Indikator.

Ist n die Zahl der dem Hydrazon entsprechenden Kubikzentimeter Jodlösung, M das Molekulargewicht der Substanz und G das angewendete Gewicht derselben, so ist der gefundene Prozentgehalt an Aldehyd (Keton)

$$P = \frac{n.M.}{400\,G}$$

4. Verfahren von Hanuš. [1]

Dieses Verfahren, das speziell für die Bestimmung von Vanillin ausgearbeitet ist, beruht auf der quantitativen Fällung der carbonylhaltigen Substanz mittels β-Naphthylhydrazin oder p-Bromphenylhydrazin.

Auf 1 Teil Substanz werden 2—3 Teile Hydrazin genommen, die Fällung bei etwa 50° ausgeführt, nach 4—5 Stunden auf einen Goochtiegel filtriert, mit heißem Wasser gewaschen und bei 90 bis 100° getrocknet.

Für derartige quantitative Fällungen eignen sich auch m-Nitrobenzhydrazid[2]) und Semioxamazid.[3])

---

[1]) Ztschr. Unters. Nahr. Gen. 8, 531 (1900).

[2]) Curtius und Reinke, B. d. d. botan. Ges. 15, 201 (1897). — Hanuš, Ztschr. Unters. Nahr. Gen. 10, 585 (1906).

[3]) Hanuš, Ztschr. Unters. Nahr. Gen. 6, 817 1903). — Roure-Bertrand Fils, B. (1), 10, 68 (1904).

Über Titration von Aldehyden durch Oxydation mittels Wasserstoffsuperoxyd siehe Blank und Finkenbeiner, B. **31**, 2979 (1898). Über weitere Bestimmungsmethoden von Oximen und Hydrazonen siehe Seite 685, Anm. 1.

Dritter Abschnitt.

Nachweis von der Carbonylgruppe benachbarten Methylen-(Methyl-)Gruppen.[1]

Verbindungen der Formeln: $-CH_2-CO-CH_2-$
$$R.CO-CH_2-$$
$$R.CO-CH_3$$

1. Reaktion mit Benzaldehyd.[2][3]

Bei der Kondensation von Ketonen mit Benzaldehyd (vermittels verdünnter Lauge, mit Natriumäthylat oder Salzsäure) können nur in solche Methyl- und Methylengruppen, welche mit dem Carbonyl direkt verbunden sind, Aldehydreste eintreten; die Anzahl der in ein Keton einführbaren Aldehydradikale entspricht daher der Zahl der an Carbonyl gebundenen CH_3- und CH_2-Gruppen. Diese Regel gilt sowohl für Ketone mit offener Kette als auch für cyclische Ketone, auch für ungesättigte Verbindungen.

Die Reaktionsprodukte sind entweder reine Benzylidenderivate, bzw. Dibenzylidenverbindungen, oder es tritt Ringschluß zu Hydropyronen ein, auch können beiderlei Produkte nebeneinander entstehen.

Auch bei diesen Kondensationen können sich sterische Behinderungen geltend machen; so verläuft die Reaktion beim Dipropylketon sehr träge.[4]

---

[1] Sowie „saurer" Methylengruppen überhaupt.
[2] Claisen, B. **14**, 345, 2468 (1881). — Claisen u. Claparède, B. **14**, 349, 2460, 2472 (1881). — Schmidt, B. **14**, 1460 (1881). — Baeyer und Drewson, B. **15**, 2856 (1882). — Claisen, Ann. **218**, 121, 129, 145, 170 (1883); **223**, 137 (1884). — Japp und Klingemann, B. **21**, 2934 (1888). — Miller u. Rohde, B. **23**, 1070 (1890). — Rügheimer, B. **24**, 2186 (1891). — Haller, C. r. **113**, 22 (1891). — B. **25**, 2421 (1892). — Knoevenagel und Weißgerber, B. **26**, 436, 441 (1893). — Klages und Knoevenagel, B. **26**, 447 (1893). — Ann. **280**, 36 (1894). — Rügheimer und Kronthal, B. **28**, 1321 (1895). — Scholtz, B. **28**, 1730 (1895). — Kostanecki und Roßbach, B. **29**, 1488, 1495, 1893 (1896). — Vorländer und Hobohm, B. **29**, 1836 (1896). — Petrenko-Kritschenko und Arzibascheff, B. **29**, 2051 (1896). — Petrenko-Kritschenko u. Stanischewsky, B. **29**, 994 (1896). — Wallach, B. **29**, 1600, 2955 (1896). — Petrenko-Kritschenko und Plotnikoff, B. **30**, 2801 (1897). — Hobohm, Diss., Halle 1897. — Vorländer, B. **30**, 2261 (1897). — Willstätter, B. **30**, 731 (1897). — B. **30**, 2681 (1897). — Sorge, B. **35**, 1065 (1902). — Klages und Tetzner, B. **35**, 3970 (1902). — Knorr und Hörlein, B. **40**, 335 (1907). — Winzheimer, Arch. **246**, 352 (1908).
[3] Siehe auch Anm. 1 auf S. 688.
[4] Hobohm, Diss., Halle 1897, S. 9 und 11.

In Ketonen der Form R—CH$_2$—CO—CH$_3$ ist bei der Kondensation mit Kalilauge die CH$_3$-Gruppe reaktionsfähiger als die Methylengruppe, und addiert daher das erste zur Reaktion kommende Benzaldehydmolekül; wenn dann die CH$_3$-Gruppe substituiert ist, wird auch die CH$_2$-Gruppe der Umsetzung mit Aldehyd fähig.[1])

Bei der Kondensation mit gasförmiger Salzsäure liegen die Verhältnisse gerade umgekehrt: es reagiert zuerst die dem Carbonyl benachbarte Methylengruppe. Doch scheint alsdann der Eintritt eines weiteren Benzylidenrestes (in die Methylgruppe) nicht mehr ausführbar.[2])

2. Reaktion mit Furfurol.[3])

Dieselbe erfolgt naoh denselben Regeln, wie für die Kondensation mit Benzaldehyd angegeben. Als wasserentziehendes Mittel wird am besten Natriumäthylat verwendet, die Reaktion gelingt in anderen Fällen aber auch mit 50proz. wässeriger Lauge.

So überschichtet Willstätter 4.9 g alkoholfreies Natriumäthylat (2 Moleküle) mit 50 ccm wasserfreiem Äther und fügt unter sorgfältigem Kühlen und Umschütteln langsam die Lösung von 5 g Tropinon (1 Molekül) und 7 g Furfurol (2 Moleküle) in 50 ccm Äther hinzu. Alsbald findet die Einwirkung statt; am Boden der sich anfänglich rötlich, dann braun und schließlich grün färbenden Flüssigkeit setzt sich ein dunkel gefärbtes, krystallinisches Reaktionsprodukt ab. Zur Isolierung fügt man Wasser hinzu und hebt die braungelbe, ätherische Schicht ab, welche einen kleinen Teil der entstandenen Verbindung gelöst enthält. Die Hauptmenge befindet sich ungelöst in der tiefvioletten wässerig-alkalischen Flüssigkeit. Ausbeute 7.5 g Difuraltropinon.

3. Reaktion mit Oxalsäureester.[4])

Die Natriumalkylat-Additionsprodukte von Säureestern wirken nur auf Ketone der Formeln: R.CO.CH$_3$, R.CO.CH$_2$R und niemals auf solche der Formel:

---

[1]) Goldschmiedt und Knöpfer, M. **18**, 437 (1897); **19**, 406 (1898); **20** 734 (1899). — Willstätter, B. **31**, 1588 (1898). — Goldschmiedt u. Krzmař, M. **22**, 659 (1901). — Harries und Müller, B. **35**, 966 (1902). — Harries und Bromberger, B. **35**, 3088 (1902). — Goldschmiedt und Spitzauer, M. **24**, 720 (1903).

[2]) Hertzka, M. **26**, 227 (1905). — Beim Phenoxyaceton verläuft die Reaktion sowohl beim Kondensieren mit Alkalien als auch mit Säuren unter Bildung der Verbindung

$$C_6H_5O \cdot C(: CHC_6H_5) \cdot CO \cdot CH_3.$$

Stoermer und Wehle, B. **35**, 3549 (1902).

[3]) Claisen und Ponder, Ann. **223**, 136 (1884). — Vorländer und Hobohm, B. **29**, 1836 (1896). — Willstätter, B. **30**, 2785 (1897).

[4]) Claisen und Stylos, B. **20**, 2188 (1887); **21**, 114 (1888). — Tingle, Diss., München 1889. — Claisen, B. **24**, 111 (1891). — Claisen und Ewan, B. **27**, 1353 (1894). — Ann. **284**, 245 (1895). — Willstätter, B. **30**, 2684 (1897). — Wislicenus, B. **33**, 771 (1900). — Thiele, B. **33**, 66 (1900).

$$R.CO.CH \diagdown \begin{matrix} R \\ R \end{matrix}$$

ein, und zwar tritt in eine Methyl- (Methylen-) Gruppe nur je ein Säureradikal ein. Unerläßlich zu einem guten Gelingen der Kondensation ist vollständige Trockenheit der Reagenzien. Die Einführung des zweiten Oxalsäurerestes in ein Keton mit zwei CH_2-Gruppen erfolgt weit schwieriger als die erstmalige Kondensation.

4. Einwirkung von salpetriger Säure.[1]

Dieselbe führt nur zur Bildung von Isonitroso- bzw. Diisonitrosoverbindungen

$$\begin{matrix} -C-CO-R \\ \| \\ NOH \end{matrix} \quad \text{und} \quad \begin{matrix} -C-CO-C- \\ \| \qquad \| \\ NOH \quad NOH \end{matrix}$$

Diese Oxime pflegen leicht krystallisierende Benzoylderivate zu geben.

Am besten erhält man im allgemeinen diese Isonitrosoverbindungen, indem man das Keton mit Amylnitrit (und Eisessig) vermischt und gasförmige Salzsäure, Natriumalkoholat oder trockenes Natriummäthylat einwirken läßt.

So gehen z. B. Knorr und Hörlein[2] folgendermaßen vor:

Zur Emulsion von 3 g Pseudokodeinon in einem Gemische von 5 ccm Eisessig und 5 ccm Amylnitrit wurden unter guter Kühlung 20 ccm eiskalt gesättigten Eisessig-Chlorwasserstoffs gegeben. Das Pseudokodeinon ging beim Umschütteln in Lösung. Beim Stehen über Nacht war das Keton völlig in das Isonitrosoderivat verwandelt worden, denn nach dem Verdünnen der Reaktionsmasse mit Wasser und Eingießen in verdünnte Natronlauge zeigte es sich, daß alles alkalilöslich geworden war. Nach dem Ausschütteln überschüssigen Amylnitrits mit Äther wurde die Isonitrosoverbindung durch Einleiten von Kohlendioxyd in Form von gelben Flocken ausgefällt. Die mit Wasser gut ausgewaschene Substanz wurde nach dem Trocknen in Chloroform gelöst, die Lösung filtriert, und der Chloroformrückstand mit Äther angerieben. Es resultierte ein gelbes Pulver, das sich unter Schwarzfärbung allmählich von ca. 200° an zersetzte.

---

[1] Pechmann und Wehsarg, B. 19, 2465 (1886); 21, 2990 (1888). — Claisen und Manasse, B. 20, 656, 2194 (1887); 22, 526 (1889). — Ann. 274, 71 (1893). — Willstätter, B. 30, 2701 (1897). — Ponzio, Gazz. 29, I, 276 (1897). — Ponzio und de Gaspari, J. pr. (2) 58, 392 (1898).
[2] B. 40, 3353 (1907).

5. Einwirkung aromatischer Nitrosoverbindungen.

(Reaktion von Ehrlich und Sachs.)[1])

Mit Nitrosodimethylanilin und ähnlichen Substanzen (auch den Monoalphylanilinen) geben Körper mit saurer Methylengruppe Azomethine:

$$(Alph)_2 : N . C_6H_4 . NO + R_1 . CH_2 . R_2 = (Alph)_2 : N . C_6H_4 . N : CR_1R_2 \\ + H_2O$$

wobei R_1 und R_2 verschiedene oder gleiche, negative Radikale bedeuten.

Zu der heißen alkoholischen Lösung der Komponenten wird eine möglichst konzentrierte Lösung (einige Kubikzentimeter) von Soda, Trinatriumphosphat, Cyankalium oder Pyridin gegeben und kurze Zeit erhitzt. Sind R_1 und R_2 stark negativierende Gruppen, so tritt auch ohne Zusatz eines alkalisch reagierenden Salzes Reaktion ein. Die Reihenfolge der Stärke der Radikale ist:

Cyan- und Nitrogruppe (am stärksten)
Acetyl-, Benzoyl- und — C : C— Gruppe,
Phenyl-, Carboxalkyl-, Carbamidrest.

Durch Kochen mit verdünnten Mineralsäuren werden die Azomethine in Keton und Dialphylphenylendiamin gespalten:

$$(Alph)_2 : N . C_6H_4 . N : CR_1R_2 + H_2O = (Alph)_2 : N . C_6H_4NH_2 \\ + R_1 . CO . R_2$$

Mit Hydroxylaminchlorhydrat entsteht beim Kochen in verdünntalkoholischer Lösung neben Dialphylphenylendiamin das Oxim des betreffenden Ketons.

In ähnlicher Weise wie die genannten Methylenverbindungen reagiert[2]) Anthranol:

ebenso Substanzen mit stark sauren Methylgruppen (2.4-Dinitrotoluol[3]) und Nitromethan.)

---

[1]) B. **32**, 2341 (1899). — Sachs, B. **33**, 959 (1900). — Sachs und Bry, B. **34**, 118 (1901). — Sachs und Barschall, B. **34**, 3047 (1901).
[2]) Suchannek, Diss., Zürich 1907, S. 11. — Kaufler u. Suchannek, B. **40**, 519 (1907).
[3]) Sachs und Kempf, B. **35**, 1224 (1902).

6. Kondensationen mit 1.2-Naphthochinon-4-sulfosäure.[1])

Nach Ehrlich und Herter kondensiert sich das naphthochinon-sulfosaure Natrium (Kalium[2]), wie mit anderen Substanzen[3]) auch mit Körpern, welche eine saure Methylen- oder Methylgruppe tragen unter Abspaltung des Schwefelsäurerestes und Eintritt des organischen Restes an dessen Stelle in den Naphthalinkern, wobei aus je einem Molekül des Reagens, der Methylenverbindung und einem Molekül Alkali glatt je ein Molekül Natriumsulfit und intensiv gefärbten Kondensationsproduktes gebildet werden:

$$R \cdot CH_2 \cdot R' + \quad = O \quad + NaOH = Na_2SO_3 + \quad -OH$$

Zum Beispiel werden 2.6 g naphthochinonsulfosaures Natrium in 50 ccm Wasser gelöst und mit einer Lösung von 1.2 g Benzylcyanid in 50 ccm Alkohol in der Hitze vermischt. Der letzteren Lösung hat man kurz zuvor ein Molekül Natronlauge zugesetzt.

Beim Umschütteln entsteht rasch eine dunkelviolette Färbung. Man läßt abkühlen und versetzt mit einem Molekül verdünnter Schwefelsäure, wodurch sofort ein hellgelber Niederschlag entsteht, während sich der Geruch von schwefliger Säure bemerkbar macht.

Durch Umkrystallisieren aus Alkohol oder Eisessig enthält man gelbe Nadeln, die bei 201° schmelzen, und sich auch in Äther, Essigsäureester und Benzol in der Wärme leicht lösen, in Aceton und Chloroform aber schon in der Kälte leicht löslich sind. Die Ausbeute beträgt 2.4 g. Das Produkt gibt in Alkohol mit Natronlauge eine schöne rote Färbung, die Lösung in konzentrierter Schwefelsäure ist dunkelviolett.

7. Reaktion mit Benzoldiazoniumchlorid.

Willstätter, B. **30**, 2688 (1897), woselbst auch weitere Literaturangaben. M. u. J. **2**, 328 ff.

Schneider, Diss., Jena 1906. — Knorr und Hörlein. B. **40**, 3353 (1907).

---

[1]) Ehrlich und Herter, Z. physiol. **41**, 379 (1904). — Herter, Journ. of experim. Medecine **7**, 1 (1905). — Sachs u. Craveri, B. **38**, 3685 (1905). — Craveri, Diss., Berlin 1906.
[2]) Zu beziehen von Dr. Th. Schuchardt, Görlitz.
[3]) Siehe S. 770.

44*

6. Kondensationen mit 1.2-Naphthochinon-4-sulfosäure.[1])

Nach Ehrlich und Herter kondensiert sich das naphthochinon-sulfosaure Natrium (Kalium[2]), wie mit anderen Substanzen[3]) auch mit Körpern, welche eine saure Methylen- oder Methylgruppe tragen unter Abspaltung des Schwefelsäurerestes und Eintritt des organischen Restes an dessen Stelle in den Naphthalinkern, wobei aus je einem Molekül des Reagens, der Methylenverbindung und einem Molekül Alkali glatt je ein Molekül Natriumsulfit und intensiv gefärbten Kondensationsproduktes gebildet werden:

$$R . CH_2 . R' + \text{(Struktur)} = O + NaOH = Na_2SO_3 + \text{(Struktur)} - OH$$

$$SO_3Na \qquad\qquad R . C . R'$$

Zum Beispiel werden 2.6 g naphthochinonsulfosaures Natrium in 50 ccm Wasser gelöst und mit einer Lösung von 1.2 g Benzylcyanid in 50 ccm Alkohol in der Hitze vermischt. Der letzteren Lösung hat man kurz zuvor ein Molekül Natronlauge zugesetzt.

Beim Umschütteln entsteht rasch eine dunkelviolette Färbung. Man läßt abkühlen und versetzt mit einem Molekül verdünnter Schwefelsäure, wodurch sofort ein hellgelber Niederschlag entsteht, während sich der Geruch von schwefliger Säure bemerkbar macht.

Durch Umkrystallisieren aus Alkohol oder Eisessig enthält man gelbe Nadeln, die bei 201° schmelzen, und sich auch in Äther, Essigsäureester und Benzol in der Wärme leicht lösen, in Aceton und Chloroform aber schon in der Kälte leicht löslich sind. Die Ausbeute beträgt 2.4 g. Das Produkt gibt in Alkohol mit Natronlauge eine schöne rote Färbung, die Lösung in konzentrierter Schwefelsäure ist dunkelviolett.

7. Reaktion mit Benzoldiazoniumchlorid.

Willstätter, B. **30**, 2688 (1897), woselbst auch weitere Literaturangaben. M. u. J. **2**, 328 ff.

Schneider, Diss., Jena 1906. — Knorr und Hörlein. B. **40**, 3353 (1907).

---

[1]) Ehrlich und Herter, Z. physiol. **41**, 379 (1904). — Herter, Journ. of experim. Medecine **7**, 1 (1905). — Sachs u. Craveri, B. **38**, 3685 (1905). — Craveri, Diss., Berlin 1906.

[2]) Zu beziehen von Dr. Th. Schuchardt, Görlitz.

[3]) Siehe S. 770.

Darstellung des m-p-Toluylendiamins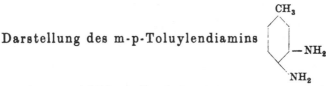

100 g Paraacettoluid werden in Portionen von 1—1.5 g in 400 g Salpetersäure (1.45) eingetragen, wobei man die Temperatur durch Kühlen auf 30—40⁰ hält. Die rotbraune Lösung wird nach einigen Minuten in kaltes Wasser gegossen, das in Form gelber Flocken ausgeschiedene m-Nitro-p-Acettoluid einmal aus Wasser umkrystallisiert (Schmelzpunkt 94—95⁰), in möglichst wenig Alkohol gelöst und siedend mit etwas mehr als der theoretischen Menge Kalilauge versetzt. Die Verseifung vollzieht sich unter starker Erwärmung, und man erhält das Nitrotoluidin sofort rein in hellroten Nadeln, Schmelzpunkt 116⁰.[1]

Das fein gepulverte Nitrotoluidin wird mit konzentrierter Salzsäure übergossen und nach und nach die doppelte Menge Zinnspäne zugesetzt. Die durch Schwefelwasserstoff entzinnte, verdünnte Lösung wird zur Trockne verdunstet, der Rückstand mit pulverisiertem Ätzkalk innig gemengt und im Verbrennungsrohre erhitzt. Man erwärmt zunächst nur schwach, um das meiste Wasser auszutreiben, und dann stärker, so daß die Base überdestilliert. Das erhaltene Toluylendiamin bildet weiße Schuppen, Schmelzpunkt 88.5, Siedepunkt 265⁰. — Die völlig trockene Base ist recht beständig.

b) Glyoxalinbildung.[2]

Mit Aldehyden und Ammoniak, und ähnlich[3]) mit primären Aminen der Formel $R.CH_2.NH_2$, lassen sich 1.2-Diketone zu Glyoxalinen (Lophinen) kondensieren.

c) Einwirkung von Hydroxylamin.

Mit Hydroxylamin werden sowohl Monoxime (Isonitrosoketone) als auch Dioxime (Glyoxime) erhalten.

Während die α-Diketone der Fettreihe gelbe Flüssigkeiten sind, bilden die Isonitrosoketone farblose Krystalle, die sich in Alkali mit gelber Farbe lösen (Pseudosäuren). Die Glyoxime dagegen, welche ebenfalls farblos sind, geben auch farblose Alkalisalze.[4]

Über Salze der Glyoxime mit Schwermetallen siehe Tschugaeff, Z. anorg. 46, 144 (1805). — B. 39, 3382 (1906). — Untersuchungen über Komplexverbindungen Moskau 1906, S. 67 ff. — B. 41, 1678, 2226 (1908). — Tschugaeff und Spiro, B. 41, 2219 (1908). — Siehe auch S. 912.

---

[1]) Gattermann, B. 18, 1483 (1885).
[2]) Radziszewski, B. 15, 2706 (1882). — Pechmann, B. 21, 1415 (1888).
[3]) Japp und Davidson, Soc. 67, 32 (1895).
[4]) Schramm, B. 16, 150 (1883). — Scholl, B. 23, 3498 (1890).

Reduktion der Isonitrosoketone: Treadwell, B. **14**, 1461 (1881). — Braune, B. **22**, 559 (1889).

Spaltung der Isonitrosoketone in Diketone und Hydroxylamin:

α) Durch Kochen mit 15proz. Schwefelsäure:

v. Pechmann, B. **20**, 3213 (1887).

Otte und v. Pechmann, B. **22**, 2115 (1889).

β) Durch Erwärmen mit Amylnitrit:

Manasse, B. **21**, 2176 (1888).

γ) Durch Einwirkung von Natriumbisulfit und Kochen der so gebildeten Iminosulfosäuren mit verdünnten Säuren:

v. Pechmann, B. **20**, 3163 (1887).

Spektroskopisches Verhalten: Baly, Tuck, Marsden und Gazdar, Proc. **23**, 194 (1907). — Soc. **91**, 1572 (1907).

d) Einwirkung von Phenylhydrazin.

Während salzsaures Phenylhydrazin nur mit Aldehyden, nicht mit Monoketonen reagiert, liefern die α-Diketone damit leicht Mono- und Dihydrazone.

Die Dihydrazone der α-Diketone werden als Osazone bezeichnet.

Nach v. Pechmann[1]) verfährt man zum Nachweise eines α-Diketons mittels der „Osazonreaktion" folgendermaßen. Das zu prüfende Material wird mit einem Tropfen Alkohol benetzt und mit etwas Eisenchlorid gelinde erwärmt; schüttelt man nach dem Erkalten mit Äther, so nimmt derselbe bei Gegenwart eines Osazons rote bis braunrote Färbung an. (Osotetrazonbildung.) Siehe S. 883.

Nur diejenigen Osazone, welche sich von rein aliphatischen oder gemischten fettaromatischen Diketonen ableiten, geben die Reaktion. Dagegen versagt dieselbe beim Benzilosazon, beim Tartrazin, bei der Osazonacetylglyoxylsäure und der Osazondioxyweinsäure. Ist demnach die Reaktion auch keiner allgemeinen Anwendung fähig, so wird doch immer dann, wenn sie überhaupt eintritt, auf die Anwesenheit eines Osazons geschlossen werden dürfen.

Phenanthrenchinone werden durch freies oder essigsaures Phenylhydrazin zu Hydrochinonen reduziert, geben aber mit salzsaurem Phenylhydrazin Monohydrazone.[2])

e) Verhalten gegen Semicarbazid:

Thiele, Ann. **283**, 37 (1894). — Posner, B. **34**, 3973 (1901). — Biltz und Arnd, B. **35**, 344 (1902). — Diels, B. **35**, 347 (1902). — Biltz, Ann. **339**, 243 (1905).

---

[1]) B. **21**, 2752 (1888). — Wislicenus und Schwanhäuser, Ann. **297**, 110 (1897). — Mann, Diss. Giessen 1907, S. 25.

[2]) Schmidt und Kämpf, B. **35**, 3123 (1902).

f) Einwirkung von Alkalien

auf α-Diketone, welche mit der Diketogruppe verbundene Methylengruppen enthalten (Chinonbildung):

v. Pechmann, B. **21**, 1417 (1888); **22**, 1522, 2115 (1889).
v. Pechmann und Wedekind, B. **28**, 1845 (1895).

Einwirkung auf aromatische α-Diketone. Nach Bamberger[1]) zeigen die aromatischen Orthodiketone mit Kalilauge eine charakteristische Farbenreaktion. Man löst eine Spur des zu untersuchenden Körpers in Alkohol und fügt zu der heißen Lösung einen Tropfen Alkalilauge, indem man den Zutritt der Luft möglichst zu hindern sucht; es tritt eine dunkelrote bis violettschwarze Färbung auf, die bei den Ringketonen (Phenanthrenchinon, Retenchinon, Dibromretenchinon, Chrysochinon usw.) beim Schütteln mit Luft wieder verschwindet, beim Erwärmen nach Zusatz frischen Alkalis wieder erscheint.

Die für das Benzil selbst schon von Laurent[2]) aufgefundene Reaktion beruht wahrscheinlich auf Bildung von Benzilaldol.[3])

Sicherer gelingt die Reaktion, wenn man entweder dem betr. Diketon von Anfang an eine Spur Benzoin zufügt, oder nach Liebermann und Homeyer[4]) die Substanz in überschüssigem absolutem Alkohol löst, $^1/_4$ der Substanz an Stangenkali zusetzt und einkocht.

Ein negatives Resultat ist nicht immer als Beweis gegen die Orthostellung der beiden CO-Gruppen zu betrachten, da die zu prüfende Substanz möglicherweise durch die Einwirkung alkoholischen Kalis spontan unter Sprengung der Orthobindung der Carbonyle zersetzt werden kann. (Bamberger[5]).

Durch weitere Einwirkung des Alkalis gehen die o-Diketone in substituierte Glykolsäuren über[6]), nach dem Schema:

---

[1]) B. **18**, 865 (1885). — Scholl, B. **32**, 1809 (1899).
[2]) Ann. **17**, 91 (1836).
[3]) Hantzsch, B. **40**, 1519 (1907).
[4]) B. **12**, 1975 (1879). — Bamberger, B. **17**, 455 (1884). — Graebe und Jouillard, B. **21**, 2003 (1888).
[5]) B. **18**, 866 (1885).
[6]) Liebig, Ann. **25**, 25 (1838). — Liebermann und Homeyer, B. **12**, 1975 (1879). — Boesler, B. **14**, 327 (1881). — Bredt und Jagelki, Richter-Anschütz, 2, 345. — Graebe und Jouillard, B. **21**, 2000 (1888). — Ann. **247**, 214 (1888). — Hoogewerff und van Dorp, Rec. **9**, 225 (1890). — Klimont, Diss., Heidelberg 1891. — Marx, Ann. **263**, 255 (1891).

Weitere Erklärungsversuche dieser Reaktion: Nef, Ann. 298, 372 (1897). — Montagne, Rec. 21,.9 (1902).

g) Einwirkung von Wasserstoffsuperoxyd.

Nach Holleman[1]) spaltet Wasserstoffsuperoxyd α-Diketone und 1.2-Chinone nach dem Schema:

$$R . CO . CO . R_1 + H_2O_2 = R . COOH + R_1COOH.$$

2. Verhalten der β-Diketone oder 1.3-Diketone.[2])

a) Bildung von Metallverbindungen.[3])[4])

Durch die Nachbarschaft der beiden CO - Gruppen erlangt die „entocarbonyle" Methylengruppe gesättigter 1.3-Diketone die Fähigkeit, Metallverbindungen zu bilden, unter denen namentlich die schwerlöslichen Kupfersalze charakteristisch sind, und sich namentlich auch durch ihre konstanten Schmelzpunkte (die mit steigendem Molekulargewicht immer niedriger werden) auszeichnen.

Diese Salze werden durch Umkrystallisieren aus Alkohol gereinigt.

Bei jenen 1.3-Diketonen, in welchen die entocarbonyle Methylengruppe durch einen Alkylrest substituiert ist, zeigt sich die Säurenatur so weit herabgesetzt, daß die Substanzen nicht mehr imstande sind, Kupferacetat zu zersetzen. Indessen geben sie gewöhnlich noch mit ammoniakalischem Kupferoxyd eine Fällung.[4])

Eintritt von Schwefel in die Methylengruppe läßt die Vertretbarkeit des zweiten Wasserstoffatoms durch Metalle fortbestehen (Vaillant[5]).

Ringförmige β-Diketone (hydrierte Resorcine): Vorländer, A, 294, 253 (1897). — Leitfähigkeit von Acetylaceton: Schilling und Vorländer, Ann. 308, 199 (1899).

b) Verhalten gegen Semicarbazid.[6])

Beim Vermischen kalter alkoholischer Lösungen der β-Diketone mit einer konzentrierten wässerigen Lösung von einem Molekül Semicarbazidchlorhydrat und der berechneten Menge Natriumacetat bilden sich Kondensationsprodukte vom Typus

---

[1]) Rec. 23, 170 (1904).
[2]) Siehe auch S. 687 ff.
[3]) Combes, C. r. 105, 868 (1887); 108, 405 (1889). — Ann. chim. (6), 12, 199 (1887). — Bull. (2), 48, 474 (1887); 50, 145 (1888). — C. r. 119, 1221 (1894). — Fette, Inaug.-Diss., München 1894. — Urbain, Bull. (3), 15, 349 (1896). — Urbain und Debierne, C. r. 129, 302 (1899). — Gach, M. 21, 99 (1900).
[4]) Claisen und Ehrhardt, B. 22, 1015 (1889). — Claisen, Ann. 277, 170 (1893).
[5]) Bull. (3), 15, 514 (1896); 19, 246 (1898).
[6]) Posner, B. 34, 3975 (1901).

$$\begin{array}{c} \mathrm{CH-C-R} \\ \| \quad \| \\ \mathrm{R-C \quad N} \\ \diagdown \diagup \\ \mathrm{N} \\ | \\ \mathrm{CONH_2} \end{array}$$

Diese Produkte geben, in siedendem Wasser gelöst und mit einer ammoniakalischen Lösung von Silbernitrat versetzt nach der Gleichung:

$$\begin{array}{c} \mathrm{CH-C-R} \\ \| \quad \| \\ \mathrm{R\,C \quad N} \\ \diagdown \diagup \\ \mathrm{N} \\ | \\ \mathrm{CONH_2} \end{array} + \mathrm{AgNO_3} + \mathrm{H_2O} = \begin{array}{c} \mathrm{CH-C-R} \\ \| \quad \| \\ \mathrm{R\,C \quad N} \\ \diagdown \diagup \\ \mathrm{N} \\ | \\ \mathrm{Ag} \end{array} + \mathrm{CO_2} + \mathrm{NH_4NO_3}$$

die Silbersalze von durch Abspaltung der CONH$_2$-Gruppe entstehenden Pyrazolen.

Fettaromatische und aromatische β-Diketone reagieren mit Semicarbazid erst in der Wärme. Aus Benzoylacetophenon entsteht dabei direkt das entsprechende Pyrazol.

c) Verhalten gegen Hydroxylamin.[1]

Die gesättigten β-Diketone liefern mit einem Molekül Hydroxylamin Oximanhydride, die sog. Isoxazole, nach dem Schema

$$\begin{array}{c} \mathrm{CH_2-CO-R} \\ | \\ \mathrm{R-CO} \end{array} + \begin{array}{c} \mathrm{NH_2} \\ \diagup \\ \mathrm{HO} \end{array} = \begin{array}{c} \mathrm{CH-C-R} \\ \| \quad \| \\ \mathrm{R-C \quad N} \\ \diagdown \diagup \\ \mathrm{O} \end{array} + 2\,\mathrm{H_2O}$$

Nur bei den cyclischen β-Diketonen sind sowohl Mono- als auch Dioxime erhältlich.[2]

d) Verhalten gegen Phenylhydrazin.[3]

Mit diesem Reagens erfolgt Ringschluß zu Pyrazolen:

$$\begin{array}{c} \mathrm{CH_2-CO-R} \\ | \\ \mathrm{R-CO} \end{array} + \begin{array}{c} \mathrm{NH_2} \\ | \\ \mathrm{NH} \\ | \\ \mathrm{C_6H_5} \end{array} = \begin{array}{c} \mathrm{CH-C-R} \\ \| \quad \| \\ \mathrm{R-C \quad N} \\ \diagdown \diagup \\ \mathrm{N} \\ | \\ \mathrm{C_6H_5} \end{array} + 2\,\mathrm{H_2O}$$

[1]) Zedel, B. 21, 2178 (1888). — Combes, Bull. (2), 50, 145 (1888). — Claisen, B. 24, 3900 (1891). — Dunstan und Dymond, Soc. 59, 428 (1891).
[2]) Vorländer, Ann. 294, 192 (1897).
[3]) Knorr, B. 18, 311, 2259 (1885). — Ann. 238, 37 (1887). — B. 20, 1104 (1887). — Combes, Bull. 50, 145 (1888). — Kohlrausch, Ann. 253, 15 (1889). — Posner, B. 34, 3973 (1901).

wenn man die Komponenten miteinander erwärmt. Da diese Phenyl-
pyrazole leicht in Pyrazoline verwandelbar sind, hat man in der
Einwirkung von Phenylhydrazin auf 1.3-Diketone ein bequemes Mittel
zur Erkennung derselben.

Ausführung der Pyrazolinreaktion.[1])

Ein Pröbchen der Pyrazolinbase wird im Reagierglase in Alkohol
gelöst und in die siedende Lösung ein Stückchen Natrium geworfen.
Nach der Auflösung des Metalls verdünnt man mit Wasser, verjagt
den Alkohol, sammelt die entstandene Pyrazolinbase durch Ausäthern
und verdunstet den Äther.   Eine Spur[2]) der Base wird in ziemlich
starker Schwefelsäure aufgelöst und zu dieser Lösung ein Tropfen
Natriumnitrit- oder Natriumbichromatlösung zugefügt, worauf fuchsinrote bis blaue Färbung auftritt.

Über das Verhalten der β-Diketone gegen Benzaldehyd, Oxalessigester, Diazobenzol usw. siehe S. 687 ff. und Vorländer, Ann.
294, 192 (1897); gegen Diphenylmethandimethyldihydrazin: S. 635.

Kondensation mit Phenolen zu Benzopyranolderivaten: Bülow
und Wagner, B. **34**, 1189 (1901). — Bülow und Deseniss, B. **39**,
3664 (1906).

Einwirkung von nitrosen Gasen: Wieland und Bloch, B. **37**,
1524 (1904).

Einwirkung von Acylierungsmitteln: Claisen und Haase, B. **36**,
3674 (1903).

3. Verhalten der γ-Diketone oder 1.4-Diketone.

Die 1.4-Diketone sind durch die Leichtigkeit, mit der sie in Derivate des Furans, Pyrrols[3]) und Thiophens[4]) übergehen, charakterisiert.[5])

Am einfachsten gestaltet sich demnach der Nachweis von 1.4-
Diketonen auf folgende Weise[6]):

Man löst eine kleine Probe der zu prüfenden Substanz in Eisessig, fügt eine Lösung von Ammoniak in überschüssiger Essigsäure
zu und kocht das Gemisch etwa $1/_2$ Minute lang, fügt dann verdünnte
Schwefelsäure zu und kocht nochmals auf, während man einen Fichten-

---

[1]) Knorr, B. **26**, 101 (1893).
[2]) Oxydiert man die Pyrazoline in konzentrierteren Lösungen, so erhält
man meist Niederschläge von schmutzigem Aussehen.
[3]) Zum Mechanismus der Reaktion: Knorr und Rabe, B. **33**, 3801
(1900). — Siehe ferner Borsche und Fels, B. **39**, 3877 (1906). — Schmidt
und Schall, B. **40**, 3002 (1907).
[4]) Holleman, R. **6**, 73 (1887).
[5]) Knorr, B. **17**, 2756 (1884); **18**, 300, 1558 (1885). — Lederer und
Paal, B. **18**, 2591 (1885). — Paal, B. **18**, 58, 367, 994, 2251 (1885); **19**, 551
(1886). — Paal und Schneider, B. **19**, 558 (1886). — Kapf und Paal,
B. **21**, 1486, 3055 (1888).
[6]) Knorr, B. **18**, 299 (1885); **19**, 46 (1886). — Ann. **236**, 295 (1886).

span einführt. Eine intensive Rötung des Spans zeigt die Anwesenheit eines 1.4-Diketons in der Lösung an.[1])

Verhalten der 1.4-Diketone gegen Phenylhydrazin: Combes, Bull. (2), **50**, 145 (1888). — Dunstan und Dymond, Soc. **59**, 428 (1891). — Posner, B. **34**, 3973 (1901). — Gray, Soc. **79**, 682 (1901). — Smith und Mc Coy, B. **35**, 2102 (1902). — Ungesättigte γ-Diketone: Paal und Schulze, B. **33**, 3796 (1900). — Japp und Wood, Proc. **21**, 154 (1905). — Soc. **87**, 107 (1905).

Isatinreaktion: V. Meyer, B. **16**, 2974 (1883).

4. Verhalten der 1.4-Chinone.

Die cyclischen 1.4-Diketone der Benzolreihe (Parachinone) zeigen in einigen Punkten gegenüber den gesättigten 1.4-Diketonen der Fettreihe usf. ein abweichendes Verhalten.

a) Verhalten gegen Hydroxylamin.

In alkalischer Lösung reduziert Hydroxylamin die Chinone glatt zu Hydrochinonen[2]), während mit salzsaurem Hydroxylamin Monoxime[2]), welche durch weiteres Oximieren in saurer Lösung in Dioxime[3]) übergeführt werden können, erhältlich sind.

Gegen alkalische Hydroxylaminlösung reagieren die Parachinonmonoxime als wahre Nitrosophenole, welche nach dem Schema:

$$
\begin{array}{c}
\text{NO} \\
\bighexagon \\
\text{OH}
\end{array}
+ \text{H}_2\text{NOH} =
\begin{array}{c}
\text{N}=\text{NOH} \\
\bighexagon \\
\text{OH}
\end{array}
+ \text{H}_2\text{O},
$$

Diazophenol

$$
\begin{array}{c}
\text{N}=\text{NOH} \\
\bighexagon \\
\text{OH}
\end{array}
+ 2\,\text{H}_2\text{NOH} =
\begin{array}{c}
\text{H}\quad\text{H} \\
\text{N}-\text{N}-\text{OH} \\
\bighexagon \\
\text{OH}
\end{array}
+ \text{N}_2 + 2\,\text{H}_2\text{O}
$$

hypoth. Hydrodiazophenol

---

[1]) Über die Pyrrolreaktion siehe ferner Neuberg, Festschrift für E. Salkowski, 71 (1904).

[2]) Heinr. Goldschmidt, B. **17**, 213 (1884). — H. Goldschmidt und Schmid, B. **17**, 2060 (1884); **18**, 568 (1885). — Bridge, Ann. **277**, 90, 95 (1893). — Kehrmann, B. **22**, 3266 (1889).

[3]) Nietzki und Kehrmann, B. **20**, 613 (1887). — Nietzki und Guiterman, B. **21**, 428 (1888). — O. Fischer und Hepp, B. **21**, 685 (1888).

$$\underset{\text{OH}}{\overset{\text{NH—NHOH}}{\bigcirc}} = \underset{\text{OH}}{\overset{\text{H}}{\bigcirc}} + N_2 + H_2O$$

in der Hauptsache Phenole und Stickstoff liefern. [1])

Die Chinondioxime werden in alkalischer Lösung durch Ferricyan-kalium zu p-Dinitrosokörpern [2]) oxydiert, ebenso durch Salpetersäure, die indes oft auch bis zu p-Dinitrokörpern [3]) führt. Die Dinitroso-körper lassen sich durch Kochen mit wässerigem Hydroxylaminchlor-hydrat wieder zu Chinondioximen reduzieren.

Sterische Behinderungen der Oximierung von Chinonen. [4])

Chinone der Formeln:

$$\underset{\text{O}}{\overset{\text{O}}{\underset{R \quad R}{\bigcirc}}} \quad \text{und} \quad \underset{\text{O}}{\overset{\text{O}}{\underset{R}{\underset{R \quad R}{\bigcirc}}}}$$

geben nur Monoxime:

$$\underset{\text{NOH}}{\overset{\text{O}}{\underset{R \quad R}{\bigcirc}}} \quad \text{bzw.} \quad \underset{\text{NOH}}{\overset{\text{O}}{\underset{R}{\underset{R \quad R}{\bigcirc}}}}$$

aber keine Dioxime; tetrasubstituierte Chinone reagieren überhaupt nicht mit Hydroxylamin.

b) Verhalten gegen Phenylhydrazin. [5])

Die p-Chinone der Benzolreihe wirken oxydierend auf Phenyl-hydrazin, das in Benzol verwandelt wird, [6]) dagegen geben die Naphtho-

---

[1]) Kehrmann und Messinger, B. **23**, 2820 (1890).
[2]) Ilinski, B. **19**, 349 (1886). — Nietzki und Kehrmann, B. **20**, 615 (1887). — Mehne, B. **21**, 734 (1888).
[3]) Kehrmann, B. **21**, 3319 (1888).
[4]) Kehrmann, B. **21**, 3315 (1888); **23**, 3557. — J. pr. (2), **39**, 319, 592 (1889); **40**, 457 (1889); **42**, 134 (1890). — B. **27**, 217 (1894). — Nietzki und Schneider, B. **27**, 1431 (1894).
[5]) Auffassung der Chinonoxime als Pseudosäuren: Farmer und Hantzsch, B. **32**, 3101 (1899);
„   „ Chinonhydrazone als Pseudosäuren: Farmer und Hantzsch, B. **32**, 3089 (1899).
[6]) Zincke, B. **18**, 786, Anm. (1885). — Sekundäre aromatische Hy-drazine werden zu Tetrazonen oxydiert. Mc Pherson, B. **28**, 2415 (1895). — Siehe ferner: Mc. Pherson, Am. **22**, 364 (1899). — Mc. Pherson und Gote, Am. **25**, 485 (1901). — Mc. Pherson und Dubois, Am. Soc. **30**, 816 (1908). — Siehe S. 702.

chinone Monophenylhydrazone,[1]) während Anthrachinon sich gegen Phenylhydrazin indifferent verhält. (Sterische Behinderung.)

Auf dem Umwege über das Anthron (Anthranol):

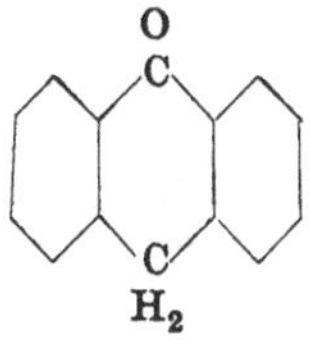

oder das Mesodibromanthron

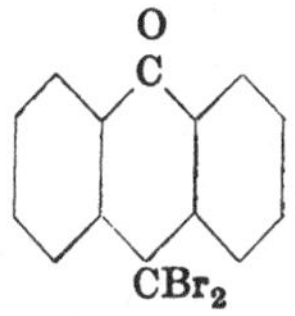

läßt sich aber auch das Antrachinonmonophenylhydrazon gewinnen.[2])

Darstellung: 1. Aus Anthranol. 4.7 g Anilinchlorhydrat in ca. 100 ccm Wasser werden mit 6 ccm konzentrierter Salzsäure und etwa 3 g Natriumnitrit diazotiert und die Lösung mit Wasser von 0° auf ca. 600 ccm verdünnt.

8 g Anthranol werden in heißem Alkohol gelöst, 6 g reines Ätzkali in konzentriert wässeriger Lösung zugegeben und das Ganze erwärmt, bis das teilweise sich ausscheidende, gelbe Kaliumsalz des Anthranols mit braungelber Farbe fast gänzlich in Lösung geht. Man gießt nun die heiße Lösung auf gewaschenes, zerkleinertes Eis, wobei ein Teil des Anthranolkaliums sich in feinen, hellgelben Flocken ausscheidet.

Nun gießt man allmählich und unter beständigem Rühren die verdünnte, kalte Diazolösung zu und sorgt dafür, daß das Reaktionsgemisch sich nicht erwärmt und stets Alkali im Überschuß vorhanden ist. Im ersten Augenblicke des Zusammengebens beider Kupplungskomponenten tritt eine grüne Färbung auf, der jedoch sofort ein sattes Gelb folgt, indem sich gelbe Flocken abscheiden. Diese Farbe behält das Reaktionsgemisch längere Zeit bei.

Läßt man das Reaktionsgemisch über Nacht stehen, so ist am nächsten Morgen der gelbe Körper völlig in einen intensiv roten Farbstoff übergegangen, die Kupplung tritt also hier sehr langsam ein.

Der Niederschlag wird abgesaugt, mit Wasser, verdünnter Essigsäure und nochmals mit Wasser gewaschen, auf Ton gestrichen und das nahezu trockene Produkt noch im Dampftrockenschranke völlig vom Wasser befreit. — Es wurden so 11,4 g dunkelzinnoberrotes Rohprodukt erhalten, d. i. 93 Proz. der Theorie. Man reinigt durch Umkrystallisieren aus Alkohol.

2. Aus Mesodibromanthron. Nach Goldmann[3]) stellt man das Mesodibromanthron durch Einwirkung von etwas mehr als 2 Mol. Brom auf Anthranol in Schwefelkohlenstofflösung und Verdunsten des Lösungsmittels dar. Suchannek erhielt auf diese Weise aus 5 g Anthranol in 300—400 ccm Schwefelkohlenstoff und 9 g Brom nach völligem Abdunsten des Lösungsmittels ziemlich große, gelbe Krystalle, die, zur völligen Befreiung von anhaftendem Lösungsmittel und Brom,

[1]) Zincke und Bindewald, B. **17**, 3026 (1884).
[2]) Suchannek, Diss., Zürich 1907, S. 18.
[3]) B. **20**, 2436 (1887).

fein verrieben in den Vakuumexsiccator gestellt wurden und nun 6.5 g
eines fast weißen, schweren Pulvers bilden. Da dieses Rohprodukt bereits fast völlig rein ist und durch Umkrystallisieren leicht Zersetzung
erleidet, wird es direkt zur folgenden Synthese verwendet.

4 g Mesodibromanthron wurden in 80—100 ccm kaltem Benzol
gelöst und dazu unter Rühren 4 g reine Phenylhydrazinbase (= theoretische Menge + 2 Mol., um die frei werdende Bromwasserstoffsäure
zu binden, + kleinem Überschuß) mit etwas Benzol verdünnt, zugegeben. Das Reaktionsgemisch färbt sich gelb, orange und schließlich rot. Man läßt über Nacht stehen, worauf man den dicken,
hellen Niederschlag (von Phenylhydrazinbromhydrat und Anthrachinon) abfiltriert, mit Benzol wäscht, und das Filtrat im Vakuum
über Paraffin eindunsten läßt. Der Rückstand wird wiederholt mit
Äther digeriert, um Phenylhydrazin zu entfernen, und dann auf Ton
gebracht. Gewicht 1 g.

Dieses Produkt enthält außer dem Anthrachinonphenylhydrazon
noch viel Anthrachinon, und das Gemisch ist sehr schwer zu trennen,
da die Löslichkeitsverhältnisse beider Bestandteile sehr ähnlich sind.

Durch wiederholtes Ausziehen des Produktes mit warmem Alkohol ließ sich die Hauptmenge des Kondensationsproduktes in Lösung
bringen, während der größte Teil des Anthrachinons zurückblieb. Aus
den roten, alkoholischen Filtraten fielen nach einigem Stehen 0.25 g
nadelige, rote Krystalle aus, die bei 164° schmolzen. Mehrmaliges
Umkrystallisieren aus Alkohol steigerte den Schmelzpunkt auf 173
bis 175°.

Auf eine weitere Reinigung des Körpers mußte einerseits wegen
der geringen Substanzmenge, andererseits wegen der merkbaren Zersetzlichkeit, die er bei häufigem Umkrystallisieren erleidet (und
welche sich durch Sinken des Schmelzpunktes zu erkennen gibt),
verzichtet werden. — Aber auch ohne Analyse stellen die Eigenschaften des nach obigem Verfahren erhaltenen Kondensationsproduktes
seine Identität mit dem auf dem anderen Wege dargestellten, tau-
tomeren Azofarbstoff, dem Benzolazoanthranol, ganz außer Zweifel.

Acetyl- und Benzoyl-phenylhydrazin reagieren mit den
p-Chinonen der Benzolreihe unter Bildung von Monohydrazonen[1] und
ebenso mit den Chinonoximen.[2] Letztere lassen sich auch, namentlich in Form ihrer Benzoylverbindungen, aber auch in freier Form,
mit o- und p-Nitrophenylhydrazin zu Hydrazonen, wie z. B.

$$C_6H_5—CO.O.N = \left\langle \right\rangle = N.NHC_6H_4NO_2$$

kondensieren, noch leichter mit 2.4-Dinitrophenylhydrazin, nicht
aber mit m-Nitrophenylhydrazin und 2.4.6-Trinitrophenylhydrazin.[3]

---

[1] Mc Pherson, B. **28**, 2414 (1895). — Am. **22**, 364 (1899). — Am. Soc.
22, 141 (1900). — **30**, 816 (1908).

[2] Kühl, Diss., Göttingen 1904.

[3] Reclaire, Diss., Göttingen 1907. — Borsche, Ann. **357**, 171 (1907).

c) Verhalten gegen Alkohole und Chlorzink:
Knoevenagel und Bückel, B. **34**, 3993 (1901).

d) Verhalten gegen Aminoguanidin und Semicarbazid.[1])

Durch diese Reagenzien werden sowohl Mono- als auch Dideri-
vate erhalten. α-Naphthochinon gibt indes nur schwierig das Bis-
aminoguanidinderivat und verbindet sich nur mit 1 Mol. Semicarbazid.

e) Verhalten gegen Benzolsulfinsäure.[2])

Benzolsulfinsäure wirkt auf Körper von parachinoider Struktur
nach dem Schema:

$$\underset{O}{\overset{O}{\bigcirc}} + C_6H_5SO_2H = \underset{OH}{\overset{OH}{\bigcirc}}-SO_2C_6H_5$$

d. h. es findet Reduktion statt, und gleichzeitig tritt die Gruppe
$C_6H_5SO_2$ in den aromatischen Kern. Die Reaktion ist eine allgemeine
und läßt sich auf alle Benzochinone, deren Wasserstoff nicht ganz
substituiert ist, anwenden.

Die entstehenden Dioxydiphenylsulfone geben gut krystallisierende
Benzoylderivate.

f) Quantitative Bestimmung des Chinonsauerstoffs.

Siehe hierüber Seite 928.

Über die Konstitution der Chinhydrone siehe Jackson und
Oenslager, B. **28**, 1614 (1895). — Valeur, Thèses, Paris 1900;
Gauthier-Villars, Ann. chim. phys. (7) **21**, 546 (1900). —
Posner, Ann. **336**, 85 (1904). — Torrey und Hardenbergh,
Am. **33**, 167 (1905). — Urban, M. **28**, 299 (1907). — Parnas,
Diss. München 1907, S. 38. — Willstätter und Piccard, B. **41**,
1463 (1908). — Kehrmann, B. **41**, 2340 (1908).

5. Verhalten der 1.5-Diketone.[3])

Über die Reaktionen dieser Körperklasse siehe namentlich die
zitierten Arbeiten von Knoevenagel, Stobbe und Rabe. Nach
dem Verhalten der 1.5-Diketone gegen Hydroxylamin kann man
vier Typen derselben unterscheiden.

---

[1]) Thiele und Barlow, Ann. **303**, 311 (1898).
[2]) Hinsberg, B. **27**, 3259 (1894); **28**, 1315 (1895). — Hinsberg und
Himmelschein, B. **29**, 2019 (1896).
[3]) Zinin, Z. f. Ch. **1871**, 127. — Hantzsch, B. **18**, 2579 (1885). —
Engelmann, Ann. **231**, 67 (1885). — Buchner und Curtius, B. **18**, 2371
(1885). — Paal und Knes, B. **19**, 3144 (1886). — Japp und Klingemann,

a) Ein Molekül Hydroxylamin wirkt auf ein Molekül Keton unter Austritt von drei Molekülen Wasser und Bildung von Pyridinderivaten (Typus des Benzamarons).

$$C_6H_5-CH<^{\displaystyle C_6H_5-CH-CO-C_6H_5}_{\displaystyle C_6H_5-CH-CO-C_6H_5} \quad + NH_2OH =$$

$$
\begin{array}{c}
C_6H_5-C \qquad C-C_6H_5 \\
C_6H_5-C \diagdown\!\!\!\!\diagup N \qquad + 3\,H_2O \\
C_6H_5-C \qquad C-C_6H_5
\end{array}
$$

b) Ein Molekül Hydroxylamin wirkt auf ein Molekül Keton unter Austritt von zwei Molekülen Wasser und Ringschluß (Typus: Desoxybenzoinbenzalacetessigester)

$$C_6H_5-CH<^{\displaystyle C_2H_5O-CO-CH-CO-CH_3}_{\displaystyle C_6H_5-CH-CO-C_6H_5} \quad + NH_2OH =$$

$$= C_6H_5-CH<^{\displaystyle C_2H_5O-CO-CH-C=NOH}_{\displaystyle C_6H_5-CH-C-C_5H_5} \!\!>CH \quad + 2H_2O$$

Diese Reaktion tritt bei jenen 1.5-Diketonen ein, die an sechster Stelle dem einen CO gegenüber eine CH_3-Gruppe besitzen. Ebenso reagieren Äthyliden-, Valeryliden-, Önanthyliden-, Cuminyliden-, Methylsalicyliden-, Piperonyliden- und Furfurylidenbisacetessigester.

c) Ein Molekül Hydroxylamin wirkt auf ein Molekül Keton unter Austritt von einem Molekül Wasser und Bildung eines normalen Oxims (m- und p-Nitrobenzylidenbisacetessigester)

$$NO_2-C_6H_4-CH<^{\displaystyle C_2H_5O-CO-CH-CO-CH_3}_{\displaystyle C_2H_5O-CO-CH-CO-CH_3} \quad + NH_2OH =$$

$$NO_2-C_6H_4-CH<^{\displaystyle C_2H_5O-CO-CH-\!\!-\!\!-C\overset{\displaystyle NOH}{\diagup}_{\!\!\diagdown CH_3}}_{\displaystyle C_2H_5O-CO-CH-CO-CH_3.} \quad + H_2O$$

B. **21**, 2934 (1888). — Knoevenagel und Weißgerber, B. **21**, 1357 (1888); **26**, 437 (1893). — Paal und Hoermann, B. **22**, 3225 (1889). — Klinge-mann, B. **26**, 818 (1893). — Ann. **275**, 50 (1893). — Knoevenagel, B. **26**, 440, 1085 (1893). — Ann. **281**, 25 (1894); **288**, 321 (1895); **297**, 113 (1897); **303**, 223 (1898). — Stobbe, B. **35**, 1445 (1902). — Rabe, Ann. **323**, 83 (1902); **332**, 1 (1904); **360**, 265 (1908).

d) Zwei Moleküle Hydroxylamin wirken auf ein Molekül Keton unter Austritt von zwei Molekülen Wasser und unter Bildung ringförmiger Gebilde, welche einerseits die Isonitrosogruppe, andererseits die Gruppe NHOH enthalten (Benzyliden- und Anisylidenbisacetessigester).

Zum Beispiel erhält das Produkt aus Benzylidenbisacetessigester die Formel:

$$NHOH$$
$$C_2H_5OCO—CH—C—CH_3$$
$$COH_5—CH\big<\quad\big>CH_2$$
$$C_2H_5OCO—CH—C{=}NOH$$

Umlagerung von 1.5 Diketonen in 1.5-Cyclohexanolone: Rabe, Ann. **360**, 266 (1908).

6. 1.6- und 1.7-Diketone.

Kipping und Perkin, Soc. **55**, 330 (1889); **57**, 13, 29 (1890); **59**, 214 (1891).
Marshall und Perkin, Soc. **57**, 241 (1890).
Kipping und Mackenzie, Soc. **59**, 587 (1891).
Kipping, Soc. **63**, 111 (1893).

Fünfter Abschnitt.

Reaktionen der Ketonsäuren.

Die relative Lage der Carbonyl- und der Carboxylgruppe in den Ketonsäuren bedingt ein verschiedenartiges Verhalten der einzelnen Klassen dieser Verbindungen.

1. α-Ketonsäuren R.CO.COOH.

a) Die α-Ketonsäuren sind in freiem Zustande ziemlich beständige, nahezu unzersetzt siedende Substanzen, die leicht verseifbare Ester liefern. Beim Erhitzen mit verdünnten Mineralsäuren auf 150° werden sie in Aldehyd und Kohlendioxyd gespalten.[1]

$$R.CO.COOH = R.COH + CO_2$$

b) Ebenso verhalten sie sich bei der Perkinschen Reaktion wie Aldehyde, indem sie beim Erhitzen mit Natriumacetat und Essig-

---

[1] Beilstein und Wiegand, B. **17**, 841 (1884).

säureanhydrid in die um ein Kohlenstoffatom reichere $\alpha\beta$-ungesättigte Säure übergehen[1]):

$$R \, . \, COCOOH + CH_3COOH = CO_2 + H_2O + RCH = CHCOOH$$

c) Mit Dimethylanilin und Chlorzink tritt infolge derselben Aldehydbildung Kondensation zu Leukobasen der Malachitgrünreihe ein.[1])[2])

Erwärmt man z. B. Phenylglyoxylsäure mit Dimethylanilin und Chlorzink unter Zusatz von etwas Wasser, so entsteht Tetramethyldiaminotriphenylmethan, und analog wird aus Thionylglyoxylsäure Thiophengrün erhalten. Diese Reaktion (Bildung eines grünen Farbstoffs mit Chlorzink und Dimethylanilin) ist indessen auch vielen Anhydriden, Lactonen und Dicarbonsäuren mit orthoständigen Carboxylgruppen eigentümlich.[3])

Erwärmt man Phenylglyoxylsäure mit Phenol und Schwefelsäure auf 120⁰, so tritt unter Rotfärbung der Masse stürmische Kohlendioxydentwicklung ein. Durch Wasser wird aus der erkalteten Masse Benzaurin gefällt.

Ganz analog verhalten sich Brenztraubensäure und Isatin.

d) Gegen Thionylchlorid verhalten sich Brenztraubensäure und ihre aliphatischen Derivate (Di- und Tribrom-, sowie Trimethylbrenztraubensäure) vollkommen indifferent, während Benzoylameisensäure in Benzoylchlorid und Phthalonsäure in Phthalsäureanhydrid verwandelt wird (Hans Meyer).

e) Mit Phenylmercaptan[4]) wie mit Mercaptanen überhaupt[5]) entstehen unter starker Erwärmung Additionsprodukte

$$\begin{array}{cc} C_6H_5S & R \\ & C \\ HO & COOH \end{array}$$

die leicht zersetzlich sind und durch Einwirkung von trockener Salzsäure[6]) oder auch durch mehrstündiges Erhitzen in die gegen verdünnte Säuren und Alkalien sehr beständigen α-Dithiophenylpropionsäuren:

$$\begin{array}{cc} C_6H_5S & R \\ & C \\ C_6H_5S & COOH \end{array}$$

übergehen.

---

[1]) Homolka, B. 18, 987 (1885); 19, 1089 (1886).
[2]) Peter, B. 18, 539 (1885).
[3]) Bamberger u. Philip, B. 19, 1998 (1886). — Hans Meyer, M. 18, 401 (1897).
[4]) Escales und Baumann, B. 19, 1787 (1886).
[5]) Baumann, B. 18, 262 (1885).
[6]) Baumann, B. 18, 883 (1885).

f) **Wasserstoffsuperoyd**[1]) oxydiert nahezu quantitativ nach der Gleichung:

$$R . CO . COOH + H_2O_2 = R . COOH + CO_2 + H_2O$$

g) Die Lösung der Säure oder des Esters in thiophenhaltigem Benzol gibt mit konzentrierter Schwefelsäure nach einigem Stehen eine dunkelrote Färbung.[2])

2. β-Ketonsäuren, $R . CO . CH_2COOH$.

a) Dieselben sind in freiem Zustande äußerst unbeständig, bilden aber sehr stabile Ester.

Die β-Ketonsäureester werden durch Säuren und Alkalien nach zwei verschiedenen Richtungen gespalten.[3])

1. Säurespaltung:

$$R . CO . CH_2COOCH_3 + 2 KOH = R . COOK + CH_3COOK + CH_3OH.$$

2. Ketonspaltung:

$$R . CO . CH_2 . COOCH_3 + H_2O = R . COCH_3 + CO_2 + CH_3OH$$

Beide Reaktionen verlaufen gewöhnlich nebeneinander. Bei Verwendung von sehr verdünnter Kalilauge oder Barytwasser, und beim Kochen mit Schwefelsäure oder Salzsäure (1 Teil Säure mit 2 Teilen Wasser) findet im wesentlichen Ketonspaltung statt, während durch sehr konzentrierte alkoholische Lauge hauptsächlich Säurespaltung bewirkt wird.

Der Oxalessigester und seine Homologen und übrigen Derivate sind noch einer dritten Spaltung, der **Kohlenoxydspaltung** fähig.[4]) Bei einer 200° noch nicht erreichenden Temperatur spalten diese Derivate Kohlenoxyd ab und gehen in die betreffenden Malonsäureester über:

$$\overset{R}{\underset{|}{COOC_2H_5 . COCHCOOC_2H_5}} = CO + \overset{R}{\underset{|}{COOC_2H_5CHCOOC_2H_5}}.$$

Wenn auch das zweite Wasserstoffatom der Methylengruppe substituiert ist, bleibt die Reaktion aus.

In den meisten Fällen ist die CO-Abspaltung eine quantitative, so daß man diese Reaktion zur Analyse der betreffenden manchmal schwer zu reinigenden Ester verwerten kann. Die betreffende Substanz wird im Kohlendioxydstrome auf 200° erhitzt und ein Azotometer, mit Kalilauge beschickt, vorgelegt. Das entwickelte Kohlen-

---

[1]) Holleman, Rec. **28**, 169 (1904).
[2]) Claisen, B. **12**, 1505 (1879). — Feyerabend, Diss., Cöthen 1906, S. 42.
[3]) Wislicenus, Ann. **190**, 257 (1877); **246**, 326 (1888).
[4]) Wislicenus, B. **27**, 792, 1091 (1894); **28**, 811 (1895); **31**, 194 (1898); **35**, 906 (1902). — Ann. **297**, 111 (1897).

oxydgas wird von ammoniakalischer Kupferchlorürlösung absorbiert, und durch Erwärmen wieder aus letzterer entwickelt. Siehe S. 566.

Aus dem geschilderten Verhalten des Oxalessigesters geht hervor, daß man zu dessen Destillation ein derartiges Vakuum verwenden muß, daß der Siedepunkt des Esters stark unter 200° herabgedrückt wird.

b) Die β-Ketonsäureester sind in verdünnten Alkalien löslich und geben Metallverbindungen, unter denen die Kupferverbindungen:

$$CH_3OOC—CO—CH—COOCH_3 \qquad CH_3OOC—C=CH—COOH_3$$
$$\underset{\displaystyle CH_3OOC—CO—CH—COOCH_3}{\overset{\displaystyle |}{\underset{|}{Cu}}} \quad oder \qquad$$

die wichtigsten sind.

Diese Kupfersalze pflegen aus organischen Lösungsmitteln (Benzol usw.) gut zu krystallisieren. Über Analyse derselben siehe S. 278.

c) Über die Reaktionen der Methylengruppe der β-Ketonsäuren siehe S. 687 ff.

d) Mit Phenylmercaptan entstehen[1]) keine Additionsprodukte. Mischt man einen β-Ketonsäureester mit 2 Molekülen Phenylmercaptan und leitet trockene Salzsäure ein, so entsteht unter Wasseraustritt ein β-Dithiophenylbuttersäureester, der gegen Säuren beständig ist, von Alkalien aber leicht unter Abspaltung eines Mercaptanmoleküls zerlegt wird.

e) Über die Pyrazolinreaktion siehe S. 698.

3. γ-Ketonsäuren, R.CO.CH₂CH₂COOH.

α) Die γ-Ketonsäuren sind im freien Zustande beständig und unzersetzt destillierbar. Ihre Ester sind in Wasser löslich. Längere Zeit zum Sieden erhitzt gehen sie unter Wasserabspaltung in ungesättigte Lactone über.[2])

$$CH_3.COCH_2CH_2COOH = CH_2:COHCH_2CH_2COOH =$$
$$= H_2O + CH_2:C.CH_2.CH_2$$
$$\qquad\qquad\qquad | \qquad\quad |$$
$$\qquad\qquad\qquad O———CO$$

und

$$CH_3.COCH_2CH_2COOH = CH_3COH:CHCH_2COOH =$$
$$= H_2O + CH_3.C:CH.CH_2$$
$$\qquad\qquad\qquad | \qquad\quad |$$
$$\qquad\qquad\qquad O———CO$$

[1]) Escales und Baumann, B. 19, 1787 (1886). — Bongartz, Inaug.-Diss., Erlangen 1887. — B. 21, 478 (1888).

[2]) Wolff, Ann. 229, 249 (1885). — Thorne, B. 18, 2263 (1885). — Bischoff, B. 23, 621 (1890).

β) Durch Essigsäureanhydrid werden die γ-Ketonsäuren in gut krystallisierende Acetylderivate übergeführt, denen wahrscheinlich die Konstitution

$$CH_3COO \quad CH_2-CH_2$$
$$\diagdown \quad \diagup \qquad |$$
$$C \qquad \quad |$$
$$O - CO$$

von Oxylactonderivaten zukommt.[1]) Mit Acetylchlorid entstehen die Chloride:

$$Cl \quad O-CO$$
$$\diagdown \diagup \quad \diagdown$$
$$C \qquad \diagdown$$
$$R \diagup \diagdown CH_2-CH_2$$

γ) Gegen Phenylmercaptan verhalten sie sich ähnlich wie die β-Ketonsäuren (siehe S. 708); die betreffenden Mercaptolverbindungen sind indessen gegen Alkalien beständig, während sie durch Säuren in ihre Komponenten gespalten werden.[2])

δ) Über die Pyrrolreaktion siehe S. 698.

4. Über δ-Ketonsäuren

Siehe Guareschi, C. 1907, 1, 332.

5. Aromatische o-Ketonsäuren:
$$\begin{array}{c} \diagup\diagdown C-CO-R \\ | \quad | \\ \diagdown\diagup C-COOH \end{array}$$

a) Die aromatischen o-Ketonsäuren verhalten sich wie ungesättigte γ-Ketonsäuren, indem sie vielfach als Oxylactone reagieren. So liefern sie mit Säureanhydriden Acylderivate, denen die Formel:

$$\begin{array}{c} \qquad \quad R_1 \\ \diagup\diagdown C--C-OOCR_2 \\ | \quad | \quad \diagup \\ \diagdown\diagup C \diagdown \diagup O \\ \qquad CO \end{array}$$

zugeschrieben wird.[3])

β) Mit der Oxylactonformel steht in Übereinstimmung, daß sie sich, wenn überhaupt, nur in alkalischer Lösung oximieren lassen.[4])

---

[1]) Bredt, Ann. 236, 225 (1886); 256, 314 (1890). — Authenrieth, B. 20, 3191 (1887). — Magnanini, B. 21, 1523 (1888).

[2]) Escales und Baumann, B. 19, 1796 (1886).

[3]) Guyot, Bull. (2), 17, 939 (1872). — Pechmann, B. 14, 1865 (1881). — Gabriel, B. 14, 921 (1881); 29, 1437 (1896). — Anschütz, Ann. 254, 152 (1889). — Haller u. Guyot, C. r. 119, 139 (1894). — Hans Meyer, M. 20, 346 (1899).

[4]) Thorp, B. 26, 1261 (1893). — Hantzsch u. Miolatti, Z. phys. 11, 747 (1893). — Hans Meyer, M. 20, 353 (1899). — Siehe S. 640.

An Stelle der Oxime werden Oximanhydride,[1]) an Stelle der Hydrazone[2]) Phenyllactazame:

$$\text{(structure)}$$

R
|
C
⟋ ⟍
N
NC$_6$H$_5$
CO

erhalten.

Die **Fluorenonmethylsäure** (1)

$$\text{(structure)}$$

CO   COOH

bildet indes[3]) ein normales Oxim und Hydrazon, und zwar ersteres auch in saurer Lösung. Offenbar sind hierfür sterische Behinderungen der Ringbildung ausschlaggebend.

γ) Über Esterbildung mittels Thionylchlorid siehe S. 588.

———

Sechster Abschnitt.

Reaktionen der Zuckerarten und Kohlenhydrate.

1. Allgemeine Reaktionen.

a) Verhalten gegen polarisiertes Licht.

E. Fischer, B. **23**, 371 (1890).
Brown, Morris und Millar, Soc. **71**, 84 (1897).
Landolt, Opt. Drehvermögen, 2. Aufl. **229** ff. (1898).
Lowry, Soc. **75**, 212 (1899).

b) Verhalten gegen verdünnte Säuren.[4])

Beim andauernden Kochen mit verdünnter Schwefelsäure oder Salzsäure (sp. Gew. 1.1) werden die Zuckerarten und Kohlenhydrate (mit Ausnahme von Inosit, Isosaccharin, Methylenitan und Carminzucker) unter Bildung von Lävulinsäure zersetzt. Dieser Zersetzung geht bei Polyosen eine Hydrolyse in Monosen voran.

In der Thymonucleinsäure kann der Kohlenhydratrest nur durch

———

[1]) Hantzsch und Miolatti, Z. phys. **11**, 747 (1893). — Thorp, B. **26**, 1795 (1893).
[2]) Roser, B. **18**, 802 (1885).
[3]) Goldschmiedt, M. **23**, 890 (1902).
[4]) Wehmer und Tollens, Ann. **243**, 333 (1888). — Berthelot und André, Ann. Chim. Phys. (7), **11**, 150 (1897).

Überführen in Lävulinsäure und durch die Farbenreaktion mit Orcin-nachgewiesen werden.[1])

Die Prüfung auf Lävulinsäure hat nach Wehmer und Tollens[2]) folgendermaßen zu erfolgen. Die Substanz wird mit der 3—4fachen Menge 20proz. Salzsäure (sp. Gew. 1.1) 20 Stunden lang am Rückflußkühler im Wasserbade erhitzt (Kautschukstopfen!) und das Filtrat von Huminsubstanzen mit dem gleichen Volum Äther ausgeschüttelt. Der Äther wird durch ein trockenes Filter gegossen und abgedampft, der Rückstand $^1/_2$—1 Stunde bei mäßiger Wärme stehen gelassen, so daß er nicht mehr stark sauer riecht, und in einer Probe die Jodoformreaktion[3]) gemacht.

Beim positiven Ausfall der letzteren löst man die Hauptmenge in Wasser, filtriert und digeriert einige Stunden in mäßiger Wärme mit etwas überschüssigem Zinkoxyd.

Man filtriert, schüttelt das Filtrat mit Tierkohle und dampft ab, wobei das Zinksalz der Lävulinsäure auskrystallisiert. Es wird mit etwas Äther-Alkohol zerrieben, abgepreßt und in konzentrierter wässeriger Lösung mit Silbernitrat umgesetzt. Das lävulinsaure Silber wird aus Wasser und etwas Ammoniak unter Tierkohlezusatz umkrystallisiert. Man filtriert, preßt ab und trocknet über Schwefelsäure. Das Salz enthält 48.4 Proz. Silber.

c) **Verhalten gegen konzentrierte Salpetersäure.**

Bildung von Salpetrigsäureestern beim Behandeln der Zucker mit Nitriersäure bei 0°:

Will und Lenze, B. **31**, 68 (1898).

Im allgemeinen werden beim Übergießen von 1 Teil eines Zuckers mit 4 Teilen roher Salpetersäure[4]) entweder Zuckersäure oder Schleimsäure gebildet (Milchzucker liefert beide Säuren). Im ersteren Falle bleibt die Flüssigkeit klar, während die schwerlösliche, bei 216° schmelzende Schleimsäure sich als sandiges Pulver abscheidet. Auf jeden Fall impfe man mit einer Spur Schleimsäure.[5])

Es geben:

Schleimsäure:

Milchzucker	Melitose
Galaktose	Gummi arabicum
Dulcit	Pflanzenschleim.

---

[1]) Levene und Mandel, B. **41**, 1906 (1908).
[2]) Ann. **243**, 314 (1888).
[3]) Siehe S. 394.
[4]) Tollens, Ann. **227**, 221 (1886); **232**, 186 (1886). — Sohst, Gans u. Tollens, Ann. **245**, 1 (1888); **249**, 215 (1889). — Tollens, Kurzes Handbuch der Kohlenhydrate, **2** S. 52. — Votoček, Z. Zuck. Böhm. **24**, 248 (1901). — Tollens, B. **39**, 2192 (1906).
[5]) Winterstein und Hiestand, Z. physiol. **54**, 290 (1908).

Zuckersäure:

Milchzucker	Trehalose
Rohrzucker	Dextrin
Glucose	Stärke
Glucuronsäure	Celluose.
Raffinose	

Zur quantitativen Bestimmung der Schleimsäure dampft man 5 g Zucker mit 60 ccm Salpetersäure (sp. Gew. 1.15) auf dem Wasserbade zu einem Drittel des Volums ein, rührt den Rückstand mit 10 ccm Wasser an, läßt 24 Stunden stehen, filtriert auf ein gewogenes Filter und wäscht mit 25 ccm Wasser nach.

Die Zuckersäure wird als saures zuckersaures Kalium oder als neutrales Silbersalz gewogen. Das Silbersalz enthält 50.9 Proz. Silber.[1]

d) Verhalten gegen wasserfreie Salzsäure.

Lorin, Bull. (2), **25**, 398, 517 (1876); **27**, 548 (1877). — B. **27**, 2030 (1894).

e) Verhalten gegen Hefe (Gärung).

Siehe namentlich:

E. Fischer, Z. physiol. **26**, 60 (1898).

Emmerling, B. **30**, 454 (1897) (Schimmelpilzgärung).

Buchner, B. **30**, 117, 2670 (1897); **31**, 568 (1898).

Buchner und Rapp, B. **31**, 1090, 1531 (1898): **32**, 2091 (1899).

Albert und Buchner, B. **32**, 266, 971 (1899).

Stavenhagen, B. **30**, 2422, 2963 (1897).

Marie von Manassein, B. **30**, 3061 (1897).

Schunk, B. **31**, 309 (1898).

Will, Z. ges. Brauwes. **21**, 391 (1898).

Lange, Wchschr. Brauerei **15**, 877 (1898).

Abeles, B. **31**, 2261 (1898).

Weitere Angaben in: „Das Gärungsproblem" von F. B. Ahrens. Enke, Stuttgart 1902. — Siehe auch Harden und Young, Ch. Ztg. **32**, 533 (1908).

Über quantitative Bestimmung der Zuckerarten mittels Gärung: Vaubel, Quant. Best. org. Vbdgn., Springer 1902, **2**, 504.

f) Verhalten gegen Fehlingsche Lösung.

Eine große Anzahl von Zuckerarten vermag Fehlingsche Lösung unter Abscheidung von Kupferoxydul zu reduzieren, und man kann die betreffenden Monosaccharide auf Grund konventioneller

---

[1] Meigen und Spreng, Z. physiol. **55**, 66 (1908).

Bestimmungsmethoden mit Zuhilfenahme dieser Reaktion annähernd quantitativ bestimmen.

Nähere Angaben über diese Reaktion siehe Vaubel, Quantitative Bestimmung organischer Verbindungen 2, 422ff., und Lippmann, Chemie der Zuckerarten, 2. Aufl. 583 (1904). — Willcke, Diss., München 1900.

g) Reaktionen der Aldehyd- (Keton-) Gruppe in den Zuckerarten.

α) Verhalten gegen Phenylhydrazin.[1])

Das Hauptsächlichste über Hydrazon- und Osazonbildung ist schon S. 621 ff. gesagt worden.

Der Hauptwert der Osazone liegt in ihrer Schwerlöslichkeit, welche die Isolierung des Zuckers aus komplexen Gemischen möglich macht.

Um die Osazone wieder in Zuckerarten zurückzuverwandeln, führt man die Derivate der Monosaccharide durch ganz kurzes, gelindes Erwärmen mit rauchender Salzsäure in Osone[2])[3]) — hydroxylierte Ketoaldehyde — über:

$$
\begin{array}{l}
\ldots \mathrm{C}\!\!-\!\!\!-\!\!\!-\!\!\mathrm{CH} \\
\quad \| \qquad \quad \| \\
\quad \mathrm{N} \qquad \quad \mathrm{N} \qquad +2\,\mathrm{HCl} + 2\,\mathrm{H_2O} = \\
\quad | \qquad \qquad | \\
\quad \mathrm{NHC_6H_5} \quad \mathrm{NHC_6H_5} \\
\ldots \mathrm{C}\!\!-\!\!\mathrm{CH} \\
\quad \| \quad \| \qquad +2\,\mathrm{C_6H_5NHNH_2 . HCl} \\
\quad \mathrm{O} \quad \mathrm{O} \\
\quad (\text{Oson}).
\end{array}
$$

Die Osone können als Bleiverbindungen isoliert werden und liefern bei der Reduktion mit Zinkstaub und Essigsäure Ketosen, die also auch dann erhalten werden, wenn der ursprüngliche Zucker eine Aldose war.

Mit den aromatischen Orthodiaminen vereinigen sich die Osone zu schön krystallisierenden Chinoxalinderivaten[4]).

Die Osazone der Disaccharide werden weit besser mittels

---

[1]) E. Fischer, B. 17, 579 (1884); 20, 833 (1887). — Laves, Arch. 231, 366 (1893). — Jaffé, Z. physiol. 22, 532 (1896). — Lintner und Kröber, Z. ges. Brauwesen 18, 153 (1896). — Neumann, Arch. Anat. Phys. Physiol. Abt. Suppl. 1899, 549. — Bourquelot und Hérissey, C. r. 129, 339 (1899). Neuberg, Z. physiol. 29, 274 (1900). — De Graaff, Pharm. Weekblad 1905, 346. — Salkowski, Arbeit. a. d. Pathol. Inst. Berlin 1906.
[2]) E. Fischer, B. 23, 2119 (1890).
[3]) E. Fischer, B. 21, 2631 (1888); 22, 87 (1889).
[4]) E. Fischer, B. 23, 2121 (1890). — Siehe S. 692.

Benzaldehyd gespalten,[1]) der ja auch zur Spaltung der Hydrazone[2]) sich besonders bewährt hat.

Z. B. wird 1 Teil Phenylmaltosazon in 80—100 Teilen kochenden
Wassers gelöst und mit 0.8 Teilen reinen Benzaldehyds versetzt, wobei man durch kräftiges Schütteln, bei größeren Substanzmengen
durch einen Rührer, für Emulsionierung sorgt. Je nach dem Grade
der Verteilung dauert die Operation bei Quantitäten bis zu 20 g
Osazon 20—30 Minuten. Nach dem Erkalten wird das Benzaldehydphenylhydrazon, dessen Menge nahezu der Theorie entspricht, abfiltriert und die Mutterlauge zur Entfernung des Benzaldehyds mehrmals ausgeäthert, mit Tierkohle entfärbt und im Vakuum zur Sirupdicke eingedampft.

Die Methode ist auch bei in Wasser oder wässrigem Alkohol
löslichen Osazonen von Monosen (Arabinose, Xylose usw.) anwendbar.

Umwandlung der Osazone in Osamine und Überführung
der letzteren in Ketone:

E. Fischer, B. 19, 1920 (1886); 23, 2120 (1890).

E. Fischer und Tafel, B. 20, 2566 (1887).

Maquenne[3]) hat zur Charakterisierung der wichtigsten Zuckerarten vorgeschlagen, die Osazonbildung unter ganz bestimmten Bedingungen vorzunehmen. Man erhält alsdann — wenn man 1 g
Zucker 1 Stunde lang mit 100 ccm Wasser und 5 ccm einer Lösung,
welche 40 g Phenylhydrazin und 40 g Eisessig in 100 ccm enthält,
auf 100° erhitzt — an bei 110° getrocknetem Hydrazon:

		Bemerkungen:
Aus Sorbose	0.82 g	Nach 12 Minuten Trübung
„ Lävulose	0.70 „	Niederschlag nach 5 Minuten
„ Xylose	0.40 „	„ „ 13 „
„ Glucose (wasserfrei)	0.30 „	„ „ 8 „
„ Arabinose . . .	0.27 „	Trübung nach 30 „
„ Galaktose . . .	0.23 „	Niederschlag nach 30 „ ·
„ Rhamnose . . .	0.15 „	„ „ 25 „
„ Lactose	0.11 „	Fällt erst nach dem Erkalten.
„ Maltose	0.11 „	„ „ „ „ „

Zur Untersuchung der Polysaccharide vergleicht man das Gewicht der Osazone, welches aus den Spaltungsprodukten der Poly-
ose resultiert, mit dem Gewichte der Osazone aus den entsprechenden
Monosen. So liefert z. B. 1 g Saccharose nach der Inversion 0.71 g
und andererseits ein Gemisch der entsprechenden Mengen (0.526 g)
Glucose und Lävulose 0.73 g Osazone.

Über die Osazonreaktion von Pechmann siehe S. 694.

---

[1]) E. Fischer und Frankland Armstrong, B. 35. 3141 (1902).
[2]) Herzfeld, B. 28, 442 (1895). — E. Fischer, Ann. 288, 144 (1895).
[3]) C. r. 112, 799 (1891).

β) Die Ketohexosen geben mit Bromwasserstoffgas in trockenem Äther innerhalb höchstens einer Stunde eine intensive Purpurfärbung, welche von der Bildung von ω-Brommethyl-Furfurol herrührt. Aldohexosen geben erst bei längerem Stehen eine weit weniger intensive Rotfärbung.[1])

γ) Flüssiges Brom oxydiert Aldosen in kurzer Zeit zu Oxysäuren, welche das Kohlenstoffskelett der Substanz intakt besitzen. Ketosen werden sehr viel langsamer, und dann unter völliger Zertrümmerung des Moleküls, angegriffen (Kiliani[2]).

Beispielsweise wird eine Lösung von 1 Teil Zucker aus m-Saccharinsäure in 5 Teilen Wasser mit 2 Teilen Brom versetzt und andauernd umgeschwenkt. In 16—20 Minuten ist das flüssige Brom verschwunden, wobei fühlbare Erwärmung auftritt.

Nach Beseitigung des Broms durch Silbercarbonat — besser als durch Silberoxyd, weil durch das entweichende Kohlendioxyd die Austreibung des Broms ohne Erwärmen wesentlich befördert wird — wird die filtrierte Lösung zum Sirup verdampft, ev. wieder gebildeter Bromwasserstoff wieder als Bromsilber beseitigt und 1 Teil absoluten Alkohols und 0.8 Teile Phenylhydrazin zugefügt. Nach 36 Stunden wird die massenhaft abgeschiedene Krystallisation abgesaugt und gereinigt. Die Krystalle erwiesen sich als Pentantriolsäurephenylhydrazid. —. Auch sonst (z. B. Digitoxonsäure[3]) erwiesen sich die Phenylhydrazide zur Charakterisierung der so entstehenden Säuren als sehr geeignet.

Über die Einwirkung von Brom auf Aldosen und Ketosen siehe auch Berg, Bull. (3), **31**, 1216 (1904).

δ) Reaktion von Seliwanoff.[4])

Ketosen und Zuckerarten, welche Ketosen abzuspalten vermögen, geben beim Erwärmen mit der halben Gewichtsmenge Resorcin, etwas Wasser und konzentrierter Salzsäure eine tiefrote Färbung; weiter eine Fällung eines braunroten Farbstoffes, der sich in Alkohol wieder mit tiefroter Farbe löst.

Zur Ausführung der Reaktion löst man nach Ofner[5]) eine kleine Menge der zu untersuchenden Substanz mit wenig Resorcin in 3—4 ccm zwölfprozentiger Salzsäure, und kocht nicht länger als 20 Sekunden. Bei Gegenwart von Fructose tritt sofort tiefrote Färbung und starke Trübung ein.

---

[1]) Fenton uud Gostling, Soc. **73**, 556 (1898); **75**, 423 (1899).
[2]) Ann. **205**, 180 (1880). — B. **19**, 3029 (1886). — Will und Peters, B. **21**, 1813 (1888). — Rayman, B. **21**, 2048 (1888). — Kiliani, B. **38**, 4041 (1905); **41**, 122 (1908).
[3]) Kiliani, B. **41**, 656 (1908).
[4]) B. **20**, 181 (1887). — C. 1891, I, 55. — Tollens Landw. Vers.-Stat. **39**, 421 (1891). — Conrady, Apoth.-Ztg. **9**, 984 (1894). — Lobry de Bruyn und van Ekenstein, Rec. **14**, 205 (1895). — Miura, Z. Biol. **32**, 262 (1895). — Neuberg, Z. physiol. **31**, 565 (1901); **36**, 228 (1902). — R. und O. Adler, Pflüg. **106**, 323 (1905).
[5]) M. **25**, 614 (1904).

Wenn man länger erhitzt, oder die Konzentration der Salzsäure überschreitet, so stellt sich auch bei Aldosen die Reaktion
in intensiver Weise ein.

ε) Reaktion von Molisch.[1])

Wird eine Zucker-, Kohlenhydrat- oder Glucosidlösung ($^1/_2$—1 ccm)
mit 2 Tropfen alkoholischer, 15 bis 20 proz. α-Naphthollösung
versetzt und hierauf konzentrierte Schwefelsäure im Überschusse
hinzugefügt, so entsteht entweder sofort oder (bei Polyosen) nach
kurzem Erwärmen beim Schütteln eine tiefviolette Färbung,[2]) beim
nachherigen Hinzufügen von Wasser ein blauvioletter Niederschlag,
welcher sich in Alkalien, Alkohol und Äther mit gelber Farbe auflöst. Es ist zu beachten, daß manche Substanzen (Eugenol, Anethol, Wintergreenöl) mit Schwefelsäure allein eine ähnliche Färbung
zeigen.

Verwendet man an Stelle von α-Naphthol Thymol, so entsteht
eine zinnober-rubin-carminrote Färbung und bei darauffolgender Verdünnung mit Wasser ein carminroter, flockiger Niederschlag.

Neitzel[3]) empfiehlt, an Stelle des α-Naphthols Campher zu
verwenden, welcher den Vorteil habe, gegen kleine Nitritmengen unempfindlich zu sein. Leuken[4]) hat an Stelle von Thymol mit Vorteil Menthol verwendet.

Neuberg[5]) hat die Vorschrift von Molisch für die Untersuchung von Monosacchariden und Biosen etwas modifiziert.
$^1/_2$ ccm der verdünnten wässerigen Kohlenhydratlösung wird mit
einem Tropfen kalt gesättigter alkoholischer α-Naphthollösung versetzt
und vorsichtig mit 1 ccm konzentrierter Schwefelsäure unterschichtet;
an der Berührungsstelle beider Schichten tritt alsbald ein violetter
Ring auf. Sind Spuren von salpetriger Säure zugegen, so entsteht
gleichzeitig ein hellgrüner Saum. Mischt man die Schichten durch
Schütteln unter Kühlung, so nimmt die Flüssigkeit einen roten bis
blauvioletten Farbenton an und zeigt vor dem Spektroskope eine
Totalabsorption des blauen und violetten Teils, sowie einen schmalen
Streifen zwischen den Frauenhoferschen Linien D und E, der sehr
bald verschwindet.

Zu mikrochemischen Untersuchungen, speziell zur Unterscheidung von in Pflanzenteilen fertig gebildetem Zucker von anderen
Kohlenhydraten, bringt Molisch auf das betreffende Präparat 1 Tropfen
der alkoholischen α-Naphthol- resp. Thymollösung und dann 2 bis
3 Tropfen konzentrierte Schwefelsäure. Unter diesen Umständen
treten nur bei Anwesenheit fertig gebildeten Zuckers (resp. des Inu-
lins) die Reaktionen sogleich ein, da die Inversion der anderen

---

[1]) M. 7, 198 (1886). — Udránszky, Z. physiol. 12, 358 (1888).
[2]) Spuren von salpetriger Säure beeinträchtigen die Reaktion.
[3]) Deutsche Zuckerindustrie 17, 441 (1895).
[4]) Apoth.-Ztg. 1, 246 (1886).
[5]) Z. physiol. 31, 565 (1901).

Kohlenhydrate sich nur langsam vollzieht. Wenn Zucker neben in Wasser unlöslichen Kohlenhydraten vorhanden ist, so läßt sich eine Unterscheidung in der Weise bewirken, daß man ein Präparat direkt und eines nach dem Behandeln mit Wasser mit den Reagenzien zusammenbringt.

Weitere Beiträge zur Kenntnis dieser Reaktion siehe:

Molisch, Dingl. **261**, 135 (1886).

Seegen, Centralbl. f. d. med. Wissensch. **1886**, 785, 801. — Ch. Ztg. **10**, Rep. 257 (1886).

Leuken, a. a. O.

Eitner und Meerkatz, Der Gerber **22**, 243 (1887).

Molisch, Centralbl. f. d. med. Wissensch. **1887**, 34, 49.

Fresenius, Z. anal. **26**, 258, 369, 402 (1887).

Ihl, Ch. Ztg. **11**, 19 (1887).

Tollens, Ch. Ztg. **11**, 78 (1887).

Nickel, Inaug.-Diss., Jena 1888.

Udránsky und Baumann, B. **21**, 2744 (1888).

Reinbold, Pflüg. **103**, 581 (1904).

Pinnow, B. **38**, 3308 (1905).

Schorl und Van Kalmthout, B. **39**, 280 (1906).

Zum Nachweise von Aldosen oder Aldose liefernden Zuckerarten versetzt man nach E. Fischer und Jennings[1] 2 ccm der verdünnten wässerigen Lösung mit 0.2 g Resorcin und leitet unter Kühlung Salzsäuregas bis zur Sättigung ein. Nach 12 Stunden verdünnt man mit Wasser, übersättigt mit Natronlauge und erwärmt mit einigen Tropfen Fehlingscher Lösung, wobei eine charakteristische rotviolette Färbung auftritt.

ζ) Quantitative Bestimmung von Aldosen nach Romijn.[2]

Diese Methode basiert auf der von demselben Autor gemachten Beobachtung,[3] daß die Oxydation mit Jod in alkoholischer Lösung zur quantitativen Bestimmung mancher Aldehyde verwendet werden kann.

Unter bestimmten Bedingungen verläuft die Oxydation der Aldosen nach der Gleichung:

$$R . CHO + 2J + 3NaOH = R . COONa + 2NaJ + 2H_2O .$$

An Stelle von freiem Alkali verwendet man indessen besser ein basisch reagierendes Salz, am besten Borax.

Darstellung der Boraxjodlösung.

Dieselbe soll so stark sein, daß in 25 ccm 1 g Borax und so viel Jod enthalten ist, daß nach dem Ansäuern 30—33 ccm $^n/_{10}$-

---

[1] B. **27**, 1360 (1894).
[2] Z. anal. **36**, 349 (1897).
[3] Z. anal. **36**, 19 (1897).

Thiosulfat zur Entfärbung benötigt werden. Man löst zuerst den Borax in einem Teile des Wassers unter Erwärmen auf und fügt nach dem Erkalten die entsprechende Menge konzentrierter Jod-Jodkaliumlösung zu, um schließlich das Ganze mit Wasser zu dem bestimmten Volumen aufzufüllen.

Ausführung des Versuches.

Ca. 0.15 g Aldose in 75 ccm Wasser gelöst werden mit 25 ccm Boraxjodlösung in eine enghalsige Flasche, welche einen hohen Glasstopfen und umgelegten, nach innen geneigten Rand besitzt, hineinpipettiert. Der Stopfen wird mittels Kupferdrähten fest aufgedrückt, in die Rinne zwecks besseren Verschlusses Wasser gebracht und das Ganze 18 Stunden lang im Thermostaten auf 25° C erhalten. Dann wird die Flasche herausgenommen und nach Zusatz von 1.5 ccm Salzsäure von 1.126 sp. Gew. der Rest des Jods bestimmt.

Für jeden Kubikzentimeter $n/_{10}$-Jodlösung, der nach dem Versuche weniger gefunden wird, hat man 9 mg Glucose in Rechnung zu bringen.

Ketosen erleiden unter gleichen Bedingungen nur sehr geringe Oxydation (2—5 Proz.). Man kann daher auch in Mischungen von Aldosen und Ketosen die ersteren bestimmen.

2. Qualitative Reaktionen auf Pentosen, Pentosane und gepaarte Glucuronsäuren.

a) Phloroglucinprobe.[1]) Zu einigen Kubikzentimetern rauchender Salzsäure fügt man so viel verdünnte, wässerige Zuckerlösung, daß der Salzsäuregehalt der Flüssigkeit ungefähr gleich dem einer Säure von 18 Proz. ist, und setzt so viel Phloroglucin zu, daß in der Wärme etwas ungelöst bleibt. Beim Erhitzen tritt bald eine kirschrote Färbung auf, und allmählich scheidet sich ein dunkler Farbstoff ab. Nach dem Erkalten schüttelt man diesen am besten mit Amylalkohol aus; die rote amylalkoholische Lösung zeigt vor dem Spektroskope einen Absorptionsstreifen in der Mitte zwischen D und E.

b) Orcinprobe von B. Tollens.[2]) Beim Erwärmen der Zuckerlösung mit etwas Orcin und so viel Salzsäure, daß der Gehalt derselben in der Flüssigkeit ungefähr 18 Proz. beträgt, treten nacheinander erst Rot-, dann Violett- und schließlich Blaugrünfärbung auf, und bald beginnt die Abscheidung blaugrüner Flocken, welche sich in Amylalkohol zu einer blaugrünen Flüssigkeit lösen, die einen Ab-

---

[1]) Tollens und seine Schüler, B. **22**, 1046 (1889); **29**, 1202 (1896). — Ann. **254**, 329 (1889); **260**, 304 (1890). — Salkowski, Centralbl. f. d. med. Wissensch. **1892**, Nr. 32. — Neuberg, Z. physiol. **31**, 565 (1901). — Pinnow, B. **38**, 766 (1905).

[2]) Ann. **260**, 395 (1890). — Neuberg, Z. physiol. **31**, 566 (1901). — Levene und Mandel, B. **41**. 1907 Anm. (1908). — Pieraerts, Bull. Ass. Chim. **26**, 47 (1908).

sorptionsstreifen zwischen C und D zeigt, derart, daß ein Teil des Gelb noch sichtbar bleibt. Ketosen stören die Reaktion.

Über das Verhalten der gepaarten Glucuronsäuren des Harns bei der Orcin- und Phloroglucinprobe siehe: Salkowski, Z. physiol. 27, 514, 517 (1899). — Blumenthal, Z. klin. Med. 37, Heft 5 und 7 (1899). — P. Mayer, Berl, klin. Wochenschr. 1900, Nr. 1. — Mayer und Neuberg, Z. physiol. 29, 265 (1900).

c) Naphthoresorcinprobe.[1]) Viele Zucker reagieren auch mit Naphthoresorcin und Salzsäure, und geben hierbei in Wasser unlösliche, in Alkohol lösliche Absätze: 1. Arabinose und Xylose: Alkoholische Lösung des Absatzes rotbraun, stark grün fluorescierend, schwache Bande bei 12—13 im Grün; auf Ammoniakzusatz gelbbraun, ockergelbe Fluorescenz, scharfe Linie bei 11, schwächere dicht nebenan, gegen Blau zu (analog wirkt Ammoniak bei allen Zuckern). — 2. Rhamnose und Fucose: Alkoholische Lösung des Absatzes violettblau, starke schön grüne Fluorescenz, Bande auf D und im Grün. — 3. Glucose und Mannose: Schwache Rotfärbung, alkoholische Lösung des Absatzes rötlich, schwach grüne Fluorescenz, unscharfe Bande bei 12—13 im Grün. — 4. Galaktose, nur bei 2—3 Min. Kochen mit Wasser, und mit weniger als 1 T. Naphthoresorcin: Alkoholische Lösung des Absatzes lila, schwache Bande bei 12—13 und auf D; Fructose wirkt hindernd und muß durch Kochen mit Salzsäure zerstört werden. — 5. Fructose und Sorbinose: Schon bei schwachem Erwärmen sehr schöne violett- bis purpurrote Färbung; alkoholische Lösung des Absatzes gelbbraun, schwache grüne Fluorescenz, schwache Bande bei 13. — Analog wirken alle entsprechenden Polysaccharide.

Glucuronsäure (und ihre Derivate) geben eine bläulich-rötliche Färbung, die alkoholische Lösung des Absatzes ist sehr schön blau, schwach rötlich fluorescierend und zeigt eine Bande ganz nahe der D-Linie, gegen Grün zu. Der blaue Farbstoff ist in Äther löslich, und dies ermöglicht eine sichere Erkennung von Glucuronsäure neben Pentosen: In ein 16—20 mm weites Reagensglas bringt man ein Hirsekorn groß Substanz, 5—6 ccm Wasser, 0,5—1 ccm 1-proz. alkoholische Naphthoresorcinlösung und dann 1 Vol. Salzsäure (sp. Gew. 1,19), erhitzt zum Kochen, kocht sehr vorsichtig 1 Min., läßt 4 Min. stehen, kühlt unter Wasser völlig ab, schüttelt mit 1 Vol. Äther, läßt absitzen (ev. unter Zugabe von mehr Äther oder einigen Tropfen Alkohol), und beobachtet den oberen Teil des Gläschens vor dem Spektralapparate. Noch 3–5 mg Glucuronsäure in 5 ccm Wasser geben ein sehr starkes Band, und in Gegenwart von Arabinose, Glucose, Harn usw. immer noch ein starkes.

---

[1]) B. Tollens und Rorive, B. 41, 1783 (1908). — B. Tollens, B. 41, 788 (1908). — Z. Zuck.-Ind. 58, 521, (1908). — Ch.-Ztg. Rep. 32, 318 (1908) — C. Tollens, Z. physiol. 56, 115 (1908).

3. Quantitative Bestimmung der Pentosen und Pentosane.[1])

Pentosen und Pentosane, das sind komplexe Kohlenhydrate, welche bei der Hydrolyse Pentosen liefern, ebenso Glucuronsäure, Euxanthinsäure usw. können durch Destillation mit Salzsäure in Furfurol übergeführt werden, das durch Phenylhydrazin, Pyrogallol, Phloroglucin, Semioxamazid oder Barbitursäure gebunden wird.

Methylpentosane[2]) liefern in gleicher Weise Methylfurfurol.[3]) Übrigens scheinen auch Hexosane und Hexosen bei der Destillation mit 12proz. Salzsäure kleine Mengen von Furfurol zu liefern.[4])

Die bewährteste Vorschrift (von Flint und Tollens) für die Furfuroldarstellung ist folgende: In einen Kolben von 250—350 ccm Inhalt bringt man meist 5 g Substanz, bei an Pentosen sehr reichen Substanzen entsprechend weniger. Man übergießt mit 100 g 12proz. Salzsäure (sp. Gew. 1.06) und erhitzt auf einem Dreifuße in einem emaillierten eisernen Schälchen in einem Bade aus Roses Metall. Der Kolben trägt einen Gummistöpsel, durch welchen eine Hahnpipette bis etwas unter den Hals des Kolbens, und das Destillationsrohr bis eben unter den Stöpsel reichen. Das nicht zu enge Destillationsrohr ist unterhalb der Biegung zu einer Kugel erweitert und trägt einen Liebigschen Kühler.

Das zuweilen störende Stoßen läßt sich durch Einlegen einiger Kupferstücke[5]) oder einfach von Tonstückchen (W. Mayer, a. a. O.) mäßigen.

---

[1]) Allen und Tollens, Ann. **260**, 289 (1890). — B. **23**, 137 (1890). — Stone, Am. **13**, 74 (1891). — B. **24**, 3019 (1891). — Günther und Tollens, B. **24**, 3577 (1891). — Z. anal. **30**, 520 (1891). — Flint und Tollens, Landw. Vers.-Stat. **42**, 381 (1893). — Krug, Journ. anal. appl. chemistry, **7**, 68 (1893). — Hotter, Ch. Ztg. **17**, 1743 (1893); **18**, 1098 (1894). — De Chalmot, Am. **15** 21 (1893); **16**, 218, 589 (1894). — Councler, Ch. Ztg. **18**, 966 (1894); **21**, 1 (1897). — Welbel und Zeisel, M. **16**, 283 (1895). — Tollens und Krüger, Z. ang. **9**, 40 (1896). — Tollens und Mann, Z. ang. **9**, 34, 93 (1896). — Stift, Öst.-ung. Ztschr. f. Zuckerind. **27**, 20 (1898). — Salkowski, Z. physiol. **27**, 514 (1899). — Kröber, Journ. Landw. **48**, 357 (1900). — Grünhut, Z. anal. **40**, 542 (1901). — Grund, Z. physiol. **35**, 113 (1902). — Neuberg und Brahm, Bioch. **5**, 438 (1907).

[2]) Votoček, B. **32**, 1195 (1899). — Ztschr. Zuckerind. in Böhm. **23**, 229 (1899). — Widtsoe und Tollens, B. **33**, 132, 143 (1900). — Waliaschko, Arch. **242**, 245 (1904). — Ellett, Diss., Göttingen 1904. — Journ. Landw. **1905**, 16. — W. Mayer, Diss., Göttingen 1907, S. 52.

[3]) Das Kondensationsprodukt von Phloroglucin und Methylfurol ist zinnoberrot und in wässerigem Alkali sowie in Alkohol (Ellett und Tollens, B. **38**, 493 (1905), Votoček, a. a. O.) löslich, das Produkt aus Furol schwarz und unlöslich. — Winterstein und Hiestand, Z. physiol. **54**, 304 (1908).

[4]) De Chalmot, Am. **15**, 21 (1893). — Warnier, Rec. **17**, 377 (1897). — Stoklasa, Ztschr. Zuckerind. in Böhm. **23**, 29 (1899). — Weiser, Landw. Vers.-Stat. **52**, 219 (1899). — Windisch, Ch. Ztg. **24**, Rep. 7 (1900). — Meigen und Spreng, Z. physiol. **55**, 58 (1908). — Siehe dagegen: Unger und Jäger, B. **36**, 1228 (1903).

[5]) Lefèvre und Tollens, B. **40**, 4515 (1907).

Man erhitzt das Metallbad so, daß in 10—15 Minuten 30 ccm überdestillieren, was der Fall ist, wenn es etwa 160° warm ist. Das Destillat wird in kleinen Zylindern mit Marke bei 30 ccm aufgefangen. Sobald der Zylinder bis zur Marke gefüllt ist, wird er in ein Becherglas mit Marke bei 400 ccm entleert, durch die Hahnpipette 30 ccm frische Salzsäure in den Kolben gebracht und weiter destilliert, bis ein Tropfen des Destillates, welches man auf mit einem Tropfen einer Lösung von Anilin in wenig 50 proz. Essigsäure befeuchtetes Papier fallen läßt, keine Rotfärbung mehr gibt. Den im Becherglase vereinigten Destillaten setzt man die doppelte Menge des erwarteten Furfurols an diresorcinfreiem Phloroglucin zu, das man zuvor in etwas Salzsäure vom sp. Gew. 1.06 gelöst hat. Dann gibt man so viel der genannten Salzsäure zu, bis das Volumen 400 ccm beträgt, rührt gut um und läßt bis zum folgenden Tage stehen, filtriert dann durch ein gewogenes Filter, wäscht mit 150 ccm Wasser nach, trocknet 4 Stunden im Wassertrockenschrank und wägt im Filterwägeglase. Die Berechnung des gewogenen Phloroglucids auf Furfurol geschieht mittels Division durch einen empirisch ermittelten Divisor, dessen Höhe mit der Phloroglucidmenge wechselt.

Erhaltenes Phloroglucid:	0.2	0.22	0.24	0.26	0.28	0.30	0.32	0.34
Divisor:	1.820	1.839	1.856	1.871	1.884	1.895	1.904	1.911

0.36	0.38	0.40	0.45	0.50	0.60 und mehr
1.916	1.919	1.920	1.927	1.930	1.931

Die so ermittelte Furfurolmenge ist noch auf die entsprechende Pentosanmenge umzurechnen. Weiß man, um welche Zuckerart es sich handelt, so berechnet man auf Arabinose oder Xylose, bzw. auf deren Muttersubstanzen, Araban und Xylan. Sonst führt man die Berechnung mit einem mittleren Faktor aus und gibt das Resultat als „Pentose" bzw. „Pentosan" an. Die entsprechende Pentosenmenge verhält sich zur Pentosanmenge wie 1:0.88, entsprechend den Formeln $C_5H_{10}O_5$ bzw. $C_5H_8O_4$.

$$\text{Furfurol} \times 1.64 = \text{Xylan,}$$
$$\text{Furfurol} \times 2.02 = \text{Araban,}$$
$$\text{Furfurol} \times 1.84 = \text{Pentosan.}$$

Der Umstand,[1]) daß das Kondensationsprodukt von Phloroglucin und Furfurol — eine schwarze, harzige Masse — weder einladende äußere Eigenschaften besitzt, noch völlig unlöslich ist, weshalb· die oben angeführten empirisch ermittelten Korrekturen angebracht werden müssen, läßt die Auffindung eines geeigneteren Fällungsmittels für das Furfurol wünschenswert erscheinen.

---

[1]) Siehe auch Fraps, Am. 25, 201 (1901).

Als solche dürfte sich das Semioxamazid empfehlen, welches Kerp und Unger[1]) für diesen Zweck in Vorschlag gebracht haben.

Zur Fällung des Furfurols aus seiner wässerigen Lösung wendet man eine 30—40° warme, frisch bereitete Azidlösung an und läßt das Reaktionsgemisch zur völligen Abscheidung des Kondensationsproduktes einige Stunden stehen; die Substanz wird auf ein Filter gebracht, mit kaltem Wasser, Alkohol und Äther gewaschen und die Waschwässer mit den organischen Lösungsmitteln in einer samt dem Filter gewogenen Platinschale zur Trockne eingedunstet, der Rückstand ebenso wie die auf dem Filter befindliche Hauptmenge bis zur Gewichtskonstanz (etwa 20 Minuten) bei 110° getrocknet[2]) und alles zusammen gewogen.

Ebenso ist auch für diesen Zweck das von Conrad und Reinbach[3]) dargestellte Kondensationsprodukt von Furfurol und Barbitursäure:

$$C_4H_3O.CH:C\begin{array}{c}CO.NH\\ \diagdown\diagup\\ \diagup\diagdown\\ CO.NH\end{array}CO$$

ein helles, gegen alle Lösungsmittel sehr widerstandsfähiges Pulver, besonders geeignet (Unger und Jäger[4]).

Man benutzt als Reagens eine, eventuell filtrierte, Lösung von 2 g Barbitursäure in 100 ccm 12 proz. Salzsäure.[5])

Die angewandte Menge an Barbitursäure muß das 6—8 fache der zu erwartenden Furfurolmenge betragen. Ferner ist es angezeigt, die Reaktionsflüssigkeit besonders in den ersten Stunden nach dem Zusatze der Säure fleißig umzurühren und sie erst nach 24 stündigem Stehen zu filtrieren. Letztere Operation wird im Goochschen Tiegel vorgenommen, gewaschen und bei 105° getrocknet.

Man setzt die Destillation so lange fort, als noch Furfurolreaktion wahrnehmbar ist und berücksichtigt bei der Berechnung den Löslichkeitskoeffizienten von 1,22 mg für 100 ccm 12 proz. Salzsäure.

Der Umrechnungsfaktor von Furfurolbarbitursäure auf Furfurol beträgt

$$F = 0.4659; = \lg 66827.$$

Der Prozentgehalt des Niederschlags entspricht daher

$$\lg F + \lg N + (1 - \lg S)$$

N = Niederschlag, S = angewandte Substanz.

---

[1]) Siehe S. 655.
[2]) Zu langes Trocknen ist zu vermeiden, da schon bei der angegebenen Temperatur die Substanz zu sublimieren beginnt.
[3]) B. **34**, 1339 (1901).
[4]) B. **35**, 4443 (1902); **36**, 1222 (1903). — Fromherz, Z. physiol. **50**, 24 (1907).
[5]) In der Originalarbeit von Unger und Jäger, B. **36**, 1223 (1903), Z. 4 v. u. ist, offenbar infolge eines Schreibfehlers, eine Lösung in 12 proz. Alkohol vorgeschrieben.

Substanzen, welche neben Pentosen Hexosane enthalten, sind von letzteren durch kurzes Aufkochen mit 1 proz. Salzsäure zu befreien. Jolles[1]) titriert das überdestillierte Furfurol nach dem Behandeln mit Bisulfit mit Jod.

Cormack[2]) bestimmt das Furfurol, indem er es mittels ammoniakalischer Silberlösung in Brenzschleimsäure überführt:

$$C_5H_4O_2 + Ag_2O = C_5H_4O_3 + 2 Ag.$$

Das abgeschiedene Silber wird durch Titration bestimmt.

4. Biochemischer Nachweis von Rohrzucker und Glucosiden nach Bourquelot.[3])

a) Nachweis des Rohrzuckers in den Pflanzen mit Hilfe von Invertin.

Durch Invertin werden von allen Polysacchariden nur Rohrzucker, Raffinose, Gentianose und Stachyose hydrolytisch gespalten; durch die Untersuchung der optischen Eigenschaften kann zwischen dem Rohrzucker und den anderen in Betracht kommenden Körpern mit Sicherheit unterschieden werden.

Darstellung des Invertins. Frische[4]) käufliche Oberhefe (Bäckerhefe) wird mit wenig sterilisiertem Wasser angeteigt, rasch abgesogen und mit dem 8—10fachen Gewicht Alkohol von 95 Proz. angerührt. Man läßt das Gemisch 12—15 Stunden sich absetzen, saugt dann ab, wäscht zuerst mit 95proz. Alkohol, dann mit Äther und trocknet schließlich bei 30—35°. — Das getrocknete Produkt hält sich, vor Feuchtigkeit in einer gut verschlossenen Flasche bewahrt, lange Zeit.

1 g des Präparates wird mit 100 ccm Thymolwasser angerieben. Nach dem Filtrieren erhält man eine klare, sehr wirksame Invertinlösung, die sich über eine Woche lang hält. Man kann ebensogut das trockene Produkt selbst der auf Rohrzucker zu prüfenden, natürlich vorher mit einem geeigneten Antisepticum versetzten Flüssigkeit zusetzen.

Ausführung der Versuche.

Man teilt die zu prüfende Lösung in zwei Teile: den einen A von 50 ccm, welcher als Vergleichsobjekt dient, den anderen B von 200 ccm.

---

[1]) B. **39**, 96 (1906). — M. **27**, 81 (1906).
[2]) Z. anal. **43**, 256 (1904).
[3]) Bourquelot, Journ. Pharm. Chim. (6), **14**, 481 (1901). — Bourquelot und Hérissey, C. r. **134**, 1441 (1902); **144**, 575 (1907). — Champenois, Thèse, Paris 1902. — Harlay, Thèse, Paris 1905. — Bourquelot und Danjon, C. r. soc. Biol. **59**, 18 (1905); **60**, 81 (1906). — Lefèvre, C. r. soc. Biol. **60**, 513 (1906). — Bourquelot, C. r. soc. Biol. **60**, 510 (1906). — Vintilesco, Thèse, Paris 1906. — Arch. **245**, 183 (1907). — Danjon, Thèse, Paris 1906. — Arch. **245**, 200 (1907). — Remeaud, C. r. soc. Biol. **61**, 400 (1906). — Bourquelot, Arch. **245**, 164, 172 (1907). — Laurent, Journ. Pharm. Chim. (6), **25**, 225 (1907). — Bourdier, Arch. **246**, 83 (1908).
[4]) Vor allem auch keine an der Luft getrocknete Hefe.

46*

Die Flüssigkeiten werden in fest verschlossenen kleinen Flaschen in einem Trockenschranke zwei Tage lang auf 25—30° erhitzt, nachdem man zuvor in B 1 g Hefepulver gegeben hat.

Dann entnimmt man jeder Flasche 200 ccm Flüssigkeit, klärt mit 4 ccm Bleiessiglösung, filtriert und prüft im Polarimeter (im 2-Dezimeterrohre).

Wenn Rohrzucker vorhanden ist, so wird er in B hydrolytisch gespalten sein, infolgedessen wird das Polarimeter, im Vergleich zu A, einen Umschlag nach links anzeigen.

b) Nachweis von Glucosiden mittels Emulsin.

Eine große Reihe von Glucosiden ist durch Emulsin hydrolysierbar: alle sind linksdrehend und leiten sich von der Dextrose ab.

Polarisiert man ein derartiges Glucosid vor und nach der Hydrolyse, so wird man aus der Drehungsänderung (von links nach rechts) und aus der Bildung eines reduzierend wirkenden Zuckers qualitativ und quantitativ verwertbare Schlüsse ziehen können.

Darstellung des Emulsins.[1])

100 g süße Mandeln werden ungefähr eine Minute lang in kochendes Wasser eingetaucht, abgetropft und sorgfältig geschält. Hierauf zerstößt man sie in einem Marmormörser so fein wie möglich und maceriert das erhaltene Produkt mit einem Gemische von je 100 ccm destillierten Wassers und gesättigten Chloroformwassers. Nach 24 Stunden preßt man durch ein angefeuchtetes Tuch, setzt zu dem Filtrate 10 Tropfen Eisessig, um das Casein zu fällen und filtriert durch ein angefeuchtetes Filter. Das klare Filtrat (120 bis 130 ccm) fügt man zu 500 ccm 95proz. Alkohols, filtriert den Niederschlag auf ein glattes Filter und wäscht mit einem Gemisch gleicher Teile Alkohol und Äther. Man trocknet im Vakuum über Schwefelsäure und erhält so hornartige, durchscheinende Plättchen, die beim Zerreiben ein fast weißes Pulver liefern.

Trocken aufbewahrt, hält sich dieses Emulsinpräparat sehr lange wirksam.

Ähnlich bestimmt Desmoulière das Glucogen durch Ermittelung des Gehaltes an durch Pepsin abspaltbarer Glucose.

---

[1]) Hérissey, Thèse, Paris 1899, S. 44. — Bourquelot, Arch. **245**, 173 (1907).

Methoxylgruppe und Äthoxylgruppe. — Höhere Alkoxyle — Methylenoxydgruppe. — Brückensauerstoff.

Erster Abschnitt.

Methoxyl- und Äthoxylgruppe.

1. Qualitative Unterscheidung der Methoxyl- und der Äthoxylgruppe.

Da es bei der allgemein angewandten quantitativen Bestimmungsmethode der Methoxyl- und Äthoxylgruppen nach Zeisel[1]) unentschieden bleibt, ob die vorliegende Substanz Methyl oder Äthyl enthält, ist es häufig notwendig, eine qualitative Untersuchung vorzunehmen.

Nach Beckmann[2]) erhitzt man zu diesem Zwecke die Substanz mit der molekularen Menge Phenylisocyanat im Rohre einige Stunden auf 150⁰ und destilliert das Reaktionsprodukt im Wasserdampfstrome. Das übergehende Öl erstarrt zu einem bei 47⁰ schmelzenden Körper, dem Methylphenylurethan, oder zu dem bei 51⁰ schmelzenden Äthylphenylurethan.

Das Produkt wird durch Umkrystallisieren aus einem Gemische von Äther und Petroläther gereinigt und durch die Analyse identifiziert.

$$C_8H_9O_2N \ldots C = 63.6, \quad H = 5.9 \text{ Proz.}$$
$$C_9H_{11}O_2N \ldots C = 65.5, \quad H = 6.6 \quad ,,$$

Feist[3]) legt bei der Bestimmung im Zeiselschen Apparate alkoholische Dimethylanilinlösung statt Silbernitrat vor und konstatiert, wenn Methyl abgespalten wurde, die Bildung des bei 211—212⁰

---

[1]) S. 726.
[2]) Ann. **292**, 9, 13 (1896).
[3]) B. **33**, 2094 (1900). — Schüler, Arch. **245**, 264 (1907). — Hofmann und Brugge berühren zum Nachweise der Methoxylgruppe im Eisenmethylat die Substanz mit einer glühenden Kupferspirale und weisen gebildeten Formaldehyd nach. B. **40**, 3765 (1907).

schmelzenden Trimethylphenyliumjodids. — Das Dimethyl-
äthylphenyliumjodid[1]) schmilzt bei 124.5—126°.

Man kann auch, falls größere Substanzmengen zur Verfügung
stehen, das Jodalkyl in Substanz isolieren, indem man beim Zeiselschen Apparate ein gut gekühltes Fraktionierkölbchen vorlegt und den
Siedepunkt des in geeigneter Weise getrockneten Produktes bestimmt.[2])
Jodmethyl siedet bei 42—43°, Jodäthyl bei 72°. —

Gewöhnlich lassen sich übrigens Äther oder Ester mit Alkali
oder Schwefelsäure verseifen und der gebildete Alkohol mittels der
Liebenschen Jodoformreaktion[3]) prüfen.

V. Meyer empfiehlt,[4]) die betreffenden Jodalkyle in die Nitrolsäuren überzuführen. Methylnitrolsäure: Smp. 64°, Äthylnitrolsäure:
Smp. 81—82°.

Siehe auch noch Decker, B. **35**, 3073 (1902). — Hofmann,
B. **39**, 3188 (1906); **41**, 1626 (1908).

2. Quantitative Bestimmung der Methoxylgruppe.

a) Methode von S. Zeisel.[5])

Diese überaus elegante und unbedingt zuverlässige Methode beruht auf der Überführbarkeit des Methyls der CH_3O-Gruppe durch
Jodwasserstoffsäure in Jodmethyl und Bestimmung des Jods in der
durch Umsetzung des Jodmethyls mit alkoholischer Silbernitratlösung
erhaltenen Doppelverbindung von Jodsilber und Silbernitrat, bzw. dem
aus der Doppelverbindung mit Wasser entstehenden Jodsilber.

Sie liefert immer quantitativ richtige Ergebnisse (Fehlergrenze
etwa ± 0.5 Proz. des Gesamtmethoxylgehaltes), wenn nicht die Substanz durch Umlagerung unter dem Einflusse der Jodwasserstoffsäure
während der Reaktion selbst teilweise in eine C-methylierte Verbindung übergeht[6]) oder einer anderen anormalen Reaktion unter-
liegt[7]) und wenn es gelingt, die Substanz wenigstens partiell in
Lösung zu bringen.[8])

Auch Oximäther lassen sich nach diesem Verfahren analysieren.[9])

In manchen seltenen Fällen wird auch an Stickstoff gebundenes
Alkyl schon durch siedende Jodwasserstoffsäure mehr oder weniger weitgehend abgespalten, andererseits kann bei stickstoffhaltigen Substanzen

---

[1]) Claus und Howitz, B. **17**, 1325 (1884).

[2]) Z. B. Fromm und Emster, B. **35**, 4355 (1902).

[3]) Seite 394. — Siehe Winzheimer, Arch. **246**, 355 (1908).

[4]) M. u. J. **1**, 222.

[5]) M. **6**, 989 (1885); **7**, 406 (1886). — Bericht über den III. intern. Kongreß f. angew. Chemie, **2**, 63 (1898).

[6]) Goldschmiedt und Hemmelmayr, M. **15**, 325 (1894). — Pollak,
M. **18**, 745 (1897). — Herzig und Hauser, M. **21**, 872 (1900). — Vgl. Moldauer,
M. **17**, 470 (1896).

[7]) Hesse, B. **30**, 1985 (1897). — Bistrzycki und Herbst, B. **35**, 3140
(1902). — v. Schmidt, M. **25**, 295 (1904).

[8]) Siehe S. 733.

[9]) Kaufler, B. **35**, 753 (1902).

während der Reaktion Alkyl an den Stickstoff wandern, und kann dann nur nach der Herzig-Meyerschen Methode bestimmt werden. Siehe hierüber S. 834.

Der Apparat zu dieser Bestimmung besteht in der ursprünglichen Zeiselschen Versuchsanordnung aus einem mit Wasser von etwa 40—50° gespeisten Rückflußkühler K (Fig. 213), an dem ein Kölbchen A von 30—35 ccm Inhalt mittels Korkstopfens befestigt ist, an dessen Halse in der aus der Figur ersichtlichen Weise ein knapp vor der Lötstelle verengtes Seitenrohr zum Zuleiten von Kohlendioxyd angesetzt ist.

Das obere Ende des Kühlrohres ist erweitert, um vermittels eines einfach gebohrten Korkes einen Geißlerschen Kaliapparat anfügen zu lassen. Der Kaliapparat ist mit Wasser gefüllt, in welchem $1/_4$ bis $1/_2$ g amorphen roten Phosphors suspendiert worden sind. Er steht

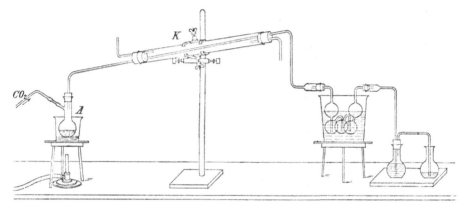

Fig. 123.

während des Versuches in einem auf ca. 50—60° zu haltenden Wasserbade und dient dazu, den durchstreichenden Jodmethyldampf von mitgerissener Jodwasserstoffsäure und von Joddampf zu befreien. An diesen Waschapparat ist vermittels Korks ein rechtwinklig gebogenes Glasrohr angesetzt.

Dieses leitet den Dampf des Jodmethyls bis an den Boden eines ca. 80 ccm fassenden Kölbchens, in welchem 50 ccm alkoholischer Silbernitratlösung enthalten sind, und geht durch die eine Bohrung eines in den Kolben eingesetzten Korkes, in dessen zweiter ein doppelt rechtwinklig gebogenes Glasrohr eingefügt ist. Der kürzere Schenkel desselben mündet unterhalb des Korkes, der längere reicht bis auf den Boden eines zweiten kleineren Kölbchens, das mit 25 ccm Silbernitratlösung beschickt ist.

Man kann auch einfacher ein Destillierkölbchen nehmen, dessen abgebogenes Ansatzrohr in das zweite Kölbchen taucht. In der Regel braucht man übrigens das zweite Kölbchen gar nicht.

Ein Siedekölbchen, welches die direkte Einwirkung der heißen Jodwasserstoffsäure auf den Kork verhindert, haben Benedikt[1]) und M. Bamberger[2]) konstruiert (Fig. 216).

Modifikationen des Apparates[3]) haben Benedikt und Grüßner[4]) angegeben, welche einen Kugelapparat verwenden, der zugleich als Rückflußkühler und Waschapparat dient, sowie Leo

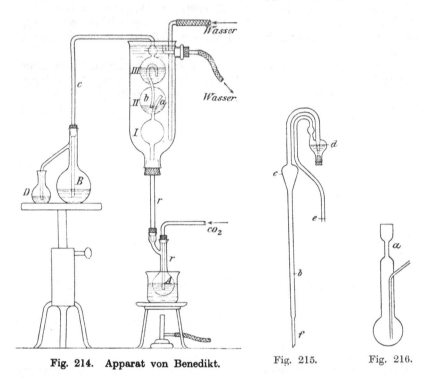

Fig. 214. Apparat von Benedikt.   Fig. 215.   Fig. 216.

Ehmann[5]), Perkin[6]), Hesse[7]), Decker[8]), Stritar[9]), Hewitt und Moore[10]).

[1]) Ch. Ztg., **13**, 872 (1889).
[2]) M. **15**, 509 (1894).
[3]) Siehe auch Ann. **272**, 290, Anm. (1893). In manchen Fällen kann man nur mit dem Apparate von Herzig und Hans Meyer (S. 834) auskommen. Moldauer, M. **17**, 466 (1896). — Weidel und Pollak, M. **21**, 25 (1900). — Hertzka, M. **26**, 234, Anm. (1905).
[4]) Ch. Ztg. **18**, 872 (1889).
[5]) Ch. Ztg. **14**, 1767 (1890); **15**, 221 (1891).
[6]) Soc. **83**, 1367 (1903).
[7]) B. **39**, 1142 (1906).
[8]) B. **36**, 2895 (1903).
[9]) Z. anal. **42**, 579 (1903).
[10]) Soc. **81**, 318 (1902).

Der einfachste und zweckmäßigste Apparat dürfte wohl der von Hans Meyer[1]) angegebene sein. (Fig. 215.)

Bei f wird das an dieser Stelle ausgezogene Rohr b in das Bambergersche Kochkölbchen eingesetzt.[2]) b dient als Luftkühler und trägt zur Sicherheit eine kegelförmige Erweiterung c. In d, welches von unten durch einen Korkstopfen verschlossen wird, füllt man nach dem Umkehren des Apparates etwas Wasser und einige Milligramme roten Phosphor ein. Bei e taucht das Ableitungsrohr in die alkoholische Silbernitratlösung.

Die Länge von b bis zur Biegung beträgt 50 cm, der Durchmesser 10 mm, der Inhalt von d 15 ccm.

Der Apparat ist leicht und billig herstellbar, wenig zerbrechlich und leicht zu reinigen. Er kann mit gleich gutem Erfolg auch für die Bestimmung von Alkyl am Stickstoff benutzt werden.

Bei schwefelhaltigen Substanzen ist die Zeiselsche Methode nicht anwendbar,[4]) und ebensowenig darf die Jodwasserstoffsäure vermittels Schwefelwasserstoffs bereitet sein, da sie dann nicht gut von flüchtigen Schwefelverbindungen zu befreien ist, welche Anlaß zur Bildung von Mercaptan und Schwefelsilber geben würden.[5])

Hat eine Jodwasserstoffsäure bei einer blinden Probe einen merkbaren Niederschlag im Silbernitratkölbchen ergeben, so muß man die Säure, welche ein sp. Gew. von 1.7—1.72 haben soll, durch Destillation reinigen,[6]) wobei man das erste und das letzte Viertel des Destillates verwirft und nur die Mittelfraktion zu den Bestimmungen benutzt.

Säure vom sp. Gew. 1.9 wird in solche von 1.7 verwandelt, wenn man auf je 15 ccm der ersteren 5 ccm Wasser zusetzt.

Die Silbernitratlösung wird durch Lösen von je 2 Teilen des geschmolzenen Salzes in je 5 Teilen Wasser und Zusatz von je 45 ccm absoluten Alkohols bereitet. Man bewahrt die Lösung im Dunkeln auf und gießt vor dem Versuche die nötige Menge durch ein Filter in das Kölbchen, und setzt ihr schließlich einen Tropfen reiner Salpetersäure zu.[7])

---

[1]) M. **25**, 1213 (1904). — Zu beziehen von F. Hugershoff, Leipzig, und von S. Grünwald, Prag, Salmgasse.

[2]) Die Verengung des Rohres ist so zu bemessen, daß dasselbe ziemlich genau in die Verengung a des Kochkölbchens paßt. Dadurch wird vermieden, daß Jodwasserstoffsäure zum Korkstopfen gelangt.

[4]) Über die Methoxylbestimmung in schwefelhaltigen Substanzen siehe S. 736.

[5]) Eine brauchbare, mittels Phosphors bereitete „Jodwasserstoffsäure für Methoxylbestimmungen" wird von C. A. F. Kahlbaum in Berlin in den Handel gebracht.

[6]) Kochen am Rückflußkühler, wie es Benedikt empfiehlt, führt selbst bei mehrtägigem Erhitzen nicht zum Ziele. — Die flüchtige Substanz, welche bei Blindversuchen einen Niederschlag veranlaßt, ist wahrscheinlich Jodcyan. Roser und Howard, B. **19**, 1596 (1896).

[7]) Zeisel, Ber. üb. d. III. intern. Kongreß f. ang. Chemie, Wien **1898**.

1. Verfahren für nicht flüchtige Substanzen.

Zur Ausführung des Versuches wird der vollständig zu-
sammengestellte Apparat auf dichten Schluß geprüft, die Silberlösung
eingefüllt, das Kochkölbchen mit 0.2—0.3 g Substanz und 10 ccm
Jodwasserstoffsäure beschickt, wieder an den Apparat angefügt und
durch einen Mikrobrenner bis zum Sieden des Inhaltes erhitzt, während gewaschenes Kohlendioxyd — etwa 3 Blasen in 2 Sekunden —
durch den Apparat streicht.[1])

In das Kochkölbchen bringt man auch, falls man nicht die
Bambergersche Modifikation benützt, zur Vermeidung von Siedeverzug einige erbsengroße Tonstückchen.

Nach etwa 10—15 Minuten, vom Beginne des Siedens der Jodwasserstoffsäure gerechnet, beginnt die Silberlösung sich zu trüben,
und bald wird der Kolbeninhalt undurchsichtig von der Ausscheidung
der weißen Doppelverbindung von Jodsilber und Silbernitrat.

Der Inhalt des zweiten Kölbchens bleibt fast immer klar, und
nur bei sehr methoxylreichen Substanzen und raschem Gange des
Kohlendioxydstromes — wobei es auch (durch mitdestilliertes Wasser)
zu Gelbfärbung des Inhaltes im ersten Kölbchen kommen kann —
zeigt sich manchmal eine schwache Trübung in demselben.

Das Ende des Versuches ist fast immer sehr scharf daran zu
erkennen, daß die Flüssigkeit sich vollkommen über dem nunmehr
krystallinischen Niederschlage klärt.

Wenn aber die Methylabspaltung sehr langsam erfolgt, so kann
die Beendigung des Versuches nicht auf diese Weise erkannt werden.
Es empfiehlt sich daher stets[2]), nach dem Absetzen des Niederschlages,
das Vorlegekölbchen gegen ein solches mit frischer Lösung — es
genügt dann eine viel kleinere Silbermenge — auszutauschen, oder
rasch durch Dekantation die klare Lösung vom Niederschlage in ein
anderes Kölbchen zu leeren, und letzteres vorzulegen. Man erhitzt
dann noch $^1/_2$ Stunde weiter, während deren kein neuerlicher Niederschlag auftreten darf, widrigenfalls man nach Klärung desselben nochmals in der geschilderten Weise vorzugehen hat.

Die Dauer der Bestimmungen beträgt im allgemeinen 1 bis
höchstens 2 Stunden.

Nun werden die beiden Vorlegekölbchen samt Zuleitungsrohr
vom Apparate abgenommen, der Inhalt des zweiten mit der
5 fachen Menge Wassers verdünnt und, falls nach mehreren Minuten
keine Trübung entsteht, weiter nicht berücksichtigt, sonst mit
dem Inhalte des ersten Kölbchens vereinigt und auf etwa 500 ccm
mit Wasser verdünnt.

---

[1]) In die Waschflasche des Kohlensäureapparates gibt man verdünnte
wässerige Silbernitratlösung, um — von einem etwaigen Kiesgehalte des Mar-
mors stammenden — Schwefelwasserstoff zu zerstören.

[2]) Siehe auch Perkin, Soc. 83, 1370 (1903).

Von den Glasröhren wird der anhaftende Niederschlag mit Federfahne und Spritzflasche entfernt und in das Becherglas gespült.

Dieser Teil des Niederschlages ist gewöhnlich (durch Phosphorsilber?) dunkel gefärbt, was jedoch auf das Resultat der Bestimmung ohne Einfluß ist.

Der Inhalt des Becherglases wird nun auf dem Wasserbade auf die Hälfte eingedampft, mit Wasser und wenigen Tropfen Salpetersäure wieder aufgefüllt, bis zum völligen Absitzen des gelben Jodsilberniederschlages digeriert und dann in üblicher Weise das Jodsilber bestimmt, wobei man den S. 30 beschriebenen Apparat benützt.

Perkin zieht es vor,[1] die alkoholische Silberlösung langsam in kochendes, mit Salpetersäure versetztes Wasser einzutragen, und noch bis zum Vertreiben der Hauptmenge des Alkohols einzudampfen.

2. Modifikation des Verfahrens für leicht flüchtige Substanzen.

Hat man flüchtige Substanzen zu analysieren, so gelangt man auch gewöhnlich zum Ziele, wenn man zu Beginn des Versuches kaltes Wasser durch den Rückflußkühler schickt und den Kohlendioxydstrom langsam gehen läßt.

Für besonders leicht flüchtige Substanzen hat Zeisel[2] folgendes Verfahren angegeben: 0.1—0.3 g Substanz werden in einem leicht zerbrechlichen, zugeschmolzenen Glaskügelchen abgewogen.

Um das Zertrümmern desselben zu erleichtern, schließt man ein etwa 2 cm langes, scharfkantiges Stückchen Glasrohr mit in die Einschmelzröhre ein, in der die Umsetzung der Substanz mit 10 ccm Jodwasserstoffsäure vom sp. Gew. 1.7 durch 2 stündiges Erhitzen auf 130° bewirkt wird.

Die Röhre soll eine Länge von 30—35 cm und 1.2—1.5 cm innere Weite besitzen. Das eine Ende des Rohres geht in einen durch Anlöten eines zylindrischen Glasrohres hergestellten Fortsatz von 10 cm Länge und 1—2 mm innerer Weite aus, das andere Ende desselben ist derart zu einer Capillare ausgezogen, daß ein Kautschukschlauch gut schließend darüber gezogen werden kann.

Die beiden Spitzen der Röhre sollen, wenn auch nicht zu fein, so doch so beschaffen sein, daß sie leicht abgebrochen werden können, wenn man sie — nach dem Erhitzen — anfeilt.

Nachdem man durch Schütteln des Rohres das Glaskügelchen zerbrochen und danach das Rohr wie angegeben erhitzt hat, wird das letztere beiderseits angefeilt und mit dem angelöteten Ende in einen 3 fach durchbohrten Kork eingesetzt, der ein weithalsiges Kölbchen mit dem Rückflußkühler verbindet.

In der dritten Bohrung dieses Korkes steckt ein 2 fach gebo-

---

[1] Soc. **88**, 1370 (1903).
[2] M. **7**, 406 (1886).

gener, nicht zu schwacher Glasstab von beistehender Form (⌐), durch dessen Drehung die über seinen unteren, horizontalen Arm hinwegragende Spitze des eingesetzten Einschmelzrohres leicht abgebrochen werden kann.

Ist so das Rohr zuerst unten geöffnet worden, so wird durch seitliches Klopfen mit dem Finger, dann durch vorsichtiges Erhitzen der oberen Spitze die Flüssigkeit aus derselben vertrieben und nach dem Erkalten ein guter Kautschukschlauch darüber gezogen, welcher zu dem bereits in richtigem Gange befindlichen Kohlensäureapparate führt.

Nun wird die obere Spitze innerhalb des Schlauches abgebrochen.

Die Flüssigkeit, von der schon beim Öffnen der unteren Spitze ein Teil ausgeflossen ist, wird nun ganz ins Siedekölbchen gedrängt. Von da ab wird genau so vorgegangen, wie bei der Analyse nicht flüchtiger Methoxylverbindungen.

3. Bemerkungen zur Zeiselschen Methode.

Die Methode ist auch bei chlor-[1]) (Zeisel) und bromhaltigen (G. Pum[2]) sowie Nitroverbindungen anwendbar, nicht bei schwefelhaltigen (Zeisel[3]), Benedikt und Bamberger[4]).

Bei der Analyse von Nitrokörpern und überhaupt bei Substanzen, welche aus der Lösung viel Jod abscheiden, empfiehlt es sich, auch in das Siedekölbchen etwas roten Phosphor zu geben.[4])

Der Wasch-Apparat muß nach je 4—5 Bestimmungen frisch gefüllt werden.

Da manche Substanzen unter dem Einflusse der Jodwasserstoffsäure verharzen, wodurch infolge Einhüllung unangegriffener Substanz die Jodmethylabspaltung verzögert oder teilweise verhindert werden kann, empfiehlt es sich unter allen Umständen, der Jodwasserstoffsäure 6—8 Volumprozente Essigsäureanhydrid hinzuzufügen, wie dies Herzig[5]) beim Methyl- und Acetyläthylquercetin, beim Rhamnetin und Triäthylphloroglucin mit Erfolg versuchte.

In manchen Fällen ist auch ein viel größerer Essigsäureanhydridzusatz von Vorteil. So hat Wolf im Prager Univ.-Labor. gefunden, daß der Brassidinsäuremethylester, der nach dem üblichen Verfahren bloß ungefähr die Hälfte (4.5 Proz.) des theoretischen Methoxylgehaltes finden läßt, recht befriedigende Resultate liefert, wenn man zur Verseifung eine Mischung gleicher Mengen (je 10 ccm) Jodwasserstoffsäure und Anhydrid verwendet. Ähnliche Erfahrungen machten

---

[1]) Manchmal liefern indessen stark chlorhaltige Substanzen unbefriedigende Resultate. Decker und Solonina, B. **35**, 3223 (1902).

[2]) M. **14**, 498 (1893).

[3]) M. **7**, 409 (1886).

[4]) M. **12**, 1 (1891). — Reinigen des Phosphors: Z. anal. **42**, 586 (1903).

[5]) M. **9**, 544 (1898). — Siehe auch Pomeranz, M. **12**, 383 (1891). — Hewitt und Moore, Soc. **81**, 321 (1902), — Perkin, Soc. **83**, 1370 (1903). — Finnemore, Soc. **93**, 1516 (1908).

Goldschmiedt und Knöpfer[1]) bei einem aus Chlorbenzyldibenzyl-
keton erhaltenen Ester $C_{22}H_{19}O(OCH_3)$.

Baeyer und Villiger empfehlen einen Zusatz von Eisessig.[2])
Der Zusatz der Essigsäure, resp. des Anhydrids, bewirkt in
solchen Fällen eine Vergrößerung der Löslichkeit der Substanz.
Zum Gelingen der Operation ist ja, was eigentlich selbstverständlich ist, die an die Lösung geknüpfte innige Berührung der Substanz mit der Jodwasserstoffsäure unerläßlich. So haben Boyd und
Pitman gezeigt,[3]) daß Trichloranisol und Tribromanisol ohne
Zusatz eines Lösungsmittels zur Jodwasserstoffsäure völlig unbefriedigende Zahlen liefern, während sie, mit einem Gemisch aus
gleichen Teilen Jodwasserstoffsäure 1.7 und Eisessig gekocht, quantitativ zerlegt werden.

Ebenso konnte Hans Meyer die falschen Resultate[4]) von
R. Meyer und Marx bei der Untersuchung der Bromphenol-
phthaleinester in diesem Sinne rektifizieren.[5])

Es gibt aber immerhin Fälle, in denen die Jodsilberabscheidung,
sei es infolge ungenügender Löslichkeit der Substanz, sei es wegen
allzu großer Stabilität derselben,[6]) unter den normalen Versuchsbedingungen (1—2stündige Dauer des Erhitzens, Jodwasserstoffsäure
vom sp. Gew. 1.7) nicht vollständig ist.[7])

In solchen Fällen ist der Versuch nach 2 Stunden zu unterbrechen, neue Silberlösung vorzulegen und nach Zusatz von 2—3 ccm
Jodwasserstoffsäure 1.96 wieder mehrere Stunden zu kochen. Dieser
Vorgang wird wiederholt, bis die Silberlösung auch nach mehrstündigem Kochen klar bleibt. Bei der Methoxylbestimmung solcher
resistenter Substanzen pflegt sich der Beginn der Jodsilberabscheidung
nicht durch eine milchige Trübung, sondern durch das Ausfallen
glänzender Krystallflitter anzuzeigen. — Über den umgekehrten Fall:
allzu leichte Abspaltung von Stickstoff-Alkyl, welches das Vorhandensein einer Methoxylgruppe vortäuscht, siehe S. 840.

In manchen Fällen ist auch Zusatz von amorphem Phosphor
anzuraten, oder ausschließliche Anwendung von Säure 1.96.[7])

Substanzen, welche unter dem Einflusse der Jodwasserstoffsäure
verharzen, geben leicht zur Verstopfung des Kohlendioxyd-Zuleitungs-
rohres Anlaß.

---

[1]) M. 20, 743, Anm. (1899). — Siehe auch Grafe, M. 25, 1019 (1904).
[2]) B. 35, 1199 (1902).
[3]) Soc. 87, 1255 (1905).
[4]) B. 40, 1437 (1907).
[5]) B. 40, 2432 (1907). — R. Meyer und Marx, B. 41, 2447 (1908).
[6]) Siehe auch unter „Äthoxylgruppe". Angeblich nicht entalkylierbar sind:
p-Methoxystilben und der Methylenäther des 3.4-Dioxy-4'-Methoxystilbens:
Funk, Diss., Bern 1904. — Sulser, Diss., Bern 1905, S. 36. — Ebenso das
Dibromanetholdibromid: Hoering, B. 37, 1559 (1904).
[7]) Decker und Solonina, B. 36, 2896 (1903). — Goldschmiedt,
M. 26, 1147 (1905). — Hans Meyer, M. 27, 262 (1906). — Herzig und
Polak, M. 29, 267 (1908). — Herzig und Kohn, M. 29, 296 (1908).

Auch die Bestimmung von Krystallalkohol[1]) kann nach der Zeiselschen Methode mit befriedigendem Resultate erfolgen.

Goldschmiedt schlägt zu diesem Zwecke folgende Versuchs-anordnung vor.[2]) Ein U-förmig gebogenes Röhrchen, zur Aufnahme der gewogenen Substanz, wird an ein Bambergersches Glaskölbchen derart angeschmolzen, daß das in das Kölbchen geleitete Kohlendioxyd zuerst durch das Röhrchen streichen muß, welches in einem Flüssigkeitsbade auf 105—110° erhitzt wird. Der Gasstrom führt dann den entweichenden Alkohol in die siedende Jodwasserstoffsäure. Wegen der großen Flüchtigkeit des Methylalkohols versieht man das Kölbchen mit einem Aufsatze, wie ihn J. Herzig und Hans Meyer für die Bestimmung des Methyls am Stickstoff empfohlen haben[3]) und beschickt diesen gleich bei Beginn der Operation mit so viel Jodwasserstoffsäure, daß die aus dem Kölbchen entweichenden Dämpfe durch die Flüssigkeit glucksen müssen. Nach beendigter Operation läßt man die Jodwasserstoffsäure aus dem Aufsatze in das Kölbchen zurückfließen, erhitzt wiederum und so noch ein drittes Mal.

b) Modifikationen des Verfahrens durch Gregor.[4])

Gregor verwendet nach einem Vorschlage von Glücksmann zum Füllen des Waschapparates statt Phosphor eine kaliumcarbonat-haltige Arsenigsäurelösung (je 1 Teil Kaliumcarbonat und Säure auf 10 Teile Wasser). Dies hat den Nachteil, daß man den Apparat nach jeder Bestimmung frisch füllen muß — während man bei der Anwendung von Phosphor 5—6 Bestimmungen hintereinander machen kann — und beseitigt nur den „Schönheitsfehler", daß das Jodsilber sich ein wenig geschwärzt zeigt, wenn man nicht ganz sorgfältig gereinigten Phosphor anwendet.

Übrigens fand Moll van Charante[5]), der die Gregorsche Methode nachprüfte, daß man mit Kaliumcarbonat und Arsenigsäure immer ein Defizit an Methoxyl erhält (bis zu 30 Proz. des Methoxylgehaltes), das sich durch eine Zersetzung des Jodmethyls durch das Kaliumarsenit erklärt, was nach den Arbeiten von Klinger und Kreutz[6]) beziehungsweise Rüdorf[7]) erklärlich ist. — Dagegen erhält man nach Přibram[8]) richtige Zahlen, wenn man die Arsenitlösung verdünnter anwendet, als der Gregorschen Vorschrift entspricht.

Die zweite Modifikation besteht in der Verwendung einer salpetersauren Silbernitratlösung, und Titration des nicht gefällten Silbers nach Volhard.

---

[1]) J. Herzig und Hans Meyer, M. 17, 437 (1896). — Chloralalkoholat: Schmidinger, M. 21, 36 (1900).
[2]) M. 19, 325 (1898).
[3]) M. 15, 613 (1894). — Siehe S. 837.
[4]) M. 19, 116 (1898).
[5]) Rec. 21, 38 (1902).
[6]) Ann. 249, 147 (1888).
[7]) B. 20, 2668 (1887).
[8]) Privatmitteilung. — Kropatschek, M. 25, 583 (1904).

17 g Silbernitrat werden in 30 ccm Wasser gelöst und diese Lösung mit absolutem Alkohol auf einen Liter verdünnt. Diese Lösung wird mit $n/_{10}$-Rhodankaliumlösung gestellt. Für jede Analyse werden von der Silberlösung 50 ccm in das erste und 25 ccm in das zweite Kölbchen gebracht und mit einigen Tropfen salpetrigsäurefreier Salpetersäure versetzt. Nach Beendigung der Reaktion wird der Inhalt beider Kölbchen in einen 250 ccm fassenden Meßkolben gespült, mit Wasser bis zur Marke aufgefüllt, kräftig umgeschüttelt und durch ein trockenes Faltenfilter in ein trockenes Gefäß abfiltriert. Je 50 oder 100 ccm werden dann mit reiner Salpetersäure und Ferrisulfatlösung versetzt und nach Volhard[1]) titriert.

Berechnung der Methoxylbestimmung.

100 Gewichtsteile Jodsilber entsprechen

$$13.20 \text{ Gewichtsteilen } CH_3O \text{ und}$$
$$6.38 \quad \text{,,} \qquad CH_3$$

Faktorentabelle.

CH_3O

1	2	3	4	5	6	7	8	9
132	264	396	528	660	792	924	1056	1188

CH_3

1	2	3	4	5	6	7	8	9
638	1276	1914	2552	3190	3828	4466	5104	5742

3. Quantitative Bestimmung der Äthoxylgruppe.

Die Bestimmung wird nach Zeisel[2]) genau so vorgenommen, wie oben beim Methoxyl angegeben wurde.

In einzelnen Fällen haben sich die Äthylderivate soviel stabiler erwiesen, als die zugehörigen Methyläther, daß die Äthoxylbestimmung in Frage gestellt ist, während die Methoxylbestimmung anstandslos verläuft.

Derartige Verhältnisse zeigen die Äther des Kynurins[3]) und des p-Oxychinaldins.[4])

---

[1]) J. pr. (2), **9**, 217 (1874). — Ann. **190**, 1 (1877).
[2]) M. **7**, 406 (1886).
[3]) Hans Meyer, M. **27**, 255 (1906).
[4]) Hans Meyer, M. **27**, 992 (1906).

100 Gewichtsteile Jodsilber entsprechen

19.21 Gewichtsteilen C_2H_5O oder
12.34   „ C_2H_5.

Faktorentabelle.

C_2H_5O

1	2	3	4	5	6	7	8	9
1921	3842	5763	7684	9605	11526	13447	15368	17289

C_2H_5

1	2	3	4	5	6	7	8	9
1234	2468	3702	4936	6320	7404	8638	9872	11106

4. Methoxyl-(Äthoxyl-)Bestimmungen in schwefelhaltigen Substanzen.

Die Zeiselsche Methode ist für schwefelhaltige Substanzen nicht wohl anwendbar, weil der durch die reduzierende Wirkung der Jodwasserstoffsäure entstehende Schwefelwasserstoff zur Bildung von Schwefelsilber und von Mercaptan Veranlassung gibt, wodurch ein beträchtliches Minus an Methoxyl bedingt wird. Qualitativ ist indessen die Methode trotzdem auch dann noch brauchbar, wie dies u. a. Lindsey und Tollens[1]) gezeigt haben.

Für Carbonsäureester schwefelhaltiger Substanzen und für Sulfosäureester, überhaupt für Substanzen, bei denen die Methoxylgruppen durch Lauge abspaltbar sind, hat Kaufler[2]) eine passende Modifikation des Zeiselschen Verfahrens angegeben.

Methoxylbestimmung nach Kaufler.

Der Apparat besteht aus einem kleinen, ca. 15 ccm fassenden Fraktionierkölbchen (Verseifungskölbchen) mit rechtwinkelig gebogenem Ansatzrohre. In dieses Kölbchen kommt die Substanz und die zur Verseifung dienende Lauge. Das Ansatzrohr ragt in ein U-Rohr, welches mit ausgeglühten, mit Kupfersulfat getränkten Bimssteinstücken beschickt ist. An das U-Rohr schließt sich das Absorptionsgefäß an, wozu ein Winklerscher Absorptionsapparat gewählt werden kann, der einen senkrechten, breiten und hohen Ansatz trägt,

---

[1]) Ann. **267**, 359 (1892).
[2]) M. **22**, 1105 (1901).

welcher so dimensioniert sein soll, daß er mehr als das Doppelte der Jodwasserstoffsäure faßt, die in den Windungen des Apparates enthalten ist. Diese Vorrichtung wird mit dem Zeiselschen Apparate verbunden.

Wegen der Verwendung von Lauge kann man die Bestimmung nicht im Kohlendioxydstrome ausführen. Der Apparat wird vielmehr an die Pumpe angeschaltet und ein langsamer Luftstrom durchgesaugt; aus diesem Grunde dient als Vorlage für das Jodmethyl ein Fraktionierkolben, dessen Rohr in einen kleineren, ebenfalls mit Silbernitratlösung gefüllten Fraktionierkolben taucht, der mittels seines Ansatzrohres an die Pumpe angeschlossen wird. Selbstverständlich muß die durchzusaugende Luft zur Befreiung von Säuren zunächst durch eine Waschflasche mit Alkali nnd dann zur Trocknung durch konzentrierte Schwefelsäure geleitet werden.

Die Ausführung geschieht wie folgt:

Nachdem man sich überzeugt hat, daß durch alle Teile des Apparates ein gleichmäßiger Luftstrom geht, wird die Substanz mittels eines Wägeröhrchens in den Verseifungskolben eingebracht und 3—6 ccm wässeriger Kalilauge (sp. Gew. 1.27) hinzugefügt. Gleichzeitig wird der mit der für diesen Zweck gebräuchlichen Jodwasserstoffsäure (sp. Gew. 1.7) gefüllte Winklerapparat durch eine Eis-Kochsalzmischung gekühlt, während das U-Rohr mit den Kupfersulfatbimssteinen durch ein Becherglas mit Wasser auf 80—90° erwärmt wird. Der Verseifungskolben wird in einem Öl- oder Glycerinbade langsam erhitzt, so daß schwaches Sieden stattfindet und dies so lange fortgesetzt, bis der Kolbeninhalt dickflüssig oder fest ist. Hierauf nimmt man das Ölbad ab, läßt unter fortdauerndem Durchsaugen von Luft erkalten und füllt nun wieder etwas Lauge nach, die auf gleiche Weise eingedampft wird. Sobald dies eingetreten ist, wird die Kältemischung fortgenommen, der Winklerapparat abgetrocknet und einige Zeit bei gewöhnlicher Temperatur belassen (ca. $^1/_2$ Stunde). Nachdem nunmehr angenommen werden kann, daß sämtlicher Alkohol durch den kontinuierlichen Luftstrom hinübertransportiert ist, beginnt man das Erhitzen der Jodwasserstoffsäure. Um zu heftiges Stoßen und Spritzen zu vermeiden, empfiehlt es sich, bloß die unterste Windung des Winklerapparates in ein Öl- oder Glycerinbad eintauchen zu lassen, welches langsam auf 140 bis 150° erwärmt wird. Um ein Zurückspritzen sicher zu vermeiden, kann man in diesem Stadium das Tempo des Luftstromes etwas beschleunigen. Sobald alles Jodmethyl hinüberdestilliert ist, löscht man die Flamme unter dem Ölbade des Winklerapparates ab und läßt während des Abkühlens der Jodwasserstoffsäure den Luftstrom noch eine Zeitlang durchstreichen. Nimmt man die Vorlage zu früh ab, so geschieht es meistens, daß die überhitzte Jodwasserstoffsäure plötzlich aufkocht und in das U-Rohr mit den Bimssteinstücken geschleudert wird.

Bis zu diesem Zeitpunkte dauert die Bestimmung 3—4 Stunden; das weitere Verfahren ist dasselbe wie bei einer gewöhnlichen Methoxylbestimmung. Die Jodwasserstoffsäure kann mehrere Male hintereinander gebraucht werden.

Die Methode steht an Genauigkeit nicht viel hinter der Zeiselschen zurück.

Auch sei bemerkt, daß man imstande ist, nach diesem Verfahren in Kombination mit der Methoxylbestimmung von Zeisel Methyl am Carboxyl von Methyl in ätherischer Bindung zu differenzieren, was bei der Untersuchung von Ätherestern Anwendung finden kann.

5. Bestimmung höhermolekularer Alkyloxyde.

Wie Nencki und Zaleski[1]) bei der Analyse des Acethäminmonoamyläthers gezeigt haben, läßt sich selbst die Bestimmung des Amyljodids im Zeiselschen Apparate durchführen.[2])

Für die Bestimmung des (Iso-) Propylrestes haben Zeisel und Fanto[3]) einen eigenen Apparat konstruiert.

Man wird aber auch hier in jedem Falle mit dem beschriebenen weit einfacheren Apparat von Hans Meyer auskommen, wenn man das Rohr desselben mit einem oben offenen Kühler versieht, durch den 60—80° warmes Wasser geschickt wird, und auch das Waschgefäß in ein mit heißem Wasser gefülltes Becherglas eintauchen läßt.

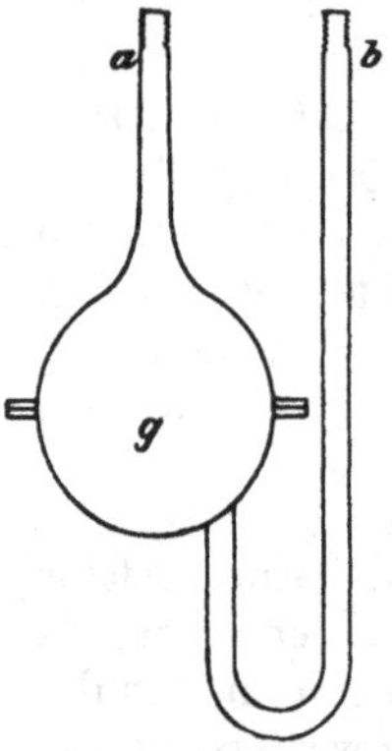

Zum Erzeugen des Warmwasserstromes ist der Ehmannsche Heizkörper[4]) (Fig. 217) sehr geeignet.

Der aus verzinktem Kupfer bestehende Kessel g wird auf einen Dreifuß gesetzt, der Kühler des Methoxylapparats mittels Kautschukschläuchen mit der Heizvorrichtung so verbunden, daß a mit dem oberen, b mit dem unteren Ansatzrohre korrespondiert, dann wird von oben so viel Wasser eingegossen, daß auch die oberste Biegung des Kühlrohres davon bedeckt ist. Dann sind auch der Heizkörper und dessen Verbindungen mit dem Kühler mit Wasser gefüllt. Für die richtige Zirkulation des aus dem Heizgefäße kommenden warmen Wassers ist es wichtig, etwaige Luftblasen aus den Kautschukschläuchen herauszuquetschen. Unter

Fig. 217.

---

[1]) Z. physiol. **30**, 408 (1900).

[2]) Auch die von Benedikt und Bamberger, M. **11**, 262 (1890), bestimmte „Methylzahl“ des Holzgummis ist nach Zeisel (Bericht über den III. Kongreß f. ang. Ch., Wien **2**, 67 [1898]), wahrscheinlich auf Amyljodid zu beziehen.

[3]) Ztschr. f. d. landwirtsch. Versuchswesen in Österreich **1902**, 729.

[4]) Benedikt und Bamberger, Ch. Ztg. **15**, 221 (1891). — Zu beziehen von W. J. Rohrbecks Nachf., Wien, Kärnthnerstr. 59.

den Heizapparat stellt man eine Flamme und reguliert sie so, daß das Wasser während der ganzen Operation im Kühler $70^0 \pm 10^0$ C zeigt. Eine zweite Flamme bringt man unter einem mit Wasser gefüllten Becherglase an, innerhalb dessen sich der Waschapparat befindet. Das Wasser soll hier ungefähr die gleiche Temperatur annehmen, wie das im Kühler zirkulierende.[1])

Zweiter Abschnitt.

Methylenoxydgruppe.

1. Qualitativer Nachweis der Methylenoxydgruppe $CH_2 \genfrac{}{}{0pt}{}{O}{O}$.

1. Methylenäther werden durch konzentrierte Jodwasserstoffsäure unter Kohleabscheidung zersetzt, ihre Gegenwart ist daher bei der Methoxylbestimmung nach Zeisel ohne Einfluß.[2])

2. Beim Behandeln mit Phosphorpentachlorid[3]) oder mit Thionylchlorid unter Druck[4]) gehen die Methylenäther in Dichloride

$$\begin{matrix} R_1\text{—}O \\ R_2\text{—}O \end{matrix} \Big\rangle CCl_2$$

über, die beim Kochen mit Wasser nach dem Schema:

$$\begin{matrix} R_1\text{—}O \\ R_2\text{—}O \end{matrix} \Big\rangle CCl_2 + H_2O = \begin{matrix} R_1\text{—}O \\ R_1\text{—}O \end{matrix} \Big\rangle CO + 2HCl;$$

$$\begin{matrix} R_1\text{—}O \\ R_2\text{—}O \end{matrix} \Big\rangle CO + O \begin{matrix} H \\ H \end{matrix} = \begin{matrix} R_1\text{—}OH \\ R_2\text{—}OH \end{matrix} + CO_2$$

unter Kohlendioxydentwicklung zerfallen.

Diese Reaktion, die im allgemeinen sehr glatt verläuft, könnte zu einer quantitativen Bestimmungsmethode der Methylenoxydgruppe ausgearbeitet werden.

3. Alkalien verseifen im allgemeinen die Oxymethylengruppe leichter als die Methoxylgruppe. So erhält man nach Ciamician

---

[1]) Bei der Verwendung des Hans Meyerschen Apparates hat sich das Erwärmen des Phosphors für Propylbestimmungen als unnötig herausgestellt.
[2]) Ciamician und Silber, B. 21, 2132 (1888); 24, 2984 (1891). — B. 25, 1470 (1892). — Semmler, B. 24, 3819 (1891). — Vgl. Pomeranz, M. 8, 467 (1887).
[3]) Fittig u. Remsen, Ann. 159, 148 (1871). — Wegscheider, M. 14, 382 (1893). — Königs und Wolff, B. 29, 2191 (1896). — Delange, C. r. 144, 1278 (1907). — Pauly, B. 40, 3096 (1907). — Delange, Bull. (4) 3, 509 (1908).
[4]) Wellcome und Barger, E. P. 15987 (1907). — Barger, Soc. 93, 563 (1908). — Hoering und Baum, B. 41, 1917 (1908).

und Silber[1]) durch 4—5stündiges Erhitzen von Apiolsäure mit der dreifachen Menge Kalilauge und der vierfachen Menge Alkohol auf 180° Dimethylapionol. Piperonylsäure liefert Protocatechusäure. In einzelnen Fällen ist aber die Aufspaltung nur eine partielle. Das alkoholische Kali wirkt dabei wie Kaliummethylat, und man erhält beispielsweise aus Isosafrol nach der Gleichung:

$$C_6H_3 \begin{cases} O \\ \diagdown CH_2 + CH_3OK = C_6H_3 \begin{cases} OK \\ OCH_2{-}OCH_3 \\ C_3H_5 \end{cases} \\ O \\ C_3H_5 \end{cases}$$

ein methoxylhaltiges Phenol.

4. Die von Weber und Tollens aufgefundene,[2]) von Tollens und Clowes ausgearbeitete Phloroglucin-Reaktion, welche als quantitative angeführt ist (siehe die folgende Seite), haben die Entdecker hauptsächlich für die Methylenderivate der Zuckergruppe ausgearbeitet. Ob dieselbe — vielleicht in etwas modifizierter Form — auch in der aromatischen Reihe Anwendung finden kann, ist noch nicht erprobt. Sie versagt in dieser Ausführungsweise bei den Methylenäthern aus Zuckersäure und Weinsäure (siehe S. 742).

5. In den von Descudé dargestellten[3]) Methylenverbindungen der Form:

$$\begin{array}{l} R_1COO \diagdown \\ CH_2 \\ R_2COO \diagup \end{array}$$

(Methylenestern) läßt sich die Anwesenheit der Methylengruppe leicht dadurch konstatieren, daß man einige Zentigramme der Substanz mit einigen Tropfen konzentrierter Schwefelsäure und hierauf mit einem Tropfen Wasser versetzt, worauf lebhafte Entwicklung von Formaldehyd zu konstatieren ist.

2. Quantitative Bestimmung der Methylenoxydgruppe.

A. Methode von Clowes und Tollens.[4])

Die Methode ist auf der Beobachtung fundiert, daß der durch Mineralsäuren aus dem betreffenden Methylenäther abgespaltene Formaldehyd mit gleichzeitig vorhandenem Phloroglucin nach der Gleichung:

$$C_6H_6O_3 + CH_2O = C_7H_6O_3 + H_2O$$

Formaldehyd-Phloroglucid bildet, welches nach der Proportion:

$$C_7H_6O_3 : CH_2 = 9.85 : 1$$

auf Methylen umgerechnet wird.

---

[1]) B. **22**, 2482 (1889). — **25**, 1473 (1902).
[2]) Ann. **299**, 318 (1898).
[3]) C. r. **134**, 718 (1902).
[4]) B. **32**, 2841 (1899). — Weber u. Tollens, Anm. **299**, 316 (1898). — Lobry de Bruyn und Van Ekenstein, Rec. **20**, 331 (1901); **21**, 310 (1902).

a) Verfahren für Formaldehyd leicht abgebende Substanzen.

Darstellung der Phloroglucinlösung. 10 g diresorcinfreies Phloroglucin werden mit 450 ccm Wasser und 450 ccm Salzsäure vom sp. Gew. 1.19 erwärmt und nach dem Erkalten von etwaigen Verunreinigungen abgesaugt.

Die zu untersuchende Substanz (0.1—0.2 g) wird in einem mit Kork und Steigrohr versehenen Kölbchen mit 5 ccm Wasser und 30 ccm Phloroglucinlösung 2 Stunden lang auf 70—80° erwärmt. Tritt nicht nach wenigen Minuten schon Trübung ein, so wird die Reaktion durch kurzes Kochen über freier Flamme eingeleitet, die dann jedenfalls auf dem Wasserbade vollendet wird. Nach 12stündigem Stehen wird das ausgeschiedene gelbe Phloroglucid in einem mit Asbest versehenen, bei 100° getrockneten und gewogenen, Goochtiegel abgesaugt, mit 60 ccm Wasser nachgewaschen, 4 Stunden bei 100° getrocknet und nach einer Stunde im verschlossenen Wägegläschen gewogen.

Division durch 4.6 gibt die Menge an Formaldehyd CH_2O,
Division durch 9.85 das Methylen CH_2.

Das Filtrat vom ausgeschiedenen Phloroglucid (ohne das Waschwasser) versetzt man mit etwas konzentrierter Schwefelsäure und erhitzt wieder. Wenn jetzt noch Phloroglucid ausfällt, ist die Salzsäuremischung für die Zerlegung des Methylenderivates nicht ausreichend stark gewesen. In derartigen Fällen wendet man das

b) Verfahren für resistentere Methylenäther

an.

3 g Phloroglucin werden mit 100 g konzentrierter Schwefelsäure und 100—150 g Wasser erwärmt. Das nach einstündigem Stehen erhaltene Filtrat genügt für 10 Bestimmungen. Man verfährt wie oben angegeben, nur wird das Erhitzen auf 80° drei Stunden lang fortgesetzt. Eventuell muß noch vor dem Erhitzen ein weiterer Zusatz von Schwefelsäure (10 ccm) erfolgen.

Nach dem Wägen werden die Tiegel in einer Muffel ausgeglüht, wodurch das Phloroglucid verbrannt wird. Man läßt im Exsiccator erkalten und wägt im Wägeglase.

Prüfung des Phloroglucins auf Diresorcingehalt. Nach Herzig und Zeisel[1]) werden einige Milligramme der Probe mit ca. 1 ccm konzentrierter Schwefelsäure übergossen, 1—2 ccm Essigsäureanhydrid hinzugefügt und 5—10 Minuten im kochenden Wasserbade erwärmt. Reines Phloroglucin zeigt unter diesen Umständen gelbe bis gelbbraune Färbung: der geringste Diresorcingehalt hingegen gibt sich durch das Auftreten von Violettfärbung zu erkennen, die auf Zusatz von Alkali (oder sehr viel Wasser) verschwindet.

---

[1]) M. 11, 422 (1890). — Zeisel, Z. anal. 40, 554 (1901).

Bei den Methylenderivaten der Zuckersäure und Weinsäure versagt diese Reaktion, die quantitative Methylenoxyd-
bestimmung gelingt aber beim Ersatze des Phloroglucins durch Resorcin.[1]) Man dampft den Methylenäther mit einem geringen Überschusse von in konzentrierter Salzsäure gelöstem Resorcin zur Trockne.
Das unlösliche Formalresorcin wird ausgewaschen, getrocknet und
gewogen.

B. Nachweis der labil gebundenen Methylengruppen nach E. Votoček und V. Veselý.[2])

E. Votoček[3]) hatte gefunden, daß Carbazol mit Verbindungen,
welche auch sonst leicht Formaldehyd abspalten, in diesem Sinne unter
Entstehung eines weißen, in den gebräuchlichen Lösungsmitteln außer
Anilin fast unlöslichen Produktes reagiert. Diese Reaktion haben die
Verfasser zum qualitativen Nachweise solcher Methylenverbindungen,
welche die Methylengruppe leicht als Formaldehyd abspalten, aus-
genützt. Es stellte sich heraus, daß eine an zwei Sauerstoffatome
gebundene Methylengruppe, wenn sie sich nicht in einem fünfgliedrigen
aromatischen Ringe befindet, leicht abgespalten wird; so z. B. haben
alle Methylenderivate der Zuckerarten labil gebundene Methylengruppen; im Gegensatz hierzu ist aber im Safrol, Piperonal u. a. die
Methylengruppe fest gebunden. Eine an Stickstoff gebundene Methylengruppe ist immer labil, eine an Kohlenstoff sitzende ist in allen Fällen
fest gebunden. Mit Hilfe dieser Reaktion kann man sich über die
Konstitution solcher Verbindungen orientieren, bei denen es schwierig
wäre, über die Bindung der Methylengruppe zu entscheiden.

Das aus diesen Methylenverbindungen resultierende Kondensationsprodukt entspricht der Formel $CH_2(C_{12}H_8N)_2$.

Beispiel. 1 g Dimethylengluconsäure wird in heißer 50proz.
Essigsäure gelöst, mit einer Lösung von 2.5 g Carbazol in 12 g Eisessig und einigen Tropfen rauchender Salzsäure versetzt und etwa
10 Minuten gekocht. Das ausgeschiedene, in feinen farblosen Nadeln
krystallisierte Kondensationsprodukt wird abgesaugt und aus Anilin
umkrystallisiert (Smp. über 280°). Die Substanz färbt konzentrierte
Schwefelsäure grünstichig-gelb.

---

[1]) Lobry de Bruyn und Van Ekenstein, Rec. **21**, 314 (1902).
[2]) B. **40**, 410 (1907).
[3]) Ch. Ztg. **20**, R. 190 (1896).

Dritter Abschnitt.

Brückensauerstoff $\overset{C}{\underset{C}{\diagdown}}O$.

Substanzen, welche zwei organische Reste, die durch Sauerstoff verbunden sind, enthalten (Äther, Alkylenoxyde usw.), können als Anhydride von Glykolen oder von zwei Molekülen einwertiger Alkohole betrachtet werden.

Dementsprechend gehen sie mehr oder weniger leicht durch Aufspaltung in die ihnen zugrunde liegenden hydroxylhaltigen Substanzen über und zeigen in ihren Additionsreaktionen nur Verkettungen, die durch Sauerstoff (und ev. Stickstoffbindung), nicht aber durch Kohlenstoffbindungen, erfolgen.[1])

1. Aufspaltung der acyclischen Äther.

a) Durch Jodwasserstoffsäure werden die Äther mit acyclischen Radikalen zum Teile schon bei 0° in ein Molekül Alkohol und ein Molekül Jodid gespalten (Silva[2]), Lippert[3]). Wird ein gemischter Äther durch einen Halogenwasserstoff zu Alkohol und Alkylhaloid gespalten, so vereinigt sich das Halogen mit dem kleineren von beiden Radikalen.[4])

Bei den zwei- und dreiwertigen Äthern findet die Spaltung in dem Sinne statt, daß das Halogen sich stets mit den einwertigen Radikalen verbindet.

Die Zersetzung der Äther ist dann eine leichte und quantitative, wenn die Anzahl der Kohlenstoffatome in den Radikalen gering ist, in dem Maße aber, wie jene zunimmt, wird auch die Zersetzung schwerer und unvollkommener. Auch bei den zweiwertigen Äthern kann deutlich die mit dem Anwachsen der Radikale zunehmende Unvollkommenheit der Zersetzung wahrgenommen werden.

Die dreibasischen Orthoameisensäureester werden leichter zersetzt als die Glykoläther. Der dreibasische Triäthylglycerinäther dagegen wird durch den Jodwasserstoff nur schwer zerlegt.

Wirkt Jodwasserstoff auf einen gemischten Äther ein, dessen Radikale einander isomer sind, so verbindet sich das Halogen mit demjenigen Radikal, welches sich von dem normalen Kohlenwasserstoffe ableiten läßt. Lassen sich beide Radikale von demselben Kohlenwasserstoffe ableiten, so geht, soweit die bisherigen Beobachtungen reichen, das Halogen an dasjenige, welches die primäre Struktur besitzt.

---

[1]) Roithner, M. 15, 665 (1894).
[2]) Ann. chim. phys. (5), 7, 429 (1878).
[3]) Ann. 276, 148 (1892).
[4]) Hoffmeister, B. 3, 747 (1870). — Ann. 159, 201 (1871).

Der Propylisopropyläther macht jedoch eine Ausnahme, indem das Halogen nicht an das primäre Radikal Propyl, sondern an das sekundäre Isopropyl tritt.

Fettaromatische Oxyde sind die Phenoläther, die bei 127° von siedender Jodwasserstoffsäure gespalten werden. Der rein aromatische Phenyläther $C_6H_5 - O - C_6H_5$ dagegen wird auch bei 250° nicht angegriffen.

b) Aufspaltung durch Schwefelsäure. Durch konzentrierte Schwefelsäure werden die acyclischen Äther in Ätherschwefelsäuren verwandelt. Von sehr verdünnter (1—2proz.) Schwefelsäure werden gesättigte Äther mit primären Radikalen bei 150° nicht angegriffen, die sekundären, tertiären und ungesättigten Äther aber in Alkohole gespalten (Eltekow).[1]) Bei höherer Temperatur (180°) werden indessen alle aliphatischen Äther gespalten.[2]) Aus fettaromatischen und aromatischen Äthern entstehen mit konzentrierter Schwefelsäure Sulfosäuren, verdünnte Säure wirkt nicht ein.

c) Aufspaltung durch Aluminiumchlorid.[3]) Bei einer zwischen 100 und 200° gelegenen Reaktionstemperatur werden die meisten fettaromatischen Äther gespalten.

Die Äther der aromatischen Orthooxyketone

werden dabei leichter zerlegt als die analogen m- und p-Verbindungen.

d) Aufspaltung durch Alkali siehe S. 483.

2. Aufspaltung der cyclischen Äther (Alkylenoxyde usw.).[4])

Die größere oder geringere Stabilität des Ringes der cyclischen Äther ist in erster Linie von der Spannung abhängig. Dementsprechend werden die Derivate des Äthylenoxyds:

[1]) B. 10, 1902 (1877).
[2]) Erlenmeyer und Tscheppe, Z. f. Ch. 1868, 343.
[3]) Graebe und Ullmann, B. 29, 824 (1896). — Behn, Diss., Rostock 1897, S. 16. — Ullmann und Goldberg, B. 35, 2811 (1902). — Kauffmann, Ann. 344, 46 (1905). — B. 40, 3516, Anm. (1907). — Auwers und Rietz, B. 40, 3514 (1907).
[4]) Siehe auch Klages und Keßler, B. 38, 1969 (1905); 39, 1753 (1906). — Tiffeneau und Fourneau, C. r. 140, 1458 (1905); 141, 662 (1906). — Paal und Weidenkaff, B. 39, 2062 (1906). — Störmer und Riebel, B. 39, 2290 (1906).

außerordentlich leicht, schon durch Erhitzen mit Wasser aufgespalten. Ebenso werden Säuren direkt addiert[1]), und es entstehen Ester der Glykole, z. B.:

$$\underset{C(CH_3)_2 - CH_2}{\overset{OH \qquad Cl}{|\qquad\quad |}} \qquad\qquad \underset{C(CH_3)_2 - CH_2}{\overset{OH \qquad OOCH_3}{|\qquad\quad |}}$$

Dabei geht im wesentlichen die Hydroxylgruppe an den weniger hydrogenisierten Kohlenstoff.

Daneben bilden die Alkylenoxyde durch Polymerisation Polyglykole und deren Ester. Verdünnte Schwefelsäure führt schon in der Kälte, oft unter Wärmeabgabe, sogar mit explosionsartiger Heftigkeit Glykolbildung herbei.

Besonders leicht verbinden sich diejenigen Alkylenoxyde schon in der Kälte mit Wasser, welche ein tertiär gebundenes Kohlenstoffatom enthalten, z. B. Isobutylenoxyd[2])

$$\underset{CH_3}{\overset{CH_3}{>}} C \overset{O}{\underline{\quad\quad}} CH_2$$

Fuchsinschweflige Säure, sowie Bisulfitlösung führen bei aromatischen Oxyden zu den Reaktionen des durch Umlagerung entstehenden Aldehyds:

$$\underset{C_6H_5}{\overset{CH_3}{>}} C \overset{O}{\underline{\quad\quad}} CH_2 \rightarrow C_6H_5CHCH_3 . COH$$

Die Derivate des normalen Propylenoxyds

$$\overset{O}{CH_2 - CH_2 - CH_2}$$

sind viel beständiger gegen Wasser und Säuren.[3]) So ist das β-Epichlorhydrin im Gegensatze zum α-Epichlorhydrin gegen angesäuertes kochendes Wasser beständig.[4])

---

[1]) Ann. **116**, 249 (1861). — Markownikow, Russ. **8**, 23 (1875). — C. r. **81**, 729 (1875). — Kablukow, B. **21**, R. 179 (1888). — Krassusky, Bull. (3), **24**, 869 (1900). — Michael, J. pr. (2), **64**, 105 (1901). — B. **39**, 2569, 2785 (1906). — Hoering, B. **38**, 3477 (1905). — Michael und Leighton, B. **39**, 2789 (1906). — Henry, C. r. **142**, 493 (1906). — B. **39**, 3678 (1906). — Krassusky, J. pr. (2) **75**, 239 (1907).
[2]) Eltekow, Russ. **14**, 368 (1882). — Weidenkaff, Diss., Erlangen 1907, S. 10.
[3]) Franke, M. **17**, 89 (1896). — Pogorzelsky, Z. Russ. **30**, 977 (1898).
[4]) Bigot, Ann. chim. phys. (6), **22**, 468 (1891).

Noch resistenter sind Tetramethylenoxyd[1])

$$
\begin{array}{cc}
& \text{O} \\
\text{CH}_2 & \text{CH}_2 \\
| & | \\
\text{CH}_2 & \!\!-\!\! \text{CH}_2
\end{array}
$$

welches sich bei 150° noch nicht mit Wasser verbindet und sogar aus seinem Glykol durch Einwirkung verdünnter Schwefelsäure zurückgebildet wird,[2]) Tetramethyloxeton[3]) und Pentamethylenoxyd[4])

$$
\begin{array}{cc}
& \text{O} \\
\text{CH}_2 & \text{CH}_2 \\
| & | \\
\text{CH}_2\!-\!\text{CH}_2\!-\!\text{CH}_2
\end{array}
$$

sowie γ-Pentylenoxyd[5])

$$
\begin{array}{cc}
& \text{O} \\
\text{CH}_2 & \text{CH}\!-\!\text{CH}_3 \\
| & | \\
\text{CH}_2 & \!\!-\!\! \text{CH}_2
\end{array}
$$

welche bei 200° gegen Wasser beständig sind.

Durch Brom- und Jodwasserstoff werden in diesen 4—6 gliedrigen Ringen durch Substitution an Stelle des Sauerstoffs zwei Halogenatome eingeführt.[5])[6]) Dagegen addiert das Cyclopentenoxyd[7])

$$
\begin{array}{cc}
& \text{O} \\
\text{CH} & \text{CH} \\
| & | \\
\text{CH}_2\!-\!\text{CH}_2\!-\!\text{CH}_2
\end{array}
$$

welches die Kombination eines Dreier- und eines Sechserringes enthält, mit größter Leichtigkeit Salzsäure und Wasser.

Ähnlich wie das Cyclopentenoxyd verhalten sich die partiell hydrierten Alkylenoxyde, wie das Dihydromethylfuran[8])

---

[1]) Demjanow, Russ. **24**, 349 (1892).
[2]) Keßler, Diss., Heidelberg 1906, S. 10. — Klages und Keßler, B. **39**, 1754 (1906). — Henry, C. r. **144**, 1404 (1907).
[3]) Ström, J. pr. (2), **48**, 216 (1893).
[4]) Demjanow, Russ. **22**, 389 (1890).
[5]) Lipp, B. **22**, 2571 (1889).
[6]) Wassiliew, Russ. **30**, 977 (1898).
[7]) Meiser, B. **32**, 2052 (1899).
[8]) Lipp, B. **22**, 1196 (1889).

$$
\begin{array}{cc}
& \text{O} \\
\text{CH}_3\text{—C} & \text{CH}_2 \\
| & | \\
\text{HC——CH}_2 &
\end{array}
$$

welches sich schon bei gewöhnlicher Temperatur mit Wasser verbindet, und das Trimethyldehydrohexon[1])

$$
\begin{array}{ccc}
& \text{O} & \\
(\text{CH}_3)_2 = \text{C} & & \text{C—CH}_3 \\
| & & | \\
\text{CH}_2\text{—CH}_2\text{—CH} &
\end{array}
$$

das sich mit verdünnter Salzsäure zu 2-Chlor-2-Methylheptanon-6 verbindet.

Eben so leicht werden auch die substituierten Furane, wie das Dimethylfuran,[2]) das Sylvan,[3]) die Furacrylsäure[4]) und deren Derivate,[5]) z. B. das Furalaceton,[6]) durch wässerige oder besser durch alkoholische Salzsäure gespalten.

Übrigens kann durch methylalkoholische Salzsäure auch das Furan selbst zum Tetramethylacetal des Succindialdehyds gespalten werden.[7]) (Harries.)

Das Diphenylenoxyd dagegen wird selbst von Jodwasserstoffsäure bei 250⁰ nicht angegriffen.[8]) Ebensowenig gelingt es, das Cumaron durch Säuren zu spalten.

Während so die verschiedenen Gruppen cyclischer Äther durch saure Agenzien mehr oder weniger leicht in die entsprechenden Glykole gespalten werden — die dann ihrerseits sich in Ketonalkohole, Aldehydalkohole oder Dialdehyde umlagern können —, zeigen dieselben gegen Alkalien zum Teil ein durchaus verschiedenes Verhalten, indem gerade die durch Säuren angreifbaren Substanzen gegen Alkali resistent sind (aliphatische oder halbaliphatische Verbindungen), während die mehr negativen Charakter besitzenden Substanzen durch Kali Ringsprengung erleiden.

So wird nach Störmer und Grälert das 1-Chlorcumaron,[9]) nach Störmer und Kahlert das Cumaron selbst,[10]) durch alkoholisches Kali nach dem Schema:

---

[1]) Verley, Bull. (8), 17, 188 (1897).
[2]) Paal und Dietrich, B. 20, 1085 (1887). — E. Fischer und Laycock, B. 22, 101 (1889). — Laycock, Ann. 258, 230 (1890).
[3]) Harries, B. 31, 39 (1898).
[4]) Marckwald, B. 20, 2811 (1887); 21, 1398 (1888).
[5]) Kehrer und Hofacker, Ann. 294, 165 (1897). — Kehrer, B. 34, 1263 (1901).
[6]) Kehrer und Igler, B. 32, 1176 (1899).
[7]) Ch. Ztg. 24, 857 (1900). — Vgl. B. 31, 46 (1898).
[8]) Hoffmeister, Ann. 159, 212 (1871).
[9]) Ann. 313, 79 (1900).
[10]) B. 34, 1806 (1901). — Stoermer und Kippe, B. 36, 3992 (1903). —

gespalten. Der durch Umlagerung entstehende Aldehyd erleidet die Reaktion von Cannizzaro:

Das Tetrahydrobiphenylenoxyd wird durch schmelzendes Kali in o-Oxybiphenyl verwandelt,[1]) das Biphenylenoxyd selbst nach Krämer und Weißgerber, allerdings nicht leicht, zu o-o-Biphenol aufgespalten.[2])

Man vermischt das Biphenylenoxyd zu diesem Zwecke mit der 5fachen Menge Phenanthren und erhitzt mit der $2^1/_2$fachen Menge Ätzkali auf 280—300°.

3. Additionsreaktionen der Alkylenoxyde.

Dieselben sind teils durch die Fähigkeit des Brückensauerstoffs, vierwertig aufzutreten, bedingt: diese Reaktionen bieten vom analytischen Standpunkte geringes Interesse; teils beruhen sie auf der Fähigkeit gewisser Äther, leicht aufgespalten zu werden: diese Reaktionen sind daher großenteils Reaktionen der entstehenden alkoholischen Hydroxyle, zum Teil ähneln auch die Erscheinungen den Aldehydreaktionen. So vermögen die Alkylenoxyde sich mit Bisulfit (siehe S. 745) zu verbinden, Ammoniak, Blausäure und Phenylhydrazin anzulagern usw. Auch sind sie zum Teil (durch Kalilauge) leicht polymerisierbar und reduzieren die Tollenssche Silberlösung, geben Acetale usw.

---

[1]) Hönigschmid, M. 22, 561 (1901).
[2]) B. 34, 1662 (1901).

Ammoniak wird zu asymmetrischen α-Oxyden in der Regel so addiert, daß sich die Hydroxylgruppe vornehmlich an dem am wenigsten hydrogenisierten Kohlenstoffatom bildet.[1] — Ausbleiben der Blausäurereaktion: Balbiano, B. 30, 1907 (1897).

4. Zur Unterscheidung dieser Oxyde von den Aldehyden
dienen folgende Reaktionen.

a) Verhalten gegen Nitroparaffine. Mit Aldehyden reagieren die Nitroparaffine unter Bildung von Alkoholen mit der Kohlenstoffkette $NO_2 - \overset{|}{C} - \overset{|}{C} - OH$ (Henry[2]). Äthylenoxyde reagieren dagegen nicht mit Nitroparaffinen.[3]

b) Gegen Hydroxylamin sind sie ebenfalls indifferent[4][8]), und auch Phenylhydrazin wird nur addiert,[5] aber es tritt keine Kondensation unter Wasserabspaltung ein.

c) Zinkäthyl[6] reagiert mit den Alkylenoxyden durchaus nicht.[7] Man wird etwa ähnlich wie Löwy und Winterstein verfahren,[8] welche einen negativen Versuch folgendermaßen beschreiben:

2 g der Substanz wurden in eine Röhre gebracht und hierauf in einem Strome trockenen Kohlendioxyds rasch 3 g Zinkäthyl hinzugefügt. Das Rohr wurde luftdicht an einen mit Kohlendioxyd gefüllten Rückflußkühler angeschaltet, der seinerseits durch ein gebogenes Glasrohr, das in Quecksilber tauchte, gegen die äußere Luft abgesperrt war. Die Substanzen zeigten bei ihrer Vereinigung und überhaupt bei längerem Stehen in Zimmertemperatur weder eine Erwärmung, noch sonst irgendeine Veränderung. Es wurde hierauf im Wasserbade durch 2 Stunden und, da auch jetzt keine Reaktion eintrat, im Ölbade durch weitere 2 Stunden auf 180° erhitzt, ohne daß eine sichtbare Veränderung bemerkbar wurde. Um sich von dem Ausbleiben einer Reaktion zu überzeugen, entfernte man den Quecksilberverschluß und befestigte am oberen Ende des Kühlers einen doppelt gebohrten Kautschukstöpsel mit einem Tropftrichter einerseits und einem gebogenen Glasrohre andererseits. Das Glas-

---

[1] Krassusky, Ch. Ztg. 31, 704 (1907) — C. r. 146, 236 (1908).
[2] Bull. Ac. roy. Belg. (3), 29, 834 (1895); 33, 117 (1897).
[3] Henry, Bull. Ac. roy. Belg. (3), 33, 412 (1897).
[4] Demjanow, Z. russ. 22, 389 (1890).
[5] Roithner, M. 15, 665 (1894). — Japp und Michie, Soc. 83, 283 (1903). — Japp und Maitland, Soc. 85, 1490 (1904). — p-Bromphenylhydrazin: Balbiano, B. 30, 1907 (1897).
[6] Dagegen reagiert Äthylmagnesiumbromid: Grignard, C. r. 136, 1260 (1903). — Henry, C. r. 145, 154 (1907). — Schottmüller, Diss. Berlin 1908, S. 23.
[7] Kaschirsky und Pawlinoff, B. 17, 1968 (1884). — Fischer und Winter, M. 21, 311 (1900). — Granichstädten und Werner, M. 22, 315 (1901).
[8] M. 22, 406 (1901). — D. R. P. 174279 (1904).

rohr führte zu einem mit Wasser gefüllten, volumetrisch eingeteilten Glasballon, der mit der Öffnung nach abwärts unter Wasser tauchte. Hierauf wurde aus dem Tropftrichter langsam Wasser zufließen gelassen. Es fand unter starker Erwärmung und Zinkhydroxydabscheidung eine heftige Entwicklung von Äthan statt, welches, im Volumeter unter Wasser aufgefangen, ein Volumen von 2150 ccm erfüllte, was unter Berücksichtigung des Barometerstandes, sowie der Temperatur und Tension des Wasserdampfes fast quantitativ dem verwendeten Zinkäthyl entspricht, welches somit nicht in Reaktion getreten war. Der Inhalt des Rohres wird nun in Salzsäure gelöst, mit Äther ausgeschüttelt, der Extrakt getrocknet und nach Abdunsten des Äthers destilliert. Bei 140° wurde das Ausgangsprodukt quantitativ zurückerhalten.

5. Verhalten gegen Magnesiumchlorid.[1])

Die Alkylenoxyde kann man als Pseudobasen betrachten. An sich neutral, gehen sie bei Gegenwart von Säuren unter Änderung ihrer Konstitution in die ebenfalls neutralen Glykoläther über. Die „basischen" Eigenschaften treten namentlich auch bei der Einwirkung auf Salzlösungen hervor.

Mischt man die Alkylenoxyde mit konzentrierter Magnesiumchloridlösung, so scheidet sich, langsam in der Kälte, rasch beim Erhitzen, Magnesia aus:

$$2 \begin{Bmatrix} R-CH_2 \\ R-CH_2 \end{Bmatrix} O + 2H_2O + MgCl_2 = 2 \begin{Bmatrix} R-CH_2-Cl \\ R-CH_2-OH \end{Bmatrix} + Mg(OH)_2$$

Wird ein Äthylenoxyd im Wasserbade mit einer Eisenchloridlösung erwärmt, so scheidet sich Eisenoxydhydrat aus. Unter denselben Umständen fällt Tonerde aus Alaunlösung und basischschwefelsaures Kupfer aus einer Kupfervitriollösung.

---

[1]) Wurtz, C. r. **50**, 1195 (1860). — Ann. **116**, 249 (1860). — Eltekow, Russ. **14**, 394 (1882). — Przibytek, B. **18**, 1352 (1885). — Bigot, Ann. Chim. Phys. (6), **22**, 447 (1891). — Meiser, B. **32**, 2052 (1899).

Fünftes Kapitel.

Primäre, sekundäre und tertiäre Amingruppen. — Ammoniumbasen. — Nitrilgruppe. — Isonitrilgruppe. — An den Stickstoff gebundenes Alkyl. — Betaingruppe. — Säureamide. — Säureimide.

Erster Abschnitt.

Primäre Amingruppe C—NH₂.

A. Qualitative Reaktionen.

1. Isonitril-(Carbylamin-)Reaktion.[1])

Einige Zentigramme der Base werden in Alkohol gelöst, die Lösung in einer Eprouvette mit alkoholischer Kali- oder Natronlösung vermischt und alsdann nach Zusatz weniger Tropfen Chloroform gelinde erwärmt. Bald entwickeln sich unter lebhaftem Aufwallen der Flüssigkeit die betäubenden Dämpfe des Isonitrils, die man gleichzeitig in der Nase und auf der Zunge spürt.

$$\mathrm{R.NH_2 + CHCl_3 + 3\,KOH = R.NC + 3\,KCl + 3\,H_2O.}$$

Die Reaktion wird nur von primären Aminen geliefert und scheint ganz allgemeine Geltung zu besitzen.[2]) Aromatische Säureamide zeigen übrigens, wenn auch viel schwächer, dieselbe Reaktion,[3]) ja selbst nach Stas gereinigter Salmiak.[4])

---

[1]) A. W. Hofmann, B. 3, 767 (1870).
[2]) Vgl. indessen Freund, M. 17, 397 (1896). — Auch gewisse Aminophenole scheinen die Reaktion nicht zu zeigen. (Hans Meyer.)
[3]) O. Fischer und Schmidt, B. 27, 2789 (1894). — Pinnow und Müller, B. 28, 158 (1895).
[4]) Bonz, Z. phys. 2, 878 (1888).

2. Senfölreaktion.[1])

Schwefelkohlenstoff[2]) reagiert mit primären und sekundären
Aminen der Fettreihe und hydrocyclischen Aminen[3]) unter Bildung
von Aminsalzen der Alkylsulfocarbaminsäuren:

$$1. \quad CS_2 + 2\,R.NH_2 = \overset{\displaystyle NH.R}{\underset{\displaystyle SHNH_2.R}{CS}}$$

$$2. \quad CS_2 + 2\,R_1.NH.R_2 = \overset{\displaystyle NR_1R_2}{\underset{\displaystyle SH.NHR_1R_2}{CS}}$$

Nur die Derivate der primären Basen werden bei der Einwirkung
entschwefelnder Agenzien unter Abspaltung von Schwefelwasserstoff
in Senföle verwandelt.

$$\overset{\displaystyle N\overset{..}{H}R}{\underset{\displaystyle \underset{..}{SH}.NH_2R}{CS}} \quad = \overset{\displaystyle NR}{\underset{\displaystyle}{CS}} + \quad SH_2 + NH_2R$$

Zur Ausführung der Reaktion löst man einige Zentigramme des
Amins in Alkohol, versetzt die Lösung mit etwa der gleichen Menge
Schwefelkohlenstoff und verdampft einen Teil des Alkohols. Die
Bildung der Thioharnstoffe wird nach Hugershoff[4]) durch Zusatz
von Schwefel befördert. Alsdann erhitzt man die zurückbleibende
Flüssigkeit, welche die sulfocarbaminsaure Base enthält, mit einer
wässerigen Lösung von Quecksilberchlorid. Falls eine primäre Base
vorliegt, entsteht augenblicklich der heftige Senfölgeruch.

Man hüte sich davor, einen Überschuß der Sublimatlösung anzuwenden.[5]) In diesem Falle wird das Senföl selbst entschwefelt, es
entsteht ein Cyansäureäther, welcher alsbald mit dem Wasser zu ge-
ruchlosem Monoalkylharnstoff und Kohlendioxyd zerfällt, oder es wird
das primäre Amin regeneriert.

---

[1]) Hofmann, B. 1, 171 (1868); 3, 767 (1870); 8, 107 (1875). — Aromatische Amine reagieren dagegen mit Schwefelkohlenstoff — erst in der Hitze —
unter Bildung von Dialphylsulfoharnstoffen. — Schwefelkohlenstoff und Aminosäuren: Körner, B. 41, 1901 (1908).
    [2]) Sulfoharnstoffbildung bei aromatischen Aminen. Braun und Beschke,
B. 39, 4369 (1905). — Kauffmann und Franck, B. 40, 4007 (1907). —
Stollé, B. 41, 1099 (1908).
    [3]) Skita und Levi, Ch. Ztg. 32, 572 (1908).
    [4]) Hugershoff, B. 32, 2245 (1899).
    [5]) Siehe übrigens Ponzio, Gazz. 26, I, 323 (1896).

Weith[1]) empfiehlt aus diesem Grunde als entschwefelndes Reagens Eisenchlorid anzuwenden; man kann auch Silbernitrat nehmen.[2])

8. Einwirkung von Thionylchlorid.[3])

Die primären Amine der aliphatischen und aromatischen Reihe sind dadurch charakterisiert, daß sich in ihnen die beiden an Stickstoff gebundenen Wasserstoffatome leicht durch Thionyl ersetzen lassen. Die Thionylamine haben demnach eine ähnliche Bedeutung für die primären Amine, wie die Nitrosoverbindungen für die sekundären.

Bei der Untersuchung der Einwirkung des Thionylchlorids auf die Amine der verschiedenen Klassen von Kohlenwasserstoffen und auf in dem Kohlenwasserstoffradikale verschieden substituierte Amine ergaben sich folgende allgemeine Resultate:

a) Die primären Amine der aliphatischen Reihe setzen sich in ätherischer Lösung mit Thionylchlorid glatt nach der Gleichung um:

$$SOCl_2 + 3\,Alk.NH_2 = Alk.N:SO + 2\,Alk.NH_3Cl.$$

Auf die salzsauren Salze dieser Amine wirkt Thionylchlorid nicht ein. Die aliphatischen Thionylamine entstehen ferner leicht durch Wechselwirkung eines aliphatischen Amins mit Thionylanilin, z. B.

$$C_2H_5NH_2 + C_6H_5N:SO = C_2H_5N:SO + C_6H_5NH_2.$$

Diese Thionylamine bilden unzersetzt siedende, an der Luft rauchende, erstickend riechende Flüssigkeiten, welche schon von Wasser zu Amin und Schwefeldioxyd zersetzt werden.

b) Benzylamin $C_6H_5CH_2NH_2$ bildet mit Thionylchlorid nicht ein Thionylamin, sondern Benzaldehyd und salzsaures Benzylamin neben einer noch nicht erforschten schwefelhaltigen Verbindung; am einfachsten könnte die Reaktion hierbei nach folgender Gleichung verlaufen:

$$6\,C_6H_5CH_2NH_2 + 2\,SOCl_2 = 2\,C_6H_5CHO + 4\,C_6H_5CH_2NH_2HCl + N_2H_2S_2.$$

Die so gebildete Verbindung $N_2H_2S_2$ (Nitril der Thioschwefelsäure) wird aber ohne Zweifel sofort weiter verändert.

Eine entsprechende, noch glattere Umsetzung erfolgt mit Thionylanilin.

c) Die Amine der aromatischen Reihe setzen sich sowohl als solche, wie auch als salzsaure Salze mit Thionylchlorid äußerst leicht um,[4]) z. B.:

$$C_6H_5NH_2.HCl + SOCl_2 = C_6H_5N:SO + 3\,HCl.$$

---

[1]) B. **8**, 461 (1875).
[2]) Hofmann, B. **1**, 170 (1868).
[3]) Michaëlis, A., **274**, 179 (1893).
[4]) Man prüft, ob die Thionylaminreaktion eingetreten ist, indem man mit Lauge erhitzt, worauf der Geruch der Base eintritt, während nach dem Übersättigen mit verdünnter Schwefelsäure der Geruch nach Schwefeldioxyd sich bemerkbar macht.

Diese Umsetzung erfolgt, wenn das salzsaure Salz mit Benzol übergossen und dann mit der berechneten Menge Thionylchlorid im Wasserbade erhitzt wird. Ohne Zusatz von Benzol entstehen dagegen blaue, schwerlösliche Farbstoffe. Die einfachen aromatischen Thionylamine sind gelbgefärbte Flüssigkeiten, die sich entweder unter gewöhnlichem oder (bei den höheren Gliedern) unter vermindertem Drucke unzersetzt destillieren lassen. Sie werden sämtlich durch Alkali leicht und unter Erwärmung in primäres Amin und schwefligsaures Salz übergeführt, z. B.:

$$C_6H_5N:SO + 2\,NaOH = C_6H_5NH_2 + Na_2SO_3.$$

Gegen Wasser sind sie um so beständiger, je mehr Methylgruppen der aromatische Rest enthält. Das Thionylanilin wird z. B. von Wasser beim Schütteln oder Erhitzen leicht zersetzt; das Thionylamin

$$(CH_3)_3C_6H_2 . N:SO$$

ist dagegen fast unzersetzt mit Wasserdämpfen flüchtig.

Auch das α- und β-Naphthylamin bilden mit Thionylchlorid leicht Thionylamine; das α-Thionylnaphthylamin ist gegen Wasser viel beständiger als die β-Verbindung.

d) Substituiert man in den aromatischen Aminen Wasserstoff durch die elektronegativen Radikale Chlor, Brom, Jod, Fluor oder die Nitrogruppe, so entstehen ebenso leicht wie mit den einfachen Aminen Thionylamine, die zum Teile fest sind und schön krystallisieren. Substituiert man jedoch Wasserstoff durch Hydroxyl oder Carboxyl, so bilden die entstehenden Aminophenole, bzw. Aminobenzoesäuren keine Thionylverbindungen. Sobald man jedoch den Wasserstoff des Hydroxyls oder Carboxyls durch ein Alkyl ersetzt, wirkt das Thionylchlorid aufs leichteste normal ein. Es läßt sich also ein Thionylanisidin

$$C_6H_4\!\!\begin{array}{l} \diagup OCH_3 \\ \diagdown N:SO \end{array}$$

und ein Thionylaminobenzoesäuremethylester

$$C_6H_4\!\!\begin{array}{l} \diagup CO.OCH_3 \\ \diagdown N:SO \end{array}$$

leicht erhalten.

e) m- und p-Phenylendiamin bilden schon beim Erhitzen ihrer salzsauren Salze mit Thionylchlorid Thionylamine von der Formel

$$C_6H_4\!\!\begin{array}{l} \diagup N:SO \\ \diagdown N:SO \end{array}$$

Dieselben sind fest und werden schon durch Wasser in Phenylendiamin und Schwefeldioxyd zersetzt. o-Phenylendiamin bildet mit Thionylchlorid sowohl wie mit Thionylanilin das Piazthiol

$$C_6H_4 \begin{array}{c} N \\ \diagdown \\ N \end{array} S.$$

f) Benzidin, Tolidin, Aminostilben bilden leicht Thionylamine. Dasselbe ist der Fall mit dem Aminoazobenzol und dem Diaminoazobenzol (Chrysoidin), indem die ziemlich beständigen Verbindungen

$$C_6H_5N = N \cdot C_6H_4N:SO$$

bzw.

$$C_6H_5N = NC_6H_3 \begin{array}{c} \diagup N:SO \\ \diagdown N:SO \end{array}$$

entstehen.

Durch die Feuchtigkeit der Luft oder durch Zusatz von wenig Wasser werden die Thionylamine in Verbindungen der Amine mit Schwefeldioxyd übergeführt. Im allgemeinen existieren je zwei solcher Verbindungen, von denen die eine aus 1 Mol. Amin und 1 Mol. Schwefeldioxyd, die andere aus 2 Mol. Amin und 1 Mol. Schwefeldioxyd besteht. Bei den aromatischen Aminen ist die erstere Verbindung unbeständig und geht unter Abgabe von Schwefeldioxyd leicht in die zweite über. Bei den aliphatischen Aminen kann man namentlich bei den Anfangsgliedern nur die erstere Art leicht erhalten, die höheren Glieder bilden beide Verbindungsarten

Setzt man zu der alkoholischen Lösung des Thionylamins (bei den aromatischen Gliedern unter Zusatz des Amins) Benzaldehyd oder einen anderen aromatischen Aldehyd, so scheiden sich unter Wasseraufnahme sofort feste, meist schön krystallisierende Verbindungen aus, die durch Vereinigung der Sulfide mit den Aldehyden entstehen.[1]

4. Lauthsche Reaktion.[2]

Mit verdünnter Essigsäure und Bleisuperoxyd geben die aromatischen Amine (auch die sekundären und tertiären) charakteristische Farbenreaktionen, die manchmal verschieden sind, wenn man statt Wasser Alkohol als Lösungsmittel anwendet.

5. Acylierung der Aminbasen.

Zur Charakterisierung und Bestimmung der primären und sekundären Amine können dieselben Acylierungsmethoden verwendet werden

---

[1] Vgl. Schiff, Ann. **140**, 130 (1866); **210**, 128 (1880).
[2] C. r. **111**, 975 (1890).

48*

wie für die Hydroxylderivate (S. 497 ff.). Die Besonderheiten der Amingruppe, namentlich ihre größere Reaktionsfähigkeit lassen indes hier noch einige weitere Methoden der Acylierung zu.

a) Acetylierungsmethoden.

Acetylierung mittels Acetylchlorid[1]) wird nicht sehr häufig vorgenommen.

Eine interessante Verwendungsart desselben, bei welcher außerdem konzentrierte Schwefelsäure benutzt wird, beschreibt ein Patent.[2])

Zu der Lösung von 10 Gewichtsteilen Phenylglycinorthocarbonsäure in 30 Gewichtsteilen Schwefelsäuremonohydrat werden allmählich 20 Volumteile Acetylchlorid hinzugefügt, und 2—3 Stunden lang auf 50⁰ erwärmt. Dann wird die Acetylverbindung durch Aufgießen auf Eis abgeschieden.

Mit Essigsäureanhydrid kann man Basen auch in wässeriger Lösung acetylieren.[3]) Die zu acetylierende Base wird in der entsprechenden Menge verdünnter Essigsäure gelöst oder suspendiert oder der Lösung ihres Chlorhydrates Natriumacetat oder Normal-Kalilauge[4]) zugesetzt und unter Schütteln Essigsäureanhydrid zugefügt.

Kühlen ist dabei[5]) im allgemeinen nicht nur nicht nötig, sondern oftmals sogar Erwärmen auf 50—60⁰ vorteilhaft.

In manchen Fällen (z. B. Anilin) lassen sich auf diese Art sogar die Chlorhydrate der Basen — unter Freiwerden von Salzsäure, acetylieren.

Acetylierung von Salzen und Doppelsalzen: Dieselbe wird ganz ebenso ausgeführt wie die Acetylierung der freien Basen. Beispiele hierfür: Nietzki, B. 16, 468 (1883). — Wolff, B. 27, 972 (1894). — Cohn, B. 33, 1567 (1900). — D. R. P. 71159 (1893).

J. Pollak[6]) erhitzt zu diesem Behufe das fein zerriebene Chlorhydrat mit der 10—15fachen Menge Anhydrid 5—6 Stunden lang am Rückflußkühler, bis der Geruch nach Acetylchlorid verschwunden ist.

Bei asymmetrischen Triaminen der Benzolreihe wird von zwei benachbarten Amingruppen nur eine acetyliert. Vgl. Pinnow, d. pr. (2) 62, 517 (1900); B. 33, 417 (1900).

---

[1]) Siehe S. 499. — Über Diacetylieren mit Acetylchlorid siehe S. 758.
[2]) D. R. P. 147033 (1904).
[3]) Hinsberg, B. 19, 1253 (1886). — Pinnow und Wegner, B. 30, 3110 (1892). — Pinnow, B. 33, 417 (1900). — Lumière, Bull. (3), 33, 783 (1905). —
Grandmougin, B. 39, 3930 (1906).
[4]) Pschorr und Massaciu, B. 37, 2787 (1904).
[5]) D. R. P. 129000 (1902).
[6]) M. 14, 407 (1893).

Aminosulfosäuren lassen sich nur in alkalischer Lösung, bzw. als Salze acetylieren.[1]

Über die Notwendigkeit, reines Essigsäureanhydrid für empfindliche Substanzen zu verwenden siehe S. 503. — Speziell salzsäurefreies Anhydrid ist für die Acetylierung von Aminobenzaldehyd erforderlich.[2]

Essigsäureanhydrid und Alkohol wirken, wie Nietzki[3] gefunden hat, unerwarteterweise in der Kälte nicht aufeinander; beim Vermischen beider Körper findet sogar eine Temperaturerniedrigung statt. Setzt man zu dieser Mischung einen Aminokörper hinzu, so acetyliert sich dieser ganz glatt und fast momentan unter Temperaturerhöhung. Die Acetylierungsmethode in alkoholischer Lösung gestattet, Aminoderivate, welche mit Essigsäureanhydrid, wegen ihrer geringen Löslichkeit, sich schlecht acetylieren lassen, wie z. B. Aminoazobenzol. p-Nitronilin usw., glatt und bequem zu acetylieren.

Auch das Acylieren in Pyridinlösung ist hier sehr am Platze.[4]

Man kann auf diese Art auch empfindliche Amine, ohne sie isolieren zu müssen, in Form ihrer Salze und Doppelsalze acylieren. (Heller und Nötzel.)[5]

Benzoylchlorid in Pyridinlösung kann indessen auch Verdrängungsreaktionen verursachen und mit Ester-, Äther-, Malonsäuremethylengruppe usw. reagieren. (Freundler.)[6]

Über Verwendung von Essigsäureanhydrid und konzentrierter Schwefelsäure oder Salzsäuregas siehe D. R. P. 147633 (1904). —

Über die katalytische Beschleunigung der Acetylierung von Basen durch Säuren (Schwefelsäure, Salzsäure, Überchlorsäure, Trichloressigsäure) siehe Alice E. Smith und Orton, Proc. **24**, 148 (1908); Soc. **93**, 1225 (1908).

Mischungen von Anhydrid mit mehr oder weniger verdünnter Essigsäure[7] oder Eisessig allein[8] werden vielfach benutzt.

Mit selbst stark verdünnter (30—50 proz.) Essigsäure[9] gelingt die Acetylierung der primären aromatischen Amine beim Erhitzen unter Druck auf 150—160°.

---

[1] D. R. P. 92796 (1897)). — Nietzki und Benkiser, B. **17**, 707 (1884). — D. R. P. 129000 (1901). — Junghahn, B. **33**, 1366 (1900). — Gnehm, J. pr. (2), **63**, 407 (1901). — Schroeter und Rösing, B. **39**, 1559 (1906).

[2] Friedländer und Göhring, B. **17**, 457 (1884).

[3] Ch. Ztg. **27**, 361 (1903). — Lumière und Barbier, Bull. (3), **35**, 625 (1906).

[4] Walther, J. pr. (2), **59**, 272 (1899). — Doht, M. **25**, 958 (1904). — Freundler, C. r. **137**, 712 (1904). — Bull. (3), **31**, 621 (1904).

[5] J. pr. (2), **76**, 59 (1907).

[6] Ch. Ztg. **28**, 345 (1904).

[7] Pinnow, B. **33**, 417 (1900). — Rupe und Braun, B. **34**, 3523 1901). — Lumière und Barbier, Bull. (3), **33**, 783 (1905).

[8] Hoffmann, D. R. P. 92796 (1897).

[9] D. R. P. 98070 (1898); 116922 (1901). — Anilin läßt sich schon durch 15 proz. Essigsäure acetylieren: Tobias, B. **15**, 2868 (1882), Phenylhydrazin durch 7 proz. Essigsäure: Milrath, Z. physiol. **56**, 132 (1908). — Siehe S. 622.

Chloracetylchlorid und Bromacetylchlorid finden ebenfalls gelegentlich Verwendung.[1])

Acetylierung mittels Thioessigsäure.[2])

Nach Pawlewsky eignet sich die Thioessigsäure ganz besonders
zur Acetylierung aromatischer primärer und sekundärer Amine und
Aminsäuren, welche meist momentan und bei gewöhnlicher Temperatur nach der Gleichung:

$$RNH_2 + CH_3COSH = R.NHCOCH_3 + SH_2$$

glatt vonstatten geht und direkt nahezu analysenreine Produkte
liefert.

Nach Eibner[3]) addieren gewisse sekundäre (und tertiäre) Amin-
verbindungen Thioessigsäure unter Bildung von substituierten Amino-
mercaptanen.

Darstellung der Thioessigsäure.[4])

1 Gewichtsteil gepulvertes Phosphorpentasulfid wird mit $^1/_2$ Gewichtsteil nicht zu kleiner Glasscherben gemischt und mit 1 Teil Eisessig in einem Glasgefäße, das mit Thermometer und absteigendem
Kühler versehen ist, auf dem Drahtnetze vorsichtig angewärmt.
Wenn die Temperatur der Dämpfe auf etwa 103° gestiegen ist, bricht
man die Operation ab. Das gelbe Destillat wird nochmals rektifiziert
und das zwischen 92 und 97° Übergehende als reine Thioessigsäure
angesehen.

Diacetylierung.

Während im allgemeinen durch die Einwirkung von Acetylie-
rungsmitteln nur eines der beiden typischen Wasserstoffatome von
primären Aminen substituiert wird:

$$-N\diagdown^H_{OCCH_3}$$

gelingt es in manchen Fällen sowohl mittels Acetylchlorid[5]) als auch
mittels Essigsäureanhydrid[6]) Diacetylierung zu erzielen.

Dabei spielt die Konstitution der betreffenden Substanzen eine
wesentliche Rolle, insofern, als namentlich orthosubstituierte Aryl-

[1]) D. R. P. 71159 (1893). — B. **31**, 2790 (1898); **37**, 3313 (1904).
[2]) Pawlewski, B. **31**, 661 (1898); **35**, 110 (1902). — Bamberger,
B. **35**, 713 (1902).
[3]) B. **34**, 657 (1901).
[4]) Kekulé und Linnemann, Ann. **123**, 278 (1862). — Tarugi, Gazz.
25, I, 271 (1895). — Schiff, B. **28**, 1205 (1895).
[5]) Kay, B. **26**, 2853 (1893).
[6]) Remmers, B. **7**, 350 (1874). — Ulffers und Janson, B. **27**, 93
(1894). — D. R. P. 75611 (1894). — Tassinari, Ch. Ztg. **24**, 548 (1900). —
Wisinger, M. **21**, 1011 (1900). — Pechmann und Obermiller, B. **34**,
665 (1901). — Sudborough, Proc. **17**, 45 (1901). — Soc. **79**, 532 (1901). —
Orton. Soc. **81**, 496 (1902). — Smith und Orton, Soc. **93**, 1242 (1908).

amine (gleichgültig, ob der Substituent positiven oder negativen Charakter besitzt) der Diacetylierung zugänglich sind. — In manchen Fällen läßt sich Acetylierung mittels Essigsäureester erzielen. So gibt Anilin beim Erhitzen mit Essigsäureester auf 200—220° Acetanilid, während bei gleicher Behandlung von Anilinchlorhydrat mit dem Ester Alkylanilin entsteht.[1])

Auch sonst kann eine Acylgruppe sowohl intramolekular (durch Umlagerung)[2]) oder intermolekular aus ihrer Verbindung mit einem Alkohol (Phenol) an den Stickstoff treten. So entsteht beim Erhitzen der Acetyl- und Benzoylverbindungen das Resacetophenons mit Phenylhydrazin Acetyl- bezw. Benzoylphenylhydrazin. Torrey und Kipper, Am. Soc. 30, 853 (1908). — Siehe auch S. 760.

Nichtacetylierbare Amine sind ebenfalls beobachtet worden. So läßt sich das o-Nitrobenzylorthonitroanilin auf keinerlei Weise acetylieren[3]) und ebensowenig das p-Nitrobenzylorthonitroanilin[4]) und die Imidogruppe des o-Oxybenzylorthonitroanilins.[5]) Ebensowenig reagiert das 3.5-Dibromanthranilsäurenitril[6]), sehr schwer der 2-Aminoresorcindimethyläther.[7])

In diesen Fällen ist sterische Reaktionsbehinderung anzunehmen. Sehr interessant ist in dieser Beziehung[8]) die Nichtacetylierbarkeit der Substanz:

Unverseifbare Acetylgruppen: Pschorr, B. 31, 1289, 1291 (1898).

b) Benzoylierungsmethoden.[9])

Die Einwirkung von Benzoylchlorid führt bei empfindlichen Aminen leicht zur Verharzung. Wo ein Arbeiten nach der Lossen-Baumannschen Methode[10]) sich auch nicht ausführen läßt, kann man nach Etard und Vila[11]) eine wässerige Lösung der Substanz mit krystallisiertem Barythydrat mischen, so daß letzteres,

[1]) Hjelt, Finska Vetensk. Soc. Öfversigt 29, 1 (1887). — Niementowski, B. 30, 3071 (1897). — Wenner, Inaug.-Diss., Basel 1902, S. 10.
[2]) Siehe S. 761.
[3]) Paal und Kromschröder, J. pr. (2), 54, 265 (1896).
[4]) Paal und Benker, B. 32, 1251 (1899).
[5]) Paal und Härtel, B. 32, 2057 (1899). — Siehe auch S. 814.
[6]) Bogert und Hard, Am. Soc. 25, 938 (1903).
[7]) Kauffmann und Franck, B. 40, 4006 (1907).
[8]) Smith, Soc. 89, 1505 (1905).
[9]) Siehe S. 524 ff.
[10]) Einwirkung auf tertiäre cyclische Basen: Reißert, B. 38, 1603 (1905).
[11]) C. r. 135, 699 (1902). — Biehringer und Busch, B. 36, 139 (1903) verwenden gelöschten Kalk.

wenn nun nach und nach Benzoylchlorid zugesetzt wird, durch die bei der Lösung entstehende Temperaturerniedrigung eine allzu lebhafte Reaktion verhindert.

Willstätter und Parnas benzoylieren in alkoholischer Lösung bei Gegenwart der berechneten Menge Natriumäthylat.[1]

In manchen Fällen kommt man bei Verwendung von Kalilauge zu besseren Ausbeuten als mit Natronlauge.[2]

Benzoesäureanhydrid[3] empfiehlt sich namentlich in solchen Fällen, wo eine flüssige Base zur Verwendung gelangt, in welcher das Anhydrid sich lösen kann.[4] Manchmal ist Erhitzen auf 200° im Einschlußrohre notwendig.[5]

Witt und Dedichen[6] empfehlen mit Benzoesäureanhydrid, Natriumacetat und Eisessig zu kochen. Dasselbe Verfahren wenden Scheiber und Brandt zur n-Benzoylierung des 1.2.Aminonaphtols an.[7]

Substanzen, welche gegen Mineralsäuren und Alkali empfindlich sind, kocht Heller[8] mit Benzoesäure, benzoesaurem Natrium und Benzol am Rückflußkühler.

Über die Anwendung von Natriumbicarbonat[9] siehe S. 526. — Mohr und Geis mußten zur Benzoylierung der Aminoisobuttersäure Kaliumbicarbonat anwenden.[10] —

Besonders vorsichtig verfährt Ehrlich[11]:

2 g Adrenalin werden mit 3 g Benzoylchlorid in 10 ccm Äther und 3 ccm Aceton — wodurch einer Ausscheidung des im Äther schwerlöslichen Benzoylderivates vorgebeugt wird — und 30 ccm kaltgesättigter Natriumbicarbonatlösung geschüttelt. Der Überschuß des Benzoylchlorids wird dann durch Alkohol zerstört.

Starke Basen können auch mittels Benzoesäureester acyliert werden, indem analog der Umsetzung des Esters mit Ammoniak eine Säureimidbildung eintritt.[12]

So ist es eine allgemeine Eigenschaft der Monoalkyl-Fluorindine, beim Kochen mit Benzoesäureester mehr oder weniger rasch in Benzoylderivate verwandelt zu werden, während sich Diphenylfluorindin aus diesem Lösungsmittel unverändert umkrystallisieren läßt.

---

[1] B. **40**, 3978 (1907).
[2] Schultze, Z. physiol. **29**, 474 (1900).
[3] Urano, Beitr. z. chem. Physiol. u. Path. **9**, 183 (1907).
[4] Curtius, B. **17**, 1663 (1884). — Bichler, B. **26**, 1385 (1893).
[5] Likiernik, Z. physiol. **15**, 418 (1891).
[6] B. **29**, 2954 (1896).
[7] J. pr. (2) **78**, 93 (1908).
[8] B. **37**, 3113 (1904).
[9] Ferner: Pauly, B. **37**, 1397 (1904). — Dieckmann, B. **38**, 1659 (1905). — E. Fischer, B. **39**, 539 (1906).
[10] B. **41**, 798 (1908).
[11] B. **37**, 1827 (1904).
[12] Kehrmann und Bürgin, B. **29**, 1248 (1896). — Siehe auch Torrey und Kipper, Am. Soc. **30**, 853 (1908).

Benzoylchlorid und Lauge spalten die in α- oder β-Stellung substituierten alkylhomologen Imidazole[1]) nach der Gleichung:

$$\begin{array}{l} \mathrm{CH-\!-N} \\ \| \qquad \diagdown \mathrm{CH} + 2C_6H_5COCl = \\ \mathrm{CH-NH}^{\diagup} \quad + 2KOH \end{array} \qquad \begin{array}{l} \mathrm{CH-NH-COC_6H_5} \\ \| \qquad\qquad\qquad\qquad + 2KCl + HCOOH \\ \mathrm{CH-NH-COC_6H_5} \end{array}$$

Durch einen in μ-Stellung befindlichen Alkylrest wird die Aufspaltung sehr erschwert.[2]) Tertiäre Imidazole und Imidazolderivate, die in der Seitenkette eine Carbonylgruppe tragen, bleiben unverändert.[3])

Über die analoge Spaltung von 2-Phenylpyrrolin (auch durch Säureanhydride allein) siehe Gabriel und Colman, B. 41, 519 (1908).

Verhalten der Gruppe —N—C—N— gegen Acylierungsmittel siehe auch noch Heller, B. 37, 3112 (1904); 40, 114 (1907).

Verdrängung von Acetyl durch Benzoyl: Freundler, Bull. (3), 31, 622 (1904).

Nicht benzoylierbare Amine. Die Fälle,[4]) wo eine Substanz der Benzoylierung unzugänglich ist, sind relativ selten. Wahrscheinlich ist auch hier sterische Behinderung für die Reaktionsunfähigkeit verantwortlich.

Schmelzpunkte der benzoylierten Aminosäuren. Die Schmelzpunkte mancher Benzoylderivate, wie des Benzoylornithins[5]) und des inaktiven Benzoyllysins[6]) zeigen keine bestimmten Werte. (Siehe hierzu E. Fischer a. a. O.)

Unterscheidung von O- und N-acylierten Substanzen gelingt nach Herzig[7]) und Tichatschek manchmal mittels Diazomethan, das O-Acetyl verdrängt, N-Acetyl aber unverändert läßt. Auch pflegen O-acylierte Oxyaminokörper von kalter Schwefelsäure verseift zu werden, die N-Derivate nicht (Titherley). Die meisten N-acylierten Substanzen sind im Gegensatze zu ihren Isomeren kalilöslich und pflegen Eisenchloridreaktion zu zeigen.

Wanderung von O-Acyl an den Stickstoff: Auwers, B. 37, 2249 (1904). — Ann. 332, 159 (1904). — B. 40, 3506 (1907). — B. 41, 406 (1908).

Wanderung von N-Acyl an den Sauerstoff: Titherley und Mc Connan, Soc. 89, 1318 (1906). — Willstätter und

---

[1]) Bamberger und Berlé, Ann. 273, 342 (1893). — Windaus und Knoop, B. 38, 1169 (1905). — Windaus und Vogt, B. 40, 3692 (1907).
[2]) Bamberger und Berlé, Ann. 273, 349 (1893).
[3]) Pinner und Schwarz, B. 35, 2448 (1902). — Fränkel, Beitr. z. chem. Physiol. u, Pathol. 8, 160, 406 (1906).
[4]) Salomonson, R. 6, 16 (1887). — Likiernik, Z. physiol. 15, 418 (1891).
[5]) B. 11, 408 (1878); 34, 463 (1901). — Z. physiol. 26, 6 (1898).
[6]) E. Fischer und Weigert, B. 35, 3777 (1902).
[7]) B. 39, 268, 1557 (1906).

Veraguth, B. **40**, 1432 (1907). — Auwers und Eckardt, B. **40**, 2154 (1907). — Auwers, B. **40**, 3510 (1907).

Noch empfehlenswerter als die Benzoylierung ist nach Baum[1]) die

c) Furoylierung

der Amine oder Aminosäuren, weil sich überschüssige Brenzschleimsäure viel leichter als Benzoesäure entfernen läßt, entweder aus darin unlöslichen Körpern durch Ausziehen mit Alkohol oder geeignetenfalls durch mehrfaches Umkrystallisieren der Verbindung aus Wasser; auch die leichtere Spaltbarkeit der Furoylverbindungen durch Alkali kann von Bedeutung sein und ebenso das Verhalten des Brenzschleimsäurechlorids in Fällen, die dem des Asparagins entsprechen.

Beispiele:

Furoyl-m-toluidin. Die Furoylierung erfolgt nach Schotten-Baumann mittels Kalilauge. Der Körper scheidet sich zunächst als breiige Masse ab, die beim Reiben und Abkühlen erstarrt. Er krystallisiert aus Alkohol in glänzenden, regulären Prismen und schmilzt bei 87°. Die Ausbeute beträgt 80 Proz. der theoretisch möglichen Menge.

3 g Alanin werden in 20 ccm Wasser suspendiert und 20 g Natriumcarbonat zugefügt. Unter dauerndem Umschütteln werden allmählich 10 g Brenzschleimsäurechlorid (3 Moleküle) hinzugegeben und stets erst eine neue Menge hinzugefügt, wenn der Geruch des Chlorids verschwunden ist. Die Flüssigkeit färbt sich nach und nach schwach gelblich, und unter lebhafter Kohlensäureentwicklung geht der größte Teil des Bicarbonats in Lösung. Man filtriert vom überschüssigen Bicarbonat ab und fällt das Reaktionsprodukt durch Zugabe von überschüssiger Salzsäure, zur vollständigen Fällung kühlt man eine halbe Stunde mit Eiswasser.

Die überschüssige Brenzschleimsäure entfernt man durch wiederholtes Waschen mit kaltem Alkohol, worin Furoylalanin sehr schwer löslich ist. Die Ausbeute an Rohprodukt ist quantitativ.

Es ist übrigens nicht notwendig, den großen Überschuß von 3 Molekülen Säurechlorid anzuwenden; in einem anderen Versuche wurden mit nur 1³/₄ Molekülen 95 Proz. der theoretischen Ausbeute erhalten.

5 g Asparagin werden mit 25 g Natriumbicarbonat in 40 ccm Wasser suspendiert und in der gewöhnlichen Weise 12 g Säurechlorid nach und nach zugegeben.

Die Reaktion verläuft unter starker Kohlensäureentwicklung und ist in etwa einer Stunde beendet. Man fällt mit überschüssiger Salzsäure und wäscht das Fällungsprodukt zur Entfernung der Brenzschleimsäure mehrmals mit kaltem Alkohol. Die Ausbeute beträgt 96 Proz. der theoretisch möglichen Menge. Der Körper krystallisiert aus Wasser in farblosen, schön ausgebildeten, vierkantigen Prismen

---

[1]) Siehe S. 538.

vom Smp. 172—173°. Furoylasparagin ist unlöslich in Alkohol, Äther und Ligroin.

d) Phenylsulfochlorid.[1])

Auf tertiäre Amine ist Phenylsulfochlorid bei Gegenwart von Alkali ohne Einwirkung. Auf sekundäre Amine reagiert dasselbe unter Mitwirkung von Kalilauge, indem in Alkali und Säuren unlösliche feste oder ölige Phenylsulfonamide entstehen. Mit primären Aminbasen, sowohl der Fettreihe, als auch der aromatischen Reihe reagiert Phenylsulfochlorid stets unter Bildung von Sulfonamiden, welche in der im Überschusse vorhandenen Kalilauge sehr leicht löslich sind, da das Wasserstoffatom der Iminogruppe durch die Nähe der Phenylsulfogruppe stark saure Eigenschaften erhält.

Auf dieses verschiedene Verhalten läßt sich nun der einfache Nachweis für die Konstitution einer Stickstoffbase gründen. Man schüttelt das zu untersuchende Produkt (es genügen einige Zentigramme) mit mäßig starker Kalilauge (ca. 12%, etwa 4 Moleküle) und mit Phenylsulfochlorid (1½—2fache theoretische Menge). Nach 2—3 Minuten langem Schütteln ist die größte Menge des Sulfochlorids verschwunden. Man erwärmt nun, bis der Geruch des Chlorids nicht mehr wahrnehmbar ist, wobei man Sorge trägt, daß die Flüssigkeit stets alkalisch bleibt. Tertiäre Basen sind nach vollendeter Reaktion unverändert geblieben; sekundäre Basen geben feste oder dickflüssige Phenylsulfonamide, welche in Säuren und Kalilauge unlöslich sind. Primäre Basen dagegen liefern eine völlig klare Lösung, welche beim Versetzen mit Salzsäure das Phenylsulfonamid sofort, meistens in fester krystallisierter Form, ausfallen läßt.

Ebenso einfach gestaltet sich die Trennung des Gemenges primärer, sekundärer und tertiärer Basen.[2]) Man behandelt ein solches Gemisch in der eben angegebenen Weise mit Phenylsulfochlorid und Kalilauge. Ist man nicht sicher, beim ersten Male genügend Sulfochlorid zugesetzt zu haben, so wiederholt man die Reaktion, indem man nochmals mit Phenylsulfochlorid und Kalilauge schüttelt. Wenn die vorhandene tertiäre Base mit Wasserdampf flüchtig ist, kann dieselbe nach Vollendung der Reaktion sofort im Dampfstrome übergetrieben werden, nachdem die überschüssige Kalilauge nahezu neutralisiert worden ist. Hierbei ist jedoch zu bemerken, daß die einfachsten Phenylsulfonamide, z. B. $C_6H_5SO_2 . N(C_2H_5)_2$, ebenfalls, wenn auch nur in geringem Maße, mit Wasserdampf flüchtig

---

[1]) Hinsberg, B. 23, 2962 (1890); 33, 2387, 3526 (1900). — Hinsberg und Kessler, B. 38, 906 (1905). — Über die Verwendung von Toluolsulfochlorid siehe Hedin, B. 23, 3198 (1890). — Solonina, Russ. 29, 405 (1897). — Findeisen, J. pr. (2) 65 529 (1902). — Über p-Nitrotoluolsulfochlorid: Siegfried, Z. physiol. 43, 68 (1904). — B. 38, 3054 (1905); 39, 540 (1906). — E. Fischer, B. 39, 539 (1906). — Ellinger und Flamand, Z. physiol. 55, 22 (1908).

[2]) Bei leichtflüchtigen Basen arbeitet man unter Eiskühlung und gibt das Gemisch von Kalilauge und Sulfochlorid zu dem Amin.

sind. Im Rückstande trennt man das in Kalilauge unlösliche Phenylsulfonamid der sekundären Base von dem alkalischen Sulfonamid der
primären Basen durch Filtration und fällt schließlich das alkalische
Filtrat mit Salzsäure.

Wenn die tertiäre Base nicht mit Wasserdampf flüchtig ist,
wird das Reaktionsprodukt zunächst mit Äther ausgeschüttelt und
in dem ätherischen Extrakte die tertiäre Base von dem Phenylsulfonamid der sekundären Base durch verdünnte Salzsäure getrennt.
Die mit Äther extrahierte alkalische Flüssigkeit läßt nach dem
Ansäuern mit Salzsäure das Phenylsulfonamid der primären Base
fallen.

Durch Erhitzen mit starker Salzsäure im Rohre auf 150—160⁰
wird aus den Phenylsulfonamiden unter Bildung von Phenylsulfosäure
leicht die ursprüngliche Aminbase regeneriert.

Die Reaktion wurde bei den Aminbasen der Fettreihe, ferner
beim Anilin und seinen Homologen, Phenylendiamin und ähnlichen
Substanzen, schließlich bei den Naphthylaminen und den Alkyl-
naphthylaminen geprüft. Sie ergab stets ein positives Resultat.

Dagegen versagt die Reaktion bei denjenigen Aminen, welche
bereits mit einem Säureradikal oder einer anderen stark negativen
Gruppe verbunden sind, also bei den Säureamiden und den Halogen-
und Nitroderivaten der Aminbasen.

Auch Diphenylamin und ähnliche schwache Basen reagieren nicht
mit Phenylsulfochlorid und Kalilauge.

Die Aminosäuren der aromatischen Reihe reagieren glatt mit
Phenylsulfochlorid.[1])

Nach Solonina[2]) entstehen beim Schütteln einiger primärer
Amine mit Benzol- oder Toluolsulfochlorid und Natronlauge — und
zwar wenn letzteres Reagens in geringem, ersteres in großem Überschusse angewendet wird — neben den normalen Monobenzolsulfon-
amiden kleine Mengen anormaler Dibenzolsulfonamide, welche in
Alkali unlöslich sind und daher die Anwesenheit sekundärer Basen
vortäuschen können. Als Basen, welche geneigt erscheinen, in dieser
Weise anormal zu reagieren, führt Solonina Benzylamin, Isobutyl-
amin, n-Butylamin, Isoamylamin, Anilin, m-Xylidin, n-Heptylamin
an; von Bamberger[3]) wurde as-Methylphenylhydrazin hinzugefügt.

Die hier in Frage kommenden Basen geben indes beim Schütteln
mit viel konzentrierter Kalilauge (15 ccm 25 proz. Kalilauge auf 1 g
Base) und Benzolsulfochlorid (1¹/₂—2 Mol. Gew.) entweder gar keine
oder nur ganz geringe Mengen alkaliunlöslichen Produktes und weiter

---

[1]) Einwirkung auf aliphatische Aminsäuren: Ihrfeld, B. **22**, R. 692
(1889). — Hedin, B. **23**, 3197 (1890). — E. Fischer, B. **33**, 2380 (1900). —
B. **34**, 448 (1901).
[2]) Russ. **29**, 405 (1897); **31**, 640 (1899). — Marckwald, B. **32**, 3512
(1899); **33**, 765 (1900). — Duden, B. **33**, 477 (1900). — Willstätter und
Lessing, B. **33**, 557 (1900).
[3]) B. **32**, 1804 (1899).

gehen anormal gebildete Dibenzolsulfonamide beim Kochen mit starker (25—30proz.) Kalilauge anscheinend allgemein in die Mono-benzolsulfamide über (Marckwald).

Hinsberg und Kessler kochen daher den aus Benzolsulf-amiden bestehenden Niederschlag mit Natriumalkoholat (ca. 0.8 g Natrium in 20 ccm 96$^0/_0$ Alkohol auf je 1 g Base) eine Viertel-stunde lang am Rückflußkühler.

Eine zweite Unvollkommenheit der Benzolsulfochloridmethode basiert auf dem Umstande, daß die Benzolsulfamide der primären fetten, sowie der hydrierten cyclischen Basen etwa von C_7 an, in überschüssiger Lauge unlösliche durch Wasser zerlegbare Alkalisalze geben.

Die Methode verliert durch dieses Verhalten offenbar an prak-tischem Werte, denn die eben definierten Alkalisalze müssen, da sie nicht ohne weiteres an ihrer Löslichkeit erkannt werden können, in fester Form dargestellt und analysiert werden; eine immerhin zeitraubende und nicht ganz einfache Operation.[1]) In solchen Fällen hilft nach Hinsberg das

e) β-Anthrachinonsulfochlorid.

Das dabei einzuschlagende Verfahren ist folgendes:

Etwa 0.1 g der zu prüfenden Base (oder eines Salzes) werden mit 5 ccm 5proz. Natronlauge übergossen. In die kalte Flüssigkeit trägt man 1$^1/_2$ Mol. Gew. fein verteilten Anthrachinonsulfochlorids (am besten durch Fällen einer Eisessiglösung des Chlorids mit Wasser erhalten) ein, sorgt durch Verreiben mit einem Glasstabe für mög-lichst gleichmäßige Verteilung des sich leicht zusammenballenden Chlorids in der Flüssigkeit und schüttelt dann 2—3 Minuten lang kräftig durch. Darauf erhitzt man vorsichtig zum Sieden, um das überschüssig zugesetzte Chlorid in anthrachinonsulfosaures Natrium umzuwandeln, kühlt anf Zimmertemperatur ab, übersättigt mit ver-dünnter Salzsäure und filtriert das gebildete Anthrachinonsulfamid ab. Dasselbe wird auf dem Filter mit warmem Wasser ausgewaschen und, falls es gefärbt ist, was auf Verunreinigungen der angewandten Base hindeutet, aus verdünntem Alkohol umkrystallisiert. Ein Teil (etwa 0.05 g) des direkt oder durch Krystallisation erhaltenen Pro-duktes wird, eventuell noch feucht, in der eben zureichenden Menge heißen Alkohols gelöst, wobei eine farblose oder kaum merklich stroh-gelb gefärbte Flüssigkeit entsteht. Fügt man nun zu der noch warmen Flüssigkeit einen halben Kubikzentimeter 25proz. Kalilauge, so bleibt die Färbung unverändert, falls ein sekundäres Amin zur Anwendung kam; beim Abkühlen und Zusatze von mehr Kali-

---

[1]) Man kann auch den getrockneten Niederschlag in wasserfreiem Äther lösen, nach Zusatz von Natriumstücken 8 Stunden kochen und filtrieren, mit Äther nachwaschen und so eine Trennung des unlöslichen Natriumsalzes des Derivates der primären Base von dem ätherlöslichen Benzolsulfonamid der sekundären Base erzielen.

lauge wird das vorhandene Sulfamid zum Teile krystallinisch ausgefällt. Liegt ein primäres Amin zugrunde, so färbt sich die
Flüssigkeit dagegen unter Salzbildung intensiv gelb bis gelbrot. Zuweilen tritt beim Erwärmen der primären und sekundären Anthra-
chinonsulfamide mit der alkoholischen Kalilauge eine himbeerrote
Färbung auf, welche indes beim Umschütteln verschwindet und somit die wesentlichen Färbungen nicht stört. Die Methode ermöglicht also die Unterscheidung der primären und sekundären Basen
durch eine Farbenreaktion; die tertiären Basen reagieren nicht
mit dem Anthrachinonsulfochlorid.

Die Anthrachinonsulfochloridmethode wird namentlich da anzuwenden sein, wo das Benzolsulfochlorid Schwierigkeiten bereitet, also
bei den fetten und hydrocyclischen Basen von der siebenten Kohlen-
stoffreihe an. Sie eignet sich nur zum Nachweise, nicht zu einer
quantitativen Trennung dieser Amine. Auch zu einer Kontrolle der
mit Benzolsulfochlorid erhaltenen Resultate läßt sie sich verwerten.
Übrigens ist ihre Anwendbarkeit, wie selbstverständlich, ebenfalls beschränkt. So sind gefärbte Basen, Aminosäuren und schwach
basische Substanzen, wie Diphenylamin — mit letzterem reagiert
Anthrachinonsulfochlorid nur schwierig — ausgeschlossen.

Darstellung von β-Anthrachinonsulfochlorid.[1]) Tech-
nisches anthrachinonsulfosaures Natrium wird durch mehrmaliges Umkrystallisieren aus Wasser gereinigt und ein Gemisch gleicher Moleküle davon und von Phosphorpentachlorid am aufsteigenden Kühler im
Ölbade auf 180° erhitzt. Nach einiger Zeit wird die Masse flüssig;
dann wird sie noch 3—4 Stunden bei der angegebenen Temperatur
erhalten. Man destilliert hierauf das entstandene Phosphoroxychlorid
ab, kocht die zurückbleibende gelbe Masse mit Wasser aus und
krystallisiert den Rückstand mehrmals aus siedendem Toluol um.
Schwach gelbe Blättchen, Smp. 193°.

f) β-Naphthalinsulfochlorid.[2])

Von außerordentlicher Bedeutuug für die Isolierung der Oxyaminosäuren und der komplizierteren Verbindungen vom Typus des Glycylglycins ist das Naphthalinsulfochlorid, dessen Derivate sich durch Schwerlöslichkeit, gutes Krystallisationsvermögen und
konstante Schmelzpunkte auszeichnen.

Die Wechselwirkung zwischen Chlorid und Aminosäure vollzieht
sich am besten unter folgenden Bedingungen. Zwei Molekulargewichte
Chlorid werden in Äther gelöst, dazu fügt man die Lösung der

---

[1]) Houl, B. 13, 692 (1880).
[2]) E. Fischer und Bergell, B. 35, 3779 (1902). — Abderhalden und
Bergell, Z. physiol. 39, 464 (1903). — Königs, B. 37, 3250 (1904). — Pauly,
Z. physiol. 42, 371, 508, 524 (1904); 43, 321 (1904). — E. Fischer, Unters.
über Aminosäuren 1906, S. 16. — B. 39, 539 (1906); 40, 3547 (1907). — Kempe,
Diss., Berlin 1907, S. 28. — Ellinger und Flamand, Z. physiol. 55, 23
(1908).

Aminosäure in der für ein Molekül berechneten Menge Normalnatron-
lauge und schüttelt mit Hilfe einer Maschine bei gewöhnlicher Temperatur. In Intervallen von $1-1^1/_2$ Stunden fügt man dann noch
dreimal die gleiche Menge Normalalkali hinzu. Der Überschuß des
Chlorids ist erfahrungsgemäß für die Ausbeute vorteilhaft. Da es
nicht vollständig verbraucht wird, so ist zum Schlusse die wässerige
Flüssigkeit noch alkalisch. Sie wird von der ätherischen Schichte
getrennt, filtriert und, wenn nötig, nach der Klärung mit Tierkohle,
mit Salzsäure übersättigt. Dabei fällt die schwerlösliche Naphthalin-
sulfoverbindung aus.

Zur Darstellung des β-Naphthalinsulfochlorids[1]) werden
auf 1 Molekül naphthalinsulfosaures Natrium $1^1/_2$ Moleküle Phosphorpentachlorid angewendet und zur Vollendung der Reaktion gelinde
erwärmt, nach dem Erkalten das Reaktionsprodukt in kaltes Wasser
eingetragen und das darin Unlösliche, nachdem es durch Auswaschen
hinreichend gereinigt und an der Luft getrocknet worden ist, aus
Benzol umkrystallisiert. Smp. 76°, nach dem Destillieren bei 0.3 mm
Druck 78°.

Das Natriumsalz der β-Naphthalinsulfosäure kann[2]) bei
der Isolierung und Erkennung der Aminosäuren Irrtümer veranlassen,
da es wegen seiner Schwerlöslichkeit in Wasser und Salzsäure (von
welcher es nicht zersetzt wird) aus konzentrierteren Lösungen mit
ausfallen kann.

Von den Verbindungen der Aminosäuren ist es durch den
mangelnden Stickstoffgehalt und die Unlöslichkeit in Äther zn unterscheiden.

Die β-Naphthalinsulfoderivate geben öfters bei der Elementaranalyse unbefriedigende Resultate.[3])

g) Phenylisocyanat[4])

reagiert mit primären und sekundären Aminen direkt.[5]) Aminosäuren müssen dagegen nach der Lossenschen Methode zur Einwirkung gebracht werden.[6])

Äquimolekulare Mengen der betreffenden Aminosäure und festen
Ätznatrons werden in Wasser gelöst, und zwar verwendet man

---

[1]) Otto, Rösing und Tröger, J. pr. (2), 47, 95 (1893). — Krafft und
Roos, B. 25, 2255 (1892).

[2]) E. Fischer, B. 39, 4144 (1906).

[3]) E. Fischer, B. 36, 2106 (1903); 40, 3548 (1907).

[4]) Siehe S. 542.

[5]) Einwirkung auf Diamine: Löwy und Neuberg, Z. physiol. 43, 355
(1904).

[6]) Paal, B. 27, 976 (1894). — Paal u. Ganßer, B. 28, 3227 (1895). —
E. Fischer, B. 33, 2281 (1900). — E. Fischer und Mouneyrat, B. 33,
2386, 2399 (1900). — Leuchs, Diss. Berlin 1902, S. 13, 18, 22. — E. Fischer
und Leuchs, B. 35, 3787 (1902). — Paal und Zittelmann, B. 36, 3337
(1903). — Zittelmann, Diss., Berlin 1903. — Ehrlich, B. 37, 1829 (1904). —
E. Fischer, B. 39, 540 (1906).

zweckmäßig auf einen Teil Säure 8—10 Teile Wasser. Hierauf gibt man die berechnete Menge (1 Molekül) Phenylisocyanat hinzu und schüttelt bis zum Verschwinden des Cyanatgeruches, eventuell unter Kühlung.

Nach beendeter Einwirkung erhält man eine klare Lösung des Salzes der betreffenden Ureidosäure. Zuweilen sind in der Flüssigkeit geringe Mengen Diphenylharnstoff suspendiert, welcher aber nur bei Anwendung eines Überschusses von Ätzkali in größerer Quantität auftritt.

Aus der, wenn nötig, filtrierten Lösung wird die Ureidosäure durch verdünnte Schwefel- oder Salzsäure frei von Nebenprodukten und in quantitativer Ausbeute gefällt.

Auch Uramil und Aminozucker[1]) lassen sich in gleicher Weise zu einer Phenylpseudoharnsäure kombinieren, und ebenso reagieren die Aminophenole leicht in alkalischer Lösung.

Allerdings bleibt die Reaktion hier nicht bei der Bildung des Phenylharnstoffes stehen, es, wird vielmehr auch bei einem Teile des Produktes die phenolische Hydroxylgruppe in Mitleidenschaft gezogen.[2])

Auch die Peptone liefern in wässerig-alkalischer Lösung Phenylureidopeptone.[3])

Herzog[4]) löste 1.46 g Lysinchlorid in Wasser und titrierte mit Normalkalilauge. Um schwach alkalische Reaktion zu erzielen, waren 6.5 ccm Lauge nötig; dann wurden noch 15 ccm Kali hinzugefügt und die Lösung mit 2.38 g Phenylisocyanat geschüttelt. Nach 4—5 Stunden wurde Salzsäure zugesetzt und das Reaktionsprodukt ausgefällt. Die so entstandene Ureidosäure verliert beim kurzen Kochen mit 30proz. Salzsäure ein Molekül Wasser und geht in ein Hydantoin über.

Zur Darstellung der Verbindung aus Phenylisocyanat und Oxypyrrolidin-α-carbonsäure[5]) wird eine 10proz. wässerige Lösung der Oxyaminosäure mit der für $1^1/_4$ Moleküle berechneten Menge Natronlauge versetzt und dann bei 0^0 Phenylisocyanat unter starkem Schütteln zugetropft, bis die Abscheidung von Diphenylharnstoff beginnt. Das Filtrat scheidet beim schwachen Übersättigen mit Salzsäure das Reaktionsprodukt ab. Durch Eindampfen der Mutterlauge wird eine zweite Krystallisation erhalten.

Spaltung von Aminosäuren (namentlich sekundären) in Säureanhydride und Harnstoffderivate: Abati, Gallo und Piutti, Rend. Acc. d. scienze Fisiche e Mat. di Napoli **1906**; vgl. Abati und Piutti, B. **36**, 996 (1903).

[1]) Steudel, Z. physiol. **33**, 223 (1901); **34**, 352 (1902).
[2]) E. Fischer, B. **33**, 1701 (1900).
[3]) Paal, B. **27**, 970, Anm. (1894).
[4]) Z. physiol. **34**, 525 (1902). — E. Fischer und Weipert, B. **35**, 3777 (1902).
[5]) E. Fischer, B. **35**, 2663 (1902).

h) Naphthylisocyanat[1])

haben Neuberg und Manasse empfohlen.[2])

Es ist flüssig, hat daher im Gegensatze zum Naphthalinsulfochlorid kein Lösungsmittel nötig. Vor dem Phenylisocyanat zeichnet es sich dadurch aus, daß es infolge seines hohen Siedepunktes (270°) keine stechenden, giftigen Dämpfe entwickelt, daß es gegen Wasser viel beständiger ist und ohne jede Kühlung mit der alkalischen Lösung der Aminosäure usw. zusammengebracht werden kann. Eine besondere mechanische Schüttelung ist auch unnötig, es genügt, das Gemisch mehrmals im verschlossenen Gefäße (Stöpsel lüften!) drei bis vier Minuten mit der Hand zu schütteln und darauf $^1/_4$—$^1/_2$ Stunde ruhig stehen zu lassen. Man filtriert dann vom ganz unlöslichen Dinaphthylharnstoff ab, in den der Überschuß des Naphthylisocyanats sich vollständig verwandelt, und säuert an.

Die Methode ist gleich gut für Aminosäuren, Aminoaldehyde, Oxyaminosäuren, Diaminosäuren und Peptide verwendbar. — Die Aminosäuren können aus der Isocyanatverbindung durch Erhitzen mit Barytwasser regeneriert werden.

Die Naphthylisocyanatmethode ist in Fällen, in denen nur eine Aminosäure zu erwarten ist, indiziert.[3])

i) Carboxäthylisocyanat

führt aminartige Verbindungen ebenfalls in schwerlösliche, gut krystallisierende Allophansäureester über (Diels und Wolff[4]).

Zur Analyse genügt hier eine Äthoxylbestimmung.

Die Reaktionen mit den verschiedenen aminartigen Körpern lassen sich durch folgende Gleichungen wiedergeben:

$$\text{I. } NH_3 + OC:NCO_2C_2H_5 = NH_2—CO—NHCO_2C_2H_5,$$

$$\text{II. } C_2H_5NH_2 + OC:NCO_2C_2H_5 = CO\begin{cases} NHC_2H_5 \\ NHCO_2C_2H_5, \end{cases}$$

$$\text{III. } \begin{matrix} NH_2 \\ | \\ NH_2 \end{matrix} + \begin{matrix} OC:NCO_2C_2H_5 \\ \\ OC:NCO_2C_2H_5 \end{matrix} = \begin{matrix} NHCONHCO_2C_2H_5 \\ | \\ NHCONHCO_2C_2H_5, \end{matrix}$$

$$\text{IV. } NH_2CH_2CO_2C_2H_5 + OC:NCO_2C_2H_5 = CO\begin{cases} NHCH_2CO_2C_2H_5 \\ NHCO_2C_2H_5 \end{cases}$$

---

[1]) Zu beziehen von C. A. F. Kahlbaum, Berlin.

[2]) B. **38**, 2359 (1905). — Jacoby, Diss., Berlin 1907. — Ellinger und Flamand, Z. physiol. **55**, 24 (1908). — Skita und Levi, Ch. Ztg. **32**, 572 (1908).

[3]) Neuberg und Rosenberg, Bioch. **5**, 456 (1907).

[4]) B. **39**, 686 (1906). — Diels u. Jacoby, B. **41**, 2392 (1908). — Siehe S. 545.

$$\text{V. } C_6H_4{\diagdown}^{NH_2}_{COOH} + 2\,OC:NCO_2C_2H_5$$

$$= C_6H_4{\diagup}^{CH.CO.NH.CO_2C_2H_5}_{CO.NH.CO_2C_2H_5} + CO_2.$$

Beispiele:

2.6 g aus Glykokollesterchlorhydrat frisch bereiteter Glykokollester werden mit 2.5 g Carboxäthylisocyanat unter guter Kühlung zusammengebracht. Nach einiger Zeit fällt ein dicker Krystallbrei aus, der auf der Tonplatte abgepreßt wird. Die Rohausbeute beträgt 4.4 g. Zur Reinigung wird dieses Produkt zweimal aus gewöhnlichem Alkohol umkrystallisiert.

Die Krystalle bestehen aus langen Nadeln. Im Capillarrohr erhitzt, sintert die Verbindung zusammen und schmilzt bei 120⁰. Sie löst sich in der Kälte leicht in Essigester und in der Wärme leicht in Wasser, Alkohol und Benzol. Bei Anwendung von Äther ist viel Lösungsmittel und längeres Erwärmen notwendig. Löst man die Verbindung in der Kälte in Aceton auf und versetzt vorsichtig mit Kalilauge, so fällt bei längerem Stehen das Kaliumsalz in seidenglänzenden Nädelchen aus, die in Wasser sehr leicht löslich sind.

1.5 g frisch destilliertes Anilin werden in 2 g Carboxäthylisocyanat unter Kühlung eingetragen. Beide Komponenten werden außerdem, um die Heftigkeit der Reaktion zu mindern, mit trockenem Äther verdünnt. Der entstandene Körper wird abfiltriert und zweimal aus absolutem Alkohol umkrystallisiert, aus dem er sich in Form glänzender Platten abscheidet (Smp. 106⁰). Die Ausbeute beträgt 2.9 g.

k) 1.2-Naphthochinon-4-sulfosäure[1])

ist u. a. auch für primäre Amine ein vorzügliches Reagens: Witt und Kaufmann, B. 24, 3163 (1891). — Böniger, B. 27, 95 (1894). — Ehrlich und Herter, Z. physiol. 41, 379 (1904). — Deutsche med. Wochenschr. 1904, S. 929. — Sachs und Craveri, B. 38, 3685 (1905). — Sachs und Berthold, Zeitschr. Farb. Ind. 6. 141 (1907).

l) α-Dinitrobrombenzol

hat Van Romburgh[2]) zur Charakterisierung kleiner Mengen von primären und sekundären Basen empfohlen.

Man löst etwas Bromdinitrobenzol in heißem Alkohol und fügt die alkoholische Aminlösung hinzu. Nach dem Erkalten, ev. nach Wasserzusatz, fallen die gelben Krystalle des gebildeten Produktes:

$$C_6H_3(NO_2)_2 . NX_2$$

---

[1]) S. 691.
[2]) Rec. 4, 189 (1885). — Schöpff, B. 22, 900 (1889).

aus. Ammoniak reagiert nicht mit diesem Reagens. Kocht man die erhaltenen Produkte — sofern das Amin der Fettreihe angehörte — mit rauchender Salpetersäure, so erhält man charakteristische Trinitronitramine der Formel:

$$C_6H_2(NO_2)_3NXNO_2.$$

m) Dinitrochlorbenzol

haben Nietzki und Ernst[1]) angewendet. Man arbeitet in alkoholischer Lösung unter Zusatz äquivalenter Mengen von Natriumacetat. Es ist auch in der Chinolinreihe gut verwendbar.[2])

Auch mit

n) Pikrylchlorid[3])

entstehen schwer lösliche Verbindungen. Da das Pikrylchlorid auch in kaltem Alkohol reichlich löslich ist, kann man damit die Reaktion meist schon bei gewöhnlicher Temperatur ausführen. Man läßt dasselbe entweder in alkoholischer Lösung auf das freie Amin, oder bei Gegenwart von Alkali auf das Chlorhydrat der Base einwirken.

Über die Verwertung von Pikrolonsäure zur Charakterisierung von Basen siehe S. 794.

Über Phosphorylierung und die Einwirkung von Phosphorsulfochlorid auf primäre aromatische Amine siehe B. 30, 2368 (1897); 31, 1094 (1898) und ferner: Autenrieth und Rudolph, B. 33, 2099, 2112 (1900). — Öst. P. 47/3449 (1897).

6. Verhalten gegen Metaphosphorsäure.[4])

Die primären Aminbasen und Diamine der aromatischen und aliphatischen Reihe geben mit Metaphosphorsäure in Wasser schwer lösliche und in Alkohol unlösliche Verbindungen; hingegen bilden Imidbasen und Nitrilbasen in Wasser und in Alkohol lösliche Metaphosphate. Die Metaphosphorsäure stellt daher ein spezifisches Fällungsmittel für primäre Aminbasen dar; dagegen werden sekundäre und tertiäre Amine von ihr nicht gefällt. Man kann die Reaktion in folgender Weise anstellen. Die zu prüfenden Basen werden in Äther gelöst und die ätherische Lösung mit konzentrierter wässeriger Lösung von Metaphosphorsäure geschüttelt.

Diejenigen Basen, welche zwei Imidgruppen enthalten, die durch kohlenstoffhaltige Gruppen getrennt sind, wie Piperazin, Guanin, Adenin, werden ebenfalls von Metaphosphorsäure, zum Teile ölig, gefällt.

---

[1]) B. 23, 1852 (1890). — Reitzenstein, J. pr. (2), 68, 251 (1903).
[2]) Meigen, J. pr. (2) 77, 472 (1908).
[3]) Turpin, Soc. 59, 714 (1881). .
[4]) Schlömann, B. 26, 1023 (1893); Orthophosphorsäure gibt ähnliche, aber nicht so scharfe Resultate. — D. R. P. 71328 (1896).

Die meisten dieser unlöslichen Metaphosphate werden durch überschüssige Metaphosphorsäure gelöst, deshalb ist ein Überschuß des Fällungsmittels zu vermeiden. Auf diesem Verhalten der Basen beruht eine technisch verwertbare Trennungsmethode.

Die in irgendeinem Lösungsmittel, z. B. Äther, Alkohol, Benzol, Wasser, enthaltenen Basen werden mit einer konzentrierten wässerig-alkoholischen Lösung von Metaphosphorsäure versetzt; die primären Basen, die Diamine und die oben bezeichneten Diimide werden als Metaphosphate gefällt, während die anderen Basen in Lösung bleiben. Aus den Metaphosphaten können die Basen nach bekannten Methoden freigemacht werden.

7. Farbenreaktionen mit Nitroprussidnatrium.[1])

Aliphatische Amine geben mit einer Lösung von Nitroprussid-natrium nach Zusatz von Brenztraubensäure eine veilchenblaue Färbung, welche auf Essigsäurezusatz in Blau umschlägt und dann rasch verschwindet (Simon).

Mit Aceton und primären Aminen entsteht durch Nitroprussid-natrium eine rotviolette Färbung, sekundäre und tertiäre Amine färben höchstens orangerot (Rimini). Andere Ketone und Aldehyde geben mit primären Aminen keine Färbung.

8. Verhalten gegen o-Xylylenbromid.[2])

Primäre aliphatische Amine reagieren unter Bildung von am Stickstoff alkylierten Derivaten des Xylylenimins (Dihydroiso-indols). Die entstehenden Verbindungen sind destillierbare Flüssig-keiten von basischem Charakter.

$$C_6H_4\!\!\begin{array}{c}\diagup CH_2Br \\ \diagdown CH_2Br\end{array} + H_2NR = C_6H_4\!\!\begin{array}{c}\diagup CH_2 \\ \diagdown CH_2\end{array}\!\!\!>NR + 2HBr.$$

Primäre aromatische Amine, deren Aminogruppe keinen ortho-ständigen Substituenten besitzt, bilden, wie die primären aliphati-schen Amine, Derivate des Xylylenimins, doch zeigen diese Verbin-dungen keine basischen Eigenschaften.

Primäre aromatische Amine mit einem zur Aminogruppe orthoständigen Substituenten bilden Derivate des Xylylendia-mins:

$$C_6H_4\!\!\begin{array}{c}\diagup CH_2Br \\ \diagdown CH_2Br\end{array} + 2H_2NR = C_6H_4\!\!\begin{array}{c}\diagup CH_2NH.R \\ \diagdown CH_2NH.R\end{array} + 2HBr.$$

Ein ganz ähnlicher Einfluß der Konstitution auf die Ringbildung, wie er bei der Einwirkung von o-Xylylenbromid auf aromatische

---

[1]) Simon, C. r. **125**, 536 (1898). — Rimini, Annali Farmacoterap. e Ch. (1898) 193.

[2]) Scholtz, B. **31**, 414, 627, 1154, 1707 (1898).

Amine zutage tritt, ist von Busch bei der Untersuchung der Einwirkung von o-Aminobenzylamin auf aromatische Aldehyde beobachtet
worden. J. pr. (2), **53**, 414 (1896).

Primäre aromatische Amine mit zwei zur Aminogruppe
orthoständigen Substituenten reagieren im Gegensatze zu allen
bisher angeführten Aminen in der Kälte überhaupt nicht mit o-
Xylylenbromid. Bei längerem Erwärmen tritt Zerstörung des Xylylen-
bromids unter Bildung von bromwasserstoffsaurem Amin ein.

Darstellung des o-Xylylenbromids.[1]) 50 g reines Ortho-
xylol werden in eine mit langem Rückflußkühler verbundene geräumige, tubulierte Retorte gebracht und die Temperatur vermittels
eines Ölbades auf 125—130° gebracht. Durch einen Tropftrichter
läßt man sehr langsam 160 g Brom einfließen. Ströme von Bromwasserstoff entweichen, aber die Flüssigkeit soll nahezu farblos bleiben
und erst zu Ende der Operation schwach bräunlich gefärbt sein. Es
ist notwendig, die Ölbadtemperatur nicht über 130° steigen zu lassen.
Sobald die Reaktion vorüber ist, wird das rohe Dibromid in ein
enges Becherglas gegossen, mit einem Uhrglase bedeckt und 24 Stunden
stehen gelassen. Die erstarrte Krystallmasse wird dann auf eine
Tonplatte geschmiert und so nahezu farblos und genügend rein für
die Verwendung erhalten. Die Ausbeute beträgt 85—90 Proz. Zur
vollständigen Reinigung wäscht man diese Krystalle mit Chloroform
und krystallisiert sie aus Chloroform oder Äther um. Smp. 93—94°.

Darstellung der Kondensationsprodukte mit Aminen.
Die in Chloroform gelöste Base wird allmählich zu der Chloroformlösung des Bromids gegeben. Die Reaktion pflegt sich dann nach
kurzer Zeit unter Erwärmung und Ausscheidung von bromwasserstoffsaurem Amin zu vollziehen. Man saugt ab, wäscht die Chloroformlösung mit Wasser, dampft ein und krystallisiert den Rückstand
aus Alkohol oder Aceton, bzw. reinigt durch Destillation.

9. Verhalten gegen 1.5-Dibrompentan.[2])

Primäre Amine liefern, wenn sich am Stickstoff eine offene
Kette, ein hydrierter Kohlenstoffring, ein heterocyclischer Ring oder
ein nicht in o-Stellung substituierter Benzolring befindet, tertiäre
Piperidine:

$$(CH_2)_5Br_2 + 3H_2NR = (CH_2)_5NR + 2NH_2R,HBr$$

die basische Eigenschaften besitzen und durch Destillation gereinigt
werden können.

Nur wenn der Benzolkern in o-Stellung zur Aminogruppe
einen oder zwei Substituenten trägt, erfolgt die Bildung von Penta-
methylendiaminderivaten:[3])

$$R.NH(CN_2)_5.NHR.$$

---

[1]) Perkin, Soc. **53**, 5 (1888).
[2]) Braun, B. **41**, 2157 (1908).
[3]) Scholtz und Wassermann, B. **40**, 852 (1907).

Einwirkung von Trimethylenbromid und von Dibrom-
1.4.pentan auf primäre und sekundäre Amine: Scholtz und
Friemehlt, B. **32**, 848 (1899). — Scholtz, B. **32**, 2251 (1899).

10. Einwirkung von Nitrosylchlorid (Solonina).[1]

Nitrosylchlorid wirkt auf primäre Amine der Fettreihe nach den
Gleichungen:

$$NOCl + R.NH_2 = RN:NCl + H_2O$$
$$RN:NCl = R.Cl + N_2.$$

Neben dem als Hauptprodukt entstehenden Alkylchlorid bilden
sich noch Salze des reagierenden Amins. Ungesättigte Amine geben
keine eindeutigen Resultate. In geringem Maße findet auch (beim
Iso- und Pseudobutylamin) Isomerisation statt, die bei den Diaminen,[2]) welche im übrigen ganz ähnlich wie die Monoamine reagieren, in größerem Maßstabe zu konstatieren ist.

Zu der in wasserfreiem Äther, Toluol oder Xylol gelösten, auf
— 15 bis — 20° abgekühlten Base wird eine ebenfalls gekühlte Lösung
von Nitrosylchlorid unter Schütteln so lange langsam hinzugegeben,
bis die Flüssigkeit gegen Lackmus sauer reagiert. Dann versetzt
man mit Wasser, trennt die wässerige Schicht, welche das Chlorhydrat des Amins enthält, ab, wäscht nochmals aus, trocknet und
fraktioniert dann die organische Lösung.

Die Alkylchloride können noch mit Phenolnatrium umgesetzt
und so als Phenyläther charakterisiert werden, die durch Wasserdampfdestillation gereinigt werden.

Darstellung von Nitrosylchlorid.[3]) Ein Gemisch von 1 Vol.
Salpetersäure (sp. Gew. 1.42) und 4 Vol. Salzsäure (sp. Gew. 1.16)
wird gelinde erwärmt und die entweichenden Gase in konzentrierte
Schwefelsäure geleitet. Wenn die Schwefelsäure gesättigt ist, wird
sie mit Kochsalz erwärmt, wobei reines Nitrosylchlorid als gelbes
Gas entbunden wird, das man in einer gewogenen Menge von gut
gekühltem trockenen Äther, Toluol od. dgl. auffängt.

11. Einwirkung von salpetriger Säure.[4]

Auf primäre Amine der Fettreihe wirkt salpetrige Säure unter
Bildung der entsprechenden Alkohole,[5]) in der aromatischen Reihe
tritt entweder Bildung von Diazokörpern, oder unter anderen Versuchsbedingungen von Kohlenwasserstoff, Phenolen oder Phenoläthern
ein (siehe S. 862). Über die Einwirkung von salpetriger Säure auf
Amine der Pyridinreihe siehe S. 792.

---

[1]) Russ. **30**, 431 (1898).
[2]) Solonina, Russ. **30**, 606 (1898).
[3]) Tilden, Soc. (2), **12**, 630 (1874). — Girard und Pabst, Bull. (2),
30, 531 (1878).
[4]) Über Nitrite primärer Basen siehe Wallach, Ann. **353**, 318 (1907).
[5]) A. W. Hofmann, Ann. **75**, 362 (1850). — Linnemann, Ann. **144**,
129 (1867).

Wenn auch in der Regel bei den primären Aminen die Reaktion normal verläuft, so entstehen doch manchmal neben dem primären Alkohol als Neben- oder Hauptprodukt sekundäre[1]) oder tertiäre[2]) Alkohole; auch können bei carbocyclischen Verbindungen Ringerweiterungen eintreten: Cyclopentylmethylamin $C_5H_9 . CH_2 . NH_2$ liefert Cyclohexanol und daraus Cyclohexanon; Hexahydrobenzylamin gibt Suberon; Suberylmethylamin gibt Azelainketon. Siehe Demjanow, C. 1903, I, 828; 1904, I, 1214. — Wallach, Ann. 353, 318 (1907). — Nachr. K. Ges. Wiss., Göttingen 1907, S. 65. — Demjanow, B. 40, 4393 (1907).

Die am Ringstickstoff heterocyclischer Komplexe haftende Amingruppe wird unter korrespondierenden Bedingungen als Stickoxydul abgespalten und durch ein Wasserstoffatom ersetzt: Bülow und Klemann, B. 40, 4750 (1907).

Bildung von Diazosäureestern aus α-Aminofettsäureester: S. 799.

In Polypeptiden wird durch salpetrige Säure teilweise auch die Iminogruppe, vielleicht nach vorhergehender Hydrolyse, angegriffen.[3])

12. Einwirkung von Zinkäthyl.

Zinkäthyl reagiert sehr energisch mit primären und sekundären Aminen. Man arbeitet mit ätherischen Lösungen unter guter Kühlung. Die Reaktion verläuft nach der Gleichung:

$$2NH_2R + Zn(C_2H_5)_2 = (NHR)_2Zn + 2C_2H_6, \text{ resp.}$$
$$2NHR_2 + Zn(C_2H_5)_2 = (NR_2)_2Zn + 2C_2H_6.[4])$$

13. Einwirkung von Schwefeltrioxyd.

Während die aromatischen Basen hierbei Sulfosäuren liefern, nehmen die aliphatischen Amine unter Bildung von alkylierten Sulfaminsäuren Schwefeltrioxyd auf; es tritt also der Schwefelsäurerest im ersteren Falle mit dem Kohlenstoff, im letzteren Falle mit dem Stickstoff in Bindung. Hierdurch können aliphatische und aromatische Amine unterschieden werden (Beilstein und Wiegand).[5])

Analog wirkt Sulfurylchlorid (Behrend).[6])

Überführung der primären Amine in Nitrile: Dumas und Malagutti, Leblanc, Ann. 64, 333 (1847). — Michaëlis und Siebert, Ann. 274, 312 (1893).

Weitere Reaktionen der primären Amine siehe S. 818 ff.

---

[1]) V. Meyer und Forster, B. 9, 535 (1876). — V. Meyer, Barbieri und Forster, B. 10, 132 (1877).

[2]) Freund und Lenze, B. 24, 2050 (1891). — Freund und Schönfeld, B. 24, 3350 (1891).

[3]) E. Fischer, Ann. 340, 178 (1905). — Siehe auch Curtius und Thompson, B. 39, 3405 (1906).

[4]) Frankland, Phil. Mag. I. 15 (1857). — Gal, Bull. (2), 39, 582 (1883).

[5]) B. 16, 1264 (1883).

[6]) Ann. 222, 118 (1883). — Franchimont, Rec. 3, 417 (1884).

Reaktionen der Diamine siehe S. 791 und 804 ff.

Einwirkung von Dinitrobenzaldehyd: Sachs und Brunetti, B. **40**, 3230 (1907).

B. Quantitative Bestimmung der primären Amingruppe.

Bei der Bestimmung der primären Amingruppe hat man im allgemeinen verschiedene Methoden anzuwenden, je nachdem ein aliphatisches oder ein aromatisches Amin vorliegt.

I. Bestimmung aliphatischer Amingruppen.

a) Mittels salpetriger Säure.

Aliphatische Amine werden durch salpetrige Säure nach der Gleichung:

$$RNH_2 + NO_2Na + HCl = ROH + N_2 + NaCl + H_2O$$

unter Abgabe ihres Stickstoffs in Carbinolderivate verwandelt.

Den so entwickelten Stickstoff quantitativ zu bestimmen, haben zuerst R. Sachße und W. Kormann[1]) unternommen, welche die Entwicklung des Stickstoffs in einer Stickoxydatmosphäre vornahmen, und dieses Gas dann durch Ferrosulfatlösung absorbierten.

Viel bequemer ist folgendes

Verfahren von Hans Meyer.[2])

Die in 15 ccm verdünnter Schwefelsäure oder n-Salzsäure (3 Mol.) gelöste Substanz befindet sich in einem mit dreifach durchbohrtem Korke verschlossenen Kölbchen, oder noch besser in einem mit eingeschmolzener Capillare versehenen Fraktionierkölbchen, dessen Kork einen kleinen Scheidetrichter trägt. Das seitliche Rohr des Fraktionierkölbchens führt bis nahe an den Boden eines zweiten mit kalt gesättigter Ferrosulfatlösung gefüllten Kölbchens durch einen luftdicht schließenden Kork. Dieses zweite Fraktionierkölbchen wird mittels seines entsprechend gebogenen Ansatzrohres an einen Liebigschen Kaliapparat angefügt, der mit einer 3proz., mit etwa 1 g Soda versetzten Kaliumpermanganatlösung[3]) gefüllt ist.

Der Kaliapparat trägt ein Gasentbindungsrohr, welches, unter Quecksilber mündend, dazu bestimmt ist, in das Meßrohr gesteckt zu werden.

Letzteres wird zur Hälfte mit Kalilauge vom sp. Gew. 1.4, zur Hälfte mit Quecksilber gefüllt.

---

[1]) Landw. Vers.-St. **17**, 95, 321 (1870). — Z. anal. **14**, 380 (1875). — Kern, Landw. Vers.-St. **24**, 365 (1877). — Böhmer, Landw. Vers.-St. **29**, 247 (1882). — Z. anal. **21**, 212 (1882). — Siehe auch Campani, Gazz. **17**, 137 (1887). — Euler, Ann. **330**, 287 (1903).

[2]) Anleitung z. quant. Best. d. org. Atomgruppen, Springer, Berlin 1897, S. 8; 2. Aufl. 1904, S. 129. — E. Fischer, Ann. **340**, 177 (1905).

[3]) Vielleicht noch besser 10—15 ccm einer 12proz. Salpetersäure, in welcher 10 g Chromsäure gelöst sind. Böhmer, Z. anal. **22**, 23 (1883).

Durch den Apparat streicht ein langsamer Strom von Kohlendioxyd, das man nach Fr. Blau[1]) völlig rein und luftfrei aus einer
sehr konzentrierten Pottaschelösung vom sp. Gew. 1.45—1.5 durch
Eintröpfeln in 50 proz. Schwefelsäure (sp. Gew. 1.4) erhält.

Nachdem alle Luft aus dem Apparate vertrieben ist, setzt man
das Meßrohr auf und läßt aus dem Scheidetrichter etwa 3 Mol.
Kaliumnitrit einfließen.

Die eintretende Stickstoffentwicklung wird ev. durch Erwärmen
auf dem Wasserbade unterstützt und zur Vollendung der Reaktion
schließlich noch mit verdünnter Schwefelsäure und Wasser nachgespült.

Das Rohr des Scheidetrichters ist am Ende ausgezogen und nach
aufwärts gebogen. Es reicht bis unter das Niveau der Flüssigkeit
und wird vor Beginn des Versuches mit destilliertem Wasser gefüllt.

Nach Beendigung der Reaktion wird noch 1 Stunde über Kalilauge, dann noch 12 Stunden über Ferrosulfatlösung stehen gelassen.

Methode von Staněk.[2])

Alle hier angeführten Modifikationen haben den gemeinsamen
Nachteil, daß man mit freier salpetriger Säure operieren muß, die
schon bei gewöhnlicher Temperatur rasch unter Entwicklung von
Stickstoffoxyd zerfällt. Daß sich nun dabei eine ziemlich bedeutende
Menge dieses Gases, 200—300 ccm, neben relativ geringen Mengen
Stickstoff bildet, macht die Arbeit unbequem. Außerdem verläuft
die Reaktion mit der salpetrigen Säure nicht immer vollkommen
glatt, denn Staněk machte die Beobachtung, daß manchmal (besonders in Gegenwart starker Säuren) bis zu einem Drittel aller Aminosäuren der Reaktion entging.

Er benutzt daher zur Zerlegung der Aminosäuren eine Lösung,
die durch Einwirkung von salpetrigsaurem Natrium auf rauchende
Salzsäure etwa nach der Reaktionsgleichung:

$$2\,HCl + NaNO_2 = NaCl + NOCl + H_2O.$$

entsteht und im wesentlichen Nitrosylchlorid enthält.

Zur Darstellung des Reagens geht man folgendermaßen vor: Ein
bestimmtes Volumen konz. Salzsäure wird, in einem zylindrischen Glase
abgemessen, mit einem Tropftrichter, dessen Röhre bis an den Boden
reicht und zu einer feinen Spitze ausgezogen ist, abgeschlossen. In
den Trichter gießt man $1/_5$ Volumen der angewendeten Salzsäure an
40 proz. wässeriger Lösung von salpetrigsaurem Natrium und läßt
sie in die Säure tropfen. Es findet energische Gasentwicklung statt,
und die Lösung färbt sich orangerot. Nach beendigter Reaktion gießt
man die Flüssigkeit von dem abgeschiedenen Kochsalz ab und be-

---

[1]) Siehe S. 188.
[2]) Z. physiol. 46, 263 (1905).

wahrt sie in einer gut verschließbaren Flasche. Die so bereitete
Lösung ist ziemlich beständig; sie entwickelt in der Kälte nur sehr
langsam Stickoxyd und läßt sich mehrere Tage lang aufbewahren;
mit kaltem Wasser verdünnt, färbt sie sich grünlich, und das Stickoxyd entweicht. Mit einer gesättigten Kochsalzlösung läßt sie sich
ohne Zersetzung verdünnen, man muß daher dafür sorgen, daß die
Reaktionsflüssigkeit mit Kochsalz gesättigt ist.

Durch dieses Reagens werden die Aminosäuren glatt und rasch
zerlegt, die Reaktion ist sicher in einer halben Stunde beendigt.
Bei der Reaktion entstehen nur geringe Mengen von Stickoxyd, in
keinem Falle mehr als 40—50 ccm. Zur Ausführung der Bestimmung
dient folgender Apparat. (Fig. 218.)

Der Zersetzungskolben a etwa 80 ccm fassend, ist mit einem eingeschliffenen Glasstöpsel, in dem zwei Röhren eingeschmolzen sind,
verschlossen. Die eine Röhre b am oberen Ende dient zum Ableiten
der Gase, die zweite c reicht bis zu zwei Drittel der Höhe des Kolbens
herab und ist mit einem doppeltgebohrten Hahn c' versehen, welcher
es ermöglicht, einerseits die Verbindung mit einem Kippschen Kohlensäureapparate, andererseits mit dem Trichter d herzustellen. Die
Röhre b ist mittels eines dickwandigen Kautschukschlauches mit der
starkwandigen, nach unten gebogenen Röhre e verbunden, die zum
Absorber g führt und mit einem seitlichen Hahn f versehen ist, der
in ein mit Wasser gefülltes Becherglas mündet. In den Absorber g ist unten eine umgebogene Röhre h so eingeschmolzen, daß
eine ringförmige Vertiefung entsteht, die mit Quecksilber gefüllt wird;
das Ende der Röhre reicht in einen mit Lauge gefüllten Kolben.
Der Absorber geht oben in eine enge Capillare über, welche mit
der Bürette verbunden ist. Diese ist mit Wasser gefüllt und unten
zur Ausgleichung des Druckes durch einen Kautschukschlauch mit
dem Gefäße k verbunden; k ist zur bequemen Handhabung an
einer Schnur aufgehängt, die über Rollen läuft und mit einem
Gegengewichte versehen ist. Durch Senken und Heben des Gefäßes wird das Gas in die Bürette übergeführt. Die Bürette ist
mit einem Wassermantel versehen, in welchem ein Thermometer hängt.
Der Zweiweghahn der Bürette kommuniziert einerseits mit dem Absorber g, andererseits mit einem zweiten Absorber i, der mit etwa
300 ccm gesättigter Kaliumpermanganatlösung in ca. 10 proz. Alkali-
lauge gefüllt ist. Der Doppelweghahn des Absorbers erlaubt die Verbindung desselben mit der Bürette (I) oder mit der Außenluft (II)
oder auch der Bürette mit der Luft (III).

Die Bestimmung der Aminosäuren wird folgendermaßen ausgeführt: In den Kolben a werden ca. 4—5 g Kochsalz und 25 ccm der
Lösung, die 0.05—0.3 g Aminosäure enthält, eingeführt, der Kolben
dann mittels des mit Vaselin ein wenig geschmierten Glasstöpsels geschlossen und Kohlendioxyd durchgeleitet.

Nach dem Öffnen der Hähne c' und f läßt man ca. 5 Minuten
Kohlendioxyd hindurchstreichen und prüft dann, ob schon alle Luft

verdrängt ist, indem man den Hahn f schließt und in raschem
Strome etwa 30 ccm Gas in den Absorber einläßt; wird alles bis auf
ein kleines Bläschen absorbiert, so läßt man aus dem Trichter d
etwa 40 ccm Nitrosylchloridlösung in den Kolben fließen und unter
öfterem Schütteln reagieren. Auf vollständiges Aufhören der Gasentwicklung braucht man nicht zu warten, man läßt vielmehr nach
etwa $1/2$ Stunde aus dem Trichter d gesättigte Kochsalzlösung mit
etwas Nitrosylchlorid einfließen, bis das Gas vollkommen verdrängt
ist und etwas Flüssigkeit bis zum Absorber gelangt. Dann ver-

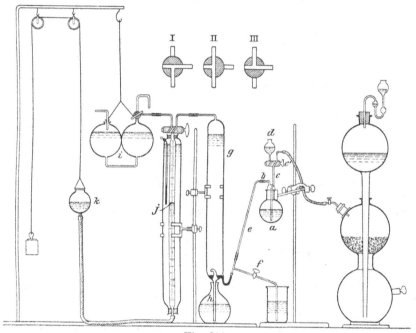

Fig. 218.

bindet man den Absorber g mit der Bürette, saugt durch Senken
der Füllkugel das Gas in die Bürette und leitet dasselbe sogleich
in den zweiten Absorber, der vorher vollkommen mit Flüssigkeit
gefüllt worden war. In diesem schüttelt man das Gas so lange,
bis alles Stickoxyd absorbiert ist. Das Ende der Reaktion erkennt
man daran, daß die rote Permanganatlösung an den Glaswänden
ihre Farbe in Grün umwandelt, sofern noch eine Spur Stickstoffoxyd
vorhanden ist. Eine Füllung des Absorbers reicht für ca. 10 Versuche aus.

Sodann saugt man das Gas wieder in die Bürette und wartet,
bis die Temperatur des Gases sich ausgeglichen hat, und liest sein
Volumen nach Ausgleichung des Druckes ab. Da sich der Stickstoff

sowohl aus der Aminosäure als auch aus dem Nitrosylchlorid abspaltet, entspricht die Hälfte des abgelesenen Volumens dem Stickstoff der Aminosäure.

b) Analyse von Salzen und Doppelsalzen, Acylierungsverfahren, siehe S. 755 und 792.

II. Bestimmung aromatischer Amingruppen.

Zur quantitativen Bestimmung der primären aromatischen Amin gruppe dienen folgende Methoden:

1. Titration der Salze,
2. Diazotierungsmethoden:
   a) Methode von Reverdin und De la Harpe,
   b) Indirekte Methode,
   c) Azoimidmethode,
   d) Sandmeyer-Gattermannsche Reaktion.
3. Analyse von Salzen und Doppelsalzen,
4. Acylierungsverfahren.

1. Titration der Salze.

Nach Menschutkin[1]) lassen sich die Salze der Aminbasen mit Mineralsäuren in wässeriger oder alkoholischer Lösung mit wässeriger Kalilauge oder Barythydrat und Rosolsäure oder Phenolphthalein (Hantzsch: Aminoazokörper) als Indikator ebenso titrieren, als ob bloß freie Säure vorhanden wäre.

Amine der Fettreihe[2]) titriert man in alkoholischer Lösung mit alkoholischer Lauge.

Andererseits lassen sich auch viele Basen direkt mit Salzsäure titrieren, wenn man Methylorange oder Kongorot[3]) als Indikator benutzt.

Aminosäureester der Fettreihe, Biuretbase usw. werden am besten mit Cochenille, dann mit Tropäolin, weniger gut mit Äthylorange oder Lackmus titriert.[4])

Über Titration der Aminosäuren siehe S. 555.

Titration aliphatischer Diamine: Berthelot, C. r. **129**, 694 (1899). — Schück, Diss. Münster 1906, S. 13. — Siehe auch S. 885.

---

[1]) B. **16**, 316 (1883). — Léger, Journ. pharm. chim. (5), **6**, 425 (1882). — Lunge, Dingl. **251**, 40 (1884). — Müller, Bull. (3), **3**, 605 (1890). — v. Pechmann, B. **27**, 1693, Anm. (1894). — Fulda, M. **23**, 919 (1902). — Hantzsch, B. **41**, 1177 (1908).
[2]) Menschutkin und Dybowski, Russ. **29**, 240 (1897).
[3]) Julius, Die chemische Industrie, **9**, 109 (1888). — Strache und Iritzer, M. **14**, 37 (1893). — Astruc, C. r. **129**, 1021 (1899). — Grimaldi, Staz. sperim. agrar. ital. **35**, 738 (1902).
[4]) Curtius, B. **37**, 1286 (1904).

2. Methoden, welche auf der Diazotierung der Amingruppe beruhen.

a) Überführung der Base in einen Azofarbstoff.[1])
(Reverdin und De la Harpe.)[2])

Zur Bestimmung der Base, z. B. Anilin, löst man 0.7—0.8 g in 3 ccm Salzsäure auf und verdünnt mit Wasser unter Zusatz von etwas Eis auf 100 ccm.

Andererseits bereitet man eine titrierte Lösung von R-Salz (dem Natriumsalze der β-Naphthol-α-Disulfosäure), welche davon in 1 Liter eine mit ungefähr 10 g Naphthol äquivalente Menge enthält. Man fügt nun zu der Lösung der Base, welche auf 0^0 gehalten wird, so viel Natriumnitrit, als dem Anilin entspricht, und gießt nach und nach das Reaktionsprodukt in eine abgemessene, mit einem Überschusse von Natriumcarbonat versetzte Menge von R-Salzlösung.

Der gebildete Farbstoff wird mit Kochsalz gefällt, filtriert und das Filtrat durch Hinzufügen von Diazobenzollösung, resp. R-Salz auf einen Überschuß des einen oder anderen dieser Körper geprüft.

Durch wiederholte Versuche stellt man das Volumen R-Salzlösung fest, welches nötig ist, das aus der Anilinlösung entstandene Diazobenzol zu binden.

Die Resultate sind ein wenig zu hoch, da durch die Kochsalzlösung auch etwas R-Salz ausgefällt wird.

R. Hirsch[3]) hat Anilin, Ortho- und Paratoluidin, Metaxylidin und Sulfanilsäure mit Schäfferschem Salz (naphtholsulfosaurem Natrium) in der Art kombiniert, daß er zu der mit einigen Tropfen Ammoniak und Kochsalz versetzten gemessenen Naphthollösung so lange frisch bereitete Diazolösung aus einer Bürette zufließen ließ, als noch eine Vermehrung des sofort ausfallenden Farbstoffes eintrat.

Man läßt zweckmäßigerweise von Zeit zu Zeit einen Tropfen der Naphthollösung auf Fließpapier gegen einen Tropfen der Diazoverbindung auslaufen und beobachtet, ob an der Berührungsstelle Rotfärbung erfolgt; aus der Intensität derselben ist ein Schluß auf die Menge des noch unverbundenen Naphthols zulässig. Ist dieselbe sehr gering, so tritt die Rotfärbung nicht mehr am Rande, sondern im Innern des ausgelaufenen Tropfens auf. Wird eine leicht lösliche Verbindung gebildet, z. B. das aus Sulfanilsäure entstehende Produkt, so bringt man auf das Filtrierpapier, das zur Tüpfelprobe dient, ein Häufchen Kochsalz, auf welches man die Lösung auftropfen läßt.

---

[1]) Siehe hierzu auch Seite 470 ff. — Dynamik der Bildung der Azofarbstoffe: H. Goldschmidt und Merz, B. **30**, 670 (1897). — Goldschmidt und Buß, B. **30**, 2075 (1897). — Goldschmidt und Bürkle, B. **32**, 355 (1899). — Goldschmidt und Keppeler, B. **33**, 893 (1900). — Goldschmidt und Keller, B. **35**, 3534 (1902).

[2]) Ch. Ztg. **13**, 387, 407 (1889). — B. **22**, 1004 (1889).

[3]) B. **24**, 324 (1891).

b) Indirekte Methode.

Diese in der Fabrikspraxis viel geübte Methode bildet eine Umkehrung der volumetrischen Methode zur Bestimmung der salpetrigen
Säure nach A. G. Green und S. Rideal[1]).

Die Base wird mit ihrem dreifachen Gewichte Salzsäure übergossen und mit so viel Wasser in Lösung gebracht, daß die Flüssigkeit etwa $1/_{100}$—$1/_{10}$ Grammäquivalent der Base enthält.

Diese durch einige Eisstückchen auf $0°$ gehaltene Lösung wird
nun durch eine ca. $^n/_{10}$-Nitritlösung, welche man langsam zufließen
läßt, diazotiert und von Zeit zu Zeit eine Tüpfelprobe mit Jodkalium-
stärkekleisterpapier gemacht.

An der eintretenden bleibenden Blaufärbung des Papiers wird
das Ende der Titration erkannt.

Zur Titerstellung der Nitritlösung lösen L. P. Kinni-
cutt und J. U. Nef[2]) das Nitrit in 300 Teilen kalten Wassers und
fügen zu dieser Lösung nach und nach $^n/_{10}$-Normalchamäleonlösung,
bis die Flüssigkeit eine deutliche, bleibend rote Färbung zeigt.

Man versetzt dann mit 2—3 Tropfen verdünnter Schwefelsäure
und hierauf sogleich mit einem Überschuße von übermangansaurem
Kalium. Die tiefrote Flüssigkeit wird nun mit Schwefelsäure stark angesäuert, zum Kochen erhitzt und der Überschuß an Chamäleonlösung
mit $^n/_{10}$-Oxalsäure zurücktitriert.

Ebensogut kann man die Nitritlösung auf reines sulfanilsaures
Natrium, Anthranilsäure oder Paratoluidin einstellen.

Das sulfanilsaure Natrium enthält 2 Mol. Krystallwasser.

Nach diesem Verfahren lassen sich auch die Mono- und Di-
aminodiarylarsinsäuren haarscharf titrieren.[3])

c) Azoimidmethode (Meldola und Hawkins[4]).

Die Autoren empfehlen zur Bestimmung der Anzahl der NH_2-
Gruppen in organischen Basen, namentlich wenn die Amingruppen
sich in verschiedenen Kernen befinden, die Darstellung der Azoi-
mide nach Grießscher Methode[5]) (Einwirkung von Ammoniak auf
die Diazoperbromide).

Der hohe Stickstoffgehalt dieser Derivate ist sehr geeignet, die
Zahl der diazotierbaren Gruppen erkennen zu lassen.

Über Darstellung von Azoimiden nach Grieß siehe Nölting, Grandmougin und O. Michel[6]), sowie Curtius und Dedichen[7]).

---

[1]) Ch. News **49**, 173 (1884). — Siehe auch S. 474.
[2]) Am. **5**, 388 (1886). — Z. anal. **25**, 223 (1886).
[3]) Benda, B. **41**, 2368 Anm. (1908).
[4]) Ch. News **66**, 33 (1892).
[5]) Ann. **187**, 65 (1886).
[6]) B. **25**, 3328 (1892).
[7]) J. pr. (2), **50**, 250 (1894).

d) Sandmeyer[1])-Gattermannsche[2]) Reaktion.

Die Überführung der primären Amingruppe in die Diazogruppe und der Ersatz des Stickstoffs durch Chlor empfiehlt sich oft zur quantitativen Bestimmung des Amins.

Zur Darstellung der Chlorprodukte werden in der Regel die Diazoverbindungen gar nicht isoliert, sondern die Reaktion in einem Zuge durchgeführt.

Beispielsweise werden 4 g Metanitroanilin[3]) mit 7 g konzentrierter Salzsäure (sp. Gew. 1.17) in 100 g Wasser gelöst und mit 20 g einer 10proz. Kupferchlorürlösung in einem Kölbchen mit Rückflußrohr fast zum Sieden erhitzt und unter starkem Schütteln eine Lösung von 2.5 g Natriumnitrit in 20 g Wasser aus einem Scheidetrichter tropfenweise zugesetzt. Jeder Tropfen verursacht beim Zusammentreffen mit obiger Mischung eine starke Stickstoffentwicklung, und zugleich scheidet sich ein schweres braunes Öl ab, das durch Eis zum Erstarren gebracht wird. Man reinigt es durch Destillation.

Gewöhnlich lassen sich die gebildeten Produkte mit Wasserdampf übertreiben, sonst reinigt man sie aus Äther oder Benzol.

Mittels dieser ursprünglichen Sandmeyerschen Methode[4]) lassen sich auch Diamine, die gar nicht normal diazotierbar sind, leicht in die Chlorprodukte verwandeln.

Zur

Darstellung der Kupferchlorürlösung

werden 25 Teile krystallisierten Kupfersulfats mit 12 Teilen wasserfreiem Kochsalz und 50 Teilen Wasser zum Sieden erhitzt, bis sich alles umgesetzt hat (ein Teil des gebildeten Glaubersalzes scheidet sich als Pulver ab), dann 100 Teile konzentrierte Salzsäure und 13 Teile Kupferspäne zugesetzt und in einem Kolben mit lose aufgesetztem Pfropfen so lange gekocht, bis Entfärbung der Lösung eintritt. Nun setzt man noch so viel konzentrierte Salzsäure zu, daß alles zusammen 203.6 Gewichtsteile ausmacht. Da vom zugesetzten Kupfer nur 6.4 Teile in Lösung gehen, hat man also im ganzen 197 Teile einer Lösung, welche $^1/_{10}$ Molekulargewicht wasserfreies Kupferchlorür enthält.

In einer mit Kohlendioxyd gefüllten verschlossenen Flasche ist die filtrierte Lösung sehr lange haltbar. (Feitler[5]).

Gattermann[6]) empfiehlt, statt des Oxydulsalzes Kupferpulver anzuwenden, wodurch die Reaktion schon in der Kälte verläuft und die Ausbeuten sich zum Teile günstiger gestalten.

---

[1]) B. 17, 1633 (1884); 23, 1880 (1890).
[2]) B. 23, 1218 (1890); 25, 1091, Anm. (1892).
[3]) B. 17, 2650 (1884).
[4]) Siehe auch Erdmann, Ann. 272, 144 (1893).
[5]) J. pr. (2), 4, 68 (1871).
[6]) B. 23, 1218 (1890).

Darstellung des Kupferpulvers.[1])

In eine kalt gesättigte Kupfersulfatlösung wird durch ein feines Sieb Zinkstaub eingestreut, bis die Flüssigkeit nur mehr schwach blau gefärbt ist.

Nach wiederholtem Dekantieren mit großen Wassermengen entfernt man die letzten Spuren Zink durch Digestion mit sehr verdünnter Salzsäure, saugt das Kupferpulver ab und wäscht bis zur neutralen Reaktion mit Wasser aus.

Man hebt das Kupferpulver in Form einer feuchten Paste in einem gut schließenden Gefäße auf.

Statt dieses Kupferpulvers wird wohl stets die von Ullmann empfohlene käufliche Kupferbronze[2]) verwendet werden können.

Beispielsweise diazotiert man 3.1 g Anilin, das mit 30 g 40proz. Salzsäure und 15 ccm Wasser angerührt ist, durch eine gesättigte wässerige Lösung von 2.3 g Natriumnitrit, welches in die durch Eis auf 0° gebrachte Lösung, am besten unter Anwendung einer Turbine, rasch einfließen gelassen wird. Die Diazotierung ist in einer Minute beendet.

Die Diazolösung wird nun unter Rühren allmählich mit 4 g Kupferpulver versetzt. Nach $^1/_4$—$^1/_2$ Stunde ist die Reaktion zu Ende, was man daran erkennt, daß das fein verteilte Metall nicht mehr durch die Stickstoffblasen an die Oberfläche der Flüssigkeit geführt wird. Das entstandene Chlorbenzol wird mit Wasserdampf übergetrieben.

Votoček und Ženisek haben[3]) eine von Vesely[4]) sehr empfohlene Modifikation der Sandmeyer-Gattermannschen Reaktion angegeben, die aus folgendem Beispiele ersichtlich wird.

5 g pulverisiertes Nitronaphthylamin wurden in einem Becherglase mit 20 ccm Salzsäure (sp. Gew. 1.18) versetzt, mit 50 ccm Wasser verdünnt und unter Kühlung mit Eis mit einer Lösung von 1.7 g Natriumnitrit behandelt. Hierauf wurden zu der klaren Diazolösung 5 g Kupferchlorid, gelöst in 10 ccm Wasser, zugesetzt und mit Hilfe von zwei Kupferplatten, die als Elektroden dienten, ein Strom von 4—5 Amp. Stromstärke und 2—3 Volt Spannung 25 Minuten lang hindurchgeleitet. Die ausgeschiedene hellgelbe Krystallmasse wurde mit Wasserdampf überdestilliert, das Destillat mit Äther extrahiert und der Äther abgedunstet.

Ersatz der Diazogruppe durch Hydroxyl beim Erhitzen mit Kupfersulfatlösung: D. R. P. 167211 (1906).

Da nach A. Cavazzi[5]) Kupferchlorid durch unterphosphorige

---

[1]) B. **23**, 1218 (1890).
[2]) Ann. **332**, 38 (1904).
[3]) Z. El. **5**, 485 (1899). —. Votoček und Šebor, Sitzb. böhm. Ges. d. Wiss., Prag **1901**.
[4]) B. **38**, 137 (1905).
[5]) Gazz. **16**, 167 (1886).

Säure zu Chlorür reduziert wird, kann man auch den Ersatz der Aminogruppe durch Chlor unter Anwendung einer salzsauren **Kupfersulfatlösung**, welche mit **Natriumhypophosphit** versetzt wird, mit gutem Erfolge durchführen. Das Verfahren rührt von A. Angeli[1]) her.

Tobias[2]) verwendet Kupferoxydul und Salzsäure, und nach Prud'homme und Rabaut[3]) kann man sogar die Darstellung der Diazokörper ganz umgehen, indem man die Nitrate der Basen in wässeriger Lösung in eine kochende salzsaure, 25proz. Kupferchlorürlösung einfließen läßt.

Bemerkungen zur vorstehenden Methode.

Im allgemeinen lassen sich die aromatischen primären Mono-Aminbasen, deren Salze in Wasser leicht löslich sind, in stark saurer Lösung durch Zugabe der molekularen Menge in Wasser gelösten Natriumnitrits fast momentan diazotieren.[4])[5])[6])

Schwer lösliche Salze, wie Benzidinsulfat, Aminosäuren usw., erfordern eine mehrstündige Einwirkungsdauer, das gleiche gilt von den in Wasser meist sehr schwer löslichen Aminosulfosäuren, wie Sulfanilsäure und Naphthionsäure.

Behufs feinerer Verteilung in Wasser werden dieselben stets aus ihrer alkalischen Lösung durch Säuren abgeschieden und dann direkt der Einwirkung der molekularen Menge von Natriumnitrit bei Gegenwart von $2^1/_2$—3 Äquivalenten verdünnter Salzsäure (3 Teile Salzsäure von 30 Proz. und 8 Teile Wasser) ausgesetzt. Nach mehrstündigem Stehen in der Kälte ist auch hier die Umsetzung eine vollständige und quantitative.

Man kann auch öfters mit überschüssigem Nitrit diazotieren und den Überschuß an salpetriger Säure durch einen Luftstrom austreiben.[7])

Diazotieren mit Amylnitrit und Eisessig: Hantzsch und Jochem, B. **34**, 3338 (1901). — Kaufler, B. **37**, 60 (1904).

Natriumnitrit wird gegenwärtig fast chemisch rein (98 Proz.) in den Handel gebracht. Man kann den Gehalt desselben bestimmen (S. 782) oder während der Diazotierung selbst den Reaktionsverlauf durch Tüpfelproben mit Jodkaliumstärkepapier, welches den geringsten Überschuß an freier salpetriger Säure durch Blaufärbung anzeigt, verfolgen. In der Regel reicht man indessen aus, wenn man bei der Berechnung des erforderlichen Nitrits an Stelle des richtigen Molekulargewichts für $NaNO_2$ (69) die Zahl 72 benutzt.

---

[1]) Gazz. **21**, 2, 258 (1891).
[2]) B. **23**, 1630 (1890).
[3]) Bull. (3), **7**, 223 (1892).
[4]) Friedländer, Fortschr. I, 542.
[5]) M. u. J. II, 279.
[6]) Nietzki, B. **17**, 1350 (1884).
[7]) Gomberg und Cone, B. **39**, 3281 (1906).

Will man genau berechnete Mengen von salpetriger Säure anwenden, so benutzt man gewogene Mengen Bariumnitrit und Normalschwefelsäure. Siehe Neuberg und Ascher, Bioch. 5, 451 (1907).

Sehr wichtig ist es, die Säuremenge beim Diazotieren nicht zu
gering zu bemessen (mindestens $2^1/_2$ Äquivalente Salzsäure pro Aminogruppe) und die Temperatur nicht zu hoch (nicht über 10^0) steigen
zu lassen, falls nicht besondere Umstände erfordern, bei etwas erhöhter Temperatur zu arbeiten.

Schwach basische Aminokörper, welche keine wasserbeständigen
Salze bilden, erfordern eine etwas andere Art des Arbeitens. Zur
Diazotierung von Aminoazobenzol z. B. verreibt man dasselbe mit
Wasser zu einem dünnen Brei, in den man die äquivalente Menge
Natriumnitrit einrührt, und kühlt durch Zusatz von wenig Eis etwas
ab; fügt man nun auf einmal $2^1/_2$ Mol. wässerige Salzsäure hinzu,
so erhält man eine klare Lösung des Benzolazo-Diazobenzolchlorids.

Über Diazotieren von Dinitroanisidin und verwandten Verbindungen (wobei öfters eine Nitrogruppe abgespalten wird) siehe Meldola und Stephans, Soc. 89, 923 (1906); 91, 1474 (1907).

Das p-Amino-ana-Bromchinolin geht bei der Sandmeyerschen
Reaktion durch Bromaustausch in p-ana-Dichlorchinolin über.[1])

Chinonbildung nach dem Schema:

Schüler, Arch. 245, 269 (1907).

Bei der Chrysanissäure ist die Diazotierung nur in der Siedehitze durchführbar.[2]) Andere Substanzen erfordern die Einwirkung
des Sonnenlichtes[3]) oder Diazotieren unter Druck.[4])

Diazotierung des Körpers

mittels konzentrierter Schwefelsäure: Reverdin und Dresel,
B. 38, 1595 (1905).

Unter Umständen tritt die Diazogruppe mit anderen im Molekül
vorhandenen Resten in Wechselwirkung.

---

[1]) Schweisthal, Diss., Freiburg 1905, S. 8.
[2]) Jackson und Ittner, Am. 19, 17 (1897).
[3]) Orton, Coates und Burdett, Proc. 21, 168 (1905).
[4]) D. R. P. 143450 (1903).

Man kann dabei folgende Arten von Verbindungen unterscheiden[1]):

1. Innere Diazoniumsalze.

Hierher gehören namentlich die Diazoarylsulfosäuren, z. B. die p-Diazobenzolsulfosäure[2]):

$$\text{[Ring]} \begin{array}{c} -\text{N}_2 \\ | \\ -\text{O} \end{array}$$
$$\text{SO}_2$$

und die analogen Verbindungen aus diazotierten Aminosäuren, z. B. die Diazobenzoesäuren. Auch die aus negativ substituierten (o- und p-)-Aminophenolen hervorgehenden Diazooxyde, z. B.

$$\text{NO}_2 \begin{array}{c} -\text{N}_2 \\ | \\ -\text{O} \end{array}$$
$$\text{NO}_2$$

sind hier anzureihen.

Basen sprengen diese Ringe, und es entsteht ein normal reagierender Diazokörper:

$$\text{[Ring]} -\text{N}_2-\text{OH}$$
$$\text{SO}_3\text{Na}$$

2. Ringbildung mit Ortho- und Perisubstituenten: Anhydroverbindungen.

Beispiele:

a) Azimidoverbindungen, z. B.

$$\text{[Ring]} \begin{array}{c} -\text{N}:\text{N} \\ | \\ -\text{NH} \end{array}$$

Diese Substanzen gleichen in ihrem Verhalten den Diazokörpern durchaus nicht, können z. B. unzersetzt (bei weit über 300° liegenden Temperaturen) destilliert werden[3]) und lassen nicht unter Stickstoffaustritt die Diazogruppe durch andere Reste ersetzen.

---

[1]) Siehe hierzu auch Morgan und Micklethwait, Soc. 93, 602 (1908).
[2]) Richtiger wäre für derartige Verbindungen nach Armstrong und Robertson, Soc. 87, 1282 (1905) die Bezeichnung als Benzoldiazoniumsulfonat.
[3]) Ladenburg, B. 9, 220 (1876).

b) Diazosulfide; z. B. Diazothiodimethylanilin:

$$(CH_3)_2N \underset{}{\overset{}{\bigcirc}} \begin{matrix} -N \\ \| \\ -S-N \end{matrix}$$

Die Diazosulfide entstehen allgemein bei der Einwirkung von salpetriger Säure auf o-Aminomercaptane.[1]

Sie entwickeln beim Kochen mit Säuren oder Alkalien keinen Stickstoff, selbst nicht beim Erhitzen unter Druck bis gegen 200°, können im Vakuum unzersetzt destilliert werden und sind z. T. mit Wasserdämpfen flüchtig.

c) Indazole.

Orthomethylierte Amine, welche im Kern noch Nitrogruppen oder Brom enthalten, gehen nach Nölting[2] beim Verkochen in saurer Lösung in Indazole über:

$$\begin{matrix} NO_2 \\ | \\ \bigcirc -CH_3 \\ -N_2 \end{matrix} \rightarrow \begin{matrix} NO_2 \\ | \\ \bigcirc -CH_2 \\ | \\ N_2 \end{matrix} + H_2O$$

Über Indazolbildung auch aus nicht weiter substituierten o-methylierten Anilinen (in neutraler oder alkalischer Lösung) siehe Bamberger, Ann. **305**, 289 (1899). — Jacobson und Huber, B. **41**, 660 (1908).

d) Phentriazone.

Diese Substanzen entstehen beim Diazotieren von in Ortho-stellung amidierten primären oder sekundären Säureamiden. Die einfachsten Phentriazone,[3] wie das o-Benzazimid und seine n-Alphyl-derivate zerfallen beim Erhitzen mit Alkalien unter Bildung von Anthranilsäure; beim Erhitzen mit konzentrierter Salzsäure auf 110—120° entsteht neben Stickstoff und Ammoniak (Methylamin) im wesentlichen Chlorsalicylsäure. Die aus der Diazotierung von n-ary-lierten o-Aminobenzamiden hervorgehenden Triazone, wie das n-Phenylphentriazon

$$\bigcirc \begin{matrix} N \\ \| \\ N \\ | \\ N-\bigcirc \\ CO \end{matrix}$$

und seine Homologen[4]) werden durch konzentrierte Salzsäure bei höherer Temperatur in gleichem Sinne (unter Bildung von Chlor-

[1] Jacobson, Ann. **277**, 214 (1893).
[2] B. **37**, 2556 (1904).
[3] Weddige, J. pr. (2), **35**, 262 (1887). — Finger, J. pr. (2), **37**, 432, 438 (1888).
[4] Mehner, J. pr. (2), **63**, 269 (1901).

salicylsäure) zersetzt; beim Erhitzen mit Alkalien aber entsteht diazoaminobenzol-o-carbonsaures Salz:

Es ist nun sehr interessant, zu beobachten,[1]) wie der Eintritt des Carboxyls in Orthostellung die Stabilitätsverhältnisse des Triazonringes beeinflußt: die Festigkeit der Carbonyl-Stickstoffbindung wird erhöht und der Zusammenhalt zwischen dem doppelt gebundenen und dem einfach gebundenen Stickstoff gelockert, so daß nunmehr bei der Ringsprengung durch Säuren Bildung einer Diazoverbindung erfolgt:

Diese Aufspaltung erfolgt rasch beim Kochen des Triazonderivates mit verdünnter Mineralsäure. Erhitzt man weiter, so wird elementarer Stickstoff abgespalten, und es entsteht ein Salicylsäurederivat:

das mit Essigsäureanhydrid einen Körper der Formel

liefert.

Kocht man aber das Triazon bei Gegenwart eines Reduktionsmittels (Titanchlorür), so wird Benzoylanthranilsäure gebildet.

Erhitzt man das Triazon bei Gegenwart eines Amins (α-Naphthylamin) oder Phenols (β-Naphthol, Schäffersche oder R-Säure), so wird der Diazorest im status nascens fixiert, und es tritt Bildung eines Farbstoffes ein.

---

[1]) Hans Meyer, Festschr. f. Ad. Lieben, 1906, S. 471. — Ann. **351**, 271 (1907).

Wir haben hier das sehr merkwürdige und bisher ohne Analogie dastehende Phänomen der Kuppelung von Phenolen mit einem Diazokörper in stark mineralsaurer, heißer Lösung.

Wie nicht anders zu erwarten, kann natürlich diese Azofarbstoffbildung nur mit rasch kuppelnden Phenolen erfolgen, da Entstehungs- und Zersetzungstemperatur des Diazokörpers zusammenfallen. Kocht man also z. B. das Triazon bei Gegenwart von G-Säure, so tritt durchaus keine Färbung auf, und der gesamte Diazostickstoff entweicht.

Die Aufsprengung des Triazonringes findet übrigens auch bei schwächerer Konzentration der Wasserstoffionen statt, denn beim Kochen mit Eisessig und β-Naphthol kuppelt die Substanz ebenfalls, nur viel langsamer.

Ganz anders als das Derivat der Anthranoylanthranilsäure verhält sich das Produkt der Einwirkung salpetriger Säure auf Dianthranoylanthranilsäure. Man sieht hierbei deutlich, daß die unmittelbare Nähe des Carboxyls in dem n-(Phenylorthocarbonsäure-)phen-β-triazon die leichte Aufspaltbarkeit des Triazonringes bedingt. Der Körper:

ähnelt in seinem Verhalten vielmehr dem nicht substituierten Triazon, indem er beim Kochen mit Säuren nicht angegriffen wird und auch mit β-Naphthol nur sehr träge reagiert.

In manchen seltenen Fällen läßt sich überhaupt keine Diazotierung erzwingen, so beim Paradichloranilin

welches nur ein — abnormal reagierendes — Diazoaminoprodukt liefert,[1] bei o-Nitroanilinen,[2] nitrierten Diaminen[3] und Dibromanthranilsäure[4]):

[1] Schlieper, B. 26, 2470 (1893). — Zettel, B. 26, 2471 (1893).
[2] Claus und Beysen, Ann. 266, 224 (1891).
[3] Bülow, B. 29, 2284 (1896).
[4] Bogert und Hard, Am. Soc. 25, 935 (1903).

Br

Br — NH$_2$ / COOH (structure)

Weiteres über sterische Behinderung der Diazotierung siehe Schmidt und Schall, B. **38**, 3769 (1905).

Verhalten der Diamine gegen salpetrige Säure.

Von den drei Klassen aromatischer Diamine

Ortho NH$_2$ NH$_2$ Meta NH$_2$ NH$_2$ Para NH$_2$ NH$_2$

liefern mit salpetriger Säure nur die Paraverbindungen normale Diazotierungsprodukte.[1])

Die Orthodiamine[1])[2]) kondensieren sich nach der Gleichung:

NH$_2$ / NH$_2$ $+ $ HO . NO $=$ NH / N / N $+ 2\mathrm{H}_2\mathrm{O}$

zu Azimiden.

Die Metadiamine[3]) endlich können zwar, namentlich in Form ihrer Sulfosäuren [D. R. P. 152879 (1904). — Chem. Ztschr. **3**, 753 (1904)] auch in Bi-Diazoverbindungen übergeführt werden, wenn man darauf sieht, daß die salpetrige Säure stets in sehr großem Überschusse und in Gegenwart von sehr viel Salzsäure mit sehr kleinen Mengen des Diamins zusammentrifft (Caro, Grieß[4]), wenn man aber in üblicher Weise diazotiert, so entstehen braune Farbstoffe (Aminoazokörper) durch Zusammentritt mehrerer Moleküle des Metadiamins[5]) (Vesuvinreaktion).

Diese Reaktion versagt bei p-substituierten Metadiaminen (Witt[6]).

---

[1]) Nietzki, B. **12**, 2238 (1879); **17**, 1350 (1884). — Grieß, B. **17**, 607 (1884); **19**, 319 (1886).

[2]) Ladenburg, B. **9**, 219 (1876); **17**, 147 (1884).

[3]) Direkte Nitrosierung von m-Phenylendiamin: Täubner und Walden, B. **33**, 2116 (1900).

[4]) B. **19**, 317 (1886). — Lees und Thorpe, Soc. **91**, 1288 (1907).

[5]) Grieß und Caro, Ztschr. Ch. **1867**, 278. — Ladenburg, B. **9**, 222 (1876). — Grieß, B. **11**, 624 (1878). — Preuße und Tiemann, B. **11**, 627 (1878). — Williams, B. **14**, 1015 (1881).

[6]) Witt, B. **21**, 2420 (1888). — Solche Diamine sind dafür leicht diazotierbar. Heller, Diss., Marburg 1904, S. 25, 58. — Reißert und Heller, B. **37**, 4367 (1904).

Verhalten der Amine der Pyridinreihe gegen salpetrige Säure.[1])

Die α- und γ-Aminopyridine (Chinoline) lassen sich, in verdünnten Säuren gelöst, überhaupt nicht diazotieren. Vielmehr wirkt salpetrige Säure in solchen Lösungen gar nicht ein. Dagegen lassen sich alle bisher untersuchten Verbindungen der genannten Art in konzentrierter Schwefelsäure glatt diazotieren. Nur läßt sich die Diazoverbindung nicht fassen. Gießt man die schwefelsaure Lösung auf Eis, so entwickelt sich sofort Stickstoff, und man erhält quantitativ die entsprechende Oxyverbindung. In einzelnen Fällen wurde festgestellt, daß sich beim Eingießen der Diazolösung in Äthylalkohol ganz analog die Äthoxyverbindung, beim Eingießen in konzentrierte Salzsäurelösung die Chlorverbindung bildet. Einige der untersuchten Aminopyridine reagieren auch in konzentriert salzsaurer Lösung mit Nitriten. Es wird dann bei Zusatz des Nitrits sofort Stickstoff entwickelt und die Aminogruppe glatt durch Chlor ersetzt.

Die Diazoverbindungen aus den α- und γ-Aminopyridinen zeigen sonach schon in der Kälte diejenigen Reaktionen, welche die aromatischen Diazoverbindungen erst beim Kochen der Lösungen eingehen. Nur verlaufen die Reaktionen dort völlig glatt, während sie in der aromatischen Reihe häufig nur als Nebenreaktionen auftreten.

Gegen Amylnitrit verhalten sich die Aminopyridine auch bei Siedehitze völlig indifferent.

Die β-Aminopyridine dagegen lassen sich auch bei Anwendung verdünnter Mineralsäure ganz glatt diazotieren und in Azofarbstoffe verwandeln, und ebenso verhält sich das einzige bekannte Diamin, das ββ'-Diamino-αα'-lutidin.[2])

Über das Verhalten der Aminopyridincarbonsäuren siehe S. 803.

Umsetzungsgeschwindigkeit der primären aliphatischen Amine mit Bromallyl in Abhängigkeit von deren Struktur: Menschutkin, B. 30, 2775 (1897).

3. Analyse von Salzen und Doppelsalzen.

Unter den einfachen Salzen der organischen Basen sind, außer den vielfach verwendeten Chlor-, Brom- und Jodhydraten, Nitraten und Sulfaten, namentlich die ferrocyanwasserstoffsauren Salze, die Chromate, Oxalate, Rhodanate,[3]) Pikrate und Pikrolonate für die Analyse von Wichtigkeit.

Von den Basen der Pyridinreihe, welche außer dem Stickstoffatom des Pyridinringes noch eine weitere basische Gruppe enthalten, geben nur diejenigen zweisäurige Salze, welche den Ammoniakrest in β-Stellung enthalten.

---

[1]) Marckwald, B. 27, 1317 (1894). — Wenzel, M. 15, 458 (1894). — Claus und Howitz, J. pr. (2), 50, 238 (1894). — Mohr, B. 31, 2495 (1898).
[2]) Mohr, B. 33, 1120 (1900).
[3]) Müller, Apoth.-Ztg. 1895, 450. — D. R. P. 80768 (1895). — D. R. P. 86251 (1896). — Bergh, Arch. 242, 424 (1904).

Man fällt die Salze der Basen mit den Halogenwasserstoffsäuren oftmals[1]) durch Einleiten der betreffenden gasförmigen Säure in die Lösung der Base in trockenem Äther, Chloroform oder Benzol.[2]) Analog kann man Nitrate[3]) und Sulfate[4]) isolieren.

Die gut krystallisierenden Nitrate lassen sich auch oftmals durch doppelte Umsetzung aus den Chlorhydraten mittels Silbernitrat gewinnen.

Analyse der Nitrate mittels Nitron.[5])

$$\begin{array}{c} \quad\quad \text{CH} \longrightarrow \text{N}\,.\,C_6H_5 \\ C_6H_5\,.\,N \quad\quad N\,.\,C_6H_5 \\ \quad\quad C \Longrightarrow N \end{array}$$

Man löst die ca. 0.1 g Salpetersäure enthaltende Substanz in 80—100 ccm Wasser, fügt 10 Tropfen verdünnte Schwefelsäure hinzu, erwärmt nahe zum Sieden und setzt 10—12 ccm 10proz. Nitronlösung in 5proz. Essigsäure hinzu. Man läßt zwei Stunden in Eiswasser stehen, saugt ab, spült mit dem Filtrate und dann mit 10 bis 12 ccm Eiswasser nach. Man trocknet eine Stunde bei 110°.

Das gefundene Gewicht an Nitronnitrat $\times \dfrac{63}{375}$ ergibt die Menge der vorhandenen Salpetersäure.

Collins fand[6]) die Löslichkeit des „Nitron"-Nitrats gleich 0.45 Proz. vom Gewichte desselben, entsprechend 0,064 Proz. N_2O_5, beim Auswaschen mit eiskaltem Wasser (10 ccm). Bei 20°C war dieselbe doppelt so groß; ebenso ist die Zeitdauer, während welcher das Waschwasser mit dem Niederschlage in Berührung steht, von großem Einfluße. Das Auswaschen ist deshalb stets im Goochtiegel vorzunehmen.

Aus dem Nitrate läßt sich das Nitron regenerieren, indem man das Salz mit Ammoniak schüttelt und mit Chloroform aufnimmt. Das Präparat wird von E. Merck, Darmstadt, geliefert. —

Bestimmung von Pikrinsäure mittels Nitron: Utz, Z. anal. **47**, 142 (1908).

Durch

Pikrinsäure[7])

werden nicht nur Basen, sondern auch Phenole, Kohlenwasserstoffe usw. gefällt.

---

[1]) Hofmann, B. **7**, 527 (1874).
[2]) Grünhagen, Ann. **256**, 290 (1890).
[3]) Liebermann und Cybulski, B. **28**, 579 (1895).
[4]) Bernthsen, B. **16**, 2235 (1883).
[5]) Busch, B. **38**, 861 (1905). — Gutbier, Z. ang. **18**, 499 (1905). — E. Fischer und Suzuki, B. **38**, 4173 (1905); Unters. üb. Aminosäuren 456 (1906). — Tschugaeff und Surenjanz, B. **40**, 185 (1907). — Feist, Habil.-Schrift, Breslau 1907, S. 87.
[6]) Analyst **32**, 349 (1907).
[7]) Delépine, Bull. (3), **15**, 53 (1896). — E. Fischer, B. **34**, 454 (1901). — Baeyer und Villiger, B. **37**, 2872 (1904).

Mit Alkohol kann man ca. 6proz. Pikrinsäurelösungen machen. Essigester nimmt viel mehr auf. Die Pikrate pflegen dagegen in Essigester schwerer löslich zu sein als in Alkohol.[1]

F. W. Küster hat eine quantitative Bestimmungsmethode für diesergestalt isolierbare Substanzen angegeben.[2]

Die zu untersuchende, in möglichst wenig Wasser oder Alkohol gelöste Substanz kommt mit einer abgemessenen Menge überschüssiger Pikrinsäure von bekanntem Gehalte (eine bei Zimmertemperatur gesättigte Lösung ist ungefähr $^{1}/_{20}$ normal) in eine Stöpselflasche. Man läßt zur Vollendung der alsbald eintretenden Fällung unter zeitweisem Umschütteln längere Zeit stehen, filtriert und titriert im Filtrate die überschüssige Pikrinsäure mit Lakmoid (von (Kahlbaum) als Indikator und Barythydrat. Der Farbenumschlag von bräunlichgelb in grün ist sehr augenfällig.

Man kann auch die Pikrinsäure in Pikraten durch Titration mit Titanchlorür bestimmen. (Sinnat.[3])

Pikrolonsäure (1 - p - Nitrophenyl - 3 - methyl - 4 - isonitro-5-pyrazolon[4])

wird zur Charakterisierung von Basen (namentlich der Fettreihe) und von Alkaloiden[5] empfohlen.[6] Die Pikrolonate sind schwer lösliche, gut krystallisierende, gelb bis rot gefärbte Salze, die beim Erhitzen verpuffen oder sich stürmisch zersetzen.

---

[1] G. Happe, Diss., München 1903, S. 13.

[2] B. 27, 1101 (1894). — Hier ist diese Methode bloß in der für die Analyse von Basen geeigneten Form wiedergegeben.

[3] Proc. 21, 297 (1905). — Knecht und Hibbert, B. 40, 3819 (1907). — Lotte Weil, M. 29, (1908). — Siehe S. 922.

[4] Vgl. Zeine, Diss., Jena 1906. S. 8, 12.

[5] Matthes a. a. O. und Warren und Weiß, Journ. Biol. Chem. 3, 327 (1907).

[6] Bertram, Diss., Jena 1892. — Knorr, B. 30, 914 (1897). — Duden und Macentyne, B. 31, 1902 (1898). — Knorr, B. 32, 732, 754 (1899). — Ann. 301, 1 (1898); 307, 171 (1899); 315, 104 (1901). — Bran, Diss., Jena 1899. — Matthes, Ann. 316, 311 (1901). — Steuer, Diss., Jena 1902. — Knorr und Brownsdon, B. 35, 4473 (1902). — Steudel, Z. physiol. 37, 219 (1903). — Knorr und Connan, B. 37, 3527 (1904). — Otori, Ztschr. physiol. 43, 305 (1904). — Knorr und Meyer, B. 38, 3130 (1905). — Knorr, Hörlein und Roth, B. 38, 3141 (1905). — Zeine, Diss., Jena 1906. — Matthes und Rammstedt, Arch. 245, 112 (1907). — Z. anal. 46, 565 (1907). — Windaus und Vogt, B. 40, 3693, 3695 (1907). — Pictet und Court, B. 40, 3775 (1907). — Levene, Bioch. 4, 320 (1907). — Schmidt und Stützel, B. 41, 1249 (1908).

Man erhält sie gewöhnlich durch Zusammengießen der alkoholischen, seltener von wässerigen (Guanidin und dessen Derivate) Lösungen der Komponenten.[1])

Darstellung der Pikrolonsäure.[2])

Je 90 ccm der reinen Salpetersäure von 99.5 Proz., der sog. Valentiner Säure, werden durch Wasser unter guter Kühlung auf 100.0 ccm verdünnt. Es resultiert eine Säure von ca. 90 Proz. und dem sp. Gew. 1.495. — Von dieser 90proz. Salpetersäure werden 600 ccm in einen großen Erlenmeyer von 2—3 Liter Inhalt gefüllt und von außen gut durch Eiswasser gekühlt. In diese Säure trägt man 200 g wiederholt aus Alkohol umkrystallisiertes Phenylmethylpyrazolon nach und nach in Portionen von ca. 1 g ein. Das Phenyl-methylpyrazolon löst sich in der Säure mit dunkelbrauner Farbe, und das jedesmalige Eintragen von Substanz ist von einer kräftigen Reaktion begleitet, deren Verlauf man unter tüchtigem Umschütteln abwartet, ehe man frische Substanz zugibt. Auf diese Weise kann man die Temperatur leicht zwischen 10—15° halten.

Ist die Säure mit Phenylmethylpyrazolon gesättigt, nach Zusatz von ca. 100 g, so beginnt eine reichliche Krystallisation, doch kann man bei häufigem Umschütteln unbeschadet weiter Phenylmethylpyrazolon zugeben und so mit 600 ccm Salpetersäure von 90 Proz. ca. 200 g Phenylmethylpyrazolon nitrieren.

Die Krystallmasse wird von der Mutterlauge durch Absaugen über Glaswolle befreit, zuerst mit schwächerer Salpetersäure und dann mit Wasser nachgewaschen, bis das Waschwasser keine saure Reaktion mehr zeigt. Man läßt die lufttrockene Substanz noch 24 Stunden über Ätzkali stehen. Man erhält so das Trinitrophenylmethylpyrazolon (Salpetersäureester des 1.p.Nitrophenyl.3.methyl.4.isonitro.-5.pyrazolons) in groben, würfelartigen Krystallen von gelbbrauner Farbe.

Das fein zerriebene Rohprodukt wird zum Zwecke der Verseifung mit der 6fachen Menge 33proz. Essigsäure auf dem Wasserbade unter fortwährendem Umschütteln bis auf 60° erwärmt. Die in der Flüssigkeit suspendierten gelbbraunen Krystalle färben sich nach und nach gelblichgrünlich, und das Rohprodukt verschwindet, während eine flockige Krystallmasse die ganze Flüssigkeit erfüllt. Nach 20—40 Minuten ist die Verseifung vollendet. Man läßt die Reaktionsmasse erkalten, saugt scharf ab und wäscht mit Wasser aus. Die Reinigung der erhaltenen rohen Pikrolonsäure geschieht durch das Natriumsalz hindurch. Das Verseifungsprodukt wird in Sodalösung zerrieben. Die Pikrolonsäure wandelt sich unter Entwicklung von Kohlensäure sehr rasch in das gelbe Natriumsalz um. Ist alles umgesetzt, so preßt man die Mutterlauge von den Krystallen ab. Aus verdünntem

---

[1]) Schenk, Z. physiol. 44, 427 (1905). — Wheeler und Jamieson, Journ. Biol. Chem. 4, 111 (1908).

[2]) Zeine, Diss., Jena 1906, S. 12. — Rammstedt, Diss., Jena 1907, S. 56.

Alkohol (1:3) läßt sich das Salz gut umkrystallisieren. Man erhält es in feinen gelben Nädelchen, die konzentrisch gruppiert sind.

Das Natriumsalz läßt sich leicht zerlegen, wenn man es mit starker (etwa 20proz.) Salzsäure erwärmt. Die Pikrolonsäure scheidet sich als gelbes, mehliges Pulver ab, das man nach dem Absaugen tüchtig mit Wasser nachwäscht.

Die Pikrolonsäure zersetzt sich bei raschem Erhitzen unter Dunkelfärbung bei ca. 124°.

1 g Pikrolonsäure löst sich in 21 g Äthylalkohol, 110 g Wasser, 160 g Methylalkohol, 200 g Äther bei 17°, sowie in 12 ccm kochenden Äthylalkohols, 108 ccm siedenden Wassers, 37 ccm kochenden Methylalkohols und 158 ccm siedenden Äthers.

Über Verbindungen der Basen mit **Ferrocyanwasserstoffsäure** siehe S. 816, mit **Metaphosphorsäure** S. 771.

Verwendung von **Cadmiumchlorid** zur Cholinbestimmung: **Schmidt**, Z. physiol. **53**, 428 (1907). — Siehe ferner **Winterstein** und **Hiestand**, Z. physiol. **54**, 294 (1908).

Cadmiumbromiddoppelsalze: Decker und v. **Fellenberg**, Ann. **356**, 300, 303 (1907).

Die normalen

Goldchloriddoppelsalze[1])

haben die Zusammensetzung:

$$R . HCl . AuCl_3$$

und werden gewöhnlich wasserfrei erhalten.[2])

Beim Umkrystallisieren verlieren dieselben leicht Salzsäure und gehen in die „modifizierten" Salze $RAuCl_3$ über.[3])

Man setze daher beim Lösen der Goldchloriddoppelsalze dem als Lösungsmittel verwendeten Wasser oder Alkohol etwas konzentrierte Salzsäure zu.[4]) Auch Umkrystallisieren aus absolutem Alkohol[5]) oder Essigester[6]) ist gelegentlich von Vorteil. Manche Goldsalze vertragen überhaupt kein Umkrystallisieren oder Erwärmen.

In gewissen Fällen zeigen die Chloraurate auch **Dimorphie.** So existiert das Betaingoldchlorid in einer rhombischen Form und in einer 40—50° niedriger schmelzenden oktaedrischen Form. Außerdem existieren Salze mit niedrigerem Goldgehalte.[7])

---

[1]) Siehe auch S. 275.
[2]) Krystallwasserhaltige Salze: **Biedermann**, Arch. **221**, 182 (1883). — — **Brandes** und **Stöhr**, J. pr. (2), **53**, 504 (1896). — **Willstätter**, B. **35**, 2700 (1902).
[3]) Siehe Anm. 4 auf S. 275.
[4]) E. **Fischer**, B. **27**, 167 (1894); **35**, 1593 (1902). — **Willstätter**, B. **35**, 597, 2700 (1902). — **Willstätter** und **Ettlinger**, Ann. **326**, 125 (1903).
[5]) **Bergh**, Arch. **242**, 425 (1904).
[6]) **Koenigs**, B. **37**, 3249 (1904).
[7]) E. **Fischer**, B. **27**, 167 (1894); **35**, 1593 (1902). — **Willstätter**, B. **35**, 597, 2700 (1902). — **Willstätter** und **Ettlinger**, Ann. **326**, 125 (1903).

Platinchloriddoppelsalze.[1])

Gewöhnlich entfallen in diesen Salzen auf ein Atom Platin zwei stickstoffhaltige Gruppen, die Aminopyridine geben indessen nach der Formel $2(C_5H_6N_2HCl).PtCl_4$ zusammengesetzte Platinverbindungen.[2])

Während viele Chloroplatinate wasserfrei erhalten werden, hat man auch Salze mit 1, 2, $2^1/_2$, 3, 5 und 6 Molekülen **Krystallwasser** erhalten; das Salz des Benzoyloxyacanthins[3]) enthält sogar 8 Moleküle.

Krystallalkohol hat man bei dem Doppelsalze des Aminoacetaldehyds[4]) (2 Mol.) und demjenigen der 4.6-Dimethylnicotinsäure[5]) (4 Mol.) konstatiert.

Über **Dimorphie** bei Platindoppelsalzen siehe **Willstätter**, B. **35**, 2702 (1902).

Über die Analyse der Platindoppelsalze siehe S. 213, 274 und 290, ferner **Mylius** und **Förster**, B. **24**, 2429 (1891).

Sowohl sauerstoff- als auch schwefelhaltige Substanzen sind unter Umständen befähigt, die Rolle von Basen zu spielen und mit Mineralsäuren Salze und u. a. mit Platinchlorid und Goldchlorid Doppelsalze zu liefern, die sich vom vierwertigen Sauerstoff, bzw. Schwefel ableiten lassen.

Zur Charakterisierung solcher Substanzen sind namentlich die

Eisenchloriddoppelsalze,

welche aus Eisessig (ev. unter Zusatz von Salzsäure oder Eisenchlorid) umkrystallisiert werden können, geeignet.[6])

Doppelsalze von Alkaloiden mit Salzsäure und Ferrichlorid hat **Scholtz**[7]) dargestellt. Diese Verbindungen sind leicht rein und meist in gut krystallisiertem Zustande zu erhalten, wenn man die Lösung des salzsauren Alkaloids mit Ferrichlorid und hierauf mit konzentrierter Salzsäure versetzt, wodurch sie sämtlich ausgefällt werden. Es verbindet sich stets 1 Mol. des salzsauren Alkaloids mit 1 Mol. Ferrichlorid; die Farbe der Salze schwankt von hellgelb bis dunkelbraunrot.

Fällung von Aminosäuren mit Phosphorwolframsäure: **Schulze** und **Winterstein**, Z. physiol. **35**, 210 (1902). — **Skraup**, M. **25**, 1351 (1904). — **Levene** und **Beatte**, Z. physiol. **47**, 149 (1906). — **Barber**, M. **27**, 379 (1906). — **E. Fischer**, Unters. üb.

---

[1]) Siehe auch S. 213, 274 und 290.
[2]) **Hans Meyer**, M. **15**, 176 (1894).
[3]) Arch. **233**, 150 (1895).
[4]) E. Fischer, B. **25**, 94 (1893).
[5]) Altar, Ann. **237**, 185 (1887).
[6]) Decker und v. Fellenberg, Ann. **356**, 290 (1907). — Siehe auch S. 269 über die Analyse dieser Salze.
[7]) Ber. pharm. Ges. **18**, 44 (1908).

Aminos. (1906), S. 18. — Winterstein und Hiestand, Z. physiol.
54, 307, 311, 315 (1908). — Siehe S. 311.
Phosphormolybdänsäure: Seiler und Verda, Ch. Ztg. 27,
1121 (1903).

4. Über Acylierung von Basen siehe S. 755 ff.

C. Reaktionen der Aminosäuren.

Nach Hofmeister[1]) zeigen die aliphatischen Aminosäuren
folgende Reaktionen:

1. Ihre Lösung färbt sich mit wenig Ferrichloridlösung blutrot.
2. Ebenso mit wenigen Tropfen Kupfersulfat oder Kupferchlorid
intensiv blau; diese beiden Reaktionen sind auch in stark verdünnten
Lösungen wahrnehmbar, wenn man sie mit der durch gleichviel
Eisenchlorid oder Kupfersulfat in destilliertem Wasser (ceteris paribus) erzielten Färbung vergleicht.
3. Sie besitzen ein ausgesprochenes Lösungsvermögen für Kupferoxyd in alkalischer Flüssigkeit.
4. Sie reduzieren Mercuronitratlösungen, langsam in der Kälte,
rascher in der Wärme.
5. Sie werden durch Mercurisalze aus neutraler Lösung nicht
gefällt, wohl aber
6. durch Merkurinitrat und Merkurisulfat bei gleichzeitigem Zusatze von Natriumcarbonat.

Der Geschmack der Aminosäuren[2]) steht in einer gewissen
Abhängigkeit von ihrer Struktur.

Süß schmecken fast alle einfachen α-Aminosäuren der aliphatischen Reihe. Von den beiden aktiven Leucinen schmeckt aber
die l-Verbindung fade und ganz schwach bitter, die r-Verbindung
ausgesprochen süß, das racemische Leucin schwach süß.[3])

Einen ähnlichen Unterschied, wenn auch nicht so ausgeprägt,
zeigen die beiden Valine.[4])

Über verschiedenen Geschmack bei optischen Isomeren siehe auch
Piutti, B. 19, 1691 (1886): d- und l-Asparagine, und Menozzi und
Appiani, Atti Lincei (5), 2, 421 (1893): d- und l-Glutamin.

Bei den β-Aminosäuren tritt der süße Geschmack zurück;
die β-Aminobuttersäure ist fast geschmacklos, und die β-Aminoiso-
valeriansäure schmeckt sehr schwach süß und hinterher schwach
bitter.

Die γ-Aminobuttersäure ist gar nicht mehr süß, sondern hat
nur einen schwachen, faden Geschmack.

--- --- ------

[1]) Ann. 189, 121 (1877).
[2]) Sternberg, Arch. Anat. Phys. (His-Engelmann), Physiol. Abt.
1899, 367. — E. Fischer, B. 35, 2662 (1902). — Levene, A. physiol. 41,
100 (1904). — Hültenschmitt, Diss., Bonn 1904, S. 9, 81. — Fischer und
Blumenthal, B. 40, 106 (1907). — Ehrlich, B. 40, 2555 (1907).
[3]) E. Fischer und Warburg, B. 38, 3997 (1905).
[4]) E. Fischer, B. 39, 2328 (1906).

Ähnlich liegen die Verhältnisse bei den Oxyaminosäuren, denn das Serin (α-Amino-β-oxypropionsäure) und die α-Amino-γ-oxyvaleriansäure sind recht süß, während dem Isoserin (β-Amino-α-oxypropionsäure) diese Eigenschaft gänzlich fehlt.

Die α-Pyrrolidincarbonsäure schließt sich den aliphatischen Verbindungen an, denn sie schmeckt stark süß. Die Pyrrolidin-β-carbonsäuren sind geschmacklos oder schwach bitter.[1]

Anders liegen die Verhältnisse in der fettaromatischen Gruppe. Die Phenylaminoessigsäure ($C_6H_5CHNH_2COOH$) und das Tyrosin sind nahezu geschmacklos, sie schmecken ganz schwach fade, etwa wie Kreide. Im Gegensatze dazu steht das Phenylalanin

$$(C_6H_5CH_2CHNH_2COOH),$$

welches süß ist. Die γ-Phenyl-α-aminobuttersäure dagegen hat einen unangenehmen, ins Bittere gehenden Geschmack.[2]

Bei den zweibasischen Aminosäuren zeigen sich ebenfalls Unterschiede.

So schmeckt die Glutaminsäure schwach sauer und hinterher fade, während die Asparaginsäure stark sauer ist, ungefähr wie Weinsäure.

Von den aromatischen Aminosäuren schmeckt die o-Aminobenzoesäure (Anthranilsäure) intensiv süß[3] und ebenso die 6-Nitro-2-Aminobenzoesäure, welch letztere mindestens 50mal so süß ist als Rohrzucker.[4] Auch die m-Aminobenzoesäure besitzt noch einen säuerlichsüßen Geschmack.[5]

Geschmack hydroaromatischer Aminosäuren: Skita und Levi, B. **41**, 2927 (1908).

Die Überführung von fetten α-Aminosäuren in ihre diazotierten Ester gibt nach Curtius[6] ein bequemes Mittel an die Hand, um in sehr charakteristischer Weise zu erkennen, ob gegebenenfalls ein Körper vom Verhalten einer Aminosäure die Aminogruppe im nicht substituierten Zustande enthält. Im kleinen lassen sich nämlich die Diazoverbindungen der Fettsäureester leicht und einfach auf folgende Weise darstellen.

Man bringt etwas von der zu prüfenden Substanz — wenige Zentigramme genügen in der Regel — in ein Reagensrohr, fügt absoluten Alkohol hinzu und leitet Salzsäuregas bis zur Sättigung ein. Hierauf verjagt man den Alkohol in einem Uhrglase auf dem

---

[1] Pauly und Hültenschmitt, B. **36**, 3362 (1903).
[2] E. Fischer und Schmitz, B. **39**, 356 (1906).
[3] Fritzsche, Ann. **39**, 84 (1841).
[4] Kahn, B. **35**, 3863 (1902).
[5] Salkowski, Ann. **173**, 70 (1874). — Kekulé, Benzolderivate II, 331 (1882).
[6] B. **17**, 959 (1884). — Die übrigen Aminosäuren zeigen diese Reaktion nicht, sondern gehen glatt in Oxysäuren über. Curtius und Müller, B. **37**, 1261 (1904).

Wasserbade, fügt wieder einige Tropfen Alkohol hinzu und verdampft nochmals möglichst vollständig, um überschüssige Salzsäure zu entfernen.

In allen Fällen bleibt ein dicker, in Alkohol und Wasser leicht löslicher Sirup zurück, welcher das Chlorhydrat der esterifizierten Aminosäure repräsentiert.

Man löst, um den salzsauren Aminosäureester in die Diazoverbindung überzuführen, den beim Verdunsten des Alkohols gebliebenen Rückstand im Reagensrohre in möglichst wenig kaltem Wasser, schichtet reichlich Äther darüber und setzt dann einige Tropfen einer konzentrierten wässerigen Lösung von Natriumnitrit zu. Die wässerige Flüssigkeit wird alsbald gelb und trübe; zugleich tritt geringe Stickstoffentwicklung auf, da immer noch etwas freie Salzsäure vorhanden ist. Man schüttelt daher sofort mit Äther aus, um die gebildete Diazoverbindung einer weitgehenden Zersetzung zu entziehen. Wird jetzt die abgegossene ätherische Lösung verdunstet, so erhält man den betreffenden Ester der diazotierten Fettsäure in meist sehr eigentümlich riechenden, gelben Öltröpfchen. Diese geben auf Zusatz von Salzsäure unter heftigem Aufbrausen ihren Stickstoff ab. Die Verbindung wird zugleich farblos und besteht nun aus dem Ester der betreffenden gechlorten Säure, welcher sich durch den gänzlich veränderten, intensiven Geruch bemerkbar macht.

Jochem[1]) empfiehlt zum qualitativen Nachweise der aliphatischen Aminosäuren (sowie von aromatischen Säuren, welche die Aminogruppe in der Seitenkette tragen) die glatte Überführbarkeit derselben in Chlorfettsäuren.

Man löst oder suspendiert die betreffende Substanz in der zehnfachen Menge konzentrierter Salzsäure und behandelt mit der molekularen Menge Natriumnitritlösung, welche man tropfenweise zusetzt, wobei das gechlorte, mit Äther extrahierbare Produkt entsteht. Der Verdunstungsrückstand des Äthers wird mit Salpetersäure angesäuert und mit Silbernitratlösung im Überschuß versetzt, wobei anhaftende Salzsäure niedergeschlagen wird. Das Filtrat liefert, mit konzentrierter Salpetersäure gekocht, von neuem einen reichlichen Chlorsilberniederschlag. Die Entstehung von chlorsubstituierten Fettsäuren vom Glykokoll aufwärts macht sich überdies schon durch das Auftreten öliger Tropfen bemerkbar.

Herzog[2]) führt die Chlorhydrate der α-Aminosäuren in der Kälte vorsichtig mit Silbernitrit[3]) in die α-Oxysäuren über und behandelt deren Silbersalze mit Jod, wie beim Nachweise der Milchsäure.[4])

Zur Charakterisierung von Aminosäureestern sind besonders die Pikrate geeignet.[5])

---

[1]) Z. physiol. **31**, 119 (1900).
[2]) Festschr. f. Adolf Lieben, 1906, S. 441. — Ann. **351**, 264 (1907).
[3]) E. Fischer und Skita, Z. physiol. **33**, 190 (1901).
[4]) Herzog und Leiser, M. **22**, 357 (1901).
[5]) E. Fischer, B. **34**, 454 (1901).

Carbaminoreaktion von Siegfried.[1])

Bei Gegenwart von Alkalien oder Erdalkalien werden Aminosäuren durch Kohlensäure in die Salze der Aminocarbonsäuren übergeführt, z. B. :

$$CH_2NH_2 + Ca(OH)_2 + CO_2 = CH_2NHCOO + 2H_2O$$
$$\quad | \qquad\qquad\qquad\qquad\qquad | \quad |$$
$$COOH \qquad\qquad\qquad\qquad COO----Ca$$

Diese „Carbaminoreaktion" liefern auch andere amphotere Aminokörper, wie Peptone und Albumosen. Die Reaktion gestattet zweierlei Anwendungen, erstens die Bestimmung der Quotienten $\dfrac{CO_2}{N}$, zweitens die Abscheidung und Trennung der Aminokörper. Der Quotient $\dfrac{CO_2}{N} = \dfrac{1}{x}$ gibt an, wieviel Kohlendioxyd, als Molekül berechnet, die N-Atome der betreffenden Verbindungen addieren. Er wurde bei Monoaminosäuren und der Diaminosäure Lysin als $\dfrac{1}{1}$ gefunden, d. h. die NH_2-Gruppen dieser Verbindungen reagieren quantitativ bei der Carbaminoreaktion. Von anderen Spaltungsprodukten der Eiweißkörper liefern Arginin einen Quotienten $\dfrac{1}{4}$, Histidin $\dfrac{1}{3}$, d. h. von den vier N-Atomen des Arginins reagiert eines, ebenso eines von den dreien des Histidins. Harnstoff und Guanidin reagieren gar nicht.

Die NH_2-Gruppen der Polypeptide reagieren quantitativ, die NH-Gruppen bis zu einem gewissen Grade. Einen ähnlichen Quotienten wie Tripeptide liefern die Trypsinfibrinpeptone.

Die Abscheidung und Trennung von Aminokörpern wird durch die relative Schwerlöslichkeit der Bariumsalze der Carbaminosäuren und die leichte Regenerierbarkeit der Aminokörper aus diesen ermöglicht. So läßt sich Glykokoll fast quantitativ von Alanin trennen. Auf diesem Wege gelingt auch die Darstellung aschefreier Albumosen und Peptone aus salzhaltigen Verdauungsgemischen.

Beispielsweise werden in der wässerigen Lösung von 75 g Glykokoll in 6 Litern Wasser 0.3 kg Bariumhydroxyd gelöst. In die auf 6° abgekühlte Lösung wird bis zur Entfärbung von Phenolphthalein Kohlendioxyd geleitet, nochmals Barytwasser bis zur stark alkalischen Reaktion zugefügt, der entstandene Niederschlag abgesaugt und mit kaltem, barytalkalischem Wasser gewaschen. Hierauf wird der Niederschlag auf dem Wasserbade mit Wasser unter Zusatz von etwas Kohlensäure oder Ammoniumcarbonat zersetzt, filtriert und das Filtrat eingedampft.

---

[1]) Z. physiol. **44**, 85 (1905); **46**, 402 (1906). — B. **39**, 397 (1906). — D. R. P. 188005 (1906). — Z. physiol. **50**, 171 (1907). — Hammarsten, Lehrb. d. physiol. Ch., Wiesbaden 1907, S. 53. — Siegfried und Neumann, Z. physiol. **54**, 423 (1908).

Die Bestimmung des Quotienten $\dfrac{CO_2}{N}$ erfolgt derart, daß man beim Zersetzen des carbaminocarbonsauren Salzes einerseits das abgeschiedene Calcium-(Barium)-Carbonat, andererseits im Filtrate den Stickstoff bestimmt.

Gegenwart von Alkohol, welcher beim späteren Aufkochen des Filtrates die Abscheidung von Calciumcarbonat verursacht, bewirkt einen den Quotienten vergrößernden Fehler. Daher ist eine Lösung von Phenolphthalein in Kalkwasser anzuwenden.[1])

Ausführung der Reaktion.[2])

Die verdünnte Lösung der Substanz wird in Eiswasser gut gekühlt, einige Kubikzentimeter Kalkmilch zugefügt und unter öfterem Umschwenken Kohlendioxyd eingeleitet, bis einige Tropfen zugesetzten Phenolphthaleins neutrale Reaktion anzeigen. Nach zweimaliger Wiederholung dieses Zufügens von Kalkmilch und Einleiten von Kohlendioxyd bis zum Neutralisationspunkte wird ein größerer Überschuß von Kalkmilch zugegeben, umgeschüttelt und rasch auf der Nutsche, ohne nachzuwaschen, abgesaugt. Das Filtrat wird mit etwa dem doppelten Volumen ausgekochten Wassers versetzt und in einem mit abwärts gebogenem Natronkalkrohr verschlossenen Kölbchen aufgekocht. Die Lösung muß immer alkalisch bleiben. Von dem abgeschiedenen Calciumcarbonat wird nach dem Erkalten auf gewogenem Gooch-Tiegel abgesaugt. Nach dem Waschen mit kaltem Wasser wird der Niederschlag im Trockenschranke bei 120° bis zu konstantem Gewichte getrocknet und gewogen. Das Filtrat und Waschwasser wird im Kjeldahlkolben mit einem Teile der zum Aufschluße verwendeten 20 ccm Schwefelsäure angesäuert, eingedampft und die Stickstoffbestimmung unter Zusatz der restlichen Schwefelsäure und von Kaliumsulfat, zuletzt von Kaliumpermanganat, vorgenommen.

Der Zusatz des doppelten Volumens abgekochten Wassers zu der Lösung des Carbaminosalzes geschieht aus dem Grunde, weil sich in konzentrierter Lösung beim Aufkochen ein kleiner Teil des überschüssig zugesetzten Kalkhydrates, welches in heißem Wasser weniger löslich ist als in kaltem, neben dem Calciumcarbonat absetzt und dadurch einen Fehler bei der Wägung bedingen kann. Dieser Fehler kann zwar bei sehr vorsichtigem Arbeiten vermieden werden, ist aber bei Verdünnung der Lösung a priori ausgeschlossen.

Über die Bildung von Uramidosäuren mittels Harnstoffs und Barytwasser: Baumann u. Hoppe-Seyler, B. **34**, 1874 (1901). — Lippich, B. **39**, 2953 (1906); **41**, 2953, 2974 (1908).

Aromatische Aminosäuren.

Die aromatischen Aminosäuren lassen sich, auch in Form ihrer Ester, mittels der Azofarbstoffbildung bestimmen.

---

[1]) Siegfried, Z. physiol. **52**, 506 (1907).
[2]) Hitschmann, Diss., Leipzig 1907, S. 57.

So verfährt E. Erdmann[1]) zur quantitativen Bestimmung des Anthranilsäuremethylesters folgendermaßen:

0.7473 g Ester wurden in 20 ccm Salzsäure gelöst und mit 7.5 ccm Nitritlösung von 5 Proz. diazotiert, so daß noch nach 10 Minuten freie salpetrige Säure mit Jodkaliumstärkepapier nachweisbar war. Eiskühlung ist nicht erforderlich, da die Diazoverbindung verhältnismäßig beständig ist. Die Lösung wurde mit Wasser genau auf 100 ccm gestellt.

Ferner wurden 0.5 g β-Naphthol (durch Destillation im Vakuum gereinigt, Siedepunkt 157° bei 11 mm) in 0.5 ccm Natronlauge und 150 ccm Wasser unter Zusatz von 15 g kohlensaurem Natrium gelöst. Diese Lösung wurde mit der in eine Bürette gefüllten Diazolösung titriert.

Es zeigte sich bei Zusatz von

69.9 ccm noch schwache Reaktion mit der Diazoverbindung,

70.4 „ keine Reaktion, weder mit der Diazoverbindung, noch mit der Naphthollösung,

70.9 „ schwache Gegenreaktion mit der Naphthollösung.

Der Verbrauch war also 70.4 ccm Diazoverbindung auf 0.5 g Naphthol. Es berechnet sich hieraus für die gesamte Diazoverbindung 0.7102 g Naphthol, entsprechend 0.7449 g Anthranilsäuremethylester = 99.7 Proz. der angewandten Menge.

Bei der Acylierung aromatischer o-Aminosäuren entstehen leicht Anhydride.[2])

Verhalten von Aminosäuren der Pyridinreihe.

Die Aminosäuren der Pyridinreihe verhalten sich beim Diazotieren je nach der Stellung der Aminogruppe verschieden.

α-Aminonicotinsäure läßt sich nach Philips[3]) in verdünnter Schwefelsäure gelöst leicht diazotieren, liefert aber mit einer alkalischen β-Naphthollösung keine Spur von Farbstoff. Ebenso verhält sieh die β-Aminopicolinsäure[4]) und β-Aminoisonicotinsäure.[5])

α'-Aminonicotinsäure dagegen[6]) läßt sich weder in verdünnt schwefelsaurer, noch in konzentriert salzsaurer Lösung, wohl aber in konzentriert schwefelsaurer Lösung diazotieren. Ebenso verhalten sich die α'-Amino-β'-Nitronicotinsäure, die selbst in konzentrierter Schwefelsäure nur teilweise umgesetzt wird,[7]) ferner die γ-Amino-αα'-Lutidindicarbonsäure[8]) und die γ-Aminonicotinsäure.[9])

---

[1]) B. **35**, 24 (1902).

[2]) Hans Meyer, Mohr und Köhler, B. **40**, 997 (1907). — Bogert und Seil, Am. soc. **29**, 529 (1907).

[3]) Ann. **288**, 254 (1895).

[4]) Kirpal, M. **29**, 230 (1908).

[5]) Kirpal, M. **23**, 929 (1902).

[6]) Marckwald, B. **27**, 1323 (1894).

[7]) Marckwald, B. **27**, 1335 (1894),

[8]) Marckwald, B. **27**, 1325 (1894).

[9]) Kirpal, M. **23**, 246 (1902).

D. Reaktionen der aromatischen Diamine.

Die drei Klassen von Diaminen zeigen in vielen Reaktionen
ein durchaus verschiedenes Verhalten.

a) Reaktionen der Orthodiamine.

1. Einwirkung organischer Säuren.[1]) Beim Erhitzen von
Orthodiaminen mit organischen Säuren bilden sich Imidazole, „Anhydrobasen", nach der Gleichung:

$$\underset{NH_2}{\overset{NH_2}{\bigcirc}} + R \cdot COOH = \underset{N}{\overset{NH}{\bigcirc}} CR + 2H_2O.$$

Zur Darstellung derselben kocht man das Diamin mit käuflicher
reiner Ameisensäure, Eisessig oder Propionsäure 5—6 Stunden am
Rückflußkühler, destilliert den größten Teil der überschüssigen Säure
ab und gießt in Wasser.   Die entstandene Base bleibt gelöst und
wird erst durch Alkalizusatz gefällt.

Die Anhydrobasen sind bei hoher Temperatur unzersetzt flüchtig,
lassen sich aus saurer Lösung nicht mit Äther ausschütteln und
geben schön krystallisierende Platin- und Golddoppelsalze und schwerlösliche Pikrate.

Mit Säureanhydriden[2]) entstehen Diacylderivate, welche aber
leicht durch Erhitzen über den Schmelzpunkt in Anhydrobasen übergeführt werden können.

2. Verhalten gegen salpetrige Säure siehe S. 791.

3. Einwirkung von Aldehyden (Ladenburg[3]**).**

Aldehyde wirken auf Orthodiamine nach dem Schema

$$\underset{NH_2}{\overset{NH_2}{\bigcirc}} + 2RC\underset{O}{\overset{H}{\diagdown}} = \underset{N=CHR}{\overset{N=CHR}{\bigcirc}} + 2H_2O;$$

(Zwischenprodukt.)

---

[1]) Hobrecker, B. **5**, 920 (1872). — Ladenburg, B. **8**, 677 (1875); **10**,
1123 (1877). — Wundt, B. **11**, 826 (1878). — Hübner, Ann. **208**, 278 (1881).
— Verhalten gegen Ortho-Dicarbonsäuren: R. Meyer, Ann. **327**, 1 (1903).

[2]) Bistrzycki und Hartmann, B. **23**, 1045, 1049 (1890). — Bistrzycki
und Ulffers, B. **23**, 1876 (1890); **25**, 1991 (1892).

[3]) Ladenburg, B. **11**, 590, 600, 1648 (1878). — Hinsberg, B. **19**, 2025
(1886); **20**, 1585 (1887). — O. Fischer und Wreszinski, B. **25**, 2711 (1892). —
Hinsberg und Funcke, B. **26**, 3092 (1893); **27**, 2187 (1894).

$$\begin{array}{c} N = CHR \\ \diagup\;\diagdown \\ \Big|\quad\Big| \\ \diagdown\;\diagup \\ N = CHR \end{array} \;=\; \begin{array}{c} N \\ \diagup\diagdown\diagup\diagdown \\ \Big|\quad\Big|\quad CR \\ \diagdown\diagup\diagdown\diagup \\ N \\ \diagdown \\ CH_2R \end{array}$$

Aldehydin.

Die entstehenden Substanzen sind starke Basen und werden durch Kochen mit verdünnten Säuren nicht gespalten.

Ihre Chlorhydrate entstehen, wenn man salzsaures Diamin mit Aldehyd digeriert, unter Freiwerden eines Moleküls Salzsäure. Man kann daher in der Regel die Orthodiamine von den Isomeren unterscheiden, indem man ein Pröbchen des Chlorhydrates mit einigen Tropfen Benzaldehyd einige Minuten lang auf 110—120° erwärmt: Orthoverbindungen geben dann zu reichlicher Salzsäureentwicklung Anlaß.

$$R(NH_2)_2 \cdot 2HCl + 2C_6H_5CHO = RCN_2C_6H_5CH_2C_6H_5 \cdot HCl + 2H_2O + HCl.$$

In einzelnen Fällen läßt indessen diese Methode im Stich.

4. **Verhalten gegen Rhodanammonium:** (Lellmann.[1])

Orthodiamine sind von ihren Isomeren auch dadurch zu unterscheiden, daß die Dirhodanate der ersteren beim Erhitzen auf 120—130° Thioharnstoffe der allgemeinen Formel $CxHy{<}^{NH}_{NH}{>}CS$ bilden, welche durch heiße alkoholische Bleilösung nicht entschwefelt werden, zum Unterschiede von den unter denselben Operationsbedingungen entstehenden Verbindungen $CxHy(NHCSNH_2)_2$ der Meta- und Pararehe, die eine solche Lösung sofort schwärzen. Man braucht daher zur Ausführung dieser Prüfung keine Analyse auszuführen, sondern versetzt nur ein Salz des zu untersuchenden Diamins in wässeriger Lösung mit Rhodanammonium, dampft zur Trockne, erhitzt eine Stunde lang auf ca. 120°, wäscht das Produkt sehr gut mit Wasser aus und behandelt sodann den Rückstand mit alkoholischer Bleilösung. War ein Orthodiamin vorhanden, so bleibt selbst die siedende Lösung wasserhell, während bei Meta- und Paraderivaten momentan Schwärzung eintritt.

5. **Verhalten gegen Allylsenföl:** Lellmann.[2]

6. **Chinoxalinreaktion** (Hinsberg[3]).

Mit 1.2-Diketoverbindungen reagieren die Orthodiamine nach der Gleichung:

---

[1] Lellmann, Ann. **228**, 249, 253 (1885).
[2] Ann. **221**, 1 (1883); **228**, 199, 249 (1885). — Würthner, Diss., Tübingen 1884.
[3] Ann. **237**, 327, 342 (1886). — B. **16**, 1531 (1883); **17**, 318 (1884); **18**, 1228, 2870 (1885); **19**, 483, 1253 (1886). — Lawson, B. **18**, 2422 (1885).

$$\text{[Struktur: } NH_2/NH_2\text{-Verbindung]} + \begin{matrix} CO \\ | \\ CO \end{matrix} = \text{[Chinoxalin-Struktur: } N/C/C/N\text{]} + 2\,H_2O$$

unter Bildung von Chinoxalin-, bzw. Azinderivaten.

Am glattesten erfolgt die Reaktion mit Phenanthrenchinon. Man versetzt eine konzentrierte alkoholische Lösung der zu prüfenden Substanz mit einem Tropfen einer konzentrierten heißen Lösung von Phenanthrenchinon in Eisessig und kocht kurze Zeit auf. Ist ein Orthodiamin vorhanden, so entsteht schon während des Kochens ein voluminöser, aus gelben Nädelchen bestehender Niederschlag, dessen Menge sich beim Erkalten der Flüssigkeit vermehrt.

Die Reaktion gelingt schon bei Anwendung sehr kleiner Mengen (ca. $^1/_2$ mg) Substanz Die Phenanthrazine färben sich mit konzentrierter Salzsäure tiefrot, sofern sie nicht eine negative Gruppe enthalten.

Mit großer Leichtigkeit findet auch die Kondensation der Diamine mit Glyoxal statt. Statt des freien Glyoxals wendet man zweckmäßig seine leicht darzustellende Mononatriumsulfitverbindung an, welche mit derselben Leichtigkeit wie der freie Aldehyd reagiert.

Behufs Darstellung der Base trägt man die fein gepulverte Sulfitverbindung in geringem Überschuß in eine auf 50—60° erwärmte Lösung von Orthodiamin ein und schüttelt, bis alles in Lösung gegangen ist; die Chinoxalinbildung ist dann — innerhalb weniger Minuten — vollendet. Der Überschuß von Glyoxalmononatriumsulfit wird angewendet, um die Überführung des Orthodiamins in Chinoxalin sicher zu bewirken, da unverändertes Phenylendiamin und Chinoxalin sich nur schwer trennen lassen.

Zur Isolierung der Base übersättigt man die Lösung mit Kali, hebt das sich ausscheidende Chinoxalin ab, trocknet über festem Kali und destilliert.

Die Chinoxaline geben meist schwer lösliche Oxalate, Platin- und Quecksilberdoppelsalze und Fällungen mit Ferrocyankalium.

Nietzki hat das krokonsaure Kalium als Diaminreagens empfohlen.[1]) Eine Lösung desselben erzeugt beim bloßen Vermischen mit den Salzen der Orthodiamine eine meist dunkelfarbige Fällung des entsprechenden Krokonchinoxalins.

Über andere Kondensationsreaktionen der Orthodiamine: Sandmeyer, B. 19, 2650 (1886). — Grieß und Harrow, B. 20, 281, 2205, 3111 (1887). — Billeter und Steiner, B. 20, 229 (1887). — Hinsberg, B. 20, 495 (1887); 22, 862 (1889); 27, 2178 (1894). — Autenrieth und Hinsberg, B. 25, 604 (1892). — O. Fischer und Harris, B. 26, 192 (1893).

---

[1]) B. 19, 2727 (1886). — Nietzki und Benkiser, B. 19, 776 (1886).

b) Reaktionen der Metadiamine.

1. **Bei der Einwirkung organischer Säuren** entstehen in Wasser schwer lösliche, durch Äther aus der sauren Flüssigkeit extrahierbare Säureamide.

2. **Verhalten gegen salpetrige Säure** siehe S. 791.

3. **Chrysoidinreaktion.**[1]

Metadiamine lassen sich in neutraler und schwach mineralsaurer Lösung direkt mit diazotiertem Anilin zu Diaminoazoverbindungen, den sog. Chrysoidinen, kuppeln.

Die Darstellung derselben geschieht durch Vermischen einer 1 proz. Lösung eines Diazobenzolsalzes mit 10 proz. Diaminlösung, wobei ein roter Niederschlag entsteht. Durch Auflösen des so entstandenen Chrysoidinsalzes in kochendem Wasser, Fällen der auf 50° erkalteten, etwa 10 proz. Lösung mit Ammoniak, Krystallisation aus 30 proz. Alkohol und wieder aus siedendem Wasser erhält man die Base rein. Die beständigen Salze mit einem Äquivalent Säure sind mit intensiv gelber Farbe in Wasser löslich, auf Zusatz von viel Säure zur Lösung derselben entstehen die in festem Zustande nicht beständigen, karminroten, zweifach sauren Salze. Sie färben Seide und Wolle schön gelb und um so röter, je höher ihr Molekulargewicht ist.

Die Chrysoidinreaktion bleibt bei parasubstituierten Metadiaminen aus.

4. **Einwirkung von Aldehyden.**[2] Hierbei entstehen, wie bei den Monaminen (S. 818), leicht spaltbare indifferente Körper.

5. **Verhalten gegen Rhodanammonium.**[3] Bei der wie für die Orthodiamine angegebenen Behandlung scheidet sich reichlich schwarzes Schwefelblei ab (siehe S. 805).

6. **Verhalten gegen Senföle:** Lellmann[3], gegen Thiocarbonylchlorid: Billeter und Steiner[4].

c) Reaktionen der Paradiamine.

Punkt 1, 2, 4, 5, 6 über die Reaktionen der Metadiamine gelten auch für die Paraverbindungen.

Eigentümlich sind den p-Diaminen dagegen folgende Reaktionen:

[1] A. W. Hofmann, B. **10**, 213 (1877). — Grieß und Hofmann, B. **10**, 388 (1877). — Witt, B. **10**, 350, 654 (1877). — Grieß, B. **15**, 2196 (1882). — Witt, B. **21**, 2420 (1888). — Caro, B. **25**, R. 1088 (1892). — Trillat, Bull. (3), **9**, 567 (1893). — Siehe S. 490.

[2] Schiff und Vanni, Ann. **253**, 319 (1889). — Lassar-Cohn, B. **22**, 2724 (1889). — v. Miller, Gerdeißen und Niederländer, B. **24**, 1729 (1891). — Schiff, B. **24**, 2127 (1891).

[3] Lellmann, Ann. **228**, 248 (1885).

[4] B. **20**, 229 (1887).

1. Verhalten bei der Oxydation.

Beim Kochen mit Oxydationsmitteln gehen die Paradiamine in Chinone über, die an ihrem stechenden Geruche erkannt werden können. Die Reaktion wird meist durch Kochen mit Braunstein und Schwefelsäure ausgeführt. Quantitativ verläuft sie nach Meldola und Evans[1]) beim Behandeln des Paraphenylendiamins mit Kaliumbichromat in der Kälte.

Übrigens zeigt das m-Mesitylendiamin dasselbe Verhalten wie die Paraverbindungen.

2. Farbenreaktionen.

a) Wenn man Paradiamine in verdünnt saurer Lösung mit Schwefelwasserstoff und Eisenchlorid digeriert, so entstehen blaue bis violette, oder karmoisinrote schwefelhaltige Farbstoffe (Bamberger[2]), Lauth[3]), Bernthsen[4]).

b) Indaminreaktion.[5])

Paradiamine geben mit ein wenig primärem Monamin (Anilin) gemischt auf Zusatz von neutraler Eisenchloridlösung eine intensiv grüne bis blaue Färbung. Beim Kochen mit Wasser schlägt die Farbe in Rot um.

c) Indophenolreaktion.[6])

Gemische von Paradiaminen mit Phenolen (α-Naphthol) in alkalischer Lösung mit Oxydationsmitteln (unterchlorigsaurem Natrium) versetzt geben dunkelblaue Färbung.

Man kann auch das Diamin mit einer alkalischen α-Naphthollösung und Kaliumbichromat oxydieren und dann mit Essigsäure fällen.

Über die Verwertung der Indophenolreaktion für die quantitative technische Analyse von Paradiaminen teilt Walter[7]) folgendes mit:

Das Titrieren der Reduktionsflüssigkeit geschieht durch einen Laboratoriumsburschen. Der Arbeiter bringt ihm das Muster von der auf 350 l gestellten Lösung, er mißt 100 ccm davon ab, gibt sie in eine 2 l fassende Porzellanschale, fügt zwei Hände voll zerschlagenes Eis, 50 ccm Essigsäure von 40 Proz. sowie Wasser bis zu halber Füllung hinzu und nachher auf einmal unter Rühren 100 ccm einer 10 proz. Kaliumbichromatlösung. Von der Flüssigkeit bringt

---

[1]) Proc. 5, 116 (1891).
[2]) B. 24, 1646 (1891).
[3]) C. r. 82, 1442 (1876).
[4]) A. 230, 73, 211 (1885); 251, 1 (1889).
[5]) Witt, B. 10, 874 (1877); 12, 931 (1879). — Nietzki, B. 10, 1157 (1877); 16, 464 (1883).
[6]) D. R. P. 15915 (1881). — Köchlin und Witt, Dingl. 243, 162 (1882). — Möhlau, B. 16, 2843 (1883). — Nölting und Thesmar, B. 35, 650 (1902).
[7]) F. Johann Walter, Aus der Praxis der Anilinfarbenfabrikation, S. 24, Gebr. Jänecke, Hannover 1903.

man nun mit dem Glasstabe einen Tropfen auf Filtrierpapier; um die blaue Färbung des Indamins herum bildet sich ein schwach bis ungefärbter Flüssigkeitsring, etwas außerhalb desselben tupft man Bichromatlösung auf; solange von letzterer nicht genug zugesetzt war, bildet sich an der Berührungsstelle der beiden Tupfen ein blauer Streifen. Ist das der Fall, so fügt man immer je 5 ccm der Lösung des Bichromates dem Schaleninhalte unter Rühren zu und probiert in gleicher Weise, bis jene Zone verschwindet. Die 100 ccm Bichromat entsprechen 18 kg Anilin und jede weiteren 5 ccm davon 500 g mehr, also 120 ccm 20 kg Anilin, die als Chlorhydrat in Wasser gelöst, nach der Indaminbildung im Kochkessel, dessen Inhalt zuzufügen waren.

Diese technische Titrierung läßt sich auch für p-Phenylendiamin und andere p-Diamine benutzen, wenn dieselben gleich in Lösung weiter verarbeitet werden sollen. Man versetzt einen bestimmten Teil davon mit 1 Molekül Anilin als Chlorhydrat — berechnet vom Herstellungsmaterial z. B. p-Nitranilin ausgehend, auf den höchsten möglichen Gehalt an p-Diamin — fügt bei stark mineralsauren Lösungen essigsaures Natrium, sonst einen Überschuß an Essigsäure hinzu und verfährt wie oben; manchmal ist auch ein Zusatz von Chlorzinklösung nützlich. Von Lösungen, deren Gehalt sich nicht schätzen läßt, werden 2 oder 3 Proben mit verschiedenen Anilinmengen ausgeführt. Das Wirkungsverhältnis der Bichromatlösung ist immer mit demselben, rein dargestellten Diamin zu ermitteln; die Bedingungen sind in bezug auf Verdünnung, Säuregehalt sowie Temperatur, bei der Einstellung und den Versuchen gleich zu halten. Für p-Phenylendiamin speziell eignet sich sein Monoacetylderivat ganz besonders als Grundsubstanz wegen seiner leichten Reindarstellung — Nietzki, B. 17, 343 (1884) — und Haltbarkeit; man verseift eine abgewogene Menge mit kochender verdünnter Schwefelsäure, fügt Wasser, essigsaures Natrium sowie Essigsäure hinzu, eine größere Menge der letzteren ist immer eine wesentliche Bedingung, und benutzt die ganze Menge oder einen aliquoten Teil. Die Bestimmungen der p-Diamine auf diese Art sind ausführbar, weil unter jenen Umständen die Indaminbildung rascher erfolgt als die Einwirkung des Chromates bzw. der Chromsäure auf das Anilin und Diamin allein.

d) Safraninreaktion.[1])

Beim Kochen eines p-Diamins mit 2 Molekülen Monamin (Anilin, o-Toluidin), Salzsäure und Kaliumbichromat oder Braunstein und Oxalsäure entstehen die intensiv gefärbten Safranine. Die einsäurigen Salze sind meist rot. Ihre Lösungen in konzentrierter Schwefel- oder Salzsäure sind grün und werden beim Verdünnen erst blau,

---

[1]) Witt, B. 12, 931 (1879); 28, 1579 (1895); 29, 1442 (1896); 33, 315, 1212 (1900). — Nietzki, B. 16, 464 (1883). — Bindschedler, B. 13, 207 (1880); 16, 865 (1883). — Nölting und Thesmar, B. 35, 649 (1902).

dann rot, der umgekehrte Farbenwechsel tritt auf Säurezusatz zu
den verdünnten Lösungen ein. Die alkoholischen Lösungen fluorescieren stark gelbrot. Charakteristisch sind die schwerlöslichen Nitrate.
Beispielsweise werden die Xylosafranine folgendermaßen dargestellt: 4.5 g Xylylendiamin (1 Mol.), 6.2 g Anilin (2 Mol.), 10 g
konzentrierte Salzsäure (3 Mol.) und 5 g Oxalsäure (1 Mol.) werden
in 500 g Wasser gelöst und in der Kälte auf 20 g aus Permanganat
hergestelltes, in 150 g Wasser aufgeschlemmtes Mangandioxyd gegossen. Es bildet sich sofort das dunkelblaue Indamin. Nach
zweistündigem Erhitzen auf dem Wasserbade ist die Safraninbildung
beendigt. Man filtriert die dunkelrote Lösung und erhitzt dieselbe
während einiger Minuten unter Zusatz von Calciumcarbonat zum
Sieden, um die sekundär gebildeten blauen Farbstoffe zu fällen.
Nach dem Erkalten wird die filtrierte Lösung mit etwas Salzsäure
und konzentrierter Kochsalzlösung versetzt, wobei das Chlorhydrat
des Safranins in mikroskopischen Nadeln ausfällt. Man reinigt durch
nochmaliges Lösen in Wasser und Fällen mittels Kochsalzlösung.

Zweiter Abschnitt.

Imidgruppe.

A. Qualitative Reaktionen der sekundären Amine.

1. Verhalten gegen Schwefelkohlenstoff siehe S. 752.
2. Acylierung der Imidbasen siehe S. 813.
3. Reaktion von Hinsberg S. 763.
4. Verhalten gegen o-Xylylenbromid.[1]

Sekundäre aliphatische Amine führen zur Bildung von Am-
moniumbromiden, indem molekulare Mengen der beiden Reagenzien
aufeinander wirken:

$$C_6H_4 {<}^{CH_2Br}_{CH_2Br} + HN{<}^{R_1}_{R} = C_6H_4 {<}^{CH_2}_{CH_2} {>}N{<}^{R_1}_{R} + HBr.$$
$$\underset{Br}{|}$$

Diese Ammoniumverbindungen sind meistens gut krystallisierende
Körper, welche aus der Lösung in Chloroform durch Äther sofort
krystallinisch gefällt werden. In einzelnen Fällen entstehen allerdings sirupartige Ammoniumbromide, die aber dann nach Überführung in das entsprechende Chlorid als Platin- oder Golddoppelsalze in gut charakterisierten Verbindungen erhalten werden können.

---

[1] B. **31**, 1707 (1898).

Sekundäre aromatische Amine (ebenso wie gemischt aromatisch-aliphatische, z. B. Monomethylanilin) bilden Derivate des Xylylendiamins:

$$C_6H_4 \begin{matrix} CH_2Br \\ CH_2Br \end{matrix} + 2HN \begin{matrix} R_1 \\ R \end{matrix} = C_6H_4 \begin{matrix} CH_2 . N < \begin{matrix} R_1 \\ R \end{matrix} \\ CH_2 . N < \begin{matrix} R_1 \\ R \end{matrix} \end{matrix} + 2HBr.$$

Siehe auch S. 773.

5. Verhalten gegen 1.5-Dibrompentan.[1])

Sekundäre Amine der Fettreihe, Piperidin usw., liefern ausschließlich quartäre, leicht zu fassende Piperidiniumverbindungen:

$$(CH_2)_5Br_2 + 2NHR_2 = (CH_2)_5 : N(R_2)Br + R_2NH,HBr,$$

die auch bei den aromatischen Basen das Hauptreaktionsprodukt darstellen, neben kleinen Mengen tertiärer Pentamethylendiaminbasen $R_2N.(CH_2)_5NR_2$, welche nur dann als einziges Produkt auftreten, wenn der Benzolkern in o-Stellung zum Stickstoff substituiert ist.

6. Verhalten gegen Thionylchlorid.[2])

Während die primären Amine Thionylamine bilden, in denen beide Wasserstoffatome der NH_2-Gruppe durch Thionyl ersetzt sind und die leicht durch Wasser und Alkali zerstört werden, liefern die aliphatischen sekundären Amine (auch Piperidin usw.) den Harnstoffen ähnlich zusammengesetzte Substanzen von schwach basischem Charakter, die gegen Alkali und Wasser recht beständig sind, von Säuren aber momentan zersetzt werden.

Auf aromatische und fettaromatische sekundäre Amine wirkt dagegen Thionylchlorid überhaupt nicht ein.

7. Verhalten gegen Phosphortrichlorid.[3])

Mit Phosphortrichlorid geben die aliphatischen sekundären Amine N-Chlorphosphine $R_2N.PCl_2$, welche leicht erhalten werden, wenn man auf 2 Molekül Amin 1 Molekül Phosphortrichlorid einwirken läßt.

$$2R_2NH + PCl_3 = R_2N . PCl_2 + R_2NH_2Cl.$$

Man wendet zweckmäßig keine zu großen Mengen des Amins an, etwa 10 g, und läßt diese unter zeitweiliger Abkühlung zu etwas mehr als der berechneten Menge Phosphortrichlorid (welches in einem Reagensglase enthalten ist) hinzutropfen. Die breiige Masse wird mit einem Glasstabe so lange durchgearbeitet, bis sie vollständig gleichförmig geworden ist und dann mit trockenem Äther in ein Kölbchen gespült. Man filtriert alsdann nach ein- bis zweistündigem Stehen möglichst rasch oder gießt klar ab, wäscht mit Äther nach

---

[1]) v. Braun, B. 41, 2158 (1908).
[2]) Michaëlis und Godchaux, B. 23, 553 (1890); 24, 763 (1891). — Michaëlis, Ann. 274, 178 (1893). — B. 28, 1012 (1895).
[3]) Michaëlis und Luxembourg, B. 29, 711 (1896).

und entfernt diesen vom meist trüben Filtrate durch Destillation aus dem Wasserbade. Die hinterbleibende Flüssigkeit wird dann im luftverdünnten Raume fraktioniert destilliert.

Die Chlorphosphine bilden im allgemeinen an der Luft rauchende, stechend riechende, farblose Flüssigkeiten, die in Wasser untersinken und allmählich von demselben zersetzt werden.

Ähnliche Derivate werden mit Phosphoroxychlorid, Phosphorsulfochlorid, Arsenchlorür, Siliciumchlorid und Borchlorid erhalten.

8. Einwirkung von Nitrosylchlorid (Solonina[1]).

Die Reaktion geht nach den Gleichungen:

$$RR_1NH + NOCl = RR_1N \cdot NO + HCl$$
$$RR_1NH + HCl = RR_1NH \cdot HCl$$

unter Bildung von Nitrosaminen und Chlorhydraten der Amine vor sich. Über die Ausführung der Reaktion siehe S. 774.

9. Einwirkung von salpetriger Säure (Bildung von Nitrosaminen).[2]

Sekundäre Amine werden von salpetriger Säure nach der Gleichung:

$$RR_1NH + NO \cdot OH = RR_1N \cdot NO + H_2O$$

in Nitrosamine verwandelt.

Zur Darstellung derselben versetzt man die konzentrierte wässerige Lösung des salzsauren Amins mit einer konzentrierten Kaliumnitritlösung. Das Nitrosamin scheidet sich als dunkles Öl ab, oder wird durch Ausschütteln mit Äther isoliert und durch Destillieren mit Wasserdampf gereinigt; manchmal empfiehlt es sich auch, Salpetrigsäuregas in die ätherische Lösung des Imins einzuleiten.

Durch Kochen mit konzentrierter Salzsäure werden aus den Nitrosaminen die Imine regeneriert:

$$RR_1N \cdot NO + 2HCl = RR_1NH \cdot HCl + NOCl.$$

Die Nitrosamine bilden indifferente gelbe bis gelbrote Öle, in der aromatischen Reihe auch oftmals krystallisierbar, die in Wasser unlöslich und meist mit Wasserdämpfen unzersetzt flüchtig sind. Mit Phenol und Schwefelsäure geben sie die Nitrosoreaktion.[3]

Über die Umlagerung aromatischer Nitrosamine durch alkoholische Salzsäure zu kernnitrosierten Aminen: O. Fischer und Hepp, B. **19**, 2991 (1886); **20**, 1247 (1887).

---

[1] Russ. **30**, 449 (1898).
[2] Hofmann, Ann. **75**, 362 (1850). — Geuther, Ann. **128**, 151 (1863). — Heintz, Ann. **138**, 319 (1866). — E. Fischer, B. **9**, 114 (1876). — Siehe auch S. 775.
[3] Liebermann, B. **7**, 248 (1874). — V. Meyer und Janny, B. **15**, 1529 (1882).

Imide, deren basischer Charakter durch negative Substituenten aufgehoben ist, geben keine Nitrosamine (Fischer); alkylierte Harnstoffe reagieren nur mit einem Molekül NO . OH.

Dagegen werden auch tertiäre aliphatische Amine nach Bannow[1]) zum Teil in Nitrosamine verwandelt, indem eine Alkylgruppe in Form von Aldehyd abgespalten wird.

10. Einwirkung von Zinkäthyl, Schwefeltrioxyd und Sulfurylchlorid siehe S. 575.

Weitere Reaktionen siehe S. 551 und 818 ff.

B. Quantitative Bestimmung der Imidgruppe.

Zur Bestimmung der Imidgruppe wird die Substanz nach einer der folgenden Methoden untersucht:

1. Acylierungsverfahren,
2. Analyse von Salzen,
3. Abspaltung des Ammoniakrestes.
4. Darstellung von Nitrosoderivat.
5. Methode von Zerewitinoff.

a) Acylierung von Imiden (sekundären Aminen).

Hierzu können alle S. 497 ff. und 755 ff. angeführten Methoden dienen.

Da speziell die Acetylierung von Imiden in der Regel leicht ausführbar ist, kann man auch eine von Reverdin und De la Harpe[2]) angegebene indirekte Methode benutzen.

Man wägt in einem Kölbchen, das mit einem Rückflußkühler verbunden und auf dem Wasserbade erhitzt werden kann, ca. 1 g der zu analysierenden Substanz ab und fügt so rasch wie möglich eine bekannte, etwa 2 g betragende Menge Essigsäureanhydrid hinzu.

Am besten hält man das Anhydrid in einem Tropffläschchen vorrätig, welches vor und nach dem Zugeben des Essigsäureanhydrids gewogen wird.

Man verbindet das Kölbchen mit dem Kühler und überläßt das Gemisch etwa $^1/_2$ Stunde bei Zimmertemperatur sich selbst. (Das Verfahren ist speziell für Monomethylanilin ausgearbeitet, daher bei resistenteren Imiden entsprechend der Einwirkungsdauer und Temperatur zu modifizieren, eventuell ist die Reaktion im Rohre auszuführen.)

Nach beendigter Reaktion fügt man ungefähr 50 ccm Wasser hinzu und erhitzt dann $^3/_4$ Stunden auf dem Wasserbade, damit sich der Überschuß des Essigsäureanhydrids vollständig zersetze.

Man kühlt ab, bringt die Flüssigkeit auf ein bekanntes Volumen und bestimmt die darin enthaltene Essigsäure mit titrierter Natronlauge.

---

[1]) M. u. J. 1, 345.
[2]) B. 22, 1005 (1889). — Giraud, Ch. Ztg. Rep. 13, 241 (1889).

Als Indikator dient Phenolphthalein.

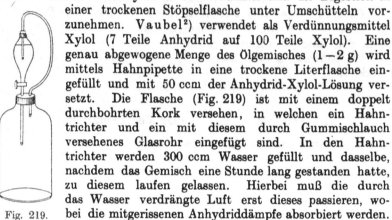

Fig. 219.

H. Giraud[1]) empfiehlt das Essigsäureanhydrid mit dem zehnfachen Volumen Dimethylanilin zu verdünnen und die Digestion in einer trockenen Stöpselflasche unter Umschütteln vorzunehmen. Vaubel[2]) verwendet als Verdünnungsmittel Xylol (7 Teile Anhydrid auf 100 Teile Xylol). Eine genau abgewogene Menge des Ölgemisches (1—2 g) wird mittels Hahnpipette in eine trockene Literflasche eingefüllt und mit 50 ccm der Anhydrid-Xylol-Lösung versetzt. Die Flasche (Fig. 219) ist mit einem doppelt durchbohrten Kork versehen, in welchen ein Hahntrichter und ein mit diesem durch Gummischlauch versehenes Glasrohr eingefügt sind. In den Hahntrichter werden 300 ccm Wasser gefüllt und dasselbe, nachdem das Gemisch eine Stunde lang gestanden hatte, zu diesem laufen gelassen. Hierbei muß die durch das Wasser verdrängte Luft erst dieses passieren, wobei die mitgerissenen Anhydriddämpfe absorbiert werden. Es wird hierauf mit $^n/_3$-Barytlösung und (nicht zu wenig) Phenolphthalein titriert und in analoger Weise der Titer des Anhydrid-Xylolgemisches gestellt. Die Methode ist auf 0.5—1 Proz. genau.

Auch die bei der Reaktion eintretende Temperatursteigerung kann zu quantitativen Messungen verwertet werden.[3])

Wenn eine Imidogruppe zwischen zwei Carbonylgruppen steht,so ist ihre basische Natur so weit abgeschwächt, daß eine Acetylierung nicht mehr möglich ist, oder das Acetat ist sehr unbeständig. So gibt Parabansäure kein Acetat, Styrylhydantoin nur ein Monoacetat, in dem die nicht zwischen den beiden Carbonylgruppen befindliche Imidgruppe substituiert ist.[4]) Das Diacetat des Hydantoins selbst wird schon durch Wasser zum Monoacetat verseift.[5])

Möglicherweise liegen beim Anthranil[6]) die Verhältnisse ähnlich, wie sich ja auch Isatin und Indigo[7]) nur schwer acetylieren lassen, denn auch das negativierende Phenyl setzt die Acetylierbarkeit herab oder hebt sie völlig auf (Triphenylglyoxalin):

$$
\begin{array}{c}
C_6H_5-C-NH \\
\parallel \qquad\qquad C-C_6H_5 . \\
C_6H_5-C-N
\end{array}
$$

[1]) Bull. (3), 7, 142 (1892). — Reverdin und de la Harpe, Bull. (3), 7, 121 (1892).

[2]) Vaubel, Ch. Ztg. 17, 27 (1893).

[3]) Vaubel, Ch. Ztg. 17, 465 (1893).

[4]) Biltz, B. 40, 4799 (1907). — Vgl. Pinner und Spilker, B. 22, 691 (1889).

[5]) Siemonsen, Ann. 333, 129 (1904).

[6]) Anschütz und Schmidt, B. 35, 3473 (1902).

[7]) Heller, B. 36, 2763 (1903). — Siehe auch S. 761.

Ganz wesentlich kommen hier allerdings auch sterische Hinderungen in Betracht, wie sie Biltz[1]) namentlich auch bei den Diureinen auffand.

Über analoge Verhältnisse bei der Nitrierung (Nitriminbildung) siehe Franchimont und Klobbie, Rec. 7, 236 (1888); 8, 307 (1889).

b) Analyse von Salzen.

Über Analyse von Salzen, resp. Doppelsalzen der Imide gilt das S. 792 ff. von der primären Amingruppe Gesagte.

c) Abspaltung des Ammoniakrestes.

Die Zerlegung der Imide gelingt zumeist durch mehrstündiges Kochen mit konzentrierter Salzsäure, ev. Erhitzen im Einschmelzrohre.

Die alkalisch gemachte Flüssigkeit wird dann in üblicher Weise zur Bestimmung des Ammoniaks (resp. äquivalenter Amine) destilliert und der Überschuß der vorgeschlagenen titrierten Salzsäure bestimmt.

d) Darstellung der Nitrosamine.

In manchen Fällen lassen sich die sekundären Amine vermittels salpetriger Säure, nach der Gleichung

$$R \cdot NH + HNO_2 = RN \cdot NO + H_2O$$

bestimmen.[2])

Hierzu dient die S. 782 beschriebene Methode.

Dieses Verfahren wird in der Praxis vielfach angewendet. In einzelnen Fällen wird auch das gebildete Nitrosamin selbst isoliert und gewogen.[3])

e) Methode von Zerewitinoff.

Siehe S. 551.

Dritter Abschnitt.

Tertiäre Amine.

A. Qualitative Reaktionen der tertiären Amine.

Bei den tertiären Aminen versagen die meisten Reaktionen der primären und sekundären Amine, welche auf der Substitution des typischen Wasserstoffs beruhen, oder nehmen einen anderen Verlauf.

1. Einwirkung von salpetriger Säure.

Auf Nitrilbasen der Fettreihe wirkt salpetrige Säure entweder gar nicht ein, oder sie wirkt zersetzend (siehe S. 813).

---

[1]) B. 40, 4806 (1907).
[2]) Gaßmann, C. r. 123, 133 (1897).
[3]) Nölting und Boasson, B. 10, 795 (1877). — Reverdin und De la Harpe, Ch. Ztg. 12, 787 (1888).

Fettaromatische tertiäre Amine reagieren dagegen nach der Gleichung:

unter Bildung von Paranitrosoderivaten.[1])

Das Nitrosodimethylanilin wird beispielsweise folgendermaßen dargestellt.[2]) Zu einer gut gekühlten Lösung von 20 g Dimethylanilin in 100 g 20proz. Salzsäure fügt man unter Umrühren langsam eine konzentrierte Lösung der berechneten Menge Natriumnitrit; nach etwa einstündigem Stehen saugt man das abgeschiedene salzsaure Nitrosodimethylanilin ab, wäscht es mit verdünnter Salzsäure nach, suspendiert es darauf in Wasser und zersetzt es in der Kälte mit Natronlauge. Man schüttelt nun das freie Nitrosodimethylanilin mit Äther aus und erhält es nach dem Einengen der ätherischen Lösung in gelbgrünen Krystallblättern.

Daneben wirkt die salpetrige Säure auf die aromatischen Nitrilbasen (und sekundären Basen) nitrierend unter Bildung von Nitronitroso- oder einfachen Nitro- und selbst Dinitroverbindungen.[2]) Die Nitrogruppe geht in Parastellung,[3]) falls dieselbe unbesetzt ist, sonst in die Ortho-,[4]) seltener in die Meta[5])-Stellung.

Tertiäre aromatische Basen mit besetzter Parastellung lassen sich nicht nitrosieren,[6]) aber ebensowenig — letzteres offenbar infolge einer sterischen Hinderung der als Zwischenphase anzunehmenden Addition der salpetrigen Säure an das Stickstoffatom — mono- und diorthosubstituierte Basen.[7])

2. Einwirkung von Schwefelsäureanhydrid siehe S. 775.

3. Verhalten gegen Ferrocyanwasserstoffsäure.[8])

Die tertiären Basen der Fett- und Benzolreihe geben mit Ferro-

---

[1]) Baeyer und Caro, B. 7, 963 (1874).

[2]) Stoermer, B. 31, 2523 (1898). — Haeußermann und Bauer, B. 31, 2987 (1898); 32, 1912 (1899).

[3]) Hübner, Ann. 210, 371 (1881). — Grimaux und Lefèvre, C. r. 112, 727—730 (1891). — Pinnow, B. 30, 2857 (1897). Hierher gehört wohl auch St. Niementowski, B. 20, 1890 (1887).

[4]) Michler und Pattinson, B. 17, 118 (1884). — Rügheimer und Hoffmann, B. 18, 2982 (1885). — Wurster und Schubig, B. 12, 1811 (1887). — J. Pinnow, B. 27, 3161 (1894); 28, 3041 (1895).

[5]) Ed. Koch, B. 20, 2460 (1887). Wohl auch Wurster und Sendtner, B 12, 1804 (1879).

[6]) Bauer, B. 12, 1796 (1879).

[7]) Fock, B. 12, 1796 (1879). — Menton, Ann. 263, 332 (1891). — Weinberg, B. 25, 1610 (1892). — Friedländer, M. 19, 627 (1898).

[8]) E. Fischer, Ann. 190, 184 (1878).

cyanwasserstoffsäure schwer lösliche Niederschläge von sauren Salzen der Formel:

$$(R_1R_2R_3N)_2 . Fe(CN)_6H_4,$$

die farblos sind, aber beim Umkrystallisieren aus Wasser durch Bildung von Berlinerblau sich grünblau färben.

Dieses Verhalten kommt ausschließlich den tertiären Aminen zu, da die primären und sekundären Amine der Fettreihe und die primären Amine der Benzolreihe mit Blutlaugensalz sehr leicht lösliche Verbindungen geben, während die sekundären fettaromatischen Basen auch nur aus konzentrierten Lösungen gefällt werden.

Zur Darstellung dieser Salze[1]) wird eine Lösung von Ferrocyankalium in die ungefähr äquivalente Menge einer verdünnten Lösung des Chlorhydrats der tertiären Base eingetropft, der Niederschlag mit Wasser so lange gewaschen, bis das Filtrat keine Chlorreaktion mehr zeigt und der Niederschlag kalifrei ist. Zuletzt wird dreimal mit Alkohol nachgewaschen.

Aus viel Alkohol sind diese Salze unzersetzt umkrystallisierbar.

Zur Analyse glüht man im Platintiegel und wägt das zurückbleibende Eisenoxyd.

4. Verhalten gegen o-Xylylenbromid.[2])

Tertiäre aliphatische Amine bilden Diammoniumbromide unter direkter Vereinigung von 2 Mol. des Amins mit 1 Mol. Xylylenbromid:

$$C_6H_4 \Big\langle {CH_2Br \atop CH_2Br} + 2N{-}{R_1 \atop R_2 \atop R_3} = C_6H_4 \Big\langle \begin{matrix} \overset{Br}{\underset{|}{CH_2}}{-}N{-}{R_1 \atop R_2 \atop R_3} \\ CH_2{-}N{-}{R_1 \atop R_2 \atop R_3} \\ \underset{Br}{|} \end{matrix}$$

Tertiäre aromatische Amine, auch gemischt fettaromatische reagieren nicht mit Xylylenbromid.

Das Pyridin dagegen bildet ein Xylylendiammoniumbromid.

5. Verhalten gegen 1.5 Dibrompentan.[3])

Es entstehen in allen Fällen ausschließlich Diammoniumbromide:

$$(CH_2)_5Br_2 + 2NR_3 = BrR_3N.(CH_2)_5.NR_3Br,$$

die sich jedoch zur Charakteristik nur dann eignen, wenn eine tertiäre cyclische Base vorliegt, denn die Derivate der Fettreihe sind

---

[1]) Eisenberg, Ann. **205**, 266 (1880). — Motylewski, B. **41**, 801 (1908).
[2]) Scholtz, B. **31**, 1708 (1898). — Siehe auch S. 773.
[3]) v. Braun, B. **41**, 2164 (1908).

im allgemeinen sehr hygroskopisch, die der aromatischen Reihe entstehen nur langsam.

B. Trennungsmethoden primärer, sekundärer und tertiärer Basen.

1. Trennung der aromatischen primären von den sekundären und tertiären Aminen mittels Citraconsäure: Michaël, B. 19, 1390 (1886).
2. Der sekundären von den tertiären Aminen mittels salpetriger Säure: Heintz, Ann. 138, 319 (1866).
3. Der primären, sekundären und tertiären Amine mittels Benzaldehydbisulfit und Formaldehydbisulfit: D. R. P. 181723 (1907).
4. Der primären, sekundären und tertiären Amine mittels Phenylsulfochlorid S. 763.
5. Der primären, sekundären und tertiären Amine mittels Oxalsäureäthylesters: Hofmann, B. 3, 776 (1870).
6. Der tertiären von den primären und sekundären Aminen mittels Ferrocyankalium: E. Fischer, Ann. 190, 183 (1878).
7. Der primären, sekundären und tertiären Basen mittels Schwefelkohlenstoff: Hofmann, B. 8, 105, 461 (1875). — Grodzki, B. 14, 2754 (1881). — Jahn, B. 15, 1290 (1892).
8. Der primären von den sekundären und tertiären Basen mittels Metaphosphorsäure: Kossel und Schlömann, D. R. P. 71328 (1893). — Schlömann, B. 26, 1023 (1893).

Siehe ferner: C. Lea, Jb. 1861, 493. — Franchimont, Rec. 2, 121, 343 (1883). — Hofmann, B. 16, 559 (1883). — E. Fischer, B. 19, 1929 (1886). — Delépine, C. r. 122, 1064 (1896). — Gaßmann, C. r. 123, 133 (1897). — Menschutkin, Russ. 32, 40 (1900). — Keppich, D. R. P. 125573 (1901). — Potozki und Gwosdow, Russ. 35, 339 (1903). — Sudborough und Hibbert, Proc. 20, 165 (1904). — Ostromisslensky, B. 41, 3024 (1908).

C. Quantitative Bestimmung des typischen Wasserstoffs der Amine.

1. Titrimetrische Methode von Schiff.[1]

Primäre und sekundäre Amine reagieren schon bei gewöhnlicher Temperatur auf Aldehyde, wobei unter Wasseraustritt indifferente Körper entstehen.

Durch ein Molekül Aldehyd wird daher aus einem Molekül Aminbase ein Molekül, aus einer Iminbase ein halbes Molekül Wasser abgespalten. Als besonders geeignet zu diesen Umsetzungen hat sich der Önanthaldehyd erwiesen. 139 Volume desselben scheiden nach der Gleichung:

$$R . NH_2 + C_7H_{14}O = C_7H_{14}NR + H_2O$$

2 Atome Wasserstoff als Wasser ab, 0.7 ccm entsprechen also 0.01 g H.

---

[1] Schiff, Spl. 3, 370 (1864). — Ann. 159, 158 (1871).

Wägt man das Molekulargewicht einer Base oder dessen Multiplum in Zentigrammen ab, so geben je 0.7 ccm der zur vollständigen Reaktion verbrauchten Önantholmenge ein Atom typischen Wasserstoffs an. Löst man 69.5 ccm Önanthol in Benzol zu 100 ccm, so entspricht jeder Kubikzentimeter einem Zentigramm typischen Wasserstoffs.

Ausführung des Versuches:

In einem kleinen Reagenszylinder wägt man 2—4 g der Base ab, löst dieselbe im zwei- bis dreifachen Volum Benzol, fügt einige Gramm geschmolzenen Chlorcalciums in erbsengroßen Stückchen zu und läßt das Önanthol oder dessen Lösung in Benzol tropfenweise zufließen. Jeder Tropfen bringt durch Wasserausscheidung eine starke Trübung hervor, welche durch das Chlorcalcium bei schwachem Schütteln sogleich beseitigt wird. Sobald das Önanthol keine Trübung mehr bewirkt, ist der Versuch beendet.

Man setzt am besten zuerst einige Tropfen Önanthol zu, so daß Wasserausscheidung erfolgt, und bringt erst dann das geschmolzene Chlorcalcium in die Flüssigkeit, es umkleidet sich dieses dann sogleich mit einer Wasserschicht, und die weitere Wasserabsorption erfolgt dann mit Leichtigkeit, sobald man die Masse in schwache rotierende Bewegung versetzt. Läßt man aus der Bürette einige Tropfen Önanthol auf die Benzollösung fallen, so bildet sich immer eine trübe Schicht, selbst dann, wenn Önanthol im Überschuß in der Flüssigkeit vorhanden ist. Man darf sich durch diese Erscheinung nicht irre leiten lassen und darf die durch Wasserabscheidung hervorgebrachte Trübung erst beurteilen, wenn sich das Önanthol nach schwachem Schütteln mit dem oberen Teile der Benzollösung gemischt hat.

2. Methode der erschöpfenden Methylierung von A. W. Hofmann.[1])

Primäre, sekundäre und tertiäre Basen sind befähigt, Jodmethyl zu addieren, und zwar werden bei erschöpfender Behandlung mit Jodmethyl und Kali von den primären Basen drei, von den sekundären zwei Methylgruppen, von den tertiären eine Methylgruppe aufgenommen unter Bildung eines quaternären Jodids. Analysiert man daher sowohl die ursprüngliche Base, als auch das nicht mehr durch kalte Kalilauge veränderliche Endprodukt, am einfachsten durch die Bestimmung des Metalls der entsprechenden Platindoppelsalze, so erhält man Aufschluß über die Zahl der eingetretenen CH_3-Gruppen.

Noch verläßlicher ist in diesem Falle die Bestimmung der an den Stickstoff gebundenen Alkylgruppen nach J. Herzig und Hans Meyer.[2]) Die quaternären Jodide führt man entweder durch Schütteln ihrer wässerigen Lösung mit frisch gefälltem Silberchlorid oder durch Behandeln mit Silberoxyd und Ansäuern des Filtrates mit Salzsäure in die Chloride über.

[1]) B. 3, 767 (1870). — Winkler, Ann. 72, 159 (1849); 93, 326 (1855).
[2]) S. 834.

Die Hofmannsche Methode hat, namentlich für die Erforschung der Pflanzenstoffe, sehr großen Wert.[1])

Ihre Anwendung ist indessen durch die Unfähigkeit mancher, namentlich fettaromatischer und aromatischer Amine sowie Chinolinbasen[2]) Halogenammoniumverbindungen zu liefern, beschränkt.[3])

Manchmal[4]) reagiert allerdings Dimethylsulfat in Fällen, wo Jodmethyl versagt. Man pflegt dann wohl auch die Base mit Dimethylsulfat, Benzol und Magnesiumoxyd zu kochen[5]) (siehe S. 822).

Daß sich hierbei auch sterische Einflüsse geltend machen können, zeigen die Untersuchungen von E. Fischer und Windaus[6]), Pinnow[7]) und Decker.[8]) Danach verhindern bei aromatischen Aminen zwei in den Orthostellungen zur Aminogruppe befindliche Substituenten (Alkyl, Phenyl, Brom, NO_2, $NHCOCH_3$) die Bildung der quaternären Base vollständig; einfach substituierte Orthostellung erschwert die Alkylierung ebenfalls oder verhindert sie vollständig.[9]) Durch Besetzung der Orthostellung wird übrigens selbst die Bildung der sekundären und tertiären Basen sehr erschwert.[10]) (Vgl. übrigens Pinnow a. a. O.)

Nach dem D. R. P. 180203 (1907) lassen sich die Verbindungen

also primäre diorthohalogenisierte oder einfach orthosubstituierte acylierte Imine in üblicher Weise gar nicht (I) oder nur sehr schwer (II) alkylieren.

Die Alkylierung gelingt aber mit größter Leichtigkeit, wenn man an Stelle der Amine deren Natriumverbindungen mit Halogenalkyl zur Reaktion bringt.

---

[1]) Siehe z. B. Miller, Arch. **240**, 494 (1902). — Willstätter und Veraguth, B. **38**, 1975 (1905). — Emde, Arch. **244**, 250 (1906). — Willstätter und Heubner, B. **40**, 3870 (1907). — Willstätter und Bruce, B. **40**, 3980 (1907). — Abnormaler Verlauf der Reaktion beim γ-Conicein: Hofmann, B. **18**, 109 (1885).

[2]) Decker, B. **24**, 1984 (1891); **33**, 2275 (1900); **36**, 261 (1903).

[3]) Claus und Hirzel, B. **19**, 2790 (1886). — Häussermann, B. **34**, 38 (1901). — Wedekind, B. **32**, 511 (1899). — Ann. **318**, 90 (1901). — Morgan, Proc. **18**, 87 (1902).

[4]) Gadomska und Decker, B. **36**, 2487 (1903). — Decker, B. **38**, 1144 (1905).

[5]) Berger, Diss., Leipzig 1904, S. 20.

[6]) B. **33**, 345 1967 (1900). — Siehe auch Hofmann, B. **5**, 718 (1872); **18**, 1824 (1885);

[7]) Pinnow, B. **32**, 1401 (1899).

[8]) Siehe hierzu auch Bischoff, Jahrbuch der Chemie **1903**, 172.

[9]) Pinnow, B. **34**, 1129 (1901). — Fries, Ann. **346**, 190 (1906). — Jackson und Clarke, Am. **36**, 412 (1906).

[10]) Effront, B. **17**, 2347 (1884). — Friedländer, M. **19**, 624 (1898). — Schliom, J. pr. (2), **65**, 252 (1902).

a) Darstellung von Natrium- bzw. Natriumkaliuminverbindungen der primären und sekundären aromatischen Amine.[1])

Dieselben entstehen leicht beim Erhitzen der Basen mit metallischem Natrium und Ätzkali, wie aus folgendem Beispiele ersichtlich ist.

50 g trockenes, pulverisiertes Ätzkali werden in einem eisernen Kessel im Salpeterbade auf 200° Salpeterbadtemperatur gebracht, unter Umrühren 11.5 g metallisches Natrium eingetragen und nun langsam unter Benutzung eines Rückflußkühlers 47.5 g Anilin zufließen gelassen. Das Anilin wird rasch und vollständig aufgenommen. Das Reaktionsprodukt besteht aus einer rotbraunen krystallinischen Masse. Metallisches Natrium ist nicht mehr vorhanden.

Je mehr Ätzkali angewendet wird und je höher die Temperatur der erhitzten Mischung von Alkali und metallischem Natrium ist, um so rascher reagiert das Amin.

b) Verfahren von Titherley.[2]) Dasselbe fußt auf der Reaktion zwischen Aminen und Natriumamid und dürfte für die Laboratoriumspraxis vorteilhafter sein als das oben beschriebene.

Es reagieren nur aromatische Amine (Imine), deren Stickstoffrest also durch den negativierenden cyclischen Rest substituiert ist, aber aus dem gleichen Grunde auch aliphatische Säureamide:

$$R . CONH_2 + NaNH_2 = R . CO . NHNa + NH_3 .$$

Beispiel: Natriumdiphenylamin.

Ein inniges Gemisch von 10 g Diphenylamin (1 Mol.) und 2 g Natriumamid (1 Mol.) wird im Leuchtgasstrome erhitzt. Die Reaktion beginnt beim Schmelzpunkte des Diphenylamins (55°) und wird durch Erhitzen auf 200° beendet. Eventuell überschüssiges Diphenylamin verflüchtigt sich, und das Reaktionsprodukt hinterbleibt als in der Kälte rasch krystallisierende, seidenglänzende Nadeln vom Smp. 265°.

Die Reaktion ist in wenigen Minuten beendet.

Säureamide reagieren schon in Lösungen, etwa von Benzol. Man kocht 2—4 Stunden mit dem fein gepulverten Natriumamid am Rückflußkühler.

Zur erschöpfenden Methylierung der aromatischen Basen empfiehlt sich das Verfahren von Nölting,[3]) nämlich Kochen mit Sodalösung ($3^1/_2$ Mol.) und Jodmethyl in 25 Teilen Wasser ($3^1/_2$ Mol.)am Rückflußkühler. Die Reaktion dauert gewöhnlich ziemlich lange (20—30 Stunden). Basen der Fettreihe pflegt man unter Druck (auf 100—150°) zu erhitzen. Um die Reaktion zu beendigen, erhitzen E. Fischer und Windaus das nach Nölting erhaltene Reaktionsprodukt, welches durch Ausäthern und Abdampfen des Äthers ge-

---

1) D. P. A. 42760 (1906). — Zusatz von Katalysatoren: E. P. 11335 (1908).
2) Soc. 71, 464 (1897). — Meunier und Desparmet, C. r. 144, 273, 1907. — Siehe auch Wohl und Lange, B. 40, 4728 (1907).
3) B. 24, 563 (1819).

wonnen wurde, mit 1.1 Teilen Jodmethyl und 0.3 Teilen **Magnesium-oxyd** im geschlossenen Rohre 20 Stunden auf 100°.[1])

Der Zusatz des Oxyds, welches frei werdende Säure bindet, hat sich als sehr vorteilhaft erwiesen, weil namentlich freier Jodwasser-stoff hier sehr störende Nebenwirkungen haben kann.

Das Reaktionsprodukt wird zunächst mit Äther gewaschen und dann zur Lösung des quaternären Jodids mit Wasser oder Alkohol ausgekocht. Zur Reinigung wird ev. noch aus wässeriger Lösung mit starker Natronlauge ausgefällt oder aus Chloroform umkrystallisiert, wodurch die Magnesiumsalze leicht entfernt werden.

Gegenseitige Verdrängung von Alkylen: Wedekind, B. **35**, 766 (1902). — Scholtz, B. **37**, 3633 (1904).

Jodhydrate statt Alkylaten: Wedekind, B. **36**, 3797 (1903).

Sehr beachtenswert ist noch eine Beobachtung von Freund[2]) und von Freund und Becker[3]), wonach mit der Anlagerung von Methyl an Stickstoff eine Abspaltung von Methyl, welches an Sauer-stoff gebunden war, verknüpft sein kann.

Ähnliche Beobachtungen haben schon früher Roser und Hei-mann gemacht,[4]) vor allem aber Knorr[5]).

Die Reaktion verläuft nach dem Schema:

$$\begin{Bmatrix} OCH_3 \\ N \end{Bmatrix} + JCH_3 = \begin{Bmatrix} OCH_3 \\ \diagup J \\ NCH_3 \end{Bmatrix} = \begin{Bmatrix} O \\ NCH_3 \end{Bmatrix} + \begin{matrix} CH_3 \\ | \\ J \end{matrix}$$

Alkylierung von Basen mittels Dimethylsulfat:
Claesson und Lundvall, B. **13**, 1700 (1880).
Ullmann und Naef, B. **33**, 4307 (1900).
Ullmann und Wenner, B. **33**, 2476 (1900).
Ullmann und Marié, B. **34**, 4307 (1901).
Pinner, B. **35**, 4141 (1902).
D. R. P. 79703 (1895). — D. R. P. 102634 (1899).
Ullmann, Ann. **327**, 104 (1903).
Decker, B. **38**, 1147 (1905).
Feuerlein, Diss., Zürich, 1907.
Siehe auch Anm. 4 und 5 auf S. 820.

Verhalten der Schiffschen Basen gegen Jodmethyl: Hantzsch und Schwab, B. **34**, 822 (1901).

---

[1]) B. **33**, 1968 (1900). — D. R. P. 180203 (1907). — Vgl. Harries und Klamt, B. **28**, 504 (1895).
[2]) B. **36**, 1523 (1903).
[3]) B. **36**, 1538 (1903).
[4]) Heimann, Diss., Marburg 1892. — Siehe auch Wheeler und John-son, B. **32**, 41 (1899). — Am. **21**, 185 (1881); **23**, 150 (1882). — Roscoe-Schorlemmer, Lehrbuch **8**, 314, 317 (1901).
[5]) Ann. **327**, 81 (1903). — B. **36**, 1272 (1903). — Über Pseudojodal-kylate siehe Knorr und Rabe, Ann. **293**, 42 (1896). — B. **30**, 927, 929 (1897). — Ann. **293**, 27 (1896). — Knorr, B. **30**, 922 (1897); **32**, 933 (1897). — Knorr, Ann. **328**, 78 (1903).

Vierter Abschnitt.

Reaktionen der Ammoniumbasen.

Die echten Ammoniumbasen reagieren sehr stark alkalisch, ziehen Kohlendioxyd aus der Luft an und lassen sich aus ihren Salzen in der Regel nicht durch Kali oder Natron, sondern bloß durch feuchtes Silberoxyd abscheiden.[1]) In der Chinolinreihe und auch bei gewissen betainartigen Verbindungen der aromatischen Reihe ist übrigens der Ersatz von Halogen bzw. Schwefelsäurerest durch Hydroxyl auch durch Alkali, Bleioxyd und Baryt, selbst durch Ammoniak und Soda ausführbar,[2]) wobei indes dann oft statt der primär entstehenden Ammoniumhydroxyde unter Wasserabspaltung tertiäre Basen oder Alkylidenverbindungen entstehen.[3])

Hantzsch und Kalb[4]) teilen die Ammoniumhydrate nach dem Grade ihrer Beständigkeit und der Art ihres Zerfalles in drei Klassen ein:

1. Stabile Ammoniumhydrate, auch im dissoziierten festen Zustande beständig, also nicht freiwillig zerfallend; in Lösung völlige Analoga des Kaliumhydrats; Tetralkylammoniumhydrate.

2. Labile Ammoniumhydrate mit Tendenz zum Übergange in Anhydride vom Ammoniaktypus. Ammoniumhydrate mit (ein bis vier) Ammoniumwasserstoffatomen. Tri-, Di-, Mono-Alkylammoniumhydrate, einschließlich des Ammoniumhydrates selbst. Schwache Basen.

3. Labile Ammoniumhydrate mit der Tendenz zur Bildung von Pseudoammoniumhydraten.[5]) Nur in völlig dissoziiertem Zustande als labile Phase aus den echten Ammoniumsalzen primär entstehend, aber selbst in wässeriger Lösung mehr oder minder rasch in die in fester Form stabilen isomeren Pseudobasen übergehend. Hierher gehören die meisten Ammoniumhydrate mit ringförmiger oder auch doppelter, namentlich chinoider Bindung zwischen Ammoniumstickstoff und Kohlenstoff. Pseudoammoniumhydrate sind also die meisten (wenn nicht alle) festen Basen, die aus den Jodalkylaten pyridinähnlicher Basen, namentlich der Chinolin- und Acridinreihe, aber

---

[1]) Abscheidung durch Kali in alkoholischer Lösung: Walker und Johnston, Soc. **87**, 955 (1905).

[2]) Feer und Königs, B. **18**, 2397 (1885). — Fischer u. Kohn, B. **19**, 1040 (1886). — Conrad und Eckhardt, B. **22**, 76 (1889). — Claus und Howitz, J. pr. (2) **43**, 528 (1891).

[3]) Claus, J. pr. (2), **46**, 107 (1892).

[4]) B. **31**, 3109 (1898).

[5]) Literatur über Pseudoammoniumbasen: Roser, Ann. **272**, 221 (1892). — Hantzsch, B. **32**, 595 (1899). — Kehrmann, B. **32**, 1043 (1899). — Hantzsch und Kalb, B. **32**, 3109 (1899). — Baillie und Tafel, B. **32**, 3207 (1899). — Hantzsch u. Sebaldt, Z. phys. **30**, 258 (1899). — Hantzsch und Ostwald, B. **33**, 278 (1900). — Kehrmann, B. **33**, 400 (1900). — Hantzsch, B. **33**, 752 (1900). — Decker, B. **33**, 1715, 2273 (1900). — Hantzsch, B. **33**, 3685 (1900).

auch die, welche aus vielen Farbstoffsalzen von chinoider Natur
entstehen. Überhaupt gehört die ganze Gruppe der sogenannten
ätherlöslichen Ammoniumbasen, also die angeblichen Ammoniumhydrate mit abnormen Eigenschaften (neutraler Reaktion, Unlöslichkeit in Wasser, Löslichkeit in organischen Lösungsmitteln), vielmehr
den Pseudoammoniumbasen zu, die nur deshalb starke Basen sind,
weil sie scheinbar direkt, tatsächlich aber unter Konstitutionsver-
änderung, wieder mit Säuren in echte Ammoniumsalze übergehen,
etwa nach dem Schema:

$$\mathrm{HO \cdot R \vdots N + HCl} = \left[\mathrm{HO \cdot R \vdots N} {<}^{\mathrm{H}}_{\mathrm{Cl}} \right] = \mathrm{H_2O + R \vdots N \cdot Cl.}$$

Diese Umwandlung der echten, primär gebildeten Ammoniumhydrate in die Pseudoammoniumhydrate erfolgt dadurch, daß sich
das ursprünglich am Ammoniumstickstoff befindliche, abdissoziierte
basische Hydroxyl an einem Kohlenstoffatom des mehrwertigen Radikals
festsetzt. Man kann sagen, daß sich hierbei ein zusammengesetztes
organisches Alkali in ein indifferentes organisches Hydrat verwandelt;
oder mit anderen Worten: die Pseudoammoniumbasen sind (meistens)
Carbinole. Die Umwandlung läßt sich also so darstellen:

$$\left(\mathrm{C} {=} \mathrm{\overset{V}{N} \cdot + OH} \right) \longrightarrow \mathrm{HO - \overset{III}{C} \vdots N.}$$

Diese Isomerisation eines „zusammengesetzten Alkalihydrates"
in eine echte organische Verbindung läßt sich, ganz wie die Bildung
von Pseudosäuren aus den Salzen echter Säuren, durch das Vorhandensein sogenannter „zeitlicher oder abnormer Neutralisationsphänomene"[1] — und zwar bisweilen mit quantitativer Schärfe —
nachweisen. Aus echten (ringförmigen oder chinoiden) Ammonium-
chloriden wird also durch Natron oder Silberoxyd primär eine Lösung
einer äußerst starken Base vom Dissoziationsgrade des Kalis erzeugt:

$$\mathrm{R \vdots N \cdot Cl + NaOH(AgOH)} = \mathrm{R \vdots N \cdot OH + NaCl(AgCl).}$$

Die Ionen dieser echten Ammoniumbase treten aber allmählich
zu der undissoziierten Pseudobase zusammen und verschwinden
schließlich vollkommen, da die anfangs sehr stark alkalische Lösung
unter Ausscheidung der kaum löslichen Pseudobase neutral wird:

Ionisierte echte Ammoniumbase   Pseudoammoniumbase
$$\mathrm{R \vdots N \cdot + OH'} \longrightarrow \mathrm{HO \cdot R \vdots N.}$$

So stellt sich der stationäre Endzustand in dem oben formulierten System nicht augenblicklich, sondern erst nach einer gewissen
Zeit langsam her (zeitliche oder langsame Neutralisation). Quantitativ verfolgen lassen sich diese Phänomene hier natürlich auch
durch Leitfähigkeitsbestimmungen. Die meisten Umwandlungen

---

[1] B. 32, 578 (1899).

echter Ammoniumbasen in Pseudoammoniumbasen vollziehen sich aber so rasch, daß man dieselben elektrisch gerade noch in ihren letzten Stadien, manchmal sogar gar nicht mehr nachweisen kann. Aber auch in diesen Fällen läßt sich alsdann (wie bei Pseudosäuren) die konstitutive Verschiedenheit zwischen den echten Ammoniumsalzen und den Pseudoammoniumhydraten durch die „abnormen Neutralisationsphänomene" nachweisen, denn wird aus einem neutral reagierenden Ammoniumchlorid ein ebenfalls neutral reagierendes (nicht leitendes) Hydrat erhalten, so ist letzteres nicht ein echtes Ammoniumhydrat, sondern ein Pseudoammoniumhydrat. Oder umgekehrt: wenn eine solche neutral reagierende Base nicht der Erwartung gemäß, wie z. B. die Anilinbasen, ein sauer reagierendes, hydrolytisch gespaltenes Chlorid, sondern ein Neutralsalz erzeugt, so sind die ursprüngliche Base und das gebildete Salz konstitutiv verschieden; erstere ist also eine Pseudoammoniumbase. Die Bezeichnung dieser Vorgänge als „abnorme" Neutralisationsphänomene rechtfertigt sich am deutlichsten dadurch, daß man die Bildung von Pseudobasen (wie die von Pseudosäuren) einfach durch Titration nachweisen kann; versetzt man z. B. ein Neutralsalz, dessen echte Ammoniumbase sich äußerst rasch zur Pseudoammoniumbase isomerisiert, mit Natron, so bleibt die ursprünglich neutrale Lösung, trotz Zufügen des Alkalis so lange neutral, bis alles Ammoniumsalz zersetzt, d. i. in Alkalichlorid und indifferente Pseudobase verwandelt ist. Es wird also das Alkali, die stärkste Base, nicht durch eine saure Flüssigkeit, sondern (wenigstens scheinbar) durch ein Neutralsalz neutralisiert. Oder umgekehrt: wenn die stärksten Säuren nicht durch basische, sondern durch indifferente Stoffe unter Bildung von Neutralsalzen neutralisiert werden, so sind die betreffenden indifferenten Stoffe keine echten Basen, sondern Pseudobasen.

Diese abnormen Neutralisationserscheinungen lassen sich — unter Nichtberücksichtigung der häufig kaum oder gar nicht mehr nachzuweisenden echten Ammoniumbase — folgendermaßen darstellen:

$$\overset{\text{neutral}}{R : N . Cl} + \overset{\text{alkalisch}}{NaOH} = NaCl + \overset{\text{neutral}}{HO . R : N}$$

und umgekehrt:

$$\overset{\text{neutral}}{HO . R : N} + \overset{\text{sauer}}{HCl} = H_2O + \overset{\text{neutral}}{R : N . Cl},$$

wobei im letzteren Falle aus der Pseudobase wohl nicht direkt das Chlorid der echten Ammoniumbase, sondern zuerst ein Additionsprodukt

$$HO . R : N \diagdown_{Cl}^{H}$$

entstehen dürfte, das erst unter Abspaltung von Wasser das quaternäre Chlorid $R : N . Cl$ liefert.

Auch gewisse rein chemische Reaktionen können gelegentlich
zur Diagnose von Pseudobasen dienen. Dieselben beruhen, wie die
entsprechenden Reaktionen von Pseudobasen, auf ihrer Indifferenz, sind
also mehr negativer Art. Wie z. B. manche Pseudosäuren (z. B.
echtes Phenylnitromethan, $C_6H_5 . CH_2 . NO_2$, echte primäre Nitrosamine, $R . NH . NO$) nur mit wässerigem, nicht aber mit trockenem
Ammoniak Ammoniumsalze der echten Säuren (z. B. $C_6H_5 . CH : NO .$
ONH_4, $R . N : N . ONH_4$) bilden, so erzeugen auch gewisse Pseudoammoniumbasen mit trockenen Säureanhydriden (z. B. CO_2, HCN)
keine Salze; in beiden Fällen aus demselben Grunde: weil die Salzbildung der Pseudoverbindung nicht direkt, sondern nur indirekt
erfolgt, und zur Umlagerung in die salzbildende Form vielfach bei
Pseudosäuren Hydroxylionen, bei Pseudobasen Wasserstoffionen erforderlich sind.

Dem Verhalten der Hydrate entspricht das Verhalten der Cya-
nide. Aus solchen Ammoniumsalzen, welche durch Alkalien in
Pseudoammoniumbasen übergehen, bilden sich durch Alkalicyanide
häufig zuerst die ionisierten echten Ammoniumcyanide $R : N . CN$,
die dem $K . CN$ ganz analog sind; aber wie sich das echte Ammoniumhydrat zum nicht dissoziierten Pseudoammoniumhydrat isomerisiert,
so geht auch das echte Ammoniumcyanid allmählich in das nicht
dissoziierte Pseudoammoniumcyanid über, welches sich durch seine
Säurestabilität, Unlöslichkeit in Wasser, Löslichkeit in indifferenten
Flüssigkeiten, ebenso als echte organische Verbindung von dem ihm
isomeren ionisierten Salze unterscheidet, wie die Pseudobase von der
echten Base.

Andere „abnorme" Reaktionen der labilen, in Pseudobasen übergehenden (ringförmigen oder chinoiden) Ammoniumhydrate.

Aus gewissen echten, ionisierten, labilen Ammoniumhydraten
entstehen statt der isomeren Pseudobasen vielmehr Anhydride, und
bei Anwesenheit von Alkohol Alkoholate. Diese den Pseudobasen
in jeder Hinsicht ähnlichen Verbindungen besitzen auch die Konstitution von Pseudo-, also Carbinolderivaten; sie sind also ätherartige
Verbindungen von der Formel:

$$N : R . O . R : N \quad \text{und} \quad N : R . OC_2H_5 .$$

Endlich ist die auffallende Reaktionsfähigkeit der hier besprochenen Verbindungen hervorzuheben. So bilden sich aus vielen
Pseudobasen, die doch Carbinole und sogar bisweilen tertiäre Alkohole sind, mit einer überraschenden Leichtigkeit durch Berührung
mit Äthylalkohol quantitativ die betreffenden Alkoholate; noch
größer aber ist die Reaktionsfähigkeit der ionisierten echten Basen,
während sie sich in Pseudobasen umwandeln. So entstehen die erwähnten Pseudoammoniumcyanide, $CN . R : N$, meist überhaupt nicht
aus den Pseudobasen, $HO . R : N$, durch Blausäure, sondern nur aus

den echten Basen, so daß gerade die in Umwandlung begriffene labile Form ganz besonders reaktionsfähig ist.

Unter den Farbbasen kann man ebenfalls zwischen umlagerungsfähigen und nicht umlagerungsfähigen unterscheiden. Zu den ersteren gehören die Basen der Di- und Tri-Phenylmethanreihe, dann gewisse Azoniumfarbstoffe, wie die Rosindone, Rosinduline und das Flavindulin. Nicht umlagerungsfähig sind die Basen der Safranine und Thiazime (Gruppe des Methylenblaus), weil sie in keine isomere Form mit anderer Stellung des Hydroxyls umstellbar sind.

Die Tendenz zur Isomerisation ringförmiger Ammoniumhydrate in Pseudobasen verhält sich im allgemeinen umgekehrt wie die Festigkeit des Ringes, dem der Ammoniumstickstoff eingefügt ist; sie ist im übrigen durch die Neigung des Hydroxylsauerstoffs bedingt, sich an ein positiveres Element, namentlich Kohlenstoff zu legen. So sind die Alkylpyridiniumhydrate am stabilsten und erzeugen überhaupt keine glatten, sondern tief eingreifend veränderte Umwandlungsprodukte. Alkylchiniliniumhydrate und Isochinoliniumhydrate gehen langsam in Verbindungen vom Pseudotypus über; Alkylacridiniumhydrate isomerisieren sich in der Regel so rasch, daß nur besonders schwerfällige Moleküle, wie z. B. die Basen aus Phenylacridin, vorübergehend in der Form der echten Ammoniumhydrate bestehen.

Ausführung der Leitfähigkeitsbestimmungen bei Ammoniumhydraten.

Da alle echten Ammoniumhydrate die Stärke des Kalis besitzen, so macht sich auch bei den Leitfähigkeitsbestimmungen der „Kohlensäurefehler" mehr oder minder geltend, demzufolge wegen der Absorption der Kohlensäure aus der Luft, ja schon wegen des Kohlensäuregehaltes des Wassers die Bildung von Carbonat und damit ein Rückgang der Leitfähigkeit, namentlich bei stärkeren Verdünnungen kaum vermeidlich ist. Zur tunlichsten Ausschließung dieser Fehlerquelle empfiehlt es sich, alles Operieren mit den Lösungen der freien Basen dadurch auf ein Minimum zu reduzieren, daß man entweder die Lösungen ihrer Sulfate in kohlensäurefreiem Leitfähigkeitswasser durch die genau berechnete Menge Baryt oder die ihrer Haloidsalze durch Silberoxyd direkt im Leitfähigkeitsgefäße zersetzt und die so erhaltenen Flüssigkeiten ohne Rücksicht auf das in ihnen suspendierte Bariumsulfat bzw. Silberhaloid unfiltriert möglichst rasch mißt.

Die „Barytmethode" verdient an sich deshalb den Vorzug vor der „Silbermethode", weil letztere stets einen geringen Überschuß von Silberoxyd erfordert, wodurch leichter Verunreinigungen möglich sind und auch leicht etwas Base fixiert wird. Für exakte Messungen wäre natürlich die Leitfähigkeit des Bariumsulfats bzw. Silberoxyds in Abzug zu bringen; doch ist dies bei mittleren Verdünnungen meist nicht nötig.

Quantitative Bestimmung der quaternären Basen.

Die quaternären Basen werden in Form ihrer Salze (Jodide, Chloride oder Sulfate) oder als Doppelverbindungen mit Quecksilberchlorid, Platinchlorid oder Goldchlorid analysiert.

Besonders geeignet zur Isolierung und Reinigung derselben sind die schwerlöslichen Verbindungen mit Ferrocyanwasserstoffsäure,[1]) welche zwar selbst im allgemeinen nicht leicht analysenrein zu erhalten sind, aber durch einfache Reaktionen die freien Hydroxyde oder Salze gewinnen lassen. Die Entfernung der Ferrocyanwasserstoffsäure gelingt am besten durch Zersetzung der in Wasser suspendierten Salze mit einem geringen Überschusse von Kupfersulfat in gelinder Wärme. Aus der vom Ferrocyankupfer abfiltrierten Lösung fällt man das überschüssige Kupfer und die Schwefelsäure mit Barythydrat, entfernt den Überschuß des letzteren entweder durch Kohlensäure oder durch die äquivalente Menge Schwefelsäure und erhält durch Verdunsten des Filtrates die freien Ammoniumhydroxyde resp. die Carbonate, aus welchen nach Belieben alle anderen Salze dargestellt werden können.

Fünfter Abschnitt.

Bestimmung der Nitrilgruppe.

Qualitative Reaktionen der Nitrilgruppe.

1. Verseifbarkeit zu Säureamid und Säure, siehe unter „Quantitative Bestimmung.

2. Überführbarkeit in Amidoxime.

Mit Hydroxylamin vereinigen sich die Nitrile nach der Gleichung:[2])

$$\mathrm{R.C\!:\!N + H_2N.OH = R.C}\!\!<^{\mathrm{NOH}}_{\mathrm{NH_2}}$$

zu Amidoximen, die sowohl mit Mineralsäuren als auch mit Basen Salze bilden.

Erstere sind beständig, letztere zerfallen leicht, bei Gegenwart von Wasser:

---

[1]) E. Fischer, Ann. **190**, 188 (1878).

[2]) Lossen, Ann. Suppl. **6**, 234 (1868). — Lossen und Schifferdecker, Ann. **166**, 295 (1873). — Nordmann, B. **17**, 2746 (1884). — Tiemann, B. **17**, 126 (1884); **18**, 1060 (1885); **22**, 2391 (1889); **24**, 435, 3420, 3648 (1891). — Tiemann und Krüger, B. **17**, 1685 (1884). — Jacoby, B. **19**, 1500 (1886). — Freund und Lenze, B. **24**, 2154 (1891). — Freund und Schönfeld, B. **34**, 3355 (1891). — Norstedt u. Wahlforß, B. **25**, R. 637 (1892). — Forselles und Wahlforß, B. **25**, R. 636 (1892). — Eitner und Wetz, B. **26**, 2844 (1893). — Ley, B. **31**, 240 (1898). — Tröger und Volkmer, J. pr. (2), **71**, 236 (1905). — Tröger und Lindner, J. pr. (2), **78**, 1 (1908).

$$\text{R.C}\begin{array}{c}\text{NOH}\\\\\text{NH}_2\end{array} + \text{H}_2\text{O} = \text{R.C}\begin{array}{c}\text{O}\\\\\text{NH}_2\end{array} + \text{H}_2\text{N}$$

Besonders charakteristisch sind die basischen Kupfersalze

$$\text{R.C}\begin{array}{c}\text{N.O.Cu.OH}\\\\\text{NH}_2\end{array}$$

welche beim Vermischen von Amidoximlösungen mit Fehlingscher Lösung entstehen.[1) Einwirkung von salpetriger Säure, führt die Amidoxime ebenfalls in Säureamide über.

Beispiel: Überführung von Bisbenzoylcyanid in das Amidoxim $C_{16}H_{13}O_3N_3$.[2])

Eine Lösung von 14 g Bisbenzoylcyanid in etwa 50 ccm Methylalkohol wird sehr vorsichtig auf 3° unterkühlt, und mit einer ebenfalls stark gekühlten Lösung von freiem Hydroxylamin in Methylalkohol (aus 5.2 g salzsaurem Hydroxylamin und 1.6 g Natrium) versetzt. Die Flüssigkeit bleibt noch kurze Zeit klar, dann scheidet sich das Reaktionsprodukt in kleinen Krystallen ab. Man läßt zwei Stunden in Eiswasser stehen, filtriert ab, wäscht mit Methylalkohol, dann mit Äther aus, und trocknet im Vakuum über Schwefelsäure. Ausbeute 14 g. Zur Analyse wurde das Produkt sehr vorsichtig aus warmem Methylalkohol umkrystallisiert, und mit Äther ausgewaschen. Die Verbindung ist in Alkalien mit gelber Farbe löslich, die wässerige Lösung gibt die Eisenchloridreaktion.

Die Amidoxime geben Methyl- und Benzyläther.

Über die Darstellung derselben: Tröger und Lindner, J. pr. (2), 78, 8 (1908).

Zur

quantitativen Bestimmung der Gruppe —C—N

verseift man die Substanz und bestimmt entweder das gebildete Ammoniak oder die entstandenen Carboxylgruppen.

Die Verseifung der Nitrilgruppe[3]) gelingt gewöhnlich durch mehrstündiges Kochen der Substanz mit Salzsäure[4]): in diesem Falle destilliert man einfach die mit Lauge übersättigte verseifte Substanzlösung zum größten Teil ab und fängt das übergehende Ammoniak in titrierter und gemessener Salzsäure auf.

Oftmals erhält man gute Resultate beim Stehenlassen des Nitrils (ev. in Kältemischung) mit der homogenen Flüssigkeit, die aus 100 ccm Äther und 60 ccm rauchender Salzsäure entsteht.[5])

---

[1]) Schiff, Ann. 321, 365 (1902)·
[2]) Diels und Pillow, B. 41, 1899 (1908).
[3]) Siehe hierzu auch Rabaut, Bull. (3), 21, 1075 (1899).
[4]) B. 10, 430, 845 (1877); 27, 1295 (1894); 31, 1898 (1898). — Ann. 194, 261 (1878); 266, 187 (1891). — Alkoholische Salzsäure kann das entsprechende Carboxäthylderivat liefern: Diels und Pillow, B. 41, 1894 (1908).
[5]) Fittig, Ann. 299, 25 (1898); 353 11 (1907).

Außer Salzsäure werden zur Verseifung von Nitrilen noch Bromwasserstoffsäure[1]), Jodwasserstoffsäure[2]) und starke Schwefelsäure[3]) benutzt.

Läßt sich die Verseifung nur durch wässerige oder alkoholische[4]) Lauge erzielen, so wird man zur Absorption des Ammoniaks eine Versuchsanordnung ähnlich dem Zeiselschen Methoxylapparate verwenden und kohlensäurefreie Luft durch den Apparat schicken. In den Waschapparat kommt konzentrierte Lauge.

Im Kolbenrückstand findet sich dann das Alkalisalz der gebildeten Säure, das nach einer der beschriebenen Methoden analysiert wird.

Das Ammoniak wird in diesem Falle am besten als Platinsalmiak bestimmt.

Auch der Verseifung der Nitrilgruppe[5]) können sich sterische Hinderungen in den Weg stellen, wie dies bei ortho-[6]) und diorthosubstituierten Nitrilen namentlich A. W. von Hofmann[7]), Küster und Stallburg[8]), Cain[9]) und V. Meyer und Erb[10]), sowie Sudborough[11]) gefunden haben.[12])

Während bei derartigen Nitrilen selbst andauerndes Erhitzen mit Salzsäure im Rohre und bei hohen Temperaturen ohne Einwirkung bleibt, läßt sich durch andauerndes Kochen mit alkoholischem Kali oder mit Barytwasser[13]) fast immer Überführung in das Säureamid erzielen, welches dann nach Bouveault[14]) verseift wird (Hantzsch und Lucas[15]), V. Meyer[16]), V. Meyer und Erb[17]).

Zur Verseifung von Cyanmesitylen ist 72stündiges Kochen,[17]) zur Bildung der Triphenylessigsäure[8]) [15]) 50stündiges Erhitzen des Nitrils mit alkoholischem Kali am Rückflußkühler erforderlich.

---

[1]) Gabriel und Posner, B. **27**, 2493 (1894). — Gabriel und Eschenbach, B. **30**, 3019 (1897).

[2]) Janssen, Ann. **250**, 138 (1889). — Diels und Pillow, B. **41**, 1898 (1908).

[3]) Siehe nächste Seite, ferner Bogert und Hard, Am. Soc. **25**, 935 (1903).

[4]) Amylalkoholische Lauge: Ebert und Merz, B. **9**, 606 (1876).

[5]) Siehe S. 848.

[6]) Hans Meyer, M. **23**, 905 (1902).

[7]) B. **17**, 1914 (1884); **18**, 1825 (1885). — J. pr. (2), **52**, 431 (1895).

[8]) Ann. **278**, 209 (1893).

[9]) B. **28**, 969 (1895).

[10]) B. **29**, 834, Anm. (1896).

[11]) Soc. **67**, 601 (1895).

[12]) Siehe ferner: Kerschbaum, B. **28**, 2800 (1895). — Claus und Herbabny, Ann. **265**, 370 (1891). — Jacobsen, B. **22**, 1222 (1889). — Bogert und Hard, Am. Soc. **25**, 935 (1903). — Flaecher, Diss., Heidelberg 1903, S. 14.

[13]) Friedländer und Weisberg, B. **28**, 1841 (1895).

[14]) S. 847.

[15]) B. **28**, 748 (1895).

[16]) B. **28**, 2782 (1895).

[17]) B. **29**, 834 (1896).

Sudborough[1]) führt resistente Nitrile durch einstündiges Erhitzen mit der 20—30fachen Menge 90proz. Schwefelsäure auf 120 bis 130° in das Säureamid über, das dann mit salpetriger Säure[2]) in das Carboxylderivat verwandelt wird.

Hydroxycyancampher ist gegen Alkalien unbeständig, widersteht aber kochender Salzsäure. Durch Eintragen in kalte rauchende Schwefelsäure bei gewöhnlicher Temperatur und nachfolgendes Verdünnen mit Wasser geht dieser Körper in das zugehörige Säureamid über, welches durch andauerndes Kochen mit rauchender Bromwasserstoffsäure verseift werden kann.[3])

Über Darstellung von Säureamiden mit konzentrierter Schwefelsäure aus dem zugehörigen Nitril siehe auch Münch[4]).

Gewisse diorthosubstituierte Nitrile, wie das vicin. Tetrabrombenzonitril, das asymmetrische Tetrabrombenzonitril (Claus und Wallbaum[5]) und das 6-Nitrosalicylsäurenitril[6]) lassen sich auf keinerlei Weise verseifen.[6]) Siehe Knoevenagel und Mercklin, B. **37**, 4092 (1904).

Man kann auch nach Radziszewsky[7]) das Nitril durch Behandeln mit alkalischer Wasserstoffsuperoxydlösung bei 40° in Amid überführen und dieses untersuchen. Auf diese Art gelang es auch Friedländer und Weisberg, das sehr resistente Nitronaphthonitril in sein Amid überzuführen.[8]) Indes ist diese Methode nach Versuchen von Deinert[9]) nicht allgemein ausführbar, da sich auch hier sterische Behinderungen geltend machen können.

— — —

Sechster Abschnitt.

Isonitrilgruppe.

Qualitative Reaktionen der Carbylamine (Isonitrile[10]) RN:C.

1. Durch Mineralsäuren werden dieselben in Ameisensäure und primäre Amine gespalten, ebenso beim Erhitzen mit Wasser auf 180°:

$$R . N : C + 2H_2O = R . NH_2 + HCOOH.$$

2. Fettsäuren verwandeln in substituierte Fettsäureamide.

---

[1]) Soc. **67**. 601 (1895).
[2]) S. 847.
[3]) Friedländer und Weisberg, B. **28**, 1841 (1895).
[4]) B. **29**, 64 (1896). — Bogert und Hard, Am. Soc. **25**, 935 (1903).
[5]) J. pr. (2), **56**, 52 (1897).
[6]) Auwers und Walker, B. **31**, 3044 (1898).
[7]) B. **18**, 355 (1885). — Rupe und Majewski, B. **33**, 343 (1900).
[8]) Lapworth und Chapman, Soc. **79**, 382 (1901).
[9]) J. pr. (2), **52**, 431 (1895).
[10]) Licke, Ann. **112**, 316 (1859). — Hofmann, Ann. **144**, 114 (1867). — Gautier, Ann. Chim. Phys. (4), **17**, 203 (1868). — Ann. **145**, 119 (1868); **146**, 107 (1868); **149**, 29, 155 (1869); **151**, 239 (1869); **152**, 222 (1869). — B. **3**, 766

3. Im Gegensatze zu den Nitrilen addieren die Carbylamine Jodalkyl.

4. Quecksilberoxyd wird unter Bildung von Isocyansäureäthern zu Metall reduziert.

5. Die Carbylamine addieren Salzsäure und Brom.

6. Beim Erhitzen werden sie zumeist in die zugehörigen Nitrile umgewandelt.

7. Die Carbylamine sind alle durch einen höchst widerwärtigen Geruch ausgezeichnet.

8. Zur Unterscheidung der Nitrile von den Isonitrilen kann auch das Verhalten derselben gegen Cyansilber dienen, welches sich in den flüssigen Isonitrilen unter Wärmeentwicklung löst (Doppelsalzbildung), während es von den Nitrilen unangegriffen bleibt.[1] — Bestimmung von Isonitrilen neben Nitrilen Wade a. a. O., S. 1598.

Verhalten von Nitrilen und Isonitrilen gegen Metallsalze: Hofmann und Bugge, B. 40, 1772, 3759 (1907). — Ramberg, B. 40, 2578 (1907). — Guillemard, Bull. (4), 1, 530 (1907).

9. Bemerkenswert ist die Beobachtung von Kaufler, daß der Eintritt von Isonitrilgruppen in das Phenolmolekül Kaliunlöslichkeit bedingen kann, wie die Untersuchung des 1.3.5-Trimethyl-2-Oxy-4.6-Diisocyanbenzols:

$$
\begin{array}{c}
\text{CH}_3 \\
\text{NC} \quad \text{OH} \\
\text{H}_3\text{C} \quad | \quad \text{CH}_3 \\
\text{NC}
\end{array}
$$

ergab.[2]

Quantitative Bestimmung der Isonitrilgruppe.[3]

1. Durch Alkalihypobromite oder durch Brom in Gegenwart von Wasser werden die Carbylamine in der Kälte vollständig zerstört, wobei der zweiwertige Kohlenstoff als Kohlendioxyd abgespalten wird.

2. Oxalsäurelösung wird in der Kälte unter Entwicklung eines aus gleichen Volumen Kohlenoxyd und -dioxyd bestehenden Gasgemisches zersetzt.

So entwickeln 4 Moleküle Äthylcarbylamin in Gegenwart einer konzentrierten Oxalsäurelösung 3 Moleküle Kohlendioxyd.

(1870). — Weith, B. 6, 210 (1873). — Tscherniak, Bull. (2), 30, 185 (1878). — Calmels, J. pr. (2), 30, 319 (1884). — Bull. (2), 43, 82 (1885). — Liubawin, Russ. 17, 194 (1885). — Senf, J. pr. (2), 35, 516 (1887). — Nef, Ann. 270, 267 (1892); 280, 291 (1894); 309, 154 (1899). — Grassi-Cristaldi und Lambardi, Gazz. 25, 224 (1895). — Kaufler, B. 34, 1577 (1901). — M. 22, 1073 (1901). — Kaufler u. Pomeranz, M. 22, 492 (1901). — Guillemard, C. r. 143, 1158 (1906).

[1] E. Meyer, J. pr. (1), 68, 285 (1856). — Wade, Soc. 81, 1613 (1902).
[2] M. 22, 1032 (1901).
[3] Guillemard, C. r. 143, 1158 (1906).

Siebenter Abschnitt.

Nachweis von an Stickstoff gebundenem Alkyl

(CH₃N und C₂H₅N).

Ob überhaupt Methyl oder Äthyl an den Stickstoff gebunden ist, läßt sich nach der weiter unten beschriebenen Methode von Herzig und Hans Meyer bestimmen. Welches oder welche Alkyle vorhanden waren, ist dagegen durch dieses Verfahren im allgemeinen nicht zu erkennen.

Man wird, falls eine diesbezügliche Entscheidung zu treffen ist, entweder aus einer größeren Menge Substanz das Jodalkyl als solches zu gewinnen trachten, indem man das Jodhydrat der Base destilliert,[1]) oder man destilliert die Base mit Kalilauge oder Baryt[2]) und untersucht das Pikrat oder Platindoppelsalz der übergehenden Amine, nachdem man ihre Chlorhydrate durch absoluten Alkohol von Salmiak getrennt hat, eventuell in Chloroform löst.

Die nach letzterer Methode gewonnenen Resultate sind indessen mit Vorsicht aufzunehmen,[3]) da bei der durch die Kalilauge bewirkten Spaltung öfters Alkylgruppen entstehen, die in der Substanz nicht präformiert waren.

So hat Oechsner de Koning beim Cinchonin, das keine an den Stickstoff gebundene Alkylgruppe besitzen kann, Methylamin gefunden;[4]) E. Merck[5]) erhielt aus Pilocarpidin mit 50proz. Kalilauge bei 200° Dimethylamin, obwohl auch dieses Alkaloid nach Herzig und Hans Meyer am Stickstoff nicht alkyliert ist;[6]) weiter wurde bei einzelnen Substanzen die Abspaltung von Mono-, Di- und Trimethylamin konstatiert, oder die Resultate waren je nach den Versuchsbedingungen verschieden.

So spaltet nach Skraup und Wigmann[7]) das Morphin Methyläthylamin ab, das Methylmorphimetin Trimethylamin und Äthyldimethylamin, nach Knorr[8]) aber Dimethylamin.

Das Arecain

$$
\begin{array}{c}
CO \\
CO^{\diagup \diagdown} CHCH_3 \\
| \qquad | \\
H_2C_{\diagdown} \quad _{\diagup}CH_2 \\
N \\
CH_3
\end{array}
$$

---

[1]) Ciamician und Boeris, B. **29**, 2474 (1896).
[2]) Ackermann und Kutscher. Z. physiol. **49**, 47 (1906); **56**, 220 (1908).
[3]) J. Herzig und Hans Meyer, M. **18**, 382 (1897).
[4]) Ann. Chim. Phys. (5), **27**, 454 (1881).
[5]) Bericht über das Jahr 1896, S. 11.
[6]) M. **18**, 381 (1897).
[7]) M. **10**, 732 (1889).
[8]) B. **22**, 1813 (1889).

dessen Konstitution durch seine Bildung aus Guvacin vollkommen sicher gestellt ist, liefert beim Erhitzen mit Wasser unter Druck Trimethylamin.[1])

Daß auch beim Erhitzen der Jod(Chlor-)hydrate selbst unter besonderen Umständen Alkylgruppen an den Stickstoff treten können, wird S. 839 näher erläutert werden.

Die Tabelle auf S. 835 gibt die bekannten Konstanten der Alkylamine, soweit sie für die Untersuchung von Wichtigkeit sind.

1. Quantitative Bestimmung der Methylimidgruppe.

Methode von J. Herzig und Hans Meyer.[2])

Die Jodhydrate am Stickstoff methylierter Basen spalten beim Erhitzen auf 200—300° nach der Gleichung

$$R:N\underset{H}{\overset{CH_3}{\diagdown}}J = R:NH + \underset{J}{\overset{CH_3}{|}}$$

Jodmethyl ab, welches nach Art der Zeiselschen[3]) Methode bestimmt wird.

Der Apparat unterscheidet sich von dem Zeiselschen nur durch die Form des Gefäßes, in welchem die Substanz erhitzt wird.

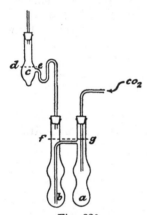

Fig. 220.

Dasselbe besteht, wie die Figur 220 zeigt, aus zwei Kölbchen, a und b, welche miteinander verbunden sind, und einem mittels Korkstopfens angesetzten Aufsatze c.

a) Ausführung der Bestimmung, wenn nur ein Alkyl am Stickstoff vorhanden ist.

0.15—0.3 g Substanz (freie Base oder Jodhydrat[4]) werden in das Kölbchen a hineingewogen und mit so viel Jodwasserstoffsäure übergossen, daß dieselbe, aus dem Doppelkölbchen vertrieben und im Aufsatzrohre angesammelt, bis zur Linie d-e reichen soll, so daß das abströmende Kohlendioxyd durch die Jodwasserstoffsäure streichen muß, wodurch ev. mitgerissene basische Produkte zurückgehalten werden.

Außerdem wird noch in a die etwa fünf- bis sechsfache Menge der Substanz an festem reinem Jodammonium hinzugefügt.

[1]) Jahns, Arch. **229**, 703 (1891).
[2]) B. **27**, 319 (1894). — M. **15**, 613 (1894); **16**, 599 (1895); **18**, 379 (1897).
[3]) Siehe S. 726 ff.
[4]) Resp. Chlor-(Brom-)Hydrat oder Nitrat, siehe S. 838.

Base	NH_2CH_3	$NH(CH_3)_2$	$N(CH_3)_3$	$NH_2(C_2H_5)$	$NH(C_2H_5)_2$	$NHCH_3C_2H_5$	$N(CH_3)_2C_2H_5$	$N(C_2H_5)_3$
Chlorhydrat	Smp. 225—226° Kp$_{15}$ 225—230°	Smp. 171°	Smp. 271—275°	Smp. 100° Kp. 315—320°	Smp. 224° Kp. 320—330°	Smp. 126—130°		Smp. 248—250°
Nitrat	100°	73—74°	153°		99—100°			98—99°
Pikrat	215° (orangerot)	155—156° (orangegelb)	216° (citronengelb)	165° (gelb)				
Chloraurat			Smp. 250° u. Zers.			179—180°	Smp. 208° zers. 220—222°	
Chlorplatinat	217—220°	über 265° ungeschmolzen	242—243° u. Zers.	218° u. Zers.		207—208°	Zers. gegen 240°	
Anmerkung	Chlorhydrat in Chloroform unlöslich. Pikrat löslich in 75 T. Wasser von 11°. Bitartrat Smp. 175°. Saures Salz Smp. 188°.	Chlorhydrat in Chloroform löslich. Pikrat löslich in 56 T. Wasser von 11°. Salz mit 1 HgCl₂ Smp. 197—198° mit 2 HgCl₂ 233°.	Pikrat löslich in 77 T. Wasser von 11°. Pikrolonat Smp. 252°. Salz mit 2 HgCl₂ Smp. 112°.	Pikrat löslich in 67 T. Wasser von 11°. Dioxalat Smp. 113—114° Saures traubensaures Salz Smp. 142—143°.	Chlorhydrat löslich in Chloroform	Dioxalat Smp. 154—155°.		Bromhydrat Smp. 248—250°.

Das Aufsatzrohr c wird unmittelbar an dem Kühler des Zeiselschen Apparates angebracht und mittels des in das Kölbchen a hineinragenden Röhrchens durch den Apparat Kohlendioxyd geleitet.[1]

Das Kölbchen b wird mit Asbest gefüllt und auch in a ein wenig desselben — zur Verhinderung von Siedeverzügen — gebracht.

Den Kohlendioxydstrom läßt man etwas rascher durchstreichen, als bei der Methoxylbestimmung üblich ist, um das Jodalkyl rasch zu entfernen und so eine etwaige Wanderung des Alkyls in den Kern zu vermeiden.

Man muß daher bei dieser Bestimmungsmethode stets auch das zweite Silbernitratkölbchen vorlegen.

Das Erhitzen wird in einem durch eine Wand in zwei Teile geteilten Sandbade aus Kupfer mit einem Boden aus Eisenblech vorgenommen, welches derart gebaut ist, daß das Doppelkölbchen bis zur Linie f g im Sande stecken kann.

Zuerst wird die eine Kammer, in welcher sich das Kölbchen a befindet, durch einen starken Brenner erhitzt, während durch den Apparat ein Strom von Kohlendioxyd streicht.

Die in a befindliche, überschüssige Jodwasserstoffsäure destilliert in das Kölbchen b, zum Teile aber gleich in das Aufsatzröhrchen c. Nach und nach wird dann auch die zweite Kammer mit Sand gefüllt und so auch b direkt erhitzt.[2]

Die Jodwasserstoffsäure sammelt sich sehr bald ganz im Aufsatzrohre an, so daß die Kohlensäure durch dieselbe durchglucksen muß; im Kölbchen a bleibt das Jodhydrat der Base zurück.

Kurze Zeit, nachdem die Jodwasserstoffsäure das Doppelkölbchen verlassen hat, beginnt die Zersetzung, und die Silberlösung fängt an, sich zu trüben.

Von da an ist die Manipulation genau dieselbe wie bei der Methoxylbestimmung nach Zeisel.

Enthält die Substanz

b) mehrere Alkylgruppen,

so wird, nachdem der ganze Apparat im Kohlendioxydstrome erkaltet ist, der Stöpsel zwischen Aufsatzrohr und Kühler gelüftet und so der Doppelkolben samt Aufsatzrohr abgenommen.

Durch vorsichtiges Neigen desselben kann man die im Aufsatze befindliche Jodwasserstoffsäure in den Kolben b zurückleeren, und von da wird sie direkt nach a zurückgesaugt.

Nun befindet sich der ganze Apparat, wenn man außerdem frische Silberlösung vorlegt, genau in dem Zustande, wie vor Beginn

---

[1] Bei der Analyse von Substanzen, welche starke Jodausscheidung verursachen (Nitrate) wird in das Aufsatzrohr c auch etwas roter Phosphor eingetragen.

[2] Im Allgemeinen ist diese Vorsicht unnötig: Man füllt das Bad schon zu Anfang völlig mit Sand, und stellt den Brenner erst unter a, dann unter b. Auch die Scheidewand kann entfallen.

des Versuchs überhaupt, man kann daher die Zersetzung zum zweiten Male vor sich gehen lassen.

Ist die zweite Zersetzung fertig, so kann sich das Spiel wiederholen, und zwar so lange, bis die Menge des gebildeten Jodsilbers so gering ist, daß das daraus berechnete Alkyl weniger als $1/_2$ Proz. der Substanz ausmacht.

Es ist sehr wichtig. die Zersetzung bei möglichst niederer Temperatur vor sich gehen zu lassen. Man steckt deshalb in das Sandbad ein Thermometer und geht im Maximum 60° über den Punkt (150—300°), bei welchem sich die erste Trübung gezeigt hat.

Sind in der Substanz mehrere Alkyle vorhanden, so empfiehlt es sich auch, etwas mehr Jodammonium anzuwenden, also in das Kölbchen a etwa 5 g, in das zweite Kölbchen 2—3 g einzubringen.

Jede einzelne Zersetzung dauert etwa 2 Stunden, und es sind fast nie mehr als drei Operationen nötig, auch wenn 3 oder 4 Alkyle in dem Körper vorhanden sind.

c) Bestimmung der Alkylgruppen nacheinander.

Bei schwach basischen Substanzen (Kaffein, Theobromin) gelingt es, die Alkylgruppen einzeln abzuspalten, wenn man anstatt des Doppelkölbchens ein Gefäß von beistehend gezeichneter (Fig. 221) Form anwendet, das nur bis über die zweite Kugel (a, b) in den Sand gesteckt wird.

Man läßt nach jeder Operation die Jodwasserstoffsäure zurückfließen und setzt beim zweiten, beziehungsweise — bei drei Alkylen — dritten Male etwas Jodammonium zu.

Handelt es sich um die

d) Methyl[1])bestimmung bei einem Körper, der zugleich Methoxylgruppen enthält,

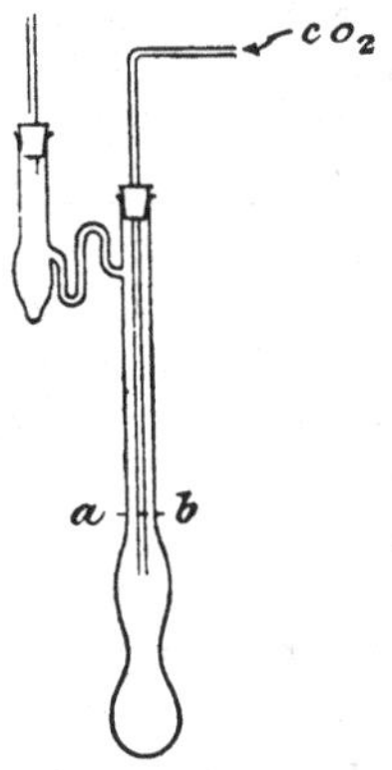

so kann man, wenn das Hydrojodid der Base zur Verfügung steht, dasselbe direkt im Doppelkölbchen ohne jeden Zusatz im Sandbade erhitzen.

Fig. 221.

Besser und allgemein anwendbar ist das folgende Verfahren, wobei in derselben Substanz Methoxyl und n-Methyl bestimmt werden.

Man überschichtet die Substanz in dem Kölbchen a mit der bei der Methoxylbestimmung üblichen Menge (10 ccm) Jodwasserstoffsäure.

Das Kölbchen a wird mittels eines Mikrobrenners vorsichtig zum schwachen Sieden erhitzt, und zwar derart, daß fast keine Jodwasserstoffsäure wegdestilliert.

---

[1]) Von der ursprünglichen Bezeichnung Zeisels abgehend, spricht man jetzt öfters von der Methylbestimmung und der „Methylzahl". Es empfiehlt sich, zum alten Namen zurückzukehren und den Terminus „Methyl" für das Alkyl am Stickstoff anzuwenden.

Ist die Operation beendet und hat sich die vorgelegte Silberlösung ganz geklärt, dann destilliert man die Jodwasserstoffsäure ab, und zwar so weit, daß genau so viel im Kolben a zurückbleibt, als man sonst bei der Methylbestimmung anwenden soll.

Die Silberlösung bleibt während des Abdestillierens ganz klar, und in diesem Stadium ist die Methoxylbestimmung beendet.

Man läßt erkalten, leert die Silberlösung quantitativ in ein Becherglas, die überdestillierte Jodwasserstoffsäure wird aus dem Ansatzrohre c und dem Kölbchen b entfernt, und nun kann die Methylbestimmung beginnen.

Das angewandte Jodammonium und die Jodwasserstoffsäure sind selbstverständlich vorher durch eine blinde Probe auf Reinheit zu prüfen.

e) Weitere Bemerkungen zu dieser Methode.[1]

Die Methode ist bei allen schwefelfreien Substanzen anwendbar, welche imstande sind, ein — wenn auch nicht isolierbares — Jodhydrat zu bilden, sie liefert ebenso bei Chlor- und Bromhydraten sowie Nitraten vollkommen stimmende Resultate.

Auch in Körpern, welche keiner Salzbildung fähig sind (n-Äthylpyrrol, Methylcarbazol, Cholestrophan usw.), läßt sich noch häufig qualitativ die Anwesenheit von Alkyl am Stickstoff mit Sicherheit nachweisen.

Nach Baeyer und Villiger können bei Substanzen, deren Jodhydrate sich erst gegen 300° zersetzen (o-Methylaminotriphenylmethan) die Resultate zu niedrig ausfallen.[2]

Über die Analyse schwefelhaltiger Verbindungen siehe S. 736.

Thiazine geben beim Kochen mit Jodwasserstoffsäure die Hauptmenge ihres Schwefels in Form von Schwefelwasserstoff ab. Das Jodmethyl wird erst in einem späteren Stadium frei. Kocht man daher längere Zeit, bevor man die Jodwasserstoffsäure abdestilliert, und behandelt man schließlich das Jodsilber mehrmals mit verdünnter heißer Salpetersäure, so erhält man relativ gute Werte.[3] Auch sonst kann man bei schwefelhaltigen Substanzen wenigstens annähernd richtige Werte erhalten. Dadurch, daß ein Teil des Methyls durch Mercaptanbildung verloren geht, müssen die Resultate immmer zu niedrig ausfallen.[4]

Die Fehlergrenze des Verfahrens liegt zwischen + 3 Proz. und — 15 Proz. des gesamten Alkyls.

Man kann daher die Anwesenheit oder Abwesenheit je eines Alkyls mit Sicherheit nur dann diagnostizieren, wenn die Differenz in den theoretisch geforderten Zahlen für je eine Alkylgruppe mehr als 2 Proz. ausmacht, oder mit anderen Worten, wenn das Molekular-

---

[1] Siehe auch S. 732.
[2] B. **37**, 3207 (1904).
[3] Kaufler, Privatmitteilung. — Siehe auch Gnehm, J. pr. (2) **76**, 424 (1907).
[4] Gnehm und Kaufler, B. **37**, 2621 (1904).

gewicht der zur Untersuchung gelangenden methylhaltenden Verbindung nicht größer ist als ungefähr 650.

Bei der Beurteilung der Resultate wird man berücksichtigen müssen, ob das Jodsilber rein gelb oder aber ob es dunkel (grau) gefärbt ist, weil in letzterem Falle der Fehler fast immer anstatt negativ positiv wird.

Auch höher molekulare Alkylgruppen werden natürlich beim Erhitzen mit Jodwasserstoffsäure und Jodammonium abgespalten und durch den heißen Gasstrom als Jodalkyl in die Silberlösung übergeführt: So liefern nach Milrath[1]) Benzylsemicarbazid und ähnlich konstituierte Körper reichliche Mengen von Jodsilberniederschlag.

Es können ferner während der Operation Alkylgruppen am Stickstoff entstehen, welche die ursprüngliche Substanz nicht enthalten hat, wodurch Irrtümer erfolgen können.

Einen derartigen Fall haben Decker und Solonina[2]) schon vor längerer Zeit beschrieben, und vor kurzem hat Kirpal[3]) ähnliche Beobachtungen gemacht: Ein Teil des an den Sauerstoff gebundenen Alkyls wandert unter dem Einflusse der hohen Temperatur an den Stickstoff, bevor Verseifung durch die Jodwasserstoffsäure eingetreten ist.

Das n-Alkyl kann aber, außer durch Umlagerung, auch durch Zerfall einer bereits am Stickstoff befindlich gewesenen, anderen Atomgruppe entstehen. So hat von Gerichten gezeigt,[4]) daß salzsaures Pyridinbetain bei 202—206° nach dem Schema

zerfällt, und analog liefert nach Kirpal[3]) das β-Oxypyridinbetain:

bei der Bestimmung nach Herzig-Meyer die einer Methylgruppe entsprechende Menge Jodsilber:

---

[1]) Privatmitteilung.
[2]) B. **35**, 3222 (1902).
[3]) B. **41**, 820 (1908). — M. **29**, 474 (1908).
[4]) B. **15**, 1251. (1882).

Schon Johanny und Zeisel haben festgestellt,[1]) daß das Jodmethylat des Trimethylcolchidimethinsäuremethylesters in Lösung (von Eisessig und Essigsäureanhydrid) auf die Siedetemperatur (127⁰) der Jodwasserstoffsäure erhitzt, unter Abspaltung von Jodmethyl partiell zerlegt wird.

Später haben Busch[2]), Goldschmiedt und Hönigschmid[3]), Keller[4]) und dann in umfassender Weise Goldschmiedt[5]) gezeigt, daß unter besonderen Umständen — durch dem Stickstoff benachbarte Gruppen — eine derartige Schwächung der Haftintensität des Alkyls am Stickstoff eintritt, daß das n-Methyl mehr oder weniger vollständig schon durch prolongierte „Methoxylbestimmung" ermittelt werden kann.

Die angeführten Tatsachen sind zwar im allgemeinen durchaus nicht geeignet, die Brauchbarkeit der Zeiselschen, respektive Herzig-Meyerschen Methode einzuschränken. Immerhin mögen die nachfolgenden Mahnungen Herzigs[6]) hier Platz finden:

„Bedenkt man, daß Methyldiphenylamin in zwei Stunden mit kochender Jodwasserstoffsäure 45.7⁰/₀ des geforderten CH_3 anzeigt, während in derselben Zeit die eine Gruppe in den Methyloellagsäurederivaten gar kein OCH_3 indiziert und die methylierten Bromphloroglucide nur die Hälfte des vorhandenen OCH_3 liefern, so wird man in zweifelhaften Fällen in bezug auf die Unterscheidung von OCH_3 und NCH_3 zur Vorsicht gemahnt.

Wir werden daher in Zukunft bei stickstoffhaltigen Verbindungen nur dann sicher auf die Anwesenheit von —OCH_3-Gruppen im Gegensatz zu $=NCH_3$-Resten schließen können, wenn bei normalem Verlauf der Reaktion nach Zeisel sehr bald nach dem Beginn des Siedens Trübung der Silberlösung eintritt, die Lösung sich in kurzer Zeit klärt und außerdem innerhalb dieses Intervalles fast die ganze theoretisch geforderte Menge des Jodmethyls abgespalten wird."

Es entsprechen 100 Gewichtsteile Jodsilber
        6.38 Gewichtsteilen CH_3.

Faktorentabelle.

1	2	3	4	5	6	7	8	9
638	1276	1914	2552	3190	3828	4466	5104	5742

---

[1]) M. **9**, 878 (1888).
[2]) B. **35**, 1565 (1902).
[3]) B. **36**, 1850 (1903). — M. **24**, 707 (1903).
[4]) Arch. **242**, 323 (1904). — Siehe auch Pommerehne, Arch. **237**, 480 (1899). — Arch. **238**, 546 (1900). — Apoth.-Ztg. **1903**, 684. — Haars, Arch. **243**, 163 (1905).
[5]) M. **27**, 849 (1906); **28**, 1063 (1907).
[6]) M. **29**, 297 (1908).

2. Quantitative Bestimmung der Äthylimidgruppe.

Methode von J. Herzig und Hans Meyer.[1])

Die Bestimmung erfolgt genau so, wie bei der quantitativen Ermittelung der Methylimidgruppe angegeben wurde.

100 Gewichtsteile Jodsilber entsprechen

$$12.34 \text{ Gewichtsteilen } C_2H_5.$$

Faktorentabelle.

1	2	3	4	5	6	7	8	9
1234	2468	3702	4936	6320	7404	8638	9872	11106

Achter Abschnitt.

Betaingruppe.

Die Betaine sind cyclische Salze, bei denen das Carboxyl eine Valenz eines fünfwertigen Stickstoffatoms absättigt, an welchem noch mindestens ein Alkyl haftet. Durch Salzsäure (Brom-, Jodwasserstoffsäure) werden sie in die Chlor-(Brom-, Jod-)Alkylate der freien Säuren verwandelt.

Thionylchlorid bildet die entsprechenden Chloride, welche durch Alkoholzusatz in die Ester übergehen. (Hans Meyer.[2])

Mit Platinchlorid (Goldchlorid) und Salzsäure geben die Betaine charakteristische Doppelsalze der Formel:

$$(B \cdot HCl)_2 PtCl_4$$

und

$$(B \cdot HCl) AuCl_3 .$$

Die Betaine sind, namentlich im nicht ganz reinen Zustande, sehr hygroskopisch und krystallisieren oftmals als Hydrate, welche luftbeständiger sind.

---

[1]) B. **27**, 319 (1894). — M. **15**, 613 (1894); **16**, 599 (1895); **18**, 382 (1897).
[2]) Siehe die erste Auflage dieses Buches, S. 573. — Kirpal, M. **23**, 770 (1902).

Beim Erhitzen werden sie, indem der Stickstoff die Fähigkeit verliert, fünfwertig aufzutreten, je nach der Festigkeit, mit der die Carboxylgruppe am Kohlenstoff haftet, entweder (gewöhnlich unter Kohlendioxydabspaltung) zersetzt, oder sie erleiden eine Umlagerung zu den isomeren Säureestern:

$$(CH_3)_3N - CH_2 - COO = (CH_3)_2N - CH_2 - COOCH_3.$$

Das Verhalten der Betaine ist in dieser Beziehung je nach der Stellung der Aminogruppe verschieden. (Willstätter.[1])

Verhalten der α-Betaine. Alle α-Betaine lassen sich durch Erhitzen in die entsprechenden Ester umlagern.

Verhalten der β-Betaine. Diese Klasse der Betaine läßt sich nicht in die Aminosäureester umlagern. So geht Trimethylpropiobetain nach der Gleichung:

$$
\begin{array}{ccc}
& & CH_2 \\
CH_3\diagdown & CH_3\diagdown & | \\
CH_3{-}N{-}CH_2 - CH_2 = CH_3{-}N{-}H & CH \\
CH_3\diagup \ | & | & CH_3\diagup \ | \\
O & {-}CO & O {-}{-}{-}CO
\end{array}
$$

in acrylsaures Trimethylamin über (bei Temperaturen unter 126⁰). Das Methylbetain des Arecaidins und das Arecaidin selbst[2]) sowie das Trigonellin und das Picolinsäurebetain werden in der Hitze unter Kohlendioxydabspaltung zersetzt.[1])

Verhalten der γ-Betaine. Die aromatischen γ-Betaine gehen durch Erhitzen glatt in die Aminosäureester über,[3]) während das γ-Trimethylbutyrobetain in Trimethylamin und Butyrolacton zerfällt.[4])

Die geringere Beständigkeit der β-Betaine im Vergleich zu den α- und γ-Verbindungen tritt noch weit deutlicher im Verhalten gegen Alkali zutage. Sowohl das Jodmethylat des β-Dimethylaminopropionsäureesters, wie das Trimethylpropiobetain werden beim Erwärmen mit wässerigen Alkalien glatt in Trimethylamin und Acrylsäure gespalten. Die alkylierte Aminogruppe ist also in der β-Stellung außerordentlich locker gebunden.[5]) Auch unter den Ammoniumjodiden sind diejenigen, welche unbeständig sind — durch Alkalien in ungesättigte stickstofffreie Säuren (und Amine) gespalten werden —, als der β-Reihe zugehörig erkannt worden.[6])

---

[1]) B. **35**, 585 (1902). — Willstätter und Kahn, B. **35**, 2757 (1902); **37**, 401, 1853, 1858 (1904). — Siehe auch Hans Meyer, M. **15**, 164 (1894).

[2]) Jahns, Arch. **229**, 669 (1891).

[3]) Grieß, B. **6**, 585 (1873). — B. **13**, 246 (1880).

[4]) Willstätter, B. **35**, 618 (1902).

[5]) Grieß, B. **12**, 2117 (1879). — Körner und Menozzi, Gazz. **11**, 258 (1881); **13**, 350 (1883). — Michaël und Wing, Am. **6**, 419 (1885). — Willstätter, B. **35**, 591 (1902).

[6]) Einhorn und Tahara, B. **26**, 324 (1893). — Einhorn und Friedländer, B. **26**, 1482 (1893). — Willstätter, B. **28**, 3271 (1895); **31**, 1534 (1898). — Lipp, Ann. **295**, 135, 162 (1897). — Piccinini, Atti Lincei

Einzelne Ester lassen sich nun umgekehrt in Betaine umwandeln, so der Dimethylaminoessigsäuremethylester, der β-Dimethylaminopropionsäuremethylester, der γ-Dimethylaminobuttersäuremethylester, der Isonicotinsäureester und endlich der saure Cinchomeronsäure-γ-methylester, welch letzterer nach Kirpal[1]) bei seinem Schmelzpunkte in Apophyllensäure umgelagert wird. Siehe Kirpal, M. 24, 521 (1903).

Theoretisches über die Betainbildung: Werner, B. 36, 157 (1903). — Hans Meyer, M. 24, 195 (1903).

Phenolbetaine.[2])

Während die weiter oben beschriebenen „eigentlichen" Betaine Carboxylderivate sind, leiten sich die Phenolbetaine von Hydroxylverbindungen ab. So entsteht z. B. das 3-Oxy-N-methylpyridiniumbetain aus dem Jodmethylat des 3-Oxypyridins:

Die Phenolbetaine sind in Wasser (meist sehr leicht) löslich und schmecken rein bitter wie alle quaternären Ammoniumsalze. In Äther, Benzol und Petroläther sind sie äußerst schwer löslich und aus ihrer wässerigen Lösung durch diese Mittel nicht extrahierbar.

Die Phenolbetaine und ihre Salze sind farbig, wenn ihr Stickstoff sich in einem nicht hydrierten Ringe befindet. Die Phenolbetaine der Morphinreihe dagegen, oder des Tetrahydrooxychinolins, sowie die Grießschen Benzbetaine[3]) sind dementsprechend farblos.

Die cyclischen Phenolbetaine krystallisieren mit mehreren Molekülen Wasser, von dem ein Teil nur schwer ausgetrieben werden kann. Mit dem Verluste von Wasser ist stets eine sehr bemerkbare Vertiefung der Farbe verbunden. Zu gleicher Zeit werden die Verbindungen in Benzol und Äther löslicher.

Auch die meisten Salze krystallisieren mit Krystallwasser.

Konzentrierte Lauge fällt die Phenolbetaine aus der wässerigen Lösung quantitativ aus: Durch die innere Bindung mit der Phenolgruppe wird die typische Unbeständigkeit der Cyclammoniumhydroxyde,[4]) welche in der Wanderung der am fünfwertigen Stick-

---

(8), 2, 135 (1899). — Willstätter, B. 35, 592 (1902). — Willstätter und Lessing, B. 35, 2065 (1902). — Willstätter und Ettlinger, Ann. 326, 127 (1903).

[1]) M. 23, 239, 765 (1902). — Siehe auch Kaas, M. 23, 681 (1902).

[2]) Siehe namentlich Decker, J. pr. (2), 62, 266 (1900). — Decker und Engler, B. 36, 1170 (1903). — Decker und Durant, Ann. 358, 288 (1908).

[3]) B. 13, 246, 649 (1880).

[4]) Decker, J. pr. (2), 47, 28 (1893).

stoff stehenden Hydroxylgruppe an ein benachbartes Kohlenstoffatom unter Lösung einer Stickstoff-Kohlenstoffbindung ihren Grund hat und zu Carbinolen (Cyclaminolen) oder ungesättigten Verbindungen (Cyclaminenen) führt, aufgehoben; die Phenolbetaine sind infolgedessen gegen Alkalien und oxydierende Einwirkungen verhältnismäßig beständig. Durch Alkalien tritt also (im Gegensatze zu den Carboxylbetainen) keine Aufspaltung und Salzbildung ein, wohl aber mit größter Leichtigkeit durch Säuren.

Über das von ihnen genau studierte n-Methylnorpapaveriniumbetain machen Decker und Durant Bemerkungen, die allgemeineres Interesse besitzen.

Dieses Phenolbetain[1]) ist mit dem Papaverin isomer:

n-Methylnorpapaveriniumbetain.   Papaverin.

Ebenso die Salze der beiden: aus beiden Isomeren entsteht aber mit Jodmethyl dasselbe Papaverinjodmethylat.

Würde ein derartiges Betain in der Natur vorkommen oder durch irgendeine Reaktion aus einem natürlichen Betain entstehen, so würde man es seinem ganzen Verhalten nach zu den tertiären Basen rechnen und ihm die Formel des isomeren Papaverins zuschreiben. Es entsteht ja auch bei der andauernden Einwirkung von Alkalien auf Jodmethylate, d. h. bei einer Reaktion, die gewöhnlich zu tertiären Basen führt, unter den Bedingungen der sog. Hofmannschen erschöpfenden Methylierung.[2])

Die Salze bilden sich ebenfalls, wie bei tertiären Aminen, ohne Wasserabspaltung, während die quaternären Salze aus einem Ammoniumhydroxyd unter Abspaltung von Wasser entstehen. Die Salze verhalten sich auch wie die tertiärer Basen, sind durch Natriumcarbonat fällbar und besitzen schwach saure Reaktion.

Eine Verwechslung eines cyclischen Phenolbetains mit einer tertiären isomeren Base könnte demnach sehr leicht erfolgen, wenn

---

[1]) Die Stellung des Hydroxyls ist unsicher, das Betain kann daher auch die Formel:

besitzen.

[2]) Siehe S. 820.

wir nicht in der Methoxylbestimmung, bzw. der Herzig-Meyerschen Methode ein absolut sicheres Unterscheidungs-merkmal der beiden Substanzgruppen hätten.

Über Pseudobetaine siehe Hans Meyer, M. **25**, 490 (1904).

Neunter Abschnitt.

Säureamidgruppe.

A. Qualitativer Nachweis der Amidgruppe.

Der qualitative Nachweis vom Vorhandensein einer — $CONH_2$-Gruppe kann durch die im nachfolgenden beschriebene Verseifung und den Hofmannschen Abbau, oftmals außerdem durch die von Rose entdeckte[1]) Biuretreaktion[2]) geführt werden, falls nämlich die betreffende Substanz zwei $CONH_2$-Gruppen an einem Kohlen-stoff- oder Stickstoffatom oder direkt miteinander vereinigt besitzt, also einem der drei Typen:

$$H_2C \begin{array}{c} CONH_2 \\ \\ CONH_2 \end{array} \quad \text{Malonamid,}$$

$$HN \begin{array}{c} CONH_2 \\ \\ CONH_2 \end{array} \quad \text{Biuret,}$$

$$\begin{array}{c} CONH_2 \\ | \\ CONH_2 \end{array} \quad \text{Oxamid}$$

angehört. Da die Eiweißkörper derartige Gruppen (wahrscheinlich sogar zweimal[3]) enthalten, zeigen sie durchgängig die Biuretreaktion.[4]) Daher wird letztere allgemein zur Abgrenzung des Eiweißes gegen seine einfacheren Spaltungsprodukte benutzt. Wenn man Eiweiß durch Säuren oder Trypsin spaltet, so ist mit dem Augenblicke, wo die

---

[1]) Pogg. **28**, 132 (1833).
[2]) Wiedemann, J. pr. (1), **42**, 255 (1847). — Piotrowski, Ber. d. Wien. Akad. **24**, 335 (1857). — Gorup-Besanez, B. **8**, 1511 (1875). — Brücke, M. **4**, 203 (1883). — Wien. Sitzb. **61**, 250 (1884). — Loew, J. pr. (2), **31**, 134 (1885). — Neumeister, Z. anal. **30**, 110 (1891). — Schiff, B. **29**, 298 (1896). — Ann. **299**, 256 (1897); **310**, 37 (1900); **319**, 300 (1901); **352**, 73 (1907). — Schaer, Z. anal. **42**, 1 (1903). — Lidof, Z. anal. **43**, 713 (1904). — Fischer, Unters. üb. Aminosäuren 50, 301 (1906).
[3]) Paal, B. **29**, 1084 (1896). — Schiff, B. **29**, 1354 (1896). — Blum und Vaubel, J. pr. (2), **57**, 365 (1898). — Pick, Z. physiol. **28**, 219 (1899).
[4]) Siehe dagegen Krukenberg, Verh. d. physikal. med. Ges. zu Würz-burg, **18**, 179 (1884).

Biuretreaktion aufhört, das letzte Pepton in Aminosäuren usw. zerlegt.[1])

Werden in den erwähnten drei Verbindungsformen z w e i W̦asser-
stoffatome der beiden NH_2-Gruppen symmetrisch oder asymmetrisch
entsprechend den Formeln:

$$\begin{matrix} NHR & NH_2 & NR^{II} & NH \\ & & & \quad\diagdown R^{II} \\ NHR & NRR' & NH_2 & NH \diagup \end{matrix}$$

substituiert, so verliert die Verbindung die Befähigung zur Biuretreaktion, beim Malonamid schon nach Substitution e i n e s Wasserstoffatoms.

In der Gruppe

$$-C\diagup_{\diagdown NH_2}^{O}$$

kann aber der Sauerstoff in mannigfacher Weise durch andere Elemente oder Gruppen ersetzt sein (z. B. durch S, NH, H_2, COOH),
ohne daß die Reaktion versagt.

Verbindungen vom Typus des Glycinamids

$$\begin{matrix} CONH_2 \\ | \\ CH_2NH_2 \end{matrix}$$

geben also die Reaktion,[2]) falls keine Substitution einer NH_2-Gruppe
durch einen sauren Rest erfolgt.[3])

Ausführung der Biuretreaktion.

Fügt man zu der gelösten oder fein gepulverten Substanz zuerst überschüssige Natronlauge, darauf tropfenweise sehr verdünnte
Kupfersulfatlösung und schüttelt nach jedesmaligem Zusatze des
Kupfersalzes um, so wird die Flüssigkeit erst rosa, dann violett,
schließlich blauviolett, während das Kupferoxydhydrat in Lösung geht.

Man kann auch die alkalische Lösung der Substanz mit fast
farbloser Kupfersulfatlösung überschichten, worauf die Färbung an
der Trennungsschichte der Flüssigkeiten auftritt.[4])

Ebenso kann man eine ammoniakalische Kupferlösung oder
Fehlings Flüssigkeit anwenden.[5])

---

[1]) Cohnheim, Eiweißkörper, 1901, S. 30. — Über die Natur der bei der
Biuretreaktion entstehenden Körper siehe Tschugaeff, B. 40, 1975 (1907).
[2]) Schiff, Ann. 810, 37 (1900); 852, 73 (1907).
[3]) E. Fischer, B. 85, 1105 (1902).
[4]) Krukenberg, Verh. med. Ges. zu Würzburg 18, 202 (1884). —
Posner, Du Bois' Archiv 1887, 497.
[5]) Gnesda, Proc. Royal Soc. 47, 202 (1889). — E. Fischer, B. 85, 1105
(1902).

Auch mit Nickel- und Kobaltsalzen entsteht eine ähnliche Biuret-reaktion,[1]) und ebenso kann man das Alkali durch verschiedene andere basisch reagierende Substanzen ersetzen.[2])

Über eine weitere Reaktion der Harnstoffderivate siehe Fenton, Proc. **18**, 243 (1903). — Soc. **83**, 187 (1903).

B. Quantitative Bestimmung der Amidgruppe.

1. Verseifung der Säureamide.

Die quantitative Bestimmung der Amidgruppe erfolgt durch Verseifen[3]) der Substanz, ebenso wie für die Nitrilgruppe[4]) angegeben wurde.

So erhitzten z. B. Willstätter und Ettlinger[5]) das Diamid der Pyrrolidincarbonsäure mit überschüssigem Barytwasser im Destillationsapparate 12—15 Stunden lang, wobei das abdestillierende Wasser kontinuierlich durch zutropfendes ersetzt wurde; das Ammoniak wurde aus dem Destillate in Form von Platinsalmiak abgeschieden und als Platin gewogen.

Beim Verseifen mit Alkalien werden übrigens manche Säureamide in Nitril zurückverwandelt (Flaecher[6]).

Schwer zersetzbare Säureamide werden nach Bouveault[7]) verseift, wobei man zweckmäßig analog vorgeht, wie V. Meyer bei der Darstellung der Triphenylessigsäure[8]) verfuhr.

Je 0.2 g fein gepulvertes Amid werden durch gelindes Erwärmen in 1 g konzentrierter Schwefelsäure gelöst. In die durch Eiswasser gekühlte Lösung läßt man eine eiskalte Lösung von 0.2 g Natriumnitrit in 1 g Wasser mittels eines Capillarhebers ganz langsam einfließen.

Sobald alles Nitrit zugeflossen ist, stellt man das Reagensglas in ein Becherglas mit Wasser und wärmt langsam an. Bei 60—70° beginnt heftige Stickstoffentwicklung, die bei 80—90° beendet ist. Zuletzt wird noch 3—4 Minuten (nicht länger!) im kochenden Wasserbade erhitzt.

Nach dem Abkühlen fügt man Eisstückchen zu und sammelt den dadurch abgeschiedenen gelben Niederschlag auf dem Filter.

Zur Reinigung wird die Säure in verdünnter Natronlauge gerade gelöst und mit Schwefelsäure vorsichtig herausgefällt.

---

[1]) Pickering, Journ. of Physiol. **14**, 354 (1893). — Schiff, Ann. **299**, 261 (1898).
[2]) Schaer, Z. anal. **42**, 3 (1903).
[3]) Über Verseifung der Säureamide siehe auch Reid, Am. **21**, 284 (1899); **24**, 397 (1900). — Lutz, B. **35**, 4375 (1902).
[4]) Siehe S. 829. — Ferner Neugebauer, Ann. **227**, 106 (1887).
[5]) Ann. **326**, 103 (1903).
[6]) Diss., Heidelberg 1903.
[7]) Bull. (3), **9**, 370 (1893). — Tafel u. Thompson, B. **40**, 4493 (1907).
[8]) B. **28**, 2783 (1895).

Nach Sudborough[1]) ist es wichtig, die genau berechnete Menge Nitrit, in möglichst wenig Wasser gelöst, anzuwenden.

Gattermann[2]) hat das Bouveaultsche Verfahren folgendermaßen abgeändert: Man erhitzt das Amid mit so viel verdünnter Schwefelsäure von etwa 20—30 Proz. zum beginnenden Sieden, bis eben Lösung eingetreten ist. Dann läßt man mit Hilfe einer Pipette, die man bis zum Boden des Gefäßes in die Flüssigkeit eintaucht, allmählich ·das Anderthalbfache bis Doppelte der theoretisch erforderlichen Menge einer 5—10proz. Natriumnitritlösung einfließen, wobei sich unter Entweichen von Stickstoff und Stickoxyden die Säure in fester Form oder auch zuweilen ölig abscheidet. Nach dem Erkalten filtriert man ab und äthert bei leicht löslichen Säuren noch das Filtrat aus. Um die so erhaltene Rohsäure von etwa beigemengtem Amid zu trennen, behandelt man sie mit Sodalösung oder Alkali und filtriert dann die reine Carbonsäure ab.

Es gibt indes auch Säureamide, die selbst nach dem Bouveault-Gattermannschen Verfahren nicht verseift werden können, wie z. B. die von Graebe und Hönigsberger untersuchten beiden Amidosäuren der Phenylnaphthalindicarbonsäure.[3])

In solchen Fällen kann aber manchmal Kochen mit Barytwasser zum Ziele führen.[4])

Unverseifbar sind auch die Alkyl-α-Carbonamidobenzylaniline

$$\begin{array}{c} C_6H_5 \\ \diagdown \\ C_6H_5N \diagdown \\ R \end{array} \hspace{-1.5em} \begin{array}{c} \\ CHCONH_2 \\ \\ \end{array}$$

während sich deren Stammsubstanz

$$\begin{array}{c} C_6H_5 \\ \diagdown \\ C_6H_5N \diagdown \\ H \end{array} \hspace{-1.5em} \begin{array}{c} \\ CHCONH_2 \\ \\ \end{array}$$

leicht verseifen läßt.[5])

Auch das Diäthylaminophenylessigsäureamid:

$$\begin{array}{c} C_2H_5 \\ \diagdown \\ C_2H_5 \diagup \end{array} N{-}CH{-}CONH_2 \\ \hspace{4em} \diagdown C_6H_5$$

läßt sich nicht verseifen.[6])

---

[1]) Soc. **67**, 604 (1895). — Siehe dagegen Goessling, Diss. Heidelberg 1903, S. 23.
[2]) B. **32**, 1118 (1899). — Biltz und Kammann, B. **34**, 4127 (1901)
[3]) Ann. **311**, 274 (1900).
[4]) Friedländer und Weisberg, B. **28**, 1841 (1895).
[5]) Sachs und Goldmann, B. **35**, 3325, 3359 (1902).
[6]) Klages und Margolinsky, B. **36**, 4192 (1903). — Siehe auch Knoevenagel und Mercklin, B. **37**, 4091 (1904).

Über sterische Behinderung der Verseifung von Säureamiden siehe:

O. Jacobsen, B. **22**, 1719 (1889).
Sudborough, Soc. **67**, 587, 601 (1895).
Sudborough, Jackson and Lloyd, Soc. **71**, 229 (1897).
E. Fischer, B. **31**, 3261 (1898).
Ornstein, Diss., Berlin 1904, S. 14, 16.

2. Bestimmung des Verlaufes der Hydrolyse von aromatischen Säureamiden. [1])

Während durch die vorerwähnten Untersuchungen die sterische Behinderung der Hydrolyse von Säureamiden nur qualitativ ermittelt wurde, haben Remsen und Reid eine Methode ausgearbeitet, welche den Grad der Beeinflussung der Verseifbarkeit durch Substituenten zu messen gestattet.

Dieselbe beruht auf der Beobachtung, daß Ammoniumsalze durch Kochen mit frisch gefälltem Magnesiumoxyd unter Ammoniakabgabe vollständig zersetzt werden, während die Säureamide unverändert bleiben.

Man unterwirft also gewogene Mengen Amid der Einwirkung verdünnter Säuren oder Alkalien von bekannter Stärke bei bestimmter Temperatur und bestimmt nach gemessenen Zeiträumen die Menge des abspaltbaren Stickstoffs (entstandenes Ammoniumsalz).

In der durch die Fig. 222 ersichtlichen Weise wird ein Kolben mit 600 ccm verdünnter Säure auf die durch das umgebende Wasserbad regulierbare bestimmte Temperatur (gewöhnlich 100°) gebracht und nach Erreichung derselben die gewogene Amidmenge hineingeworfen. Man erhitzt eine bestimmte Zeit und treibt dann durch

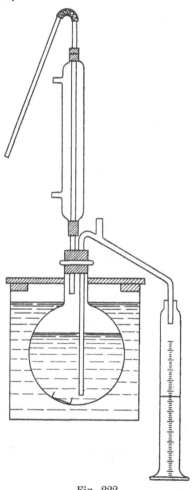

Fig. 222.

---

[1]) Remsen und Reid, Am. **21**, 281 (1899). — Aliphatische Amide werden von Magnesia verseift: Lutz, B. **35**, 4375 (1902). — Müller, Z. physiol. **38**, 286 (1903).

Einblasen von Luft in den Kühler ein gemessenes Quantum (ca. 75 ccm) Lösung in den vorgelegten graduierten Standzylinder.

Die Probe wird durch den Trichter des in Fig. 223 wiedergegebenen Apparates in den ca. 750 ccm fassenden Kolben gebracht und nachgewaschen. Dann werden 10 ccm einer 50 proz. Magnesiumsulfatlösung eingefüllt und Ätznatronlösung in kleinen Mengen zugegeben, bis nach dem Umschütteln ein schwacher Niederschlag von Magnesiumhydroxyd bestehen bleibt. Endlich werden noch 2 bis 2.5 ccm 25 proz. Natronlauge hinzugefügt, welche genügen, um ungefähr $^2/_3$ des Magnesiums als Oxydhydrat auszufällen.

Nun wird das in Freiheit gesetzte Ammoniak durch einen Dampfstrom übergetrieben und in titrierter Säure aufgefangen.

In vielen Fällen kann man dann noch, nachdem alles Ammoniak übergetrieben ist, durch Zusatz von starker Lauge das zurückgebliebene Säureamid verseifen und in analoger Weise bestimmen.

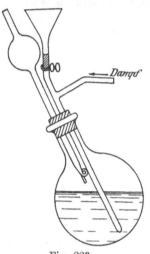

Fig. 223.

3. Abbau der Säureamide[1]) nach Hofmann.

Beim Behandeln mit Chlor oder Brom und Alkalien werden die Säureamide in Chlor-(Brom-)Amide verwandelt, die durch weitere Einwirkung von Alkali in primäre Amine übergeführt werden, welche um ein Kohlenstoffatom ärmer sind als die Ausgangssubstanz (A. W. Hofmann).

I. $R-CONH_2 + Br_2 + KOH = R-CONHBr + KBr + H_2O$,

II. $R-CONHBr + 3KOH = R-NH_2 + KBr + K_2CO_3 + H_2O$.

Man führt die Reaktion jetzt wohl allgemein in etwas modifizierter Weise so aus, daß man Kaliumhypobromit (Chlorit) und überschüssiges Kali auf das Säureamid einwirken läßt (Hoogewerff und van Dorp).

Für den Verlauf der Reaktion geben Hoogewerff und van Dorp folgende Erklärung:

¹) A. W. Hoffmann, B. 14, 2725 (1881); 15, 407, 752 (1882); 17, 1407 (1884); 18, 2734 (1885); 19, 1822 (1886). — Hoogewerff und van Dorp, Rec. 5, 252 (1886); 6, 373 (1887); 8, 173 (1889); 9, 33 (1890); 10, 4 (1891); 11, 88 (1892); 15, 108 (1896). — Van Bren Kelleren, Rec. 13, 34 (1894). — Van Dam, Rec. 15, 101 (1896); 18, 408 (1899). — Weidel und Roithner, M. 17, 172 (1896). — Van Dam und Aberson, Rec. 19, 318 (1900). — Hantzsch, B. 35, 3579 (1902). — Lapworth und Nicholis, Ch. Ztg. 27, 123 (1903).

Das nach der Gleichung:

$$R-CONH_2 + KOBr = R-C=O + H_2O$$
$$\underset{Br-N-K}{|}$$

gebildete Bromamid

$$R-C=O$$
$$\underset{Br-N-K}{|}$$

ist infolge der geringen Affinität des Halogens zum Stickstoff labil und geht, indem Br und R ihren Platz tauschen, in

$$Br-C=O$$
$$\underset{K-N-R}{|}$$

über.

Die letztere Substanz geht dann unter Abspaltung von Brom-kalium in das Isocyanat

$$C=O$$
$$\underset{N-R}{\|}$$

über, welches von überschüssiger Kalilauge in Amin und Carbonat verwandelt wird:

$$R-N:C:O + 2KOH = R-N:H_2 + K_2CO_3.$$

Eine andere Erklärung der Reaktion gibt Freundler, Bull. (3), **17**, 420 (1897)[1]).

Diese Methode liefert in der Ausführung nach Hoogewerff und van Dorp in der Fettreihe bei Carbonsäuren mit nicht mehr als 7 C-Atomen, sowie in der Pyridinreihe[2])[3]) gute Resultate. Sie hat mehrfach zur Konstitutionsbestimmung von Estersäuren der Pyridinreihe gedient (Kirpal).

In der aromatischen Reihe zeigt sich die bemerkenswerte Er-scheinung, daß gewöhnlich in jenen Fällen, wo man mittels Brom schlechte Resultate erhält, die Reaktion mittels Chlor glatter durch-

---

[1]) Siehe auch Hantzsch, B. **35**, 3579 (1902). — Lapworth und Nicholis, Ch. Ztg. **27**, 123 (1903).

[2]) Hans Meyer, M. **15**, 164 (1894).

[3]) Hoogewerff u. van Dorp, Rec. **10**, 144 (1891). — Philips, B. **27**, 839 (1894). — Claus und Howitz, J. pr. (2), **50**, 232 (1894). — Wenzel, M. **15**, 453 (1894). — Pollak, M. **16**, 45 (1895). — Blumenfeld, M. **16**, 693 (1895). — Philips, Ann. **288**, 253 (1895). — Bertelsmann, Inaug.-Diss., Basel 1895, S. 546. — Hirsch, M. **17**, 327 (1896). — Hans Meyer, M. **22**, 109 (1901); **28**, 52 (1907). — Kirpal, M. **20**, 766 (1899); **21**, 957 (1900); **23**, 239, 929 (1902); **27**, 363 (1906); **28**, 439 (1907; **29**, 227 (1908).

führbar ist.[1]) Manche Säureamide werden übrigens in alkalischer Lösung auch im Kerne bromiert.[2])

Manchmal erhält man aber gute Resultate bei Anwendung sehr verdünnter Bromlauge.[3])

Als Beispiel eines Abbaus nach Hoogewerff und van Dorp sei die Darstellung des α-Aminopyridins angeführt.[4])

Mit einer Lösung von 10 g Brom in einem Liter 3.5proz. wässeriger Kalilauge wird das in einem Kolben befindliche feingepulverte Picolinsäureamid (5 g) so lange unter Umschwenken übergossen, bis sich letzteres vollständig gelöst hat. (Dazu werden ca. 800 ccm der Bromsolution verbraucht.) Die gelbliche Lösung wird nun aufs Wasserbad gebracht und unter stetem Umschütteln so lange Bromlösung in kleinen Mengen zugesetzt, bis Rotfärbung eintritt. Man erhitzt nun weiter, bis sich die Flüssigkeit wieder entfärbt hat, filtriert eventuell und versetzt die noch heiße Lösung mit Essigsäure, bis sie schwach saure Reaktion zeigt. Nach dem Erkalten schüttelt man mit Äther aus. Hierdurch wird der Flüssigkeit eine minimale Menge eines Nebenproduktes entzogen.

Wenn der Äther der sauren Flüssigkeit nichts mehr entzieht, wird sie mit kohlensaurem Kalium stark alkalisch gemacht und sehr oft mit Äther extrahiert. Nach dem Verjagen des letzteren hinterbleibt das Aminopyridin.

Als Beispiel einer etwas anderen Ausführungsweise sei die Darstellung von o-Aminobenzophenon nach Graebe und Ullmann[5]) angeführt.

Zur Überführung des Benzoylbenzoesäureamids in Aminobenzophenon ist es vorteilhaft, einen Überschuß von Natriumhypobromit anzuwenden. Das Amid benutzt man in feuchtem Zustande, wie man es beim Krystallisieren erhält. Man preßt es nur aus und bestimmt in einer Probe den Gehalt an Amid. Vorher getrocknetes Amid muß mit Wasser sehr gut durchgerieben werden, eignet sich aber weniger gut und liefert wesentlich schlechtere Ausbeuten. Man kann auch die Menge des Amids nach der angewandten o-Benzoylbenzoesäure berechnen.

10 g Amid werden mit 30 ccm 10proz. Natronlauge gut verrieben und dieses Gemisch in das Hypobromit eingetragen, welches man aus 15 g Ätznatron, 15 g Brom und 100 ccm Wasser dargestellt hat. Man fügt ein Stückchen Eis zu, damit die Temperatur nicht über 8° steigt. Das Amid löst sich auf; bleibt etwas ungelöst, so filtriert man und behandelt den Rückstand mit einer neuen Menge Hypobromit. Das Filtrat wird nach Zusatz von 5 ccm

---

[1]) D. R. P. Nr. 55988, (1891). — Jeffreys, B. **30**, 899 (1897). — Graebe, B. **34**, 2111 (1901). — Graebe und Rostovzef, B. **35**, 2748 (1902).

[2]) Marckwald, B. **20**, 2813 (1887).

[3]) Kirpal, M. **27**, 375 (1906). — Hans Meyer, M. **28**, 52 (1907).

[4]) Hans Meyer, M. **15**, 164 (1894).

[5]) Ann. **291**, 12 (1896).

Alkohol zum Sieden erhitzt, wobei sich gelbe Tropfen ausscheiden. Nach dem Erkalten werden dieselben fest. Das erhaltene Aminobenzophenon ist meist sofort rein. Durch Umkrystallisieren aus Alkohol erhält man es in schönen, dicken, monoklinen Tafeln oder Prismen vom Smp. 105°. Zu dem Filtrate vom Aminobenzophenon setzt man eine konzentrierte Bisulfitlösung (etwa 20 ccm) und dampft ein. Von nach dem Erkalten ausgeschiedenem unangegriffenem Amid wird abfiltriert und durch Ansäuern regenerierte Benzoylbenzoesäure gefällt.

In vielen Fällen lassen sich auch die entstandenen Amine durch Wasserdampfdestillation isolieren oder aus der alkalischen Flüssigkeit durch Einleiten von Schwefligsäuregas ausfällen. Namentlich bei Aminosäuren hat sich letzteres Verfahren bewährt.

Für Säuren der Fettreihe mit höherem Molekulargewicht ist die Hoogewerff-van Dorpsche Methode nicht besonders zu empfehlen, weil hierbei, und zwar oftmals als Hauptprodukte, die den betreffenden Aminen entsprechenden Nitrile erhalten werden.

Für solche Säuren wird vorgeschlagen das Bromamid zu isolieren und mit Kalk zu destillieren[1]) oder den bei ungenügendem Alkalizusatze nach der Gleichung:

$$R—CONH_2 + 2Br + 2NaOH = R—NH—CONHCOR + 2BrNa + 2H_2O$$

entstehenden Harnstoff zu verarbeiten. Auch hier wird die Zerlegung am besten durch Destillieren mit Kalk bewirkt, dabei geht aber natürlich die eine Hälfte der angewandten Substanz verloren und erschwert die Reinigung des Amins.[2])

. Weit vorteilhafter ist das von Elizabeth Jeffreys ausgearbeitete Verfahren.[3]) Diese Methode basiert auf der Beobachtung von Lengfeld und Stieglitz[4]), daß die Säurebromamide auch in methylalkoholischer Lösung durch Natriummethylat die „Beckmannsche Umlagerung" erfahren und Urethane bilden:

$$R—CON{\overset{H}{\underset{Br}{\diagdown}}} + NaOCH_3 = R—NH—COOCH_3 + NaBr.$$

Es ist dabei nicht nötig, die oft schwierig erhältlichen Brom- (Chlor-)Amide zu isolieren, man verfährt vielmehr so, wie Jeffreys zur Gewinnung des Pentadecylamins.

25.5 g (1 Mol.) Palmitinsäureamid werden in 65 g Methylalkohol durch schwaches Erwärmen gelöst, mit einer Auflösung von 4.6 g Natrium (2 Atome) in 115 g Methylalkohol gemischt und sofort mit

---

[1]) Hoogewerff und van Dorp, Rec. 6, 376 (1887). Ausbeute an Octylamin: 45 Proz.
[2]) Turpin, B. 21, 2487 (1888).
[3]) B. 30, 898 (1897). — Am. 22, 14 (1899). — Gutt, B. 40, 2061, (1907).
[4]) Am. 15, 215, 504 (1893); 16, 370 (1894). — Stieglitz, Am. 18, 751 (1896). — Mc Coy, Am. 21, 116 (1899).

Brom (16 g = 1 Mol.) tropfenweise versetzt. Zur Vollendung der Reaktion wird die Mischung 10 Minuten auf dem Wasserbade erwärmt. Man kann mit gleichem Erfolge zuerst das Brom und dann das Natriummethylat anwenden. Nachdem mit Essigsäure neutralisiert worden ist, wird der Alkohol abdestilliert und der Rückstand durch Waschen mit kaltem Wasser von Natriumsalzen befreit. Um das Urethan von wenig unverändertem Palmitinsäureamid zu trennen, wird es in warmem Ligroin (Smp. 70—80°) aufgenommen. Etwas Palmitinsäureamid (Smp. 104°) bleibt ungelöst und kann zu weiteren Versuchen verwendet werden. Die Ausbeute an Urethan (Smp. 60 bis 62°) beträgt 83—94 Proz. der theoretischen.

Zur Darstellung von Pentadecylamin aus dem Urethan kann man dieses durch Erhitzen mit konzentrierter Salzsäure (5 Stunden im Rohr auf 200°) oder mit konzentrierter Schwefelsäure (1 Stunde auf 110—120° in offenem Kolben) verseifen und das Amin aus seinen Salzen durch Eindampfen mit alkoholischem Kali und Destillieren gewinnen. Viel bequemer und unter direkter Bildung des freien Amins destilliert man das Urethan gemengt mit drei- bis viermal seinem Gewichte an gelöschtem Kalk. Das Amin wird dann quantitativ nach folgender Gleichung gebildet:

$$C_{15}H_{31}NHCOOCH_3 + Ca(OH)_2 = C_{15}H_{31}NH_2 + CaCO_3 + CH_3OH.$$

Das auf letzterem Wege erhaltene Amin wird in Ligroin gelöst, mit festem Ätzkali möglichst getrocknet und dann, nach Entfernung des Ligroins, durch einstündiges Erhitzen auf dem Wasserbade über Natrium und darauffolgendes Destillieren völlig von Wasser befreit.

Diamide von Orthodicarbonsäuren zu Diaminen abzubauen gelingt nicht.

Ungesättigte Säuren lassen sich im allgemeinen auch nicht abbauen (Freundler[1]), Hofmann, Freund und Gudemann[2]), doch ist es Willstätter[3]) gelungen, das Amid der Δ^2-Cycloheptencarbonsäure, allerdings in schlechter Ausbeute (ca. 20 Proz.) in Δ^2-Aminocyclohepten zu verwandeln.

Hypojodite scheinen unwirksam zu sein, wenigstens wird aus Phthalimid mit Jod und Kalilauge keine Anthranilsäure erhalten. Dagegen gelingt die Hofmannsche Reaktion mit Jodosobenzol[4]).

Über Abbau der Säureimide siehe S. 857.

Über Amidchloride und Imidchloride: Wallach, Ann. 184, 1 (1876).

Über Imidoäther: Pinner, B. 16, 353, 1654 (1883); 17, 184, 2002 (1884); 23, 3820 (1890); 26, 2126 (1893); 27, 984 (1894). — Lossen, Ann. 252, 176, 211 (1889). — B. 17, 1587 (1884). —

---

[1]) Bull. (3), 17, 420 (1897).
[2]) B. 21, 2695 (1888). — Siehe auch Weerman, Rec. 26, 203 (1907).
[3]) Ann. 317, 243 (1901).
[4]) Tscherniak, B. 36, 218 (1903).

Tafel und Enoch, B. 23, 105 (1890). — Bushong, Am. 18, 490 (1896).

Über elektrolytische Reduktion der Säureamide zu Alkylaminen: Baillie und Tafel, B. 32, 68 (1899). — Guerbet, Bull. (3), 21, 778 (1899).

Kryoskopische Untersuchungen über Säureamide: Auwers, Z. phys. 30, 529 (1899). — Meldrum und Turner, Proc. 24, 98 (1908). — Soc. 93, 876 (1908).

Zehnter Abschnitt.

Säureimidgruppe.

Die Konstitution der Säureimide, ob dieselben tautomer sind und je nach den Umständen in der symmetrischen und der asymmetrischen Form auftreten:

$$\begin{matrix} CO & & CO \\ & \diagdown NH \rightleftharpoons \diagup & O \\ CO & & C \\ & & NH \end{matrix}$$

oder ob manchen von ihnen eine der beiden Formen ausschließlich zukommt, ist noch nicht mit Sicherheit erkannt.

Literatur:

Anschütz, B. 28, 59 (1895). — Ann. 295, 27 (1897).
Tiemann, B. 24, 3424 (1891).
Hoogewerff und van Dorp, Rec. 11, 84 (1892); 12, 12 (1893); 13, 93 (1894); 14, 272 (1895).
Van der Meulen, Rec. 15, 323 (1896).
Kieseritzki, Z. phys. 28, 408 (1899).

Wahrscheinlich ist die symmetrische Form die stabile.

1. Gegen Alkali erweisen sich die Säureimide als ,,Pseudosäuren", indem sie sich nur ,,verzögert" titrieren lassen, unter Übergang in die Salze der Amidosäuren (Hans Meyer[1]).

$$\begin{Bmatrix} CO \\ CO \end{Bmatrix} NH + KOH = \begin{Bmatrix} COOK \\ CONH_2 \end{Bmatrix}$$

Diese Reaktion läßt sich zur quantitativen Bestimmung der Säureimide, und vor allem zu ihrer Unterscheidung von Aminosäuren verwerten.[1][2]

---

[1] M. 21, 913 (1900).
[2] Hans Meyer, M. 21, 965 (1900).

Verhalten gegen Ammoniak: Aschan, B. **19**, 1399 (1886).

Der Wasserstoff der Säureimide läßt sich sowohl durch positive, als auch durch negative Reste vertreten, aber die Säureimide geben im Gegensatze zu den Amiden keine Salze mit Mineralsäuren.

2. **Reaktion von Gabriel.**[1]) Die Fähigkeit der Säureimide, speziell des Phthalimids, beständige Kaliumsalze zu liefern, die glatt mit Halogenalkylen usw. reagieren, und dann durch rauchende Salzsäure oder Lauge leicht in Phthalsäure und primäre Amine oder deren Derivate gespalten werden:

$$
\text{\rotatebox{0}{}}\!\!\! \underset{\text{CO}}{\overset{\text{CO}}{>}}\!\!NH + KOH = \underset{\text{CO}}{\overset{\text{CO}}{>}}\!\!NK + H_2O ;
$$

$$
\underset{\text{CO}}{\overset{\text{CO}}{>}}\!\!NK + J.Alk = \underset{\text{CO}}{\overset{\text{CO}}{>}}\!\!NAlk + JK
$$

$$
\underset{\text{CO}}{\overset{\text{CO}}{>}}\!\!NAlk + 2H_2O = \underset{\text{COOH}}{\overset{\text{COOH}}{}} + H_2N-Alk
$$

findet vielfache Anwendung und ist auch zur Diagnose von Säureimiden verwertbar.

3. **Aufspaltung der Säureimide nach Hoogewerff und van Dorp.** Durch Erhitzen mit Methylalkohol unter Druck lassen sich die Säureimide der Fettreihe zu Estern der entsprechenden Amidosäuren aufspalten:

$$
\begin{array}{c} CH_2-CO \\ | \qquad\qquad >NH \\ CH_2-CO \end{array} + \begin{array}{c} CH_3 \\ | \\ OH \end{array} = \begin{array}{c} CH_2-CONH_2 \\ | \\ CH_2-COOCH_3 \end{array}
$$

Man erhitzt im Einschmelzrohre 3 Stunden lang mit der 8fachen Menge absoluten Alkohols auf 170°. Das Reaktionsprodukt wird aus Aceton umkrystallisiert.[2])

Die **Amidosäuren der Pyridinreihe** gehen dagegen merkwürdigerweise unter dem Einflusse von Methylalkohol schon bei 100° unter Abspaltung der Amidogruppe in Estersäuren über (Kirpal[3]).

Zur Bildung der Amidosäureester von aromatischen Substanzen

---

[1]) B. **20**, 2224 (1887); **24**, 3104 (1891). Hier noch weitere Literaturangaben.

[2]) Rec. **18**, 358 (1899).

[3]) M. **21**, 959 (1900). — Siehe S. 559.

ist das Verfahren auch nicht zu verwenden, doch kann man diese Derivate auf einem Umwege erhalten (Nachenius[1]).

Sehr leicht reagieren indessen die Isoimide (van der Meulen[2]).

Über Aufspaltung der Säureimide durch Phenole: Van Benkeleveen, Rec. 19, 32 (1900).

4. Abbau der Säureimide nach Hofmann.

Die Säureimide lassen sich ebenso leicht wie die Säureamide mittels alkalischer Brom-(Chlor-)Lösung abbauen (siehe S. 850 ff.).

Nach Seidel und Bittner[3]) ist es zum Gelingen der Reaktion notwendig, die Säureimide zuerst einige Zeit mit der Lauge reagieren zu lassen (eine Stunde lang rühren), da erst nach der Aufspaltung zur Amidosäure der Abbau stattfinden kann.

Es zeigt sich dabei oftmals, daß unterchlorigsaures Alkali bessere Resultate gibt als Hypobromit.[4])

Zur Darstellung von Anthranilsäure z. B. verfährt man nach dem D. R. P. 55988 (1891) folgendermaßen:

Ein Gewichtsteil fein verteiltes Phthalimid wird gleichzeitig mit zwei Gewichtsteilen festem Natriumhydroxyd unter Kühlung in sieben Gewichtsteilen Wasser aufgelöst, dann gibt man unter beständigem Rühren zehn Gewichtsteile auf 5.06 Proz. NaOCl-Gehalt eingestellter Hypochloritlösung hinzu und erwärmt die Mischung einige Minuten auf etwa 80° C, bei welcher Temperatur sich die Umsetzung rasch vollzieht. Nach dem Abkühlen der Flüssigkeit neutralisiert man mit Salzsäure oder Schwefelsäure und gibt einen genügenden Überschuß von Essigsäure hinzu, wodurch sich ein großer Teil der entstandenen Anthranilsäure krystallinisch abscheidet. Man filtriert und wäscht die Anthranilsäure mit kaltem Wasser aus. Die vereinigten Laugen versetzt man zweckmäßig mit Kupferacetat, wodurch sich aus denselben schwer lösliches anthranilsaures Kupfer abscheidet, das nach bekannten Methoden in Anthranilsäure übergeführt wird.

---

[1]) Rec. 18, 364 (1899).
[2]) Rec. 15, 323 (1896).
[3]) M. 23, 422 (1902).
[4]) Graebe, B. 34, 2111 (1901).

Sechstes Kapitel.

Diazogruppe. — Azogruppe. — Hydrazingruppe. — Hydrazogruppe.

———

Erster Abschnitt.

Reaktionen der Diazogruppe.

1. Diazoderivate der Fettreihe.

a) Qualitative Reaktionen.

Die Diazoverbindungen der Fettreihe besitzen eine etwas andere Struktur als diejenigen der aromatischen Reihe, indem bei ihnen beide Stickstoffatome an denselben Kohlenstoff gebunden sind; strenge genommen müßte man sie daher als „innere Azoverbindungen" bezeichnen.[1]

Als echte Diazoverbindung der Fettreihe ist das diazoäthansulfosaure Kalium[2] zu betrachten.

Als Unterschiede im Verhalten zwischen aliphatischen und aromatischen Diazoverbindungen sind hauptsächlich anzuführen:

1. Die Unfähigkeit der ersteren, Diazoaminoverbindungen zu bilden.

2. Das Bestreben, wenn irgend möglich an Stelle der beiden austretenden Stickstoffatome zwei einwertige Atome oder Radikale zu substituieren.

So entstehen

a) beim Kochen (der Diazofettsäureester) mit Wasser oder verdünnten Säuren Oxysäuren,

b) mit Alkoholen und Phenolen die entsprechenden Äther,

c) mit Halogenwasserstoffsäuren[3] die betreffenden gesättigten Monohalogenverbindungen (Chlormethyl aus Diazomethan, Chloressigsäure aus Diazoessigester),

---

[1] Curtius, J. pr. (2), **39**, 114 (1888). — B. **23**, 3036 (1890).
[2] E. Fischer, Ann. **199**, 302 (1879). — Hantzsch, B. **35**, 897 (1902).
[3] Einwirkung von Flußsäure: Curtius, J. pr. (2), **38**, 429 (1887).

d) mit Halogenen Disubstitutionsprodukte,

e) mit organischen Säuren Ester,

f) mit aromatischen Aminen die entsprechenden sekundären Basen.

3. Mit Acetylenderivaten und mit den Estern ungesättigter Säuren entstehen Pyrazol- bzw. Pyrazolinderivate. Letztere gehen beim Erhitzen unter Stickstoffabspaltung in Trimethylencarbonsäureester über.[1])

$$
\begin{array}{cc}
\underset{N=N}{\overset{CH_2}{\triangle}} + \underset{CH}{\overset{CH}{|||}} = \underset{N-NH-CH}{\overset{CH———CH}{|}} \; ; & \underset{N=N}{\overset{CHCOOCH_3}{}} + \underset{CH-COOCH_3}{\overset{CH-COOCH_3}{||}} \\
\end{array}
$$

$$
= \underset{N-NH-CHCOOCH_3}{\overset{CH_3OOC-C———CHCOOCH_3}{||}}
$$

$$
\underset{N-NH-CHCOOCH_3}{\overset{CH_3COO-C———CHCOOCH_3}{||}} = \underset{CHCOOCH_3}{\overset{CH_3COO-CH-CHCOOCH_3}{|}} + N_2
$$

4. Einwirkung auf Cyan: Peratoner und Azzarello, Gazz. **38**, I, 76 (1908) — auf Blausäure: Peratoner und Palazzo, Gazz. **38**, I, 102 (1908).

5. Unter dem Einfluße konzentrierter Laugen werden Diazofettsäureester· verseift und zugleich zu dimolekularen Verbindungen[2]) polymerisiert. Die entstehenden Derivate zeigen mit konzentrierter Salpetersäure schöne purpurrote, blaue und grüne Färbungen.

6. Bildung von Pseudophenylessigsäure: Buchner, B. **29**, 108 (1896); **32**, 705 (1899).

b) **Quantitative Bestimmung der aliphatischen Diazogruppe.[3])**

Die aliphatische Diazogruppe kann nach Curtius[4]) auf folgende Arten bestimmt werden:

1. Durch Titration des Stickstoffs mit Jod,

2. durch Analyse des Jodderivates der Verbindung,

3. durch Bestimmung des Stickstoffs auf nassem Wege.

1. Bestimmung des Stickstoffs durch Titrieren mit Jod.[5])

Der Prozeß vollzieht sich nach der Gleichung:

$$CHN_2CO_2R + J_2 = CHJ_2COOR + N_2.$$

---

[1]) Buchner, B. **22**, 2165 (1889); Ann. **273**, 214 (1893). — Pechmann, B. **27**, 1888, 3247 (1894); **31**, 2950 (1898); **32**, 2299 (1899); **33**, 3594 (1900).

[2]) Curtius und Lang, J. pr. (2), **38**, 582 (1887). — Hantzsch und Silberrad, B. **33**, 58 (1900).

[3]) Siehe auch S. 593.

[4]) B. **18**, 1285 (1885). — J. pr. (2), **38**, 421 (1887). — v. Pechmann, B. **27**, 1889 (1894).

[5]) J. pr. (2), **38**, 423 (1887).

Etwas mehr als die berechnete Menge Jod wird genau abgewogen, in absolutem Äther gelöst und zu einer Auflösung der abgewogenen Menge Diazoester in Äther aus einer Bürette zufließen gelassen, bis die citronengelbe Farbe in Rot umschlägt.

Man erwärmt gegen das Ende der Reaktion die zu titrierende Flüssigkeit auf dem Wasserbade. Der Farbenumschlag läßt sich scharf erkennen.

Die übrig bleibende Jodlösung wird in einem Kölbchen von bekanntem Gewichte vorsichtig abgedampft und das zurückbleibende Jod gewogen.

2. Analyse des durch Verdrängung des Stickstoffs entstehenden Jodproduktes.[1]

In dem Jodderivate des Esters kann man entweder eine Jodbestimmung machen, oder noch einfacher so vorgehen, wie dies Curtius bei der Untersuchung des Diazoacetamids angegeben hat.

Eine abgewogene Menge der Substanz wird in einem Becherglase von bekanntem Gewichte in wenig absolutem Alkohol gelöst

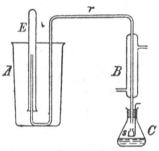

Fig. 224.

und mit Jod bis zur dauernden Rotfärbung versetzt. Nach dem Verdunsten der Flüssigkeit auf dem Wasserbade wird der geringe Überschuß an Jod durch anhaltendes gelindes Erwärmen entfernt und der homogene, schön krystallisierende Rückstand gewogen.

Diese beiden Verfahren, den Stickstoffgehalt einer fetten Diazoverbindung mittels Jod zu bestimmen, lassen sich nur bei ganz reinen Substanzen mit Erfolg anwenden.

Bei Gegenwart von Verunreinigungen tritt der Farbenumschlag von Gelb in Rot viel eher ein, als aller Stickstoff durch Jod ersetzt ist.[2]

3. Bestimmung des Diazostickstoffs auf nassem Wege.

Wegen der großen Flüchtigkeit der aliphatischen Diazosäureester ist eine der S. 866 geschilderten Methode analoge Stickstoffbestimmung nicht zu empfehlen.

Man verfährt vielmehr wie folgt:[3]

In den mit Wasser gefüllten geräumigen Zylinder A (Fig. 224) ist ein U-förmig gebogenes dünnes Capillarrohr r in der Weise ein-

---

[1] J. pr. (2), 38, 417 (1887).
[2] Siehe auch Wegscheider und Gehringer, M. 24, 364 (1903); 29, 525 (1908). — Eine Erklärung für derartige Resultate, die weniger Diazokörper anzeigen, als faktisch vorhanden ist, gibt Greulich, Diss., Jena 1905, S. 25, für den Fall des Diazoacetons.
[3] Curtius, J. pr. (2), 38, 417 (1887).

gesenkt, daß es das Niveau der Flüssigkeit ein Stück überragt.
Über den einen Schenkel wird ein Meßrohr E gestülpt, während der
andere mit einem kleinen, vertikal stehenden Kühler B
verbunden ist, an dessen unteres Ende ein sehr kleines
Kölbchen c mit einem Gummistopfen, durch welchen
ein löffelförmig gebogener Platindraht luftdicht geführt ist, angeschlossen werden kann.

Dieses Kölbchen wird zum Teile mit ausgekochter,
sehr verdünnter Schwefelsäure gefüllt, die abgewogene
Substanz (ca. 0.2 g) in dem kleinen Fläschchen s mit
Glaskugelverschluß auf das löffelförmige Ende des
Platindrahtes gebracht und das Kölbchen hierauf
durch den Gummistopfen mit dem Kühler luftdicht
verbunden. Sobald das Luftvolumen in dem Eudiometerrohre keine Veränderung mehr erleidet, was
man in sehr empfindlicher Weise durch den Stillstand
eines in der Capillarröhre befindlichen kleinen Wasser-
tropfens beobachten kann, liest man das Anfangs-
volumen und die Temperatur ab, schleudert das
Eimerchen mit der Substanz durch Schütteln des
Platindrahtes in die Flüssigkeit hinein und erhitzt
die letztere allmählich zum Sieden.

Nach wenigen Minuten ist die Zersetzung zu
Ende, worauf man vollständig erkalten läßt, das Meß-
rohr so weit in die Höhe schiebt, bis das Niveau der
Flüssigkeit in demselben mit demjenigen des großen
Zylinders übereinstimmt, und nun das vergrößerte
Volum unter annähernd denselben Druck- und Tem-
peraturverhältnissen abliest.

Die Differenz der Volumina entspricht dem
Volum des ausgetriebenen Diazostickstoffs.

Will man den Stickstoffgehalt einer Verbindung
bestimmen, welche neben der Diazogruppe noch Amid
enthält, z. B. des Diazoacetamids, so verwendet man
als Zersetzungsflüssigkeit verdünnte Salzsäure und
kann dann das entstandene Ammoniak im Rückstande durch Platinchlorid ermitteln, demnach den
Diazo- und den Amidstickstoff in einer Operation
gleichzeitig nebeneinander bestimmen.

Ernst Müller hat[1]) den Apparat folgendermaßen recht zweckmäßig modifiziert:

In dem kleinen Becherglase a (Fig. 225) wird der
Diazoester abgewogen und in das Kölbchen b, in
welchem sich etwas verdünnte Schwefelsäure befindet,
gebracht. Hierauf wird das Kölbhen b durch den Stopfen d mit

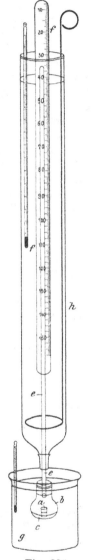

Fig. 225.

---

[1]) Diss., Heidelberg 1904, S. 48.

der Röhre e, über welche das Eudiometer f gestülpt ist, verbunden.
Kölbchen wie Eudiometer werden durch die Kühlgefäße g und h
auf gleiche konstante Temperatur t gebracht. Nun wird am Eudiometer f das Volumen v_1 abgelesen, alsdann nach dem Entfernen
des Kühlgefäßes g durch Klopfen an das Kölbchen b das Becherglas a mit dem Diazoester umgeworfen. Durch die Schwefelsäure
wird der Diazoester unter Aufbrausen zersetzt. Um allen Stickstoff
auszutreiben, wird am Schlusse des Versuchs das Kölbchen b noch
erwärmt, wobei natürlich das Eudiometer gehoben werden muß,
damit in b kein zu großer Druck entsteht. Nachdem das Kölbchen b mittels des Kühlgefäßes g wieder auf die frühere Temperatur
gebracht worden ist, wird das jetzige Volumen v_2 am Eudiometer
abgelesen. Die Differenz der beiden Ablesungen $v_2 - v_1$ gibt das
entwichene Stickstoffvolumen an.

Diese volumetrische Methode pflegt etwa $1—1^1/_2$ Proz, zu
niedrige Werte zu liefern.

Analyse von Triazopropionsäureester: Richmond, Forster und
Fierz, Soc. 93, 673 (1908). — Richmond, Analyst. 33, 179 (1908).

2. Aromatische Diazogruppe.

a) Reaktionen, welche unter Abspaltung des Stickstoffs
verlaufen.

1. Ersatz der Diazogruppe durch Hydroxyl.[1]) Erfolgt
beim Kochen der Diazoniumsulfate (Chloride) mit Wasser. Nitrate
geben dabei als Nebenprodukte Nitrophenole.

2. Ersatz der Diazogruppe durch Halogene. Bezüglich
des Ersatzes durch Chlor siehe S. 783. Brom wird leichter, und
noch leichter Jod eingeführt. Zur Einführung von Brom eignen sich
besonders die Perbromide, welche bei Kochen mit Alkohol nach der
Gleichung

$$ArN_2Br_3 + 2CH_3CH_2OH = ArBr + 2BrH + N_2 + 2CH_3CHO$$

zerfallen.

Einführung von Fluor: Wallach, Ann. 243, 739 (1888).

3. Ersatz der Diazogruppe durch Wasserstoff.[2])
a) Alkoholmethode. Beim Kochen der Diazolösungen mit
absolutem Methyl- oder Äthylalkohol wird gewöhnlich die Diazogruppe unter Eintritt von Wasserstoff eliminiert, während der Alkohol
zu Aldehyd oxydiert wird.

---

[1]) Grieß, Ann. 137, 67 (1866). — Hirsch, B. 24, 325 (1891). — Müller
und Haußer. C. r. 114, 549, 669, 760, 1438 (1892). — Bull. (3), 9, 353 (1893).
— Über Fälle, in denen die Reaktion versagt, siehe S. 787 u. Tritsch, Diss,
Zürich 1907, S. 47. — Borsche und Bothe, B. 41, 1942 (1908).
[2]) Grieß, Ann. 137, 67 (1866). — Remsen und Graham, Am. 11,
319 (1889).

Es sind indessen zahlreiche Fälle bekannt geworden, wo die Reaktion nicht nach der Gleichung

I. $ArN_2 . OSO_3H + CH_3CH_2OH = ArH + N_2 + H_2SO_4 + CH_3CHO$

allein, sondern mehr oder weniger auch unter Eintritt von Alkyloxyden (Phenolätherbildung) verläuft[1]):

II. $ArN_2 . OSO_3H + CH_3OH = ArOCH_3 + H_2SO_4 + N_2$.

Der Verlauf der Reaktion hängt von der Natur des Alkohols, des Diazokörpers, der Säure, vom Drucke und der Temperatur ab. In der Pyridinreihe scheint die Reaktion ausschließlich nach Gleichung II zu erfolgen.

b) Verfahren von Mai.[2]) Hier wird die Reduktion mittels unterphoriger Säure bewirkt. Man verwendet entweder die käufliche Säure (sp. Gew. 1.15) oder das Calcium- oder Natriumsalz, das durch die berechnete Menge Schwefelsäure oder Salzsäure zerlegt wird.

Die Methode ist sehr empfehlenswert. Bei der p-Aminophenylarsinsäure führte sie allein zum Ziele.[3])

217 g p-Aminophenylarsinsäure werden in einem Liter Wasser und 260 ccm Salzsäure (sp. Gew. 1.12) gelöst, und unter Turbinieren und Kühlen mit 350 ccm 3-n. Nitritlösung diazotiert. Die filtrierte Diazolösung wird in eine Lösung von 530 g technischem Natriumhypophosphit und 650 ccm Salzsäure (1.12) in einem Liter Wasser eingetragen, wobei die Temperatur nicht über $+2^0$ steigen soll.

Die Stickstoffentwicklung beginnt alsbald und ist nach ca. 18-stündigem Digerieren bei $+2$ bis $+5^0$ vollständig beendet. Man filtriert nun von einem geringfügigen Niederschlage in 1250 ccm 25prozentigen Ammoniaks hinein und schlägt durch Zusatz von 500 ccm krystallisierten Bariumchlorids, in $1^1/_2$ l Wasser gelöst, Phosphorsäure und phosphorige Säure nieder. Das Filtrat wird mit Essig-

---

[1]) Wroblewski, Z. f. Ch. 1870, 164. — B. 3, 98 (1870); 17, 2703 (1884). — Fittica, B. 6, 1209 (1873). — Hayduck, Ann. 172, 215 (1874). — Zander, Ann. 198, 1 (1879). — Balentine, Ann. 202, 351 (1880). — Paysan, Ann. 221, 210 (1883). — Mohr, Ann. 221, 220 (1883). — Heffter, Ann. 221, 352 (1883). — Brown, Am. 4, 374 (1883). — Schulz, B. 17, 468 (1884). — Haller, B. 17, 1887 (1884). — Hofmann, B. 17, 1917 (1884). — Remsen, B. 18, 65 (1885). — Limpricht, B. 18, 2176, 2185 (1885). — Widmann, B. 18, 151 (1885). — Remsen und Palmer, Am. 8, 243 (1886). — Remsen und Orndorff, Am. 9, 387 (1887). — Remsen und Graham, Am. 11, 319 (1889). — Orndorff und Lauffman, Am. 14, 45 (1892). — Remsen und Dashiell, Am. 15, 105 (1893). — Metcalf, Am. 15, 301 (1893). — Parks, Am. 15, 320 (1893). — Shober, Am. 15, 379 (1893). — Beeson, Am. 16, 235 (1894). — Marckwald, B. 27, 1318 (1894). — Griffin, Am. 19, 163 (1897). — Chamberlein, Am. 19, 531 (1897). — Cameron, Am. 20, 229 (1898). — Franklin, Am. 20, 455 (1898).
[2]) B. 35, 162 (1902).
[3]) Bertheim, B. 41, 1855 (1908).

säure neutralisiert und das phenylarsinsaure Zink mit überschüssigem Zinkacetat gefällt. Ausbeute an reiner Säure ca. 50 Proz. der Theorie.

c) Überführung in Hydrazin und Oxydation. Durch Zinnchlorür in salzsaurer Lösung[1]), oder durch Verwandlung in diazosulfosaure Salze und Reduktion dieser mit überschüssigem Alkalisulfit oder besser Zinkstaub und Essigsäure[2]) werden die Diazokörper in Hydrazine, resp. durch kochende Salzsäure spaltbare hydrazinsulfosaure Salze verwandelt.

Oxydationsmittel liefern[3]) nach dem Schema

$$R.NH.NH_2 \longrightarrow R.NH.N\overset{H}{\underset{OH}{\diagup}} \dashrightarrow R.H + N_2 + H_2O$$

Kohlenwasserstoffe. Am besten arbeitet man mit Kaliumchromat.[4])

d) Andere Methoden, die Diazogruppe durch Wasserstoff zu ersetzen.

Reduktion mit Zinnchlorür: Effront und Merz, B. 17, 2329, 2341 (1884). — Culmann und Gasiorowsky, J. pr. (2), 40, 97 (1889). — Mit Zinnoxydulnatron: Friedländer, B. 22, 587 (1889). — Königs und Carl, B. 23, 2672, Anm. (1890). — Mit Kupferpulver und Ameisensäure: Tobias, B. 23, 1632 (1890).

Einwirkung von Phenol auf Diazokörper: Hirsch, B. 23, 3705 (1890), — von Eisessig: Orndorff, Am. 10, 368 (1881), — von Essigsäureanhydrid: Wallach, Ann. 235, 233 (1886).

4. Ersatz der Diazogruppe durch andere Reste: Sulfhydratgruppe: Klason, B. 20, 349 (1887). — Bildung von Xanthogensäureestern und Thiophenolen: D. R. P. 45120 (1887). — Leuckart, J. pr. (2), 41, 184 (1890). — Sulfinsäuren: Gattermann, B. 32, 1136 (1899). — Nitrilbildung: Sandmeyer, B. 17, 2653 (1884); 18, 1492 (1885). — Rhodanide: Gattermann, Hausknecht, B. 23, 738 (1890). — Thurnauer, B. 23, 770 (1890) usw.

b) Reaktionen, bei welchen die Diazogruppe erhalten bleibt. (Kuppelungsreaktionen.)

1. Bildung von Diazoaminoverbindungen.

Dieselben entstehen aus Diazokörpern und primären und sekundären Aminen der Fettreihe, Benzolreihe und Pyridinreihe, wenn man äquimolekulare Mengen der Komponenten in gekühlter wässeriger

---

[1]) V. Meyer und Lecco, B. 16, 2976 (1883).
[2]) E. Fischer, Ann. 190, 71 (1877). — Reychler, B. 20, 2463 (1887).
[3]) Baeyer und Haller, B. 18, 90, 92 (1885). — Zincke, B. 18, 786 (1885).
— Armstrong und Wynne, Proc. 6, 11, 75, 127 (1890); 7, 27 (1891). — D. R. P. 57910 (1890). — D. R. P. 77596 (1894). — Siehe auch S. 880.
[4]) Chattaway, Proc. 24, 10 (1908). — Soc. 93, 271 (1908).

Lösung zusammenbringt. Das betreffende Amin wird in Form eines Mineralsäuresalzes angewandt und durch die entsprechende Menge Natriumacetatlösung freigemacht. Die in Wasser und verdünnten Säuren und Alkalien unlöslichen Diazoaminokörper können aus alkalihaltigem Alkohol[1]) umkrystallisiert oder durch Digerieren mit alkoholischer Schwefelammoniumlösung gereinigt werden.[2]) Sie sind im allgemeinen gelb; das Diazoaminohydroisochinolin dagegen ist farblos.[3])

Reaktionen der Diazoaminokörper: $Ar - N = N - NHR.$
(R)

Das Wasserstoffatom der Iminogruppe zeigt die typischen Reaktionen eines sekundären Aminwasserstoffs, es ist auch durch Metall vertretbar.

Bei aromatischen Diazoaminokörpern, bei denen Desmotropie vorliegt, hat sich Phenylisocyanat als diagnostisch wertvolles Reagens erwiesen.[4])

Unterschiedlich von den Diazokörpern färben sich die Diazoaminokörper in alkoholischer Lösung nicht auf Zusatz von m-Phenylendiamin. Nach dem Ansäuern mit Essigsäure entsteht aber eine tieforangerote Färbung (Chrysoidinreaktion[5]).

Aromatische Diazoaminoverbindungen mit unbesetzter Parastellung[6]) gehen beim Stehen ihrer alkoholischen Lösungen (mit etwas salzsaurem Anilin usw.) in Para-Aminoazoverbindungen über[7]):

$$-N = N - NH - \langle \_\_\_ \rangle \quad = \quad -N = N - \langle \_\_\_ \rangle - NH_2.$$

Bei besetzter Parastellung entstehen Orthoaminoazokörper.

Die Geschwindigkeit der Umlagerung ist der Stärke der Säure des angewandten Anilinsalzes proportional: vgl. Goldschmidt und Reinders, B. 29, 1369, 1899 (1896).

Die Diazoaminokörper zeigen im übrigen alle Reaktionen der Diazokörper, nur sind sie viel beständiger und werden erst bei höheren Temperaturen und weniger explosionsartig zersetzt.

Über ihre quantitative Bestimmung siehe S. 867 ff.

---

[1]) Schraube, B. 30, 1399 (1897).
[2]) Bernthsen und Goske, B. 20, 928 (1887).
[3]) Bamberger und Dieckmann, B. 26, 1210 (1893). — Bamberger, B. 27, 2933 (1894).
[4]) Heinr. Goldschmidt und Holm, B. 21, 1016 (1888). — Goldschmidt und Molinari, B. 21, 2557 (1888). — Goldschmidt und Bardach, B. 25, 1359 (1892). — v. Pechmann, B. 28, 874 (1895). — Schraube und Fritsch, B. 29, 288 (1896).
[5]) O. N. Witt, B. 10, 1309 (1877). — Friswell und Green, Soc. 47, 923 (1885).
[6]) In gewissen Fällen läßt sich auch bei besetzter Parastellung Umlagerung erzwingen. — Nölting und Witt, B. 17, 77 (1884).
[7]) Kekulé, Z. f. Ch. 1866, 689. — Goldschmidt und Bardach, B. 25, 1347 (1892).

2. Bildung von Azofarbstoffen.

Siehe hierüber S. 781. Weiter ist noch folgendes zu bemerken: Sterische Behinderung der Kuppelungsfähigkeit. Zur Bildung von Aminoazoverbindungen sind von den tertiären Aminen nur jene befähigt, welche entweder die Parastellung oder beide Orthostellungen unbesetzt enthalten. Im ersteren Falle entstehen Para-, im letzteren Orthoaminoazoverbindungen.

Ist die Parastellung frei, aber eine oder beide Orthostellungen besetzt, so läßt sich die Kuppelung im allgemeinen gar nicht oder doch nur sehr schwierig und nur mit den reaktionsfähigsten Diazokörpern (p-Nitronilin) erzwingen.[1][2][3] Sekundäre Amine hingegen lassen sich unter diesen Umständen ganz normal kombinieren.[4]

Das gleiche gilt von den Oxyazokörpern,[5] nur tritt bei Phenolen mit besetzter Parastellung manchmal dadurch Azofarbstoffbildung ein, daß der Substituent (namentlich Carboxyl: Paraoxybenzoesäure) abgespalten wird.[6]

Unterscheidung von Para- und Orthooxyazokörpern: Liebermann und Kostanecki, B. 17, 885 (1884). — H. Goldschmidt und Rosell, B. 23, 487 (1890). — Lagodzinski und Mateesen, B. 27, 961 (1894).

Über einen Fall der Bildung des Orthooxyazokörpers bei unbesetzter Parastellung: Michel und Grandmougin, B. 26, 2353 (1893).

c) Quantitative Bestimmung der Diazogruppe aromatischer Verbindungen.

Die Bestimmung der aromatischen Diazogruppe[7][8] erfolgt gewöhnlich ähnlich der S. 860 angeführten Methode, am besten jedoch im Lungeschen Nitrometer unter Benutzung 40proz. Schwefelsäure (Bamberger[9]).

Wird die Bestimmung im Kohlendioxydstrome ausgeführt, so ist die Luft vorher bei 0° auszutreiben (Hantzsch[10]), wenn die Verbindungen leicht zersetzlich sind.

Bei der Bestimmung mittels des Nitrometers ist die Tension der

---

[1] In gewissen Fällen läßt sich auch bei besetzter Parastellung Umlagerung erzwingen. — Nölting und Witt, B. 17, 77 (1848).

[2] Friedländer, M. 19, 627 (1898).

[3] Weinberg, B. 25, 1612 (1892).

[4] Die entgegengesetzten Resultate von Heidelberg, B. 20, 150 (1887) sind nach Friedländer falsch.

[5] Limpricht, Ann. 263, 236 (1891). — Kostanecki und Zibel, B. 24, 1695 (1891).

[6] Nölting und Kohn, B. 17, 358, Anm. (1884). — Siehe auch S. 469.

[7] Knoevenagel, B. 23, 2997 (1890).

[8] Pechmann und Frobenius, B. 27, 706 (1894).

[9] B. 27, 2598 (1894).

[10] B. 28, 1741 (1895).

zur Zersetzung benutzten Schwefelsäure vom Vol.-Gew. 1.306 (15⁰) nach Regnault mit 9.4 mm in Rechnung zu bringen.

Den Diazostickstoff normaler Diazotate bestimmt Hantzsch[1]) durch Lösen des Salzes in Eiswasser, Zusatz von Salzsäure, Verdrängen der Luft durch Kohlendioxyd im Kältegemisch, nachheriges Zufließenlassen von Kupferchlorürlösung und schließliches Erhitzen bis zum Sieden, wobei von allen Lösungen gemessene Volumina genommen und die in ihnen enthaltene Luftmenge durch Kochen ermittelt und vom Volum des Diazostickstoffs abgezogen wird.

Zur Stickstoffbestimmung in dem Zinnchloriddoppelsalze des m-Diazobenzaldehydchlorids übergossen Tiemann und Ludwig[2]) die Substanz in einem Kölbchen mit ausgekochtem Wasser und verbanden einerseits mit einem Kohlensäureentwicklungsapparate, andererseits mit einem Gasableitungsrohre. Nach der Verdrängung aller Luft aus dem Apparate wurde das Gasableitungsrohr unter ein mit Kalilauge gefülltes Eudiometer gebracht und die im Kolben befindliche Flüssigkeit langsam zum Sieden erhitzt, schließlich aller entwickelte Stickstoff durch erneutes Einleiten von Kohlendioxyd in die Meßröhre übergetrieben.

Häufiger als die eigentlichen Diazokörper werden Diazoaminokörper untersucht. Goldschmidt und Reinders[3]) sind zu diesem Zwecke zuerst so verfahren, daß sie die zu untersuchende gewogene Substanz in ein Kölbchen spülten und dieses nach Zusatz von verdünnter Schwefelsäure mit einer Hempelschen Bürette in Verbindung brachten. Dann wurde das Kölbchen erwärmt, solange noch Gasentwicklung wahrzunehmen war. Nach dem Auskühlen des Kölbchens wurde die dem Diazostickstoff entsprechende Volumzunahme gemessen. So einfach dieses Verfahren war, so bot es doch einen großen Übelstand. Es war nämlich schwierig, Kölbchen und Bürette auf die gleiche Temperatur zu bringen, und bei dem relativ großen Volumen des im Kölbchen enthaltenen Gases konnten so recht erhebliche Fehler gemacht werden.

Besser ist folgendes Verfahren derselben Autoren[4])[5]): Das Kölbchen, in welches die abgewogene Substanz gebracht worden ist, wird nach Beschickung mit 50 ccm einer 33proz. Schwefelsäure mit einem doppelt durchbohrten Kautschukstopfen verschlossen, in dessen einer Öffnung sich ein Gaszuleitungsrohr befindet, während in der anderen ein kurzer Rückflußkühler mit Wasserkühlung steckt. Das obere Ende des Kühlers ist mit einem mit Natronlauge gefüllten Städelschen Stickstoffbestimmungsapparate verbunden. Durch das Zuleitungsrohr wird so lange luftfreies Kohlendioxyd (aus gekochtem Marmor und Salzsäure entwickelt) durch das kalt gehaltene Kölbchen

¹) B. 33, 2159, Anm. (1900).
²) B. 15, 2045 (1882).
³) B. 29, 1369 (1896). — Vaubel, Z. ang. 15, 1210 (1902).
⁴) B. 29, 1369 (1897).
⁵) Goldschmidt und Merz, B. 30, 671 (1897).

getrieben, bis das Gas von der Natronlauge vollständig absorbiert wird. Dann wird das Kölbchen rasch erhitzt und das entwickelte Gas im Städelschen Apparate aufgefangen. Nach Beendigung der Gasentwicklung wird wieder Kohlendioxyd durch den Apparat geführt. Nachdem das Gas eine Zeitlang über der Natronlauge gestanden ist, wird es zur Messung des Volumens in ein Eudiometer übergefüllt. Die Berechnung des Prozentgehaltes an Diazostickstoff erfolgt nach Ablesung der Temperatur und des Barometerstandes nach der gewöhnlichen Formel.

Da übrigens eine geraume Zeit erforderlich ist, um die Luft vollständig aus dem Apparate zu vertreiben, während deren die Säure umlagernd zur Aminoazoverbindung gewirkt haben kann,[1]) haften auch dieser Methode kleine Fehler an, die Mehner[2]) folgendermaßen vermeidet.

Sein Apparat, der es gestattet, die Substanz erst dann mit der Säure in Berührung zu bringen, wenn die Entwicklung beginnen soll, besitzt die aus Fig. 226 ersichtliche Einrichtung.

Ein nicht zu dünnwandiges Reagensrohr von ca. 10—12 cm Länge und 3 cm Durchmesser ist mit einem dreifach durchbohrten, gut schließenden Gummistopfen ver-

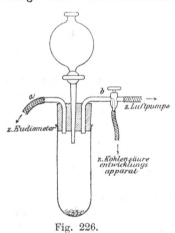

Fig. 226.

schlossen. Durch denselben führen zwei Glasröhren, die eine a, welche dicht unter dem Gummistopfen abgeschnitten ist, leitet zum Eudiometer, die andere b besitzt am Ende einen Dreiweghahn, dessen einer Weg zum Kippschen Kohlensäureentwicklungsapparat, dessen anderer zu einer Wasserstrahlluftpumpe führt. Das Rohr b ist ebenfalls direkt unter dem Gummistopfen abgeschnitten. Durch die dritte Bohrung ragt das zu einer feinen Spitze ausgezogene Ansatzrohr eines mit einem gut schließenden Hahne versehenen Tropftrichters in das Innere des Gefäßes hinein. Vor

Beginn der Analyse bringt man die Substanz auf den Boden des Entwicklungsgefäßes, füllt das Ansatzrohr des Tropftrichters bis wenig über den Hahn mit ausgekochtem Wasser (um sicher zu sein, daß am Hahne luftdichter Schluß vorhanden ist), setzt unmittelbar an dem Ende von a auf den zum Eudiometer führenden Gummischlauch einen Quetschhahn und pumpt durch b die Luft aus, so gut als es eine Wasserstrahlluftpumpe in kurzer Zeit zu leisten vermag. Dann stellt man den Doppelhahn um und läßt Kohlendioxyd in den Apparat

---

[1]) Friswell und Green, B. **19**, 2034 (1886).
[2]) J. pr. (2), **63**, 305 (1901).

treten; hierauf pumpt man wieder luftleer und läßt abermals Kohlendioxyd eintreten. Nach nochmaligem Wiederholen dieser Operationen ist nur noch in dem zum Eudiometer führenden Schlauche Luft vorhanden. Diese treibt man nach dem Öffnen des Quetschhahns durch einen raschen Kohlendioxydstrom aus und überzeugt sich schließlich, daß das entweichende Gas von Alkalilauge vollständig absorbiert wird. Nunmehr schließt man den Hahn an b, beschickt den Tropftrichter mit starker Salzsäure und läßt von dieser so viel in den Apparat eintreten, daß sie denselben zu ungefähr $^1/_5$ seines Volumens erfüllt. Man erhitzt nun rasch zum Sieden; die Stickstoffentwicklung ist bald beendet. Um das Gas aus dem Entwicklungsgefäße in das Eudiometer überzutreiben, läßt man am besten ausgekochtes Wasser aus dem Tropftrichter zulaufen, bis der Apparat fast vollständig damit erfüllt ist. Den Gasrest treibt man noch durch einen Strom von Kohlendioxyd über, was in wenigen Augenblicken geschehen ist. Nach dem Auswaschen mit Wasser ist der Apparat sofort zu neuem Gebrauche fertig.

Bei sorgfältigem Arbeiten läßt die Methode die Genauigkeit einer Dumasschen Stickstoffbestimmung leicht erreichen, wenn nicht übertreffen. Die Zeitdauer einer Bestimmung ist eine äußerst geringe.

Über ähnliche Bestimmungen siehe noch: Curtius, Darapsky und Müller, B. **39**, 3427 (1906). — Dimroth, B. **39**, 3911 (1906).

Tröger und Ewers[1]) kochen die arylthiosulfosauren und arylsulfinsauren Diazosalze mit Nitrobenzol und messen den entwickelten Stickstoff.

Für noch beständigere Diazokörper empfiehlt O. Schmidt[2]) folgendes Verfahren.

Ein kleines Kölbchen wird mit einem Gemisch aus der abgewogenen Menge der Substanz und groben Glasperlen beschickt; das Kölbchen wird mit einem doppelt durchbohrten Gummistopfen verschlossen, der ein bis auf den Boden reichendes Gaszuleitungsrohr und ein mit dem unteren Teile des Stopfens abschneidendes Ableitungsrohr trägt; aus dem Kölbchen wird nun zunächst die Luft durch Kohlendioxyd verdrängt, wobei man zweckmäßig wie bei der Stickstoffbestimmung (siehe S. 189) evakuiert; ist alle Luft durch Kohlendioxyd verdrängt, so verbindet man das Gasableitungsrohr mit einem mit Kalilauge beschickten Schiffschen Azotometer und senkt dann das Kölbchen in ein Ölbad, das man langsam auf 150—160° erwärmt; die Substanz zersetzt sich ganz langsam und regelmäßig ohne zu verpuffen, unter Stickstoffentwicklung; nach ca. 10 Minuten ist die Zersetzung beendet, und man treibt den Rest des im Kölbchen befindlichen Stickstoffs durch einen kräftigen Kohlendioxydstrom in das Azotometer. Der so erhaltene Stickstoff ist jedoch noch nicht rein, er muß von den ihn verunreinigenden

---

[1]) J. pr. (2), **62**, 372 (1900).
[2]) B. **39**, 614 (1906).

Gasen durch eine Verbrennung nach der Methode von Dumas befreit werden. Zu diesem Zwecke schaltet man zwischen den Kohlensäureentwicklungsapparat und das Verbrennungsrohr ein T-Stück ein und verbindet das obere Ende des den unreinen Stickstoff enthaltenden Schiffschen Azotometers mit einem Schenkel des T-Stücks, entfernt durch Evakuieren alle Luft aus dem System, läßt Kohlendioxyd nachströmen und wiederholt diese Operation mehrfach. Dann wird das Verbrennungsrohr erhitzt, der unreine Stickstoff langsam, mit Kohlendioxyd gemischt, durchgeleitet und nunmehr endgültig gemessen.

Titration der Diazoaminokörper nach Vaubel.[1])

Wie schon Kekulé gefunden hat, wird Diazoaminobenzol durch Brom nach der Gleichung:

$$C_6H_5N:NNHC_6H_5 + 6Br = C_6H_5N:NBr + C_6H_2Br_3NH_2 + 2HBr$$

in Diazobenzolbromid und Tribromanilin zerlegt.

Diese Reaktion läßt sich nun zur titrimetrischen Bestimmung der Diazoaminoverbindungen überhaupt verwenden.

Man löst die zu untersuchende Substanz in Eisessig, versetzt mit Salzsäure und Bromkaliumlösung und titriert mit Bromatlösung bis zur eintretenden bleibenden Reaktion auf Jodkaliumstärkepapier.

Es wird gerade so viel Brom verbraucht, als zur Bildung z. B. von Tribromanilin erforderlich ist, neben Bildung der äquivaleuten Menge der Diazoverbindung.

Der Endpunkt ist sehr gut erkennbar.

Zweiter Abschnitt.

Azogruppe.

1. Qualitative Reaktionen der Azogruppe.[2])

Die aromatischen Azokörper unterscheiden sich von den Diazokörpern durch ihre weit größere Stabilität; sie werden beim Kochen mit Säuren und Alkalien nicht verändert, die Azokohlenwasserstoffe lassen sich sogar bei hoher Temperatur unzersetzt destillieren.

Reduktionsmittel greifen dagegen sehr leicht an, die primären Reduktionsprodukte sind die Hydrazokörper, die sich leicht weiter unter Umlagerung verändern (siehe unter „quantitative Bestimmung" S. 875).

---

[1]) Z. ang. **15**, 1210 (1902).
[2]) Über aliphatische Azokörper siehe Thiele, Ann. **270**, 40, 43 (1892); **271**, 132 (1893). — Wieland, B. **38**, 1454 (1905); Ann. **353**, 69 (1907).

Bei energischer Reduktion[1]) findet je nach Art des Azokörpers mehr oder weniger glatt eine vollkommene Spaltung desselben in Amine statt:

$$\mathrm{ArN = NR + 4H = ArNH_2 + NH_2R.}$$

Diese Reaktion kann nach Witt zur Ermittelung der Konstitution des Farbstoffes verwertet werden. Die speziellen Reaktionsbedingungen müssen zwar für jeden Fall ausgearbeitet werden, im allgemeinen können aber die Angaben von Witt als Paradigma gelten.[2])

Die Reduktion wird in salzsaurer Lösung mit Zinnsalz oder mit Zinn oder Salzsäure[3]) vorgenommen. Die Reduktion mit Zinkstaub und Ammoniak oder Lauge empfiehlt sich nicht, führt vielmehr nach Witt „regelmäßig zu hoffnungsloser Schmierenbildung".[4])

Bei der Untersuchung eines Farbstoffes unbekannter Konstitution hat also zuerst die Bestimmung des in Form von Diazoverbindung angewandten Amins nach bekannten Methoden zu geschehen, dann folgt die Bestimmung der angewandten Naphthylamin- oder Naphtholsulfosäure, wenn nötig unter Rücksichtnahme auf die Natur des bereits gefundenen Monamins, in einem besonderen Versuche. Als passende Menge benutzt man 1 g des vorher durch Krystallisation oder anderweitig gereinigten, von Dextrin, Glaubersalz oder dergleichen befreiten Farbstoffes.

Als zweckmäßigstes Reduktionsmittel benutzt man Zinnsalz in salzsaurer Lösung. Wenn dasselbe nur in mäßigem Überschusse verwendet wird, so daß nach beendigter Reaktion wesentlich nur Zinnchlorid in mäßig saurer Lösung vorliegt, so wird eine Ausscheidung schwer löslicher Zinndoppelsalze wohl nur selten erfolgen und eine Befreiung der erhaltenen Produkte von Zinn keine Schwierigkeiten bereiten. Als passende Zinnsalzmenge benutzt man 2 g des krystallisierten Salzes. Dieselbe ist bei den kleinstmolekularen dieser Farbstoffe gerade noch ausreichend, während für Farbstoffe mit höherem Molekül schon ein kleiner Überschuß vorliegt. Auch die Salzsäure ist auf das nötige Maß zu beschränken. Am besten benutzt man eine fertig bereitete Auflösung von 40 g Zinnsalz in 100 ccm chemisch reiner Salzsäure (sp. Gew. 1.19), welche Zinn und Salzsäure in erfahrungsgemäß bestem Verhältnis enthält. 6 ccm dieser Lösung entsprechen 2 g Zinnsalz.

Die Reduktion wird am besten so vorgenommen, daß man die abgewogene Menge von 1 g des Farbstoffes in der gerade ausreichen-

---

[1]) Oxyazokörper können schon durch Phenylhydrazin zu Aminophenolen reduziert werden: Oddo und Puxeddu, B. **38**, 2752 (1905).
[2]) B. **21**, 3471 (1888). — Weitere Beispiele: B. **36**, 4098, 4117 (1903).
[3]) Grandmougin und Michel, B. **25**, 981 (1892).
[4]) Vgl. dagegen das D. R. P. 82426, (1895) und Stülcken, Diss., Kiel 1906, S. 41, welcher gerade mit Zinkstaub und Schwefelsäure die besten Resultate erzielt.

den Menge siedenden Wassers löst. Die meisten der in Betracht
kommenden Farbstoffe lösen sich in 10 Teilen siedenden Wassers,
man wird daher fast immer mit 10 ccm desselben ausreichen.
Einige wenige Farbstoffe erfordern mehr Wasser, keiner mehr als
20 Teile.

Sobald der Farbstoff klar gelöst ist, entfernt man das Kölbchen
vom Feuer und fügt nun auf einmal die vorher abgemessene Menge
von 6 ccm der Reduktionsflüssigkeit hinzu. Fast immer erfolgt dann
die Reduktion innerhalb weniger Augenblicke, oft unter stürmischem
Aufsieden der Flüssigkeit.

Je nach der Natur der vorliegenden Substanz erfolgt dann die
Ausscheidung der gesuchten Aminonaphthol- oder Naphthylendiamin-
sulfosäure schon in der Wärme oder beim Erkalten oder auch gar
nicht. Im letzteren Falle wird man durch Versetzen kleiner Proben
der Reduktionsflüssigkeit mit Fällungsmitteln untersuchen müssen,
welches derselben dem vorliegenden Falle entspricht. Unter allen
Umständen führt schon das Verhalten des Farbstoffs bei der in angegebener Weise ausgeführten Reduktion zur Sonderung in Gruppen,
innerhalb deren die einzelnen gebildeten Reduktionsprodukte durch
wenige nach ihrer Reinabscheidung anzustellende Proben unterschieden werden können.

Grandmougin und Michel[1]) ziehen es vor, bei jeder Reduktion die nötige Menge Zinn in Salzsäure aufzulösen, anstatt Zinnsalz
anzunehmen.

Als Beispiel einer Spaltung nach dieser Methode sei die Darstellung des 2.1-Aminonaphthols angeführt.

Man löst 100 g Orange II in 1 Liter siedenden Wassers auf und
fügt unter Umschwenken zur warmen Lösung eine ebenfalls heiße
Lösung von 130 g Zinn in $^3/_4$ Liter technischer Salzsäure. (Es ist
gut, zum Auflösen des Zinns diese Salzsäuremenge nicht auf einmal
zu nehmen, sondern zuerst nur $^1/_4$ Liter. Wenn sich die Auflösung
des Zinns verlangsamt, wird wieder $^1/_4$ Liter zugegeben usf. bis zur
vollständigen Auflösung. Zum Schlusse sind einige Tropfen Platinchloridlösung vorteilhaft.)

Die Reaktion ist sehr heftig, ein intermediär gebildeter roter
Niederschlag löst sich wieder auf, und nach Zugabe des ganzen Zinnchlorürs ist die Flüssigkeit meistens entfärbt, wenn nicht, so genügt
kurzes Erwärmen auf dem Wasserbade. Sollten in der entfärbten
Lösung Unreinigkeiten sein, so kann man von denselben abfiltrieren,
muß aber rasch arbeiten, um ein Auskrystallisieren auf dem Filter
zu verhindern.

Beim Abkühlen erstarrt die Lösung vollständig zu einem Brei
von glänzenden Krystallen des salzsauren Aminonaphthols. Dieselben
sind fast rein, speziell zinn- und sulfanilsäurefrei: Man filtriert sie
ab und wäscht mit etwas verdünnter Salzsäure nach. So erhalten

---

[1]) B. **25**, 981 (1892).

bildet das salzsaure Aminonaphthol glänzende reine Krystalle, welche sich aber bald violett färben. Das Umkrystallisieren erfolgt wie bei allen anderen Aminonaphtholen durch Auflösen in wenig siedendem Wasser (unter Zusatz von etwas schwefliger Säure) und Wiederausfällen mit konzentrierter Salzsäure. Wenn die Zinnchlorürmethode auch in vielen Fällen gute Resultate gibt, so hat sie doch den Übelstand, daß das Zinn mitunter störend sein kann und dessen Eliminierung etwas umständlich ist. — Grandmougin empfiehlt daher neuerdings [1]) das feste Natriumhydrosulfit der B. S. F.

Der zu spaltende Azofarbstoff wird in wässeriger oder alkoholischer Lösung bei Siedhitze mit der zur Entfärbung notwendigen Menge einer konzentrierten Natriumhydrosulfitlösung versetzt, worauf man die gebildeten Reaktionsprodukte in entsprechender Weise isoliert.

Beispiel: Reduktion des Benzolazonaphthols.

Die Substanz wird in Alkohol gelöst und zur kochenden Lösung eine gesättigte wässerige Lösung von Hydrosulfit bis zur Entfärbung zugegeben. Man bläst nach vollendeter Reduktion Wasserdampf ein; Anilin und Alkohol gehen über, und aus dem Rückstand krystallisiert das gebildete Aminophenol in vorzüglicher Ausbeute aus.

Nitrierte Azokörper werden im allgemeinen zu den entsprechenden Diaminen reduziert, aus den Orthonitroazokörpern werden aber unter partieller Reduktion und Ringschließung Azimidoxyde gebildet, oder durch weiter gehende Reduktion Triazolverbindungen. [2])

Wertbestimmung des Hydrosulfits. [3])

Nötig sind folgende Lösungen: Eine Ferrisalzlösung von genau bekanntem Gehalt, eine Natriumhydrosulfitlösung, die gegen erstere eingestellt wird, eine etwa 10proz. Rhodankaliumlösung und eine Indigolösung. Letztere muß so verdünnt werden, daß 1 ccm davon ungefähr 0,1 ccm der Natriumhydrosulfitlösung äquivalent ist; ein oder zwei Tropfen, die der Ferrilösung zugesetzt werden, verursachen dann nur einen minimalen Mehrverbrauch an Natriumhydrosulfit, der vollständig vernachlässigt werden kann. (Natürlich kann man auch stärkere Indigolösungen benutzen, wenn man stets das der angewandten Indigomenge entsprechende Natriumhydrosulfit in Abzug bringt.) Das krystallisierte Natriumhydrosulfit der Badischen Anilin- und Soda-Fabrik ist nicht vollständig rein. Es kann aber ohne weiteres zu Titrationen benutzt werden, da es doch erst gegen eine Eisenoxydlösung eingestellt werden muß. Eine Lösung bereitet man sich, indem man einige Gramm auf der Handwage abwägt,

---

[1]) B. **39**, 2494, 3929 (1906).
[2]) Grandmougin und Guisan, B. **40**, 4205 (1907).
[3]) Bollenbach, Ch. Ztg. **32**, 146 (1908).

in eine etwa 500 ccm fassende Stöpselflasche bringt, mit einigen Kubikzentimetern konzentrierter Sodalösung übergießt und dann mit Wasser auffüllt und ordentlich umschüttelt. Nach kurzer Zeit haben sich einige Verunreinigungen zu Boden gesetzt, und die Lösung kann dann abgegossen werden. Sie muß unter Luftabschluß aufbewahrt werden. Man gibt sie daher zweckmäßig in eine sog. Klärflasche F, aus der die Flüssigkeit nach Öffnung des Bunsenverschlusses oder Quetschhahnes V in die Bürette B fließen kann (Fig. 227). Das obere Ende der Bürette ist wieder luftdicht mit der oberen Öffnung der Klärflasche verbunden, aus der eine zweite Röhre zu einem Kohlensäure- oder Wasserstoffapparat E oder zur Leuchtgasleitung führt. Um das Gas vollständig von Sauerstoff zu befreien, läßt man es zweckmäßig eine Waschflasche mit einer konzentrierten Natriumhydrosulfitlösung passieren, welche den Sauerstoff quantitativ wegnimmt.

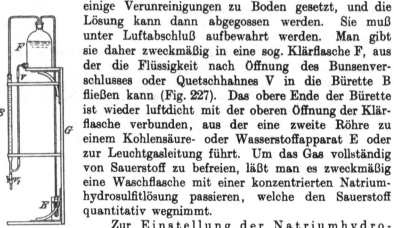

Fig. 227.

Zur Einstellung der Natriumhydrosulfitlösungen wendet man Mohrsches Salz $FeSO_4 \cdot (NH_4)_2SO_4 \cdot 6H_2O$ oder Eisenammoniakalaun $Fe_2(SO_4)_3 \cdot (NH_4)_2SO_4 \cdot 24H_2O$ von Kahlbaum an. Das Mohrsche Salz wird in schwefelsaurer Lösung durch Kaliumpermangat oxydiert und die schwach violette Färbung durch Kochen mit einem Tropfen Alkohol (meistens genügt auch einfaches Aufkochen ohne Alkohol) oder Oxalsäure wieder zerstört. Die Eisenalaunlösung wird natürlich direkt benutzt. Im Liter sollen die Eisenlösungen 1—10 g Fe_2O_3 enthalten. Von einer derartigen Lösung werden 20 ccm in ein Becherglas gebracht, mit einigen Kubikzentimetern Schwefelsäure angesäuert und einige Tropfen Rhodankaliumlösung zugegeben. Aus der Bürette läßt man stets diejenige geringe Menge Natriumhydrosulfit, welche mit der äußeren Luft in Berührung gestanden hatte, in ein anderes Gläschen oder Schälchen ausfließen, taucht die Spitze der Bürette 1 mm tief in die Eisenlösung ein und gibt nach dem Ablesen des Meniscus unter Umrühren so lange Natriumhydrosulfitlösung zu, bis die rote Farbe fast verschwunden ist. Dann fügt man einen oder zwei Tropfen Indigolösung hinzu und titriert vorsichtig weiter bis zum Verschwinden der blauen Farbe. (Die Indigolösung darf nicht schon zu Anfang zugesetzt werden, da sie von größeren Eisenmengen durch Oxydation entfärbt wird.) Zwei Versuche mit denselben Eisenmengen müssen das gleiche Resultat geben. Wie bei allen Reduktionsmethoden muß man natürlich auch hier zum etwaigen Verdünnen der Lösungen destilliertes Wasser nehmen, welches durch Auskochen von Sauerstoff befreit und dann wieder rasch abgekühlt worden ist. Die Flüssigkeitsmengen beim Einstellen der Lösung und beim Titrieren unbekannter Lösungen wählt man zweckmäßig immer gleich groß. Hat man also 100 ccm zu titrieren, so füllt man die Ferrilösung, die zum Einstellen dient, ebenfalls auf dieses Volumen auf, welches man am besten auch nicht sehr überschreitet. Die Natriumhydrosulfitlösung ist, unter Luftabschluß aufbewahrt, ziemlich lang haltbar. Eingestellt muß sie aber immer erst kurz vor dem Gebrauch werden. Vor dem Einstellen schüttele man sie etwas um.

Weiteres über die Reduktion und Spaltung von Azokörpern siehe S. 891, 897. — Spaltung der Azokörper mittels Salpetersäure, Chromsäure oder Übermangansäure: Schmidt, B. 38, 3201, 4022 (1905).

Über Unterscheidung von Azo- und Hydrazoverbindungen durch Brom: Armstrong, Proc. 15, 243 (1899).

Azokörper verbinden sich[1]) mit Natriumbisulfit zu Additionsprodukten der Formel:

$$\underset{\substack{| \quad | \\ H \quad SO_3Na.}}{Arr\!-\!N\!-\!N\!-\!R}$$

Farbreaktionen von Azo-, Disazo- und Trisazokörpern: Grandmougin (mit Freimann und Guisan), B. 40, 2662, 3451 (1907)

2. Quantitative Bestimmung der Azogruppe.

A. Dieselbe kann nach dem Limprichtschen Verfahren[2]) vorgenommen werden. Man erhitzt die Substanz entweder mit der sauren Zinnchlorürlösung oder nachdem man die letztere mit der Seignettesalz-Sodalösung bis zum Verschwinden des anfangs entstandenen Niederschlages versetzt hatte, mehrere Stunden auf 100°. Es werden zwei Atome Wasserstoff aufgenommen nach der Gleichung:

$$R . N_2 + SnCl_2 + 2 HCl = RN_2H_2 + SnCl_4.$$

B. Methode von Knecht und Eva Hibbert.[3])

Bei der Einwirkung von Titantrichlorid werden Azokörper in saurer Lösung leicht unter Entfärbung reduziert, wobei auf eine Azogruppe vier Moleküle des Trichlorids in Reaktion treten.

Die Methode setzt voraus, daß der zu untersuchende Azokörper in Wasser oder Alkohol löslich ist (wie dies bei den meisten Azofarben der Fall ist) oder sich durch Sulfonieren ohne Zersetzung in eine wasserlösliche Verbindung verwandeln läßt. Im Falle der Azokörper mit Salzsäure keinen Niederschlag gibt, ist der Gang der Analyse ein sehr einfacher, indem der Farbstoff als sein eigener Indikator wirkt. Es empfiehlt sich ein Zusatz 25 ccm 20proz. Seignettesalzlösung zu der zu titrierenden Probe.[4])

---

[1]) Spiegel, B. 18, 1481 (1885).
[2]) Siehe Bestimmung der Nitrogruppe S. 918. — Siehe auch Schultz, B. 15, 1539 (1882); 17, 464 (1884).
[3]) B. 36, 166, 1549 (1901). — Sichel, Diss., Berlin 1904, S. 42. — Siehe auch S. 922.
[4]) B. 38, 3319 (1905).

Man titriert die kochend heiße, stark salzsäurehaltige Lösung
unter Einleiten von Kohlendioxyd mit der eingestellten Titanlösung,
bis die Farbe verschwindet. Bei vielen Azokörpern, besonders aber
solchen, die sich vom Benzidin und ähnlich konstituierten Basen
ableiten, wird die Reduktion infolge der Unlöslichkeit des Farbstoffes
in Säuren bedeutend verlangsamt, und der Endpunkt ist nicht leicht
zu erkennen. In solchen Fällen empfiehlt es sich, unter Einleiten
von Kohlendioxyd einen Überschuß der Trichloridlösung in die
kochende Lösung des Azokörpers einfließen zu lassen und nach dem
Abkühlen mit titrierter Eisenalaunlösung zurückzutitrieren.[1]

Zur Titerstellung der Titantrichloridlösung benutzt man eine
Eisenoxydsalzlösung von bekanntem Gehalte. Ein abgemessenes
Volumen dieser Lösung wird ohne besondere Vorsichtsmaßregeln mit
der Titanlösung titriert unter Verwendung einer Lösung von Rhodankalium als Indikator, die dem Kolbeninhalte in reichlicher Menge
zugegeben wird. Als Urtiter verwendet man Mohrsches Salz, wovon 14 g in verdünnter Schwefelsäure aufgelöst werden. Diese
Lösung wird auf 1 Liter eingestellt. Zu 50 ccm dieser Lösung
($= 0,1$ g Fe) wird ca. $n/_{50}$-Permanganat bis zur schwachen Rosafärbung zugegeben, dann Rhodankalium zugefügt und bis zur Entfärbung mit Titanchlorid titriert. Die Eisenlösung ist fast unbegrenzt
haltbar.

Die Titanlösung[2] selbst wird durch Auflösen von reinem, granu-
liertem Zinn in wässeriger, stark salzsäurehaltiger Titantetrachlorid-
lösung erhalten. Sobald die Tiefe der Violettfärbung nicht mehr zunimmt, wird die Flüssigkeit vom Zinn abgegossen, mit Wasser verdünnt und das gelöste Zinn mittels Schwefelwasserstoffs entfernt.
Falls es sich nicht um ein reines Produkt handelt, kann man die
wässerige Lösung des Tetrachlorids mittels Zinkstaub reduzieren und
die entstandene Lösung direkt verwenden. Zur Darstellung des
Reagens verwendet man frisch ausgekochtes destilliertes Wasser.

Die Titerflüssigkeit wird in einer 1—2 Liter fassenden, mit
unten angebrachtem Tubus versehenen Flasche F aufbewahrt. Der
Tubus V ist mit einer Füllbürette B in Verbindung, und das Ganze
steht, auf bekannte Art, unter konstantem Wasserstoffdruck (Fig. 227).

Die Titanlösung soll ungefähr 1proz. sein.

---

[1] Siehe S. 922.
[2] Zirka 20proz. Titantrichloridlösungen sind jetzt auch im Handel zu haben.

Dritter Abschnitt.

Reaktionen der Hydrazingruppe.[1]

1. Hydrazinverbindungen der Fettreihe.

a) Primäre Basen RNH—NH₂.

Im allgemeinen zeigen die primären aliphatischen Hydrazine große Ähnlichkeit mit den entsprechenden aromatischen Verbindungen (siehe dieselben S. 880). Verschiedenheiten treten nur dort zutage, wo die stärkere Basizität der ersteren und die größere Unbeständigkeit ihrer Stickstoffgruppe gegen oxydierende Agenzien zur Geltung kommt. Besonders ist in dieser Beziehung das Verhalten der primären Basen gegen Diazobenzol und salpetrige Säure hervorzuheben.

Verhalten gegen Diazobenzol. Trägt man ein Salz des Diazobenzols in eine kalte wässerige Lösung der Base ein, so findet momentan ohne jede Gasentwicklung Abscheidung eines ätherlöslichen, schwach gelben Öles statt, das im wesentlichen aus dem Diazobenzolazid

$$C_6H_5 . N = N - NHNHR$$

besteht. Dieses sehr zersetzliche Produkt zeigt alle Reaktionen des Diazobenzols und des Alkylhydrazins und wird beim Behandeln mit Zinkstaub und Eisessig in alkoholischer Lösung analog den Diazoaminokörpern quantitativ nach der Gleichung:

$$C_6H_5N = NH_2N_2R + 4H = C_6H_5NHNH_2 + R_2NHNH_2$$

gespalten.

Verhalten gegen salpetrige Säure. Während salpetrige Säure mit Phenylhydrazin glatt Diazobenzolimid liefert, ist der Vorgang in der Fettreihe sehr kompliziert, das Hydrazin wird unter starker Gasentwicklung vollständig zersetzt.

Die **Carbylaminreaktion** zeigen die primären Hydrazine in intensiver Weise.

Neutrale Kupferchloridlösung wird sofort entfärbt, die schwach gelbe Lösung scheidet jedoch erst beim Erwärmen Kupferoxydul ab.

Von **Säurechloriden** werden die Basen leicht in amidartige Derivate verwandelt, von denen die Paranitrobenzoylderivate besonders schön krystallisieren.

Jodalkyl reagiert in der für primäre Amine normalen Weise.

---

[1] E. Fischer, B. 8, 589 (1875); 9, 111 (1876); 11, 2206 (1878). — Ann. 190, 67 (1877); 199, 281 (1879). — Renouf, B. 13, 2171 (1880). — v. Brüning, Ann. 253, 9 (1889). — Curtius, J. pr. (2), 39, 47 (1889). — Harries, B. 27, 696, 2276 (1894).

In Äther sind diese Basen unlöslich; sie liefern schwer lösliche Chlorhydrate. Auch die Oxalylverbindungen und die Pikrylverbindungen sind charakteristisch.

Aldehyde reagieren glatt unter Wasserabspaltung.

b) Asymmetrische (primär-tertiäre) Basen $RR_1N - NH_2$.

Dieselben zeigen im allgemeinen keine wesentliche Verschiedenheit von den aromatischen Basen.

Mit Säurechloriden, Aldehyden, Senfölen und Schwefelkohlenstoff tritt schon in der Kälte lebhafte Wechselwirkung ein.

Als typische Reaktionen sind das Verhalten gegen salpetrige Säure, Jodäthyl und oxydierende Agenzien hervorzuheben.

Durch salpetrige Säure werden die Basen glatt unter Entwicklung von Stickoxydul in die entsprechenden Nitrosamine verwandelt, dabei entsteht intermediär die sekundäre Aminbase, die erst in einer zweiten Phase der Reaktion in Nitrosamin verwandelt wird.

$$\begin{matrix} R_1 \\ \searrow \\ R_2 \nearrow \end{matrix} N-NH_2 + HNO_2 = \begin{matrix} R_1 \\ \searrow \\ R_2 \nearrow \end{matrix} NH + N_2O + H_2O$$

$$\begin{matrix} R_1 \\ \searrow \\ R_2 \nearrow \end{matrix} NH + HNO_2 = \begin{matrix} R_1 \\ \searrow \\ R_2 \nearrow \end{matrix} N.NO + H_2O.$$

Thionylchlorid wirkt in glatter Reaktion auf die primäre Amingruppe.[1])

Jodäthyl vereinigt sich mit dem Hydrazin zu einer quaternären Ammoniumverbindung

$$\begin{matrix} R_1 \\ \searrow \\ R_2 \nearrow \end{matrix} N-NH_2 \\ |\ \diagdown \\ C_2H_5J$$

Fehlingsche Lösung wird erst in der Wärme oder selbst dann nur schwer reduziert nach der Gleichung:

$$2R_1R_2N - NH_2 + O = 2R_1R_2NH + H_2O + N_2.$$

Stärker wirkende Oxydationsmittel (Quecksilberoxyd) wandeln die Basen in Tetrazone um, die in Form der (explosiven) Platindoppelsalze analysiert werden können.

Verläßlicher ist die quantitative Bestimmung des Dialkyl-hydrazins durch Oxydation.[2])

---

[1]) Michaelis und Storbeck, B. 26, 310 (1893).
[2]) E. Fischer, Ann. 199, 322 (1879). — Renouf, B. 13, 2173 (1880). — Franchimont und van Erp, Rec. 14, 321 (1895).

Das Hydrazin wird in verdünnter wässeriger oder ätherischer Lösung durch allmählichen Zusatz von gelbem Quecksilberoxyd zersetzt. Dabei darf keine Gasentwicklung stattfinden. Nach Beendigung der Oxydation werden die Quecksilberverbindungen filtriert, zur Entfernung des Tetrazons sorgfältig mit Alkohol und Wasser gewaschen, dann in kalter verdünnter Salpetersäure gelöst und das durch Salzsäure abgeschiedene Kalomel bei 130⁰ getrocknet und gewogen. Die Reaktion verläuft nach der Gleichung:

$$2R_1R_2N \cdot NH_2 + 2O = R_1R_2N - N = N - NR_1R_2 + 2H_2O.$$

c) Symmetrische (bisekundäre) Basen RNH — NHR.[1])

Dieselben zeigen in ihrem Verhalten große Ähnlichkeit mit den primären Basen.

Fehlingsche Lösung und Silbernitrat werden sehr leicht reduziert.

Die Chlorhydrate sind schwer löslich.

Die Basen zeigen die Carbylaminreaktion.

Von den asymmetrischen Basen unterscheiden sie sich hauptsächlich im Verhalten gegen Quecksilberoxyd.

Trägt man in eine eisgekühlte wässerige Lösung der Base vorsichtig rotes Quecksilberoxyd (gelbes wirkt zu stürmisch) ein, so wird dasselbe schnell reduziert, es entwickeln sich Blasen, und nach der Gleichung

$$RNH - NHR + HgO = HgR_2 + 2N + H_2O$$

wird giftiges Quecksilberalkyl gebildet, das sich durch seinen intensiven Geruch bemerkbar macht.

Salpetrige Säure bildet in ziemlich glatter Reaktion Alkylnitrit.

d) Quaternäre Basen.

Dieselben werden in Form ihrer Salze bei der Reduktion mit Zinkstaub und Schwefel oder Essigsäure nach der Gleichung:

$$\begin{matrix} R_1 \\ R_2 \\ R_3 \end{matrix}{-}N - NH_2 + H_2 = \begin{matrix} R_1 \\ R_2 \\ R_3 \end{matrix}{-}N + (NH_3 + HCl)$$
$$Cl$$

in Trialkylamin und Ammoniak gespalten.

Die durch Silberoxyd aus den Salzen abscheidbare freie Base zerfällt dagegen bei höherer Temperatur in Wasser, Alkylen und sekundäres Hydrazin.

Die quaternären Basen reduzieren Fehlingsche Lösung nicht.

---

[1]) Harries, B. 27, 2279 (1894). — Harries und Klamt, B. 28, 504 (1895). — Franke, M. 19, 530 (1898). — Harries und Haga, B. 31, 63 1898).

2. Aromatische Hydrazinverbindungen.

a) Primäre Hydrazine.

1. Durch Oxydationsmittel wie Kupfersulfat[1]), Eisenchlorid[2]). Wasserstoffsuperoxyd[3]) oder — noch besser — Chromsäure[4]) werden die Hydrazine zu den zugehörigen Kohlenwasserstoffen oxydiert (siehe auch quantitative Bestimmung).

Schüttelt man die auf das Hydrazin zu prüfende Lösung mit Quecksilberoxyd, so entsteht Diazoniumsalz, das im Filtrate gelöst bleibt und beim Eintragen in eine wässerig-alkalische R-Salzlösung mit blutroter Farbe kuppelt.[5])

2. Kräftig wirkende Reduktionsmittel (andauerndes Kochen mit Zinkstaub und Salzsäure) führen zu einer Spaltung:

$$ArNH - NH_2 + 2H = ArNH_2 + NH_3.[6])$$

3. Mit salpetriger Säure entstehen labile Nitrosoderivate, die leicht durch Erwärmen mit Alkali in Diazoimide übergehen.[7])

$$Ar-\underset{\underset{NO}{|}}{N}-NH_2 = Ar-\underset{\underset{N}{|}}{N}-N + H_2O.$$

4. Einwirkung von Diazobenzol.[8]) Dieselbe führt in mineralsaurer Lösung ebenfalls zur Diazoimidbildung.

Fügt man verdünnte Natriumnitritlösung zur Lösung eines Phenylhydrazinsalzes, so tritt, namentlich beim Erwärmen, der Geruch nach Benzazimid auf.[5])

5. Einwirkung von Aldehyden und Ketonen (Hydrazonbildung) siehe S. 621 ff.

Nicht auf alle die Gruppe C—CO—C enthaltende Körper wirken die Hydrazine in gleicher Weise ein.

So reagieren die Säurecyanide R—CO—CN auf Phenylhydrazin nicht wie Ketone, sondern wie Säurechloride.[9])

$$C_6H_5NHNH_2 + CH_3COCN = C_6H_5NHNH \cdot COCH_3 + HCN.$$

Auf Körper mit der Atomgruppierung CO—·CHOH (Ketonalkohole, Zuckerarten) wirkt Phenylhydrazin unter Oxydation,[10]) wobei

---

[1]) Baeyer und Haller, B. 18, 90, 92 (1885).
[2]) Zinke, B. 18, 786 (1885).
[3]) Wurster, B. 20, 2633 (1887).
[4]) Chattaway, Soc. 93, 876 (1908).
[5]) Suchannek, Diss., Zürich 1907, S. 25.
[6]) E. Fischer, Ann. 190, 156 (1877).
[7]) E. Fischer, Ann. 190, 89, 93, 158, 181 (1877).
[8]) Grieß, B. 9, 1657 (1876). — E. Fischer, Ann. 190, 94 (1877). — Wohl, B. 26, 1587 (1893).
[9]) Pechmann und Wehsarg, B. 21, 2999 (1888).
[10]) E. Fischer, B. 17, 579 (1884). — E. Fischer und Tafel, B. 20, 3386 (1887).

Orthodiketone entstehen, die mit 2 Molekülen der Base reagieren (Osazonbildung S. 694).

Auf Lactone wirken nur die freien Hydrazine, unter Bildung von Additionsprodukten; bei Gegenwart von Säuren tritt diese Addition höchstens spurenweise ein. Salzsaures Phenylhydrazin reagiert im allgemeinen nur mit Aldehyden, nicht mit Monoketonen, mit α-Diketonen erhält man aber Mono- und Dihydrazone (Petrenko-Kritschenko und Eltschaninoff[1]).

Messung der Geschwindigkeit der Hydrazonbildung.[1][2])

Man löst die zu untersuchenden Carbonylverbindungen in 50 bis 80 proz. Alkohol auf, dann wird eine ganz ebensolche Lösung von Phenylhydrazin hergestellt, welches durch Krystallisation aus dem doppelten Volum Äther bei ca. — 10° gereinigt wurde. Das Gewicht der Substanz wird so gewählt, daß nach Mischung mit der berechneten Menge Phenylhydrazin eine ca. $n/_{10}$-Lösung erhalten wird. Nach einstündigem Stehen bei einer zwischen 15—17° schwankenden Zimmertemperatur wird das Quantum des unverändert gebliebenen Phenylhydrazins nach E. v. Meyer[3]) oder Strache[4]) bestimmt. Unter den Bedingungen der Titration wirkt nach Petrenko-Kritschenko und Eltschaninoff das Jod auf das gebildete Hydrazon nicht ein.

Da der Alkohol selbst nach sorgfältiger Reinigung gewisse Mengen Aldehyd enthält, ist stets eine blinde Probe auszuführen.

6. Säurechloride, Anhydride und Ester organischer Säuren reagieren mit den primären Hydrazinen wie mit primären Aminen unter Bildung von säureamidartigen Verbindungen; als Nebenprodukte (namentlich bei der Reaktion mit Säurechloriden) entstehen Derivate, in denen beide Wasserstoffatome der Amingruppe acyliert sind.

Auch die Amidogruppe der Säureamide kann durch den Hydrazinrest verdrängt werden (Pellizari[5]), Just[6]).

Über Umwandlung von Oximen in Hydrazone siehe S. 913.

Die Säurephenylhydrazide gehen beim Kochen mit Kupfersulfat und Ammoniak in Diarylhydrazide über. Beim Erhitzen mit Ätzkalk auf 200° geben sie Indolinone.

Quantitative Bestimmung der Säurehydrazide S. 887.

Bülowsche Reaktion.[7])

Die Lösung der α-Säurehydrazide in konzentrierter Schwefelsäure wird durch Zusatz einer Spur eines Oxydationsmittels (Eisenchlorid,

---

[1]) B. **34**, 1699 (1901).
[2]) Petrenko-Kritschenko und Lordkipanidze, B. **34**, 1702 (1901).
[3]) Siehe S. 685 und 885.
[4]) Siehe S. 679.
[5]) Gazz. **16**, 200 (1886).
[6]) B. **19**, 1202 (1888).
[7]) Ann. **236**, 195 (1886). — E. Fischer und Passmore, B. **22**, 2730 (1889). — Schiff, Ann. **303**, 200 (1898). — Wedel, Diss., Freiburg 1900, S. 73.

Chromsäure, Salpetersäure, Amylnitrit, Bleisuperoxyd) stark rot- bis
blauviolett gefärbt. Beim Verdünnen verschwindet die Farbe. Manchmal tritt sie erst beim Erwärmen auf.[1]) Diese Reaktion wird vielfach benutzt, um Hydrazide von Hydrazonen zu unterscheiden.

Die Reaktion ist aber nicht durchaus verläßlich. So gibt es
eine Anzahl von echten Hydrazonen, welche ebenfalls die Reaktion
zeigen (Phenylacetonphenylhydrazon[2]), α- und β-Benzaldehydphenyl-
hydrazon[3])[4]), Mesoxalsäurephenylhydrazon, sog. Benzolazoaceton[5]),
ja nach Neufville und Pechmann ist sie den Phenylhydrazonen (?),
Osazonen und den entsprechenden Derivaten des Methylphenylhydra-
zins allgemein eigentümlich.[6]) Nach v. Pechmann und Runge[7])
ist die Bülowsche Reaktion „ein äußerst bequemes und sicheres
Hilfsmittel zur Unterscheidung von Hydraziden und Hydrazonen der
Phenyl- und der Paratolylreihe, weil erstere dabei rot, violett oder
blau, letztere dagegen gar nicht gefärbt werden".

Nach einer neueren Angabe von Bülow[8]) geben sämtliche nicht
im Phenylkern parasubstituierte Hydrazone die Reaktion, nur o-Meth-
oxy- und o-Nitrogruppe verhindert auch, ebenso wie m-Methyl-, Nitro-
oder Carboxylgruppe.

Übrigens wird die Reaktion nach Tafel[9]) (mit Kaliumbichromat
oder Bleisuperoxyd als Oxydationsmittel) auch von allen einfachen
Aniliden[10]) und den Phenylcarbamiden, Äthyltetrahydrochinolin, Di-
benzoyl-m-Phenylendiamin usw. dann auch von Alkaloiden (Strychnin[11])
gezeigt.

Andererseits tritt nach Widmann[12]) bei den Acylphenylhydra-
ziden der α-Reihe (α-Acetyl-α-Isobutyl-α-Cuminoyl-α-Phenylglycinyl-
phenylhydrazid) keine Färbung ein, während die entsprechenden β-
Acyl- und α-β-Diacylverbindungen die Reaktion zeigen.

7. Beim Eintragen in kaltes Vitriolöl gehen Hydrazine mit
unbesetzter Parastellung in p-substituierte Sulfosäuren über (Gallinek und Richter[13]).

8. Einwirkung von Thionylchlorid: Michaëlis, B. 22, 2228
(1889).

9. Mit Diacetbernsteinsäureester in essigsaurer Lösung vereinigen sich die Säurehydrazide zu Säureabkömmlingen, in denen an

---

[1]) Bülow, B. 35, 3684 (1902). — Die Nüance der Färbung hängt auch
von der Stärke der Schwefelsäure ab.
[2]) B. 23, 1074 (1890).
[3]) v. Pechmann, B. 26, 1045 (1893).
[4]) Thiele und Pickard, B. 31, 1250 (1898).
[5]) Japp und Klingemann, Ann. 247, 190 (1888).
[6]) Neufville und v. Pechmann, B. 23, 3384 (1890).
[7]) B. 27, 1697 (1894).
[8]) B. 37, 4170 (1904).
[9]) B. 25, 412 (1892). — Siehe auch R. Meyer, B. 26, 1272 (1893).
[10]) Hans Meyer, M. 28, 1225 (1907).
[11]) Schaer, Arch. 232, 251 (1894).
[12]) B. 27, 2964 (1894).
[13]) B. 18, 3173 (1885).

Stelle des Hydroxyls der COOH-Gruppe der 1-N-Imido-2.5-Dimethyl-pyrrol-3.4-Dicarbonsäurediäthylester-Rest steht.[1])

b) Sekundäre Hydrazine.

I. Unsymmetrische primär-tertiäre Hydrazine $\quad \begin{matrix} R \\ | \\ R_1 \end{matrix} N-NH_2$.[2])

1. Die Hydrochloride der aliphatisch substituierten, „sekundären" Hydrazine sind in Chloroform, Äther und Benzol löslich (Michaëlis[3]), Philips,[4]) (Trennung von den primären Hydrazinen und sekundären Anilinen).

2. Fehlingsche Lösung wird in der Wärme reduziert. Siehe auch unter quantitativer Bestimmung.

3. Tetrazonbildung.[5]) Die gesättigten fettaromatischen Hydrazine werden (in Chloroformlösung) durch Quecksilberoxyd oder Eisenchlorid zu Tetrazonen oxydiert (siehe S. 878). Die ungesättigten Hydrazine (Allylphenylhydrazin) liefern nur bei der Oxydation mit Eisenchlorid Tetrazone, während Quecksilberoxyd in andersartiger Weise verändert (Michaëlis und Claessen[6]).

Diese Tetrazone lösen sich in Säuren unter Stickstoffentwicklung, und unter Auftreten einer prachtvollen Rotfärbung.[7])

4. Salpetrige Säure führt zur Bildung von Nitrosaminen, wobei Stickoxydul entweicht:

$$(C_6H_5)_2N.NH_2 + 2NO.OH = (C_6H_5)_2N.NO + N_2O + 2H_2O.$$

Das Nitrosamin wird durch den Geruch, die Liebermannsche Reaktion und die Wiederüberführbarkeit in Hydrazin charakterisiert.

Zur Ausführung der empfindlichen Hydrazinprobe[8]) wird die wässerige Lösung des Nitrosamins mit Zinkstaub und Essigsäure langsam bis fast zum Sieden erhitzt, filtriert und nach dem Übersättigen mit Alkali durch Fehlingsche Lösung geprüft. Die geringste Menge von Hydrazin gibt sich beim Erwärmen durch die Abscheidung von Kupferoxydul zu erkennen. Die Probe ist natürlich nur dann zuverlässig, wenn die ursprüngliche, auf Nitrosamin zu prüfende Lösung keine anderen Substanzen enthält, welche entweder für sich oder nach der Reduktion mit Zinkstaub Fehlingsche Lösung verändern. Hierhin gehören vor allem die Hydrazinbasen, das Hydroxylamin und die verschiedenen Säuren des Stickstoffes, welche sämtlich bei der Reduktion mit Zinkstaub Hydroxylamin bilden. In

---

[1]) Bülow und Weidlich, B. 40, 4326 (1907).
[2]) Verhalten gegen Aldehyde und Ketone S. 629 ff.
[3]) B. 30, 2809 (1897).
[4]) B. 20, 2485 (1887).
[5]) E. Fischer, Ann. 190, 182 (1877).
[6]) B. 22, 2235 (1889); 26, 2174 (1893).
[7]) v. Braun, B. 41, 2174 (1908).
[8]) E. Fischer, Ann. 199, 315, Anm. (1878).

allen Fällen, wo die Anwesenheit dieser Produkte zu vermuten ist, destilliert man zur Entfernung derselben die Flüssigkeit zuvor mit Säuren resp. Alkalien, welche auf die Nitrosamine ohne Einfluß sind.

5. Einwirkung von Brenztraubensäure in saurer Lösung führt zu Bildung von Alkylindolcarbonsäuren.[1])

Auch die n-amidierten heterocyclischen Verbindungen, welche sekundäre asymmetrische Hydrazine sind, wie das Piperidylhydrazin[2]) oder das Morpholylhydrazin[3]), geben die gleichen Reaktionen; dagegen sind das μ-Phenyl-n-Amino-2.3-Naphthoglyoxalin[4]) und das μ-p-Isopropylphenyl-n-Amino-2.3-Naphthoglyoxalin[5])

$$C_{10}H_6 \diamond \!\! \begin{array}{c} N \\ N \end{array} \!\! C - C_6H_4 - C_3H_7$$
$$\underset{NH_2}{\overset{|}{}}$$

gegen salpetrige Säure indifferent und lassen sich auch nicht zu Tetrazonen oxidieren, reduzieren selbst in der Wärme nicht Fehlingsche Lösung und verbinden sich weder mit carbonylhaltigen Substanzen zu Hydrazonen, noch mit Jodalkylen zu quaternären Azoniumverbindungen.

Die acidyl-primären Hydrazine[6])

$$\begin{array}{c} R \\ R.CO \end{array} \!\! \diagdown N - NH_2$$

gehen durch salpetrige Säure in Amine über, reagieren mit Aldehyden und Ketonen, reduzieren beim Erwärmen Fehlingsche Lösung, lassen sich aber nicht zu Tetrazonen oxidieren.

II. Symmetrische bisekundäre Hydrazine siehe unter Hydrazokörper (S. 890).

c) Tertiär-sekundäre und ditertiäre Basen.[7])

Zur Reinigung der tertiären und quaternären Basen werden die ferrocyanwasserstoffsauren Salze benutzt, zur Trennung von tertiären Anilinen dienen die leicht löslichen Oxalate.

Die tertiären Basen geben Nitrosoverbindungen, welche die Liebermannsche Reaktion zeigen; durch starke Säuren wird die

---

[1]) E. Fischer und Kuzel, B. 16, 2245 (1883). — E. Fischer und Heß, B. 17, 567 (1884).

[2]) Knorr, B. 15, 859 (1882). — Ann. 221, 297 (1883).

[3]) Knorr und Brownsdon, B. 35, 4474 (1902).

[4]) Franzen, J. pr. (2), 73, 545 (1906).

[5]) Franzen und Scheuermann, J. pr. (2), 77, 193 (1908).

[6]) Michaëlis und Schmidt, B. 20, 43 (1887). — Pechmann und Runge, B. 27, 1693 (1894). — Widman, B. 27, 2964 (1894).

[7]) E. Fischer, Ann. 239, 251 (1887). — Harries, B. 27, 696 (1894).

Nitrosogruppe abgespalten. Mit Zinkstaub und Essigsäure tritt Spaltung ein im Sinne der Gleichung:

$$C_6H_5-\underset{\underset{CH_3}{|}}{N}-\underset{\underset{CH_3}{|}}{N}-NO + 6H = C_6H_5-\underset{\underset{CH_3}{|}}{NH} + \underset{\underset{CH_3}{|}}{HN}-NH_2 + H_2O.$$

Auch beim weiteren Alkylieren tritt teilweise Spaltung in fettes und aromatisches tertiäres Amin ein.

Die Azoniumbasen können nur durch feuchtes Silberoxyd freigemacht werden und geben mit Silbernitrat, Platinchlorid und Pikrinsäure schwerlösliche Salze.

Ditertiäre Basen,[1]) wie

$$\underset{C_6H_5}{\overset{C_6H_5}{>}}N-N\underset{C_6H_5}{\overset{C_6H_5}{<}}$$

zeigen mit wasserfreien Säuren charakteristische tiefviolette[2]) Salze:

$$(R)_2N.N-R$$

$$Cl$$

$$H(R)$$

$$H$$

Diese Basen werden sehr leicht unter Lösung der N—N-Bindung gespalten oder erleiden die Benzidinumlagerung.

[3. Quantitative Bestimmung der Hydrazingruppe.

a) Durch Titration.

Die aliphatischen Hydrazine lassen sich durch Titration mit Salzsäure unter Benützung von Methylorange als Indikator als zweibasische Säuren titrieren. Die aromatischen Hydrazine werden dagegen schon durch ein Äquivalent Säure neutralisiert (Strache[3]).

b) Jodometrische Methode von E. v. Meyer.[4])

In stark verdünnten Lösungen und bei Anwendung überschüssigen Jods wird Phenylhydrazin quantitativ nach der Gleichung:

$$C_6H_5NH.NH_2 + 2J_2 = 3HJ + N_2 + C_6H_5J$$

oxydiert, so daß man dasselbe titrimetrisch bestimmen kann.

---

[1]) Nach Franzen und Zimmermann „Quaternäre" Hydrazine, B. **39**, 2566 (1906).
[2]) Chattaway und Ingle, Soc. **67**, 1090 (1895). — Wieland und Gambarjan, B. **39**, 1499, 3036 (1906). — Wieland, B. **40**, 4260 (1907). — Ch. Ztg. **32**, 932 (1908). — B. **41**, 3498 (1908).
[3]) M. **12**, 525 (1891). — Siehe auch S. 780.
[4]) J. pr. (2), **36**, 115 (1887). — Stollé, J. pr. (2), **66**, 332 (1902). — Siehe S. 685.

Man wendet zu diesem Zwecke ein abgemessenes Volum $n/_{10}$-Jodlösung (im Überschusse) an, fügt dazu, nach Zusatz von Wasser, die stark verdünnte Lösung der Base oder ihres salzsauren Salzes und titriert das unangegriffene Jod in bekannter Weise mit schwefliger Säure oder unterschwefligsaurem Natrium.

Auch mittels Jodsäure, welche das Phenylhydrazin bei Gegenwart verdünnter Schwefelsäure leicht oxydiert, läßt sich dasselbe titrimetrisch bestimmen; man hat nur überschüssige Jodsäurelösung, deren Wirkungswert gegenüber einer schwefligen Säure von bekanntem Titer feststeht, mit Phenylhydrazin und Schwefelsäure in starker Verdünnung zusammenzubringen und sodann zu ermitteln, wie viel von der schwefligen Säure bis zum Verschwinden des Jods erforderlich ist.

Kaufler und Suchannek[1]) fangen den nach obiger Gleichung entwickelten Stickstoff auf und bringen ihn zur Messung.

Die Hydrazinlösung wird in ein weithalsiges Glaskölbchen gebracht und das letztere mit einem dreifach durchbohrten Kautschukpfropfen verschlossen, durch dessen eine Öffnung ein kleiner Tropftrichter gesteckt wird, während die andern Gaseinleitungs- und -Ableitungsröhren tragen. Die in den Kolben hineinragende Ausflußröhre des Tropftrichters wird mit Wasser gefüllt und nun so lange luftfreies, gewaschenes Kohlendioxyd durch den Apparat geleitet, bis die Blasen in dem mit der Gasableitungsröhre verbundenen, mit Kalilauge 2 : 3 gefüllten Azotometer ganz minimal sind, was etwa $^3/_4$ Stunden beansprucht. Nun kann man den Gasstrom abstellen und saugt durch Senken des Niveaugefäßes des Azotometers eine konzentrierte Jodlösung in Jodkalium (ca. 2,5 g Jod in 2,5 g Kaliumjodid in konzentrierter wässeriger Lösung) in den Kolben. Man stellt nun das Kölbchen in heißes Wasser, worauf sehr bald die Gasentwicklung beginnt. Das Erwärmen wird so lange fortgesetzt, bis die Entwicklung ganz träge geworden ist; dann treibt man sämtlichen in dem Apparate befindlichen Stickstoff mittels eines langsamen Kohlendioxydstromes ins Azotometer, bis wieder die Blasen bis auf einen minimalen Rest von der Lauge absorbiert werden.

Diese Methode — welche auch zur Bestimmung anderer aromatischer Hydrazine und zur indirekten Bestimmung von Hydrazonen (siehe S. 685, 881) Verwendung finden kann — setzt natürlich die Abwesenheit von Körpern voraus, welche auf Jod resp. Jodsäure und schweflige Säure einwirken.

So ist dieselbe nach Strache[2]) für ein Gemisch von salzsaurem Hydrazin und essigsaurem Natrium — wie solches nach der Fischerschen Vorschrift zur Hydrazonbereitung Verwendung findet — nicht anwendbar.

---

[1]) B. **40**, 524 (1907). — Suchannek, Diss., Zürich 1907, S. 25.
[2]) M. **12**, 526 (1891).

c) Methode von Strache, Kitt und Iritzer.[1])[2])

Mittels derselben lassen sich die aromatischen Hydrazine und Säurehydrazide bestimmen. Das Verfahren ist als indirekte Methode der Bestimmung von Hydrazonen auf S. 679 ff. beschrieben.

Zur Ausführung ist folgendes zu bemerken:

Die Substanz wird, wenn möglich, in Wasser oder Alkohol gelöst und die Lösung nach dem Vertreiben der Luft aus dem Apparate durch den Trichter einfließen gelassen. Bei Verwendung von alkoholischen Lösungen können die S. 683 geschilderten Übelstände eintreten, weshalb man in der dort beschriebenen Weise die Lösung unter erhöhten Druck bringt oder Amylalkohol zusetzt.

Bei schwer löslichen Hydraziden ersetzt man den Hahntrichter durch ein in das Loch des Stopfens von unten eingestecktes, gebogenes Glaslöffelchen, welches die gewogene Substanz enthält. Durch Eindrücken eines gleichkalibrigen Glasstabes von oben kann dann dasselbe in die siedende Flüssigkeit geworfen werden, wobei die Zersetzung ebenfalls sofort beginnt und bald beendigt ist.

Bei unlöslichen Substanzen verfährt man nach Hans Meyer[3]) folgendermaßen:

In einem Kolben von $^1/_2$ Liter Inhalt wird eine Mischung von 100 ccm Fehlingscher Lösung und 150 ccm Alkohol zum Sieden erhitzt. Um ein Stoßen der Flüssigkeit zu verhindern, gibt man noch einige Porzellanschrote in das Siedegefäß.

Der Kolben ist durch einen doppelt durchbohrten Kautschukstopfen einerseits mit einem schräg gestellten Kühler luftdicht verbunden, während die zweite Bohrung in einem oben offenen Substanzröhrchen das feingepulverte Untersuchungsobjekt trägt. Über dem Röhrchen steckt in der Bohrung ein Glasstab von gleichem Kaliber.

Wenn sich im Kühlrohre ein konstanter Siedering gebildet hat, verbindet man das Kühlerende mit einem vertikalstehenden, unten umgebogenen Glasrohre, dessen kurzer Schenkel unter Wasser mündet.

Sobald keine Luftblasen mehr ausgetrieben werden, wird ein mit Wasser gefülltes Meßrohr übergestülpt.

Nun drückt man den Glasstab so weit im Stopfen herab, daß das Substanzröhrchen herunterfällt. Die Reaktion beginnt sofort, und nach der Gleichung:

$$R \cdot CONHNHC_6H_5 + O = R \cdot COOH + N_2 + C_6H_6$$

wird sämtlicher Stickstoff ausgetrieben und verdrängt in der Meßröhre das gleiche Volumen Wasser.

---

[1]) M. 12, 526 (1891).

[2]) De Vries und Holleman, Rec. 10, 229 (1891). — Strache, M. 13, 316 (1892); 14, 37 (1893). — Petersen, Z. anorg. 5, 2 (1894). — De Vries, B. 27, 1521 (1894); 28, 2611 (1895).

[3]) M. 18, 404 (1897).

Nach kurzem Kochen ist die Bestimmung zu Ende.

Handelt es sich bloß um die Analyse von Säurehydraziden, so kann man die Substanz auch durch mehrstündiges Kochen mit konzentrierter Salzsäure verseifen, auf 100 ccm verdünnen, die eventuell ausgeschiedene Säure durch ein trockenes Filter entfernen — wobei man die ersten Tropfen des Filtrates verwirft — und 50 ccm der klaren Lösung in den Apparat bringen. Zur Unterscheidung der Säurehydrazide von den Hydrazonen ist dieses Verfahren jedoch nicht anwendbar, da letztere gewöhnlich ebenfalls durch Salzsäure spaltbar sind.

Das vorhergehende Verseifen wird nur dann von Vorteil sein, wenn die freie Säure in Wasser resp. Salzsäure unlöslich ist, so daß sie — bei kostbaren Substanzen — wiedergewonnen, oder, wie die Stearinsäure, deren Kaliumsalz durch starkes Schäumen jede genaue Bestimmung unmöglich macht — entfernt werden kann.

Über Oxydation mit Kupfersalzen in saurer Lösung siehe Gallinek und von Richter, B. 18, 3177 (1885).

d) Methode von Causse.[1]

Arsensäure wird von Phenylhydrazin nach der Gleichung:

$$As_2O_5 + C_6H_5NHNH_2 = N_2 + H_2O + C_6H_5OH + As_2O_3$$

reduziert.

Die gebildete arsenige Säure wird entweder so bestimmt, daß man ein abgemessenes Quantum mit Uran eingestellter Arsensäurelösung verwendet und nach der Reaktion den Überschuß von Arsensäure zurücktitriert, oder indem man die arsenige Säure mit Jod in Gegenwart von Bicarbonat titriert.

Nach der Gleichung

$$As_2O_3 + 2J_2 + 2H_2O = 4HJ + As_2O_5$$

entspricht ein Teil Jod 0.3897 Teilen As_2O_3.

Erfordernisse.

1. Arsensäurelösung: 125 g As_2O_5 werden auf dem Wasserbade in 450 g Wasser und 150 g konzentrierter Salzsäure gelöst. Nach dem Lösen und Erkalten filtriert man und füllt mit Eisessig auf einen Liter auf.

2. Eine $^n/_{10}$-Jodlösung, von der also 1 ccm = 0.0127 g Jod ist.

3. Eine Ätznatronlösung, 200 g NaOH im Liter enthaltend. Dieselbe muß schwefelfrei sein.

4. Kaltgesättigte Natriumbicarbonatlösung.

5. Frische Stärkelösung.

---

[1] C. r. 125, 712 (1897). — Bull. (3), 19, 147 (1898).

Ausführung des Versuches.

0.2 g freie Base oder Chlorhydrat werden in einem $^1/_2$-Liter-Kolben mit 60 ccm Arsensäurelösung versetzt und gegen den Siedeverzug Platinschnitzel oder dergleichen zugefügt. Man erwärmt gelinde unter Rückflußkühlung, um die Reaktion einzuleiten, und nach Beendigung derselben erhitzt man zum Sieden. Nach 40 Minuten läßt man erkalten, setzt 200 ccm Wasser und so viel Sodalösung zu, bis mit Phenolphthalein deutliche Violettfärbung eingetreten ist, säuert mit Salzsäure wieder an, fügt zur kalten Lösung erst 60 ccm Bicarbonatlösung, dann 3—4 Tropfen Stärkelösung und titriert dann mit Jod.

Da ein Teil As_2O_3 0.5454 Teilen Phenylhydrazin entspricht, ist die gefundene Hydrazinmenge

$$Ph = 0.5454 + 0.00495 \ V,$$

wobei V die Anzahl Kubikzentimeter der verbrauchten Jodlösung bedeutet.

Die Methode kann ebenso für die durch Kochen mit Säure spaltbaren Hydrazone verwendet werden, soweit die abgespaltenen Carbonylverbindungen nicht (wie die Aldehyde der Fettreihe) reduzierend auf die Arsensäure einwirken.

e) Methode von Denigès,[1])

Man kocht die mit Ammoniak und Natronlauge versetzte Probe mit einer gemessenen Menge Silbernitrat und titriert das nicht reduzierte Silber mit Cyankaliumlösung.

Bestimmung von Hydrazin und von Hydrazinsalzen: Curtius, J. pr. (2), **39**, 37 (1889). — Petersen, Z. anorg. **5**, 3 (1894). — Petrenko-Kritschenko u. Lordkipanidze, B. **34**, 1702 (1901). — Hofmann und Küspert, B. **31**, 64 (1898). — Bamberger und Szolayski, B. **33**, 3197 (1900). — Stollé, J. pr. (2), **66**, 332 (1902). — Rimini, Gazz. 29, (1), 265 (1899); **34**, (1), 224 (1904). — Acc. Linc. 1, 386 (1905). — E. Ebler, Analytische Operationen mit Hydroxylamin und Hydrazinsalzen, Heidelberg 1905. — Liebermann und Lindenbaum, B. **41**, 1618 (1908).

---

[1]) Ann. Chim. Phys. (7), **6**, 427 (1895).

Vierter Abschnitt.

Reaktionen der Hydrazogruppe.

1. Aliphatische Hydrazoverbindungen

sind die symmetrischen sekundären Hydrazine der Fettreihe.[1]) Über dieselben siehe S. 879.

2. Fettaromatische Hydrazoverbindungen.[2])

ArNH—NH.Alph.

Dieselben reduzieren Fehlingsche Lösung sowie ammoniakalische Silberlösung schon in der Kälte. Sie bilden farblose, leicht veränderliche Öle oder niedrig schmelzende Krystalle (β-Benzylphenylhydrazin).

Quecksilberoxyd oxydiert zu den entsprechenden Azoverbindungen, welche durch Flüchtigkeit und Indifferenz gegen Säuren ausgezeichnet sind. Bei der Reduktion mit Natriumamalgam wird die Hydrazoverbindung zurückgewonnen und aus ätherischer Lösung mit alkoholischer Oxalsäurelösung gefällt und durch Umkrystallisieren aus heißem Alkohol gereinigt (saures Oxalat).

Salpetrige Säure liefert ebenfalls die Azoverbindung.[3])

Bei der Reduktion mit Zinkstaub und 50proz. Essigsäure[4]) oder mit Natriumamalgam und Eisessig[5]) tritt Spaltung ein in aromatisches und aliphatisches primäres Amin.

3. Aromatische Hydrazoverbindungen.

a) Verhalten beim Erhitzen.[6])

Beim Destillieren werden die Hydrazokörper derart verändert, daß ein Teil auf Kosten des anderen reduziert, und in zwei Moleküle primäres Amin gespalten wird, während der andere Teil durch Oxydation in den intensiv gefärbten Azokörper übergeht.

$$2\,ArNHNHAr = ArN—N = Ar + ArNH_2 + ArNH_2.$$

---

[1]) Harries, B. 27, 2279 (1894). — Harries und Klamt, B. 28, 504 (1895). — Harries und Haga, B. 31, 63 (1898). — Franke, M. 19, 530 (1898).

[2]) Fischer u. Ehrhard, B. 11, 613 (1878). — Ann. 199, 325 (1879). — Tafel, B. 18, 1741 (1885). — Fischer und Knoevenagel, Ann. 239, 204 (1887).

[3]) β-Benzylphenylhydrazin gibt bei der Oxydation keinen Azokörper, sondern Benzaldehydphenylhydrazon.

[4]) E. Fischer, Ann. 199, 325 (1879).

[5]) Schlenk, J. pr. (2) 78, 52 (1908).

[6]) Melms, B. 3, 554 (1870). — Lermontow, B. 5, 235 (1872). — Stern, B. 17, 380 (1884).

Über eine analoge Spaltung durch Erhitzen mit Schwefelkohlenstoff: Hugershoff, Inaug.-Diss., Heidelberg 1894.

b) Die Wasserstoffatome

der beiden Imidgruppen sind durch den Acetylrest vertretbar,[1] Phenylisocyanat[2]) und Phenylsenföl[3]) werden unter Harnstoffbildung addiert.

Dagegen ist die Benzoylierung von Hydrazokörpern eine sehr heikle Operation, da sehr leicht Umlagerung resp. Spaltung eintritt. Am besten arbeitet man nach der Methode von Biehringer und Busch[4]) mit Benzoylchlorid und gelöschtem Kalk, indes gelingt es auch so nur eine Benzoylgruppe in das Hydrazobenzol einzuführen.

c) Verhalten gegen Carbonylverbindungen:

v. Perger, M. 7, 191 (1886). — Müller, B. 19, 1771 (1886). — Cornelius und Homolka, B. 19, 2239 (1886). — Cornelius, D. R. P. 39944, (1886).

d) Salpetrige Säure

oxydiert in der Wärme zu Azokörpern.[5]

e) Umlagerungsreaktionen.

α) Diphenyl-(Benzidin-)Umlagerung.[6]

Aromatische Hydrazokörper mit freien Parastellungen verwandeln sich leicht unter dem Einfluße von Säuren, Säurechloriden, Anhydriden, Benzaldehyd und Chlorzink usw.[7]) in Diphenylderivate:

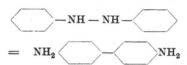

das häufigst angewandte Umlagerungsmittel ist salzsaure Zinnchlorürlösung.[8]

---

[1]) Schmidt und Schultz, Ann. 207, 327 (1881). — Stern, B. 17, 380 (1884).

[2]) Goldschmidt und Rosell, B. 23, 490 (1890).

[3]) Marckwald, B. 25, 3115 (1892).

[4]) B. 36, 139 (1903). — Siehe übrigens Freundler, C. r. 134, 1510 (1902).

[5]) Baeyer, B. 2, 683 (1869). — E. Fischer, Ann. 190, 181 (1877).

[6]) Zinin, J. pr. (1) 36, 93 (1845). — Ann. 85, 328 (1853). — Fittig, Ann. 124, 280, (1862). — Hofmann, Jb. 1863, 424. — Fittig, Ann. 137, 376 (1866). — Werigo, Ann. 165, 202 (1873).

[7]) Stern, B. 17, 379 (1884). — Bandrowski, B. 17, 1181 (1884). — Cleve, Bull. (2) 45, 188 (1886). — Elektrolytische Umlagerung: Löb, B. 33, 2329 (1900). — Siehe auch Gintl, Z. ang. 15, 1329 (1902).

[8]) Schmidt und Schultz, Ann. 207, 330 (1881). — Schultz, B. 17, 463 (1884). — Täuber, B. 25, 1022 (1892). — Jacobson u. Fischer,

Beispiel: Darstellung von Benzidin.[1])

Hydrazobenzol wird mit konzentrierter Salzsäure übergossen und ca. 5 Minuten sich selbst überlassen. Man versetzt dann mit Wasser, macht mit Natronlauge alkalisch, äthert das Benzidin aus und krystallisiert es aus Wasser um, oder man versetzt die wässerige Lösung des Chlorhydrates mit verdünnter Schwefelsäure, wodurch das Benzidin als schwer lösliches Sulfat abgeschieden wird.

Als Nebenreaktion findet Umlagerung in Ortho-Parastellung:[2])

Diphenylin.

(Diphenylinumlagerung) statt.

β) Semidinumlagerung. Ist eine der Parastellungen im Hydrazobenzol substituiert, so tritt entweder auch Diphenylinumlagerung als Hauptreaktion ein, oder es erfolgt Spaltung (und Azokörperbildung) oder es erfolgt die nach Jacobson so benannte Semidin-Umlagerung[3]) oder alle diese Reaktionen treten nebeneinander auf.

Für die Umlagerungsart der Hydrazokörper ist nicht nur die Stellung der Substituenten (auch der nicht in Parastellung befindlichen), sondern auch ihre Natur von bestimmendem Einfluße.

Die diesbezüglichen Untersuchungen von Jacobson und seinen Schülern sind ausschließlich mit salzsaurer Zinnchlorürlösung durchgeführt worden.

Wenn ein p-Monosubstitutionsprodukt eines Hydrazokörpers mit salzsaurer Zinnchlorürlösung zusammengebracht wird, so erfolgen in mehr oder weniger großem Ausmasse folgende Reaktionen:

1. Unter Abspaltung des Substituenten tritt Umlagerung zu einem Para-Diphenylderivat ein (Umlagerung unter Abspaltung).

B. **25**, 994 (1892). — Witt und Schmidt, B. **25**, 1013 (1892). — Witt und von Helmont, B. **27**, 2352 (1894). — Witt und Buntrock, B. **27**, 2366 (1894). — Umlagerung in alkoholischer Lösung: Witte, Diss., Berlin 1904, S. 15.
   [1]) M. u. J. **2**, 36.
   [2]) Schultz, Ann. **207**, 311 (1881).
   [3]) P. Jacobson (m. Düsterbehn, Fischer, Fertsch, Große, Heber, Henrich, Heubach, Jaenicke, Klein, Kunz, Lischke, Marsden, Meyer, Schkolnik, Schwarz, Steinbrenk, Strübe, Tiges), B. **25**, 992 (1892); **26**, 681, 688 (1893); **28**, 2557 (1895); **29**, 2680 (1896). — O. N. Witt und Schmidt, B. **25**, 1013 (1892). — Täuber, B. **25**, 1019 (1892). — O. N. Witt und Helmolt, B. **27**, 2700 (1894). — O. N. Witt u. Buntrock, B. **27**, 2358 (1894). — Ann. **287**, 97, 145 (1895); **303**, 290 (1898). — Jacobson, Franz und Hönigsberger, B. **36**, 4069 (1903).

2. Durch einfache Umlagerung (ohne Abspaltung der Substituenten) entsteht aus dem

Hydrazokörper:

$$R-\langle\ \rangle- NH - NH -\langle\ \rangle$$

ein Ortho-Semidin: ein Para-Semidin: oder eine Diphenylbase:

$$R-\langle\ \rangle NH_2$$
$$NH\langle\ \rangle$$

$$R-\langle\ \rangle-NH-\langle\ \rangle NH_2$$

$$NH_2$$
$$\langle\ \rangle-\langle\ \rangle NH_2$$
$$R$$

Diese vier Umlagerungsprozesse können sämtlich nebeneinander verlaufen, und außerdem kann noch Spaltung eintreten:

$$R\langle\ \rangle-NHNH-\langle\ \rangle + 2H = R\langle\ \rangle NH_2 + \langle\ \rangle NH_2$$

im allgemeinen treten jedoch mehrere dieser Reaktionen quantitativ stark zurück.

In der folgenden Tabelle nach Jacobson[1]) bedeuten;

||| Hauptreaktion.

|| Nebenreaktion (5—15 Proz).

| Spuren.

Substituenten	Umlagerung unter Abspaltung	Orthosemidin-bildung	Parasemidin-bildung	Bildung von Diphenylbase
Cl	||	|||			|||
Br			|||			|||
J	?	||	0	|||
OC₂H₅	0	|||	||	0
OCOCH₃ . . .	||	0	0	|||
N(CH₃)₂ . . .	0			0	|||
NHCOCH₃ . .	0	0	|||	0
CH₃	0	|||	?	?
COOH	|||	?	0	0

Paraoxyhydrazo- und Aminohydrazokörper werden fast ausschließlich gespalten.

---

[1]) Ann. 303, 296 (1898).

Abspaltung von Methoxyl aus der Parastellung findet nur beim Benzolhydrazoveratrol statt.[1]) (Einfluß der Orthostellung!)

Reaktionen der Umlagerungsbasen.[2]) **Unterscheidung von Ortho- und Parasemidinen.**

1. Verhalten gegen salpetrige Säure.

Orthosemidine geben, in sehr verdünnter Salzsäure oder alkoholischer Essigsäure[3]) gelöst, beim Eintropfen einer Natrium- oder Amyl[4])nitritlösung, meist unter vorübergehendem Auftreten einer schmutzigen Rot- oder Rotviolettfärbung, einen Niederschlag, der in der Regel zunächst harzig ausfällt, nach einiger Zeit aber hart und krystallinisch wird (Azimidbildung):

$$\underset{\diagdown NH-R}{\diagup}-NH_2 + NOOH = 2H_2O + \underset{-\diagdown}{\diagup}-N\diagdown_{N\diagdown_R}^{N}$$

Parasemidine[4]) dagegen geben beim Zusatz des ersten Tropfens Natriumnitritlösung eine äußerst intensive, prächtige blauviolette oder reinblaue Färbung, die aber unbeständig ist; beim weiteren Nitritzusatze verschwindet sie nach kurzer Zeit und macht — häufig unter vorübergehendem Auftreten von roten Färbungen — einer rotgelben oder goldgelben Färbung Platz, während die Lösung vollkommen klar bleibt.

$$\diagup-NH-\diagup\diagdown-NH_2HCl + NOOH = H_2O +$$
$$+ \diagup-N-\diagup\diagdown-NH_2.HCl = 2H_2O + \diagup-N-\diagup\diagdown-N.HCl.$$
$$\diagdown NO$$

Die so entstehenden Diazoverbindungen haben den Diazobenzolsulfosäuren ähnliche Konstitution und Beständigkeit.

2. Verhalten beim Erhitzen mit organischen Säuren.

Orthosemidine liefern beim Kochen mit wasserfreier Ameisenoder Essigsäure Anhydroverbindungen von basischer Natur (in verdünnten Säuren löslich):

$$\underset{\diagdown NHR}{\diagup}-NH_2 + HCOOH = 2H_2O + \underset{-\diagdown}{\diagup}-N\diagdown_{N\diagdown_R}^{CH}$$

Parasemidine dagegen liefern unter Abspaltung von nur einem Molekül Wasser Produkte, welche keinen Basencharakter besitzen:

---

[1]) Jacobson, Jaenicke und Meyer, B. **29**, 2688 (1896).
[2]) Ann. **287**, 129 (1895).
[3]) Witt und Schmidt, B. **25**, 1017 (1892).
[4]) Vgl. Ikuta, Ann. **243**, 281 (1887). — B. **27**, 2707 (1894).

$$\rangle - NH - \langle \quad \rangle - NH_2 + R \cdot COOH =$$

$$= \rangle - NH - \langle \quad \rangle - NHCOR + H_2O$$

in diesen Körpern ist die Imidogruppe noch acylierbar.

3. Verhalten gegen Schwefelkohlenstoff.[1])

Durch längeres Kochen der freien Basen in alkoholischer Lösung mit Schwefelkohlenstoff bilden die Orthosemidine aus gleichen Molekülen Base und Schwefelkohlenstoff unter Austritt von einem Molekül Schwefelwasserstoff Produkte, die in verdünnten Alkalien leicht löslich und meist äußerst krystallisationsfähig sind:

$$\rangle - NH_2 + CS_2 = H_2S + \genfrac{}{}{0pt}{}{}{\rangle - N} \genfrac{}{}{0pt}{}{}{\rangle} C - SH$$
$$\langle \underset{NHR}{} \qquad \qquad \underset{N}{} $$
$$\qquad \qquad \qquad \qquad \underset{R}{}$$

Parasemidine dagegen werden in Sulfoharnstoffe übergeführt, indem zwei Moleküle Base mit einem Moleküle Schwefelkohlenstoff unter Schwefelwasserstoff-Entwicklung reagieren:

$$2 \rangle NH \langle \quad \rangle - NH_2 + CS_2 = H_2S + \genfrac{}{}{0pt}{}{\rangle NH \langle \quad \rangle - NH}{\rangle NH \langle \quad \rangle - NH} CS.$$

Die Entscheidung wird leicht durch eine Schwefelbestimmung erbracht.

4. Verhalten gegen Salicylaldehyd.[2])

Bringt man die Basen in alkoholischer Lösung mit Salicylaldehyd zusammen und erwärmt — zweckmäßig im Kohlendioxydstrome zur Verhütung von Oxydation — einige Zeit auf dem Wasserbade, so reagieren die Orthosemidine nach der Gleichung:

$$R \langle \quad \rangle - NH_2$$
$$\qquad \langle \underset{NH - \langle \quad \rangle}{} + CHO - C_6H_4OH = H_2O +$$

$$+ R - \langle \quad \rangle - NH - CHC_6H_4OH\,[3])$$
$$\qquad \qquad \underset{N - \langle \quad \rangle}{}$$

[1]) O. Fischer und Sieder, B. **23**, 3799 (1890). — O. Fischer, B. **25**, 2832 (1892); **26**, 196, 200 (1893). — Hencke, Ann. **255**, 192 (1889).

[2]) Jacobson, Ann. **303**, 303 (1898). — Vgl. Hencke, Ann. **255**, 189 (1889). — Traube und Hoffa, B. **29**, 2629 (1896).

[3]) Oder $C_6H_4ONCH = N$
$$\qquad \qquad \qquad \rangle C_6H_3R.$$
$$C_6H_5 - NH$$
Vgl. O. Fischer, B. **25**, 2826 (1892); B. **26**, 202 (1893).

Parasemidine dagegen nach dem Schema:

$$R \underset{}{\bigcirc} - NH - \bigcirc - NH_2 + CHOC_6H_4OH =$$

$$= R \bigcirc - NH - \bigcirc - N = CHC_6H_4OH + H_2O.$$

Um das Derivat eines Orthosemidins von dem eines Parasemidins zu unterscheiden, braucht man nur eine Probe durch Kochen mit verdünnter Schwefelsäure zu spalten, den Salicylaldehyd fortzukochen und die schwefelsaure Lösung mit Nitrit zu prüfen.

Die o-Semidinderivate kann man ferner zuweilen noch dadurch charakterisieren, daß sie die Fähigkeit besitzen, Quecksilberoxyd beim Kochen in alkoholischer Lösung zu schwärzen, indem sie in die entsprechenden Salicylsäurederivate übergehen, die im Gegensatze zu den gelb bis rot gefärbten Aldehydderivaten farblos sind und durch Kochen mit Säuren nicht gespalten werden (O. Fischer).

5. Verhalten bei der Oxydation.

Die verdünnten salzsauren Lösungen der Semidine liefern mit Eisenchlorid intensive Farbenreaktionen. Bei den Orthosemidinen ändert sich die Farbennuance häufig durch Zusatz von konzentrierter Salzsäure in charakteristischer Weise,[1]) während die Färbungen der Parasemidine dadurch meist verschwinden.[2])

6. Speziell zur Charakteristik der Orthosemidine geeignet ist die Bildung von Stilbazoniumbasen[3]) durch Kondensation mit Benzil:

$$-\diagdown \overset{NH_2}{\underset{NH}{\big|}} + \overset{CO - C_6H_5}{\underset{CO - C_6H_5}{\big|}} = H_2O + -\diagdown \overset{N = C - C_6H_5}{\underset{\underset{R \quad OH}{N = C - C_6H_5}}{\big|}}$$

Diese Produkte sind meist außerordentlich krystallisationsfähig, lösen sich leicht in verdünnten wässerigen Säuren mit goldgelber Farbe, zeigen in alkoholischer Lösung gelbgrüne Fluorescenz, die auf Säurezusatz verschwindet und geben mit konzentrierter Salz- oder Schwefelsäure intensive, orange- bis himbeerrote Färbungen, die auf Wasserzusatz in Goldgelb umschlagen.

---

[1]) B. **25**, 996 (1892).
[2]) B. **26**, 690 (1893).
[3]) O. N. Witt, B. **25**, 1017, Anm. (1892).

Unterscheidung der Semidine von den Diphenylbasen.[1])

Von den beiden in Betracht kommenden Typen

Diphenylin   Peridiaminodiphenyl

liefert mit salpetriger Säure keine ein Azimid, Eisessig führt zu Di-
acetylverbindungen (nicht zu Anhydroverbindungen) und mit Benzil
entsteht aus den Peridiaminen ein sauerstofffreies Produkt der Form

$$C_6H_4 - N = C - C_6H_5$$
$$C_6H_4 - N = C - C_6H_5$$

Ebenso zeigen die Diphenylbasen nicht die Farbenreaktionen der
Semidine, und mit Salicylsäurealdehyd reagieren sie unter Bildung
einer Di-Oxybenzylidenverbindung, welche durch Stickstoffbestimmung
leicht von den entsprechenden Semidinderivaten unterschieden werden
kann.

Über sterische Einflüsse bei der Semidinbildung: M. u. J.
2, I, 404.

Beiderseits parasubstituierte Hydrazoverbindungen[2]) werden beim
Kochen mit Mineralsäuren sehr glatt durch gleichzeitige Oxydation
und Reduktion in Azokörper und Amin gespalten: Hydrazodiäthyl-
phthalid z. B. in Amino- und Azo-Diäthylphthalid.[3])

---

[1]) Schultz, Schmidt und Strasser, Ann. 207, 348 (1881). — Reu-
land, B. 22, 3011 (1889). — Täuber, B. 24, 198 (1891); 25, 3287 (1892); 26,
1703 (1893).

[2]) Melms, B. 3, 554 (1870). — Calm und Heumann, B. 13, 1180
(1880). — Schultz, Ann. 207, 315 (1881).

[3]) Bauer, B. 41, 504 (1908).

Siebentes Kapitel

Nitroso- und Isonitrosogruppe. — Nitrogruppe. — Jodo- und Jodosogruppe. — Peroxyde und Persäuren.

Erster Abschnitt.

Nitrosogruppe.

1. Qualitative Reaktionen.

1. Wahre Nitrosoverbindungen enthalten die NO-Gruppe gewöhnlich an tertiären Kohlenstoff gebunden (Piloty[1]).

2. Die Nitrosokörper der Fettreihe ebenso wie die Nitrosobenzole sind gewöhnlich gut krystallisierbar, farblos oder schwach gelb gefärbt, in geschmolzenem Zustande bilden sie ebenso wie in Lösung[2] intensiv blaue oder grüne Flüssigkeiten. Manche sind auch schon im festen Zustande blau.[3] Die farblosen Substanzen sind bimolekulare, die farbigen monomolekulare Modifikationen desselben Körpers (Piloty[4]). Sie sind unzersetzt flüchtig und besitzen einen stechenden Geruch.

3. Aus angesäuerter Jodkaliumlösung machen sie augenblicklich Jod frei, aus Schwefelwasserstofflösung Schwefel.[5]

4. Mit aromatischen Aminen kondensieren sie sich zu Azokörpern.[5]

$$\text{Ar} . \text{NO} + \text{NH}_2 . \text{C}_6\text{H}_5 = \text{Ar} - \text{N} = \text{N} - \text{C}_6\text{H}_5 + \text{H}_2\text{O}.$$

---

[1] B. **31**, 218, 456 (1898). — Über sekundäre Nitrosoverbindungen: Piloty und Steinbock, B. **35**, 3101 (1902). — Schmidt, B. **35**, 2323 (1902).

[2] Piloty und Ruff, B. **31**, 221 (1898). — Bamberger und Rising, B. **33**, 3634 (1900); **34**, 3877 (1901).

[3] Baeyer, B. **28**, 650 (1895). — Bamberger und Rising, Ann. **316**, 285 (1901).

[4] B. **31**, 456 (1898). — B. **35**, 3090, 3098, 3101 (1902). — Harries und Jablonski, B. **31**, 1379 (1898). — Harries, B. **36**, 1069 (1903). — Bamberger und Seligman, B. **36**, 695 (1903).

[5] Piloty und v. Schwerin, B. **34**, 1874 (1901). — Wieland, B. **38**, 1459 (1905). — Ann. **353**, 65 (1907).

Sie geben daher mit Anilin (in alkoholischer) oder mit salzsaurem Anilin in wässeriger Lösung erwärmt eine Farbenreaktion.[1])

5. Mit Schwefelsäure und Ferrosulfat geben sie die Salpetersäurereaktion.[2])

6. Die Nitrosoverbindungen der Fett- und der aromatischen
Reihe liefern die Liebermannsche Reaktion[3])[4]), die Nitrosochloride
des Tetramethyläthylens[5]) und des $\Delta^4(^8)$-Terpenolacetats[6]) dagegen
nicht.

Angeli und Castellana[7]) empfehlen im allgemeinen zur Anstellung der Liebermannschen Reaktion, die nach ihnen auf der
Bildung von Stickoxyden beruht, statt Phenol + Schwefelsäure eine
schwefelsaure Lösung von Diphenylamin anzuwenden, die dann Blaufärbung gibt.

7. Mit Hydroxylamin entstehen aus den aromatischen Ni-
trosobenzolen sogenannte Isodiazohydrate (Oxime der Nitrosoverbindungen[8]).

$$\text{Alph.NO} + \text{NH}_2 - \text{OH} = \text{H}_2\text{O} + \text{Alph N} = \text{NOH}.$$

Da die Isodiazohydrate als solche nicht isolierbar sind, kuppelt
man sie sofort mit Naphthol.

Man versetzt eine alkoholische Nitrosolösung mit α- oder β-
Naphthol und einer wässerigen Hydroxylaminchlorhydratlösung und
fügt alsdann tropfenweise verdünnte Sodalösung zu. Der Farbenumschlag (von grün durch braun in rot) tritt in kürzester Zeit ein,
und auf Zusatz von Wasser scheidet sich der Azofarbstoff in volu-
minösen Flocken ab und kann aus Benzol umkrystallisiert werden
(Hydroxylamin und p-Dinitrosobenzol, B. 21, 734, 3319 [1888]).

8. Mit Phenylhydrazin reagieren die Nitrosoverbindungen je
nach den Versuchsbedingungen (siehe unter quantitative Bestimmung).
Niemals aber tritt Verdrängung der Nitrosogruppe unter Hydrazonbildung ein (Unterschied von den Isonitrosoverbindungen).

Literatur:

Ziegler, B. 21, 864 (1888).

O. Fischer und L. Wacker, B. 21, 2609 (1888); 22,
622 (1889).

R. Walther, J. pr. (2), 52, 141 (1895).

E. Bamberger, B. 29, 103 (1896).

Mills, B. 28, Ref. 982 (1895).

E. Bamberger und Stiegelmann, B. 32, 3554 (1899).

---

[1]) Siehe auch Walder, Diss. Zürich, 1907, S. 22.
[2]) Keller, Arch. 242, 321 (1904).
[3]) Siehe Anm. 2 auf Seite 898.
[4]) Baeyer, B. 7, 1638 (1874).
[5]) Thiele, B. 27, 454 (1894).
[6]) Baeyer, B. 27, 445 (1894).
[7]) Atti Lincei (5), 14, I, 669 (1905).
[8]) Bamberger, B. 28, 1218 (1895).

Spitzer, Öst. Ch. Ztg. **1900**, Nr. 20.
Bamberger, B. **33**, 3508 (1900).
Clauser, B. **34**, 889 (1901).
Clauser und Schweizer, B. **35**, 4280 (1902).

9. Diazomethan in ätherischer Lösung führt zur Bildung von N-Äthern des Glyoxims[1]:

$$Ar N - CHCH - N Ar,$$
$$\diagdown\diagup \qquad \diagdown\diagup$$
$$O \qquad\quad O$$

welche in goldgelben Nadeln krystallisieren.

10. Konzentrierte Schwefelsäure polymerisiert aldolartig zu Nitrosodiarylhydroxylaminen, welche intensiv gelb sind und sich in Alkalien mit roter Farbe lösen.[2]

$$C_6H_5NO + C_6H_5NO = C_6H_5 - N - C_6H_4NO$$
$$\vert$$
$$OH$$

Die Kuppelung tritt in Parastellung ein, parasubstituierte Nitrosobenzole werden nicht in analoger Weise polymerisiert, oder der Substituent (Br) wird abgespalten.

Über die Einwirkung konzentrierter Halogenwasserstoffsäuren: Bamberger, Büsdorf und Szolayski, B. **32**, 210 (1899).

Über Nitrosophenole siehe S. 699.

o-Dinitrosobenzol: Ann. **307**, 28 (1899). — Tetranitrosobenzol: B. **32**, 505 (1899).

2. Quantitative Bestimmung der Nitrosogruppe.

a) Methode von Clauser.[3]

Phenylhydrazin reagiert mit wahren Nitrosokörpern unter geeigneten Reaktionsbedingungen glatt nach der Gleichung:

$$R.NO + C_6H_5NH.NH_2 = R.N: + C_6H_6 + H_2O + N_2.$$

Der Rest R.N: dürfte sich wahrscheinlich zu R.N = N.R verdoppeln.

Zur quantitativen Bestimmung der Nitrosogruppe wird das Volum des mit Benzol und Wasserdämpfen völlig gesättigten Stickstoffs gemessen, der sich bei der Reaktion entwickelt.

Die Konstruktion des hierzu ursprünglich benutzten Apparates ist aus Figur 223 zu ersehen. Ein 30 ccm fassender Reaktions-

---

[1] v. Pechmann, B. **28**, 860 (1895); **30**, 2461, 2791 (1897).
[2] Bamberger, Büsdorf und Sand, B. **31**, 1513 (1898). — Stiegelmann, Diss., Straßburg 1896.
[3] Spitzer, Öst. Ch. Ztg. **1900**, Nr. 20. — Clauser, B. **34**, 889 (1901). — Clauser und Schweizer, B. **35**, 4280 (1902).

kolben R ist mit einem dreifach durchbohrten Pfropfen versehen.
Durch die eine Bohrung ragt der Tropfrichter in den Kolben hinein,
die zweite trägt das Zuleitungsrohr für das Kohlendioxyd, in der
dritten steckt ein aufsteigender Kühler. An den Kühler ist noch ein
mit Wasser gefüllter Liebig-
scher Kaliapparat angefügt,
sodann folgt einer der bei
volumetrischen Stickstoffbe-
stimmungen üblichen Absorptionsapparate.

0.1 — 0.2 g des Nitroso-
körpers werden in den Kolben
eingewogen und in 20 — 30 ccm
Eisessig gelöst. Sodann wird
der Apparat zusammengefügt
und daraus die Luft durch
mehrstündiges Einleiten eines
langsamen Kohlendioxyd-
stromes (aus einem Kipp-
schen Apparate[1]) verdrängt.
Dabei schaltet man den
Absorptionsapparat noch nicht
ein. Wenn die Luft zum
größten Teile aus dem Apparat entfernt ist, verschließt
man den Quetschhahn Q und
öffnet den Hahn des Tropf-
richters. Das eintretende
Kohlendioxyd verdrängt die
Luft aus dem Tropfrichter.
Man schaltet nun den Ab-
sorptionsapparat ein, der mit
Kalilauge 1:3 gefüllt ist. Der-

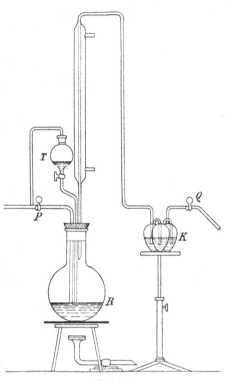

Fig. 228.

selbe besitzt die übliche Form, nur an der Stelle eines gewöhnlichen
Glashahnes ist ein Dreiweghahn angeschliffen, der es gestattet, das
im Rohr aufgefangene Gas durch die zentrale Bohrung austreten zu
lassen. Unter fortwährendem Zuleiten von Kohlendioxyd beobachtet
man, ob sich während 10 bis 15 Minuten außer einer leichten Schaum-
decke, die nicht mehr als 0.1 ccm betragen soll, noch merkliche Gasblasen ansammeln.

Sofern dies nicht der Fall ist, sperrt man den Absorptionsraum
durch passende Einstellung des Dreiweghahnes ab.

Sodann wird durch den Trichter ein 4—5 facher Überschuß an

---

[1] Man wähle einen recht großen Kipp, aus dem man kurz vor dem
Gebrauche einen starken Kohlendioxydstrom entnimmt, wodurch die in der
Salzsäure absorbierte und die den Marmorstückchen anhaftende Luft rasch
völlig verdrängt wird.

Phenylhydrazin in 30—40 ccm konzentrierter Essigsäure gelöst, eingetragen und der Kolben schwach erwärmt, wobei nunmehr das
Durchleiten von Kohlendioxyd unterbrochen wird.

Da im Innern des Apparates ein Überdruck herrscht, würde die
Flüssigkeit aus dem Tropfrichter nicht in den Kolbeninhalt treten.
Um diesen Übelstand zu beseitigen, wendet man unter Benutzung
eines Gabelrohres, wie aus Fig. 228
ersichtlich ist, eine Zweigleitung an,
die einen Ausgleich des Druckes und
somit die unbehinderte Entleerung des
Trichterinhalts ermöglicht.

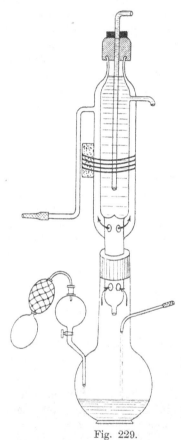

Alsbald beginnt eine lebhafte Gasentwicklung, und die Farbe der Flüssigkeit schlägt in Rot um.

In der Regel ist die Reaktion nach
wenigen (längstens 10 Minuten) beendet.
Nur bei der Analyse von Substanzen,
die in Eisessig sehr schwer löslich sind,
wie dies beim a_1-Nitroso-a_2-Naphthol
oder dem Chinondioxim der Fall ist,
ist zur Erzielung brauchbarer Resultate
längeres Erhitzen unerläßlich.

Nach Beendigung der Reaktion
läßt man im Kohlendioxydstrom erkalten, um abermals den Stickstoff
durch Kohlendioxyd zu verdrängen.

Sobald bei 5 Minuten langem
Durchleiten keine Zunahme des Gasvolumens im Absorptionsapparate zu
konstatieren ist, kann man die Zuleitung des Kohlendioxyds abstellen.
Man läßt noch 1—2 Stunden stehen.

Um nun den Stickstoff aus dem
Apparate in ein Meßrohr überzuführen,
setzt man an die Austrittsstelle der
zentralen Bohrung des Dreiweghahnes
ein passend gebogenes Glasrohr mit
engem Lumen an und bringt den Hahn

Fig. 229.

in jene Stellung, die es zuläßt, daß die Flüssigkeit (Kalilauge, Wasser),
welche im Behälter oberhalb des Hahnes enthalten ist, den Hohlraum desselben und des Rohres erfüllt. Sobald dies erreicht ist,
stellt man den Hahn in der Weise ein, daß durch die Erzeugung
eines kleinen Überdruckes (hervorgebracht durch Heben des Niveaugefäßes) das Gas durch die zentrale Hahnbohrung und das angefügte
Glasrohr in das Eudiometerrohr entweicht.

Das so erhaltene Gas wird nach den bei der Carbonyl-
bestimmung angeführten Methoden zur Messung gebracht.

In seiner letzten Publikation beschreibt Clauser einen vereinfachten Apparat, welchen Figur 229 wiedergibt.

Um die Anwendung des immerhin lästigen, dreifach gebohrten Stopfens zu vermeiden, ist sowohl das Gaszuleitungsrohr als auch der Tropftrichter direkt in den Kolben eingeschmolzen. Ferner empfiehlt sich zum Eindrücken der essigsauren Phenylhydrazinlösung in den Kolben die Anwendung eines kleinen Gummiballons. Zum Auffangen und Sammeln des Stickstoffs dient ein Absorptionsapparat, der statt mit einem Dreiweghahn durch einen Hahn mit zwei Parallelbohrungen verschließbar ist, da hierdurch die Überführung des Stickstoffs in das Eudiometerrohr leichter vorgenommen werden kann (Fig. 230). Sehr wichtig ist die Verwendung eines sehr gut funktionierenden Kühlers, da andernfalls nicht unerhebliche Mengen von Essigsäure in die vorgelegte Kalilauge gelangen und die Absorption des Kohlendioxyds verzögern.

Fig. 230.

Andere oxydierend wirkende Gruppen (Nitrogruppe) bewirken unter den Versuchsbedingungen keinerlei Störung. So wurden Nitrobenzol, Azoxybenzol, Dinitronaphthalin und Pikrinsäure auf Phenylhydrazin einwirken gelassen, ohne daß hierbei eine Stickstoffentwicklung bemerkbar gewesen wäre.

Der Reaktionsverlauf verbleibt auch dann ein quantitativer, wenn Substitutionsderivate von aromatischen Nitrosokörpern, wie Nitrososäuren, Nitrosoaldehyde und Polynitrosoderivate in Anwendung kommen.

Die Salpetrigsäureester gestatten die quantitative Bestimmung der Nitrosogruppe nicht ohne weiteres. Dennoch wird deren quantitative Bestimmung dadurch ermöglicht, daß man dem Reaktionssysteme (Salpetrigsäureester, Phenylhydrazin, Eisessig) solche Substanzen zufügt, die leicht und völlig in Nitrosoderivate überzugehen vermögen.

Mit Vorteil werden Phenol oder Dimethylanilin verwendet. Da das quantitativ entstehende Nitrosoderivat seinerseits die quantitative Bestimmung dieser Gruppe zuläßt, ist ein Hindernis bei deren Gehaltsermittelung nicht zu befürchten.

In diesem Falle wird folgendermaßen gearbeitet:

0.1—0.3 g des in Eisessig gelösten Salpetrigsäureesters werden vorsichtig in dem zur Analyse verwendeten, bereits beschriebenen Kölbchen mit 3 g einer essigsauren Lösung von Dimethylanilin und sodann mit 10—20 ccm konzentrierter Salzsäure versetzt.

Nach vierstündigem Erhitzen im Wasserbade ist der Geruch des Esters vollständig verschwunden. Der nunmehr salzsaure Nitrosodimethylanilin enthaltenden Flüssigkeit wird zur Abstumpfung der Salzsäure die nötige Menge von krystallisiertem Natriumacetat zugesetzt und nach Verdrängung der Luft durch Kohlendioxyd die Bestimmung, wie gebräuchlich, durchgeführt.

Für die Analyse sehr flüchtiger Nitrite (Äthylnitrit) ist dieses Verfahren nicht verwendbar.

Eigentümlich ist das Verhalten der Nitrosamine; weder aliphatische noch gewisse aromatische Nitrosamine (Nitrosodiäthylamin, Nitrosotrimethyldiaminobenzophenon) gestatten den Nachweis der Nitrosogruppe. Nitrosamine vom Typus des Diphenylnitrosamins lassen dagegen die Bestimmung derselben zu.

Dieses Verhalten wird erklärlich, wenn man die von O. Fischer und Hepp[1]) gemachten Angaben berücksichtigt. Danach ist Diphenylnitrosamin befähigt, in sauren Lösungen tautomer zu reagieren, und zwar nach dem Schema:

$$\begin{array}{c} C_6H_5 \\ \diagup \\ C_6H_5 \end{array} \!\!\! N.NO \rightarrow N \!\!\! \begin{array}{c} C_6H_4:NOH \\ \diagup \\ C_6H_5 \end{array} \quad bzw. \quad HN \!\!\! \begin{array}{c} C_6H_4.NO \\ \diagup \\ C_6H_5 \end{array}$$

Um nun zu ermitteln, ob auch Nitrosogruppen, die an einem heterocyclischen Kerne hängen, quantitativ bestimmt werden können, wurde Nitrosoantipyrin in Untersuchung gezogen, dem nach Knorr die Konstitutionsformel

$$\begin{array}{c} H_3C.C - N(CH_3) \\ \| \qquad\qquad\quad \diagdown N.C_6H_5 \\ ON.C - CO - \diagup \end{array}$$

zukommt, und gefunden, daß auch in diesem Falle eine glatte quantitative Bestimmung möglich ist.

Die Reaktion versagt jedoch völlig bei Isonitrosoverbindungen (Oximen), die nicht tautomer reagieren können.

Zusammenfassend läßt sich sagen, daß die quantitative Bestimmung der Nitrosogruppe nach der gekennzeichneten Methode nur bei Verbindungen vom allgemeinen Typus $NO.C \!\!\! \begin{array}{c} CR_1 \\ \diagup \\ \diagdown \\ CR_2 \end{array}$ möglich ist, wobei R_1 und R_2 beliebige Radikale oder Molekularkomplexe bedeuten.

Demnach läßt sich unter Hinzuziehung der Liebermannschen Reaktion jede Nitrosoverbindung genau charakterisieren:

---

[1]) B. **19**, 2994 (1886).

Bindungsart der Nitroso-gruppe	Reaktionen	
$NO.C\diagup R_1 \diagdown R_2$	Unmittelbare quantitative N-Entwicklung	Liebermannsche Reaktion
Salpetrigsäureester, NO.O-Alkyl	Mittelbare quantitative N-Entwicklung (nach Hinzufügen von Di-methylanilin)	Liebermannsche Reaktion
Nitrosamine, $NO.N\diagup R_1 \diagdown R_2$	Keine N-Entwicklung	Liebermannsche Reaktion
Echte Isonitrosoverbindungen, $HO.N:C\diagup R_1 \diagdown R_2$	Keine N-Entwicklung	Keine Liebermannsche Reaktion

Es mag erwähnt werden, daß es noch einer Überprüfung bedarf, ob gewisse der recht schwierig zugänglichen aliphatischen Nitrosover-bindungen sich diesem Schema anpassen.

Berechnung der Analysen.

Bedeutet:

P die Prozente NO in der untersuchten Substanz,

V das abgelesene Volumen Stickstoff in Kubikzentimetern,

w die Summe der Tensionen von Benzol- und Wasserdampf in Millimetern für die Temperatur t (Tabelle S. 681),

g das Gewicht der analysierten Substanz in Grammen, so ist:

$$P = K \frac{V.(b-w)}{g.(1+\alpha t)},$$

und die konstante Größe

$$K = \frac{3000.s}{760 \times 28},$$

wobei s das Gewicht von 1 ccm Stickstoff bei 0^0 und 760 mm in Grammen ausgedrückt repräsentiert,

$$K = 0.00017709; \quad \log K = 0.24821 - 4.$$

Die Fehlergrenzen betragen bei in Eisessig löslichen Sub-stanzen kaum mehr als 0.5 Proz. von P. Nur bei in Eisessig un-löslichen Substanzen geht die Reaktion schließlich sehr langsam vor sich, weshalb ein Fehler bis 2 Proz. beobachtet wurde.

Wahrscheinlich läßt sich derselbe noch durch Anwendung eines beträchtlichen Überschusses an Phenylhydrazin verkleinern.

b) Methode von Knecht und Eva Hibbert.

Die S. 875 beschriebene Methode zur Bestimmung von Azokörpern läßt sich auch für die Bestimmung der Nitrosogruppe verwerten.

In den meisten Fällen läßt sich die Titration direkt ausführen, die Lösung soll dabei auf 40—50° erwärmt werden.

c) Methode von Grandmougin.[1])

Die Reduktion der Nitrosokörper mittels Hydrosulfit gelingt gleichermaßen gut. Z. B. wird α-Nitroso-β-Naphthol in der nötigen Menge Alkali gelöst und die siedende Lösung mit Natriumhydrosulfit versetzt. Nach vollendeter Reduktion säuert man mit Essigsäure an, wobei sich die Amino-β-Naphtholsulfosäure abscheidet.

Über quantitative Reduktion von Nitrosothymolfarbstoffen mittels Zinnchlorür siehe Decker und Solonina, B. 38, 66 (1905). — Verfahren von Kaufler: S. 923.

Zweiter Abschnitt.

Isonitrosogruppe.

1. Qualitative Reaktionen.

Die Isonitrosoverbindungen (Oxime) zeigen im allgemeinen je nach der Art der mit dem die NOH-Gruppe tragenden Kohlenstoffatome verbundenen Reste verschiedenartiges Verhalten.

Man kann sie, indem man sie von Aldehyden (Aldehydsäuren usw.) oder Ketonen (Ketonsäuren, Chinonen usw.) ableitet, als Aldoxime und Ketoxime[2]) unterscheiden.

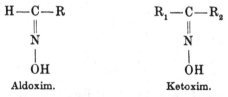

In jeder der beiden Gruppen hat man zahlreiche Fälle von Isomerie konstatiert, die wahrscheinlicher in räumlicher Verschiedenheit (Hantzsch und Werner) als in verschiedenartiger Konstitution der Isonitrosogruppe ihren Grund hat.

Bei Monoximen sind demnach — analog der Isomerie stereoisomerer Äthylenderivate — zwei Reihen von Derivaten:

---

[1]) Siehe S. 873.
[2]) v. Pechmann und Wehsarg nennen B. 21, 2994 (1888) speziell die Monoxime der Diketone „Ketoxime“.

$$R_1-C-R_2 \qquad \text{und} \qquad R_1-C-R_2{}^1)$$
$$\underset{XO-N}{\Vert} \qquad\qquad \underset{N-OX}{\Vert}$$

bei Dioximen der Form

$$R_1-C-C-R_2$$
$$\underset{N}{\Vert}\ \underset{N}{\Vert}$$
$$\underset{O}{|}\ \underset{O}{|}$$
$$\underset{H}{|}\ \underset{H}{|}$$

dreierlei isomere Formen denkbar:

$$\underset{\underset{\text{I}}{N-OXXO-N}}{R_1-C\!\!-\!\!-\!\!-\!\!-\!\!-\!\!C-R_2} \qquad \underset{\underset{\text{II}}{XO-N\ \ N-OX}}{R_1-C-C-R_2} \qquad \underset{\underset{\text{III}}{XO-NXO-N}}{R_1-C\ -\ C-R_2}$$

Nach Hantzsch unterscheidet man in dem ersteren Falle Syn- und Anti-Formen, im letzteren Falle Syn- (I), Anti- (II) und Amphi- (III) Ketoxime.

Bei den Monoximen wird bei der Auswahl der Präfixe der Grundsatz befolgt, daß das Präfix die räumliche Stellung des an den Stickstoff gebundenen Radikals zu dem unmittelbar nach dem Präfix genannten, an den Kohlenstoff gebundenen Reste angibt, wobei, falls eines der beiden Radikale R_1 und R_2 mit dem an Stickstoff gebundenen Radikal intramolekular zu reagieren vermag, als Syn-Verbindung jene bezeichnet wird, welche die beiden reaktionsfähigen Radikale genähert (maleinoid) enthält.

Konfigurationsbestimmung bei den Aldoximen.

Um bei den Aldoximen zu entscheiden, ob ein spezielles Derivat der Syn- oder der Antireihe angehört — Synderivate sind hier immer die dem Aldehydwasserstoff zugewandten Formen — untersucht man das Verhalten seines Acetylderivates gegen kohlensaures Alkali.[2][3]
Die Synaldoximacetate zerfallen dabei nach der Gleichung:

$$\underset{N-OCOCH_3}{\overset{R-C-H}{\Vert}} = \underset{N}{\overset{R-C}{\Vert\!\Vert}} + \underset{O-COCH_3}{\overset{H}{|}}$$

unter Nitrilbildung, während die Antialdoximacetate zum freien Oxim verseift werden.

---

[1]) Über eine dritte Form bei Aldoximen: Beckmann, B. **37**, 3042 (1904). Beck und Hase, Ann. **355**, 29 (1907). — Haase, Diss., Leipzig 1907.

[2]) Gabriel, B. **14**, 2338 (1881). — Westenberger, B. **16**, 2991 (1883). Lach, B. **17**, 1571 (1884). — V. Meyer und Warrington, B. **20**, 500 (1887). Hantzsch, B. **25**, 2164 (1892).

[3]) Hantzsch, Z. phys. **13**, 509 (1894). — Ley, Z. phys. **18**, 376 (1895).

Darstellung der Oximacetate.

Zur Acetylierung müssen die Oxime in reinster Form angewandt werden, als Krystallisationsmittel empfiehlt sich Benzol, bzw. Fällung der Benzollösung mit Ligroin.

Kleine Mengen (nicht über ein Gramm) des reinen Oxims werden fein gepulvert in möglichst wenig (einigen Tropfen) Essigsäureanhydrid, nötigenfalls unter ganz gelindem Erwärmen, so lange eingetragen, bis sich nichts mehr löst und dann im Natronkalkexsiccator bis zum Festwerden stehen gelassen, eventuell in Eiswasser gegossen oder ins Kältegemisch gestellt. Hierbei muß sich das Acetat rasch krystallinisch abscheiden, widrigenfalls die Operation meist mißglückt ist und bereits zum Säurenitril geführt hat. Vor allem hat man darauf zu achten, daß die Atmosphäre des Arbeitsraumes auch nicht Spuren von Säure- oder Halogendämpfen enthält. Die Reinigung der Acetate wird in der Regel am besten durch Ausfällen ihrer Benzollösung mit Petroläther erreicht. Man bewahrt sie über Phosphorpentoxyd und Ätzkali im Exsiccator auf. Durch Erwärmen mit Alkohol werden die Oximacetate meist schon verseift,[1]) das Diisonitrosocumarandiacetat ließ sich aber aus Alkohol umkrystallisieren.[2])

Synaldoxime werden schneller esterifiziert als Antialdoxime.[3])

Bestimmung der Umwandlungsgeschwindigkeit der Synaldoximacetate in Nitril und Essigsäure:

Hantzsch, Z. phys. **13**, 509 (1894).

Ley, Z. phys. **18**, 376 (1895).

Kommt es nur auf einen qualitativen Versuch an, so kocht man das in absolutem Alkohol gelöste Acetat mit ein wenig Natriumacetatlösung oder mit wässerigem Bicarbonat.

Viele Oximacetate werden auch schon beim bloßen Erwärmen mit Essigsäure gespalten.

Orthosubstituierte Aldoxime sind schwer acetylierbar, parasubstituierte dagegen am leichtesten in reine Acetylderivate überzuführen.

Leichter noch als durch Essigsäureanhydrid oder Eisessig werden die Synaldoxime durch Acetylchlorid in die Nitrile verwandelt.[4])[5])

Ob die Syn- oder die Anti-Form eines Aldoxims die stabilere bzw. allein existenzfähige ist, hängt vom Charakter des Radikals R ab, welches mit dem Kohlenstoffatom des Aldehydrestes verbunden ist (siehe unten). Über Alkali- bzw. Säurestabilität der Aldoxime siehe S. 911, 912.

Synaldoximessigsäure bildet ein Acetat, das weder durch Soda noch durch Natronlauge in Cyanessigsäure zu spalten ist, sondern einfach zur Aldoximsäure verseift wird.[5])

---

[1]) Werner und Detscheff, B. **38**, 77 (1905).
[2]) Hugo, Diss., Rostock, 1906, S. 23.
[3]) H. Goldschmidt, B. **37**, 184 (1904).
[4]) V. Meyer und Warrington, B. **19**, 1613 (1886).
[5]) Hantzsch, B. **25**, 2179 (1892).

Die alkoholische Lösung der Synaldoxime gibt mit alkoholischer Eisenchloridlösung eine tief blutrote Färbung, die auf Zusatz von Spuren Säure verschwindet.

Alkoholische Kupferacetatlösung gibt eine gelbgrüne bis olivengrüne Färbung, beim Eindunsten dunkelrote oder dunkelgrüne Krusten. Spuren von Säure bringen auch diese Färbung zum Verschwinden.

Alkoholische Silbernitratlösung läßt weiße, krystallisierte Niederschläge der Formel $2 \text{ Oxim} + 1 \text{ AgNO}_3$ entstehen; ähnliche, ungefähr nach der Formel $1 \text{ Oxim} + 1 \text{ HgNO}_3$ zusammengesetzte Fällungen veranlaßt alkoholisches Mercuronitrat.

Die Antioxime zeigen diese Reaktionen nicht.[1])

Konfigurationsbestimmung bei Ketoximen, (Beckmannsche Umlagerung).[2])[3])

Die Ketoxime

$$
\begin{array}{c}
R_1 - C - R_2 \\
\| \\
N \\
| \\
O \\
| \\
H
\end{array}
$$

werden unter dem Einflusse gewisser umlagernder Agenzien derart umgewandelt, daß die Hydroxylgruppe mit einem der beiden Radikale (und zwar natürlich mit demjenigen, zu dem sie in Synstellung steht) Platz tauscht:)

$$
\begin{array}{c}
R_1 - C - R_2 \\
\| \\
N - OH
\end{array}
\quad = \quad
\begin{array}{c}
R_1 - C - OH \\
\| \\
NR_2
\end{array}
$$

worauf dann Bindungswechsel eintritt, so daß das Oxim in ein Säureamid übergeht:

$$
\begin{array}{c}
R_1 - C - OH \\
\| \\
NR_2
\end{array}
\quad = \quad
\begin{array}{c}
R_1 - C = O \\
| \\
NHR_2
\end{array}
$$

Aus der Natur des bei der Verseifung dieses Säureamids entstehenden primären Amins kann man auf die Konfiguration des untersuchten Ketoxims schließen. Die stabile Form pflegt dabei in glatter Reaktion umgesetzt zu werden, während die labile infolge

---

[1]) Beck und Hase, Ann. **355**, 29 (1907). — Über das analoge Verhalten der Syndioxime siehe S. 693, 912.

[2]) B. **20**, 500 (1887).

[3]) Beckmann, B. **19**, 988 (1886); **20**, 1507, 2580 (1887). — Mit Weyerhoff, Ann. **252**, 1 (1889). — Mit Günther, Ann. **252**, 44 (1889). — Mit Köster, Ann. **274**, 1 (1893). — B. **22**, 443 (1889); **23**, 1690, 3319 (1890); **27**, 300 (1894). — Hantzsch, B. **24**, 51, 4018 (1891). — Sluiter, Rec. **24**, 372 (1905). — Bosshard, Diss., Zürich 1907.

von der Umlagerung vorhergehender partieller Isomerisierung als
Nebenprodukt auch das der stabilen Form entsprechende Amin liefert.
Die Umlagerung wird zum Teile durch Arbeiten bei sehr niedriger
Temperatur (bis — 20°, Hantzsch) vermieden.

Umlagerung von Oximen der Diketone: Beckmann und Köster,
Ann. **274**, 4 (1893).

Die Umlagerung der Oxime cyclischer Ketone durch Schwefelsäure und Eisessig führt zu den sogenannten Isoximen (Lactamen),
welche unter Ringsprengung in Aminosäuren übergeführt werden
können.[1])

Als umlagernde Medien werden hauptsächlich Phosphorpentachlorid, konzentrierte Schwefelsäure, wasserfreie
Salzsäure, Acetylchlorid, Eisessig und Essigsäureanhydrid,
in seltenen Fällen auch Alkalien, verwendet.

Umlagerungen mittels Phosphorpentachlorid. Die
stark verdünnte ätherische Lösung des betreffenden Oxims wird mit
Phosphorchlorid in kleinen Portionen unter Umschütteln und starker
Kühlung versetzt, bis schließlich ein erheblicher Überschuß desselben
am Boden bleibt. Die dekantierte Flüssigkeit wird zur Zersetzung
des primär gebildeten Imidchlorids mit Eiswasser durchgeschüttelt und
hinterläßt alsdann nach dem Trocknen mit Pottasche beim Verdampfen das entstandene substituierte Amid. Die hydrolytische
Spaltung des letzteren wird durch Erhitzen mit konzentrierter Salzsäure auf etwa 160° vollzogen.

Umlagerungen mittels konzentrierter Schwefelsäure.[2])
Dieselbe erfolgt durch einstündiges Erwärmen des Oxims mit 10 Teilen Schwefelsäure auf dem Wasserbade. Die erkaltete Lösung gießt
man auf Eis.

Umlagerungen mittelst Salzsäure (sogenannter Beck-
mannscher Mischung). Die Substanz wird in ihrem 10 fachen
Gewichte Eisessig, welcher mit 20 °/₀ Essigsäureanhydrid versetzt
ist, gelöst, unter Kühlung trockenes Salzsäuregas bis zur Sättigung
eingeleitet, dann die Flüssigkeit im Einschmelzrohre 3 Stunden lang
auf 100° erhitzt, oder mehrere Tage stehen gelassen.

Umlagerung durch Acetylchlorid, Benzoylchlorid, Eisessig und Anhydrid ist im allgemeinen weniger glatt zu erzielen.
Man erhitzt im Einschlußrohre mehrere Stunden lang auf 100 bis 180°.

Umlagerung durch Benzolsulfosäurechlorid, Phthalyl-
chlorid und Pikrylchlorid:

Tiemann und Pinnow, B. **24**, 4162 (1891). — Beckmann,
B. **37**, 4136 (1904).

---

[1]) Wallach, Ann. **309**, 5 (1896); **312**, 173 (1900). — Mitt. Kgl. Ges.
d. Göttingen **1904**, 15. — Vgl. Bredt, Ann. **289**, 15 (1896). — Beckmann,
Ann. **289**, 390 (1896).

[2]) Siehe auch Wallach, Ann. **312**, 174, Anm. (1900). — Sluiter, Rec.
24, 372 (1905).

Umlagerung durch Hydroxylaminchlorhydrat oder freies Hydroxylamin:

Beckmann, B. **20**, 2584 (1887).
Auwers und v. Meyenburg, B. **24**, 2370 (1891).
Davies und Feith, B. **24**, 2388 (1891).
Smith, B. **24**, 1662 (1891).
Thorp, B. **26**, 1261 (1893).
Posner, B. **30**, 1697 (1897).
Hans Meyer, M. **20**, 337 (1899).

Umlagerung durch Alkali oder Pyridin, bei Gegenwart von Benzolsulfosäurechlorid: Tiemann und Pinnow, B. **24**, 4162 (1891), Posner a. a. O. — Werner und Piguet, B. **37**, 4295 (1904). — durch wässerige Salzsäure oder Schwefelsäure: Thorp, Hans Meyer, a. a. O. — Harries, Ann. **330**, 190 (1903) (ungesättigte Ketone). — Bosshard, Diss., Zürich 1907.

Über die Wahrscheinlichkeit, mit der stereoisomere Oxime zu erwarten sind, hat hauptsächlich Hantzsch[1]) Betrachtungen angestellt.

Man kann danach eine Skala der Wirksamkeit der Radikale R_1 und R_2 hinsichtlich ihrer Anziehung auf das Hydroxyl aufstellen und somit die Beständigkeit bzw. Existenzfähigkeit der beiden Stereoisomeren aus dem vereinten Einflusse dieser beiden Radikale herleiten.

(Stärkste Anziehung): CH_2COOH
CH_2CH_2COOH
$COOH$
$C_6H_5COCH_2$ [2]) $C_4H_3SCOCH_2$ [2])
C_6H_5
C_6H_4X (m u. p)
C_6H_5CO
C_6H_4X(o)
$C_4H_3SC_4H_3O$
C_nH_{2n+1}
(SchwächsteAnziehung): CH_3

Die Rolle des Wasserstoffes (Aldoxime) ist eine wechselnde, die fetten Aldoxime[3]), Thiophenaldoxim[4]), Benzoylformoxim[5]) u. a. sind ausschließlich als Synaldoxime bekannt; für die Oximidoessigsäure[6]) und für die aromatischen Aldoxime ist die Antikonfiguration stets begünstigt bzw. einzig stabil.

Die Beständigkeitsverhältnisse der Oxime werden natürlich auch durch Veränderungen der Isonitrosogruppe verändert: Oxime, welche

---

[1]) B. **25**, 2164 (1892).
[2]) Salvatori, Gazz. **21**, (2), 268 (1891).
[3]) Dollfus, B. **25**, 1906 (1892).
[4]) Hantzsch, B. **24**, 47, 51 (1891).
[5]) Söderbaum, B. **24**, 1318 (1891).
[6]) Hantzsch und Miolatti, Z. phys. **11**, 737 (1892).

in saurer Lösung, bzw. in Form „negativer" Derivate (Säuresalze, Acetate) stabil sind, werden in alkoholischer Lösung resp. in Form von Metallsalzen mehr oder weniger labil.

Über Säure- und Alkalistabilität stereoisomerer Oxime: Abegg, B. **32**, 291 (1899). — Umwandlung durch das Licht: H. Goldschmidt, B. **37**, 180 (1904). — Ciamician und Silber, Atti Lincei, [5], **12**, II, 528 (1904). — Ciusa, Atti Lincei, [5], **15**, II, 130, 721 (1906).

Von den a-Dioximen geben nur die Syn-Formen farbige Niederschläge mit Schwermetallsalzen (Tschugaeff[1]).

Das Hydroxyl der NOH-Gruppe kann nicht nur durch den Acetylrest, sondern auch durch andere Säurereste[2]), durch Alphyl[3]), Benzyl[4]) usw. substituiert werden.

Man acyliert am besten in alkalischer Lösung nach der Lossen-Schotten-Baumannschen Methode (S. 525).

Phenylisocyanat[5]) und Blausäure[6]) werden direkt addiert (siehe auch S. 641).

Einwirkung von Carboxäthylisocyanat.[7])

Dieses Reagens wurde vorläufig erst an einem Beispiele erprobt, erscheint aber vielversprechend.

3,2 g Isonitrosomethylpropylketon werden in Äther gelöst und mit 3,5 g Carboxäthylisocyanat versetzt. Die Reaktion wird durch schwaches Erwärmen auf dem Wasserbade zu Ende geführt. Sodann wird der Äther abgedunstet, wobei ein helles Öl zurückbleibt, das beim Verreiben mit Eiswasser krystallinisch erstarrt. Die Ausbeute beträgt etwa 6,2 g. Die Verbindung läßt sich aus Petroläther umkrystallisieren und bildet dann kleine Nädelchen. Zur Analyse wurde die Substanz über Phosphorpentoxyd im Vakuum getrocknet, da schon bloßes Stehen über Schwefelsäure genügt, sie zu zersetzen.

Im Capillarrohr erhitzt, zieht sich die Substanz zusammen und schmilzt unter Gasentwicklung bei 44—46°. Sie ist leicht löslich in Alkohol, Äther, Aceton, Essigester, Benzol, etwas schwieriger in Petroläther:

$$OC:N.CO_2C_2H_5 + CH_3COCCH_2CH_3 = CH_3.CO.C.CH_2.CH_3$$
$$\quad\quad \| \quad\quad\quad\quad\quad \| \quad\quad\quad\quad\quad\quad\quad \|$$
$$\quad NOH \quad\quad\quad\quad\quad\quad\quad NOCONHCO_2C_2H_5$$

---

[1]) B. **41**, 1678 (1908). — Siehe auch Seite 693.
[2]) Wege, B. **24**, 3537 (1891). — Borsche und Bothe, B. **41**, 1944 (1908) Benzoylierung.
[3]) Petraczek, B. **16**, 823 (1883). — Spiegler, M. **5**, 204 (1884). — Trapesonzjanz, B. **26**, 1427 (1893).
[4]) Janny, B. **16**, 170 (1883).
[5]) Goldschmidt, B. **22**, 3101 (1889).
[6]) Miller und Plöchl, B. **26**, 1545 (1893). — Münch, B. **29**, 62 (1896)
[7]) Siehe S. 545.

Einwirkung von Hydrazinhydrat. Die Oximgruppe wird dabei durch die Hydrazidogruppe ersetzt: Rothenburg, B. **26**, 2056 (1893). — Bollenbach, Diss., Heidelberg 1902. — Curtius, J. pr. (2) **76**, 233 (1907).

Einwirkung von Phenylhydrazin.[1]) Dieselbe führt zur Verdrängung des Isonitrosorestes und zur Hydrazonbildung. Man kann in vielen Fällen diese Reaktion zur Unterscheidung der Nitroso- und der Isonitrosogruppe verwenden.

Man erhitzt zur Ausführung der Reaktion das Oxim in alkoholischer Lösung mit freiem Phenylhydrazin am Rückflußkühler, eventuell auch ohne Lösungsmittel bis auf 150°.

Die Reduktion der Oxime führt zu den entsprechenden primären Aminen (Goldschmidt[2]). Im allgemeinen sind die Oxime gegen alkalische Reduktionsmittel beständig, doch gelingt meist die Reduktion des in absolutem Alkohol[3]) gelösten Oxims mit **metallischem Natrium.** Das Benzildioxim[4]) kann nur auf diese Weise in Diphenyläthylendiamin übergeführt werden.[5]) Das häufigst angewandte Reduktionsmittel ist **Natriumamalgam und Eisessig.**[2])

Mit **Zinkstaub und Eisessig** hat **Wallach**[6]) das Nitrosopinen zu Pinylamin reduziert. Mit **Zinn und Salzsäure** lassen sich die α-Isonitrososäuren und auch solche Körper in Aminoderivate überführen, welche wie das Isatoxim Hydroxyl und Oximid an benachbarten Kohlenstoffatomen enthalten[7]). Auch **elektrolytisch,** an einer Bleikathode in 60 proz. Schwefelsäure läßt sich die Reaktion durchführen,[8]) ebenso mit **Aluminiumamalgam** in ätherischer Lösung.[9])

---

[1]) Just, B. **19**, 1205 (1886). — v. Pechmann, B. **20**, 2543 (1887). — Ciamician und Zanetti, B. **22**, 1969 (1889); **23**, 1784 (1890). — Minunni und Caberti, Gazz. **21**, 136 (1891). — Minunni und Corselli, Gazz. **22**, (2), 149 (1892). — Auwers und Siegfeld, B. **25**, 2598 (1892). — Minunni und Ortoleva, Gazz. **22**, (2), 183 (1892). — Auwers, B. **26**, 790 (1893). — Kolb, Ann. **291**, 288 (1896). — Minunni, Gazz. **29**, (2), 397 (1899). — Zink, M. **22**, 831 (1901). — Fulda, M. **23**, 907 (1902). — Meister, B. **40**, 3436 (1907).

[2]) B. **19**, 1854 (1886); **20**, 728 (1887). — Kohn, M. **23**, 15 (1902). — Willstätter und Heubner, B. **40**, 3872 (1907).

[3]) Anwendung von Amylalkohol: Pauly: Ann. **322**, 120 (1902).

[4]) Feist, B. **27**, 214 (1894).

[5]) Diese Methode wird in neuerer Zeit viel benutzt: Angeli, B. **23**, 1358 (1890). — Kerp und Müller, Ann. **299**, 221 (1897). — Harries, B. **34**, 300. (1901). — Kohn, M. **23**, 14 (1902). — Knoevenagel und Schwartz, B. **39**, 3450 (1906). — Skita, B. **40**, 4167 (1907). — Semmler und Hoffmann, B. **40**, 3527 (1907). — Monosson, Diss., Berlin 1907, S. 23. — Rabe, Ann. **360**, 286 (1908). — Kohn und Morgenstern, M. **29**, 520 (1908).

[6]) Ann. **268**, 199 (1886). — Franzen, B. **38**, 1415 (1905). — Harries und Johnson, B. **38**, 1834 (1905). — Schmidt und Stützel, B. **41**, 1246 (1908). — Siehe dagegen Harries und Majima, B. **41**, 2523 (1908). Carvenonoxim gibt Carvenylimin.

[7]) Grandmougin und Michel, B. **25**, 974 (1892).

[8]) D. R. P. 166267 (1906).

[9]) Harries und Majima, B. **41**, 2525 (1908).

Körper, bei denen sich in a-Stellung zur NOH-Gruppe Keton-carbonyl befindet (Isonitrosoacetone, Isonitrosoacetessigester usw.), werden bei der Reduktion meist in Ketine übergeführt,[1][2]) wenn man in alkalischer Lösung arbeitet, in saurer Lösung entstehen Salze der normalen Aminokörper, die aber äußerst leicht durch Alkalien in Ketine übergehen[3][4]). Am aromatischen Kern sitzende NOH-Gruppen lassen sich immer glatt zur primären Amingruppe reduzieren[5]).

Die Liebermannsche Reaktion zeigen die Isonitrosoverbindungen der Fettreihe nicht,[6]) wohl aber die Nitrosamine und die meisten aromatischen Isonitrosokörper.

Über Hydroxamsäuren: S. 671, 672.

Nachweis von Hydroxylamin nach Bamberger[7]). Die zu prüfende (meist mineralsaure) Lösung wird mit überschüssigem Natriumacetat vermischt und mit einer Spur Benzoylchlorid, das man zweckmäßig mit einem feinen Glasstabe einführt, bis zum Verschwinden des stechenden Geruches, d. h. etwa eine Minute, geschüttelt; darauf setzt man etwas, nicht zu viel, verdünnte Salzsäure und einige Tropfen Ferrichloridlösung hinzu. Enthielt die Flüssigkeit Hydroxylamin, so erscheint eine violettrote Färbung von entstandener Benzhydroxamsäure, besonders deutlich erkennbar, wenn man durch den Inhalt des Reagensglases von. oben nach unten auf eine weiße Folie hinabsieht.

Ein negatives Ergebnis spricht nicht unbedingt für die Abwesenheit von Hydroxylamin, da durch Anwesenheit gewisser Substanzen (Anilin) die Reaktion verhindert werden kann.

2. Quantitative Bestimmung der Isonitrosogruppe: S. 685 und 923.

---

[1]) V. Meyer, B. 15, 1047 (1882). — Ceresole und Koeckert, B. 17, 819 (1884).

[2]) Treadwell, B. 14, 1461 (1881). — Wleügel, B. 15, 1051 (1882). — V. Meyer und Braun, B. 21, 19 (1888). — Auwers und V. Meyer, B. 21, 1269, 3525 (1888). — Goldschmidt und Polonowska, B. 21, 489 (1888). Thal, B. 25, 1722 (1892).

[3]) Kolb, Ann. 291, 293 (1896).

[4]) Gabriel und Pinkus, B. 26, 2197 (1893); 27, 1037 (1894). — Gabriel und Posner, B. 27, 1140 (1894).

[5]) Grandmougin und Michel, B. 25, 974 (1892).

[6]) V. Meyer und Janny, B. 15, 1529 (1882).

[7]) B. 32, 1805 (1899). — Meister, B. 40, 3446 (1907).

Dritter Abschnitt.

Nitrogruppe.[1]

1. Qualitative Reaktionen.

Man kann unter den Nitroverbindungen

$$\text{primäre} \quad -CH_2-NO_2$$

$$\text{sekundäre} \quad -CH-NO_2$$
$$\underset{|}{R_2}\ |$$

und tertiäre $\underset{\underset{R_1}{|}}{-\overset{|}{C}-NO_2}$ sowie $-\overset{\overset{R}{|}}{\underset{\|}{C}}-NO_2$

unterschieden.

Nitrokörper und Isonitroverbindungen.[2][3]

Die neutralen, indifferenten, primären und sekundären echten Nitrokörper gehen durch Alkalien in Salze der Isonitrokörper über, welche das Metall an Sauerstoff gebunden haben; durch Mineralsäuren werden aus ihnen die freien Isonitrokörper erhalten; echte Säuren, die aber leicht wieder in die wahren Nitrokörper rückverwandelt werden:

$$R\,.\,CH_2N\underset{O}{\overset{O}{\big<}} \;\;\rightleftarrows\; R\,.\,CH = N\underset{OH}{\overset{O}{\big<}}$$

Ähnlich können auch gewisse Dinitro- und die symmetrischen Trinitroverbindungen der aromatischen Reihe reagieren,[4] indem sie unter Addition von Natriumhydroxyd oder Alkoholat in die intensiv roten Salze der Nitrosäuren oder Nitroestersäuren übergehen:

---

[1] Konstitution: Brühl, Z. phys. **25**, 629 (1898) und die beiden folgenden Anmerkungen.

[2] Nef, Ann. **280**, 266 (1894). — Holleman, Rec. **14**, 129 (1895); **15**, 362 (1896); **16**, 162 (1897). — Hantzsch und Schultze, B. **29**, 699, 2251 (1896). — Konowalow, B. **29**, 2196 (1896). — Hantzsch, B. **32**, 575 (1899). — Hantzsch und Veit, B. **32**, 607 (1899). — Lucas, B. **32**, 600 (1899). — Hantzsch und Rinckenberger, B. **32**, 628 (1899). — Flürscheim, J. pr. (2), **66**, 16, 328 (1902).

[3] Hantzsch u. Kissel, B. **32**, 3137 (1899). — Meisenheimer, Ann. **323**, 219 (1902).

[4] V. Meyer, B. **27**, 3154 (1894). — Lobry de Bruyn, Rec. **14**, 89, 151 (1895). — Lorin und Jackson, Am. **20**, 444 (1898). — Hantzsch und Kissel, B. **32**, 3137 (1899). — Meisenheimer, Ann. **323**, 219 (1902). — B. **36**, 434 (1903). — Schwarz, Diss., Berlin 1906. — Meisenheimer und Schwarz, B. **39**, 2543 (1906).

$$O_2N-\underset{NO_2}{\bigcirc}-NO_2 + CH_3OK = \quad O_2N-\underset{\underset{\diagdown OK}{N=O}}{\overset{\overset{H\ OCH_3}{\diagup}}{\bigcirc}}-NO_2$$

Alle typischen Reaktionen der Nitrokörper, welche auf der sogenannten Beweglichkeit von der NO_2-Gruppe benachbarten Wasserstoffatomen beruhen, kommen tatsächlich den Isonitrokörpern zu.

Es sind das die folgenden, zur Charakterisierung der primären
und sekundären Verbindungen geeigneten Reaktionen.

1. Verhalten gegen Brom (oder Chlor).[1])

Beim Behandeln mit Alkalien und Brom (Chlor) entstehen Substitutionsprodukte der Nitrocarbüre: das Produkt eines sekundären
Nitrokörpers ist ein indifferenter Körper, das des primären
eine starke Säure, die ein weiteres Halogenatom aufzunehmen imstande ist.

Tertiäre Nitrokörper geben natürlich kein Bromderivat.

Man arbeitet nach Scholl am besten bei Ausschluß von Wasser.

Beispiel: Darstellung von Monobromnitromethan.

Das durch Vermischen der Lösungen von 10 g Nitromethan in
50 g absolutem Alkohol und von 3.5 g Natrium in 70 g absolutem
Alkohol erhaltene, mit Äther gewaschene und getrocknete, Krystallalkohol haltende Natriumisonitromethan wird auf Fließpapier zu
einem Pulver zerdrückt und nun allmählich unter Eiskühlung in eine
Lösung von 22 g Brom in 100 g Schwefelkohlenstoff eingetragen, das
ausgeschiedene Bromnatrium durch Wasserzusatz gelöst, überschüssiges
Brom durch schweflige Säure entfernt, die Schichten im Scheidetrichter getrennt und der Schwefelkohlenstoff abdestilliert. Das
zurückbleibende Bromnitromethan ist dann schon fast rein.

Zur Darstellung des Dibromnitromethans werden 20 g
Monobromnitromethan in 50 g Alkohol gelöst und mit 1.6 g Natrium
in 32 g Alkohol versetzt. Das ausgeschiedene Salz wird wie oben
angegeben mit 9.2 g Brom in 50 g Schwefelkohlenstoff behandelt und
das Endprodukt fraktioniert.

---

[1]) V. Meyer, B. 7, 1313 (1874). — V. Meyer und Tscherniak, Ann.
180, 114 (1875). — Tscherniak, B. 8, 608 (1875). — Ann. 180, 128 (1875). —
Ter Meer, Ann. 181, 15 (1876). — Züblin, B. 10, 2085 (1877). — Konowalow, Russ. 25, 483 (1893). — Scholl, B. 29, 1824 (1896). — Henry,
Bull. Ac. roy. Belg. (3), 34, 547 (1898). — Pauwels, Bull. Ac. roy. Belg. (3),
34, 645 (1898). — Scholl u. Brenneisen, B. 31, 649 (1898). — Worstall,
Am. 21, 224 (1899).

2. Einwirkung von salpetriger Säure.

Aus primären Nitrokörpern entstehen nach dem Versetzen mit Lauge (Isomerisation) und Alkalinitrit auf Schwefelsäurezusatz die farblosen Nitrolsäuren

$$R \cdot C \overset{N-OH}{\underset{NO_2}{\diagup\diagdown}}$$

welche intensiv blutrot gefärbte Alkalisalze geben, Erythronitrolate[1]):

$$R \cdot C \overset{NOONa}{\underset{NO}{\diagup\diagdown}}$$

Manchmal kann die Reaktion nur in wässeriger Acetonlösung ausgeführt werden.[2])

Sekundäre Nitrokörper geben nach der Isomerisation mit nascierender salpetriger Säure die sogenannten Pseudonitrole, welche wahre Nitrosoverbindungen sind und dementsprechend in geschmolzenem oder gelöstem Zustande blaue oder blaugrüne Färbung zeigen (Piloty[3]).

Darstellung von Pseudonitrolen aus den Ketoximen:

Scholl, B. 21, 508 (1888).

Born, B. 29, 93 (1896).

Tertiäre Nitrokörper reagieren nicht mit salpetriger Säure.

Über die Salpetrigsäurereaktion siehe auch S. 448 und 452.

3. Kuppelung mit Diazoniumsalzen (Phenyldiazoniumsulfat).

Hierbei entstehen aus den primären Nitrokörpern nach den Untersuchungen von V. Meyer und seinen Schülern[4]) die sogenannten „Nitroazoparaffine", welche richtiger als „Nitroaldehydrazone" zu bezeichnen sind:[5])

$$R \cdot CH = NOOH + C_6H_5N_2OH = R - C \overset{NO_2}{\underset{N_2HC_6H_5}{\diagup\diagdown}} + H_2O$$

---

[1]) Graul und Hantzsch, B. 31, 2854 (1898). — Meister, B. 40, 3436, 3444 (1907).

[2]) Meister, B. 40. 3446, 3447 (1907).

[3]) B. 31, 452 (1898).

[4]) V. Meyer und Ambühl, B. 8, 751, 1073 (1875). — Friese, B. 8, 1078 (1875).

[5]) Barbieri, B. 9, 386 (1876). — Halbmann, B. 9, 389 (1876). — Wald, B. 9, 393 (1876). — V. Meyer, B. 9, 384 (1876). — B. 21, 11 (1888). — Askenasy und V. Meyer, B. 25, 1704 (1892). — Keppler und V. Meyer, B. 25, 1712 (1892). — Russanow, B. 25, 2637 (1892). — v. Pechmann, B. 25, 3197 (1892). — Duden, B. 26, 3010 (1893). — Holleman, Rec. 13, 408 (1894). — Konowalow, B. 27, 155 (1894). — Bamberger, B. 31, 2626 (1898). — Hantzsch und Kissel, B. 32, 3146 (1899). — Bamberger, Schmidt und Levinstein, B. 33, 2043 (1900). — Meister, B. 40, 3436 (1907). — Steinkopf und Bohrmann, B. 41, 1045 (1908).

In ätherischer Lösung oder Suspension geben alle Isonitrokörper mit trockener Salzsäure oder Acetylchlorid eine namentlich beim Erwärmen hervortretende himmelblaue Färbung (Hantzsch und Schultze[1]).

Diese Körper sind in wässerigen Laugen mit roter Farbe löslich, leiten aber selbst den Strom nicht (Pseudosäuren). Mit konzentrierter Schwefelsäure geben sie eine der Bülowschen ähnliche Reaktion. Die Abkömmlinge der sekundären Nitrokörper sind als Azokörper zu betrachten, z. B.

$$CH_3 \diagdown \atop CH_3 \diagup C \diagup {NO_2 \atop N = NC_6H_5}.$$

4. Reaktion von Konowalow.[2] Durch Schütteln und Erwärmen mit wenig konzentrierter Kalilauge wird der Nitrokörper in sein Kaliumsalz verwandelt, das in Wasser gelöst und mit Äther überschichtet wird. Tröpfelt man nun Eisenchlorid zu und schüttelt, so färbt sich bei Gegenwart einer primären oder sekundären Nitroverbindung der Äther rot bis rotbraun.

5. Alle aromatischen Nitrokörper, welche in Orthostellung die Gruppe $-CH<$ enthalten, sind lichtempfindlich.[3]

6. Weitere Reaktionen der Nitrokörper:

Preibisch, J. p. (2), **7**, 480 (1893); **8**, 316 (1874).

V. Meyer und Locher, Ann. **180**, 163 (1875).

Nef, Ann. **280**, 267 (1894).

Traube, Ann. **300**, 95, 106 (1898).

Scholl, B. **34**, 862 (1901).

Über Nitramine $R.NH.NO_2$ und Nitrimine $R_2N.NO_2$ siehe Thiele und Lachmann, Ann. **288**, 269 (1895). — Scholl, B. **37**, 4430 (1904). — Ann. **338**, 23 (1905); **345**, 363 (1906).

2. Quantitative Bestimmung der Nitrogruppe.

A. Methode von H. Limpricht.[4]

Wird eine gewogene Menge einer aromatischen Nitroverbindung mit einem bestimmten Volumen Zinnchlorürlösung von bekanntem

---

[1] B. **29**, 2252 (1896).

[2] Konowalow, B. **28**, 1851 (1895). — Bamberger uud Demuth, B. **35**, 1793 (1902). — Meister, B. **40**, 3442 (1907). — Steinkopf und Bohrmann, B. **41**, 1045 (1908). — Ahrens und Mozdzenski, Z. ang. **21**. 1411 (1908).

[3] Sachs und Hilpert, B. **37**, 3425 (1904).

[4] B. **11**, 35 (1878). — Claus und Glassner, B. **14**, 778 (1881). — Spindler, Ann. **224**, 288 (1884). — Young und Swain haben diese Methode neu „entdeckt". Am. Soc. **19**, 812 (1897). — Altmann, J. pr. (2), **63**, 370

Gehalte erwärmt, so erfolgt die Umwandlung von NO_2 in NH_2 nach der Gleichung:

$$NO_2 + 3\,SnCl_2 + 6\,HCl = NH_2 + 3\,SnCl_4 + 2\,H_2O$$

und aus der nicht verbrauchten Zinnchlorürlösung, deren Menge durch Titrieren zu bestimmen ist, läßt sich dann der Gehalt an NO_2 in der Nitroverbindung bestimmen.

Zum Titrieren der Zinnchlorürlösung wird am besten nach Jenssen[1]) Jodlösung, eventuell Chamäleonlösung angewandt.

Erforderliche Reagenzien.

1. Zinnchlorürlösung. Etwa 150 g Zinn löst man in konzentrierter Salzsäure auf, gießt die Lösung klar ab vom Bodensatze und verdünnt sie nach Zusatz von etwa 50 ccm konzentrierter Salzsäure auf einen Liter.

2. Sodalösung. 90 g wasserfreie Soda und 120 g Seignettesalz löst man zu einem Liter.

3. Jodlösung. 12.7 g Jod werden unter Anwendung von Jodkalium zu einem Liter gelöst. Von dieser $n/_{10}$-Jodlösung entspricht

$$1 \text{ ccm} = 0.0059 \text{ g Sn} = 0.0007655 \text{ g } NO_2.$$

4. Stärkelösung. Dieselbe muß verdünnt und filtriert sein.

5. Chamäleonlösung. Dieselbe kann statt der Jodlösung dienen. Sie soll $n/_{10}$ sein. Ihr Titer muß auf Eisen gestellt werden.

Ausführung der Bestimmung.

1. Verfahren bei nicht flüchtigen Verbindungen.

Nach der Titerstellung der Zinnchlorürlösung werden ca. 0.2 g der zu analysierenden Nitroverbindung abgewogen und in einem mit eingeriebenem Glasstopfen verschließbaren 100 ccm-Fläschchen mit 10 ccm der Zinnchlorürlösung übergossen und mindestens eine halbe Stunde erwärmt. Nach dem Erkalten füllt man das Fläschchen bis zur Marke, schüttelt um und hebt zur Analyse von der so verdünnten Lösung 10 ccm mit der Pipette heraus.

Diese werden in einem Becherglase mit etwas Wasser verdünnt, dann mit der Sodalösung bis zur vollständigen Auflösung des zuerst entstandenen Niederschlages vermischt und nach dem Verdünnen mit etwas Wasser und nach Zugabe von Stärkelösung bis zum Eintreten einer bleibenden Violettfärbung mit der $n/_{10}$-Jodlösung aus einer Bürette versetzt.

(1901). — Schmidt und Junghans, B. 37, 3575, Anm. (1904). — Goldschmidt u. Ingebrechtsen, Z. phys. 48, 435 (1904) — Martinsen, Z. phys. 50, 390 (1904). — Einar Sunde, Diss., Freiburg 1906.

[1]) J. pr. (1) 78, 193 (1859).

Die Berechnung der Analyse erfolgt dann leicht nach der Gleichung:

$$NO_2 = (a-b) \cdot 0.007655 \, g,$$

wobei

a die Anzahl Kubikzentimeter der Jodlösung, welche 1 ccm der Zinnchlorürlösung verbraucht,

b die Menge Jodlösung in Kubikzentimetern, welche zum Titrieren des bei der Reduktion der Nitroverbindung nicht verbrauchten Zinnchlorürs nötig war,

0.007655, die einem Kubikzentimeter Jodlösung äquivalente Menge NO_2 in Gramm bedeutet.

2. Modifikation des Verfahrens für flüchtige Verbindungen.

Bei flüchtigen Nitroverbindungen wird die zu analysierende Substanz in einem Reagensröhrchen von ca. 30 mm Länge und 8 mm Weite, welches mit einem Korke verschlossen ist, abgewogen und darauf das Röhrchen nach Entfernen des Korkes in ein Einschmelzrohr von 13—15 mm Weite und 20 cm Länge hineinfallen gelassen. Nachdem noch 10 ccm der titrierten Zinnchlorürlösung aus einer Pipette hinzugelassen sind, wird das offene Ende des größeren Rohres vor der Lampe zugeschmolzen.

Da das Rohr später kaum einen Druck auszuhalten hat, kann es aus dünnem, leicht schmelzbarem Glase bestehen.

Man erhitzt in einem Wasserbade, wobei von Zeit zu Zeit umgeschüttelt wird, um die in dem leeren Teile des Rohres abgesetzte Nitroverbindung mit dem Zinnchlorür in Berührung zu bringen.

Nach beendigter Reduktion — 1 bis 2 Stunden — läßt man erkalten, öffnet das eine Ende des Rohres, bringt den Inhalt quantitativ in ein 100 ccm-Fläschchen und füllt das Fläschchen bis zur Marke mit dem Wasser, mit welchem das Rohr ausgespült wird.

Von diesen 100 ccm werden nach dem Umschütteln mit einer Pipette 10 ccm herausgenommen und in ihnen, wie schon früher beschrieben, das Zinnchlorür bestimmt.

Diese Modifikation des Verfahrens empfiehlt sich auch für nicht flüchtige Substanzen, bei denen man beim Erhitzen im verstöpselten Kölbchen oft zu niedrige Resultate erhält.

Nicht alle Substanzen lassen sich mit Jodlösung titrieren, so besonders nicht die Nitrophenole und Naphthole, da sich bei denselben die Flüssigkeit während der Reaktion stark färbt, und somit eine Endreaktion nicht erkennen läßt. In solchen Fällen kann man entweder direkt titrieren — wobei man den Titer der Zinnlösung auf Chamäleon stellen muß — oder man kocht das Reaktionsgemisch mit Eisenchlorid und bestimmt das gebildete Ferrosalz mittels der Permanganatlösung.

Bei Pikrinsäure, Nitronaphthalin und solchen Verbindungen, in denen sich außer der NO_2-Gruppe noch andere, leicht reduzierbare Elemente[1]) oder Atomgruppen befinden, versagt die Methode.

Spindler[2]) empfiehlt, statt das Zinn in Salzsäure zu lösen, eine Reduktionsflüssigkeit aus einem Gewichtsteil umkrystallisierten Zinnchlorürs und einem Volumteil reiner Salzsäure anzuwenden. Bei leicht reduzierbaren Substanzen benutzt er eine schwächere Lösung (290 g Zinnchlorür und 700 ccm 25 proz. Salzsäure).

B. Methode von G. Green und André R. Wahl.[3])

Diese Methode besteht darin, die Substanz mit einem gewogenen Überschuße von Zinkstaub von bekanntem Gehalte zusammen mit Salmiak zu reduzieren und das übriggebliebene metallische Zink mit Ferrisulfat und Permanganat nach der von Wahl[4]) vorgeschlagenen Zinkstaubbestimmungsmethode zu titrieren.

Das Verfahren ist folgendes:

2 g (oder mehr) Salmiak und etwas Wasser werden in eine kleine, mit Gummistopfen und Bunsenventil versehene Flasche gegeben, dann setzt man eine abgewogene Menge Zinkstaub, etwa 4 g (86 proz.), dessen Gehalt vorher nach Wahls Methode bestimmt wurde, und 3—4 g der Nitroverbindung hinzu, schließt die Flasche und schüttelt kalt etwa eine halbe Stunde lang, erwärmt dann bis zum Sieden und kocht bis zur vollendeten Reduktion.

Die Flüssigkeit gießt man nach dem Absetzen von übriggebliebenem Zink und Zinkoxyd ab und wäscht letztere durch Dekantieren aus. Darauf setzt man 10 g Ferrisulfat und etwas Wasser zum Rückstande; die Mischung erwärmt sich und das übriggebliebene metallische Zink löst sich unter gleichzeitiger Umwandlung eines Teiles des Ferrisulfates in Ferrosulfat auf. Nach dem Ansäuern mit Schwefelsäure füllt man mit Wasser auf 500 ccm auf und titriert einen Teil der Lösung mit $n/_{10}$-Kaliumpermanganatlösung. Durch Subtraktion des im Rückstande gefundenen Zinks von dem angewandten erhält man die zur Reduktion gebrauchte Zinkmenge.

Wertbestimmung des Zinkstaubs. Ein halbes Gramm Zinkstaub wird in 25 ccm Wasser suspendiert und dazu 7 g festes Ferrisulfat gegeben. Das Zink wird unter Umschütteln in Lösung gebracht und nach einer Viertelstunde 25 ccm konzentrierte Schwefelsäure zugesetzt, mit Wasser auf 250 ccm verdünnt und davon 50 ccm mit Permanganat titriert.

Zur Darstellung des Ferrisulfates löst man 500 g Eisenvitriol in möglichst wenig Wasser und setzt 100 g Schwefelsäure und 210 g Salpetersäure von 60 Proz. hinzu, dampft zur Trockne, verreibt

---

[1]) Hierzu können auch unter Umständen die Halogene gehören; Schmidt und Ladner, B. **37**, 3575 (1904).
[2]) Ann. **224**, 291 (1884).
[3]) B. **31**, 1080 (1898).
[4]) Chem. Ind. **1897**, 15.

die gepulverte Masse mit Alkohol und wäscht damit alle Säure aus.
Dann trocknet man abermals.

C. Methode von Walther.[1]

Dieselbe beruht auf der reduzierenden Wirkung des Phenylhydrazins, welches aromatische Nitrokörper nach der Gleichung:

$$R . NO_2 + 3 C_6H_5NHNH_2 = R . NH_2 + 3 C_6H_6 + 2 H_2O + 6 N$$

unter Stickstoffentwicklung in die Amine verwandelt.

Man arbeitet in passenden Autoklaven (Pfungstsche Röhre)
und mißt den entwickelten Stickstoff.

D. Verfahren von Gattermann.

Wenn die angeführten Methoden im Stiche lassen, muß man
den Aminokörper aus dem Nitroprodukte darzustellen trachten und,
wie weiter oben[2]) angegeben, auf Aminogruppen prüfen.

So kann man z. B. nach Gattermann[3]) aus Metanitrobenz-
aldehyd in einer einzigen Operation Metachlorbenzaldehyd darstellen,
indem man den Nitrokörper mit der sechsfachen Menge konzentrierter
Salzsäure und $4^1/_2$ Teilen Zinnchlorür reduziert, ohne das Zinn zu
fällen mit der berechneten Menge Nitrit diazotiert, und das gleiche
Gewicht Kupferpulver einträgt.

E. Methode von Knecht und Hibbert.[4]

Wie bei den Azokörpern (S. 875) verläuft auch bei den Nitrokörpern die Reduktion zu primären Aminen in saurer Lösung mittels Titantrichlorid glatt und quantitativ; dabei treten auf eine Nitrogruppe sechs Moleküle des Trichlorids in Reaktion. Obschon einige
Nitrokörper intensiv gefärbt sind, können dieselben bei der Titrierung
nicht als eigene Indikatoren dienen, da die Farbe vor Vollendung
der Reduktion verschwindet. Infolgedessen muß für diese Bestimmungen die indirekte Methode angewendet werden.

Zur Bestimmung von wasserunlöslichen Nitrokörpern hat Hans
Meyer[5]) das Arbeiten in alkoholischer Lösung empfohlen.

Knecht und Hibbert[6]) gehen gleichermaßen so vor, daß
ein bestimmtes Gewicht des Nitrokörpers in Alkohol gelöst und
langsam in ein bekanntes Volumen eingestellter heißer Titantrichloridlösung eingetragen wird. Das Gemenge wird dann während fünf
Minuten im Kohlendioxydstrome gekocht, sodann abgekühlt, und der
Überschuß an Titanlösung mittels eingestellter Eisenalaunlösung

---

[1]) J. pr. (2), **53**, 436 (1896). — Siehe dazu S. 903.
[2]) S. 751 ff.
[3]) B. **23**, 1222 (1890). — Siehe Erdmann, Ann. **272**, 141 (1893).
[4]) B. **36**, 166, 1554 (1903); **38**, 3318 (1905); **39**, 3482 (1906); **40**, 3820
(1907). — Sinnat, Journ. of Gas Lighting **18**, 288 (1905). — Proc. **21**, 297
(1905).
[5]) Festschrift f. Adolf Lieben 469 (1906). — Ann. **351**, 269 (1907).
[6]) B. **40**, 3819 (1907). — Lotte Weil, M. **29**, 901 (1908).

zurücktitriert. Es empfiehlt sich, zu diesen Bestimmungen einen erheblichen Überschuß an Titanlösung zu verwenden. Da in der Regel beträchtliche Mengen Alkohol zur Lösung des Nitrokörpers nötig sind, und diese Flüssigkeit größere Mengen Sauerstoff in Lösung hält, so muß bei jeder genauen Bestimmung ein Kontrollversuch ausgeführt werden, um den daraus resultierenden Fehler zu eliminieren.

Trinitrokresol und Trinitroxylenol setzen der vollständigen Reduktion, wohl aus sterischen Gründen, einen, immerhin überwindlichen, Widerstand entgegen.

Will man nicht in stark mineralsaurer Lösung arbeiten, so setzt man genügende Mengen von weinsaurem Kalium zu.[1]

Beispiel: 0.1 g Metadinitrobenzol wurden in 100 ccm Alkohol kalt gelöst. Von dieser Lösung wurden 25 ccm zu einer heißen Lösung von 50 ccm Titantrichlorid (1 ccm = 0.004219 g Fe) und 50 ccm konzentrierter Salzsäure gegeben, 5 Minuten im Kohlendioxydstrome gekocht, und unter Zusatz von Rhodankalium mittels Eisenalaun zurücktitriert. Der Überschuß an Titanchlorid wurde zu 25.29 ccm befunden, so daß 50—25.29 = 24.41 ccm für die Reaktion verbraucht wurden. Von dieser Ziffer ist die Menge Titanchlorid, die nach dem Kontrollversuche von 25 ccm des Alkohols und 25 ccm der Salzsäure verbraucht wurden, und welche 0.98 ccm der Salzsäure ausmachte, in Abzug zu bringen.

Zur eigentlichen Reaktion wurden daher 23.73 ccm Titanchlorid verwendet, und da 168 g Dinitrobenzol 672 g Eisen entsprechen, so ergibt sich ein Gehalt an Dinitrobenzol von 100.11 Prozent.

F. Methode von Kaufler.[2]

Dieses Verfahren, welches ganz allgemein für die Bestimmung reduzierbarer Gruppen (NO$_2$-, NO-, NOH-) und Doppelbindungen anwendbar ist, hat Gnehm speziell auch für die quantitative Bestimmung von Nitrogruppen verwertet.

Der Körper wird mit Salzsäure und Zinn, dessen Reduktionswert vorher genau bestimmt worden war, und das in solchem Überschuß angewendet wird, daß nur die Gleichung

$$Sn + 2\,HCl = SnCl_2 + H_2$$

realisiert wird, reduziert. Zur leichteren Lösung des Zinns wird bei allen Versuchen die gleiche Menge einer ganz verdünnten Platinchloridlösung zugegeben. Aus der Differenz der bei der Titerstellung gemessenen Wasserstoffmenge und der beim Reduktionsversuch entwickelten Wasserstoffmenge wird der zur Reduktion des Körpers verbrauchte Wasserstoff ermittelt. Der Apparat, der zu diesen Versuchen dient, sei in folgendem skizziert (Fig. 231) und die Ausführung der Operation kurz beschrieben.

---

[1] Knecht, Soc. Dyers and Col. **1905**, 111 (Triphenylmethanfarbstoffe).
[2] Privatmitteilung. — Schindler, Diss., Zürich 1906, S. 18; — Gnehm, J. pr. (2) **76**, 412 (1907).

Aus dem ganzen Apparate wird zunächst mit luftfreiem Kohlendioxyd die Luft verdrängt und dann durch die Fallvorrichtung die Substanz und nach ihrer Auflösung das Zinn in das mit 20 ccm 15—20proz. Salzsäure und 1 ccm der ganz verdünnten Platinchloridlösung beschickte Kölbchen einfallen gelassen. Der nicht verbrauchte

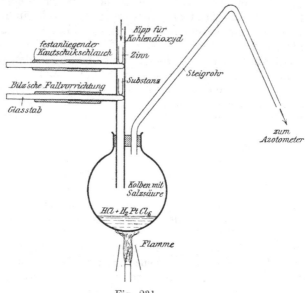

Fig. 231.

Wasserstoff geht in das Azotometer, das mit 40proz. Kalilauge beschickt ist. Zum Schlusse wird mit Kohlendioxyd nachgespült.

Dauer des ganzen Versuches ca. zwei Stunden.

Die Anwendbarkeit der Methode ist an die Löslichkeit der Substanz in Salzsäure von 15—20 Proz. oder in Essigsäure genügender Stärke gebunden.

Vierter Abschnitt.

Jodoso- und Jodo-Gruppe.

1. Qualitative Reaktionen.[1]

Die Jodosoverbindungen sind mit wenigen Ausnahmen (o-Jodosobenzoesäure) gelbe amorphe Substanzen, die sich leicht (beim Erhitzen oder längeren Aufbewahren) in Jodderivate und Jodover-

[1] Willgerodt, J. pr. (2), **33**, 154 (1886); **49**, 466 (1894). — B. **25**, 3494 (1892); **26**, 357, 1307, 1532, 1802, 1947 (1893); 27, 590, 1790, 1826, 1903, 2328 (1894); **29**, 1568 (1896); **31**, 915 (1898); **33**, 841, 853 (1900). — D.R.P.

bindungen umsetzen. Sie scheiden aus Jodkaliumlösung Jod ab.
Sie besitzen basischen Charakter und bilden gut krystallisierende Salze,
welche von den hypothetischen Hydroxyden $RJ < _{OH}^{OH}$ ableitbar sind.

Die Jodoverbindungen sind krystallisierbar, farblos, beim
Erhitzen explosiv und haben keinen basischen, vielmehr Superoxyd-
charakter.

Die Jodoniumbasen $_{Ar}^{Ar} > J - OH$ sind in Wasser leicht lösliche, stark alkalische Körper, welche in ihrem Verhalten vollkommene Analogie mit den Ammonium- (Sulfonium-, Arsonium-) Basen
zeigen.

2. Quantitative Bestimmung der Jodogruppe (JO_2) und der Jodosogruppe (JO).

Jodoverbindungen sowie Jodosoverbindungen scheiden, wenn sie
in Jodkaliumlösungen bei Anwesenheit von Eisessig, Salzsäure oder
verdünnter Schwefelsäure umgesetzt werden, eine dem Sauerstoff
äquivalente Menge Jod aus, so daß also

von Jodoverbindungen   4 Atome Jod,
von Jodosoverbindungen 2   ,,   ,,

freigemacht werden.

Zur quantitativen Bestimmung des aktiven Sauerstoffes wird die
Substanz im zugeschmolzenen Rohre vier Stunden mit angesäuerter
Jodkaliumlösung, die durch Auskochen von Luft befreit war, auf
dem Wasserbade erwärmt. Das Rohr ist mit Kohlendioxyd zu füllen
(V. Meyer und Wachter[1]).

Oder man digeriert die Substanz in konzentrierter Jodkaliumlösung mit nicht zu wenig Eisessig und etwas verdünnter Schwefelsäure auf dem Wasserbade (Willgerodt[2]).

Nach beendigter Reaktion läßt man, ohne einen Indikator zu
benötigen, $^n/_{10}$-Natriumthiosulfatlösung so lange hinzutröpfeln, bis
die Jodlösung vollständig entfärbt ist.

Wird Jod von den durch Reduktion der Sauerstoffverbindungen
entstehenden Jodiden in Lösung gehalten, was immer dann der Fall

68574, (1892). — V. Meyer und Wachter, B. 25, 2632 (1892). —
Kloeppel, B. 26, 1735 (1893). — R. Otto, B. 26, 305 (1893). — Askenasy
und V. Meyer, B. 26, 1354 (1893). — Gümbel, B. 26, 2473 (1893). —
V. Meyer, B. 26, 2118 (1893). — Töhl, B. 26, 1354 (1893). — Allen,
B. 26, 1730 (1893). — Abbes, B. 26, 2953 (1893). — Hartmann und V.
Meyer, B. 26, 1727 (1893); 27, 426, 502, 1592 (1894). — Grahl, B. 28, 89
(1895). — Langmuir, B. 28, 96 (1895). — Mc Crae, B. 28, 97 (1895). —
Patterson, Soc. 69, 1007 (1896). — Bamberger und Hill, B. 33, 533
(1900). — Willgerodt und Schlösser, B. 33, 692 (1900). — Kipping und
Peters, Proc. 16, 62 (1900).
[1] B. 25, 2632 (1892).
[2] B. 25, 3495 (1892).

ist, wenn man mit Hilfe von Salz- oder Schwefelsäure arbeitet, so
hat man beim Titrieren so lange umzurühren und zu erwärmen, bis
jene Körper das gelöste Jod vollständig abgegeben haben.

Bezeichnet man mit s das Gewicht des zu titrierenden Körpers,
mit c die Zahl der Kubikzentimeter der $n/10$-Thiosulfatlösung, die
beim Titrieren des Jodes verbraucht wird, so berechnet sich der
Sauerstoffgehalt der Jodo- und Jodosoverbindungen in Prozenten
nach der Gleichung:

$$O = \frac{0.8 \cdot c \cdot 100}{1000\,s} = 0.08\,\frac{c}{s}\,{}^0/_0.$$

Fünfter Abschnitt.

Peroxyde und Persäuren.[1])

Nomenklatur: Baeyer und Villiger, B. **33**, 2479 (1900).

1. Qualitative Reaktionen.

Die Peroxyde R—O—O—R und Peroxydsäuren

$$\begin{array}{ccc} R-CO-O-O-CO-R \\ | \qquad\qquad\qquad | \\ COOH \qquad\quad HOOC \end{array}$$

entsprechen in ihrem Verhalten der gewöhnlichen Überschwefelsäure,
die Persäuren R . CO—O—OH dem Caroschen Reagens.

Die Peroxyde und Peroxydsäuren scheiden aus angesäuerter Jodkaliumlösung langsam Jod[2]) aus, sind auf Chromsäure, Molybdänsäure
und Titansäure ohne Einwirkung und reagieren nicht mit Guajac-
oder Indigotinktur. Sie sind in reinem Zustande geruchlos, nur das
Acetylsuperoxyd besitzt stechenden Geruch.

Durch Hydrolyse gehen die Peroxydsäuren mehr oder weniger
leicht in die sehr reaktionsfähigen Persäuren über, welche chlorkalk-
ähnlich riechen, aus Jodkaliumlösung selbst bei Gegenwart von Bicarbonat momentan schwarzes Jod ausscheiden und aus Anilinwasser
krystallisiertes Nitrosobenzol zur Abscheidung bringen. Sie sind explosiv, verpuffen oft auch in Berührung mit konzentrierter Schwefel-

---

[1]) Brodie, Spl. **3**, 217 (1864). — Legler, B. **14**, 602 (1881); **18**, 3343
(1885). — Ann. **217**, 383 (1883). — Pechmann und Vanino, B. **27**, 1510
(1894). — Wolffenstein, B. **28**, 2265 (1895). — Vanino und Thiele, B. **29**,
1724 (1896). — Nef, Ann. **298**, 328, 292 (1897). — Baeyer und Villiger,
B. **32**, 3625 (1899); **33**, 125, 858, 1569, 2479, 3387 (1900); **34**, 738, 762 (1901).
[2]) Cross und Bevan, Z. ang. **20**, 570 (1907). — Zimmermann, Z. ang.
20, 1280 (1907). — Ditz, Ch. Ztg. **31**, 834 (1907).

säure,[1]) werden in wässeriger Lösung rascher als in fester Form zerstört, bläuen Indigotinktur, oxydieren Salzsäure zu Chlor, Ferroacetat zum Ferrisalze und bräunen die Lösung des Manganoacetats. Sie geben geruchlose, unbeständige Alkalisalze.

Mit **Diphenylamin und konzentrierter Schwefelsäure**[2]) geben die organischen Superoxyde die bekannte „Salpetersäurereaktion" (Blaufärbung, die jedoch meist bald mißfarbig wird).

Über **Diperoxyde siehe Engler und Frankenstein, B. 34,** 2940 (1901).

2. Quantitative Bestimmung des aktiven Sauerstoffs.

a) Verfahren von Pechmann und Vanino.[3])

Eine bekannte Menge des Superoxyds wird mit einem bekannten Volumen titrierter saurer Stannochloridlösung in einer Kohlendioxydatmosphäre erwärmt, bis — nach etwa 5 Minuten — alles in Lösung gegangen ist.

Nach dem Abkühlen wird mit $n/_{10}$-Jodlösung zurücktitriert.

b) Verfahren von Baeyer und Villiger.[4])

In einem Kölbchen von bekanntem Inhalte, welches mit Gaszuleitungsrohr und Tropftrichter versehen ist, wird eine gewisse Menge reiner Zinkfeile abgewogen, das Kölbchen mit einem mit Wasser gefüllten Meßrohre in Verbindung gebracht, Eisessig und darauf verdünnte Salzsäure einfließen gelassen und so lange erwärmt, bis das Zink vollständig gelöst ist. Schließlich wird das im Kolben befindliche Gas durch Füllen mit Wasser übergetrieben. Das abgelesene Gasvolumen weniger Kolbeninhalt ist dann gleich dem des entwickelten Wasserstoffs.

Bei einem zweiten Versuche wird eine abgewogene Menge Substanz mit dem Eisessig verdünnt, Salzsäure zugegeben und abgekühlt. Nach Beendigung der Reaktion, die man an einer beginnenden Gasentwicklung erkennt, wird wie oben weiter verfahren.

Baeyer und Villiger haben dann[5]) noch ein zweites Verfahren angegeben:

Man vermischt die Substanz mit überschüssiger angesäuerter Jodkaliumlösung, läßt 24 Stunden stehen und titriert das ausgeschiedene Jod mit Thiosulfat.

Daneben wird in gleicher Weise ein blinder Versuch gemacht und das freiwillig ausgeschiedene Jod in Rechnung gestellt.

---

[1]) **Vanino und Uhlfelder,** B. **37,** 3624 (1904).
[2]) **Vanino und Uhlfelder,** B. **33,** 1048 (1900).
[3]) B. **27,** 1512 (1894).
[4]) B. **33,** 3390 (1900).
[5]) B. **34,** 740 (1901).

Dieses Verfahren haben auch Clover und Houghton mit Erfolg angewendet.[1])

3. Quantitative Bestimmung des Chinonsauerstoffs.

1. Viele Chinone, vor allem die Benzochinone, werden durch
Jodwasserstoffsäure glatt nach der Gleichung

$$C_6H_4O_2 + 2HJ = C_6H_4(OH)_2 + J_2$$

reduziert.

Das frei werdende Jod kann, wie bei der Analyse der Peroxyde
angegeben, bestimmt werden.

Valeur[2]) verfährt zu diesem Behufe folgendermaßen:

Man wägt von dem Chinon so viel ab, daß die Menge des zu erwartenden Jodes 0.2—0.5 g beträgt (gewöhnlich ca. 0.2 g Chinon)
und löst dasselbe in wenig 95proz. Alkohol. Andererseits werden
20 ccm konzentrierte Salzsäure mit dem gleichen Volum Alkohol von
95 Proz. unter Kühlung vermischt. Dann fügt man zur Salzsäure
noch 20 ccm 10proz. Jodkaliumlösung und gießt diese Mischung sofort zur alkoholischen Chinonlösung. Das in Freiheit gesetzte Jod
wird nunmehr mit $^n/_{10}$-Thiosulfatlösung titriert.

Das Verfahren gestattet auch, Chinhydrone zu analysieren.

2. α- und β-Naphthochinon können mittels Zinnchlorür quantitativ reduziert werden.[3])

a) Bestimmung von α-Naphthochinon. In eine alkoholische
Lösung des Chinons wird eine $^n/_{10}$-Lösung von Zinnchlorür in
2proz. Salzsäure einfließen gelassen, bis die gelbe Färbung fast
verschwunden ist. Dann wird mit einem Gemisch gleicher Teile
Phenylhydrazin und Alkohol getüpfelt, bis keine Rotfärbung mehr
auftritt.

Man kann auch die alkoholische Chinonlösung mit 3—4 Tropfen
reinen Anilins zum Sieden erhitzen und die nunmehr hellrote Lösung
mit Zinnchlorür siedend bis zur Entfärbung titrieren. Ist der Endpunkt überschritten, so kann man mit Chinonlösung zurücktitrieren.
1 Mol. $C_{10}H_6O_2$ erfordert 2 $SnCl_2$.

b) Zur Bestimmung des β-Naphthochinons wird eine ätherische
Lösung desselben mit $^n/_{10}$-Zinnchlorür titriert. Wahrscheinlich infolge von Chinhydronbildung entsteht zunächst eine schwarzgrüne,
opake Lösung, bis bei weiterem Zinnchlorürzusatz plötzlich Aufhellung
und Entfärbung eintritt.
1 Mol. Chinon erfordert 1 Mol. $SnCl_2$.

---

[1]) Am. **32**, 43 (1904).
[2]) C. r. **129**, 252 (1899).
[3]) Boswell, Am. Soc. **29**, 230 (1907).

Achtes Kapitel.

Schwefelhaltige Atomgruppen.

———

Erster Abschnitt.

Mercaptane R.SH und Thiosäuren R.COSH.

1. Qualitative Reaktionen.

a) Die Mercaptane geben mit den Schwermetallen charakteristische Salze.

Die Blei- und Kupfersalze sind meist gelb; die Quecksilbersalze sind farblos und oftmals gut (aus Alkohol) umkrystallisierbar.[1]) Sie zerfallen beim Erhitzen in Quecksilber und Dialkylsulfid[2]):

$$\begin{matrix} R.S \\ \\ R.S \end{matrix}\!\!\Big> Hg = Hg + R.S.SR,$$

während die übrigen Mercaptide zumeist neben Dialkylsulfid das entsprechende Metallsulfid liefern[3]):

$$\begin{matrix} R.S \\ \\ R.S \end{matrix}\!\!\Big> Pb = \begin{matrix} R \\ \\ R \end{matrix}\!\!\Big> S + PbS.$$

Die Mercaptide der Edelmetalle[4]) (Gold, Platin, Iridium, Palladium) werden durch Salzsäure nicht angegriffen.[5])

b) Schwache Oxydationsmittel, selbst Hydroxylamin,[6]) oxydieren zu Disulfiden.

———

[1]) Bertram, B. **25**, 63 (1892).
[2]) Otto, B. **13**, 1289 (1880).
[3]) Klason, B. **20**, 3412 (1887).
[4]) Hofmann und Rabe, Z. an. **14**, 293 (1897). — Herrmann, B. **38**, 2813 (1905).
[5]) Klason, J. pr. (2), **67**, 3 (1903).
[6]) Fasbender, B. **21**, 1471 (1888).

c) Die ebenfalls schwer löslichen Metallsalze der Thiosäuren zerfallen sehr leicht unter Abscheidung von Metallsulfid, und analog verhalten sich die freien Säuren.

Siehe über die Thioessigsäure S. 758.

2. Volumetrische Bestimmung von Mercaptanen und Thiosäuren.[1])

Die Reaktion zwischen diesen Substanzen und Jod verläuft, wenn man die verdünnten alkoholischen Lösungen mit $n/_{10}$-Jodlösung titriert. quantitativ nach der Gleichung:

$$2\,R\,.\,SH + J_2 = R_2S_2 + HJ.$$

Die Anwesenheit von Bicarbonat ist hierbei nicht nur überflüssig, sondern kann sogar Veranlassung zu weitergehender Oxydation geben.

Die aromatischen Sulfhydrate sind so starke Säuren, daß sie in alkoholischer Lösung mit Alkali und Phenolphthalein als Indikator titriert werden können.

Rhodanwasserstoff ist indifferent gegen Jod.

3. Verfahren von Zerewitinoff.[2])

Mit Methylmagnesiumjodid reagieren die Mercaptane nach der Gleichung:

$$R\,.\,SH + CH_3\,.\,Mg\,.\,J = CH_4 + R\,.\,S\,.\,MgJ.$$

Als Lösungsmittel kann Amyläther oder Pyridin verwendet werden. Man arbeitet nach der S. 547 gegebenen Vorschrift.

Die niedrig siedenden, leicht flüchtigen Mercaptane, geben oftmals etwas zu niedrige Resultate.

Zweiter Abschnitt.

Analyse von Senfölen.[3])

Die Substanz wird mit 50 ccm wässerigem Ammoniak und 20 ccm Alkohol sowie 5 ccm 10proz. Silbernitratlösung auf dem Wasserbade am Rückflußkühler erhitzt, bis sich das Schwefelsilber abgesetzt hat (eine Stunde lang) und die darüber stehende Flüssigkeit klar geworden ist. Die noch heiße Flüssigkeit wird nunmehr durch ein Filter von 5—8 cm Durchmesser filtriert, mit warmem Wasser, dann Alkohol,

---

[1]) Klason und Carlson, Arch. Kemi 2, 31 (1906). — B. 39, 738 (1906); 40, 4185 (1907).

[2]) B. 41, 2233 (1908).

[3]) Vuillemin, Ph. C.-H. 45, 384 (1905). — Vgl. Dieterich, Helf. Ann. 1900, 182. — 1901, 116. — Hartwich und Vuillemin, Apoth. Ztg. 20, 199 (1905).

endlich Äther nachgewaschen und bei 80° zur Gewichtskonstanz getrocknet.

Man kann auch nach Gadamer[1]) das Senföl titrimetrisch bestimmen.

Das in Alkohol gelöste Senföl wird mit $n/_{10}$-Silberlösung (einem dreifachen Überschusse) und Ammoniak in verschlossener Flasche 24 Stunden stehengelassen, mit Salpetersäure angesäuert und nach Zusatz von einigen Tropfen Ferrisalzlösung mit $n/_{10}$-Rhodanammonium-lösung bis zur Rotfärbung titriert.

Nach der Gleichung:

$$R \cdot NCS + 3NH_3 + 2AgNO_3 = Ag_2S + RNHCN + 2NH_4NO_3$$

entsprechen einem Molekül Senföl zwei Moleküle Silbernitrat.

Dritter Abschnitt.

Analyse der Thioamide und Thioharnstoffe.

Reaktion von Tschugaeff.[2])

Verbindungen, welche die Gruppe $CSNH_2$ oder $CSNHR$ enthalten, zeigen beim Erwärmen mit Benzophenonchlorid eine intensiv blaue Färbung. Die entstehende Schmelze ist in Chloroform oder Benzol mit gleicher Farbe löslich.

Zur

volumetrischen Bestimmung von Thioharnstoffen

haben Vollhard[3]), Reynolds und Werner,[4]) sowie Salkowsky[5]) Methoden angegeben, die aber nach V. J. Meyer[6]) nicht vollkommen befriedigen. Meyer geht folgendermaßen vor, wobei er auch eine Trennung von Thioharnstoff und Rhodanammonium erzielt.

Das zu untersuchende Gemisch wird in Wasser gelöst und Ammoniak und überschüssige $n/_{10}$-Silbernitratlösung zugefügt. Dann wird gekocht, bis sich die eine violette Färbung annehmende Lösung geklärt und bis sich der aus Schwefelsilber, Cyanamidsilber und Rhodansilber bestehende Niederschlag gut abgesetzt hat. Nun wird abfiltriert, aber die Hauptmenge des Niederschlags im Becherglase gelassen und, um das Rhodansilber in Lösung zu bringen, nochmals

---

[1]) Arch. **237**, 105, 110, 374 (1899). — Grützner, Arch. **237**, 185 (1899). — Roeser, Journ. Pharm. Chim. (6) **15**, 361 (1903). — Kuntze, Arch. **246**, 58 (1908).

[2]) B. **35**, 2428 (1902).

[3]) B. **7**, 102 (1874).

[4]) Soc. **83**, 1 (1903).

[5]) B. **26**, 2496 (1893).

[6]) Diss. Berlin 1905, S. 52.

mit Ammoniak ca. 5 Minuten gekocht, und dieses noch ein zweites
Mal wiederholt. Der schließlich abfiltrierte Niederschlag wird dann
auf dem Filter noch so lange weiter mit heißem Ammoniak ausgewaschen, bis einige Tropfen des Filtrats beim Ansäuern mit Salpetersäure keinen Niederschlag mehr zeigen. — Jetzt wird einige Male mit
heißem Wasser nachgewaschen, und nun zur Entfernung des noch im
Schwefelsilberniederschlag enthaltenen Cyanamidsilbers so lange lau-
warme, sehr verdünnte Salpetersäure (1 Teil der verdünnten Salpetersäure auf 9 Teile Wasser) aufgetröpfelt, bis im Filtrate durch einige
Tropfen Rhodanammonium kein Niederschlag mehr hervorgerufen wird.
— Nachdem zum Schlusse noch mit Wasser nachgewaschen ist, wird der
Schwefelsilberniederschlag getrocknet, verbrannt, im Wasserstoffstrom
ungefähr eine Stunde reduziert und im Sauerstoffgebläse gerade bis
zum Schmelzen des Silbers erhitzt.[1]) Aus der gefundenen Menge
Silber berechnet sich der Gehalt an Thioharnstoff. (2 Atome Silber
= 1 Mol. Harnstoff.)

Das ammoniakalische Filtrat wird mit Salpetersäure sauer gemacht, wobei das Rhodansilber ausfällt, und dann die überschüssige
Silbernitratlösung mit Rhodanammonium zurücktitriert. Somit ist
einerseits bekannt, wieviel Silbernitratlösung resp. Silber im ganzen für
die Titration verbraucht ist, andererseits wieviel Silber auf den Thioharnstoff kommt. — Die Differenz ergibt die dem Rhodanammonium
entsprechende Menge.

Die Schwefelbestimmung nach Carius bereitet bei den
Thioharnstoffen Schwierigkeiten.[2])

Nach Großmann[3]) ist diese Methode aber auch gar nicht notwendig. Man gibt zu der Substanz, welche sich in einer großen,
etwa einen Liter fassenden Porzellanschale, die mit einem Uhrglase
bedeckt ist, befindet, tropfenweise konzentrierte Salpetersäure von
der erweiterten Ausgußöffnung aus mit einer Pipette hinzu. Dann
tritt schon in der Kälte bald eine heftige Reaktion auf, die man,
ohne zu erwärmen, ruhig zu Ende gehen läßt. Hierauf gibt man
noch einige Tropfen konzentrierte Salpetersäure und konzentrierte
Salzsäure hinzu, erhitzt zuerst mit aufgelegtem Uhrglas einige Zeit
auf dem Wasserbade, bis jede lebhafte Gasentwicklung aufgehört
hat, und dampft schließlich, nach Entfernung des Uhrglases, zur
Trockne ein. Der Rückstand wird hierauf noch ein oder zweimal mit
konzentrierter Salzsäure eingedampft und aus der salpetersäurefreien
Lösung schließlich die gebildete Schwefelsäure als Bariumsulfat gefällt und in der üblichen Weise bestimmt.

Noch bequemer ist das Verfahren von Gasparini (S. 243).

---

[1]) Hierbei werden, wie auch Salkowsky angibt, die letzten Reste von
noch etwa vorhandenem Schwefel durch den vom schmelzenden Silber aufgenommenen Sauerstoff oxydiert.
[2]) Siehe S. 242.
[3]) Ch. Ztg. **31**, 1196 (1907).

Über Additionsprodukte von Thioharnstoffen mit Metall-salzen siehe:

Claus, B. 9, 226 (1876); Rathke, B. 17, 307 (1884); Kurna-kow, B. 24, 3956 (1891); Reynolds, Soc. 61, 251 (1892); Rosenheim und Löwenstamm, Z. anorg. 34, 62 (1903); Kohlschütter, B. 36, 1151 (1903); Rosenheim und Meyer, Z. anorg. 49, 9 (1906); Ann. 349, 232 (1906); Plenkers, Diss., Straßburg 1906.

Vierter Abschnitt.

Analyse der Sulfosäuren.

Hierzu wird man im allgemeinen nach den S. 222ff. angegebenen Methoden verfahren.

Bei der Kalischmelze der Sulfosäuren werden diese unter Ab-gabe von schwefliger Säure zersetzt.[1]

Dieses Verhalten wird in der Technik dazu benutzt, den Ver-lauf der Schmelze durch Titration von Proben mit Jod zu verfolgen.

Ähnlich zerfallen auch aliphatische Sulfosäuren[2] etwa nach der Gleichung:

$$C_2H_5SO_2OK + KOH = C_2H_4 + K_2SO_3 + H_2O$$

oder: $CH_3SO_2OK + 3KOH = K_2SO_3 + K_2CO_3 + 3H_2$.

Über Methoxylbestimmung resp. Methylimidbestimmung in schwefelhaltigen Substanzen siehe S. 736 resp. S. 838.

---

[1] Siehe S. 421.
[2] Berthelot, Jb. 1869, 336.

Neuntes Kapitel

Doppelte und dreifache Bindungen. — Gesetzmäßigkeiten bei Substitutionen.

Erster Abschnitt.

Doppelte Bindung.[1]

1. Qualitativer Nachweis von doppelten Bindungen.

a) Die Permanganatreaktion von Baeyer.[2]

Nach A. von Baeyer hat man in alkalischer Permanganatlösung ein ausgezeichnetes Mittel, um offene oder ringförmig geschlossene ungesättigte Säuren von offenen oder ringförmig geschlossenen gesättigten, sowie von den Carbonsäuren des Benzols und ähnlichen Gebilden zu unterscheiden. Auch sonst läßt sich diese Reaktion vielfach zur Entdeckung ungesättigter Verbindungen benutzen.

Man prüft entweder in wässeriger Lösung. unter Zusatz von ein wenig Soda oder Bicarbonat, indem man zu der Lösung einen Tropfen verdünnter Permanganatlösung fügt: Es tritt momentaner Farbenumschlag in Kaffeebraun und Abscheidung von Manganhydroxyd ein; oder man verwendet alkoholische Lösungen und fügt der Permanganatlösung ein wenig Soda zu. Man muß im letzteren Falle als Vergleichsflüssigkeit eine reine Alkoholprobe mit der gleichen Permanganatmenge versetzen; auch Lösen in Aceton[3] oder feuchtem Essigester[4] oder Pyridin[5] kann von Vorteil sein.

Über die katalytische Beschleunigung der Reaktion durch bereits gebildeten Braunstein siehe Wieland, B. **40**, 4271 (1907).

---

[1] Die „Doppelbindungen" der gesättigten Ringsysteme sind hier nicht mit einbegriffen.

[2] Ann. **245**, 146 (1888). — Willstätter, B. **28**, 2277, 2880, 3282 (1895); **30**, 724 (1897); **33**, 1167 (1900). — Vorländer, B. **34**, 1637 (1901). — Thoms und Vogelsang, Ann. **357**, 154 (1907).

[3] Sachs, B. **34**, 497 (1901). — Eibner und Löbering, B. **39**, 2218 (1906). — Wieland, B. **40**, 4271 (1907).

[4] Ginsberg, B. **36**, 2708 (1903).

[5] Green, Davis und Horsfall, Soc. **91**, 2083 (1907).

Wie Willstätter fand, zeigen oftmals basische Substanzen, obwohl sie keine ungesättigte Doppelbindung enthalten, sofortige Entfärbung von alkalischer oder neutraler Permanganatlösung, während dieselben in saurer Lösung beständig sind.[1])

Er empfiehlt daher, Basen stets in schwach schwefelsaurer Lösung zu prüfen.

Den gleichen Erfolg erzielt Ginsberg, indem er die Benzolsulfoderivate der Basen untersucht.[2])

Vorländer hat dann die Erklärung für dieses Verhalten der Basen gefunden:

Soweit stickstoffhaltige Verbindungen basische Eigenschaften zeigen und sich mit Säuren zu Additionsprodukten, d. h. Salzen, verbinden, sind sie gerade wegen dieser Eigenschaften nicht gesättigt, sondern vielmehr als Basen ungesättigt und daher in alkalischer Lösung leicht oxydierbar. Verwandelt man die Basen aber durch Zusatz starker Mineralsäuren in Salze, so werden sie gesättigt und gegen Permanganat beständig, indem der ungesättigte dreiwertige Stickstoff der Ammoniakverbindung in den gesättigten fünfwertigen des Ammoniums übergeht. Der Grad dieser Sättigung wird bei den einzelnen Basen von der Stärke der Base und der Säure beeinflußt werden. Vereinigt sich der Stickstoff in indifferenten Substanzen überhaupt nicht mit Säuren, so ist er dreiwertig gesättigt.

Der Dihydrolutidindicarbonsäureester wird von Permanganat für sich nicht, aber in Gegenwart von Soda oder verdünnter Schwefelsäure angegriffen.[3])

Übrigens zeigen natürlich auch andere, als ungesättigte Verbindungen,[4]) wenn sie leicht oxydabel sind, die Permanganatreaktion, so z. B. Ameisensäure und Malonsäureester,[5]) und andererseits wurden auch Fälle beobachtet,[6]) wo die Reaktion bei ungesättigten Verbindungen nicht eintrat.

Verwendung der Baeyerschen Reaktion für die Unterscheidung von Keto-Enolisomeren: Wohl, B. 40, 2284 (1907).

b) Osmiumtetroxydreaktion von Neubauer.[7])

Substanzen mit Doppelbindung oder dreifacher Bindung geben mit diesem Reagens Schwarzfärbung, während gesättigte Substanzen vollkommen unverändert bleiben.

---

[1]) Siehe hierzu auch Pauly und Hültenschmidt, B. 36, 3355 Anm. (1903).

[2]) B. 36, 2703 (1903).

[3]) Knoevenagel und Fuchs, B. 35, 1798 (1902).

[4]) Königs und Schönewald, B. 35, 2981, 2988 (1902).

[5]) Auch sonst erweisen sich Ester leichter angreifbar als die freien Säuren: Skraup, M. 21, 897 (1900)

[6]) Lipp, Ann. 294, 135, 150 (1897). — Errera, Gazz. 27, (2), 395 (1897). — Brühl, B. 35, 4033 (1902). — Scholl, Ann. 338, 5 (1904). — Wallach, Ann. 350, 172 (1906). — Willstätter und Hocheder, Ann. 354, 256 (1907). — Langheld. B. 41, 2024 (1908).

[7]) Z. ang. 15, 1036 (1902). — Ch. Ztg. 26, 944 (1902). — Vers. Ges. deutsch. Naturf. u. Ärzte 74, II, 1, 89 (1902/03).

Die mehrwertigen Phenole verhalten sich wie ungesättigte Substanzen.

c) Ozonidbildung.

Siehe hierzu S. 409.

Durch die Ozonidbildung verraten sich manchmal Doppelbindungen, die weder durch Permanganat noch durch Brom (siehe unten) nachweisbar sind: Langheld, B. **41**, 1024 (1908).

d) Additonsreaktionen.[1])

1. Addition von Halogenen.

Ungesättigte Verbindungen addieren mehr oder weniger leicht ein Molekül der Halogene, namentlich Brom, an die Doppelbindung. Ebenso werden die beiden Modifikationen von einfach Chlorjod[2]) addiert (siehe S. 952). Besonders leicht addieren Kohlenwasserstoffe.

Es gibt indessen eine Reihe von Körpern, die trotz vorhandener Doppelbindung kein Brom addieren.[3])

Diese Inaktivität kann zweierlei Gründe haben: Es tritt nämlich gewöhnlich keine Bromaddition ein, wenn schon andere stark negative Radikale an die Äthylenkohlenstoffatome gebunden sind.

Wird die abstoßende Wirkung solcher negativer Reste paralysiert, z. B. indem man die Gruppe COOH in COOCH₃ verwandelt, so ist wieder Addition möglich. Daher geben vielfach die Ester ungesättigter Säuren Dibromide, während die freien Säuren kein Brom addieren (Liebermann, Autenrieth).

Es gibt indessen auch Fälle, wo anscheinend die sterischen Verhältnisse eine Rolle spielen, indem die relativ große Raumerfüllung der an die Äthylenkohlenstoffatome gebundenen Radikale

---

[1]) Allgemeines über Additionsvorgänge: Nef, Ann. **298**, 208 (1897). — Vorländer, Ann. **341**, 1 (1905); **345**, 155 (1906). — Hinrichsen, Ann. **336**, 182 (1904). — Bauer, J. pr. (2) **72**, 201 (1905).

[2]) Addition von Chlorbrom: Michael, J. pr. (2), **60**, 448 (1899), — Chlorjod ebenda S. 450 und Istomin, Russ. **36**, 1199 (1904).

[3]) Drewsen, Ann. **212**, 1651 (1882). — Fittig und Buri, Ann. **216**, 176 (1883). — Claisen u. Crismer, Ann. **218**, 140 (1883). — Cabella, Gazz. **14**, 115 (1884). — Frost, Ann. **250**, 157 (1889). — Rupe, Ann. **256**, 21 (1890). — Carrick. J. pr. (2), **45**, 500 (1892). — Fiquet, Ann. Chim Phys. (6), **29**, 433 (1893). — Müller, B. **26**, 659 (1893). — Bechert, J. pr. **50**, 16 (1894). — Liebermann, B. **28**, 143 (1895). — Reformatzky und Plesconossoff, B. **28**, 2841 (1895). — Riedel, J. pr. (2), **54**, 542 (1896). — Biltz, Ann. **296**, 231, 263 (1897). — Auwers, Ann. **296**, 234 (1897). — Stelling, Inaug.-Diss., Freiburg 1898, S. 29—35. — Fulda, M. **20**, 712 (1899). — Goldschmiedt u. Knöpfer, M. **20**, 734 (1899). — Wrotnowski, Inaug.-Diss., Freiburg 1900. — Autenrieth u. Rudolph, B. **34**, 3467 (1901). — Bistrzycki u. Stelling, B. **34**, 3081 (1901). — Goldschmiedt und Krczmar, M. **22**, 668 (1901). — Brühl, B. **35**, 4033 (1902). — Flürscheim, J. pr. (2), **66**, 22 (1902). — Eibner und Merkel, B. **35**, 1662 (1902). — Eibner und Hofmann, B. **37**, 3021 (1904). — Wallach, Ann. **336**, 17 (1904); **350**, 172 (1906). — Thoms und Vogelsang, Ann. **357**, 153 (1907). — Langheld, B. **41**, 1024 (1908). — Staudinger, B. **41**, 1498 (1908).

die Anlagerung der Bromatome verhindert (Biltz, Bistrzycki, Staudinger).

Verbindungen, welche eine Sulfogruppe an einem doppelt gebundenen C-Atome tragen, addieren weder Brom noch Wasserstoff (Autenrieth, Rudolph), während sonst gewöhnlich gerade diejenigen Verbindungen, welche dem Eintritte von Brom Widerstand entgegensetzen, nascierenden positiven Wasserstoff mit Leichtigkeit aufnehmen. Verbindungen, welche die Gruppierung

$$R \cdot CH = C \begin{cases} CN \\ CONH_2 \end{cases} \quad \text{oder} \quad R \cdot CH = C \begin{cases} CN \\ COOCH_3 \end{cases}$$

enthalten, werden von Brom nur substituiert, während die Doppelbindung erhalten bleibt.[1)

Man läßt gewöhnlich das Brom in einem indifferenten Lösungsmittel (Eisessig, Chloroform, Tetrachlorkohlenstoff, Äther, Schwefelkohlenstoff) gelöst, zu der ebenfalls gelösten oder suspendierten Substanz (die eventuell gekühlt wird) zufließen.

Amylalkohol, namentlich auch im Gemisch mit Äther, hat sich in der Terpenreihe als Lösungsmittel sehr bewährt.[2)

In Eisessig geht im allgemeinen die Bromierung leichter und glatter vor sich als in den anderen Lösungsmitteln. Doch scheint er im Vereine mit der meist alsbald entstehenden Bromwasserstoffsäure die Fähigkeit zu besitzen, in polycyclischen Systemen leicht Ringe, besonders Drei- und Vierringe, aufzusprengen, so daß die resultierenden Produkte keinen Einblick mehr in die Konstitution der Ausgangsmoleküle gestatten.[3)

Oft tritt sofortige Entfärbung ein, und man kann das Ende der Bromaufnahme leicht erkennen. Manchmal[4) ist Erhitzen, selbst im Einschlußrohre, erforderlich; im allgemeinen trachtet man indes, um sekundäre Abspaltung von Bromwasserstoff zu verhindern, möglichst bei niedriger Temperatur zu bromieren.

Allgemeine Bemerkungen über die Ausführungen von Bromadditionen: Michaël, J. pr. (2), 52, 291 (1895). — B. 34, 3640, 4215 (1901).

Über Bromaddition überhaupt: Bauer, B. 37, 3317 (1904). — J. pr. (2), 72, 201 (1905). — Bauer und Moser, B. 40, 918 (1907).

Großen Einfluß auf den Verlauf der Reaktion übt das Sonnenlicht aus, welches im allgemeinen[5) die Addition sehr begünstigt, manchmal aber auch zu verhindern imstande ist.[4)

Einfluß der Wahl des Lösungsmittels: Pinner, B. 28, 1877 (1895). — Herz und Mylius, B. 39, 3816 (1906); 40, 2898 (1907).

[1) Piccinini, Atti Ac. di Torino 1905, 40.
[2) Godlewski, B. 32, 3204, Anm. (1899).
[3) Semmler, Die ätherischen Öle 1, 96 (1905).
[4) Friedländer, B. 13, 2257 (1880).
[5) Michael, J. pr. (2), 52, 291 (1895); B. 34, 3640 (1901). — Pinner, B. 28, 1877 (1895). — Wislicenus, Ann. 272, 98 (1893).

Umlagerungen: Liebermann, B. **24**, 1108 (1891). — Michaël, B. **34**, 3540 (1901).

Addition von dampfförmigem Brom: Elbs und Bauer, J. pr. (2), **34**, 344 (1886).

Die Dihydroterephthalsäuren gestatten nur dann die Addition von vier Atomen Brom, wenn die betreffenden beiden ungesättigten Kohlenstoff-Paare durch andere Kohlenstoff-Atome getrennt sind.[1] Sonst entsteht nur ungesättigtes Dibromid.

Bromadditionen an konjugierte Doppelbindungen: Thiele, Ann. **306**, 96, 97, 176, 201 (1899); **308**, 333 (1899); **314**, 296 (1901). — Thiele und Jehl, B. **35**, 2320 (1902). — Lohse, Diss., Berlin 1904. — Hinrichsen, B. **37**, 1121 (1904). — Die Bromaddition erfolgt in dem Systeme $C = C - C = C$ fast ausnahmslos an den Stellen 1 und 4; in Substanzen, deren endständiges Kohlenstoffatom mit zwei negativen Resten verbunden ist, aber in 3 und 4 (Cinnamylidenmalonester).

2. Addition von Nitrosylchlorid.[2]

Die ungesättigten Kohlenwasserstoffe und Ester ungesättigter Alkohole usw. verbinden sich mit Nitrosylchlorid zu Derivaten, welche in vielen Fällen zur Charakterisierung derselben (namentlich in der Terpenreihe) geeignet sind.

Die Reaktionsprodukte sind verschieden, je nachdem, ob die beiden doppelt gebundenen C-Atome tertiär sind oder nicht.

a) Verbindungen $>C = C<$

Dieselben liefern wahre Nitrosoderivate;

$$>\!\!\underset{Cl}{C} - \underset{N=O}{C}\!\!<$$

welche blau oder grün gefärbte, schwere Flüssigkeiten oder Krystalle von stechendem Geruche bilden, die durch Erwärmen mit Alkohol oder Wasser in ihre Komponenten zerfallen. Sie fällen aus Silbernitrat in alkoholischer Lösung rasch Chlorsilber aus und scheiden aus Jodkaliumlösung sofort Jod ab.

---

[1] Baeyer und Herb, Ann. **258**, 2 (1890).
[2] Tilden, Soc. **28**, 514 (1875). — Tilden u. Shenstone, Soc. **31**, 554 (1877). — Tönnies, B. **12**, 169 (1879); **20**, 2987 (1887). — Wallach, Ann. **245**, 245 (1888); **252**, 109 (1889); **253**, 251 (1889); **270**, 174 (1892); **277**, 153 (1893); **332**, 305 (1904); **336**, 12 (1905). — Tilden und Sudborough, Soc. **63**, 479 (1893). — Baeyer, B. **27**, 442 (1894). — Thiele, B. **27**, 454 (1894). — Tilden und Forster, Soc. **65**, 324 (1894). — Scholl und Matthaiopoulos, B. **29**, 1550 (1896). — Ipatjew, Russ. **31**, 426 (1899). — Ipatjew und Ssolonina, Russ. **33**, 496 (1901). — Schmidt, B. **35**, 3737 (1902); **36**, 1765 (1903); **37**, 532, 545 (1904).

b) Verbindungen $\diagdown C = \overset{\displaystyle H}{C} - .$

Dieselben bilden krystallisierte Derivate nach der Formel:

$$\diagup^{\diagdown} \overset{\displaystyle |}{\underset{\displaystyle Cl}{C}} - \overset{\displaystyle |}{\underset{\displaystyle NOH}{C}} -$$

also Isonitrosoverbindungen, die farblos sind und alle Eigenschaften der Oxime besitzen. Intermediär entstehen die labilen wahren Nitrosokörper.

c) Substanzen der Formeln:

$$\diagdown C = CH_2, \; - CH = \overset{\displaystyle |}{CH} \text{ und } - CH = CH_2$$

geben keine festen Reaktionsprodukte.

Darstellung der Additionsprodukte mit Nitrosylchlorid.

Zur Darstellung dieser Verbindungen verwendet man freies Nitrosylchlorid nur sehr selten; bequemer löst man den Kohlenwasserstoff in überschüssiger stark alkoholischer Salzsäure, kühlt gut ab und fügt konzentriertes Natriumnitrit in geringem Überschusse unter guter Kühlung tropfenweise hinzu (Thiele), worauf durch Verdünnen mit Wasser das Reaktionsprodukt auszufallen pflegt, oder man verwendet nach Wallach Amyl- oder Äthylnitrit und Salzsäure.

Man schüttelt dann einfach ein kalt gehaltenes Gemisch von Kohlenwasserstoff und Amylnitrit mit konzentrierter Salzsäure durch und fügt Alkohol oder nach Umständen zweckmäßiger Eisessig zu der Flüssigkeit, worauf das Reaktionsprodukt sich abscheidet.

Als Beispiel der Verwendung von Äthylnitrit sei die Darstellung von Limonen-Nitrosochlorid angeführt.

5 ccm Limonen werden mit 11 ccm Äthylnitrit und 12 ccm Eisessig versetzt und in das durch eine Kältemischung sehr gut abgekühlte Gemenge ein Gemisch von 6 ccm roher Salzsäure und 6 ccm Eisessig in kleinen Partien eingetragen. Schließlich werden noch 5 ccm Alkohol zu dem Produkte hinzugefügt. Auf diese Weise konnten aus 120 ccm Kohlenwasserstoff bis zu 100 g Additionsprodukt erhalten werden.

Das für diese Zwecke nötige Äthylnitrit wird nach Wallach und Otto[1]) sehr bequem in folgender Weise bereitet:

In einen geräumigen Kolben bringt man eine Auflösung von 250 gr Natriumnitrit in einem Liter Wasser und 100 g Alkohol. Der Kolben steht auf der einen Seite in Verbindung mit einer sehr guten

---

[1]) Ann. **253**, 251, Anm. (1889).

Kühlvorrichtung (langes Kühlrohr und mit Eis gekühlte Vorlage), auf der anderen mit einem höher stehenden Gefäße, welches ein Gemisch von 200 gr konzentrierter Schwefelsäure, 1.5 Liter Wasser und 100 g Alkohol enthält. Läßt man nun in geeigneter Weise die verdünnte Schwefelsäure in dünnem Strahle zu dem Natriumnitrit hinzutreten, so liefert die entbundene salpetrige Säure mit dem gegenwärtigen Alkohol sofort Äthylnitrit, das regelmäßig abdestilliert. Bei gut geleiteten Operationen erhält man etwa $100^0/_0$ des angewandten Alkohols an rohem Äthylnitrit, welches für obige Zwecke ohne weiteres verwertbar ist. Wendet man an Stelle der Salzsäure bei der Darstellung der Nitrosylchloride Bromwasserstoff oder Salpetersäure an, so erhält man analog Nitrosylbromide bzw. Nitrosate.

Letztere entstehen auch durch direkte Einwirkung von N_2O_4 auf die Kohlenwasserstoffe.

3. Addition von Halogenwasserstoffen.[1])

Die Anlagerung von Jodwasserstoffsäure an ungesättigte Kohlenwasserstoffe und Alkohole gelingt am leichtesten, leicht auch die Bromwasserstoffanlagerung, während Salzsäure oft nur träge reagiert.[2]) Die Anlagerung erfolgt stets in der Weise, daß das Halogenatom vorwiegend an dasjenige Kohlenstoffatom tritt, mit welchem die geringere Zahl von Wasserstoffatomen verbunden ist[3]) (Regel von Markownikoff). Als Nebenreaktion kann auch die umgekehrte Anlagerung erfolgen.[4]) Salzsäure wird um so leichter angelagert, je weniger Wasserstoff-Atome sich an den doppelt gebundenen Kohlenstoff-Atomen befinden; die Substanzen vom Typus

$$CH_2 = C < \text{ und } - CH = C <$$

addieren Salzsäure schon in der Kälte, diejenigen vom Typus $CH_2 = CH —$ erst bei höherer Temperatur.[5])

Gesättigte bicyclisch-hydrierte Kohlenwasserstoffe können durch Halogenwasserstoff aufgespalten werden.[6]) So gehen α- und β-Tanaceten $C_{10}H_{16}$, dem Trioceantypus angehörig, durch Anlagerung von 2 HCl in Limonendichlorhydrat über; Pinen, welches zum Tetroceantypus gehört, liefert unter denselben Bedingungen dasselbe Produkt.

---

[1]) Berthelot, Ann. **104**, 184 (1857); **115**, 114 (1860). — Schorlemmer, Ann. **166**, 177 (1873); **199**, 139 (1879). — Morgan, Ann. **177**, 304 (1875). — Le Bel, C. r. **85**, 852 (1877).

[2]) Erlenmeyer, Ann. **139**, 228 (1866). — Butlerow, Ann. **145**, 274 (1868). — Markownikoff, Ann. **153**, 256 (1869). — B. **2**, 660 (1869). — Saytzeff, Ann. **179**, 296 (1875).

[3]) Le Bel, C. r. **85**, 852 (1877). — Stolz, B. **19**, 538 (1886).

[4]) Michaël, J. pr. (2), **60**, 445 (1899). — B. **39**, 2140 (1906). — Ipatjew u. Ogonowsky, B. **36**, 1988 (1903). — Ipatjew u. Dechanow, Russ. **36**, 659 (1904).

[5]) Guthrie, Ann. **116**, 248 (1860); **119**, 83 (1861); **121**, 116 (1862). — Wallach, Ann. **241**, 288 (1887); **248**, 161 (1888). — Ipatjew u. Ssolonina, Russ. **33**, 496 (1901). — Schmidt, B. **35**, 2336 (1902).

[6]) Semmler, Die ätherischen Öle **1**, 95 (1905).

In analoger Weise konnte Kondakow vom Pentoceantypus gewisser Fenchene aus unter Aufsprengung eines Fünfringes zum Carvestrendibromhydrat gelangen; dieses Dibromhydrat gibt Carvestren, nach Baeyer ein Tetracymolderivat.

Häufig ist zum Zustandekommen einer Anlagerung von Halogenwasserstoff an Doppelbindungen das Vorhandensein geringer Mengen von Wasser notwendig. So lagert Limonenmonochlorhydrat nur bei sehr langer Einwirkung von Salzsäure und bei Gegenwart von etwas Wasser ein zweites Molekül Salzsäure an.

Daher darf wegen der Möglichkeit einer Ringsprengung, welche namentlich bei Drei-, Vier- und Fünfringen in bicyclischen Systemen leichter als die Addition an die Doppelbindung erfolgen kann, in derartigen Fällen die Tatsache der Addition von Halogenwasserstoff allein nicht als Beweis für das Vorliegen einer Doppelbindung angesehen werden. Siehe Marsh, Proc. **15**, 54 (1899).

Bei der Addition von Halogenwasserstoff an ungesättigte Säuren lagert sich das Halogenatom an das von der Carboxylgruppe entferntere Kohlenstoff-Atom an.

Indessen gibt die Atropasäure

$$CH_2 = C - COOH$$

$$C_6H_5$$

mit konzentrierter Bromwasserstoffsäure bei gewöhnlicher Temperatur sowohl α- als auch β-Bromhydratropasäure; bei 100° nur die β-Säure[1].

4. Addition von Wasserstoff.

Die Reduktion ungesättigter Kohlenwasserstoffe mit nur einer Doppelbindung durch Natriumamalgam[2] oder Natrium und Alkohol gelingt im Allgemeinen[3] nicht, wohl aber diejenige der αβ-ungesättigten Säuren.[4][5] Ist mit dem doppelt gebundenen Kohlenstoff eine negative Gruppe in Verbindung, wie z. B. in der Zimtsäure, so erfolgt die Wasserstoffanlagerung sehr glatt; einen positiven Rest enthaltende Säuren, z. B. die Methylacrylsäure, werden viel langsamer und nur in der Wärme reduziert. Anwesenheit einer zweiten Carboxylgruppe wirkt natürlich auch auf die Reduktion erleichternd.

---

[1] Fittig u. Wurster, Ann. **195**, 152 (1879).

[2] Über die Notwendigkeit, zu derlei Reduktionen reines Amalgam zu verwenden siehe: Aschan, B. **24**, 1865 Anm. (1891). — E. Fischer und Hertz, B. **25**, 1255 Anm. (1892). — Haworth und Perkin, Soc. **93**, 584 (1908).

[3] Die Vinyl- und die Propenylgruppe in Styrolen und Phenoläthern werden glatt reduciert, die Allylgruppe nicht: Ciamician und Silber, **23**, 1162, 1165, 2285 (1890). — Klages, B. **32**, 1440 (1899); **36**, 3586 (1903); **37**, 1721 (1904).

[4] Baeyer, Ann. **251**, 258 (1889); **269**, 171 (1892).

[5] Thiele, Ann. **306**, 101 (1899). — Semmler, B. **34**, 3126 (1901); **35**, 2048 (1902). — Bouveault u. Blanc, Bull. (3), **31**, 1206 (1904). — Courtot, Thiele u. Iehl, B. **35**, 2320 (1902). — Bull. (3), **35**, 121 (1906).

Säuren, welche die Doppelbindung entfernter von der Carboxylgruppe tragen, lassen sich selbst beim Kochen durch Natriumamalgam oder metallisches Natrium nicht reduzieren,[1]) wohl aber durch saure Reduktionsmittel (Zink und Salzsäure + Eisessig, Jodwasserstoffsäure und Phosphor[2]).

Auch ungesättigte Alkohole lassen sich, wenn auch oft nur langsam und unvollständig, durch Natriumamalgam reduzieren,[3]) besser in alkalischer Lösung mit Aluminiumspänen[4]) oder nach der Sabatierschen Methode[5]).

Dagegen lassen sich Kohlenwasserstoffe mit konjugierten Doppelbindungen durch Natrium und Alkohol, namentlich Amylalkohol, reduzieren. So konnte Semmler[6]) das Myrcen in Dihydromyrcen überführen. Letzteres ist dann natürlich nicht durch alkalische Reduktionsmittel weiter angreifbar:

$$CH_3 \quad CH_2$$
$$\diagdown C \diagup$$
$$CH_2 \big| CH_2$$
$$\| \quad$$
$$CH \quad \diagdown CH_2$$
$$\big|$$
$$H_2C = C — CH_2$$

$\longrightarrow$

$$CH_3 \quad CH_2$$
$$\diagdown C \diagup$$
$$\big|$$
$$CH_2$$
$$CH_3 \quad CH_2$$
$$\big| \qquad \big|$$
$$CH \quad CH_2$$
$$\diagdown C \diagup$$
$$\big|$$
$$CH_3$$

Hierher gehört auch die scheinbare Ausnahme der oben gegebenen Regel, daß Kohlenwasserstoffe mit nur einer Doppelbindung nicht reduzierbar sein sollen: Kohlenwasserstoffe vom Styroltypus sind nämlich reduzierbar. Dies ist nach Semmler dahin zu erklären, daß in derartigen Körpern kein Benzolring, sondern ein Chinonring anzunehmen ist. Folgendes Beispiel illustriert diesen Gedankengang.

$$CH = CH_2 \qquad CH — CH_3 \qquad CH — CH_3 \qquad CH_2 — CH_3$$

Styrol $\qquad\qquad\qquad\qquad\qquad$ H H $\qquad$ Äthylbenzol

Danach wäre also auch hier ein Paar konjugierter Doppelbindungen vorhanden.[7])

---

[1]) Holt, B. **24**, 412 (1891); **25**, 963 (1892). — Kunz-Krause und Schelle, Arch. **242**, 286 (1904).

[2]) Goldschmiedt, Jb. **1876**, 579.

[3]) Linnemann, B. **7**, 866 (1874). — Rügheimer, Ann. **172**, 123 (1874). — Jb. **1881**, 516 usw. — Perkin, B. **15**, 2811 (1882).

[4]) Speranski, C. **2**, 181 (1899).

[5]) C. r. **144**, 880 (1907). — Siehe S. 956.

[6]) B. **34**, 3126 (1901).

[7]) B. **36**, 1033 (1903). — Siehe hierzu Klages, B. **36**, 3585 (1903).

Saure Reduktionsmittel, von denen am energischsten Jodwasserstoffsäure, namentlich bei Gegenwart von Phosphor wirkt, führen
vollständige Reduktion herbei, die schließlich bei Ringgebilden zur
Sprengung der Kerne und Bildung von Methanen führen kann. Doch
sind derartige Reduktionen in saurer Lösung im allgemeinen zur
Konstitutionsbestimmung nicht verwendbar, da Methylwanderungen
und Kernverschiebung, z. B. Verwandlung von Sechsringen in Fünf-
ringe, häufig beobachtet werden. Siehe S. 427 und 440.

Säuren mit zwei konjugierten Doppelbindungen[1])

$$C = C - C = C - COOH$$

addieren bei der Reduktion mit Natriumamalgam ebenfalls zwei
Wasserstoff-Atome in die Stellungen 1 und 4 unter Bildung einer nicht
direkt weiter reduzierbaren $\beta\gamma$-ungesättigten Säure (siehe S. 941).

Reduktionen mittels Wasserstoffs unter Verwendung
eines Katalysators.

Nachdem schon Debus im Jahre 1863 Blausäure mit Platin als
Überträger durch Wasserstoff in Methylamin übergeführt hatte,[2])
haben Sabatier und Senderens die Wirkungsweise des Nickels,
Kupfers und Platins als Wasserstoffüberträger erprobt.[3])

Nach dem Patente von Leprince und Siveke[4]) wird die Hydrierung ungesättigter Fettsäuren mit Hilfe fein verteilter Metalle
auch durch Einleiten von Wasserstoff in das erhitzte Gemisch
der Substanz und des Katalysators bewirkt.

Fokin fand dann,[5]) daß man bei Verwendung von Platin und
Palladium die Reduktion schon bei gewöhnlicher Temperatur ausführen kann. So erhielt er durch Einleiten von Wasserstoff in
eine ätherische Ölsäurelösung bei Gegenwart von Platinschwarz nach
$^{1}/_{2}$ Stunde 24 Proz., nach 5 Stunden 90 Proz. Stearinsäure.

Auf der gleichen Reaktion dürfte die elektrolytische Reduktion
von ungesättigten Fettsäuren und deren Estern an platinierten Platin-
kathoden beruhen.[6])

Willstätter und Mayer[7]) haben nun vor kurzem die Reduktionsmethode mittels Platin und Wasserstoff bei gewöhnlicher
Temperatur zu einer allgemein verwertbaren ausgestaltet. Nicht nur
die Reduktion von ungesättigten Säuren, Estern, Alkoholen und
Kohlenwasserstoffen (Terpenen), sondern auch sogar die Perhydrierung
von Benzolderivaten gelingt nach diesem Verfahren.

[1]) Thiele, Ann. **306**, 101 (1899). — Semmler, B. **34**, 3126 (1901);
35, 2048 (1902). — Bouveault u. Blanc, Bull. (3), **31**, 1206 (1904). —
Courtot, Thiele u. Iehl, B. **35**, 2320 (1902). — Bull. (3), **35**, 121 (1906).
[2]) Ann. **128**, 200 (1863).
[3]) Ann. Chim. Phys. (8), **4**, 344, 355, 367, 415 (1905). — Siehe unter „Methode von Bedford" S. 956.
[4]) D. R. P. 141029 (1903). — Boehringer, D. R. P. 189322 (1907).
[5]) Russ. **38**, 419 (1906); **39**, 607 (1907).
[6]) D. R. P. 187788 (1907).
[7]) B. **41**, 1475, 2200 (1908). — Siehe auch Fokin, Ch. Ztg. **32**, 922 (1908).

Das erforderliche Platinschwarz wird nach O. Löw[1]) dargestellt.

50 g Platinchlorid werden in wenig Wasser zu 50—60 ccm gelöst, dann mit 70 ccm 40—50proz. Formaldehyd gemischt und allmählich und unter guter Kühlung 50 g 50proz. Ätznatron zugefügt. Nach 12 Stunden wird abgesaugt und gewaschen, bis schwarzes kolloidales Platin durchzugehen beginnt. Das fein verteilte Platin auf dem Filter beginnt nun bald lebhaft Sauerstoff zu adsorbieren, die Temperatur steigt bis gegen 40°, und unter knisterndem Geräusch geht der feine Schlamm in eine lockere, poröse Masse über, die nach mehrstündigem Stehen bis zum Verschwinden der Chlorreaktion gewaschen, abgepreßt und über Schwefelsäure getrocknet wird. —

Beim Einleiten von Wasserstoff in die mit diesem Platinschwarz versetzte ätherische Lösung der zu reduzierenden Substanz geht oft etwas Platin als Organosol[2]) in den Äther; um es zu beseitigen, schüttelt man mit Natriumsulfat oder dampft die Lösung wiederholt ab.

Beispiel:[3])

Hydrierung von Cholesterin zu Cholestanol.

In die ätherische Cholesterinlösung wird ein Drittel des Gewichtes der Substanz an Platinschwarz gegeben und Wasserstoff in langsamem Strome eingeleitet; nach zwei Tagen erwies sich eine Probe als gesättigt. Der Äther hinterließ beim Abdampfen das Reduktionsprodukt beinahe rein.

Reduktion nach Ipatjew (mit Wasserstoff und Katalysatoren unter Druck bei hoher Temperatur) B. 40, 1281 (1907). — J, pr. (2), 77, 513 (1908).

Reduktion ungesättigter Ketone: Wallach, Ann. 275, 171 (1893); 279, 379 (1894). — Harries, Ann. 296, 295 (1897). — B. 29, 380 (1896); 32, 1315 (1899). — Ann. 330, 212 (1904). — Thiele, Ann. 306, 99 (1899). — Semmler, B. 34, 3125 (1901); 35, 2048 (1902). — Darzens, C. r. 140, 152 (1905). — Skita, B. 41, 2938 (1908).

Von ungesättigten Aldehyden: Lieben u. Zeisel, M. 1, 825 (1880); 4, 22 (1883). — Vgl. Suppl. 3, 257 (1864). — B. 15, 2808 (1882). — Charon, Ann. ch. (7), 17, 215 (1899). — Harries u. Haga, Ann. 330, 226 (1904) (Aluminiumamalgam).

Von ungesättigten Phenolen: Klages, B. 37, 3987 (1904).

Von ungesättigten Säureestern und Kohlenwasserstoffen mit Aluminiumamalgam: Harries, B. 29, 380 (1896). — Henle, Ann. 348, 16 (1906). — Thiele, Ann. 347, 249, 290 (1906); 348, 1 (1906). — Staudinger, B. 41, 1495 (1908).

---

[1]) B. 23, 289 (1890).
[2]) Übrigens gelingt die Reduktion von Äthylenbindungen auch mittels kolloidalen Palladiums oder Platins. Gerum, Diss. Erlangen 1908. — Paal und Gerum, B. 41, 2273 (1908). — Paal und Roth, B. 41, 2282 (1908).
[3]) Willstätter und Mayer, B. 41, 2200 (1908).

5. Addition von anderen Substanzen.

Die Doppelbindung ungesättigter Säuren usw. ist ferner imstande, unter Umständen die verschiedenartigsten Substanzen zu addieren.

So erhält man bei der Verseifung des Methylenmalonsäureesters mit Kalilauge die Additionsverbindung der entsprechenden Säure mit Wasser[1]) und ebenso findet bei der Verseifung des Benzalmalonsäureesters mit methylalkoholischem Kali Wasseranlagerung statt,[2]) während in anderen Fällen bei der Verseifung mit alkoholischem Kali Alkohol addiert wird.[3])

Kohlenwasserstoffe, welche eine tertiär-sekundäre oder tertiär-primäre Doppelbindung besitzen, addieren leicht, namentlich unter dem katalysierenden Einflusse von anorganischen Säuren (Bertram) oder von Chlorzink (Kondakow[4]) die Elemente organischer Säuren, etwa nach dem Schema:

$$C_{10}H_{16} \; (Camphen) \; + H_2SO_4 = C_{10}H_{17} . SO_4H$$
$$C_{10}H_{17}SO_4H + CH_3COOH = C_{10}H_{17} . OOCCH_3 + H_2SO_4.$$

Dabei entstehen also Ester, die verseift werden können, so daß also indirekt Wasser angelagert wird.

Verfahren von Bertram, J. pr. (2), **45**, 1 (1892).

Additionen von Alkohol finden nur bei solchen Verbindungen statt, welche zwei konjugierte Doppelbindungen besitzen, nämlich eine Äthylenbindung und eine Carbonyl-[5]) oder tertiäre Nitro- oder Isonitrogruppe.

Eine hierher gehörige Substanz, das Cyanallyl[6]) enthält an Stelle des ungesättigten Sauerstoffes dreifach gebundenen Stickstoff.

Der RO-Rest des Alkohols nimmt in allen Fällen die β-Stellung zum sauerstoffhaltigen Substituenten ein.

Auch spielen sterische Behinderungen bei der Additionsfähigkeit für Alkohol eine Rolle.

So addiert der Acrylsäureester und seine beiden strukturisomeren Monomethylderivate und ebenso Fumarsäureester und Maleinsäureester Alkohol, dagegen nicht mehr das Dimethylderivat (Angelicasäure) ebensowenig das Phenylderivat (Zimtsäure).

---

[1]) Zelinsky, B. **22**, 3294 (1889).
[2]) Blank, B. **28**, 145 (1895).
[3]) Purdie, B. **14**, 2238 (1881); **18**, R. 536 (1885). — Claisen u. Crismer, Ann. **218**, 141 (1883). — Zelinsky, B. **22**, 3295 (1889). — Purdie und Marshall, B. **24**, R. 855 (1891).
[4]) J. pr. (2), **49**, 1 (1894). — D. R. P. 67255 (1893). — Transier, Diss., Heidelberg 1907.
[5]) Newbury und Chamot, Am. **12**, 523 (1890). — Claisen, B. **31**, 1014 (1898).
[6]) Pinner, B. **12**, 2053 (1879).

Allylessigsäure, welche die Doppelbildungen nicht in Nachbar-stellung enthält, addiert auch keinen Alkohol.[1])

Eine stärkere Tendenz, das Wasserstoffatom des Alkohols anzu-lagern, als dies bei der Carbonylgruppe der Fall ist, besitzt die ter-tiäre Nitrogruppe, denn α-Nitro-p-Nitrozimtsäureester[2]) und α-Nitro-m-Nitrozimtsäureester addieren glatt.[3])

Addition von Alkohol unter dem Einflusse von Mineralsäuren: Reychler, Bull. Soc. Chim. Belgique **21**, 71 (1907).

Körper mit einer reaktionsfähigen $>CH_2$-Gruppe lassen sich nach dem Schema:

$$CH : CH . + CH_2 \underset{\diagdown CH_2 .}{\overset{\diagup CH<}{\Big\langle}} = CH$$

an ungesättigte Säureester anlagern.[4])

Liebermann hat dann weiter gezeigt,[5]) daß die ungesättigten Malonsäureester der allgemeinen Formel $>C : C(COOH)_2$ in ätherischer Lösung glatt ein Molekül Natriumäthylat addieren.

Addition von Pikrinsäure: Lextreit, C. r. **102**, 555 (1886). — Tilden und Forster, Soc. **63**, 1388 (1893). —

Äthylidenmalonsäureester vereinigt sich bei Siedehitze mit einem Molekül Malonsäureester.[6])

Allgemeines über das Verhalten ungesättigter Verbindungen gegen Malonsäureester: Herrmann und Vorländer, Abhdl. Naturf. Ges. Halle **21**, 251 (1899). — Vorländer, Ann. **293**, 298 (1906). — Merwein, Ann. **360**, 323 (1908).

Eben so glatt gelingt die Addition von Anilin[7]) und Phenyl-hydrazin an Benzalmalonsäureester, Maleinsäure[8]) und Fumar-säure.[9])

Aus Crotonsäure[10]), Zimtsäure[11]) und Isocrotonsäure[11]) können

---

[1]) Purdie, Soc. **47**, 855 (1885). — Newbury und Chamot, Am. **12**, 521 (1890). — Purdie und Marshall, Soc. **59**, 468 (1891). — Flürscheim, J. pr. (2), **66**, 16 (1902).

[2]) Friedländer und Mähly, Ann. **229**, 210 (1885).

[3]) Friedländer und Lazarus, Ann. **229**, 233 (1885).

[4]) Komnenos, Ann. **218**, 161 (1883). — Claisen, J. pr. (2), **35**, 413 (1887). — Michael, J. pr. (2), **35**, 349 (1887). — Auwers, B. **24**, 307 (1891). — Bredt, B. **24**, 603 (1891). — Knoevenagel und Weißgerber, B. **26**, 436 (1893). — Vorländer, B. **27**, 2053 (1894). — Walther und Schickler, J. pr. (2), **55**, 347 (1897). — Henze, B. **33**, 966 (1900). — Erlenmeyer, B. **33**, 2006 (1900).

[5]) B. **26**, 1877 (1893).

[6]) Komnenos, Ann. **218**, 159 (1883).

[7]) Siehe auch Autenrieth u. Pretzell, B. **36**, 1262 (1903). — Auten-rieth, B. **38**, 240 (1905). — Blaise und Luttringer, Bull. (3), **33**, 770, 776 (1905).

[8]) Anschütz, Ann. **239**, 150 (1887).

[9]) Duden, B. **26**, 121 (1893).

[10]) Knorr und Duden, B. **25**, 75 (1892).

[11]) Knorr und Duden, B. **26**, 103, 108 (1893).

durch Kondensation mit **Phenylhydrazin** Pyrazolderivate erhalten werden.

Addition von **Mercaptanen** an ungesättigte Verbindungen: **Posner** u. **Tscharno**, B. **38**, 646 (1905). — **Posner**, B. **40**, 4788 (1907). — **Baumgarth**, Diss., Greifswald 1907.

Addition von **Blausäure**: **Knoevenagel**, B. **37**, 4065 (1904).

Hydroxylamin[1]) wird an $\alpha\beta$-ungesättigte Säuren derart addiert, daß der Wasserstoff an das α-, der Rest NHOH an das β-Kohlenstoffatom geht.[2]) Über die Einwirkung auf Zimtsäurester siehe **Posner**, B. **40**, 218 (1907).

Über die Addition von **Hydroxylamin** an ungesättigte Säuren und ungesättigte Carbonylverbindungen überhaupt siehe auch **Semmler**, Ätherische Öle **1**, 110 (1905).

Bei allen derartigen Reaktionen tritt der **Wasserstoff** an das α-Kohlenstoffatom, während der übrige Rest an das β-Kohlenstoffatom wandert. Siehe **Reinicke**, Inaug.-Diss., Halle a. S. 1902.

Addition von **Stickstoffoxyden** an ungesättigte Verbindungen: **Wallach**, Ann. **241**, 288 (1887); **248**, 161 (1888); **332**, 305 (1904). — **Schmidt**, B. **33**, 3241, 3251 (1900); **34**, 619, 623, 3536 (1901); **35**, 2323 (1902); **36**, 1765, 1775 (1903). — **Hantzsch**, B. **35**, 2978 4120, (1902). — **Ssidorenko**, Russ. **38**, 955 (1906). — **Demjanow**, B. **40**, 245 (1907). — **Wieland** und **Stenzl**, Ann. **360**, 299 (1908).

Addition von **unterchloriger Säure**: **Henry**, Rec. **26**, 127 (1907).

Addition von **Bisulfit**: **Kohler**, Am. **31**, 243 (1904). — **Knoevenagel**, B. **37**, 4038 (1904).

e) Umlagerungen der ungesättigten Verbindungen.

$\beta\gamma$-**ungesättigte** Säuren lagern sich beim andauernden (10 bis 20stündigen) Kochen mit 10—15proz. wässeriger oder alkoholischer Lauge unter Verschiebung der Doppelbindung in $\alpha\beta$-ungesättigte Säuren um.[3])

Dieser Prozeß ist indessen umkehrbar, so daß nie mehr als 80 Proz. $\alpha\beta$-ungesättigte Säure gebildet wird.[4]) Als Nebenprodukt entstehen β-Oxysäuren.

---

[1]) Siehe S. 642.
[2]) **Posner**, B. **36**, 4305 (1903); **38**, 2316 (1905); **39**, 3515 (1906). — **Harries** und **Haarmann**, B. **37**, 252 (1904). — **Posner** und **Oppermann**, B. **39**, 3705 (1906).
[3]) **Baeyer**, Ann. **251**, 268 (1889). — **Rupe**, Ann. **256**, 22 (1889). — **Ruhemann** und **Dufton**, Soc. **57**, 373 (1890); **59**, 750 (1891). — **Fittig**, B. **24**, 82 (1891); **26**, 40, 2079 (1893); **27**, 2658 (1894). — Ann. **283**, 47, 269 (1894); **299**, 10 (1898). — **Aschan**, B. **24**, 2617 (1891). — Ann. **271**, 231 (1892). — **Einhorn** und **Willstätter**, B. **27**, 2827 (1894). — Ann. **280**, 111 (1894). — **Buchner** und **Lingg**, B. **31**, 2249 (1898). — **Buchner**, B. **31**, 2242 (1898). — **Hans Meyer**, M. **23**, 24 (1902).
[4]) **Fittig**, B. **24**, 82 (1891); **26**, 40 (1893); **27**, 267 (1894). — Ann. **283**, 51, 279 (1894).

Auch beim Erhitzen mit Chinolin werden die $\alpha\beta$-ungesättigten
Säuren zum Teile in $\beta\gamma$-ungesättigte Säuren umgewandelt.[1])

Dagegen ist Kalilauge auf Säuren, deren Doppelbindung noch
weiter vom Carboxyl entfernt ist, selbst bei 180° ohne Einwirkung.[2])

Die Spaltung ungesättigter Säuren durch die Kalischmelze
ist natürlich nicht zu Konstitutionsbestimmungen verwertbar.[3])

Ähnlich werden Propenylgruppen durch Kochen der Substanz
mit Alkalien[4]) oder trockenem Natriumäthylat,[5]) resp. durch Kochen
über metallischem Natrium in Allylverbindungen umgewandelt.

Theorie der Umlagerung von $\beta\gamma$-ungesättigten Säuren in $\alpha\beta$-ungesättigte Säuren: Thiele, Ann. **306**, 119 (1899). — Knoevenagel, Ann. **311**, 219 (1900). — Erlenmeyer jun., Ann. **316**, 79
(1901).

Ungesättigte labile Säuren (Maleinsäure, Angelicasäure, Isocrotonsäure) werden durch Spuren von Brom im Sonnenlichte
sehr schnell in die beständigen Isomeren umgelagert. Fittig, B. **26**,
46 (1893). — Wislicenus, Kgl. sächs. Ges. d. Wiss. **1895**, 489. —
C. 1897 (2), 259.

Von Jod und gelbem Phosphor werden $\alpha\beta$-ungesättigte Säuren
nicht verändert, $\beta\gamma$- und $\gamma\delta$-ungesättigte Säuren addieren JOH und
bilden Jodlactone,[6]) ebenso bei Einwirkung von Jod auf die in einer
wässerigen gesättigten Natriumcarbonatlösung gelösten Säuren.
Ist Natriumcarbonat in sehr großem Überschusse vorhanden, so verläuft die Reaktion anders: es entsteht dann z. B. aus Phenylisocrotonsäure quantitativ Benzoylacrylsäure.[7])

$\alpha\beta$-ungesättigte Säuren addieren (im Dunkeln) Brom viel langsamer als die anderen, die in wenig Minuten fast quantitativ reagieren.[8])

Bei 5 Minuten langem Kochen mit 5 Teilen verdünnter
Schwefelsäure (1 : 1, D = 1.84) gehen die $\beta\gamma$-Säuren in isomere
γ-Lactone über, die $\alpha\beta$-Säuren dagegen nicht. Letztere sind durch
Soda aus der ätherischen Lösung extrahierbar, während die Lactone
gelöst bleiben (Fittig).[9])

---

[1]) Rupe, Ronus und Lotz, B. **35**, 4265 (1902). — Siehe auch S. 949.
[2]) Holt, B. **24**, 4124 (1891). — Fittig, Ann. **283**, 80 (1893).
[3]) Siehe hierzu S. 421.
[4]) Ciamician und Silber, B. **21**, 1621 (1888); B. **23**, 1160 (1890). —
Ginsberg, B. **21**, 1192 (1888). — Eijkman, B. **23**, 859 (1890). — Tiemann,
B, **24**, 2871 (1891). — Einhorn und Frey, B. **27**, 2455 (1894). — Thoms,
B. **36**, 3447 (1903); Arch. **242**, 334 (1904). — Semmler, B. **41**, 2184 (1908).
[5]) Angeli, Gazz. **23** (2), 101 (1893).
[6]) Bougault, C. r. **139**, 864 (1905). — Ann. Chim. Phys. (8) **14**, 145
(1908).
[7]) Bougault, Ch. Ztg. **32**, 258 (1908).
[8]) Sudborough und Thomas, Proc. **23**, 147 (1907).
[9]) B. **27**, 2667 (1894). — Ann. **283**, 51 (1894).

Fichter[1]) hat gemeinsam mit Giesiger und Kiefer fest-
gestellt, daß die von Fittig zur Trennung von $\alpha\beta$- und $\beta\gamma$-un-
gesättigten Säuren angewandte heiße verdünnte Schwefelsäure in einzelnen Fällen die $\alpha\beta$-ungesättigten Säuren umlagert. Die von Fittig
und seinen Mitarbeitern untersuchten Säuren mit gerader Kette verändern sich nicht unter diesen Umständen, wohl aber die am
β-Kohlenstoffatom alkylierten Acrylsäuren, indem sie eine Verschiebung
der doppelten Bindung nach rückwärts erleiden. Es entstehen erst
$\beta\gamma$-ungesättigte Säuren, und diese werden dann durch die heiße
Schwefelsäure in γ-Lactone umgewandelt. So wurden die β-Methyl-
β-äthylacrylsäure und die β-Diäthylacrylsäure speziell untersucht; die
hier eintretenden Umlagerungen sind folgende:

$$
\left\{
\begin{array}{l}
\begin{array}{l}
CH_3 \\
 {\searrow} C = CH - COOH \\
CH_3 - CH_2 {\diagup} \\
 CH_3 \\
 {\diagup} C - CH_2 - COOH \\
CH_3 - CH {\diagup} \\
 CH_3 \\
 | \\
CH_3 - CH - CH - CH_2 \\
 | | \\
 O \text{------} CO
\end{array}
\end{array}
\right.
$$

$$
\left\{
\begin{array}{l}
CH_3 - CH_2 \\
 {\searrow} C = CH - COOH \\
CH_3 - CH_2 {\diagup} \\
CH_3 - CH_2 \\
 {\diagup} C - CH_2 - COOH \\
CH_3 - CH \\
CH_3 - CH - CH_2 - CH_2 \\
 | | \\
 O \text{------} CO
\end{array}
\right.
$$

Rupe beobachtete bei gewissen geradkettigen $\alpha\beta$-ungesättigten
Säuren auch beim Kochen mit Pyridin oder Chinolin eine Verschiebung der doppelten Bindung; jene Säuren sind aber gegenüber heißer
Schwefelsäure beständig. Die β-alkylierten Acrylsäuren repräsentieren eine Klasse von $\alpha\beta$-ungesättigten Säuren, die gegen Pyridin
oder Chinolin beständig sind, sich aber mit heißer Schwefelsäure
in γ-Lactone umsetzen.

Nach Blaise und Luttringer[2]) bewirkt 80—100proz. Schwefelsäure beim längeren Erhitzen auch bei den α-Alkylacrylsäuren unter
Umständen diese Wanderung der Doppelbindung.

Im Gegensatze zu den übrigen $\Delta\beta\gamma$-Säuren gehen Säuren vom
Typus der Vinylessigsäure, z. B. $CH_2 : CR . C(CH_3)_2COOH$ — bei denen
sich also die Doppelbindung am Ende der Kette befindet, unter
Wasseranlagerung in β-Oxysäuren über, welche dann weiter im Sinne
der Gleichung:

$$CH_3 . CROH . C(CH_3)_2 . COOH = CH_3 . CR : C(CH_3)_2 + CO_2 + H_2O$$

zerfallen.

---

[1]) Ch. Ztg. **31**, 802 (1907).
[2]) C. r. **140**, 148 (1905). — Bull. (3), **33**, 816 (1905). — Kondakow,
B. **24**, R. 668 (1891).

Die Vinylessigsäure selbst geht in Crotonsäure über:[1])

$$CH_2 : CH . CH_2COOH = CH_3 . CH : CH . COOH$$

Die $\alpha\beta$-Säuren schmelzen höher und sieden um 8° höher als die isomeren $\beta\gamma$-Säuren.

Zur Unterscheidung von Propenylgruppe ($-CH : CH . CH_3$) und Allylgruppe ($-CH : CH_2$) in aromatischen Verbindungen dienen folgende Reaktionen.

1. Das S. 948 erwähnte Verhalten gegen Alkalien,

2. Die Tatsache, daß nur die Propenylderivate sich mit Pikrinsäure verbinden,[2])

3. Die leichte Verharzung der Allylderivate beim Kochen mit konz. Ameisensäure.[3])

4. Das Verhalten bei der Reduktion: Siehe S. 941, Anm. 2.

2. Quantitative Bestimmung der doppelten Bindung.

Bei der quantitativen Bestimmung der Additionsfähigkeit ungesättigter Körper wird man auf den Charakter der Substanz Rücksicht nehmen.

Befinden sich in der Nähe der Doppelbindung positive Reste, so wird man negative Addenden (Brom, Chlorjod) anlagern; im entgegengesetzten Falle studiert man das Verhalten der Substanz gegen nascierenden Wasserstoff.

a) Addition von Brom an Doppelbindungen.[4])

Von den zahlreichen für diesen Zweck vorgeschlagenen Methoden erscheint diejenige von Parker Mc Ilhiney[5]) als die ver-

---

[1]) Fichter und Sonneborn, B. **35**, 940 (1902). — Blaise u. Courtot, Bull. (3), **35**, 580 (1906).

[2]) Bruni und Tornani, Atti. Linc. (5) **13**, 2, 184 (1904). — Rimini, Gazz, **34** (2), 281 (1904). — Thoms, B. **41**, 2760 (1908).

[3]) Semmler, B. **41**, 2185 (1908). — Weitere Methoden zur Unterscheidung dieser Atomgruppen siehe: Eijkman, B. **23**, 862 (1890). — Balbiano und Paolini, Rend. Linc. **11** (2), 65 (1902); **12** (2), 285 (1903). — Angeli und Rimini, Gazz. **23** (2), 124 (1893). — **25**, (2) 188 (1895). — Rimini, Gazz. **34**, (2) 283 (1904). — Balbiano und Paolini, B. **35**, 2994 (1902). — **36**, 3575 (1903). — Vorländer, Ann. **341**, 1 (1905). — Kobert, Z. anal. **47**, 711 (1908).

[4]) Allen, Analyst **6**, 177 (1881). — Commerc. org. Analysis, Second. edit. **2**, 383. — Mills und Snodgrass, Soc. chem. Ind. **2**, 436 (1883). — Mills u. Akitt, Soc. chem. Ind. **3**, 65 (1884). — Levallois, C. r. **99**, 977 (1884). — Levallois, Journ. Pharm. Chim. **1**, 334 (1887). — Halphen, Journ. Pharm. Chim. **20**, 247 (1889). — Schlagdenhaufen und Braun, Monit. scient. **1891**, 591. — Obermüller, Z. physiol. **16**, 143 (1892). — Parker Mc Ilhiney, Am. Soc. **16**, 275 (1894). — Klimont, Ch. Ztg. **18**, 641, 672 (1894). — Ch. Rev. **2**, 2 (1894). — Hehner, Ch. Ztg. **19**, 254 (1895). — Analyst **20**, 40 (1895). — Z. ang. **8**, 300 (1895). — Haselhoff, Ztschr. Unters. Nahr. Gen. **1897**, 235. — Evers, Pharm. Ztg. **43**, 578 (1898). — Schreiber und Zelsche, Ch. Ztg. **23**, 686 (1899). — Weger, Ch. Ind. **28**, 24 (1905). — Petroleum **2**, 101 (1906). — Moßler, Ztschr. Öst. Apoth.-Ver. **45**, 267, 283 (1907).

[5]) Am. Soc. **21**, 1087 (1899). — Fred Bedford, Diss., Halle 1906, S. 24.

wertbarste, da sie gestattet, neben dem addierten auch das gleichzeitig substituierte, bzw. das als Bromwasserstoff wieder abgespaltene
Brom zu bestimmen. Es werden folgende Lösungen verwendet:

$n/_3$-Brom in Tetrachlorkohlenstofflösung.

$n/_{10}$-Thiosulfatlösung.

2 proz. Kaliumjodatlösung.

10 proz. Jodkaliumlösung.

0.25—1 g Substanz werden in einer 500 ccm fassenden Flasche
mit gut eingeriebenem Glasstopfen in 10 ccm Tetrachlorkohlenstoff
gelöst oder suspendiert, überschüssige Bromlösung (20 ccm) zugefügt,
die Flasche verschlossen und ins Dunkel gestellt. Nach 18 Stunden
wird die Flasche in eine Kältemischung gebracht, um ein partielles
Vakuum zu erzeugen. In den Stopfen
ist ein Geißlerscher Hahn mit einem
Ansatzrohr eingeschmolzen, welch letzteres man in Wasser tauchen läßt.
Öffnet man nun den Hahn, so wird
Wasser in die Flasche eingesaugt,
welches die Bromwasserstoffsäure löst.[1]
Man saugt etwa 25 ccm Wasser ein,
verschließt den Hahn und schüttelt
gut um.

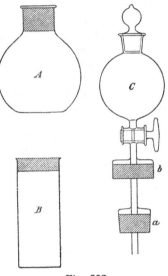

Fig. 232.

Nun werden 20—30 ccm Jod-
kaliumlösung zugefügt und das in
Freiheit gesetzte Jod nach Zusatz
weiterer 75 ccm Wasser mit Thiosulfatlösung und Stärke titriert. Der gesamte Bromverbrauch entspricht dann
der Differenz zwischen der dem Jod
äquivalenten Menge Brom und der in
der ursprünglich zugefügten Bromlösung enthaltenen, welche durch eine
blinde Probe gleichzeitig bestimmt wird.

Nach Beendigung der Titration setzt man 5 ccm Kaliumjodatlösung zu, wodurch eine der bei der Reaktion entstandenen Bromwasserstoffsäure äquivalente Menge Jod in Freiheit gesetzt wird.

Man titriert diese Jodmenge und findet so die Menge an Brom,
welche substituiert hat.

Alle benutzten Reagenzien müssen neutral reagieren.

Crossley und Renouf[2] empfehlen den nachfolgend beschriebenen
Apparat (Fig. 232).

In den Kolben A wird die genau gewogene Substanz (1—1.5 g)
in ca. 30 ccm trockenem Chloroform oder einem anderen passenden

---

[1] Dieses Verfahren, welches ein etwas unbequemeres Vorgehen nach
Ilhiney ersetzt, ist recht praktisch.

[2] Soc. **93**, 648 (1908).

Lösungsmittel gelöst, und der Kolben mit einem gewöhnlichen Korke verschlossen.

Der Scheidetrichter C wird mittels des angeschmolzenen eingeschliffenen Stopfens b an B gesteckt, und ca. 25—30 g trockenes Chloroform und 3—4 g Brom genau hineingewogen.

Dann wird B gegen A, das mittels a angesetzt wird, ausgetauscht, die Bromabsorption durchgeführt, dann wieder A gegen B ausgetauscht und die unverbrauchte Bromlösung zurückgewogen.

b) Addition von Chlorjod (Bromjod).

Von Hübl[1]) hat die Fähigkeit einer alkoholischen Jodlösung, bei Gegenwart von Quecksilberchlorid schon bei gewöhnlicher Temperatur mit den ungesättigten Fettsäuren und deren Glyceriden unter Bildung von Chlorjodadditionsprodukten zu reagieren — wobei gleichzeitig anwesende gesättigte Säuren vollkommen unverändert bleiben — dazu benutzt, die Anzahl der Doppelbindungen in Fettsäuren zu ermitteln.

Die absorbierte Jodmenge wird in Prozenten der angewandten Fettmenge angegeben, diese Zahl wird als Jodzahl bezeichnet.

Diese „quantitative Reaktion" bietet in der Analyse der Fette, Wachsarten, Harze und ätherische Öle, sowie des Kautschuks usw. ein wertvolles analytisches Hilfsmittel. Sie kann sich gelegentlich auch für wissenschaftliche Zwecke verwendbar erweisen.

Reagenzien. 1. Die Jodlösung. Es werden einerseits 25 g Jod, andererseits 30 g Quecksilberchlorid in je 500 ccm 95proz. fuselfreien Alkohols gelöst, letztere Lösung, wenn nötig, filtriert und diese beiden Lösungen wohl verschlossen getrennt aufgehoben. 24 Stunden vor Beginn des Versuches werden gleiche Teile der Lösungen vermischt.

2. Natriumhyposulfitlösung. Sie enthält im Liter ca. 24 g des Salzes. Ihr Titer wird nach Volhard in folgender Weise auf

---

[1]) Dingl. 253, 281 (1884). — Morawski u. Demski, Dingl. 258, 51 (1885). — Benedikt, Z. f. chem. Ind. 1887, Heft 8. — Lewkowitsch, B. 25, 66 (1892). — Welmans, Pharm. Ztg. 38, 219 (1893). — Ephraim, Z. ang. 1895, 254. — Wijs, Z. ang. 1898, 291. — Ztschr. Unters. Nahr. Gen. 5, 497 (1902). — B. 31, 750 (1898). — Ch. R. 1898, 137; 1899, 5. — Henriques u. Künne, B. 32, 387 (1899). — Fulda, M. 20, 711 (1899). — Kitt, Die Jodzahl, Jul. Springer, Berlin 1901. — Ch. Rev. 10, 98 (1903). — Hanuš, Ztschr. Unters. Nahr. Gen. 4, 913 (1901) (mit Bromjod). — Gomberg, B. 35, 1840 (1902). — Tolman und Munson, Am. Soc. 25, 244, 954 (1903). — Sanglé-Ferrière und Cuniasse, Journ. Pharm. Chim. (6), 17, 169 (1903). — Teychené, Journ. Pharm. Chim. (6), 17, 371 (1903). — Millian, Seifens.-Ztg. 31, 77 (1904). — Archbutt, Ch. Ind. 23, 306 (1904). — Panchaud, Schweizer Wochenschr. f. Pharm. Nr. 9, 42,113 (1904). — Hudson-Cox u. Simmons, Analyst 29, 175 (1904). — Harvey, Ch. Ind. 23, 306 (1904). — Ingle, Ch. Ind. 23, 422 (1904). — Semmler, Die ätherischen Öle 1, 98 (1905). — Van Leent, Z. anal. 43, 661 (1905). — Deiter, Apoth.-Ztg. 20, 409 (1905). — Graefe, Petroleum 1, 631 (1906). — Popow, Russ. 38, 1114 (1907). — Mascarelli und Blasi, Gazz. 37, I, 113 (1907). — Richter, Z. ang. 20, 1610 (1907). — Benedikt-Ulzer, Analyse der Fette, 5. Aufl., Julius Springer, 1908, S. 145.

Jod gestellt: Man löst 3.8740 g Kaliumbichromat in 1 Liter Wasser auf und läßt davon 20 ccm in eine Stöpselflasche fließen, in welche man vorher 10 ccm 10 proz. Jodkaliumlösung und 5 ccm Salzsäure gebracht hat. Jeder Kubikzentimeter der Bichromatlösung macht dann genau 0.01 g Jod frei. Man läßt nun von der zu titrierenden Hyposulfitlösung aus einer Bürette so viel zufließen, daß die Flüssigkeit nur noch schwach gelb gefärbt erscheint, setzt etwas Stärkekleister hinzu und läßt unter jeweiligem kräftigem Umschütteln vorsichtig noch so lange Hyposulfitlösung zutropfen, bis der letzte Tropfen die Blaufärbung der Flüssigkeit eben zum Verschwinden bringt.

3. Chloroform, das durch eine blinde Probe auf Reinheit zu prüfen ist.

4. Jodkaliumlösung. Sie enthält 1 Teil des Salzes in 10 Teilen Wasser.

5. Stärkelösung, frisch bereitet.

Ausführung der Bestimmung. Man bringt die Substanz — 0.5—1 g — in eine 500—800 ccm fassende, gut schließende Stöpselflasche, löst in ca. 10 ccm Chloroform und läßt mittels der in die Vorratsflasche eingesetzten Pipette 25 ccm Jodlösung zufließen, wobei man die Pipette bei jedem Versuche in genau gleicher Weise entleert, d. h. stets dieselbe Tropfenzahl nachfließen läßt. Sollte die Flüssigkeit nach dem Umschwenken nicht völlig klar sein, so wird noch etwas Chloroform hinzugefügt. Tritt binnen kurzer Zeit fast vollständige Entfärbung der Flüssigkeit ein, so muß man noch 25 ccm der Jodlösung zufließen lassen. Die Jodmenge muß so groß sein, daß die Flüssigkeit nach 2 Stunden noch stark braun gefärbt erscheint.

Man läßt 12 Stunden im Dunkeln bei Zimmertemperatur stehen, versetzt mit mindestens 20 ccm Jodkaliumlösung, schwenkt um und fügt 300—500 ccm Wasser hinzu. Scheidet sich hierbei ein roter Niederschlag von Quecksilberjodid aus, so war die zugesetzte Jodkaliummenge ungenügend. Man kann jedoch diesen Fehler durch nachträglichen Zusatz von Jodkalium korrigieren. Man läßt nun unter oftmaligem Umschwenken so lange Natriumhyposulfitlösung zufließen, bis die wässerige Schicht und die Chloroformlösung nur mehr schwach gefärbt erscheinen. Nun wird etwas Stärkekleister zugesetzt und zu Ende titriert.

Gleichzeitig mit der Ausführung der Bestimmung wird zur Titerstellung der Jodlösung, eine blinde Probe mit 25 ccm derselben vollkommen konform der eigentlichen Bestimmung ausgeführt und die Titerstellung unmittelbar vor oder nach der Bestimmung der Jodzahl vorgenommen.

Die zahlreichen Modifikationen, welche für die Ausführung der Hüblschen Methode vorgeschlagen sind (siehe die Literaturzusammenstellung auf S. 952), haben zu keinen wesentlichen Verbesserungen geführt; die Methode gibt nur dort quantitativ befriedigende Resultate, wo sich (wie bei den Säuren der Fettreihe, dem Cholesterin usw.) stark positive Reste in der Nähe der Doppelbindung befinden; sie ist aber auch in fast allen anderen Fällen wenigstens qualitativ noch sehr wohl zu verwerten.

Am besten hat sich noch die

Modifikation von Wijs

bewährt: 13 g Jod werden in 1 Liter Essigsäure gelöst, filtriert und langsam so viel Chlor eingeleitet, bis der Titer verdoppelt ist, was sich auch am Farbenumschlag erkennen läßt.

Mit dieser Lösung arbeitet man ganz wie mit der Hüblschen, nur ist die Reaktion in sehr viel kürzerer Zeit (meist schon nach einigen Minuten) beendet. — Oftmals empfiehlt es sich, zum Lösen der Substanz an Stelle von Chloroform Tetrachlorkohlenstoff zu nehmen.

Da auch die

Hanussche Methode

in letzterer Zeit viele Anhänger gefunden hat,[1]) sei sie im folgenden nach der Vorschrift der schweizerischen Pharmakopöe mitgeteilt.

6,35 g zerriebenes Jod werden in ein 50 ccm fassendes Erlen-meyerkölbchen gebracht und dazu 4,0 g Brom gewogen. Es wird nun unter beständigem Umschwenken vorsichtig erwärmt, bis die Masse flüssig ist. Dann wird unter fortgesetztem Umschwenken rasch ab-gekühlt und nach vollständigem Erkalten das entstandene Bromjod in Eisessig gelöst. Nun wird die Lösung mit Eisessig auf 500 ccm ergänzt.

Zur Bestimmung der Jodzahl werden die betreffenden Mengen in eine 200 ccm fassende Flasche (mit eingeschliffenem Glasstopfen) eingewogen, die Substanz in 15 ccm Chloroform gelöst, und aus einer Bürette 25 ccm der Bromjodlösung zugegeben. Es wird tüchtig durchgeschüttelt und 15 Minuten stehen gelassen. Nach dieser Zeit gibt man 15 ccm einer 10 proz. Kaliumjodidlösung hinzu und titriert dann unter tüchtigem Schütteln mit $^n/_{10}$-Natriumthiosulfat, bis die wässerige Lösung farblos ist.

Zu gleicher Zeit wird ein blinder Versuch ausgeführt, um den Titer der Jodlösung zu ermitteln. Es werden einfach zu 15 ccm Chloroform 25 ccm der Bromjodlösung zugegeben und nachher auf die gleiche Weise titriert.

Zur Ausrechnung der Jodzahl wird folgende Formel aufgestellt:

25 ccm Br J verbrauchen   T ccm Natriumhyposulfit,

25 ccm Br J + p. g Substanz verbrauchen   t ccm   ,,

p. g Substanz verbrauchen also   (T — t) ccm   ,,

$$1 \text{ ccm } Na_2S_2O_3 = 0{,}0127 \text{ J}$$

$$\text{Jodzahl} = \frac{100 \times (T - t) - 0{,}0127}{p}$$

---

[1]) Sie ist z. B. für die Pharm. helvetica Edit. IV vorgeschrieben. — Siehe auch Haller, Diss., Bern 1907, S. 25.

An Stelle der Zahl 0,0127 ist der jeweilige Titer der Thiosulfatlösung, berechnet auf Jod, zu setzen.

Fumar- und Maleinsäure addieren gar kein Jod[1]), Crotonsäure 8 %[2]), Zimtsäure 33 %[3]), Styracin 43 %, Allylalkohol 85 %[2]).

c) Addition von Wasserstoff.

Um die Menge des Wasserstoffes zu messen, welcher von dem
zu untersuchenden Reduktionsmittel (Zink, Magnesium usw.) entwickelt wird, kann man sich eines von Morse und Keißer[4]) angegebenen Apparates bedienen, den man noch nach Bedarf entsprechend modifizieren wird.

Das von der Flasche A kommende Rohr (Fig. 233) ist bei B
ausgezogen, und unterhalb der Verengung ist ein Stopfen von Glaswolle in dasselbe ein-
geführt. Die übrigen
Teile des Apparates be-
dürfen keiner Beschrei-
bung.

Zuerst wird eine
gewogene Menge des
Reduktionsmittel (Zn,
Al usw.) in die Flasche
gebracht. Dann wird
der Quetschhahn E ge-
öffnet und der ganze
Apparat mit Wasser ge-
füllt. Nun untersucht
man den Apparat, um
sich zu überzeugen, ob

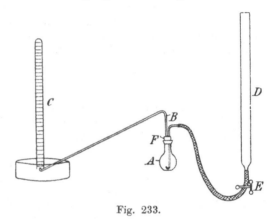

Fig. 233.

unter dem Stopfen F oder in der Glaswolle Gasblasen sitzen. Wenn
dies der Fall ist, so lassen sich dieselben gewöhnlich leicht vertreiben.
Falls sich dieselben nicht in anderer Weise entfernen lassen, so verschwinden sie vollständig, wenn das Wasser in der Flasche einige
Augenblicke zum Sieden erhitzt wird. Dann bringt man das Eudiometer über die Mündung des Gasleitungsrohres und läßt den größeren
Teil des Wassers, der in D zurückbleibt, durch den Apparat fließen.
Schwefelsäure von der im Laboratorium gewöhnlich benutzten Konzentration (1 T. Schwefelsäure auf 4 T. Wasser) wird in das Reservoir
D gegossen, bis es nahezu voll ist. Dann wird der Quetschhahn E geöffnet
und das Wasser, welches den Apparat anfüllt, durch Schwefelsäure ver-
drängt. Die Einwirkung der Säure auf das Metall läßt sich durch
Erwärmen, Zufügen einer Spur Platinchloridlösung usw. befördern.

[1]) Lewkowitsch, Analysis of Oils and Fats. II. Edit., S. 176.
[2]) Gomberg, B. **35**, 1840 (1902).
[3]) Fulda, M. **20**, 711 (1899). Dort auch weitere Angaben.
[4]) Am **6**, 349 (1885). — Über die Wertbestimmung von Zinkstaub siehe
auch S. 921.

Wenn statt Schwefelsäure Salzsäure verwendet wird, so empfiehlt es sich, dem Wasser in der Meßröhre etwas Ätznatron zuzusetzen. Wenn die Reaktion beendigt ist, öffnet man den Quetschhahn E und entfernt den Inhalt der Flasche durch das Gasleitungsrohr.

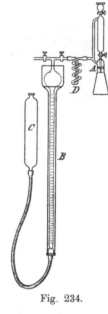

Fig. 234.

Schließlich wird die Meßröhre in einen Zylinder mit Wasser gebracht und das Volum des Gases abgelesen.

Über den Apparat von Kaufler siehe S. 923.

De Koninck[1]) hat ebenfalls einen Apparat konstruiert, der auch noch analogen Zwecken dienen kann. Die zu analysierende Substanz wird in den Kolben A gebracht, man setzt dann den Aufsatz auf den Kolben und füllt bei geschlossenem unterem Hahn in die weitere Aufsatzröhre das die Zersetzung bewirkende Reagens, z. B. verdünnte Säure, ein und schließt den oberen Hahn. Die Hähne an der Bürette B sind geöffnet; man füllt B˙ mit Hilfe des Gefäßes C bis zur Nullmarke, welche an dem Capillarrohr oberhalb der Erweiterung der Bürette angebracht ist, mit Wasser, schließt die Verbindung mit der äußeren Luft ab und läßt durch Öffnen des unteren Hahnes am Aufsatzrohre das Reagens in den Kolben einlaufen. Alles übrige ergibt sich leicht aus der Figur. Der erweiterte Teil der Bürette B faßt 125, der graduierte 75 ccm. D ist ein durch kleine Messingfedern fest gehaltenes Spiralgefäß, das als Kühler für das entwickelte Gas dient.

In den meisten Fällen wird man übrigens auch mit dem S. 927 beschriebenen Verfahren von Baeyer und Villiger auskommen.[2])

Methode von Bedford.

Es ist dies eine Modifikation des von Sabatier und Senderens[3]) angegebenen Verfahrens, nach welchem organische Substanzen in Dampf- oder Gasform zusammen mit Wasserstoff über fein verteiltes Nickel geleitet werden.

Dieses Verfahren läßt sich, wie Bedford fand, auch auf sehr schwerflüchtige Substanzen anwenden, wenn man letztere auf Bimssteinstücke, welche mit metallischem Nickel präpariert sind, allmählich auftropfen läßt und gleichzeitig Wasserstoff überleitet.

Die quantitative Bestimmung wurde dadurch ermöglicht, daß

---

[1]) Bull. Ass. Belge des chim. 17, 112 (1903). — Siehe hierzu Wohl, B. 37, 451 (1904).
[2]) Für die Messung des bei elektrolytischen Reduktionen verbrauchten Wasserstoffs hat Tafel, B. 33, 2218 (1900) einen Apparat angegeben.
[3]) Eine Zusammenstellung der Literatur befindet sich in Ann. Chim. Phys. (8), 4, 319 (1905).

von einer genau gemessenen
Quantität reinen Wasserstoffgases ausgegangen und der
überschüssige Wasserstoff
durch Überführung in Wasser
bestimmt wurde.

Der benutzte Apparat ist
in Fig. 235 dargestellt.

Die Glasflasche F von
ca. 18 Liter Inhalt ist zur
Aufnahme und zum Messen des
Wasserstoffgases bestimmt.
Sie ist mit einem zweifach
durchbohrten Kork s ver-
schlossen, der die Röhren r^1
und r^2 hindurchläßt, und
ferner mit einem Blechmantel
M umgeben, welcher Wasser
enthält. Dieses die Flasche F
umgebende Wasser dient dazu, das Wasserstoffgas auf
eine gleichmäßige Temperatur
zu bringen. Die in M steckende
Flasche F ruht mit dem Hals
nach unten auf einem Dreifuß,
der in das weite, aus Zinkblech hergestellte und mit
Wasser gefüllte Gefäß G hin-
eingestellt ist. Letzteres trägt
in der Seitenwand den mit
Gummistopfen verschlossenen
Tubus t. Durch den Gummi-
stopfen geht das Glasrohr r^4,
welches unter Wasser mit
dem kupfernen Gasableitungsrohr r^1 verbunden wird. r^1 ist
so gebogen, daß sein oberes,
ein Stückchen Kautschuk-
schlauch tragendes Ende den
höchsten Punkt im Innern
der ein wenig schräg gestellten
Glasflasche bildet. Es ist auf
diese Art möglich, das Gas
aus F bis auf die letzte
Blase durch Wasser heraus-
zudrücken, welches aus der
Wasserdruckleitung r^3 zufließt.

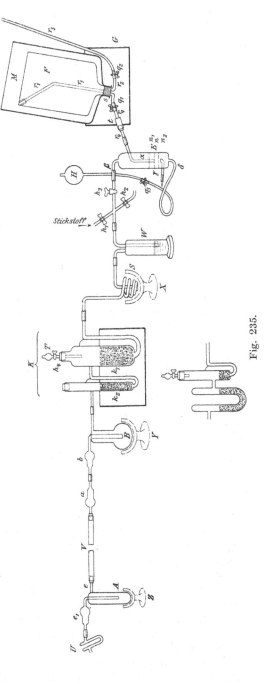

Fig. 235.

Das Wasserstoffgas passiert das zylinderförmige Glasgefäß E, welches vier Rohransätze α, β, γ, δ trägt. α ist eine eingeschmolzene Röhre, die sich nach innen mit. rechtwinkliger Biegung fortsetzt bis etwa 6 cm vom Boden des Zylinders; außen wird α mit r^4 durch einen Kautschukschlauch verbunden.

Der Ansatz γ dient zur Füllung von F mit Wasserstoff, β ist die Austrittsöffnung, während der Ansatz δ durch einen längeren Kautschukschlauch mit dem Wassertrichter H verbunden wird.

W ist eine mit konzentrierter Schwefelsäure beschickte Trockenflasche, welche auch dazu dient, die Stärke des durchgehenden Gasstromes zu kontrollieren. Zwischen W und E befindet sich ein Dreiwegstück aus Glasrohr mit den Hähnen h^1, h^2, h^3. Der Hahn h^1 dient zur Verbindung mit einem Stickstoff enthaltenden Gasbehälter, h^2 zur Verbindung mit einer den käuflichen elektrolytischen Wasserstoff enthaltenden eisernen Flasche.

S ist eine durch flüssige Luft kühlbare Glasschlange, welche zur Entfernung der letzten Spuren von Feuchtigkeit aus den Gasen dient.

In dem Apparate K, dem Katalysator, erfolgt die Anlagerung des Wasserstoffs an die durch Trichter T langsam eintropfende, ungesättigte Verbindung. Zu diesem Zweck sind die beiden zu einem Stück zusammengeblasenen Röhren des Katalysators, das weite Rohr k^1 (von 25 mm Durchmesser), das engere k^2 (10 mm im Durchmesser) mit präpariertem Bimsstein beschickt. Diesen mit Nickel präparierten Bimsstein stellt man folgendermaßen dar:

Reines Nickelcarbonat wird in einem Nickeltiegel durch starkes Glühen in Oxyd übergeführt, das Nickeloxyd mit wenig destilliertem (chlorfreiem!) Wasser zu einem Brei angerührt und ausgeglühter Bimsstein in erbsengroßen Stücken in diese Masse eingetragen. Nach gutem Durchrühren werden die einzelnen Bimssteinstücke mit der Pinzette herausgenommen und auf großen Uhrgläsern im Trockenschranke bei 95° getrocknet. Der Nickeloxyd-Bimsstein wird dann in die Röhren k^1 und k^2 gefüllt, so daß die Schicht in jedem Rohre 11 cm Länge hat. Die Reduktion des Oxyds zu metallischem Nickel findet im Apparate selbst statt. Die Erhitzung des Katalysators auf bestimmte Temperatur erfolgt durch ein Ölbad.

Das Glasgefäß B mit dem angeschmolzenen Chlorcalciumröhrchen b ist ebenfalls mit flüssiger Luft zu kühlen und dient dazu, aus dem Katalysator entweichende Dämpfe der organischen Substanz zu kondensieren.

Ein zweites kleines Chlorcalciumrohr a steht in Verbindung mit dem Kupferoxyd enthaltenden Verbrennungsrohre V. Hier findet die Verbrennung überschüssigen Wasserstoffs zu Wasserdampf statt, welcher in dem Rohre A durch Kühlung mit flüssiger Luft kondensiert wird.

Das Chlorcalciumrohr e^1 ist an A angeschmolzen, U ist ein ebenfalls mit Chlorcalcium gefülltes Schutzrohr.

Mit dem in beschriebener Weise zusammengestellten Apparate wird nun in folgender Weise gearbeitet:

Bestimmung des Inhalts der Meßflasche.

Die genaue Ausmessung der zur Aufnahme des Wasserstoffs bestimmten Flasche F ist für das Verfahren von ausschlaggebender Bedeutung. Sie kann in doppelter Weise erfolgen:

a) durch Auswägung der aus ihrer Umkleidung herausgenommenen Flasche mit destilliertem Wasser von bestimmter Temperatur, wozu dann noch der Inhalt der Rohrleitung $r^4 + a$ zuzuzählen ist, während das Volumen der Masse des in der Flasche befindlichen Rohres r^1 und des Korkes s abgezogen werden muß, oder

b) durch Füllung der Flasche F, inklusive Rohrleitung bis Ende a mit Wasserstoffgas, Verbrennung des letzteren zu Wasser und Berechnung des Volumens der Flasche aus dem Gewichte des Wassers. Man erhält auf beide Arten für das Volumen fast identische Zahlen.

Zur Füllung dient käuflicher elektrolytischer Wasserstoff, welcher, um ihn sicher sauerstofffrei zu erhalten, vorher über glühendes Kupfer geleitet wurde. Dieser Wasserstoff wird in einer Glasrohrleitung fortgeführt, welche durch Kautschukschlauch mit γ zu verbinden ist.

Vorher wird F und die Rohrleitung bis zum Ende a mit ausgekochtem Wasser vollständig gefüllt und durch q^1 abgeschlossen, während die Verbindung von r^2 und r^3 unter Wasser gelöst wird. Das durch den Trichter H regulierbare Wasserniveau in E stehe bei Marke n^1. Quetschhahn q^3 sei geschlossen, Hahn h^3 zunächst geöffnet und durch h^2 Verbindung mit der äußeren Luft hergestellt. Wenn die in E befindliche Luft vollständig durch Wasserstoff verdrängt ist, wird h^3 geschlossen, das Wasserniveau in E bis zur Marke n^2 gesenkt und q^1 geöffnet. q^3 muß jetzt geschlossen sein.

Es füllt sich nunmehr F mit Wasserstoff, indem das verdrängte Wasser aus r^2 ausfließt. Während der Füllung kühlt man F von außen durch kaltes Leitungswasser, dessen Abfluß aus dem Blechmantel durch einen Heber reguliert wird.

Wenn F gefüllt ist und daher Gasblasen aus r^2 austreten, wird der Wasserstoffzutritt verlangsamt, q^2, dann q^1 geschlossen, q^3 geöffnet, h^3 langsam geöffnet und durch das wieder steigende Wasserniveau a eben abgeschlossen. Die Wasserstoffzuleitung wird bei γ unterbrochen, das Rohr γ durch ein Stückchen Gummischlauch mit Glasstöpsel verschlossen; Zufluß und Abfluß des Kühlwassers in M wird abgestellt. Man läßt das Gas jetzt am besten über Nacht stehen und kann dann sicher sein, daß es die Temperatur des umgebenden Wassers angenommen hat. Man mißt nun diese Temperatur mit einem in Zehntelgrade geteilten Thermometer, notiert den Barometerstand und öffnet q^1. Da der Wasserstoff in F unter einem geringen Überdrucke steht, so entweichen Gasblasen durch a nach

E, dessen Raum durch h^2 mit der Atmosphäre in Verbindung steht. Demnach steht jetzt das Gas in F unter Atmosphärendruck, vermehrt um die kleine Wassersäule nn^1 (dieselbe beträgt gewöhnlich 4 mm = 0,3 mm Quecksilber).

Nach dem Ausgleiche des Druckes wird q^1 wieder geschlossen. E wird mit Stickstoff ausgespült, welcher durch h^1 zugeleitet werden kann.

Um nun den gemessenen Wasserstoff quantitativ zu verbrennen, wird die Schlange S mit einem kleinen Chlorcalciumrohr, dieses mit dem zuvor gewogenen Chlorcalciumrohr a durch ein Glasrohr verbunden. Das Chlorcalciumrohr a hat den Zweck, Wasserdämpfe zu absorbieren, welche zuweilen, wenn flüssige Luft in das Gefäß X frisch eingefüllt wird, aus dem Verbrennungsrohr V zurücktreten.

Die Verbrennung findet nun wie bei einer Elementaranalyse statt, indem das Wasserstoffgas über das in V befindliche glühende Kupferoxyd (in Drahtform) geleitet und der entstandene Wasserdampf in dem gewogenen Rohr A aufgefangen wird. Bei der großen Mengen des sich hier bildenden Wassers hat sich das mit flüssiger Luft gekühlte Absorptionsrohr A als praktisch bewährt, während Chlorcalcium als Absorptionsmittel schnell zerfließen würde.

Das Herausdrücken des Wasserstoffs aus F erfolgt nach Herstellung der Verbindung $r^2 r^3$ durch den Druck einer ca. 2 m betragenden Wassersäule. Die letzten Gasblasen sind aus der Flasche eventuell durch leichtes Drehen des Rohres r^1 ohne Schwierigkeit zu entfernen. Man läßt schließlich das Wasser nach E übertreten, bis auch dieses Gefäß mit Wasser gefüllt ist. Dann wird q^1 geschlossen und der das ganze System der Apparate noch erfüllende Wasserstoff durch Stickstoff verdrängt.

Der Gasstrom wird so reguliert, daß in der Stunde 6 bis 7 Liter Wasserstoff zur Verbrennung gelangen. Letztere nimmt also eine Zeit von je $2^1/_2$—3 Stunden in Anspruch. Während dieser Zeit ist die verdampfende flüssige Luft in den Gefäßen X und Z durch Nachfüllen zu ersetzen. Nach Beendigung der Verbrennung wird A abgenommen und bei e verschlossen, während man U bis zur Wägung verbunden läßt; letztere kann nach 2 Stunden, wenn das Eis aufgetaut ist, vorgenommen werden. a wird ebenfalls gewogen und ein etwaiges Mehrgewicht dem Wasser zugezählt.

Die Brauchbarkeit dieses quantitativen Reduktionsverfahrens wurde zunächst an ungesättigten flüssigen Verbindungen von zweifelloser Reinheit geprüft.

Von der flüssigen Substanz wurden 5—10 g in den Trichter T gegeben und mit diesem gewogen. Der Trichter wurde dann auf den Katalysator K aufgesetzt, nachdem zuvor der Nickelbimsstein reduziert war.

Die Reduktion wurde durch Erhitzen von K im Ölbade auf 275 bis 285° und Durchleiten von Wasserstoff, der durch Hahn h^2 direkt aus einer Wasserstoffbombe zugeführt wurde, bewerkstelligt. Während dieser Operation war die Verbindung von K und B gelöst und K am Ausgangsende mit einem kurzen Capillarrohr verbunden. Das Überleiten von Wasserstoff muß so lange erfolgen, als sich in dem Capillarrohre noch kondensiertes Wasser bemerkbar macht. Es ist ziemlich lange Zeit — ca. 8 Stunden — zur Reduktion erforderlich.

Ist der Nickelbimsstein in der Weise reduziert, so läßt man das Ölbad, ohne den Wasserstoffstrom zu unterbrechen, auf 180—170° abkühlen, setzt den gewogenen Trichter T auf, kühlt die Schlange S mit flüssiger Luft, schließt h_2 erhitzt das mit Kupferoxyd beschickte Verbrennungsrohr und verdrängt den im Apparatesystem noch vorhandenen Wasserstoff durch Stickstoff, den man durch h^1 20 bis 25 Minuten lang einströmen läßt.[1]) Nunmehr wird K mit B und dadurch mit der anderen Hälfte des Apparatesystems verbunden, flüssige Luft in Y und Z gebracht, h^1 geschlossen und jetzt das gemessene Wasserstoffgas in F durch h^3 zugeleitet. Nach einigen Minuten wird h^4, der Hahn des Trichters T, so weit geöffnet, daß etwa vier Tropfen in der Minute aus T auf den Nickelbimsstein fallen. Der Wasserstoffstrom wird dabei so reguliert, daß, wenn alles Öl eingetropft ist, noch $^1/_2$ Stunde lang Wasserstoffgas durch die Apparate streicht. Die Entfernung der letzten Reste Wasserstoff aus F und aus dem ganzen Apparatesystem erfolgt in der schon früher beschriebenen Weise.

Das Wasser ergibt sich auch hier aus der Gewichtszunahme von A $+$ a; diejenige des Röhrchens a überstieg niemals 0,01 g. Durch Wägung des Tropftrichters nach der Analyse ergibt sich die Menge des angewandten Öles als Differenz.

Zur Gewinnung des Reaktionsproduktes, welches sich in den Nickelbimsstein eingezogen hat, läßt man den Katalysator nach Entfernung des Ölbades im Wasserstoffstrom (aus der Bombe) erkalten, schüttet den Inhalt in einen Soxhletapparat und extrahiert ihn mit Äther. Der Nickelbimsstein ist dann für neue Versuche zu benutzen, wenn er nur kurz vorher eine Stunde lang bei 250° im Katalysator mit Wasserstoff behandelt wird.

Es wurde beobachtet, daß mit bereits gebrauchtem Nickelbimsstein genauere Werte erhalten werden, während sie mit neu reduziertem Nickeloxyd etwas zu hoch ausfallen. Es liegt dies daran, daß Nickeloxyd unter den angegebenen Verhältnissen durch Wasserstoff bei 280° nicht ganz vollständig reduziert wird, so daß bei dem späteren Versuche noch etwas von dem gemessenen Wasserstoff zur Wasserbildung verbraucht wird; diese geringe Menge Wasser wird in B zurückgehalten. Das einmal bei Gegenwart organischer Dämpfe durch Wasserstoff reduzierte Nickel ist von diesem Übelstand frei. Bei der Reduktion nicht flüchtiger Substanzen, wie Ölsäure oder

---

[1]) Der Stickstoff, welcher vollständig sauerstofffrei sein muß, wird nach der Methode von Berthelot (Bull. (2), **13**, 314 (1870) dargestellt und schließlich über glühendes Kupfer geleitet.

Leinölsäuren, soll die Gewichtszunahme von B nicht mehr als einige Zentigramme betragen.

Die Reduktion des Crotonsäureesters mit Wasserstoff z. B. wurde bei 165—170° ausgeführt. Da der Siedepunkt der Substanz niedriger liegt, so wurde die Form des Katalysators modifiziert, wie es die untere Skizze auf Fig. 235 darstellt.

Die Substanz tropft auf den erhitzten Nickelbimsstein in Rohr k[1], wird hier in Dampfform verwandelt und mit Wasserstoff gemischt über den in beiden Schenkeln des angeschmolzenen U-Rohrs befindlichen Nickelbimsstein geleitet, um dann in der abgekühlten Glaskugel B kondensiert zu werden. Die Abänderung des Katalysators besteht also nur in einer Verlängerung der Schicht von Nickelbimsstein.

Nach Beendigung des Reduktionsversuches mit Crotonsäureester befand sich fast die ganze Menge des Reaktionsproduktes in B, eine geringe Menge wird jedoch im Nickelbimsstein zurückgehalten, aus dem sich durch Extraktion ca. 0,2 g Öl gewinnen ließ. Dies Reaktionsprodukt hatte den ausgesprochenen Geruch des Buttersäureäthylesters, siedete bei 120° und addierte keine Spur von Brom. Die Reduktion zu Buttersäureäthylester war also quantitativ verlaufen.

Die Prozente Wasserstoff, welche eine ungesättigte Verbindung aufnimmt, bezeichnet Bedford als „Wasserstoffzahl" in demselben Sinne, in welchem v. Hübl den Ausdruck Jodzahl gebraucht. Die Wasserstoffzahl ist freilich viel umständlicher zu bestimmen als die Jodzahl, einen großen Vorzug kann man aber in der nach dem neuen Verfahren bestimmten Konstanten deswegen erblicken, weil ihr eine wirklich glatt verlaufende und zu einem wohldefinierten Endprodukt führende chemische Reaktion zugrunde liegt, was bei Hübls Jodadditionsmethode keineswegs der Fall ist. Wie verschieden sich ungesättigte Säuren gegen Jod verhalten, wie wenig einfach der chemische Prozeß bei Hübls Methode, und wie schlecht definiert die Endprodukte dabei sind, haben besonders C. Liebermann und H. Sachse, B. 24, 4117 (1891) betont.

Wenn daher die zur Fettanalyse so häufig benutzte Jodzahl bei Ölsäure und ihren Glyceriden einen der Theorie nahekommenden Wert ergeben mag, so ist man doch keineswegs berechtigt, ohne weiteres bei Säuren mit mehreren doppelten Bindungen, welche im reinen Zustande noch unbekannt sind, wie es bei der Linolensäure des Leinöls der Fall ist, auf ein gleiches zu schließen.

Über

3. Ketene

siehe Staudinger und Klever, B. 38, 1735 (1905); 39, 968, 3063 (1906); 40, 1145, 1149 (1907); 41, 594, 906, 1355, 1493, 1516 (1908). — Wilsmore und Stewart, Nature 75, 510 (1907). — Soc. 91, 1938 (1907). — B. 41, 1025 (1908).

Zweiter Abschnitt.

Dreifache Bindungen.

1. Qualitative Reaktionen.

a) Charakteristisch für das Acetylen und seine einfach alkylierten Homologen und ebenso für die Acetylenalkohole[1]) und Aldehyde ist die Fähigkeit, mit ammoniakalischen Kupferoxydul-
oder Silberlösungen[2]) feste krystallinische Fällungen zu geben, aus
welchen beim Erwärmen mit Salzsäure die Kohlenwasserstoffe usw.
regeneriert werden können. Die zweifach alkylierten Acetylene zeigen
diese Reaktion nicht, ebensowenig die Di-Acetylene.

b) Mit Halogenen und Halogenwasserstoffsäuren verbinden sich diese Substanzen leicht, wobei 1 oder 2 Moleküle addiert
werden. Lagern sich 2 Moleküle Säure an, so gehen beide Halogenatome an denselben Kohlenstoff.

c) Tertiäre Acetylenalkohole werden durch wässerige Kalilauge
in ihre Komponenten, Kohlenwasserstoff und Keton, zerlegt (Fa-
vorsky), bei sekundären und primären tritt diese Reaktion im allgemeinen nicht ein.[3])

d) Mit wässerigen (selbst sauren) Lösungen von Quecksilber-
salzen entstehen nicht explosive Niederschläge, aus welchen durch
Säuren Wasseradditionsprodukte der Acetylene (Aldehyd aus Acetylen,
Ketone aus den Homologen) abgeschieden werden.[4])

e) Mit Essigsäure entstehen beim Erhitzen auf 280⁰ oder mit
Wasser bei 325⁰ dieselben Ketone.[5]) Die gleiche Reaktion tritt
unter Kohlensäureverlust mit den entsprechenden Säuren ein.[6])

f) Umlagerungen: Die Homologen des Acetylens von der
Formel R . C ≡ CH, in welcher R ein primäres oder sekundäres Radikal bedeutet, werden durch alkoholisches Kali bei 170⁰ in isomere
Kohlenwasserstoffe mit zwei benachbarten Doppelbindungen verwandelt,
wenn das Radikal R sekundär ist, und in isomere Kohlenwasserstoffe, in denen die dreifache Bindung erhalten bleibt, aber gegen
die Mitte des Moleküls zu wandert, wenn R primär ist.[7])

---

[1]) Darum der Name Propargylalkohol. Liebermann, Ann. 135, 278
(1865).

[2]) Am besten eine alkoholische Silberlösung: Béhal, A. ch. (6), 15, 423
(1888). — Krafft und Reuter, B. 25, 2244 (1892).

[3]) Moureu, Bull. (3), 33, 151 (1905).

[4]) Kutscherow, B. 14, 1540 (1881); 17, 13 (1884).

[5]) Béhal und Desgrez, C. r. 114, 1074 (1892). — Desgrez, Ann. chim.
(7), 3, 209 (1894).

[6]) Desgrez, Bull. (3), 11, 392 (1894).

[7]) Faworsky, Russ. 19, 427 (1887). — J. pr. (2), 37, 382 (1888); 44,
208 (1891). — Krafft und Reuter, a. a. O. — Krafft, B. 29, 2236 (1896).

Eine Reaktion in entgegengesetzter Richtung tritt beim Erhitzen zweifach alkylierter Acetylene mit metallischem Natrium ein[1]):

$$\text{z. B. } C_2H_5 . C \vdots C . CH_3 \rightarrow C_2H_5 . CH_2 . C \vdots CH.$$

g) Über die Einwirkung von Ozon siehe S. 414.

Einwirkung von Hydroxylamin auf die Acetylennitride, -amide und -ester: Moureu und Lazennec, C. r. **144**, 1281 (1907). — Vom Hydrazin: Moureu und Lazennec, C. r. **143**, 1239 (1906). — Addition von Jod an Acetylensäuren: James und Sudborough, Proc. **23**, 136 (1907). — Soc. **91**, 1037 (1907).

Über Säuren der Formel $R . C \vdots C . COOH$ siehe Moureu und Delange, C. r. **132**, 989 (1901); **136**, 554, 753 (1903). — Moureu, Bull. (3), **31**, 1193 (1904). — Moureu und Lazennec, C. r. **143**, 553, 596, 1239 (1906). — Bull. (3), **35**, 843 (1906). — Feist, Ann. **345**, 100 (1906). — James und Sudborough, Soc. **91**, 1041 (1907).

Über Säuren mit größerem Abstand zwischen dreifacher Bindung und Carboxyl siehe: Krafft, B. **11**, 1414 (1878); **29**, 2232 (1896); **33**, 3571 (1900). — Hazura, M. 9, 469, 952 (1888). — Liebermann und Sachse, B. **24**, 4116 (1891). — Holt und Baruch, B. **26**, 838 (1893). — Baruch, B. **27**, 172 (1894). — Arnaud, Bull. (3), **27**, 484, 489 (1902). — Haase und Stutzer, B. **36**, 3601 (1903). — Perkin und Simonson, Soc. **91**, 820, 835 (1907). — Gardner und Perkin, Soc. **91**, 849, 854 (1907).

2. Quantitative Bestimmung der dreifachen Bindung.

a) Nach Chavastelon[2]) wirkt Silbernitrat in wässeriger oder alkoholischer Lösung auf Acetylen nach der Gleichung:

$$C_2H_2 + 3\,AgNO_3 = C_2Ag_2, \ AgNO_3 + 2\,HNO_3,$$

auf die homologen Acetylene nach der Gleichung:

$$R . C \equiv CH + 2\,AgNO_3 = R - C \equiv CAg, \ AgNO_3 + HNO_3.$$

Man kann daher diese Kohlenwasserstoffe bestimmen, indem man die Menge der frei gewordenen Salpetersäure nach dem Filtrieren titriert.

Die angewandte Silbernitratlösung darf nicht allzu verdünnt sein (nicht unter $n/_{10}$).

b) Nach Arth[3]) läßt sich in den Silberverbindungen der Acetylene das Metall leicht durch Elektrolyse bestimmen. Man löst die Salze zu diesem Zwecke in genügend konzentrierter Cyankaliumlösung.

---

[1]) Faworsky, Russ. **19**, 553 (1887). — Béhal, Bull. (2), **50**, 629 (1888). — J. pr. (2), **44**, 236 (1891).
[2]) C. r. **124**, 1364 (1897); **125**, 245 (1897). — Denaeyer, Ph. C.-H. **38** 606 (1897).
[3]) Arth, C. r. **124**, 1534 (1897).

Bequemer ist noch die Methode von Dupont und Freundler,[1]) wonach die Substanz mit Königswasser eingedampft und so das Silber in Chlorsilber übergeführt wird. — Siehe auch Krafft, B. 29, 2238 (1896).

Dritter Abschnitt.

Einfluß von neu eintretenden Atomen und Atomgruppen auf die Reaktionsfähigkeit substituierter Ringsysteme.

1. Die sogenannten „negativen" Gruppen, nämlich die Halogene, die Nitrogruppe, Sulfo- und Carboxylgruppe wirken auf im Kerne befindliche Halogenatome lockernd, d. h. die betreffenden Halogenatome werden leicht gegen andere Reste austauschbar, sobald die negativen Gruppen zu denselben in Ortho- oder Parastellung treten,[2]) namentlich aber, wenn zwei derartige Stellen besetzt sind.

Ähnliche Verhältnisse zeigt der Pyridinkern insofern, als nur in α- oder in γ-Stellung zum Stickstoff befindliches Halogen leicht vertretbar ist.[3])

Nach Marckwald ist das Halogen in den α- und γ-Chlorpyridinen besonders dann leicht beweglich, wenn sich zu ihm in Ortho- oder Parastellung noch andere negative Substituenten, wie Carboxylgruppen, befinden.

2. E. Fischer hat einen entgegengesetzten Einfluß der Hydroxylgruppe auf die Beweglichkeit von Halogenatomen in der Puringruppe konstatiert: die hydroxylhaltigen Halogenpurine sind gegen Alkali und Basen beständiger als die neutralen.[4])

Auch bei den Halogencarbostyrilen ist die Stabilität des Halogens dem Hydroxylgehalte der Substanzen zuzuschreiben; verestert

---

[1]) Manuel opératoire de chimie organique, 1898, S. 80.
[2]) Körner, Jb. 1875, 345, 365. — Jacobson, B. 14, 2114 (1881). — Lellmann, B. 17, 2719 (1884). — Schöpf u. Fischer, B. 22, 903, 3281 (1889); 23, 1889, 3440 (1890); 24, 3771, 3785, 3818 (1891). — Ferner: B. 4, 4660 (1871); 5, 114 (1872); 15, 1233 (1882); 22, 604 (1889); 23, 458, R. 346 (1890); 24, 2101 (1891); 25, 3006 (1892); 26, 580, 682 (1893); 26, R. 12 (1893). — Klages u. Storp, J. pr. (2), 65, 564 (1902). — Ullmann und Gschwind, B. 41, 2291 (1908).
[3]) Friedländer u. Ostermaier, B. 15, 332 (1882). — Knorr u. Antrick, B. 17, 2870 (1884). — Lieben u. Haitinger, M. 6, 315 (1885). — Friedländer u. Weinberg, B. 18, 1530 (1885). — Conrad u. Limbach, B. 20, 952 (1887); 21, 1982 (1888). — Ephraim, B. 24, 2817 (1891); 25, 2706 (1892); 26, 2227 (1893). — Marckwald, B. 26, 2187 (1893); 27, 1317 (1894); B. 31, 2496 (1898); 33, 1556 (1900). — Sell u. Dootson, Soc. 71, 1083 (1897); 73, 777 (1898); 75, 980 (1899). — Proc. 16, 111 (1900). — Soc. 77, 236, 771 (1900). — O. Fischer, B. 31, 609 (1898); 32, 1297 (1899). — O. Fischer u. Demeles, B. 32, 1307 (1899). — Marckwald u. Meyer, B. 33, 1885 (1900). — Marckwald u. Chain, B. 33, 1895 (1900). — Bittner, B. 35, 2933 (1902).
[4]) B. 32, 458 (1899).

man die OH-Gruppe oder ersetzt sie durch Chlor, so reagiert das entstehende Derivat wieder leicht mit Basen.[1]) Ortho- oder para-hydroxylierte Benzylarylnitrosokörper, z. B.

verlieren dagegen schon bei gewöhnlicher Temperatur durch ganz verdünnte Ätzlaugen das Oxybenzylradikal unter Zerfall in Isodiazotate und Oxybenzylalkohol:

$$ArN.CH_2C_6H_4OH + KOH = ArN_2OK + OHCH_2C_6H_4OH$$
$$\overset{|}{NO}$$

während die entsprechenden Metaverbindungen beständig sind.[2])

3. Durch die Anwesenheit von **Methylgruppen** in Ortho- und Parastellung wird die Abspaltbarkeit von Halogen befördert, durch Anwesenheit ihrer Homologen aber verzögert.[3])

Ebenso verlieren di-orthomethylierte Carbonsäuren, Ketone und Sulfosäuren leicht beim Erwärmen mit Schwefelsäure, Halogenwasser-stoff- oder Phosphorsäure die zwischenstehende Gruppe.[4])

Umgekehrt werden Methylgruppen durch in o- oder p-Stellung be-findliche negativierende Gruppen oder Atome reaktionsfähiger. So lassen sich die in α- oder γ·Stellung methylierten Pyridin-(Chinolin-)derivate mit Aldehyden aldolartig kondensieren. Die entstehenden Alkine gehen leicht unter Wasserabspaltung in Stilbazole über. Ähn-lich wirkt Phthalsäureanhydrid.[5]) Auch die in o- und p- negativ

---

[1]) Friedländer u. Müller, B. **20**, 2013 (1887). — Ephraim, B. **26**, 2227 (1893).

[2]) Bamberger u. Müller, Ann. **313**, 102 (1900).

[3]) Klages u. Liecke, J. pr. (2), **61**, 307 (1900). — Klages u. Storp, J. pr. (2) **65**, 564 (1902).

[4]) Louise, Ann. Chim. Phys. (6), **6**, 206 (1885). — Elbs, J. pr. (2), **35**, 465 (1887). — V. Meyer u. Muhr, B. **28**, 1270, 3215 (1895). — Klages, B. **32**, 1555 (1899). — Weiler, B. **32**, 1908 (1899). — Habil.-Schrift Heidelberg 1900. — Hoogewerff u. van Dorp, Koninklijke Akad. van Wetenschappen te Amsterdam **1901**, 173. — J. pr. (2), **65**, 394 (1902). — Siehe auch S. 441.

[5]) Jasobsen u. Reimer, B. **16**, 1082, 2602 (1883). — Doebner und Miller, B. **18**, 1646 (1885). — Miller u. Spady, B. **18**, 3404 (1885); **19**, 134 (1886). — Ladenburg, B. **21**, 3099 (1888); B. **22**, 2583 (1889). — Matzdorff, B. **23**, 2709 (1890). — Ladenburg und Adam, B. **24**, 1671 (1891). — Koenigs, B. **31**, 2364 (1898); B. **32**, 223, 3599 (1899). — Ladenburg, Ann. **301**, 117 (1898). — Bach, B. **34**, 2223 (1901). — Koenigs u. Happe, B. **35**, 1343 (1902); B. **36**, 2904 (1903). — Koenigs und Mengel, B. **37**, 1322 (1904). — Lipp und Richard, B. **37**, 737 (1904).

substituierte Toluole zeigen gegen Benzaldehyd eine derartige Reaktionsfähigkeit (Stilbenbildung).[1]

4. Ähnliche Erhöhung der Reaktionsfähigkeit, wie bei Halogenen, wird bei von negativen Orthosubstituenten umgebenen Hydroxylgruppen in betreff ihrer Austauschbarkeit gegen Amine beobachtet.[2]

Weitere einschlägige Beobachtungen siehe: Jul. Schmidt, Über den Einfluß der Kernsubstitution auf die Reaktionsfähigkeit aromatischer Verbindungen. Stuttgart 1902, Ferd. Enke. — Siehe auch S. 443.

Vierter Abschnitt.

Substitutionsregeln bei aromatischen Verbindungen.

1. Eintritt eines Substituenten an Stelle von Wasserstoff in ein Monosubstitutionsderivat des Benzols.[3]

Alle Gruppen, in welchen die Affinität des direkt am Benzolkern haftenden Atoms stark in Anspruch genommen ist, orientieren nach m—; diejenigen dagegen, in welchen das direkt am Benzolkerne haftende Atom noch freie Affinität aufweist (ungesättigt ist), orientieren nach o— und p— (Flürscheim).

------

[1] Ullmann und Gschwind, B. **41**, 2291 (1908).

[2] Cahours, Ann. Chim. (3), **27**, 439 (1850). — Beilstein u. Kellner, Ann. **128**, 168 (1863). — Salkowski, Ann. **163**, 1 (1872). — Hübner, Ann. **195**, 21 (1879). — Graebe, B. **13**, 1850 (1880). — Thieme, J. pr. (2), **43**, 461 (1891). — D. R. P. 22547 (1882), 27378 (1883), 43740 (1880), 46711 (1888).

[3] Siehe vor allem Flürscheim, J. pr. (2), **66**, 324 (1902). — Ferner: Bertagnini, Ann. **78**, 106 (1851). — Gericke, Ann. **100**, 209 (1856). — Glaser u. Buchanau, Z. f. Ch. **1869**, 193. — Nagel, Jb. **1880**, 404. — Ann. **216**, 326 (1882). — Erlenmeyer und Lipp, Ann. **219**, 228 (1883). — Rapp, Ann. **224**, 159 (1884). — Erdmann, B. **18**, 2742 (1885). — Plöchl und Loë, B. **18**, 1179 (1885). — Otto, B. **19**, 2417 (1886). — Amsel und Hofmann, B. **19**, 1286 (1886). — Morley, Soc. **54**, 579 (1887). — Armstrong, Soc. **51**, 258, 583 (1887). — Fittig und Leoni, Ann. **256**, 86 (1889). Crum-Brown und Gibson, Soc. **61**, 367 (1892). — Vaubel, J. pr. (2), **48**, 75, 315 (1893); **52**, 417 (1895). — Pinnow, B. **27**, 605, 3163 (1894).; **28**, 3043 (1895); **30**, 2858 (1897). — Kehrmann und Baur, B. **29**, 2364 (1896). — Swarts, C. **2**, 26, (1898). — Thiele, Ann. **306**, 138 (1899). — Holleman, Rec. **15**, 267 (1899); **19**, 79, 188, 363 (1900); **20**, 206 (1901); Proc. **15**, 176 (1899); **17**, 246 (1901). — Kaufler und Wenzel, B. **34**, 2238 (1901). — Vorländer und Meyer, Ann. **320**, 122 (1901). — Schultz u. Bosch, B. **35**, 1292 (1902). — Friedländer, M. **23**, 544 (1902). Blanksma, Rec. **21**, 327 (1902). — Montagne, Rec. **21**, 376 (1902). — Blanksma, Rec. **23**, 202 (1904). — Holleman, Chem. Weekblad **3**, 1 (1906). J. pr. (2) **74**, 157 (1906) — Kauffmann, J. pr. (2) **67**, 334 (1903). — Flürscheim, J. pr. (2) **71**, 497 (1907); **76**, 175, 185 (1907). — Obermiller, J. pr. (2), **75**, 1 (1907).

Für das gegenseitige Verhältnis der gebildeten Mengen der o- und p-Verbindung ist in erster Linie die Molekulargröße des ersten Substituenten maßgebend (Kehrmann[1]).

Es dirigieren demnach ausschließlich oder hauptsächlich nach m-:

$-SO_3H$	$-CN$	$-CH_2N(C_2H_5).C_6H_5$
$-SO_2C_6H_5$	$-CFl_3$	$-CHO$
$-NO_2$	$-COCH_2Br$	$-COOH$
$-NH_3.OSO_2OH$	$-CH(NH_2)COOH$	$-COCH_3$
$-NH_3.ONO_2$	$-CO.NH.CH_2.COOH$	$-CH-NOH$
(fünfwertiger Stickstoff)		O

Nach o- und p- dirigieren (ausschließlich oder hauptsächlich):

$-Cl$	$-NHNO_2$	$-CH_3$ und seine Homologen
$-Br$	$-N=N-$	$-CH_2Cl$
$-J$	$-N-N-$	$-CH_2COOH$
	O	
$-Fl$	$-NHCOCH_3$	$-CH_2CH_2COOH$
$-S.R$	$-NHCONH_2$	$-CH_2CHOHCOOH$
$-OH$	$-CH-CH(COOH)-CH_2$	
$-NH_2$	O$$ $---CO$	
(dreiwertiger Stickstoff)		
$-CH_2.OR$	$-CH_2CN$	
$-CH_2CH(NH_2)COOH$	$-CH_2NHCOCH_3$	
$-CH(SCN)CH_2.SCN$	$-OCH_3$	
$-CH=CRR_1$		
$-C_6H_5$		
	OH	
$-OPO$		
	OH(R)	

Auf Grund der Wernerschen Anschauungen[2]) erklärt Flürscheim diese Verhältnisse folgendermaßen: Haftet ein Substituent, z. B. Halogen, stark an einem Benzolkohlenstoffatom, d. h. stärker als Wasserstoff, so kann dieses an die beiden Ortho-C-Atome weniger Affinität abgeben, als wenn es mit Wasserstoff verbunden wäre; die o-Atome werden daher mehr freie Affinität besitzen und mit einem Teile derselben die m-Atome fester binden, welche dadurch weniger

---

[1]) B. **21**, 3315 (1888); **23**, 130 (1890). — J. pr. (2), **40**, 257 (1889); **42**, 134 (1890).

[2]) Beiträge zur Theorie der Affinität und Valenz, Zürich 1891.

Affinität für das p-Atom übrig behalten; letzteres muß demzufolge auch freie Affinität aufweisen.

Tritt nun ein neuer Substituent an das Molekül heran, so wird derselbe von den Stellen größter freier Affinität, d. h. von den o-Atomen und dem p-Atom, angezogen werden; es erfolgt dort zunächst Addition, sofort darauf Abspaltung von Wasser, resp. Halogenwasserstoff und Bildung eines o- resp. p-Disubstitutionsproduktes. Haftet dagegen ein Substituent, z. B. die Sulfogruppe, schwach am Benzolkohlenstoff, so wird dieser die o-Atome stark binden. Letztere binden dann die m-Atome schwach, diese dagegen das p-Atom stärker; die Reaktion erfolgt in m-.

Im allgemeinen ist die Stellung des eintretenden zweiten Substituenten von der größeren oder geringeren Negativität desselben (und des ersten Substituenten) abhängig; es werden aber die Gruppen

$$-\mathrm{CHCl_2} \text{ und } -\mathrm{CCl_3}$$

in m- nitriert und in p- chloriert.

2. Eintritt weiterer Substituenten in den mehrfach substituierten Benzolkern.[1])

Beim weiteren Chlorieren, Nitrieren usw. von 1.2- und 1.4-Verbindungen entstehen dieselben 1.2.4-Verbindungen. Aus 1.3-Verbindungen werden 1.3.4- und 1.2.3-Derivate. Sind beide Substituenten Gruppen von stark saurem Charakter (wie im m-Dinitrobenzol), so entstehen 1.2.5-Derivate.

Wird ein 1.2.4-Derivat weiter substituiert, so werden gewöhnlich unsymmetrische Tetraderivate 1.2.4.6- gebildet.

Nach Vaubel[2]) begünstigt OH und NH$_2$ den Eintritt von nascierendem Brom in o- und p-. Stehen zwei derartige Gruppen in m-, so wirken sie vereint zugunsten der Bromaufnahme in diese Stellungen, verhindern sie aber, wenn sie sich in o- oder p-Stellung zueinander befinden. Sie wirken also schützend auf die zu ihnen in m-Stellung befindlichen Kohlenstoffatome.

Ähnlich erleichtern[3]) zwei in m- stehende CH$_2$-Gruppen den Eintritt von NO$_2$ und Br.

Die Alkyl- und Acetylderivate der genannten Gruppen NH$_2$ und OH üben einen geringeren orientierenden Einfluß aus. Die Substituenten CH$_3$, NO$_2$, Halogen, SO$_3$H, COOH, N = N.R, N = N.Cl verhindern den Eintritt des Broms nicht, falls dieselben in o- und p-Stellung zur NH$_2$- oder OH-Gruppe stehen.

---

[1]) Siehe namentlich: Schmidt, Einfluß der Kernsubstitution auf die Reaktionsfähigkeit aromatischer Verbindungen, S. 286, 357, 363.

[2]) Vaubel, J. pr. (2), **48**, 75, 315 (1893); **52**, 417 (1895).

[3]) Blanksma, Rec. **21**, 327 (1802).

Dabei sind in den letzteren Fällen COOH- oder SO_3H-Gruppen selbst durch Brom oder NO_2 ersetzbar.

Holleman[1]) gibt die allgemeine Regel: „Der dirigierende Einfluß, welchen jede allein im Benzolringe befindliche Gruppe ausübt, wird durch den Hinzutritt einer zweiten verändert."

Um für eine Verbindung C_6H_3ABC das prozentuelle Verhältnis der sich durch den Eintritt von C in die Verbindung C_6H_4AB bildenden Isomeren zu bestimmen,

ermittelt man die Mengen der durch den Eintritt von C in C_6H_5A und in C_6H_5B entstehenden Isomeren.

Ist das Verhältnis bei der Verbindung C_6H_5A

o Ortho : m Meta : p Para,

und bei C_6H_5B:

o′ Ortho : m′ Meta : p′ Para,

so wird z. B. die Tendenz zum Eintritte von C in die Stellung 3 durch das Produkt

mo′

ausgedrückt; allgemein nimmt die neue Gruppe stets den Platz ein, für welchen dieses Produkt den größten Wert hat.

Tritt z. B. in ein o- oder p-Nitrophenol[2]) eine weitere Nitrogruppe ein, so werden OH und NO_2 ihre Wirkungen verstärken, bei den m-Nitrophenolen aber wirken sie in entgegengesetztem Sinne, und es überwiegt der Einfluß der Hydroxylgruppe, so daß trotz des sonst bemerkbaren Widerstandes gegen die Bildung von Orthodinitroderivaten die Substitution in o- und p-Stellung zur NO_2-Gruppe erfolgt.

Einfluß des Lösungsmittels auf den Verlauf der Nitrierung: Schwalbe, B. 35, 3301 (1902).

3. Eintritt von Substituenten in den Naphthalinkern.

Beim Naphthalin hat jedes der C-Atome, welche beiden Kernen gemeinsam sind, drei Ortho-C-Atome abzusättigen; von den übrigen hat jedoch jedes nur zwei Ortho-C-Atome zu binden: die α-Atome müssen daher freie Affinität besitzen und jede Substitution in α-Stellung erfolgen,[3]) wenigstens bei gewöhnlicher Temperatur.

---

[1]) Rec. 18, 267 (1899); 19, 79, 188, 364 (1900); 20, 206 (1901).
[2]) Oder einen Nitrophenoläther: Kaufler und Wenzel, B. 34, 2238 (1901).
[3]) Flürscheim, J. pr. (2), 66, 328 (1902). — Vgl. Thiele, Ann. 306, 138, (1899).

Im besonderen ist das folgende zu beachten :[1])

a) Eintritt von Sulfogruppen.[2])

Niedrige Temperatur führt zu α-Sulfosäuren, höhere zu β-Sulfo-
säuren. Anwendung von rauchender Schwefelsäure ermöglicht den
Eintritt der Reaktion bei niedrigerer Temperatur.[3])

Tritt eine zweite Sulfogruppe ein, so geht sie nicht in Ortho-,
Para- oder Peristellung zur ersten Sulfogruppe (Regel von Arm-
strong und Wynne[4]). Analog sind die Verhältnisse bei den Chlor-,
Nitro-, Amino- und Oxyderivaten des Naphthalins, sowie bei den
Aminonaphtholen und Oxynaphthoesäuren:

α-Chlornaphthalin gibt bei niedriger Temperatur 1.4- und 1.5-,
α-Chlornaphthalinsulfosäure bei 160—170[0] 1.6- und 1.7- und α-Chlor-
naphthalindisulfosäure bei 180—190[0] 1.2.7- und 1.4.7-Sulfosäure.

β-Chlornaphthalin liefert 2-Chlornaphthalin-8-sulfosäure als Haupt-
und 2-Chlornaphthalin-6-sulfosäure als Nebenprodukt.

α-Nitronaphthalin gibt bei 100[0] neben etwas 1.6- und 1.7-Sulfo-
säure 1.5-Nitronaphthalinsulfosäure als Hauptprodukt. α-Naphthol
und α-Naphtholsulfosäuren werden zuerst in α_2, dann in β_1, schließlich in β_4 sulfoniert; α-Naphthylamin und dessen Sulfosäuren geben
zuerst α_2, dann α_3, endlich β_3, β_4 und β_1 substituierte Derivate.

β-Naphthol und seine Sulfosäuren werden bei niederer Tempe-
ratur in α_1 und α_4, bei höherer in β_3 und β_4 sulfoniert.[4])

β-Naphthylamin und seine Sulfosäuren liefern bei niederer Temperatur α_3 und α_4, bei höherer Temperatur β und β_4-Sulfosäuren.
Di- und Polysulfosäuren dirigieren auch nach α_1, α_2 und β_2.

Bei den a-hydroxylierten Naphthylaminen (Aminaphtholen) und
den α-Naphtholsulfosäuren gilt auch die Regel von Armstrong und
Wynne; aus der 2. 1. 3. 7-β-Naphthylaminosulfosäure entstehen aber
neben 2. 3. 5. 7-Trisulfosäure 2. 3. 6. 7- und 2. 1. 3. 6. 7-Tetrasulfo-
säure[5]) aus β-Naphthol-ϑ-mono- oder -disulfosäure F. 2. 1. 3. 6. 7-β-
Naphtholtetrasulfosäure[6]) und aus 1-Naphthylamin-3. 6. 8-Trisulfosäure
eine Naphthsultamtrisulfosäure 1. 8. 3. 4 (?). 6.[7])

Die scheinbare Wanderung der Sulfogruppe ist so zu erklären,
daß die durch den Sulfonierungsprozeß verdünnte Schwefelsäure im-

---

[1]) Siehe namentlich A. Winther, Patente der organ. Chemie, Gießen,
Töpelmann, 1, 736 (1908).
[2]) Sulfierungsregeln für die Naphthalinreihe: Armstrong und
Wynne, Proc. 1890, 130. — Cleve, Ch. Ztg. 1, 785 (1893). — Erdmann,
Ann. 275, 194 (1893). — Julius, Ch. Ztg. 1, 180 (1894). — Dressel und
Kothe, B. 27, 1193, 2137 (1894).
[3]) Merz und Weith, B. 3, 195 (1870). — Ebert und Merz, B. 9, 592
(1876). — Palmaer, B. 21, 3260 (1888). — D. R. P. 50411 (1889); 45229
(1889). — Houlding, Proc. 7, 74 (1891). — D. R. P. 63015 (1892); 75432
(1894); 76396 (1894); 74744 (1894).
[4]) Di- und Polysulfosäuren auch in β_2.
[5]) D. R. P. 81762 (1895).
[6]) D. R. P. 78569 (1894).
[7]) D. R. P. 84139 (1895).

stande ist,[1]) α-ständige Sulfogruppen bei höherer Temperatur wieder abzuspalten, während die bei höherer Temperatur entstehenden β-Sulfosäuren auch weit widerstandsfähiger sind und daher nicht rückwärts zerlegt werden können.

b) Eintritt von Nitrogruppen.

Naphthalin und seine Sulfosäuren werden vorwiegend in α-Stellung nitriert. Bei der weiteren Nitrierung entsteht aus 1-Nitronaphthalin 1.5- und (wenig) 1.8-Dinitro- und weiterhin ein Gemisch von Tri- und Tetranitronaphthalinen. Bei sehr vorsichtiger Nitrierung und starker Kühlung kann man auch 1.3-Dinitronaphthalin erhalten.[2])

Die Nitrogruppe sucht beim Eintritte in 1-Sulfosäuren zuerst die Stelle 8, dann 5,[3]) bei 2-Sulfosäuren ebenfalls die Stellen 8 und 5, neben Stelle 4. Sie vermeidet die Orthostellen zur Sulfogruppe.[4]) Eine zweite neueintretende Nitrogruppe geht nicht in Parastellung zur ersten.[5])

In vereinzelten Fällen tritt (meist als Nebenreaktion) auch Substitution in β-Stellung ein.

So entsteht aus $\alpha_1\,\beta_3$-Naphthalindisulfosäure etwas β-Nitro-naphthalin-$\alpha_2\,\beta_4$-disulfosäure,[6]) aus $\alpha_1\,\alpha_3$-Disulfosäure β_1-Nitronaphthalin-$\alpha_2\alpha_4$-disulfosäure,[7]) aus α_1-Nitro-β_2-α_4-disulfosäure $\alpha_1\,\beta_3$-Dinitro-$\beta_2\,\alpha_4$-disulfosäure.[8])

Über die Nitrierung von Naphthylaminen und Naphthylaminsulfo-säuren siehe A. Winther, Patente der organischen Chemie 1, 742 (1908).

4. Eintritt von Substituenten in den Anthrachinonkern.

Die Sulfogruppe tritt hier fast ausnahmslos[9]) in die β-Stellung; läßt man aber die Sulfurierung bei Gegenwart von Quecksilber vor sich gehen, so findet der Eintritt der Sulfogruppe in α-Stellung statt, unter intermediärer Bildung von α-Mercuroanthrachinon.[10])

Siehe hierüber: Jljinsky, B. 36, 4194 (1903). — Schmidt, B. 37, 66 (1904). — D. R. P. 149801 (1904). — D. R. P. 157123 (1904). — D. R. P. 170329 (1906). — D. P. A. W. 24756 (1905); 23785 (1906); 23786 (1906).

Erleichterung der Abspaltung von Sulfogruppen durch Quecksilberzusatz: D. R. P. 160104 (1905).

---

[1]) Siehe S. 441.
[2]) D. R. P. 100417 (1899).
[3]) D. R. P. 40571 (1885).
[4]) Cleve, B. 19, 2179 (1886); 21, 3264, 3271 (1888). — D. R. P. 27346 (1883); 45776 (1888); 56058 (1891); 61174 (1892); 70857 (1893); 75432 (1894); 82563 (1895).
[5]) D. R. P. 70019 (1893); 67017 (1893); 85058 (1895).
[6]) D. R. P. 45776 (1888). — Schultz, B. 23, 77 (1890).
[7]) D. R. P. 65997 (1892).
[8]) Friedländer und Kielbasinski, B. 29, 1982 (1896).
[9]) α-Oxyanthrachinon liefert eine α-β-Disulfosäure, Anthrarufin eine $\alpha\alpha$-$\beta\beta$-Tetrasulfosäure D. R. P. 141296 (1903). — Geringe Mengen von α-Sulfosäuren entstehen übrigens auch sonst nebenher. Perger, J. pr. (2) 18, 174 (1878). — Dünschmann, B. 37, 331 (1904). — Liebermann und Pleus, B. 37, 646 (1904).
[10]) Dimroth und Schmaedel, B. 40, 2411 (1907).

Sachregister.

Druckfehlerverzeichnis.

S.   9 Z.   8   v. u. lies Am. 18 statt Ann. 18.

,, 27 ,, 22   v. u.   ,,   S. 572 statt S. 571.

,, 29 ,,   3   v. u.   ,,   Ostromisslensky statt Ostromisslenzky.

,, 105 ,,   4   v. u.   ,,   Müther statt Müller.

,, 177 ,,   9   v. u.   ,,   Johns Hopkins statt John Hopkins.

,, 393 ,,   6   v. u.   Die Anmerkung [1]) befindet sich auf S. 394.

,, 394 ,, 10   v. u.   Die Anmerkung [1]) gehört auf S. 393.

,, 403 ,,   5   v. o.   ,,   mittels dieses statt mittels diesem.

,, 489 ,,   7   v. o.   ,,   S. 480f. statt S. 480f.[2])

,, 572 ,, 12—13 v. u.   ,,   Franz Feist statt franz feist.

,, 673 ,,   4   v. u.   ,,   Atti Linc. statt Atti, Linc.

,, 712 ,,   5   v. o.   ,,   Cellulose statt Celluose.

,, 727 ,, 17   v. u.   ,,   Fig. 213 statt Fig. 123.

,, 757 ,, 15   v. o.   ,,   p-Nitroanilin statt p-Nitronilin.

,, 866 ,, 11   v. o.   ,,   p-Nitroanilin statt p-Nitronilin

Printed in the United States
By Bookmasters